FORTSCHRITTE DER BOTANIK

BEGRÜNDET VON FRITZ VON WETTSTEIN

UNTER ZUSAMMENARBEIT
MIT MEHREREN FACHGENOSSEN
UND MIT DER
DEUTSCHEN BOTANISCHEN GESELLSCHAFT

HERAUSGEGEBEN VON

ERWIN BÜNNING
TÜBINGEN

ERNST GÄUMANN
ZÜRICH

ZWEIUNDZWANZIGSTER BAND

BERICHT ÜBER DAS JAHR 1959

MIT 35 ABBILDUNGEN

SPRINGER-VERLAG
BERLIN · GÖTTINGEN · HEIDELBERG
1960

ISBN-13: 978-3-642-94779-7   e-ISBN-13: 978-3-642-94778-0
DOI: 10.1007/978-3-642-94778-0

BRÜHLSCHE UNIVERSITÄTSDRUCKEREI GIESSEN

Inhaltsverzeichnis

[1] Der Beitrag folgt in Band XXIII.

---

[1] Der Beitrag folgt in Band XXIII.

---

[1] Der Beitrag folgt in Band XXIII.

Die Abschnitte A und B sind von E. GÄUMANN und die Abschnitte C und D von E. BÜNNING und der Abschnitt E von E. BÜNNING und E. GÄUMANN redigiert.

A. Anatomie und Morphologie

1. Morphologie und Entwicklungsgeschichte der Zelle

Von Lothar Geitler, Wien

Mit 1 Abbildung

Im folgenden sind oft nicht Publikationen im ganzen, sondern nur ihre Abschnitte, die sich auf den behandelten Gegenstand beziehen, referiert.

Protisten. Vorbildliche elektronenoptische Untersuchungen, sinnvoll kombiniert mit anderen Methoden — vor allem mit Lebenduntersuchung und Lichtmikroskopie —, ergeben neue Einblicke in den Bau der Synzoospore von *Vaucheria*, deren systematische Zugehörigkeit zu den Heterokonten durch sie bestätigt wird (Greenwood sowie Greenwood, Manton u. Clarke). Die Zoospore ist heterokont begeißelt, der Längenunterschied der Geißeln allerdings gering [durchschnittlich 1,3 μ; daß die Spermien ungleich lange Geißeln besitzen, war schon seit ihrer Entdeckung durch Pringsheim (1855) bekannt]. Auch der Feinbau der Chromatophoren stimmt mit dem heterokonter Algen überein, und die Mitochondrien sind wie bei *Fucus* und *Synura* gebaut. Doch sind die Geißeln unerwarteterweise keine Flimmergeißeln (im Unterschied zu der vorwärts gerichteten kurzen Geißel der Spermien und anderer Vertreter aus der Verwandtschaft der Heterokonten). Wenn die Spore zur Ruhe gekommen ist, werden die Geißeln nicht abgeworfen oder eingeschmolzen, sondern werden in das Plasma zurückgezogen, wo sie, allerdings ihrer äußeren scheidigen Hülle entkleidet, liegen bleiben (wie lange wird nicht erörtert; schließlich werden sie ja doch eingeschmolzen werden müssen). So lange sie zu sehen sind, bleiben die Geißelpaare mit ihrer Basis in enger Verbindung mit dem Kern. — Auch bei *Chlamydomonas eugametos* scheinen unter normalen Umständen die Geißeln nicht abgeworfen, sondern eingezogen zu werden (Hagen-Seyfferth).

Die marine, sehr kleinzellige „*Chromulina*" *pusilla* (ihre Zugehörigkeit zu den Chrysomonaden steht nicht fest) besitzt, wie elektronenoptische Untersuchungen zeigen, neben 1 Chromatophor, 1 Geißel und 1 Fettkörper nur ein einziges Mitochondrium, das aber ganz so wie sonst strukturiert ist (Manton). Die Außenhaut der Geißel, d. h. die Scheidenhülle um die 9 + 2 Fibrillen, hängt nicht nur mit der Pellikula zusammen bzw. geht in sie über, sondern ist ein Teil der Körperoberfläche, die durch die hervorwachsende Geißel emporgehoben wird.

Bei drei *Euglena*-Arten treten spontan Amitosen auf, d. h. der Kern fragmentiert sich in zwei ungefähr gleich große Tochterkerne [Leedale (1959)]. Es handelt sich sicher nicht um verkannte Mitosen. Der Zerfall ist mit keiner Chromosomenreproduktion verbunden, das Ergebnis sind, da keine Zellteilung stattfindet, Zellen mit zwei Halbkernen. Die Halbkerne können sich bemerkenswerterweise wieder mitotisch teilen, sie tun dies synchron, es teilen sich dann auch die Zellen und es entstehen Tochterzellen, die wieder zwei Halbkerne enthalten. Durch abnorme Zellteilung können auch Tochterzellen mit nur einem Halbkern und mit drei Halbkernen entstehen. Beide, also auch die Zellen mit nur ungefähr einem halben Genom, sind weiterhin normal entwicklungsfähig und bewahren die charakteristischen Artmerkmale; LEEDALE meint, daß die Art hochpolyploid ist und daher Verlust oder Vermehrung von Chromosomen wenig zu bedeuten hat.

Die merkwürdige Ausbildung von Nucleolarsubstanz und ihre enge Verbindung mit den Chromosomen bei *Spirogyra* (vgl. Fortschr. Bot. **16**, 3f.) findet sich auch bei Desmidiaceen (KING). Die Chromosomen erscheinen durch Beladung mit ihr dick und erhalten eine "sticky", nicht-chromosomale „Matrix". KING nimmt an, daß die Erscheinung mit dem Fehlen eines lokalisierten Centromers zusammenhängt (was manchmal auch für *Spirogyra* und *Luzula* angenommen wird). Bei *Mesotaenium* sind die Chromosomen nicht sticky und es scheint ein lokalisiertes Centromer vorhanden zu sein. Im übrigen treten wie bei Zygnemalen SAT-Chromosomen auf und es herrscht eine große Mannigfaltigkeit hinsichtlich der Menge und Verteilung der Nucleolarsubstanz; sie ist auch im Ruhekern sehr verschiedenartig ausgebildet.

Plastiden. Wie bekannt nimmt die Anzahl der Chloroplasten bei Blütenpflanzen mit steigender Polyploidiestufe zu. Je nach der Beschaffenheit des Genoms bestehen aber beträchtliche Unterschiede im Ausmaß der Zunahme (BUTTERFASS). Manchmal erfolgt der Anstieg fast linear, manchmal auch ganz anders. Außenbedingungen greifen bei verschiedenen Sippen und je nach der Zellsorte verschieden ein. Zu der Größe erwachsener Zellen besteht keine Beziehung. — Ein von Art zu Art außergewöhnlich großer Polymorphismus der Chromatophoren findet sich bei *Eunotia*-Arten [GEITLER, 1958, 1959 (1)]. Bei *Surirella*-Arten zeigt sich eine deutliche Parallele zwischen der Größe des Chromatophors — in diesem Fall, da nur zwei Chromatophoren je Zelle vorhanden sind, auch zur Zellgröße — und der Anzahl der Pyrenoide: mit der Größe des Chromatophors steigt die Anzahl der Pyrenoide, die kleinstzelligen Arten besitzen je Chromatophor nur 2 Pyrenoide, die größtzelligen bis 200 [GEITLER, 1959 (1)].

Eine eingehendere — aber noch nicht genügend eingehende — Untersuchung der Cyanellen — das sind als Chromatophoren dienende intracellulär in chromatophorenlosen Algen lebende Cyanophyceen — ergibt, daß sie sich von freilebenden Cyanophyceen insofern unterscheiden, als ihnen eine Membran fehlt; auch läßt sich in ihnen keine DNS nachweisen, was allerdings an unzureichender Methodik liegen kann; ferner enthalten sie bei manchen Arten einen sich teilenden Inhaltskörper, der in frei lebenden Cyanophyceen nicht auftritt [GEITLER, 1959 (2,3)].

In albomakulaten Pflanzen — untersucht wurden 41 Arten aus 22 Familien — ist die Anzahl der Grana in den farblosen Plastiden kleiner als in grünen Plastiden (UEDA u. WADA). — Über den submikroskopischen Feinbau (der hier nicht zu behandeln ist) sind zwei eingehende Zusammenfassungen erschienen (WETTSTEIN, 1958, 1959).

Chromosomen und Centromer. Mit den Veränderungen des Volumens und der Länge der Chromosomen während der Mitose beschäftigt sich sehr ausführlich BAJER am lebenden Endosperm von *Haemanthus* und *Leucojum*. Abgesehen von den vielen Fehlermöglichkeiten bei den Messungen steht der große Aufwand von Mühe vielleicht nicht ganz dafür: der festgestellten Verkürzung der Chromosomen während der Anaphase bei den untersuchten Pflanzen steht die gut bekannte Verlängerung bei vielen anderen Objekten gegenüber und auch die beobachtete spättelophasische Volumabnahme dürfte nicht von allgemeiner Bedeutung sein. Über die möglichen Ursachen der intramitotischen Veränderungen lassen sich nur bekannte Annahmen vorbringen: es werden wohl wechselnde Spiralisierung, Substanzmengenschwankungen und wechselnder Wassergehalt ihre Rolle spielen.

LIMA DE FARIA, SARVELLA u. MORRIS stellen fest, daß dasselbe Chromosom im Pachytän und in der mitotischen Prophase Chromomeren in ungefähr gleichen Abständen zeigt; die Autoren erblicken darin eine besondere Periodizität. Zunächst wissen wir aber noch nicht, ob Chromomer gleich Chromomer ist, und es ist unrichtig zu sagen "chromomeres are known to be tight spirals", denn dies kann bestenfalls vermutet werden. Aus der Tatsache, daß das Heterochromatin in Meiose und Mitose verschieden ausgebildet ist, weitreichende Schlüsse auf seine unterschiedliche genische Aktivität zu ziehen und diese bekannten Beobachtungstatsachen mit den ungleich gründlicheren und beweisenderen neuen Feststellungen an den Riesenchromosomen der Dipteren (die hier fälschlicherweise "prophase chromosomes" genannt werden) in enge Beziehung zu setzen, erscheint verfrüht.

Über die Methode, durch das Studium der Verteilung induzierter Brüche entlang des Chromosoms Einblicke in seine Längsdifferenzierung zu gewinnen, wurde schon berichtet (Fortschr. Bot. **16**, 8). In dieser Hinsicht ist es beachtenswert (MICHAELIS u. RIEGER, RIEGER u. MICHAELIS), daß die Brüche nicht gleichmäßig verteilt sind, sondern an bestimmten Stellen gehäuft auftreten, wobei aber die Verteilung je nach der Art der Auslösung (durch Röntgenstrahlen oder Chemikalien) verschieden ist. Die übrigen Befunde wären im Kapitel „Cytogenetik" zu besprechen. Lokal gehäufte Brüche treten auch bei *Hordeum* und *Vicia* nach Behandlung mit Myleran auf (MOUTSCHEN-DAHMEN).

Nach Röntgenbestrahlung der Pollenmutterzellen von *Trillium erectum* in der meiotischen Pro- und I. Metaphase finden sich Brückenbildungen, die die Existenz von Halbchromatiden anzeigen und die Annahme des Längs-Doppelbaus der Chromatiden (= Tochterchromosomen) sowie der selbständigen Reaktionsfähigkeit der Halbchromatiden neuerdings bestätigen (WILSON, SPARROW u. POND). Bei *Euglena*-Arten läßt sich der Doppelbau der anaphasischen Chromosomen, wie auch manchmal sonst, unmittelbar beobachten (LEEDALE, 1958). — Eine zusammenfassende Darstellung des gesamten chromosomalen Formwechsels und seiner Deutung gibt unter — zugegebenermaßen — z. T. stark hypothetischen Gesichtspunkten FAGERLIND; in 97 Punkten wird alles wesentliche übersichtlich dargelegt, — wiewohl lesenswert, eignet sich die großenteils programmatische Abhandlung kaum für ein Referat.

Über Herabregulierung polyploider Chromosomenzahlen (Fortschr. Bot. **21**, 7) stellt GOTTSCHALK [1959 (1)] weitere Untersuchungen an tetra- und octoploiden Pflanzen von *Solanum lycopersisum* an. Bei Häufung solcher Herabregulierungen könnten sie zur Entstehung diploider Nachkommen führen. Der Mechanismus ist noch nicht klargestellt. — Verschiedene hyper- und hypoploide Chromosomenzahlen in somatischen Geweben treten bei *Cinnamomum*-Arten mit Häufigkeiten von bis zu 11 % auf (SHARMA u. BHATTACHARYA; vgl. auch Fortschr. Bot. **18**, 5).

Die zusammengesetzte Struktur des Centromers [Fortschr. Bot. **13**, 13; auch LIMA DE FARIA, 1958 (1)] läßt sich ebenfalls im Pachytän von *Zea* nachweisen [LIMA DE FARIA, 1958 (2)]. Die Abbildungsbelege zeigen in diesem Fall allerdings nicht so viel, wie der Text verspricht. Unabhängig von LIMA DE FARIAs Befunden und anscheinend in Unkenntnis derselben gelangen WARTERS u. GRIFFEN unter anderem auf Grund der Untersuchung von Riesenchromosomen zu folgenden Schlüssen: 1. das Centromer enthält DNS; 2. es hat — unter der Voraussetzung der Stichhaltigkeit gewisser genetischer Daten — genische Aktivität; 3. alle Centromeren eines Chromosomensatzes sind homolog oder identisch (der Schluß wird aus ihrer Vereinigung in den Riesenchromosomen gezogen und ist insofern nicht überzeugend, als es sich dabei, wie im Fall der somatischen Chromosomenpaarung, um ein spezielles Verhalten der Dipteren handeln kann); 4. sein Teilungscyclus stimmt nicht mit dem anderer Chromosomenabschnitte überein; 5. es unterscheidet sich von heterochromatischen Strukturen. — Nach LEWIS soll bei *Pellia epiphylla* (die der Autor konsequent *epiphyla* nennt) ein Mittelding zwischen Centromer und diffusem Spindelansatz vorhanden sein. Beobachtet ist, daß kein Centromer bzw. seine Lücke sichtbar ist (auch nicht nach Auslösung von Colchicinmitosen, die sonst die Sichtbarkeit erhöhen) und daß die Chromosomen "sticky" sind; auch scheint der Teilungscyclus, statt ungleich, gleich wie in den Chromosomenarmen zu verlaufen. Die Beobachtungen sind sehr unvollständig, die Spekulationen um so breiträumiger. — Bei *Philadelphus*-Arten tritt ein Isochromosom auf, das ist ein Chromosom, das durch Querteilung des Centromers entstanden ist, dessen Arme daher identisch sind und sich deshalb auch in der Meiose miteinander paaren (JANAKI AMMAL). Analoges gibt REDDY für ein B-Chromosom von *Sorghum purpureo-sericeum* an.

B-(akzessorische) Chromosomen. Über die in den letzten Berichten mehrmals besprochenen B-Chromosomen (zuletzt Fortschr. Bot. **21**, 6, vgl. auch **19**, 2) gibt es nun zwei aufschlußreiche Zusammenfassungen von MÜNTZING (1958, 1959). Inzwischen wurden B-Chromosomen, mehr oder weniger genau, auch oder z. T. wieder untersucht in den Gattungen *Tradescantia* (RILEY), *Sorghum* (REDDY), *Crepis* (FRÖST u. ÖSTERGREN), *Plantago* (FRÖST, ferner PALIWAL u. HYDE), *Allium* (GRUN), in dipolidem

(HÅKANSSON) und tetraploidem Roggen (SARVELLA). Es zeigt sich erneut, daß B-Chromosomen weit verbreitet sind und daß sie ein hohes phylogenetisches Alter besitzen können oder rezente Bildungen sind. Die Vermutung DARLINGTONs, daß sie hauptsächlich in Diploiden und nur selten in Polyploiden vorkommen, wird immer mehr gestützt (vgl. auch DARLINGTON u. SHAW; die Gründe bleiben unklar, wie die Bedeutung der B-Chromosomen überhaupt noch kontrovers ist). Es ist nicht einmal leicht, eine exakte Definition der B-Chromosomen im Unterschied zu den „gewöhnlichen" A-Chromosomen zu geben. MÜNTZING (1958) bringt folgende Umschreibung: "Acessory chromosomes occur in variable numbers in some members of a population and may be absent in other individuals without noticeable effects. They are usually small and heterochromatic and do not pair with the A-chromosomes at meiosis."

Heterochromatin. Zum Problem der Unterbeladung heterochromatischer Abschnitte der Chromosomen (Spezialsegmente, Fortschr. Bot. **18**, 4) in den mittleren Mitosestadien unter Kälteeinwirkung bringt SHAW die neue Beobachtung, daß sich dieselben, in der Kälte substanzarmen Segmente von der Metaphase an wieder beladen können, wenn sie in normale Temperatur gebracht werden. Der Nachweis wurde dadurch geführt, daß in kältebehandelten Wurzelspitzen von *Trillium*-Arten die Chromosomen durch Colchicin auf dem Stadium der Metaphase zurückgehalten wurden: nach Wärmebehandlung findet man ausschließlich normalbeladene und keine unterbeladenen Chromosomenabschnitte, die Unterbeladung muß also aufgeholt worden sein. Wie sich die Unterbeladung überhaupt mit dem Konzept der Konstanz der DNS-Menge in einem Kern verträgt, bleibt weiter problematisch[1].

Mit Hilfe der Kältemethode lassen sich von den sehr großen Chromosomen von *Trillium*-Arten und *Paris polyphylla* (alle mit $n = 5$) relativ sehr genaue Analysen der Variation der Spezialsegmente, also der heterochromatischen Chromosomenabschnitte, durchführen (DARLINGTON u. SHAW). Die beträchtliche Variation besteht, innerhalb einer Art und innerhalb einer Population, in Veränderung der Anzahl, der Länge und der Lage der Segmente. Es zeigt sich dabei, daß die Variation in den als homolog zu vermutenden Chromosomenarmen verschiedener Arten parallel verläuft: so sind die Arme des 1. Chromosoms immer einander sehr ähnlich, die des 2. Chromosoms stark verschieden usw. auch für die Chromosomen 3—5. Der Parallelismus läßt sich daraus erklären, daß alle 10 untersuchten Arten den Polymorphismus bereits von ihren Vorfahren

---

[1] Die Frage der DNS-Konstanz wurde schon früher eingehend erörtert (Fortschr. Bot. **16**, 5). Die gegen sie sprechenden Angaben STICHs über Abgabe von Chromatin während der Furchungsteilungen von *Cyclops* haben inzwischen eine Korrektur erfahren: in Wirklichkeit liegt eine Diminution nach Art von *Ascaris* vor, es gehen also ganze — heterochromatische — Chromosomenstücke verloren (BEERMANN). Bei *Cyclops strenuus* sind sie endständig, der Vorgang ist also, wie bei *Ascaris*, in dieser Hinsicht ohne Schwierigkeiten verständlich. Merkwürdig und noch nicht aufgeklärt ist aber das Verhalten von *C. furcifer*: hier scheint auch intercalares, und zwar Centromeren-nahes Heterochromatin verloren zu gehen; es würde sich also Chromatin bei Erhaltenbleiben der Kontinuität des Chromosoms von einem „Achsenfaden" ablösen.

übernommen haben, daß er also, wie die Chromosomenzahl, sehr alt und stabil ist. Die Entstehung der heterochromatischen Segmente geht nach der Meinung der Autoren, die sich auf den Vergleich der Karyogramme stützt, auf "replications of intercalated genes" zurück, welcher Vorgang sich wiederholt hat; terminale heterochromatische Segmente wären sekundär entstanden. Das Heterochromatin wäre somit nicht einfach unmittelbar verändertes Euchromatin, wie man meist annimmt, sondern zu den euchromatischen Abschnitten zusätzlich hinzugebildetes Material. Es ergibt sich daraus eine gewisse Parallele zu den B-Chromosomen, die ebenfalls überzählig — und meist heterochromatisch — sind.

Unter gewöhnlichen Umständen mit Substanz unterbeladen sind bestimmte Chromosomen von Marchantialen (TATUNO). Diese Chromosomen erscheinen zwar im Ruhekern typisch heterochromatisch, in der Metaphase sind sie aber schmäler und schwächer färbbar als die euchromatischen oder sind nur an bestimmten Abschnitten schwächer färbbar oder auch bloß schmäler (negative Heterochromasie). Bestimmte andere Chromosomen verhalten sich zwar im Ruhekern nicht heterochromatisch, treten aber in der Prophase früher „kondensiert" (stärker gefärbt) in Erscheinung („vorzeitige Kondensation" TATUNOs). — Bei manchen Lebermoosen (TATUNO) und einigen Laubmoosen (YANO) kommt es vor, daß der kurze, heterochromatische, nucleolenbildende Abschnitt eines Chromsoms als „Nucleolinus" in den Nucleolus eingeschlossen wird (sonst liegt der entsprechende Abschnitt des SAT-Chromosoms dem Nucleolus außen an). Auf Grund der vergleichenden karyologischen Analyse einer sehr großen Anzahl von Marchantialen lassen sich auch einige Wahrscheinlichkeitsschlüsse auf die phylogenetische Entwicklung der Chromosomen bzw. ihres Heterochromatins ziehen; den Überlegungen kommt zugute, daß die äußerliche Chromosomenmorphologie sehr monoton ist — die Chromosomenzahl ist fast durchgehend $n = 9$, und auf Grund ihrer Ähnlichkeit können in allen Arten vermutlich homologe Chromosomen erkannt werden. Es läßt sich rekonstruieren, daß sich das Heterochromatin — im Unterschied zu der oben wiedergegebenen Auffassung — einfach durch Umwandlung aus dem vorhandenen Euchromatin entwickelt hat und daß die entsprechenden Chromosomen im Lauf der phylogenetischen Entwicklung, die sich aus anderen Momenten erschließen läßt, immer heterochromatischer wurden. Dabei scheint TATUNO die geläufige Ansicht zu teilen, daß das Heterochromatin ± genisch inert und minderwertig ist. Demgegenüber meint COOPER im Hinblick auf die Verhältnisse bei *Drosophila*, wobei ihm auch genetische Daten zur Verfügung stehen, daß das Heterochromatin nicht unbedingt als phylogenetisch degeneriertes und inertes Euchromatin aufgefaßt werden muß. So erscheint z. B. das heterochromatische Y-Chromosom von *D. melanogaster* keineswegs genetisch leer, sondern mit Genen ausgestattet, die für die normale Funktion der Spermien unerläßlich sind. Von allgemeinem Interesse ist die aus der Analyse der Riesenchromosomen gewonnene Feststellung, daß der gleiche Abschnitt bald typisch heterochromatisch, bald typisch euchromatisch sich verhalten kann (Lit. bei COOPER, hier auch ausführliche Besprechung verschiedener Interpretationen). Es ergibt sich wieder, daß Eu- und Heterochromatin nicht chemisch verschiedene Substanzen, sondern verschiedene entwicklungsgeschichtliche Zustände sind.

Das zu einem Riesen-Sammelchromozentrum vereinigte Heterochromatin bestimmter *Navicula*-Arten, das als solches schon länger bekannt ist, variiert bei verwandten Arten stark in seiner Menge (GEITLER, 1958). Bei manchen Arten überwiegt es weit über das Euchromatin. Eine vergleichende Analyse mit Lokalisierung auf bestimmten Chromosomen scheitert an der Unübersichtlichkeit der Mitose.

Meiose. Für die Tomate läßt sich zeigen, daß die Chromosomenpaarung im Zygotän an den Centromeren und fast gleichzeitig oder wenig später an den Telomeren (Fortschr. Bot. **21**, 4) der Partner, also an drei Punkten beginnt; sie setzt sich dann von den Enden einwärts gegen das Centromer fort (GRÖBER). Da proximales Heterochromatin vorhanden ist, könnte es an dem Zustandekommen der Paarung mitwirken (wie, ist ebenso unbekannt wie es die Ursachen der Paarung der Centromeren sind). Im Zusammenhang mit der Chromsomenpaarung in Autotetraploiden, die zur Quadrivalentenbildung führen kann, lassen sich damit zusammenhängende noch offene Fragen und auch die Erscheinung der sog. "secondary association" eingehend diskutieren.

Endomitose und Verwandtes. Zum erstenmal durchgeführte photometrische Untersuchungen des endomitotischen DNS-Formwechsels ergeben grundsätzliche Übereinstimmung mit den Verhältnissen in der Mitose: die Endomitose setzt, wie die Mitose, erst ein, nachdem die DNS-Reproduktion erfolgt ist, die Voraussetzung des Eintritts jener ist also der Vollzug dieser, oder anders ausgedrückt: die Chromosomenreproduktion erfolgt während der Interphase. Da das Kernvolumen vor der Endomitose relativ weniger als vor einer Mitose zunimmt, „müssen andere stoffliche Faktoren als der DNS-Gehalt dafür maßgebend sein", ob eine Endomitose oder eine Mitose abläuft (TSCHERMAK-WOESS).

Im Zusammenhang mit den Beobachtungen über wechselnde Ausbildungen pflanzlicher „Riesenchromosomen" in endopolyploiden Kernen des weiblichen Gametophyten von Blütenpflanzen — völlig aufgelöst, chromonematisch („reticulär"), lose gebündelt, dicht gebündelt oder eng „gepaart" — (vgl. Fortschr. Bot. **19**, 3f.; **20**, 8; **21**, 8) sind analoge Befunde an den Nährzellkernen der Fliege *Calliphora* bemerkenswert (BIER). Die verschiedene Ausprägung der Struktur ist hier z. T. deutlich temperaturabhängig. Die Wirkung von Außenfaktoren, die auch für die entsprechenden pflanzlichen Kerne zu vermuten ist — wobei aber, wie bei *Calliphora*, offensichtlich auch das Altersstadium eine Rolle spielt — ist also an *Calliphora* grundsätzlich bewiesen. Der Strukturwechsel tritt besonders auffallend in den Antipodenkernen verschiedener Angiospermen auf, die, vom haploiden Zustand ausgehend, bis 64 ploid werden können (HASITSCHKA-JENSCHKE). Die Mannigfaltigkeit ist sehr groß, wozu noch beiträgt, daß bei Vorhandensein von kompaktem Heterochromatin charakteristische sternförmige Gruppen entstehen und die Art und Stärke der Spiralisierung das Bild beeinflußt. Für bestimmte Ausbildungen läßt sich feststellen: je deutlicher die Chromosomen spiralisiert sind, desto lockerer ist die Bündelung. Als Beispiel eines der vielen „Aspekte" solcher Kerne sei auf Abb. 1 verwiesen (vgl. dazu Abb. 1 und 2 in Fortschr. Bot. **19**, 4 und 5). Ähnliche Antipodenkerne fand auch FARRON bei *Ouratea affinis*, ohne sie näher zu untersuchen.

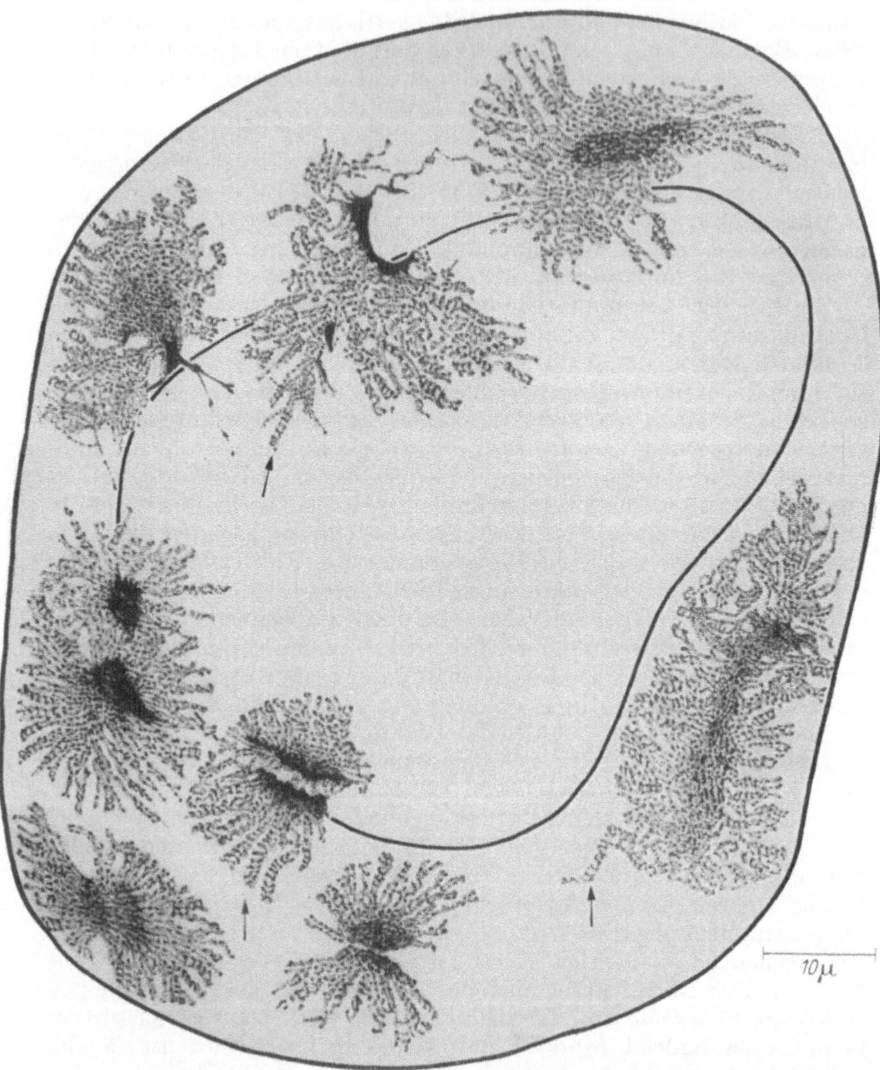

Abb. 1. *Corydalis nobilis* ($n = 8$). Endopolyploider Kern einer Antipode mit acht Gruppen radiär ausstrahlender, stellenweise deutlich und relativ weit spiralisierter Tochterchromosomen. (Nach HASITSCHKA-JENSCHKE.)

Für die Tumoren (crown galls) von *Vicia faba* zeigt sich wieder, daß einerseits schon von Anfang an vorhandene endopolyploide Kerne zu

Mitosen gebracht werden, andererseits auch Kerne zu Endomitosen angeregt werden und bis 64ploid werden; außerdem scheinen Herabregulierungen polyploider Kerne auf die diploide Stufe vorzukommen. Das cytologische Bild ist also recht chaotisch, manches bleibt unklar (RASCH, SWIFT u. KLEIN). — Für die Wurzelknöllchen von Kleearten fand TROLLDENIER, daß die Bakterien keine polyploidisierende Wirkung ausüben, sondern daß geradezu die schon vorhandene Polyplodie, genauer das Gefälle, das durch Zellen mit verschiedener Polyploidiestufe gegeben ist, die Voraussetzung für die Knöllchenbildung ist. Demgegenüber meinen — nicht ganz beweisend — BHASKARAN u. SWAMINATHAN für *Trifolium* und *Medicago*, daß doch auch zusätzliche Polyploidisierung infolge der Infektion erfolgt. In den Reblausgallen sind nur 25% diploide Zellen vorhanden, die anderen endopolyploid — bis 32ploid und vielleicht darüber —; die Endopolyploidisierung wird offenbar vom Parasiten ausgelöst (ANDERS).

Endopolyploidie scheint auch in Tumoren-artigen Bildungen von Farnprothallien vorzukommen, wie PARTANEN in einem Sammelreferat mitteilt. Der sonstige Text ist infolge ungenügender Literaturkenntnis nur beschränkt verwendbar, oberflächlich und z. T. unrichtig (z. B. ist die Angabe, S. 26, Z. 5 v. u., daß "somatic polyploidy" immer durch "replications of the chromonemas" in der Interphase zustandekommt, falsch, denn die Endomitosen erfolgen ja meist nach der Teilungsperiode, zu welchem Zeitpunkt es gar keine Interphasen mehr gibt; — abgesehen davon, daß somatische Polyploidie nicht immer endomitotisch entstehen muß).

In den Sporophyten von *Selaginella, Azolla* und 9 Arten von Filicalen läßt sich weder in ober- noch in unterirdischen Organen Polyploidie feststellen. Alle Zellen sind diploid, stark vergrößerte Kerne in den embryonalen Treppentracheiden sind ebenfalls diploid, enthalten aber entsprechend vergrößerte Chromosomen (TSCHERMAK-WOESS u. DOLEŽAL-JANISCH). Der interphasische Formwechsel der Kerne ist bei *Cyrtomium falcatum* der gleiche wie bei Angiospermen: es gibt kleinere posttelophasische und größere präprophasische Kerne, das Wachstum spielt sich also sprunghaft ab, die Reproduktion erfolgt in der Interphase (vgl. auch Fortschr. Bot. **20**, 5). — Ein neuer Fall von starken und charakteristischen Volumveränderungen somatischer Chromosomen ist bei *Kleinia spinulosa* gegeben (CZEIKA): im Assimilationsgewebe der erwachsenen succulenten Blätter nimmt das Volumen gegenüber dem im Meristem auf ungefähr das Doppelte, im Wassergewebe auf das Vierfache zu; die Kerne bleiben dabei diploid (Mitosen, die das beweisen, lassen sich durch Wundreiz auslösen). Die Frage, ob solche vergrößerte Chromosomen polytän gebaut sind, bleibt noch immer unbeantwortet.

Verschiedenes. Aus den ergebnisreichen entwicklungsphysiologischen Untersuchungen GERISCHs über die Zelldifferenzierung in den Zellverbänden der Volvocalen interessiert in dem hier gegebenen Rahmen die Feststellung einer konstitutionellen Asymmetrie der Zelle, die mit ihrem polaren Bau gekoppelt ist. Sie äußert sich in der Einstellung der ersten Teilungsebene zur Schwingungsrichtung der Geißeln und in der Lage des

Stigmas. Die Zellen sind in den Verbänden mit bestimmter Orientierung derart eingefügt, daß die Asymmetrie zu einer Drehsymmetrie führt, welche die Konstanz der Drehungsrichtung bedingt: alle Arten rotieren — entgegen früheren auf Beobachtungsfehlern beruhenden Angaben — konstant in einer Richtung, und zwar rechtsherum.

Das Tapetum entwickelt sich bei *Valeriana officinalis* unter Ablauf von Mitosen, die maximal achtkernige Zellen ergeben, doch können auch infolge von Mitosestörungen und Restitutionskernbildung weniger kernige Zellen mit verschieden hoch polyploiden (nicht endopolyploiden) Kernen entstehen (SKALIŃSKA). Ähnlich verhält sich *Aconitum* (TRELA). Dagegen bleiben bei *Cucurbita pepo* die Tapetumzellen einkernig und die Kerne können durch drei Endomitosen 16ploid werden (TURALA). Es bestätigt sich also das Vorkommen der beiden Typen der Tapetumbildung unter unregelmäßiger Polyploidisierung (nicht Endopolyploidisierung) durch Mitosehemmungen und unter regelmäßiger Endopolyploidisierung ohne Mitosen.

Die Befruchtung der Angiospermen ist noch immer verhältnismäßig sehr schlecht bekannt. Dies ergibt sich u. a. auch aus der zusammenfassenden Darstellung VAZARTs, die allerdings noch weniger bietet, als bei den gegebenen Kenntnissen zu erwarten wäre [vgl. die Referate in Österr. Bot. Z. **107**, 117 (1960) und in Biol. Zbl. **79**, 122 (1960)]. Um so anerkennenswerter sind die Untersuchungen RICHTER-LANDMANNs an *Impatiens glandulifera*. Sie ergeben unmittelbar — was bisher nur aus genetischen Versuchen zu erschließen war —, daß die ganze männliche Gametenzelle in die Eizelle eindringt. Mit ihr werden Plastiden, Chondriosomen und Sphärosomen übertragen. Die Zahl dieser Organellen ist ungefähr konstant und jedenfalls viel niedriger als im Ei, ihre „Dichte" aber im Endstadium der Entwicklung vor der Befruchtung gleich. Was mit dem männlichen Plasma samt Einschlüssen in der Eizelle weiter geschieht, ist noch unbekannt: bis zum Beginn der ersten Teilung der Zygote erfolgt jedenfalls keine Vermischung. Es bestehen die Möglichkeiten: 1. das männliche Plasma könnte eliminiert werden, wogegen aber die Beobachtungen sprechen; 2. es könnte dort bleiben, wo es ist, und würde dann infolge seiner Lage nicht in den Embryo, sondern in den Suspensor gelangen (den Abbildungen ist dies allerdings nicht zu entnehmen, vielmehr scheint das männliche Plasma chalazalwärts zu liegen zu kommen); 3. es erfolgt Vermischung während der ersten Zygotenteilung vor der Bildung der ersten Scheidewand.

Die in den Außenwänden der Epidermiszellen vorhandenen Ektodesmen verlaufen im Unterschied zu den Plasmodesmen nicht in gröberen Kanälen, sondern als feine Fibrillenbündel (SCHNEPF). Sie sind auch auf Grund neuer Befunde als plasmatisch anzusehen, doch beruhen ihre sichtbaren Veränderungen unter wechselnden Außenbedingungen kaum auf pseudopodienartiger Einziehung und Ausstreckung, sondern nur auf der verschiedenen Ansprechbarkeit gegenüber den Mitteln, sie sichtbar zu machen. Über den Ektodesmen besitzt die Cuticula keine Poren und wahrscheinlich auch keine Dünnstellen. — Aus elektronenoptischen und autoradiographischen Befunden schließen SETTERFIELD u. BAYLEY, daß

Intussuszeptionswachstum von Membranen ohne unmittelbare Beteiligung des Protoplasten, also ohne daß Plasma in die Wand eindringt und ohne unmittelbaren Kontakt erfolgt.

Bei autopolyploiden Tomatenpflanzen besteht eine direkte Proportionalität zwischen Polyploidiestufe und Größe der Spaltöffnungen sowie der Stengeldrüsen [GOTTSCHALK, 1959 (2)]. Die Stomatalängen von $2n$-, $4n$-, $7n$-, $8n$- und $> 8n$-Pflanzen verhalten sich wie $1:1,2:1,6$ zu $1,7:2,0$, die Durchmesser der Drüsen von $2n$-, $4n$-, $8n$- und $> 8n$-Pflanzen wie $1:1,2:1,4:1,5$.

Literatur

ANDERS, F.: Biol. Zbl. **79**, 47 (1960).

BAJER, A.: Hereditas (Lund) **45**, 579 (1959). — BEERMANN, SIGRID: Chromosoma (Berl.) **16**, 504 (1959). — BHASKARAN, S., u. M. S. SWAMINATHAN: Nucleus **1**, 75 (1958). — BIER, K.: Chromosoma (Berl.) **10**, 619 (1959). — BUTTERFASS, TH.: Ber. dtsch. bot. Ges. **72**, 440 (1960).

COOPER, K. W.: Chromosoma (Berl.) **10**, 535 (1959). — CZEIKA, G.: Chromosoma (Berl.) **11**, 21 (1960).

DARLINGTON, C. D., and G. W. SHAW: Heredity **13**, 89 (1959).

FAGERLIND, F.: Hereditas (Lund) **44**, 495 (1958). — FARRON, C.: Arch. Klaus-Stift. Vererb.-Forsch. **32**, 570 (1957). — FRÖST, S.: Hereditas (Lund) **45**, 190 (1959). — FRÖST, S., and G. ÖSTERGREN: Hereditas (Lund) **45**, 211 (1959).

GEITLER, L.: Österr. Bot. Z. **105**, 408 (1958). — (1) Österr. Bot. Z. **106**, 159 (1959). — (2) Syncyanosen, in W. RUHLAND: Handbuch der Pflanzenphysiologie Bd. XI, 530. Berlin-Göttingen-Heidelberg: Springer 1959 — GERISCH, G.: Arch. Protk. **104**, 292 (1959). — GOTTSCHALK, W.: (1) Z. indukt. Abstamm.- u. Vererb.-Lehre **90**, 198, (1959). — (2) Cytologia **24**, 181 (1959). — GREENWOOD, A. D.: J. exp. Bot. **10**, 55 (1959). — GREENWOOD, A. D., IRENE MANTON and B. CLARKE: J. exp. Bot. **8**, 71 (1957). — GRÖBER, K.: Kulturpflanze **6**, 198 (1958). — GRUN, P.: Amer. J. Bot. **46**, 218 (1959).

HAGEN-SEYFFERTH, MALVINE: Planta **53**, 376 (1959). — HÅKANSSON, A.: Hereditas (Lund) **45**, 623 (1959). — HASITSCHKA-JENSCHKE, GERTRUDE: Chromosoma (Berl.) **10**, 229 (1959).

JANAKI-AMMAL, E. K.: Proc. Ind. Acad. Sci., B, **48**, 251 (1958).

KING, G. C.: New Phytologist **58**, 20 (1959).

LEEDALE, G. F.: Arch. Mikrobiol. **32**, 32 (1958/59). — Cytologia **24**, 213 (1959). — LEWIS, K. R.: Phyton (B. Aires) **11**, 29 (1958). — LIMA DE FARIA, A.: (1) Int. Rev. Cyt. **7**, 123 (1958). — (2) J. Hered. **49**, 299 (1958). — LIMA DE FARIA, A., PATRICIA SARVELLA and ROSELIND MORRIS: Hereditas (Lund) **45**, 467 (1959).

MANTON, IRENE: J. mar. Biol. Ass. Un. Kingdom **38**, 319 (1959). — MICHAELIS, A., u. R. RIEGER: Chromosoma (Berl.) **9**, 514 (1958). — MOUTSCHEN-DAHMEN, J., and MADELAINE MOUTSCHEN-DAHMEN: Hereditas (Lund) **44**, 415 (1958). — MÜNTZING, A.: Trans. Bose Res. Inst. Calcutta **22**, 1 (1958). — Proc. X. Int. Congr. Genetics **1**, 453 (1959).

PALIWAL, R. L., and B. B. HYDE: Amer. J. Bot. **46**, 460 (1959). — PARTANEN, C. R.: Developmental Cytology 21 (1959). New York.

RASCH, ELLEN, H. SWIFT and R. M. KLEIN: J. biophys. biochem. Cytol. **6**, 11 (1959). — REDDY, V. R.: J. Ind. bot. Soc. **37**, 279 (1958). — RICHTER-LANDMANN, WALDTRAUT: Planta **53**, 162 (1959). — RIEGER, R., u. A. MICHAELIS: Chromosoma (Berl.) **10**, 163 (1959). — RILEY, H. P.: Nucleus **1**, 11 (1958).

SARVELLA, PATRICIA: Hereditas (Lund) **45**, 505 (1959). — SCHNEPF, E.: Planta **52**, 644 (1959). — SETTERFIELD, G., and S. T. BAYLEY: Canad. J. Bot. **37**, 861 (1959). — SHARMA, A. K., and N. K. BHATTACHARYA: Jap. J. Bot. **17**, 43

(1959). — Shaw, G. W.: Cytologia 24, 50 (1959). — Skalińska, Maria: Acta Biol. Cracov. 1, 644 (1959).

Tatuno, S.: J. Sci. Hiroshima Univ. Ser. B. Div. 2, 8, 81 (1957). — Trela, Zofia: Acta Biol. Cracov. 1, 35 (1958). — Trolldenier, G.: Arch. Mikrobiol. 32, 328 (1959). — Tschermak-Woess, Elisabeth: Chromosoma (Berl.) 10, 497 (1959). — Tschermak-Woess, Elisabeth, u. Ruth Doležal-Janisch: Österr. Bot. Z. 106, 315 (1959). — Turala, Krystina: Acta Biol. Cracov. 1, 25 (1958).

Ueda, R., and M. Wada: Bot. Mag. Tokyo 72, 349 (1959).

Vazart, B.: Protoplasmatologia Bd. VII, 3a. Wien 1958.

Warters, Mary, and A. B. Griffen: Genetica 30, 349 (1959). — Wettstein, D. v.: Brookhaven Symposia in Biology Nr. 11, The photochemical apparatus, 138. 1958. — Development Cytology 123 (1959) New York. — Wilson, G. B., A. H. Sparrow and Virginia Pond: Amer. J. Bot. 46, 309 (1959).

Yano, K.: Mem. Fac. Educat. Niigita Univers. 6, 1 (1957).

2. Morphologie einschließlich Anatomie

Von Wilhelm Troll und Hans Weber, Mainz

Mit 5 Abbildungen

I. Sproßbildung und Sproßbau

1. Bau und Wachstum des Sproßscheitels

In zwei umfangreichen Arbeiten über die neu entdeckten peruanischen Isoetaceen *Stylites andicola* und *St. gemmifera* gehen Rauh u. Falk u. a. auf den Bau des Sproßscheitels dieser Pflanzen ein. Danach zeigt der Vegetationspunkt, in Übereinstimmung mit den älteren Befunden

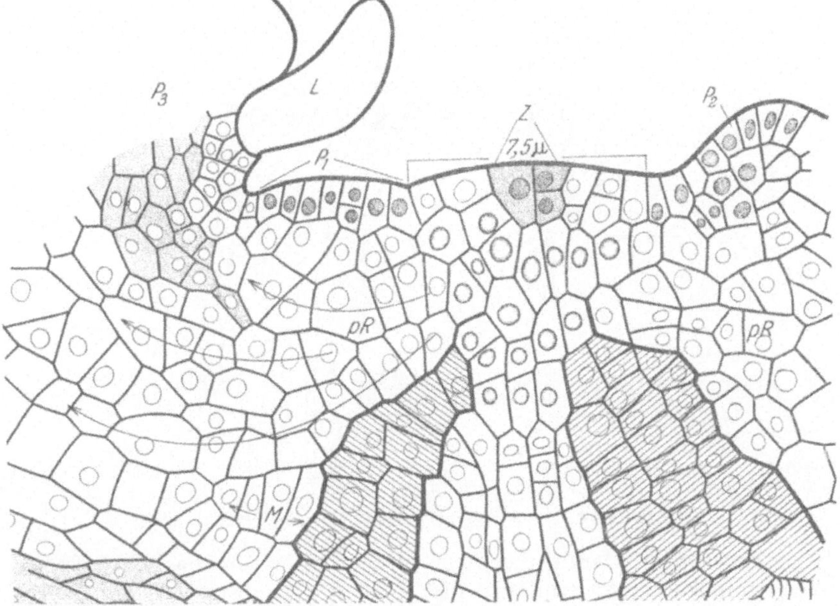

Abb. 2. *Stylites gemmifera*. Längsschnitt durch den Scheitel einer jungen Pflanze. *Z* Zentralzellen; P_1, P_2 Blattprimordien; *pR* primäre Rinde; *M* primäres Meristem. Nach Rauh u. Falk

Bruchmanns an *Isoetes*, an seinem Scheitel eine kleine Gruppe von „Zentralzellen", deren Descendenten weitgehend an der Blattausgliederung beteiligt sind (Abb. 2). Unterhalb der Zentralzellen befindet sich ein Komplex großer Zellen mit stark „vacuolisierten" Kernen, der —

ähnlich wie bei den Sproßscheiteln von Samenpflanzen — als Zentral-
mutterzellgruppe bezeichnet werden kann. Von dieser sollen alle weiteren
Gewebe des Achsenkörpers ihren Ausgang nehmen. Den klaren Abbildungen, die die Autoren als Belege beigefügt haben, kann entnommen
werden, daß dieser Mutterzellkomplex von den peripheren Zentralzellen

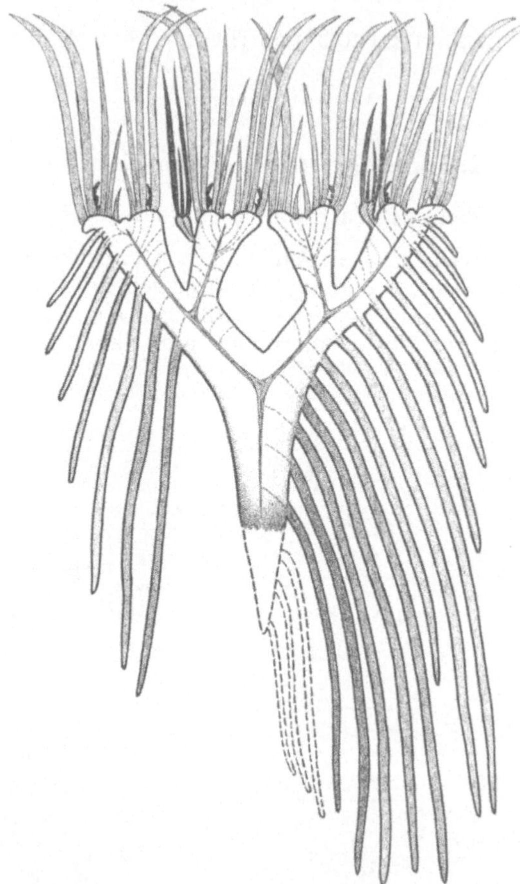

Abb. 3. *Stylites gemmifera*. Wuchsform (schematisch). Nach Rauh u. Falk

her ergänzt wird. Damit aber liegt ein Verhalten vor, das stark an die
Wachstumsvorgänge erinnert, die sich im Sproßscheitel der lepto-
sporangiaten Farne abspielen, nur daß dort anstelle mehrerer „Zentralzellen" eine einzige Scheitelzelle in Erscheinung tritt. Man vgl. hierzu
unsere Ausführungen in Fortschr. Bot. **17**, 19.

Die beiden genannten *Stylites*-Arten beanspruchen im übrigen hohes
Interesse wegen ihrer Wuchsformen, auf die zuvor schon D. Meyer kurz
hingewiesen hatte und die jetzt ebenfalls durch Rauh u. Falk eine eingehende Bearbeitung erfahren haben. Im Gegensatz zu den Vertretern

der Gattung *Isoetes* bilden sie bis zu 15 cm lange Achsen, die sich, namentlich bei *St. gemmifera*, auch dichotom verzweigen (Abb. 3).

Was die Scheitelzonierung der Samenpflanzen anlangt, so kommt, vor allem in den Auseinandersetzungen mit der Plantefolschen Schule, dem sog. Flankenmeristem besondere Bedeutung zu (vgl. Fortschr. Bot. 20, 11). HAGEMANN (1) bezeichnet es in einer inhaltsreichen Studie über die Sproßentwicklung von *Cyclamen* als „Organogen", das die Blattvegetationspunkte ausgliedert und die Anlagen der Achselknospen liefert. Erst auf diese organogenetische Zone folgt die histogenetische Region, in deren Bereich sich die Zell- und Gewebedifferenzierung abspielt. Aus der französischen Schule liegen neue Mitteilungen über die Vegetationspunkte von *Lathyrus aphaca* (VESCOVI) und *Nicotiana tabacum* (BONNAND) vor sowie eine größere, im wesentlichen zusammenfassende Arbeit über die Scheitelmeristeme, die LANCE verfaßt hat. Die Ausführungen von HARA über den Aufbau des Sproßscheitels zahlreicher Ericaceen und diejenigen von SOMA über den Vegetationspunkt von *Euphorbia lathyris* fügen sich dem Bild ein, das wir heute über die Scheitelzonierung besitzen. Gleiches gilt für die Studie von PARKE über die Sproßspitze von *Abies concolor*.

Über dem Studium der Zellteilungen im äußersten Sproßscheitel ist zuweilen die Betrachtung derjenigen Wachstumsvorgänge vernachlässigt worden, die sich in größerer Entfernung vom apikalen Bereich abspielen und zur Achsenverlängerung beitragen. Rosettenpflanzen *(Hyoscyamus niger, Samolus parviflorus)*, die mit Gibberellinsäure behandelt wurden, zeigten eine auffallende Teilungsaktivität unterhalb des Scheitelmeristems (SACHS, BRETZ u. LANG). Ähnliche Erscheinungen konnten bei *Xanthium pennsylvanicum* und *Chrysanthemum morifolium* beobachtet werden. Dies stimmt mit älteren Befunden von BINDLOSS an Tomatenpflanzen überein und läßt vielleicht vermuten, daß die mitotische Tätigkeit in größerer Entfernung vom Scheitel einen recht wesentlichen Anteil am Längenwachstum hat. Auch bei *Phaseolus vulgaris* ist bei Applikation von Gibberellinsäure die Längenentwicklung zur Hauptsache auf Teilungsaktivität und weniger auf Zellstreckung zurückzuführen (GREULACH u. HAESLOOP).

Unter den Gymnospermen gibt es bekanntlich eine ganze Reihe von Arten, deren Vegetationspunkte, ebenso wie diejenigen der Angiospermen, einen deutlich geschichteten Bau aufweisen, also über eine Tunica verfügen. Dies ist u. a. für zahlreiche Araucariaceen nachgewiesen worden. Am Beispiel von *Agathis lanceolata* stellt STERLING jetzt fest, daß die Tunica-Corpus-Gliederung vor allem an ruhenden Vegetationspunkten oder an solchen von schwächeren Seitentrieben streng durchgeführt ist, wogegen sie an „aktiven" Scheiteln nicht so ausgeprägt in Erscheinung tritt. Diese Beobachtung mahnt zur Vorsicht bei der Beurteilung der Frage, ob die Ausbildung einer Tunica innerhalb der Gymnospermen-Verwandtschaft als phylogenetisch jüngeres Merkmal angesehen werden kann (vgl. Fortschr. Bot. 16, 17).

Was die Anlegung der Blattprimordien betrifft, so wird diese in vielen Fällen durch perikline Teilungen in der subepidermalen Zellschicht eingeleitet, unabhängig davon, ob jene der Tunica oder schon dem Corpus angehört. Wenn für einige Gräser, z. B. für *Triticum vulgare*, bisher angenommen wurde, daß die Blattanlagen rein epidermalen Ursprungs seien, so betonen jetzt PANKOW u. VON GUTTENBERG auch hier eine subdermatogene Herkunft. Die Entstehung der Achselknospen bei Gramineen wurde von den genannten Autoren am Beispiel von *Avena sativa* näher studiert. Deren Anlegung läßt sich auf Teilungen in der dritten Zellschicht des Vegetationskegels zurückführen. Für *Narcissus pseudonarcissus* wird gezeigt, daß der Vegetationspunkt keinerlei Unterschiede in Größe und Struktur aufweist, ob er nun Niederblätter odei Laubblätter ausgliedert (DENNE).

Im Zusammenhang mit der Blattanlegung taucht immer wieder die auch schon in diesen Berichten wiederholt erörterte Frage auf, ob die Blattanlagen die Ausbildung des zu ihnen führenden Procambiums stimulieren oder ob umgekehrt die Procambiumstränge eine determinierende Wirkung auf die Stellung neuer Primordien ausüben. Diese Frage kann heute nicht entschieden werden. Fest steht nur, daß zumindest in zahlreichen Fällen die Differenzierung der Procambiumstränge in harmonischer Weise akropetal von der Achse zu den jungen Blättern hin erfolgt. Dies bestätigen erneut BIERHORST für *Equisetum*, SOMA für *Euphorbia*, HARA für verschiedene Ericaceen und vor allem DE SLOOVER in seinen Untersuchungen über die Histogenese des Leitgewebes von *Coleus, Ligustrum, Anagallis* und *Taxus*. Die Differenzierung des Xylems allerdings kann danach auch basipetal erfolgen, d. h. von der Blattbasis zur Achse hin, wie dies bereits in Fortschr. Bot. **17**, 27 näher ausgeführt worden ist. Neue Angaben über die Ausgliederung des Leitgewebes in den Embryonen und Keimpflanzen einiger Compositen finden sich in einer russischen Arbeit (VASSILEVSKAYA).

Schließlich sei auf einige Untersuchungen hingewiesen, in denen die Wirkung verschiedener Bestrahlung auf die Sproßspitzen bestimmter Pflanzen behandelt wird. Unter anderem berichten PRATT, EINSETT u. ZAHUR über Schäden, die durch γ-Strahlen an den Vegetationspunkten von Apfelbäumen hervorgerufen werden.

2. Embryo und Keimpflanze

Entgegen der auch im neueren Schrifttum vertretenen Auffassung, der Embryo von *Cyclamen* sei „pseudomonokotyl" und der zweite Kotyledo sei hier zumindest der Anlage nach vorhanden, findet HAGEMANN (3) keinerlei Hinweise, die zur Rechtfertigung dieser Vorstellung dienen könnten. Es wird stets nur ein Keimblatt angelegt und ausgebildet. Gleiches gilt für *Anemone apennina* (HACCIUS u. FISCHER). Beide Autoren betonen, daß es sich bei der Keimblattanlegung stets um eine seitliche Ausgliederung am Achsenkörper handelt. Demgegenüber verteidigt SOUÈGES wieder seine Auffassung von der Terminalität des Monokotylen-Kotyledos (vgl. Fortschr. Bot. **16**, 25).

„Echte Monokotylie" konnte durch Applikation von Phenylborsäure bei Embryonen von *Eranthis hiemalis* induziert werden [HACCIUS (1)]. Der Embryo entwickelt sich nach derartiger Behandlung jüngster Stadien bei mehr als der Hälfte der Keime von vornherein ausgesprochen monokotyl. In ihrer Organisation gleichen die durch Phenylborsäure veränderten Embryonen völlig den artspezifisch monokotylen Ranunculaceen *Ranunculus ficaria* und *Anemone apennina*.

HACCIUS (2) konnte ferner nach experimenteller Schädigung sehr junger Embryonalstadien von *Eranthis* „Adventiv-Embryonen" erzielen. Sie gingen als seitliche Auswüchse aus dem geschädigten Gewebe hervor. Wie neuerdings REINERT sowie gleichzeitig STEWARD u. POLLARD mitteilen, können auch bei Gewebekulturen von *Daucus carota* unter geeigneten Versuchsbedingungen derartige Adventiv-Embryonen bzw. embryoähnlich organisierte Regenerate in vitro entstehen, die sich sogar als weiterentwicklungsfähig erweisen. Über eine gleichzeitige Induktion von Sproß- und Wurzelanlagen an kultivierten Gewebestücken von *Cyclamen* berichten KAUPPERT sowie STICHEL.·

Von *Pterostegia drymarioides* (Polygonaceae) werden in der Literatur tief zweiteilig eingeschnittene Kotyledonen angegeben. Dem liegt jedoch eine Verwechslung mit den auf die Keimblätter an der Primärachse folgenden Laubblättern zugrunde, für die das erwähnte Merkmal tatsächlich zutrifft. Die Kotyledonen dagegen besitzen vollflächige Spreiten. Weiterhin konnte TROLL (1) Keimpflanzen von *Phyllanthus montanus* untersuchen, der zu den phyllokladialen Arten der Gattung gehört. Diese sind durch die Reduktion der Laubblätter zu schuppenförmigen Organen ausgezeichnet. Wie sich aber herausstellte, bildet der Primärsproß über den ebenfalls frondosen Keimblättern zwei kleine, den Kotyledonen in Größe und Gestalt ähnliche Laubblätter, bevor er unvermittelt zur Erzeugung von Schuppenblättern übergeht. Auch die ersten, schon den Achseln von Schuppenblättern angehörenden Phyllokladien sind, im Unterschied zu allen später entstehenden, noch frondos beblättert. Die Jugendform vermittelt darin zwischen den belaubten und den phyllokladialen Arten der Gattung.

3. Blattstellung

Neben verschiedenen anderen Liliifloren zeigen die meisten *Kniphofia*-Arten eine eigentümliche Blattpaarung, die an die Decussation bei dikotylen Pflanzen erinnert. Das Phänomen wurde bislang auf eine kongenitale Scheiteltorsion zurückgeführt, derzufolge jedesmal zwei distich angeordnete und durch Internodienstauchung gepaarte Blätter gegen das vorhergehende Paar um annähernd 90° versetzt werden. Dieser Vorstellung möchte SNOW seine "space-filling"-Theorie gegenüberstellen. An Knospenquerschnitten ergab sich nämlich, daß der bilateral gebaute Vegetationskegel stets an seinen schmalen Flanken die Primordien ausgliedert und dabei weitgehend aufgebraucht wird. Bei seiner Restaurierung erscheinen dann im folgenden Plastochron die Schmalseiten gekreuzt zum vorhergehenden Blattpaar. Die sehr eingehenden entwicklungsgeschichtlichen Untersuchungen, die ECKARDT (Fortschr. Bot. **11**, 19) zu dieser Frage bereits vorgelegt hat und die insbesondere zu einer Klärung der Beziehungen dieser Art der Blattstellung zur Symmetrie der Sproßachse führten, sind SNOW bei seiner Darstellung leider unbekannt gewesen. Annähernd decussierte Anordnung von Blattorganen konnten VOELLER u. CUTTER vereinzelt neben spiraliger Blattstellung bei *Dryopteris aristata* beobachten und z. T. auch experimentell auslösen.

Die große Zahl der von PLANTEFOL zur Unterbauung seiner Blattstellungshypothese („Theorie der multiplen Schrauben") angeregten Arbeiten ist um weitere vermehrt worden, so um Studien über die Blattanordnung an den Zweigen von *Capparis spinosa* (HADJ-MOUSTAPHA), *Ulmus campestris* (LOISEAU u. HOTTIN), einiger Fagaceen [CODACCIONI (2)] sowie über die Sprosse von *Lathyrus aphaca* [VESCOVI (2)]. In der letztgenannten Arbeit wird auch auf die Blattentwicklung eingegangen.

Keine der heute bekannten Blattstellungstheorien vermag die Gründe zu klären, die zu der harmonischen Ausgliederung der Primordien führen. Dessen ist sich auch SCHÜEPP bewußt, wenn er in seinen interessanten „Konstruktionen zur Theorie der Blattstellung" die hier obwaltende Ordnung geometrisch darzustellen versucht.

4. Leitgewebe

Im Anschluß an eine — allerdings nicht ganz vollständige — Übersicht über die Literatur, die sich mit der Histogenese der Leitgewebe befaßt (GUSTIN u. DE SLOOVER), hat DE SLOOVER eine eingehende Untersuchung über die Differenzierung von Procambium, Xylem und Phloem bei verschiedenen Pflanzen vorgelegt. Von ihr war schon auf S. 16 die Rede. 1932 hat HELM in den Sproßspitzen dikotyler Pflanzen einen „primären Meristemring" nachgewiesen, von dem aus die Differenzierung der Leitbündel erfolgt. Diese Befunde konnte jetzt RESCH weitgehend bestätigen und die Untersuchungen im einzelnen fortsetzen. Insbesondere fand er, daß der genannte Meristemring über längere Zeit hinweg die Fähigkeit behält, bestimmte Gewebe zu erzeugen. Nicht nur Leitbündel und Markstrahlen gehen aus ihm hervor, sondern auch, wenigstens bei den von RESCH behandelten Objekten (*Vicia faba, Conium, Aristolochia* und *Cucurbita*), u. a. das primäre Rindensklerenchym sowie isolierte Siebröhren und interfasciculare Siebröhrenbündel. Die letzteren können als solche erhalten bleiben, sie können aber auch durch Vermittlung eines Cambiums auf ihrer Innenseite zu vollständigen kollateralen Leitbündeln („Ergänzungsbündeln") ergänzt werden, denen dann natürlich die Holzprimanen fehlen. Auch das interfasciculare Cambium scheint sich, zumindest in einzelnen Fällen, unmittelbar vom Meristemring herzuleiten. Die verbreitete Ansicht, daß es sich bei diesem Cambiumring um ein „Folgemeristem" handelt, muß hiernach erneut in Zweifel gezogen werden.

Was die primären Bastfasern betrifft, so weisen außer RESCH auch CAROTHERS für *Pelargonium* sowie BLYTH für *Pelargonium, Ricinus, Nerium* und *Aristolochia* darauf hin, daß diese mindest zum Teil aus dem Protophloem hervorgehen, vermutlich also gleichfalls der Aktivität des primären Meristemringes ihre Entstehung verdanken. Für eine große Zahl dikotyler Pflanzen haben ESAU u. CHEADLE den Bau der Siebröhren (Wanddicke und Porenweite) untersucht und darüber in zwei Abhandlungen berichtet.

Die holzanatomischen Untersuchungen, die neu vorliegen, sind sehr heterogen. Es kann auf einige nur kurz hingewiesen werden. So schildert FAHN (1, 2) die Holzstruktur von Bäumen und Sträuchern der Wüstenzone. Er findet u. a., daß bei *Tamarix*- und *Acacia*-Arten das Cambium während des ganzen Jahres aktiv ist. LEMESLE (1, 2) beschreibt den Bau des Holzkörpers verschiedener Umbelliferen (*Bupleurum salicifolium*, *Heteromorpha arborescens*, *Peucedanum*-Arten u. a.), SEBASTINE bringt Angaben über altersabhängige Unterschiede in der Ausbildung der Gefäße einiger indischer Bäume. Untersuchungen über das Holz von *Populus robusta* hat MEYER-UHLENRIED vorgelegt. Für die Pappel konnte u. a. auch nachgewiesen werden, daß die Zugfestigkeit der Holzfasern mit deren Länge zunimmt (AHLBORN). Auf die interessanten, gleichfalls an Pappeln durchgeführten Studien von BRAUN (1—3), die sich auf Verwachsungsprozesse bei Pfropfungen beziehen, wurde bereits in einem vorhergehenden Bericht hingewiesen (Fortschr. Bot. 21, 239). Über die Art der Verwachsung von Pfropfpartnern bei *Gossypium hirsutum* berichtet neuerdings HOMÈS.

Den Leitbündelverlauf in den Achsen articulater Chenopodiaceen, wie *Arthrocnemum*, *Anabasis* und *Salicornia*, haben FAHN u. ARZEE näher studiert. Sie gelangen dabei zu einer Ablehnung der Vorstellung von der Sproßberindung durch die herablaufenden, mit dem Achsenkörper verbundenen Blattbasen, die bisher kaum ernstlich in Frage gestellt werden konnte (vgl. TROLL, Vergleichende Morphologie, S. 264 ff.). Indes können die Gründe, die FAHN u. ARZEE dagegen anführen, kaum als beweiskräftig bezeichnet werden.

5. Wuchsformen

Von den Arten der Gattung *Trillium* war bislang nicht bekannt, ob sie mit den Arten der nächstverwandten Gattung *Paris* auch im monopodialen Bau ihres Rhizoms übereinstimmen. Die Untersuchung von *Trillium grandiflorum* ergab, daß dies der Fall ist. Die Laub- und Blütentriebe dieser Pflanzen sind also ebenfalls Seitensprossen der durchaus monopodial wachsenden, nur mit Niederblättern besetzten Rhizomachse homolog [TROLL (1)]. Um eine sympodiale Erneuerungsweise handelt es sich dagegen bei den ausläuferbildenden *Tricyrtis*-Arten [BUXBAUM (3)], ähnlich wie es WEBER (2) auch für die Musaceen-Gattung *Heliconia* zeigen konnte. PALMER sowie SOLOVIEVA haben sich mit dem Wachstum der Quecke *(Agropyrum repens)* beschäftigt. Durch überaus reiche Verzweigung und Rhizombildung kann innerhalb von 3 Jahren von einer einzigen Pflanze eine Bodenfläche von 0,8—6 m² besiedelt werden. Gewöhnlich erst im 4. Jahr stirbt die ursprüngliche, von der Keimpflanze herrührende Mutterachse ab, so daß die Tochtertriebe nunmehr selbständig werden (SOLOVIEVA). Ausführungen über die Veränderlichkeit der Wuchsform von *Thymus pulegioides* bei verschiedenen Standortsbedingungen liegen von SIHLER vor. Von der Sproßgestaltung der von RAUH u. FALK bearbeiteten *Stylites*-Arten (Isoetaceae) war schon auf S. 14 die Rede. Eine in Indien aufgefundene *Isoetes*-Art *(I. sampathkumarani)* hat SHARMA morphologisch-anatomisch beschrieben.

Bei vielen Cyperaceen läßt sich nach MORA eine deutliche Relation zwischen der vegetativen Verzweigung und der Synfloreszenzentwicklung feststellen. Arten mit reich verzweigten Blütenständen weisen nur wenige

Bestockungstriebe auf. Formen mit reduzierter Synfloreszenz zeichnen sich dagegen durch zahlreiche derartige Sprosse aus, die gleichzeitig mit dem Muttertrieb zur Blüte gelangen. Über die Wuchsformen von *Scirpus*-Arten finden sich auch einige Angaben in einer systematischen Studie von KOYAMA.

Abb. 4. *Macleania glabra.* Junge, epiphytisch lebende Pflanze mit Knollenbildung. Nach WEBER

Für *Potentilla erecta* (= *P. Tormentilla*) wurde die fortschreitende Erstarkung von der Keimung bis zur voll entwickelten Pflanze verfolgt, vor allem im Hinblick auf die damit verbundene Veränderung verschiedener morphologischer Merkmale, wie Blattgestalt, Verzweigung u. a. Die Rhizombildung setzt bereits im ersten Jahr mit einer Verdickung des Hypokotyls ein. Die Primärwurzel bleibt 3 Jahre lang am Leben. Erst vom 7. Jahre ab kann sich das Rhizom verzweigen, bei gleichzeitigem Eintritt in die Blühphase (POSHKURLAT). Ähnliche Untersuchungen hat GOTTLIEB (1, 2) über die Entwicklung von *Pteridium aquilinum* durchgeführt.

Sehr lange können die schlafenden Augen an Gehölzen lebensfähig bleiben, bei *Caragana* z. B. mehr als 50 Jahre (LYASHENKO). Entsprechendes gilt sicherlich auch für solche tropischen Holzgewächse, die sich durch Kauliflorie auszeichnen. Als einen Fall „primitiver Kauliflorie" möchte NEUBAUER (3) die Blütenbildung bei *Crescentia* aufgefaßt wissen. Die Blattbüschel, die hier die Zweige besetzen, gehören extrem gestauchten Kurztrieben an. Erst nach Jahren, wenn alle Blätter abgeworfen sind, entfalten sich aus ruhenden Knospen dieser Seitenachsen die Blüten.

Schließlich seien noch Ausführungen von JENTYS-SZAFEROWA erwähnt, die sich um eine graphische Methode bemüht, mit deren Hilfe Größenverhältnisse und Gestaltung pflanzlicher Organe vergleichend erfaßt werden können. Auf die umfangreichen Untersuchungen zu diesem Anliegen wurde schon in Fortschr. Bot. **18**, 25 hingewiesen.

6. Knollenbildungen

Auffallend kompliziert gestaltet sich das Dickenwachstum der im wesentlichen aus dem Hypokotyl hervorgehenden Knolle von *Cyclamen persicum*. Wie HAGEMANN (1, 3) im einzelnen näher ausführt, besitzt die

Knolle primär wurzelartige Struktur. Die Vorgänge, die zur sekundären Verdickung führen, erfolgen sowohl nach der parenchymalen als auch nach der cambialen Form des Dickenwachstums, über die schon früher eingehend berichtet wurde (Fortschr. Bot. **13**, 34).

Um Hypokotylknollen handelt es sich nach WEBER (3) auch bei den eigentümlichen, Kopfgröße erreichenden Anschwellungen epiphytischer Ericaceen aus den Gattungen *Macleania, Cavendishia* und *Ceratostema* (Abb. 4). Bei ihnen aber bleibt, im Gegensatz zu anderen vergleichbaren Bildungen dieser Art, die Primärwurzel nicht nur erhalten, sondern sie unterliegt noch einem beträchtlichen Längen- und Dickenwachstum, ohne daß es allerdings zur Rübenbildung kommt. Es liegen also Formen vor, die zwischen Hypokotylknollen und Rüben vermitteln. Die sekundäre Verdickung der Knolle erfolgt nach dem cambialen Typus. So erfährt der Zentralcylinder eine mächtige Ausweitung, wobei aber der parenchymatische Gewebeanteil stark im Vordergrund steht. Von verholzten Elementen werden nur tracheidale Zellen gebildet, die in lockeren Strängen die Knolle durchziehen.

7. Kakteen-Studien

Nach BUXBAUM (1) soll *Echinocactus ottonis* zur Wurzelsprossung befähigt sein. Unter den Kakteen stünde dieser Fall völlig isoliert da. Wahrscheinlicher ist deshalb die Auffassung, daß es sich um Seitensprosse handelt, die ihrerseits eine einzige sproßbürtige Wurzel erzeugen. Eine von TROLL angeregte Nachprüfung lieferte das vermutete Ergebnis [HAGEMANN (2)]. Es zeigte sich, daß die Sprossungen an ihrem Ursprung eindeutig achsenartigen Bau besitzen. Insgesamt lassen sie sich etwa mit den Trieben von *Adoxa moschatellina* vergleichen. Wie dort beschränkt sich auch an ihnen die Radikation auf eine einzige entsprechend kräftige Wurzel, deren Ursprungsbereich zudem mit der Erstarkungszone zusammenfällt.

Zahlreiche morphologisch-anatomische Details, wie Areolenentwicklung und Dornbildung, Fruchtgestaltung und Samenbau, enthalten die Studien von BOKE über die Kakteen-Gattungen *Pelecyphora* und *Encephalocarpus*. Sie wurden vor allem zur Klärung systematischer Fragen durchgeführt. Gleiches gilt für eine Untersuchung von BUXBAUM (2), die sich vorwiegend mit der Gattung *Espostoa* befaßt. Die Haarbüschel, die bei *Astrophytum*-Arten außerhalb der Areolen dem Achsenkörper entspringen, gehen aus Gruppen aneinandergrenzender Epidermiszellen hervor (VON GUTTENBERG u. BURMEISTER). Erneut bestätigt wird die Blattnatur der Kakteen-Dornen am Beispiel von *Pereskia* (NOZERAN u. NEVILLE).

8. Weiteres zur Sproßanatomie

In neuerer Zeit hatten MILANEZ u. NETO entgegen allen früheren Befunden behauptet, daß die ungegliederten Milchröhren von *Euphorbia pulcherrima* durch Verschmelzung benachbarter Zellen zustande kämen, wodurch auch ihre Vielkernigkeit eine Erklärung fände. Diese von vornherein unwahrscheinliche Deutung hat MAHLBERG an Sproßspitzen von *Nerium oleander* (1) sowie an Embryonen von *Euphorbia marginata* (2) überprüft und ad absurdum geführt. Es handelt sich in beiden Fällen um Idioblasten, die unter starkem Längenwachstum in die Intercellularräume eindringen. Namentlich beim Oleander konnte die wiederholte Kernteilung gut beobachtet werden. Milchröhrensysteme studierte DURAIRATNAM auch bei *Regnellidium diphyllum*. Hier soll es tatsächlich zur Auflösung der Trennwände bestimmter reihenartig angeordneter Zellen kommen.

Die Bildung schleimführender Zellen bzw. Gewebe wurde am Beispiel von *Althaea officinalis* und einigen anderen Malvaceen verfolgt (SPEGG). Die Untersuchungen erstrecken sich nicht nur auf den Achsenkörper, sondern sie umfassen auch Wurzel, Blatt und Blüte. Über Entstehung und Bau der Exkretgänge bei einigen Caesalpiniaceen des Kongo-Gebietes, wie *Copaifera mildbraedii*, *Tessmannia*-Arten u. a., hat MOENS eingehend berichtet.

II. Blatt

1. Blattentwicklung

In Fortschr. Bot. **13**, 44 wurde von Untersuchungen HAGERUPs berichtet, nach denen die Einrollung der Blattspreiten von *Empetrum* und verschiedenen Ericaceen nicht von den primären Spreitenrändern, sondern von zwei auf der Unterseite der Lamina nachträglich entstehenden lamellaren Neubildungen ausgeht. Dieser Vorstellung hat sich inzwischen HARA angeschlossen, und LEINFELLNER (5) bestätigt sie darüber hinaus für die Blattorgane verschiedener Frankeniaceen, die er dementsprechend als „falsche Rollblätter“ bezeichnet. Ähnliches glaubt er für die Blätter von *Phylica*-Arten (Rhamnaceae) aussagen zu können, wofür aber die histogenetische Begründung noch völlig aussteht [LEINFELLNER (6)]. Es wäre allerdings prüfenswert, ob die von den genannten Autoren als die eigentlichen Spreitenränder angesehenen Strukturen wirklich als solche gelten können. Gewiß gehen sie aus den Rändern des Primordiums hervor; doch werden die das marginale Spreitenwachstum besorgenden subdermatogenen Randzellreihen, die sonst mit ihnen weithin zusammenfallen, auf die Unterseite des Organs verlagert [TROLL (1)]. Beobachtungen von SCHÖTZ über das Randwachstum der Kotyledonen von *Oenothera lamarckiana* fügen sich dem bekannten Bild über die Entwicklung der Blattspreite ein.

Die Entwicklungsgeschichte des Wedels von *Osmunda cinnamomea*, von der Anlegung bis zur Entfaltung, verfolgen BRIGGS u. STEEVES. Die Blätter gehen jeweils aus einer peripheren, in der Nähe des Sproßscheitels gelegenen Zellgruppe hervor, wobei sich frühzeitig eine dreischneidige Scheitelzelle differenziert. Vorher schon konnten STEEVES u. SUSSEX isolierte Blattanlagen dieses Farnes steril kultivieren. Sie wuchsen zu normal gestalteten, wenn auch kleineren Blättern aus. Hieraus kann geschlossen werden, daß die spätere Blattgestalt im Primordium durchaus schon festgelegt ist. Für *Polypodium aureum* geht WILSON sehr genau auf den Entwicklungsgang des Sporangiums ein.

Untersuchungen an jungen Blättern von *Coleus* bestätigen die auch schon an anderen Objekten erzielten Befunde, daß die Differenzierung des Phloems in ihnen streng akropetal erfolgt (Jacobs u. Morrow). Die ersten Siebröhren treten hier erst dann auf, wenn das Primordium bereits 400 μ lang ist. Das Xylem wird noch später differenziert.

Um eine mathematische Erfassung der Entwicklungsvorgänge bei der Blattontogenese bemüht sich Maksymowych. Als wichtige Größe erscheint dabei der von Erickson u. Michelini eingeführte „Plastochron-Index", der auch den Betrachtungen zugrunde liegt, die Michelini an Hand des Blattes von *Xanthium italicum* durchgeführt hat. Auf diese Ableitungen kann hier nur verwiesen werden.

2. Blattgestalt

In einer Reihe blattmorphologischer Studien aus Java berichtet Neubauer über die Blattfolge bei der Bignoniacee *Oroxylum indicum* (1) sowie bei *Bidens pilosa* (5). Was letztere anlangt, so ist es interessant, daß auf die stark gelappten Primärblätter völlig ungeteilte Laubblätter folgen, die selber wiederum, im blühenden Bereich, von Fiederblättern abgelöst werden. Wenn auch vom Autor die Entwicklungsgeschichte nicht berücksichtigt wurde, so kann wohl doch vermutet werden, daß es sich bei den Primärblättern um Hemmungsformen handelt, insofern, als bestimmte Bezirke der Spreitenanlage nicht zur Weiterentwicklung gelangen. Wenn mit zunehmender Achsenerstarkung diese Hemmung aufgehoben wird und das Randwachstum kontinuierlich erfolgt, so kommen die ungeteilten Blattformen zustande. Den Nachweis für die Richtigkeit einer solchen Vorstellung konnte Troll beim Studium der gelappten Kotyledonen von *Tilia* erbringen (Fortschr. Bot. **13**, 45). Neubauer (4) beschäftigt sich auch mit der Gestalt des *Citrus*-Blattes. Auf Grund der Blattfolge sowie zahlreicher Monstrositäten kommt er in Übereinstimmung mit der schon früher geäußerten Ansicht von van der Pijl zu dem Ergebnis, daß die Blätter dem Typus nach trifoliat seien. Die Blattspreite würde also der Endfieder einer dreiteiligen Spreite entsprechen, wogegen die beiden Seitenfiedern abortiert sind.

3. Blattnervatur

Die Nervatur des *Ginkgo*-Blattes ist allgemein als dichotom und offen bekannt. Darin herrscht Übereinstimmung mit zahlreichen Pteridophyten und einigen anderen Gymnospermen. Wie jetzt aber Arnott hervorhebt, finden sich dennoch vereinzelt Anastomosen, und zwar in etwa 10% der von ihm untersuchten *Ginkgo*-Blätter. Ganz ungewöhnlich ist die gabelig-offene Blattnervatur bei Angiospermen. Foster weist in diesem Zusammenhang auf die zu den Polycarpicae gehörige, aus China stammende *Kingdonia uniflora* hin, auf deren 5lappige Blätter zuvor schon Diels sowie Troll aufmerksam gemacht haben. Der Nervenverlauf erinnert hier stark an denjenigen des *Ginkgo*-Blattes. Auch Anastomosen kommen bei *Kingdonia* sehr vereinzelt vor (Abb. 5). Foster neigt dazu, in dieser Organisation einen besonders primitiven Typ des Angiospermenblattes zu sehen. Man vergleiche hierzu die zusammenfassende Darstellung bei TROLL, Vergleichende Morphologie, S. 1044 ff.

Eine eingehende Untersuchung über den Bau der Blattnerven von 63 verschiedenen Rubiaceen hat COMYN durchgeführt und dabei versucht, gewisse Entwicklungsreihen aufzustellen. Gegenstand einer besonderen Arbeit ist die Innervierung der Blattwirtel von *Galium mollugo* (MAJUMDAR u. PAL).

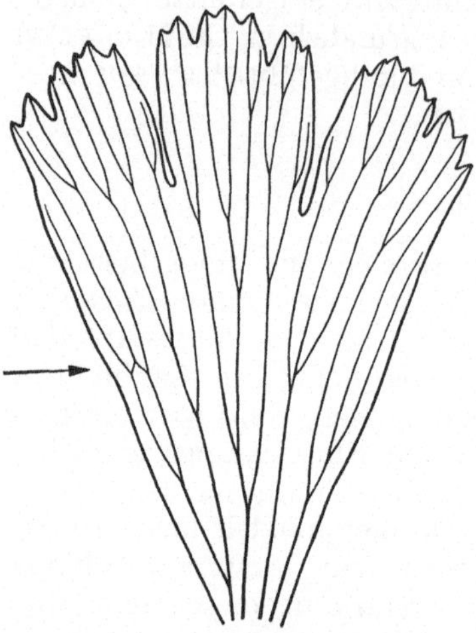

4. Weitere Arbeiten zur Blattanatomie

CARLQUIST hat seine Untersuchungen über den Bau der Blattorgane von verschiedenen Compositen aus der Subtribus *Madinae* fortgesetzt und dabei vor allem die mannigfachen Drüsenbildungen berücksichtigt. Während diese bei *Helocarpha* (2) rein epidermalen Ursprungs sind, kann bei *Calycadenia* (1) subepidermales Gewebe an ihrer Entwicklung beteiligt sein. Auf die zahlreichen Details, die diese eindrucksvoll bebilderten Arbeiten enthalten, kann nicht näher eingegangen werden. Epidermaler Herkunft sind auch die verschiedenartig geformten Drüsen an den Blasen von *Utricularia*, deren Entstehung unter entwicklungs-

Abb. 5. *Kingdonia uniflora.* Mittellappen eines Laubblattes mit offengabeliger Nervatur. Der Pfeil deutet auf eine Bündelanastomose. Nach FOSTER

physiologischen Gesichtspunkten studiert wurde (KURZ). Angaben über Drüsenhaare an Kartoffelblättern finden sich bei BANCHER u. HÖLZL (1). Dieselben Autoren berichten weiter über idioblastenartige Exkretzellen in der Blattepidermis von *Morina longifolia* [Dipsacaceae (2)].

Verschiedentlich wird die Anatomie von Grasblättern behandelt, so von TATEOKA *(Arundinella, Garnotia)* und von PARRY u. SMITHSON *(Chusquea, Brachypodium, Nardus* u. a.). Auf den Bau der Spaltöffnungen einiger Gramineen gehen LÜCK u. LÜCK, auf den einer Reihe von Insectivoren TANAVSCHI u. RADULESCU näher ein.

Die auffallenden, oftmals verzweigten Sklereiden im Blatt von *Niebuhria apetala* beginnen ihre Entwicklung in engem Kontakt mit den Procambiumzellen. Im adulten Zustand können sie mit ihren Fortsätzen bis in die Atemhöhlen der Blattunterseite hineinragen (RAO). Bei *Camellia*-Arten durchsetzen weitlumige Sklereiden bekanntlich das gesamte Mesophyll, von der oberen Epidermis bis zur unteren (BARUA u. WIGHT, vgl. auch Fortschr. Bot. **21**, 20).

Von vielfältigen Angaben über die Laub- und Hochblätter von *Euphorbia pulcherrima* sei hervorgehoben, daß die letzteren kein Palisadengewebe besitzen, sondern allein über ein schwammparenchymatisches Mesophyll verfügen (GOEDBLOED u. Mitarb.). Sie stimmen darin mit den Hoch- und Kelchblättern anderer Pflanzen überein und stellen somit nicht' nur gestaltlich sondern auch histologisch Hemmungsformen dar [WEBER (1)]. Daß die sog. isodiametrischen Assimilationszellen im Blatt, räumlich betrachtet, durchaus nicht immer isodiametrisch sind, betont F. J. MEYER in einer kritischen Studie.

Das epidermale Wassergewebe, bekannt vor allem von *Peperomia*-Arten, gehört dort der Spreitenoberseite der Laubblätter an. Daß auch die unterseitige Epidermis zur Wasserspeicherung herangezogen werden kann, war bislang nicht bekannt. Beispiele hierfür hat jetzt TROLL (1) in der Urticaceen-Gattung *Pilea* gefunden. Bei *P. serpyllifolia* zeichnet sich die unterseitige Epidermis nur durch die hauptsächlich auf Streckung in antiklinaler Richtung beruhende enorme Größe ihrer Zellen aus. Bei *P. globosa* ist sie dagegen zu einem vielschichtigen Wassergewebe entwickelt.

Ein thylloides Auswachsen von Epidermiszellen konnte MILIČIĆ an *Epiphyllum*-Sprossen beobachten. Wenn durch Reiben mit Carborundumpulver einzelne Zellen der Oberhaut beschädigt wurden und zugrunde gingen, stülpten sich Nachbarzellen in diese hinein und füllten deren Raum schließlich ganz aus. Auch die Blattepidermis von *Impatiens holstii* verhält sich so (MILIČIĆ u. KOMLINOVIĆ). Möglicherweise spielen sich derartige Prozesse auch spontan ab. Von Bedeutung sind zwei von SCHUMACHER angeregte Arbeiten, die uns weitere Erkenntnisse über Bau und Darstellbarkeit der Ektodesmen vermitteln, jener plasmodesmenartigen Kanäle in der äußeren Epidermiswand (SCHNEPF, SIEVERS).

III. Infloreszenzen

Im Rahmen seiner Infloreszenzstudien konnte TROLL (2) u. a. den Aufbau der *Ceropegia*-Blütenstände klären. Die Infloreszenzbildung beruht hier auf Verzweigung aus der Achsel des der Terminalblüte vorausgehenden Schuppenblattes (*b* in Abb. 6, IV). Ein solcher Seitentrieb endet wieder mit einer Endblüte (*E'*), der zwei Vorblätter vorausgehen, die beide meist fertil sind, also in ihren Achseln selbst wieder Blüten tragen. Allerdings weichen diese beiden Seitentriebe 2. Ordnung im Förderungsgrad voneinander ab, wie man es der schematischen Figur in Abb. 6, IV entnehmen mag. TROLL hat diese Infloreszenzform als Cymoid bezeichnet und sie vom sog. Thyrsus abgeleitet, der selbst ebenfalls innerhalb der Asclepiadaceae nachzuweisen ist, z. B. bei *Vincetoxicum nigrum* (Abb. 6, I—II). Solche Thyrsen tragen unter der Endblüte der Gesamtinflorezenz zwei oder mehrere cymöse Partialinfloreszenzen. Ist deren Zahl auf eins reduziert, so liegt die Form des Cymoids vor, die uns bei *Ceropegia* entgegentritt.

Synfloreszenzen im Sinne von TROLL (Fortschr. Bot. **17**, 36) stellen nach MORA die Blütenstände der Cyperaceen dar. In den einzelnen Unterfamilien lassen sich Reduktionsreihen aufstellen, die von Arten mit reichverzweigter Infloreszenz zu solchen Formen führen, bei denen nur noch die Floreszenz (Endährchen bzw. Endscheinährchen) vorhanden ist.

Diese Befunde sind weitgehend entwicklungsgeschichtlich begründet und schließen u. a. eine eingehende Klärung des sog. Blütenstandes von *Cyperus papyrus* ein.

Eine auffallend starke Verzweigung im blühenden Bereich weist unter den Umbelliferen *Seseli tortuosum* auf, wobei die terminale Dolde der Primärachse in der Regel verkümmert (Hamann). Keineswegs um einfache Dolden handelt es sich bei den Blütenständen von *Allium*-Arten,

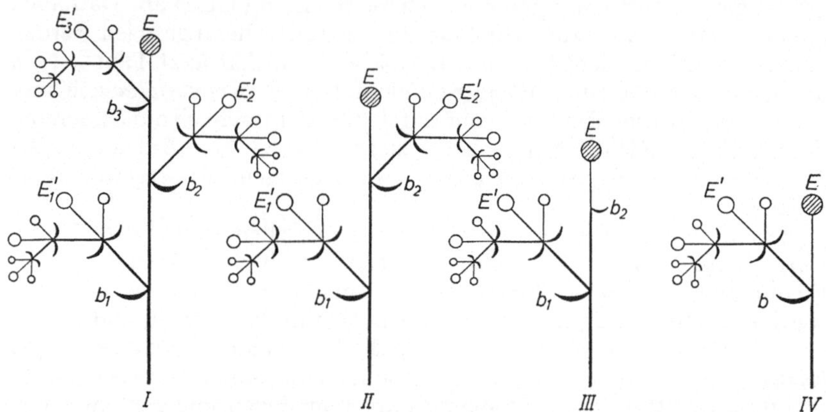

Abb. 6. Infloreszenzbau bei Asclepiadaceen im Aufriß. I, II *Vincetoxicum nigrum*; III *Arauja sericifera*; IV *Ceropegia*. E Terminalblüte; E_n Terminalblüten der aus der Achsel der Brakteen b_n hervorgegangenen Seitentriebe. Nach Troll

was schon die Brüder Bravais (1837) hervorgehoben haben. Für die Arten der mediterranen Sektion *Molium* hat jetzt Mann nachgewiesen, daß die der Hauptachse ansitzenden Partialinfloreszenzen monochasiale Systeme darstellen. Dichasial ist das Grundschema der Blütenstände von *Saintpaulia ionantha*. Doch treten hier mannigfache Variationen auf; insbesondere kommt es zur Ausbildung sog. Vorblüten, deren Stellung im Verzweigungssystem der Infloreszenz von Irmscher näher erörtert wird. Für *Lepidium virginicum* konnte Schaeppi (2) den Synfloreszenzaufbau näher schildern.

Genannt seien schließlich Betrachtungen über die Caryophyllaceen-Infloreszenzen (Gusuleac), über die Blütenstände von *Rumex obtusifolius* (Jacquety), *Castanea sativa* [Codaccioni (1)] und *Aquilegia vulgaris* (Bersillon) sowie eine morphologisch-anatomische Untersuchung der Ähre von *Mnesithea laevis* (Gramineae) von Chandra.

IV. Blüte

1. Blütenentwicklung

In vollkommenem Einklang mit der sog. klassischen Blütentheorie, von der schon im vorhergehenden Bericht (Fortschr. Bot. **21**, 25) die Rede war, stehen die von Tucker am Beispiel von *Drimys winteri* gewonnenen entwicklungsgeschichtlich-histogenetischen Ergebnisse. Roth

(1) wirft die Frage nach dem Zustandekommen der Superposition von Kron- und Staubblättern in der Primelblüte auf. Die Deutung allerdings, die sie ihren klaren Zeichnungen angedeihen läßt, ist eher gewaltsam als originell. Danach sollen die Kronblätter gewissermaßen als „rückenständige Medianstipeln" aus einem Dorsalmeristem der Staubblattanlagen hervorgehen. Ganz abgesehen davon, daß ein solches Meristem zum Zeitpunkt der Kronblattanlegung im Staubblattprimordium offensichtlich noch gar nicht existiert, handelt es sich um nichts anderes als um ein zeitlich begrenztes Vorauseilen der Staubblattentwicklung. Die Bilder zeigen aber auch gar nichts, was bei kritischer Betrachtung für die Rothsche Deutung sprechen könnte, sie geben allein einen interessanten Sonderfall wieder, der die bereits zahlreich vorliegenden Untersuchungen über die Histogenese der Blütenorgane zu bestätigen vermag. Im Bereich der Rhamnaceen hat sich BENEK mit dem Problem der Obdiplostemonie befaßt, ohne zu einer überzeugenden Lösung gelangt zu sein.

Von erheblicher Bedeutung ist die Frage nach der morphologischen Natur der Zentralplacenta bei den Primulaceen. Hier kommen ROTH (2) sowie PANKOW auf Grund histologischer Studien zu dem übereinstimmenden Ergebnis, daß die zentrale Placentarsäule ein Achsenorgan sei, das keinerlei Spuren einer Beteiligung von Karpellgewebe zeigt. Diese Auffassung steht im Widerspruch zu zahlreichen älteren Befunden. Die Vorsicht, die ROTH immerhin noch walten läßt, indem sie vermutet, „daß die Fruchtblattreste an ihr (der Placenta) im Laufe der Phylogenese vollkommen unterdrückt wurden", scheidet in der von PANKOW völlig isoliert, d. h. abseits jeder vergleichend-organographischen Betrachtung vorgenommenen Untersuchung von vornherein aus. Im übrigen hat schon GOEBEL in diesem Zusammenhang darauf hingewiesen, „daß die anatomische Struktur sich nach der Ausbildung der Placenta richtet, nicht umgekehrt".

Arten von *Carex, Scirpus, Cyperus* sowie *Dulichium* hat SCHULTZE-MOTEL auf ihren Blütenbau hin untersucht. Die erzielten Ergebnisse sprechen u. a. dafür, daß die grundständige Samenanlage der Cyperaceen karpellbürtig entsteht. Als terminales Achsengebilde wird der Nucellus bei *Torreya* (Taxaceae) gedeutet (KEMP; vgl. GOEBEL, Organographie, S. 1752ff.). Hingewiesen sei ferner auf eine umfangreiche, von vielen Bildern begleitete entwicklungsgeschichtliche Darstellung des weiblichen Zapfens und der weiblichen Blüte von *Welwitschia*, die MARTENS vorgelegt hat. Angaben über die Zapfenbildung von *Gnetum* finden sich bei VASIL.

2. Blütengestaltung

Wenig war bisher über die Morphologie und Biologie der Blüten einer kapländischen Orchideengruppe bekannt, deren Vertreter den Subtribus *Disinae, Satyriinae* und *Disperidinae* angehören. Diese Lücke hat jetzt VOGEL durch eine eingehende Darstellung schließen können, in der u. a. versucht wird, unter Berücksichtigung entwicklungsgeschichtlicher Befunde den z. T. stark abweichenden Blütenbau der genannten Orchideen auf den allgemeinen Ophrydeen-Typus zurückzuführen. Bei *Disa* z. B.

tritt an Stelle des medianen Labellum-Sporns von *Orchis* ein medianer Sepalen-Sporn. Die vor dem Sporneingang stehende Anthere wird durch einen eigentümlichen Gewebezerfall des Konnektivs nach rückwärts gekippt und ermöglicht so den Zutritt zum Nectarium. Die seitlichen Petalen bilden in mannigfacher Weise sog. Führungsapparate. Eine sorgfältige Analyse hat auch das Gynostemium erfahren, das bemerkenswerte Unterschiede gegenüber den Verhältnissen bei den *Ophrydinae* aufweist, auf die einzugehen in diesem Rahmen leider unmöglich ist. Es muß auf den umfangreichen, mit über 130 Abbildungen versehenen Originaltext verwiesen werden.

Die bis heute nur unvollständig untersuchten diklinen Blüten von *Batis maritima* (Batidaceae) hat ECKARDT zum Gegenstand einer Studie gemacht und für sie neue Blütendiagramme entworfen. Dabei wird auch auf die Problematik hinsichtlich der systematischen Stellung dieser Pflanzen hingewiesen. Einige Hinweise auf die Blüten von *Gunnera* finden sich in einer pflanzengeographisch-systematischen Mitteilung von WEBER u. MORA.

In mehreren Arbeiten wird die Leitbündelversorgung der Blütenorgane zur Klärung von morphologischen Fragen herangezogen. Solche Untersuchungen liegen neu vor u. a. für Labiaten (HILLSON), Zygophyllaceen (NAIR u. NATHAWAT), *Peperomia* [MURTY (1)], *Punica granatum* (SINHA u. JOSHI) sowie für die weiblichen Blüten der zu den Begoniaceen gehörenden *Hillebrandia sandwicensis* (GAUTHIER). Die letzteren zeichnen sich durch offene Karpelle aus. Einen kurzen zusammenfassenden Bericht über seine Studien zur Blütennervatur hat SPORNE vorgelegt.

Von einer Reihe einheimischer Liliaceen, wie *Veratrum*, *Colchicum*, *Anthericum*, *Gagea* u. a. untersuchte SCHAEPPI (1) je 500 Blüten auf die Zahlenverhältnisse ihrer Organe hin. Er fand eine weitgehende Konstanz, d. h. es traten wenige Abweichungen von der Regel auf. Eine Ausnahme macht jedoch *Tofieldia calyculata*, von der 20% der Blüten abgewandelt waren, insbesondere durch Vermehrung der Frucht- und Staubblätter. Dies mag eine Bestätigung für die in der Literatur schon mehrfach geäußerte Vermutung sein, daß es sich bei *Tofieldia* um eine relativ primitive Liliaceen-Gattung handelt. Auf eine große Zahl von Blütenvarianten, die bei *Saintpaulia* auftreten, geht IRMSCHER näher ein.

3. Teratologisches

Eine kritische Analyse von Verlaubungserscheinungen bei Blüten von *Barbarea vulgaris*, die ROHWEDER durchgeführt hat, stützt die heute herrschende Auffassung von der Cruciferen-Blüte. Insbesondere wird bestätigt, daß am Aufbau des Gynoeceums tatsächlich zwei transversal gestellte Blattorgane beteiligt sind und daß die falsche Scheidewand aus sekundären flügelartigen Auswüchsen hervorgeht. Interessant ist in diesem Zusammenhang auch eine bei *Brassica oleracea var. italica* gefundene Anomalie (SAMPSON u. MACARTHUR). Hier neigten u. a. die Kelchblätter zur Verwachsung, und an den Verwachsungsnähten bildete sich eine Placenta mit Samenanlagen aus. Für die verlaubten Staubblätter von *Barbarea* betont ROHWEDER, daß es sich um diplophylle Organe handelt, die den Vorstellungen von BAUM und LEINFELLNER entsprechen (vgl. Fortschr. Bot. **19**, 24).

Für abnorme Blütenbildungen bei *Galeopsis speciosa*, die unter der Einwirkung von 2,4-Dichlorphenoxyessigsäure entstanden waren, stellte ARZT u. a. fest, daß die ursprünglichen Symmetrieverhältnisse auch bei den extremsten Varianten zumindest noch angedeutet sind. Extreme Reduktionserscheinungen im Androeceum waren neben anderen Anomalien an den Blüten von *Solanum nigrum* nach Behandlung der Pflanzen mit 2,3,5-Trijodbenzoesäure zu verzeichnen (KIERMAYER). Im übrigen zeigte es sich, daß Art und Grad der Bildungsabweichungen vom Entwicklungszustand der Blütenanlage abhängig sind. Solche Sensibilitätsphasen konnten bei Applikation von 2,4-D auch für das Zustandekommen bestimmter Blattanomalien bei *Galium aparine* wahrscheinlich gemacht werden (HACCIUS u. SCHNEIDER).

Auf einige Bildungsanomalien bei Blüten von *Valerianella pumila* weist weiter BONNET hin. Abweichende Staubblattformen sollen bei *Nicotiana*-Arten verbreitet sein (KRISHNAMURTHY u. BHAT). Verlaubte Fruchtblätter beschreibt KAZIMIERSK für tetraploide Formen von *Trifolium*-Arten.

4. Weitere Untersuchungen

Teilweise schwer verständlich waren bislang die Kronblätter verschiedener Sapindaceen. LEINFELLNER (3), der ein umfangreiches Herbarmaterial vergleichend ausgewertet hat, kommt zu dem Ergebnis, daß es sich dabei weitgehend um peltate Organe handelt, denen die Form eines Trichters zugrunde liegt. Durch ungleiches Wachstum der Spreite aber kommt es häufig zu lateralen oder median-ventralen „Aufschlitzungen", welche letzten Endes die Mannigfaltigkeit der Kronblattformen bedingen. Auch kann die Weiterentwicklung der Querzone extrem gehemmt sein, wodurch das Erkennen der morphologischen Natur eines derartigen Kronblattes natürlich sehr erschwert wird. Die Peltation im Bereich des Perianths von Sapindaceen-Blüten findet ihr Gegenstück in den Nektarblättern von Ranunculaceen. Daß die Entwicklung der Nektarschuppe auf das Wachstum einer Querzone zurückgeht, konnte u. a. am Beispiel von *Ranunculus sceleratus* näher erläutert werden [LEINFELLNER (2, 4)].

Wenig wissen wir über die eigentümlichen, oftmals spornartigen Auswüchse an der Antherenbasis von Melastomataceen. Für einige Arten hat LEINFELLNER (1) deren Entstehung verfolgt. Danach könnte der adaxiale Auswuchs als sterile Verlängerung der Anthere, die dorsale Ausgliederung als spornartige Bildung des Antherenrückens gedeutet werden. Bei den Bignoniaceen ist das fünfte Staubblatt in der Regel staminodial entwickelt. In den von NEUBAUER (2) beobachteten Blüten von *Kigelia aethiopica* fand es sich in allen möglichen Varianten, von normal-fertiler Form bis zum unscheinbaren Staminodium.

Zahlreiche Arbeiten bringen Beiträge zur Pollenmorphologie, so u. a. die Studien von ERDTMAN [*Rorippa* (1); Ancistrocladaceae u. a. (2)],

Oldfield (Ericales), Aubert u. Charpin (Oleaceae), Nekrasova *(Pinus lapponica)* sowie ein schon 1956 erschienenes Buch von Ikuse: Pollen Grains of Japan.

In einer Reihe vorwiegend indischer Untersuchungen, die zur Hauptsache embryologische Ziele verfolgen, finden sich auch verschiedene Details blütenmorphologischer Natur. Dazu gehören u. a. Studien an Loranthaceen (Narayana; Dixit), Dilleniaceen (Sastri), Simarubaceen (Narayana u. Sayeeduddin; Nair u. Joshi), *Peperomia* [Murty (2)], *Cipadessa* (Narayana), *Justicia* (Ram u. Sehgal) und *Pinus wallichiana* (Konar u. Ramshdani). Für *Commelina forskalaei* bringen Maheshvari u. Baldev nähere Angaben, u. a. über die subterranen kleistogamen Blüten, über die jene Pflanze verfügt.

Über Wurzel, Frucht und Samen liegen nur wenige Arbeiten vor. Sie sollen im nächstjährigen Bericht referiert werden.

Literatur

Ahlborn, M.: Diss. Braunschweig 1957. — Arnott, H. J.: Amer. J. Bot. **46**, 405—411 (1959). — Arzt, Th.: Ber. dtsch. bot. Ges. **72**, 49—62 (1959). — Aubert, J., H. Charpin et J. Charpin: Pollen et Spores 1, 7—13 (1959).

Bancher, E., u. J. Hölzl: (1) Protoplasma (Wien) **50**, 356—369 (1959). — (2) Flora (Jena) **147**, 186—206 (1959). — Barua, P. K., and W. Wight: Phytomorphology **8**, 257—264 (1958). — Benek, Ch.: Bot. Jb. **77**, 423—457 (1958). — Bersillon, G.: Rev. gén. Bot. **65**, 397—413 (1958). — Bierhorst, D. W.: Amer. J. Bot. **46**, 170—179 (1959). — Blyth, A.: Univ. Calif. Publ. Bot. **30**, 141—232 (1958). — Boke, N. H.: Amer. J. Bot. **46**, 197—209 (1959). — Bonnand, J.: C. R. Acad. Sci. (Paris) **248**, 1209—1211 (1959). — Bonnet, A. L. M.: Nat. Monspeliensa, Sér. Bot. **9**, 3—14 (1957). — Braun, H. J.: (1) Z. Bot. **46**, 309—338 (1958). — (2) Z. Bot. **47**, 145—166 (1959). — (3) Z. Bot. **47**, 421—434 (1959). — Briggs, W. R., and T. A. Steeves: Phytomorphology **8**, 234—248 (1958). — Buxbaum, F.: (1) Morphology of the Cacti. Abbey Garden Press, Pasadena 1950. — (2) Österr. bot. Z. **106**, 138—158 (1959). — (3) Beitr. Biol. Pflanz. **35**, 55—75 (1959).

Carlquist, Sh.: (1) Amer. J. Bot. **46**, 70—80 (1959). — (2) Amer. J. Bot. **46**, 300—308 (1959). — Carothers, Z. B.: Amer. J. Bot. **46**, 397—404 (1959). — Chandra, N.: J. Indian Bot. Soc. **37**, 181—193 (1958). — Codaccioni, M.: (1) C. R. Acad. Sci. (Paris) **247**, 1478—1481 (1958). — (2) C. R. Acad. Sci. (Paris) **248**, 3202—3204 (1959). — Comyn, J.: Ann. Sci. nat. Bot., Sér. 11; **18**, 27—70 (1958).

Denne, M. P.: Ann. Bot., N. S. **23**, 121—129 (1959). — Dixit, S. N.: Phytomorphology **8**, 346—364 (1958). — Durairatnam, M.: Bot. Mag. Tokyo **72**, 190—192 (1959).

Eckardt, Th.: Ber. dtsch. bot. Ges. **72**, 411—418 (1959). — Erdtman, G.: (1) Flora (Jena) **146**, 408—411 (1958). — (2) Veröff. Geobot. Inst. Rübel Zürich, H. 33, 47—49 (1958). — Erickson, R. O., and F. J. Michelini: Amer. J. Bot. **44**, 297—305 (1957). — Esau, K., and V. J. Cheadle: (1) Proc. nat. Acad. Sci. (Wash.) **44**, 546—553 (1958). — (2) Proc. nat. Acad. Sci. (Wash.) **45**, 156—162 (1959).

Fahn, A.: (1) Trop. Woods **109**, 81—94 (1958). — (2) Bull. Research Council Israel 7D, 23—28 (1959). — Fahn, A., and T. Arzee: Amer. J. Bot. **46**, 330—338 (1959). — Foster, A. S.: Notes Roy. Bot. Garden Edinburgh **23**, 1—12 (1959).

Gauthier, R.: Phytomorphology **9**, 72—87 (1959). — Goedbloed-Giel, R., A. J. Quené and W. K. H. Karstens: Proc. kon. ned. Akad. Wet., Ser. C. **61**, 265—280 (1958). — Gottlieb, J. E.: (1) Phytomorphology **8**, 184—194 (1958). — (2) Phytomorphology **9**, 91—105 (1959). — Greulach, V., and J. G. Haesloop: Amer. J. Bot. **45**, 566—570 (1958). — Gustin, R., et J. de Sloover: Cellule **57**, 95—128 (1955). — Gusuleac, M.: Rev. Biol. (Bukarest) **2**, 215—245 (1957). — Guttenberg, H. von, u. J. Burmeister: Ber. dtsch. bot. Ges. **72**, 359—367 (1959).

HACCIUS, B.: (1) Naturwissenschaften 46, 153 (1959). — (2) Z. Naturforsch. 14b, 206—209 (1959). — HACCIUS, B., u. E. FISCHER: Österr. bot. Z. 106, 373—389 (1959). — HACCIUS, B., u. W. SCHNEIDER: Planta 52, 206—229 (1958/59). — HADJ-MOUSTAPHA, M.: C. R. Acad. Sci. (Paris) 246, 304—306 (1958). — HAGEMANN, W.: (1) Bot. Studien (Jena) H. 9, 1—88 (1959). — (2) Beitr. Biol. Pflanz. 35, 32—39 (1959). — (3) Beitr. Biol. Pflanz. 35, 77—94 (1959). — HAMANN, U.: Ber. dtsch. bot. Ges. 72, 421—428 (1959). — HARA, N.: J. Fac. Sci. Univ. Tokyo, Sect. III, Bot. 7, 367—450 (1958). — HILLSON, CH. J.: Amer. J. Bot. 46, 451—459 (1959). — HOMÈS, J.: C. R. Soc. Biol. (Paris) 152, 1205—1208 (1958).

IKUSE, M.: Pollen Grains of Japan. Tokyo: Hirokawa Publ. Co. 1956. — IRMSCHER, E.: Flora (Jena) 148, 179—202 (1959).

JACOBS, W. P., and J. B. MORROW: Science 128, 1084—1085 (1958). — JACQUETY, Y.: C. R. Acad. Sci. (Paris) 247, 1481—1484 (1958). — JENTYS-SZAFEROWA, J.: Rev. Pol. Acad. Sci. 4, 9—38 (1959).

KAUPPERT, M.: Z. Bot. 46, 383—416 (1958). — KAZIMIERSKI, T.: Bull. Acad. pol. Sci., Sér. Biol. 6, 103—108 (1958). — KEMP, M.: Amer. J. Bot. 46, 249—261 (1959). — KIERMAYER, O.: Planta 52, 393—404 (1958/59). — KONAR, R. N., and S. RAMSHANDANI: Phytomorphology 8, 328—346 (1958). — KOYAMA, T.: J. Fac. Sci. Univ. Tokyo, Sect. III, Bot. 7, 271—366 (1958). — KRISHNAMURTHY, K. V., and N. R. BHAT: J. Indian Bot. Soc. 38, 84—92 (1959). — KURZ, J.: Beitr. Biol. Pflanz. 35, 111—135 (1959).

LANCE, A.: Ann. Sci. Natur. Bot., Sér. 11; 18, 91—421 (1958). — LEINFELLNER, W.: (1) Österr. bot. Z. 105, 44—70 (1958). — (2) Österr. bot. Z. 105, 184—192 (1958). — (3) Österr. bot. Z. 105, 443—514 (1958). — (4) Österr. bot. Z. 106, 88—103 (1959). — (5) Österr. bot. Z. 106, 325—351 (1959). — (6) Österr. bot. Z. 106, 577 bis 608 (1959). — LEMESLE, R.: (1) C. R. Acad. Sci. (Paris) 247, 1027—1029 (1958). — (2) C. R. Acad. Sci. (Paris) 247, 1128—1129 (1958). — LOISEAU, J.-E., et A.-M. HOTTIN: C. R. Acad. Sci. (Paris) 248, 2785—2787 (1959). — LÜCK, H. B., u. J. LÜCK: Phyton (Buenos Aires) 11, 39—51 (1958). — LYASHENKO, N. J.: Bot. Z. 43, 1039—1058 (1958). Russisch.

MAHESHVARI, S. C., and B. BALDEV: Phytomorphology 8, 277—298 (1958). — MAHLBERG, P. G.: (1) Phytomorphology 9, 110—118 (1959). — (2) Phytomorphology 9, 156—162 (1959). — MAJUMDAR, G. P., and P. K. PAL: Proc. Indian Acad. Sci., B., 48, 211—222 (1958). — MAKSYMOWYCH, R.: Amer. J. Bot. 46, 635—644 (1959). — MANN, L. K.: Amer. J. Bot. 46, 730—739 (1959). — MARTENS, P.: Cellule 60, 169—286 (1959). — MEYER, D.: Willdenowia (Berlin-Dahlem) 2, 32—40 (1958). — MEYER, F. J.: Ber. dtsch. bot. Ges. 72, 25—36 (1959). — MEYER-UHLENRIED, K.-H.: Holzforschung (Berlin) 11, 150—157 (1958). — MICHELINI, F. J.: Amer. J. Bot. 45, 525—533 (1958). — MILANEZ, F. R., and H.-M. NETO: Rodriguesia 18—19, 351—396 (1956). — MILIČIĆ, D.: Acta bot. croatica (Zagreb) 16, 17—31 (1957). — MILIČIĆ, D., u. V. KOMLINOVIĆ: Österr. bot. Z. 105, 102—110 (1958). — MOENS, P.: Cellule 57, 35—64 (1955). — MORA, L. E.: Beitr. Biol. Pflanz. 35, 253—341 (1960). — MURTY, Y. S.: (1) J. Indian bot. Soc. 37, 474—491 (1958). — (2) J. Indian bot. Soc. 38, 120—139 (1959).

NAIR, N. C., and R. K. JOSHI: Bot. Gaz. 120, 88—99 (1958). — NAIR, N. C., and K. S. NATHAWAT: J. Indian bot. Soc. 37, 172—180 (1958). — NARAYANA, L. L.: J. Indian bot. Soc. 37, 147—154 (1958). — NARAYANA, L. L., and M. SAYEEDUDDIN: J. Indian bot. Soc. 37, 517—522 (1958). — NARAYANA, R.: (1) Phytomorphology 8, 146—168 (1958). — (2) Phytomorphology 8, 306—322 (1958). — NEKRASOVA, T. P. Bot. Z. 44, 232—234 (1959). Russisch. — NEUBAUER, H. F.: (1) Phyton (Graz) 8, 93—101 (1959). — (2) Österr. bot. Z. 106, 546—550 (1959). — (3) Österr. bot. Z. 106, 551—555 (1959). — (4) Österr. bot. Z. 106, 556—565 (1959). — (5) Österr. bot. Z. 106, 566—570 (1959). — NOZERAN, R., et P. NEVILLE: C. R. Acad. Sci. (Paris) 248, 1007—1010 (1959).

OLDFIELD, F.: Pollen et Spores 1, 19—48 (1959).

PALMER, J. H.: New Phytologist 57, 145 (1958). — PANKOW, H.: Ber. dtsch. bot. Ges. 72, 111—122 (1959). — PANKOW, H., u. H. VON GUTTENBERG: Planta 52, 629—643 (1958/59). — PARKE, R. V.: Amer. J. Bot. 46, 110—118 (1959). — PARRY, D. W., and F. SMITHSON: (1) Nature (Lond.) 181, 1549—1550 (1958). — (2) Nature (Lond.) 182, 1460—1461 (1958). — POSHKURLAT, A. P.:

Bjull. Mosk. Obsc. Ispyt. Prir., Otd. Biol. 63, 113—126 (1958). — Pratt, Ch.: Amer.
J. Bot. 46, 103—109 (1959). — Pratt, Ch., J. Einset and M. Zahur: Amer. J.
Bot. 46, 537—544 (1959).
  Ram, H. Y. M., and P. P. Sehgal: Phytomorphology 8, 124—136 (1958). —
Rao, T. A.: Proc. Indian Acad. Sci., B. 48, 223—228 (1958). — Rauh, W., u. H.
Falk: Sitzsber. Heidelb. Akad. Wiss., Math.-naturw. Kl., 1959, 1. u. 2. Abh. —
Reinert, J.: Planta 53, 318—333 (1959). — Resch, A.: Planta 52, 467—515
(1958/59). — Rohweder, O.: Flora (Jena) 148, 256—281 (1959). — Roth, I.: (1)
Flora (Jena) 148, 129—152 (1959). — (2) Bot. Jb. 79, 1—16 (1960).
  Sachs, R. M., C. F. Bretz and A. Lang: Amer. J. Bot. 46, 376—384 (1959). —
Sampson, D. R., and M. MacArthur: Ann. Bot. (London), N. S. 23, 211—216
(1959). — Sastri, R. L. N.: Bot. Not. (Lund) 111, 495—511 (1958). — Schaeppi,
H.: (1) Bot. Jb. 78, 119—128 (1958). — (2) Arb. Inst. f. allgem. Bot. Univ. Zürich
1959, 129—137. — Schnepf, E.: Planta 52, 644—708 (1958/59). — Schötz, F.:
Planta 52, 351—392 (1958/59). — Schüepp, O.: Denkschr. schweiz. naturforsch.
Ges. 82, Abh. 2 (1959). — Sebastine, K. M.: J. Indian bot. Soc. 37, 104—113
(1958). — Sharma, U.: Proc. Indian Acad. Sci., Sect. B. 47, 210—224 (1958). —
Sievers, A.: Flora (Jena) 147, 263—316 (1959). — Sihler, M.: Dissertation
Tübingen 1958. — Sinha, S. C., and B. C. Joshi: J. Indian bot. Soc. 38, 35—45
(1959). — Sloover, J. de: Cellule 59, 53—202 (1958). — Snow, R.: New Phytol.
57, 160—167 (1958). — Solovieva, N. A.: Dokl. Akad. Nauk SSSR 122, 524—527.
Russisch. — Soma, K.: J. Fac. Sci. Univ. Tokyo, Sect. III. Bot. 7, 199—256
(1958). — Souèges, R.: C. R. Acad. Sci. (Paris) 248, 45—49 (1959). — Spegg, H.:
Planta Med. (Stuttgart) 7, 8—23 (1959). — Sporne, K. R.: Proc. Linnean Soc.
Lond. 169, 75—84 (1958). — Steeves, T. A., and W. R. Briggs: Phytomorphology
8, 60—72 (1958). — Steeves, T. A., and J. M. Sussex: Amer. J. Bot. 44, 664—673
(1957). — Sterling, C.: Bot. Gaz. 120, 50—53 (1958). — Steward, F. C., and J. K.
Pollard: Nature (Lond.) 182, 828—832 (1958). — Stichel, E.: Planta 53, 293 bis
317 (1959).
  Tanavschi, S. T., u. D. Radulescu: Rev. Biol. (Bukarest) 3, 67—86 (1958). —
Tateoka, T.: Bot. Gaz. 120, 101—109 (1958). — Troll, W.: (1) Akad. Wiss. u.
Lit. Mainz. Jb. 1958, 127—137. — (2) Abh. Akad. Wiss. u. Lit. Mainz, math.-
naturw. Kl., 1959, 225—262. — Tucker, S. C.: Univ. Calif. Publ. Bot. 30, 257—336
(1959). — Vasil, V.: Phytomorphology 9, 167—215 (1959). — Vassilevskaya, V.
K.: Vestn. Leningrad. Univ., Ser. Biol. 3, 5—19 (1959). Russisch. — Vescovi, P.:
(1) C. R. Acad. Sci. (Paris) 247, 498—501 (1958). — (2) Rev. Cytol. Biol. vég. 19,
377—432 (1958). — Voeller, B. R., and E. G. Cutter: Ann. Bot., N. S. 23,
391—396 (1959). — Vogel, St.: Abh. Akad. Wiss. u. Lit. Mainz, math.-naturw.
Kl. 1959, 265—532.
  Weber, H.: (1) Abh. Akad. Wiss. u. Lit. Mainz, math.-naturw. Kl. 1955,
448—466. — (2) Comunicaciones (Revista Inst. tropic. San Salvador) 7, 23—32
(1958). — (3) Beitr. Biol. Pflanz. 36, 381—395 (1960). — Weber, H., u. L. E. Mora:
Beitr. Biol. Pflanz. 34, 467—477 (1958). — Wilson, K. A.: Amer. J. Bot. 45,
483—491 (1958).

3. Entwicklungsgeschichte und Fortpflanzung

Von Kurt Steffen, Braunschweig

Mit 2 Abbildungen

Cyanophyceae. Geitler (8) berichtete zusammenfassend über Syncyanosen. Bei den Algensyncyanosen, bei denen fadenförmige Blaualgen auftreten (*Richelia intracellularis* in *Chaetoceras*-Arten und *Nostoc* in *Geosiphon*) besteht kein Zweifel über die Natur der Symbionten. Anders ist es bei gewissen Flagellaten-Cyanomen wie *Cyanophora* sowie bei *Glauocystis, Gloeochaete, Glaucosphaera* und der neuen Art *Cyanoptyche dispersa* [Geitler (9)]. An den Cyanellen von *Cyanophora* läßt sich keine Membran wie bei freilebenden Cyanophyceen nachweisen [Geitler (8)], eine eindeutige Nuclealreaktion war nicht zu erzielen, und der zentrale kugelige Körper ist nicht mit dem bekannten Centroplasma der Cyanophyceen zu identifizieren. Geitler (9) hat Bedenken die Cyanellen freilebenden Cyanophyceen gleichzusetzen, räumt allerdings ein, daß sich die Unterschiede allenfalls aus der intracellulären Lebensweise erklären lassen.

Bacillariophyceae. *Centrales.* Von Stosch (1) hat die im Entwicklungsgang von *Melosira varians* gebliebenen Lücken (vgl. Fortschr. Bot. **17**, 65) durch die Untersuchung der marinen *Melosira moniliformis* ausgefüllt. Bei der monöcischen marinen Form entstehen aus einer vegetativen Zelle 4—32 Spermatogonien, in denen die Plastidenzahl und -größe abnehmen. Nach der ersten meiotischen Teilung wird ein zweikerniges Plasmodium, nach der zweiten werden simultan vier eingeißlige, plastidenlose Spermatozoiden und ein plastidenhaltiger Restkörper gebildet. Die Spermatozoiden werden nicht sofort entlassen, sondern zeigen mehrere Stunden ein thigmotaktisches Verhalten zum Restkörper. Erst nach Erlöschen der Thigmotaxis werden die Bewegungen ungeordnet. Die Spermatozoiden öffnen nunmehr durch ihr Dagegenstoßen die Valven. — Erben untersuchte bei der marinen *Melosira nummuloides* die Bedingungen für die Auxosporenbildung und die Auslösung der Meiosis. Vorbedingung für die Auxosporenbildung ist eine mittlere Zellgröße (regenerativer Größenbereich), jedoch wird nur ein kleiner Teil der Zellen zu Auxosporenmutterzellen. Durch eine inäquale Teilung werden aus einer vegetativen Zelle eine kleine plastidenfreie und eine große Auxosporenmutterzelle gebildet. In der Auxosporenmutterzelle findet die Meiosis statt. Nach der ersten Teilung degeneriert ein Kern, während der andere die zweite Teilung durchläuft. Beweise für eine Autogamie konnten nicht erbracht werden. Sie wird für möglich gehalten, da die Auxosporenmutterzelle sich nicht öffnet.

Pennales. Über die sexuelle Fortpflanzung der pennaten Diatomeen liegt seit 1957 ein Sammelbericht von GEITLER (1) vor, der die Literatur ab 1930 verarbeitet. Er wird ergänzt durch Untersuchungen der letzten Zeit [GEITLER (3, 4 u. 6), vgl. dazu auch Fortschr. Bot. **17, 68, 19, 387, 20, 40**]. Wie allgemein bekannt, kommt statt der Oogamie der *Centrales* bei den *Pennales* morphologische Iso- und physiologische Anisogamie vor. Der eigentlichen Gametenkopulation geht eine Paarung der Gametangien voraus. Es lassen sich 4 Typen der Auxosporenbildung unterscheiden. 1. Beim Normaltyp bilden 2 gepaarte Mutterzellen je 2 Gameten und nach allogamer Kopulation 2 Zygoten bzw. Auxosporen. Die Gameten können sich iso- oder anisogam verhalten. Als Anfangsglied dieses Typus dürfte *Navicula radiosa* aufzufassen sein, bei der die 4 Gonenkerne pro Mutterzelle erhalten bleiben, so daß jeder Gamet 2kernig ist und die entstehende Zygote 4kernig wird. Die 4 Zygotenkerne bilden sogar noch 2 Kernpaare, von denen allerdings 1 Paar degeneriert. Variationen des Normaltyps ergeben sich durch Verschiedenheiten in der Gametogenese (mit oder ohne Gametenumlagerung), des Kopulationstypus (Iso-Anisogamie), und der Kopulationsmechanik (mit und ohne morphologisch distinkte Durchtrittstellen in der Kopulationsgallerte, mit oder ohne Kopulationsschlauch). Beim 2. Typ, der als abgeleitet zu betrachten ist, bilden 2 gepaarte Mutterzellen je einen Gameten und allogam eine Zygote. Variationen ergeben sich auch hier durch den Kopulationstyp (iso-anisogam), die Kopulationsgeschwindigkeit, durch die Ausbildung von Gallerte oder eines geformten Kopulationsschlauches und schließlich durch die Gametogenese, bei der entweder die Cytokinese unterdrückt ist oder zu einer inäqualen Teilung in einen Gameten und einen Restkörper führt. Die stärkste Rückbildung des Restkörpers, die an die Bildung des 1. Richtungskörpers bei tierischen Eiern erinnert, findet sich bei *Navicula seminulum, Cocconeis pediculus* und *placentula* [GEITLER (3)]. Bei *Navicula cryptocephala var. veneta II* und *var. typica I* unterbleibt die Cytokinese. Der Gamet enthält 2 normale und 2 pyknotische Kerne. In der Zygote finden sich also 4 pyknotische und 4 normale Kerne. Letztere bilden zwei Kernpaare, von denen nur eines zum Synkaryon verschmilzt [GEITLER (4)]. Diese Variante stellt somit einen Parallelfall zu *Navicula radiosa* dar. Bei der Rasse *typica II* werden übrigens von jeder Mutterzelle zwei Gameten mit je 2 normalen Kernen gebildet, so daß der Art *Navicula cryptocephala* eine Mittlerstellung zwischen den beiden Kopulationstypen zukommt. Der 3. Typ zeichnet sich durch Automixis aus. Er ist vom 1. Typ abzuleiten. Entweder kommt Pädogamie vor, wobei die beiden Gameten der Mutterzelle miteinander kopulieren [obligat bei *Gomphonema constrictum var. capitata, Cymbella aspera* und fakultativ bei *Synedra ulna*, vgl. auch GEITLER(4)], oder aber die Cytokinese unterbleibt und die beiden überlebenden Gonenkerne verschmelzen (Autogamie z. B. bei *Denticula tenuis*). Der 4. Typ ist apomiktisch. Unter Pseudomeiose entsteht in einer isolierten Mutterzelle eine Azygote bzw. Auxospore. Es handelt sich also um eine diploide Parthogenese [Rassen von *Cocconeis placentula*, GEITLER (3)]. Als Rudiment der Allogamie kann eine Scheinpaarung auftreten.

Auto- und Apomixis neben Allogamie finden sich wie auch bei anderen Pflanzengruppen bei nächst verwandten Arten, ja innerhalb derselben Art bei verschiedenen Varietäten und Rassen [*Cocconeis, Denticula, Cymbella, Gomphonema*, GEITLER (3. u. 4)]. Der Typ 2 ist für *Cocconeis, Eunotia* und *Surirella* charakteristisch. Dieser Typ mit seinen abgeleiteten Organisationsmerkmalen hat eine gewisse Spezifität. Bastarde wurden erstmalig zwischen *Cocconeis placentula var. pseudolineata* und *var. euglyptoides* festgestellt [GEITLER (3)].

Während sich die *Centrales* und *Pennales* vergleichend morphologisch leicht in Beziehung zueinander bringen lassen, ist die Ableitung der Fortpflanzungsverhältnisse der *Pennales* von den phylogenetisch älteren *Centrales* schwierig. VON STOSCH (2) versucht diese Lücke durch das Studium der Araphideen zu schließen, die durch das Fehlen der Raphe ökologisch auf dem Stadium der *Centrales* stehengeblieben sind. Bei der diöcischen epiphytischen *Rhabdonema adriaticum* entsteht das Oogon aus der vegetativen Zelle dadurch, daß die Unterschale durch Zwischenbänder und darauf durch spezialisierte septenlose Bänder verlängert wird. Letztere schließen nicht fest aneinander und ermöglichen so die Befruchtung. Im Oogon findet im Anschluß an die erste meiotische Teilung eine inäquale Cytokinese statt, die eine prospektive Eizelle und einen relativ großen Richtungskörper liefert. In jeder Zelle erfolgt eine zweite Kernteilung. Von den beiden Kernen wird jedoch einer pyknotisch. Die schmalen Spermatogonien entstehen nach zwei oder mehr Teilungscyclen aus einer vegetativen Zelle. Die Spermatogonien lösen sich zu Beginn der Meiosis aus dem Fadenverband und setzen sich mit Hilfe von Eckpolstern an dem Oogonium fest (Abb. 7). Nach Beendigung der Meiosis befinden sich zwei Mikrogameten und ein kernloser Restkörper, dessen Entstehung unklar bleibt, in den Spermatogonien. Die Mikrogameten kriechen amöboid bis zur empfängnisfähigen Zone des Oogoniums. Dort wird allein der Kern in das Ei injiziert (Abb. 7 links). *Rhabdonema* kann als ein Modellbeispiel für die mögliche Überleitung der Fortpflanzungsverhältnisse bei den *Centrales* zu denen der *Pennales* angesehen werden. Ein Beispiel, das allerdings durch paläontologische Befunde gestützt wird. Bei der Überleitung zu den übrigen *Pennales* müßte sich die Anisogamie der Gameten und der Gametangien zur morphologischen Isogamie rückgebildet haben. Will man die Beziehung zu den *Centrales* herstellen, so gleicht die Eientwicklung bei *Rhabdonema* der von *Biddulphia rhombus* (vgl. Fortschr. Bot. **17**, 68). Der Mikrogamet von *Rhabdonema* ist dem Halbspermatogon von *Biddulphia granulata* homolog. Die Differenzierung wäre also hier verfrüht, die Geißeln müßten als abortiert angesehen werden.

Chlorophyceae. *Volvocales.* Bereits 1954 war von GEITLER ein Fall echter Oogamie bei *Chlamydomonas pseudogigantea* beschrieben worden (vgl. dazu Fortschr. Bot. **17**, 69). Dabei schlüpft das unbehäutete Ei aus dem morphologisch von den vegetativen Zellen unterscheidbaren Oogonium und wird von einem der zu 64 gebildeten Spermatozoiden befruchtet. Neuerdings wurde von TSCHERMAK-WOESS über einen Fall extremer Anisogamie bei der neuen Art *Chlamydomonas suboogama* berichtet, der den Übergang von der Oogoniogamie zur echten Oogamie vermittelt. Bei dieser Art wird die geschlechtliche Fortpflanzung damit eingeleitet, daß sich eine Zelle mit einer allseitig ausgeschiedenen Gallerthülle festsetzt, die Geißel verliert und durch Teilung 4 zunächst gleichwertige Gametangien (Abb. 8a) liefert. Von diesen 4 Gametangien wird

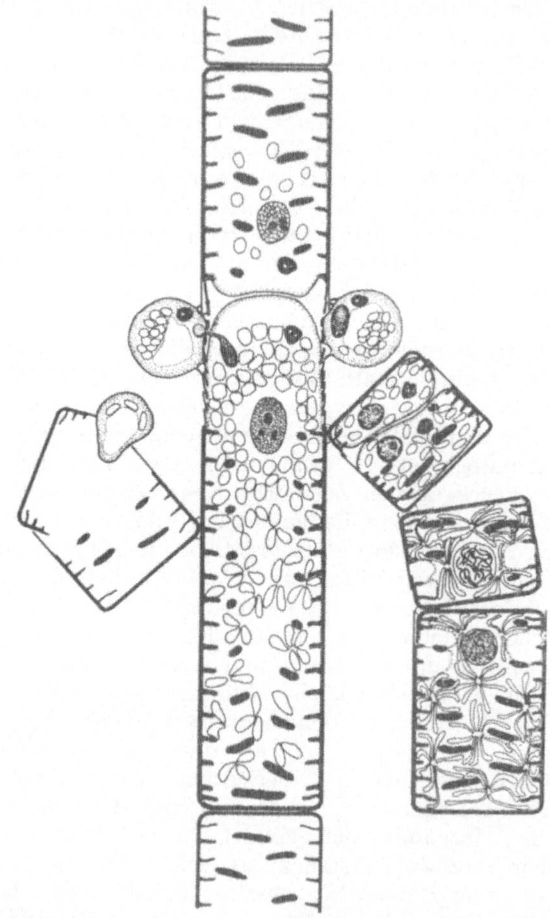

Abb. 7. *Rhabdonema adriaticum.* Reifes Oogon mit anhaftenden Spermatogonien und Mikrogameten. Unten im Oogon, die an Plastiden reiche Eizelle, darüber der Richtungskörper, beide mit einem lebenden und einem pyknotischen Kern. Rechts am Oogon angeheftet 3 reifende Spermatogonien, links ein fast entleertes, aus dem gerade der Restkörper ausschlüpft. Beidseitig oberhalb der Spermatogonien die beiden Mikrogameten, von denen der linke gerade seinen funktionierenden Kern in die Eizelle injiziert. Vergrößerung 575fach, nach VON STOSCH (1958)

eines unter Geißelverlust und Chromatophorverfärbung zum Spermatogon determiniert. In ihm bilden sich 4 Spermatozoiden, die sich aus dem Behälter befreien und zunächst in der Gametangienmutterzelle (Abb. 8b) herumschwimmen und später ins freie Wasser gelangen. Auch die 3

Makrogameten befreien sich aus dem Gametangium, wobei unter Umständen ein Restkörper in dem Gametangium zurückbleibt. Sie behalten aber ihre Geißeln. Sehr häufig werden die Makrogameten bereits im Stadium ihres Austritts aus der Gametangiumhülle befruchtet. Die Befruchtung (Abb. 8c), die zufallsgemäß erfolgt, wird meist eine Fremdbefruchtung sein. Wollte man eine Entwicklungsreihe innerhalb der

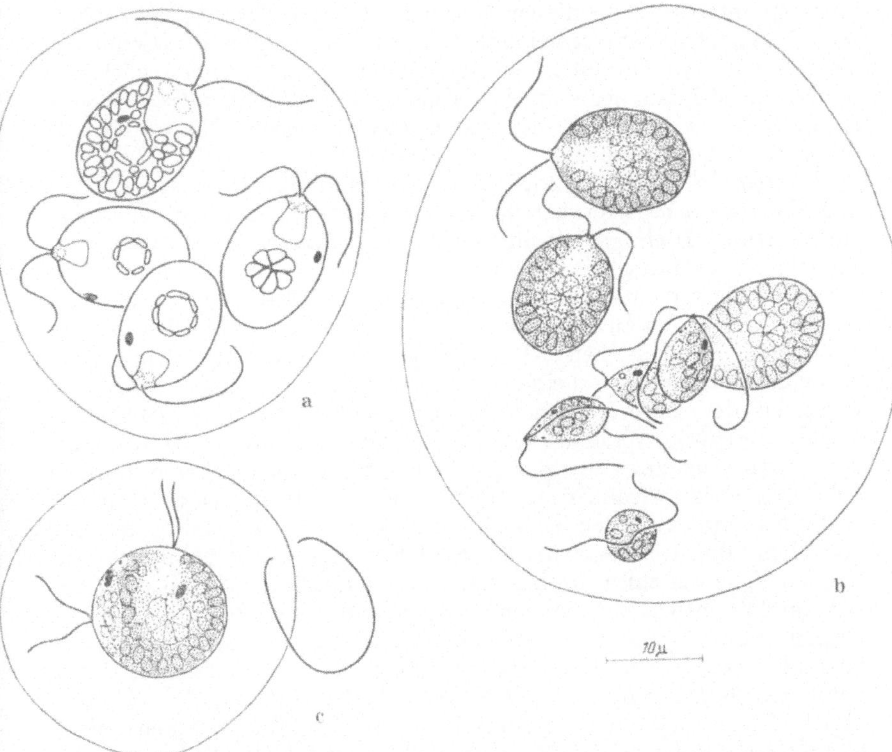

Abb. 8a—c. *Chlamydomonas suboogama.* a. Vierergruppe aus einem männlichen (oben) und drei weiblichen jungen Gametangien, durch die Gallerthülle der Gametangienmutterzelle zusammengehalten. b. Dieselbe Gruppe im reifen Zustand. Im Bild unten die 4 eben frei gewordenen Spermatozoiden. c. Junge Zygote mit 2 Geißelpaaren und abgesonderter Spezialhülle. Rechts das entleerte Makrogametangium, nach TSCHERMAK-WOESS (1959)

anisogamen Chlamydomonaden aufstellen, so müßte man mit den ursprünglichen Typen beginnen, bei denen größenverschiedene behäutete Gameten (richtiger Gametangien) miteinander kopulieren. Ein Zwischenstadium würde die Oogoniogamie bei *Chl. coccifera* sein, wo das Oogon unbeweglich geworden ist, seinen Inhalt aber nicht entläßt. Bei *Chl. suboogama* tritt zwar der Makrogamet aus dem Gametangium aus, bleibt aber beweglich. Von diesem Fall leitet sich die echte Oogamie bei *Chl. oogamum* und *pseudogigantea* durch Geißelverlust des Makrogameten ab.

Vorübergehende Polyploidie durch Endomitosen hält BUFFALOE bei vier *Chlamydomonas*-Arten für möglich. Die Endomitosen sollen durch

starke Beleuchtung induziert werden. HAGEN-SEYFFERTH weist in ihrer
Arbeit, die sich hauptsächlich mit Kritik der Chemotaxis-Versuche von
MOEWUS befaßt, nach, daß die Geißeln von *Chlamydomonas eugametos*
auf festem Substrat eingezogen werden und unter geeigneten Bedingungen
bis zu dreimal neugebildet werden (zur Geißelfeinstruktur vgl. GIBBS,
LEWIN u. PHILPOTT).

Von den Vorarbeiten zur Monographie der *Volvocales* [H. u. O. ETT
(1 u. 2)] interessiert in diesem Rahmen nur, daß *Carteria neustophila*,
jetzt *Nautocapsa*, herausgenommen und zu den tetrasporalen Grünalgen
gestellt wird. *Nautocapsa* ist im vegetativen Stadium unbeweglich und
besitzt nur während der Vermehrungsphase 4 Geißeln. *Pandorina morum*
ist nach den Untersuchungen von COLEMAN meistens haplo-diöcisch,
selten haplo-monöcisch.

Ulotrichales. Über die Ausbildung der Hafteinrichtungen bei *Ulva-*
und *Enteromorpha*-Arten berichtete DANGEARD (1). Bei den neuerdings
zur Gattung *Blidingia* zusammengefaßten *Enteromorpha*-Arten wird
zunächst eine Haftscheibe gebildet, aus der protuberanzartig der auf-
rechte Thallusteil entsteht. Die *Ulva*-Zoospore wächst zunächst zu einem
3—4 zelligen Faden aus. Bei *Enteromorpha* wird die Hafteinrichtung aus
schopfartig verflochtenen Rhizoiden gebildet, die unter Umständen
sekundär zu einer Haftscheibe verwachsen können. Über das Polaritäts-
verhalten der Enteromorphazelle bei Verzweigung und Schwärmer-
bildung berichtete WEBER. Da bei *Enteromorpha crinita* und *E. clathrata*
die Seitenzweige aus einer einzigen Zelle gebildet werden, muß in dieser
Zelle eine Polaritätsänderung stattfinden. — SHIHIRA (1 u. 2) untersuchte experimentell den Thallus von *Monostroma* und stellte fest, daß
vor allem die Randpartien die Fähigkeit zur Gametenbildung, die
basalen Teile die zur Rhizoidbildung besitzen. Da die Einzelzellen sich
selbständig entwickeln können, möchte SHIHIRA (2) eine koloniale
Organisation annehmen. *Monostroma* müßte demnach als sehr primitiv
anzusehen sein. — IYENGAR berichtete über eine neue Gattung und Art,
Cylindrocapsopis indica, die morphologisch der Gattung *Cylindrocapsa*
ähnelt. Die sexuelle Fortpflanzung ist oogam. Die Gametangien werden
ohne Zusammenhang mit der Mutterpflanze gebildet. Die Antheridien
entstehen aus viergeißligen Androsporen und liefern 4 viergeißlige
Spermatozoiden. Die Oogonien enthalten eine Eizelle, sie gehen aus
größeren viergeißligen Gynosporen hervor.

KORNMANN (2) hat mit der Überprüfung der heterogenen Gattung
Gomontia begonnen. Dabei stellte sich heraus, daß *Codiolum polyrhizum*
der einzellige Sporophyt im Entwicklungsgang einer Ulotrichale ist. Der
bisher in der Natur nicht aufgefundene Gametophyt bildete auf Muschelschalen kleine in der Mitte mehrschichtige Zellscheiben. Der gesamte
Thallus wird von innen nach außen fortschreitend in Gametangien verwandelt. Der Gametophyt ist monöcisch, die Kopulation schwach
anisogam. Die Aufstellung einer eigenen Familie wird sich als nötig
erweisen, da die Morphologie des Gametophyten die Alge aus der
Familie der Monostromaceen, der einzigen mit einzelliger sporophytischer
Phase, ausschließt. *Codiolum gregarium* gehört als Sporophyt zu *Urospora*

penicilliformis und *C. petrocelidis* nach FAN zu *Spongomorpha coalita* oder nach JÓNSSON (1) zu *Acrosiphonea spinescens*. Nach JÓNSSON (1) soll sich die *Codiolum*-Generation im Sommer durch viergeißlige Sporen vegetativ vermehren, während die im Winter gebildeten Zoosporen zur gametophytischen *Acrosiphonia* auswachsen. Weitere Untersuchungen [JÓNSSON (2)] haben gezeigt, daß die heterothallische *Spongomorpha lanosa* zweigeißlige Isogameten produziert. Die zu einem Keimschlauch ausgewachsenen Zygoten machen ein Ruhestadium im Rindengewebe von *Polyides* und von *Dilsea carnosa* durch. Diese Generation liefert nach der Meiosis Zoosporen, die wieder zu Gametophyten auskeimen. JÓNSSON (2) möchte *Acrosiphonia*, *Urospora* und *Spongomorpha* zur neuen Familie *Acrosiphoniaceae* zusammenfassen. 1938 war bereits von KORNMANN nachgewiesen worden, daß *Derbesia marina* und *Halicystis ovalis* in denselben Entwicklungscyclus gehören, FELDMANN hatte dasselbe 1950 für *D. tenuissima* und *H. parvula* gefunden. Neuerdings liegt eine Bestätigung von KÖHLER vor. *Halicystis* ist streng getrenntgeschlechtig. Wenn also in Kulturen isolierter weiblicher *Halicystis*-Gametophyten Derbesien auftreten, so müssen sich diese parthenogenetisch aus Makrogameten entwickelt haben.

Cladophorales. Die diöcische *Chaetomorpha spiralis* zeigt bekanntlich einen isomorphen Generationswechsel. Die Zoosporen sind vier-, die Isogameten zweigeißlig. Parthenogenetische Entwicklung der Gameten kommt vor (CHIHARA).

Conjugales. Über den ersten Fall von sexuellem Dimorphismus bei einer Konjugate berichtete GEITLER (2 u. 5). Die Zellen, Kerne, Chromatophoren und Pyrenoide der weiblichen Fäden von *Mougeotia heterogama* sind deutlich größer als die der männlichen. Die Kopulation erfolgt trotz morphologischer Anisogamie bewegungsphysiologisch isogam [GEITLER (5)], wegen der ungleichen Zellgröße jedoch unter häufigem Partnerwechsel. Azygoten entstehen beim Absterben des einen Partners, meist des männlichen. Das Absterben der männlichen Fäden wird durch den Befall mit einer Chytridiale verursacht, für die die männlichen Fäden besonders empfänglich sind. Bei der anisogamen *Mougeotia transeaui* werden hingegen Azygoten in ungepaarten Fäden also amiktisch gebildet [GEITLER (7)]. Da die Bildung der Azygoten in Blöcken erfolgt, die durch vegetative Fadenabschnitte getrennt sind, liegt der Schluß nahe, daß die Fäden physiologisch inhomogen sind. Bei der Azygotenbildung erfolgt zunächst eine knieförmige Aussackung der Zelle, dann kontrahieren sich Chromatophor sowie Cytoplasma und werden gegen die übrige Zelle beidseitig durch eine Wand abgegrenzt. Da die Azygoten nur einen Kern und ein Chromatophor besitzen, sind die Argumente CZURDAs widerlegt. CZURDA hatte isogame Kopulation zweier Nachbarzellen unter Auflösung der Trennwand angenommen. Bei *Cosmarium* entstehen normalerweise nach der Meiose 2 Gonen. STARR beschrieb neuerdings bei *Cosmarium biretum* das Überleben nur einer Gone. Fünf von ihm untersuchte *Cosmarium*-Arten erwiesen sich als heterothallisch (vgl. auch Fortschr. Bot. 17, 72). Bei *Cosmarium subcostatum* trat außerdem auch eine homothallische Rasse auf.

Siphonales. Während sich *Codium elongatum* und *C. tomentosum* ausschließlich sexuell fortpflanzen, können sich die weiblichen Gameten von *C. fragilaria* und *C. vermilaria* beim Fehlen männlicher Gameten auch parthenogenetisch zu neuen Pflanzen entwickeln [DANGEARD (2)]. — Nach RIETH erfolgt das Ausschlüpfen der *Vaucheria* Synzoosporen periodisch, und zwar durch eine endogene, durch Temperatur nicht beeinflußbare, lichtgesteuerte Sporulationsrhythmik.

Charales. Eine vergleichende Untersuchung des Characeenantheridiums zeigte, daß im Gegensatz zu den sonst gewöhnlich vorkommenden Oktanten bei Chara *zeylanica* nur Quadranten gebildet werden, so daß sich hier das junge Antheridium aus je 4 Schild-, Manubrium- und primären Köpfchenzellen zusammensetzt (SUNDARALINGAN u. FRANCIS). — Über die Wandstruktur der Schildzellen und deren systematische Bedeutung wurde von GUERHESQUIN berichtet. — Entwicklung und Morphologie des Keimlings wurden bei der australischen *Chara gymnopitys* untersucht (ROSS). Abgesehen von kleinen Abweichungen verläuft die Keimung wie von BRAUN für die europäischen Arten beschrieben.

Phaeophyceae. Die Gattung *Ectocarpus* ist sicherlich phylogenetisch sehr alt. Bei ihr besteht nach SAUVAGEAU und SVEDELIUS die Tendenz, die Sexualität ganz zu unterdrücken, also auch den Generationswechsel auszuschalten. Die Untersuchungen von KORNMANN (1) an der neuen Art *Ectocarpus divergens* haben gezeigt, daß auf der Ausgangspflanze pluri- und unilokuläre Sporangien nebeneinander vorkommen. Aus den Zoosporen der unilokulären Behälter entwickelten sich morphologisch abweichende Pflänzchen, die nur ungeschlechtliche Schwärmer in plurilokulären Sporangien bilden. Sollte im unilokulären Sporangium die Reduktionsteilung stattfinden, was nicht bewiesen ist, so läge ein haploider Sporophyt vor. Demnach bestehen nebeneinander zwei heteromorphe Generationen, die sich ungeschlechtlich vermehren, aber genetisch nur in einer Richtung miteinander verbunden sind. Man könnte sie für getrennte Arten halten. Die Tendenz, die für die Arterhaltung unwichtig gewordenen unilokulären Behälter zu unterdrücken, zeigt sich z. B. auch bei *Feldmannia globifera* (KUCKUCK). Als Endpunkt dieser Reihe könnten die asexuellen *Hecatonema* und *Ectocarpus dasycarpus* gelten, die keine unilokulären Sporangien mehr bilden und als selbständig gewordene Generation angesehen werden können.

Über Unterschiede bei der Ausbildung der Zoosporangien und Paraphysen bei den *Laminariales* berichten NISHIBAYASHI u. INOH. Bei *Alaria crassifolia* teilt sich eine Oberflächenzelle, und aus den beiden Tochterzellen entstehen Paraphysen. Erst aus der unteren Paraphyse bildet sich durch einen seitlichen Auswuchs das Zoosporangium. Bei den übrigen untersuchten Arten (*Laminaria japonica*, *Chorda filum* und *Undaria pinnatifida*) entstehen Paraphysen aus der oberen und Zoosporen aus der unteren Zelle. Die Differenzierung dieser Zelltypen erfolgt hier gleichzeitig. Gegenüber *Alaria crassifolia* ist also die Differenzierung der Sporangien um einen Teilungsschritt verfrüht.

Bei den *Fucales* findet bekanntlich eine Reduktion der Eizellen von 8 bei *Fucus* und *Notheia* bis auf 1 z. B. bei *Coccophora* statt. Nach

NAKAZAWA (1 u. 2) werden die überzähligen Kerne eliminiert, wobei kleine Protuberanzen an der Oosphäre entstehen, die später abgeschnürt und abgestoßen werden (vgl. dazu auch Fortschr. Bot. **17**, 767 u. **18**, 44). Da die Ausstoßung eine Stunde nach der Befruchtung aufhört, dürfte die Eimembran nach der Befruchtung verändert werden [NAKAZAWA (2 u. 4)]. Die Oogonien und Antheridien von *Pelvetia caniculata* werden nach SUBRAHMANYAN in einem 14-Tage-Rhythmus synchron mit den Springfluten entleert. Das Oogon öffnet sich mit zwei Klappen. Die Befruchtung konnte in 3 Fällen beobachtet werden. Die Spermatozoiden setzten sich mit dem breiteren Hinterende fest und drangen so in das Ei ein. — Nachuntersuchungen der Polaritätsinduktion an Eiern von *Fucus* und *Pelvetia* ergaben, daß nur bei starker Beleuchtung das Rhizoid am lichtabgekehrten Schattenpol auskeimt (JAFFE). Bei schwächerer Lichtintensität erfolgt das Auskeimen subäquatorial, d. h. also senkrecht zum Lichteinfall, jedoch etwas zur lichtabgekehrten Seite verschoben [vgl. zur Polaritätsinduktion auch HAUPT, SOSA-BOURDOUIL, NAKAZAWA (3), Fortschr. Bot. **18**, 44 u. **21**, 34]. In jedem Fall erfolgt die tropistische Wachstumsreaktion dort, wo die Photoreceptoren das geringste Licht empfangen.

Rhodophyceae. HOLLENBERG gelang es erstmalig, den ungeschlechtlichen Entwicklungscyclus der Bangioidee, *Porphyra perforata*, in der Kultur zu studieren. Die in den Sommermonaten auftretenden Karposporen bilden *Conchocelis*-Thalli, die aber nicht wie bei den anderen *Porphyra*-Arten (vgl. Fortschr. Bot. **17**, 76) in Muschelschalen oder Kalkgestein eindringen, sondern frei leben. Auf den *Conchocelis*-Thalli werden in einem mehrzelligen Faden Sporen (sog. Conchosporen) erzeugt, die wieder eine *Porphyra*-Pflanze liefern. Über sexuelle Fortpflanzung ist bisher nichts bekannt. Auch KRISHNAMURTHY konnte bei seinen cytologischen Untersuchungen an *Porphyra umbilicalis* keine Befruchtungsstadien und keine Reduktionsteilung finden. Er hält *Porphyra* für durchgehend haploid und zweifelt daran, daß überhaupt eine sexuelle Fortpflanzung stattfindet.

Durch elektronenmikroskopische Untersuchungen (MYERS, PRESTON u. RIPLEY) wurde die schon lichtoptisch festgestellte unterschiedliche Struktur der Florideentüpfel bestätigt. Bei *Rhodymenia* ist der Tüpfel offen, bei *Laurencia*, die als Gegenbeispiel gewählt wurde, durch eine Membran verschlossen. — Im Gegensatz zu anderen *Batrachospermum*-Arten werden nach DIXON bei *Batrachospermum vagum* die Karpogonien aus den Apikalzellen von Ästen unbegrenzten Wachstums gebildet. — Nach den Untersuchungen von WEBSTER ist die süßwasserbewohnende Floridee *Tuomeya fluviatilis* nicht zu den *Lemaneaceae*, sondern zu den *Batrachospermaceae* zu stellen. Im Entwicklungsgang dieser Alge ist besonders interessant, daß in den freigewordenen Spermatien eine Teilung abläuft, so daß die befruchtungsfähigen Spermatien zweikernig sind. Auch im Karpogon sind kurz vor der Befruchtung zwei Kerne vorhanden. Jedoch degeneriert der in der Trichogyne gelegene Kern noch vor dem Sexualakt. Von den beiden Spermatienkernen verschmilzt nur der eine mit dem Eikern; der andere verbleibt in der Trichogyne, die durch eine

Wandverdickung abgegliedert wird. Die Meiosis findet wahrscheinlich in der Zygote statt. — Von den Umweltfaktoren, die das Wachstum von *Gracilaria verrucosa* beeinflussen, ist in diesem Zusammenhang wichtig, daß hohe Lichtintensität auf Keimlinge stärker hemmend wirkt als auf erwachsene Pflanzen [JONES (2)]. Dieser Faktor dürfte für die vertikale Verteilung der Algen von Bedeutung sein. Die Temperatur des Seewassers beeinflußt die Wachstumsgeschwindigkeit der Alge. Da vegetatives Wachstum und Vermehrung gekoppelt sind, werden Spermatien und Tetrasporen in vermehrtem Maße in den frühen Sommermonaten gebildet. Die Karposporenbildung muß zeitlich später liegen, da für die Ausbildung des Karposporophyten gewisse Zeit benötigt wird [JONES (1)].

Mycetozoa. Von BONNER (1) liegt eine gut illustrierte und anregend geschriebene Monographie der *Acrasiales* vor, die die Literatur bis 1959 verarbeitet. BONNER betont, daß zwischen *Myxomycetes* und *Acrasiales* keine phylogenetische Beziehung besteht, und schlägt vor, beide Ordnungen sowie die *Plasmodiophorales* und *Labyrinthulales* in der Klasse der *Mycetozoa* zusammenzufassen.

Bei *Dictyostelium discoideum* wurden zwei morphologisch unterscheidbare Amöbentypen festgestellt, die Initiator- und die Restzellen (SUSSMAN u. ENNIS). Überträgt man Amöben in geringer Menge auf gewaschenen Agar, so stimmt die Verteilung der Aggregationszentren mit der der Initiatorzellen überein. — Nach GREGG soll die Bildung des Fusionsplasmodiums durch eine Antigen-Antikörper-Reaktion bedingt sein. Bei seiner früheren immunologischen Arbeit (vgl. Fortschr. Bot. **19**, 28) hatte er gefunden, daß die im Kaninchenkörper nach Amöbeninjektion gebildeten Antisera artspezifisch auf die vegetativen Amöben, aber nicht auf die Aggregationsstadien von *Dictyostelium discoideum* wirken. Die Oberflächenantigene dürften sich also während der Entwicklung verändert haben. In Fortführung dieser Untersuchung glauben GREGG u. TRYGSTAD bei aggregationsgehemmten Varianten von *Dictyostelium discoideum* die Ursache für diese Entwicklungsstörungen gefunden zu haben. Sie konnten mit Hilfe des Agglutinationstestes einen serologischen Unterschied zwischen Wildstamm und Varianten feststellen. Zu diesen Versuchen sagt BONNER (1) mit Recht, daß es nicht klar sei, in welchem Maße bei solchen Experimenten normale Zelleigenschaften berücksichtigt würden. BONNER (2) konnte bei *Dictyostelium* und *Polysphondylium* experimentell nachweisen, daß während des Aggregationsprozesses eine ungleiche Verteilung der Zellen erfolgt. Die langsameren werden gewissermaßen aussortiert und bleiben am Hinterende liegen, während die schnelleren sich am Vorderende des Pseudoplasmodiums anhäufen. — Bei ihren Untersuchungen über den Nährstoffbedarf von *Dictyostelium* wiesen SLIFKIN u. GUTOWSKY auf eine Verwandtschaft in der biochemischen Konstitution des Schleimpilzes und der Futterbakterien hin. Daß von den Stoffwechselprodukten der Begleitbakterien die Keimzahl der Sporen reduziert wird, wiesen übrigens KERR u. SUSSMAN für den echten Schleimpilz *Didymium nigripes* nach (zur Kultur von *Didymium nigripes* vgl. auch SKULBERG, von *Stemonites* vgl. ALEXOPOULOS).

Lichenes. AHMADJIAN weist auf die Schwierigkeiten hin, denen sich der Lichenologe bei der Bestimmung der symbiontisch lebenden Algen gegenübersieht. In den meisten Fällen ist die Kultur der isolierten Algen nicht zu umgehen. Hierzu werden Kulturanleitungen gegeben und gleichzeitig ein Bestimmungsschlüssel nach den schon in situ erkennbaren Merkmalen aufgestellt. — Durch die Untersuchungen CULBERSONs wird ebenfalls ein taxonomisches Problem aufgeworfen, nämlich das, ob die drei chemisch unterscheidbaren Rassen von *Parmelia cetrarioides* als eigene Arten abzugrenzen sind.

Über die Entwicklungsgeschichte der *Pyrenocarpaceae* ist wenig und über die der endolithischen Krustenflechten kaum etwas bekannt. Das dürfte durch die bei der Untersuchung auftretenden großen technischen Schwierigkeiten bedingt sein. DOPPELBAUR überwindet diese Schwierigkeiten durch Tränken des Materials mit Celloidinlösung, anschließender Entkalkung und darauf folgender Einbettung in Paraffin. Da die Substratbesiedlung stets zuerst durch Algen erfolgt, verdrängt der vordringende Flechtenthallus zunächst diese Algen. Der Flechtenthallus der *Verrucariaceae* wächst mit einem unter der Oberfläche gelegenen Vegetationsscheitel, der nach schräg aufwärts die Rindenschicht, nach unten die Markschicht entwickelt. Die flechteneigenen Algen werden durch Schiebehyphen in die Randzone befördert. Stoßen gleich starke Arten in ihrem Wachstum aufeinander, so werden die sich berührenden Hyphen leicht torulös und schwärzen sich. Dadurch umgeben sich die Flechtenthalli mit einem schwarzen, oft rinnenförmig eingesenktem Rand. Bei der Perithecienentwicklung lassen sich 5 Typen nach Wachstumsmodus, Ausbildung des Excipulums (Fruchtwand) und des Involucrellums sowie nach dem Zeitpunkt der Ascogonausbildung unterscheiden. Die Trichogynen dürften rudimentäre Gebilde sein, denn sie endigen $80-100\ \mu$ unterhalb der Thallusoberfläche am unteren Rand des Paraplectenchyms. In der abgestorbenen Frucht von *Protobagliettoa parmigera* bilden die Periphysen einen dichten Pfropfen. Der so abgedichtete Fruchtraum wird durch Flechtenhyphen von der Seite her zusammengedrückt (plombiert). DOPPELBAUERs Arbeit ist auch für den Taxonomen von großem Wert, da die Variabilität der Fruchtmerkmale eingehend behandelt wird. Als taxonomisch verwertbar haben sich erwiesen: Dicke der Fruchtwand, Typ des Involucrellums, Lage der Frucht im Thallus und die Sporenmerkmale.

Eine neue zu den *Acarosporaceae* gehörende Krustenflechte *(Maronella laricina)* wurde von STEINER beschrieben. Von *Maronea* ist sie durch den Thallusbau und das Apotheciengehäuse unterschieden. Auffällig ist das regelmäßige Vorkommen dunkelbrauner, torulöser Hyphen und pulveriger Aufbrüche. In letzteren bildet die Flechtengonidie *Myrmecia pyriformis* $2-8$ Autosporen nach Art von Zoosporen, die allerdings infolge Wassermangels meist zu Aplanosporen werden.

POELT befaßt sich mit der Taxonomie der schuppigen, also halbkrustigen, halbblättrigen Arten der Sammelgattung *Lecanora* und kommt dabei auf Grund seiner anatomischen Untersuchungen zu folgender Entwicklungsreihe, die von allgemeinem Interesse sein dürfte. Der primitive

Typ ist der massige undifferenzierte Thallus, dessen Rindenschicht nichts anderes als die abgestorbene, mehr oder minder verschleimte periphere Hyphenlage ist. Beim höher entwickelten Typ wird eine echte Rindenschicht gebildet, die sich bei ursprünglichen Formen rasch erneuert, bei den Endformen aber zum Dauergewebe wird. Gleichzeitig geht das zunächst dichte Markgewebe, das Stützfunktion hat, in ein lockeres, mehr oder minder reduziertes Füllgewebe über. Interessant ist das Verhalten der symbiontischen Algen, die bei primitiven Formen in nicht deutlich definierter Schicht auftreten, bei den höher entwickelten Formen eine begrenzte Gonidienschicht bilden und bei den letzten Typen dieser Reihe nicht mehr in ein festes Gewebe eingelagert sind und sich an die Stellen des günstigsten Lichtgenusses, entweder an die Ober- oder Unterrinde, begeben.

Bryophyta. *Hepaticae.* Die Ausbildung einer sog. Sproßcalyptra, bei der nicht nur der Archegonbauch, sondern auch Sproßgewebe beteiligt ist, wurde für *Calobryum blumii* beschrieben (FULFORD, TAYLOR u. HATCHER). An der Spitze und Basis der langen, fleischigen Hülle befanden sich noch unbefruchtete Archegonien. Diese besondere Calyptraform, die sich übrigens auch in den Gattungen *Anthelia*, *Trichocolea*, *Gymnomitrion* und *Ptilidium* findet, ist als abgeleitet anzusehen. Sie hat bei *Calobryum blumii* den Höhepunkt ihrer Entwicklung erreicht. Die Ausbildung der Schwimm- oder Landform bei *Riccia rhenana* ist in künstlicher Kultur von der Konzentration des Agars und der Lichtintensität abhängig [KLINGMÜLLER (1 u. 2)]. Die Koloniebildung kann bei *Riccia* durch die dichotome Gabelung, durch Bildung von Adventivthalli auf der Thallusoberseite und durch Teilungsanomalien am Thallusscheitel zustande kommen (KEIL). — Die Prothallien von *Fossombronia japonica* sind stark reduziert und kugelförmig und wachsen nur bei Lichtmangel zu fädigen Protonemata aus (INOUE). Auf Grund der Sporenkeimung wird ein phylogenetischer Zusammenhang zwischen *Fossombroniaceae* und *Marchantiales* vermutet.

Musci. BOPP konnte nachweisen, daß die Jugend- (Chloronema) und die Altersformen (Caulonema) des Protonemas nicht nur morphologisch, sondern auch in ihrem physiologischen Verhalten verschieden sind. Die Ausbildung des Caulonemas ist an ganz bestimmte Außenbedingungen (ausreichende Lichtintensität, Temperatur und Substratkultur) geknüpft [BOPP (1)]. Der Übergang von Chloro- zu Caulonema kann sich nicht an einer isolierten Zelle vollziehen, ohne Verbindung zum übrigen Protonema. Offensichtlich ist für die Differenzierung und deren Erhaltung eine stoffliche Komponente nötig. Werden Caulonemafäden isoliert kultiviert, so werden sie zu Chloronema rückgebildet. Die Rückbildung unterbleibt, wenn man ein Filtrat aus alten Protonemata zusetzt (ERNST). Die Differenzierung scheint erst nach einiger Zeit, während der der Differenzierungsstoff zugeführt werden muß, stabil zu werden [BOPP (2)].

Bei dem haplodiöcischen *Splachnum luteum* tritt ein ausgeprägter Geschlechtsdimorphismus auf, der sich bereits am Protonema zeigt [BAUER (3)]. Die Teilungsfrequenz der weiblichen Protonemata ist größer als die der männlichen. Bei Verjüngungsübertragungen wird die Knospen-

bildung im männlichen Geschlecht stärker als im weiblichen zurück-
gedrängt, woraus vielleicht zu schließen ist, daß die stoffliche Komponente, die zur Knospenbildung führt, im weiblichen Geschlecht
schneller neugebildet wird. Die Geschlechtsreife tritt im männlichen
Geschlecht früher ein. Auf Grund seiner Versuche mit Indolylessigsäure
und Kinetin kommt VON MALTZAHN zu der Auffassung, daß an der intakten Pflanze von *Splachnum ampullaceum* das Knospenaustreiben und
die Protonemaregeneration durch zwei verschiedene Mechanismen gehemmt werden (VON MALTZAHN; MACQUARRIE u. VON MALTZAHN).

Takakia lepidozoides dürfte eine primitive Form der *Musci* sein. Die
Archegonien werden nicht nur an der Sproßspitze, sondern auch am
ganzen Sproß in der Nähe der Blattachseln gebildet. Perichätialblätter
und Paraphysen fehlen gänzlich (HATTORI, MIZUTANI u. INOUE).

BAUER hatte bereits früher (vgl. Fortschr. Bot. **21**, 36) über Sporogon-
regenerate aus jungen Sporogonen von *Physcomitrium* berichtet. Er
dehnte seine Untersuchungen nunmehr auf *Funaria hygrometrica* aus
und stellte fest, daß Sporophytenregenerate nur bei spontan Diploiden
möglich sind. Die Genomverdoppelung wirkt offenbar nur dann
fördernd, wenn die Gigas-Merkmale rückgängig gemacht sind und das
Stoffwechselgleichgewicht wieder hergestellt ist [BAUER (1)]. Bei
Regenerationssippen von Bastardsporogonen der Kreuzung *Physcomitrium piriforme* ×*Funaria hygrometrica* trat spontan ein apogames
Sporogon auf [BAUER (2)]. Am Regenerationsprotonema werden nur
dann neue Sporogone angelegt, wenn es in Verbindung mit dem Ur-
sprungssporogon bleibt. Es muß also ein Determinationsstoff vom
Sporogon in die Protonemazellen geleitet werden.

Pteridophyta. Beim Übergang vom fadenförmigen zum flächigen Prothalliumwachstum der *Filices* wird bekanntlich die Teilungsrichtung in
der Apikalzelle umgeschaltet. Gleichzeitig findet eine starke Protein-
vermehrung statt. Diesen Übergang zum zweidimensionalen Wachstum
konnten HOTTA u. OSAWA durch Zusatz von Aminosäure-Analogen und
8-Azaguanin, das die RNS-Synthese hemmt, verhindern. Es wird angenommen, daß die Synthese spezifischer Proteine die Umschaltung des
Wachstumsmodus bewirkt und daß eine spezielle RNS-Fraktion gegen
8-Azaguanin empfindlich ist (HOTTA, OSAWA u. SAKAKI).

In Fortführung seiner Arbeit über die Induktion der Antheridienbildung konnte DÖPP feststellen, daß der von ihm A-Substanz genannte
Stoff nicht von jungen Prothallien, wohl aber von weiblichen Prothallien,
und zwar von deren mittlerem mehrschichtigen Teil gebildet wird. Mit
diesem aus Prothallien von *Pteridium aquilinum* gewonnenen Stoff
konnte er auch bei der apogamen *Notholaena sinuata*, bei der sonst nie
Antheridien beobachtet wurden, Antheridienbildung erzeugen. NÄF
weist darauf hin, daß die Prothallien nicht durch die eigene A-Substanz
zur Antheridienbildung veranlaßt werden können. Sobald sie diesen
Stoff produzieren, sind sie schon dagegen unempfindlich. DÖPP nimmt an,
daß bei älteren Prothallien ein antagonistisch wirkender Hemmstoff
gebildet wird. Die gleichzeitige Kultur von Farnprothallien und von
einem Pilz scheint das Prothalliumwachstum zu begünstigen (BELL,

Parès). — Vegetative Vermehrung des Prothalliums durch Regeneration und Gemmenbildung wurde für die Hymenophyllacee, *Polyphlebium venosum*, beschrieben (Stone). Als primitive Merkmale, die von der Verfn. als Reduktion angesehen werden, wären das Fehlen einer Primärwurzel beim Embryo und die variable Lage des Embryos zur Archegoniumachse zu nennen. — Über das Fehlen einer Wurzel bei der künstlichen Kultur isolierter embryohaltiger Archegonien von *Pteris longifolia* berichtet Rivières. Der Verf. nimmt an, daß im Prothallium ein rhizogener Stoff vorhanden sein müsse, bei dessen Fehlen die Wurzelanlage unterbleibt.

In der Farngattung *Pellaea* kommen neben sexuellen Arten auch apogame vor, die statt der 64 Sporen (aus 16 Sporenmutterzellen) nur 32 größere Sporen aus 8 Sporenmutterzellen produzieren. Als Ersatz für die Befruchtung werden die Chromosomen vor der Meiosis verdoppelt. Durch die unterschiedliche Sporenzahl ist es auch noch an Herbarmaterial möglich, die apogamen Arten zu erkennen (Tryon u. Britton). — Bell u. Richards gelang es, apospore Farnprothallien bei *Pteridium aquilinum* und *Thelypteris palustris* zu erzeugen. An den abgeschnittenen ersten beiden Wedeln des jungen Sporophyten bildeten sich Auswüchse, die fertile, diploide Prothallien erzeugten (vgl. auch Bell).

Renner wendet sich gegen geäußerte Zweifel und weist erneut (vgl. auch Fortschr. Bot. **17**, 84) darauf hin, daß beim Springen des Anulus die Kohäsion des Füllwassers überwunden werden muß, da die Membraninterstitien viel zu eng sind, um bei den entstehenden Zugspannungen Wasser durchtreten zu lassen. Am reifen Sporangium leben die Bogenzellen noch und sterben erst durch die Einfaltung der Außenmembran ab. Aus dem Institut Carnoy liegen weitere Untersuchungen über die *Hydropterides* (vgl. auch Fortschr. Bot. **17**, 85) vor (Boterberg, Demalsy-Feller). Die wichtigsten Ergebnisse dürften sein, daß bei der Entwicklung des weiblichen Gametophyten von *Marsilea diffusa, hirsuta* und *angustifolia* (Demalsy-Feller) zunächst die seitliche, nicht die basale Wand gebildet wird. Dies stimmt mit den Ergebnissen von Schultz an *M. quadrifolia* überein. Neu ist die Bildung einer kleinen, an die laterale Zelle anstoßenden Wandzelle und einer ihr gegenüberliegenden kleinen, im Schnitt dreieckigen Zelle. Letztere wird mit der Basalzelle in der Archegonentwicklung der *Filices* homologisiert. In den Mikrosporen werden bei *M. diffusa* statt einer Prothalliumzelle zwei gebildet. — Milchsaftgewebe wurde für die Farne erstmalig bei *Regnellidium diphyllum* beschrieben (Durairatnam).

Literatur

Ahmadjian, V.: Bot. Not. (Lund) **111**, 632—644 (1958). — Alexopoulos, C. J.: Amer. J. Bot. **46**, 140—142 (1959).

Bauer, L.: (1) Naturwissenschaften **46**, 154 (1959). — (2) Naturwissenschaften **46**, 154—155 (1959). — (3) Planta **53**, 628—646 (1959). — Bell, P. R.: Ann. Bot. (London) N. S. **22**, 503—511 (1958). — Bell, P. R., and B. M. Richards: Nature (London) **182**, 1748—1749 (1958). — Bonner, J. T.: (1) The cellular slime molds. Princeton, New Jersey: Princeton University Press 1959. — (2) Proc. nat. Acad. Sci. Wash. **45**, 379—384 (1959). — Bopp, M.: (1) Planta **53**, 178—197 (1959). —

(2) Rev. Bryologique et Lichénologique **28**, 319—325 (1959). — BOTERBERG, A.: Cellule **58**, 80—106 (1957). — BUFFALOE, N. D.: Bull. Torrey Bot. Club **85**, 157—178 (1958).

CHIHARA, M.: J. Jap. Bot. **33**, 183—189 (1958). — COLEMAN, A. W.: J. Protozool. (Utica, N. Y.) **6**, 249—264 (1959). — CULBERSON, W. L.: Phyton (B. Aires) **11**, 85—92 (1958).

DANGEARD, P.: (1) Botaniste **42**, 143—151 (1958). — (2) C. R. Acad. Sci. (Paris) **247**, 1425—1427 (1958). — DEMALSY-FELLER, M.-J.: Cellule **58**, 171—207 (1957). — DIXON, P. S.: Bot. Not. (Lund) **111**, 645—649 (1958). — DÖPP, W.: Ber. dtsch. bot. Ges. **72**, 11—24 (1959). — DOPPELBAUR, H. W.: Planta **53**, 246—292 (1959). — DURAIRATNAM, M.: Bot. Mag. (Tokyo) **72**, 190—192 (1959).

ERBEN, K.: Arch. Protistenk. **104**, 165—210 (1959). — ERNST, M.: Entwicklungsphysiologische Untersuchungen an Mutanten von Funaria hygrometrica. Diss. Freiburg 1958. — ETTL, H. u. O.: (1) Arch. Protistenk. **104**, 51—112 (1959). — (2) Arch. Protistenk. **104**, 113—132 (1959).

FAN, K.-CH.: Bull. Torrey bot. Club **86**, 1—12 (1959). — FULFORD, M., I. TAYLOR and R. HATCHER: Phytomorphology **8**, 298—302 (1958).

GEITLER, L.: (1) Biol. Rev. **32**, 261—295 (1957). — (2) Österr. bot. Z. **105**, 301—322 (1958). — (3) Österr. bot. Z. **105**, 350—379 (1958). — (4) Österr. bot. Z. **105**, 408—442 (1958). — (5) Biol. Zbl. **77**, 202—209 (1958). — (6) Österr. bot. Z. **106**, 159—171 (1959). — (7) Österr. bot. Z. **106**, 431—439 (1959). — (8) Syncyanosen in W. RUHLANDs Handbuch der Pflanzenphysiologie. Bd. IX. Heidelberg: Springer Verlag 1959. — (9) Österr. bot. Z. **106**, 464—471 (1959). — GIBBS, S. P., R. A. LEWIN and D. E. PHILPOTT: Exp. Cell Res. **15**, 619—622 (1958). — GREGG, J. H., and C. W. TRYGSTAD: Exp. Cell Res. **15**, 358—369 (1958). — GUERHESQUIN, M.: C. R. Acad. Sci. (Paris) **247**, 328—330 (1958).

HAGEN-SEYFFERTH, M.: Planta **53**, 376—401 (1959). — HATTORI, S., M. MIZUTANI and H. INOUE: J. Jap. Bot. **33**, 321—322 (1958). — HAUPT, W.: Univ. Bergen Årb. 1958, naturw. R. Nr. **13**, 1—9 (1958). — HOLLENBERG, G. J.: Amer. J. Bot. **45**, 653—656 (1958). — HOTTA, Y., and S. OSAWA: Exp. Cell Res. **15**, 85—94 (1958). — HOTTA, Y., S. OSAWA and T. SAKAKI: Develop. Biol. **1**, 65—78 (1959).

INOUE, H.: Bot. Mag. (Tokyo) **72**, 131—135 (1959). — IYENGAR, M. O. P.: J. Madras Univ. B. **27**, 49—70 (1957).

JAFFE, L. F.: Exp. Cell Res. **15**, 282—299 (1958). — JONES, W. E.: (1) J. Mar. biol. Ass. U. K. **38**, 47—56 (1959). — (2) J. Mar. biol. Ass. U. K. **38**, 153—167 (1959). — JÓNSSON, S.: (1) C. R. Acad. Sci. (Paris) **247**, 325—328 (1958). — (2) C. R. Acad. Sci. (Paris) **248**, 1565—1567 (1959).

KEIL, M.: Preslia (Praha) **31**, 27—33 (1959). — KERR, N. S., and M. SUSSMAN: J. gen. Microbiol. **19**, 172—177 (1958). — KLINGMÜLLER, W.: (1) Flora (Jena) **146**, 616—624 (1958). — (2) Flora (Jena) **147**, 76—122 (1959). — KÖHLER, K.: Pubbl. Stazione zool. Napoli **30**, 342—346 (1958). — KORNMANN, P.: (1) Helgoländer wiss. Meeresuntersuch. **6**, 84—99 (1957). — (2) Helgoländer wiss. Meeresuntersuch. **6**, 229—238 (1959). — KRISHNAMURTHY, V.: Ann. Bot. (London) NS **23**, 147—176 (1959). — KUCKUCK, P.: Helgoländer wiss. Meeresuntersuch. **6**, 171—192 (1958).

MACQUARRIE, I. G., and K. E. VON MALTZAHN: Canad. J. Bot. **37**, 121—134 (1959). — MALTZAHN, K. E. VON: Nature (London) **183**, 60—61 (1959). — MYERS, A., R. D. PRESTON and G. W. RIPLEY: Ann. Bot. (London) NS **23**, 257—260 (1959).

NÄF, U.: Physiol. Plantarum (Kbh.) **11**, 728—746 (1958). — NAKAZAWA, S.: (1) Bot. Mag. (Tokyo) **71**, 242—245 (1958). — (2) Bot. Mag. (Tokyo) **71**, 343—346 (1958). — (3) Naturwissenschaften **46**, 333—334 (1959). — (4) Protoplasma (Wien) **51**, 123—126 (1959). — NISHIBAYASHI, T., and S. INOH: Biol. J. Okayama Univ. **4**, 67—78 (1958).

PARÈS, Y.: Ann. Sci. natur. Bot. (Paris) Sér. 11, **19**, 1—120 (1958). — POELT, I.: Mitteilungen der Botanischen Staatssammlung München 1958. Heft 19—20, 411—589.

RENNER, O.: Z. Naturforsch. **14b**, 404—410 (1959). — RIETH, A.: Flora (Jena) **147**, 35—42 (1959). — RIVIÈRES, R.: C. R. Acad. Sci. (Paris) **248**, 1004—1007 (1959). — Ross, M. M.: Aust. J. Bot. **7**, 1—11 (1959).

SHIHIRA, I.: (1) Bot. Mag. (Tokyo) **71**, 378—385 (1958). — (2) J. Jap. Bot. **33**, 372—375 (1959). — SKULBERG, O. M.: Schweiz. Z. Hydrol. **20**, 210—213 (1958). — SLIFKIN, M. K., and H. S. GUTOWSKY: J. cell comp. Physiol. **51**, 249—257 (1958). — SOSA-BOURDOUIL, C.: Ann. biol. (Paris) Sér. 3, **34**, 501—511 (1958). — STARR, R. C.: Arch. Protistenk. **104**, 155—164 (1959). — STEINER, M.: Österr. bot. Z. **106**, 440 bis 455 (1959). — STONE, I. G.: Aust. J. Bot. **6**, 183—203 (1958). — STOSCH, H. A. VON: (1) Arch. Mikrobiol. **31**, 274—282 (1958). — (2) Ber. dtsch. bot. Ges. **71**, 241—249 (1958). — SUBRAHMANYAN, R.: J. Indian Bot. Soc. **36**, 373—395 (1957). — SUNDARALINGAN, V. S., and K. J. FRANCIS: Curr. Sci. **27**, 138—140 (1958). — SUSSMAN, M., and H. L. ENNIS: Biol. Bull. **116**, 304—317 (1959).

TRYON, A. F., and D. M. BRITTON: Evolution (Lanc., Pa) **12**, 137—145 (1958). — TSCHERMAK-WOESS, E.: Planta **52**, 606—622 (1959).

WEBER, W.: Z. Bot. **47**, 251—257 (1959). — WEBSTER, R. N.: Butler Univ. bot. Stud. **13**, 141—159 (1958).

4. Submikroskopische Morphologie

Von Kurt Mühlethaler, Zürich

1. Zellwand

Kurz nach dem Erscheinen der beiden Standardwerke von Treiber und Frey-Wyssling hat Roelofsen eine weitere Monographie über die pflanzliche Zellwand geschrieben. Im ersten Teil erläutert der Autor den chemischen Aufbau der verschiedenen Membranstoffe, während im zweiten Teil die Wandtexturen der verschiedenen Zelltypen beschrieben werden. Die elektronenmikroskopischen Untersuchungen zeigten, daß die Cellulose stets in Form von sog. Mikrofibrillen in der Zellwand eingelagert ist. Nach Günther haben diese Stränge in wachsenden Protonemen von *Funaria hygrometrica* keine einheitliche Dicke. Die statistische Auswertung der Aufnahmen ergab, daß bei einem Wachstum des Protonemas um 10 μ der Fibrillendurchmesser im Mittel um 13,3 Å zunimmt. Unterschiede treten auch zwischen den plasmanahen, d. h. neu gebildeten Cellulosesträngen (92 Å) und den älteren, auf der Außenseite liegenden Fibrillen (146 Å) auf. Verlaufen sie parallel zur Längsachse des Protonemas, so weisen die Stränge einen Durchmesser von 63 Å auf, während sie in der Querrichtung 99 Å messen. Im natürlichen Zustand sind diese Zellulosefäden dünner, da Günther keine Korrektur für den Einfluß der Bedampfungsdicke machte. Bei der Buche, Kastanie, Birke und Eukalyptus streuen nach Jayme und Koburg die Werte zwischen 90 bis 230 Å. Diese Mikrofibrillen sind wesentlich dünner als im Fichtenholz, wo der Durchmesser 210—290 Å beträgt. Über den inneren Aufbau ist man noch nicht genau orientiert. Nach Belford, Myers und Preston können Metallkationen nicht in die parakristallinen Stellen eindringen, sondern werden auf der äußeren Oberfläche als monomolekulare Schicht absorbiert. Gröbere Metallkomplexe, wie z. B. die nach der Reduktion von Edelmetallsalzen erhaltenen, dichroitische Färbungen erzeugenden Kolloidteilchen befinden sich, wie Frey-Wyssling und Mitrakos zeigen, in den interfibrillaren Capillaren eingelagert.

Neuere Arbeiten sind über die Struktur der Hoftüpfelschließhäute erschienen. An Abdrucken von delignifiziertem Fichtenholz beobachteten Jayme und Fengel, daß im Splintholz die Fibrillen unverbändert, im Kern aber zu groben Strängen zusammengelagert sind. Die Autoren ziehen daraus den Schluß, daß die Verbänderung erst beim Verschluß der Hoftüpfel eintritt. Den gleichen Vorgang konnten Frey-Wyssling, Mühlethaler und Bosshard in den Haltefäden des Torus beobachten. Die in jungen Zellen submikroskopisch feinen Stränge vergröbern sich mit zunehmendem Alter, bis man sie schließlich im Lichtmikroskop beobachten kann. Meistens tritt gleichzeitig eine starke Mineralisierung des Torus ein, der, wie KÜHLWEIN zeigt, dem mikrobiellen Angriff widersteht. Ein Abbau durch Myxobakterien unterbleibt auch, wenn die Mikrofibrillen von Lipoid- oder Cutinstoffen umgeben sind. Als Testmaterial verwendeten KÜHLWEIN und GALLWITZ Hyphen von *Saprolegnia*, die durch den enzymatischen Angriff von *Polyangium violaceum* völlig abgebaut wurden, während die lipoidhaltigen Oogonienhüllen dem Auflösungsprozeß widerstanden. Die Einlagerung der inkrustierten Substanzen ist in der Sekundärwand nach BUCHER mikroskopisch heterogen. Dies trifft, wie CASPERSON zeigt, auch für das Reaktionsholz der Coniferen zu. Die Sekundärwand der Druckholzzellen besteht aus zwei Schichten (S_1 und S_2), die von zahlreichen, mit Lignin ausgefüllten Spalten von 0,1 μ Breite durchzogen sind. Die innersten Schichten und die für Coniferen typische Warzenstruktur fehlen. Letztere entsteht in normalen Tracheiden erst, wenn die Lignifizierung nahezu beendet ist. Mit Hilfe von Farbreaktionen konnten WARDROP, LIESE und DAVIES nachweisen, daß die Warzenschicht Lignin und Protein enthält. Morphologisch läßt sich bei *Actinostrobus* eine das Zellumen umgebende Membran, von der zahlreiche Einstülpungen in das Lumen hineinragen, erkennen. In diesen Taschen befinden sich kleine, runde Körper von 0,1 — 0,5 μ Durchmesser, die im ultravioletten Licht eine starke Absorption aufweisen. Zur Isolierung hat sich die von PEW entwickelte Methode als geeignet erwiesen.

Neue Befunde über die Entwicklung und Struktur der Epidermisaußenwand und die Einlagerung von Cutin haben BOLLIGER, weiter FREY-WYSSLING und MÜHLETHALER sowie SCHIEFERSTEIN und LOOMIS veröffentlicht. Sie zeigen, daß diese Stoffe passiv, d. h. durch Diffusion und den cuticularen Transpirationsstrom nach außen wandern, wo die 80—200 Å großen Procutintröpfchen an der Luft zu einer unlöslichen Schicht erstarren. Ektodesmen sind in den Blättern von *Philodendron scandens, Echeveria secunda, Clivia nobilis, Euphorbia echinus, Hedera helix* keine vorhanden. Nach JUNIPER ist die Benetzbarkeit der Blätter nicht nur von der chemischen, sondern auch von der morphologischen Oberflächenbeschaffenheit abhängig. Bei *Salvinia* z. B. zeigt die Oberschicht zahlreiche Ausstülpungen, wodurch ein Luftpolster entsteht, das eine Befeuchtung verhindert. Die EM-Abdrucke lassen erkennen, daß die benetzbaren Blätter stets eine glatte Epidermis besitzen, während die nicht benetzbaren zahlreiche platten- oder röhrenförmige Wachsgebilde aufweisen. Diesen Überzug kann die Pflanze nur bei genügender Belichtung ausscheiden.

Im Berichtsjahr sind weitere Untersuchungen über den Feinbau der Pollenmembran erschienen. ROWLEY, MÜHLETHALER und FREY-WYSSLING fanden, daß in der Exine von Gramineenpollen zahlreiche submikroskopische Kanälchen verlaufen. Zwischen den Tapetenzellen oder der Pollensackwand und den Pollenkörnern befinden sich pollenartige Körner von ungefähr 0,45 μ Durchmesser mit einer der Exine entsprechenden Oberflächenskulptur. Während der Entwicklung, die bei Pollenkörnern und diesen sog. Sphaeroiden gleichzeitig erfolgt, ziehen zahlreiche Plasmastränge zu den Tapetenzellen. Offenbar stammen die zur Bildung der Exine nötigen Stoffe aus der Tapetenschicht und werden bei einem Überschuß als Sphaeroide ausgeschieden. Eine weitere Studie über die Entwicklung der Pollenkörner hat ROWLEY an *Tradescantia paludosa* durchgeführt. Interessant ist der Befund, daß in sterilen Pollenkörnern die Intine fehlt, während die Exine eine normale Ausbildung erfährt.

2. Chloroplasten

Eine Untersuchung über den Zusammenhang zwischen Stroma- und Granalamellen hat HEITZ (1) veröffentlicht. Es wurde eine Pflanze gefunden (*Riccardia pinguis*, Lebermoos), bei welcher die dünnen Stromalamellen, als solche kenntlich, auch innerhalb der Granabereiche verlaufen. Bei *Anthoceros crispulus* konnten ebenfalls granaartige Bezirke beobachtet werden, die aus abwechselnd dünnen und dicken Lamellen bestehen. Untersuchungen über den submikroskopischen Aufbau dieser Schichten haben KRATKY u. Mitarb. veröffentlicht. Die Röntgen-Kleinwinkelstreuung an verschiedenen Präparaten von *Allium porrum* zeigte eine senkrecht zur Lamellenebene stehende Periode von 63 Å und eine höhere Ordnung von 250 Å. Das isolierte Lipid ergibt ein Diagramm mit einem Maximum bei 51 Å. Es scheint danach keiner der an der Chloroplasten-Präparation beobachteten Reflexe auf das selbständig kristallisierte Lipid zurückzuführen zu sein.

Über die Isolierung und Zusammensetzung des lamellaren Strukturproteides haben MENKE und JORDAN berichtet. Es ist in Wasser und Salzlösungen unlöslich und enthält 13,8 % Stickstoff und 11 % Kohlenhydrate. Eine quantitative Bestimmung der Aminosäure-Zusammensetzung ergab 9 Amino-endständige und 11 Carboxyl-endständige Reste. Das lamellare Strukturproteid stellt nach MENKE ein Komplex verschiedener Fermentproteine dar.

Den Bau der Chloroplasten von *Selaginella Martensii* hat KAJA beschrieben. Die 20—25 µ breiten und 3—5 µ dicken Plastiden enthalten 80—160 Lamellen, die je 30—80 Å messen. Das Stroma ist wegen der engen Packung der Schichten, deren gegenseitiger Abstand 50—70 Å beträgt, nur am Rand in Form eines Peristromiums zu erkennen. In den peripheren Zonen findet man kleine, linsenförmige Körper, die in ihrer Struktur den Pyrenoiden in den Chromatophoren von *Anthoceros* entsprechen.

Im letzten Bericht der Fortschr. Bot. 21, 52 wurde bereits erwähnt, daß die Entwicklung der Lamellenstruktur im Proplastiden durch eine oder mehrere Einfaltungen der Membran beginnt. Bei normaler Belichtung entstehen daraus die Grana- und Stromalamellen. Bei etiolierten Pflanzen dagegen unterbleibt die Schichtenbildung und es erfolgt eine Anhäufung von bläschenförmigen Elementen im sog. Prolamellarkörper. Werden die etiolierten Pflanzen anschließend belichtet, so entwickeln sich daraus ebenfalls Grana- und Stromaschichten. Unabhängig von diesen Untersuchungen, die MÜHLETHALER und FREY-WYSSLING an embryonalen Zellen aus dem Vegetationskegel von *Elodea canadensis*,

Embryosäcken von *Lilien* und an *Begonia*-Blattstecklingen durchführten, kam v. WETTSTEIN, auf Grund seiner Studien über den Einfluß der Genwirkung auf die Plastidenstruktur, zum gleichen Ergebnis. Er zeigte, daß in den lethalen Gerstemutanten *albina* die Differenzierung nur bis zum Prolamellarkörper erfolgt. In den *xantha*-Mutanten werden noch vereinzelt Lamellen aufgebaut, aber die Pigmente sind nicht in den Schichten fixiert, sondern in Form von zahlreichen Tröpfchen im Stroma suspendiert. Die Synthese von Chlorophyll und Carotin erfolgt hier offenbar ohne Korrelation zur Lamellenbildung. Die Pigmente sind aber in dieser Form nicht stabil und werden später abgebaut. Gleich wie die Gerstemutanten verhalten sich, wie LEFORT in einer umfangreichen Arbeit beschreibt, auch die Tomatenmutanten. Bei pigmentlosen Pflanzen geht die Entwicklung der Proplastiden, wie in den etiolierten Blättern, nur bis zum Prolamellarstadium.

Einen weiteren Beitrag über die Morphogenese der Chloroplastenstruktur von *Oenothera hookeri* hat MENKE veröffentlicht. Die Plastiden des Sproßmeristems und der jüngsten Blattanlagen lassen eine Längsstreifung erkennen, die bereits der Schichtenstruktur der nahezu fertig entwickelten Chloroplasten entspricht.

3. Plasmastrukturen

Die bisherigen Befunde an pflanzlichen und tierischen Zellen haben ergeben, daß im Cytoplasma immer drei Komponenten, nämlich Doppelmembran, vesiculäre und granuläre Elemente, zu finden sind. Diese drei Grundstrukturen sind, wie SCHNEIDER und WOHLFARTH-BOTTERMANN nachwiesen, schon in den Amöben vorhanden. Die Matrix erscheint je nach der Fixierungsart amorph bis feingranulär und läßt im allgemeinen keine Aussagen über den Bau oder den physiologischen Zustand im Zeitpunkt der Fixierung zu. Nach WOHLFARTH-BOTTERMANN besteht der Strukturunterschied zwischen dem hyalinen und relativ starren Ektoplasma der Amöben und dem flüssigen Endoplasma darin, daß ersteres eine dichte, fast homogene Struktur aufweist, während die Sol-artige Komponente aufgelockert erscheint. Ähnliche Beobachtungen werden auch an Schleimpilzen, Paramecien und Heliozoen gemacht. Viscositätsänderungen sind im elektronenmikroskopischen Bild als Auflockerung oder Verdichtung des Strukturgefüges der Cytoplasmamatrix zu erkennen. Lokale Auflockerungen im Grundplasma können nach MÜHLETHALER auch während der Bildung der Vacuolen beobachtet werden. Ihre Entstehung beruht offenbar auf einer kolloidchemischen Entmischung der Matrix und ist an kein spezifisches Zellorganell gebunden. Die Tonoplastenhaut entsteht erst, wenn die durch Entwässerung gebildeten Tröpfchen zu größeren Safträumen zusammenfließen. Diese Befunde stehen im Gegensatz zu der von BUVAT vertretenen Ansicht, daß die Vacuolen eine Differenzierung des endoplasmatischen Reticulums darstellen. Wie KLIMA nachwies, ändert sich das Bild jenes Zellorganells je nach dem pH-Wert des Fixierungsmittels. Im sauren Bereich (pH 5,0—6,0) quellen die Zisternen zu großen, vacuolenartigen Schläuchen auf, während das Grundplasma weitgehend unverändert bleibt. Im alkalischen Gebiet (pH 8,0) dagegen erfolgt keine Volumenzunahme. Als weiteres plasmatisches Lamellensystem enthalten die pflanzlichen und tierischen Zellen die sog. Golgi-Körper oder Dictyosomen. Ihr regelmäßiges Vorkommen hat HEITZ (2) auch in verschiedenen Gruppen und Familien der Laub- und Lebermoose sowie bei einem Farn nachgewiesen. Die erwähnten drei Kavernensysteme müssen entsprechend ihrer morphologischen Verschiedenheit auch unterschiedliche physiologische Funktionen aufweisen. Das Vacuolensystem entspricht einem Eliminationsorgan, während das endoplasmatische Reticulum und die Golgi-Körper im Dienste der Eiweiß-Synthese und der inneren Sekretion stehen dürften.

Neue Befunde über die Entstehung der Zellplatte während der Cytokinese sind von BUVAT und PUISSANT sowie von PORTER und CAULFIELD mitgeteilt worden. Nach der Anaphase erscheinen in der Mitte des Phragmoplasten zuerst 0,2 μ große, sehr kontrastreiche Körper (Phragmosomen), die später gegen die Äquatorialplatte wandern und sich dort in Vacuolen auflösen. Es wird vermutet, daß es sich um Enzymgranula handelt, welche in der Zellplatte die Plasmaproteine auflösen und so den Plasmakörper in zwei Teile trennen. Zwischen den Vacuolen bleiben noch einzelne Plasmastränge bestehen, die später nach der Ausbildung der Membran als Plasmodesmen die beiden Tochterzellen miteinander verbinden.

Literatur

BELFORD, D. S., A. MYERS and R. D. PRESTON: Biochem. biophys. Acta 34, 47—57 (1959). — BOLLIGER, R.: J. Ultrastr. Res. 3, 105—130 (1959). — BUCHER, H.: CHIMIA 13, 397—412 (1959). — BUVAT, R.: Verh. IV. Internat. Kongr. f. EM. Bd. 2, S. 494—499. Berlin: Springer 1960. — BUVAT, R., et A. PUISSANT: C. R. Acad. Sci. (Paris) 247, 233—236 (1958).

CASPERSON, G.: Ber. dtsch. bot. Ges. 72, 230—235 (1959).

FREY-WYSSLING, A.: Die pflanzliche Zellwand. Berlin: Springer 1959. — FREY-WYSSLING, A., u. K. MITRAKOS: J. Ultrastr. Res. 3, 228—233 (1959). — FREY-WYSSLING, A., u. K. MÜHLETHALER: Vierteljahrsschr. naturforsch. Ges. Zürich 104, 294—299 (1959). — FREY-WYSSLING, A., K. MÜHLETHALER u. H. H. BOSSHARD: Holzforsch. u. Holzverwertung (Wien) 11, 107—108 (1959).

GÜNTHER, I.: Verh. IV. Internat. Kongr. f. EM. Bd. 1, S. 724. Berlin: Springer 1960.

HEITZ, E.: (1) Verh. IV. Internat. Kongr. f. EM. Bd. 2, S. 501. Berlin: Springer 1960. — HEITZ, E.: (2) Verh. IV. Internat. Kongr. f. EM. Bd. 2, S. 499—500. Berlin: Springer 1960.

JAYME, G., u. D. FENGEL: Holz 17, 226—230 (1959). — JAYME, G., u. E. KOBURG: Holzforsch. 13, 37—43 (1959). — JUNIPER, B. E.: Verh. IV. Internat. Kongr. f. EM. Bd. 1, S. 489. Berlin: Springer 1960.

KAJA, H.: Ber. dtsch. bot. Ges. 72, 311—320 (1959). — KLIMA, J.: Protoplasma 51, 415—435 (1959). — KRATKY, O., W. MENKE, A. SEKORA, B. PALETTA u. M. BISCHOF: Z. Naturforsch. 14b, 307—311 (1959). — KÜHLWEIN, H.: Ber. dtsch. bot. Ges. 72, 188—190 (1959). — KÜHLWEIN, H., u. E. GALLWITZ: Arch. Mikrobiol. 34, 58—64 (1959).

LEFORT, M.: Rev. Cytol. Biol. végétales 20, 1—159 (1959). — Rev. gén. Bot. 66, 461—465 (1959).

MENKE, W.: Z. Naturforsch. 14b, 393—398 (1959). — MENKE, W., u. E. JORDAN: Z. Naturforsch. 14b, 234—240 (1959). — MÜHLETHALER, K.: Verh. IV.

Internat. Kongr. f. EM. Bd. 2, S. 491—494. Berlin: Springer 1960. — MÜHLETHALER, K., u. A. FREY-WYSSLING: J. biophys. biochem. Cytol. 6, 507—512 (1959).

PEW, J. C.: J. For. 47, 196 (1949). — PORTER, K. R., and J. B. CAULFIELD: Verh. IV. Internat. Kongr. f. EM. Bd. 2, S. 503—507. Berlin:Springer 1960.

ROELOFSEN, P. A.: The plant Cell wall. Handbuch der Pflanzenanatomie Bd. 3, Teil 4. Berlin-Nikolassee: Borntraeger 1959. — ROWLEY, J. R.: Grana Palynologica 2, 3—31 (1959). — ROWLEY, J. R., K. MÜHLETHALER and A. FREY-WYSSLING: J. biophys. biochem. Cytol. 6, 537—538 (1959).

SCHIEFERSTEIN, R. H., and W. E. LOOMIS: Amer. J. Bot. 46, 625—635 (1959). — SCHNEIDER, L., u. K. E. WOHLFARTH-BOTTERMANN: Protoplasma 51, 377—389 (1959).

TREIBER, E.: Die Chemie der Pflanzenzellwand. Berlin: Springer 1957.

WARDROP, A. B., W. LIESE u. G. W. DAVIES: Holzforsch. 13, 115—120 (1959). — WETTSTEIN, D. v.: Brookhaven Symp. in Biol. 11, 138—159 (1958). — Developmental Cytology. New York: Ronald Press Co. 1959. — WOHLFARTH-BOTTERMANN, K. E.: Z. Zellforsch. 50, 1—27 (1959).

B. Systemlehre und Pflanzengeographie

5a. Systematik und Phylogenie der Algen

Von Bruno Schussnig, Jena

Allgemeines. Von der „Algenkunde" von Fott interessieren uns hier die Kapitel, welche die Algensystematik behandeln. Die Hauptgliederung erfolgt in die 7 Stämme der *Cyanophyta, Chrysophyta, Phaeophyta, Rhodophyta, Chlorophyta, Euglenophyta, Pyrrhophyta.* Die *Chrysophyta* werden in die drei Klassen der *Chrysophyceae, Bacillariophyceae* und *Xanthophyceae,* dem Beispiel von Pascher folgend, eingeteilt. Die *Phaeophyta* werden, im Anschluß an Kylin in drei Ordnungsgruppen, und zwar in die *Isogeneratae, Heterogeneratae* und *Cyclosporae* untergliedert. Beim Stamm der *Rhodophyta* stellt Fott nur eine Klasse, der *Rhodophyceae,* auf, von der er die zwei Unterklassen der *Bangiophycidae* und *Florideophycidae* unterscheidet. Die *Chlorophyta* umfassen die drei Klassen der *Chlorophyceae, Conjugatophyceae* und *Charophyceae.* Das System der *Euglenophyta,* mit der einzigen Klasse der *Euglenophyceae,* umfaßt die zwei Ordnungen der *Euglenales* und *Peranematales.* Der Stamm der *Pyrrhophyta* wird in die Klassen der *Desmophyceae* und *Dinophyceae* gegliedert. Wie man sieht, schließt sich die Grundeinteilung eng an die seinerzeit von Pascher entwickelten Vorstellungen an, wobei auch die von diesem Autor aufgestellten monadoiden, rhizopodialen, kapsalen, kokkalen, trichalen und siphonalen Organisationstypen als Gliederungsprinzip innerhalb der Stämme übernommen wurden, wodurch teilweise das Bild eines nicht streng phylogenetischen Systems entsteht. Dies gilt besonders für die in den zwei letzten Kapiteln zusammengefaßten gefärbten und farblosen Flagellaten unsicherer Stellung. Die Unsicherheit ergibt sich aus der nicht streng durchgeführten Scheidung zwischen dem Organisationstypus der Monaden und Algen, wodurch ein unverbrauchter, heterogener Rest übrigbleibt. Während die Bearbeitung der Phaeo- und Rhodophyta einen mehr kompilatorischen Charakter haben, sind die übrigen Stämme von fachkundiger Hand geschrieben und mit sehr gutem Abbildungsmaterial ausgestattet. Den phylogenetischen Vorstellungen des Verf. wird man allerdings nicht immer folgen können.

Erwähnenswert ist noch eine kurze Übersicht über neuere Ergebnisse der Algentaxonomie der Algen aus der Feder von Desikachary, aus welcher hier nur die richtige Auffassung des Verf. über die Stellung von *Vaucheria* und *Phyllosiphon* im System der *Xanthophyceae* herausgegriffen werden soll.

Chrysophyceae. Mit der von STEINECKE (1932) aufgestellten Gattung *Heterodendron*, die er wegen der gelbgrünen Chromatophoren zu den Xanthophyceen (Heterokonten) stellte, setzt sich ETTL auseinander. Dieser kommt zu dem Schluß, daß *Heterodendron* eine Chrysophycee sei und vereinigt sie mit der Gattung *Phaeodermatium*, von der er die neue Art *Ph. articulatum* n. sp. beschreibt und abbildet. — GEITLER hat die bisher nur dreimal gefundene Art *Phaeaster pascherii* genauer untersucht und hält sie „wahrscheinlich oder nahezu sicher" mit *Chrysopora fenestrata*, vielleicht auch mit *Monochrysis aphanaster*, für identisch.

Xanthophyceae. Die fadenförmigen Xanthophyceen sind schwer zu erkennen und sind auch, wegen ihrer relativen Seltenheit, wenig untersucht. Es ist daher dankenswert, daß ETTL und KÁCHA zwei Formen davon, und zwar *Heterothrix monochloron* Ettl var. *terrestre* nov. var., die aus feuchtem Boden gewonnen und kultiviert wurde, und *Tribonema spirotaenia* Ettl genauer untersucht, abgebildet und mit verwandten Formen verglichen haben. In einer Tabelle sind die differentialdiagnostischen Merkmale für *Heterothrix hormidioides*, *H. stichococcoides*, *H. monochloron* und *H. monochloron* var. *terrestre* übersichtlich zusammengestellt.

Die Gattung *Apiochloris*, mit der einzigen Art *A. grandis*, wurde von DÜRINGER (1958) als Vertreter der Heterococcalen, Familie der *Pleurochloridaceae*, aufgestellt. Da der gleiche Name schon 1938 von PASCHER für eine Form der Polyblepharidaceen geprägt wurde, schlägt BOURRELLY die Umbenennung in *Chlorapium* nov. nom. mit der Typusart *Ch. grandis* (Düringer) Bourrelly, vor.

Bacillariales. Von Interesse sind die Untersuchungen von GEITLER über Verschiedenheiten des Plastidoms bei manchen pennaten Diatomeen. Bei *Eunotia robusta* var. *tetraodon* stellte er den ungewöhnlichen Typus zahlreicher scheibchenförmiger Plastiden fest, der möglicherweise in Beziehung zum welligen Umriß der Schalen gebracht werden kann. Eine deutliche Beziehung zwischen der Plastidengröße und der Pyrenoidenzahl konnte er bei *Surirella*-Arten feststellen. Diese Aberrationen sind für den Diatomeensystematiker insofern von Bedeutung, als sie zeigen, daß die sonst herrschende Übereinstimmung zwischen Chromatophorenbau und Systematik auch Durchbrechungen hat.

Phytomonaden. Über Chlamydomonaden und Volvocalen liegen von H. und O. ETTL ausführliche systematische Studien vor, in denen die Gattungen *Chlorogonium* Ehrenberg, *Carteria* Diesing, *Costachloris* nov. gen., *Pyramichlamys* nov. gen., *Platymonas* G. S. West, *Nautocapsa* nov. gen., *Chlamydomonas* Ehrenberg, *Chlamydonephris* nov. gen., *Sphaerellopsis* Korschikoff, *Gloeomonas* Klebs, *Pseudocarteria* Ettl und *Thorakomonas* Korschikoff sehr sorgfältig in bezug auf Artabgrenzung, Variabilität und Nomenklatur bearbeitet werden. Besonders hervorhebenswert sind auch die vorzüglichen Abbildungen. Aus der Fülle der in diesen Abhandlungen enthaltenen kritischen Ausführungen mögen hier bloß die Angaben über die Gattung *Platymonas* hervorgehoben werden. Die Verff. geben eine sehr klare, von charakteristischen Abbildungen begleitete Beschreibung der Zellmorphologie. Daraus ergibt sich, daß die Zellen abgeplattet und dorsoventral (mit hohler Bauchseite) gebaut sind, daß am vorderen Pol ein tief in den Zellkörper hineinreichender Schlund vorhanden ist, daß der Schlund von reihenförmig angeordneten Trichocysten begleitet ist, die Vacuolen ihren Inhalt in den Schlund entleeren und die Plastiden meistens ein offenes Pyrenoid besitzen. Zieht man noch in Betracht, daß der Feinbau der Geißeln, wie PITELKA und SCHOOLEY im Elektronenmikroskop gezeigt haben, völlig abweichend von dem der Phytomonaden ist, so liegen bei *Platymonas* organisatorische Verhältnisse vor, die eher in Richtung zu den Cryptomonaden hinweisen. Zu den Chlamydomonaden dürfte diese Gattung, nach Ansicht des Ref., bestimmt nicht gehören.

Chlorococcales. An Hand von Reinkulturen nahm TÄUMER eine Untersuchung der Cytologie und Entwicklungsgeschichte von *Rhopalocystis oleifera* Schussnig vor, wobei es ihm auch gelang, erstmalig die begeißelten Schwärmer und die Geißelmechanik derselben zu beobachten. Daraus ergibt sich, daß diese neue Gattung nicht, wie Ref. ursprünglich meinte, zu den Oocystaceen, sondern zu den Chlorococcaceen zu rechnen ist.

Chlorosphaera antarctica F. E. FRITSCH ist ein Kryobiont, der zuerst von FRITSCH in South Orkney und jetzt auch von HIRANO, anläßlich der Japanischen Antarktischen Forschungs-Expedition im Eis nachgewiesen wurde. Bemerkenswert ist, daß die Alge hier regelmäßig von Pilzhyphen umsponnen vorgefunden wurde. Von entwicklungsgeschichtlichem Interesse ist es ferner, daß die Reproduktion außer durch Plano- und Aplanogonidien auch dadurch erfolgt, daß der Zellinhalt nackt und zunächst ungeteilt aus der Muttermembran austritt. Die merogone Teilung erfolgt etwas später.

Ulvales. Die Untersuchungen von FÖYN über die geschlechtskontrollierte Vererbung bei *Ulva mutabilis* können hier nicht weiter berücksichtigt werden. Wichtig für uns ist die Feststellung, daß die schmalen, bandförmigen Thalli zweier experimentell analysierter Mutanten Ähnlichkeiten mit *Ulva fasciola* oder mit Arten der nahe verwandten Gattung *Enteromorpha* aufweisen. So ist der Thallus der Mutanten, wie bei *Enteromorpha linza*, an den Rändern und in den basalen Teilen des Thallus hohl. Ref. glaubt, daß die vorliegenden Untersuchungen einen Weg in Richtung zur experimentellen Algensystematik weisen.

Chaetophorales. Aus einem Vortragsbericht von KORNMANN über den Entwicklungssyclus von *Entocladia wittrockii* geht die, für die Systematik der Grünalgen zunächst isoliert dastehende Tatsache hervor, daß dreigeißelige und viergeißelige Schwärmer entwickelt werden. Nur die dreigeißeligen vermögen sich auf *Elachista fucicola* anzusiedeln. Es darf mit Spannung auf die ausführlicheren Untersuchungsergebnisse gewartet werden.

Zygophyceae. In den letzten Lieferungen der „Flora Desmidiarum Japonicarum" von HIRANO ist die Gattung *Staurastrum* behandelt. — Auf Grund einer genaueren Untersuchung der polaren Carotinoidkörper in den Zellen von *Closteriospira* und *Spirotaenia* kommt GEITLER zu dem Schluß, daß diese beiden Gattungen miteinander zu vereinigen sind.

Siphonales. Eine monographische Bearbeitung der 19 südafrikanischen *Codium*-Arten nahm Silva vor. Sie umfaßt die Arten, deren Verbreitungsgebiet sich vom Oranje-Fluß an der atlantischen Küste über das Kap der Guten Hoffnung nordostwärts bis zum Limpopo-Fluß und Mozambique erstreckt. Die vorliegende Abhandlung, die als eine weitere Vorarbeit zu einer monographischen Bearbeitung der Gattung *Codium* zu gelten hat, enthält einen Bestimmungsschlüssel sowie ein Diagramm über die Verbreitungsareale der südafrikanischen Arten.

Siphonocladales. Eine für die Entwicklungsgeschichte und die Systematik der Grünalgen wichtige Arbeit von Kung-Chu Fan stellt fest, daß *Codiolum petrocelidis* Kuckuck und *Spongomorpha coalita* (Ruprecht) Collins ontogenetisch zusammengehören. *C. petrocelidis* bildet in der Natur wie auch in Kultur Zoosporen, aus denen Pflanzen von *Sp. coalita* hervorgehen. Diese sind diöcisch und erzeugen nur Gameten. Aus den Zygoten entwickeln sich wieder Pflanzen von *C. petrocelidis*, die wiederum Zoosporen erzeugen. Aus diesen experimentellen Befunden, die noch cytologisch ergänzt werden müßten, geht jetzt schon die interessante Tatsache hervor, daß *C. petrocelidis* als Sporophyt und *Sp. coalita* als Gametophyt im ontogenetischen Cyclus eines Diplobionten mit heteromorphem Generationswechsel zusammengehören. Nach den Prioritätsregeln (*Sp. coalita* wurde von Ruprecht 1851, *C. petrocelidis* von Kuckuck 1894 beschrieben), wird man diesen komplexen Organismus wohl nach *Spongomorpha coalita* bezeichnen müssen.

Phaeophyceae. An Material der Süßwasserbraunalge *Heribaudiella fluviatilis* (Areschoug) Svedelius aus der Umgebung von Kobe, haben Kumano und Hirose die unilokulären Sporangien nachgewiesen, sowie die Schwärmer aus beiden Sporangiensorten beobachtet und abgebildet. Damit sind unsere Kenntnisse von dieser eigenartigen Phaeophyceenart vervollständigt worden.

Mit der systematischen Stellung und der Synonymie der Gattung *Bachelotia*, die ursprünglich von Bornet (1889) als eine Untergattung von *Pylaiella* aufgefaßt worden war, beschäftigt sich Gerloff. Nach den geltenden Nomenklaturregeln hat das Zitat folgendermaßen zu lauten: *Bachelotia* (Bornet) Kuckuck ex Hamel Botaniska Notiser Lund 66. (1939), Syn. *Phylaiella* subgen. *Bachelotia* Bornet, Rev. gen. Bot., 1 9. (1889) In der Stellung der Sporangien bei *Bachelotia* und *Pylaiella* liegt der Hauptunterschied zwischen beiden Gattungen. Die Neuaufstellung der Gattung *Bachelotia* durch Fox (1957) erscheint somit überflüssig.

Bangiales. *Cyanidium caldarium* (Tilden) Geitler wurde vorerst von Tilden zu *Protococcus*, dann von Setchell zu *Pleurocapsa* und von G. S. West zu *Palmellococcus* gestellt. Von Geitler wurde diese Form, als selbständige Gattung *Cyanidium* (Fam. der *Cyanidiaceae*), mit starkem Vorbehalt zu den Cyanophyceen gerechnet. Nachdem es sich nun herausgestellt hat, daß ein Chromatophor (mit Chlorophyll a und Phycocyan) und ein Zellkern vorhanden sind, stellt Geitler diese Form endgültig zu den Bangialen. (Synonyme sind *Pluto* Copeland und *Rhodococcus*, von Hirose angewandt, obwohl schon von Hansgirg vergeben.)

Als Nachtrag vom Jahr 1958 möge hier noch der nachgelassenen Arbeit von Miss DREW kurz Erwähnung getan sein. Sie behandelt die *Conchocelis*-Phase von *Bangia fuscopurpurea* an Hand von Kulturversuchen an der Zoologischen Station in Neapel. Die fertilen Zellfäden von *Conchocelis* — ähnlich denen von *Porphyra umbilicalis* var. *laciniata*, aber kleiner — hielten sich drei Jahre lang. Experimentell wurde nachgewiesen, daß die *Conchocelis*-Phase befähigt ist, sich von Muschelschale zu Muschelschale auszubreiten, auch wenn die Schalen einander nicht berühren. Gewisse Beobachtungen lassen das Vorhandensein eines zweiten Sporangientypus vermuten.

Rhodophyceae. Mit dem ontogenetischen Cyclus von *Batrachospermum moniliforme* Roth befassen sich HIROSE und SETO und finden, daß das *Chantransia*-Stadium in zwei alternierenden, von der Jahreszeit und der Wassertemperatur abhängigen Zuständen auftritt, die die Verff. als den *melanosphaera*- bzw. *gelatinosphaera*-Habitus bezeichnen. Die erstere Form tritt bei Temperaturen über, die letztere unter 15° C in Erscheinung. Die *Batrachospermum*-Pflanzen treten, nebst der *gelatinosphaera*-Form der *Chantransia*, nur im Winter auf, während im Sommer der alternative Cyclus durch die *melanosphaera*-Form perpetuiert wird.

Über die auf Gelidiaceen parasitierenden Rotalgen *Syringocolax macroblepharis* Reinsch, *Gelidiocolax microsphaerica* Gardner, *Choreocolax suhriae* Martin et Pocock und *Ch. margaritoides* Martin et Pocock liegt eine systematische Studie von KUNG-CHU FAN und PAPENFUSS vor, wonach *Choreocolax suhriae* in *Gelidiocolax suhriae* (Martin et Pocock) Fan et Papenfuss, und *Choreocolax margaritoides* in *Gelidiocolax margaritoides* (Martin et Pocock) Fan et Papenfuss umbenannt werden. Ferner wird die neue Art *Gelidiocolax mammillata* Fan et Papenfuss beschrieben. Schließlich wird die neue Form *Pterocladiophila hemisphaerica* gen. nov. et sp. nov., ein Parasit auf *Pterocladia lucida*, als Vertreter einer eigenen Familie der *Pterocladiophilaceae* Fan et Papenfuss aufgestellt.

Literatur

BOURRELLY, P.: Österr. Botan. Z. **106**, 174 (1959).

DESIKACHARY, T. V.: Mem. Indian Bot. Soc. 1, 52—62 (1959). — DREW, K. M.: Pubbl. Staz. Zool. Napoli 30, 358—372 (1958).

ETTL, H.: Nova Hedwigia 1, 19—23, 25—36, 167—193 (1959). — ETTL, H., u. O. ETTL: Arch. Protistenk. **104**, 51—112, 113—132 (1959). — ETTL, H., u. A. KÁCHA: Botan. Notiser 111, 512—516 (1959).

FÖYN, B.: Arch. Protistenk. **104**, 236—253 (1959). — FOTT, B.: Algenkunde. V. 1—482. Jena: VEB G. Fischer 1959.

GEITLER, L.: Österr. Botan. Z. **106**, 159—171, 172—173 (1959). — GERLOFF, J.: Nova Hedwigia 1, 37—39 (1959).

HIRANO, M.: Contrib. Biol. Lab. Kyoto Univers. No. 7 u. 9, 226—301, 302—386 (1959); Special Publ. from the Seto Marine Biol. Labor. 1—13 (1959). — HIROSE, H., and R. SETO: aus der Faculty of Science, Kobe Univers. (japanisch mit englischem Res.) (1959).

KORNMANN, P: Jahrestagung Studienges. Erforsch. v. Meeresalgen. Vortragsbericht. Hamburg 1959. — KUMANO, S., and H. HIROSE: aus der Faculty of Science, Kobe Univers. (japanisch mit englischem Res.) (1959). — KUNG-CHU FAN, and G. F. PAPENFUSS: Madroño 15, 33—38 (1959); Bull. Torrey Botan. Club 86, 1—12 (1959).

SILVA, P. C.: J. South African Bot. 25, 101—165 (1959).

TÄUMER, L.: Arch. Protistenk. **104**, 265—291 (1959).

5b. Systematik und Stammesgeschichte der Pilze

Von Heinz Kern, Zürich

I. Phycomyceten

Chytridiales. Im Entwicklungsgang der Gattung *Physoderma* folgt auf einen epibiontischen, ephemeren Abschnitt ein endobiontisches, dauerhaftes Stadium. Die schon wiederholt geäußerte Vermutung, daß der erstere der Haplophase und das letztere der Diplophase entspreche (z. B. Sparrow), konnte nun von Lingappa für *Ph. pulposum* Wallr. (auf *Chenopodium album* L. u. a.) bestätigt werden. Die in der epibiontischen Phase gebildeten Zoosporen wachsen für sich allein wieder zu epibiontischen Zoosporangien heran. Zoosporen, die nicht aus demselben Zoosporangium stammen, können sich jedoch auch paarweise zusammenlegen und verschmelzen. Nach kurzer Schwärmzeit der Zygoten erfolgt die Karyogamie, und der Pilz geht zur endobiontischen Phase über, die mit der Dauersporenbildung abgeschlossen wird. Im endobiontischen Abschnitt ist der Vegetationskörper meist polyzentrisch und stark verzweigt; ausnahmsweise kann eine Zygote zu einer einzigen Dauerspore heranwachsen. Die Reduktionsteilung erfolgt vermutlich bei der Dauersporenkeimung, und die entstehenden Zoosporen leiten wiederum die epibiontische Phase ein. Ob alle *Physoderma*-Arten diesen vollständigen Cyclus abwickeln, wird in weiteren Infektionsversuchen zu prüfen sein.

Oomyceten. Wie in vielen anderen Pilzgruppen muß auch im Bereich der Peronosporaceen die Tragfähigkeit der für die Artumgrenzung verfügbaren Merkmale im einzelnen Fall sorgfältig geprüft werden. In der Gattung *Peronospora* kann die Conidiengröße bei verschiedenen Herkünften ein und derselben Art in einem relativ weiten Bereich streuen, wobei neben Stammesunterschieden (z. B. Lehman; Grabe u. Dunleavy) zweifellos auch Umwelteinflüsse und Matrikalmodifikationen (vgl. Fortschr. Bot. **13**, 96) im Spiele sind; die Abgrenzung kritischer Kleinarten muß sich deshalb auf Infektionsversuche stützen [Gustavsson (2)]. Andererseits wird man den biologischen Gegebenheiten (die wir ja letzten Endes im System zum Ausdruck bringen wollen) kaum gerecht, wenn man nach dem Vorschlag von Yerkes u. Shaw z. B. alle *Peronospora*-Arten auf Cruciferen wieder zu einer einzigen Art vereinigt. — Innerhalb der Gattung *Phytophthora* lassen sich nach dem Aussehen der Reinkulturen, der Oosporengröße, der Stellung der Antheridien, der Temperaturansprüche u. a. in erster Linie die drei Formenkreise der *Ph. cactorum* (L. et C.) Schroet., der *Ph. palmivora* (Butl.) Butl. und der *Ph. parasitica* Dastur charakterisieren; innerhalb dieser Formenkreise stehen sich zahlreiche der in der Literatur vorkommenden Arten morphologisch und physiologisch sehr nahe (Schwinn).

Nach den Beobachtungen von P. HEIM besitzen *Basidiophora entospora* Roze et Cornu und einige andere Peronosporaceen keine funktionsfähigen Antheridien, und es erfolgen paarweise Verschmelzungen unter den Kernen des Oogons; die Sexualität ist also hier weiter rückgebildet als in den bekannten Beispielen der Literatur. — Monographien: skandinavische *Peronospora*-Arten mit vergleichenden Messungen an umfangreichem Material [GUSTAVSSON (1)]; tschechische Saprolegniaceen, Leptomitaceen, Lagenidiaceen und verwandte Gruppen (CEJP).

Zygomyceten. Von der Grundform des *Mucor*-Sporangiums mit Columella lassen sich verschiedene Entwicklungslinien mit mannigfach differenzierten, schließlich einsporigen Sporangiolen ableiten; BENJAMIN behandelt vor allem den Formenkreis von *Syncephalastrum* und die Kickxellaceen (Fortschr. Bot. **21**, 76) ausführlich und bespricht die übrigen Linien im Zusammenhang. — Bearbeitungen: *Zygorhynchus* (HESSELTINE, BENJAMIN u. MEHROTA); *Haplosporangium* (VALLIER).

II. Ascomyceten

Endomycetales. Die Zellwände der Hefen sind nicht in allen Gattungen aus den gleichen Verbindungen aufgebaut. Die Zellwände von *Saccharomyces cerevisiae* Hans. enthalten mehr als 80% Kohlenhydrate, rund 6% Protein und Spuren von Chitin (unter 0,1%); die Kohlenhydratfraktion besteht rund zur Hälfte aus einem Glucose-, zur anderen Hälfte aus einem Mannose-Polysaccharid (Hefemannan). In anderen Hefen ist die Kohlenhydratfraktion viel kleiner, und das Mannan fehlt beinahe oder ganz. Bei einzelnen dieser Formen ist der Chitingehalt relativ groß (rund 5% bei *Nadsonia elongata* Kon., die in diesem Merkmal der Gattung *Endomyces* näher stehen dürfte); in anderen Fällen enthalten die Zellwände viel mehr Protein als bei *S. cerevisiae* und daneben noch unbekannte Kohlenhydrate [*Saccharomycopsis guttulata* (Rob.) Schiönn.]. Die Prüfung weiterer Hefen dürfte zur Klärung verwandtschaftlicher Beziehungen beitragen (MILLER u. PHAFF; SHIFRINE u. PHAFF).

BATRA beschreibt die morphologischen und physiologischen Eigenschaften der drei bekannten *Dipodascus*-Arten, besonders diejenigen von *D. aggregatus* Fr.-Grosm. (Vegetationskörper wie bei *D. albidus* Lagh. vorwiegend aus Hyphen bestehend; Gametangien wie bei dem hefenartig wachsenden *D. uninucleatus* Biggs einkernig).

Taphrinales und Protomycetaceen. In die neue, vorläufig bei den Protomycetaceen untergebrachte (aber auch den Taphrinales nahestehende) Gattung *Mixia* stellt KRAMER einen ursprünglich als *Taphrina osmundae* Nish. (syn. *T. Higginsii* Mix) beschriebenen, aus Japan und Nordamerika bekannten Farnparasiten. Das vielkernige, wenig septierte Mycel wächst in den Zellwänden der Blattgewebe, und die Chlamydosporen werden in der Epidermiaußenwand angelegt. Die „Sporangien" (Asci, Synasci?) entstehen — an manche *Taphrina*-Arten erinnernd — als Aussackungen der dünnen Chlamydosporenwand und grenzen sich durch eine Querwand nach unten ab. Wie zum Teil bei *Taphrina* und vor allem bei *Protomyces* konzentriert sich das Plasma an der Peripherie des Sporangiums; anders als dort wird jedoch die zentrale, sterile Partie durch eine Wand (ähnlich der Columella von *Mucor*) abgegrenzt. Im peripheren, fertilen Teil des Sporangiums entstehen schließlich zahlreiche Sporen. Eine Deutung dieser Befunde wird erst auf Grund cytologischer Untersuchungen möglich sein.

Plectascales. Die Ascokarpien von *Aspergillus alliaceus* Th. et Ch. entsprechen in ihrer Struktur den bekannten Typen; im Unterschied zu diesen sind sie jedoch nicht nackt oder von lockeren Hyphen eingehüllt, sondern liegen zu mehreren in einem ellipsoidischen, dickwandigen, sklerotischen Stroma (FENNELL u. WARCUP). — Eine Übersicht der Gymnoascaceen mit Schlüsseln (außer für die Arten von *Gymnoascus* und *Myxotrichum*) gibt KUEHN.

Höhere Ascomyceten. Daß sich die Scheidung in ascoloculare und ascohymeniale Pyrenomyceten nicht immer streng schematisch durchführen läßt, wurde unter anderem im letzten Bericht betont (Fortschr. Bot. **21**, 76). CHADEFAUD und PARGUEY-LEDUC beschreiben dazu *Nectria*-ähnliche Pilze, die in ihrer Fruchtkörperentwicklung dem ascohymenialen Schema von *Neocosmospora*, *Creopus* und anderen Hypocreaceen (Fortschr. Bot. **20**, 53) folgen; im Unterschied zu diesen Pilzen sind jedoch ihre Asci nicht einwandig, sondern doppelwandig mit ganz anderer Scheitelstruktur (vgl. Fortschr. Bot. **16**, 99). — Am Beispiel der Xylariacee *Coniochaeta ligniaria* (Grev.) Mass. beschreibt DOGUET einen ausgeprägt ascohymenialen Typus der Fruchtkörperentwicklung, bei dem die Paraphysen parallel zu den Asci in die Höhlung des Fruchtkörpers hineinwachsen und ein echtes Hymenium bilden. — Die jungen Fruchtkörper der Diaporthales (*Gnomonia*, *Diaporthe* u. a.) differenzieren sich nach den bisherigen, wenig umfassenden Beobachtungen im wesentlichen in eine ausgeprägte Wand und ein zentrales pseudoparenchymatisches Hyphengeflecht, das sich im Laufe der Entwicklung ganz oder teilweise auflöst und eine Höhlung hinterläßt, in der die Asci heranwachsen. Die Ausbildung der fertilen Partien in den Fruchtkörpern einiger *Gnomonia*-Arten (MORGAN-JONES) erinnert an die Verhältnisse bei einzelnen Arten von *Ceratocystis* (*Ophiostoma*; Fortschr. Bot. **20**, 51): aus dem Ascogon entstehen nicht typische ascogene Hyphen, sondern ein Komplex von einzeln oder in kleinen Gruppen liegenden, ein- bis vierkernigen ascogenen Zellen, die sich unabhängig voneinander teilen und nur von einer dünnen Plasmamembran umgeben sind. Die Kernpaarungen erfolgen offenbar relativ spät; sichere Kernpaare lassen sich erst kurz vor der Ascusbildung beobachten. Die Asci sind (im Unterschied zu den typisch nackten Asci der genannten *Ceratocystis*-Arten) einwandig und besitzen eine charakteristische Scheitelstruktur (Apikalring). Vergleichende Untersuchungen an anderen Vertretern der Diaporthales werden weitere Anhaltspunkte für die stammesgeschichtlichen Beziehungen erbringen müssen.

Monographien usw.: *Rhopographus*, *Scirrhia* und Verwandte (OBRIST); ostasiatische Meliolaceen (YAMAMOTO); *Micropeltis* und Verwandte (BATISTA); *Nectria* und verwandte, in der Sporenform abweichende Gattungen (Gliederung auf Grund der Stromaausbildung; Artschlüssel, Kulturmerkmale, Nebenfruchtformen; BOOTH); *Pseudopeziza* und Verwandte (Dermateaceen; Parasiten verschiedener Dikotylen, zum Teil scharf spezialisiert; SCHÜEPP, SCHMIEDEKNECHT); Geoglossaceen (IMAI); holzbewohnende Pilze im Meerwasser (KOHLMEYER; Fortschr. Bot. **21**, 77).

III. Basidiomyceten

Hymenomyceten. Die Gliederung der Polyporaceen durch NOBLES stützt sich in erster Linie auf die Merkmale der Reinkulturen. Unter Verwendung der Phenoloxydasebildung, der Geschlechtsdifferenzierung, der Ausbildung der verschiedenen Hyphentypen und der

Basidiosporenmerkmale gelangt die Verf. zu Artengruppen, die zum Teil schön mit einzelnen auf Grund der Fruchtkörpermerkmale beschriebenen Gattungen (in enger Fassung) übereinstimmen. Es wird für das Verständnis der Polyporaceen wertvoll sein, die Kombination und Korrelation der morphologischen und physiologischen Merkmale weiter auszubauen; erst dadurch und unter Berücksichtigung der Variabilität dieser Eigenschaften werden sich die Beziehungen zwischen manchen nahe verwandten Arten klären lassen (z. B. McKay, Sarkar).

Monographien: *Exobasidium* (Savile); *Stereum, Peniophora* (Boidin); *Cyphella* und Verwandte (Donk). — Auf die Verwendbarkeit von Pigmenten und anderen Inhaltsstoffen (Papierchromatographie) für die Differenzierung von Agaricaceen weisen Bonnet und Gabriel hin.

Dacryomycetaceen. Unter den gallertigen, holzbewohnenden Saprophyten sind die Gattungen *Dacryomyces, Calocera* und ihre Verwandten (Kennedy) durch die lang und schmal gabelförmigen, nicht septierten, zweisporigen Basidien charakterisiert. Noch unsicher ist die Stellung des auf Blättern parasitierenden *Dicellomyces gloeosporus* Olive mit kleinen, gallertigen Fruchtkörpern und zweisporigen, relativ kurzgabeligen Basidien; er erinnert durch die Differenzierung einer dünnwandigen Probasidie an *Brachybasidium* (Exobasidiaceen).

Uredinales. In einer umfassenden Monographie behandelt Gäumann Morphologie und Biologie der Rostpilze Mitteleuropas. Zur Klärung der Beziehungen innerhalb der großen Gattungen *(Puccinia, Uromyces)* vereinigt er die (an sich eng gefaßten) Arten zu Formenkreisen; ein Formenkreis umfaßt dabei nicht nur die morphologisch und in der Wirtswahl nahe verwandten Arten, sondern auch solche, die sich wahrscheinlich durch Verkürzung des Cyclus aus den ersteren ableiten (z. B. Mikroformen, die ihre Teleutosporen auf dem Aecidienwirt der entsprechenden Makroform ausbilden). — Cutter schildert eingehend seine Arbeiten über das Wachstum von *Gymnosporangium*-Arten in vitro. Von Gewebekulturen ausgehend, konnte er einzelne Stämme zum Wachstum in Reinkultur, also in Abwesenheit der Wirtsgewebe veranlassen; Rückinfektionen von diesen Kulturen auf Wirtspflanzen und Gewebekulturen verliefen positiv. Wenn auch diese Versuche vorderhand noch mit großen technischen Schwierigkeiten verbunden sind, weisen sie doch einen Weg, der mit der Zeit tiefere Einblicke in die Physiologie der Rostpilze und in ihre Beziehungen zu den Wirtspflanzen ermöglichen wird. — Eine Übersicht der Rostgattungen (ähnlich derjenigen von Thirumalachar u. Mundkur, durch einen Schlüssel ergänzt) gibt Cummins.

Literatur

Batista, A. C.: Publ. Inst. Micologia Univ. Recife Nr. 56, 1—519 (1959). — Batra, L. R.: Mycologia (N. Y.) 51, 329—355 (1959). — Benjamin, R. K.: Aliso 4, 321—433 (1959). — Boidin, J.: Bull. Soc. myc. France 74, 436—481 (1958); Bull. Soc. linn. Lyon 28, 205—222 (1959). — Bonnet, J. L.: Bull. Soc. myc. France 75, 216—352 (1959). — Booth, C.: Mycological Papers (Kew) Nr. 73, 1—115 (1959).

Cejp, K.: Oomycetes I. Flora CSR B, 2; 477 S. Prag 1959. — Chadefaud, M.: C. R. Acad. Sci. (Paris) 247, 1376—1379 (1958); 248, 1562—1564 (1959). — Cummins, G. B.: Illustrated Genera of Rust Fungi. 131 S. Minneapolis 1959. — Cutter, V. M.: Mycologia (N. Y.) 51, 248—295 (1959).

Doguet, G.: Rev. Mycol. **24**, 18—38 (1959). — Donk, M. A.: Persoonia **1**, 25—110 (1959).

Fennell, D. I., and J. H. Warcup: Mycologia (N. Y.) **51**, 409—415 (1959).

Gabriel, M.: Bull. Soc. myc. France **75**, 159—169 (1959). — Gäumann, E.: Die Rostpilze Mitteleuropas. Beitr. Krypt. flora Schweiz **12**; 1407 S. Bern 1959. — Grabe, D. F., and J. Dunleavy: Phytopathology **49**, 791—793 (1959). — Gustavsson, A.: (1) Opera bot. **3**, Nr. 1, 1—271 (1959). — (2) Opera bot. **3**, Nr. 2, 1—61 (1959).

Heim, P.: Rev. Mycol. **23**, 373—407 (1958); C. R. Acad. Sci. (Paris) **248**, 1012 bis 1014 (1959). — Hesseltine, C. W., C. R. Benjamin and B. S. Mehrota: Mycologia (N. Y.)**51**, 173—194 (1959).

Imai, S.: Sc. Rep. Yokohama nat. Univ. II, Nr. 5, 1—8 (1956).

Kennedy, L. L.: Mycologia (N. Y.) **50**, 874—895, 896—915 (1958). — Kohlmeyer, J.: Ber. dtsch. bot. Ges. **71**, 98—116 (1958); Nova Hedwigia **1**, 77—100 (1959). — Kramer, C. L.: Mycologia (N. Y.) **50**, 916—926 (1958). — Kuehn, H. H.: Mycologia (N. Y.) **50**, 417—439 (1958).

Lehman, S. G.: Phytopathology **48**, 83—86 (1958). — Lingappa, Y.: Mycologia (N. Y.) **51**, 151—158 (1959); Amer. J. Bot. **46**, 145—150, 233—240 (1959).

McKay, H. H.: Mycologia (N. Y.) **51**, 465—473 (1959). — Miller, M. W., and H. J. Phaff: Ant. v. Leeuwenhoek **24**, 225—238 (1958). — Morgan-Jones, J. F.: Svensk bot. T. **53**, 81—101 (1959).

Nobles, M. K.: Canad. J. Bot. **36**, 883—926 (1958).

Obrist, W.: Phytopath. Z. **35**, 357—388 (1959). — Olive, L. S.: Mycologia (N. Y.) **37**, 543—552 (1945).

Parguey-Leduc, A.: C. R. Acad. Sci. (Paris) **248**, 1559—1562 (1959).

Sarkar, A.: Canad. J. Bot. **37**, 1251—1270 (1959). — Savile, D. B. O.: Canad. J. Bot. **37**, 641—693 (1959). — Schmiedeknecht, M.: Phytopath. Z. **32**, 433—450 (1958). — Schüepp, H.: Phytopath. Z. **36**, 213—269 (1959). — Schwinn, F. J.: Arch. Mikrobiol. **33**, 223—252 (1959). — Shifrine, M., and H. J. Phaff: Ant. v. Leeuwenhoek **24**, 274—280 (1958). — Sparrow, F. K.: Amer. J. Bot. **44**, 661—665 (1957).

Thirumalachar, M. J., and B. B. Mundkur: Indian Phytopath. **2**, 65—101, 193—244 (1949); **3**, 4—42 (1950); **3**, 203—204 (1951).

Vallier, M.: Rev. gén. Botan. **66**, 165—208 (1959).

Yamamoto, W.: Sc. Rep. Hyogo Univ. **3**, 51—93 (1958). — Yerkes, W. D., and C. G. Shaw: Phytopathology **49**, 499—507 (1959).

5c. Systematik der Flechten

Von Josef Poelt, München

Der Beitrag folgt in Band XXIII

5d. Systematik der Moose

Bericht über die Jahre 1958 und 1959 nebst Nachträgen

Von Josef Poelt, München

Mit 1 Abbildung

Eine zusammenfassende Betrachtung der bryologischen Arbeiten der Berichtszeit läßt folgende Tatsachen deutlich hervortreten:

Studien allgemein systematischen Inhalts sind recht rar, speziellere Themen werden weit zahlreicher behandelt. Das mag Ausdruck besonderer Schwierigkeiten oder der großen Differenzen zwischen den einzelnen Moosgruppen sein. Es mag aus der Tatsache abgeleitet werden, daß die allgemeinen Fragestellungen zunächst immer anhand der Blütenpflanzen diskutiert werden, um sekundär auf die anderen Gruppen ausgedehnt zu werden. Es mag von einer gewissen Desinteressiertheit an Pflanzengruppen herrühren, die kein „öffentliches" Interesse für sich in Anspruch nehmen können. Es kann schließlich aus einer zeitweisen Erschöpfung mancher Fragestellungen zu erklären sein. Referent möchte aber glauben, der Hauptgrund dürfte mit in der unserer Zeit gemäßen kritischen Einsicht liegen, daß Einzeluntersuchungen heute mehr denn je Grundlage jeder zusammenfassenden Darstellung sein müssen. Die eigentlichen „Fortschritte" sind denn meist auch nicht in sensationellen Theorien zu suchen, sondern in den oft gar nicht aufregend erscheinenden Einzelergebnissen zäher Arbeiten. Referent mag das bedauern — theoretische Arbeiten allgemeinen Inhalts wären um vieles wirkungsvoller darzustellen —, er möchte aber das Schwergewicht auf die Behandlung jener kleinen Fortschritte legen, die allerdings jeweils nur in wenigen Worten angedeutet werden können.

Ein zweites fällt auf: die rasche und bewundernswerte Entwicklung der Bryologie in Nordamerika und besonders in Japan, in allerneuester Zeit auch in Indien. Das Schwergewicht der bryologischen Forschung hat sich zu einem sehr erheblichen Teil bereits auf diese Länder verlagert.

Ein dritter Punkt sei noch betont, der im Zusammenhang mit den letzten Erörterungen gesehen werden muß: der starke Aufschwung der Bryofloristik, die nicht mehr als unterhaltsame Sonntagsbeschäftigung, sondern als ernsthafte Grundlagenarbeit angesehen wird. So glänzende Entdeckungen wie die von *Takakia* bestätigen diese Richtung aufs beste, die wertvolles Material für die systematische und pflanzengeographische Forschung liefert.

Ein letztes mag noch kurz erörtert sein: die auffällig unterschiedliche Entwicklung, die die Systematik in den letzten Jahrzehnten bei den beiden großen Moosgruppen genommen hat. Bei den Laubmoosen kaum eine einschneidende systematische Änderung — es ist, als habe der große Wurf des Fleischerschen Systems die Forschung geradezu erstarren lassen —, bei den Lebermoosen eine fast beängstigende Umgestaltung, welche ihren letzten Ausdruck bei SCHUSTER (1) gefunden hat.

Die heutige Lage der Laubmoossystematik wurde von TUOMIKOSKI in einem Grundsatzreferat umrissen, das den statischen Eindruck des heutigen Standes unterstreicht, aber auf die vielen Anzeichen eines baldigen Aufschwunges dieser Wissenschaft hinweist. Zu erwarten und erhoffen wären in erster Linie vergleichend morphologische Untersuchungsmethoden zur besseren Umgrenzung der Taxa höherer Ordnung, cytologische Daten und vergleichende Feldstudien zusammen mit den bisher üblichen Untersuchungsmethoden für die schärfere Fassung der Arten und subspezifischen Einheiten.

Allgemeines

Die Untersuchungen über die ersten Entwicklungsstadien der Lebermoose, die sich als wertvolles systematisches Kriterium erwiesen haben, wurden durch FULFORD (1) zusammengefaßt. Bemerkenswert sind hierbei z. B. die großen Differenzen bei den sonst doch so einheitlichen *Lejeuneaceae*. Als Grundzug fällt auf, daß die Sippen, bei denen sich das Protonema von Anfang an außerhalb des Exospors entwickelt, überwiegend extratropisch verbreitet sind, während die Sippen mit zunächst interner Entwicklung vorwiegend den Tropen und Subtropen angehören.

Eine ähnliche Bedeutung für die Systematik der Laubmoose — hier allerdings mehr für die niedrigen Sippenkategorien — könnten die Untersuchungen über die Protonemata erlangen, für die KOFLER in einer vorwiegend entwicklungsphysiologisch orientierten Arbeit einen wertvollen Beitrag lieferte: Rassen von *Funaria hygrometrica*, die sich sonst nicht fühlbar unterscheiden oder deren Differenzen durch phänotypische Modifizierungen allzuleicht verwischt werden können, lassen sich anhand ihrer Protonemata auf den ersten Blick auseinanderhalten — wobei freilich die Wachstumsbedingungen entsprechend vergleichbar sein müssen.

Zum Thema Cytologie der Moose sind diesmal zwei außergewöhnlich niedrige Chromosomenzahlen als bemerkenswert voranzustellen: TATUNO konnte bei der unten näher behandelten *Takakia* $n = 4$ ausfindig machen, also die nämliche Zahl, die bei den vermutlich verwandten höheren Grünalgen ebenfalls auftritt. Bei einer indischen *Physcomitrium*-Sippe entdeckte CHOPRA schließlich die niedrigste von den Bryophyten bekannte Zahl von $n = 3$. — Durch Nachträge jeweils ergänzte Zusammenfassungen über die bisher bekannten Chromosomenzahlen auch bei Bryophyten finden sich im "Index to plant chromosome numbers", publiziert von "the California Botanical Society".

Von Bedeutung für das Problem der Geschlechterverteilung, das bei einigen Gruppen von großer Wichtigkeit ist und Anlaß zu vielen gegenteiligen Aussagen gegeben hat, scheinen uns die entwicklungsphysiologischen Untersuchungen von BAUER zu sein, der z. B. bei *Splachnum* in alternden Kulturen von weiblichen Pflanzen sich abspaltende teils stabile, teils instabile Männchen erhielt, wobei das Konstantwerden der männlichen Tendenz nicht als genetische Abänderung, sondern als Dauermodifikation zu betrachten ist.

An physiologischen Untersuchungen mit systematischem Aspekt steuert STEINLESBERGER einen Vergleich der osmotischen Werte von Laubmoosen bei: deren Höhe ist meist artspezifisch, sie schwankt jedoch gemäß den ökologischen Bedingungen in bestimmten Amplituden.

Phylogenie

GAMS betrachtet als älteste Laubmoose die *Anarthrodontes*, die von den *Andreaeales* herrühren dürften. Am Beginn ständen dabei etwa die *Dicranaceae*, während die distichen Formenkreise wie etwa die *Fissidentaceae* als abgeleitet betrachtet werden müssen. Die *Sphagnales* wären nach GAMS stark abgeleitet und phyletisch recht jung (fossil von der Oberkreide bekannt) und etwa über die gymnostome Gattung *Ochrobryum* an die *Leucobryaceae* anzuschließen (wobei Ref. dem Verf. allerdings nicht zu folgen vermag). — Kurz hingewiesen sei auf eine Studie von SAVICZ-LJUBITZKAJA u. ABRAMOV über die geologische Geschichte der Moose, die im paläobotanischen Referat genauere Besprechung finden wird.

Als sehr erfreuliche Erscheinung ist der 1. Band des „Index muscorum" aufzufassen (V. D. WIJK, MARGADANT, FLORSCHÜTZ), der endlich einen guten und vollständigen Überblick über die bisher beschriebenen Moosarten zu geben verspricht. Wichtige Vorarbeiten lieferte z. B. MARGADANT.

Systematik

B = Beiträge, L = Liste, S = Schlüssel

(Hepaticae)

Anthocerotaceae. Der Karyotyp eines wilden diploiden Klons von *Anthoceros punctatus* entspricht morphologisch dem verbreitetsten Karyotyp der eigentlichen Lebermoose und bestätigt die Annahme einer gemeinsamen Wurzel beider Gruppen: PROSKAUER (dort besonders cytologische Untersuchungen).

Rebouliaceae. Entwicklungsgeschichte: KACHROO. Die Embryonen sind fädig. Die verschiedenen Gattungen in eine Familie zusammenzufassen ist voll berechtigt.

Cyathodiaceae. *Cyathodium* in Japan: HATTORI u. MIZUTANI (1).

Ricciaceae. *Riccia* in Hessen: KLINGMÜLLER (1). — Systematik des *Riccia fluitans*-Komplexes: KLINGMÜLLER (2). — Studien über indische Riccien: UDAR u. CHOPRA; die Basiszahl von *R.* dürfte *n* = 8 sein. — B *Riccia* in Indien: PANDÉ u. UDAR. — B *Riccia* in Malesien: MEIJER (1). — B *Riccia* in Argentinien: HÄSSEL DE MENENDEZ (1). — *Ricciocarpus natans* dürfte zweihäusig sein: RIETH.

Sphaerocarpaceae. *Geothallus* ist in *Sphaerocarpus* einzubeziehen: SCHUSTER (1).

Riellaceae. *Riella* in Argentinien: HÄSSEL DE MENENDEZ (2).

Metzgeriaceae. Revision von *Metzgeria* in Japan: KUWAHARA.

Aneuraceae. Studie javanischer Arten: MEIJER (2); die wenigen borealen Arten lassen sich jeweils an verschiedene tropische Formenkreise anschließen. — *Riccardia pinguis* mit Verwandten ist als eigene Gattung *Trichostylium* herauszustellen: SCHUSTER (1).

Pallaviciniaceae. *Moerckia flotoviana* wäre nach DE SLOOVER eine Standortsform von *M. hibernica*.

Makinoaceae. Die Sporenkeimung verläuft bei der Gattung nach einem eigenen *Makinoa*-Typ; die Gattung unterscheidet sich auch hierdurch von den als verwandt betrachteten Genera *Metzgeria*, *Pallavicinia* und *Riccardia*: INOUE (1).

Calobryaceae. *Calobryum (blumei)* besitzt eine sog. Sproßcalyptra, d. h. bei der Bildung der „Calyptra" ist nicht nur die Archegon-Bauchwand, sondern auch Sproßgewebe beteiligt, was eher als fortschrittliches denn als primitives Merkmal aufzufassen wäre: FULFORD (1).

Haplomitriaceae. *Haplomitrium hookeri* besitzt $n = 9$ Chromosomen, dazu in der Telophase 2 Nucleoli, wie sie sonst nur bei *Riccardia pinguis* beobachtet wurden. Für eine Verwandtschaft mit den *Aneuraceae* spricht ferner die Tatsache, daß beide Gruppen die größten Chromosomen unter den *Hepaticae* besitzen, desgleichen fällt die bedeutende Größe des Geschlechtschromosoms auf. Die *Calobryales* wären deshalb in die Nähe der anakrogynen *Jungermanniales* zu stellen: BERRIE (2).

Takakiales

Takakiaceae: Als überraschendste Entdeckung der Neuzeit muß die zunächst aus den japanischen Hochgebirgen [HATTORI u. INOUE (1)],

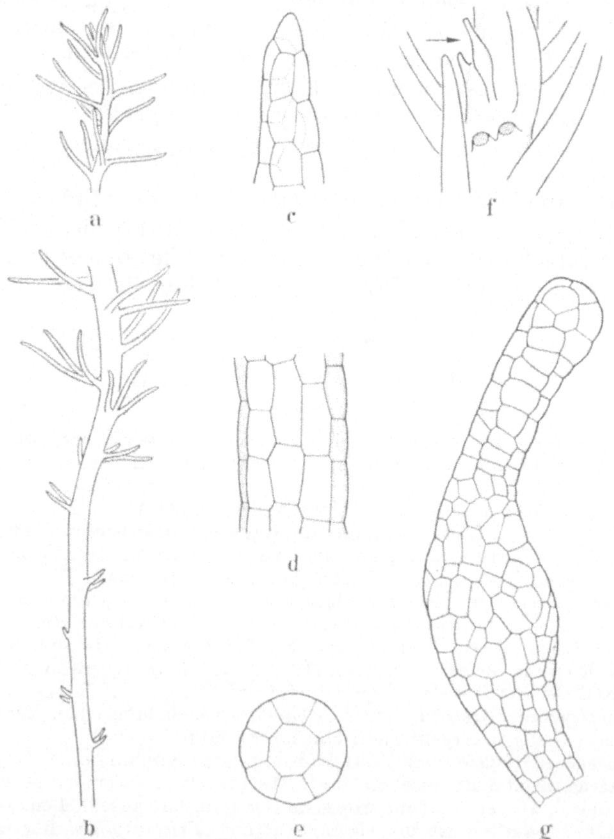

Abb. 9. *Takakia lepidozioides* HATTORI u. INOUE [nach HATTORI u. MIZUTANI (2)] a Spitze, b mittlerer und unterer Teil eines Pflänzchens, c Spitze, d Teil eines Blättchens, e Querschnitt durch ein Blättchen, f oberer Teil eines Stämmchens mit einem Archegonium (Pfeil!); g Archegonium in Aufsicht

dann auch von einer Britisch-Kolumbien vorgelagerten Insel (PERSSON) bekanntgewordenen *Takakia lepidozioides* betrachtet werden, die von HATTORI u. MIZUTANI (2) eingehend behandelt wird. Es handelt sich um ein einfach gebautes, rhizoidenfreies Pflänzchen mit aufrechten Stämmchen und wenig differenzierten, pfriemlichen, meist zu 2 oder 3 nebeneinanderstehenden Blättchen. Die Archegonien sind größer als bei den meisten *Hepaticae*, ausgenommen *Calobryum*. Chromosomenzahl $n = 4$, also die bislang niedrigste von Bryophyten bekannte Zahl (vgl. aber *Funariaceae*). Antheridien und der Sporophyt sind noch nicht aufgefunden worden. *Takakia* zeigt viele primitive Züge und ist am besten als eigene Ordnung neben die *Calobryales* zu stellen.

Jungermanniales

Durch zahlreiche Einzeluntersuchungen wurden die verwandtschaftlichen Beziehungen innerhalb dieser Gruppe in der letzten Zeit immer deutlicher, so daß sich nun eine schärfere Untergliederung und Differenzierung des Systems durchführen ließ. SCHUSTER gruppiert in 5 Unterordnungen, wobei die Herausstellung der primitiven *Ptilidiinae* besonders neuartig erscheint.

Ptilidiinae

Sie umfassen die primitivsten Gruppen der lebenden *Jungermanniales* mit schwankender Insertion der Blättchen und anderen primitiven Zügen.

Herbertaceae. Monographie der amerikanischen *Herberta*-Arten: SCHUSTER (2); alle Taxa bewohnen ausgesprochene Reliktgebiete. — *Herpocladium* ist als Gattung zu streichen: MILLER u. SCOTT.

Isotachaceae. mit der einzigen Gattung *Isotachis* werden von SCHUSTER (2) wegen des reduzierten Perianths, der cylindrischen Kapsel und anderer Merkmale aus den *Herbertaceae* herausgenommen. Hierher dann wohl auch *Triandrophyllum* nov. gen.: FULFORD u. HATCHER.

Lepicoleaceae auf *Lepicolea* Dum.: SCHUSTER (2) (Perianth fehlend, ersetzt durch ein fleischiges Sproßperigyn).

Trichocoleaceae. *Trichocolea* in Amerika, Monographie, S: HATCHER.

Lepidoziaceae. *Psiloclada* wird auf *P. clandestina* mit quergestellten Blättern reduziert; die Arten mit unterschlächtigen Bl. stehen besser bei *Microlepidozia*: FULFORD u. TAYLOR (1). — Definition von *Sprucella* (afrik.), *Neolepidozia* nov. gen. (auf *Jungermannia capilligera*, mit großzelliger Stämmchenrinde): FULFORD u. TAYLOR (2). — Bei *Lepidozia granatensis* finden sich drei Verzweigungstypen nebeneinander, also Verzweigungen aus allen drei Segmenten, was als sehr primitiv angesehen werden muß: FULFORD u. TAYLOR (3). — Innerhalb der *Lepidoziaceae* finden sich nah verwandte Gattungen mit quergestellten, unter- und oberschlächtigen Blättern: FULFORD u. TAYLOR (1). — Supplement zu Monographie von *Bazzania* in C- u. S.-Amerika: FULFORD (2). — Monographie der L. in Japan: HATTORI u. MIZUTANI (3).

Calypogeiaceae. *Metacalypogeia* nov. gen. (auf *Calypogeia cordifolia*): INOUE (2). — Calypogeia-Ölkörper: AMAKAWA (1).

Jungermanninae

Die Unterordnung wird von SCHUSTER (1) vorläufig in drei "series" näher verwandter Familien aufgeteilt.

Lophoziaceae. *Lophozia* subgen. *Hattoria* nov. subgen.: INOUE (3). — *Tritomaria* in Arktisch-Kanada: SCHUSTER (3).

Jungermanniaceae in Japan, Monogr.: AMAKAWA (2) mit S; hierzu auch *Cryptocoleopsis* nov. gen.; Jungermannia wird besser weiter gefaßt und schließt dann *Plectocolea* und *Solenostoma* ein. — *Plectocolea* in Ostasien: MEIJER (3). — *Jungermannia* in Südafrika: ARNELL (1).

Scapaniaceae *Scapania* sect. *Jensenia* verbindet die Familie mit den Lophoziaceae: SCHUSTER (1).

Plagiochilaceae. von Japan (5 Genera): INOUE (4). — *Tylunanthus* (marsupiat) in Neuseeland: HODGSON.

Chonecoleaceae. *Chonecolea* Grolle (früher *Clasmatocolea* pr. pt.) ist als Familie zu verselbständigen; die bisher unter *Clasmatocolea* zusammengefaßten Arten wurden nur wegen äußerlicher Ähnlichkeiten vereinigt und sind auf 7 Familien aufzuteilen: SCHUSTER (4).

Lophocoleaceae. *Lophocolea* in Japan, S: INOUE (5). — Afrikanische *Lophocolea*-Arten, S: GROLLE. — *Pachyglossa*, Diagnose, S: HERZOG u. GROLLE; die Gattung ist antarktisch. Nachtrag: GROLLE (2). — *Pachyglossa* ist keine Calobryale, sondern gehört in die Nähe der Lophocoleaceae, muß aber wohl zu einer eigenen Familie Pachyglossaceae erhoben werden: HATTORI u. MIZUTANI (4).

Cephaloziellaceae. *Cephaloziella* im tropisch-afrik. Tiefland: JONES. — S der Subgenera von C.: SCHUSTER (1).

Odontoschismataceae. Die marsupiaten Genera *Marsupidium* und *Jackiella* in Neuseeland: HODGSON.

Radulineae

Radulaceae. Monographie von *Radula*: Subgen. *Acroradula* sect. *Dichotomae*: CASTLE (1), sect. *Marginata*: CASTLE (2).

Porellineae

Lejeuneaceae. B L. in Japan: HATTORI (1). — Diskussion einiger Genera um *Lejeunea* mit der alaskanischen *L. alaskana*, einem zu Himalaja-Arten verwandten Relikt: SCHUSTER u. STEERE. — Sporenkeimung bei *Brachiolejeunea* u. *Frullania* sp.: INOUE (6). — B *Colura*: JOVET-AST (1).

Musci

Andreaeaceae. B *Andreaea* in China: CHEN u. WANT.

Sphagnaceae. Neudruck der „Sphagnologia Universalis": WARNSTORF. — *Sphagnum molle*-Komplex in Europa: RØNNING. — Kritik von 12 *Sph.*-Sippen: LE ROY ANDREWS (1). — Nach LE ROY ANDREWS (2) wären fast sämtliche holarktischen *Sphagna subsecunda* in eine Art zusammenzufassen (was Ref. nicht recht glaubhaft erscheint). — *Sph. subsecundum*-Gruppe in Japan: SUZUKI. — Protonemata zweier Sphagna: NOGUCHI (5).

Fissidentaceae. B *Fissidens* in Belgien: DEMARET. — *F.* in den Niederlanden, S: JOUSTRA. — S *Semilimbidium*-Gruppe in Japan: IWATSUKI (1). — *F.* im östl. Indien: GANGULEE.

Dicranaceae. Kritik von *Paraleucobryum*: BARNES.

Ditrichaceae. Autöcische *Ditrichum*-Arten in N.-Amerika: ANDERSON u. BRYAN. — Natürl. Hybride zwischen *Pleuridium subulatum* und *Ditrichum pallidum*: LE ROY ANDREWS u. HERMANN.

Grimmiaceae. *Rhacomitrium* in Japan: NOGUCHI (1). — *Grimma gracilis*-Gruppe in Großbritannien: CRUNDWELL.

Ephemeraceae. *Ceuthospora* nov. gen. auf *Ephemerum mexicanum*: CRUM u. ANDERSON (1) [bei CRUM u. ANDERSON (2) wegen eines früheren Homonyms in *Bryoceuthospora* umbenannt].

Funariaceae. CHOPRA fand bei indischen *Physcomitrium*-Proben Chromosomenzahlen von $n = 18$ und $n = 3$ und 6, damit also die niedrigste Zahl bei Moosen (vgl. *Takakiaceae* oben).

Splachnaceae. Die bisher beschriebenen nord- und mittelamerikanischen *Splachnobryum*-Formen sind in eine Art zusammenzufassen: SCHORNHERST-BREEN u. PURSELL. — Bei *Tetraplodon* cf. *mnioides* aus Innerasien streckt sich der Stiel des Sporensackes bei der Reife und drückt den Sporensack dadurch nach oben: RIETH.

Mniaceae. Kritik von *Orthomnium* u. aff.: NORQUETT.

Orthotrichaceae. *Ulota* in Japan, Revision, S: IWATSUKI (2).

Prionodontaceae. *Taiwaniobryum*, Beschreibung: VELOIRA.

Trachypodaceae. Ausführl. Revision der Familie, mit S, Punktkarten: v. ZANTEN; die Familie hat 6 Gattungen und ihr Zentrum in SO-Asien, und von hier Ausstrahlungen in andere tropische Gebiete; 3 Genera sind rein südostasiatisch.

Neckeraceae. *N.* in Nordafrika: JELENC. — Revision von *Homaliadelphus*, mit Disjunktion Ostasien/östl. Nordamerika: IWATSUKI (3). — *Thamnium* auf Juan Fernandez: BARTRAM (1).

Echinodiaceae. Areal von *Echinodium* mit *E. savicziae* n. sp. von Transkaukasien: ABRAMOVA u. ABRAMOV (1).

Fabroniaceae. *Anacamptodon* in Nordamerika: CRUM (1).

Amblystegiaceae. Kritik von *Amblystegium*: CONRAD; befürwortet die Einbeziehung von *Hygramblystegium* und *Leptodictyon*. — Die generische Abtrennung des Genus *Calliergonella* von *Calliergon* wird bestätigt; die Variation von *Calliergonella cuspidata* ist phänotypisch: OBRIST.

Plagiotheciaceae. *Plagiothecium denticulatum*-Komplex in Großbritannien: GREENE.

Hypnaceae. *Hypnum* in Japan und Umgebung: ANDO (1). — *Tutigaea* nov. gen. (Typ: *T. brachytheciella*): ANDO (2). — *Hypnum cupressiforme*-Formenkreis: B WISNIEWSKA.

Polytrichaceae. S *Polytrichum* in Japan: NOGUCHI (2).

Floren, floristische Arbeiten

Europa. Moose von W-Spitzbergen: ARNELL u. MÅRTENSSON. — Laubmoosflora von Fennoskandien, *Bryaceae* — *Meeseaceae*: NYHOLM. — Lebermoose von Enontekiö-Lappland: HENSSEN. — Verbreitung zahlreicher Gattungen in Dänemark: HOLMEN.

Moosflora der Rheinprovinz: FELD. — Moosflora der Umgebung von Kaiserslautern: STOFFEL. — Lebermoose des Isergebirges: SZWEYKOWSKI. — *Musci* in „Flora Polska", bis *Timmiaceae*: SZAFRAN (1). — Prodromus Florae Hepaticarum Poloniae: SZWEYKOWSKI (2). — Moosflora des Krakau-Wieluner Jura: SZAFRAN (2). — Moose der Pienieen: SZAFRAN (3). — B Polnische Tatra: KUC.

Liste britischer *Hepaticae*: JONES (2). — B C-Irland: CRIDLAND. — Flore Generale Belgique; der Lebermoosband ist nun abgeschlossen: VANDEN BERGHEN. — Katalog der Moose der Vendée: CHARRIER. — B armorikanisches Massiv: STØRMER. — Moose des Montseny: CRUZ CASAS SICART. — B Moosflora Spaniens: ALLORGE u. CASAS DE PUIG.

Moosflora von Klausenburg: BOROS (1). — B Moosflora Ungarns: BOROS u. VAJDA. — Bryogeographie von Ungarn 1. Teil: BOROS (2). — B Moosflora Bulgariens: SIMON u. VAJDA.

Asien. B für die arktischen Teile Jakutiens und des Fernen Ostens: SMIRNOVA. — Geographie der Laubmoose NO-Asiens: LAZARENKO.

Kataloge für verschiedene japanische Gebirgsgebiete bei HATTORI (2 u. 3), NOGUCHI (3), HATTORI u. INOUE (2 u. 3). — Geographische Beziehungen zwischen Japan und Appalachen: IWATSUKI (4).

B Laubmoose Armeniens: ABRAMOVA u. ABRAMOV (2), dto. Abchasien: ABRAMOVA u. ABRAMOV (3). — B Musci Pakistans: NOGUCHI (4). — Lebermooskunde in Indien: PANDE. — *Hepaticae* in Kambodscha, L: JOVET-AST (2); Moose aus Vietnam, B: JOVET-AST u. TIXIER bzw. JOVET-AST u. SCHMID. — B Musci Westjava: CRUM (2). — S der Laubmoosgenera von Malesien: V. D. WIJK.

Afrika. B *Musci* Südafrika u. Sierra Leone: POTIER DE LA VARDE (1). — L Kapland, *Musci*: POTIER DE LA VARDE (2). — L *Musci* von Tanganyika: POTIER

DE LA VARDE (3). — L *Musci* Uganda, Kongo: POTIER DE LA VARDE (4). — *Hepaticae* vom Kamerunberg: ARNELL (2). — *Musci* von Madagasgar, L: POTIER DE LA VARDE (5).

Amerika. Kritik und S zu den Ordnungen, Familien und Genera der *Hepaticae* in Nordamerika: SCHUSTER (1); auf die inhaltsreiche Arbeit wurde bereits im systematischen Teil vielfach hingewiesen. — Moose von Inneralaska: PERSSON u. GJAEREVOLL. — Moosflora Mt. Kinley National Park: PERSSON u. WEBER. — *Oreas Martiana* in Alaska: STEERE. — Moose v. Mackenzie River: STEERE (2). — B Bryologie Canadas: CRUM (3). — B *Hepaticae* in Ontario: WILLIAMS u. CAIN. — Geogr. *Hepaticae* v. Minnesota und dem Gebiet der Großen Seen: SCHUSTER (5). — Moosflora Upper Cayuga Lake Bassin: LE ROY ANDREWS (3). — Moosflora von N-Carolina, *Grimmiaceae* — *Orthotrichaceae*: ANDERSON. — Wüstenmoose in Arizona: McCLEARY. — Laubmoose von Nevada: LAWTON.

B *Musci* von Haiti: CRUM u. STEERE. — L *Musci* von Jamaica: WELCH u. CRUM. — *Musci* von Porto Rico u. Virgin Islands: CRUM u. STEERE (2). — *Hepaticae* von Martinique u. Französ. Guayana: ARNELL (3).

B *Musci* von Venezuela: BARTRAM (2). — Machris Exped. C-Brasilien, *Hepaticae*: FULFORD (3), dto. *Musci*: CRUM (4). — *Musci* von Santa Catherina: PIOVANO.

Australantarktis. *Musci* Hochländer Neuguinea: BARTRAM (3). — *Musci* von Upolu: BARTRAM (4). — Moosgeographie von Neuseeland: MARTIN. — *Hepaticae* von Juan Fernandez: ARNELL (4). — *Hepaticae* von Tristan da Cunha, viele n. sp.: ARNELL (5).

Literatur

ABRAMOVA, A., i I. ABRAMOV: (1) Bot. Žurn **43**, 1018—1024 (1958). — (2) Sporovije Rastenija **12**, 360—366 (1959). — (3) Sporovije Rastenija **12**, 301—359 (1959). — ALLORGE, V., et C. CASAS DE PUIG: Rev. Bryol. **27**, 55—65 (1958). — AMAKAWA, T.: Misc. Bryol. Lich. **18**, 4—5 (1958). — (2) J. Hattori Bot. Lab. **21**, 248—291 (1959). — ANDERSON, L.: Bryologist **61**, 285—313 (1958). — ANDERSON, L., and V. BRYAN: Brittonia **10**, 121—137 (1958). — ANDO, H.: J. Sci. Hiroshima Univ. Ser. B Div. **28**, 1—18 (1957). — (2) J. Japan Bot. **33**, 175—181 (1958). — ARNELL, S.: (1) Bot. Not. **111**, 619—622 (1958). — (2) Svensk. Botan. Tidskr. **52**, 63—67 (1958). — (3) Svensk Botan. Tidskr. **53**, 499—506 (1959). — (4) Ark. Bot. **4**, 1—21 (1959). — (5) Res. Norw. Sci. Exped. Tristan da Cunha 1937—1938 No. 42, 1—73 (1958). — ARNELL, S., and O. MARTENSSON: Ark. Bot. **4**, 105—164 (1959).

BARNES, C.: Bryologist **61**, 335—339 (1958). — BARTRAM, E.: (1) Ark. Bot. **4**, 29—43 (1959). — (2) Fieldiana: Botany **28**, 695—718 (1957). — (3) Brittonia **11**, 86—98 (1959). — (4) Occ. Pap. Bern. Bishop. Mus. **22**, 15—20 (1957). — BERRIE, G.: (1) Trans. Brit. Bot. Soc. **3**, 427—429 (1958). — (2) Bryologist **62**, 1—5 (1959). — BOROS, A.: Acta Bot. Hung. **4**, 1—17 (1958). — (2) Nova Hedwigia **1**, 209—250 (1958). — BOROS, A., u. L. VAJDA: Ann. Hist. Nat. Mus. Nat. Hung. **50**, 93—106 (1958).

CASTLE, H.: (1) J. Hattori Bot. Lab. **21**, 1—52 (1959). — (2) Rev. Bryol. **28**, 290—296 (1959). — CHARRIER, J.: Ann. Soc. sc. Nat. Charente **4** (1958). — CHEN, P., and T. WANT: Acta phytotax. sinica **7**, 91—100, 100—104 (1958). — CHOPRA, N.: Curr. Sci. **28**, 114—115 (1959). — CONARD, H.: Bryologist **62**, 96—104 (1959). — CRIDLAND, A.: Trans. Brit. Bryol. Soc. **3**, 399—417 (1958). — CRUM, H.: (1) Bryologist **61**, 136—140 (1958). — (2) Bryologist **62**, 188—190 (1959). — (3) Nat. Mus. Canada Bull. **147**, 116—123 (1958). — (4) Machris Braz. Exped. Contr. Sci. Nr. **18**, 1—8 (1957). — CRUM, H., and L. ANDERSON: (1) J. E. Mitchell Sci. Soc. **74**, 31—40 (1958). — (2) Bryologist **62**, 66 (1959). — CRUM, H., and W. STEERE: (1) Am. Midland Nat. **60**, 1—51 (1959). — (2) Sci. Survey Porto Rico **7**, 395—399 (1957). — CRUNDWELL, A.: Trans. Brit. Bryol. Soc. **3**, 558—562 (1959). — CRUZ CASAS SICART: Ann. Inst. Bot. Cavanillies **16**, 121—226 (1958).

DEMARET, F.: Bull. Jard. Bot. Bruxelles **29**, 151—156 (1959). — DE SLOOVER, J.: Bull. Jard. Bot. Bruxelles **29**, 157—181 (1959).

FELD, J.: Decheniana Beiheft **6**, 1—94 (1958). — FULFORD, M.: (1) Phytomorphology **6**, 199—235 (1956). — (2) Bull. Torrey Bot. Cl. **86**, 308—412 (1959). — (3) Machris Bazil. Exped. Contr. Sci. **26**, 1—2 (1958). — FULFORD, M., and R.

HATCHER: Bryologist 61, 276—285 (1958). — FULFORD, M., and J. TAYLOR: J. Hattori Bot. Lab. 21, 79—84 (1959). — (2) Brittonia 11, 77—85 (1959). — (3) Rev. Bryol. 28, 276—279 (1959). — FULFORD, M., J. TAYLOR and R. HATCHER: Phytomorphology 8, 298—302 (1958).

GAMS, H.: Rev. Bryol. 25, 326—329 (1959). — GANGULEE, H.: Bull. Bot. Soc. Bengal. 11, 59—84 (1957). — GREENE, S.: Trans. Brit. Bryol. Soc. 3, 175—179 (1957). — GROLLE, R.: Trans. Brit. Bryol. Soc. 3, 582—598 (1959). — (2) Rev. Bryol. 28, 346—350 (1959).

HÄSSEL DE MENENDEZ, G.: (1) Bot. Soc. Argent. Bot. 7, 99—115 (1958). — (2) Rev. Bryolog. 28, 297—299 (1959). — HATCHER, R.: Lloydia 20, 139—185 (1957/58). — HATTORI, S.: Misc. Bryol. Lich. 14, 1—2 (1957). — (2) J. Hattori Bot. Lab. 21, 118—131 (1959). — (3) H. Hattori Bot. Lab. 20, 33—53 (1958). — HATTORI, S., and H. INOUE: (1) J. Hattori Bot. Lab. 19, 133—137 (1957). — (2) J. Hattori Bot. Lab. 21, 85—103 (1959). — (3) J. Hattori Bot. Lab. 21, 104—117 (1959). — HATTORI, S., and M. MIZUTANI: H. Hattori Bot. Lab. 21, 132—137 (1959). — (2) J. Hattori Bot. Lab. 20, 295—303 (1958). — (3) J. Hattori Bot. Lab. 19, 76—117 (1957). — (4) J. Jap. Bot. 33, 359—363 (1958). — HENSSEN, A.: Nova Hedwigia 1, 65—75 (1959). — HERZOG, T., u. R. GROLLE: Rev. Bryolog. 27, 147—165 (1958). — HODGSON, S.: Trans. Roy. Soc. N. Z. 85, 565—584 (1958). — HOLMEN, K., u. Mitarb.: Bot. Tidsskr. 55, 77—154 (1959).

INOUE, H.: (1) Bot. Mag. Tokyo 71, 214—217 (1958). — (2) J. Hattori Bot. Lab. 21, 231—235 (1959). — (3) Bot. Mag. Tokyo 70, 357—362 (1957). — (4) J. Hattori Bot. Lab. 19, 25—59 (1958) u. 20, 54—106 (1958). — (5) J. Hattori Bot. Lab. 21, 214—230 (1959). — (6) J. Jap. Bot. 33, 6—11 (1958). — IWATSUKI, Z.: (1) J. Hattori Bot. Lab. 21, 236—247 (1959). — (2) J. Hattori Bot. Lab. 21, 138—156 (1959). — (3) Bryologist 61, 68—78 (1958). — (4) J. Hattori Bot. Lab. 20, 304—352 (1958).

JELENC, F.: Rev. Bryolog. 28, 308—318 (1959). — JONES, E.: (1) Trans. Brit. Bryol. Soc. 3, 430—440 (1958). — (2) Trans. Brit. Bryol. Soc. 3, 353—374 (1958). — JOUSTRA, T.: Buxbaumia 13, 10—28 (1958). — JOVET-AST, S.: (1) Rev. Bryol. 27, 19—23 (1958). — (2) Rev. Bryol. 27, 24—30 (1958). — JOVET-AST, S., et M. SCHMID: Rev. Bryol. 27, 195—200 (1958). — JOVET-AST, S., et P. TIXIER: (1) Rev. Bryol. 28, 300—307 (1959). — (2) Rev. Bryol. 27, 201—210 (1958).

KACHROO, P.: J. Hattori Bot. Lab. 19, 1—24 (1958). — KLINGMÜLLER, W.: (1) Ges. Nat. u. Heilk. Gießen N. F. 28, 12—24 (1957). — (2) Flora 146, 616—624 (1958). — KOFLER, L.: Rev. Bryol. 28, 1—202 (1959). — KUC, M.: Rev. Bryol. 27, 31—37 (1958). — KUWAHARA, Y.: J. Hattori Bot. Lab. 20, 124—141 (1958).

LAWTON, E.: Bryologist 61, 314—334 (1958). — LAZARENKO, A.: Rev. Bryol. 26, 146—157 (1957). — LE ROY ANDREWS, A.: (1) Bryologist 61, 269—276 (1958). — (2) Bryologist 62, 87—96 (1959). — (3) The Bryophyte Flora of the Upper Cayuga Lake Bassin. New York 1957. — LE ROY ANDREWS, A., and F. HERMANN: Bryologist 62, 119—122 (1959).

MARGADANT, W.: Acta Botan. Neerl. 8, 271—276 (1959). — MARTIN, W.: Bryologist 61, 105—115 (1958). — McCLEARY, J.: Bryologist 62, 58—62 (1959). — MEIJER, W.: (1) J. Hattori Bot. Lab. 20, 107—118 (1958). — (2) J. Hattori Bot. Lab. 21, 61—78 (1959). — (3) J. Hattori Bot. Lab. 21, 53—60 (1959). — MILLER, H., and E. SCOTT: Bryologist 62, 109—116 (1959).

NOGUCHI, A.: (1) Misc. Bryol. Lich. 15, 1—3 (1958). — (2) Misc. Bryol. Lich. 11, 4—5 (1957). — (3) J. Hattori Bot. Lab. 20, 272—288 (1958). — (4) J. Hattori Bot. Lab. 21, 292—295 (1959). — (5) J. Hattori Bot. Lab. 19, 71—75 (1958). — NORQUETT, A.: Trans. Brit. Bryol. Soc. 3, 441—447 (1958). — NYHOLM, E.: Illustr. Moss Flora of Fennoscandia II, Fasc. 3 (1958).

OBRIST, W.: Ber. Schweiz. Bot. Ges. 67, 95—98 (1957).

PANDE, S.: (1) J. Indian Botan. Soc. 36, 564—579 bzw. Proc. Nat. Inst. Sci. India 24b, 79—88 (1958). — (2) J. Indian Botan. Soc. 37, 1—26 (1958). — PANDE, S., and R. UDAR: J. Indian Botan. Soc. 36, 564—579 (1957). — PERSSON, H.: Bryologist 61, 359—361 (1958). — PERSSON, H., and O. GJAEREVOLL: K. Nordske Vidensk. Selsk. Skrift 1957, 5, 1—74 (1957). — PERSSON, H., et W. WEBER: Bryologist 61, 214—242 (1958). — PIOVANO, G.: Sellowia 9, 87—115 (1958). — POTIER

DE LA VARDE, R.: (1) Rev. Bryol. **27**, 1—10 (1958). — (2) Rev. Bryol. **28**, 271—275 (1959). — (3) Rev. Bryol. **27**, 139—144 (1958). — (4) Rev. Bryol. **28**, 203—207 (1959). — (5) Rev. Bryol. **26**, 121—122 (1957). — PROSKAUER, J.: (1) Phyto-morphology **7**, 113—135 (1957).

RIETH, A.: (1) Kulturpflanze **7**, 207—217 (1959). — (2) Acta Bot. Sinica **8**, 63—68 (1959). — RØNNING, O.: Acta Borealia A. Sci. No.14, 1—24 (1958).

SAVICZ-LJUBITZKAJA, L., and I. ABRAMOV: Rev. Bryol. **28**, 330—342 (1959). — SCHORNHERST-BREEN, R., and R. PURSELL: Rev. Bryol. **28**, 280—298 (1959). — SCHUSTER, R.: (1) Bryologist **61**, 1—66 (1958). — (2) Rev. Bryol. **27**, 123—145 (1957). — (3) Canad. J. Bot. **36**, 269—288 (1958). — (4) J. Hattori Bot. Lab. **20**, 1—16 (1958). — (5) Rhodora **60**, 209—234/243—256 (1958). — SCHUSTER, R., and W. STEERE: Bull. Torr. Bot. Cl. **85**, 188, 196 (1958). — SIMON, T., u. L. VAJDA: Ann. Univ. Sc. Budapest Sect. Biol. **2**, 259—272 (1959). — SMIRNOVA, Z.: Sporovije Rastenija **12**, 274—300 (1959). — STEERE, W.: (1) Bryologist **61**, 119—124 (1958). — (2) Bryologist **61**, 182—190 (1958). — STEINLESBERGER, E.: Protoplasma **51**, 436—461 (1960). — STOFFEL, R.: Pollichia III, **5**, 135—150 (1958). — STØRMER, P.: Rev. Bryol. **27**, 13—16 (1958). — SUZUKI, H.: Japan. J. Bot. **16**, 226—268 (1958). — SZAFRAN, B.: (1) MCHY, 1 Flora Polska. Warszawa 1957. — (2) Ochronna Przyrody **23**, 213—254 (1958). — (3) Ochronna Przyrody **20**, 89—117 (1955). — SZWEY-KOWSKI, J.: (1) Poznan. Towarz. Przyjiaciól Nauk **19**, 1—600 (1958). — (2) Poznan. Towarz. Przyjaciól Nauk **17** (6), 1—57 (1958).

TATUNO, S.: J. Hattori Bot. Lab. **20**, 119—123 (1958). — TUOMIKOSKI, R.: Uppsala Univ. Årsskr. **6**, 65—69 (1958).

UDAR, R., and N. CHOPRA: J. Indian Bot. Soc. **36**, 191—195 (1957).

VAN DEN BERGHEN, C.: Bryophytes **1**, in Flore Générale Belgique. 1955—1957. — VELOIRA, N.: Bryologist **62**, 104—108 (1959).

WARNSTORF, C.: Sphagnales — Sphagnaceae, in „Das Pflanzenreich" Heft 51, Neudruck 1958. — WELCH, W., and H. CRUM: Bryologist **62**, 165—179 (1959). — WIJK, R. V. D., W. MARGADANT, P. FLORSCHÜTZ: Index muscorum **1** (a—c), 548 pag. Utrecht 1959. — WIJK, R. V. D.: Blumea **9**, 143—186 (1958). — WILLIAMS, H., and R. CAIN: Bryologist **62**, 145—148 (1959). — WISNIEWSKA, Z.: Fragm. florist. geobot. **83**, 129—140 (1957).

ZANTEN, B. V.: Blumea **9**, 477—572 (1959).

5e. Systematik der Farnpflanzen

Von JOSEF POELT, München

Der Beitrag folgt in Band XXIII

5f. Systematik der Spermatophyta

Von HERMANN MERXMÜLLER, München

Der Beitrag folgt in Band XXIII

6. Paläobotanik

Von KARL MÄGDEFRAU, Tübingen

Der Beitrag folgt in Band XXIII

7. Systematische und genetische Pflanzengeographie

a) Areal- und Florenkunde

Von Helmut Gams, Innsbruck

1. Allgemeine Arealkunde und Biogeographie

Die im Vorjahr kurz angezeigte „Panbiogeographie" von Croizat bringt hauptsächlich tiergeographische Ergänzungen zu seiner großen, leider sehr anfechtbaren Pflanzengeographie von 1952. Als allgemein arealkundlich wichtig seien noch 2 tiergeographische Bücher nachgetragen: die Allgemeine Zoogeographie von Schilder in Halle 1956, der viele arealkundliche Begriffe und Ergebnisse anhand anschaulicher Kärtchen klar erläutert und im Gegensatz zu Croizat Wegeners Verschiebungstheorie für gesichert hält, und das Buch des schwedischen Entomologen Lindroth über die Faunenzusammenhänge zwischen Europa und Nordamerika. Die entsprechenden florengeschichtlichen Fragen, namentlich auch die umstrittene nach eiszeitlichen Refugien an den nordatlantischen Küsten, werden auch von A. Löve 1958 sowie von den Schweden Bergström, Hoppe, Erdtman und Lundholm erörtert. Die Geologen Bergström und Hoppe kommen ähnlich wie auch amerikanische Quartärgeologen zum Ergebnis, daß alle nordatlantischen Küsten, somit auch ganz Skandinavien und Island, auch in der letzten Eiszeit vollkommen vergletschert waren, so daß die eiszeitlichen Refugien erst weiter südlich anzunehmen sind. Auch die bisherigen Datierungen ältester, nicht moränenbedeckter Ablagerungen aus den angeblichen nordatlantischen Refugien ergeben kein höheres als spätglaziales Alter.

Viele florengeschichtliche Fragen haben beim Botanikerkongreß von Montreal besonders Hultén und Tolmatschov behandelt, der in gewissem Gegensatz zu ersterem und zu H. Steffen entschieden bestreitet, daß die heute großenteils circumpolar verbreitete arktische Flora hauptsächlich von der Behringstraße ausgegangen sei. Eigentliche Tertiärrelikte seien in der heutigen Arktis überhaupt nicht zu erwarten. Die Ausgangsgebiete sind durchwegs in südlicheren Waldgebirgen zu suchen. Am Beispiel arktisch-alpiner Moose und Flechten begründet Gams nochmals die Ansicht, daß weitaus die meisten „arktisch-alpinen" Kryptogamen von der Antarktis ausgegangen und wahrscheinlich erst in den pleistozänen Eiszeiten hauptsächlich über die Anden, zum Teil auch über Ostasien in die Arktis und zu den eurasischen Gebirgen gewandert sind. In der mehrbändigen, von den Leningrader Geobotanikern Lavrenko und Kortschagin herausgegebenen „Feldgeobotanik" gibt

TOLMATSCHOV eine Anweisung zur Aufnahme der Flora bei geobotanischen Arbeiten mit einer Zusammenstellung der wichtigsten russischen Floren und Bestimmungsbücher.

2. Floren und Ikonographien

Thallophytenfloren: Nach vieljähriger Unterbrechung sind endlich wieder Lieferungen der Rabenhorstschen Kryptogamenflora erschienen: die Schlußlieferung des 2. Teils der von HUSTEDT neu bearbeiteten Diatomeen, der noch 2 Teile zu je 4 Lieferungen folgen sollen, und von KEISSLER die ersten Lieferungen seiner sehr ausführlichen Bearbeitung der Usneaceen im weiten Umfang seines Vorgängers ZAHLBRUCKNER. Von weiteren Diatomeenwerken sind der ebenfalls von HUSTEDT fortgeführte Atlas der Diatomeenkunde von SCHMIDT-FRICKE und 2 neue Lieferungen der niederländischen Diatomeenflora von VAN DER WERFF und HULS zu nennen. Als teilweiser Ersatz der in der Rabenhorst-Flora infolge des Todes von W. KRIEGER noch ausstehenden Desmidiaceen-Gattungen tritt zunächst eine Darstellung der großen Gattung *Cosmarium* von GERLOFF, der das von KRIEGER gesammelte Material ergänzt als Supplement zur neuen Hedwigia herausbringt.

Von der in Bd. XVIII angezeigten großen Pilzflora des Kongo sind die 7. Lieferung mit den 10 von R. HEIM dargestellten Arten der als Bewohner von Termitenbauten bemerkenswerten Gattung *Termitomyces* und die 8. mit 5 Gattungen der von HEINEMANN bearbeiteten Cantharellineen erschienen. Die Uredinales ganz Mitteleuropas hat GÄUMANN neu bearbeitet.

Der Atlas der dänischen Flora von HAGERUP u. PETERSSON, dessen 2. Band die Bryophyten, Pteridophyten und Coniferen enthält, zeichnet sich vor vielen andern durch große, besonders naturgetreue Zeichnungen aus. Weitere Bryophytenfloren S. 71 und 78.

Gefäßpflanzenfloren. Als Teile mehrerer Kontinente umfassend sei POLUNINs Circumpolar-arktische Flora vorangestellt. Sie enthält Beschreibungen und Zeichnungen fast aller behandelten Arten, aber weder genauere Verbreitungsangaben noch Karten. KOMAROVs Flora der UdSSR geht mit dem Erscheinen von 2 der 6 vorgesehenen Compositenbände, in denen in Befolgung der Tribus-Reihung HOFFMANNs die Eupatorieen und Astereen vorangestellt werden, dem Abschluß entgegen. Sie soll insgesamt 30 Bände umfassen; eine neue Flora der Chinesischen Volksrepublik von CHIEN und WOON, von der 2 Pteridophytenlieferungen vorliegen, ist gar auf 80 Bände veranschlagt.

Von 2 weiteren russischen Asienfloren ist eine 2. Lieferung erschienen: die der Kasachstan-Flora von PAVLOV enthält den Rest der Monokotylen, die der Mittelsibirien-Flora von POPOV mehrere Dikotylenfamilien.

In Japan erscheinen 2 mehrbändige Werke mit Farbtafeln: Der 1. Band des von KITAMURA, MURATA und HORI verfaßten behandelt 588 krautige Sympetalen mit 70 Tafeln, der 1. des Werks von OKUYAMA gegen 500 Arten mit 88 Tafeln und einigen Karten. Von der großen von VAN STEENIS redigierten Flora Malesiana sind die von HOLTTUM bearbeiteten Pteridophyten und aus dem 6. Spermatophytenband die Cyperaceen und mehrere Dikotylenfamilien im Erscheinen. Von einer neuen Pteridophytenflora der Philippinen von COPELAND liegt eine 1. Lieferung vor, von einer Lokalflora von Manila die Bearbeitung der Zingiberaceen von M.-L. STEINER. Die leider recht unzulängliche Flora des Iran von PARSA, die insgesamt 6629 Gefäßpflanzenarten aus 148 Familien behandelt, ist mit der 7., auch das Register enthaltenden Lieferung abgeschlossen.

Die Vorarbeiten für die neue Flora Europaea, deren meiste Mitarbeiter sich 1959 in Wien und Montreal getroffen haben, gehen langsam weiter. Nach dem Abschluß des Bandes III/1 der Neubearbeitung von HEGIs Illustrierter Flora von Mitteleuropa sind die ersten Lieferungen von Bd. III/2 mit den von AELLEN sehr ausführlich bearbeiteten Amaranthaceen und Chenopodiaceen und die ersten Lieferungen von Bd. IV/1 mit den von MARKGRAF bearbeiteten Rhoeadales (Berberidaceen, Papaveraceen, Cruciferen z. T., Karten für *Papaver*- und *Cardamine*-Arten) erschienen; auch der bereits vergriffene Bd. IV/2 in Neubearbeitung. JANCHENs Catalogus Florae Austriae ist mit dem 4. Teil, der außer den Monokotylen auch viele Nachträge und Register enthält, abgeschlossen. Eine weitere österreichische Lokalflora, für die Umgebung von Gmunden im Salzkammergut, ist nach dem Tod des Begründers LOITLES-BERGER und des ersten Fortsetzers RONNIGER von K. H. RECHINGER ergänzt und herausgegeben worden. Auch die Autoren zweier oberitalienischer Gefäßpflanzenfloren haben ihr Erscheinen nicht erlebt: der Flora des Cadore von PAMPANINI und einer illustrierten Exkursionsflora von Oberitalien von S. ZENARI.

Nachdem ROTHMALERs mit mehreren Mitarbeitern verfaßte Exkursionsflora von Mittel- und Ostdeutschland bereits 7 Auflagen erlebt hat, sind ihr von den gleichen Autoren eine Exkursionsflora von ganz Deutschland und im gleichen Taschenformat ein Atlas mit Habituszeichnungen von ELENA PANZIG gefolgt, beide je 2572 Arten behandelnd. Von neuen deutschen Lokalfloren sei die der Insel Helgoland von CHRISTIANSEN und KOHN genannt.

Die 2. und 3. Blütenflanzenlieferung der mehrfach angezeigten Belgischen Flora von ROBIJNS enthalten die Gattung *Rubus* von LEGRAIN, *Geum* und *Potentilla* von LAWALRÉE; die 12. und 13. Lieferung der Britischen Pflanzenbilder von ROSS-CRAIG die Umbelliferen, Araliaceen und Cornaceen. Von der von GORODKOV begründeten Murman-Flora (s. Bd. XVIII, S. 153) liegt Bd. 4 mit den Droseraceen bis Diapensiaceen vor.

Auch von den großen afrikanischen Florenwerken sind weitere Lieferungen erschienen, so von der Madagascar-Comorenflora die Polypodiaceen (s. lato) von Frau TARDIEU-BLOT, die Monimiaceen von CAVACO, Dichapetalaceen von DESCOINGS, Sterculiaceen von ARÈNES und ein Teil der Compositen vom Herausgeber HUMBERT (s. auch den ausführlichen Bericht über die botanische Erforschung Madagaskars von DES ABBAYES, ARÈNES usw.); von der Flora von Britisch-Ostafrika die Mimosaceen von BRENAN und die Droseraceen von LAUNDON; von der von ROBIJNS redigierten Kongo-Flora seine Einleitung mit dem Schlüssel für die 189 behandelten Blütenpflanzenfamilien und Bd. VII mit 18 Dikotylenfamilien, vor allem den Geraniales. Ein Supplement zur Flora von trop. W.-Afrika enthält die von ALSTON bearbeiteten Pteridophyten.

Aus Nordamerika seien zunächst eine französische und eine englische Flora aus Kanada genannt: Der reichillustrierten Laurentidenflora des verstorbenen Gründers des großen Botanischen Gartens von Montreal MARIE-VICTORIN (1935) ist eine kleinere, ebenfalls reich bebilderte seines geistlichen Schülers LOUIS-MARIE für die Provinz Quebec mit 265 Farbtafeln und Einführungen in die allgemeine Systematik und Vegetationskunde gefolgt, die vielen Teilnehmern am Kongreß von Montreal willkommen sein wird; desgleichen auch die englische Flora der Provinz Alberta von MOSS. Von der 5bändigen Flora des Pazifischen Nordwestens von HITCHCOCK, CRONQUIST u. Mitarb. enthält der zuletzt erschienene 4. Bd. die Sympetalen bis und mit den Campanulaceen; die 46. Lieferung der Flora von Nevada von REED die Amaranthaceen mit 6 Karten, die 47. die Scrophulariaceen von EDWIN. Eine reichillustrierte Lokalflora von Süd-Illinois haben MOHLENBROCK und VOIGT veröffentlicht.

Über neue südamerikanische Floren, namentlich eine neue Synopsis der Gefäßpflanzenflora von Chile, die 950 Gattungen aus 181 Familien behandeln soll, berichtet MUÑOZ. Die 1. Lieferung einer neuen Flora von Uruguay von LEGRAND und LOMBARDO enthält die Pteridophyten. Schließlich sei noch eine englische Neubearbeitung des 3bändigen Handbuchs der Succulentenkunde (excl. Cactaceae) von JACOBSEN durch H. RAABE und G. ROWLEY genannt.

3. Arealkunde im Dienst der Systematik und Karten einzelner Arten[1]

Neue Karten (meist Puk) von Pilzarealen liegen vor von M. KRAFT für den ähnlich wie Tanne und Fichte in Europa und im besonderen im Alpengebiet verbreiteten März-Ellerling *Hygrophorus marzuolus* und von PARMASTO für 41 Polyporaceen in Estland; von Arealen einzelner Flechten eine Puk von DES ABBAYES für die von ihm beschriebene mediterran-atlantische Rentierflechte *Cladonia mediterranea* und von SATO eine Puk der *Umbilicaria (Gyrophora) esculenta* in Japan. GAUCKLER gibt eine Puk für die Haarflechten *Cystocoleus niger* und *Racodium rupestre* in Nordbayern. Die Verbreitung von 102 Flechtenarten in 25 polnischen Siedlungen beschreibt RYDZAK.

Die Verbreitung von 12 Leber- und 103 Laubmoosen in Dänemark haben E. CLAUS, KJELD und KARIN HOLMEN und 10 weitere dänische Bryologen im Rahmen der 1904 von OSTENFELD und K. JESSEN begründeten Kartierung der dänischen Flora in Puk dargestellt. Aus Polen liegen weitere Lebermoos-Puk von SZWEYKOWSKI vor: für 3 Marchantiales *(Grimaldia fragrans, Fimbriaria saccata, Riccia ciliifera)* zusammen

---

[1] Puk = Punktkarten, Urk = Umrißkarten, Flk = Flächenkarten.

mit Browicz, ferner eine Europakarte der für Pommern festgestellten *Marsupella Sprucei* und für 25 Arten, zumeist nordisch-alpine Jungermanialen, Puk ihrer Verbreitung in der polnischen Tatra.

Im Rahmen seiner monographischen Neubearbeitung der nordamerikanischen Lebermoose, insbesondere derjenigen von Minnesota und Umgebung gibt R. Schuster in 2 Beiträgen insgesamt 60 Puk von Marchantialen und Jungermanialen in ganz Nordamerika und Grönland und vergleicht sie mit ähnlichen Arealen von Pteridophyten und Angiospermen. Das Areal der 4 disjunkt-subantarktisch verbreiteten Arten der Jungermanialengattung *Pachyglossa* wird von Grolle dargestellt.

Für 3 nordische *Sphagnum*-Arten liegen neue Karten vor: Für *S. wulfianum* von Holmen u. Lange, für *S. lenense* von Smirnowa und für *S. Lindbergii* (nur für Norwegen) von Buen. Andere Laubmooskarten: K. Holmen hat außer 8 pleurokarpen Gattungen für die bereits genannte dänische Kartierung auch 3 akrokarpe Moose *(Aulacomnium acuminatum, Cinclidium latifolium, Trichostomum cuspidatissimum)* in Westgrönland kartiert. Aus der Tatra liegt eine Puk von *Dicranum acutifolium* von Pilous, aus den Niederlanden Karten für *Leptodontium flexifolium* von Muyldermans und für 9 *Fissidens*-Arten von Joustra vor, aus Japan mehrere Bryaceen-Karten von Ochi, weitere Hypnaceen-Karten und eine Puk der 3 Subsp. von *Porella (Madotheca) vernicosa* von Ando; aus den altweltlichen Tropen Karten für 21 Trachypodaceen von van Zanten, aus der Arktis eine für *Drepanocladus latifolius* von Smirnowa.

Für 6 Farne in der altweltlichen Arktis (je 2 *Dryopteris*-, *Cystopteris*- und *Woodsia*-Arten) teilt Tichomirov Puk mit.

Von Monokotylenkarten seien außer schon im 2. und 4. Abschnitt genannten noch folgende angeführt: von Hendricks für die von ihm monographisch bearbeiteten 7 Arten der Gattung *Alisma*, von Egorova für 4 *Carex*-Arten aus der eurasiatischen Sect. *Stenophyllae*, von Holub für die disjunkt-südeuropäische *Carex brevicollis*, von Fenaroli für das große mediterrane Gras *Ampelodesmos tenax* (Urk d. Gesamtareals, Puk für Italien), von Fekete (2) für die mediterran-pontokaspische, neu für Ungarn gefundene *Stipa bromoides*, von Logutenko für die in Rußland ökologisch untersuchte *Deschampsia caespitosa*, dann für 3 für die Biologische Flora der Britischen Inseln bearbeitete Gräser: *Cynosurus cristatus* von Lodge, die atlantische *Agrostis setacea* von Ivimey-Cock und *Nardus stricta* von Chadwick; schließlich Puk für 5 *Ophrys*-Arten in Ungarn von Sóo.

An Karten einzelner Arten und Gattungen von Dikotylen seien genannt: für *Corylus colurna* (Urk d. Gesamtareals, Puk für Bosnien und Hercegovina) von Fukarek (2), für *Salix glabra* und die verwandte sibirische *S. jenisseensis* von Skvorzov, für *Arenaria gothica* (sehr disjunkt in Nord- und Mitteleuropa) von Tralau, für 3 *Helleborus*-Arten in Südosteuropa von Lacza, den bisher verkannten *Ranunculus serpens* in Bayern von Gutermann, für die neu gegliederten Unterarten der *Pulsatilla Halleri* von Karin Krause, die heutige und frühere Verbreitung von *Ceratophyllum demersum* in Fennoskandien von Julin und LUTHER; für die südalpine, lange verkannte *Saxifraga presolanensis*, von der sowohl PITSCHMANN und REISIGL, wie ARIETTI und FENAROLI, der auch eine Farbaufnahme mitteilt, über ein Dutzend Fundorte in den Orobischen Alpen festgestellt haben; für die Unterarten der arktischen *Saxifraga flagellaris* und 4 ihrer asiatischen Verwandten von TOLMATSCHOV (1); für die in Mitteleuropa vertretenen *Sorbus*-Arten von DÜLL, für alle 4 Sektionen der Gattung *Dryas* (Flk) und die neubeschriebene *Dr. babingtoniana* (Puk für die Britischen Inseln und Norwegen) von E. PORSILD (2), für die 6 Arten der mittelasiatischen Rosaceengattung *Lepidolopha* von KNORRING; für 4 z. T. neue arktische *Oxytropis*-Arten von JURZEV; für *Crambe maritima* (Urk des Gesamtareals, Puk der deutschen Ostseeküste) von STRAKA, die neu aus Ostsibirien beschriebene Arabidee *Gorodkovia jacutia* von BOTSCHANZEV und KARAVAEV; für 27 *Durio-* und 35 *Heritiera*-Arten hauptsächlich in Indonesien von KOSTERMANS, für die malayisch-australischen Burseraceen von LEENHOUTS; die mediterran-atlantische *Tuberaria guttata* von PROCTOR, der damit seine Bearbeitung der Cistaceen für die biologische Flora der Britischen Inseln abschließt; für *Daphne cneorum* (verglichen mit *Adonis*-Arten, *Waldsteinia geoides* und *Teucrium montanum*) in Südeuropa von AYMONIN, die endemisch-cantabrische *Pimpinella siifolia* von DUPONT; die bisher verkannten arktischen *Hippuris tetraphylla* und *lanceolata* von SEMENOWA-TIANSCHANSKAYA; die 4 Sektionen von *Evonymus* (Urk) und die neue Art *E. Juzepczukii* (Puk) aus dem Himalaya von LEONOWA; 4 *Polygala*-Arten in Polen von PAWLOWSKI.

Neue Sympetalen-Karten: für *Syringa vulgaris* in den Balkanländern von JAKUCS, *Convolvulus cneorum* in Dalmatien von DOMAC; die süd- und mittelamerikanische Scrophulariaceengattung *Russelia* von CARLSON, 15 Gesneriaceengattungen in Guayana von LEEUWENBERG; das endemisch-südalpine *Galium montis-Arerae* von PITSCHMANN u. REISIGL, die von Osteuropa bis Dänemark ausstrahlende und dort gründlich ökologisch untersuchte *Scabiosa canescens* von FREDSKILD; die in Bosnien endemische *Campanula Hofmanni* (= *Wanneri*) von FUKAREK (1); *Carlina onopordifolia* in Polen von JASIEWICZ und die weiteren Cynareengattungen *Rhaponticum* (mit Puk für *Rh. carthamoides*) und *Leuzea* von SOSKOV.

4. Arealkarten im Dienst der regionalen Pflanzengeographie und Vegetationskunde

Während die nordeuropäischen Staaten in der Erforschung und Darstellung ihrer Flora seit über 200 Jahren führend sind, ist unter ihnen Norwegen, was Genauigkeit und Vollständigkeit seiner Puk betrifft, dank der vor über 50 Jahren von HOLMBOE begonnenen und unter der Leitung FAEGRIs einem vorläufigen Abschluß entgegengehenden Arealkartierung an erste Stelle gerückt. Die Puk werden im Maßstab 1:8 Millionen auf Tafeln zu je 3 vereinigt in voraussichtlich 5 Bänden mit je 60—100 Tafeln veröffentlicht, innerhalb jedes Bandes in alphabetischer Reihenfolge, nur die Bände nach Florenelementen abgegrenzt. Der eben erschienene 1. vereinigt die mehr oder weniger ozeanischen Küstenelemente; im 2. sollen die kontinentalen südöstlichen Elemente folgen.

Die Gefäßpflanzenflora der Hardanger Vidda vom Autor der neusten norwegischen Flora LID enthält nicht nur auch Moose und Flechten anführende Bestandesaufnahmen, sondern auch 52 Puk (4 Pteridophyten, 22 Monokotylen, 26 Dikotylen).

Viele der seit 1950 im Stockholmer Verlag „Svensk Natur" erscheinenden Monographien schwedischer Landschaften enthalten Puk, so in den Beiträgen von SKOTTSBERG (18 Arten) und SEGELBERG (nur *Rubus septentrionis*) im Bd. Bohuslän und von SJÖRS (2 Pteridophyten, 7 Monokotylen, 3 Dikotylen) im Bd. Västmanland. GILLNERs große Monographie der westschwedischen Strandwiesen enthält Puk der Halophyten *Carex paleacea*, *Halimione pedunculata*, *Lotus tenuis* und *Plantago coronopus*.

Der 7. Teil der von einer vorwiegend zoologischen Arbeitsgemeinschaft (EBLING, KITCHING u. a.) 1938 begonnenen und seit 1948 teils im Journ. of Ecology, teils im Journ. of Animal Ecol. veröffentlichten Untersuchungen am Lough Ine und den Stromschnellen seines Abflusses enthält außer Puk für 28 Litoraltiere auch solche für 21 litorale Meeresalgen. Die Verbreitung mehrerer Meeresalgen und Potamogetonaceen in der Danziger Bucht stellen KORNAŚ, PANCER und BRZYSKI in Puk und Profilen dar.

Unter den neuen Pflanzengeographien europäischer Staaten steht die von SZAFER und 6 seiner Schüler verfaßte zweibändige von Polen an erster Stelle. Auf einer der beiden Farbtafeln sind Arealkarten (teils Urk, teils Puk) für 7 Nadel-, 9 Laubhölzer, 10 Zwergsträucher, 2 Lianen und *Rubus chamaemorus* vereinigt, im Text viele weitere Puk, Urk und Flk, mehrere für ganz Europa und die ganze Holarktis, auch einige über die Ausbreitung von Kulturpflanzen. Puk für mehrere Nadel- und Laubhölzer im slovakischen Teil der Tatra gibt SOMORA. Den Einfluß 25 polnischer Kleinstädte und Dörfer auf die Flechtenvegetation hat RYDZAK mit vielen Karten und Tabellen dargestellt.

Die 2. Reihe der Puk Brandenburgischer Leitpflanzen von MÜLLER-STOLL und KRAUSCH (1. s. Bd. XX, S. 74) enthält 20 Puk thermophiler Arten (5 Wasserpflanzen, wie *Salvinia*, *Trapa*, *Aldrovanda* und 15 Xerophyten). Von den von MILITZER zusammengestellten Farbtafeln der in Ostdeutschland geschützten Pflanzen zeigen 2 auch Arealkarten. Aus Süddeutschland ist eine Vegetationsmonographie der Umgebung Augsburgs von BRESINSKY mit einem vegetationsgeschichtlichen Beitrag von LANGER, die Puk vieler Angiospermen im Lech- und Ammertal enthält, sowie die Bearbeitung der nordbayerischen Heidewälder von HOHENESTER mit Puk für 13 Waldsteppenpflanzen, hervorzuheben. BERTSCH gibt eine Karte für die frühere und heutige Verbreitung der in Oberschwaben erloschenen „Föhnpflanzen" *Castanea*, *Primula acaulis* und *Cyclamen* um den Bodensee.

Auch einige italienische Vegetationsmonographien enthalten z. T. weit über die Untersuchungsgebiete hinausreichende Arealkarten, so der 4. Bd. von ZANGHERIs großangelegter Vegetationskunde der Romagna (10 Angiospermen teils in ganz Italien, teils in ganz Südeuropa) und die

Monographie der Cerbaie im Arnotal von BICE DE MOISE (5 Karten von Wasser- und Moorpflanzen in Europa, Puk für *Lathraea clandestina* in Italien). Aus den Balkanländern enthalten mehrere Arbeiten von FUKAREK über Bosnien und Hercegovina und von FEKETE (2) und JAKUCS aus den Mösischen Ländern einzelne Flk von Bäumen und Sträuchern.

Aus Ostasien liegen die 2. Lieferung japanischer Verbreitungskarten von HARA und KANAI (105 Karten) und eine weitere russische Schrift TOLMATSCHOVs (2) über Sachalin (6 Flk für ganz Ostasien, 2 Puk und 1 Urk für Sachalin) vor.

Der umfangreiche Bericht, den DES ABBAYES, LEANDRI und 4 weitere Spezialisten des Pariser Naturhistorischen Museums über die botanische Durchforschung Madagaskars erstatten, enthält zwar nur eine schematische Kartenskizze, aber viele Hinweise auf die Untersuchungen über die Ausbreitung der zahlreichen Endemiten.

Aus Nordamerika sei zunächst der neue Atlas von Kanada genannt, für den A. E. PORSILD (1) 54 farbige Flk für die einzelnen Florenelemente bezeichnender Gefäßpflanzen zusammengestellt hat. Beim Botanikerkongreß von Montreal zeigte LITTLE Verbreitungskarten von gegen 100 nordamerikanischen Baumarten, deren Veröffentlichung bevorsteht. Zu den in Bd. XIX, S. 135 und XX, S. 69 genannten Arbeiten über Grönland ist noch die Gefäßpflanzenflora des Pearylands von HOLMEN mit Puk für 3 Monokotylen und 5 Dikotylen nachzutragen.

Schließlich seien noch die Beiträge von COSTIN, EMBERGER, WOOD u. a. zu der großen, vorwiegend zoogeographischen Biogeographie von Australien genannt, die KEAST, CROCKER und CHRISTIAN herausgegeben haben. COSTIN behandelt wie schon in früheren Arbeiten besonders die Gebirgsflora und ihren Schutz, WOOD besonders die Verbreitung von Waldbäumen, wie *Acacia*- und *Eucalyptus*-Arten. EMBERGER zieht Vergleiche zwischen der mediterranen Vegetation und der ökologisch und physiognomisch entsprechenden Australiens.

5. Arealgeschichte auf paläogeographischer und paläontologischer Grundlage

Unter Verweisung auf die paläobotanischen Berichte seien hier nur wenige arealgeschichtlich besonders interessante Arbeiten über Tertiär- und Quartärfloren angeführt. In Leningrad wurden die alttertiären Bernstein-Schichten des Samlands (in „Halbinsel Kaliningrad" umgetauft) neu untersucht. BUDANZEV und SWESCHNIKOWA beschreiben die dabei gefundenen *Pinus*-Zapfen, zumeist von *Pinus thomasiana*, und vergleichen deren Verbreitung mit der heutigen von Schwarzkiefern und *Pinus halepensis* anhand einer Flk. POKROVSKAJA und SAUER teilen erste Resultate einer palynologischen Analyse der Bernsteinschichten mit, in denen sie neben Sporen von *Sphagnum* und anderen Moosen, *Lycopodium*- und *Selaginella*-Arten und mindestens 15 Farngattungen Pollen von *Caytonia*, *Ginkgo*, mindestens 10 Coniferengattungen, mehreren Juglandaceen, Hamamelidaceen, Myricaceen, Proteaceen, Ericaceen u. a. gefunden haben. BUDANZEV beschreibt auch *Trapa*- und *Hemitrapa*-

Früchte aus dem Tertiär des Baikalgebiets und gibt eine Puk aller bisher aus Asien und Europa bekannten *Hemitrapa*-Funde. A. und J. ABRAMOV haben unter tertiären Moosen aus Abchasien Vertreter der heute um das Schwarze Meer fehlenden Gattungen *Echinodium* und *Claopodium* gefunden und stellen deren heute ganz disjunkte Verbreitung in einer Urk dar. L. CRANWELL-SMITH hat in einem wahrscheinlich tertiären Schiefer von der antarktischen, heute überhaupt von Blütenpflanzen freien Seymour-Insel Pollen von Araucariaceen, Podocarpaceen und *Nothofagus* gefunden, die wohl auch auf der Antarktis gewachsen sein dürften.

BRUNEAU DE MIRÉ, PH. und P. QUEZEL geben anläßlich eines neuen rezenten Funds von *Erica arborea* bei Tibesti in der südlichen Sahara eine Flk ihrer Gesamtverbreitung mit 4 Fossilfundorten in der Sahara, durch welche die große Lücke zwischen den heutigen Arealen von Ostafrika und Tibesti und im Mittelmeerraum überbrückt wird. SOHMA hat eine wahrscheinlich eiszeitliche Schieferkohle aus Nordost-Japan untersucht und dabei außer Holz, Früchten und Pollen von noch heute dort lebenden Coniferen, *Betula*, *Alnus* u. a. auch Reste von heute weniger weit nach Süden reichender Arten gefunden, deren heutige Grenzen eine Urk zeigt. TYNNI hat Pollen von *Ephedra distachya* an 10 Orten Süd- und Mittelfinnlands in spätglazialen bis präborealen Ablagerungen gefunden und stellt ihre heutige und frühere Verbreitung in einer neuen Karte dar.

Schließlich seien noch neue waldgeschichtliche Karten aus der für die Pollenanalyse durch L. VON POST klassisch gewordenen Landschaft Närke genannt, in denen BERGSTRÖM die quantitative Ausbreitung der wichtigsten Nadel- und Laubhölzer in je 8 Zeitabschnitten detaillierter als in den früheren Arbeiten darstellt.

6. Arealgeschichte auf cytogenetischer Grundlage

Zahlreiche einschlägige Referate sind bei vorwiegend cytotaxonomischen Symposien in Bloomington 1958 und Montreal 1959 gehalten worden, so von BAKER, der besonders auf Grund seiner Untersuchungen an britischen Plumbaginaceen, *Melandrium* u. a. die Bedeutung genökologischer und blütenökologischer Untersuchungen für die Arealgeschichte darlegt und im besonderen mit einer Karte für *Arbutus unedo* die Ausbreitung des lusitanischen oder asturischen Elements und mit Karten für dimorphe und monomorphe *Armerien* und Verwandte der *Primula farinosa* die Ausbreitung homostyler und heterostyler sowie diploider und polyploider Sippen bespricht. Bei den meisten Gattungen mit heterostylen Vertretern sind diese jünger und weniger weit als die homostylen verbreitet, wogegen sich mehrere Primeln umgekehrt verhalten.

Von den Montrealer Vorträgen seien diejenigen von BÖCHER über die Chromosomenzahlen subarktischer und arktischer Pflanzen, von PARKER über die Verbreitung diploider, tetraploider und octoploider *Chrysosplenium*-Sippen, von PRITCHARD über die Verbreitung der diploiden und tetraploiden Sippen von *Euphorbia cyparissias* und *esula* und ihre verschiedene Fertilität, sowie von SKALINSKA über einige südpolnische

Pflanzen genannt, von denen z. B. das endemische *Taraxacum pieninicum* diploid, das *Leontopodium* der Tatra tetraploid, *Chrysanthemum Zawadzkii* hexaploid und 2 endemische *Poa*-Arten aneuploid sind.

DORIS LÖVE und P. DANSEREAU behandeln die Biosystematik der ursprünglich wohl nur amerikanischen Gattung *Xanthium*, deren ungefähr 14 bisher unterschiedene Arten sie zu den Kollektivarten *strumarium* und *spinosum* zusammenfassen wollen. Ihre mutmaßliche Ausbreitung wird in 2 schematischen Karten dargestellt.

Zuletzt sei noch auf GORENFLOTS sehr gründliche Untersuchung des Formenkreises von *Plantago coronopus* aufmerksam gemacht. Die weitverbreiteten annuellen Halophyten *eucoronopus* und *commutata* sind darnach tetraploide Abkömmlinge diploider, perennierender, nicht halophiler Vorfahren, wie *Pl. Cupani* und *macrorhiza*. Nachdem Autopolyploidie im untersuchten Formenkreis nicht vorzukommen scheint, dürften die tetraploiden Sippen, ähnlich wie z. B. bei *Poa annua*, *Salix cinerea* und *Galeopsis tetrahit*, aus Kreuzungen diploider Vorfahren hervorgegangen sein.

Literatur

ABRAMOV, A. u. J.: Plantae crypt. Acta Inst. Bot. Komarov. **12**, 301—359 (1959). — AELLEN s. HEGI. — ALSTON, A. H. G.: Fl. of W. Trop. Africa Suppl. **1959**, 89. — ANDO, H.: (1) J. Sci. Hiroshima Univ. **8**, 167—208 (1958); — (2) Hikobia **2**, 45—52 (1960). — ARÈNES, J.: Fl. Madagascar **131**, 537 (1959). — ARIETTI, G., e L. FENAROLI: Cronologia ecc. d. Saxifraga presolana. 28 S. Bergamo 1960. — AYMONIN, G.: C. R. Soc. Biogéogr. **308**, 82—88 (1959).

BAKER, H. G.: Amer. Naturalist **93**, 255—272 (1959). — BERGSTRÖM, E., G. HOPPE, G. ERDTMAN et B. LUNDHOLM: Svensk Naturvetensk. **1959**, 116—142. — BERGSTRÖM, R.: Geol. Fören. Förh. **81**, 588—602 (1959). — BERTSCH, K.: Veröff. Landesst. Natursch. Württ. **26**, 172—177 (1958). — BÖCHER, T.: Abstr. Bot. Congr. Montreal II A, 3 (1959). — BOTSCHANZEV, V., u. M. KARAVAEV: Not. syst. Inst. Komarov. **19**, 109—113 (1959). — BRENON, J. P. M.: Flora Trop. East Africa. 173 S. (1959). — BRESINSKY, A., u. H. LANGER: Ber. Naturf. Ges. Augsburg **11**, 1—234 (1959). — BROWICZ, K., u. J. SZWEYKOWSKI: Fragm. florist. geobot. **4**, 203—219 (1958). — BRUNEAU DE MIRÉ, PH. ·et P. QUEZEL: C. R. Soc. Biogéogr. **316**, 66—70 (1959). — BUDANZEV, L., u. I. SWESCHNIKOWA: Bot. J. **44**, 1154—1158 (1959). — BUDANZEV, L. I.: Bot. J. **45**, 139—148 (1960). — BUEN, H.: Nytt Mag. Bot. **6**, 129—134 (1958).

CARLSON, M. C.: Fieldiana Bot. **29**, 229—298 (1957). — CAVACO, A.: Fl. Madagascar **80**, 44 (1959). — CHADWICK, M. J.: J. Ecol. **48**, 245—267 (1960). — CHIEN, S. S., and W. Y. WOON: Flora Reip. pop. Sinic. **2**, 422 (1959). — CHRISTIANSEN, W., u. H. L. KOHN: Abh. Naturw. Ver. Bremen **35**, 209—227 (1958). — CLAUSEN, E. s. HOLMEN, K. (4). — COPELAND, E. B.: Fern Flora Philippines **1**, 1—191 (1958). — CRANWELL, L. M.: Nature (Lond.) **184**, 1782—1785 (1959). — CROIZAT, L.: Panbiogeography, 799 S. Caracas 1958.

DES ABBAYES, H.: Rev. bryol. lich. **28**, 355—358 (1959). — DES ABBAYES, BOURIQUET, BOURRELLY, JOVET-AST, LEANDRI et TRDIEU-BLOT: Bull. Soc. Bot. Fr. **106**, 35—97 (1959). — DESCOINGS, B.: Fl. Madagascar **110**, (1959). — DOMAC, R.: Acta Bot. Croat. **16**, 89—92 (1957). — DÜLL, R.: Neue Brehm-Büch. **226**, 122 (1959). — DUPONT, P.: Bull. Soc. Bot. Fr. **105**, 356—359 (1958).

EBLING, F. J., M. A. SLEIGH, J. F. SLOANE and J. KITCHING: J. Ecol. **48**, 29—53 (1960). — EDWIN, G.: Fl. of Nevada 47, 47 (1959). — EGOROVA, T.: Not. syst. Inst. Komarov. **19**, 50—73 (1959).

FAEGRI, K.: Maps distrib. Norweg. vasc. plants 1, Bergen 1960. — FEKETE, G.: (1) Acta Bot. Acad. Hung. **5**, 327—347 (1959). — (2) **5**, 349—356 (1959). — FENAROLI, L.: Ann. sperim. agr. **13**, 11—42 (1959). — FREDSKILD, B.: Oikos **10**, 71—102

(1959). — FUKAREK, P.: (1) God. Biol. Inst. Sarajevo 9, 131—140 (1956). — (2) 9, 131—140 (1956).

GÄUMANN, E.: Beitr. Kryptogamenfl. d. Schweiz 12, 1407 (1959). — GALUSCH-KO, A.: Not. syst. Inst. Komarov. 19, 204—217 (1959). — GAMS, H.: Jb. Ver. Schutz Alpenpfl. 25, 1—11 (1960). — GAUCKLER, K.: Ber. Bay. Bot. Ges. 33, 20—22 (1960). — GILLNER, V.: Acta Phytogeogr. Suec. 43, 1—198 (1960). —, GORENFLOT, R.: Rev. Cytol. Biol. vég. 20, 237—499 (1959). — GORODKOV, B. u. O. KUSENEWA: Flora Murmansk 4, 394 (1959). — GROLLE, R.: Rev. bryol. lich. 28, 346—350 (1959). — GUTERMANN, W.: Ber. Bay. Bot. Ges. 33, 23—26 (1960).

HAGERUP, O., u. V. PETERSSON: Bot. Atlas (Kopenh.) 1, 552, 2, 270 (1960). — HARA, H., and H. KANAI: Distrib. maps flow. plants Japan 2, 96 (1959). — HEGI, G.: Ill. Flora Mitteleuropas III/2, 453—612 (1959/60); IV/2, 1—240 (1958/60). — HEIM, R.: Fl. iconogr. champignons Congo 7, 139—151 (1958). — HEINEMANN, P.: Fl. iconogr. champ. Congo 8, 153—165 (1959). — HENDRICKS, A. J.: Amer. Midl. Nat. 5, 470—493 (1957). — HITCHCOOK, C. L., A. CRONQUIST, M. OWNBEY.: and J. W. THOMPSON: Vasc. pl. Pacif. Northwest 4, 510 (1959). — HOHENESTER, A.: Ber. Bay. Bot. Ges. 33, 30—85 (1960). — HOLMEN, K. J (1) Medd. om Grönl. 124, 149 (1957). — (2) Medd. Gr. 156, 16 (1957). — (3) HOLMEN, K. J., et B. LANGE: Bot. T. 54, 379—386 (1958). — (4) HOLMEN, K. J., H. BOJE, E. CLAUSEN, T. CHRISTENSEN u. a.: Bot. T. 55, 77—154 (1959). — HOLTTUM, R. E.: Flora Males. ser. II (1959/60). — HOLUB, J.: Acta biol. Univ. Prah. 2, 87—116 (1959). — HUMBERT, H.: Fl. Madagascar 189 (1960). — HUSTEDT, FR.: Rabenh. Krypto-gamenfl. VII/2, 737—845 (1959).

IVIMEY-COOK, R. B.: J. Ecol. 47, 697—706 (1959).

JACOBSEN, H.: Handbuch der Sukkulentenk. I—III (1955), engl. von H. RAABE and G. H. ROWLEY. 1458 S. London 1959. — JAKUCS, P.: Acta bot. Acad. Hung. 5, 357—390 (1959. — JANCHEN, E.: Catal. Florae Austriae 4, 711—799 (1959). — JASIEWICZ, A., et B. PAWLOWSKI: Fragm. florist. geobot. 2, 12—19 (1956). — JULIN, E., et H. LUTHER: Bot. Notiser 112, 321—338 (1959). — JOUSTRA, TH.: Buxbaumia 13, 10—28 (1959). — JURZEV, B.: Not. syst. Inst. Komarov. 19, 233—273 (1959).

KEAST, A., R. CROCKER, u. a.: Monogr. Biol. (Den Haag) 8, 650 (1959). — KEISSLER, K.: Rabenh. Kryptogamenfl. 5, T. 4 (1959/60). — KITAMURA, S., G. MURATA and M. HORI: Illustr. herb. plants Japan 1, 295 (1957). — KNORRING, O.: Not. syst. Inst. Komarov. 19, 380—386 (1959). — KOMAROV, W., B. SCHISCHKIN u. Mitarb.: Flora URSS 25, 651 (1959), 30 (1960). — KORNAŚ, J., E. PANCER, B. BRZYSKI: Fragm. florist. et geobot. 6, 1—92 (1960). KOSTERMANS, A. J. G.: (1) Rein-wardtia 4, 357—460 (1958). — (2) Com. Sc. Indones. 1, 121 (1959). — KRAFT, M. M.: Ber. Schweiz. Bot. Ges. 68, 254 (1958); 69, 246 (1959). — KRAUSE, K.: Engl. Bot. Jb. 78, 1—68 (1958). — KRIEGER, W., u. J. GERLOFF: Suppl. Nova Hedwigia. etwa 1100 S. 1960.

LACZA, J. Sz.: Ann. hist. nat. Mus. Nat. Hungar. 51, 201—209 (1959). — LAUNDON, J. R.: Fl. Trop. East Africa 6 (1959). — LEENHOUTS, P. W.: Blumea 9, 275—475 (1959). — LEEUWENBERG, A. J. M.: Acta bot. Neerl. 7, 291 bis 444 (1958). — LEGRAND, D., et A. LOMBARDO: Flora Uruguay 1, 1—67 (1958). — LEONOVA, T.: Not. syst. Inst. Komarov. 19, 315—329 (1959). — LID, J.: Nytt Mag. Bot. 7, 61—128 (1959). — LINDROTH, C. H.: The faun. connection betw. Europe a. N. America. 334 S. New York 1957. — LITTLE, E.: Abstr. Bot. Congr. Montreal. 231, 1959. — LODGE, R. W. J.: J. Ecol. 47, 511—518 (1959). — LÖVE, A.: Evo-lution 12, 421—423 (1958). — LÖVE, D., and P. DANSEREAU: Canad. J. Bot. 37, 173—208 (1959). — LOGUTENKO, N. W.: Bot. J. 44, 1593—1599 (1959). — LOITLES-BERGER, K., K. RONNIGER u. K. H. RECHINGER: Jb. Oberöst. Musealver. Linz 104, 201—266 (1959).— LOUIS-MARIE, P.: Flore-Manuel Prov. Québec. 321 S. Montreal 1959.

MARKGRAF, F. s. HEGI. — MILITZER, M.: Geschützte Pflanzen 116 S., 48 Taf. Leipzig-Jena 1957. — DI MOISE, B.: N. G. Bot. It. 65, 601—745 (1958). — MOHLEN-BROCK, R. H., and J. W. VOIGT: Fl. South. Illinois. 399 S. Carbondale 1959. — Moss, E. H.: Fl. Alberta, Toronto 551 S. 1959. — MÜLLER-STOLL, W. R., u. H. D. KRAUSCH: Wiss. Z. Pädag. Hochsch. Potsdam 4, 105—115 (1959). — MUÑOZ, C.: Abstr. Bot. Congr. Montreal II A 23 (1959). — MUYLDERMANS, L.: Buxbaumia 13, 65—73 (1959).

OCHI, H.: Bryaceae of Japan. 124 S. Tottori Univ. 1959. — OKUYAMA, SH.: Illustr. wild plants Japan. Tokyo 1, 88 Taf. (1958). PACKER, J. G.: Abstr. Bot. Congr. Montreal. 291 (1959). — PAMPANINI, R.: Fl. Cadore. 897 S. Forli 1958. — PARMASTO, E. H.: Plant. cryptog. (Acta Inst. Komarov.) 12, 213—273 (1959). — PARSA, A.: Fl. Iran 7, 335 (1959). — PAVLOV, N., u. Mitarb.: Fl. Kasachstana 1, 351 (1954); 2, 291 (1958). — PAWLOWSKI, B.: Fragm. florist. geobot. 3, 35—68 (1958). — PILOUS, Z.: Biologia, Bratisl. 12, 161—169 (1957). — PITSCHMANN, H., u. REISIGL, H.: Jb. Ver. Schutz Alpenpfl. 24, 106—111 (1959). — POKROVSKAYA, I. M.: Dokl. Akad. Nauk 130, 162—165 (1960). — POLUNIN, N.: Circumpolar Arctic Flora. 542 S. Oxford 1959. — POPOV, M. G.: Fl. Sredn. Sibir. 2, 559—918 (1959). — PORSILD, A. E.: (1) Geogr. Bull. Atlas Canada 11, 57—77 (1958). — (2) Bull. Canad. Dep. North. Aff. 160, 133—148 (1958). — PRITCHARD, T.: Abstr. Bot. Congr. Montreal. 311, 1959. — PROCTOR, M. C. F.: J. Ecol. 48, 243—253 (1960).

REED, C. F.: Fl. Nevada 46, 15 (1959). — ROBIJNS, A.: (1) Fl. Congo Belge, Spermatoph. 1, 69 (1958); 7, 367 (1958). — (2) Fl. gén. Belg. 3, 153—306 (1959). — ROSS-CRAIG, S.: Drawings Brit. Plants 12 u. 13, je 30 Taf. (1959). — ROTHMALER, W.: (1) Exkursionsflora Deutschlands 502 S. Berlin 1958. — (2) Atlas der Gefäßpflanzen, 567 S. 1959. — RYDZAK, J.: Ann. Univ. Lublin 10, 1—66 (1956); 10, 157—175 u. 321—398 (1957); 11, 25—72 (1959); 13, 275—323 (1959).

SATO, M.: J. Japan. Bot. 33, 110—115 (1958). — SCHILDER, F. A.: Lehrbuch der allgemeinen Zoogeographie 150 S. Jena 1956. — SCHUSTER, R.: (1) Amer. Midl. Nat. 59, 257—332 (1958). — (2) Rhodora 60, 209—256 (1958). — SEGELBERG, I.: Natur i Bohuslän (Svensk Natur), 113—120 (1959). — SEMENOWA-TIANSCHANSKAYA, N.: Not. syst. Komarov. 19, 330—337 (1959). — SJÖRS, H.: Natur i Västmanl. (Svensk Natur), 47—67 (1958). — SKALINSKA, M.: Abstr. Bot. Congr. Montreal, 365 (1959). — SKOTTSBERG, C.: Natur i Bohuslän (Svensk Natur), 81—106 (1959). — SKVORZOV, A. K.: Not. syst. Inst. Komarov. 19, 83—88 (1959). — SMIRNOVA, Z.N.: Plant. crypog. (Acta Inst. Komarov.) 12, 274—300 (1959). — SOHMA, K.: Ecol. Rev. Sendai 15, 67—70 (1959). — SOMORA, J.: Samml. v. Stud. über Tatra-Nat. Park 1, 1—152 (1958); 3, 85—126 (1959). — Sóo, R.: Acta bot. Acad. Hung. 5, 437—471 (1959). — SOSKOV, G.: Not. syst. Inst. Komarov. 19, 396—408 (1959). — STEINER, MONA-LISA: Philippine J. Sc. 88, 40 (1959). — STRAKA, H.: Schr. Naturw. Ver. Schleswig-Holstein 29, 73—82 (1959). — SZAFER, Wl., u. Mitarb.: Szata roslinna Polski 1, 586 (1959); 2, 337 (1959). — SZWEYKOWSKI, J.: (1) Przyr. Polski zach. 2, 149—152 (1958). — (2) Arb. Biol. Komm. Wiss. Ges. Posen 21, 93 (1960).

TARDIEU-BLOT, M.-L.: Fl. Madagascar II 5, (1960). — TICHOMIROV, B.: Not. syst. Inst. Komarov. 19, 595—621 (1959). — TOLMATSCHOV, A. I.: (1) Not. syst. Inst. Komarov. 19, 156—187 (1959). — (2) Komarov-Lesung 12, 103 (1959). — (3) Abstr. Bot. Congr. Montreal, 399 (1959). — (4) Field Geobot. 1, 369—383 (1959). — TRALAU, H.: Ber. Schweiz. Bot. Ges. 69, 342—345 (1959). — TYNNI, R.: Arch. Soc. zool. bot. Vanamo 13, 123—132 (1959).

ZANGHERI, P.: Romagna fitogeogr. 4, 353 (1959). — VAN ZANTEN, B. O.: Blumea 9, 477—575 (1959). — ZENARI, S.: Lavori Ist. bot. Pavia 21, 949 (1959).

b) Floren- und Vegetationsgeschichte seit dem Ende des Tertiärs

Bericht über die Jahre 1958 und 1959*

Von Franz Firbas, Göttingen und Burkhard Frenzel,
Weihenstephan b. Freising/Obb.

1. Größere zusammenfassende Darstellungen

Von der zweiten Auflage von P. Woldstedts (2) „Eiszeitalter" ist
der 1. Teil des 2. (regionalen) Bandes erschienen. Er betrifft Europa,
Vorderasien und Nordafrika. Die Literatur, 28 Seiten, ist bis 1958 ausgewertet. Ein weiteres Lebenswerk, das in sehr hohem Maße auf eigener
Geländearbeit beruht, ist M. Sauramos (3) „Geschichte der Ostsee".
Als Nachfolger W. Ramsays hat Sauramo frühzeitig die Bestimmung der
ehemaligen Strandlinien mit der Bändertonchronologie und der Pollenanalyse verknüpft (zahlreiche Pollendiagramme!). Vgl. auch Sauramo
(1, 2).

Markov u. Popov verdankt man einen Sammelband über das Eiszeitalter Nord-Eurasiens, in dem 20 Wissenschaftler die quartärgeologischen
Probleme dieses Raumes besprechen.

Neustadt hat einen nur kurzen, aber sehr willkommenen Bericht über die Geschichte der Vegetation in der UdSSR im Holozän in deutscher Sprache veröffentlicht. Das Holozän, dessen Beginn mit etwa 12 000 v. Chr. angesetzt wird, wird in
4 große Perioden gegliedert, deren regionaler Pollenniederschlag in Sektorenkarten
dargestellt wird. Die Unterschiede zwischen den Landschaften sind oft sehr groß.
So werden die Pollenspektren z. B. in Kamtschatka während des ganzen Holozäns
von *Betula* und *Alnus* beherrscht, zu denen erst im Spät-Holozän noch etwas
Larix und *Pinus pumila* hinzutreten.

Auer hat seine umfassenden Untersuchungen über die quartäre Geschichte Fuego-Patagoniens, vor allem seit der letzten Späteiszeit, in
einem III. Teil über die Küstenverschiebungen weiter geführt.

Sie sind hier offenbar nur eustatisch bedingt. Neben Pollendiagrammen (vgl.
Fortschr. Bot. 21, 164) konnten wiederum die synchronen Schichten vulkanischer
Aschen zur Datierung herangezogen werden. Durch C^{14}-Datierungen ergibt sich
nunmehr für die postglazialen Aschen folgendes Alter: I zwischen 8700 $\pm$ 100 und
9300 $\pm$ 200 Jahren vor heute. II zwischen 4480 $\pm$ 50 und 6600 $\pm$ 90, III um
2240 $\pm$ 60 vor heute. Die Werte stimmen mit den älteren Schätzungen Auers
befriedigend überein, für die spätglazialen Schichten fehlen noch C^{14}-Datierungen.

---

* Der Bericht betrifft vor allem Arbeiten aus den Jahren 1958 und 1959, diejenigen in russischer Sprache wurden wiederum von B. Frenzel bearbeitet. Wegen
des beschränkten Raumes muß auf die beiden letzten Abschnitte (6. Eiszeitalter und
Nacheiszeit außerhalb Europas; 7. Paläobotanische Untersuchungen über Kulturpflanzen und Siedlungsgeschichte) leider verzichtet werden; sie werden im nächsten
Band weitergeführt werden.

MOSKVITIN (1) versucht ein für die ganze Erde gültiges Schema der Gliederung des Pleistozäns zu entwerfen. Leider werden darin offenbar sehr verschieden alte Zeitabschnitte miteinander verknüpft. Die zahlreichen Spuren des wiederholten Vorkommens ehemaliger Dauerfrostböden am nördlichen Ufer des Kaspi-Sees dienten VASIL'EV (1, 2) als Grundlage für die Synchronisierung der pleistozänen Geschichte des Kaspi-Gebiets mit derjenigen Mittelrußlands. Hier wird leider von GRIŠČENKO's offenbar irriger Einstufung des Moustier bei Stalingrad in den Beginn der Riß-Eiszeit ausgegangen. Über die quartäre Geschichte Rumäniens berichtet mit einer Karte der pleistozänen Sedimente dieses Raumes LITEANU. POPOV (1) vertritt neuerdings die Ansicht, daß die pleistozäne Vergletscherung Westsibiriens nur die randlichen Gebiete erfaßt habe, die heute ein frisches glazigenes Relief besitzen. Im Zentrum der Tiefebene soll gleichzeitig eine tektonisch bedingte Transgression stattgefunden haben, die der Anlaß zur Vergletscherung der randlichen Gebirgsländer war. Ohne die zahlreichen paläobotanischen Beweise für mehrere Interglaziale und Interstadiale auch im Untersuchungsgebiet zu berücksichtigen (vgl. Fortschr. Bot. **21**, 172 ff.), ersteht hier nochmals ein „Monoglazialismus", der nur mit verschiedenen Phasen einer Eiszeit rechnet.

Über die Vegetationsentwicklung Jakutiens seit dem Mesozoicum vgl. KARAVAEV. Am Nordabhang des Trans-Ili-Ala-Tau (Zentralasien) sollen 4 Eiszeiten, und zwar sehr verschieden, ausgeprägt sein, die erste als Inlandeis, die 2. als Vorlandvergletscherung, die 3. und 4. als Talvergletscherungen. Paläontologische Belege dafür scheinen zu fehlen (LOMONOVIČ).

Vgl. weiterhin: GAMS (5; Fortschritte der quartären Vegetationsgeschichte des Ostens). NILSSON (2; Jüngste Entwicklung der Diluvialgeologie in Schweden). WRIGHT (Zusammenfassende Darstellung des europäischen Spätglazials, besonders für amerikanische Leser). BERTOLANI-MARCHETTI (2; Pleistozäne Florengeschichte Italiens).

Ein von SZAFER (3) redigiertes, zweibändiges Sammelwerk über die Flora und Vegetation Polens enthält auch Kapitel über die spät- und postglaziale Floren- und Vegetationsgeschichte (VON ŚRODOŃ) und über Kulturpflanzen- und Wirtschaftsgeschichte (KOZLOWSKA).

Bei einem Symposium über die heutige Systematik hat IVERSEN (2) durch geschickte Schemen veranschaulichte Überlegungen über die im Laufe des Glazial-Interglazial-Zyklus wechselnden Bedingungen für die Sippenbildung vorgetragen. Zumindest seit der letzten Eiszeit sind als solche die Solifluktion der Böden, die Beschattung mit zunehmender Wiederbewaldung und schließlich die neuerliche Auflichtung der ursprünglichen Waldlandschaften sowie die Entstehung von Rohböden im Gefolge der menschlichen Besiedlung besonders hervorzuheben.

Einen guten Überblick für die enge Zusammenarbeit verschiedener Wissenschaften auf allen Gebieten der Landschaftsgeschichte geben auch mehrere Festschriften, so für H. KINZL, W. LÜDI (1), FR. OVERBECK (2, 3), P. WOLDSTEDT (1). Ebenso Tagungsberichte, so von der 4. internationalen Tagung der Quartärbotanik 1957 in der Schweiz [LÜDI (4), GAMS (6)], vom 5. Internationalen Kongreß für Vor- und Frühgeschichte in Hamburg 1958 [vgl. Römisch-Germanische Kommission, UNVERZAGT, BUTZER (4)].

2. Methodik und Nachbargebiete

a) Datierung. Eine Besprechung des Standes der Datierungsmethoden im Dienst der Vorgeschichte findet sich bei GROSS (3). Zu der schon in Fortschr. Bot. **20**, 81 erwähnten Methode der Bestimmung von „Paläotemperaturen" aus dem Verhältnis von O^{18} zu O^{16} in Verbindung mit der Radiocarbon-Methode seien einige Arbeiten von EMILIANI erwähnt. Nach (1) war das Mittelmeer nahe der Oberfläche vor 17 200 Jahren so kühl wie heute das Meer um Neufundland; es war im Pleistozän überhaupt meist kühler als heute. Im Oligozän und Miozän kamen im Atlantik so starke Temperaturschwankungen wie später im Pleistozän nicht vor (2). Im mittleren Nordatlantik ergaben die Bohrkerne für die letzten 300 000 Jahre Temperaturveränderungen des Oberflächenwassers, die sich der Gliederung der Lösse und den eustatischen Seespiegelschwankungen gleichsetzen lassen (3). EMILIANI (4) unterrichtet weitere Kreise.

C^{14}-Datierungen. Die Laboratorien teilen neue Werte meist an leicht zugänglichen Stellen mit, so z. B. DEEVEY, GRALENSKI und HOFFREN (Yale-Univ.). FLINT u. DEEVEY geben ein "Radiocarbon Supplement" als Jahrbuch heraus mit Beiträgen von 13 Laboratorien und einer Bibliographie. Die bisherigen Bestimmungen durch käufliche Lochkarten zu verschlüsseln, hat die Peabody Foundation of Archeology, Andover, Mass. begonnen. Für die Britischen Inseln vgl. GODWIN u. WILLIS (Cambridge).

Darstellungen für weitere Kreise bei HAXEL, LEROI-GOURHAN u. a. Einen kurzen, aber sehr eindrucksvollen Abriß der Fehlerquellen der C^{14}-Datierungen gab TAUBER, MÜNNICH vergleicht die Zuverlässigkeit bei verschiedenen Sedimenten. Der von prähistorischer Seite (MILOIČIČ) vorgetragenen, sehr temperamentvollen Kritik entgegneten SCHWABEDISSEN und MÜNNICH sowie GROSS (6). Dieser (4) faßt auch die bisherigen Ergebnisse der C^{14}-Bestimmungen an Funden des Jungpaläolithicums zusammen. Über den Isotopengehalt des Kohlenstoffs in Süßwasserkalken (Anteil der Bicarbonatassimilation!) vgl. VOGEL und MÜNNICH u. VOGEL. Durch die Veränderungen des Rezent-Standards infolge der starken Kohlenverbrennung im Gefolge der Industrialisierung dürften z. B. die Werte von Groningen etwa um 240 Jahre jünger sein als die von Heidelberg und Stockholm [MÜNNICH, ÖSTLUND, DE VRIES u. BAKKER und DE VRIES (2)]. Über die Veränderungen der Radioaktivität in den letzten 4 Jahren vgl. DE VRIES (3). Eine wesentliche Erweiterung der Anwendbarkeit der C^{14}-Methode, an deren großer Bedeutung trotz aller Fehlerquellen nicht gezweifelt werden kann, ist HARING u. DE VRIES gelungen: Eine bei größerem Material mögliche Anreicherung der Isotopen erweitert den Datierungsbereich auf etwa 70000 Jahre.

Bändertonchronologie. Nach E. H. DE GEER (4) können Gipfel in der Dicke der Bändertone auf singuläre Maxima der Sonnenstrahlung zurückgeführt werden und Telekonnexionen ermöglichen. Solchen besonders aus der Zeit der Wisconsin- bzw. Würmeiszeit sind noch weitere Arbeiten von E. H. DE GEER (1—3, 5) gewidmet, eine letzte (6) der O-Warwe G. DE GEERs. Dessen 0-Jahr soll dem Jahre — 84 der heute verwendeten Zeitskala entsprechen. Es sei auch auf jahresgeschichtete Seeablagerungen verwiesen, die SEIBOLD auf der dalmatinischen Insel Mljet in einem kleinen, tiefen Seebecken gefunden hat. (Hier auch viel Literatur über solche Vorkommen, vgl. dazu über die Bildung gebänderter Gyttja T. A. LIVINGSTON.)

Dendrochronologie. Bei Jahrringuntersuchungen an Pfahlbauhölzern haben HUBER u. v. JAZEWITSCH über 2000 Pfähle aus 3 neolithischen und einer bronzezeitlichen Siedlung der Schweiz bzw. Südwestdeutschlands bearbeitet. Die Ergebnisse sprechen dafür, daß die einzelnen Siedlungen — wohl infolge Bodenmüdigkeit — jeweils nur wenige Jahre bis Jahrzehnte bestanden haben. Auf gegenüber der Gegenwart größere klimatisch bedingte Schwankungen der Jahrringbreite wird hingewiesen.

Aus England berichten SCHOVE u. LOWTHER über eine Eichen-Jahrringchronologie der angelsächsischen Zeit (714—835 n. Chr.), deren absolute Datierung durch Verknüpfung mit klimatischen Ereignissen möglich wurde, außerdem über eine weitere, jüngere Folge aus dem späten Mittelalter (1215—1399). Eine Übersicht über die jahrringchronologischen Arbeiten in Norwegen gab O. A. HØEG (1, 2). P. EIDEM (1) datierte eine Badestube aus Fichtenstämmen von Istad zwischen 1620—1817 n. Chr. sowie einige Bauten von Flesberg (2, 3). Er gibt auch eine Standardserie von *Pinus silvestris*. Hier läßt sich an *Pinus* und *Picea* sehr schön zeigen, wie bei montanen Bäumen die Sommertemperatur, in einem Trockengebiet aber die Niederschlagsmenge die Jahrringbreite in erster Linie bestimmen.

Über die Brauchbarkeit des Fluor-Tests für die absolute Datierung pleistozäner Knochenfunde berichtet K. RICHTER. KOKAWA (1, 2) hat morphometrische Untersuchungen an *Menyanthes*-Samen verschiedenen Alters vorgenommen und zur Datierung von Material unbekannten Alters herangezogen.

Pollenanalyse und sonstige Palynologie. Neben Erdtmans (4) „Grana Palynologica" (Stockholm) ist, von van Campo, Paris, redigiert, noch die Zeitschrift „Pollen et Spores" getreten. Erdtman (2) hat mit dem 19. Beitrag (bis 1957) seine gleich mühsamen wie dankenswerten Literaturzusammenstellungen abgeschlossen und führt sie an anderer Stelle (8) für die "basic palynology" weiter. Eine gemeinverständliche Schrift über Pollenanalyse und Vegetationsgeschichte hat Straka (1) verfaßt.

Weiteres zur Methodik und Technik: Andersen (3; Phasenkontrast-Photographie, mit Hinweisen auf die von Erdtman erwähnten und so gut sichtbaren Unterschiede im Membranbau einzelner Getreide (4; Silicon-Öl als Einschlußmittel). — del Court, Mullenders, Piécart (Zusammenstellung von Präparationsmethoden). — Erdtman (1; Gegen Überbewertung der Benennung fossiler Sporen); (3; Vereinheitlichung der Terminologie der Pollenmorphologie); (5; Entwicklung der Palynologie); (6; Abbildungen von Pollen und Sporen). Erdtman u. Mitarb., Erdtman u. Vishnu-Mittre, Erdtman u. Radwan-Praglowski (Allgemeines zur Morphologie und Terminologie). — Erdtman (7; UV-Photographie). — Faegri (Neue Richtungen in der Methodik). — Florschütz (5; Das „Eichen" von Pollendiagrammen. 6; Wahl der Pollensumme in „Iversen-Diagrammen"). — Gross (1; Palynologie in Deutschland). — Hafsten (Bleichung mit NaCl₃ vor Behandlung mit HF und Acetolyse zerstört besonders *Pinus*-Pollen). — Hallik (2; Pollentrennung mit Thouletscher Lösung). — Jefford u. Jones (Herstellung mikroskopischer Präparate von Sporen u. a.). — Maurizio (1, 2; Zur Bienenpollenkunde). — Menendez-Amor (Gesamtübersicht, spanisch). — Overbeck (5; Verbesserung der Dachnowski-Sonde). — Tjuremnov (Arbeitsbericht des Lehrstuhls für Torflager in Moskau).

Pollenverwehung und Pollenniederschlag. Durham (Pollenverwehung). — Dyakowska u. Zurzycki (Neue Bestimmungen von Pollengewichten). — Janssen (*Alnus* als störender Faktor in Pollendiagrammen). — Potzger u. Mitarb. (Pollengehalt von Moospolstern in Quebec; Über- und Untervertretung wohl Gattungsmerkmale). — Saad (1—3; Pollenniederschlag in Alexandria, Ägypten). — Tsukada (Vergleich des heutigen Pollenniederschlags auf dem Hochland Shiga, bis 2295 m, Japan, mit der heutigen Vegetation. Relative Reihenfolge der Pollenvertretung *Pinus* > *Alnus* > *Betula* > *Pterocarya* > *Fagus* > *Tsuga* > *Abies* > *Quercus* > > *Picea* > *Tilia* > *Acer*. Vorschläge für eine Reduktion der Werte ähnlich Iversen.] — Zaklinskaja (Oberflächenproben aus dem nordw. Teil der Taimyr-Halbinsel; im Vergleich mit Glazialfloren dort keine *Chenopodiaceae*, *Artemisia* nie über 40% der Nichtbaumpollen, auch in steppenartigen Gesellschaften nicht.)

Pollenmorphologie, -taxonomie und ähnl. Andersen (2; Artbestimmungen durch Größenstatistik). — Aubert u. Charpin (*Oleaceae* der Provence). — Brown (Kurzer Hinweis auf ein japanisches Werk von Ikuse über die Pollenflora Japans). — Čžan Czin'-Tan' (*Liquidambar*, *Altingia*. Schlüssel, Photos). — van Campo (Einige afrikanische Pollen). — Erdtman (1; Kritik an der Zuweisung von Fossilfunden zu heutigen Taxa). — Erdtman u. Radwan-Praglowski (*Alnus*, *Juglans*, Getreidearten). — Erdtman (3) u. Erdtman u. Vishnu-Mittre (Vereinfachung der Pollenbeschreibung). — Erdtman (9; *Rorippa silvestris*). — Gams (7; Teilschlüssel für *Ericaceae*, *Chenopodiaceae*, *Caryophyllaceae*). — Grohne (1; Zunächst wohl von G. Erdtman begonnene Versuche zur Bestimmung einzelner Getreide- und Wildgrasgattungen und -arten nach Skulptur und Struktur der Exine und der Keimporen, besonders mit Phasenkontrastoptik. Vgl. auch Andersen). — Hayashi (Pollengrößen nach verschiedener Aufbereitung). — Ikuse (1; Japanische *Cyperaceae*; 2. Größenstatistik von *Betula*). — Kuprijanowa (Bericht über die 29 größten Sporomorphen-Sammlungen der UdSSR). — Leopold (Größenstatistik bei *Betula*-Arten Neuenglands). — Martin (Südafrikanische *Podocarpus*-Arten). — Maurizio (2; Polyploide Kulturpflanzen). — Nakamura u. Shibasaki (*Ophioglossaceae*, *Helminthostachyaceae*, *Osmundaceae*). — Nekrasova (*Pinus silvestris* ssp. *lapponica* nach dem Pollenbau nur schlecht abgegrenzt). — Mullenders (Ein Lochkartenverfahren zur Bestimmung von Pollen und Sporen). — Nair (*Malva parviflora*). — Natarajan (*Tubiflorae*). — Oldfield (Westeuropäische *Ericales*). — Ošurkova (16 *Betula*-Arten der UdSSR). — Praglowski (*Helicia* und andere indomalaiische *Proteaceae*). — Raju u. Patankar (*Drosera*). — Rowley

(Commelinaceae). — SAAD (Pollenformen im heutigen Pollenniederschlag von Alexandria, Ägypten). — SAGDULLAEVA (*Papaveraceae*, 84 Arten). — UENO (*Pinaceae*, besonders japanische Arten). — VINOKUROVA *(Dipsacaceae, Morinaceae)*. — SOKOLOVSKAJA (Pollen von 213 Blütenpflanzen der heutigen nordeurasiatischen Tundrenzone). — VISHNU-MITTRE (Abnormale Pollen indischer Gymnospermen). — WEILING (Diploide Pflanzen mit Gigas-Pollen. Hier auch weitere Literatur darüber, z. B. von SCHWANITZ). — v. ZINDEREN-BAKKER (1, 2; Südafrikanische Pollen und Sporen II und III).

Andere Pflanzen- und Tierreste und ähnl. DOMBROWSKAJA, KORENEVA u. TJUREMNOW haben einen Atlas der pflanzlichen Reste in Torfen und anderen Sedimenten mit vielen, meist guten Abbildungen herausgebracht. — GROHNE (2; Bindung der Diatomeen an die höhere Vegetation im brackisch-marinen Küstensaum der Nordsee und im oberen und unteren Brackwasser an der Unterelbe. Verwendung für Schlüsse auf die frühere höhere Vegetation). — HORN AV RANTZIEN (1—3; Arbeiten über die Fruktifikationen der Charophyten, wichtig auch für die Bestimmung von Fossilfunden). — JENTYS-SZAFEROVA (2; Graphische Methoden zum Vergleich von Pflanzenformen mit Hilfe mehrerer Merkmale, auch bei Fossilfunden). — KIPIANI u. KORČAGINA (Herstellung einfacher karpologischer Sammlungen).

GROSPIETSCH (Anleitung zum Bestimmen von Rhizopoden). — FREY (Wichtige Hinweise zur Bestimmung von Cladoceren-Resten). — BRUNNACKER, M. u. K. (Gehäuseschneckenfauna der Böden).

Sedimente und Böden. RAKOWSKY u. Mitarb. (Bericht über die Ergebnisse einer Konferenz über „Faulschlamme", Sapropele). — KAILA (Methoden zur Bestimmung der Huminosität, u. a. des Volumgewichts, leider ohne Kenntnis der Arbeiten von OVERBECK u. SCHNEIDER). — DITTRICH (Nordwestdeutsche Braunmoostorfe).

BRUNNACKER (1, 2; Alter und Art pleistozäner Bodenbildungen in Bayern). — HOLLSTEIN (Bodenbildungsprobleme in Nordwestdeutschland). — BRUNNACKER (3; Bildung schwarzerdeartiger bis anmooriger Böden im jüngeren Spätglazial, keine Relikte von Steppenschwarzerden). — SCHEFFER u. MEYER („Feuchtschwarzerden" im Leinetal bei Göttingen waren spätestens seit dem Atlanticum vorhanden als Böden feuchtkühler Standorte, also keine Steppenschwarzerden).

Weitere Erklärungsversuche zum Pollengehalt von Podsolböden: HAVINGA (Rückführung der Ähnlichkeit mit postglazialen Pollendiagrammen auf Grundwasseranstieg, zunehmende Verstopfung der Capillaren, Verlangsamung der Infiltration, zusätzliche Aufwehung im Sinne von FLORSCHÜTZ). — GODWIN (3; gestaffelte Infiltration des Pollenniederschlags in verschiedenen, für eine Infiltration günstigen oder ungünstigen Perioden).

Zum Vergleich sehr willkommen sind LÜDIs (3) Beobachtungen über die Besiedlung von Gletschervorfeldern in den Schweizer Alpen.

Aus dem Bereich der Diluvial- und Alluvialgeologie, der Küstenverschiebungen und Klimaveränderungen können hier nur wenige Arbeiten erwähnt werden, so: MITCHELL (2), Kurze Übersicht über das Diluvium Irlands mit Karten der Vereisungsgrenzen der Saale- und Weichseleiszeit. HEUBERGER u. BESCHEL, Datierung der jüngeren nachwärmezeitlichen Gletscherstände der Stubaier Alpen vom 16. bis 19. Jahrhundert, u. a. lichenometrisch. HEUSSER (1, 2): Gletscherstände in den Olympic Mountains, südwestlich Washington.

Nach GODWIN, SUGGATE u. WILLIS stieg der Meeresspiegel auf der ganzen Erde vor 14000—6000 Jahren sehr rasch an, um etwa 90 cm im Jahrhundert. Seine heutige Lage wurde etwa vor 5000 Jahren erreicht. Nach PFANNENSTIEL lag der Meeresspiegel des Mediterrangebiets in der letzten Eiszeit um 90 m, in der Mindeleiszeit um 200 m tiefer als heute, im Riß/Würm-Interglazial aber um 15 m höher. DONNER (2) ordnet die spät- und postglazialen Küstenverschiebungen in Schottland den Pollenzonen zu, SIMON untersuchte die nacheiszeitliche Meerestransgression im Elbe-Ästuar.

Über Kontinentalverschiebungen, Polwanderungen und Vorzeitklimate im Licht paläomagnetischer Meßergebnisse berichtet FLOHN (2). WUNDT erörtert die Zuordnung des Penckschen Eiszeitensystems zu der neuen Strahlungskurve von VAN WOERKOM. Nach dieser war das Pleistozän nur etwa halb so lang (330000 Jahre) als nach jener von MILANKOWITSCH. Es wird auch eine neue gemittelte Strahlungskurve für die ganze Erde mitgeteilt. Nach NILSSON (2) wurden in Schonen Eiskeile gefunden — Belege für spätglazialen Frostboden. Die postglazialen Klimaschwankungen des Mediterrangebiets und des Vorderen Orients kann man nach BUTZER (1, 2, 3) anscheinend recht gut dem Blytt-Sernanderschen System zuordnen. Über Klimaschwankungen der letzten 1000 Jahre und ihre geophysikalischen Ursachen vgl. FLOHN (1). GROSS (2) gab einen Überblick über die postglaziale Klimaverschlechterung und ihren wellenförmigen Verlauf seit dem Ende der mittleren Wärmezeit bis in historische Zeiten. Er behandelt auch die Frage nach dem dem älteren Sphagnumtorf entsprechenden Moortyp.

3. Das Quartär bis zur letzten Eiszeit

Die vorliegenden Arbeiten beziehen sich vornehmlich auf a) den Übergang der Flora des spätesten Tertiärs (Spät-Pliozän) in die des Alt-Quartärs; b) die Gliederung des mittleren Quartärs, dessen Floren sich erfreulich vermehren; und c) das Spät-Quartär (Riß/Würm-Interglazial). Einige floristisch-systematische Arbeiten seien vorausgeschickt.

So zeigte J. JENTYS-SZAFEROVA (1) an zwei Beispielen, wie Anatomie und Größenstatistik die Phylogenie einzelner Arten seit dem Pliozän verfolgen lassen. Bei *Carpinus* scheinen die pliozänen Sippen der lebenden *Carpinus betulus* angehört zu haben. Bei *Menyanthes* hingegen spricht die Samenepidermis für pliozäne Vorkommen noch einer zweiten Art *(M. carpathica)*, die wahrscheinlich schon im Alt-Pleistozän ausgestorben ist. F. u. I. FIRBAS haben an Hand der Porenzahl der mehrporigen Pollenkörner von *Carpinus* zu prüfen versucht, ob sich die Populationen dieser Holzart im Laufe ihrer postglazialen Ausbreitung hinsichtlich dieses Merkmals geändert haben. Dies war mindestens seit dem letzten Interglazial bis heute nicht der Fall. Nach JENTYS-SZAFEROVA (3) war übrigens die Gattung *Carpinus* im europäischen Tertiär außer durch die heutigen Arten *C. betulus* und *C. orientalis* auch noch durch die heute amerikanische *C. caroliniana* und die heute ostasiatische *C. tschonoskii* vertreten, die durch ihre Fruchtflügel nachweisbar sind.

In Ost- und Südost-Europa sind in letzter Zeit mehrfach Steinkerne von *Celtis* gefunden worden [vgl. z. B. LOŽEK (1, 2, 3, 4)]. DOHNAL (3) hat die Funde zusammengefaßt: 5 aus Böhmen, 4 aus Mähren, 2 aus der Slowakei, 5 aus Ungarn, 2 aus Rumänien, je einer aus Jugoslawien, Österreich und Deutschland (Gößweinstein in Oberfranken); alle teils im Löß, teils in Karsttaschen, offenbar aus dem älteren Pleistozän, aber auch aus dem Mindel-Riß- und Riß-Würm-Interglazial. Es werden drei Arten *(C. palaeopleistocenica, cromerica, neopleistocenica)* unterschieden. TRALAU hat das pleistozäne Schicksal einiger in Europa ausgestorbener, gut nachweisbarer Wasserpflanzen *(Azolla filiculoides, Dulichium, Brasenia, Euryale)* in sehr anschaulichen Karten dargestellt.

Einen Überblick über die Flora von Spitzbergen seit dem Paläozoicum und ihre Probleme gab O. A. HØEG (3). Über Klimaschwankungen im Pliozän von Wallensen im Hils (wohl Reuverstufe) vgl. ALTEHENGER.

Ein Vergleich von bisher 7 gut untersuchten Interglazialfloren der Britischen Inseln ermöglichte WEST die Unterscheidung von 3 Interglazialen (Cromerian, Hoxnian, Ipswichian). Sie sind durch spezifische Merkmale der Vegetationsentwicklung voneinander wie vom Postglazial deutlich unterscheidbar. Warum das berühmte "Cromer Forest bed" bereits ins Quartär gestellt werden muß, begründen zusammenfassend WEST u. GODWIN. Über das Interglazial von Gort in Irland vgl. SV. TH. ANDERSEN (1).

ZAGWIJN hat seine Darstellung der älteren Pleistozän-Flora der Niederlande überarbeitet. In der Serie von Sterksel ist offenbar ein Teil des Cromer Interglazials erfaßt (*Carya, Pterocarya, Tsuga* fehlen). *Azolla filiculoides* ist vorhanden, darf also wenigstens gegenüber älteren Schichten nicht mehr als absolutes Leitfossil des Neede-Interglazials verwendet werden. Das „Prätiglian" zwischen Reuver und Tegelen ist die erste glaziale Phase des Quartärs, so daß die Plio-/Pleistozän-Grenze zwischen Reuver und Prätiglian zu ziehen ist. Zwischen Reuver und Cromer werden zwei Warmzeiten unterschieden, das Tiglian (Tegelen) und das Waalian (Serie von Kedichem, auch schon mit *Azolla filiculoides*). Eine Parallelisierung mit anderen Ländern wird auch versucht. FLORSCHÜTZ (1,2,4) befaßt sich ebenfalls mit diesem spröden Thema sowie DEPAPE, FLORSCHÜTZ u. GUILLIEN, die eine Flora von Coulgans (Charente) noch der Reuverstufe zuordnen. Ein möglicherweise der Cromerstufe zuzuzählendes Interglazial von Oosterbeek haben TEUNISSEN u. FLORSCHÜTZ beschrieben. Das angebliche „Interglazial" von Eichenberg südlich Göttingen gehört nach CHANDA ins späte Pliozän.

Nach MOSKVITIN (2) enthalten die pliozänen Horizonte bei Solikamsk und Ufa im Flußgebiet der mittleren Wolga Reste von *Abies, Picea, Pinus, Tsuga, Betula, Alnus, Carpinus, Tilia, Quercus, Fagus* (bis 38%), *Pterocarya, Taxodiaceae, Dulichium spathaceum* und *Euryale*. Im oberen Kinel-Horizont sind die Laubhölzer zwar ebenfalls noch vertreten, aber die Pollenflora wird im wesentlichen von *Pinus* (bis 70—90%) und *Picea* (maximal 40%) gebildet. Es hat somit eine beträchtliche Klimaverschlechterung zur Bildungszeit dieses Horizontes stattgefunden, die ihr Maximum während der ersten Akčagyl-Transgression des Kaspischen Meeres erreicht hat, als im heutigen Mündungsgebiet der Kama eine artenarme Taiga stockte. Da in Kaukasien in die marinen Akčagyl-Horizonte eine älteste Moräne eingeschaltet ist, sieht MOSKVITIN diese Kaltzeit als den Beginn des Pleistozäns an und synchronisiert die Akčagyl-Transgression mit der Kalabrischen Stufe. In den jüngsten Horizonten des Akčagyl sind bei Saratov bisher nur Laubholzpollen entdeckt worden: *Quercus, Tilia, Ulmus, Alnus*. Andererseits weisen die während der anschließenden Apšeron-Transgression des Kaspischen Meeres gebildeten Horizonte, die in Kaukasien ebenfalls eine Moräne umgeben, am Mittellauf der Wolga im heutigen Steppengebiet nur Pollen einer artenarmen Nadelwaldtaiga auf. Somit dürfte mindestens dieser Abschnitt des Apšeron der 2. pleistozänen Eiszeit entsprechen, die liegenden Sedimente des obersten Akčagyl aber dem ersten Interglazial.

ANANOVA bearbeitete eine fossile Flora vom Unterlauf der Kama, die auf Grund der Lagerungsverhältnisse in ein Oka-Interstadial (Mindel I/II) gestellt wird. Damals herrschte in dem genannten Gebiet eine offene Vegetation (Nichtbaumpollen 84% der Pollensumme), die besonders von *Chenopodiaceen* und *Artemisia* beherrscht wurde (zusammen etwa 60% der Nichtbaumpollen). Da gleichzeitig Tundren- und Waldtundrenpflanzen vorhanden waren, muß die Vegetation ein eigenartiges Gemisch verschiedener Vegetationstypen dargestellt haben, wie es auch aus jüngeren Eiszeiten weithin bekannt ist. — Mitteilungen über Oka-eiszeitliche Tundrenformen der Solifluktion bei Rostow am Don und am Unterlauf des Sal vgl. MOSKVITIN (3).

In Nordost-Spanien hat H. REMY den Übergang zum Pleistozän bei Villaroya, Prov. Logroño, untersucht. Auf eine Nadelwaldzeit mit offenbar kaltem Klima (*Picea* bis 35%, *Pinus* bis 54%, etwas *Tsuga* und *Abies*) folgen drei als „Pinetum" und zwei als „Quercetum mixtum" bezeichnete Abschnitte (warum diese irreführenden Namen?), in denen auch einige Arten der Tegelenflora auftreten (*Carya, Pterocarya, Tsuga, Cedrus, Pinus* sg. *haploxylon, Zelkowa, Liquidambar*). Zuletzt treten viel *Chenopodiaceen* auf (Steppe?). Ein Teil der Ablagerungen ist offenbar jahreszeitlich geschichtet.

Nach weiteren Untersuchungen von LONA u. FOLLIERI bei Leffe (Bergamasker Alpen) ist die glaziale Verarmung der pliozänen Flora dort langsam vor sich gegangen. Allmählich wurde das „Caryetum" im Bereich der Günzeiszeit durch das „Querceto-Carpinetum" ersetzt. FOLLIERI teilt auch altpleistozäne Pollenfunde aus der Cava Santarelli, L'Aquila, Com. Scoppito mit, während BERTOLANI-MARCHETTI (2) die älteren Funde aus dem Interglazial von Re im Vigezzotal (Südalpen) zusammenstellt und durch Pollenfunde ergänzt. Neben *Pinus-*, *Picea-* und *Abies-*Pollen, der übrigens zum größeren Teil von der heute kaukasischen *A. Nordmanniana* stammen soll, ist u. a. *Carpinus* nachweisbar, nicht aber *Fagus*. Über die quartäre Florenentwicklung der Südalpen vgl. auch GAMS (1).

Erfreulicherweise vermehren sich auch die Untersuchungen mittelpleistozäner Floren [vgl. FLORSCHÜTZ (4)]. Hier sind zunächst die Interglazialfunde von Kilbeg und Newton, Co. Waterford, in Irland zu nennen [WATTS (1, 2)], beide wahrscheinlich aus dem Mindel/Riß- (= Neede-)Interglazial. Sie geben wichtige Aufschlüsse über das lusitanische und amerikanische Element der ozeanischen Insel. In 5 wohl die ganze Warmzeit erfassenden Perioden wurden u. a. Pollen gefunden von *Abies* (bis 15%), *Picea, Ilex, Hedera, Buxus, Rhododendron ponticum, Daboecia cantabrica* und *Eriocaulon septangulare* sowie Sporen von allen drei heute noch vorhandenen *Hymenophyllum*-Arten. Von insgesamt etwa 100 nachgewiesenen Sippen kommen heute in Irland 12 nicht mehr vor. Von *Eriocaulon septangulare* kam nach der Pollengröße offenbar schon damals nur die heute westeuropäische und nicht die nordamerikanische Sippe vor.

Ein etwa 7 m mächtiges Interglazial von Neuenförde bei Verden an der Aller scheint nach SELLE (1) eine ganze Warmzeit zu umfassen. *Pinus, Betula* und *Alnus* stehen aber im Pollengehalt so sehr im Vordergrund, daß der Bearbeiter noch keine feste Datierung vornimmt. Aus dem Holstein-Interglazial stammen nach GRAHLE u. SCHNEEKLOTH Ablagerungen von Wilsum im westlichen Emsland mit viel *Azolla filiculoides*. Es wird versucht, innerhalb dieser Warmzeit einen atlantischen und einen kontinentalen Diagrammtypus zu unterscheiden. In dem wohl gleichaltrigen (Neede-)Interglazial von Wunstorf westlich Hannover konnte M. VILLARET-v. ROCHOW die Seerose *Euryale* nicht nur durch Samen, sondern auch durch die wohlerhaltenen Stacheln nachweisen. Ein einem Elster-Interstadial zugerechneter Tundratorf bei Hainichen in Sachsen enthält nach GROSS (5) viel *Betula nana-*sowie *Empetrum*-Pollen bis 64% des Gesamtpollens.

W. SZAFER (2) zeigt an Hand von zwei interglazialen Fundstellen am Rande des oberschlesischen Beckens (Brzozowica und Labedy), daß sie offenbar zwischen das Drenthe- und das Warthe-Stadium der Riß-(Saale-)Eiszeit fallen. Auch während der wärmsten Phase sind die Pollenanteile der thermisch anspruchsvollen Arten sehr gering, ähnlich wie in der Kieselgur von Neu-Ohe in der Lüneburger Heide und in Suraž bei Moskau. Das „Ohe-Interglazial" v. D. BRELIEs dürfte also auch in Polen und Rußland nachweisbar sein.

Das Problem, ob die Moskau-Vereisung (Warthe) von der maximalen Dneprovsk-Vereisung (Saale) durch ein echtes Interglazial oder aber nur durch ein Interstadial getrennt war, ist übrigens auch in Rußland heftig umstritten. ŠIK und MOSKVITIN (2) sehen den betreffenden Zeitabschnitt als echtes Interglazial an, da in ihm bei Smolensk-Vjasma-Roslavl und bei Galič artenreicher Eichenmischwald mit einem Baumpollenanteil bis zu 50% in zwei aufeinanderfolgenden Phasen das Waldbild beherrscht haben soll. Dieser doppelte oder gar dreifache [MOSKVITIN (2)] EMW-Gipfel, ein insgesamt sehr unruhiger Kurvenverlauf sowie unklare Lagerungsverhältnisse lassen jedoch nachträgliche Störungen befürchten. Tatsächlich scheint der zwischen dem Moskau- und dem Dneprovsk-Vorstoß gelegene Zeitraum ein Interstadial gewesen zu sein, in dem in Mittelrußland eine artenarme Nadelwaldtaiga, im wesentlichen aus *Pinus* (50—70%) und *Picea* (20—30%), stockte. Ihr gesellten sich in den stets vorhandenen Steppengebieten dieses Raumes *Artemisia* und *Chenopodiaceae* als wichtige Elemente der Flora bei (DANILOVA; ČEBOTAREVA; z. T. auch ŠIK); das Klima war somit selbst während des Optimums des Interstadials beträchtlich kälter und trockener als gegenwärtig in denselben Gebieten. Das Interstadial trennte also die beiden wichtigen Vorstoßphasen der Dneprovsk-(Saale-)Eiszeit voneinander, in denen im europäischen Teil der UdSSR Kältesteppen die Vegetation beherrschten [LOPATNIKOV, am Chopjor; MOSKVITIN (2), mittlere Wolga; DANILOVA und ČEBOTAREVA, Mittelrußland].

Über die Fundstelle von Brzozowica bei Bedzin berichten STUCHLIK sowie GILEWSKA u. STUCHLIK und gliedern in 1. ältere subarktische Phase, vorherrschend *Betula* und *Larix*, viel Nichtbaumpollen, besonders *Artemisia*. 2. gemäßigte Phase mit viel *Pinus, Picea, Alnus,* weniger *Tilia, Quercus, Corylus, Carpinus*; 3. jüngere subarktische Zeit mit viel *Pinus,* anspruchsvollen Holzarten nur noch in Spuren, wiederum viele Nichtbaumpollen. Als diagnostisch wichtig werden besonders die niedrigen *Corylus*-Anteile angesehen.

In das Holstein-Interglazial werden auch andere Ablagerungen gestellt, in denen thermisch anspruchsvolle Gehölze zurücktreten. So nach KNEBLOVA (1) eine Fundstelle (Alt-Bielau = Stará Biela bei Mähr.-Ostrau) mit *Carpinus, Abies,* ohne *Fagus,* und von GOLABOVÁ Makowi-Mazowieckiego, ebenfalls mit *Carpinus* und *Abies* ohne *Fagus.* Hier sind auch *Azolla filiculoides* und *Salvinia* reichlich vorhanden. Eine andere von KNEBLOVÁ (3) bearbeitete und ins Mindel-Riß-Interglazial gestellte Flora von Stonava östlich Ostrau/Mähren enthält u. a. *Buxus* cf. *sempervirens, Osmunda claytoniana, Dulichium spathaceum, Ephedra* cf. *distachya* (im Liegenden Geschiebemergel, im Hangenden Lößlehm).

Das klassische Mindel/Riß-interglaziale Vorkommen von Lichwin wurde von UŠKO erneut monographisch bearbeitet: 161 Arten bzw. Gattungen höhererer Pflanzen, 38 Leitformen von Diatomeen, 20 Fisch- und 3 Nagetierarten. Die Funde gestatten folgende Gliederung: 1. Phase der Fichtenwälder. 2. Phase der Kiefern-Fichten-Wälder, und zwar a) Kiefern-Birken-Fichten-Wälder mit Ulme; b) Kiefern-Fichten-Wälder mit Eiche und Linde; 3. Fichten-Eichen-Wälder; 4. Eichen-Hainbuchen-Wälder; 5. Eichen-Hainbuchen- und Fichten-Tannen-Wälder; 6. Fichtenwälder.

Diesem Diagramm können andere Interglazialfloren zugeordnet werden, die nur Teilen des Lichwin-Interglazials entsprechen. Über ebenfalls Mindel/Riß-interglaziale Floren berichten noch ČEBOTAREVA (Galič), LOPATNIKOV (am Chopjor), ŠIK (Smolensk-Vjasma-Roslavl), DOROFEEV (Spassk), MOSKVITIN (2, Galič) sowie KALECKAJA und MIKLUCHO-MAKLAJ (Westabhang des Polar-Urals). Diese Untersuchungen lehren, daß die Arten der Eichenmischwälder im Lichwin-Interglazial in Mittelrußland ungefähr gleichzeitig erschienen und zur selben Zeit kulminierten und daß *Corylus* damals eine wesentlich geringere Rolle als im Eem-Interglazial spielte. Das Gebiet der heutigen Waldtundra am Oberlauf der Usa und ihrer Nebenflüsse war während des Lichwin-Interglazials von einer *Picea-Abies-Pinus sibirica*-Taiga bedeckt.

Letztes = Riß/Würm-, Eem-Interglazial. Unter Moränen liegende, wohl letztinterglaziale Pflanzenreste, die nach T. NILSSON (2), mit C^{14} datiert, älter als 20000—40000 Jahre sind, wurden mehrfach in Schweden gefunden. Sie enthalten u. a. *Larix*-Pollen (det. ERDTMAN). Eine ehemalige reiche warmzeitliche Vegetation, freilich nicht sicher datierbar, kann nach DONNER (1) auch aus dem vielen Sekundärpollen in den Moränen Finnlands erschlossen werden.

Nach HALLIK (1) sind in 6 eemzeitlichen Diagrammen aus der Nähe Hamburgs in limnischen Sedimenten die Pollenanteile von *Carpinus,* in Bruchtorfen diejenigen von *Picea* relativ häufiger (örtliches Vorkommen der Fichte!). Marine und brackische Ablagerungen des Eem-Meeres werden vielfach im heutigen Wattenmeer von Borkum bis Spiekeroog erbohrt. Nach SINDOWSKI erfolgte die marine Transgression in der Eichenmischwaldzeit des letzten Interglazials (Zone f nach JESSEN u. MILTHERS) oder in der Hainbuchen-Fichtenzeit (Zone g). Ein Torf im Hangenden stammt aus der Kiefernzeit (Zone i). Eine weitere vielseitige Untersuchung der Ablagerungen des

Eem-Meeres im Bereich der Emsmündung stammt von DECHEND. Das Brörup-Loopstedter Interstadial oberhalb der Eem-Ablagerungen (vgl. Fortschr. Bot. **20**, 84) ist nach übereinstimmenden C^{14}-Datierungen von TAUBER und DE VRIES älter als 50 000 Jahre [vgl. auch DE VRIES (1)].

Torfige Schichten in Decksanden SO-Hollands mit z. T. sehr viel Pollen von *Carpinus* sowie von *Picea* und *Abies*, aber ohne *Fagus* sind nach FLORSCHÜTZ und ANKER VAN SOMMEREN zu Recht ins Eem-Interglazial gestellt worden. Mit dem immer wieder schwer verständlichen Fehlen von *Fagus* in den jüngeren Interglazial-floren hat sich nochmals FIRBAS auseinandergesetzt. Interessanterweise haben DUBOIS u. ZANGHERI (1, 2) bei Tiefbohrungen aus der Nähe von Ravenna bis zu 43% *Fagus*-Pollen gefunden.

Die Ergebnisse der bis 1956 in Rumänien pollenanalytisch untersuchten Ablagerungen (112 Profile) hat POP (2) zusammengefaßt. Das letzte Interglazial läßt in Transsilvanien folgende Dominanzperioden erkennen: *Picea* — *Fagus* — *Picea* — *Abies* — *Picea* — *Pinus*. In der zur letzten Eiszeit überleitenden Pinus-Zeit lassen sich nur noch *Salix* und *Betula* nachweisen. Der Wald wurde aber nicht völlig verdrängt. Man kann nach POP mit Reliktstandorten rechnen.

Die Ergebnisse neuerer Untersuchungen der Schweizer Schieferkohlen hat LÜDI (2) nochmals besprochen und durch C^{14}-Datierungen ergänzt. Die Schieferkohle von der Wasserfluh bei Bern ist etwa 27 000 Jahre alt, gehört also vielleicht dem Göttweiger Interstadial an (Würm I/II ?), Gondiswil-Zell und Pianico Sellere haben hingegen ein Alter über 42 000 Jahre (vgl. auch WELTEN u. OESCHGER). Die Diatomeen von Pianico hat W. RYTZ untersucht.

V. P. u. M. P. GRIČUK lieferten eine monographische Bearbeitung des eem- (mikulino-) interglazialen Vorkommens bei Pljos, wobei der Übergang zum Beginn der letzten Eiszeit deutlich hervortrat. Von ganz besonderem Interesse ist ein Pollendiagramm von DANILOVA auf Grund einer Untersuchung von Moor- und Seesedimenten aus dem Oberlaufgebiet der Svernaja Bodnja, etwa 110 km westlich Moskau, das allem Anschein nach die Entwicklung seit Beginn des letzten Interglazials bis in die Gegenwart ununterbrochen verzeichnet.

Weitere Beobachtungen zur Flora und Vegetation des Eem-Interglazials: JATAJKIN (Unterlauf der Kama bei Čistopol; Diagnose von *Marchantia kaveevi* (BARANOV) JAT.]; ČEBOTAREVA und LOPATNIKOV (Mittelrußland); MOSKVITIN (2; Mittellauf der Wolga). Während des Klimaoptimums des letzten Interglazials stockten noch an der Onega unter etwa 62°30′ bis 63°10′ nördl. Breite Eichenmisch-wälder (*Quercus* bis 21%, *Ulmus* bis 8%, *Carpinus* und *Tilia* mit nur wenigen Prozenten, *Corylus* bis 74%). Sie wurden später von Fichtenwäldern (bis 66%) abgelöst (DEVJATOVA). GORECKIJ glaubt, wie schon GROMOV, die Karangat-Phase des Schwarzen Meeres in das Mindel/Riß-Interglazial stellen zu müssen. Die mitgeteilten Beweise überzeugen jedoch nicht.

4. Die letzte Eiszeit und Späteiszeit in Europa

Über die immer noch sehr umstrittene Gliederung der letzten Eiszeit haben WOLDSTEDT (3), VAN DER HAMMEN (besonders nach der Fossiltemperaturkurve EMILIANIs), GROSS (7, 8) und NARR geschrieben. Da die „Göttweiger Schwankung" sowohl nach TAUBER, Kopenhagen, wie nach DE VRIES (1), Groningen, etwa von 53 000 oder 42 000 bis etwa 30 000 bis 28 000 v. Chr. nur ein kühl-kontinentales Klima gehabt haben dürfte, also wohl als „Interstadial" anzusehen ist, ist die vorangehende Kaltzeit, die ungefähr um 70 000 v. Chr. begonnen hat und das Eem-Interglazial abschließt, schon als Würm (W I) anzusehen und nicht als „Jung-Riß". Die großen Brandenburg-Frankfurt-Posener Moränenzüge (W II) standen sich zeitlich nahe, von der Mitte der ganzen Würmeiszeit erheblich gegen die Gegenwart verschoben. Unbekannt ist vor allem das Ausmaß des Eisrückzugs während des Göttweiger Interstadials, dessen Gleichaltrigkeit mit jenem von Brörup in Dänemark und Amersfoort in Holland auch noch nicht endgültig feststeht. Das letztgenannte soll nach HARING u. DE VRIES etwa 64000 Jahre alt sein. Gegenüber der Auffassung einer großen Einheitlichkeit der Würmeiszeit scheint sich also doch wieder mehr die einer stärkeren Gliederung durch Interstadiale im Sinne von SOERGEL (1919) durchzusetzen.

Über die Wirkungen des Glazialklimas sind weitere Untersuchungen in der Po-Ebene aufschlußreich. So konnten DUBOIS u. ZANGHERI (1, 2) die dortige Verarmung der Gehölzflora auf *Pinus* und wenig *Betula, Salix, Picea* und *Larix* bestätigen. Diesen „subarktischen" Vegetations- und Klimacharakter der Po-Ebene in der letzten Eiszeit weisen nach LONA auch die ältesten Ablagerungen eines Sees südlich der Euganeen auf. Hier schließen sich im Übergang zum Postglazial zunächst die Kurven von *Picea* und *Corylus*, der Eichenmischwald steigt bis auf 60% der Baumpollen, erst dann erscheinen auch *Abies* (bis 10%), *Fagus* (bis 20%) und *Castanea*. Hier gilt also immer noch die „mitteleuropäische Grundsukzession" RUDOLPHs. Ob in der Nähe vereinzelte Refugien mehr wärmeerfordernder Arten bestanden haben, bleibt aber offen.

Auch in einem von ŠERCELJ (3) veröffentlichten Diagramm aus Slovenien (Laibacher Moor?) enthalten die ältesten Schichten neben vorherrschenden *Pinus*-Pollen nur noch *Betula, Salix* und *Picea*. Von einer paläolithischen Station (Jama v Lazi bei Postojna) wurden auch Holzkohlen von *Fagus* gesammelt.

Einen Wechsel für feucht-kühl gehaltener Kaltzeiten mit vorherrschender *Pinus* und wärmeren Zeitabschnitten glauben DONNER u. KURTÉN in Sedimenten der Höhle Cueva del Toll bei Barcelona nachweisen zu können.

Unter fast 1000 Holzkohlen aus einem vermutlichen Interstadial in der Istállóskö-Höhle im Bükk-Gebirge fanden SÁRKÁNY u. STIEBER (2) vorherrschend *Larix* oder *Picea* und *Pinus cembra* sowie in mittleren Schichten Spuren von *Acer, Quercus* und *Fagus* (1 Stück!). Über Holzkohlen aus der Biwak-Höhle nordwestlich Budapest vgl. STIEBER in JÁNOSSY u. Mitarb., über solche von *Fraxinus* und *Tilia*, wohl aus dem Solutreen und Mousterien der Szelim-Höhle bei Budapest, SÁRKÁNY u. STIEBBER (1), über 6 Lößdecken mit fossilen Humusböden, in denen neben dem Eem-Interglazial offenbar auch das Göttweiger Interstadial erfaßt ist, dessen Molluskenfauna auf ein kalt-kontinentales Klima weist, vgl. LOŽEK u. KUKLA. Über ein Diluvial- und Alluvial-Profil bei Weißkirchen in Nordmähren vgl. LOŽEK, TYRAČEK u. FEYFAR, über eine Bachaue LOŽEK u. MACH.

Spätglazial. GODWIN u. WILLIS setzen ihre Bestrebungen fort, durch C^{14}-Datierungen (in Cambridge) zu einer gut begründeten Chronologie des britischen Spät- und Postglazials zu gelangen. Danach dauerte die Allerödzeit etwa von 10000—8800 v. Chr., die jüngere Tundrenzeit (III) von 8800—8300 v. Chr. Während III kam es in Schottland zum Eisvorstoß des "Highland Readvance", sonst nur noch zur Bildung kleiner Kargletscher, aber öfters zur Solifluktion.

Neue Funde von Letzt- und Spätglazialfloren ergaben zahlreiche interessante Bestimmungen. So hat GODWIN (1) bei Hartford östl. Huntingdon in einer spätglazialen Pionierflora neben Baumbirken *Linaria vulgaris, Onobrychis viciaefolia, Centaurea scabiosa, Origanum vulgare, Blysmus compressus* gefunden; in Liverpool [GODWIN (3)] u. a. *Linum anglicum, Solanum nigrum, Gentiana campestris, Jasione montana*, dazu

Arten oligotropher Seen. CONOLLY konnte aus der jüngeren Tundrenzeit Südschottlands Samen der heute arktisch-alpinen, auf den Britischen Inseln nicht mehr vorhandenen Sektion *Scapiflorae* von *Papaver* nachweisen. Von der Isle of Man meldet MITCHELL (1) Reste des zirkumarktischen Krebses Lepidurus arcticus. SMITH (3) hat in Seeablagerungen des Lake-District Arten der spätglazialen Pionier-Flora bis ins Boreal und Atlanticum verfolgen können. Hier scheint das Alleröd (II) durch einen vorübergehenden Waldrückgang geteilt zu sein. In III gab es noch Solifluktion, an der Wende III/IV ein auffallendes *Juniperus*-Maximum.

FLORSCHÜTZ (7) konnte in Sanden der letzten Eiszeit bei Amsterdam neben *Dryas octopetala, Salix herbacea* usw. auch Arten glazialer „Steppen" und „Salzsümpfe" nachweisen, wie *Androsace septentrionalis, Biscutella* cf. *laevigata, Corispermum* sp., *Blysmus rufus, Linum perenne, Euphorbia segueriana.*

Das vulkanisch entstandene Hinkelsmaar in der Eifel ist nach STRAKA (2) noch etwas älter als die jüngere Tundrenzeit. Die sonst so ausgeprägte Sukzession *Artemisia — Gramineae — Salix* ist in diesem Maar wohl wegen der geringen Ausdehnung der hier entstandenen vulkanischen Böden nicht nachweisbar. STRAKA fand dabei zum zweiten Mal ein Pollenkorn von *Nymphoides peltata.* Eine neuerliche Prüfung der allerödzeitlichen Flora der Laacher Bimstuffe in der Eifel verdankt man SCHWEITZER. Die Angaben von *Acer pseudoplatanus* oder *Viburnum opulus,* ebenso von *Rhamnus cathartica* werden nicht bestätigt, *Galium boreale* kommt hinzu. Hölzer im Tuff ergaben nach DE VRIES ein Alter von 11085 $\pm$ 90 bzw. 10680 $\pm$ 85 Jahre. MULLENDERS, GULLENTOPS u. CREVECOEUR weisen ein *Betula*-Holz von Lommel in Belgien nach C[14] der Böllingzeit zu. Zwei weitere Datierungen stützen diese Zuordnung (MULLENDERS u. CREVECOEUR).

J. ERBE (mit H. MÜLLER u. H. SCHNEEKLOTH) hat im Emsland die spätglazialen Böden weithin verfolgt: Flugsanddecken, besonders aus den kälterenPhasen (I a, c, III), Torflager mehrfach aus der Allerödzeit (II), gegen Ende mit Holzkohlenschichten, die wohl dem „Usselo-Horizont" in Holland entsprechen. Daß diese mesolithischen Schichten aus der Allerödzeit stammen, bestätigt auch eine C[14]-Bestimmung: 8930 $\pm$ 130 v. Chr. Hohe Pollenanteile von *Epilobium* cf. *angustifolium* dürften eine Folge der damaligen Waldbrände sein.

DIETZ, GRAHLE u. H. MÜLLER fanden im Seckbruch beï Hannover Böllingschwankung (I b) und Alleröd (II, mit Laacher Tuff) sehr gut ausgeprägt. In I c wurde neben *Ephedra* cf. *distachya* auch ein Pollenkorn von *Centaurea cyanus* gefunden. Algen und Mollusken, die auf Klimaveränderungen offenbar rascher reagieren als Bäume, wurden ebenfalls berücksichtigt. Nach einer sehr wahrscheinlichen Jahresschichtung des Sediments dürfte die jüngere Tundrenzeit auch hier nur einige Jahrhunderte gedauert haben. Pollen von *Centaurea cyanus,* den im holsteinischen Spätglazial schon AVERDIECK feststellen konnte, hat SCHMITZ hier noch im Postglazial vor dem Auftreten von Getreidetypen unter den Gramineen-Pollen gefunden. Er hält eine Überdauerung der Art an Seekliffen während der Zeiten dichter Waldbedeckung vor der Einführung des Getreidebaus für wahrscheinlich.

Ein sehr anregendes Beispiel für den Wert der Heranziehung kritisch bestimmter Cladoceren-Reste in limnischen Sedimenten hat FREY aus Wallensen im Hils veröffentlicht. Schon die Artenzahlen spiegeln sehr schön die wechselnde Gunst des Standorts: Ältere Tundrenzeit 3, Allerödzeit 18, jüngere Tundrenzeit 16, Vorwärmezeit 10 Arten. Der Beginn der Allerödzeit lag nach T. NILSSON (2) an der bekannten Fundstelle von Toppelladugård bei Lund um 10040 $\pm$ 200 v. Chr., eine etwas jüngere Probe ergab 9940 $\pm$ 180 v. Chr.

Wie schwierig die Theorie von der letztglazialen Überdauerung von Pflanzen entlang der norwegischen Westküste (Lofoten, Vesteraalen) zu belegen ist, erörtern nochmals BERGSTRÖM, HOPPE, ERDTMAN u. LUNDHOLM; besonders wenn man sogar mit einem Überdauern von Bäumen und Wäldern rechnet oder mit VALENTIN mit einem Zusammenhang des fennoskandischen Eises mit dem britischen. LUNDHOLM verweist auf die damals landfeste südliche Nordsee als mögliches Refugium. Nach TYNNI dürfte *Ephedra* cf. *distachya* in Finnland in der jüngeren Tundrenzeit in der damaligen Küstenzone vorgekommen sein.

In 5 Verlandungsmooren im südöstlichen Mecklenburg hat H. M. MÜLLER, von J. FRECHEN bestätigt, den allerödzeitlichen Laacher Bimstuff gefunden. Danach gedieh dort in der Allerödzeit schon eine waldreiche Vegetation mit viel *Pinus* und *Betula*. Von Ostrau in Nordmähren gibt KNEBLOVA (1, 2,) aus einer wohl jungpleistozänen Glazialflora Pollen von *Betula humilis* und *nana* (?) sowie von *Ephedra* cf. *distachya*, *Empetrum* und *Armeria* an.

SZAFER (1) hat mit KOPEROVA im Becken von Nowy Targ (Neumarkt, Nordkarpaten) eine weitgehend vollständige spätglaziale Schichtenfolge erfaßt. Ihre Datierung wird durch eine C^{14}-Bestimmung aus Kopenhagen für den älteren Teil der jüngeren Tundrenzeit: 8810 $\pm$ 200 v. Chr. gestützt. Während der Tundrenzeiten (I a, I c, III) war das Gebiet noch weitgehend waldlos. In der Böllingzeit (I b) kam es zu einer Ausbreitung von *Betula*, *Pinus cembra*, *Larix decidua*, *Populus tremula* (?). Während der Allerödzeit (II) herrschten Wälder von *Pinus*, *Betula* und *Picea* (bis 12 %), daneben finden sich noch geringe Pollenanteile von *Alnus*, *Corylus*, *Tilia*, *Ulmus*, *Abies*, *Fagus*. Wenn es sich nicht um Sekundärpollen handelt, sind diese Funde für die Frage nach der Lage der nächsten Eiszeitrefugien von Interesse.

In den Alpen, deren Glazialflora noch wenig bearbeitet ist, hat HÖHN-OCHSNER bei Wädenswil (Schweiz) eine solche mit *Dryas*, *Betula nana*, *Salix retusa*, *S. reticulata*, *S. herbacea* u. a. gefunden. Über die mögliche Bildung von Kalksinter auch oberhalb der alpinen Waldgrenze vgl. HUCKRIEDE u. JACOBSHAGEN. Nach WELTEN u. OESCHGER fallen der Allerödzeit gleichgesetzte Ablagerungen in Murifeld bei Bern (560 m) und in Chutti bei Boltigen (925 m) zwischen 10000—9000 v. Chr. (C^{14}-Datierung Bern).

Auch im europäischen Teil der UdSSR bleibt die Gliederung der letzten Eiszeit noch immer in wesentlichen Punkten unklar. In DANILOVAs Profil, das anscheinend die gesamte Zeit seit Beginn des letzten Interglazials umfaßt, werden die letzteiszeitlichen Sedimente durch annähernd konstante, hohe *Betula*-Werte (80—90 %) gekennzeichnet. Wahrscheinlich handelt es sich um *Betula nana* und *B. tortuosa*, da nach SUKAČEV u. Mitarb. sowie nach ČEBOTAREVA die letzte Eiszeit in diesem Gebiet, wie auch am Mittel- und Unterlauf der Wolga [(MOSKVITIN (2); VASIL'EV (1, 2)] mit heftigen Solifluktionserscheinungen verbunden war, so daß hier wohl nur arktische und subarktische Pflanzengesellschaften gedeihen konnten, von denen die bei Moskau neu entdeckten Makrofossilien (*Salix herbacea*, *S. polaris*, *Betula* cf. *tortuosa*, *Draba* cf. *incana*, *Alyssum* sp.; SUKAČEV u. Mitarb.) künden. Nach diesen Verfassern scheint auf die Phase der letzteiszeitlichen Zwergstrauchtundren eine solche der *Artemisia-Chenopodiaceen*-Steppen gefolgt zu sein, während der allerdings an geeigneten Standorten noch Tundren-Gesellschaften und Fichtenhaine — Zapfenfunde von *Picea obovata!* — gediehen.

DANILOVAs Profil weist in den letzteiszeitlichen Sedimenten zwei Nichtbaumpollenmaxima auf, die durch ein Baumpollenmaximum voneinander getrennt sind, wobei das jüngere Nichtbaumpollenmaximum etwa drei mal so stark ist wie das ältere. Ob das Baumpollenmaximum mit dem Göttweiger Interstadial bzw. dem Mologo-Šekšinsker-Interstadial [MOSKVITIN (2)] gleichgesetzt werden kann, kann nicht entschieden werden, zumal das letztgenannte Interstadial selbst recht problematisch zu sein scheint. Denn es soll nach Moskvitin (2) zwischen die erste und zweite Chvalyn-Transgression des Kaspi-Sees, also sicher in die letzte Eiszeit fallen, aber an der mittleren Wolga (bei Kajbela) zu einer starken Bewaldung geführt haben: *Pinus* bis 48,5%, *Alnus* bis 22,5%, *Betula* bis 14,5%, *Quercus* 4,5%, *Tilia* 1—10%, *Ulmus* 0,5%, *Corylus* bis 25%, Nichtbaumpollen 4—7%. Solche Werte sind in dem genannten Gebiet selbst für die postglaziale Wärmezeit höchst ungewöhnlich, erst recht für ein letzteiszeitliches Interstadial. Wahrscheinlich gehören sie dem Eem-Interglazial an. Aus einem letzteiszeitlichen Interstadial stammen jedoch möglicherweise die Pollenfloren, die ebenfalls im Gebiet des Mittellaufes der Wolga beobachtet worden sind (Unterlauf der Kama bei Tabaevo; an den Bol'šie-Bachty bei Ivanevo in einem fossilen Boden) und von Moskvitin (2) gleichfalls in das Mologo-Šekšinsker-Interstadial (von ihm allerdings als Interglazial angesehen) gestellt wurden: Oberhalb der Sedimente einer Kältesteppenzeit, in der es zu heftigen Solifluktionserscheinungen kam und anscheinend unterhalb der mit der unterchvalynen Transgression gleich alten Sedimente stehen hier Schichten mit weit mehr Baumpollen als Nichtbaumpollen an. Unter den Baumpollen überwiegen *Pinus* (bis 83%), *Betula* (bis 53%), *Picea* (10—27%) und *Tilia* (bis 7%). Diese Wälder ähnelten offenbar sehr der von Gričuk (1) vom Nordufer des letzteiszeitlichen Kaspi-Sees beschriebenen Taiga. Es erscheint denkbar, daß gleichzeitig in der Ukraine (am Chopjor) die von Lopatnikov erwähnten Taiga-Haine entlang den Flüssen stockten; sie dürften allerdings ein wesentlich geringeres Areal in der alles beherrschenden Artemisia-Chenopodiaceen-Steppe eingenommen haben, als Lopatnikov vermutet.

Artjušenko versucht ein Bild der allerödzeitlichen Vegetation Osteuropas zu entwerfen, das leider infolge falscher Parallelisierungen den Tatsachen kaum entsprechen kann. Hier, wie in den Arbeiten von Danilova und Lisicyna und Sukačev geht es besonders um die Periode der „unteren Fichte", deren Datierung und Synchronisierung eines der wesentlichsten Probleme des osteuropäischen Spätglazials ist.

5. Die Nacheiszeit in Europa

Die Arbeiten spiegeln vor allem die Fortschritte, die durch C[14]-Datierungen in schon früher untersuchten Gebieten erreicht worden sind.

So erfolgte in Irland nach Mitchell (3) die Massenausbreitung von *Alnus* um 5725 ± 110 v. Chr. Der *Ulmus*-Rückgang, den auch Mitchell auf Laubfütterung zurückführt, begann zwischen 3900 ± 300 und 2195 ± 70 v. Chr. Für das *Quercus*-Maximum wurden 1630 ± 95 und 1440 ± 170 v. Chr. gefunden, für das fast völlige Verschwinden von *Ulmus* 365 ± 35 und 980 ± 80 n. Chr. gefunden.

A. G. Smith (1) fand im Pollen neolithischer Gruben bei Knockiveagh Co. Down (N. Irland), *Plantago*-Anteile von 13—23%, die für einen schon damals beträchtlichen Waldrückgang sprechen. Über Moore an der Humber-Mündung mit 4 nachweisbaren Versumpfungs-Perioden vgl. Smith (2). *Fagus*-Pollen ist hier seit dem Beginn des Subatlanticums, etwa seit 400 v. Chr., regelmäßig zu finden, während nach Smith (4) die geschlossene *Fagus*-Kurve in britisch-römischer Zeit beginnt. Walker beschreibt eine offenbar ungestörte Mudde aus dem Spalt eines Findlings, McVean die nacheiszeitliche Ausbreitung von *Alnus glutinosa* auf den Britischen Inseln.

In Belgien hat Munaut südlich Louvain 2 podsolierte Böden untersucht. Die Diagramme lassen sich im Anschluß an Dimbledy auf eine ± synchrone Perkolation des Pollens und auf die Bildung von Eichen-Birken-Wäldern aus einem *Fagus*-reichen, saueren Querceto-Carpinetum bzw. die Degradation zu *Calluna*-Heiden und schließlich zu *Pinus*-Forsten zurückzuführen. Aus der Normandie, der Gegend nahe Caën und nahe der Seine-Mündung hat Elhai 2 sehr interessante Pollendiagramme mitgeteilt. Im Spätglazial scheint innerhalb einer Kiefernzeit die Allerödschwankung erfaßt zu sein (mit *Ephedra* cf. *distachya, Allosorus crispus*). Es folgt ein *Corylus*-Gipfel (120%), eine Eichenmischwaldzeit (mit Spuren von *Fagus, Quercus, Ilex, Hedera, Vitis*). Nach dem häufigeren Auftreten von Siedlungszeigern steigt *Fagus* bis 61%, während *Pinus* bis zum Verschwinden zurückgeht. *Abies alba* tritt nur in Spuren auf, nichts spricht für das umstrittene Indigenat der Weißtanne in diesem Gebiet.

Holland. Es liegen viele wichtige C^{14}-Datierungen vor. Bei der Erörterung von Pollendiagrammen aus Drenthe hält auch VAN ZEIST (3) Laubfütterung für die Ursache des über weite Gebiete, von der Schweiz bis Nordwestdeutschland und Dänemark offenbar annähernd synchronen *Ulmus*-Abfalls (um 3000 v. Chr.). Aus der Bronzezeit stammen 2 Pollenfunde von *Vitis*. Die Ausbreitung von *Fagus* ist hier wohl, durch eine Zunahme der Niederschläge gefördert, erst im Subatlanticum auf Kosten der Eiche erfolgt, das relative Maximum fällt erst in die jüngere Nachwärmezeit. In Drenthe hat VAN ZEIST (2) auch weitere C^{14}-Datierungen gewonnen: Beginn etwas höherer *Carpinus*-Werte in geschlossener Kurve 70 ± 70 v. Chr.; eine Probe kurz vor dem *Carpinus*-Maximum: um 515 ± 40 n. Chr. Größte relative Häufigkeit von *Hedera*: zwischen 3000—1500 v. Chr.

Über C^{14}-Werte zur Altersbestimmung der prähistorischen Kulturen Hollands vgl. auch WATERBOLK (2), über die Besiedlung der niederländischen Marschen WATERBOLK (1). An Ablagerungen am Alten Rhein bei Leiden macht WIELAND-LOS eine Pollenzuschwemmung durch Flußwasser wahrscheinlich.

Im Friezenveen (Overijssel) fällt nach FLORSCHÜTZ (3) ein bisher als „Grenzhorizont" angesehener Schwarz-Weißtorf-Kontakt in die Zeit um 1550 ± 140 v. Chr., der *Fagus*-Anstieg um 570 n. Chr. Eisenzeitliche Funde nordwestlich Amsterdam aus dem 2. und dem Beginn des 3. Jahrhunderts n. Chr. weisen 3—4% *Fagus* und 0,2—0,3 *Carpinus* auf [VAN ZEIST (2)]. Nach VAN ZEIST (1) fällt bei Bargercompascuum ein deutlicher *Carpinus*-Anstieg in die Zeit um 17 ± 70 v. Chr., ein jüngerer um 515 ± 40 n. Chr., eine starke Zunahme des *Secale*-Pollentyps um 725 n. Chr. BEEX u. WATERBOLK fanden unmittelbar unter 2 neolithischen Grabhügeln (nach DE VRIES etwa von 2000 ± 150 v. Chr.) noch wenig *Calluna* und 0,1—0,8% *Fagus*. Über sehr hohe *Salix*-Werte in Ablagerungen eines Altwassers in der Prov. Limburg vgl. VERHOEFF.

Nordeuropäische Länder. Das Kambrosilur-Gebiet Västergötland, eine schon in vorgeschichtlicher Zeit reich besiedelte, in der vorrömischen Eisenzeit verarmte Landschaft hat M. FRIES (2) sehr gründlich untersucht. Der *Ulmus*-Abfall (VII/VIII) wird mit C^{14} auf 3330 ± 110 und 3630 ± 110 v. Chr. datiert, die Grenze VIII/IX auf 1340 ± 110 v. Chr. Mit Beginn des Neolithicums werden die Kulturzeiger zahlreich, Getreidepollen cf. *Hordeum* und *Triticum* treten auf, *Plantago* fehlt noch fast ganz und wird erst in der Mitte von VIII regelmäßig gefunden, *Secale* ist erst in der Eisenzeit nachweisbar. Eine Zunahme von *Juniperus* wird auf einen Waldrückgang zurückgeführt, der Beginn der *Picea*-Ausbreitung wird um 300—400 n. Chr. angesetzt. In solchen Proben sind auch *Cannabis*- und *Humulus*-Pollen häufig. Von einem 475 m hoch gelegenen *Corylus*-Fund aus dem Ende der mittleren Wärmezeit berichtet M. FRIES (1), über fossile Haselnüsse aus Mittelfinnland nördlich der heutigen Nordgrenze VALOVIRTA. T. NILSSON (1) datierte einen Einbaum aus der Zeit um 400 n. Chr. Nach NILSSON (2) stammen Kiefernreste vom Grunde der Ostsee vor Käseberga aus der Zeit um 7375 ± ± 120 v. Chr. Der kräftige *Picea*-Anstieg fällt in Nordschweden in die Zeit um 1000 v. Chr., in Mittelschweden erst um 200—500 v. Chr. OLAUSSEN bringt in seiner Monographie des südschwedischen Hochmoors Roshultsmyren auch ein Standard-Pollendiagramm. Hier wurden aus der Wärmezeit die ersten schwedischen Pollenfunde von *Ilex* gemacht.

In Südwestjütland hat IVERSEN (1) den heute noch *Tilia*-reichen „Urwald" Draved untersucht, der ehemals als Waldweide genutzt, danach wieder sich selbst überlassen worden ist. Die Nichtbaumpollen spiegeln den Wandel der Krautschicht. JØRGENSEN untersuchte eine Moorleiche aus der frührömischen Eisenzeit im Amt Viborg. Damals waren bereits Torfstiche vorhanden. *Secale* wurde angebaut. *Fagus* ist spärlich.

Deutschland. AVERDIECK u. MÜNNICH haben 6 sehr eingehend gezählte Diagramme aus dem Wittmoor bei Hamburg veröffentlicht, in der späten Wärmezeit und der Nachwärmezeit 18 synchrone Leithorizonte aufgestellt, mit Hilfe von 9 C^{14}-Bestimmungen datiert und mit der hier sehr gut bekannten ur- und frühgeschichtlichen Besiedlung verglichen. Für die Sachsenzeit (500—750 n. Chr.) wird ein sehr starker Siedlungsrückgang verzeichnet. ALETSEE (1, 2) erörtert an

Hand neuer Diagramme aus dem nördlichen Holstein die Korrekturen, die an der bisherigen Datierung der nordwestdeutschen Diagramme nach C^{14}-Bestimmungen nötig sind. Vor allem muß der Beginn des Abschnittes XI von OVERBECK, des älteren Subatlanticums also, erst mit 100 v. Chr. bis 100 n. Chr. angesetzt werden. Der *Ulmus*-Abfall scheint nicht überall synchron zu sein, der Beginn des *Carpinus*-Anstiegs liegt etwa um Christi Geburt, kann aber im nördlichen Holstein bis in die 2. Hälfte des 1. nachchristlichen Jahrtausends verschoben sein u. a.

AVERDIECK hat auch von 6 im Osten Hamburgs gelegenen, der Vernichtung ausgesetzten Mooren 2 besonders sorgfältig pollenanalytisch bearbeitet (in der älteren Tundrenzeit Funde von *Betula nana*). JANKUHN (2) hat von prähistorischer Seite über Moorfunde geschrieben, anläßlich eines Moorleichenfundes bei Windeby in Schleswig (3) weitere Belege für eisenzeitliche Torfgewinnung beigebracht; auch eine Abhandlung über Ackerfluren der Eisenzeit (1) mit Pollenanalysen von SCHMITZ ist nachzutragen.

Von H. HAYEN stammen (1, 3) eine reichhaltige Monographie der nordwestdeutschen Moorwege, besonders ihrer Bautechnik, eine Datierung des Fundes eines menschlichen Unterschenkels im Lengener Moor (5), eine Mitteilung über Moorwege im Ipweger Moor (2), wobei *Pinus*-Holz noch aus der Eisenzeit angeführt wird, eine weitere über neue und bereits bekannte Moorleichen des Emslands (4) und über die Arbeitsweise von Alten's bei der Untersuchung der Bohlwege (6). In einem kleinen Moor im Kreis Aschendorf im Emsland fällt nach SELLE (2) das *Fagus*-Maximum (28,7%) erst in den Beginn der historischen Besiedlung. Zwischen der Eisenzeit und wohl dem 11. und 12. Jahrhundert ist ein deutlicher Siedlungsrückgang nachweisbar. PFAFFENBERG (1) berichtet über urgeschichtliche Moorfunde im Landkreis Sulingen, (2) über einen Eibenholzpfeil aus dem Kreis Diepholz, (3) über eine Moorleiche wohl der jüngeren Eisenzeit im Lengener Moor.

Hierher weiterhin: BURRICHTER u. HAMBLOCK (frühmittelalterliche Siedlungslandschaft um Münster in Westfalen); OVERBECK (4; Rekurrenzflächen, vgl. Fortschr. Bot. **20**, 91); BADEN u. GROSSE-BRAUCKMANN (1, 2; Moorexkursionsführer für das Land zwischen Unterweser und Unterelbe); BADEN (Moorkundliche Begriffe C. A. WEBERs); KÖNIG (Diatomeen der Wurt Tofting); NIETSCH (Wesermarsch bei Bremen); KLIEWE (Küstenverschiebungen im Gebiet der Odermündung).

HESMER (Wald- und Forstwirtschaft in Westfalen). KLIX u. KRAUSCH (*Fagus* in der Niederlausitz). SCAMONI (Natürliche Kiefernwälder in der Mark Brandenburg). RUBNER (2; Natürliche Vorkommen von *Pinus silvestris* in der Deutschen Bundesrepublik; 1. Nordostbayerische Höhenkiefer).

15000 Holzkohlen, wohl meist von Brennholz, aus neolithischen und jüngeren Siedlungen bei Wahlitz nordöstlich Magdeburg, in einem der Elbaue nahen Dünengelände stammen nach FUKAREK weitaus vorwiegend von *Pinus* und *Quercus*. Eine Mooruntersuchung bei Wermsdorf, Kreis Leipzig, bringt Angaben über das ursprüngliche Vorkommen von *Picea* und *Abies* [JACOB (1)].

v. MINCKWITZ (Archivalische Untersuchungen im Thüringer Wald. Ende des 16. Jahrhunderts in den höchsten Lagen reine Fichtenwälder bereits vorhanden). Über natürliche Vorkommen von *Pinus silvestris* im Mainviereck vgl. JÄGER, über *Fagus* im Steigerwald ZEIDLER.

FIRBAS, MÜNNICH u. WITTKE: C^{14}-Datierungen im Fichtelgebirge (vgl. Fortschr. Bot. **20**, 93). Beginn der geschlossenen *Picea*-Kurve älter als 5300 v. Chr. Beginn der geschlossenen *Fagus*-Kurve um 3900 v. Chr., des stetigen *Fagus*-Anstiegs um 3150 v. Chr., der Massenausbreitung von *Fagus* und *Abies* vor 1380—1170 v. Chr., das *Carpinus*-Maximum jünger als 330—385 n. Chr. Untere Holzhorizonte aus der Zeit um 5300 v. Chr. sowie 3900—3140 v. Chr., bisher als „Grenzhorizont" angesehene Kontaktzone um 1380—1170 v. Chr., jüngste Recurrenzfläche um 330—385 n. Chr. noch vor dem Beginn der geschlossenen Getreidekurve. Das sehr verschiedene Alter der Baumstämme am Grunde des Moores erklärt, warum WITTKE sie dendrochronologisch nicht zuverlässig verknüpfen konnte.

Hierher auch: JACOB (2; Postglaziale Waldgeschichte des Waldgebiets um die Forstliche Fakultät Tharandt in Sachsen); GROSS (5; von Lehm überdecktes Torflager bei Hainichen in Sachsen); JACOB (3; in Südthüringen unter Grabhügeln der Hügelgräberbronzezeit 15—25% *Fagus*-Pollen); STECKHAN (Reste von *Fagus* und Pollen cf. *Secale* in einer römerzeitlichen Flora bei Butzbach in Hessen).

FRITZ: [Unter früh-latènezeitlichen Holzkohlen von Eisenschmelzen im Giebelwald (527 m, Rheinisch-Westfälisches Schiefergebirge) vorwiegend *Quercus* und *Betula*, wohl Stangenholz, *Fagus* und *Carpinus* sehr selten]. FEUCHT (1,2; Archivalische Studien über Ausbreitung und ursprüngliches Vorkommen von *Picea* und *Pinus mugo* im Nordschwarzwald). G. LANG [Untersuchung der Ausbreitung der Nadelhölzer um den Schurmsee im Nordschwarzwald (795 m) auch an Hand der Nadeln. 243 Nadeln von *Pinus silvestris* seit dem Boreal, solche von *Picea* seit der älteren Nachwärmezeit (IX), aber noch deutlich vor dem Anstieg der Pollenkurve in X b, Nadeln von *Abies* seit dem jüngeren Teil der mittleren Wärmezeit (VII). Nachweis von *Isoëtes lacustris* und *I. tenella* sowie von *Sparganium angustifolium*, die heute im Nordschwarzwald fehlen].

SEITZ (1, 2) hat im Kalktuff von Wittislingen (vgl. Fortschr. Bot. **15**, 136) durch urgeschichtliche Funde den postglazialen Verlauf der Grundwasserkurve noch weiter gliedern können.

Nördliches Alpenvorland. v. HORNSTEINs Buch „Wald und Mensch" ist in 2. Auflage erschienen. HAUFF bringt neue Beispiele für die Verwendung der Pollenanalyse in Ablagerungen aus den letzten Jahrhunderten. Von H. LANGER stammt (1, 2) eine Darstellung der Waldentwicklung zwischen unterer Ill und unterem Lech, u. a. mit Feststellungen der ursprünglichen *Abies*-Grenze; (3) Eine Zusammenfassung über die ursprüngliche Verbreitung von *Picea* im gleichen Gebiet; (4) Eine Untersuchung über den Waldwandel in der weiteren Umgebung Augsburgs sowie am Grünten im Allgäu (5).

Im Schweizer Mittelland und den Alpen haben C^{14}-Bestimmungen, aber auch die Erweiterung der Bestimmungen von Nichtbaumpollen zu wesentlichen Fortschritten geführt.

So hat nach den von WELTEN u. OESCHGER mitgeteilten Daten der boreale *Corylus*-Anstieg etwa um 6000 v. Chr., die starke *Abies*-Ausbreitung im Wallis um 4000 v. Chr., die starke *Picea*-Ausbreitung im Simmental um 3400 v. Chr., im Wallis um 1200 v. Chr. stattgefunden. Nach 25 Radiocarbonbestimmungen hat WELTEN (2) die Pollendiagramme längs eines Schnittes durch die Berner Alpen so dargestellt, daß die relative Pollenhäufigkeit jeder Art nach Lage und Höhe des Gebiets von Jahrtausend zu Jahrtausend rasch überblickt werden kann. *Larix* spielt erst seit dem Boreal eine Rolle (bei Grächen im Wallis bis zu 40% des Pollens), die Vorherrschaft von *Abies* in der montanen Nebelstufe besteht seit 4000 v. Chr. Bis zu dieser Zeit scheinen noch Rückzugsstadien des Aletschgletschers zu reichen. Die wärmezeitliche Erhöhung der Waldgrenze wird auf + 200 m gegenüber heute geschätzt. Ein Moor in den Waadländer Alpen bei 1930 m, etwas oberhalb der heutigen, eine mächtige Fichtenstufe abschließenden Waldgrenze, haben P. u. M. VILLARETv. ROCHOW untersucht. Es wurden, wie in der folgenden Arbeit ZOLLERs, viele Funde von bestimmbaren Nichtbaumpollen gemacht. Gegenüber den Südalpen ist der Ausbreitungsbeginn vieler Holzarten weit mehr gestaffelt, so daß die mitteleuropäischen Pollenzonen zur Gliederung benützt werden können, bis auch C^{14}-Bestimmungen vorhanden sein werden.

Schließlich hat ZOLLER (2) ein 1450 m hoch gelegenes Verlandungsmoor im Unteren Misox in der Südschweiz untersucht. Hier wurde *Abies* schon etwa 5000 v. Chr. häufig, die geschlossene *Fagus*-Kurve setzt etwa 3500 v. Chr. ein, kräuterreiche *Abies*-Wälder gingen noch in VII in *Picea*-Wälder mit sehr viel *Alnus viridis* über. Während *Ostrya*-Pollen frühzeitig auftritt, wohl durch natürliche Zuwanderung, wurde solcher von *Castanea* und *Juglans* erst in der Nachwärmezeit, dann aber sehr häufig gefunden (vorher fehlt er unter 50 000 Pollenkörnern!). Das spricht für eine Einführung durch den Menschen. An anderer Stelle (1) teilt Zoller aus demselben Moor Pollenfunde von *Stratiotes* aus der mittleren und späten Wärmezeit mit. Die Art fehlt heute in den Alpen!

Welten (1) hat außerdem humose Böden von der Schynige-Platte (1900 m) untersucht und hier ebenfalls viele Gattungen oder Arten bestimmt. Die Diagramme lassen 3 Abschnitte erkennen: I etwa 6000 bis 4000 oder 3500 v. Chr., u. a. mit sehr viel *Ephedra*-Pollen (3 Arten?). II ein *Alnus*-reicher Abschnitt, bis etwa 1000 n. Chr., dann III, mit viel Pollen von Siedlungszeigern bis zur Gegenwart. Bei der Bodenbildung spielten wohl seitlicher Auftrag und vertikale Verfrachtung (Regenwürmer u. a.) eine entscheidende Rolle. Die Waldgrenze soll im Postglazial wegen der langsamen Bodenreifung bis zum Subboreal kaum höher gelegen haben als heute, beim Höherrücken des Waldes dürfte das *Alnetum viridis* ein Sukzessionsstadium gebildet haben.

Hierzu noch: Höhn-Ochsner; Monographie eines Verlandungsflachmoors bei Wädenswil am Züricher See. U. a. Diatomeen-Analysen. Matthey: Sehr eingehendes Pollendiagramm von Saint Blaix am Fuß des Neuenburger Jura. Müller-Schiltwald: Schwer zu deutende Pollenuntersuchungen im Löß, u. a. bei Rheinfelden/Aargau. Oberli: 130 Stämme eines durch Erdrutsch vor etwa 3000—3500 Jahren (C[14]) verschütteten Waldes bei St. Gallen gehören zu *Abies*, *Picea*, *Fraxinus*, *Fagus*; außerdem Nachweis von *Viscum*.

Südalpen. Bertolani-Marchetti (1): Im Pollengehalt eines kleinen Moores am Mte Capio, Valsesia/Piemont, erscheint *Fagus* sehr viel später als *Pinus*, *Picea*, *Abies* und die Bäume des Eichenmischwalds. Über das Postglazial am Fuß der Euganeen vgl. Lona, S. 97. Gams (3) gibt einen Überblick über den Vegetationscharakter und die Entstehung der Alpen-Moore und führt (4) einen neuen Moortyp ein, die „Staumäandermoore‘‘, d. h. Vermoorungen der Talböden oberhalb der Waldgrenze mit mäandrierenden, verschiedenaltrigen, in der Nachwärmezeit durch Gletschervorstöße oder Schuttmuren oft für kurze Zeit aufgestauten Bachläufen. (Vgl. dazu die „Riedmöser‘‘ H. Schreibers!)

Böhmen, Mähren, Slowakei. Prošek (u. Kneblová) untersuchten Holzkohlen in prähistorisch datierbaren Sedimenten der Dreiochsenhöhle bei Beraun in Innerböhmen. Unter diesen Holzkohlen herrschen *Quercus*, *Pinus* und *Ulmus*. *Picea* tritt erst postneolithisch auf, *Carpinus* frühestens in der Eisenzeit, *Fagus* fehlt fast ganz. In wahrscheinlich borealen und atlantischen Schichten fand sich eine Waldfauna. Nach Málek war *Picea* auf der Böhmisch-Mährischen Höhe seit dem 16. Jahrhundert in feuchten Senken verbreitet. Dohnal (2) hat einige Flachmoore am Fuß des Riesengebirges und in Nordböhmen untersucht, außerdem (1) das Borkowitzer Moor. Ložek (2): Nachweise einer frühsubatlantischen starken Hangabtragung im südslowakischen Karst. Kneblová u. Krippel: Pflanzenreste von zwei Höhlen am Fuß der Niederen Tatra.

Polen. Oszast glaubt bei Dobrzyń an der Weichsel schon im Alleröd bis 10% Pollen von *Quercus*, *Ulmus*, *Tilia*, bis 31% von *Alnus* nachweisen zu können (ob nicht Sekundärpollen?). Für das Subboreal wird auch schon *Fagopyrum* angeführt. Dyakovska zeigt an einem Moor am Fuß der Pieninen ein Beispiel für die auch in Polen mögliche Verknüpfung der Waldgeschichte mit der Siedlungs- und Wirtschaftsgeschichte.

Rumänien. Pop u. Ciobanu (1) haben ein Moor vom Südabfall der Ostkarpaten bei Bisoca in 850—900 m Höhe, heute in der *Fagus*-Stufe, und ein weiteres innerhalb des Karpatenbogens (Comandau-Mohos), bei 1017 m, heute in der Fichtenstufe, untersucht. Die aus Rumänien bekannte Dominanzfolge *Pinus-Picea*-Eichenmischwald-*Carpinus-Fagus* ist an beiden Orten vorhanden. Doch ist in Bisoca *Carpinus* schon seit Beginn der Eichenmischwaldzeit da und erreicht später 45%, was auf eine Einwanderung von Süden zurückgeführt wird. Beide Verf. (2) konnten außerdem feststellen, daß die bis 18 m dicken Eismassen in der Eisgrotte Scarisoara, in den östlichsten Karpaten, aus der Buchenzeit stammen, vielleicht eine Folge der subatlantischen Klimaverschlechterung. Pop (3) hat weiterhin 2 Diagramme aus den rumänischen Tieflagen mitgeteilt. Eines aus der Nähe der Kleinen Walachei zwischen Karpaten und Balkan, wo *Carpinus*, *Abies* und *Fagus* im älteren Postglazial noch fehlen oder nur in Spuren auftreten und *Carpinus* erst später bis 13%, *Fagus* bis 25% erreicht; und ein weiteres nahe Baia Mare im nordöstlichen Teil der Theiß-Niederung, in dem eine ursprüngliche Pollendominanz von *Pinus* und *Picea* für präboreal angesehen wird, während der sehr spärlich auch schon *Abies*, *Fagus*, *Carpinus* u. a. gefunden worden sind — Bausteine auf dem schwierigen Wege zur Klärung der Refugien-Frage.

Nachzutragen ist Pop (1): Über oligo- und eutrophe Moore Rumäniens. Ciobanu (1): Untersuchung eines Moores in den Südkarpaten (Rumän. Banat). Am Grunde in einer Kiefernzeit treten bereits Spuren von *Picea*, *Corylus*, *Quercus*, *Tilia*, *Ulmus* und *Carpinus* auf, denen *Fagus (orientalis?)* und *Abies* sehr bald folgen. Ciobanu (2) bestätigt die älteren Ergebnisse Peterschilkas aus dem Moor von Mluha (mittleres siebenbürgisches Erzgebirge).

Ungarn. Soó hat neuerlich einen Überblick über die Vegetationsentwicklung Ungarns gegeben. Danach soll besonders das Alföld im Spätglazial vorwiegend Kältesteppen, während der postglazialen Wärmezeit Wärme- bzw. Waldsteppen getragen haben, schließlich Kultursteppe geworden sein. Von Sárkány u. Stieber (3) wurden unter bronzezeitlichen Holzkohlen von Tószeg im Alföld auch solche von *Carpinus* gefunden.

Jugoslawien. Budnar-Tregubow gibt einen Überblick über den Stand der Palynologie in Jugoslawien. Gigov hat die bisher vor allem von Černjavski gewonnenen Ergebnisse zur postglazialen Waldgeschichte Serbiens zusammengefaßt. Die bisher älteste Phase ist im Vlasina-Moor (1400 m) und der Taraplanina (1080 m) in einer als präboreal angesehenen Kiefernzeit mit etwas *Quercus*, *Picea* cf. *abies* und *omorica*, *Betula* und sehr wenig *Alnus*, *Abies*, *Tilia* und *Salix* erfaßt worden. *Fagus*, *Carpinus* und *Corylus* fehlen noch. Später dominieren *Fagus*, *Abies* und zeitweilig auch *Picea* und *Quercus*. Die Datierung ist höchst unsicher. Das Pollendiagramm des von Gigov u. Nikolič untersuchten Moores im Ostrozub-Gebirge (700 m) wird von *Abies* und *Fagus* beherrscht, aber auch *Carpinus*, bis 20%, und *Juglans*, bis 10%, sind wichtig. Šercelj (1, 3) hat die Hölzer bestimmt, die bei den neuen Ausgrabungen von „Pfahlbauten" im Laibacher Moor gefunden wurden. Die älteren stammen von *Betula*, *Populus*, *Salix*, die jüngeren von *Castanea* (bis 85%), *Quercus*, *Alnus* und *Fagus*. Nadelhölzer fehlen völlig. Auch *Staphylea* cf. *pinnata* wird genannt. In einem buchenzeitlichen Pollendiagramm von Stein am Laibacher Moor (Kamnik) werden auch *Carpinus* und, viel weniger, *Ostrya* verzeichnet (Š. 2). In Š. 3 findet sich eine Übersicht über die spät- und postglaziale Waldentwicklung Sloweniens.

Europäisches Rußland. Kurze Angaben über die wärmezeitliche Vegetation 100 km westlich Moskau sowie in der Ukraine am Chopjor verdanken wir Danilova und Lopatnikov. Devjatova konnte an Hand der Pollenfloren der Sedimente der sog. „Onega-Transgression" (am Unterlauf der Onega) zeigen, daß diese angeblich postglaziale Transgression des Nördlichen Eismeers während des letzten Interglazials (Eem) erfolgt ist.

Einen sehr interessanten Bericht über postglaziale flußbegleitende Eichen-Ulmen-*Acer tartaricum*-Wälder in der heutigen Steppen- und Halbwüstenregion dicht nördlich der Kamyš-Samarsker Seen, nördlich des Kaspi-Sees, lieferte Ivanov auf Grund von Geländebeobachtungen und archivalischen Studien. Diese Wälder wurden erst in den letzten Jahrzehnten vom Menschen fast völlig vernichtet.

Literatur

ALÉTSEE, L.: (1) Veröff. Geobot. Inst. Rübel, Zürich 34, 13—18 (1958). — (2) Nova Acta Leopold. N. F. Nr. 139. 21, 51 S. (1959). — ALTEHENGER, P. A.: Eiszeitalter u. Gegenwart 9, 104—109 (1958). — ANANOVA, E. N.: Problemy Botaniki 4, 92—128 (1959), engl. Zus. — ANDERSEN, SV. TH.: (1) Veröff. Geobot. Inst. Rübel, Zürich 34, 19 (1958). — (2) Veröff. Geobot. Inst. Rübel, Zürich 34, 20 (1958). — (3) Veröff. Geobot. Inst. Rübel, Zürich 34, 20 (1958). — (4) Danm. Geol. Undersøg. København IV/4, N. 1, 5—24 (1960). — ARTJUŠENKO, A. T.: Bot. Ž. 44, 772—785 (1959), engl. Zus. — AUBERT, J., et H. et J. CHARPIN: Pollen et Spores (Paris) 1, 7—13 (1959). — AUER, V.: Ann. Acad. Sci. Fenn. A III/60, 247 (1959). — AVERDIECK, F.-R.: Mitt. Geogr. Ges. Hamburg 53, 161—176 (1958). — AVERDIECK, F. R., u. K. O. MÜNNICH: Hammaburg (Hamburg) 5, 9—22 (1957).

BADEN, W.: Abh. naturw. Ver. Bremen 35, 191—208 (1958). — BADEN, W., u. G. GROSSE-BRAUCKMANN: (1) Führer f. d. Tagung Dtsch. Bodenkdl. Ges. 1957 in Bremen. 20 S. (1957). — (2) Tagung d. Int. Bodenkdl. Ges. in Hamburg 1956 (1958). — BEEX, G. (mit WATERBOLK, H. T.): Bijdr. Studie Brabantse heem (Eindhoven) 9, 7—39 (1957). — BERGSTRÖM, E., G. HOPPE, G. ERDTMAN u. B. LUNDHOLM: Svensk Naturvetenskap (Stockholm) 116—142 (1959). — BERTOLANI-MARCHETTI, D.: (1) Nuovo Giorn. Bot. Ital. (Firenze) 62, 423—427 (1955). — (2) Vicende floristiche del Pleistoceno italiano in base ai reperti di macro- e microfossili. 23 S. Modena 1955. — BROWN, CL. A.: Grana Palynologica N. S. 1, 39—41 (1958). — BRUNNACKER, K.: (1) Geol. Jb. Hannover 76, 129—150 (1958). — (2) Geol. Blätter f. NO-Bayern 8, 13—24 (1958). — (3) Geol. Blätter f. NO-Bayern 9, 2—14 (1959). — BRUNNACKER, M. u. K.: Zool. Anzeiger 163, 128—134 (1959). — BUDNAR-TREGUBOV, A. Grana Palynolog. N. S. 1, 30—33 (1958). — BURRICHTER, E., u. H. HAMBLOCK: Abh. Landesmus. Naturkde Münster/Westf. 20, 18 S. (1958). — BUTZER, K. W.: (1) Geograf. Analer 39, 48—53 (1957). — (2) Geogr. J. 125, 75—79 (1959). — (3) Erdkunde (Bonn) 13, 46—67 (1959). — (4) Erdkunde (Bonn) 13, 1 S. (1959).

CAMPO, M. VAN: Pollen et Spores (Paris) 1, 49—58 (1959). — ČEBOTAREVA, N. S.: In: MARKOV, K. K., u. A. I. POPOV, 116—147 (1959). — ČEBOTAREVA, N. S., N. P. KUPRINA u. I. M. CHOREVA: In: MARKOV, K. K., u. A. J. POPOV, 498—509, 1959. — CHANDA, S.: Naturwiss. 47, 19/20 (1960). — CIOBANU, J.: (1) Laborat. Anat. fiziol. Veg. Univ. Cluj, 144 S. (1948). — (2) Contributii botanice Cluj 16, 239—255 (1957). — CONOLLY, A.: Veröff. Geobot. Inst. Rübel Zürich 34, 27—29 (1958). — ČŽAN CZIN'-TAN': Bot. Ž. 44, 1375—1380 (1959), engl. Zus.

DANILOVA, I. A.: In: MARKOV, K. K., u. A. I. POPOV, 64—115 (1959). — DECHEND, A.: Geol. Jb. Hannover 76, 175—190 (1958). — DEEVEY, E. S., L. J. GRALENSKI a. V. HOFFREN: Ann. J. Sci. Radiocarbon Suppl. 1, 144—172 (1959). — DELCOURT, A., W. MULLENDERS et P. PRÉRART: Les Natural. Belges 40, 90—120 (1959). — DEPAPE, G., FR. FLORSCHÜTZ et Y. GUILLIEN: Bull. Soc. Géol. France 6/IV, 193—201 (1954). — DEVJATOVA, E. I.: Dokl. Akad. Nauk SSSR 125, 162 bis 165 (1959). — DIETZ, C., H. O. GRAHLE u. H. MÜLLER: Geol. Jahrb. Hamburg 76, 67—102 (1958). — DITTRICH, J.: Wasser u. Boden 130—131 (1956). — DOHNAL, ZD.: (1) Anthropozoikum (Praha) 7, 91—108 (1958). — (2) Anthropozoikum (Praha) 8, 237—252 (1959). — (3) Věstnik Ustř. ínst. Geol. 34, 367—369 (1959). — DOMBROWSKAJA, A. W., M. M. KORENEWA i S. N. TJUREMNOW: Atlas rastitelnych ostatkow, wstretschaemych w torfe. Moskau 1959. — DONNER, J. J.: (1) Veröff. Geobot. Inst. Rübel Zürich 34, 38 (1958). — (2) Ann. Acad. Sci. Fenn. A/III/53, 5—25 (1959). — DONNER, J. J., u. BJ. KURTÉN: Eiszeitalter u. Gegenwart 9, 72—82 (1958). — DOROFFEV, P. I.: Bjull. Kom. po izuč. četvert. per. 23, 87—91 (1959). — DUBOIS, C., et P. ZANGHERI: (1) C. R. Somm. Séances Soc. Géol. France 21, 22 (1957). — (2) Bull. Serv. Géol. Als. Lorr. 10/2, 145—150 (1957). — DURHAM, O.: Grana Palynol. 1, 85—89 (1956). — DYAKOWSKA, J.: Veröff. Geobot. Inst. Rübel Zürich 34, 29—41 (1958). — DYAKOWSKA, J., et J. ZURZYCKI: Bull. Acad. Polon. Sci. Cl. II, VII/1, 11—16 (1959).

EIDEM, P.: (1) Blyttia (Oslo) 13, 65—70 (1955). — (2) By og Bygd (Oslo) 10, 143—148 u. 149—154 (1956). — (3) Tidskr. for Skogbruk (Oslo) 96—116 (1956). — ELHAI, H.: Pollen et Spores (Paris) 1, 59—75 (1959). — EMILIANI, C.:

(1) Quaternaria (Roma) II, 87—98 (1955). — (2) J. Geology 64, 281—288 (1956). — (3) J. Geology 66, 264—275 (1958). — (4) Scientific American 2—11 (1958). — ERBE, J.: Geol. Jb. (Hannover) 76, 103—128 (1958). — ERDTMAN, G.: (1) Sv. Bot. Tidskr. 51, 611—613 (1957). — (2) Geol. För. Stockholm Förh. 79, 601—736 (1957). — (3) Veröff. Geobot. Inst. Rübel Zürich 34, 44 (1958). — (4) Herausgeber von „Grana Palynologica", Stockholm. — (5) Publ. Birbal Sahni Inst. Paleobot. Lucknow 3—8 (1958). — (6) Pollen et Spores (Paris) 1, 15—18 (1959). — (7) Grana Palynolog. 2, 36—39 (1959). — (8) Grana Palynolog. 2, 87—102 (1959). — (9) Flora 146/3, 408—411 (1958). — ERDTMAN, G., u. Mitarb.: Grana Palynolog. (N. S.) 1, 1—5 (1958). — ERDTMAN, G., u. J. RADWAN-PRAGLOWSKI: Bot. Notiser (Lund) 112, 175—186 (1959). — ERDTMAN, G., u. VISHNU-MITTRE: The Paleobotanist 5, 109—111 (1958).

FAEGRI, KN.: Botan. Review 22, 639—664 (1956). — FEUCHT, O.: (1) Jber. Ver. vaterl. Naturkde Württ. 113, 121—127 (1958). — (2) Jber. Ver. vaterl. Naturkde Württ. 113, 128—131 (1958). — FIRBAS, F.: Veröff. Geobot. Inst. Rübel, Zürich 33, 81—90 (1958). — FIRBAS, F. u. I.: Veröff. Geobot. Inst. Rübel, Zürich 34, 45—52 (1958). — FIRBAS, F., K. O. MÜNNICH u. W. WITTKE: Flora 146, 512—519 (1958). — FLINT, R. F., and E. S. DEEVEY: Radiocarbon Suppl. I (im Anschluß an Amer. J. of Science), 218 S. New Haven, Conn. (USA) 1959. — FLOHN, H.: (1) Deutsch. Geogr.-Tag Würzburg 1957. Tagungsber. u. wiss. Abh. (Wiesbaden) 201—214 (1957). — (2) Naturwiss. Rundschau (Stuttgart) 375—384 (1959). — FLORSCHÜTZ, F.: (1) Geol. en Mijnbouw 16, 223—225 (1954). — (2) VIII. Congr. Int. Bot. Paris, Sect. 3—6, 249—252 (1954). — (3) Boor and Spade 8, 174—178 (1957). — (4) Geol. en Mijnbouw 19, 245—249 (1957). — (5) Veröff. Geobot. Inst. Rübel, Zürich 34, 55—56 (1958). — (6) Veröff. Geobot. Inst. Rübel Zürich 34, 53—54 (1958). — (7) Flora 146, 489—492 (1958). — FLORSCHÜTZ, F., en M. H. ANKER-VAN SOMEREN: Med. Geol. Stichting, N. S. 10, 52—65 (1956). — FOLLIERI, M.: Annuar. Istit. Alla Cultura, città dell Aquila II (Roma) 2 S. (1957). — FREY, D. G.: Arch. f. Hydrobiolog. 54, 209—275 (1958). — FRIES, M.: (1) Sv. bot. Tidskr. 50, 210—212 (1956). — (2) Acta Phytogeogr. Suec. 39, 63 S. (1958). — FRITZ, E.: Natur u. Heimat (Münster/Westf.) 19, 4 S. (1959). — FUKAREK, F.: Beiträge zur Frühgeschichte der Landwirtschaft II, Wiss. Deutsch. Akad. der Landwirtschaftswiss. Berlin 15, 51—58 (1955).

GAMS, H.: (1) Der Schlern (Bozen) 31, 38—46 (1957). — (3) Jb. Ver. Schutz Alpenflora u. -Tiere (München) 15—28 (1958). — (4) Z. Gletscherkde u. Glazialgeol. 4, 87—98 (1958). — (5) Veröff. Geobot. Inst. Rübel Zürich 34, 57—64 (1958). — (6) Veröff. Geobot. Inst. Rübel Zürich 34, 65—55 (1958). — (7) Abh. naturw. Ver. Bremen 35, 242—248 (1958). — GEER, E. H. DE: (1) Cahiers Gêol. 41 u. 42, 1—12 (St. Gestix-s Guier's/Savoie) (1957). — (2) Cahiers Géol. (Seyssel/Ain) 35/36, 345—364 (1956). — (3) Cahiers Géol. (Seyssel/Ain) 39/40, 285—406 (1957). — (4) Cahiers Géol. (Seyssel/Ain) 48, 465—468 (1958). — (5) Cahiers Géol. (Seyssel/Ain) 48, 469—474 (1958). — (6) Eiszeitalter u. Gegenwart 10, 113—117 (1959). — (7) Cahiers Géol. (Seyssel/Ain) 51, 493—500 (1958). — GIGOV, A.: Rec. Trav. Inst. d'Ecol. et Biogéogr. 7/3, 3—26 (Beograd, 1956). — GIGOV, A., i V. NIKOLIČ: Res. Trav. Ac. Serb. Sc. (Beograd) 5/7, 1—18 (1954). — GILEWSKA, S., i. J. STUCHLIK: Monographiae Botanicae 7, 69—83 (1958). — GODWIN, H.: (1) New Phytol. 58, 85—91 (1959). — (2) Phil. Transact. Royal Soc. London, B 689, 242, 127—149 (1959). — (3) Flora 116, 321—327 (1958). — GODWIN, H., SUGGATE, R. P. and E. H. WILLIS: Nature (Lond.) 181, 1518—1519 (1958). — GODWIN, H., and E. H. WILLIS: Proc. Roy. Soc. B/150, 199—215 (1959). — GOLABOWA, M.: Biul. Inst. Geol. Warszawa 118, 91—107 (1957). — GORECKIJ, G. I.: Bjull. Kom. po izuč. četvert. per. 23, 66—74 (1959). — GRAHLE, H. O., u. H. SCHNEEKLOTH: Geol. Jb. Hannover 76, 199—208 (1958).) — GRIČUK, V. P.: (1) Trudy Inst. Geogr., Akad. Nauk SSSR, 61; Materialy po geomorf. i paleogeogr. SSSR, 11, 5—79 (1954). — GRIČUK, V. P., u. M. P. GRIČUK: In: MARKOV, K. K., u. A. I. POPOV: 39—63 (1959). — GRIŠČENKO, M. N.: Bjull. Kom. po izuč. četvert. per. 18, 87—89 (1953). — GROHNE, U.: (1) Photographie u. Forschung 7, 237—248 (1957). — (2) Z. dtsch. Geol. Ges. 111, 13—28 (1959). — GROMOV, V. I.: Trudy Inst. Geol. Nauk, Akad. Nauk SSSR, 64, Geol. Ser. Nr. 17, 521 S. (1948). — GROSPIETSCH, TH.: Wechseltierchen. 80 S. Stuttgart 1958. — GROSS, H.: (1) Grana Palynolog. 1, 119—126 (1956). — (2)

Abh. naturw. Ver. Bremen **35**, 259—279 (1958). — (3) Jahresschr. Mitteldtsche Vorgeschichte Halle **41/42**, 72—95 (1958). — (4) Eiszeitalter u. Gegenwart **9**, 155—187 (1958). — (5) Ber. Geol. Ges. **3**, 209—218 (1958). — (6) Quartär **10/11**, 27—44 (1958/59). — (7) Forsch. u. Fortschr. 332—336 (1959). — (8) Eiszeitalter u. Gegenwart, **10**, 65—76 (1959).

HAFSTEN, U.: Pollen et Spores (Paris) **1**, 77—79 (1959). — HALLIK, R.: (1) Mitt. Geol. Staatsinst. Hamburg **26**, 31—38 (1957). — (2) Neues Jb. Geol. Pal. Mh. **4**, 188—189 (1957). — HAMMEN, TH. VAN DER: (Geol. en Mijnbouw **19**, 493—498 (1957). — HARING, A., and A. E. DE VRIES: Science **128**, 472—473 (1958). — HAUFF, R.: Allgem. Forstz. **13**, 745—747 (1958). — HAVINGA, H. J.: Verh. Kon. Ned. Geol. Mijnbouwk. Gen., Geol. Ser. **17**, 139—145 (1957). — HAXEL, O.: Naturwiss. **44**, 163—169 (1957). — HAYASHI, Y.: Sci. Rep. Tôhoku Univers., Sendai (Japan) Fc. Ser. Biol. **23**, 157—166 (1957). — HAYEN, H.: (1) Die Kunde (Niedersächs. Landesver. f. Urgesch.) 242—249 (1957). — (2) Die Kunde N. F. **9**, 33—48 (1958). — (3) Oldenburg. Jb. **56**, 83—170 (1957). — (4) Jb. Emsländ. Heimatver. **6**, 24—53 (1958). — (5) Oldenbg. Jb. **57**, 45—122 (1958). — (6) Oldenbg. Jb. **57**, 123—143 (1958). — HESMER, H.: Wald- und Forstwirtschaft in Nordrhein-Westfalen. 540 S. Hannover 1958. — HEUBERGER, H., u. R. BESCHEL: Schlern-Schriften (Innsbruck) **190**, 73 (1958). — HEUSSER, C. J.: (1) Publ. Assoc. Int. Hydrol. **39**, Assemblée gen. Rome, **4**, 493—497 (1954). — (2) Arctic **10**, 140—151 (1958?). — HØEG, O. A.: (1) Blyttia (Oslo) **14**, 41—62 (1956). — (2) Treering Bull. **21**, 2—15 (1956). — (3) Proc. Linnean Soc. London **166**, 144—149 (1953—1954). — HÖHN-OCHSNER, W.: Veröff. Geobot. Inst. Rübel Zürich **33**, 116—136 (1958). — HOLLSTEIN, W.: Geol. Jb. Hannover **76**, 1—10 (1958). — HORN AF RANTZIEN, H.: (1) Bot. Notiser (Lund) **58**—66 (1952). — (2) Bot. Notiser (Lund) **109**, 211—259 (1956). — (3) Arkiv Bot. (Stockholm) Ser. 2, 4/Nr. 7, 165—332 (1959). — HORNSTEIN, F. VON: Wald u. Mensch. (Theorie und Praxis der Waldgeschichte.) 2. Aufl. 283 S. Ravensburg 1958. — HUBER, B., u. W. VON JAZEWITSCH: Flora **146**, 445 bis 471 (1958). — HUCKRIEDE, R., u. V. JACOBSHAGEN: Neues Jb. Geol. Pal. Mh. 114—129 (1958).

IKUSE, M.: (1) Grana Palynolog. N. S. **1**, 148—149 (1956). — (2) Pollen Grains of Japan. 11 + 301 S. Tokyo 1956. — IVANOV, V. V.: Bot. Ž. **44**, 109—112 (1959). — IVERSEN, J.: (1) Veröff. Geobot. Inst. Rübel, Zürich **33**, 137—144 (1958). — (2) Uppsala Univ. Årsskrib. 1958/6, 210—215 (1958).

JACOB, H.: (1) Arbeits- u. Forschungsber. z. sächs. Bodendenkmalspflege **6**, 317—330 (1957). — (2) Feddes Repertorium, Beih. **137**, 183—275 (1957). — (3) Veröff. Mus. f. Ur- u. Frühgesch. Thüringens (Weimar) **1**, 104 S. (1958). — JÄGER, H.: Würzburger Geogr. Arbeiten 4/5, 125—156 (1957). — JANKUHN, H.: (1) Ber. Röm. Germ. Kommission 37/38, 147—240 (1956/57). — (2) Neue Ausgrabungen in Deutschland. 604 S. Berlin 1958. — (3) Prähist. Z. **36**, 189—219 (1958). — JÁNOSSY, D., S. KRETZOI-VARRÓK, M. HERRMANN u. L. VÉRTES: Eiszeitalter u. Gegenwart **8**, 18—36 (1957). — JANSSEN, C. R.: Med. Bot. Mus. Herb. Rijksuniv. Utrecht **153**, 55—58 (1959). — JATAJKIN, L. M.: Bot. Ž. **44**, 1287—1291 (1959). — JEFFORDS, R. M., and D. H. JONES: J. Paleontology **33**, 344—347 (1959). — JENTYS-SZAFEROWA, J.: (1) Veröff. Geobot. Inst. Rübel, Zürich **34**, 67—73 (1958). — (2) Rev. Pol. Acad. Sci. **4**, 9—38 (1959). — (3) Monographiae Bot. (Kraków) **7**, 59 S. (1958). — JÓRGENSEN, SV.: „Kuml", Årb. f. Jysk Arkaeol. Selskab. 115—130 (1956).

KAILA, A.: J. Sci. Agricult. Soc. Finland **28**, 18—35 (1956). — KALECKAJA, M. S., i A. D. MIKLUCHO-MAKLAJ: Trudy Inst. Geogr., Akad. Nauk SSSR, **76**; Materialy po geomorf. i paleogeogr. SSSR, **20**, 67 S. (1958). — KARAVAEV, M. N.: Konspekt Flory Jakutii. Akad. Nauk. SSSR, 190 S. (1958). — KINZL, H.: Festschrift für K., Schlernschriften 190 S. Innsbruck 1958. — KIPIANI, M. G., u. I. A. KORČAGINA: Bot. Ž. **44**, 643—644 (1959). — KLIEWE, H.: Geogr. Ber. f. 1959. 10—26 (1959). — KLIX, W., u. H. D. KRAUSCH: Wiss. Z. Pädag. Hochschule Potsdam, Math. Nat. R. **4**, 5—27 (1958). — KNEBLOVÁ,VL.: (1) Anthropozoikum (Praha) **6**, 365—388 (1957). — (2) Věstnik ÚÚG **32**, 287—288 (1957). — (3) Věstnik ÚÚG **33**, 293—296 (1958). — KÖNIG, D.: in: A. BANTELMANN, Tofting, eine vorgeschichtliche Warft an der Eidermündung. 110—113. Neumünster, K. Wachholz-Verlag 1955. — KOKAWA, SH.: (1) J. Inst. Polytechn. Osaka City Univ. **9**, 111—118

(1958). — (2) J. Inst. Polytechn. Osaka City Univ. D/9, 119—123 (1958). — KUPRI-JANOVA, L. A.: Bot. Ž. 44, 337—345 (1959).

LANG, G.: Beih. z. naturkdl. Forsch. i. Südwestdeutschl. 17, 20—34 (1958). — LANGER, H.: (1) Ber. Naturf. Ges. Augsburg 9, 1—38 (1958). — (2) Bot. Jb. 77, 355—422 (1958). — (3) Allg. Forstz. 14, 409—413 (1959). — (4) Ber. Naturf. Ges. Augsburg 11, 8—58 (1959). — (5) Bot. Jb. f. Syst. 78, 489—497 (1959). — LEOPOLD, E. B.: Grana Palynolog. N. S. 1, 140—147 (1956). — LEROI-GOURHAN, A.: Bull. Soc. Préhist. Franç. 53/5—6, 291—301 (1956). — LISICYNA, G. N.: In: MARKOV, K. K., u. A. I. POPOV, 13—38 (1959). — LITEANU, E.: Bjull. Kom. po izuč. četvert. per., 23, 17—34 (1959). — LIVINGSTONE, D. A.: Amer. J. Sci. 255, 364—373 (1957). — LOMONOVIČ, M. I.: Bjull. Kom. po izuč. četvert. per. 23, 35—45 (1959). — LONA, F.: Memorie di Biogeografia Adriatica (Venezia) 5, 3—11 (1957). — LONA, F., e M. FOLLIERI: Veröff. Geobot. Inst. Rübel, Zürich 34, 86—98 (1958). — LOPATNIKOV, M. I.: In: MARKOV, K. K., u. A. I. POPOV, 227—255 (1959). — LOŽEK, V.: (1) Anthropozoikum (Praha) 7, 37—45 (1958). — (2) Anthropozoikum (Praha) 7, 27—36 (1958). — (3) Časopis Mineral. a geolog. Praha 4, 85—90 (1959). — (4) Zprúny geol. výrkumech vr. 1958. 88—89 (1960). — LOŽEK, V., i KUKLA, J.: Eiszeitalter u. Gegenwart 10, 81—104 (1959). — LOŽEK, V., i V. MACH: Anthropozoikum (Praha) 8, 159—176 (1959). — LOŽEK, V., J. TYRÁČEK i O. FEJFAR: Anthropozoikum (Praha) 8, 177—203 (1959). — LÜDI, W.: (1) Veröff. Geobot. Inst. Rübel, Zürich 33, 292 S. (1958) Festschrift f. W. LÜDI. — (2) Veröff. Geobot. Inst. Rübel, Zürich 34, 99—107 (1958). — (3) Flora 146, 386—407 (1958). — (4) als Herausgeber: Veröff. Geobot. Inst. Rübel, Zürich 34, 176 S. (1958). — L'vov, P. L.: Bot. Ž. 44, 1633—1638 (1959).

MÁLEK, J.: Sbornik Českoslov. Akad. Zemědilských Věd. 31, 515—534 (1958). — MARKOV, K. K., u. A. I. POPOV: Lednikovyj Period na Territorii Evropejskoj Časti SSSR i Sibiri (Das Eiszeitalter im Europäischen Teil der UdSSR und in Sibirien) 560 S. (1959). — MARTIN, A. R. H.: Grana Palynolog. 2, 40—68 (1959). — MATTHEY, FR.: Bull. Soc. Neuchâtel. Sci. naturelle 81, 113—118 (1958). — MAURIZIO, A.: (1) Ber. Schweiz. Bot. Ges. 66, 118—133 (1956). — (2) Grana Palynolog. 1, 59—69 (1956). — MÉNENDEZ-AMOR, J.: Publ. Real Sociedad Geográfica Madrid, B/383, 5—16 (1957). — MINCKWITZ, H. VON: Wiss. Veröff. Deutsch. Inst. f. Länderkde. Leipzig, N. F. 15/16, 316—364 (1958). — MITCHELL, G. F.: (1) Nature (Lond.) 180, 513 (1957). — (2) Aus: "A View of Ireland", Geology: III The Pleistocene Epoch. 31—38 Dublin 1957. — (3) J. Roy. Soc. Antiqu. Ireland 88, 49—56 (1958). — MOSKVITIN, A. I.: (1) Bjull. Kom. po izuč. četvert. per. 23, 3—16 (1959). — (2) Trudy Geol. Inst., Akad. Nauk SSSR 12, 210 S. (1958). — (3) Dokl. Akad. Nauk SSSR 127, 852—855 (1959). — MÜLLER, H. M.: Geologie (Berlin) 8, 188—189 (1959), Vorl. Mitt. — MÜLLER-SCHILTWALD, P.: Veröff. Geobot. Inst. Rübel, Zürich 33, 165—174 (1958). — MÜNNICH, K. O.: Veröff. Geobot. Inst. Rübel, Zürich 34, 109—117 (1958). — MÜNNICH, K. O., H. G. ÖSTLUND, H. DE VRIES and H. BAKKER: Nature (Lond.) 182, 1432—1433 (1958). — MÜNNICH, K. O., u. J. C. VOGEL: Naturwiss. 46, 168—169 (1959). — MULLENDERS, W.: Bull. Soc. Roy. Bot. Belg. 91, 239—244 (1959). — MULLENDERS, W., et E. CRÊVECOEUR: Bull. Soc. Roy. Bot. Belg. 91, 299—300 (1959). — MULLENDERS, W., F. GULLENTOPS et E. CRÊVECOEUR: Bull. Soc. Roy. Bot. Belg. 90, 315—317 (1957). — MUNAUT, A. V.: Bull. Soc. Roy. Forest. Belg. 361—379 (1959).

NAIR, P. K. K.: J. Sci. Industr. Res. 17 C, 35/36 (1958). — NAKAMURA, J., u. T. SHIBASAKI: Research reports Kôchi University 8/14, 11 S. (1959). — NARR, K. J.: Forsch. u. Fortschr. 33, 147—151 (1959). — NATARAJAN, A. T.: Phyton (Argentina) 8, 21—42 (1957). — NEKRASOVA, T. P.: Bot. Ž. 44, 232—234 (1959). — NEUSTADT, M. J.: Grana Palynolog. 2, 69—76 (1959). — NIETSCH, H.: Die Kunde. N. F. 9, 72—83 (1958). — NILSSON, T.: (1) Skånes Hembygdsförbunds Årsbok, 72—81 (1958). — (2) Eiszeitalter u. Gegenwart 10, 10—20 (1959).

OLDFIELD, FR.: Pollen et Spores (Paris) 1, 19—48 (1959). — OŠURKOVA, M. V.: Problemy Botaniki 4, 68—91 (1959), engl. Zus. — OSZAST, J.: Biul. Inst. Geol. (Warszawa) 118, 179—282 (1957). — OVERBECK, FR.: (1) Neues Arch. f. Niedersachs. 9, 400—401 (1957/58). — (2) Festheft für Fr. OVERBECK. Abh. naturw. Ver. Bremen 35, 189—394 (1958). — (3) Festheft für F. OVERBECK, Flora 146/3, 321—520 (1958). — (4) Veröff. Geobot. Inst. Rübel, Zürich 34, 118 (1958). — (5) Veröff. Geobot. Inst. Rübel Zürich 34, 119/120 (1958).

PFAFFENBERG, K.: (1) Die Kunde (Mitt. niedersächs. Ver. f. Urgeschichte) N. F. 6, 1—5 (1955). — (2) Die Kunde N. F. 8, 191—198 (1957). — (3) Abh. naturw. Ver. Bremen 35, 301—321 (1958). — POP, E.: (1) Dari de Seama de sedintelor. Comit. Geolog. 39, 208—224 (1952). — (2) Botan. J. Akad. Nauk. SSSR 42, 363—676 (1957). — (3) Acad. Rep. Pop. Romêne Sect. Biol. 9, 5—32 (1957). — POP, P., u. J. CIOBANU: (1) Anal. Akad. Rep. Pop. Romêne, Ser. Geol. u. a. III/2 (1950). — (2) Bulet. Univ. „V. Babes", Ser. Nat. I/1—2, 453—474 (1957). — POPOV, A. I.: In: MARKOV, K. K., u. A. I. POPOV, 360—384 (1959). — POTZGER, J. E., A. COURTEMANCHE, B. M. SYLVIO and F. M. HUEBER: Butler Univ. Bot. Studies 13, 24—35 (1957). — PRAGLOWSKI, J.: Grana Palynolog. N. S. 1, 150—153 (1956). — PROŚEK, FR.: Anthropozoikum (Praha) 7, 47—78 (1958).

RAJU, M. V. S., i J. B. V. PATANKAR: Grana Palynolog. N. S. 1, 153—155 (1956). — RAKOWSKY, W. W., u. Mitarb. Die Faulschlamme und ihre Auswertung (Das Material der Konferenz über die Faulschlamme 1956) 131 S. (Torfinstitut) Minsk 1958. — REMY, H.: Eiszeitalter u. Gegenwart 9, 83—103 (1958). — RICHTER, K.: Eiszeitalter u. Gegenwart 9, 18—27 (1958). — *Römisch-Germanische Kommission* des Deutschen Archäolog. Instituts. Neue Ausgrabungen in Deutschland. 604 S. Berlin 1958. — ROWLEY, J. R.: Grana Palynolog. 2, 3—30 (1959). — RUBNER, K.: (1) Forstarchiv 28, 1—8 (1957). — (2) Forstarchiv 30, 165—214 (1958). — RYTZ, W.: Veröff. Geobot. Inst. Rübel, Zürich 33, 189—195 (1958).

SAAD, S. J.: (1) Egypt. J. Bot. (Cairo) 1, 53—61 (1958). — (2) Egypt. J. Bot. (Cairo) 1, 63—79 (1958). — (3) Egypt. J. Bot. (Cairo) 2, 17—27 (1959). — SAGDUL-LAEVA, A. L.: Problemy Botaniki 4, 11—50 (1959), engl. Zus. — SÁRKÁNY, S., i J. STIEBER: (1) Kül. a Budapesti Tudomán. Biol. Inst. Évkönyveböl. 1, 32—42 (1950). — (2) Acta Archeol. Acad. Sci. Hungar. (Budapest) 5, 211—234 (1955). — (3) Acta Archeol. Acad. Sci. Hungar. (Budapest) 2, 125—137 (1952). — SAURAMO, M.: (1) Acta Geogr. 14, 334—348 (1955). — (2) Meyniana 6, 107—115 (1958). — (3) Ann. Acad. Sci. Fenn. Ser. A/III, 51, 522 S. (1958). — SCAMONI, A.: Märkische Heimat 3, 26—35 (1959). — SCHEFFER, F., u. B. MEYER: Göttinger Jb. 1958, 3—20. — SCHOVE, D. J., and A. V. G. LOWTHER: Mechieval Archaeology 1, 78—95 (1957). — SCHWABEDISSEN, H., u. K. O. MÜNNICH: Germania 36, 133—149 (1958). — SCHWEITZER, H. J.: Eiszeitalter u. Gegenwart 9, 28—48 (1958). — SEIBOLD, E.: Geolog. Rdsch. (Stuttgart) 47, 100—117 (1958). — SEITZ, H. J.: (1) Ber. naturf. Ges. Augsburg 7, 5—34 (1955/56). — (2) Jb. Hist. Ver. Dillingen 57/58, 29—51 (1955/56). — SELLE, W.: (1) Geol. Jb. Hannover 76, 191—198 (1958). — (2) Abh. naturw. Ver. Bremen 35, 366—373 (1958). — ŠERCELJ, A.: (1) Archeološki Vestnik (Ljubljana) 6/1, 141—145 (1955). — (2) Archeološki Vestnik (Ljubljana) 6, 269—271 (1955). — (3) Gozdarski Vestnik Ljubljana 17, 193—203 (1959). — ŠIK, S. M.: Bjull. Kom. po izuč. četvert. per. 23, 46—56 (1959). — SIMON, W. G.: Geol. Jb. Hannover 76, 53—66 (1958). — SINDOWSKI, K. H.: Geol. Jb. Hannover 76, 151 bis 174 (1958). — SMITH, A. G.: (1) Ulster J. Archaelogy 20, 27—28 (1957). — (2) New Phytol. 57, 19—49 (1958). — (3) New Phytol. 57, 363—386 (1958). — (4) Proc. Prehistor. Soc. 24, 78—83 (1958). — SOKOLOVSKAJA, A. P.: Rastitel'nost' krajnego severa i ejo osvoenie 3, 245—292 (1958). — SOÓ, R.: Phyton 8, 114—129 (1959). — STECKHAN, H. U.: Saalburg-Jb. (Berlin) 17, 61—64 (1958). — STRAKA, H.: (1) Pollenanalyse und Vegetationsgeschichte. „Die neue Brehm-Bücherei" (Wittenberg), 88 S. (1957). — (2) Flora 146, 412—424 (1958). — STUCHLIK, L.: Bull. Akad. Polon. Sci. Ser. Sc. chim. geol. geogr. 6, 85—87 (1957). — SUKAČEV, V. N., R. N. GORLOVA, A. K. NEDOSEEVA i E. P. METEL'CEVA: Dokl. Akad. Nauk SSSR, 125, 393—396 (1959). — SZAFER, WL.: (1) Veröff. Geobot. Inst. Rübel, Zürich 34, 123—125 (1958). — (2) Veröff. Geobot. Inst. Rübel, Zürich 34, 126—131 (1958). — (3) Szata roślinna Polski I u. II. 586 u. 333 S. Warszawa: 1959.

TAUBER, H.: Archaelogica Austriaca (Wien) 24, 59—69 (1958). — TAUBER, H., u. H. DE VRIES: Eiszeitalter u. Gegenwart 9, 69—71 (1958). — TEUNISSEN, D., u. F. FLORSCHÜTZ: Tijdschr. Kon. Nder. Aardrijkskundig Genootschap 74, 413—421 (1957). — TJUREMNOW, C. N.: Trudy Moskov. torfjanowo Inst. W. Usch 14—30 (1958). — TRALAU, H.: Bot. Notiser (Lund) 112, 385—406 (1959). — TSUKADA, M.: J. Inst. Polytechn. Osaka City Univ. Ser. D. vol. 9, 217—234 (1958). — TYNNI, R.: Arch. Soc. „Vanamo" (Helsinki) 13/2, 123—132 (1959).

UENO, J.: J. Inst. Polytechn. Osaka City Univ. D/9, 163—177 (1958). — UNVERZAGT, W.: Nachr.Blatt Vor- u. Frühgesch. 3, 324 S. (1958). — UŠKO, K. A.: In: MARKOV, K. K., u. A. I. POPOV, 148—226 (1959).

VALOVIRTA, V.: Suo (Helsinki) Nr. 5—6, 83—85 (1959). — VASIL'EV, JU. M.: (1) Bjull. Kom. po izuč. četvert. per. 23, 91—96 (1959). — (2) Izv. Akad. Nauk SSSR, Ser. geol., 1959, Nr. 5, 60—73. — VERHOEFF, K.: Acta Bot. Neerland. 6, 583—592 (1957). — VILLARET- V. ROCHOW, M: Veröff. Geobot. Inst. Rübel Zürich 34, 136—138 (1958). — VILLARET- V. ROCHOW, P u. M.: Veröff. Geobot. Inst. Rübel, Zürich 33, 232—240 (1958). — VINOKUROVA, L. V.: Problemy Botaniki 4, 51—67 (1959), engl. Zus. — VISHNU-MITTRE, B.: J. Indian Bot. Soc. 36, 548—563 (1957). — VOGEL, J. C.: Geochimica et Cosmochimica Acta (London) 16, 236—243 (1959). — VRIES, H. DE: (1) Eiszeitalter u. Gegenwart 9, 10—17 (1958). — (2) Kgl. Nederl. Ak. Wetensch. Amsterdam, Proc. Ser. B/61, 1—9 (1958). — (3) Science 128, 250 bis 251 (1958).

WALKER, D.: Proc. Prehist. Soc. 22, 23—28 (1956). — WATERBOLK, H. T.: (1) Akademiedagen (Amsterdam) 11, 16—37 (1959). — (2) Antiquity and Survival: Hondird beuwen Nederland 12—26 (1959?). — WATTS, W. A.: (1) Veröff. Geobot. Inst. Rübel, Zürich 34, 143—149 (1958). — (2) Proc. Roy. Irish Acad. (Dublin) 60/B, Nr. 2 (1959). — WEILING, FR.: Flora 146, 340—353 (1958). — WELTEN, M.: (1) Veröff. Geobot. Inst. Rübel, Zürich, 33, 253—274 (1958). — (2) Veröff. Geobot. Inst. Rübel, Zürich 34, 150—158 (1958). — WELTEN, M., u. H. OESCHGER: Verh. Schweiz. Naturforsch. Ges. 88—90 (1957). — WEST, R. G.: Veröff. Geobot. Inst. Rübel, Zürich 34, 159 (1958). — WEST, R. G., and H. GODWIN: Nature (Lond.) 181, 1554 (1958). — WOLDSTEDT, P.: (1) Geol. Jb. Hannover 76, VIII u. 334 S. (1958) Festschrift für P. WOLDSTEDT. — (2) Das Eiszeitalter. 2. Aufl. Bd. II, 438 S., Stuttgart 1958. — (3) Eiszeitalter u. Gegenwart 9, 151—154 (1958).— WRIGHT, H. C. jr.: Amer. J. Sci 255, 447—460 (1957).

ZAGWIJN, W. H.: Geologie en Mijnbouw N. S. 19, 233—244 (1957). — ZAKLINSKAJA, E. D.: In: MARKOV, K. K., u. A. I. POPOV, 276—300 (1959). — ZEIDLER, H.: Mitt. Flor. Soc. Arbeitsgem. Stolzenau, N. F. 6/7, 264—275 (1957). — ZEIST, W. VAN :(1) Palaeohistoria (Groningen) 5, 93—99 (1956). — (2) Veröff. Geobot. Inst. Rübel Zürich 34, 160—165 (1958). — (3) Acta Bot. Neerl. 8, 156—184 (1959). — ZINDEREN-BAKKER, E. M. VAN: (1) South African Pollen Grains and Spores II. Amsterdam (1956) S. I—VII u. 61—132 (1956). — ZINDEREN-BAKKER, E. M. VAN (mit GOETZE, J. A.): (2) South African Pollen Grains and Spores. III. Amsterdam, S. I—VII u. 104—200 (1959). — ZOLLER, H.: (1) Veröff. Geobot. Inst. Rübel, Zürich 33, 280—286 (1958).— (2) Veröff. Geobot. Inst. Rübel, Zürich 34, 166—176 (1958).

8. Ökologische Pflanzengeographie

Von Heinz Ellenberg, Zürich

I. Standortslehre

1. Größere Werke, Allgemeines

Schmithüsens „Allgemeine Vegetationsgeographie" (vgl. hierzu Fortschr. Bot. **21**, 191) ist auch für den Geobotaniker von grundlegender Bedeutung, vor allem wegen ihrer klaren Begriffsbestimmungen. Die Ausführungen zur räumlichen Gliederung der Vegetation gehen weit über das bisher in Lehrbüchern Gebotene hinaus. Ebenfalls vom geographischen Standpunkt aus vergleicht Troll (2) die tropischen Gebirge hinsichtlich ihrer vertikalen und horizontalen Klima- und Vegetationsgliederung. Der Konvergenz der Wuchsformen in den Tropen verschiedener Kontinente widmet er (1) eine eigene, reich bebilderte Abhandlung.

Ein Lehrbuch der Feld-Geobotanik wird in russischer Sprache von Korchagin und Lavrenko herausgegeben. Der kürzlich erschienene 1. Band behandelt unter anderem Methoden zur Bestimmung der Standortsfaktoren, ökologisch-physiologische Methoden zur Untersuchung einzelner Pflanzen (Assimilation, Atmung, Ernährung) und — recht ausführlich — das Studium der Kryptogamen in Pflanzengesellschaften.

Allgemein hingewiesen sei auch auf Zonnevelds Darstellung der Böden und der Vegetation im „Brabantse Biesbosch", dem größten Süßwasser-Gezeitendelta nicht nur der Niederlande, sondern Europas. Sie behandelt zwar eine einmalige Landschaft, mit der höchstens noch einige Uferpartien an der Unterelbe vergleichbar sind (vgl. Fortschr. Bot. **21**, 183, Meyer). Aber sie ist so vielseitig und durch Tabellen, farbige Karten, Profilmessungen und ökologische Untersuchungen so reich dokumentiert, daß sie als vorbildlich gelten darf.

2. Wärmefaktor (Temperatur)

Für mauretanische Wüstenpflanzen bestehen nach Lange im wesentlichen zwei Möglichkeiten, den hohen Temperaturen ihrer Standorte zu begegnen. Die Blätter der „Untertemperaturarten" besitzen eine geringe plasmatische Resistenz (unter etwa 50° C), aber eine wirksame Transpirationskühlung (bis zu 15° C). Die „Übertemperaturarten" dagegen sind nicht in der Lage, ihre Assimilationsorgane wesentlich zu kühlen, haben aber dafür eine hohe plasmatische Resistenz (bis 59° C). Succulente Arten besitzen durchweg keine hohe Hitzeresistenz, obwohl sie wenig transpirieren. (Wegen ihrer großen Wassermasse erwärmen sie sich aber nach noch unveröffentlichten Messungen des Ref. in Peru weniger rasch und stark als normal gebaute Pflanzen).

Am Beispiel von El Salvador behandelt LÖTSCHERT (5) das „Standortsklima" (eigentlich Bestandesklima) in verschiedenen tropischen Formationen. Das Kleinklima in montanen und hochmontanen Buchenwaldgesellschaften des Harzes, das vor allem vom Relief und von der Hangexposition abhängt, untersuchten HARTMANN, VAN EIMERN und JAHN. Sie fanden sehr enge Beziehungen zwischen dem Kleinklima und bestimmten Gesellschaften. Allerdings erfaßten sie nur das Innenklima der Bestände in der Nähe des Waldbodens und nicht das Klima in und über dem Kronenraum, das wahrscheinlich teils geringere, teils aber auch noch größere Gegensätze zeigen würde. Auch die Assoziationen der Flaumeichen-Buschwälder in Ungarn haben ein sehr verschiedenes Bestandesklima, das JAKUCS eingehend studiert hat. Ohne den aus Sträuchern gebildeten dichten Mantel würden die Bäume in den kleinen Waldgruppen vertrocknen, weil sie dem Wind zu sehr ausgesetzt wären und ohnehin unter Hitze und Trockenheit zu leiden haben.

Die Wärmebilanz des Bodens unter Wiesen und anderen Gesellschaften stellt KRISTENSEN auf Grund der täglichen und jährlichen Temperaturschwankungen dar.

Einen Überblick über ökologische, insbesondere kleinklimatische Fragen des Waldbaues an der Baumgrenze gibt AULITZKY. Die großen Unterschiede in den klimatischen Voraussetzungen und im Verlauf der Stoffproduktion von Laubhölzern sowie von Nadelhölzern in Berg- und Tallage werden in den Diagrammen von WINKLER anschaulich. Maximalen Durchmesserzuwachs haben Fichten in Thüringen bei etwa 600 m Meereshöhe. Mit zunehmender Kontinentalität des Klimas verschiebt sich diese Optimalstufe nach oben, mit wachsender Ozeanität nach unten, je nachdem, von welcher Höhe an die Wärme an Stelle des Niederschlags zum begrenzenden Faktor wird (KOCH). Bei Kiefern sind derartige Beziehungen weniger deutlich.

Die Frosttrocknis an der Waldgrenze und in der alpinen Zwergstrauchheide behandelt LARCHER.

Auf die Entdeckung eines weiteren Beispieles von permanentem Eise in lockerem, nordexponiertem Hangschutt in den Gailtaler Alpen macht WEISS kurz aufmerksam. Ein solcher „Eiskeller" wurde erstmalig von CANAVAL (1893) aus der Gegend von Gotschuchen in den Karawanken beschrieben, wo er nur etwa 1000 m hoch, also in der Buchen-Tannen-Stufe liegt. Infolge der in dem hohlraumreichen Unterboden langsam abfließenden kalten Luft, die auch auf den Oberboden und die Luft über diesem abkühlend wirkt, können hier nur mikrotherme alpine Arten und kümmerliche Fichten gedeihen, die reich mit Flechten behangen sind. Man sollte diese Erscheinung einmal gründlich studieren und ökologisch auswerten!

Extrazonale Vegetation kann also durch ganz besondere lokalklimatische Umstände bedingt sein. Das zeigt auch die Studie von JENÍK (1), in der er den nördlichsten Wuchsort von *Ulmus scabra* in Skandinavien mit dem höchstgelegenen in den Sudeten vergleicht. Er findet nicht weniger als 22 gemeinsame Gesellschaftspartner, die an beiden Orten durch Lawinen vor der Beschattung durch Nadelhölzer bewahrt werden und zugleich die Wärmegunst einer leeseitigen Lage genießen.

3. Wasserfaktor (Hydratur)

Tagesgänge der Luft-, Boden- und Blattemperaturen, der relativen Luftfeuchte und anderer die Transpiration beeinflussender Faktoren sowie die Wasserabgabe der Pflanzen selbst ermittelte HIRSCH an Vegetationsgrenzen in den peruanischen Anden, in den Zentralalpen und in Schwedisch-Lappland. Er kommt auf Grund derselben zu dem allgemeinen Ergebnis, daß in klimatisch extremen Gebieten Polsterpflanzen ebenso wie Zwergsträucher keine hinsichtlich ihres Transpirationsverhaltens einheitliche Gruppe darstellen.

Zusammenhänge zwischen Pflanzentemperatur und Taubeschlag analysierten STEUBING u. CASPERSON. Die „Lomavegetation" auf den Hügeln in der peruanischen Küstenwüste kämmt aus den Winternebeln, die über dem abgekühlten Pazifik gebildet und von schwachen Winden landeinwärts bewegt werden, erstaunlich große Mengen an tropfbarem Niederschlag aus. In einer dieser „Nebeloasen" angepflanzte Eucalypten bewirkten einen Wassergewinn von etwa 100 bis mehr als 1000 mm pro Jahr bei einem Freiland-Niederschlag von nur 131 bis 219 mm. Auf manchen der heute im Winter von üppigen mesomorphen Kräutern bewachsenen, im Sommer aber wüstenhaft kahlen Lomas hält ELLENBERG deshalb eine natürliche Bewaldung für möglich.

Sehr gründliche Untersuchungen über die Bodenwasser-Bewegung unter Grünlandgesellschaften der mittleren Wesergegend legt A. v. MÜLLER in übersichtlichen, großenteils farbigen Diagrammen vor. Vergleichbare Messungen führte WIENERS im mittleren Ahrtale durch. Die Grundwasserschwankungen unter einer Reihe von Verlandungs- und Wiesengesellschaften am Federsee verfolgte KUHN.

Die bisher meistens zur Bodenfeuchtigkeit und zum Grundwassergang in Beziehung gebrachte Wurzelentwicklung von Rasengesellschaften scheint nach KMOCH u. Mitarb. vorwiegend autonom zu sein. Durch mehrjährige Untersuchungen in einer Weidelgrasweide ergab sich, daß der Entwicklungsverlauf trotz wechselnder Witterung, Nutzung und Artenzusammensetzung in den Grundzügen immer der gleiche blieb: Zu Jahresbeginn ist das Wurzelgewicht relativ hoch und sinkt im Vorfrühling merklich ab, während die Gräser austreiben. Dann aber steigt es bis in den Juni hinein, bis die „Sommererdepression" des oberirdischen Wuchses auch eine starke Verminderung der Wurzelmasse nach sich zieht. Im Herbst nehmen beide wieder zu — ganz im Gegensatz zu dem Verhalten der Feinwurzeln mancher Bäume (vgl. Fortschr. Bot. 21, 182). Der Wechsel der Jahresringbreiten bei Waldbäumen steht nach FILZER in enger positiver Beziehung zu den Ertragshöhen von Wiesen und Klee und in erkennbar positiver Korrelation zu den Niederschlägen, insbesondere während der Vegetationsperiode.

Die natürlichen Bedingungen der Grünlandberieselung in verschiedenen Landschaften Südbadens behandelt KRAUSE in vegetationskundlicher und wirtschaftlicher Hinsicht. Die Beziehungen von schottischen Hochmoorpflanzen zum Grundwasserspiegel maßen RATCLIFFE u. WALKER. BODROGKÖZY untersuchte die Standortsbedingungen der Schlammvegetation in ungarischen Sandbodengebieten.

Nach NOIRFALISE variiert die Interzeption durch das Kronendach mit der Stärke der Regenfälle in Fichtenbeständen viel weiter als in Buchenwäldern auf gleichen Standorten.

4. Assimilathaushalt (Lichtfaktor und Gaswechsel)

Am Boden eines durchforsteten Fichtenbestandes nahm die von RHEINHEIMER bei bedecktem Himmel kartierte relative Beleuchtungsstärke in vier Jahren merklich ab. Gleichzeitig änderte sich die Zusammensetzung des von derselben Probefläche genau verzeichneten Moosteppichs, indem die lichtbedürftigeren Arten zurücktraten.

Bei *Picea-*, *Pinus-* und *Betula*-Arten gibt es photoperiodische Ökotypen, deren Verhalten in Nordamerika von VAARTAJA experimentell
untersucht wurde. Wie schon HEIKINHEIMO an *Picea abies* und *Pinus
sylvestris* zeigte, spielen solche Ökotypen auch im natürlichen Konkurrenzkampf eine Rolle.

Die Frage, unter welchen Bedingungen und in welchem Ausmaße
immergrüne Nadelhölzer der Alpen, namentlich *Picea abies* und *Pinus
cembra*, auch im Winter tätig sind, behandeln PISEK und TRANQUILLINI
im Überblick. An der Waldgrenze assimilieren die Nadeln junger Zirben
infolge der Nachwirkung nächtlicher Fröste schon vom Spätherbst ab
nur noch mit halber Kraft und können deshalb selbst warme Tage nicht
mehr voll ausnutzen. Sobald der Boden gefroren ist, bleiben die Spalten
geschlossen und wird nur noch das Atmungs-CO_2 assimiliert. Im Hoch-
winter ruht die Photosynthese ganz, während noch immer CO_2 abgegeben
(bzw. durch die geschlossenen Spalten ausgepreßt) wird und an warmen
Föhntagen erhebliche Atmungsverluste eintreten können. Diese werden
im Frühjahr vorübergehend noch größer, bis der Boden taut und die
wieder geöffneten Spalten einen normalen Gasaustausch ermöglichen.
In tieferen Lagen (mit Ausnahme von Kaltluftmulden) dagegen können
die immergrünen Nadelbäume bis weit in den Winter hinein und auch
schon wieder vom Vorfrühling ab Warmwetterperioden für die Photosynthese ausnützen, weil ihre Aktivität nicht durch häufige Nachtfröste
gemindert wird, und leisten infolgedessen viel mehr. WINKLER bekräftigt
diese Feststellungen.

Den Verlauf und die Ursachen der verschieden großen Stoffproduktion von ungleich dichten Pflanzenbeständen untersuchte IWAKI am Beispiel von *Fagopyrum
esculentum* mit ähnlichen Methoden wie die klassischen von BOYSEN-JENSEN.

Das von BOSIAN entwickelte Gerät zur vollautomatischen Regulierung der
Temperatur und relativen Feuchtigkeit in der Cuvette dürfte sich bei Assimilations-
Untersuchungen am natürlichen Standort bewähren.

5. Bodenverhältnisse (chemische Faktoren)

Viele Ökologen und Pflanzensoziologen werden die ,,Feldboden-
kunde‘‘ von FRANZ begrüßen, eine moderne Einführung in die boden-
kundliche Arbeit und ihre theoretischen Grundlagen. Die farbigen Darstellungen MÜCKENHAUSENs von 60 in Westdeutschland verbreiteten
Bodentypen erschienen in verbesserter Neuauflage. Über Morphologie,
Biologie und Dynamik des Humus unterrichten SCHEFFER und ULRICH,
die neueren Erkenntnisse zusammenfassend.

Im Bereich der Wald- und Baumgrenze der Tiroler Zentralalpen
(Obergurgl) führten NEUWINGER und CZELL gründliche boden- und
standortskundliche Untersuchungen durch, die das Wirken von Besonnung, Wind, Schnee und Feuchtigkeit sowie den indirekten Einfluß
des Menschen auf das Bodenprofil klar hervortreten lassen. In konzen-
trierter Darstellung haben sie geradezu eine Bodenkunde der subalpinen
Stufe (mit kalkarmen Gesteinen) geschaffen.

Entsprechend den großen Klimaunterschieden kommen in Ekuador
sehr verschiedene Bodentypen vor, die in engem Zusammenhang mit der
Vegetation stehen. FREI gibt einen Überblick über diese Beziehungen.

In der westkubanischen Sierra de los Organos bestehen nach LÖTSCHERT (1) große Gegensätze zwischen einer xerophytischen „Mogoten-Vegetation" auf Kalkstein und Kiefern-Eichen-Wäldern auf sauren Sandsteinen und Schiefern.

In feuchten Jahren traten in Südwestdeutschland auf alkalischen Böden an zahlreichen Nadelhölzern, aber auch an manchen Laubhölzern Eisenmangel-Chlorosen auf, die SCHÖNHAR durch Bespritzen mit Eisen-Chelaten beheben konnte. Besonders anfällig sind *Pinus strobus, P. sylvestris, Pseudotsuga, Larix* und *Abies*, weniger *Picea abies*. Unter den Laubhölzern sind *Quercus*-Arten die empfindlichsten, namentlich *Qu. rubra*. Über p_H 7,5 leidet auch *Fagus* nicht selten unter Chlorose. Sehr widerstandsfähig sind *Ulmus-, Acer-* und *Tilia*-Arten sowie *Alnus glutinosa*.

Jahresschwankungen des p_H (H_2O)-Wertes von Flach-, Zwischen- und Hochmoorböden am Federsee verliefen annähernd parallel und waren recht beträchtlich (KUHN). Auch in den Böden von Salzwiesen schwankt der p_H-Wert, und zwar ohne Beziehung zur Salzkonzentration (SCHREITLING). p_H-Werte der Gewässer im Amazonasgebiet teilt SIOLI mit.

Die Beziehungen zahlreicher Ackerunkräuter zur Bodentextur sowie zum p_H-Wert und zum P_2O_5- und K-Gehalt des Bodens untersuchte REHDER im Raum um Hamburg. Arten mit ähnlichem ökologischen Verhalten gegen diese 4 Bodenfaktoren stellt er zu Gruppen zusammen. Auf das mit den üblichen Bodenanalysen feststellbare K- und P_2O_5-Angebot sprechen nur wenige Ackerunkräuter eindeutig an.

In Buchen-Eichen-Wäldern auf wechselfeuchtem, mäßig nährstoffreichem „weißem Schlufflehm" der Hohenloher Ebene wachsen Arten verschiedener ökologischer Gruppen nebeneinander. Die Analyse ihrer Blätter zeigt, daß sie aus demselben Boden recht ungleiche Mengen von Mineralstoffen aufnehmen. Und zwar enthalten sie, wie SCHÖNNAMS-GRUBER betont, um so mehr K, Ca und P_2O_5, je „anspruchsvoller" sie nach herkömmlicher Ansicht sind, d. h. je mehr ihr Verbreitungsschwerpunkt auf nährstoffreichen Böden liegt. Der Gehalt an Na, K, Mg, Ca, Mn, Fe, P und N in vier Moorpflanzen Südschwedens (*Menyanthes trifoliata, Narthecium ossifragum, Carex lasiocarpa* und *Rhynchospora alba*) steht nach MALMER in keiner Korrelation zu dem Gehalt des Substrates an diesen Stoffen.

Für 68 Bestände von *Pinus sylvestris* in Bayern stellt WEHRMANN aus zwei Jahren Blattanalysen zusammen. Er findet eine enge und sichere Beziehung zwischen den N-Konzentrationen der Nadeln (1,17—2,7%) und den Höhenbonitäten (V bis I). Nach Düngungs- und Gefäßversuchen sieht er den Stickstoff als wachstumsbegrenzenden Faktor an. Stickstoffmangel trat niemals auf Mull- oder Moder-Standorten, sondern nur auf Rohhumusböden auf, und zwar besonders auf solchen, die zur Austrocknung neigen. Auch zwischen den P-Konzentrationen der Nadeln (0,115—0,201%) und den Höhenbonitäten besteht eine ziemlich gute Korrelation.

Im Rahmen einer Übersicht der Vegetation von Katanga am Südrande des belgischen Kongo stellt P. DUVIGNEAUD die Ergebnisse einer zehnjährigen Untersuchung von schwermetallreichen Standorten dar. Diese fallen durch kümmerliches Gedeihen vereinzelter Holzgewächse, die kaum Konkurrenten haben, aus der im übrigen waldreicheren Umgebung heraus. Ein Cu-Gehalt von etwa 1300 ppm in lehmigem Boden kann hier als Grenze des Baumwuchses überhaupt gelten. Einige Adventiv- und Ruderalpflanzen erwiesen sich als besonders Cu-resistent.

Den Jahresgang des Salzgehaltes und der Bodenfeuchtigkeit unter Salzwiesen der schwedischen Westküste in seiner Abhängigkeit von Niederschlägen und Tidehub verfolgte GILLNER im Rahmen seiner gründlichen pflanzensoziologisch-ökologischen Untersuchungen. Zahlreiche exakte Angaben über die Salzkonzentration des Bodenwassers unter verschiedenen Vegetationstypen in nordfriesischen Kögen verdanken wir SCHREITLING. Salzvegetation findet sich im Schutze der Deiche nur dort, wo sie auch beim Fehlen der Deiche überflutet werden würde. Der Salzaufstieg im Boden kann gegen den Wasserstrom vor sich gehen. Nach Aussüßung des Bodens hält sich „halophile" Vegetation noch lange auf ihm, wenn die Konkurrenzkraft der Glykophyten nicht durch Düngung gefördert wird. Den Salzhaushalt und die Salztoleranz von Marschpflanzen an der Nordseeküste Dänemarks in Beziehung zum Standort untersuchte REPP. Grünlandwirtschaftliche Studien an binnendeutschen Salzstandorten führten STÄHLIN u. BOMMER durch.

Zur Ökologie der nordafrikanischen Salzpflanzen liefert BERGER-LANDEFELDT aufschlußreiche Beiträge. Entscheidend für die Besiedlung ist das Absinken der Bodensaugkraft bei der Wasserzufuhr im Winter und Frühjahr. Später steigt der Salzgehalt in der oberen Bodenschicht so hoch, daß die Wurzeln nur in einer tieferen zu leben vermögen (vgl. auch NOVIKOFF).

Zur Bestimmung des Gehaltes der windbewegten Luft an versprühtem Seesalz benutzt W. E. MARTIN Salzfänger aus Leinen, die in einen Drahtrahmen gespannt und in verschiedener Höhe an Pfählen befestigt werden, und bestimmt das Salz nach Herauslösung titrimetrisch. Der Chloridgehalt der Luft an der Ostküste von New Jersey erwies sich als sehr hoch, betrug aber schon 300 m landeinwärts nur noch 10% davon. Entsprechend der Windgeschwindigkeit ist er in Bodennähe und in Mulden geringer als über Pflanzenbeständen und auf Kuppen.

Auf einem Symposium über die Klassifikation des Brackwassers in Venedig wurde beschlossen, sich in Zukunft an folgende Bezeichnungen zu halten:

hyperhalin	$> 40\ ^0/_{00}$ Salzgehalt
euhalin	etwa 40—$30\ ^0/_{00}$ Salzgehalt
mixohalin (Brackwasser)	etwa 30— $0,5\ ^0/_{00}$ Salzgehalt
mixo-) polyhalin	etwa 30—$18\ ^0/_{00}$ Salzgehalt
(mixo-) mesohalin	etwa 18— $5\ ^0/_{00}$ Salzgehalt
(mixo-) oligohalin	etwa 5— $0,5\ ^0/_{00}$ Salzgehalt
limnisch (Süßwasser)	$< 0,5\ ^0/_{00}$ Salzgehalt

Eingehende Untersuchungen über die Besiedlungsdichte und die Atmungsaktivität der Mikroorganismen in Mull-, Moder-, Feuchtrohhumus- und Rohhumusböden unter Rotbuchenbeständen nahm F. H. MEYER vor. Auf allen vier Bodentypen zeigt die Laubstreu nur geringe Keimzahlen und die oberste Vermoderungsschicht stets die größten. Im Mull und Moder weisen auch die Vermoderungs- und die Humusstoffschicht hohe Keimzahlen auf, während diese bei den Rohhumusböden auf 18 bzw. 23% zurückgehen. Das Verhältnis von Bakterien zu Schimmelpilzen beträgt im Mull 22:1, im Moder 11:1, im Feuchtrohhumus 8:1 und im typischen Rohhumus 0,9:1. Die Atmungsintensität nimmt in derselben Reihe bis auf $^1/_4$ ab. Die Bakterienmenge im Boden (nach der Fluorescenz-Methode bestimmt) ist unter 14 von HABER untersuchten Wald-, Schlag- und Grünlandgesellschaften Kärntens in charakteristischer Weise verschieden. Trotz großer jahreszeitlicher Schwankungen bleibt das Verhältnis der Standorte annähernd gleich. Trockenperioden vermindern allerdings die biologische Aktivität von Trockenrasen- und Heideböden, während sie diejenige von Naßböden vergrößern. Nach JAGNOW wird die Keimzahl von Wiesenböden innerhalb des Reaktionsbereiches von p_H 4,8—7,0 mehr durch Bodenart und Humusgehalt als durch die Pflanzengesellschaft bestimmt.

6. Mechanische Faktoren (Wind, Verbiß u. a.)

Bei einer gründlichen Untersuchung der Strömung in Windschutzstreifen kommt KAISER zu dem Schluß, daß sie am wirksamsten sind, wenn sie (bei nicht zu großen Löchern) eine geometrische Durchlässigkeit von 35—50% besitzen und wenn sie außerdem möglichst schmal und oben durchlässiger als unten sind sowie eine unruhige Firstlinie haben.

Am Südhang des Blaugrundes im Riesengebirge gibt es eine typisch ausgeprägte Lawinenbahn, auf der sich nach JENÍK (2) nur Krummholz und Fichten von säbel-, harfen- und brückenförmigem, halbkugeligem oder ganz niederliegendem Wuchs oder aber „echte" (fahnenartige) Lawinenfichten zu halten vermögen. Zwischen ihnen sind Flächen von hygro- und mesophilen Urwiesen entstanden, insbesondere ein von Natur aus waldfreies *Nardetum*.

Das langsame Vordringen von krautigen Pflanzen und von Bäumen auf Halden aus aufgespülten Kohlenrückständen in Pennsylvania führt SCHRAMM auf Frosthebung und Kammeisbildung zurück. Wie seine Photographien deutlich zeigen, können dadurch schon in einer Nacht Eichen- oder Kiefern-Keimlinge völlig entwurzelt werden. Wenn diese Bäume einmal Fuß gefaßt haben, gedeihen sie durchaus. Aufschlußreiche Bildreihen über die fortschreitende Aufmürbung kolloidreicher Böden bei Wechsel von Befeuchtung und Trocknung sowie über die Bildung waagerechter Risse in Sandböden bei Eindringen von Frost veröffentlichen FREESE u. CERATZKI. Außerdem machen sie die Strukturzerstörung durch Regen anschaulich. SCHLADERBUSCH u. CERATZKI entwickelten eine photographische Methode, durch die gleichzeitig die Geschwindigkeit und die Größe fallender Regentropfen gemessen werden kann. Die kinetische Energie des Regens erwies sich als brauchbares Maß für seine zerstörenden und verschlämmenden Einflüsse auf die Bodenstruktur.

Die Pflanzengesellschaften und die (über 400 Arten umfassende) Flora des Naturschutzgebietes Favoritepark, die TH. MÜLLER beschreibt, geben wegen des starken Wildverbisses eine gute Vorstellung von den ehemaligen Weidewäldern auf schweren Lehmböden des württembergischen Unterlandes.

Im Erdboden von Triftwegen, Ruheplätzen und Tränkestellen des Viehs sind nicht nur viele Samen von Trittpflanzen zu finden, sondern auch von Grünlandgräsern und -kräutern, die aber nicht zur Entwicklung gelangen. Im Mist konnte BOEKER 63 keimfähige Samenarten nachweisen, am häufigsten *Trifolium repens*. Aus dem Staub an den Rädern von Motorfahrzeugen brachte CLIFFORD viele kleinsamige Pflanzen zum Keimen, die also durch den modernen Verkehr rasch in bisher wenig berührte Gebiete verbreitet werden.

Durch mehrfach gehackte Gemüsekulturen wurde die Zahl der keimfähigen Unkrautsamen in der Krume eines von ROBERTS untersuchten ehemaligen Getreideackers von 574 Millionen pro ha nach einem Jahre auf 38% und nach dem zweiten auf 19% vermindert, wobei sich die einzelnen Arten unterschiedlich verhielten. RADEMACHERs Übersicht über Grundlagen und Methoden neuzeitlicher Unkrautbekämpfung ist auch für Biologen aufschlußreich. Durch Mechanisierung der Landarbeit, verbesserte Düngung, moderne Pflanzenschutzmaßnahmen und Einführung des Mähdrusches hat sich das Artengefüge unserer Unkrautgemeinschaften zunehmend verändert.

II. Vegetationskunde

1. Kausale Vegetationskunde (insbesondere Konkurrenzfragen)

Die Experimente von HARPER und CHANCELLOR beweisen erneut, daß die physiologische Amplitude der meisten Arten recht groß ist und daß ihr Verhalten in der Natur entscheidend durch die jeweiligen Konkurrenten mitbestimmt wird. Obwohl *Rumex crispus, obtusifolius, sanguineus, conglomeratus* und *hydrolapathum* für Standorte von verschiedenem Wasserhaushalt typisch sind, reagieren sie in Reinkulturen auf Abstufungen der Bodenfeuchtigkeit in überraschend ähnlicher Weise. Entgegen der Erwartung gedeiht *R. hydrolapathum* auf dauernd nassem Boden sogar schlechter als die übrigen 4 Arten, und alle erreichen die höchste Stoffproduktion auf gut drainiertem Boden. Durch gemeinsame Kultur von je zweien dieser *Rumex*-Arten änderte sich deren Reaktion auf die Bodenfeuchtigkeit z. T. beträchtlich. *R. sanguineus* beispielsweise behinderte auf trockenem Boden *R. hydrolapathum* am meisten, *R. obtusifolius* weniger und die übrigen Arten kaum. Eine weit größere Wettbewerbskraft als Keimlinge der *Rumex*-Arten entfaltete übrigens *Lolium perenne*.

Rhacomitrium lanuginosum, dessen Biologie TALLIS eingehend studiert hat, wächst selbst unter günstigsten Bedingungen nicht mehr als 20 mm pro Jahr und wird von den meisten Moosen und Blütenpflanzen leicht übergipfelt. Infolgedessen ist es in England in größeren Höhen, wo auch die Konkurrenten geschwächt sind, häufiger als in geringeren, wo es an und für sich am besten gedeiht. Da es nur in wasserdampfgesättigter Atmosphäre zuwächst und sowohl durch Trockenheit als auch durch zu großen Wassergehalt des Rasens gehemmt wird, bevorzugt es ozeanische Klimaregionen.

An Hand von kleinräumig untersuchten p_H- und Vegetationsprofilen am Lorelei-Felsen weist Lötschert (4) nach, daß Acidophyten und Alkaliphyten bei völlig gleichen Boden- und p_H-Verhältnissen unmittelbar nebeneinander vorkommen können. Auf carbonatfreien Schiefern (pH 4,15—6,9) wachsen *Teucrium chamaedrys* und andere „Kalkpflanzen" wahrscheinlich nur deshalb mit „Säurezeigern" wie *Jasione montana* zusammen, weil sie auf dem trockenen, sonnigen Standort nur wenig miteinander konkurrieren. Raabe bestätigt Angaben von Eberle (1932), daß „acidophile" Arten wie *Pteridium aquilinum* und *Calluna vulgaris* an trocken-warmen Hängen in dem gesamten p_H-(H_2O)-Bereich von 4—8,5, also auch bei alkalischer Reaktion, vorkommen können.

Spartina townsendii, deren Geschichte und heutige Verbreitung an den britischen Küsten von Goodman, Braybrooks u. Lambert dargestellt wird, hat im Tidebereich eine viel weitere Amplitude, als man gewöhnlich annimmt. Sie kann sich auf sehr verschiedenen Standorten ansiedeln und auf manchen davon zu einem gefährlichen Wettbewerber für die bisherigen Partner der Pflanzengemeinschaften werden. Nur an wenigen Stellen ist ein Rückgang der *Spartina*-Rasen zu verzeichnen (z. B. im Hampshire Basin), und zwar auf sehr kolloidreichen, schlecht drainierten Böden. W. E. Martin führt die Zonierung der Vegetation an der Meeresküste teilweise auf den Sprühsalz-Faktor zurück (vgl. Abschnitt I, 5), zumal sie sich mit wenigen Ausnahmen im Einklang mit der physiologischen Resistenz von 50 daraufhin experimentell untersuchten Arten befindet. Die Versuchspflanzen wurden in einer sommerlichen Trockenperiode mehrere Tage lang wiederholt mit Seewasser besprüht und auf die Zeit und das Ausmaß des Eintretens von Schäden hin beobachtet. Unter den krautigen Pflanzen erwiesen sich die xeromorph gebauten (z. B. *Ammophila breviligulata*, *Cakile edentula*, *Spartina patens*) fast alle als absolut oder relativ stark resistent, die mesomorphen (wie *Osmunda regalis*, *Hibiscus palustris*) dagegen nicht. Allerdings gibt es auch Ausnahmen, indem z. B. die mit *Ammophila* zusammen wachsende xeromorphe *Euphorbia polymorpha* im Versuch sogar noch stärker geschädigt wurde als *Osmunda*.

Spence meint, daß die Pionierpflanzen auf offenen Serpentin-Standorten in Nordamerika und andere seltene, nur auf wenig vegetationsbedeckten Stellen vorkommende Arten nicht durch Konkurrenz anderer Arten, sondern durch "factors associated with changes in the soil" von dichteren Pflanzengemeinschaften ausgeschlossen werden. Beispielsweise könnte die Keimung auf verlehmtem Oberboden im Vergleich zu steinigem Rohboden erschwert sein (eine Frage, deren experimentelle Beantwortung sehr einfach wäre!).

Ohne auf die physiologischen Ursachen einzugehen, stellt Knapp erneut fest, daß ausdauernde Gräser in Trockenrasen und auf Waldböden die Entwicklung von Keimlingen hemmen. Im Sommer absterbende Waldkräuter wirken am wenigsten hemmend, immergrüne dagegen relativ stark. Aus Beobachtungen an beweideten Brachäckern auf Kalkböden in Nordfrankreich meint Guyot ableiten zu können, daß *Hieracium pilosella* in der Lage sei, einen bereits dicht geschlossenen Rasen bis zu einem Stadium mit fast nacktem Boden zu degradieren, obwohl es dabei zugleich selber an Vitalität verliert. Nach den zahlreichen guten Abbildungen zu urteilen, scheint es sich jedoch nicht um stoffliche Einflüsse der Pflanzen aufeinander, sondern um Auswirkungen örtlicher Überbeanspruchung durch Schafe zu handeln.

Die Tatsache, daß die Grasland-Gesellschaften der nordamerikanischen Prärie über viele Breiten- und Längengrade hin recht einheitlich zusammengesetzt sind, beruht nach McMillan z. T. darauf, daß sich Ökotypen entwickelt haben, die an das jeweilige Klima angepaßt sind und gewissermaßen dessen Unterschiede durch raschere oder langsamere Entwicklung ausgleichen.

Slavíková behandelt den Einfluß von *Fagus silvatica* auf die Entwicklung der Krautschicht.

2. Vegetationsentwicklung (Sukzessionen)

Über den Rückgang der Gletscher in der Schweiz und ihr teilweise abweichendes Verhalten macht Renaud interessante Ausführungen. Lüdi stellt die Vegetationsentwicklung in Gletscher-Vorfeldern der Nord- und Zentralalpen in mehr atlantischem und mehr kontinentalem Klima, in verschiedener Höhenlage und auf verschiedenen Böden vergleichend dar. Übereinstimmend beginnt in allen Gebieten die Erstbesiedlung mit einer zufälligen Artenmischung von Rohbodenkeimern. Erst später bilden sich standortsabhängige Gemeinschaften aus, die schließlich über Gesträuche in Wald übergehen. Im einzelnen betrachtet, sind aber die Unterschiede im Entwicklungsgang von Gletschertal zu Gletschertal und von Standort zu Standort sehr groß. Auch auf den von Flaccus untersuchten 29 Erdrutsch-Flächen in den White Mountains von New Hampshire werden nackte Felsen und Felsentrümmer viel langsamer von der Vegetation erobert als entblößte Böden oder Schuttansammlungen, die von vornherein feinerdereich sind.

Die Besiedlung der Laven des Nyamuragira, eines Vulkans im belgischen Kongo, beginnt in der Regel mit Flechten, denen Moose, Farne und schließlich höhere Pflanzen folgen (Léonard). Je nach den Standortsbedingungen verläuft sie ungleich rasch und z. T. auch abweichend von dieser Regel. Nach Vulkanausbrüchen in Mexiko, die die vorher vorhandene Vegetation auf großer Fläche zerstörten, stellten sich Flechten, Algen und Moose nach 3 und Farne nach 4 Jahren ein. Auf Asche erschienen Angiospermen nach 5—14 Jahren, auf Lava aber erst nach 28—52 Jahren (Eggler). Viel rascher ging die Besiedlung mit Pflanzen dort voran, wo Bäume überlebten oder die Asche bald wegerodiert wurde. Selbst bei optimalen Niederschlägen und Temperaturen ist reine Lava nach 200 Jahren noch kaum verwittert.

An den unter Naturschutz stehenden Ufern des Federsees konnte Kuhn eine ungewöhnlich vollständige Serie von eutrophen Verlandungsgesellschaften untersuchen. Die Vegetationsentwicklung in einem noch wachsenden kleinen Waldhochmoor, dem Moosfenn bei Potsdam, beschreiben Müller-Stoll und Guhl auf Grund mehrjähriger Beobachtungen. Es ist bemerkenswert, wie stark der Vernässungsgrad und das Breiten- und Höhenwachstum dieses kontinentalen Hoch- und Zwischenmoortyps von der Witterung der Jahre abhängt.

Eine seltene Dokumentation stellen die Photographien dar, die SHANTZ in den Jahren 1919/20 in Afrika aufgenommen und 1956/57 an genau denselben Plätzen wiederholt hat (SHANTZ und TURNER). Manche Bilder sind fast vollkommen gleich, besonders in wenig gestörten Wäldern. Andere lassen kaum noch erkennen, daß es sich um dieselbe Örtlichkeit handelt, so sehr hat der Mensch eingegriffen. Bemerkenswert rasch ging die Degradation von regengrünen Trockenwäldern zu Savannen oder offenem Grasland vor sich. Nur an wenigen Orten konnten sich Holzgewächse neu ansiedeln. Nahe der Nordküste Venezuelas hat sich der höchste Berg des Massivs von Cumaná, den HUMBOLDT als grasbedeckten „Sabana-Berg" beschrieb, in den seither vergangenen 150 Jahren wieder mit Busch und Wald bedeckt (VARESCHI), ein Beweis dafür, daß viele ähnliche Grasformationen Südamerikas nicht klimatisch bedingt, sondern anthropo-zoogen sind.

Nach N. D. MARTIN dauert es im Algonquin-Park, Ontario, etwa 1000 Jahre, bis sich nach einem Waldbrand wieder der *Tsuga canadensis*-Klimaxwald voll ausgebildet hat. Die Pionierbestände von *Betula*- und *Populus*-Arten werden nach etwa 50—70 Jahren zunächst von *Abies*- und *Picea*-Arten oder auch von *Pinus strobus* abgelöst, unter denen sich erst nach rund 100 Jahren die Holzarten des Klimaxwaldes ansiedeln.

Auf 10×10 m großen Dauerflächen in den Bergheiden der Eifel zeigte sich nach KLAPP, daß 15 Jahre nicht genügen, um die durch frühere Triftweide selektiv begünstigten Arten, namentlich *Calluna*, zum Verschwinden zu bringen. Das gelingt dagegen schnell, wenn regelmäßig gedüngt und genutzt und dadurch die Konkurrenzkraft raschwüchsiger Arten vergrößert wird. Auf entsprechende Beobachtungen SCHREITLINGs an halophilen Rasen wurde bereits in Abschnitt I, 5 hingewiesen. Bei intensiver Bewirtschaftung, insbesondere hoher Stickstoffdüngung und Besatzdichte, wird der Pflanzenbestand einer Weidelgrasweide auf Marschboden schon in 1—2 Jahren extrem leguminosenarm und grasreich, und nur *Lolium perenne* und *Phleum pratense* erlangen nennenswerte Massenanteile (DÖRRIE). Gleichzeitig kann die Ertragsleistung solcher Weiden fast auf das Dreifache der normalen gesteigert werden.

In den Unkrautgesellschaften der Hackfruchtäcker und Gärten (nicht dagegen in denen der Wintergetreidefelder) unterscheidet J. TÜXEN sog. „Stufen", die das ungefähre Alter des betreffenden Landstücks erkennen lassen, wenn man sie zuvor an prähistorischen und historischen Befunden „geeicht" hat. Diese Stufen, z. B. eine „alte" (vor etwa 1000 n. Chr.), und eine „junge" Ackerstufe sowie eine „Rodungsstufe" aus jüngster Zeit, kommen im wesentlichen durch das Hinzutreten anspruchsvollerer Arten zustande, die auf die im Laufe der Zeit eintretende Humus- und Nährstoffanreicherung reagieren. Eine Entwicklungsreihe, die an einem und demselben Orte durchlaufen worden wäre, darf man in dieser Stufenfolge aber nicht ohne weiteres sehen, weil — wie der Autor mit Recht betont — die Unkrautgesellschaften vor der Ablösung der Brachwirtschaft und der Einführung von Mineraldüngern anders zusammengesetzt waren als heute.

3. Allgemeine Fragen der Vegetationsgliederung

Grundfragen und Aufgaben der Pflanzensoziologie behandelt BRAUN-BLANQUET (1) in einem konzentrierten Überblick. Hervorgehoben sei sein von SCHMITHÜSEN angeregter Vorschlag, physiognomisch-ökologisch ähnliche und floristisch durch gemeinsame oder vikariierende Arten bzw. Gattungen ausgezeichnete Klassen aus verschiedenen Florenreichen zu Klassengruppen zusammenzufassen.

Für eine natürliche, nicht nur floristische Merkmale benutzende Klassifikation der Vegetationseinheiten setzt sich REGEL ein, indem er besonders auf die russische Literatur hinweist. SCAMONI u. PASSARGE möchten die floristische Kennzeichnung der Assoziationen, Verbände, Ordnungen und Klassen beibehalten, aber von dem Treuebegriff lösen, indem sie diese Einheiten durch bestimmte Kombinationen von „soziologischen Gruppen" charakterisieren. Als Beispiel geben sie eine Gliederung der Waldgesellschaften, die in der Fassung vieler höherer Einheiten revolutionär ist, aber wohl zu einseitig von den Erfahrungen im nordöstlichen Mitteleuropa ausgeht. Für Gesellschaften von bestimmter Artenzusammensetzung, die keine Verbands- und Assoziationscharakterarten haben, schlägt VAN LEEUWEN die Bezeichnung „Consortium" vor (z. B. *Lathyrus pratensis-Fritillaria meleagris*-Consortium, holländische Schachblumenwiese in der Ordnung *Arrhenatheretalia*).

Bei einem Überblick über die Salzmarsch-Vegetation der Erde versucht CHAPMAN, die Systematik im Sinne BRAUN-BLANQUETs mit den dynamischen Gesichtspunkten der anglo-amerikanischen Schule zu vereinigen. An über 80 verschiedenen europäischen Pflanzengesellschaften demonstrieren DANSEREAU u. ARROS die von ersterem entwickelte Darstellungsweise der (physiognomischen) Vegetationsstruktur mit Hilfe von stark schematisierten Zeichen.

WILMANNS (1) kommt für südwestdeutsche Laubwälder zu dem Ergebnis, daß die ökologische Amplitude rindenepiphytischer Kryptogamen-Gesellschaften größer ist als die der Phanerogamen-Einheiten.

Eine wirksame Vereinfachung der zeitraubenden „Tabellenarbeit" des Pflanzensoziologen ist von dem Wilmannsschen (2) Verfahren zu erwarten. An Stelle des üblichen Karopapiers verwendet sie schachbrettartig angeordnete Holzklötzchen von 8×8 mm Grundfläche und 16 mm Höhe, die in beiden Querrichtungen mit 4 mm-Bohrungen versehen sind. Mittels 2 mm dicker Drahtstangen kann man Zeilen oder Spalten aus dem auf einem gerändelten Blech geordneten und mit einer Rohtabelle beschriebenen Block herausheben und versetzen.

Dichtebestimmungen in Pflanzengemeinschaften behandeln BÖCHER u. WEIS BENTZON.

4. Vegetationskartierung, angewandte Vegetationskunde

wird im nächsten Jahre referiert.

5. Spezielle Vegetationskunde

Übersichten

Von TÜXEN und zahlreichen Mitarbeitern herausgegeben, begann eine Reihe von vegetationskundlichen Bibliographien zu erscheinen:

Excerpta botanica, Sect. B sociologica (Fischer-Verlag Stuttgart). Heft 1 des 1. Bandes enthält eine Bibliographie von *Japan* (MIYAWAKI) und die Fortsetzung der *deutschen* (TÜXEN und MEISSNER). Heft 2 betrifft *Rumänien* (BORZA) sowie Floren mit soziologischen Angaben (viele Mitarbeiter aus europäischen Ländern) und das Problem Pflanzensoziologie und Bodenkunde (GROSSE u. TÜXEN), Heft 3 *Alaska* (HANSON), *Palästina* (ZOHARY) und *Luxemburg* (REICHLING) sowie Wurzelstudien zu bestimmten Pflanzengesellschaften (WILMANNS) und Verbreitungs- und Arealkarten von Pflanzengesellschaften (TÜXEN). Da demnächst auch andere Länder folgen und später alljährlich Ergänzungen gebracht werden sollen, können wir uns hier darauf beschränken, größere, methodisch interessante oder aus anderen Gründen beachtenswerte Arbeiten zu erwähnen, ohne dabei Vollständigkeit anzustreben. Mehrere solche sind bereits in den vorhergehenden Abschnitten besprochen worden und werden hier nicht wieder erwähnt.

Seinen Überblick über die Vegetationsforschung in der *Schweiz* nunmehr für die Zeit von 1949—1958 fortsetzend, behandelt FURRER fast 100 Publikationen. Später veröffentlichte BRAUN-BLANQUET (2) eine ausführliche Beschreibung der xerothermen Föhren- und Eichenwälder sowie der Trockenrasen in dem relativ kontinentalen Klima der nordbündnerischen „Föhrentäler".

Süd- und Westeuropa

Einen Eindruck von der Vegetation in der Umgebung von Pavia in *Norditalien* gibt der von PIGNATTI-WIKUS u. PIGNATTI unter Beteiligung weiterer Autoren verfaßte Bericht über die 3. internationale pflanzensoziologische Exkursion. Interessant sind die mediterranen und submediterranen Gesellschaften des Bassin du Beausset, das an der Grenze von Kalk und Kristallin in der *südfranzösischen* Provence liegt (MOLINIER). Zahlreiche neue Assoziationen und Verbände sowie einige Ordnungen der *Helianthemetea annuae* auf trockenen Sandböden beschreibt RIVAS GODAY aus Süd- und Ost-*Spanien*. Die zur eurosibirischen Region gehörenden Phanerogamen-Gesellschaften des nördlichen Spaniens behandeln TÜXEN u. OBERDORFER sehr eingehend auf Grund ihrer Aufnahmen während der I. P. E. 1953. Auch manche Gesellschaften Nordost-*Portugals*, z. B. die von TELES untersuchten *Cynosurion*-Weiden, zeigen in ihrer soziologischen und standörtlichen Gliederung interessante Parallelen zu denen Nordwestdeutschlands, Hollands und Belgiens.

Die Zwergstrauchheiden der Bretagne (VANDEN BERGHEN) sind wesentlich anders zusammengesetzt als die *Calluna*-Heiden im mittleren *Belgien*, die nach HEINEMANNs gründlicher Bearbeitung den holländischen und nordwestdeutschen sowohl in floristisch-soziologischer als auch in ökologischer und genetischer Hinsicht sehr ähneln. Zu den Blättern Henri-Chapelle und Herre der Vegetationskarte 1:20000 von Belgien erschienen ausführliche Beschreibungen von SOUGNEZ (1,2). Die Auenwald-Gesellschaften eines kleinen Flußtales in den französischen Ardennen behandelt J. DUVIGNEAUD. Eine seit langem empfundene Forschungslücke füllt die pflanzensoziologisch-ökologische Bearbeitung der Quellen, Quellbäche und Quellwaldgesellschaften aus, die MAAS in den *Niederlanden* durchführte.

Mittel- und Südosteuropa

Aus *Deutschland* ist unter anderem die Zusammenstellung der Flechtenvegetation und -flora des Siebengebirges bei Bonn (KLEMENT) zu erwähnen. An den Ufern von 9 Talsperren in Nordrhein-Westfalen untersuchte BURRICHTER die Therophyten-Gesellschaften, die sich hier in dem Trockenjahr 1959 gut entwickelt hatten. Nach Ansicht von Rühl kommt *Carex strigosa* nur im Siebengebirge an ungestörten Standorten (und zwar in Bacheschenwäldern) vor, während sie sonst nur an kulturbeeinflußten Plätzen, hauptsächlich an Waldwegen, auftritt. Kriso wies nach, daß viele süddeutsche Eichen-Hainbuchen-Bestände auf vom Menschen veränderten Standorten stocken. Ihr Aufbau, den er durch viele farbige Strukturbilder anschaulich macht, und ihre Leistung variieren sehr.

Im Grenzbereich der Eichen-Buchen-Stufe zur Buchenstufe am Nordwestabfall des Thüringer Waldes untersuchte Schlüter (1) die Waldgesellschaften und stellte sie in den Rahmen einer neuen Wuchsbezirksgliederung. Ein schönes Beispiel für das Gesetz von der relativen Standortskonstanz findet er (2) dabei in dem Verhalten des Hainsimsen-Traubeneichen-Buchen-Waldes. In der Eichen-Buchen-Stufe ist diese verhältnismäßig lichte, Trockenheit ertragende Gesellschaft in allen Expositionen zu finden, während sie in der Buchenstufe nur noch an Süd- und Westhängen vorkommt. Die naturnahen Waldgesellschaften des subkontinentalen Meininger Muschelkalkgebietes lassen sich nach Hofmann (1) in Beziehung zur Ertragsbonität der Buche bringen. In Mitteldeutschland kommt *Taxus baccata* in Kalk-Buchenwäldern vor, deren Baumschicht ziemlich locker und wegen des flachgründigen Bodens konkurrenzschwach ist. Wie *Sesleria coerulea*, mit der sie häufig in Gemeinschaft lebt, bevorzugt sie nach Hofmann (2) schattig-steile Nord- bis Westhänge. Die *Sesleria*-Halden und andere dealpine Felsheiden der Frankenalb gliedert Thorn soziologisch und mit Hilfe von Arealtypenspektren.

In einer 2. Reihe von Verbreitungskarten brandenburgischer Leitpflanzen bringen Müller-Stoll und Krausch auch eine Übersichtskarte, auf der die Dichte des Vorkommens xerothermer Elemente in einer 5 stufigen Skala dargestellt wird. Die Niederlausitz ist keineswegs von Natur aus buchenfrei, wie vielfach angenommen wird. Klix und Krausch konnten neben rezenten auch zahlreiche erloschene Vorkommen von *Fagus* nachweisen. Einen typischen Ausschnitt der Waldvegetation im uckermärkischen Jungdiluvium hat Scamoni genau kartiert und beschrieben. Die großenteils rotbuchenreichen Waldgesellschaften eines Jungmoränengebietes im östlichen Mecklenburg und ihre natürliche Holzartenkombination schildert Passarge (2). Während sich die Getreideunkraut-Gesellschaften Nordostdeutschlands nach Passarge (3) nur in 2—3 Assoziationsgruppen einteilen lassen, kann man bei denen der Hackfrüchte und Gärten *(Polygono-Chenopodion)* 7 Assoziationsgruppen unterscheiden. Diese spiegeln die klimatischen Unterschiede und die Bodenarten besser wider als die Halmfruchtunkraut-Gesellschaften (vgl. auch J. Tüxen, Abschnitt II, 2).

Die Vegetation und die Florengeographie *Polens* haben durch das zweibändige, von Szafer unter Mitarbeit namhafter Fachleute herausgegebene Werk eine umfassende Darstellung gefunden. Posthum erschien Klikas Bearbeitung der Pflanzengesellschaften zweier Forstreviere in der Übergangszone zwischen Buchen- und Eichenwäldern in Mittelböhmen. Die xerothermen Rasengesellschaften der *Tschechoslowakei (Festucion valesiacae* und *Seslerio-Festucion duriusculae)* behandelt Medwecka-Kornas im Überblick. Wasser- und Verlandungsgesellschaften des Wittingauer Beckens in Böhmen stellt Neuhäusl systematisch zusammen.

Drei Zonen laubwerfender Eichenwälder unterscheidet Horvat (1) in Südosteuropa: Die westliche mit dem *Querceto-Carpinetum croaticum* hat mitteleuropäischen Charakter, die östliche mit *Quercion confertae*-Gesellschaften ist kontinentaltrocken, die südliche wie das *Carpinion orientalis* submediterran. Die *Syringa vulgaris*-Buschwälder im östlichen Balkan gliedert Jakucs (2) in 3 Assoziationen, die er zum *Syringo-Carpinion orientalis* zusammenfaßt und an das alte *Orneto-Ostryon* anschließt. Steppen- und Eichenbusch-Gesellschaften der rumänischen Dobrudscha und Moldau beschreiben erstmals Jakucs, Fekete u. Gergely. Borza zählt 94 Assoziationen aus den Süd-Karpathen *Rumäniens* auf. In der von Zolyomi herausgegebenen Reihe ,,Die Vegetation *ungarischer* Landschaften" erschien ein zweiter schöner Band, und zwar über das Alpenvorland (Pocs u. Mitarb.). Zolyomis Schilderung der natürlichen Vegetation in der Umgebung von Budapest ist so gut illustriert und so reichlich mit Pflanzenlisten versehen, daß sie trotz Fehlens einer Zusammenfassung in bekannterer Sprache verständlich ist. Soó setzt seine systematische Übersicht der pannonischen Pflanzengesellschaften fort *(Corynephoretea, Festuco-Brometea)*.

Afrika

Die Vegetation und die Lebensbedingungen an der *Goldküste* Afrikas studierte BOUGHEY im Vergleich zu anderen tropischen Küsten. CLAYTON beschreibt die Sekundärvegetation im Regenwald-Tiefland von *Nigeria* und die Verschiedenheit der Vegetationskomplexe auf tonigem, sandigem und sumpfigem Boden. Über die Waldtypen Westafrikas und ihre Nutzung erfahren wir durch BUCKLE in einem auch im übrigen lesenswerten Heft der „Unasylva".

Eine knappe ökologische Charakteristik der Wüsten, Halbwüsten, ariden und subariden Zonen in *Süd- und Ostafrika* stammt von PHILIPPS. DUBUIS u. SIMONNEAU (1) geben eine Übersicht der Pflanzengesellschaften auf Salzstandorten in West-*Algerien*. Außerdem beschreiben sie die Unkrautvegetation der Reisfelder (2) und Artischocken-Kulturen (3) sowie einige Pflanzen und Gesellschaften von Sandwüsten (4). Standortsverhältnisse und Vegetation der *ägyptischen* Kieswüsten untersuchten KASSAS und IMAN. TADROS u. ATTA beschreiben halophile Gesellschaften (1) und Wüstenvegetation auf anderen Standorten (2) in Ägypten.

Asien

Die Vegetation von Zentral- und Ost-*Arabien* nördlich des Wendekreises, die VERSEY-FITZGERALD (2) aufnahm und kartierte, spiegelt vor allem die geologischen Verhältnisse wider, weil sie in erster Linie von der Verteilung der Bodenarten abhängt. Zwei Arbeiten von KASSAS und von VERSEY-FITZGERALD (1) über die Küstenvegetation des Roten Meeres ergänzen einander. Von der mediterranen Vegetation des *Irak* berichtet REGEL (2).

Die Beziehungen der Vegetation von *Indien*, Pakistan und Burma zu den Niederschlägen diskutieren BHARUCHA u. SHANBHAG. In Zentral-Indien sind nach BHATIA laubwechselnde *Tectonia*-Mischwälder als Klimax anzusehen. Offene und geschlossene Buschgesellschaften beschreiben PURI u. JAIN aus Poona im westlichen Indien. Von der Sumpf- und Flußmarsch-Vegetation in demselben Distrikt geben PURI u. MAHAJAN einen Begriff. Über die Mangroven Vorderindiens sowie über deren forstliche Behandlung und Verjüngung unterrichtet HUBERMAN.

Einen aufschlußreichen Bericht über die Fortschritte der pflanzengeographischen Forschung in *China* verdanken wir MEUSEL (1). Er enthält unter anderem eine Karte von HOU u. Mitarb., auf der das Land in 12 Regionen von Vegetationsformationen und Bodentypen gegliedert ist. Außerdem veröffentlicht MEUSEL (2) Bilder aus der Waldvegetation Süd- und Mittelchinas. Flora und Vegetation von *Formosa* und den Liukiu-Inseln bis einschließlich Amami zeigen nach HOSOKAWA (2) enge Beziehungen zu Südwest-China und dem Himalaya. Die Waldgesellschaften der Insel *Hokkaido* und der östlichen Mandschurei sind denen Skandinaviens durchaus homolog, wie TATEWAKI in seinem Überblick über die nordpazifischen Inseln ausführt.

Australien und Ozeanien

WEBB entwirft eine klare Übersicht über die Verbreitung und die physiognomische Klassifizierung der tropischen, subtropischen und temperierten Regenwälder *Australiens*. Nach Assimilationsdauer, Blattgröße, Beteiligung der Lianen und anderen Gesichtspunkten teilt er diese drei Formationen in viele Subformationen ein und vergleicht sie mit den von BEARD (1944, 1955) beschriebenen ähnlichen Vegetationsformen Südamerikas.

Die Moorvegetation von *Neuseeland* ist mannigfaltig. Wie OSVALD betont, spielen auf Hochmooren die *Sphagna* eine viel geringere, Phanerogamen dagegen eine größere Rolle als in Europa. Ein typischer Lagg fehlt meistens.

Die tropische Tieflands-Sumpfvegetation des nordöstlichen *Papua* gliedert TAYLOR unter anderem nach dem Salzgehalt des Wassers und nach der Dichte und Höhe des Baumbewuchses in zahlreiche Formationen. Fünf *Campnosperma*-Waldassoziationen von *Mikronesien* vereinigt HOSOKAWA (1) zu einem Verbande, der deutliche Beziehungen zum Nordteil von Neuguinea zeigt. Eine Einteilung des pazifischen Bereiches in zahlreiche Vegetations-Provinzen stellt FOSBERG (1) zur Diskussion. Wie wenig noch über die Vegetation der tropischen und subtropischen

Inseln im Stillen Ozean bekannt ist, geht aus der mit einer Bibliographie versehenen Übersicht von FOSBERG (2) hervor. Die Vegetation und Flora von Wake Island beschreibt er (3) in einer jüngst erschienenen Arbeit.

Süd- und Mittelamerika

Über die Waldregionen und besonders über die Trockenwälder der tropischen und subtropischen Zone Südamerikas gibt HUECK (1, 2) nach langjähriger Arbeit einen Überblick. Der tropische Tieflands-Regenwald des Amazonas-Gebietes von *Peru* läßt sich nach ELLENBERG (2) in zahlreiche Typen gliedern, von denen die meisten dadurch von der gewohnten Vorstellung abweichen, daß sie weder reich an Lianen noch an Epiphyten sind. Erst in der montanen Stufe und besonders im Nebelwald werden diese zahlreicher, auch in *Venezuela*, aus dessen Anden LAMPRECHT einige Beispiele genau beschreibt. Von der VegetationVenezuelas,besonders von den Saison-Regenwäldern am Orinoko, gibt der packende Bericht VARESCHIS über die Humboldt-Gedächtnis-Expedition eine gute Vorstellung. Die Dünenvegetation der Medanos de Coro an der nordvenezolanischen Küste haben LASSER u. VARESCHI pflanzensoziologisch und ökologisch untersucht. AUBERT DE LA RÜE hält auch die nicht überschwemmten Grassavannen in französisch *Guayana* und in dem angrenzenden Brasilien für natürlich, obwohl das Klima so niederschlagsreich ist, daß Regenwälder vorkommen, und obwohl er selbst darauf hinweist, daß die Grenzen des Graslandes durch Brände verschärft werden (vgl. hierzu auch VARESCHI, Abschnitt I, 6).

Ein 20—25 m hoher „regengrüner Feucht- und Trockenwald" bedeckte ursprünglich große Teile von *El Salvador*, ist aber nach LÖTSCHERT (3) bis auf wenige schwer zugängliche Restbestände durch eine extensiv genutzte „Kalebassen-Savanne" verdrängt worden. Eine eigenartige „Faßpalmen-Savanne" und andere Palmenbestände beschreibt LÖTSCHERT (2) aus West*kuba*. Immergrüne Trockenwälder und -gebüsche auf *Jamaika* untersuchten ASPREY u. LOVELESS. Sorgfältige Profil-Diagramme von Kaktus-Gebüschen und immergrünen Busch- und Waldformationen auf Kalkstein an der Südküste dieser Insel geben LOVELESS u. ASPREY. Über die Coniferen Mexikos berichtet HUGUET.

Nordamerika

Nach eigener Anschauung während zweier Vegetationsperioden und nach der von ihm zusammengestellten Literatur wagt KNAPP eine systematische Gliederung der gesamten Vegetation Nordamerikas in Klassen, Ordnungen und teilweise auch in Verbände (im Sinne BRAUN-BLANQUETs), deren mutmaßliche Charakterarten er aufzählt. In die regionale Literatur der nordöstlichen USA führt EGLER ein.

Literatur

ASPREY, G. F., and A. R. LOVELESS: J. Ecol. **46**, 547—570 (1958). — AUBERT DE LA RÜE, E.: C. R. somm. Soc. Biogeogr. **306**, 50—53 (1958). — AULITZKY, H.: Zbl. ges. Forstwes. **75**, 18—33 (1958).

BERGER-LANDEFELDT, U.: Vegetatio **7**, 169—206 (1957); **9** 1—47 (1959). — BHARUCHA, F. R., and G. Y. SHANBHAG: Univ. Bombay bot. Mem. 3, 109 S. (1957). — BHATIA, K. K.: J. Ecol. **46**, 43—63 (1958). — BODROGKÖZY, G.: Acta Univ. Szeged., Acta biol. N. S. 4, 121—142 (1958). — BÖCHER, T. W., and M. WEIS BENTZON: Oikos **9**, 35—56 (1958). — BOEKER, P.: Z. Acker- u. Pflanzenbau **108**, 77—92 (1959). — BORZA, A.: Vegetatio **8**, 181—188 (1958). — BOSIAN, G.: Ber. dtsch. bot. Ges. **72**, 391—397 (1959). — BOUGHEY, A. S.: J. Ecol. **45**, 665—687 (1957). — BRAUN-BLANQET, J.: (1) Vistas in Botany (Pergamon Press) **1959**, 145—171 (1959); (2) Vegetatio **8**, 235—249 (1959). — BUCKLE, D. H.: Unasylva **13**, 3—11 (1959). — BURRICHTER, E.: Ber. dtsch. bot. Ges. **73**, 24—37 (1960).

CHAPMAN, V. J.: Vegetatio **8**, 215—234 (1959). — CLAYTON, W. D.: J. Ecol. **46**, 217—238 (1959). — CLIFFORD, H. T.: J. Ecol. **47**, 311—316 (1959).

DANSEREAU, P., et J. ARROS: Vegetatio **9**, 48—99 (1959). — DÖRRIE, A.: Landw., Angew. Wiss. **88**, 78 S. (o. J., 1959?). — DUBUIS, A., et P. SIMONNEAU: (1)

Trav. Sect. Pédol. et Agrol. Minist. Algérie Bull. 3, 23 S. (1957) — (2) Trav. Sect. Pédol. et Agrol. Minist. Algérie Bull. o. J., 75 S. — (3) Trav. Sect. Pédol. et Agrol. Minist. Algérie Bull. 2, 29 S. (1957). — (4) Trav. Sect. Pédol. et Agrol. Minist. Algérie Bull. 4, 27S. (1958). — Duvigneaud, J.: Vegetatio 8, 298—332 (1959). — Duvigneaud, P.: Bull. Soc. roy. Bot. Belgique 90, 127—286 (1958).

Eggler, W. A.: Ecol. Monogr. 29, 268—284 (1959). — Egler, F. E.: Sarracenia (Montreal) 1, 1—50 (1959). — Ellenberg, H.: (1) Ber. Geobot. Forsch. Inst. Rübel Zürich 1958, 47—74 (1959). — (2) Schweiz. Z. Forstwes. 1959, 169—187 (1959).

Filzer, P.: Ber. dtsch. bot. Ges. 70, 389—400 (1957). — Flaccus, E.: Ecology 40, 692—703 (1959). — Fosberg, F. R.: (1) Proc. eighth pacific Sc. Congr. 4, 15—23 (1957). — (2) Study of Tropical Vegetation, Unesco 1958, 54—60 (1958). — (3) Atoll Res. Bull. 67, 20 S. (1959). — Franz, H.: Feldbodenkunde. 583 S. Wien u. München: Fromme u. Co. 1960. — Freese, H., u. W. Czeratzki: Umschau 1957, 495—498 (1957). — Frei, E.: Plant and Soil 9, 215—236 (1958). — Furrer, E.: Vegetatio 9, 100—118 (1959).

Gillner, V.: Acta phytogeogr. suec. 43, 198 S. (1960). — Goodmann, P. J., E. M. Braybrooks and J. M. Lambert: J. Ecol. 47, 651—678 (1959). — Guyot, A. L.: Vegetatio 7, 321—354 (1957).

Haber, W.: Ber. dtsch. bot. Ges. 71, 399—410 (1958). — Harper, J. L., and A. P. Chancellor: J. Ecol. 47, 679—696 (1959). — Hartmann, F. K., J. van Eimern u. G. Jahn: Ber. dtsch. Wetterdienst 50, 39 S. (1959). — Heikinkeimo, O.: Acta forest. fenn. 61, 9 (1954). — Heinemann, P.: Vegetatio 7, 99—147 (1957). — Hirsch, G.: Beitr. Biol. Pflanzen 33, 371—422 (1957). — Hofmann, G.: (1) Feddes Repert. Beih. 138, 56—140 (1959). — (2) Arch. Forstwes. 7, 502—558 (1958). — Horvat, I.: Angew. Pflanzensoziol. (Stolzenau) 15, 50—62 (1958). — Hosokawa, T.: (1) Proc. eighth pacific Sc. Congr. 4, 473—481 (1957). — (2) Vegetatio 8, 65—92 (1958). — Huberman, M. A.: Unasylva 13, 188—196 (1959). — Hueck, K.: (1) Bol. Inst. forest. latino-amer. Invest. Capacit. Bol. 2, 1—40 (1958). — (2) Inst. forest. latinoamer. Mérida, Venezuela, 49 S. (1958). — Huguet, L.: Unasylva 13, 25—36 (1959).

Iwaki, H.: Jap. J. Bot. 16, 210—226 (1958). — Jagnow, G.: Z. Pflanzenernähr., Düngung, Bodenkunde 82, 50—67 (1958). — Jakucs, P.: (1) Acta agron. Acad. Sci. Hung. 9, 209—236 (1959). — (2) Acta bot. Acad. Sci. Hung. 5, 357—390 (1959). — Jakucs, P., G. Fekete u. J. Gergely: Ann. hist.-nat. Mus. nation. Hung. 51, 211—225 (1959). — Jeník, J.: (1) Preslia 29, 369—374 (1957). — (2) Acta Univ. Carol., Biol. 5, 47—91 (1958).

Kaiser, H.: Ber. dtsch. Wetterdienst 53, 36 S. (1959). — Kassas, M.: J. Ecol. 45, 187—203 (1957). — Kassas, M., and M. Imam: J. Ecol. 47, 289—310 (1959). Klapp, E.: Abh. naturw. Ver. Bremen 35, 280—295 (1958). — Klement, O.: Decheniana Beih. 7, 5—56 (1959). — Klika, J.: Acta Univ. Carol., Biol. 1958, 215—266. — Klix, W., u. H.-D. Krausch: Wiss. Z. pädagog. Hochsch. Potsdam, math.-nat. R. 4, 5—27 (1958). — Kmoch, H. G., H. H. Halfmann u. A. Sievers: Z. Acker- u. Pflanzenbau 105, 121—144 (1958). — Knapp, R.: (1) Ber. dtsch. bot. Ges. 72, 368—382 (1959). — (2) Geobot. Mitt. Köln 4, 63 S. (1957). — Koch, G.: Arch. Forstwes. 7, 27—49 (1958). — Korchagin, A. A., and E. M. Lavrenko: Field geobotany. I. Moscow-Leningrad: USSR-Press 1959, 444 S. — Krause, W.: Z. Acker- u. Pflanzenbau 107, 245—274 (1959). — Kriso, K.: Forstwiss. Forsch. 9, 1—78 (1958). — Kristensen, K. J.: Oikos 10, 103—120 (1959). — Kuhn, L.: Federnseebuch 1—69 (1959 ?).

Lamprecht, H.: Schweiz. Z. Forstwes. 109, 89—115 (1958). — Lange, O. L.: Flora 147, 595—651 (1959). — Larcher, W.: Veröff. Ferdinandeum Innsbruck 37, 49—81 (1957). — Lasser, T., y V. Vareschi: Bol. Soc. venez. Ci. nat. 17, 223—272 (1957). — Leeuwen, C. G. van: De Levende Natuur 61, 268—278 (1958). — Léonard, A.: Vegetatio 8, 250—258 (1959). — Lötschert, W.: (1) Ber. dtsch. bot. Ges. 71, 55—70 (1958). — (2) Natur u. Volk 86, 33—41, 161—168 u. 421—427; 87, 67—72 (1956—1957). — (3) Umschau 1959, 719—723 (1959). — (4) Flora 147, 417—428 (1959). — (5) Umschau 1960, 52—54 (1960). — Loveless, A. R., and G. G. Asprey: J. Ecol. 45, 799—822 (1959). — Lüdi, W.: Flora 146, 383—407 (1958).

MAAS, F. M.: Meded. Landbouwhogesch. Wageningen 59, 1—166 (1959).— MALMER, N.: Bot. Notiser 111, 274—288 (1958). — MARTIN, N. D.: Ecol. Monogr. 29, 187—218 (1959). — MARTIN, W. E.: Ecol. Monogr. 29, 1—46 (1959). — McMILLAN, C.: Ecol. Monogr. 29, 285—308 (1959). — MEDWECKA-KORNAŚ, A.: Wiadomosci Boran. 2, 47—71 (1958). — MEUSEL, H.: (1) Wiss. Z. Univ. Halle 6, 907—916 (1957). — (2) Urania 1958, 60—65. — MEYER, F. H.: Arch. Mikrobiol. 33, 149—169 (1959). — MOLINIER, R.: Bull. Mus. d'Hist. nat. Marseille 17, 45—71 (1957). — MÜCKENHAUSEN, E.: Die wichtigsten Böden der Bundesrepublik Deutschland usw. 2. Aufl., 145 S. Frankfurt a. M. 1959. — MÜLLER, A. v.: Angew. Pflanzensoziol. (Stolzenau) 12, 85 S. (1956). — MÜLLER, TH.: Veröff. Landesstelle f. Naturschutz u. Landschaftspflege Baden-Württemberg usw. 26, 47—87 (1958). — MÜLLER-STOLL, W. R., u. K. GUHL: Wiss. Z. pädagog. Hochsch. Potsdam 4, 151—180 (1959). — MÜLLER-STOLL, W. R., u. H.-D. KRAUSCH: Wiss. Z. pädagog. Hochsch. Potsdam; math.-nat. R. 4, 105—150 (1959).

NEUHÄUSL, R.: Preslia 31, 115—147 (1959). — NEUWINGER, I., u. A. CZELL: Forstw. Zbl. 78, 327—372 (1959). — NOIRFALISE, A.: Bull. Soc. roy. forest. Belg., oct. 1959, 1—7. — NOVIKOFF, G.: Bull. Serv. Carte phytogéogr. Sér. B3, 69—83 (1958).

OSVALD, H.: VIII⁶ Congr. Int. Bot. Paris 1954, Sect. 7 et 8, 122—127 (o. J.).

PASSARGE, H.: (1) Arch. Forstwes. 8, 1—74 (1959). — (2) Phyton 8, 10—34 (1959). — PHILIPPS, J.: Vegetatio 7, 38—68 (1957). — PIGNATTI-WIKUS, E., u. S. PIGNATTI: Arch. bot. e biogeogr. ital. 34, 4ᵃ ser. vol. III, 15—89 (1958). — PISEK, A., u. W. TRANQUILLINI: Umschau 1959, 44—46. — PÓCS, T., u. Mitarb.: Vegetationsstudien im Örség (ungarisches Ostalpenvorland). 124 S., Budapest 1958. — PURI, G. S., and S. K. JAIN: Proc. nat. Inst. Sc. India 24, B, 145—149 (1958 . — PURI, G. S., and S. D. MAHAJAN: Proc. nat. Inst. Sc. India 24, B, 159—164 (1958).

RAABE, E. W.: Ber. Ver. „Natur u. Heimat" u. naturhist. Mus. Lübeck 2, 5—78 (1960). — RADEMACHER, B.: Wintertagung Verb. landw. Gutsbetriebe Oesterr. 1958, 1—23. — RATCLIFFE, D. A., and D. WALKER: J. Ecol. 46, 407—445 (1958). — REGEL, C. v.: (1) Ber. dtsch. bot. Ges. 72, 383—390 (1959). — (2) Beitr. Biol. Pflanzen 33, 371—422 (1957). — REHDER, H.: Abh. u. Verh. naturw. Ver. Hamburg, N. F. 3, 55—85 (1959). — RENAUD, A.: Les Alpes 1958, 226—237. — REPP, G.: Oesterr. bot. Z. 104, 454—490 (1958). — RHEINHEIMER, G.: Ber. dtsch. bot. Ges. 72, 246—250 (1959). — RIVAS-GODAY, S.: An. Inst. bot. Madrid 15, 1—113 (1957). — ROBERTS, H. A.: J. Ecol. 46, 759—768 (1958). — RÜHL, A.: Decheniana 111, 27—32 (1959).

SCAMONI, A.: Feddes Rep. 137, 55—109 (1957). — SCAMONI, A., u. H. PASSARGE: Arch. Forstwes. 8, 386—426 (1959). — SCHEFFER, F., u. B. ULRICH: Lehrbuch der Agrikulturchemie und Bodenkunde, III. Teil, Bd. 1. 2. Aufl., 266 S. Stuttgart: F. Enke 1960.— SCHLADERBUSCH, H., u. W. CZERATZKI: Landtechn. Forsch. 7, 25—31 (1957). — SCHLÜTER, H.: (1) Arch. Forstwes. 8, 427—493 (1959). — (2) Ber. dtsch. bot. Ges. 72, 349—354 (1959). — SCHMITHÜSEN, J.: Allgemeine Vegetationsgeographie. 261 S. Berlin: W. de Gruyter 1959. — SCHÖNHAR, S.: Allg. Forstz. 1958, 10. — SCHÖNNAMSGRUBER, H.: Ber. dtsch. bot. Ges. 72, 220—229 (1959). — SCHRAMM, J. R.: Proc. Amer. philos. Soc. 102, 333—350 (1958). — SCHREITLING, K.-T.: Mitt. Arb.gem. Floristik Schlesw.-Holst. u. Hamburg 8, 98 S. (1959). — SHANTZ, H. L., and B. L. TURNER: Univ. Arizona Coll. Agric. Rep. 169, 158 S. (1958). — SIOLI, H.: Bol. Mus. paraense Emilio Goeldi, N. S. 1, 1—37 (1957). — SLAVÍKOVÁ, J.: Preslia 30, 19—42 (1958). — SOÓ, R.: Acta bot. Acad. Sci. Hung. 5, 473—500 (1959). — SOUGNEZ, N.: (1) Carte de la végétation de la Belgique. 1957. — (2) Carte de la végétation de la Belgique. 1954. — SPENCE, D. H. N.: J. Ecol. 47, 641—649 (1959). — STÄHLIN, A., u. D. BOMMER: Z. Acker- u. Pflanzenbau 106, 321—336 (1958). — STEUBING, L., u. G. CASPERSON: Z. angew. Meteor. 3, 219—224 (1959). — Symposium on the classification of brackish waters: Arch. Oceanogr. e Limnol. 11 Suppl., 248 S. (1959). — SZAFER, W.: Szata Roslinna Polski I u. II, Warschau: Panstw. Wydawn. Nauk 1959, 586 u. 333 S.

TADROS, T. M., and B. A. M. ATTA: (1) Vegetatio 8, 137—160 (1958).— (2) Vegetatio 8, 161—175 (1958). — TALLIS, J. H.: J. Ecol. 47, 325—350 (1959). — TATEWAKI, M.: J. Facult. Agric. Hokkaido Univ. 50, 371—486 (1958). — TAYLOR, B. W.: Ecology 40, 703—711 (1959). — TELES, A. N.: Publ. 23. Congr. luso-espanhol

5, 5—13 (1957). — THORN, K.: Sitz.ber. phys.-med. Soz. Erlangen **78**, 128—199 (1958). — TROLL, C.: (1) Jahresber. Ges. Freunden u. Förderern Univ. Bonn **1958**, 3—75. — (2) Bonner geogr. Abh. **25**, 1—93 (1959). — TÜXEN, J.: Angew. Pflanzensoziol. (Stolzenau) **16**, 164 S. (1958). — TÜXEN, R., u. E. OBERDORFER: Veröff. Geobot. Inst. Rübel **32**, 328 S. (1958).

VAARTAJA, O.: Ecol. Monogr. **29**, 91—111 (1959). — VANDEN BERGHEN, C.: Vegetatio **8**, 193—208 (1959). — VARESCHI, V.: Geschichtslose Ufer. 199 S. München: F. Bruckmann 1959. — VESEY-FITZGERALD, D. F.: J. Ecol. **45**, 779—798 (1957).

WEBB, L. J.: J. Ecol. **47**, 551—570 (1959). — WEHRMANN, J.: Forstw. Zbl. **78**, 129—149 (1959). — WEISS, E. H.: Carinthia II **68**, 62—63 (1958). — WIENERS, K. A.: Z. Acker- u. Pflanzenbau **106**, 1—25 (1958). — WILMANNS, O.: (1) Beitr. naturkundl. Forsch. Südwestdeutschland **17**, 11—19 (1958). — (2) Ber. dtsch. bot. Ges. **72**, 419—420 (1959). — WINKLER, E.: Jb. Ver. Schutze d. Alpenpfl. u. -Tiere **1959**, 1—8.

ZOLYOMI, B.: Die natürliche Vegetation der Umgebung von Budapest (ungar.). In: Budapest Természeti Képe. Budapest 1958. — ZONNEVELD, I. S.: Meded. Stichting v. Bodenkart., Bodenkund. Stud. **4**, 210 S. mit 2 Bänden als Anlage (1960.)

9. Ökologie

Von Theodor Schmucker, Göttingen

Blütenbiologie

Die Blütenbiologie auf Grund einer Bautypenordnung hat Werth in einem auch für weitere Kreise bestimmten Buch dargestellt.

Viele sorgfältige und liebevolle Darstellungen älterer Blütenbiologen sind unzureichend oder mißweisend, weil die Erscheinung der Selbststerilität unbeachtet geblieben ist. Wenn Straub kurz und klar Wege zeigt, auf denen Selbststerilität zustande kommen kann, so hat er sich damit den Dank auch der Blütenbiologen verdient. Sein Schüler Christ wies nach, daß bei der selbststerilen *Cardamine amara* der Weg des Pollenschlauches zwischen Cuticula und den inneren Wandschichten der Narbenpapillen abwärts geht, aber nur bei Fremdbestäubung. Denn bei Selbstung vermögen die Pollenschläuche die Cuticula nicht zu durchbrechen. Sei es, daß in diesem Fall das entsprechende Ferment von der Narbe inaktiviert wird oder ein in inaktivem Zustand vorhandenes Ferment nicht aktiviert wird, im Gegensatz zur Fremdbestäubung und beruhend auf speziellen Genen. Im übrigen sind immer wieder Fälle gefunden worden, bei denen Selbstfertilität sozusagen unerwartet auftritt, so z. B. bei *Picea omorica* (Langner). Denn die meisten *Coniferen* dürften weitgehend selbststeril sein (außer *Thuja plicata* und wohl auch *Sequoia*). Nach Laczynska-Hulewiczowa sind die tetraploiden Rassen des Rotklees im Gegensatz zu den diploiden fast stets selbstfertil, wobei die merkwürdige Tatsache zu verzeichnen ist, daß Bestäubungen innerhalb der gleichen Blüte bzw. des gleichen Köpfchens wesentlich schlechtere Ergebnisse liefern als solche zwischen verschiedenen Köpfchen der gleichen Pflanze. Plasmatische Faktoren sollen im Spiel sein. Eisenhut (1 und 3) fand, daß bei unseren Linden die Blüten trotz schwacher Protandrie sich spontan selbsten können; ferner, daß Windbestäubung wahrscheinlich wesentlicher ist als Insektenbestäubung. Unter solchen Umständen müßte Eigenbestäubung (einschließlich Geitonogamie) bei weitem überwiegen, wenn die Linde selbstfertil wäre. Sie ist es tatsächlich. Auch *Ophrys muscifera* ist selbstfertil [Geitler (2)], wenn auch spontane Selbstung kaum eintreten kann. Die Fremdbestäubung war am Standort (1400 m) relativ selten und unsicher.

Das Problem der selektiven Befruchtung hat Haustein kurz und übersichtlich dargestellt. Die Geschwindigkeit des Wachstums der Pollenschläuche wechselt mit deren genetischer Konstitution, die Affinität zwischen Pollenschlauch und Samenanlage (bzw. Eizelle) mit der genetischen Konstitution beider. Sie kann bis auf Null sinken, was eine Befruchtung ganz unwahrscheinlich macht. Die Untersuchungen wurden an komplex-heterozygoten *Oenotheren* durchgeführt. Narbenstoffe, die Pollenschläuche chemotrop anziehen, fanden Bopp und Noack bei *Begonia*.

Aus dem weiten, vielfach mit neuen Methoden geförderten Gebiet der chemischen Physiologie der Blüten seien einige Arbeiten wenigstens kurz genannt. Während des Übergangs der blau-violetten Blütenfarbe von *Streptocarpus*-Bastarden in Rot ändert sich die Acidität kaum; doch ist in älteren Blüten das Anthocyan nicht mehr frei, sondern an Polysaccharide adsorbiert (Bopp). Weiße Blütenblätter sind meist nicht frei von chymochromen Pigmenten; aber deren Hauptabsorption liegt in sehr kurzwelligem Bereich (Roller). Ähnliches fand Darret für die Semialbinoformen von *Pulsatilla*. Nach Paris u. Haney nehmen auf die Färbung der Blüten von *Pulsatilla* neun verschiedene Gene Einfluß. Die bei *Casuarina* früher gefundenen geschlechtsgebundenen Unterschiede der Anthocyanidin-Ausstattung sind bei anderen Diöcisten nicht zu finden (Hartshorne).

Die bekannten merkwürdigen Anthesevorgänge bei *Arum* setzen nach Matile 24 Std. nach einem Lichtreiz ein; Duft- und Wärmeproduktion sind eng gekoppelt. Letztere ist Folge eines vom normalen Atmungsvorgang nicht unerheblich abweichenden Prozesses (Bendall, E. W. Simon). Bei *Mimulus* ist die etwa 16 min dauernde Öffnungsbewegung der gereizten Narbenlappen bei Sistierung der Atmung gehemmt, nicht aber die momentan erfolgende Schließbewegung (v. Guttenberg u. Reiff). Nektar pflegt nach Ziegler u. Lüttge weit weniger N zu enthalten als Siebröhrensaft (Rückresorption ?). Der Bestäubungstropfen bei *Taxus* (ähnlich auch bei *Ephedra*) enthält eine lange Reihe von Zuckern, Säuren, Aminosäuren und Peptiden; er entsteht durch Auflösung der peripheren Schichten des Nucellus-Scheitels [Ziegler (2)]. Bei *Petunia* und *Lilium* haben Linskens u. Esser festgestellt, daß die wachsenden Pollenschläuche Kohlenhydrate aus dem Griffelgewebe aufnehmen. Die fördernde Wirkung der Bestäubung auf die Entwicklung der Samenanlagen bei *Paphiopedilum* lassen sich nach Magli auch durch Aufbringen von synthetischen Wuchsstoffen erzielen.

Unsere Kenntnisse über die Orientierung der Bienen im Flug hat Heran zusammengestellt. Eine fledermausblütige Pflanze *(Markhamia)* wies Hanelt nahe dem Wendekreis in China nach als dem nördlichsten Vorkommen einer solchen. Wagner warnt davor, die Bedeutung der Kolibris als Blütenbestäuber zu überschätzen, besonders außerhalb heißer Tropengebiete. Eine kleine Hochgebirgsart aus Mexiko z. B. nährt sich überwiegend von kleinem Getier, das allenthalben, nicht nur in Blüten, gesucht wird. Besonders im Winter erfolgt Insektenfang auch im Flug.

Die Pollenkörner von Windblütlern haben nach Dyakowska u. Zurzycki einen Durchmesser von 17—58 μ (Gewicht: 3—500 γ). Größere fallen zu rasch, falls nicht Luftsäcke vorhanden sind (Pollen von *Picea* ist 14mal schwerer als solcher von *Carpinus*, fällt aber gleich schnell). Kleinere Pollenkörner trennen sich schlecht voneinander.

Von 2102 in Südaustralien einheimischen Blütenpflanzenarten sind 89% zwitterblütig, 6% monöcisch, 4% diöcisch, eine Verteilung, die mit jener in Mitteleuropa weitgehend übereinstimmt (Parsons).

Ein derzeit unlösbares Grundproblem, wie das der Koaptation (Entstehung vielgliedriger Gestaltungen, die erst als Ganzes funktionellen Wert haben), wird zwar nicht gelöst, aber unmißverständlich vor Augen gestellt durch eingehende und umfassende Darstellung eines besonders bezeichnenden Falles. Das ist Vogel am Beispiel südafrikanischer *Ophrydeen*blüten trefflich gelungen. (Schon Darwin meinte in solchem Fall, daß es schiene, als ob ein geheimnisvolles Gesetz korrelativen Wachstums am Werke sei.) Ob man nun eine solche Darstellung als Beweis für das Wirken einer Ganzheitlichkeit in Organismen heranzieht oder lieber beim Eingeständnis mangelnder Erkenntnis beharrt, das ändert an dem hohen, nachdenklichen Wert derselben nichts.

Ausbreitung

In zahllosen Fällen ist die Samenkeimung ökologisch ein kompliziertes Geschehen. Bei *Tilia* beruht der starke Keimverzug nur auf der geringen Permeabilität der Samenschale sowie auf der Wachstumsbehinderung der Keimwurzel durch das umgebende Endosperm; der Embryo ist an sich entwicklungsbereit [EISENHUT (2)]. Nadelholzsamen aus dem hohen Norden oder Gebirgen ist oft unausgereift. Während der Stratifikation wächst der zunächst sehr kleine Embryo stark; die Keimfähigkeit wird erheblich verbessert, was praktisch wichtig ist. Doch hängt der Erfolg sehr von kleinen Unterschieden der Temperatur, Feuchte und Belüftung ab (HAGNER u. SIMAK). Die Samen der Halbwüstenpflanze *Zilla* keimen erst, wenn die gequollenen Samen allmählich wieder austrocknen (BINET). Nichtstratifizierte Samen von *Betula* keimen nur am Licht, isolierte Embryonen aber im Dunkeln ebenso gut. Im Samen ist nur ein einziger Hemmstoff vorhanden (BLACK u. WAREING). Nichtstratifizierte Samen von *Pseudotsuga* keimen unter Langtagsbedingungen sehr viel rascher. Es handelt sich um ein typisch photoperiodisches Phänomen; relativ hohe Lichtdurchlässigkeit der Samenschale ist nachgewiesen (RICHARDSON). Die Samen nicht aller *Juniperus*-Arten keimen so schwer, wie oft behauptet; aber bei manchen (z. B. auch *J. communis*) muß anscheinend zweimal hintereinander eine Entwicklungshemmung durch Kältereiz überwunden werden (SEBASTIAN). Hoher CO_2-Gehalt der Luft ist gut geeignet, die Samenruhe abzukürzen (LIPP, GRANT u. BALLARD). Samen von Getreide und Leguminosen sind noch nach zehn Jahren meist ziemlich gut keimfähig; *Avena* sogar nach mehr als 20 Jahren in geringem Betrag (U. SIMON). Beachtlich ist der Befund von RIEGER u. MICHAELIS, daß bei längerem Einquellen von Samen *(Faba)* infolge Sauerstoffmangel die Rate chromosomaler Aberrationen ansteigt. Auf feuchten Samen von *Hordeum* finden sich meist neben Pilzsporen auch *Pseudomonas*-Arten usw. Letztere scheiden ein Antibioticum aus, das hernach das keimlingsgefährdende Wachstum der Pilze hemmen kann (ROTH). Ähnlich wirksam könnten fungostatische Stoffe sein, die ARNOLD im Samen nachwies.

Nach KRACH bleiben im Verdauungstrakt körnerfressender Vögel die Samen von Gräsern und Unkräutern z. T. unzerstört und keimfähig, so daß diese Art endozoischer Verbreitung wohl eine Rolle spielt. *Crambe maritima* verbreitet ihre Fortpflanzungseinheiten sowohl anemochor als Bodenläufer wie durch Meeresströmungen; die Keimkraft bleibt im Meerwasser lange erhalten (STRAKA). Die Samen einer *Arceuthobium*-Art werden bis auf 5 (im Maximum 13) Meter weit fortgeschleudert (HAWKSWORTH).

Hypericum perforatum hat sich seit 1892 im Nordwesten von USA sehr stark ausgebreitet und einheimische Arten, darunter auch Weidepflanzen, verdrängt. Die Verbreitung erfolgt bei genügender Feuchte durch Samen (20000 je Pflanze); nach Ansiedlung auch durch starke vegetative Vermehrung (TISDALE, HIRONAKA u. PRINGLE). Auf die Arbeit von EGGLER über die Wiederbesiedlung nach Vulkankatastrophen u. dgl. (Paricutin!) kann nur eben hingewiesen werden.

In Wäldern von *Pinus taeda* in Südkarolina, die regelmäßig gut fruchten, geht nach LOTTI u. LEGRANDE ein hoher Anteil der Samen in Verlust, in manchen Jahren bis 98%. Nager und Vögel können ein Drittel der Samen auffressen; in trockenen Frühjahren gehen alle Sämlinge bis auf 5% wieder zugrunde. Trotzdem bleibt eine genügende Zahl von Jungpflanzen für die Walderhaltung übrig.

Mycorrhiza

Einen umfassenden Überblick legte HARLEY vor, ebenso MELIN (1). Über die Orchideenmycorrhiza wird berichtet in dem Buch von WITHNER, über die mycotrophen Holosaprophyten in dem Bericht von SCHMUCKER (1).

Wenn die mycotrophe Infektion bei *Orchideen* [untersucht von GÄUMANN u. KERN (2) bei *Orchis militaris*] nicht auf Achsen bzw. Knollen übergreift, so beruht das zunächst auf einer schwachen, z. T. durch Cumarin bedingten, auch ohne Infektion vorhandenen Grundimmunität. Aber mit dem Wurzelpilz *(Rhizoctonia repens)* infiziertes Knollengewebe erzeugt mindestens zwei fungistatisch wirksame Stoffe, von denen dem Orchinol (wohl einem Kryptophenol) starke Wirkung zukommt [über dessen Isolierung und Kennzeichnung vgl. GÄUMANN und KERN (1)]. Es entsteht auch in Wurzeln, aber in unzureichender Konzentration. Bei anderen *Orchis*-Arten kommen andere, ähnlich wirkende Stoffe vor. Die Bildung des Orchinols, dessen Wirkungsspektrum wenig spezifisch ist, wird durch verschiedenartige Pilze angeregt; seine Wirkung dauert so lange an, daß man von erworbener Immunität bzw. einem Antikörper im biologischen Sinn sprechen kann. MOSER zeigte, daß gerade Mycorrhizapilze im Gegensatz zu Streupilzen usw. aus Tryptophan solche Indolderivate bilden, die Wuchsstoffcharakter besitzen; Stoffe, die an der Ausbildung der typischen Kurzwurzeln z. B. der Nadelhölzer beteiligt sind. Nach MELIN (2) sind die Baum-Mycorrhizapilze meist autotroph hinsichtlich Adenin und ähnlicher Stoffe; diese hemmen andererseits die Wirksamkeit des wachstumsfördernden M-Faktors. Nahe verwandte Arten bzw. Stämme verhalten sich verschieden.

Letzteres fand auch LEVISOHN. Morphologisch weitgehend identische, jedenfalls zu einer Art zu rechnende Stämme, z. B. von *Boletus scaber*, verhielten sich physiologisch-ökologisch (Streuzersetzung, Mycorrhizabildung) recht verschieden. Andererseits ist nach WORLEY u. HACSKAYLO auf den Sämlingen von *Pinus virginiana* der relative Anteil verschiedener Pilze sehr stark von der Bodenfeuchtigkeit abhängig. Nach BOULLARD (1) treten bei *Pinus Strobus* in Amerika, Frankreich und Polen deutlich verschiedene Myc.-Typen auf. Bei *Aster Tripolium* nimmt der Anteil verpilzter Wurzeln mit der Länge der täglichen Belichtung (8—24 Std.) zu [BOULLARD (2)].

Durch eingehende Untersuchungen von HARLEY, McCREADY u. BRIERLEY über die Phosphataufnahme von Buchenmycorrhizen wird es sehr wahrscheinlich, daß unter natürlichen Verhältnissen die Phosphataufnahme des Baumes vermöge des Pilzes erfolgt. ELLENBERG nimmt an, daß im Haushalt wuchskräftiger Tropenwälder in Peru auf sehr saurem, flachgründigem Boden die Myc. eine bedeutende Rolle spielt. Im Urwald findet überhaupt, wie F. HARTMANN lehrt, ein rascher innerer Stoffumlauf statt mit rascher Mobilisierung im Boden, so daß in allen Zonen selbst sehr mächtige Wälder mit relativ seichten und anscheinend ärmlichen Böden auskommen können. Nachhaltig gleichbleibendes Wachstum kann vom Typ des Urwaldbodens unabhängig sein. PEYRONEL u. FASSI schreiben der Myc. einer *Caesalpiniacee* des tropischen Kongowaldes erhebliche biologische Bedeutung zu. Es ist gleichzeitig endo- und ektotrophe Myc. ausgebildet.

Die immer noch etwas rätselhaften Vesikeln der endotrophen Myc. hält OTTO (1) nach Befunden an *Malus*-Sämlingen für (geschlechtliche?) Fortpflanzungsorgane. Sie kommen [OTTO (2)] zuweilen sogar im Zentralcylinder vor. SCHRADER fand bei Erbsen in wurzelnahen Bodenschichten Außenvesikeln, die zur Infektion geeignet sind.

Biocidenanwendung kann die Ausbildung der Myc. bei *Pinus* stark hemmen oder sogar unterdrücken (PALMER u. HACSKAYLO).

Symbiosen

In dem bei Springer erschienen Handbuch der Pflanzenphysiologie (Bd. XI, 1959) finden sich im Abschnitt über Symbiose und Parasitismus u. a. folgende zusammenfassende Darstellungen: Parasitismus und Symbiose. Allgemeines. Niedere Parasiten-(KERN); Syncyanosen [GEITLER (1)]; Bakterien- und Actinomyceten-Symbiosen (SCHWARTZ); Flechten (QUISPEL); Symbiosen zwischen Pflanzen und Tieren (TÒTH).

Eine große Zahl von Arbeiten befaßt sich noch immer mit Eigenheiten der Entstehung und Funktion von Leguminosen-Knöllchen. BONNIER meint, daß von den Wurzeln ausgeschiedene, die Knöllchenbildung stimulierende Stoffe durch Adsorptionskräfte im Boden mehr oder weniger, je nach Bodenart, inaktiviert werden könnten. FÅHRAEUS u. LJUNGGREN vermuten, daß eine Polygalakturase, welche die Wurzeln bei Berührung mit den Bakterien ausscheidet, den Eintritt der letzteren durch Aufweichung der Wände der Wurzelhaare erleichtern könnten. PURCHASE weist nach, daß bei vielen Leguminosenarten keineswegs jeder Infektionsfaden zur Knöllchenbildung führt. Vielleicht hängt das damit zusammen, daß diese nach TROLLDENIER von der Anwesenheit polyploider Zellgruppen in der Wurzelrinde abhängt (die Bakterien selbst scheiden keine polyploidisierenden Stoffe aus). Die Knöllchen besitzen im Vergleich mit den Wirtszellen verdoppelte Chromosomensätze, gleichgültig, ob die Wirtspflanzen diploid oder tetraploid sind (FUNKE). PATE wies in Knöllchen 3 Wuchs- und 2 Hemmstoffe nach, erstere in höherer Konzentration als in den Wurzelzellen. THURBER, DOUGLAS u. GALSTON besprühten *Phaseolus*pflanzen mit K-Gibberellat und erhielten vierfach verlängerte Pflanzen (ohne erhebliche Steigerung des Trockengewichts), aber sehr starke Verminderung der Knöllchenbildung. Diese wurde durch Zugabe der gleichen Substanz im Boden nicht beeinflußt, die Wurzellänge nur wenig.

Stickstoffdüngung hebt bei Leguminosen nach ALLOS u. BARTHOLOMEW in allen Fällen das Trockengewicht stark. Der Anteil des assimilierten Stickstoffs sinkt, auch absolut, auf die Hälfte oder weniger. MEYER u. ANDERSON stellten fest, daß Temperaturerhöhung von 20° auf 30°, besonders bei schwachem Licht, die N-Assimilation von *Trifolium subterraneum* erheblich hemmt. BHASKARAN u. VENKATARAMAN fanden tief im Knöllcheninnern bei *Trifolium alexandrinum* (nicht bei anderen Arten des gleichen Standorts) *Nostoc*-Kolonien.

POMMER ist überzeugt, nunmehr den Symbionten von *Alnus* eindeutig gefunden zu haben; denn Isolierung und Re-Infektion gelangen in größerer Zahl. Daß es sich um einen *Actinomyceten* handelt, erscheint möglich; jedenfalls aber nicht um *Actinomyces alni*. Nach McCONNEL ist Bildung und gute Funktion der Erlenknöllchen von reichlicher Sauerstoffversorgung stark abhängig. ZIEGLER (1) fand in den Wänden der Mesophyllzellen, die in die Bakterienmassen der Blattknoten von *Pavetta* hineinwachsen, ansehnliche Plasmodesmen. HARRIS u. MORRISON haben eindeutig nachgewiesen, daß die „Knöllchen" an den Wurzeln von *Coriaria* N assimilieren.

AHMADJIAN stellte fest, daß bisher 54 Algengattungen als Symbionten bei Flechten gefunden wurden; die Bestimmung ist oft nur durch

Kultur möglich. HALE (1) konnte von 20 isolierten Flechtenpilzen nur drei, und zwar aus Krustenflechten, in Reinkultur zu gutem Wachstum (ohne Bildung von Ascosporen oder Flechtensäuren) bringen. Alle drei bedurften der Zufuhr von Vitaminen. WILHELMSEN bestimmte den Chlorophyllgehalt von Flechten (*Peltigera*, *Parmelia* und *Xanthoria*) und fand ihn, bezogen auf Trockengewicht, zu 10—25% desjenigen von grünen Blättern. Im Sommer beträgt er oft nur $^1/_3$ bis $^1/_2$ des Winterwerts, wohl Mitursache der geringen Jahresassimilation. HALE (2) maß an der foliosen *Parmelia isidata* in Connecticut eine jährliche Durchmesserzunahme von 1,6 mm, bei Krustenflechten von 0,3—1,4 mm. Das mühselige Wachstum pyrenocarper endolithischer Flechten, einer taxonomisch sehr schwierigen Gruppe, gegen mancherlei Konkurrenz, schilderte DOPPELBAUR. So konnte BESCHEL versuchen, die Geschichte der neueren Gletscherschwankungen nach dem Flechtenbewuchs der Moränen zu ermitteln. FREY zeigte auf, wie schwer der Konkurrenzkampf der Flechten dort ist, wo auch höhere Pflanzen vorkommen, und daß selbst bei soredientragenden Flechten die Vermehrungsfähigkeit verhältnismäßig gering ist. HARDER u. UEBELMESSER fanden, daß in dem kümmerlichen Substrat dicht unter Flechten auffallend wenig niedere *Erdphycomyceten* vorkommen, und weiter, daß Flechtenstoffe diese Hemmung bedingen. Wie schwer Industrieabgase, insbesondere schwefelhaltige, die Rindenflechtenvegetation der Umgebung beeinträchtigen, hat SKYE deutlich gemacht.

Eine Überraschung bedeutete die Feststellung von POELT, daß es außer den wenigen bekannten tropischen *Basidiolichenen* auch anderwärts solche gibt. *Clavulinopsis septentrionalis* (Nordschweden, Hohe Tauern) ist nicht einfach eine *Clavariacee*, sondern eine ziemlich hoch differenzierte *Basidiolichene* mit *Coccomyxa*-ähnlichen Gonidien.

E. G. u. O. PRINGSHEIM wiesen nach, daß von 23 Arten koloniebildender *Volvocales* aus 3 Familien keine voll autotroph ist. Sie benötigen zum mindesten die Vitamine B_1 und B_2, die meisten auch Acetat oder Aminosäuren, nicht wenige beides. Unsere Kenntnisse über die Heterotrophie bei Algen und Flagellaten überhaupt stellte E. G. PRINGSHEIM zusammen.

Nach MUSCATINE u. HAND enthalten Seeanemonen oft symbiontische Algen. Der von letzteren assimilierte Kohlenstoff (C^{14}-Methode) ließ sich bald im ganzen Körper des Tieres nachweisen. Eine Zusammenfassung der Kenntnisse über die Symbionten (Bakterien und Hefen) in Insekten legte KOCH vor. Es steht jetzt fest, daß in fast allen Fällen ohne Symbionten schwere Störungen eintreten und daß sehr oft durch die Symbionten auch eine Erweiterung der Lebensmöglichkeiten gewährleistet ist. Die Symbionten liefern meistens lebenswichtige Vitamine, z. T. auch Aminosäuren; manche assimilieren auch N oder sind am Abbau von Exkreten beteiligt. Doch sind nach JURZITZA die Symbionten von *Cerambyciden* (Bockkäfern), Hefen aus der Gattung *Candida*, selbst vitaminheterotroph (Aneurin, Biotin).

Phanerogame Parasiten, Insektivore

Eine zusammenfassende Darstellung der holoparasitischen Blütenpflanzen versuchte SCHMUCKER (2).

Nach KRENNER ist zur Keimung wenigstens älterer Samen von *Orobanche cumana* die Anwesenheit einer lebenden Wirtswurzel nötig. Bei *Striga* keimen die Samen nach NELSON zwar ohne Wirtswurzel, sterben aber ohne solche bald ab. TRONCHET beobachtete an Keimachsen von *Cuscuta* deutlichen positiven Hydrotropismus.

Die wenigen terrestrischen *Loranthaceen* (MENZIES) sind Wurzelparasiten (ob immer?), z. T. sogar hohe Bäume. An ihren Haustorien entwickelt sich ein Drüsengewebe, das offenbar Enzyme ausscheidet und in seinem Bau an ähnliche Bildungen bei anderen Wurzelschmarotzern *(Santalaceen, Olacaceen)* erinnert, aber in solcher Weise bei den epiphytischen *Loranthaceen* unbekannt ist. Die erstaunliche Anpassungsfähigkeit der Senker von *Viscum*, die nach TRONCHET u. MONTAUT nicht als modifizierte Wurzeln gedeutet werden können, zeigte THODAY bei *V. obscurum* auf *Euphorbia*. Weitgehende Wirtsspezialisation wiesen HAWKSWORTH u. PETERSON für drei *Arceuthobium*-Arten auf *Pinus* nach. Bei *Viscum* erfolgt die Überleitung der Ionen (K, Ca, Mg) nach ANSIAUX im Xylem, bei den Holoparasiten *(Lathraea, Orobanche, Cuscuta)* im Phloem. Bei *Cuscuta* auf *Digitalis* wiesen GRIMMER u. Mitarb. nach, daß die Glykoside des Wirts selektiv und unverändert aufgenommen werden.

Über die Carnivorie liegt eine Zusammenfassung von SCHMUCKER u. LINNEMANN vor. KURZ kam zu dem Ergebnis, daß der dichte Klappenverschluß in den Blasen von *Utricularia* nicht durch flächig abgehobene Cuticula an der „Türschwelle" zustande kommt, sondern durch stark gedehnte Ballonzellen. *Paramaecien* werden durch anlockende Stoffe aus Keulendrüsen zum Blaseneingang herangeführt.

Produktivität

DE WIT errechnete, daß in Holland an einem Junitag der potentielle Höchstertrag der Assimilation 290 kg Kohlenhydrat je Hektar sein könnte. Dieser Betrag wird praktisch nicht erreicht; außerdem wäre der Atmungsverlust noch abzuziehen. BLACKMAN u. BLACK ermittelten in kurzfristigen Versuchen, daß je Quadratmeter Blattfläche und Tag bis zu 38 g Trockensubstanz gebildet werden kann, was einer Ausnutzung der Einstrahlung (4000—7000 Å) von fast 10% entspricht. Die höchste Trockensubstanzerzeugung je Jahr weist in Europa der Buchenwald auf (bis 23,5 t je ha), in den Tropen eine Zuckerrohrplantage (bis 78 t je ha). Tropisch-afrikanische Hochwälder dürften nach Untersuchungen von DAWKINS höchstens 4 m³ Starkholz je Jahr und Hektar ergeben, ein Wert, der, nebenbei bemerkt, jenem guter Buchenhochwälder in Mitteleuropa annähernd entspricht. Die Bestimmung der Pflanzenmasse und insbesondere ihrer Veränderung je Flächeneinheit kann nach UNGER ohne Eingriff in den Bestand durch Messung der Schwächung der Strahlen von Isotopen durch den Bestand ermittelt werden.

Nach Soczava wird in lichtem Bestand nahe dem Polarkreis in Sibirien (etwa 300 m Meereshöhe) *Picea obovata* in 300 Jahren nur etwa 3,5 m hoch und 15 cm dick. Die weitgehende Anpassung der schattenertragenden *Tsuga canadensis* an schwache Lichtintensität (niederer Kompensationspunkt, gute Ausnutzung schwachen Lichts) gegenüber *Pinus* u. *Ailanthus* bewiesen Bourdeau u. Laverick. Von besonderem ökologischen Interesse ist der Befund von Hansen, daß bei der Determination des Licht- bzw. Schattencharakters der Blätter von *Fagus* Blattgröße, Epidermisbau und Gefäßbündelstruktur durch die Lichtintensität bestimmt werden, von der die Knospen im Vorjahr betroffen wurden, während der Charakter des Mesophylls (insbesondere der Palisaden) von der Lichtintensität zur Zeit der Blattentfaltung determiniert wird.

Verschiedenes

Van Steenis weist in einer sehr beachtenswerten Betrachtung darauf hin, daß die Zusammenhänge zwischen Standort und Vegetation oft viel weniger direkt und viel komplexer sind, als es bei flüchtigem Erklärungsbestreben zunächst scheinen könnte. Die geringere Ausbildung der Mangrove in lufttrockenen Gebieten z. B. braucht nicht einfach Folge der Trockenheit zu sein, sondern kann auch darauf beruhen, daß in feuchteren Gebieten die Abtragung größer ist und daher breitere, für die Mangrove geeignete Flachküstenstreifen entstehen. Nach Webb gibt es in Nordqueensland Tropenhochwälder nur dort, wo starke Zyklone seltener auftreten als etwa alle 300 Jahre. Im Nordteil, wo alle 30 bis 40 Jahre mit einem Wirbelsturm zu rechnen ist, herrscht Buschwald mit einigen Überhältern vor. *Calamus australis*, sonst häufig, fehlt, wenn in trockneren Zeiten dem Zyklon Feuer folgen. Beides schöne Beispiele für die Bedeutung von Extremen.

Manche vertrauten ökologischen Probleme erscheinen durch neue Befunde in neuem Licht. Vaartaja legte dar, daß es bei den meisten wichtigen Baumarten der nördlichen gemäßigten Zone photoperiodisch verschieden gestimmte Ökotypen gibt, worauf noch vor kurzem niemand achten konnte. Die schöne alte Theorie von der Funktion der Träufelspitzen hält Seybold für gänzlich unbewiesen. Nach Untersuchungen von Tukey, Tukey u. Wittwer ist die Auswaschung von Ionen aus Blättern (gemäß der Theorie von Arens) doch beträchtlich und könnte ökologische Bedeutung haben. Aus den Blättern von *Juglans* wird durch Regen ein Stoff ausgewaschen, der schon in geringer Konzentration andere Pflanzen schädigen kann. Abgefallene Blätter enthalten einen lange wirksamen Hemmstoff [Bode (1)]. Wer wußte bisher, daß bei der gleichen Baumart alle Saugwurzeln im Winter tot sind, sogar noch zur Zeit der Laubentfaltung, die darum sehr allmählich fortschreitet [Bode (2)]? Blätter von Wüstenpflanzen (z. B. *Citrullus*) würden bei direkter Besonnung ohne starke Transpiration Hitzeschäden erleiden (Lange). Beim Trockenfarn *Pellaea* können auch die Prothallien in trockenem Zustand jahrelang überleben (Tyron). Wer sich mit Obstbau und seiner Ökologie befaßt, muß die schöne Studie von Pisek über die Frostresistenz der verschiedenen Obstgehölze bzw. ihrer Entwicklungsstadien kennen. Für die Ökologie des Meeres ist der Nachweis, daß Pilze bis zu erheblichen Tiefen vorkommen, von Interesse (Höhnk).

Im Speichel von *Aphiden* usw. findet sich Pektinase (Bedeutung bei der Einführung des Rüssels oder für den Aufschluß von Nährstoff?) (ADAMS u. MCALLAN). Der Schaum der *Zikaden* ist ein Produkt des tierischen Stoffwechsels (90% Protein), kein ausgeschiedener Pflanzenstoff (H. u. J. ZIEGLER). Schnecken können Viren übertragen (HEINZE).

Das ökologisch so interessante Problem der gegenseitigen Beeinflussung höherer Pflanzen muß unter Hinweis auf die Zusammenfassung von RADEMACHER wenigstens genannt werden.

Literatur

ADAMS, J. B., and J. W. MCALLAN: Canad. J. Zool. **36**, 305—308 (1958). — AHMADJIAN, V.: Bot. Not. (Lund) **111**, 632—644 (1958). — ALLOS, H. F., and W. V. BARTHOLOMEW: Soil Sci. **87**, 61—66 (1959). — ANSIAUX, J. R.: Bull. Acad. roy. Belg. Cl. Sci. **44**, 787—793 (1958). — ARNOLD, C. G.: Z. Bot. **46**, 516—549 (1958).

BENDALL, D. S.: Biochem. J. **70**, 381—390 (1958). — BESCHEL, R.: Nuovo G. bot. ital. **65**, 538—591 (1958). — BHASKARAN, S., and G. S. VENKATARAMAN: Nature (Lond.) **181**, 277—278 (1958). — BINET, P.: C. R. Acad. Sci. (Paris) **246**, 3093—3095 (1958). — BLACK, M., and P. F. WAREING: J. exp. Bot. **10**, 134—145 (1959). — BLACKMAN, G. E., and J.N. BLACK: Ann. Bot. (Lond.) N. S. **23**, 131—145 (1959). — BODE, H. R.: (1) Planta (Berl.) **51**, 440—480 (1958). — (2) Ber. dtsch. Bot. Ges. **72**, 93—98 (1959). — BONNIER, CH.: Leeuwenhoek J. Microbiol. Serol. **24**, 1—17 (1958). — BOPP, M.: Z. Naturforsch. **13b**, 669—671 (1958). — BOPP, M., u. R. NOACK: Naturwissenschaften **46**, 236—237 (1959). — BOULLARD, B.: (1) Bull. Soc. Myc. France **75**, 194—200 (1959). — (2) Bull. Soc. Bot. France **106**, 131—134 (1959). — BOURDEAU, P. F., and M. L. LAVERICK: Forest Sci. **4**, 196—207 (1958).

CHRIST, B.: Z. Bot. **47**, 88—112 (1959).

DARRET, G.: Dissertation Univ. Tübingen 1958. — DAWKINS, H. C.: Emp. Forest Rev. **38**, 175—180 (1959). — DE WIT, C. T.: Netherl. J. Agric. Sci. **7**, 141—149 (1959). — DOPPELBAUR, H. W.: Planta (Berl.) **53**, 246—292 (1959). — DYAKOWSKA, J., and J. ZURZYCKI: Bull. Acad. pol. Sci., Sér. Sci. biol. **7**, 11—16 (1959).

EGGLER, W. A.: Ecol. Monogr. **29**, 268—284 (1959). — EISENHUT, G.: (1) Blühen, Fruchten und Keimen in der Gattung Tilia. 120 S. Dissertation Univ. München 1957. — (2) Forstwiss. Cbl. **77**, 348—356 (1958). — (3) Flora **147**, 43—75 (1959). — ELLENBERG, H.: Schweiz. Z. Forstwesen **110**, 169—187 (1959).

FÅHRAEUS, G., u. H. LJUNGGREN: Physiol. Plant. **12**, 145—154 (1959). — FREY, E.: Ber. geobot. Forsch.-Inst. Rübel, Zürich **8**, 59—80 (1957). — FUNKE, CHR.: Naturwissenschaften **44**, 498 (1957).

GÄUMANN, E., u. H. KERN: (1) Phytopath. Z. **36**, 1—26 (1959). — (2) Phytopath. Z. **35**, 347—356 (1959). — GEITLER, L.: (1) Handbuch der Pflanzenphysiologie, Bd. XI, 530—545. Berlin-Göttingen-Heidelberg: Springer 1959. — (2) Öst. Bot. Z. **106**, 360—363 (1959). — GRIMMER, G., H. MACHLEIDT, F. SCHWANITZ u. R. TSCHECHE: Z. Naturforsch. **13 b**, 672—677 (1958). — GUTTENBERG, H. v., u. B. REIFF: Planta (Berl.) **50**, 498—503 (1958).

HAGNER, ST., u. M. SIMAK: Uppsatser Stat. Skogsforskningsinst. Nr. **58**, 227 bis 275 (1958). — HALE jr., M. E.: (1) Bull. Torrey Bot. Club. **85**, 182—187 (1958). — (2) Bull. Torrey Bot. Club **86**, 126—129 (1959). — HANELT, P.: Öst. Bot. Z. **106**, 357—360 (1959). — HANSEN, H. C.: Physiologia Plant. **12**, 545—550 (1959). — HARDER, R., u. E. UEBELMESSER: Arch. Mikrobiol. **31**, 82—86 (1958). — HARLEY, J. L.: The Biology of Mycorrhiza. 233 S. London: Leonard Hill Lim. 1959. — HARLEY, J. L., C. C. MCCREADY and J. K. BRIERLEY: New Phytologist. **57**, 353—362 (1958). — HARRIS, G. P., and T. M. MORRISON: Nature (Lond.) **182**, 1812 (1958). — HARTMANN, F.: Forstarchiv **29**, 49—55 (1958). — HARTSHORNE, J. N.: Nature (Lond.) **182**, 1382—1383 (1958). — HAUSTEIN, E.: Umschau Wiss. Techn. 1957, 432—435. — HAWKSWORTH, F. G.: Science **130**, 504 (1959). — HAWKSWORTH, F. G., and R. S. PETERSON: Plant Dis. Rep. **43**, 109—110 (1959). — HEINZE, K.: Z. Pflanzenkrkh. **65**, 193—198 (1958). — HERAN, U.: Ergebn. Biol. **20**, 199—239 (1958). — HÖHNK, W.: Dtsch. Hydrograph. Z. Ergänzungsh. Reihe B Nr. 3, 81—87 (1959).

JURZITZA, G.: Arch. Mikrobiol. **33**, 305—332 (1959).

KERN, H.: Handbuch der Pflanzenphysiologie. Bd. XI, 429—479. Berlin-Göttingen-Heidelberg: Springer 1959. — KOCH, A.: Scientia (Milano) 94, 62—68 (1959). — KRACH, K. E.: Z. Acker- u. Pflanzenbau 107, 405—434 (1959). — KRENNER, J. A.: Acta Bot. (Budapest) 4, 113—144 (1958). — KURZ, L.: Beitr. Biol. Pflanz. 35, 111—135 (1959).

LACZYNSKA-HULEWICZOWA, T.: Roczn. Nauk Roln., Ser. A, 79, 151—160 (1958). — LANGE, O. L.: Ber. dtsch. Bot. Ges. 70, 31—32 (1957). — LANGNER, W.: Silvae Genet. 8, 84—93 (1959). — LEVISOHN, I.: Nature (Lond.) 183, 1065—1066 (1959). — LINSKENS, H. F., u. K. ESSER: Proc. kon. ned. Akad. Wet., C, 62, 150—154 (1959). — LIPP, A., E. GRANT and L. A. T. BALLARD: Aust. J. Agric. Res. 10, 495—499 (1959). — LOTTI, TH., and W. P. LeGRANDE: J. Forestry 57, 580 bis 581 (1959).

MAGLI, G.: Nuovo G. bot. ital., N. S. 65, 401—416 (1958). — MATILE, PH.: Ber. schweiz. bot. Ges. 68, 295—306 (1958). — McCONNEL, J. T.: Ann. Bot. (Lond.), N. S. 23, 261—268 (1959). — MELIN, E.: (1) Mycorrhiza. Handbuch der Pflanzenphysiologie, Bd. XI, 605—638. Berlin-Göttingen-Heidelberg: Springer 1959. — (2) Svensk bot. T. 53, 135—154 (1959). — MENZIES, B. P.: Proc. Linnean Soc. New Sth. Wales 34, 118—127 (1959). — MEYER, D. R., and A. J. ANDERSON: Nature (Lond.) 183, 61 (1959). — MOSER, M.: Arch. Mikrobiol. 34, 251—269 (1959). — MUSCATINE, L., and C. HAND: Proc. Nat. Acad. Sci. 44, 1259—1263 (1958).

NELSON, R. R.: Plant Dis. Rep. 41, 377—383 (1957).

OTTO, G.: (1) Arch. Mikrobiol. 32, 373—392 (1959). — (2) Naturwissenschaften 46, 235 (1959).

PALMER, J. G., and E. HACSKAYLO: Plant Dis. Rep. 42, 536—537 (1958). — PARIS, C. D., and W. J. HANEY: Proc. Amer. Soc. horticult. Sci. 72, 462—472 (1958). — PARSONS, P. A.: Nature (Lond.) 181, 1673—1674 (1958). — PATE, J. S.: Aust. J. biol. Sci. 11, 516—528 (1958). — PEYRONEL, B., e B. FASSI: Atti Accad. Sci. Torino I 91, 569—576 (1957). — PISEK, A.: Gartenbauwissenschaft. 23, 54—74 (1958). — POELT, J.: Planta (Berl.) 52, 600—605 (1959). — POMMER, E. H.: Ber. dtsch. bot. Ges. 72, 138—150 (1959). — PRINGSHEIM, E. G.: Handbuch der Pflanzenphysiologie, Bd. XI, 303—326. Berlin-Göttingen-Heidelberg: Springer 1959. — PRINGSHEIM, E. G., u. O. PRINGSHEIM: Biol. Zbl. 78, 937—971 (1959). — PURCHASE, H. F.: Aust. J. biol. Sci. 11, 155—161 (1958).

QUISPEL, A.: Handbuch der Pflanzenphysiologie, Bd. XI, 577—604. Berlin-Göttingen-Heidelberg: Springer 1959.

RADEMACHER, B.: Handbuch der Pflanzenphysiologie, Bd. XI, 655—706. Berlin-Göttingen-Heidelberg: Springer 1959. — RICHARDSON, S. D.: Forest Sci. 5, 174—181 (1959). — RIEGER, R., u. A. MICHAELIS: Chromosoma (Berl.) 9, 238—257 (1958). — ROLLER, K.: Z. Bot. 44, 477—500 (1956). — ROTH, G.: Arch. Mikrobiol. 33, 378—386 (1959).

SCHMUCKER, TH.: (1) Saprophytismus bei Kormophyten. Handbuch der Pflanzenphysiologie, Bd. XI, 386—428. Berlin-Göttingen-Heidelberg: Springer 1959. — (2) Höhere Parasiten. Handbuch der Pflanzenphysiologie, Bd. XI, 480—529. Berlin-Göttingen-Heidelberg: Springer 1959. — SCHMUCKER, TH., u. G. LINNEMANN: Carnivorie. Handbuch der Pflanzenphysiologie, Bd. XI, 198—283. Berlin-Göttingen-Heidelberg: Springer 1959. — SCHRADER, R.: Arch. Mikrobiol. 32, 81—114 (1958). — SCHWARTZ, W.: Handbuch der Pflanzenphysiologie, Bd. XI, 546—574. Berlin-Göttingen-Heidelberg: Springer 1959. — SEBASTIAN, C.: Bull. Soc. Sci. natur. phys. Maroc. 38, 115—122 (1958). — SEYBOLD, A.: Beitr. Biol. Pflanzen. 33, 237—264 (1957). — SIMON, E. W.: J. exp. Bot. 10, 124—133 (1959). — SIMON, U.: Z. Acker- u. Pflanzenbau 106, 108—118 (1958). — SKYE, E.: Svensk Bot. T. 52, 133—190 (1958). — SOCZAVA, V. B.: Bot. Z. 42, 1408—1415 (1957) (russisch). — STEENIS, C. G. T. VAN: Blumea (Leiden) Suppl. 4, 93—105 (1958). — STRAKA, H.: Schriften Naturwiss. Verein. Schleswig-Holstein 29, 73—82 (1959). — STRAUB, J.: Z. Bot. 46, 98—111 (1958).

THODAY, D.: Proc. roy. Soc. (Lond.) Ser. B, 149, 42—57 (1958). — THURBER, G. A., J. R. DOUGLAS and A. W. GALSTON: Nature (Lond.) 181, 1082—1083 (1958). — TISDALE, E. W., M. HIRONAKA and W. L. PRINGLE: Ecology 40, 54—62 (1959). — TÒTH, L.: Handbuch der Pflanzenphysiologie, Bd. XI, 639—654. Berlin-Göttingen-Heidelberg: Springer 1959. — TROLLDENIER, G.: Arch. Mikrobiol. 32,

328—345 (1959). — TRONCHET, J.: C. R. Acad. Sci. (Paris) 245, 979—981 (1957). — TRONCHET, A., et M. T. MONTAUT: Bull. Soc. Bot. France 105, 27—31 (1958). — TUKEY jr., H. B., H. B. TUKEY and S. H. WITTWER: Proc. Amer. Soc. horticult. Sci. 71, 496—506 (1958). — TYRON, A. F.: Ann. Missouri Bot. Garden 44, 125—193 (1957).

UNGER, K.: Züchter 29, 289—293 (1959).

VAARTAJA, O.: Ecol. Monogr. 29, 91—111 (1959). — VOGEL, ST.: Abh. Akad. d. Wiss. Lit. Mainz, math. naturwiss. Kl. Nr. 6, 271—401 u. Nr. 7, 407—532 (1959).

WAGNER, H. O.: Zool. Jb. Abt. Systematik usw. 86, 253—302 (1959). — WEBB, L. J.: Aust. J. Bot. 6, 220—228 (1958). — WERTH, E.: Bau und Leben der Blumen. 204 S. Stuttgart: Enke 1956. — WILHELMSEN, J. B.: Botan. T. 55, 30—36 (1959). — WITHNER, C. L.: The orchids. A scientific survey. 648 S. New York: Ronald Press Comp. 1959. — WORLEY, J. F., and E. HACSKAYLO: Forest Sci. 5, 267—268 (1959).

ZIEGLER, H.: (1) Z. Naturforsch. 13b, 297—301 (1958). — (2) Planta (Berl.), 52, 587—599 (1959). — ZIEGLER, H., u. J. ZIEGLER: Z. vergl. Physiol. 40, 549—555 (1958). — ZIEGLER, H., u. U. LÜTTGE: Naturwissenschaften 46, 176—177 (1959).

C. Physiologie des Stoffwechsels

10. Physikalische und chemische Grundlagen der Lebensprozesse (Strahlenbiologie)

Von Riklef Kandeler, Würzburg

Vorbemerkung: Im Folgenden werden nur einige wichtige Lichtwirkungen behandelt. Über die Wirkungen ionisierender und ultravioletter Strahlung wird im nächsten Jahr berichtet.

III. Lichtwirkungen

1. Das reversible Hellrot-Dunkelrot-Reaktionssystem

Ein die bisherigen Ergebnisse und Theorien zusammenfassendes Referat über photomorphogenetische Reaktionssysteme in Pflanzen, das neben dem reversiblen Hellrot-Dunkelrot-Reaktionssystem auch das Blau-Dunkelrot-Reaktionssystem berücksichtigt, wurde von Mohr veröffentlicht. Darüber hinaus erschien inzwischen eine größere Reihe von Arbeiten über die Wirkungen von hellrotem Licht und deren Aufhebbarkeit durch Dunkelrot, die unter anderem erneut bestätigen, wie verschiedenartige Prozesse von dieser reversiblen Hellrot-Dunkelrot-Niederenergiereaktion abhängig sind und wie weit dies System im Pflanzenreich verbreitet ist [Alcorn und Kurtz; Bauer und Mohr; Blaauw-Jansen; Haupt; McIlrath und Bogorad; Meijer; Nakayama; Rollin (1); Takimoto und Ikeda (1 und 2); Thomson].

Bisher war es trotz vieler Bemühungen nicht gelungen, die genauere Lokalisation des Systems in der Pflanze, die chemische Natur der verantwortlichen Pigmente und den primär beeinflußten Stoffwechselprozeß zu klären. Hier bringt nun eine Arbeit von Butler, Norris, Siegelman und Hendricks einen neuen Ansatzpunkt, der — nach den bereits erzielten Erfolgen zu urteilen — geeignet zu sein scheint, schon in naher Zukunft eine Lösung der genannten Fragen zu ermöglichen. Den Autoren gelang es, an intaktem Pflanzenmaterial Absorptionsspektren aufzunehmen, die je nach der Vorbehandlung mit Hellrot oder Dunkelrot charakteristische Änderungen in den entsprechenden Wellenbereichen aufwiesen. Möglich wurde dies einerseits durch die Verwendung eines neuen, eigens für diesen Zweck konstruierten Spektrophotometers und andererseits durch die stark vergrößerte Schichtdicke des benutzten Pflanzenmateriales. (Das fragliche Pigment liegt in der Pflanze in nur sehr geringer Konzentration vor.) So wurden z. B. die Kotyledonen von

Brassica rapa (die durch Etiolement und Chloramphenicol-Gabe proto-
chlorophyll- und chlorophyllarm gezogen worden waren) bis zu 1,5 cm
Dicke locker übereinander in einen Probenhalter gepackt. Dann wurde
nach Bestrahlung mit Rotlicht (1 min; u. a. zur Überführung des restlichen Protochlorophylls in Chlorophyll) das Absorptionsspektrum der
Probe vermessen. Wurde danach das Material kurz mit Dunkelrot
behandelt, zeigte das dann aufgenommene Absorptionsspektrum eine
Abnahme der „optischen Dichte" im Dunkelrot-Bereich des Spektrums
(mit maximaler Veränderung bei 735 mμ) und gleichzeitig eine Zunahme
der „optischen Dichte" im Hellrot-Bereich (mit maximaler Veränderung
bei 655 mμ). Anschließend gegebene kurze Hellrot-Bestrahlung hatte entgegengesetzte Effekte, stellte also den ersten Zustand wieder her.

Aus diesem Ergebnis lassen sich sowohl für die Theorie der Hellrot-
Dunkelrot-Reaktion als auch für die praktische Weiterbearbeitung des
Themas wichtige Folgerungen ziehen. HENDRICKS, BORTHWICK u. Mitarb.
haben seit 1952 die Hypothese entwickelt, daß die antagonistischen
Wirkungen von Hellrot und Dunkelrot nicht auf der Lichtabsorption in
zwei selbständigen Pigmenten beruhen, sondern durch die reversible Umwandlung eines einzigen Pigmentes zustande kommen. Die eine Pigmentform (PH_2) soll dabei durch Absorption eines Lichtquants unter Reaktion
mit einem Reaktanten (A) in eine andere stabile Pigmentform (P) mit
verschobenem Absorptionsspektrum und umgekehrt in folgender Weise
übergehen:

$$PH_2 \text{ (Absorpt. max 660 m}\mu) + A \; \underset{\text{Dunkelrot}}{\overset{\text{Hellrot}}{\rightleftharpoons}} \; P \text{ (Absorpt. max 735 m}\mu) + AH_2$$

In der vorstehenden Gleichung [HENDRICKS und BORTHWICK (2)] ist
darüber hinaus angenommen, daß es sich bei der Umwandlung des
Pigmentes um Oxydation bzw. Reduktion handelt, da die kurze Lebens-
zeit des Anregungszustandes bei einer Photoreaktion nur die Übertragung
der leichtesten Atome gestattet. (Gegen die Möglichkeit einer Umwandlung der Pigmentformen ohne die Beteiligung von Reaktanten in Form
einer einfachen Photoisomerisation sprechen Versuchsergebnisse, aus
denen hervorgeht, daß mit einer Beeinflußbarkeit der Quantenausbeute
der Umwandlungsreaktion gerechnet werden muß. Eine solche Beeinflussung ist über eine Konzentrationsänderung der Reaktanten möglich.) Die Hypothese von HENDRICKS, BORTHWICK u. Mitarb. wurde
bisher gestützt vor allem durch die Tatsache, daß Hellrot- und Dunkelrot-
Reaktion sich sehr oft hintereinander gegenseitig völlig umkehren können
(s. Fortschr. Bot. **15**, 450). Die dargestellten Versuchsergebnisse über die
Änderungen des Absorptionsspektrums in lebendem Pflanzenmaterial
nach Bestrahlung mit Hellrot bzw. Dunkelrot geben nun den ersten
direkten experimentellen Beweis für die Richtigkeit der entwickelten
Anschauungen.

Als zweite wichtige Folgerung aus dem genannten Ergebnis ist die
von BUTLER, NORRIS, SIEGELMAN und HENDRICKS bereits mit Erfolg
ausgenutzte Möglichkeit zu nennen, die beobachteten Änderungen des
Absorptionsspektrums als quantitativen Test für das gesuchte Pigment

zu benutzen. Die Fragen des Vorkommens in bestimmten Pflanzen, der Lokalisation in bestimmten Organteilen und des Vorhandenseins in bestimmten Fraktionen bei der chemischen Aufarbeitung des Pflanzenmateriales werden damit lösbar. Als einfachstes Kriterium benutzten die Autoren die Änderung des Differenzwertes (O.D.$_{655}$—O.D.$_{735}$), der sich nach Hellrot-Vorbehandlung verkleinert und nach Dunkelrot-Behandlung vergrößert (O.D.$_{655}$ bedeutet "optical density" bei $\lambda = 655$ mμ). Sie konstruierten ein mit Interferenzfiltern der entsprechenden Wellenlängen arbeitendes zweistrahliges Differenzspektrophotometer, das den Wert (O.D.$_{655}$—O.D.$_{735}$) direkt abzulesen gestattet. Mit Hilfe dieses Instrumentes prüften sie etiolierte Keimlinge verschiedener Pflanzen auf ihren Gehalt an reversiblem Hellrot-Dunkelrot-Pigment. Die Triebe 3 Tage alter Maiskeimlinge (vorwiegend Koleoptile und Mesokotyl) erwiesen sich als besonders günstig und wurden daher für die biochemische Aufarbeitung benutzt. Da die Vermutung bestand, daß es sich bei dem gesuchten Pigment gleichzeitig um ein Ferment handelte, wurden die üblichen Verfahren der Eiweißaufarbeitung angewendet. Nach Zerkleinern des Materials in Pufferlösung, Abfiltrieren und Abzentrifugieren mit 40000 x g für 20 min zeigte die überstehende Lösung die entsprechenden Änderungen von (O.D.$_{655}$—O.D.$_{735}$) nach Hellrot- und Dunkelrot-Bestrahlung wie vorher das intakte Pflanzenmaterial. Auch nach nochmaligem Zentrifugieren mit 140000 x g für 120 min (also Entfernung der Mikrosomen) ergab der Überstand die gleiche Reaktion. Durch Ausfällen des größten Teiles des löslichen Eiweißes mit Ammonsulfat (0.33 Sättigung) und anschließende Wiederlösung in $^1/_4$ des Ausgangsvolumens ließ sich der Testwert auf das Dreifache erhöhen. Bei Erhitzen der Lösung auf 50° ging die Fähigkeit zu lichtinduzierten reversiblen Änderungen von (O.D.$_{655}$—O.D.$_{735}$) verloren. Damit ist gezeigt, daß es sich bei dem gesuchten Pigment offensichtlich um ein Proteid handelt, das — zumindest teilweise — im löslichen Teil des Cytoplasmas lokalisiert ist. Da es heute möglich ist, mit Hilfe der gleichen Aufarbeitungsmethoden einzelne Fermente zu isolieren, dürfte es nur noch eine Frage der Zeit sein, bis die Identität und Wirkungsweise des Pigmentes aufgeklärt sind.

Versuche zur Lokalisation des Pigmentes in bestimmten Organteilen der Pflanze wurden auch von anderen Autoren gemacht. Durch Abdecken einzelner Pflanzenteile während der Bestrahlung wurde nach einer etwaigen unterschiedlichen Empfindlichkeit der jeweils behandelten Partien gesucht. Während BJÖRN und VIRGIN bei Erbsenkeimlingen zwar gewisse Unterschiede, jedoch keine streng lokalisierten empfindlichen Bereiche feststellen konnten, ergab sich bei IKUMA und THIMANN, daß bei *Lactuca*-Achänen nur nach Bestrahlung der Hypokotylhälfte eine Lichtwirkung auf die Keimung erzielt werden konnte.

Im Zusammenhang mit der Frage, welcher biochemische Prozeß primär durch die Hellrot-Dunkelrot-Reaktion gesteuert wird, ist es interessant, daß ein weiterer Beleg für die Beeinflussung der Phosphorylierungsprozesse erbracht wurde. HABER zeigte, daß die Früchte der Salatvarietät New York durch Behandlung mit DNP (2,4-Dinitrophenol) lichtempfindlich werden. Nach Einquellen der Früchte in DNP ließ sich die Keimungsgeschwindigkeit durch Hellrot erhöhen, anschließend gegebenes Dunkelrot hob die Hellrot-Wirkung auf. Hellrot muß also anscheinend in der Lage sein, die durch DNP bewirkte Herabsetzung des Energiespiegels (Entkoppelung der oxydativen Phosphorylierung) zu kompensieren.

Die fördernde Wirkung von Thioharnstoff auf die Keimung von *Lactuca sativa* var. Grand Rapids, die im Dunkeln wirksam ist und damit die sonst notwendige Lichtwirkung ersetzt, kommt offensichtlich über eine Umsteuerung des oxydativen Stoffwechsels zustande (POLJAKOFF-MAYBER und EVENARI). Die Enzyme des Citronensäurecyclus (Cyclophorase-System), die sonst erst bei 3—5 Tage alten Keimlingen in ausreichender Menge gebildet sind, lassen sich nach Thioharnstoff-Behandlung schon 14 Std. nach Einquellen der Samen nachweisen. Eine keimungs-fördernde Lichtgabe (5 min Glühlicht, 2 Std. nach Einquellen gegeben) hatte zwar auch einen gewissen Effekt auf die frühere Bildung des Cyclophorase-Systems, jedoch nicht in dem Ausmaß, daß die Beeinflussung der Keimung durch Licht auf diesem Wege verständlich würde. Das Licht scheint jedoch nach diesen Befunden immerhin auf andere Weise eine Wirkung hervorzurufen, die zu dem gleichen Ergebnis wie die Umsteuerung des oxydativen Abbaues führt (Erhöhung des Energiespiegels ?). Die lichtunempfindliche Salatvarietät Progreß besitzt ebenfalls schon in den ersten Stadien der Keimung ein ausgebildetes Cyclophorase-System (POLJAKOFF-MAYBER).

Die von ROLLIN (2) festgestellte Hemmung und schließlich völlige Unterbindung der Atmung und Keimung bei dem Dunkelkeimer *Phacelia tanacetifolia* im Licht dürfte zum größeren Teil auf die Wirkung des Blau-Dunkelrot-Systems zurück-gehen. Nach den Ergebnissen von ROLLIN (1) über die Wirksamkeit der einzelnen Spektralbereiche des Lichtes bei *Phacelia* scheinen beide Reaktionssysteme die Keimung zu beeinflussen.

2. Das Blau-Dunkelrot-Reaktionssystem

Im letzten Jahr wurde über ein neues, durch Wirkungsspektrum und Energiebedarf charakterisiertes Photoreceptorsystem berichtet. Außer den damals schon genannten Prozessen können auch die Samenkeimung und die Verlängerung der Radicula von dieser sog. Blau-Dunkelrot-Hochenergiereaktion abhängig sein (HENDRICKS, TOOLE, TOOLE und BORTHWICK; KOHLBECKER). Auch in all den Fällen, bei denen neuerdings eine gleichsinnige Wirkung von Hellrot und Dunkelrot gefunden wurde [HILLMAN; MILLER; ROLLIN (1); SCOTT und LIVERMAN], muß damit gerechnet werden, daß eine Beteiligung der Blau-Dunkelrot-Hoch-energiereaktion an der Gesamtwirkung vorliegt. Damit scheint dieses Reaktionssystem eine ähnlich weite Verbreitung zu besitzen wie das reversible Hellrot-Dunkelrot-Reaktionssystem (vgl. auch MOHR).

Besonders interessant ist daher die theoretische Deutung, die HENDRICKS und BORTHWICK [(1 und 2) HENDRICKS, TOOLE, TOOLE und BORTHWICK] in mehreren Arbeiten dem Blau-Dunkelrot-Reaktions-system gegeben haben. Auf Grund der bisher vorliegenden Daten und eigener neuer Versuche kommen sie zu dem Schluß, daß das gleiche Pigmentsystem sowohl für die Hellrot-Dunkelrot-Niederenergiereaktion als auch die Blau-Dunkelrot-Hochenergiereaktion verantwortlich ist. Nach Erreichen eines Gleichgewichts in der Reaktion: $PH_2 + A \leftrightarrows$ $\leftrightarrows P + AH_2$ sollen die beiden Pigmentformen als Sensibilisator wirken und so die Blau-Dunkelrot-Hochenergiereaktion bedingen. Die Anregungsenergie wird dann also nicht mehr zur Umwandlung der Pigmente, sondern für andere photochemische Vorgänge ausgenutzt. Die Hypothese stützt sich vor allem auf folgende Tatsache: Die bei verschiedenen Pflanzen für den gleichen Prozeß oder bei einer Pflanze für verschiedene Prozesse aufgenommenen Wirkungsspektren der Blau-Dunkelrot-Hochenergiereaktion zeigen trotz der übereinstimmenden Lage in den gleichen Spektralbereichen sehr deutliche Unterschiede in bezug auf die Lage ihrer Maxima. So wird die Anthocyanbildung bei Rotkohlkeimlingen im langwelligen Bereich maximal bei 690 mμ, bei Rübenkeimlingen bei 725 mμ (Nebengipfel bei 620 mμ) und bei Apfelschalen bei 650 mμ (Nebengipfel bei 600 mμ) gefördert. Bei der Salatvarietät Great Lakes liegt die maximale Wirksamkeit der Hochenergiereaktion für die Hemmung der Samenkeimung bei 700 mμ, während die Hemmung der Keimwurzelverlängerung maximal bei 760 mμ stattfindet. Die Mannigfaltigkeit dieser Wirkungsspektren bei sonst allgemeiner Ähnlichkeit im ganzen wird verständlich, wenn man annimmt, daß in allen Fällen die Reaktion über die Anregung der beiden Pigmentformen PH_2 und P zustande kommt und von Fall zu Fall lediglich das Mengenverhältnis von PH_2 zu P geändert, d. h. die Lage des Gleichgewichtes der Umwandlungsreaktion verschoben ist. Eine derartige Verschiebung ist möglich über eine Konzentrationsänderung der Reaktanten A und AH_2. Auf die Konsequenzen dieser Hypothese im einzelnen soll hier nicht weiter eingegangen werden, doch sei betont, daß es den Autoren gelungen ist, eine große Zahl experimenteller Befunde unter diesem Gesichtspunkt zu deuten. Die Tatsache, daß nur für die Hochenergiereaktion regelmäßig eine stärkere Wirkung im Blau gefunden wurde, läßt sich dadurch erklären, daß die beiden Pigmentformen in diesem Bereich eine sehr ähnliche Absorption besitzen und daher die Umwandlungsreaktion (Niederenergiereaktion) durch blaues Licht nur bis zu einem dynamischen Gleichgewicht beider Pigmentformen erfolgen kann.

3. Weitere Photoreceptorsysteme

Eine Reihe von Arbeiten beschäftigt sich wieder mit der Analyse von Prozessen, bei denen die Lichtwirkung nur vom kurzwelligen Teil des sichtbaren Spektrums ausgeht [Bünning und Gössel; Cantino und Horenstein (2); Curry und Gruen; Mayer und Poljakoff-Mayber; Wolken und Shin]. Besonders bemerkenswert sind die Ergebnisse, die Cantino und Horenstein an *Blastocladiella emersonii* erhielten. Die Autoren hatten schon früher (s. Lang, Fortschr. Bot. **19**, 359) die Vorstellung entwickelt, daß CO_2 von *Blastocladiella* assimiliert werden kann und daß dieser Vorgang (trotz der Abwesenheit von Carotinoiden und Chlorophyll) von Licht gefördert wird. Die CO_2-Bindung soll dabei über die reduktive Carboxylierung von Bernsteinsäure zu α-Ketoglutarsäure und α-Ketoglutarsäure zu Isocitronensäure erfolgen. Eine anschließende Spaltung der Isocitronensäure soll einen C_2-Körper und Bernsteinsäure ergeben, so daß ein Succinat-Ketoglutarat-Isocitrat (S. K. I.)-Cyclus resultiert. In zwei neuen Arbeiten stellten CANTINO und HORENSTEIN (1 und 2) nun fest, daß bei *Blastocladiella* bei Kultur auf festem Nährboden durch Belichtung die Generationsdauer (d. h. die Zeit bis zur Entlassung der Schwärmer) verlängert wird und außerdem die Individuen sehr viel größer werden. Bei Benutzung von Weißlicht stieg die Wirkung mit zunehmender Dauer der Behandlung bis zu kontinuierlicher Beleuchtung, bei Anwendung unterschiedlicher Lichtintensitäten im Dauerlicht stieg die Wirkung bis zur Beleuchtungsstärke von 100 foot candles. Wirksam war allein der Wellenlängenbereich etwa zwischen 400 und 500 mμ. Als wichtiger Befund ergab sich ferner, daß diese Lichteffekte fast ganz unterbunden wurden, wenn die Kulturen CO_2- und HCO_3^--frei gehalten wurden. Andererseits genügte der CO_2-Gehalt der Luft bzw. die Zugabe von $5 \cdot 10^{-5}$ M Bicarbonat zur Erzielung fast optimaler Lichtwirkungen. Aus diesem Ergebnis ließ sich bereits mit großer Wahrscheinlichkeit schließen, daß die beobachteten Lichtwirkungen über die früher gefundene Förderung der CO_2-Bindung zustande kamen. Einen sehr schönen Beweis für diese Anschauung konnten die Autoren dann dadurch erhalten, daß sie den Pflanzen die vermutlichen Folgeprodukte der CO_2-Bindung, Succinat und Glyoxylat (als C_2-Körper) verabreichten. Eine Mischung dieser beiden Substanzen war in der Lage, die Lichtwirkung völlig zu ersetzen. (Bei gleichzeitiger Gabe von optimaler Lichtdosis und Stoffgemisch trat keine weitere Steigerung der Wirkung auf, es lag also nicht etwa synergistische Wirkung von Licht und Stoffen vor.) Damit ist in diesem Fall der primär vom Licht gesteuerte Stoffwechselprozeß gefunden worden. In vitro-Versuche der Autoren mit der aus *Blastocladiella* isolierten Enzymgarnitur zeigten nämlich darüber hinaus, daß das Licht bei Vorhandensein genügender Reduktionsreserven und TPN als H-Überträger die reduktive Carboxylierung von Ketoglutarat (und andere reduktive Prozesse) ermöglicht. Welche Substanz dabei die Rolle des Photoreceptors übernimmt, bleibt allerdings noch zu klären.

Literatur

ALCORN, S. M., and E. B. KURTZ: Amer. J. Bot. **46**, 526—529 (1959).

BAUER, L., u. H. MOHR: Planta **54**, 68—73 (1959). — BJÖRN, L. O., and H. I. VIRGIN: Physiol. Plantarum **11**, 363—373 (1958). — BLAAUW-JANSEN, G.: Acta Botan. Neerl. **8**, 1—39 (1959). — BÜNNING, E., u. I. GÖSSEL: Arch. Mikrobiol. **32**, 319—321 (1959). — BUTLER, W. L., K. H. NORRIS, H. W. SIEGELMAN and S. B. HENDRICKS: Proc. nat. Acad. Sci. (Wash.) **45**, 1703—1708 (1959).

CANTINO, E. C., and E. A. HORENSTEIN: (1) Mycologia **49**, 892—894 (1957). — (2) Physiol. Plantarum **12**, 251—263 (1959). — CURRY, G. M., and H. E. GRUEN: Proc. nat. Acad. Sci. (Wash.) **45**, 797—804 (1959).

HABER, A. H.: Physiol. Plantarum **12**, 456—464 (1959). — HAUPT, W.: Planta **53**, 484—501 (1959). — HENDRICKS, S. B., and H. A. BORTHWICK: (1) Proc. nat. Acad. Sci. (Wash.) **45**, 344—349 (1959). — (2) Bot. Gaz. **120**, 187—193 (1959). — HENDRICKS, S. B., E. H. TOOLE, V. K. TOOLE and H. A. BORTHWICK: Bot. Gaz. **121**, 1—8 (1959). — HILLMAN, W. S.: Amer. J. Bot. **46**, 466—473 (1959).

IKUMA, H., and K. V. THIMANN: Science **130**, 568—569 (1959).

KOHLBECKER, R.: Z. Bot. **45**, 507—524 (1957).

MAYER, A. M., and A. POLJAKOFF-MAYBER: Physiol. Plantarum **12**, 8—14 (1959). — McILRATH, W. J., and L. BOGORAD: Bot. Gaz. **119**, 186—191 (1958). —

MEIJER, G.: Thesis, Univ. of Utrecht (Netherlands) (1959). — MILLER, C. O.: Plant Physiol. 33, 115—117 (1958). — MOHR, H.: Ergebn. Biol. 22, 67—107 (1960).

NAKAYAMA, S.: Ecol. Rev. (Sendai) 14, 325—326 (1958).

POLJAKOFF-MAYBER, A.: J. exp. Bot. 6, 313—320 (1955). — POLJAKOFF-MAYBER, A., and M. EVENARI: Physiol. Plantarum 11, 84—91 (1958).

ROLLIN, P.: (1) C. R. Acad. Sci. (Paris) 247, 1484—1487 (1958). — (2) Rev. gén. Bot. 65, 440—457 (1958).

SCOTT, R. A., and J. L. LIVERMAN: Science 126, 122—124 (1957).

TAKIMOTO, A., and K. IKEDA: (1) Bot. Mag. Tokyo 72, 137—145 (1959). — (2) Bot. Mag. Tokyo 72, 181—189 (1959). — THOMSON, B. F.: Amer. J. Bot. 46, 740—742 (1959).

WASSINK, E. C., and W. SYTSEMA: Mededeel.-Landbouwhoogesch. Wageningen 58, (7) 1—6 (1958). — WOLKEN, J. J., and E. SHIN: J. Protozool. 5, 39—46 (1958).

11. Zellphysiologie und Protoplasmatik

Bericht über die Jahre 1958 und 1959

Von Hans Joachim Bogen, Braunschweig

Mit 1 Abbildung

I. Cytoplasma

Die Cytoplasmaforschung steht seit geraumer Zeit fast ausschließlich unter anatomischen und morphologischen Aspekten. Hier verdanken wir der Anwendung des Elektronenmikroskops und der Dünnschnitt-Technik wahrhaft großartige Ergebnisse (vgl. den Abschnitt Submikroskopische Morphologie). Die überwältigende Fülle an Strukturdetails läßt es wenig aussichtsreich erscheinen, mit chemischen Methoden die Physiologie „des" Cytoplasmas aufzuklären. Soweit daher chemische Beiträge vorliegen, betreffen sie entweder Cytoplasmafraktionen (z. B. Myxomyosin), oder Eiweißstoffe, die anderweitig in größeren Mengen annähernd einheitlich erhalten werden können (z. B. Serumalbumin), oder aber einzelne Enzyme und deren Aktivität (vgl. etwa Hagihara et al.). Dem kontraktilen Myxomyosin, das Ts'o u. Mitarb. (vgl. Fortschr. Bot. 20) extrahiert haben, wird für das lebende Plasma keine große Bedeutung beigemessen; Stewart u. Stewart (b) vertreten die Auffassung, daß die actomyosinähnlichen Fibrillen nur *post mortem* zu beobachten sind, ihre Existenz *in vivo* hingegen noch unbewiesen ist (s. auch S. 150).

Inwieweit die Befunde an Serumalbumin auf das Cytoplasma oder Teile davon übertragen werden dürfen, wird erst die Zukunft lehren. Immerhin kann hier auf eine wichtige Arbeit (Klotz) hingewiesen werden, die neue Beiträge zum Problem der Hydratation liefert. Danach sollen sich in den nativen Proteinen (vor allem Rinderserumalbumin) geordnete Wasserschichten finden, deren Struktur mit Eis vergleichbar ist (frozen water of hydration). Diese Strukturen, die den Zugang zu den funktionellen Gruppen erschweren, werden durch Zucker und Zuckeralkohole (was für Fragen der Resistenz wichtig sein mag, vgl. S. 161) sowie Dodecylsulfat stabilisiert, durch Harnstoff und andere denaturierende Faktoren hingegen gestört. Auch proteolytische Enzyme zerstören in erster Reaktion die Eisstrukturen und wirken erst dann auf das (denaturierte) Protein ein. Ähnlich wirkt der Sauerstoff; damit sollen einige Eigentümlichkeiten sauerstoffübertragender Enzyme ihre Erklärung finden.

Die Elektronenmikroskopiker verdoppeln ihre Anstrengungen, mit ihren Methoden zu neuen physiologischen Einsichten zu gelangen. Der sich hier anbahnende Weg der „vergleichenden Strukturforschung" ist schon mehrfach beschritten worden, d. h. man versucht, aus den Differenzen, die ein- und dasselbe Objekt unter verschiedenen physiologischen und/oder Entwicklungszuständen im Elektronenmikroskop zeigt, die Rolle einzelner Strukturelemente zu verstehen — so z. B. WOHLFARTH-BOTTERMANN u. SCHNEIDER über Sol ⇆ Gel-Transformation bei reifenden und keimenden Sporen sowie Myxamöben von Myxomyceten, HASHI-MOTO et al. bei ruhenden und keimenden Hefe-Ascosporen, YOTSUYANAGI über die Mitochondrienstruktur bei normalen und atmungsdefekten Hefestämmen (wobei er keine Unterschiede finden konnte) u. a. m. Die Fortsetzung der Untersuchungen dürfte Erfolg versprechen, um so mehr, wenn parallel damit biochemische und cytologische Untersuchungen durchgeführt werden: LUND, VATTER u. HANSON an Mais-, SITTE an Erbsenwurzeln. Freilich, über eine Beschreibung der Befunde ist man in diesen ersten Ansätzen noch kaum hinausgelangt, vielleicht mit Ausnahme des Phänomens der Pinocytose (vgl. den Abschnitt über Stoffaufnahme). Vor allem ist die Parallelisierung elektronenmikroskopischer und biochemischer Befunde vorerst noch wenig ergiebig.

Neue Arbeiten über die Plasmaströmung sind kaum geeignet, unsere Vorstellungen zu vereinfachen bzw. zu vereinheitlichen (vgl. Fortschr. Bot. **20**). Nachdem KAMIYA u. KURODA (a) zeigen konnten, daß bei *Nitella* die Strömungskräfte ihren Sitz in der Grenzfläche zwischen Endoplasma und Rindenschicht haben, kommen die Autoren (b) für die Strömung im Plasmodiumstrang von *Physarum polycephalum* zu anderen Schlußfolgerungen. Die Verteilung der Strömungsgeschwindigkeit ist bei (durch äußere Druckdifferenz) induzierter Strömung genau die gleiche wie bei endogener (rhythmischer) Strömung. Beide Arten der Strömung müssen daher passiv sein; eine Strömungskraft, die an der Grenze des Endo- und Ektoplasmas ihren Sitz hätte, würde eine ganz andere Art der Geschwindigkeitsverteilung bewirken.

Es kann daher keineswegs als sicher gelten — wie bisher meist angenommen —, daß die Strömung durch ein contractiles Gel bewirkt wird, wie z. B. ZIMMERMANN, LANDAU u. MARSLAND für Amöben vermuten. STEWART u. STEWART (a, b) veröffentlichen eine Reihe von Befunden an *Physarum polycephalum*, die mit dieser Vorstellung nicht in Einklang zu bringen sind. So ändert sich z. B. die Viscosität des strömenden Plasmas während eines Strömungscyclus bzw. der Umkehr nicht; ferner sind Richtung und Zeitpunkt (Umkehr) von unmittelbar benachbarten Plasmodiumregionen voneinander völlig unabhängig, und individuelle Partikel können sich unabhängig vom allgemeinen Fluß bewegen (Ähnliches fand FETZMANN für die selbständige Bewegung der Zellkerne und Plastiden bei *Chara foetida*). Die Verfasser greifen zur Erklärung auf die alte "diffusion drag"-Theorie von RASHEVSKY (1938) zurück, wonach im Gefolge eines durch Diffusion bewirkten Stofftransportes ein „Schlepp" oder „Zug" entsteht, der benachbarte Moleküle und Partikel bewegen kann.

Daß umgekehrt bei (wie auch immer entstandener) laminarer Strömung einer Lösung hochmolekulare Polyelektrolyte zu Partikeln von kolloidalen Dimensionen aggregieren können, weist JOLY nach; er vermutet, daß manche Strukturen der lebenden Zelle auf diese Weise entstehen und verschwinden können.

II. Chloroplasten

In einer sehr sorgfältigen und kritischen Arbeit untersucht LITTAU die Chloroplasten von *Agapanthus umbellatus*, *Helodea densa*, *Rhoeo discolor* und *Zebrina pendula* auf ihren — cytochemisch nachweisbaren — Gehalt an Proteinen und Nucleinsäuren, in der Hoffnung, damit die widerspruchsvollen Angaben in der Literatur klären zu können. Sie kann das Vorkommen von DNS nicht nachweisen, was natürlich nicht ausschließt, daß ganz geringe Mengen, die mit den heutigen Methoden nicht erfaßbar sind (vgl. die ausführliche Diskussion), dennoch vorkommen. RNS ist in geringer Menge vorhanden. In beiden Fällen sind jedoch die Konzentrationen erheblich niedriger als etwa im Kern bzw. den Nucleoli.

Diese Befunde gewinnen an Interesse beim Studium einer Mitteilung von BRAWERMAN u. CHARGAFF über die Chloroplastenbildung bei *Euglena gracilis*. Einige Stämme verlieren bei 35° C die Fähigkeit, Chloroplasten zu bilden. Bringt man sie jedoch in normale Bedingungen zurück, bevor sie irreversibel farblos geworden sind, so zeigen sich folgende Phänomene: Schnell wachsende Kulturen bleichen vollständig aus, während Zellen mit geringer Teilungsrate die Fähigkeit zur Chloroplastenbildung vollständig zurückgewinnen. Danach ist die Chloroplastenbildung abhängig von einem partikulären "self duplicating"-Faktor. Wichtig ist, daß dieser Faktor weder mit den Chloroplasten bzw. Leukoplasten noch mit deren Vorstufen (Proplastiden) identisch ist. Er dürfte vielmehr außerhalb der Plastiden liegen und überdies extrachromosomal sein. Diese Folgerungen ergeben sich einmal aus dem sofortigen Einsetzen der Partikelvermehrung (nach Rückverbringen in normale Temperaturen), während die ersten grünen Plastiden erst nach längerer Zeit auftreten; zum andern aus der Tatsache, daß die Zahl der Chloroplasten während des Bleichungsprozesses linear ansteigt. Das hier entdeckte System entspricht genau dem cytoplasmatischen Faktor, der bei Hefe die Bildung der Atmungsenzyme ermöglicht (EPHRUSSI).

Wie HAUPT zeigt, wird die Chloroplastenbewegung bei *Mougeotia* durch das Hellrot-Dunkelrot-Pigmentsystem gesteuert, dessen Bedeutung für eine Reihe von Entwicklungs- und stoffwechselphysiologischen Prozessen in den letzten Jahren bekannt wurde. Es ist interessant, daß es auch bei reizphysiologischen Reaktionen gewisser Algen eine Rolle spielt.

III. Chondriosomen

Die verbreiteten Ansichten über die Enzymausstattung und chemische Physiologie der Chondriosomen bedürfen möglicherweise einer gründlichen Revision. Die umfangreichen Untersuchungen des Arbeitskreises um D. E. GREEN, so u. a. ZIEGLER u. LINNANE über die elektronentransportierenden Systeme, haben ergeben, daß beispielsweise in Herzmuskelchondriosomen die Enzymaktivität mit dem Grad der Schädigung (Gefrieren, hypotonische Lösungen, Ultraschall usw.) ansteigt bzw. überhaupt erst meßbar wird, in intakten Chondriosomen hingegen sehr gering ist bzw. nicht nachgewiesen werden kann. Citrat, Isocitrat, Lactat und Malat sind für die betreffenden Dehydrogenasen nicht zugänglich, obgleich die Enzyme, wie an zerstörten Chondriosomen nachzuweisen ist, vorhanden sind. Andere Substrate wie Pyruvat, α-Ketoglutarat und Glutamat werden von intakten Chondriosomen in erheblich geringerem Maße verarbeitet als von geschädigten. Daraus folgt u. a., daß wenn nicht die gesamte Isocitratdehydrogenase, so doch ein beträchtlicher Teil in den Chondriosomen lokalisiert ist, nicht, wie nach SCHNEIDER u. HOGEBOOM (1956) anzunehmen war, in der löslichen Zellfraktion. Diese biochemischen Untersuchungen werden durch sorgfältige elektronenmikroskopische Überprüfungen ergänzt und bestätigt (ZIEGLER et al.).

Das mahnt zur Vorsicht bei der Bewertung von Angaben über die Permeabilität bzw. Impermeabilität der Chondriosomenmembran, soweit diese lediglich darin begründet sind, daß gewisse Substrate von einer Chondriosomen-Suspension nicht verarbeitet werden und daher nicht ins Innere eingedrungen sein sollen (z. B. PERRY et al. über die Impermeabilität für reduzierte Pyridinnucleotide). Auch andere Methoden der Permeabilitätsbestimmung geben Anlaß zu Zweifeln, vor allem die photometrischen Volummessungen. TEDESCHI u. HARRIS können zeigen, daß bestimmte Vorgänge im Innern der Chondriosomen deren optische Dichte verändern, ohne daß dies als Volumänderung interpretiert werden dürfte.

Zur Frage nach dem Mechanismus der „Schwellung" der Chondriosomen liegen mehrere neue Arbeiten vor; gleichwohl kann noch keine endgültige Antwort gegeben werden. DI SABATO u. FONNESU finden, daß Dinitrophenol die Schwellung in Succinat, Glutamat oder α-Ketoglutarat beschleunigt, während es bei allen anderen Substraten die Chondriosomenstruktur stabilisiert. Daraus wird gefolgert, daß die mit der Phosphorylierung gekoppelte Succinatoxydation der wichtigste Mechanismus sei, mit dessen Hilfe die als Ausdruck einer Schädigung geltende Schwellung verhindert wird. Auch diese Folgerung sollte an Hand der oben angeführten Befunde von ZIEGLER u. LINNANE überprüft werden, vgl. hierzu auch DI SABATO, ferner KAUFMAN u. N. O. KAPLAN, PURVIS (Digitonin bewirkt Entkopplung und Schwellung, ferner zerteilt es die Chondriosomen unter partiellem Enzymverlust in kleinere Bruchstücke), sowie LEHNINGER et al. (Schwellung durch Thyroxin).

Die Entstehung der Chondriosomen aufzuklären, ist das Ziel der Untersuchungen von HOFFMAN u. GRIGG (an Spermatocyten) und BRANDT u. PAPPAS (an der Amöbe *Pelomyxa caroliniensis*). Beide stimmen darin überein, daß die Chondriosomen aus der Kernmembran hervorgehen (die ja ihrerseits eine Bildung des endoplasmatischen Reticulums ist), und zwar durch Einfaltung und Abschnürung. BUVAT hingegen vertritt an Hand seiner elektronenmikroskopischen Untersuchungen an Wurzelmeristem von Getreide die Auffassung, Chondriosomen und ER entstünden aus membranartigen Bildungen des Phragmoplasten. Vielleicht widersprechen sich diese Ansichten nicht so, wie es zunächst den Anschein hat, wenn man berücksichtigt, daß wahrscheinlich gewisse Teile des ER bei der Mitose persistieren und als zwei separate Systeme sorgfältig auf die Polkappen verteilt werden. Als neues ER-System bilden sie dann die neue Kernmembran, den Phragmoplasten sowie eine neue Zelloberfläche (PORTER u. MACHADO an Wurzelspitzen von *Allium cepa* und *A. sativum*).

IV. Stoffaufnahme

Es ist schwieriger denn je geworden, die Probleme der Stoffaufnahme zusammenfassend zu diskutieren. Das hat im wesentlichen methodische Gründe. Nur noch wenige Autoren arbeiten mit den „klassischen" Meßmethoden der Stoffaufnahme, d. h. mit ganzen bzw. intakten Zellen („Permeabilität"); die meisten haben sich hochentwickelter neuer Untersuchungsmittel bedient, die mehr Erfolg zu versprechen scheinen, nämlich 1. biochemischer Methoden und 2. des Elektronenmikroskops. Noch größer aber ist die Zahl der Arbeiten, die von Fragestellungen rein biochemischer Art bzw. der Ultrastruktur ausgehen und dabei, zwangsläufig oder mehr beiläufig, auf die Phänomene der Stoffaufnahme treffen. Gerade die letzteren haben manche wichtige neue Gesichtspunkte ergeben; andererseits ist es nicht zu verwundern (wenn auch zu bedauern), daß sich die Autoren streng auf die Diskussion der im Methodischen verwandten Arbeiten beschränken. Der Biochemiker ist oft nur mangelhaft bekannt mit den Arbeiten auf dem klassischen Gebiet der Zellphysiologie und der Ultrastruktur (und umgekehrt). Dementsprechend divergieren auch die Diskussionen, ja die Grundvorstellungen immer stärker. Es ist somit kaum mehr zu vermeiden, die Besprechung der etwa 120 Arbeiten nach methodischen Gesichtspunkten zu unterteilen.

Die Diskussion der biochemisch ausgerichteten Arbeitsgruppen wird nach wie vor unter dem Zeichen der Carrier-Systeme geführt, die nicht allein für anorganische (JENNINGS, HOOPER u. ROTHSTEIN) und organische Ionen (BRITT u. GERHARDT; BIRT u. HIRD), sondern auch für Anelektrolyte, wie Zucker, Glycerin, Biotin u. a. (BURGER et al.; KIPNIS u. CORI; PENNELL u. WEATHERLEY; STEIN; LICHSTEIN u. FERGUSON) postuliert werden. Bevorzugte Untersuchungsobjekte sind Hefezellen (z. B. BURGER) und Bakterien (*Micrococcus lysodeicticus*: BRITT u. GERHARDT; *Escherichia coli*: ASENSIO u. SOLS; *Pseudomonas aeruginosa*: CLARKE u. MEADOW; *Microbacterium smegmatis*: ELLARD u. CLARKE; *Lactobacillus arabinosus*: LICHSTEIN u. FERGUSON), aber auch *Nitella* (PRAMER), Karottengewebe (BIRT u. HIRD) u. a. Unterschiedliche Temperaturkoeffizienten für die Aufnahme verschiedener Stoffe durch das gleiche Objekt, Konkurrenz-, Sättigungsphänomene sowie Stereospezifität (d. h. die Kriterien der nichtosmotischen Stoffaufnahme im Sinne von ROSENBERG u. WILBRANDT, Fortschr. Bot. 15) erlauben, „das" Carrier-System aufzuteilen in mehrere Teilsysteme — FRIED u. NOGGLE glauben nachgewiesen zu haben, daß für die Aufnahme von Na, K, Rb und Sr durch Gerstenwurzeln acht verschiedene Carrier-Systeme existieren.

Es ist nicht möglich und vielleicht auch nicht notwendig, Einzelheiten aufzuführen. Was hingegen beim Studium dieser und verwandter Arbeiten immer wieder auffällt, ist folgendes: Kaum einer der Autoren läßt einen Zweifel daran, daß seine Befunde als Stütze für die Carrier-Hypothese aufzufassen seien, aber keiner hält sie für beweisend. Meist finden sich Sätze wie: „Die Befunde werden diskutiert an Hand der Vorstellungen über Carrier-Systeme", oder „. . . lassen vermuten, daß . . .", oder „. . . . sind in Einklang mit der Annahme, daß die Stoffaufnahme durch Carrier-Systeme besorgt wird" oder ähnlich.

Es würde freilich kurzsichtig sein, diese vorsichtigen Formulierungen in Bausch und Bogen als nicht beweisend zu verwerfen; man darf nicht übersehen, daß die Befunde, so unterschiedlich sie auch interpretiert werden mögen, eben nicht mit den klassischen Vorstellungen der (passiven) Permeabilität vereinbar sind, und daß die große Rolle nichtosmotischer, „aktiver" Aufnahmeprozesse für alle Stoffgruppen, vielleicht mit Ausnahme des Wassers, nicht mehr geleugnet werden kann.

In den letzten Jahren sind unsere Vorstellungen über die Natur dieser noch so neutral formulierten Carrier-Systeme präziser geworden. Vor allem dank der grundlegenden bewundernswerten Arbeiten von MONOD bzw. COHEN u. MONOD, aber auch von P. H. CLARKE (CLARKE u. MEADOW, ELLARD u. CLARKE) gilt als bewiesen, daß zumindest ein Teil der Carrier wirklich Enzyme sind (meist adaptiver Art), deren Wirkungsweise und Entstehung in einigen Fällen schon genau bekannt ist (MONOD). Für sie werden die Bezeichnungen Permeasen, Transportasen und Translocasen teils synonym, teils differenziert verwendet.

Hier ist die Begriffsbildung noch nicht abgeschlossen. Ob man unterscheiden muß zwischen Permeasen im Sinne von COHEN u. MONOD, die an der Zelloberfläche vorliegen, das aufzunehmende Substrat durch die osmotische Barriere schleusen und eine Stoffanreicherung im Innern der Zelle bewirken, ohne an der Weiterverarbeitung teilzunehmen, und Translocasen bzw. Transportasen, die die Aufnahme, nicht aber eine Anhäufung bewirken (ROTMAN, MITCHELL), muß noch dahingestellt bleiben.

Permeasen sind keine konstitutiven Enzyme, wie z. B. die des Tricarbonsäurecyclus; ihre Bildung wird durch das Substrat induziert und ist daher von der Synthese der konstitutiven Enzyme unabhängig. Danach ist z. B. das Galaktosid-aufnehmende System von *Escherichia coli* eine Galaktosid-Permease, nicht zu verwechseln mit der (gleichfalls induzierten) Galaktosidase, die die Galaktoside verarbeitet (und daher ohne Galaktosidpermease zur Untätigkeit verurteilt ist). Dementsprechend gibt es neben den (konstitutiven) Enzymen des TSC eine Acetat- und eine Fumarat-Permease (ELLARD u. CLARKE, CLARKE u. MEADOW an *Microbacterium smegmatis*).

Die Permeasen müssen an der Zellgrenze lokalisiert sein; der hohe Enzymgehalt (90% der gesamten Enzymmenge) der durch fraktionierte Zentrifugierung gewonnenen Cytoplasmamembran (MITCHELL) steht damit ebenso in Übereinstimmung wie die Tatsache, daß die Saccharasemenge von Hefezellen durch Desintegration des Zellinnern nicht erhöht wird (SUOMALAINEN u. OURA). MITCHELL u. MOYLE versuchen indessen, in einer theoretischen Studie darzulegen, daß aktive Stoffbewegung im Sinne osmotischer Arbeit auch durch inhomogene Enzymverteilung erreicht werden kann, die Annahme von Transportasen im oben angeführten Sinne also nicht erforderlich sei (zusammenfassende Darstellungen: MITCHELL; MONOD; COHEN u. MONOD).

Die Kurven für die Aufnahme bestimmter großmolekularer Stoffe (z. B. markierte RN-ase und Cytochrom c bei *Amoeba proteus*: SCHU-MAKER; RN-ase, Lysozym, Hämoglobin bei Wurzelzellen: JENSEN u. McLAREN; Serum bei isolierten *Escherichia coli*-Protoplasten: LISOWSKI et al.) werden von den Autoren unter dem Gesichtspunkt der Phago-cytose bzw. Pinocytose diskutiert, d. h. der Aufnahme durch Ein-schließung kleiner Flüssigkeitsmengen durch Plasmafortsätze bzw. Invaginationen der Plasmahaut mit anschließender Verlagerung der Vacuole ins Zellinnere. Daß solche Vorstellungen neuerlich erheblich an Beachtung gewonnen ha-ben, hat seinen Grund in elektronenmikroskopischen Befunden, die entsprechen-de Erscheinungen auf sub-lichtmikroskopischem Ni-veau sichtbar gemacht ha-ben. Sie werden mit vor-trefflichen Aufnahmen von BUVAT u. LANCE (an hö-heren Pflanzen), POLICARD u. BESSIS (Erythroblasten)

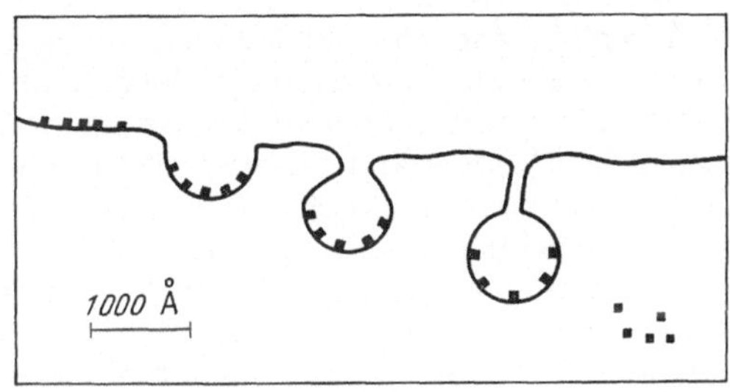

Abb. 10. Schema der Rhopheocytose nach POLICARD u. BESSIS (1958)

u. a. belegt. Als neue Termini schlagen POLICARD u. BESSIS vor: Mikro-pinocytose für die Aufnahme von Flüssigkeiten, Rhopheocytose (von $\varrho o \varphi \varepsilon \omega$ = ich schlürfe) für die Aufnahme von Makromolekülen, z. B. Ferritin (s. Abb. 10).

Inwieweit hier „aktive" Aufnahme vorliegt, läßt sich gegenwärtig noch nicht entscheiden; nach BRANDT ist damit zu rechnen, daß durch Adsorption an die Plasmagrenzschicht eine lokale Herabsetzung der Grenzflächenspannung herbeigeführt wird, die die Binnenstruktur des Plasmalemma auflockert; vielleicht ist auch eine Zugwirkung des endo-plasmatischen Reticulums beteiligt. Über die Rolle der Chondriosomen bei der Mikropinocytose vergl. CHAPMAN u. NILSSON.

Hier liegt ein großes Feld offen für weitere Untersuchungen. Es wäre dringend zu wünschen, daß bald Näheres über die Mechanismen und Ausmaße der Mikropinocytose und Rhopheocytose bekannt wird, damit eine Brücke geschlagen wird zu den Befunden über Permeasen und Trans-portasen, aber auch zum "apparent free space" (letzterer war ja zu Beginn lediglich ein aus biochemischen Befunden zu forderndes Volumen; es konnte schließlich identifiziert werden mit dem der Diffusion frei zu-gänglichen Zellmembranvolumen sowie der ionenaustauschenden Proto-plastenoberfläche — anatomisch wohlbekannten Größen).

Mögen die Unterschiede in der Methode bei der Interpretierung der Befunde auch erheblich sein — soviel ist gewiß, daß sie nur zum geringsten Teil auf der Basis der Osmose erklärt werden können; an der Existenz nichtosmotischer Aufnahmeprozesse kann nun wirklich nicht mehr gezweifelt werden, ebensowenig wie an dem Ausmaß, das sie im Rahmen der Gesamtstoffaufnahme annehmen können. Es ist daher schwer zu ver-stehen, wenn gelegentlich noch immer zwar die neuen Befunde bestätigt

werden, ihre Interpretation jedoch einfach abgelehnt und damit als
widerlegt angesehen wird (z. B. Höfler). Andererseits sind natürlich
neue Vorstellungen sorgfältig zu prüfen, bevor sie verallgemeinert werden.
Ein drastisches Beispiel hierfür ist die Aufnahme von Streptomycin und
Chloramphenicol durch Zellen von *Nitella clavata*. Die Streptomycin-
kurven zeigen alle Merkmale einer „aktiven" Aufnahme durch Carrier-
Systeme (u. a. Sättigungsphänomene), wohingegen die Chloramphenicol-
Aufnahme lediglich durch Diffusion erfolgt, wenngleich auch hier die
Aktivierungsenergie höher ist als die bei einfacher Diffusion (Litwack u.
Pramer; Pramer).

Ebenfalls zur Vorsicht mahnen die weitgespannten Untersuchungen
von Dick über die Diffusion des Wassers im Cytoplasma lebender Zellen.
Entgegen einer weitverbreiteten Annahme übt das Binnenplasma einen
merklichen Widerstand gegen die Diffusion von Wasser aus, der künftig
nicht mehr vernachlässigt werden sollte.

Untersuchungen an isolierten Protoplasten, wie sie letztlich mehrfach
vorgenommen wurden (Vreugdenhil sowie Wartenberg bei *Allium
cepa*, Nečas an Hefe, Britt u. Gerhardt an *Micrococcus lysodeicticus*)
haben für das Problem der Stoffaufnahme wenig Neues erbracht. Immerhin verdienen die Untersuchungen Vreugdenhils hervorgehoben zu
werden. Der Verfasser konnte zeigen, daß sich die Gymnoplasten nur
bei Temperaturen um + 2° C entsprechend dem Van't Hoffschen Gesetz
verhalten, während bei 20° C starke Abweichungen zu beobachten sind.
Der Effekt ist durch Ionen zu beeinflussen, und zwar in einer Form, die
auf die Beteiligung von Phosphatid-Kolloiden (nur in der Grenzschicht?)
schließen läßt. Zu entsprechenden Schlußfolgerungen gelangen Klein u.
Neff für isolierte Chondriosomen aus *Acanthamoeba*; die Volumände-
rungen entsprechen mehr denen eines Biokolloids als den osmotischen
Gesetzen. Die Verfasser beanstanden zugleich die oft gehandhabte
densometrische Methode der Volumbestimmung; vergleicht man deren
Ergebnisse mit Messungen des aktuellen Chondriosomen-Volumens nach
der Methode der dichtesten Packung (durch Zentrifugieren), so ergeben
sich schwerwiegende Abweichungen.

In zwei Mitteilungen berichtet Collander über das Permeations-
vermögen von Pentaerythrit und Erythrit (an *Rhoeo*, *Helodea* und
Vallisneria) sowie von polymeren Reihen der Polypropylenglykole. Das
sperrig gebaute Pentaerythritmolekül permeiert langsamer als das des
Erythrits, trotz gleicher Größe und annähernd gleicher Lipoidlöslichkeit.
Innerhalb der Polypropylenglykol-Reihe sinkt die Permeationsgeschwin-
digkeit bei steigender Molekülgröße (von 134 auf etwa 1025, d. h. auf
das 6,7fache), obgleich die Lipoidlöslichkeit gleichzeitig auf das
1000fache zunimmt. Der Verfasser schließt daraus mit Recht, daß die
Molekülgröße bei Permeationsvorgängen „nicht vernachlässigt werden
darf". Überraschend ist hingegen die Folgerung, die Befunde seien kaum
geeignet, die Ultrafiltertheorie der Permeabilität zu stützen, sie zeigten
vielmehr eine hohe Viscosität der Plasmagrenzschichten an.

Es dürfte nicht möglich sein, alle neuen Forschungsergebnisse zusammenzufassen zu dem Bild eines einheitlichen Baues der Plasma-

grenzschichten. Immerhin scheint festzustehen, daß deren Protein-(Enzym-)Gehalt größer und für die Stoffaufnahme wichtiger ist, als aus den klassischen Permeabilitätsuntersuchungen abzuleiten war.

Die Frage nach der Anwesenheit von RNS in der Grenzschicht ist noch immer nicht klar zu beantworten. Masuda glaubt sie bejahen zu müssen, weil die Adhäsion der Protoplasten an die Zellwand (Epidermis von *Avena* Coleoptilen) nach RN-ase-Behandlung herabgesetzt ist; für die Stoffaufnahme scheint die RNS ohne Bedeutung zu sein, da durch die Enzymbehandlung weder die Harnstoff- noch die Wasserpermeabilität verändert wird.

V. Nucleinsäure- und Protein-Stoffwechsel; Lokalisationsfragen

Wieder sind es mehrere hundert Arbeiten, die in den letzten beiden Jahren über den Komplex der Nucleinsäure- und Protein-Synthese erschienen sind. Sie enthalten z. T. recht wichtige Befunde und haben die Forschung manchen Schritt weitergeführt; gleichwohl kann von guter Übereinstimmung noch keineswegs gesprochen werden. Viele Autoren sind der Auffassung, daß wenigstens in groben Zügen folgendes Bild als gesichert gelten kann (vgl. auch die zusammenfassende Darstellung von J. Bonner): Die DNS ist der Träger der genetischen Information bzw. die Primärsubstanz der Gene. Sie kommt gewöhnlich nur in den Chromosomen vor, bei konstantem DNS-Gehalt der Chromatiden und Vermehrung während der Mitose kurz vor der Verdoppelung der Chromatiden. Sie nimmt im allgemeinen am Stoffwechsel der Zelle nicht teil. Für die Übertragung der Information auf die Proteine ist (sind) die RNS verantwortlich; diese werden im Kern gebildet und zunächst im Nucleolus gesammelt, von wo sie entweder kontinuierlich oder während der Mitose beim Verschwinden der Kernmembran ins Cytoplasma übertreten, und zwar als Mikrosomen, d. h. Nucleoproteide aus RNS und ,,Strukturprotein". Diese Mikrosomen synthetisieren dann im Cytoplasma die Proteine vom Charakter spezifischer Enzyme.

Die Gültigkeit dieser vergröberten Darstellung läßt sich vielleicht so charakterisieren: Die Mehrzahl der Autoren äußert sich dahingehend, daß ihre jeweils publizierten Befunde mit diesem Schema vereinbar sind. Beweise im strengen Sinne sind selten, Widersprüche häufiger. Es muß zugegeben werden, daß die Details dieses Schemas noch kaum gesichert sind, da ja hier die Kontroversen am stärksten sein müssen. Auch mögen objektspezifische Unterschiede gelegentlich übersehen worden sein (z. B. zwischen Amöben, Acetabularien und Bakterien) — obgleich die Einheitlichkeit, mit der die grundlegenden Stoffwechselprozesse und Strukturbildungen in den verschiedensten Organismengruppen verlaufen, erstaunlich groß ist. Die meisten Diskrepanzen scheinen jedoch nicht grundsätzlicher Art zu sein, sondern betreffen die Frage, wie die experimentellen Befunde aus methodischen Gründen zu interpretieren sind, d. h. inwieweit aus den biochemisch analysierten Vorgängen in verschiedenen Fraktionen eines Zellhomogenats auf den Ablauf der Vorgänge *in situ* geschlossen werden kann. Hier können wohl nur zellphysiologische Methoden weiterhelfen, etwa die Untersuchung an entkernten Zellen, oder, wie in der wichtigen Arbeit von Zalokar beschrieben, die Zentrifugierung intakter *Neurospora*-Hyphen mit cytochemischer bzw. autoradiographischer Analyse der entstehenden Fraktionen (aus denen sich dann die Normalverteilung wieder restituiert). Zu den einzelnen Komponenten bzw. Beziehungen seien folgende neue Beiträge aufgeführt (wobei rein biochemische Fragen nicht behandelt werden sollen; dieserhalb wird auf den Beitrag von KATING verwiesen).

a) DNS. Die relativ große Stabilität der DNS sowie die Tatsache, daß sie am allgemeinen Zellstoffwechsel nicht oder nur mittelbar beteiligt ist, hat die Forschung sehr erschwert, und es liegen nur verhältnismäßig wenige Arbeiten vor. Um so bewundernswerter ist, daß KORNBERG und seine Mitarbeiter die biochemischen und enzymatischen Vorgänge bei der DNS-Synthese aufklären konnten (s. S. 266).

Die DNS-Synthese vollzieht sich unabhängig von der RNS-Synthese und der Protein-Synthese (z. B. BRACHET). Immerhin finden sich mehrfach Hinweise, daß bis zu einem gewissen Grade eine Beziehung zwischen DNS und RNS besteht. Nicht allein scheinen Ribose und Desoxyribose gemeinsame Vorläufer zu haben (BERNSTEIN u. SWEET), Pyrimidinribonucleotid kann in Pyrimidindesoxyribonucleotid umgewandelt werden — freilich in Extrakten von *Salmonella typhimurium* (GROSSMAN u. HAWKINS), und BELOZERSKY u. SPIRIN schließen aus ihren Analysendaten (von verschiedenen Bakterienstämmen), daß ein wenn auch kleiner Teil der RNS mit der DNS in Beziehung steht.

Die „statische" Rolle der DNS wird von CHAYEN stark bezweifelt. Meristemzellen von Wurzelspitzen von *Vicia faba* und *Allium cepa* enthalten nach der Isolierung mittels Pektinase nur noch $^1/_5$—$^1/_{10}$ der ursprünglichen DNS-Menge im Kern, gemessen durch UV-Absorption bei 265 mμ, während die Färbung mit Methylgrün-Pyronin nicht verändert wird und der extrahierbare DNS-Gehalt der Gesamtwurzel konstant bleibt. Solche Kerne gewinnen aber ihren Normalgehalt „zurück", wenn sie mit heißer HCl behandelt werden, wie bei der FEULGEN-Reaktion. CHAYEN schließt hieraus, daß der größte Teil der DNS der Wurzelmeristemzellen im Cytoplasma liegt, an basophile Grana gebunden. Erst nach Säurebehandlung diffundiert sie in den Kern. Danach wäre zumindest ein Teil der DNS metabol (vielleicht die des Heterochromatins); auch könnte die DNS die genetische Information unmittelbar vom Kern auf die Mikrosomen übertragen — eine Schlußfolgerung, zu der auch PARDEE auf ganz anderem Wege gelangt, nämlich durch Injektion genetischen Materials in fremdes Plasma von Bakterien. Die Enzymsynthese (β-Galaktosidase) beginnt sofort, ohne irgendeine lag-Phase. SUGINO et al. können in Seeigeleiern nach Behandlung mit Schlangengift „maskierte" Desoxyriboside nachweisen; FINAMORE u. VOLKIN sogar cytoplasmatische DNS im unreifen Froschei. Nach Injektion von ^{32}P-orthophosphat (7 Tage) ist die Radioaktivität der cytoplasmatischen DNS doppelt so hoch wie die der Kern-DNS; bei der RNS ist das Verhältnis umgekehrt 1:3.

b) RNS. Die hohe metabolische Aktivität der RNS erleichtert die biochemische und physiologische Analyse gegenüber der DNS; dementsprechend liegt eine beträchtliche Anzahl experimenteller Befunde vor. Das wichtigste, wenn auch in seiner Bedeutung noch völlig ungeklärte Ergebnis ist, daß „die" RNS offenbar in mehrere Fraktionen aufgeteilt werden muß. Zunächst muß zwischen Kern- und Cytoplasma-RNS unterschieden werden (ALLFREY u. MIRSKY a, HOTTA u. OSAWA, WOODWARD). Die Kern-RNS besteht aus nucleolärer und chromosomaler RNS (MCMASTER-KAYE et al., HOTTA u. OSAWA), die cytoplasmatische aus löslicher und mikrosomaler RNS (BOSCH et al., WOODWARD). Die Fraktionen unterscheiden sich nicht nur in chemischer Hinsicht, sondern auch nach ihrem turnover bzw. der Aufbaurate (meist am Einbau radioaktiver Bausteine gemessen) und nach den Orten ihrer Entstehung.

Die cytoplasmatische RNS stammt aus dem Nucleolus (GOLDSTEIN u. MICOU), jedoch nicht ausschließlich (OSAWA u. HOTTA, WOODWARD, PLAUT); lösliche RNS (des Cytoplasmas) und mikrosomale RNS können wechselseitig ineinander überführt werden, wobei der Transfer energiebedürftig ist (BOSCH et al. u. a. m.). Über die Rolle, die diesen verschiedenen Fraktionen zukommt, bestehen noch sehr divergierende Auffassungen. Nach PLAUT überträgt die nucleäre RNS die genetische Information ins Plasma und damit auf die Proteine (s. auch FLINT u. JOHANSEN, ZALOKAR). Unterteilt man (wie z. B. PANTELOURIS) die Proteinsynthese in 2 Teilschritte: 1. die unspezifische Synthese und 2. die Aufprägung der Spezifität, so würde sich letztere im Cytoplasma bzw. in den Mikrosomen abspielen; demgegenüber vertritt PANTE-LOURIS die entgegengesetzte Ansicht: Proteine werden aus dem Cytoplasma in den Kern (Nucleolus) transportiert; (nur) hier erfolgt die Aufprägung der Spezifität. SIMKIN u. WORK (vgl. auch BERG) sehen die alleinige Aufgabe der RNS darin, Komplexe mit Aminosäuren zu bilden und die so „aktivierte" Aminosäure an die Mikrosomen abzugeben.

Angesichts dieser Widersprüche empfiehlt es sich, die Ergebnisse weiterer Untersuchungen abzuwarten und bis dahin gegenüber Modellvorstellungen über die Steuerungs- und Übertragungsfunktion der RNS Zurückhaltung zu üben (PLAUT).

c) Protein. Es ist heute nicht mehr möglich, von Proteinsynthese schlechthin zu sprechen. Wir müssen die „allgemeine" Proteinsynthese, wie sie etwa während des Wachstums zu beobachten ist, von der Synthese der Enzyme abtrennen; beide können voneinander völlig unabhängig ablaufen: SCHIFF, EISENSTADT u. KLEIN zeigen, daß Zellen von *Pseudomonas saccharophila* auch dann Amylase (0,1 % des Gesamtproteins) synthetisieren können, wenn kein Wachstum stattfindet und eine Zunahme des Gesamtproteins unterbleibt. Das entspricht den neuen Vorstellungen von MONOD über die Synthese induzierbarer Enzyme, z. B. der β-Galaktosidase oder der Galaktosid-Permease. Die genetischen und enzymatischen Kontrollen dieser Synthese konnte MONOD weitgehend aufklären; wahrscheinlich gelten aber für die Synthese konstitutiver Enzyme noch andere Abhängigkeitsbeziehungen.

Die biochemischen Grundlagen der Proteinsynthese sind ausführlich im Abschnitt von KATING besprochen; hier sollen nur einige Punkte angeführt werden, die zellphysiologisch von besonderem Interesse sind. Es gibt offenbar verschiedene Synthesewege: der eine führt über die Aktivierung von Aminosäuren (in Form eines Komplexes aus Enzym,

Adenosinmonophosphat und Aminosäure, der dann auf lösliche RNS übertragen wird; diese wird zu den Mikrosomen transportiert, wo die eigentliche Proteinsynthese stattfindet); der andere hingegen bedarf einer solchen Aktivierung nicht (OCHOA, s. NEURATH u. TUPPY).

Es ist noch vollständig offen, ob diese beiden Wege auch zu verschiedenen Proteinen führen, beispielsweise der eine zu „allgemein~n" Proteinen, der andere zu Enzymprotein, oder ob die Bildung der konstitutiven und der adaptiven Enzyme sich solchermaßen unterscheidet. Dagegen wird hier eine klare Beziehung zwischen Proteinsynthese und RNS sichtbar, um die sich seit langem so viele Autoren bemühen. Sicherlich ist es nicht der einzige Berührungspunkt zwischen Aminosäuren bzw. Proteinen und RNS. So konnten FEIGELSON u. FEIGELSON feststellen, daß bei (induzierter) Bildung von Tryptophanoxydase nichtnucleäre RNS abgebaut wird; anschließend erfolgt eine Stimulierung der Resynthese. Von ihr wird die Chondriosomen- und Mikrosomen-RNS am stärksten betroffen. Betrachtet man indessen den absoluten Zuwachs, so ist er — und damit die Resynthese — am stärksten im Kern.

Ziehen wir noch die Untersuchungen von SZÉKELY hinzu, wonach auch die Chondriosomen zur Eiweißsynthese befähigt sind, und zwar in Zusammenarbeit mit den Mikrosomen dergestalt, daß ein Teilprozeß der Synthese der Chondriosomen-Proteine in der Mikrosomenfraktion stattfindet, und das hier synthetisierte Material in die Chondriosomen-Fraktion übertragen werden muß, so wird daraus die dringende Notwendigkeit ersichtlich, der Lokalisation und den Translokationsprozessen noch größere Aufmerksamkeit als bisher zu widmen. Die Funktion der zahlreichen RNS-Fraktionen, die Zwischenstufen der Proteinsynthese usw. werden wir erst dann richtig verstehen können, wenn wir die Konzentration und Aktivität an den verschiedenen Zellorten sowie Ursache, Richtung und Ausmaß des Transportes bestimmt haben. Das ist aber im Homogenat fast nicht möglich; hier können nur Versuche an der lebenden Zelle weiterführen, selbst wenn die bisherigen methodischen Hilfsmittel noch unzureichend sind.

d) Die Rolle des Zellkerns. Bei Entfernen des Zellkerns (Amöben, Acetabularien) wird im allgemeinen die RNS-Synthese gestoppt (RICHTER; NAORA, RICHTER u. NAORA u. a.); PRESCOTT bestätigt erneut, daß kernlose Zellen unfähig sind, Vorstufen in RNS einzubauen. PLAUT u. RUSTAD hingegen finden, daß Uracil bzw. Orotsäure doch eingebaut werden.

Die Synthese von Proteinen läuft in kernlosen Zellen weiter (HÄMMERLING et al.; NAORA, RICHTER u. NAORA; RICHTER c), und zwar sowohl von Cytoplasma- als auch von Chloroplasten-Proteinen; ebenso steigt die Menge der Chloroplastenfarbstoffe (RICHTER b) und die Phosphorylase-Aktivität an (CLAUSS).

Merkwürdig ist das Verhalten der Chloroplasten in plasmolysierten Protoplasten von *Helodea densa*. Diejenigen Chloroplasten, die in kernhaltige Protoplastenfragmente geraten, degenerieren innerhalb weniger Tage, während alle Chloroplasten, die sich nicht in Kontakt mit einem Zellkern befinden, grün bleiben und Stärke bilden.

VI. Resistenz

a) Kälteresistenz. In einer Reihe von Mitteilungen berichten ULLRICH u. HEBER und HEBER über Beziehungen zwischen Frostresistenz und Zuckergehalt. Beim Winterweizen zeigt die Summe der Monosaccharide eine bessere Korrelation zur Frostresistenz als der Gesamtzuckergehalt. Vor allem die Saccharose läßt mit ihren Schwankungen keine oder nur sehr geringe Beziehungen zum Grad der Frosthärte erkennen. Bei *Hedera helix* (JEREMIAS) ist auch eine Parallelität für Saccharose, Galaktose, Raffinose und Stachyose festzustellen. PARKER schließlich findet bei *Pinus strobus* gerade das Gegenteil: die beste Korrelation zum Grade der Frosthärte ergibt sich bei Raffinose; bei den Monosacchariden ist sie wesentlich schlechter, und Saccharose schließlich ist auch nach der Enthärtung noch in großen Mengen aufzufinden.

ULLRICH u. HEBER sehen die Schutzwirkung der Zucker nicht mehr in einer Bildung von Glykoproteiden, sondern nehmen an, daß OH-Gruppen der Zucker an die Stelle der beim Gefrieren ausfallenden Wassermoleküle treten und so bestimmte Eiweißsorten vor dem Denaturieren schützen.

b) Hitzeresistenz. KURTZ versucht in einer interessanten Zusammenstellung, das Problem der Hitzestabilität von der biochemischen Seite zu erfassen. Gewisse *Neurospora*-Mutanten haben gegenüber der hitzeresistenten Wildform ein niedrigeres Temperaturmaximum des Wachstums. Ihnen fehlt Riboflavin; die Zugabe von Riboflavin zur Kulturflüssigkeit ermöglicht den Mutanten ein Wachstum auch bei höheren Temperaturen. Andere Mutanten benötigen Adenin bzw. Pyrimidin. Eine *Cosmos*-Art, die bei 20° C schon im vegetativen Wachstum gehemmt wird, kann nach Thiamingabe weiterwachsen. Schließlich kann eine temperaturbedingte Inaktivierung des Wachstums von Erbsen durch Adenin verhindert werden. Der Verfasser vermutet, daß eine Stoffwechselreaktion ($A \to B$), welche durch höhere Temperaturen gehemmt wird, dann zu einer Beeinträchtigung des Wachstums führt, wenn B für das normale Wachstum erforderlich ist. Zusätzliche Gaben von B können daher die Hemmung aufheben. Analoges gilt, wenn A erforderlich ist und die Reaktion $A \to B$ durch höhere Temperaturen beschleunigt wird.

Bei den Sporen von *Bacillus cereus var. terminalis* scheint es Dipicolinsäure zu sein, die gegen Hitzeinaktivierung schützt. Zusatz von Pantothensäure, Thiamin, Folsäure, Riboflavin oder Biotin erhöht den Dipicolinsäuregehalt und damit auch die Hitzeresistenz (CHURCH u. HALVORSON). Die beiden Arbeiten ergänzen einander vortrefflich; gleichwohl ist damit nur einer der Faktoren gefunden, die für die Hitzestabilität verantwortlich sind. Überdies ist die Rolle der Dipicolinsäure noch völlig unklar (CHURCH u. HALVORSON).

Literatur

ALLFREY, V. G., and A. E. MIRSKY: Proc. Nat. Acad. Sci. US **43**, 589—598 (1957a).— ALLFREY, V. G., and A. E. MIRSKY: Proc. Nat. Acad. Sci. US **43**, 821—826 (1957b).— ALLFREY, V. G., and A. E. MIRSKY: Trans. N. Y. Acad. Sci., Ser. 2, **21**, 3—16 (1958c).— ASENSIO, C., y A. SOLS: Rev. españ. fisiol. **14**, 269—275 (1958).

BELOZERSKY, A. N., and A. S. SPIRIN: Nature (Lond.) 182, 111—112 (1958).— BERG, P.: Angew. Chem. 71, Jhg. Nr. 11, 390 (1959). — BERNSTEIN, I. A., and D. SWEET: J. Biol. Chem. 233, 1194—1198 (1958). — BIRT, L. M., and F. J. R. HIRD: Biochem. J. 70, 286—292 (1958). — BONNER, J.: Amer. J. Botany 46, 58—62 (1959). — BOSCH, L., H. BLOEMENDAL and M. SLUYSER: Biochim. et Biophys. Acta 34, 272—274 (1960).— BRACHET, J.: Biochimija 22, 226—235 (1957a).— BRACHET, J.: Exp. Cell Research, Suppl. 6, 78—96 (1959b).— BRANDT, P.W.: Exp. Cell Research 15, 300—313 (1958). — BRANDT, P. W., and G. D. PAPPAS: J. Biophys. Biochem. Cytol. 6, 91—96 (1959). — BRAWERMAN, G., and E. CHARGAFF: Biochim. et Biophys. Acta 37, 221—229 (1960). — BRITT, E. M., and PH. GERHARDT: J. Bacteriol. 76, 281—287 (1958). — BURGER, M., L. HEJMOVA and A. KLEINZELLER: Biochem. J. 71, 233—242 (1959). — BUVAT, R.: C. R. Acad. Sci. (Paris) 245, 350—352 (1957). — BUVAT, R.: Ann. sci. nat. Botan. (Paris), Ser. 11, 19, 121—161 (1958). — BUVAT, R.: C. R. Acad. Sci. (Paris) 248, 1014—1017 (1959). — BUVAT, R.: C. R. Acad. Sci. (Paris) 249, 289—291 (1959). — BUVAT, R., et A. LANCE: C. R. Acad. Sci. (Paris) 245, 2083—2085 (1957).

CHAPMAN, A. C., and J. R. NILSSON: Exp. Cell Research 19, 631—633 (1960). — CHAYEN, J.: Exp. Cell Research, Suppl. 6, 115—131 (1959). — CHURCH, B. D., and H. HALVORSON: Nature (Lond.) 183, 124—125 (1959). — CLARKE, P. H., and P. M. MEADOW: J. Gen. Microbiol. 20, 144—155 (1959). — CLAUSS, H.: Planta 52, 334 bis 350 (1958). — CLAUSS, H.: Planta 52, 534—542 (1959). — COHEN, G. N., and J. MONOD: Bacteriol. Rev. 21, 169—194 (1957). — COLLANDER, R.: Physiol. Plantarum (Copenh.) 12, 139—144 (1959a).— COLLANDER, R.: Physiol. Plantarum (Copenh.)13, 179—185 (1960b).

DICK, D. A. T.: Exp. Cell Research 17, 5—12 (1959).

ELLARD, G. A., and P. H. CLARKE: J. Gen. Microbiol. 21, 338—343 (1959).

FEIGELSON, P., and M. FEIGELSON: Biochim. et Biophys. Acta 32, 430—435 (1959). — FETZMANN, E. L.: Protoplasma 49, 549—556 (1958). — FINAMORE, F. J., and E. VOLKIN: Exp. Cell Research 15, 405—411 (1958). — FLINT, F. F., and D. A. JOHANSEN: Amer. J. Botany 45, 464—473 (1958). — FRIED, M., and J. C. NOGGLE: Plant Physiol. 33, 139—144 (1958).

GOLDSTEIN, L., and J. MICOU: J. Biophys. Biochem. Cytol. 6, 1—6 (1959). — GOLDSTEIN, L., and J. MICOU: J. Biophys. Biochem. Cytol. 6, 301 (1959). — GROSSMAN, L., and G. R. MAWKINS: Biochim. et Biophys. Acta 26, 657—658 (1957).

HÄMMERLING, J., H. CLAUSS, K. KECK, G. RICHTER and G. WERZ: Exp. Cell Research Suppl. 6, 210—226 (1959). — HAGIHARA, B., T. SHIBATA, I. SEKUZU, F. HATTORI, T. NAKAYAMA, M. NOZAKI, H. MATSUBARA and K. OKUNUKI: J. Biochem. (Tokyo) 43, 495—508 (1956). — HASHIMOTO, T., S. F. CONTI and H. B. NAYLOR: J. Bacteriol. 76, 406—416 (1958). — HAUPT, W.: Naturwissenschaften 45, 273—274 (1958). — HEBER, U.: Planta 52, 144—172 (1958). — HEBER, U.: Planta 52, 431 bis 446 (1958). — HEBER, U.: Protoplasma 51, 284—298 (1959). — HOFFMAN, H., and G. W. GRIGG: Exp. Cell Research 15, 118—131 (1958). — HOTTA, Y., and S. OSAWA: Biochim. et Biophys. Acta 28, 642—643 (1958).

JENNINGS, D. H., D. C. HOOPER, and A. ROTHSTEIN: J. Gen. Physiol. 41, 1019—1026 (1958). — JENSEN, W. A., and A. D. McLAREN: Exp. Cell Research 19, 414—417 (1960). — JEREMIAS, K.: Planta 52, 195—205 (1958). — JOLY, M.: Angew. Chem. 70. Jhg., 373 (1958).

KAMIYA, N., u. K. KURODA: Protoplasma 49, 1—4 (1958a). — KAMIYA, N., u. K. KURODA: Protoplasma 50, 144—148 (1958b). — KAUFMAN, B. T., and N. O. KAPLAN: Biochim. et Biophys. Acta 32, 576—577 (1959). — KIPNIS, D. M., and C. F. CORI: J. Biol. Chem. 234, 171—177 (1959). — KLEIN, R. L., and R. J. NEFF: Exp. Cell Research 19, 133—155 (1960). — KLOTZ, I. M.: Science (Lancaster, Pa.) 128, 815—822 (1958). — KURTZ, E. B.: Science (Lancaster, Pa.) 128, 1115—1117 (1958).

LEHNINGER, A. L., B. L. RAY and M. SCHNEIDER: J. Biophys. Biochem. Cytol. 5, 97—108 (1959). — LICHSTEIN, H. C., and R. B. FERGUSON: J. Biol. Chem. 233, 243—244 (1958). — LISOWSKI, J., Z. WIEZCOREK, and M. KANTOCH: Nature (Lond.) 183, 1828 (1959). — LITTAU, V. C.: Amer. J. Botany 45, 45—53 (1958). — LITWACK,

G., and D. Pramer: Arch. Biochem. Biophys. 68, 396—402 (1957). — Lund, H. A., A. E. Vatter and J. B. Hanson: J. Biophys. Biochem. Cytol. 4, 87—98 (1958). Masuda, Y.: Physiol. Plantarum (Copenh.) 13, 257—263 (1960). — McMaster-Kaye, R., and J. H. Taylor: J. Biophys. Biochem. Cytol. 4, 5—11 (1958). — Mitchell, P.: Biochem. Soc. Symposia (Cambridge, Engl.) 16, 73—93 (1959). — Mitchell, P., and J. Moyle: Nature (Lond.) 182, 372—373 (1958). — Monod, J. J.: Angew. Chem. 71, 685—691 (1959).

Naora,H., G. Richter and H. Naora: Exp. Cell Research 16, 434—436 (1959). — Nečas, O.: Exp. Cell Research 14, 216—219 (1958).

Ochoa, S.: Proteins (Edit. H. Neurath u. H. Tuppy, London 1960) S. 248. — Osawa, S., K. Takata and Y. Hotta: Biochim. et Biophys. Acta 28, 271—277 (1958).

Pantelouris, E. M.: Exp. Cell Research 14, 584—595 (1958). — Pardee, A. B.: Exp. Cell Research, Suppl. 6, 142—151 (1959). — Parker, J.: Botan. Gaz. 121, 46—50 (1960). — Pennel, G. A., and P. E. Weatherley: New. Phytologist 57, 326—339 (1958). — Perry, R. P., B. Theorell, L. Akermann and B. Chance: Nature (Lond.) 184, 929, 931, 934 (1959). — Plaut, W.: Exp. Cell Research, Suppl. 6, 69—77 (1959). — Plaut, W., and R. C. Rustad: Biochim. et Biophys. Acta 33, 59—64 (1959). — Policard, A., et M. Bessis: C. R. Acad. Sci. (Paris) 246, 3194 bis 3197 (1958). — Porter, K. R., and R. D. Machado: J. Biophys. Biochem. Cytol. 7, 167—180 (1960). — Pramer, D.: Exp. Cell Research 16, 70—74 (1959). — Prescott, D. M.: J. Biophys. Biochem. Cytol. 6, 203—206 (1959). — Purvis, J. L.: Exp. Cell Research 16, 98—108 (1959).

Richter, G.: Naturwissenschaften 44, 520—521 (1957a). — Richter, G.: Naturwissenschaften 45, 629—630 (1958b). — Richter, G.: Planta 52, 259—275 (1958c). — Richter, G.: Biochim. et Biophys. Acta 34, 407—419 (1959d). — Rotman, B.: J. Bacteriol. 76, 1—14 (1958).

Sabato, G. di: Exp. Cell Research 16, 441—444 (1959). — Sabato, G. di, and A. Fonnesu: Biochim. et Biophys. Acta 35, 358—367 (1959). — Schiff, J. A., J. M. Eisenstadt and H. P. Klein: J. Bacteriol. 78, 124—129 (1959). — Schumaker, V. N.: Exp. Cell Research 15, 314—331 (1958). — Simkin, J. L., and T. S. Work: Symposia Soc. Exp. Biol. 12, 164—175 (1958). — Sitte, P.: Protoplasma 49, 447—522 (1958). — Stein, W. D.: Nature (Lond.) 181, 1662—1663 (1958). — Stewart, P. A., and B. T. Stewart: Exp. Cell Research 17, 44—58 (1959a). — Stewart, P. A., and B. T. Stewart: Exp. Cell Research 18, 374—377 (1959b). — Sugino, Y., N. Sugino, R. Okazaki and T. Okazaki: Biochim. et Biophys. Acta 26, 453—454 (1957). — Suomalainen, H., u. E. Oura: Suomen Kemistilehti A 31, 41—42 (1958). — Szekely, M.: Angew. Chem. 72, 279 (1960).

Tedeschi, H., and D. L. Harris: Biochim. et Biophys. Acta 28, 392—402 (1958).

Ullrich, H., u. U. Heber: Planta 51, 399—413 (1958).

Vreugdenhil, D.: Acta Botan. Neerl. 6, 472—542 (1957).

Wartenberg, A.: Ber. deutsch. botan. Ges. 71, 169—176 (1958). — Wohl-farth-Bottermann, K. E., u. L. Schneider: Naturwissenschaften 45, 140 (1958). — Woodward, J. W.: J. Biophys. Biochem. Cytol. 4, 383—390 (1958).

Yotsuyanagi, Y.: C. R. Acad. Sci. (Paris) 248, 374—377 (1959).

Zalokar, M:. Nature (Lond.) 183, 1330 (1959). — Zalokar, M.: Exp. Cell Research 19, 114—132 (1960). — Ziegler, D. M., and A. W. Linnane: Biochim. et Biophys. Acta 30, 53—63 (1958). — Ziegler, D. M., A. W. Linnane, D. E. Green, C. M. S. Dass and H. Ris: Biochim. et Biophys. Acta 28, 524—538 (1958). — Zimmermann, A. M., J. V. Landau and D. Marsland: Exp. Cell Research 15, 484—495 (1958).

12. Wasserumsatz und Stoffbewegungen

Von Hubert Ziegler, Darmstadt

I. Das Wasser im Boden

Die Neutronendiffusionsmethode zur Bestimmung der Bodenfeuchte (vgl. Gardner u. Kirkham) hatte bisher den Nachteil, daß die Messungen infolge der relativ geringen Empfindlichkeit ein erhebliches Bodenvolumen (15—70 cm Dicke bei Böden mit Feuchtigkeitsgehalten von 100 g/dm³—1 g/dm³) erforderten (van Bavel, Underwood u. Swanson) und infolgedessen eine feinere, engräumige Analyse der Feuchtigkeitsverteilung nicht möglich war. Durch eine Verbesserung der Methodik konnte nun das benötigte Minimalvolumen auf etwa die Hälfte herabgesetzt werden (Mortier, Boodt u. Leenheer).

THO als Indicator für die Wasserbewegung im Boden verwenden Scharpenseel und Gewehr; auch in diesen Versuchen tritt die Bedeutung der Regenwurmröhren für die Wasserverschiebung deutlich hervor.

II. Die Wasseraufnahme

Die alte Angabe von Kroemer, wonach die Epidermis von Wurzeln eine Cutinauflage zeigen kann, wurde neuerdings für zahlreiche Objekte (*Vicia, Allium, Chrysanthemum, Dianthus, Elodea* und *Raphanus*, vgl. Scott, Scott u. Mitarb., Dawes u. Bowler, Dale) in licht- und z. T. auch elektronenoptischen Untersuchungen bestätigt. Die Dicke der Cuticula nimmt dabei mit dem Alter zu, doch ist sie offenbar schon über den jungen Zonen und auch an den Wurzelhaaren in ihrer ganzen Ausdehnung ausgebildet. Sollte sich dieser Befund bestätigen und verallgemeinern lassen, so müßten das Wasser und die Ionen beim Eintritt in die Wurzel eine derartige hydrophobe Schicht passieren.

Daß die Cuticula für Ionen verhältnismäßig gut permeabel ist, zeigen die Erfahrungen der Blattdüngung; die Spaltöffnungen spielen für die Aufnahme der applizierten Stoffe offenbar keine wesentliche Rolle (vgl. Übersicht bei Wittwer u. Teubner). Eine solche Durchlässigkeit der Cuticula ist auch die Voraussetzung für die Annahme einer Stoffaufnahmefunktion der Schumacherschen Ektodesmen (vgl. Fortschr. Bot. **21**, 236), die ja unter der Cuticula enden. Bemerkenswerterweise scheinen diese Organellen auch in den Außenwänden der Wurzelepidermiszellen entwickelt zu sein (Scott u. Mitarb.).

In Lösungen von H_2O^{18} ließ sich bei Bohnenwurzeln schon nach 30 min ein Gleichgewicht zwischen dem Isotopengehalt des Wurzelgewebes und der Nährlösung feststellen, während Stengelgewebe und Blätter sehr viel länger dazu brauchten (6—12 bzw. mindestens 24 Std.; Vartapetian u. Kursanov).

Eine interessante Studie über die Funktion des Velamens der Orchideen-Luftwurzeln stellten Dreus u. Knudson an. Während dieses Gewebe erwartungsgemäß für Sauerstoff und CO_2 keinerlei Hindernis darstellt, konnte es den von ihm umschlossenen Wurzelteilen praktisch kein Wasser und keine Salze zuführen; auch nach 96stündigem Eintauchen in eine $P^{32}O_4^{---}$ enthaltende Lösung konnte in den Blättern keine Radioaktivität festgestellt werden. Erst wenn die Luftwurzeln einem festen Substrat anliegen oder wenn das Velamen verletzt wird, kann die Wurzel Wasser und Salze absorbieren. An normalen Luftwurzeln scheint dem Velamen nur eine Funktion als mechanischer und Verdunstungsschutz zuzukommen.

III. Der Wasser- und Stofftransport im Xylem

1. Anatomische Grundlagen

Gibberellinsäurezufuhr bewirkt bei verschiedenen Pflanzen eine Steigerung der Xylementwicklung (BRANDLEY u. CRANE, KIERMAYER). Möglicherweise ist mit diesem Befund eine der Grundlagen der gesetzmäßigen Ausbildung der relativen Leitflächen innerhalb einer Pflanze (etwa in einer Baumkrone) erfaßt [vgl. Übersicht bei HUBER (2)].

2. Der Transpirationsstrom

a) Die Geschwindigkeit. Verstärktes Interesse fand in den letzten Jahren wieder die thermoelektrische Methode der Geschwindigkeitsbestimmung des Transpirationsstromes. BLOODWORTH, PAGE u. COWLEY ersetzen die Thermoelemente der ursprünglichen Versuchsanordnung HUBERs (1) durch Thermistore (temperaturabhängige Widerstände), deren Widerstandsänderungen gemessen werden. Heizung und Thermistore sind in Plastik befestigt und werden den Versuchspflanzen von außen angelegt. Mit dieser Anordnung wurde bei Baumwolle die Abhängigkeit der Saftstromgeschwindigkeit von der Temperatur, Luft- und Bodenfeuchtigkeit und Windbewegung verfolgt.

MARSHALL unterzog die thermoelektrische Methode einer eingehenden theoretischen Analyse, deren Ergebnisse experimentell unterbaut wurden. Dabei zeigte sich, daß die frühere Annahme, wonach die Geschwindigkeit der Bewegung des zugeführten Wärmeimpulses im Xylem mit der Strömungsgeschwindigkeit des Xyleminhaltes identisch sei, nicht korrekt ist. Im Coniferenholz *(Pinus radiata)* ist die Strömungsgeschwindigkeit fast 4mal so schnell als die Fortbewegung der Wärmewelle, während im Laubholz die Abweichung weit geringer ist. In ihrer ursprünglichen Anwendungsweise ist die thermoelektrische Methode demnach nur für relative Bestimmungen der Strömungsgeschwindigkeit geeignet, während die damit gewonnenen absoluten Werte einer Korrektur bedürfen.

Zur Dauerregistrierung der Transpirationsstromgeschwindigkeit wurde die thermoelektrische Methode durch VIEWEG u. ZIEGLER ausgebaut. Dabei werden keine Einzelwärmeimpulse gesetzt, sondern das Xylem lokal dauernd erwärmt und die Wärmeverteilung durch symmetrisch angeordnete Thermoelemente (stromaufwärts und -abwärts der Heizwelle) abgetastet, deren Temperaturen durch einen Sechsfarbenschreiber registriert werden. Bei Stillstand des Saftstromes ist die gemessene Wärmeverteilung eine symmetrische Kurve mit einem Maximum über der Heizstelle. Bei Einsetzen einer Strömung wird diese

Kurve verzerrt und der Grad ihrer Deformation ist ein (relatives) Maß für die Strömungsgeschwindigkeit. — Mit Hilfe dieser Methode wurde gezeigt, daß in einem Birkenstamm zur Zeit der „Blutungsperiode" keinerlei Bewegungen des Xylemwassers (auch keine Tagesschwankungen) auftreten (Empfindlichkeit < 10 cm/h). In Versuchen von HARLEY, REGEIMBAL u. MOON zeigte sich denn auch $P^{32}O_4^{---}$, das von den Wurzeln aufgenommen worden war, erst in den Blättern, wenn sie größer als 1 cm^2 waren, die Transpiration also in Gang gekommen war. — An einer Lärche wurde mit der geschilderten Versuchsanordnung während der gesamten Vegetationsperiode die Strömungsgeschwindigkeit fortlaufend registriert, wobei sich z. B. zeigen ließ, daß selbst im trockenen Sommer 1959 keine Mittsommerdämpfung der Transpirationsstromgeschwindigkeit (vgl. PLANKL) eintrat.

b) Die Mechanik der Bewegung. Übersichtsreferate gaben BONNER und KOZLOWSKI. — Allgemein scheint das in den letzten Fortschrittsberichten wiederholt angedeutete Unbehagen verschiedener Autoren mit der klassischen Kohäsionstheorie — das kaum experimentell begründet war — nachzulassen. Allerdings sind auch in der Berichtszeit wieder einige Bedenken laut geworden; so nimmt PRESTON an, daß die tatsächlichen Saugspannungen in den Gefäßen viel häufiger als bisher angenommen die Kohäsion der Wassersäulen überwinden und die Masse der Gefäße lufterfüllt sei (vgl. auch FUKUDA).

Bei einer sorgfältigen Neuuntersuchung der Vorgänge beim Öffnen und Zurückspringen der Farnsporangien (deren Kenntnis bekanntlich für das Verständnis der Kohäsionstheorie grundlegend war) kommt RENNER (1) zu dem eindeutigen Ergebnis, daß beim Springen des Anulus tatsächlich, wie ursprünglich angegeben, die Kohäsion des Füllwassers der Ringzellen überwunden wird und nicht etwa, wie gelegentlich behauptet, infolge der herrschenden Zugspannungen durch die Membran der Innen- oder Außenseite Luft eindringt: Das Springen tritt in einer luftfreien, nicht endosmierenden Lösung bei der gleichen Saugspannung ein wie in Luft über der Lösung. Außerdem sind die Poren z. B. der Ringzellen von *Dryopteris filix mas* nach Plasmolyseversuchen höchstens 1 mμ weit, die Capillarkraft könnte demnach erst bei etwa 3000 Atm. (etwa 10% rel. Dampfdruck) überwunden werden. Die Spannung des Wassers in den Anuluszellen beim Eintritt des Springens beträgt aber selten mehr als 250 Atm.

Während die Ringzellen der Farnsporangien durch die tiefe Einfaltung der Außenwand, die zum Springen führt, getötet werden (aber erst dann!), das Auftreten von Dampf- bzw. Gasblasen demnach erst gegen oder nach Lebensende der Zellen erfolgt, ist das Vorhandensein von Gasvacuolen auch in lebenden Zellen überraschend weit verbreitet [RENNER (2)]. Besonders interessant ist dabei das Vorkommen in Hyphenzellen von Flechtenpilzen und in verschiedenen Conidien, da es sich hierbei um normale Erscheinungen an lebenden Zellen handelt, die das Gas offenbar aktiv ausscheiden und sich damit dem Zusammendrücken durch evtl. auftretende Kohäsionszüge entziehen (vgl. Fortschr. Bot. 18, 233).

Durchaus mit der Kohäsionstheorie vereinbar sind Versuche, in denen durch partielles Einfrieren von Stämmen (bei *Pinus radiata*) die Transpiration sehr schnell (nach 3 Std.) völlig zum Erliegen kam, während schon Temperaturen wenig über dem Gefrierpunkt eine normale Transpirationsintensität ermöglichen (JOHNSTON).

Die Rhythmik der Blutungssaftabscheidung wurde wieder mehrfach bearbeitet. HASSBARGEN stellte fest, daß sich die Blutungsrhythbmik bei *Amaranthus caudatus* durch periodische Belichtung der Wurzeln vor oder nach dem Abschneiden steuern läßt, wobei bereits sehr geringe Lichtintensitäten (10 Lux) ausreichen; eine ökologische Bedeutung kommt dieser Erscheinung kaum zu. Die Blutungssaftmengen von *Helianthus* folgen in völliger Dunkelheit einem 24 Std.-Rhythmus, ebenso die K-Mengen und -Konzentrationen (100—900 mg/l) (TRUBETSKOVA u. ZHIRNOVA). Auch der Gehalt an Ninhydrin-positiven Substanzen im Blutungssaft der Tomate zeigt — bei Temperaturkonstanz (23,5°) — einen ausgeprägten Tagesrhythmus, mit einem Maximum zwischen 11 und 13 Uhr und einem Minimum während der Nacht; die qualitative Zusammensetzung der Stickstoffverbindungen ändert sich dabei nicht (VAN DIE).

c) Das transportierte Material. Eine Abweichung von der Regel, wonach ein Großteil des Stickstoffes im Transpirationsstrom bzw. Blutungssaft in organischer Form vorliegt, fanden KRETOVICH u. Mitarb. für den Blutungssaft junger Kürbispflanzen; hier machte das Nitrat 80—84% des Gesamtstickstoffs aus. Neben den 14—20% organischen Nichteiweiß-Stickstoffverbindungen ließen sich auch geringe Proteinmengen nachweisen. Der hohe Anteil des anorganischen Stickstoffs ist wohl auf die N-Düngung des Substrats zurückzuführen.

Bemerkenswert ist die verschiedene Wanderfähigkeit des Tabakmosaikvirus (TMV) und des "Southern Bean Mosaic Virus" (SBMV) im Xylem von *Phaseolus vulgaris*; während das TMV unbeweglich ist, wird das SBMV mit einer Geschwindigkeit von > 2 m/h transportiert (SCHNEIDER u. WORLEY).

Streptomycin, das mit Erfolg gegen die Infektion der Kirschbäume durch *Pseudomonas mors pruni* eingesetzt werden kann, wandert in den Bäumen mit dem Transpirationsstrom (CROSSE u. GARRETT). Auch Insecticide, die z. B. den Kakaopflanzen zugeführt wurden (und z. T. keine Geschmacksbeeinträchtigung der aus den Bohnen hergestellten Schokolade ergeben sollen) werden offenbar im Xylem fortbewegt (BOWMAN u. CASIDA).

IV. Der Wasserhaushalt der Zellen und Gewebe
und seine physiologische und ökologische Wirkung

1. Bestimmungsmethoden

Eine einfache Methode zur Bestimmung des osmotischen Druckes von Geweben beschreibt LOCKHART; sie beruht auf der Erkenntnis, daß der Grad der Deformierbarkeit des in hypertonischen Lösungen zum Gleichgewicht gebrachten Pflanzenmaterials in dem Maß zunimmt, in dem der äußere osmotische Druck den inneren übersteigt. Durch Extrapolation kann dann der osmotische Druck bei Grenzplasmolyse bestimmt werden. Die auf diese Weise erhaltenen Werte differieren mit den durch Bestimmung im Preßsaft erhaltenen um etwa 10%.

Mit der refraktometrischen Methode zur Saugkraftbestimmung, bei der die Konzentrationsänderung von Rohrzuckerlösungen bei der Einstellung des osmotischen Gleichgewichtes mit Geweben verwendet wird, setzt sich STOCKERs Schüler VIEWEG kritisch auseinander. Er stellt fest, daß bei niedrigen Saugkräften des Mediums kein Nullpunkt, sondern eine „Nullstrecke" in der refraktometrischen Meßkurve auftritt, daß hier also eine ganze Reihe verschiedener Rohrzuckerkonzentrationen bei der Einstellung des osmotischen Gleichgewichtes mit demselben Gewebe keine Veränderung erleiden. Naturgemäß wird dadurch die Methode stark kompliziert, ein Nachteil, der leider auch für die anderen üblichen Verfahren zur Saugkraftmessung gilt (s. u.). Vermutlich wäre hier ein dankbarer Anwendungsbereich von T- und D-markiertem Wasser (wobei dann allerdings der Austausch als Störfaktor berücksichtigt werden muß).

Auch zur Feststellung des Feuchtegehaltes in Bäumen werden neue Methoden vorgeschlagen. ETHERIDGE führt zylindrische Holzstücke in entsprechende Höhlungen des zu prüfenden Stammes ein, die nach 8 Tagen zur Bestimmung des Wassergehaltes wieder entnommen werden. Wesentlich aufwendiger ist die Prüfung der

Absorption von γ-Strahlen (von Cs^{137}, Energie 0,66 MeV), deren Ausmaß mit dem Feuchtegehalt des Holzes schwankt (KLEMM). — Auf demselben Prinzip haben PHILIPS u. RENDLE eine Dichtebestimmung des Holzes aufgebaut. Sie führen einen radialen Holzstreifen in 0,5 mm-Schritten an einer β-Quelle (Sr^{90} oder Y^{90}) vorbei und bestimmen den Grad der Absorption der Strahlung in der Probe. Vergleichende gravimetrische Bestimmungen stimmten bis auf 2,5% überein.

2. Der Wasserhaushalt der Zellen

Die Saugkraft der Zelle, der zweifellos beherrschende Faktor für den Wasserhaushalt, wird neuerdings — nach langer Vernachlässigung zugunsten des leichter bestimmbaren osmotischen Wertes — erfreulicherweise wieder stärker beachtet. Den Methoden ihrer Bestimmung, ihren Grenzen und ihren Möglichkeiten, sollte ein Vortrag von VAN DEN HONERT in Montreal gelten, zu dem es infolge des Todes des Autors nicht mehr kam. Im Referat wird auf sehr hohe Saugkraftwerte bei Wüstenpflanzen verwiesen, die dem negativen Wanddruck zugeschrieben werden.

3. Auswirkungen der Hydraturverhältnisse

Für die alte Erfahrung, daß die Bodenfeuchtigkeit den Zuwachs der Pflanzen stark beeinflußt, legen SANDS u. RUTTER neue Zahlen vor. Demnach erleiden z. B. dreijährige Kiefern innerhalb einer Vegetationsperiode eine relative Trockengewichtsabnahme von 15% bei einer Erhöhung der Bodensaugkraft von 0,1 auf 0,5 Atm., von 30% bei einer Steigerung auf 1,5 Atm. (vgl. auch GATES u. BONNER).

Die Beziehungen zwischen Photosyntheseintensität und Wasserhaushalt im Cormophytenblatt untersucht VIEWEG. Ganz allgemein scheint ein zunehmendes Wasserdefizit die Photosynthese nicht gleichmäßig fortschreitend zu hemmen, sondern von einem bestimmten Punkt an zu einem schnellen Zusammenbruch zu führen.

Neuerdings beginnt man sich auch zunehmend für die biochemischen Vorgänge bei sinkendem Wassergehalt in der Pflanze zu interessieren. So stellen GATES u. BONNER fest, daß bei Tomatenpflanzen bei allmählichem Trocknen des Bodens die normale Nettozunahme des RNS-Gehaltes der Blätter verringert wird. Da derartige Pflanzen noch durchaus in der Lage sind, $P^{32}O_4^{---}$ in RNS einzubauen, wird vermutet, daß die Abbaurate der RNS in den Trockenpflanzen erhöht ist.

Eine Abnahme des organisch gebundenen Phosphors in der säurelöslichen Fraktion der Blätter verschiedener Pflanzen beim Trocknen des Bodens findet ZHOLKEVICH. Es ist möglich, daß dieser Befund mit dem von GATES u. BONNER in Zusammenhang zu bringen ist.

Es wäre wünschenswert, wenn diese vorläufig noch isoliert stehenden Einzelergebnisse erweitert und ergänzt würden; sie könnten zusammen mit Feinstrukturuntersuchungen zu einem vertieften Verständnis der auch praktisch außerordentlich wichtigen Vorgänge der Trockenschädigung, der Resistenz, der Härtung usw. führen.

Einen wesentlichen Einfluß hat die Hydratur in der Pflanze zur Zeit des Blattaustriebes auf das Verhältnis der Zahl der Spaltöffnungen zu der Zahl der Epidermiszellen; bei günstiger Wasserversorgung nimmt der Wert des Quotienten zu (SCHÜR-

MANN). Auch die Ausbildung der Schwimm- und Landform der Ricciaceen hängt außer vom Licht von den Hydraturverhältnissen ab. Höhere Lichtintensitäten und Agarkonzentrationen induzieren die Landform (KLINGMÜLLER).

4. Die Wasserabgabe

Den Anteil der verschiedenen Sproßelemente des Rutenstrauches *Sarothamnus scoparius* an der Gesamttranspiration bestimmte LEYERER. Danach werden an beblätterten Zweigen etwa 55% der transpirierten Wassermenge durch die Blättchen abgegeben.

KAUSCH u. EHRIG finden gesetzmäßige Beziehungen zwischen Wurzelentwicklung und Transpirationsintensität: Beschneidung des Wurzelwerkes führt zum Abfall, Beschneidung der Blätter zum Anstieg der Transpiration pro Flächeneinheit, während die Bedingungen einer verstärkten Evaporation eine Vergrößerung des Wurzelwerkes und eine Verkleinerung des Quotienten Sproßgewicht/Wurzelgewicht zur Folge hatten. Bei Weizenkeimlingen wird die Transpiration bei Wurzelbeschneidung nur vorübergehend verringert, was auf einen Ausfall des Wurzeldruckes zurückgeführt wird (ALLERUP). Eine Durchtrennung der Leitbündel im Sproß bewirkt eine Transpirationssteigerung, für die eine Stomareaktion (Öffnung) verantwortlich gemacht wird.

Die lineare Beziehung zwischen Transpirationsrate und Lichtintensität (bei Bohnen und Tomaten) ist nur zum geringen Teil (unter 14%) einer Erhöhung des Wasserdefizites in den Blättern zuzuschreiben; maßgeblich ist die lichtinduzierte Stomaöffnung (KUIPER u. BIERHUIZEN).

Mit dem Corona-Hygrographen prüfte RUFELT den Einfluß verschiedener Zusätze zum Wurzelmedium und der Temperatur auf die Transpiration. Die schnell (innerhalb 30 sec) eintretenden Steigerungen durch Erhöhung der Nährsalzkonzentration und durch Temperaturerniedrigung, die langsamer (innerhalb 10—30 min) einsetzenden Hemmungen durch Zusatz von DNP und Azid und schließlich die anfängliche Förderung und spätere Dämpfung unter der Wirkung z. B. der Monojodsäure scheinen alle mit einer Änderung der Wasserpermeabilität oder (und) einem Ausfall des Wurzeldruckes vereinbar, wenn auch klare Zusammenhänge noch nicht festgelegt werden können.

Mit dem Ziel einer Erfassung von Typen mit hoher Wasserökonomie bestimmt RÜSCH den Quotienten Transpiration/Assimilation (der übrigens mehr durch das Licht als durch die Temperatur beherrscht wird) für verschiedene Pappelklone; wesentliche Unterschiede konnten allerdings nicht gefunden werden.

Interessanterweise zeigen Sonnenblumen bei angespanntem Wasserhaushalt geringere Schäden durch smog als bei guter Wasserversorgung (OERTLI). Vermutlich wird das Eindringen der Giftgase durch die geringere Spaltenöffnung hintangehalten.

Mit dem auffälligen Phänomen der Guttation bei Pilzen beschäftigt sich SPRECHER. Es handelt sich dabei offenbar nicht um einen aktiven, energiebedürftigen Vorgang, da er von den üblichen Stoffwechselgiften nicht gehemmt wird.

V. Die Stoffleitung im Parenchym

Die wichtige Frage, ob Saccharose als unverändertes Molekül durch parenchymatische Gewebe wandern kann, scheint positiv beantwortet zu sein: DE ZEEUW konnte markierten Rohrzucker, der einem Ende eines (1 cm langen) Stückes des ersten Internodiums von *Helianthus* zugeführt worden war, in einem unter dem anderen Ende befindlichen Agarblock unverändert wieder auffangen. Der Transport erfolgte in beiden Richtungen gleich schnell (mit etwa 60 cm/h). Allerdings fehlt hierbei noch die Lokalisierung der Wanderung; es ist immerhin möglich, daß die Saccharose im Phloem transportiert wurde.

In einer vor allem wegen der verwendeten Mikromethoden lesenswerten Arbeit untersuchten POLLOCK u. OLNEY unter anderem den Stofftransport von den Kotyledonen zu der Embryoachse bei Kirschen, der bei der Nachreifeperiode unter für die spätere Entwicklung günstigen Temperaturen (5° C) lebhaft, bei ungünstigen (25°) nur sehr spärlich erfolgt. Es wird für möglich gehalten, daß die reichliche Versorgung der Meristeme des Embryos mit Bau- und Betriebsmaterial zur Verkürzung der Ruheperiode beiträgt.

In das Gebiet des Parenchymtransportes gehört höchstwahrscheinlich auch die polare Komponente des Auxintransportes. (Der Transport im Phloem ist nicht polarisiert[1], d. h. die Siebröhren leiten prinzipiell in beiden Richtungen gleich gut — vgl. dazu WEATHERLEY, PEEL u. HILL —, wenn auch nach den Forderungen der Massenströmungstheorie, der in dieser Beziehung bisher keine experimentellen Erfahrungen entgegenstehen, in derselben Siebröhre zu einer gegebenen Zeit jeweils nur eine Transportrichtung verwirklicht sein kann.)

Der polare Transport der Wuchsstoffe ist offenbar ein energiebedürftiger Vorgang; er wird durch ATP-Zufuhr gefördert (REIFF u. v. GUTTENBERG) und möglicherweise durch O_2-Entzug gehemmt (vgl. NIEDERGANG-KAMIEN u. LEOPOLD). Allerdings schreiben BROWN u. WETMORE diesen Effekt des Sauerstoffentzuges einer Wirkung auf die Aufnahme exogen zugeführter IES in das Gewebe zu, während die Verschiebung des endogenen Auxins (in der Kiefer) nicht beeinflußt werden soll. Auch durch verschiedene Inhibitoren wird der polare IES-Transport — offenbar kompetitiv — gehemmt (NIEDERGANG-KAMIEN u. LEOPOLD, LIBBERT, KEITT u. SKOOG).

Der Gibberellintransport verläuft (in Erbseninternodien) augenscheinlich nicht polar (KATO).

Die Klärung der Wanderwege für die einzelnen Wuchs- und Wirkstoffe und die Festlegung des quantitativen Anteils der einzelnen Transportmöglichkeiten (etwa Phloem-Parenchym) ist eine ebenso dringende wie reizvolle Aufgabe, die erst begonnen wurde (allerdings vorwiegend für künstliche Wirkstoffe; vgl. zuletzt CRAFTS).

Eine erstaunliche Attraktionswirkung auf lösliche Stickstoffverbindungen in isolierten Tabakblättern übt aufgesprühtes Kinetin aus (MOTHES, ENGELBRECHT u. KULAJEVA). In den kinetinhaltigen Bezirken ist die Chlorophyll-, Eiweiß- und Nucleinsäuresynthese vielfach stark gefördert, und es ist noch offen, welcher Vorgang Ursache und welcher Wirkung ist.

---

[1] Die interessanten Ergebnisse von WIRTH, die dieser Annahme zu widersprechen scheinen, sollen erst nach Vorliegen der ausführlichen Arbeit referiert werden.

VI. Die Stoffleitung im Phloem

1. Cytologische Grundlagen

Besondere Aufmerksamkeit wurde in der Berichtszeit der Feinstruktur der Siebröhren geschenkt, verspricht man sich doch von der Kenntnis der Beschaffenheit der Leitbahnen einigen Anschluß auch über den Mechanismus der Stoffleitung. SCHUMACHER u. KOLLMANN finden in den Siebröhren von *Passiflora coerulea* Mitochondrien, einen Tonoplasten und Golgi-Körper-ähnliche Lamellensysteme im Cytoplasma. In reifen Siebröhren von *Cucurbita* sind dagegen nach BEER keine Mitochondrien und kein endoplasmatisches Reticulum nachweisbar. Auch in reifen Siebröhren von *Heracleum* konnten keine Mitochondrien gefunden werden [ZIEGLER (2)]. Es bleibt zu klären, ob es sich hier tatsächlich um artspezifische Unterschiede handelt (was kaum anzunehmen ist), ob es sich bei den Mitochondrien-führenden Siebröhren von *Passiflora* um jüngere, noch nicht ganz ausgereifte Elemente handelte oder ob schließlich bei *Cucurbita* und *Heracleum* die Siebröhrenmitochondrien bei der Präparation zerstört wurden (sie müßten dann besonders labil sein, da in beiden Fällen die Geleitzellenmitochondrien erhalten geblieben waren). Die Frage nach dem Vorhandensein oder Fehlen von Mitochondrien in den Siebröhren ist nicht nur für die Beurteilung des Energiehaushaltes dieser Elemente von Interesse, sondern auch allgemein cytologisch interessant: Können kernlose Zellen über längere Zeit ihre Mitochondrien intakt erhalten?

Noch wichtiger erscheint beinahe das Problem des Siebröhrentonoplasten. Bei dem von allen Bearbeitern bestätigten Fehlen einer Lumenkommunikation zwischen den einzelnen Siebröhrengliedern wäre die Abgrenzung des Zellsaftes vom Siebröhrenplasma durch eine semipermeable Membran ein außerordentliches Hindernis für eine Verschiebung des Vacuoleninhaltes, also für eine Massenströmung. SCHUMACHER u. KOLLMANN bilden einen Tonoplasten bei den *Passiflora*-Siebröhren ab, doch ist er offenbar nur an den Längswänden ausgebildet (und nur in jungen Siebröhren?). Bei *Heracleum* konnte über den Siebplatten kein Tonoplast gefunden werden.

Dagegen bilden die Lamellensysteme offenbar eine zusammenhängende Struktur, die sich auch in die Siebporen fortsetzt. Es wird für möglich gehalten, daß es sich hierbei um ein endoplasmatisches Reticulum handelt und daß das Verschwinden des Kernes in den Siebröhren bei der Reifung mit der Freigabe dieses Mikroröhrensystems für den Stofftransport zusammenhängt [ZIEGLER (2)].

Der von allen Bearbeitern erhobene Befund einer ungewöhnlich reichlichen Ausstattung der Geleitzellen mit Mitochondrien unterstreicht die Ansicht des Referenten, daß der hohe Sauerstoffverbrauch des Phloems vor allem diesen Elementen zuzuschreiben ist. Die reichliche Tüpfelung zwischen Siebröhren und Geleitzellen, die auch elektronenoptisch klar zutage tritt (BEER), demonstriert die enge Verknüpfung dieser Zellen.

Bei den Gymnospermen wurde die Funktion der Hilfszellen für die (auch kernlosen!) Siebzellen aus anatomischen und cytologischen Gründen

den „Strasburgerzellen" bzw. den Eiweißzellen der Markstrahlen zugeschrieben. Diese Annahme wird durch den Nachweis einer besonders hohen Aktivität der saueren Phosphatase auch in diesen Zellen nachdrücklich unterstützt (ZIEGLER u. F. HUBER).

Das Phloem ist auch durch eine besonders hohe Peroxydaseaktivität ausgezeichnet (VAN FLEET); diese Eigenschaft ist vorläufig noch nicht mit der Leitfunktion in Beziehung zu bringen, kann aber zur histologischen Differenzierung verwendet werden.

2. Die transportierten Stoffe

ZIMMERMANN[1] hat auf Kuba die Kohlenhydrate in 220 verschiedenen Siebröhrensäften aus 47 Familien untersucht und stets seine bekannte Regel bestätigt gefunden, wonach 3 große Gruppen zu unterscheiden sind: a) Arten mit Saccharose als ausschließlichem Wanderzucker; b) solche, bei denen dazu noch mehr oder weniger große Mengen von Raffinose und Stachyose kommen (vgl. dazu auch PRISTUPA für *Cucurbita*), und c) solche, bei denen die höheren Zucker überwiegen. In keinem Fall konnten freie Hexosen nachgewiesen werden.

Auch in doppeltgepfropften Pflanzen der Kombinationen Artischocke-Sonnenblume-Artischocke und S-A-S wird (nach KURSANOV u. Mitarb.) der durch die Photosynthese in $C^{14}O_2$ im obersten Teil gebildete markierte Zucker als Saccharose über die Pfropfstellen hinweggeleitet, obwohl die Pfropfpartner in ihrem Parenchym ganz verschiedene Zucker haben (*Helianthus* vorwiegend Hexosen, die Artischocke Oligosaccharide vom Fructosantyp).

Dagegen hat MEYER-MEVIUS in (reinen?) Siebröhrensäften von *Sorbus aucuparia*, *Tilia cordata* und *Robinia* auch mehr oder weniger große Mengen freier Hexosen gefunden, ein vorläufig ganz isoliert stehender Befund. (Die außerdem analysierten Wundsäfte krautiger Pflanzen als Siebröhrensäfte anzusprechen, scheint unzulässig.)

Im Phloem von *Heracleum* konnte Uridindiphosphatglucose nachgewiesen werden [ZIEGLER (3)]; es wird vermutet, daß diese Substanz an der Saccharosesynthese beteiligt ist. Allerdings wird neuerdings für pflanzliche Gewebe vielfach Glucose-1-phosphat als Glucosedonator für wahrscheinlich gehalten (SHUKLA und PRABHU).

Die (relative) Immobilität des Ca-Ions im Phloem bestätigen BIDDULPH, CORY u. BIDDULPH erneut mit Ca^{45}. Der Transport erfaßt unter optimalen Bedingungen nur etwa $^1/_{100}$ des wandernden Phosphats. Auch durch Trijodbenzoesäure kann im Gegensatz zu Angaben anderer Autoren dieser Stau nicht beseitigt werden. Beweglich ist das Calcium dagegen in den Embryonen und Keimlingen, wo es aus den Kotyledonen auswandert (vgl. auch LAUSCH).

Eine wesentlich größere Mobilität für die Abwärtsbewegung des Ca^{45}-Ions findet BARINOV (etwa 50% des Phosphats); allerdings ist hier die Wanderung im Phloem nicht nachgewiesen.

Weitere Aufschlüsse ließen sich über dieses Problem wohl mit der eleganten Methode erhalten, mit der SCHOLZ die schon früher fest-

---

[1] Briefliche Mitteilung an Professor Dr. B. HUBER vom 13. 2. 1960; Herrn Kollegen HUBER bin ich für die Mitteilung zu Dank verpflichtet.

gestellte Immobilität des Bors im Phloem nachweist: in zweigeteilten Wurzelsystemen der Blattstecklinge von *Nicotiana rustica* konnte die über die eine Hälfte des Wurzelwerkes mit Bor versorgte Blattfläche die andere Hälfte des Wurzelsystems nicht mit dem Element beliefern. Zu demselben Ergebnis kommen GARIN u. THELLIER mit einem noch raffinierteren Verfahren. Sie beschießen das Bor-Isotop 10 (von Bor kennt man keine länger lebenden verwendbaren, strahlenden Isotope) in der Pflanze *(Raphanus sativus)* mit Neutronen und bilden die unter diesem Beschuß entstehenden α-Teilchen photographisch ab. Dabei läßt sich das Bor nur unmittelbar um die Applikationsstelle nachweisen.

Nach der groben (und noch keineswegs vollständigen) Erfassung der Hauptgruppen der Transportverbindungen gewinnt neuerdings auch die Frage einer Wanderung sekundärer Pflanzenstoffe bzw. ihrer Vorläufer an Interesse. So analysierte HATHWAY den Zapfsaft von *Quercus pedunculata* auf Tanninvorläufer und konnte Gallocatechin und Leucodelphinidin nachweisen. Allerdings könnten die geringen Mengen auch beim Durchtritt des Saftes durch die Rinde mit ausgespült worden sein. GRIMMER u. Mitarb. vermuten, daß die Digitalisglykoside als solche in den Siebröhren transportiert werden.

3. Die Richtung des Transportes

Die Stoffe können bekanntlich im Phloem in beiden Richtungen geleitet werden (s. o.). Die Erfahrung, daß dieser zweiseitige Transport innerhalb eines Sproßteiles auch gleichzeitig erfolgen kann, galt bisher als ernsthafter Einwand gegen das Vorliegen einer Massenströmung. BIDDULPH konnte nun zeigen, daß diese Wanderung in verschiedenen Bündeln vor sich gehen kann. Er führte einem Bohneninternodium von unten C^{14}-markierte Assimilate (Photosynthese des entsprechenden Blattes in $C^{14}O_2$-Atmosphäre), von oben P^{32} zu und autoradiographierte das Gewebe einmal vor und dann nach Zerfall des P^{32}. Die beiden Isotope fanden sich in verschiedenen, annähernd regelmäßig alternierenden Bündeln.

Interessante Beziehungen zwischen den Empfängergeweben für die Assimilate und bestimmten Leitbahnen bzw. Spendergeweben zeigten sich in Versuchen von PROKOFYEV u. Mitarb. (1, 2) mit *Helianthus*. Wurden Isotope einem Blatt zugeführt, so fanden sie sich im Blüten- und Fruchtstand ausschließlich in dem Sektor über dem betreffenden Blatt wieder. Die Entfernung der Blätter von 3—4 Orthostichen führt infolgedessen zu einer asymmetrischen Ausbildung des Blütenstandes und zu einem Abortieren der Samen über der entblätterten Seite. Werden nur die Blätter einer Orthostiche entfernt, so kann dieser Ausfall noch ausgeglichen werden — der Blütenstand bleibt symmetrisch. Auch BIDDULPH, BIDDULPH u. CORY finden bevorzugten Transport von P^{32}- und C^{14}-markierten Verbindungen in Bündeln, die Glieder derselben Orthostiche verbinden. BELIKOV verspricht sich von einer eingehenden Klärung dieser Beziehungen wichtige Handhaben für die Steigerung der Assimilatsversorgung etwa von Früchten und Samen durch die Entfernung von konkurrierenden Empfängerorganen.

Keine Beziehungen zur Insertionslage konnte dagegen bei der Versorgung austreibender Knospen von den Reserven des Holzparenchyms (bei *Syringa*) her gefunden werden. Da eine Ringelung diesen Transport unterbindet, erfolgt er offenbar im Phloem (KAZARYAN u. PALANDZHAN).

4. Der Mechanismus des Transportes

Eine Reihe von Ergebnissen deckt sich zwanglos mit den Vorstellungen der Massenströmungstheorie: So der Befund, daß optimale Hydraturverhältnisse die Assimilatleitung bei der Zuckerrübe fördern (ZHOLKEVICH u. Mitarb.; unter Trockenbedingungen, welche den Transport verlangsamten, war dabei die Leitbündelatmung erhöht — ein weiterer Beleg für das Fehlen eines direkten Zusammenhangs dieser Prozesse), die Angabe, daß eine Erhöhung der Saugkraft der Gewebe um die Siebröhren den Saftfluß aus abgeschnittenen Aphiden-Rüsseln verlangsamt (WEATHERLEY, PEEL u. HILL), die Feststellung, daß aktiv wachsende Organe Empfängergewebe sind (z. B. NAKAMURA) und daß das Ausmaß des Transportes vom Zuckergradienten zwischen Spender- und Verbrauchsgewebe abhängig ist (MATUSHIMA, OKABE u. WADA) und schließlich die Gesetzmäßigkeit, daß ein intakter Wurzelstoffwechsel die Abwanderungsgeschwindigkeit erhöht (zuletzt ANISIMOV).

Besondere Aufmerksamkeit verdienen aber auch Resultate, die der Massenströmungstheorie zu widersprechen scheinen. Dazu gehört vor allem die Feststellung von GAGE u. ARONOFF, daß wohl T-markierte Photosyntheseprodukte bei Applikation von THO-Dampf zu den Blättern im Phloem wandern (1), nicht aber THO-Wasser, wenn es den Stümpfen der Blattstiele (von *Glycine*) zugeführt wird (2). Die naheliegende Erklärung, daß im zweiten Falle keine Phloemwanderung zu erwarten ist (vgl. PERKINS, NELSON u. GORHAM), wird von den Autoren abgelehnt. Immerhin steht dieses Resultat im strikten Gegensatz zu den Ergebnissen von BIDDULPH u. CORY, die einen Transport von THO gefunden hatten (vgl. Fortschr. Bot. 21, 242). Auch das Cl^{36}-Ion, als gasförmiges HCl den Blättern geboten, wandert übrigens in den Versuchen von GAGE u. ARONOFF (2) im Phloem.

Ein anderer, mit der Massenströmung nicht erklärbarer Befund ist ein Schnelltransport des Isotops, wenn *Soja*blätter in $C^{14}O_2$-Atmosphäre assimilieren. In diesem Falle bewegt sich das Isotop zu einem geringen Prozentsatz mit einer Geschwindigkeit von 120 cm/min wurzelwärts, also etwa 60mal so schnell wie die Wandersaccharose (NELSON, PERKINS u. GORHAM). Es ist kaum vorstellbar, daß es sich hierbei nicht um einen Fehler in der Versuchsanstellung handelt, auch wenn die Autoren versichern, daß das C^{14} nicht als CO_2 wanderte.

Ein besonders interessantes und sicher fruchtbares Ergebnis brachten Studien von DE STIGTER mit Pfropfungen von „muskmelon" auf *Cucurbita ficifolia*. Diese Pfropfung ist nur verträglich, wenn der Unterlage einige Blätter belassen werden, geht ohne diese aber zugrunde, wobei sich die ersten krankhaften Veränderungen im Phloem der Unterlage zeigen. Läßt man Blätter des Reises der unverträglichen Pfropfung während ihrer kurzen Lebensdauer in $C^{14}O_2$-Atmosphäre assimilieren, so wandern die markierten Assimilate nur bis zur Pfropfstelle, während sie in eine blatttragende Unterlage ungehindert einwandern. Die Blockade für die Assimilate des Reises wird auch behoben, wenn auf das „muskmelon"-Reis nochmals *Cucurbita ficifolia*-Blätter aufgepfropft werden. Offenbar erfordert die normale Stoffwanderung im Phloem von *Cucurbita ficifolia* einen Wirkstoff, der nur von Blättern der eigenen Art geliefert wird. Aus früheren Befunden von ZIMMERMANN möchte Ref. schließen, daß dieser Wirkstoff wahrscheinlich die Entnahme der Assimilate aus den Leitbahnen zu regeln hat. Man darf der weiteren Entwicklung dieses Problems mit Spannung entgegensehen.

Mehr mit den Stoffumsetzungen vor und nach Ein- und Austritt aus den Siebröhren als mit dem Transport selbst haben wohl auch die Enzyme der Glykolyse zu tun, die KURSANOV, PAVLINOVA u. AFANASIEVA in den Leitbündeln der Zuckerrübe nachgewiesen haben.

VII. Die Stoffleitung in den Markstrahlen

Durch Fütterung des Phloems (von *Robinia*) mit $P^{32}O_4^{---}$ und C^{14}-Saccharose und Beschleunigung des Radialtransportes durch Ringelung unter der Applikationsstelle konnte ZIEGLER (1) zeigen, daß der Transport der Isotope in den Markstrahlen weit schneller vor sich gehen kann, als einer normalen Diffusion entspricht. Auch hier muß demnach nach einem Beschleunigungsmechanismus gesucht werden.

VIII. Die Stoffabscheidung

Sezernierende Nektarien absorbieren während der Sekretionsphase (C^{14}-markierte) organische Stickstoffverbindungen und $P^{32}O_4^{---}$ (ZIEGLER und LÜTTGE). Es ist deshalb wahrscheinlich, daß die Verarmung des Nektars an diesen Stoffen gegenüber dem Siebröhrensaft auf einer spezifischen Rückresorption beruht.

IX. Verschiedenes

Eine mikrophotometrische Methode zur Bestimmung der Wanderung von Verbindungen (mit Absorption über 300 mμ) in durchsichtigen Zellen (z. B. Sporangienträgern von *Phycomyces*) geben ABBOT u. GROVE an.

Eine Bestätigung der geltenden Ansicht, daß phloemausbeutende Aphiden ausschließlich aus den Siebröhren Nahrung aufnehmen, liefert HENNIG. Auf P^{32}-markierten *Vicia faba*-Pflanzen wurden die Tiere erst radioaktiv, wenn sie das Phloem, nicht aber, wenn sie das Parenchym angestochen hatten.

Andererseits kann aber auch Sekret von den Tieren in die Gewebe abgegeben werden, wie neuerdings auch mit Hilfe radioaktiver Insekten nachgewiesen wurde [KLOFT und EHRHARDT (1, 2)].

Literatur

ABBOT, M. T. J., and J. F. GROVE: Exp. Cell Res. 17, 95—104 (1959). — ALLERUP, S.: Physiol. Plant. (Copenh.) 12, 907—916 (1959). — ANISIMOV, A. A.: Fiziol. Rastenij 6, 138—143 (1959 (russisch).

BARINOV, G. V.: Dokl. Akad. Nauk SSSR 125, 227—228 (1959) (russisch). — BAVEL, C. H. M. VAN, N. UNDERWOOD and R. W. SWANSON: Soil Science 82, 29—41 (1956). — BEER, M.: Proc. IX. Intern. Bot. Congr. 2, 26 (1959). — BELIKOV, I. F.: Dokl. Akad. Nauk SSSR (Transl.) 117, 272—273 (1957). — BIDDULPH, O.: Proc. IX. Intern. Bot. Congr. 2, 31/32 (1959). — BIDDULPH, S., O. BIDDULPH and R. CORY: Amer. J. Bot. 45, 648—652 (1958). — BIDDULPH, O., and R. CORY: Plant Physiol. 32, 608—619 (1957). — BIDDULPH, O., R. CORY and S. BIDDULPH: Plant

Physiol. **34**, 512—519 (1959). — Bloodworth, M. E., J. B. Page and W. R. Cowley: Agronomy J. **48**, 222—228 (1956).— Bonner, J.: Science **129**, 447—450 (1959). — Bowman, J. S., and J. E. Casida: J. Econ. Ent. **51**, 773—780 (1958). — Bradley, M. V., and J. C. Crane: Science **126**, 972—973 (1957). — Brown, C. L., and R. H. Wetmore: Amer. J. Bot. **46**, 586—590 (1959).

Crafts, A. S.: Plant Physiol. **34**, 613—620 (1959). —Crosse, J. E., and C. M. E. Garrett: Ann. appl. Biol. **46**, 310—320 (1958).

Dale, H. M.: Science **114**, 438—439 (1951). — Dawes, C. J., and E. Bowler: Amer. J. Bot. **46**, 561—565 (1959). — Die, J. van: Proc. kon. ned. Akad. Wet., C, **62**, 50—58 (1959). — Dreus, A. M., and L. Knudson: Bot. Gaz. **119**, 78—87 (1957). Etheridge, D. E.: Can. J. Bot. **37**, 491 (1959).

Fleet, D. S. van: Can. J. Bot. **37**, 449—458 (1959). — Fukuda, Y.: Jap. J. Bot. **16**, 181—209 (1958).

Gage, R. S., and S. Aronoff: (1) Plant Physiol. **35**, 65—68 (1960). — (2) Plant Physiol. **35**, 53—64 (1960). — Gardner, W., and D. Kirkham: Soil Science **73**, 391—401 (1952). — Garin, A., et M. Thellier: Bull. Microscopie appl. **2**, 129—148 (1958). — Gates, C. T., and J. Bonner: Plant Physiol. **34**, 49—55 (1959). — Grimmer, G., H. Machleidt, F. Schwanitz u. R. Tschesche: Z. Naturforsch. **13b**, 672—677 (1958).

Harley, C. P., L. O. Regeimbal and H. H. Moon: Proc. Amer. Soc. hortic. Sci. **72**, 57—63 (1958). — Hassbargen, H.: Z. Bot. **48**, 1—31 (1959). — Hathway, D. E.: Biochem. J. **71**, 533—537 (1959). — Hennig, E.: Naturwissenschaften **46**, 410/411 (1959). — Honert, T. H. van den: Proc. IX. Intern. Bot. Congr. **2**, 411 (1959). — Huber, B.: (1) Ber. dtsch. bot. Ges. **50**, 89—109 (1932). — (2) Die Gefäßleitung. In Ruhland, W.: Handb. Pfl. Physiol. **3**, 541—582 (1956).

Johnston, R. D.: Aust. J. Bot. **7**, 97—108 (1959).

Kato, J.: Science **128**, 1008—1009 (1958). — Kausch, W., u. H. Ehrig: Planta (Berl.) **53**, 434—448 (1959). — Kazaryan, V. O., i V. A. Palandzhan: Dokl. Akad. Nauk Arm. SSR **23**, 81—85 (1956) (russisch). — Keitt, G. W., and F. Skoog: Plant Physiol. **34**, 117—122 (1959). — Kiermayer, O.: Ber. dtsch. bot. Ges. **72**, 343—348 (1959). — Klemm, W.: Flora (Jena) **147**, 465—470 (1959). — Klingmüller, W.: Flora (Jena) **147**, 76—122 (1959). — Kloft, W., u. P. Ehrhardt: (1) Naturwissenschaften **20**, 586/587 (1959). — (2) Phytopath. Z. **35**, 401 bis 410 (1959). — Kozlowski, Th. T.: Proc. IX. Intern. Bot. Congr. **2**, 202/203 (1959).— Kretovich, W. L., Z. G. Evstigneeva, K. B. Aseeva i I. G. Savkina: Fiziol. Rastenij **6**, 13—20 (1959) (russisch). — Kroemer, K.: Bibl. Bot. H. 59 (1903). — Kuiper, P. J. C., and J. F. Bierhuizen: Mededel. Landbouwhogesch. Wageningen **58**, 1—16 (1958). — Kursanov, A. L., M. K. Chailakhian, O. A. Pavlinova, M. V. Turkina and M. I. Brovchenko: Fiziol. Rastenij (Transl.) **5**, 1—12 (1958). — Kursanov, A. L., O. A. Pavlinova and T. P. Afanasieva: Arch. Biochem. Biophys. **83**, 239—247 (1959).

Lausch, E.: Flora (Jena) **145**, 542—588 (1958). — Leyerer, G.: Flora (Jena) **148**, 361—377 (1960). — Libbert, E.: Planta (Berl.) **53**, 612—627 (1959). — Lockhart, J. A.: Amer. J. Bot. **46**, 704—708 (1959).

Marshall, D. C.: Plant Physiol. **33**, 385—396 (1958). — Matushima, S., T. Okabe and G. Wada: Proc. Crop. Sci. Soc. Japan **26**, 17—18 (1957). — Meyer-Mevius, U.: Flora (Jena) **147**, 553—594 (1959). — Mortier, P., M. de Boodt u. L. de Leenheer: Z. Pfl.-Ern., Düngung u. Bodenkde. **87**, 244—250 (1959). — Mothes, K., L. Engelbrecht u. O. Kulajewa: Flora (Jena) **147**, 445—464 (1959).

Nakamura, K.: Proc. Crop. Sci. Soc. Japan **25**, 71—72 (1956). — Nelson, C. D., H. J. Perkins and P. R. Gorham: Can. J. Bioch. **36**, 1277—1279 (1958). — Niedergang-Kamien, E., and A. C. Leopold: Physiol. Plant. (Copenh.) **12**, 776—785 (1959).

Oertli, J. J.: Soil Science **87**, 249—251 (1959).

Perkins, H. J., C. D. Nelson and P. R. Gorham: Can. J. Bot. **37**, 871—878 (1959). — Phillips, E. W. J., and B. J. Rendle: Proc. IX. Intern. Bot. Congr. **2**, 300 (1959). — Plankl, L.: Diss. München 1955. — Pollock, B. M., and H. O. Olney: Plant Physiol. **34**, 131—142 (1959). — Preston, R. D.: Proc. IX. Intern. Bot. Congr. **2**, 309/310 (1959). — Pristupa, N. A.: Fiziol. Rastenij **6**, 30—35 (1959) (russisch). — Prokofyev, A. A., and A. M. Sobolev: Fiziol. Rastenij

(Transl.) **4**, 12—20 (1957). — Prokofyev, A. A., L. P. Zhdanova and A. M. Sobolev: Fiziol. Rastenij (Transl.) **4**, 402—408 (1957).

Reiff, B., u. H. v. Guttenberg: Naturwissenschaften **46**, 235 (1959). — Renner, O.: (1) Z. Naturforsch. **14b**, 404—410 (1959). — (2) Ber. dtsch. bot. Ges. **72**, 159—165 (1959). — Rüsch, J.: Züchter **29**, 348—354 (1959). — Rufelt, H.: Physiol. Plant· (Copenh.) **12**, 390—399 (1959).

Sands, K., and A. J. Rutter: Ann. of Bot. (Lond.), N. S., **23**, 269—284 (1959). — Scharpenseel, H. W., u. H. Gewehr: Z. Pfl.-Ern., Düngung u. Bodenkde. **88**, 35—49 (1960). — Schneider, I. R., and J. F. Worley: Proc. IX. Intern. Bot. Congr. **2**, 347 (1959). — Schürmann, B.: Flora (Jena) **147**, 471—520 (1959). — Scholz, G.: Flora (Jena) **148**, 484—488 (1959). — Schumacher, W., u. R. Kollmann: Ber. dtsch. bot. Ges. **72**, 176—179 (1959). — Scott, F. M.: Bot. Gaz. **111**, 378—394 (1950). — Scott, F. M., K. C. Hammer, E. Baker and E. Bowler: Amer. J. Bot. **45**, 449—461 (1958). — Shukla, J. P., and K. A. Prabhu: Naturwissenschaften **46**, 325 (1959). — Sprecher, E.: Planta (Berl.) **53**, 565—574 (1959). — Stigter, H. C. M. de: Mededel. Landbouwhogesch. Wageningen **56**, 1—51 (1956).

Trubetskova, O., M., i N. G. Zhirnova: Fiziol. Rastenij **6**, 129—137 (1959) (russisch).

Vartapetian, B. B., i A. L. Kursanov: Fiziol. Rastenij **6**, 144—150 (1959) (russisch). — Vieweg, G. H.: Diss. Darmstadt 1960. — Vieweg, G. H., u. H. Ziegler: Ber. dtsch. bot. Ges. (im Druck).

Weatherley, P. E., A. J. Peel and G. P. Hill: J. exp. Bot. **10**, 1—16 (1959). — Wirth, K.: Naturwissenschaften **46**, 236 (1959). — Wittwer, S. H., and F. G. Teubner: Ann. Rev. Plant Physiol. **10**, 13—32 (1959).

Zeeuw, D. de: Proc. I. (UNESCO) Intern. Conf. Sci. Res. **4**, 401—409 (1958). — Zholkevich, V. N.: Dokl. Akad. Nauk SSSR **121**, 1093—1096 (1958) (russisch). — Zholkevich, V. N., L. D. Prusakova and A. A. Lizandr: Fiziol. Rastenij (Transl.) **5**, 333—340 (1958). — Ziegler, H.: (1) Proc. IX. Intern. Bot. Congr. **2**, 441/442 (1959). — (2) Planta (Berl.) **55**, 1—12 (1960). — (3) Naturwissenschaften **47**, 140 (1960). — Ziegler, H., u. F. Huber: Naturwissenschaften (im Druck). — Ziegler, H., u. U. Lüttge: Naturwissenschaften **46**, 176/177 (1959). — Zimmermann, M. H.: Plant Physiol. **33**, 213—217 (1958).

13. Mineralstoffwechsel

Von Hans Burström, Lund (Schweden)

A. Mechanismus der Ionenaufnahme

1. Allgemeine Gesichtspunkte

Liegt ein Überschuß der Kationenaufnahme über die Anionenaufnahme vor oder werden Kationen in höherer Konzentration als anorganische Anionen gespeichert, so wird der Unterschied durch organische Anionen, vorwiegend durch Malat, balanciert. Dies ist schon lange bekannt, der Mechanismus aber umstritten. Er ist u. a. mit einer CO_2-Fixierung oder Aufnahme von HCO_3^--Ionen in Beziehung gebracht worden (vgl. Fortschr. Bot. **21**, 248). Jackson und Coleman schließen sich dieser Ansicht an. *Phaseolus*-Pflanzen nehmen K schneller aus $KHCO_3$ als aus KCl auf. Die Malatproduktion ist in der Bicarbonatlösung stark, fehlt aber in der Chloridlösung, trotz Überschusses an K über Cl. Es steht dies im Widerspruch zu älteren Erfahrungen, und die Herstellung der Elektroneutralität muß auf anderer Weise erreicht werden. Eine Partikel-(Mitochondrien-)Fraktion aus Mais ist laut Graham u. Young imstande, K zu absorbieren, doch dabei wird die Fixierung von CO_2 nicht erhöht. Es leuchtet dagegen ein, daß Ergebnisse mit von außen her zugeführtem, aktivem C nicht eindeutig sind, weil man aller Wahrscheinlichkeit nach die Beteiligung der Atmungskohlensäure nicht ausschließen kann. Die Erklärung von Dale u. Sutcliffe hierzu, daß Entzüge aus Rüben die Ionenaufnahme ausgewässerter Rübenscheiben hemmt, erscheint ziemlich hypothetisch. Die Scheiben enthalten Citronen- und Äpfelsäure; normalerweise soll dieselbe die K-Aufnahme fordern, sie wird aber allmählich aus dem Aufnahmemechanismus ausgeschaltet. Entgegen anderer Angaben, soll nach Goss u. Romney in den Wasserkulturen der Bohne und Tomate Bicarbonat die Salzaufnahme hemmen; die Ergebnisse erscheinen technisch nicht recht überzeugend, und es dürfte sich lohnen, sie nachzuprüfen. Nach den von Brown u. Mitarb. eingehaltenen Versuchsvorschriften beruht eine Steigerung der P- und Abnahme der Fe-Aufnahme in Gegenwart von Bicarbonat nicht auf der unmittelbaren Einwirkung auf die Aufnahme, sondern vielmehr auf den Löslichkeitsverhältnissen. — Fälle einer offenbarer antagonistischen Konkurrenz zwischen den Ionen werden in Abschnitt 3 erörtert.

Lopez-Gonzales u. Jenny nehmen von der Annahme einer Anionenaufnahme durch Austausch gegen HCO_3-Ionen bestimmt Abstand.

Jennys Theorie des Kontaktaustausches wird durch neue Belege bekräftigt. Die Theorie besagt, daß Ionen durch Austausch zwischen adsorbierten Ionen an Bodenkolloiden und Plasmakolloiden in die Wurzel gebracht werden. Die Sr-Aufnahme intakter Pflanzen aus einer Nährlösung, die auch eine mit Sr beladene Amberplexmembrane enthielt, wurde verfolgt. Gleichgewicht stellte sich zwischen Sr an der Membrane und in der Lösung ein. Wurzeln in dichter Berührung mit der Membran nahmen aber Sr zwei- bis fünfmal schneller auf als aus der freien Lösung. Eine Aufnahme mit Hilfe der Lösung (unter ökologischen Bedingungen der Bodenlösung entsprechend) dürfte somit nur eine untergeordnete Rolle im Vergleich mit der Kontaktaufnahme spielen. Die Ergebnisse sind für die Auffassung vom freien Raum (Abschnitt 2) natürlich von großer Bedeutung. Eine andere Ansicht in bezug auf die Bedeutung der kolloidalen Bindung der Ionen im Nährmedium wird von WIERSUM u. BAKEMA verfochten. Das Kationenaustauschvermögen von wahrscheinlich abgetöteten Wurzeln steigt durch Berührung mit einem Resin, da die Wurzeln dann mit den Resinkolloiden um die Ionen konkurrieren müssen. Die Kausalverhältnisse sind recht undurchsichtig.

Eine bemerkenswerte, aber noch unerklärte Wirkung der Photosynthese der Blätter auf die Ionenaufnahme seitens der Wurzeln ist von NICHIPOROVICH beschrieben worden. Die Aufnahme steigt augenblicklich bei Belichtung; in Co_2-freier Atmosphäre bleibt der Effekt aus und dürfte somit kaum mit einer erhöhten Transpiration erklärt werden können. Eine Bestätigung mit einem anderen Pflanzenmaterial wäre begrüßenswert.

Der Zusammenhang zwischen Wachstum und Salzaufnahme ist schon früher von verschiedenen Gesichtspunkten her behandelt worden. SUTCLIFFE u. COUNTER haben in Gewebekulturen die K- und Na-Aufnahme unter verschiedenen Wachstumsgeschwindigkeiten verglichen. Cocosnußmilch, die Zellenteilungen fördert, begünstigt die Aufnahme des Natriums relativ. Ein Vergleich mit Auxinwirkungen führte zu dem Schluß, daß das Volumenwachstum (durch Vacuolisierung) die K-Aufnahme bevorzugt, Plasmazuwachs die des Natriums. Eine unterschiedliche Bindung im Plasma und Speicherung in der Vacuole sollte somit zur Spezifität der Ionenaufnahme beitragen. Der Verfasser kommt unten nochmals auf die Teilprozesse zurück. Es erscheint jedoch zweifelhaft, ob auch andere Wirkungen der Wachstumsregulatoren auf die Ionenaufnahme in dieses Schema hineingepreßt werden können. So haben KAWAHARA u. TAKADA mit Na angereicherte *Vallisneria*- und *Ruppia*-Blätter Na an das Außenmedium abgeben lassen. In hypertonischer Lösung wird dies durch IES vermindert. Wenn die Abgabe eine reine Diffusion darstellt, so dürfte die Auxinwirkung auf eine Permeabilitätsänderung zurückzuführen sein; KAWAHARA u. TAKADA erörtern auch die Möglichkeit, daß die Bindung des Na an einen Träger geändert wird. Ein Austausch von Na gegen K in Na angereicherten Koleoptilen soll aber nach MASUDA durch IES nur gehemmt werden. Eine freie Diffusion wird angenommen, leider ist aber diese interessante Arbeit nicht leicht verständlich. Bei Chlorella haben WEDDING, ERICSON u. BLACK gefunden,

12*

daß niedrige Konzentrationen an 2,4-D (bis auf 10^{-7} M herunter) die P-Aufnahme beschleunigen, hohe Gehalte sie vermindern; es wird dies auf Permeabilitätsänderungen zurückgeführt, was in Anbetracht der starken metabolischen Aufnahme des Phosphors keinen dringenden Schluß darstellt.

Das Bespritzen von Blättern mit Auxinen verändert den Mineralstoffzustand; nach BODE bewirkt IES erhöhten K-Gehalt in alten Blättern, doch die Ausschläge erscheinen klein. Die Aufnahme der Auxine (Herbizide), selbst als organische Säuren, soll nach PATTEN von ihrer Dissoziation unabhängig sein, was jedoch nicht ganz überzeugend bewiesen wird. Der Zusammenhang zwischen Wuchsstoffen, Wachstum und Salzaufnahme ist zweifellos komplexer Natur, muß aber in erster Linie im Lichte der cytologischen und histologischen Abänderungen besehen werden, was noch kaum möglich ist.

Aus praktischen Versuchen von ROBINSON, SPRAGUE u. GROSS ergibt sich der theoretisch interessante Umstand, daß kleine P-Mengen bei hoher Temperatur ausgenutzt werden, was auf der Aufnahme und nicht auf der Löslichkeit der Phosphate beruhen soll. LATIES hat einen neuen Gesichtspunkt in bezug auf die Temperaturabhängigkeit der Ionenaufnahme dargelegt: hohe Temperatur soll eine nachfolgende Aufnahme beim Gefrierpunkt durch die Bildung eines Trägers beschleunigen (vgl. Abschnitt 3).

2. Die nicht-metabolische Anfangsphase

Eine anfängliche Aufnahme durch Diffusion und unspezifische, reversible Adsorption wird fast allgemein angenommen. Zur Frage der cytologischen Natur des freien Raums (A. F. S.), die in den letzten Jahren lebhaft erörtert wurde (vgl. Fortschr. Bot. **21**, 250), liegen keine neuen Beiträge vor. Nur BUTLER hat Näheres über die Größe des Raums ermittelt; für S und P wurde sie in Weizenwurzeln zu 18—20% bestimmt, wobei jedoch nach LEVITT auch (Fortschr. Bot. **20**, 156) ein Oberflächenfilm mit einbegriffen ist.

BROUWER behauptet, daß Rb aus dem freien Raum entweder unmittelbar in die Stele wandern kann oder aber es wird im Plasma gegen adsorbiertes Rb ausgetauscht. Eine Diffusion vom Plasma her nach außen wird durch die Undurchlässigkeit des Plasmalemmas verhindert. Die freie Wanderung gemäß der Symplasttheorie von ARISZ (Fortschr. Bot. **21**, 249) geht folglich innerhalb des Cytoplasmas vor sich. Eine Anionenabgabe der Gewebe wurde aber kürzlich auch von LUNDEGÅRDH anerkannt. In Cl-freiem Medium gibt *Citrus* laut GROENEWEGEN nur unbedeutend Cl ab, ein Anteil folgt dem Transpirationsstrom zu den Blättern.

Die Art des Salztransports im Transpirationsstrom ist immer noch umstritten. Auffassungen zugunsten einer passiven Massenströmung sind vorgebracht worden (HYLMÖ, vgl. Fortschr. Bot. **21**, 249), die jedoch auch wieder angegriffen worden sind. RUSSEL u. SHORROCK haben ihre Einwände ausführlich wiederholt (vgl. Fortschr. Bot. **21**, 251). Mit *Hordeum* und *Helianthus* studierten sie die Aufnahme und den Transport von P und Rb. Die tatsächliche Konzentration des aufwärtssteigenden Wasserstroms wurde berechnet, wobei festgestellt wurde, daß bei niedriger

Außenkonzentration und beschränkter Transpiration die Rb-Konzentration bis auf 100 mal höher und die des P 150 mal höher als im Medium ist. Sie haben auch Material von HYLMÖ u. Mitarb. (Fortschr. Bot. **20**, 156) umgerechnet und sind dabei zum gleichen Ergebnis gekommen. Sie schließen daraus, daß diese Autoren ihre Ergebnisse fehlerhaft gedeutet haben, und daß eine Massenströmung nur von untergeordneter Bedeutung sein kann. Wie fast immer bei Kontroversen auf diesem Gebiet, stimmen die experimentellen Daten gut oder ausgezeichnet überein; die Differenzen liegen nur in den Deutungen. HYLMÖ stützte sich auf einen Vergleich zwischen dem Salztransport bei hoher und niedriger Transpiration und fand eine fast konstante Zusammensetzung des Stroms als eine Funktion der Konzentration der Außenlösung. Es unterliegt nach den übereinstimmenden Ergebnissen keinem Zweifel, daß der Strom bei stark herabgesetzter Transpiration an Salzen angereichert ist. Zum Teil dürfte dies auf dem aktiven Blutungsmechanismus beruhen; sonst ist die Ursache unbekannt. All dies wird jedoch von RUSSEL u. SHORROCK in den Transpirationsstrom einbezogen. Es ist dagegen unbestritten, daß der Blutungsmechanismus für den Transport unzureichend ist, was ZHURBITSKY u. WEY-NAN hervorgehoben haben.

RATNER, AKIMOCHKINA u. UKHINA vertreten die Ansicht, daß P bei niedriger Zugabe hauptsächlich in der Rinde und nicht in der Stele transportiert wird. Dies sagt nichts über den Mechanismus aus, da eine schwache Massenströmung im freien Raum außerhalb des Xylems wohl möglich wäre.

In diesem Zusammenhang verdienen die neuen Ergebnisse von JENNY (LOPEZ-GONSALES u. JENNY) in bezug auf die Kontaktaufnahme besondere Beachtung. Die Befunde führen zu der Annahme, daß die Wanderung im freien Raum keine Diffusion, sondern einen Oberflächentransport an den kolloidalen Grenzflächen darstellt. Die sich daraus ergebenden Konsequenzen können weitreichend sein. Dies bedeutet natürlich eine beträchtliche Fehlerquelle bei den Berechnungen der Größe des wirklichen freien Raums. Die Beteiligung der Plasmakolloide am freien Raum muß im neuen Licht betrachtet werden, was die Symplasttheorie von ARISZ in Erinnerung bringt. Es ist ferner nicht ganz klar, wie sich ein Oberflächentransport gegenüber einer Aufnahme im „Donnan-freien Raum" (Fortschr. Bot. **21**, 250) verhält. Es dürfte experimentelle Schwierigkeiten bereiten, eine ideale Adsorption an Donnan-Gleichgewicht vom dynamischen System nach JENNY zu trennen.

3. Die Trägertheorie

Endgültige chemische Beweise für das Vorkommen spezifischer Bindungspunkte oder Träger für verschiedene Ionen oder Ionengruppen fehlen noch. Dadurch wird jedoch der Wert des Begriffes als nutzbringende Arbeitshypothese nicht beeinträchtigt, es empfiehlt sich aber, den Begriff auf spezifische Bindungsorte zu beschränken. Es leuchtet ohne weiteres ein, daß unspezifische Adsorptionen an den negativen Kolloidoberflächen vorkommen müssen, oben unter dem Namen Aufnahme im ‚Donnan-freien Raum' erwähnt, doch der Zusammenhang mit spezifischen Trägern ist noch ungeklärt. Wenn beide Bindungsarten getrennt vorkommen, was aus verschiedenen Gründen als wahrscheinlich betrachtet werden muß, werden Diskrepanzen in der Auffassung der primären Ionenbindung zwanglos erklärt.

Murphy hat die primäre Bindung auf Grund der oft angeführten Formel K + HR KR + H als eine Trägerreaktion erörtert. Beweise für die Richtigkeit der Formel sieht er darin, daß in abgeschnittenen *Lolium*wurzeln die K-Aufnahme mit steigendem p_H-Wert steigt. Eine derartige p_H-Abhängigkeit dürfte immer vorhanden sein, wenn die Bindungssorten als schwache Säuren dissoziiert sind, gleichgültig ob es sich um eine unspezifische Adsorption oder spezifische Trägerfunktion handelt. Eine Abgabe von H-Ionen läßt sich schwierig beweisen. Zuckerzusatz ergab jedoch eine starke p_H-Abnahme ohne Beeinträchtigung der K-Aufnahme; die Respiration blieb unberücksichtigt und die p_H-Abnahme kann kaum nur für eine H-Ionenabgabe gehalten werden. Shean u. Levitt versuchen nunmehr herauszufinden, ob die primäre Bindung in den Mitochondrien vor sich geht, was die Anknüpfung an die nachfolgende metabolische Speicherung erleichtern sollte. Die Ionenaufnahme isolierter Mitochondrien ähnelt in bezug auf zeitlichen Verlauf und Empfindlichkeit gegen Auswaschung auffallend der der intakten Wurzeln. Bemerkenswerte Unterschiede liegen jedoch vor. So wird die Aufnahme durch Mitochondrien von DNP und NaF nicht gehemmt, es liegt kein Antagonismus zwischen K und Rb vor und die P-Aufnahme ist weniger temperaturempfindlich. Es wird hervorgehoben, daß die Temperaturlabilität isolierter und intakter Mitochondrien verschieden sein kann und daß die Versuche Beweiskraft entbehren. Eine bisweilen angewandte Methode zum Studium der Ionenbindung ist die Bestimmung der Kationenaustauschfähigkeit. Dies geschieht nach Denaturierung des Materials in Säure und stark dehydrierender Lösung; Wiersum und Bakema benutzen 1-N KCl. Es ist wohl zweifelhaft, ob man dadurch ein zuverlässiges Bild der normalerweise vorkommenden Bindungspunkte erhalten wird.

Kahn und Hanson bezweifeln, daß Mitochondrien als Träger für K dienen. Sie speichern zwar K aerob, doch sehr langsam; isoliert geben sie, anscheinend wegen Zerfalls der Lecithinmembrane, das K wieder ab.

Es wurde schon oben kurz auf die interessanten Ergebnisse von Laties in bezug auf die Ionenaufnahme von Kartoffelgeweben hingewiesen. Er nimmt an, daß bei hoher Temperatur eine Trägervorstufe gebildet wird, die auch bei 0° Ionen zu binden vermag. Dadurch sei es ihm gelungen, Bildung und Funktion der Träger voneinander zu trennen und die beiden Reaktionen zu charakterisieren. Vorläufig wird erwähnt, daß beide Prozesse durch DNP gehemmt werden, CN behindert aber nur die Ionenbindung, nicht die Trägersynthese. Es eröffnet sich hier die Möglichkeit, die Rolle der Atmungsinhibitoren festzustellen. Diese haben bei der Aufstellung der Theorien über die aktive Speicherung eine große Rolle gespielt.

Butler hat auch die Ionenaufnahme bei niedriger Temperatur studiert und im Einklang mit früheren Erfahrungen die Konzentration der Bindungspunkte für

S auf weniger als 10^{-6} M berechnet. Für P ist die Bindung bedeutend, und Ester-bindung muß hier auch mit berücksichtigt werden.

In zwei Abhandlungen sind Bestrebungen dahingehend gemacht worden, die chemische Natur der Na-Träger festzustellen. KAWAHARA u. TAKADA sind auf Grund von Versuchen, die sie mit Meerespflanzen durch-führten, der Ansicht, daß sie in RNS bestehen, doch können sie keine direkten Belege hierfür bringen. Sowohl in Wasserpflanzen als auch in Tieren nimmt man das Vorkommen einer „Natrium-Pumpe" an (vgl. Fortschr. Bot. **21**, 257). In Meerespflanzen wird Na angeblich aktiv aus den Zellen herausgepumpt. Ohne die Ähnlichkeit mit dem tierischen Organismus zu weit zu betonen, empfiehlt es sich zu erwähnen, daß nach HOKIN u. HOKIN der Träger der Na-Pumpe in den Salzdrüsen des Albatrosses in Phosphatidsäure bestehen soll. DIAMOND u. SOLOMON haben die K-Aufnahme in *Nitella axillaris* in allen Einzelheiten verfolgt. Zuerst wird es schnell an die Wand gebunden, was durch Vergleiche mit herauspräpariertem Wandmaterial bestätigt wird. Danach wird es lang-samer an das Plasma gebunden und dabei auch auf die Chloroplasten verteilt. Zuletzt folgt die langsame Speicherung in der Vacuole. In diesem Zusammenhang ist die Beteiligung der Zellwand an der Ionenbindung von besonderem Interesse.

Sonst behandeln mehrere Arbeiten den Antagonismus zwischen K und Na, erklärt mit der Bindung an denselben Träger. Hohe K-Gehalte sind nach HUFFAKER u. WALLACE (1,2) erforderlich, um in verschiedenen Kulturpflanzen die Na-Aufnahme zu unterdrücken. Es muß beachtet werden, daß die Ursache für spezifische Verteilung der Ionen innerhalb der Pflanze im großen und ganzen unbekannt ist. Ein ähnlicher Mecha-nismus, wie der bei der Aufnahme durch die Wurzeln, dürfte auch anders-wo vorliegen. *Glycine, Zea, Citrus* und *Persea* halten viel Na in der Wurzel, wenig im Blatt; HUFFAKER u. WALLACE nehmen eine spezifische Sperre in der Übergangszone oder nahe daran an. Sie fehlt bei *Raphanus*. BANGE hat auch in *Zea* die Beziehung zwischen K und Na untersucht; es sollen zwei Trägersysteme vorhanden sein: ein spezifisches für K und ein anderes mit Antagonismus zwischen den Ionen. Ähnliche Gesichtspunkte sind früher dargelegt worden (Fortschr. Bot. **22**, 157). Es ist allgemein anerkannt, daß Ca und Sr an einen Punkt gebunden werden. Es sollte deshalb erwähnt werden, daß MENZEL u. HELD eine fast gradlinige Ab-hängigkeit zwischen dem Sr:Ca-Quotienten in Luzerne und Weizen einerseits und 51 verschiedenen Bodentypen andererseits nachgewiesen haben. Nach ROMNEY u. Mitarb. soll aber Ca die Sr-Aufnahme nur aus sauren, Ca-armen Medien, nicht aber aus neutral-alkalischen, Ca-reichen Böden hemmen.

Mit Ausnahme von P ist die Bindung der Anionen weniger gut be-kannt. LUNDEGARDH berichtet über Synergismus zwischen der Cl-, P- und NO_3-Aufnahme aus sehr verdünnten Lösungen, was auf indirekte Wirkungen mittels des Metabolismus zurückgeführt werden kann. In höheren Konzentrationen ergab sich ein Antagonismus nur zwischen Cl und NO_3, die offenbar unabhängig vom P-Mechanismus aufgenommen werden.

4. Die aktive Ionenspeicherung

In dem Maße, wie die Trägerfunktion in den Vordergrund des Interesses gerückt ist, wird die darauffolgende aktive Speicherung in Vacuolen weniger beachtet. Der Zusammenhang zwischen Stoffwechsel und Speicherung ist in verschiedenen Theorien zum Ausdruck gekommen, und zwar entweder in Form einer spezifischen Salz- oder Anionenatmung als Energielieferant oder auf die Weise, daß nur Bildung oder Zerfall der Träger metabolisch gesteuert sind, aber dadurch Ionen polär in die Zelle hinein transportiert werden. Diese Theorie ist entschieden mehr spekulativ als die vorherige. Wenig neue Belege liegen vor. Nach LATIES soll allein die Bindung der Ionen an die Träger CN-empfindlich sein, und dieselbe ist deshalb von der Trägersynthese unabhängig an die Atmung geknüpft. Nach DINANT und SOLOMON ist die K-Speicherung in *Nitella* Cyan-unempfindlich. Die Versuche von SHEAN u. LEVITT sind erwähnenswert, obwohl sie die Rolle der Mitochondrien nicht erklären können. Auch die neuesten Arbeiten über Alkalimetallaufnahme geben keine endgültige Antwort. BERGQUIST hat in *Hormosira* eine Atmungssteigerung durch K-Resin doch nicht mit Na nachweisen können; und mit Cl-Resin eine Abnahme der Atmung. Dies spricht gegen einen spezifischen Anionenatmungsmechanismus. HIGINBOTHAM zeigt mit verschiedenen Objekten, daß sowohl Dinitrophenol als auch Arsenat die Sauerstoffatmung erhöhen, aber gleichzeitig die Rb-Aufnahme erniedrigen, was eher auf eine Beteiligung der Hochenergiephosphate als die des Cytochromsystems bei der Ionenaufnahme hindeutet.

Nach STENLID wird die Aufnahme von Cl und NO_3 in verschiedenen Pflanzen durch Mannose und 2-Desoxy-D-Glucose gehemmt, aber durch Glucose und Galaktose stimuliert. Es zeigt dies die metabolische Abhängigkeit, wobei die Deutung der Einzelheiten noch aussteht. Die P-Aufnahme wird durch alle diese Stoffe gefördert und wird vermutlich durch oxydative Phosphorylierung vermittelt. Nach MALLIN u. KAPLAN wird P in *Clostridium* sowohl aerob als auch anaerob in Gegenwart von Glucose aufgenommen mit Äthanol jedoch nur aerob. Mit Rücksicht auf die Übertragung der Energie ist die anaerobe Aufnahme von Bedeutung, obwohl Ergebnisse mit diesen Bakterien nicht ohne weiteres auf andere Pflanzen übertragen werden können.

B. Bedeutung und Funktion der einzelnen Elemente

Die physiologische Stellung des Natriums ist noch unklar. PRATT u. WADDELL sind jedoch der Ansicht, daß für Meerbakterien Na zur Konzentration des Meerwassers unentbehrlich ist. Andererseits kommt Adaptation an Na-freies Medium vor und die obigen Forscher haben über die Genetik der Formen kurz berichtet. Die Bedeutung des Na-Chlorids für die Succulenz bei *Atriplex hastata* ist von BLACK ausführlich beschrieben worden; früher wurde behauptet, daß die Succulenz auf Cl und nicht auf Na beruht.

In der neueren Wachstumsliteratur spielt das Vorkommen von Calcium in der Zellwand eine bedeutende Rolle (Fortschr. Bot. **20**, 162).

Es wird die Auffassung vertreten, daß das Wachstum, insbesondere bei Koleoptilen, auf Plastizierung der Wand beruht; diese beruht auf einer, von Auxin geforderten Methylesterbildung der Pektine. Gegen Auxin wirkt Ca als scheinbarer oder wirklicher Antagonist, was damit erklärt wird, daß die Bildung von Ca-Pektaten die Festigkeit erhöht. CARR und NG haben dargelegt, daß Citrat Ca leicht aus Zellwänden der Koleoptile herauslöst, Äthyldiamintetraacetat (EDTA) dagegen die Bindung erhöht. Umgekehrt hat EDTA eine beträchtliche „Auxinwirkung" auf das Wachstum. Die Ergebnisse stützen also nicht die oben angeführte Theorie der Ca-Wirkung. NG u. CARR haben ferner die pH-Wirkung auf das Wachstum und die Rolle der komplexbildenden Stoffe Diäthyldithiocarbamat und 8-Hydroxychinolin auf die Zellwände untersucht und auch dabei keinen Beleg für die Ansicht, daß Chelatisierung des Calciums das Wachstum steuert, gefunden. Andererseits meint CORMACK, daß die Hemmung des Wurzelwachstums bei der Tomate auf einer Strukturänderung der Wände durch Chelatisierung beruht. Individuelle Unterschiede zwischen Zellen sollen auch auf einer unterschiedlichen Fähigkeit zur Ca-Bindung beruhen. Die Bedeutung des Calciums ist allgemein anerkannt, die Wirkungsweise der Chelatbildner aber noch kontrovers.

INGESTAD hat den sehr niedrigen Ca-Bedarf bei *Picea abies* hervorgehoben; erst bei Ca-Gehalten der Nadeln unter 0,02% treten Mangelerscheinungen auf. — Eine ganz neuartige Ca-Wirkung ist von LONERAGAN beschrieben worden. Ca-Mangel in *Trifolium* bringt eine schwache Bildung der Bakterienknöllchen mit sich und dadurch N-Mangel. Bei großem Ca-Mangel kann aber der N-Mangel durch N-Zusatz nicht behoben werden, und es wird die Möglichkeit erörtert, ob nicht Ca den Kohlenhydrattransport zu den Wurzeln reguliert.

SPITZNAGEL u. SHARP haben den Mangel an Magnesium und Schwefel bei *Myxobacterium bovis* studiert, insbesondere die Einwirkung desselben auf die Wandbildung und den Gehalt an Lipoiden, Chromatin und Volutin. — Die Assimilation des Sulphats dürfte in allen Teilen der höheren Pflanzen vor sich gehen. FROMAGEOT und PEREZ-MILAN haben gefunden, daß die Reduktion des Sulphats zu Sulphit etwa zehnmal schneller im Licht als im Dunkeln verläuft; sie ähnelt darin der Reduktion des Nitrats. Die Geschwindigkeit der Schwefelassimilation nebst des Transports von S und P in *Pisum* sind von BISWAS u. SEN behandelt worden. Wenig prinzipiell Neues ergibt sich aus diesen Arbeiten, auch nicht aus den oben (Abschnitt A 1) erwähnten von RATNER u. Mitarb. Theoretisch und methodisch beachtenswert ist die Behauptung von SHEREVERYA (2), daß P auf Blattoberflächen appliziert und den Transport von P aus anderen Teilen ins Blatt erhöht. Der Mechanismus dieses Transports ist unbekannt und eine Bestätigung desselben wäre wünschenswert.

Es ist MAJUMDER u. DUNN, angeblich zum erstenmal, gelungen, Maispflanzen auf ausschließlich organischem Phosphat Äthylammoniumphosphat zu züchten.

Die Schwermetalliteratur des Berichtjahres ist auch ungewöhnlich klein. Eine sehr gute Übersicht über die Mikronährstoffe liegt von HEWITT vor. Besonders wird das Molybdänproblem hervorgehoben sowie der Zusammenhang zwischen Mineralnährstoffen und Enzymreaktionen. Die begünstigenden, doch vielleicht ersetzbaren Stoffe werden auch erwähnt;

u. a. werden die folgenden erörtert: Sr-Ca, V-Mo und Rb-K. Die Stabilität der Komplexe von Co, Ni und Cu mit Glutaminsäure ist von NYBERG u. Mitarb. berechnet worden. Derartige Chelate, die viel stärker als die mit Mg und Ca sind, dürften in Pflanzen vorliegen. AGARWAL berichtet über die Einwirkung von Zn, Mn, Cu und Fe auf die Sporenbildung zweier Parasitenpilze, jedoch ohne zur Theorie der Wirkung der Elemente beizutragen. HILLMAN hat dargelegt, daß *Lemna perpusilla* im Kurztag bei Zusatz von EDTA blüht, aber auch im Langtag in älteren Kulturen ohne EDTA. Die Wirkung dürfte auf einer Schwermetallbindung beruhen; das aktive Metall ist jedoch nicht identifiziert worden.

Keimung von *Areca* Pollen und Pollenschlauchwachstum werden nach RAGHA-VAN u. BARUAH durch Mn (etwa 0,1 mg/l), Mo (1,0 mg/l), B (1—10 mg/l), Co (0,01 mg/l) Zn und Au bis zu 100% beschleunigt. Es ist fraglich, ob alle diese Effekte ionenspezifisch sind. GERLOFF, STOUT und JONES berichten über eine Verstärkung von Fe-Chlorose in der Tomate durch niedrige Mengen von Mo. In der Literatur liegen sowohl gleiche als auch gegenteilige Ergebnisse vor. Eine Erklärung dieser Zusammenhänge steht noch aus.

Die Einwirkung von Eisen auf Wachstum und Gehalt der Makronährstoffe der Tomate in Wasserkulturen ist von TWYMAN behandelt worden. VLASYOUK u. KLIMOVITSKAYA berichten, daß Mangan im Cytoplasma aber nicht in Chloroplasten vorkommt, es ist wahrscheinlich an Protein gebunden. Die Polysaccharide-synthetisierende Phosphorylase bei *Oscillatoria* wird nach FREDRICK spezifisch von Mn aktiviert. Die Aufnahme des Kupfers durch *Sorghum* läuft nach BLEVIN u. MASSEY mit dem chelatisierenden Kupfer des Bodens annähernd parallel. Es muß beachtet werden, daß die Cu und Al-Gehalte der Pflanze invers sind, was auch in der Wasserkultur bestätigt worden ist. Nach LEGRAND u. MARTIN spielt Cu im Gegensatz zu Fe und Mn eine ganz besondere Rolle bei der Synthese der Laccase in *Psalliota*.

Obwohl als Komponente des Kobaltamins (Vitamin B 12) für niedere Pflanzen unentbehrlich, ist die Bedeutung des Kobalts für höhere Pflanzen noch nicht endgültig geklärt. KOŠTŘR u. JÍRÁČEK erwähnen, daß Hafer in Sandkulturen durch 1—10 mg/l Co stimuliert wird, was im Vergleich mit dem Bedarf niederer Pflanzen ansehnliche Mengen sind. Dabei nimmt der Aminosäuregehalt der Wurzeln ab; in den Blättern steigt der Gehalt an Plastidpigmenten. Die genannten Forscher meinen, daß Co auch in diesen Pflanzen bei der Proteinsynthese mitwirkt. Es ist ferner bekannt, daß Co das Streckungswachstum beschleunigt und in Standardtesten, z. B. mit Erbsenhypokotylen, wird Co zu 10^{-5} M zugesetzt. BUSSE erklärt dies damit, daß das Wachstum normalerweise durch den Einbau säureunlöslicher Stoffe in die Zellwand begrenzt ist. Dies wird durch Co gehemmt, das dadurch in Koleoptilen das Wachstum bis auf 60% erhöhen kann. Es dürfte sich somit in diesem Fall um keine spezifische metabolische Wirkung des Co handeln. SALISBURY hat die in der Literatur erwähnten, allerdings hypothetischen, Co-Wirkungen übersichtlich zusammengefaßt. Auch auf das dunkelinduzierte Blühen der Kurztagpflanze *Xanthium*, übt Co eine Wirkung aus. SALISBURY zeigt nämlich, daß Co-behandelte Pflanzen weniger Rotlicht-empfindlich sind und daß die Rot-Hemmung vollständiger durch Dunkelrot aufgehoben wird. Diese interessanten Verhältnisse sind jedoch nicht leicht zu deuten und noch unübersichtlich.

Die schon alte Frage der Wirkung des Bors auf das Wachstum und ihr etwaiger Zusammenhang mit dem Auxinmechanismus ist noch ungelöst. WEISER hebt hervor, daß Bor nicht die Anlage, sondern das Wachstum der Wurzeln beschleunigt, was schon früher gezeigt worden ist. Er ist aber der Ansicht, daß Bor nur mit Auxin zusammen wirksam ist. Bei *Justicia gendarussa* erhöht Bor nach SEN, BOSE u. BOSE die Wurzelbildung, insbesondere in blatttragenden, weniger in blattlosen Stecklingen. Diese Autoren pflichten der Meinung von GAUCH u. DUGGAR (Fortschr. Bot. **18**, 254) bei, daß Bor den Transport von Kohlenhydraten reguliert; die Beweisführung ist jedoch nicht besonders stark. WHITTINGTON, der die Einwirkung von Bor auf 1 mm Segment aus Bohnenwurzeln studiert hat, meint, daß Bor auf die Wand einwirkt, jedoch nicht auf die Zuckerzufuhr, sondern auf den Pektinumsatz. In vitro stimuliert Bor, nach HUFFAKER u. WALLACE (3), die Dunkelfixierung von CO_2 an Phosphoenolbrenztraubensäure und Ribulosediphosphat; die Wirkungen scheinen allerdings gering zu sein, und die physiologische Bedeutung unsicher. Eine interessante Temperaturabhängigkeit des Borbedarfs wird von THELLIER kurz erwähnt. Die Rolle des Chlors bei der Photosynthese hat ARNON in einem bemerkenswerten und wesentlich modifizierten Schema der verschiedenen Wege der Photosynthese hervorgehoben. Chlor aktiviert die Elektronenübertragung zwischen zwei Cytochromen, die als Glied der cyclischen Photophosphorylierung über Riboflavin eingehen. Der in Bakterien aufgefundene Weg über Vitamin K ist demgemäß von Cl unabhängig. Eine derartige Wirkung des Chlors bei der Photosynthese dürfte sicher sein. *Lemna* hat sich als ein geeignetes Objekt für das Studium des Cl-Bedarfs erwiesen. Folgende Mangelerscheinungen (MARTIN) können auftreten: Wachstumshemmung, Chlorose, Zerstörung der Wurzeln und schließlich Tod. Br und in noch geringerem Grad F, vermögen Cl-Mangel zum Teil entgegenzuwirken, MARTIN vertritt aber die Auffassung, daß nur Cl funktionell unentbehrlich ist. ARNON verweist auch auf die von der Ariszschen Schule gefundene lichtinduzierte Cl-Aufnahme in Blättern (Fortschr. Bot. **20**, 159).

Andere beschriebene Cl-Wirkungen dürften weniger spezifisch sein. HOLZAPPEL u. WENGEL haben bei Weizen bestätigt (Fortschr. Bot. **17**, 521), daß Chlor eine schnelle Abgabe der Kieselsäure seitens der Pflanze hervorruft oder erhöht, aber dieselbe erhält man auch mit verschiedenen Sulphiden. Bei Cl-Mangel in *Brassica* steigt nach FRENEY, DELWICKE u. JOHNSON der Gehalt an allen Aminosäuren, am meisten der Gehalt an Prolin, Arginin und Methioninsulphoxid, am wenigsten der Gehalt an Asparagin- und Glutaminsäure. Die oben angeführten Forscher meinen jedoch, daß dies auch nicht auf einer spezifischen Wirkung auf der Aminosäureumformungen beruht.

Es ist schon länger bekannt, daß Jod in Meeresalgen zu Dijodthyrosin assimiliert, was als eine für diese Pflanzen charakteristische Eigenschaft aufgefaßt wird. FOWDEN hat aber die Jodbindung bei zwei Halophyten, *Salicornia perennis* und *Aster tripolium*, nebst bei zwei Mesophyten, *Hordeum* und *Phaseolus aureus*, untersucht. Es ist erwähnenswert, daß diese Pflanzen so kleine Mengen wie 3,5-Dijodthyrosin in Protein gebunden enthalten, die Halophyten z. B. außerdem 3,5-Dijodthyronin, nebst anderen bekannten und unbekannten Jodderivaten. Bei *Phaseolus* kommen Jodaminsäuren auch frei vor. Es ist daher nur ein Gradunterschied, in der Fähigkeit der Pflanzen Jod zu assimilieren. Ob diese Fähigkeit von physiologischer Bedeutung ist, verbleibt unbekannt, sie ist jedenfalls als Ausdruck der ökologischen Spezialisierung von Interesse.

C. Ökologische Probleme

Die Mineralstoffverhältnisse in Waldbäumen lenken vom forstlichen Gesichtspunkt aus erhöhte Aufmerksamkeit auf sich. OVINGTON hat bei *Pinus silvestris* die Gesamtbilanz an Na, K, Ca, Mg, P und N sowohl in der Vegetation als auch in der Streu berechnet, und OVINGTON u. MADGWICK (1) dasselbe für Bestände von *Pinus*, *Picea*, *Pseudotsuga*, *Quercus* und *Castanea*, sowie für *Betula* (2). Das Material stammt aus England. INGESTAD hat *Picea abies* in Wasserkulturen studiert und verschiedene Mangelerscheinungen beschrieben. Natürliche Buchen- und Eichenwaldvegetation in Deutschland wurde von SCHÖNNAMSGRUBER auf ihren Gehalt an K, Ca, P und Mg untersucht und ökologisch klassifiziert. Die Mineralstoffgehalte steigen ziemlich regelmäßig vom säureliebenden *Deschampsia-flexuosa* Typus zur kalkzeigenden *Asarum*-Gruppe. Mg ist eine bemerkenswerte Ausnahme.

Neue Belege dafür, daß Mycorrhiza-Pilze die P-Aufnahme der Wirtspflanze vermitteln, liegen von HARLEY u. Mitarb. vor. Das Serpentinproblem wird von SOANE u. SAUNDER erörtert. Auf Grund von Ergebnissen aus Südrhodesien schließen sie sich der Ansicht an, daß Ni- und Cr-Überschuß die Ursache der niedrigen Fertilität dieser Böden ist.

Die Salzaufnahme durch die Blattoberflächen hat, auf Grund ihrer praktischen Anwendung, außer ihrem theoretischen Interesse auch praktisch-ökologische Bedeutung. SHEREVERYA (1,2) zeigt, daß sie die Aufnahme der Nährsalze aus dem Boden, parallel mit Photosynthese, Proteinsynthese und Wachstum, ändert. Es muß daher angenommen werden, daß die Einwirkung auf die Aufnahme aus dem Boden nur mittelbar ist. ALLEN erwähnt, daß Magnesium, dessen Aufnahme im Feld oft Schwierigkeiten bereitet, durch Apfelblätter leicht als Nitrat oder Chlorid, nicht aber als Sulphat, aufgenommen wird. Dies beruht auf der Hygroskopizität der Salze, die daher bei der Beurteilung der Nähreffekte berücksichtigt werden muß.

Aus der Literatur über Diagnostisierung von Nährstoffmängeln sollen nur wenige Arbeiten erwähnt werden. KÖHNLEIN u. KNAUER erteilen Anweisungen für die Blattanalyse der Getreide an K, und LIPP u. GOODALL für *Lactuca*. SCHARRER, RUSS und MENGEL haben auf breiter Basis Pflanzenanalysen, Bodenanalysen und Neubauerproben auf Cu und Mn in 26 Böden mit Gefäßversuchen verglichen. Im allgemeinen erhält man gute Ergebnisse durch Pflanzenanalysen. Verschiedene Methoden der Bodenextraktion sind damit auch verglichen; Essigsäure- sowie Sulphitextraktion haben sich als die günstigsten herausgestellt.

Literatur

AGARWAL, G. P.: Phyton (Argentina) 12, 87—91 (1959). — ALLEN, M.: Nature (Lond.) 184, 995 (1959). — ARNON, D. I.: Nature (Lond.) 184, 10—21 (1959).

BANGE, G. G.: Plant and Soil 11, 17—29 (1959). — BERQUIST, P. L.: Physiol. Plant 12, 30—36 (1959). — BISWAS, B. B., and S. P. SEN: Indian J. Plant Physiol. 2, 1—8 (1959). — BLACK, R. F.: Aust. J. Bot. 6, 306—321 (1958). — BLEVIN, R. L., and H. F. MASSEY: Soil Sci. Soc. Amer. Proc. 23, 296—298 (1959). — BODE, H. R.: Planta (Berl.) 53, 212—218 (1959). — BROUWER, R.: Acta Bot. Neerl. 8, 68—76 (1959). — BROWN, J. C., O. R. LUNT, R. S. HOLMES and L. O. TIFFIN: Soil Sci. 88, 260—266 (1959). — BUSSE, M.: Planta 53, 25—44 (1959). — BUTLER, G. W.: Physiol. Plant. 12, 917—925 (1959).

CARR, D. J., and E. K. NG: Physiol. Plant. 12, 264—274 (1959). — CORMACK, R. G. H.: Canad. J. Bot. 37, 1227—1232 (1959).

DALE, J. E., and J. F. SUTCLIFFE: Ann. Bot. 23, 1—21 (1959). — DIAMOND, J. M., and A. K. SOLOMON: J. gen. Physiol. 42, 1105—1121 (1959). — DIOS LOPEZ GONZALES, J. DE, and H. JENNY: Science 128, 90—91 (1958).

FOWDEN, L.: Physiol. Plant. 12, 657—664 (1959). — FREDRICK, J. F.: Physiol. Plant. 12, 868—872 (1959). — FRENEY, J. R., C. C. DELWICHE and C. M. JOHNSON: Aust. J. biol. Sci. 12, 160—166 (1959). — FROMAGEOT, P., et H. PEREZ-MIŁAN: Biochim. biophys. Acta 32, 457—464 (1959).

GOSS, J. A., and E. M. ROMNEY: Plant and Soil 10, 233—241 (1959). — GRAHAM, J. S. D., and L. C. T. YOUNG: Plant Physiol. 34, 527—529 (1959). — GROENEWEGEN, H., D. BOUMA and C. T. GATES: Aust. J. biol. Sci. 12, 16—25 (1959).

HARLEY, J. L., C. C. McCREADY and J. K. BRIERLEY: New Phytol. 57, 353—362 (1958). — HEWITT, E. J.: Biol. Rev. 34, 333—377 (1959). — HILLMAN, W. S.: Amer. J. Bot. 46, 489—495 (1959). — HOKIN, L. E., and M. R. HOKIN: Nature (Lond.) 184, 1068—1069 (1959). — HOLZAPFEL, L., u. W. ENGEL: Arch. Biochem. 83, 268—274 (1959). — HUFFAKER, R. C., and A. WALLACE: (1) Soil Sci. 87, 130—134 (1959). — (2) Soil Sci. 88, 80—82 (1959). — (3) Soil Sci. 88, 317—321 (1959).

INGESTAD, T.: Physiol. Plant. 12, 568—593 (1959).

JACKSON, W. A., and N. T. COLEMAN: Soil Sci. 87, 311—319 (1959).

KAWAHARA, A., and H. TAKADA: J. Inst. Polytechn. Osaka, D 9, 19—26 (1958). — KÖHNLEIN, J., u. N. KNAUER: Z. Pflern. Düng. Bodenk. 86, 36—49 (1959). — KOŠTÍŘ, J., u. V. JÍRÀČEK: Naturwissenschaften 46, 270 (1959).

LATIES, G. G.: Proc. Nat. Acad. Sci. (Wash.) 45, 163—172 (1959). — LEGRAND, G., et G. MARTIN: Bull. Soc. franç. Physiol. Végét. 5, 68—71, (1959). — LIPP, A. E. G., and D. W. GOODALL: Aust. J. biol. Sci. 2, 471—484 (1958). — LONERAGAN, J. F.: Aust. J. biol. Sci. 12, 26—38 (1959). — LUNDEGÅRDH, H.: Physiol. Plant. 12, 336—341 (1959). — LUNDEGÅRDH, H.: Physiol. Plant. 12, 342—352 (1959).

MAJUMDER, S. K., and S. DUNN: Plant and Soil 10, 266—270 (1959). — MALLIN, M. L., and N. O. KAPLAN: J. Bact. 77, 125—130 (1959). — MARTIN, G.: Bull. Soc. franc. Physiol. Végét. 5, 59—61 (1959). — MASUDA, Y.: J. Inst. Polytechn. Osaka D 9, 1—17 (1958). — MENZEL, R. G., and W. R. HEALD: Soil Sci. Soc. Amer. Proc. 23, 110—113 (1959). — MURPHY, R. P.: Plant and Soil 10, 242—249 (1959).

NG, E. K., and D. J. CARR: Physiol. Plant. 12, 275—286 (1959). — NICHI-POROVICH, A. A., and CH. IN: Fiziol. Rastenii 6, 513—521 (1959). — NYBERG, M. H. T., M. CEFOLA and D. SABINE: Arch. Bioch. Biophys. 85, 82—88 (1959).

OVINGTON, J. D.: Ann. Bot. 23, 75—88 (1959). — OVINGTON, J. D., and H. A. I. MADGWICK (1): New Phytol. 57, 273—284 (1958). — (2) Plant and Soil 10, 389—400 (1959).

PATTEN, B. C.: Bot. Gaz. 120, 137—144 (1959). — PRATT, D. B., and G. WADDELL: Nature (Lond.) 183, 1208—1209 (1959).

RAGHAVAN, V., and H. K. BARUAH: Physiol. Plant. 12, 441—451 (1959). — RATNER, E. I., T. A. AKIMOCHKINA and S. F. UKHINA: Fiziol. Rastenii 6, 3—12 (1959). — ROBINSON, R. R., V. G. SPRAGUE and C. F. GROSS: Soil Sci. Soc. Amer. Proc. 23, 225—228 (1959). — ROMNEY, E. M., G. V. ALEXANDER, W. A. RHOADS and K. H. LARSON: Soil Sci. 87, 160—165 (1959). — RUSSELL, R. S., and V. M. SHORROCKS: J. exp. Bot. 10, 301—316 (1959).

SALISBURY, F. B.: Plant Physiol. **34**, 598—604 (1959). — SCHARRER, K., E. RUSS u. K. MENGEL: Z. Pflern. Düng. Bodenk. **85**, 1—20 (1959). — SCHÖNNAMS-GRUBER, H.: Ber. dtsch. Bot. Ges. **72**, 220—229 (1959). — SEN, P. K., T. BOSE and R. N. BOSE: Indian J. Plant Physiol. **2**, 21—28 (1959). — SHEAN, J., and J. LEVITT: Physiol. Plant. **12**, 288—298 (1959). — SHEREVERYA, N. I.: (1) Fiziol. Rastenii **6**, 21—29 (1959). — (2) Fiziol. Rastenii **6**, 544—549 (1959). — SOANE, B. D., and D. H. SAUNDER: Soil Sci. **88**, 322—330 (1959). — SPITZNAGEL, J. K., and D. G. SHARP: J. Bacter. **78**, 453—462 (1959). — STENLID, G.: (1) Physiol. Plant. **12**, 199—217 (1959). — (2) Physiol. Plant. **12**, 218—235 (1959). — SUTCLIFFE, J. F., and E. R. COUNTER: Nature (Lond.) **183**, 1513—1514 (1959).

THELLIER, M.: Bull. Soc. franc. Physiol. Végét. **5**, 62—63 (1959). — TWYMAN, E. S.: Plant and Soil **10**, 375—388 (1959).

VLASYOUK, P. A., and Z. M. KLIMOVITSKAYA: Fiziol. Rastenii **6**, 560—567 (1959).

WEDDING, R. T., L. C. ERICKSON and M. K. BLACK: Plant Physiol. **34**, 3—10 (1959). — WEISER, C. J.: Nature (Lond.) **183**, 559—560 (1959). — WHITTINGTON, W. J.: J. exp. Bot. **10**, 93—103 (1959). — WIERSUM, L. K., and K. BAKEMA: Plant and Soil **11**, 287—292 (1959).

ZHURBITSKY, Z. I., and H. WEY-NAN: Fiziol. Rastenii **6**, 522—526 (1959).

14. Stoffwechsel organischer Verbindungen I
(Photosynthese)

Teilbericht über die Jahre 1957—1959

Von HELMUT METZNER, Göttingen

Mit 4 Abbildungen

Vorbemerkungen

Die unbestreitbaren Fortschritte in der biochemischen Erforschung der Photosynthese sollten uns nicht vergessen lassen, daß all diese Erkenntnisse uns keinerlei Aufschlüsse über den eigentlichen Primärprozeß dieser komplizierten Reaktionskette geben können. Noch vor allen Reaktionen, die wir unter dem Stichwort „Weg des Kohlenstoffs" zusammenzufassen pflegen, ebenso wie vor allen Phosphorylierungen und den Prozessen, die zur Freisetzung molekularen Sauerstoffs führen, spielen sich die primären photochemischen Prozesse am Sensibilisator ab.

Nun ist die Forschung auf diesem Gebiet keineswegs untätiger gewesen als auf dem biochemischen Sektor. Dem Botaniker sind diese Fortschritte aber weniger zum Bewußtsein gekommen: Bei dem photochemischen Primärprozeß handelt es sich um eine äußerst rasch ablaufende Reaktion; ihre Erforschung erfordert methodische Hilfsmittel und setzt darüber hinaus die Kenntnis theoretischer Zusammenhänge voraus, mit denen der Biologe in der Regel nicht vertraut ist. So haben sich in zunehmendem Maße Physiker und Physikochemiker dieser Probleme angenommen. Die Veröffentlichungen über die Photosynthese-Forschung verteilen sich damit von Jahr zu Jahr über eine immer größere Zahl von teilweise schwer zugänglichen Zeitschriften. Um so bedauerlicher ist es, daß zusammenfassende Darstellungen, die mehr beinhalten als die Arbeit einer bestimmten Schule, äußerst selten sind. Den vollständigsten Überblick über den jeweiligen Stand der Forschung geben die in der Berichtszeit erschienenen Zusammenstellungen der auf den beiden Photosynthese-Tagungen in Gatlinburg ("Research in photosynthesis", Interscience Publ. Inc., New York 1957) und Brookhaven ("The photochemical apparatus, its structure and function", Brookhaven Symposia in Biology Nr. 11, Brookhaven National Laboratory, Upton/N. Y. 1959) gehaltenen Vorträge; der Fachmann begrüßt vor allem die ausführliche Wiedergabe aller Diskussionsbemerkungen. Über eine ähnliche Tagung in Moskau (1957) liegt dagegen nur eine kurze Zusammenfassung der wichtigsten Referate vor (VLADIMIROV u. Mitarb.).

Leider neigen einige Autoren dazu, ihre und ihrer Mitarbeiter Ergebnisse in immer neuen, oft kaum erkennbar abgewandelten Variationen zu publizieren. So können in diesem Bericht unmöglich alle Veröffentlichungen erwähnt werden, doch wurde versucht, einen einigermaßen vollständigen Überblick über die neueren Vorstellungen über die Photochemie des Chlorophylls in vitro wie in vivo zu geben. Kurz eingegangen wird auch auf Fragen der Energieleitung im Chloroplasten und auf den Plastiden-Feinbau, soweit dessen Kenntnis für das Verständnis der photochemischen Primärprozesse in vivo wesentlich ist. Dagegen sollen alle Erörterungen über die Quantenausbeute unberücksichtigt bleiben; eine kritische Darstellung dieses Problems soll einem späteren Bericht vorbehalten bleiben.

I. Photochemie des Chlorophylls in vitro

a) Photochemie von Chlorophyll-Lösungen

Eine notwendige, wenn auch keinesfalls hinreichende Vorbedingung für das Verständnis der komplizierten photochemischen Reaktionen, wie wir sie in den Chloroplasten beobachten, ist die Kenntnis des photochemischen Verhaltens des isolierten Sensibilisators. Trotz intensiver Bearbeitung ist diese wichtige Voraussetzung heute aber noch keineswegs erfüllt; für mehrere Teilfragen fehlen uns noch immer die methodischen Hilfsmittel für eine sinnvolle Bearbeitung.

Seit längerer Zeit war man der Ansicht, wenigstens die Methoden zur Isolierung und Reindarstellung von Chlorophyllen zu beherrschen. Daß aber auch in dieser Hinsicht noch Fortschritte zu erzielen sind, zeigt eine Arbeit von STOLL und WIEDEMANN, nach der reinstes Chlorophyll *a* in ätherischer Lösung nicht blaugrün, sondern tintenblau aussieht. Die Autoren geben in ihrer Veröffentlichung einige Farbaufnahmen von Chlorophyllkristallen wieder. Eine Untersuchung von BELAVTSEVA u. Mitarb. zeigt jedoch, daß man nicht aus allen Lösungsmitteln die abgebildeten plattenförmigen Kristalle erhält, sondern daß sich z. B. aus Dioxanlösungen Nadeln abscheiden, die sich bei röntgenographischen Untersuchungen als weniger regelmäßig geordnet erwiesen als die — z. B. aus Petroläther zu erhaltenden — Platten.

Wie schon lange bekannt, läßt sich das Chlorophyll-Molekül dank seines Dipolcharakters an Grenzflächen, etwa an der Oberfläche von Myelinschläuchen, ausrichten. GOEDHEER (1) machte von dieser Möglichkeit Gebrauch, um Aufschlüsse über die Lage der Elektronen-Oscillatoren innerhalb des Moleküls zu erhalten. Seine Untersuchungen sprechen für die Schwingung der für die Rot- und Blauabsorption verantwortlichen Oscillatoren innerhalb der Ebene des Porphingerüsts.

Mit einer neuen Methode bestimmten WEBER und TEALE (1) die Fluorescenzausbeute von Chlorophyll *a* und *b*, d. h. jenen Bruchteil der vom Pigment absorbierten Lichtenergie, der durch Fluorescenz wieder abgestrahlt wird. In Benzol- und Ätherlösungen fanden sie für Chlorophyll *a* den Wert 0,32; für Chlorophyll *b* erhielten sie 0,12; in anderen Lösungsmitteln — z. B. in Methanol und Äthanol — ergaben sich etwas niedrigere Ausbeuten. Alle mitgeteilten Werte liegen wenig höher als entsprechende Angaben in der älteren Literatur. Da sie aber an stark verdünnten Lösungen gemessen wurden, dürfen sie wohl als besonders zuverlässig gelten; denn je niedriger die Chlorophyll-Konzentration gewählt werden kann, desto geringer ist auch der durch die Reabsorption des Fluorescenzlichts bedingte Meßfehler. Diese Reabsorption stört nicht nur die Messung der Fluorescenzausbeute, sondern ebenso die Aufnahme des Fluorescenzspektrums. KRASNOVSKII gibt an, daß dieses im wesentlichen durch das Ringsystem des Chlorophylls bestimmt und durch die Substituenten nur unwesentlich beeinflußt wird. Ersatz des Magnesiums durch Kupfer, Eisen oder ein anderes paramagnetisches Element hebt die Fluorescenzfähigkeit auf. KRASNOVSKII versucht diesen Effekt durch die Annahme einer

Koordinationsbindung zwischen dem Magnesiumatom und Lösungsmittel-Molekülen zu deuten, durch welche die Entstehung von — fluorescenzunfähigen — Chlorophyll-Dimeren verhindert werden soll. Derartige Bindungen könnten nur in polaren Lösungsmitteln angenommen werden, in denen allein — wie man seit langem weiß — eine deutliche Fluorescenz auftritt. Eine Bildung der Dimeren bzw. höherer Aggregate, wie sie normalerweise beim Eingießen von Chlorophyll-Lösungen in Wasser auftritt, soll sich auch durch Zusatz von oberflächenaktiven Stoffen verhindern lassen; Chlorophyll-Lösungen sollen nach Vermischen mit wäßrigen Detergentien-Lösungen fluorescenzfähig bleiben.

KRASNOVSKIIs Deutungsversuch ist nicht der einzig mögliche: Durch die Absorption eines Lichtquants wird im allgemeinen ein Elektron des absorbierenden Moleküls auf ein höheres Energieniveau gehoben, ohne daß dabei die Richtung des Elektronenspins geändert wird. Es resultiert ein angeregtes Molekül, das ebenso wie der nicht angeregte „Grundzustand" keinen von Null verschiedenen Gesamt-Elektronenspin aufweist. Alle derartigen Molekül-Zustände bezeichnet man als Singulett-Zustände. Bei einigen Molekülen, vorwiegend solchen mit schweren Atomen, kann unter Umständen ein Teil der Anregungsenergie zum „Umklappen" des Spins eines Elektrons benutzt werden. Diese sog. „innere Umwandlung" führt zu einer angeregten Form mit zwei in ihrem Spin gleichgerichteten Elektronen, einem sog. Triplett-Zustand. Da die Spin-Umkehr Energie erfordert, können Tripletts nicht ohne weiteres in den Grundzustand zurückkehren. Nur unter gewissen Bedingungen beobachtet man einen mit einer Strahlungsemission (Phosphorescenz) verbundenen Übergang. Auf jeden Fall haben Tripletts eine höhere Lebensdauer als angeregte Singulett-Zustände (sie stellen sog. „metastabile Zustände" dar). Sie können ebenso wie ein Singulett ein weiteres Lichtquant absorbieren und so in höhere angeregte Triplett-Zustände übergehen. Es ist nun damit zu rechnen, daß der Einbau eines paramagnetischen Zentralatoms — eines Atoms also, das einen von Null verschiedenen Gesamt-Elektronenspin besitzt — in das Chlorophyll-Molekül sowohl dessen Übergangswahrscheinlichkeit vom angeregten Singulett- in den Triplett-Zustand als auch die Lebensdauer des Tripletts verändert. Diese beiden Größen bestimmen aber die Fluorescenzausbeute (Ref.).

Durch die Erörterung der möglichen Bedeutung von Dimeren lenkt KRASNOVSKII die Aufmerksamkeit erneut auf das Vorliegen mehrerer Chlorophyll-Formen. Anhaltspunkte für die Existenz von Dimeren haben auch schon LAVOREL (1) sowie WEBER und TEALE (2) veröffentlicht. Daß nur ein Teil des Chlorophylls zur Fluorescenz befähigt ist, fand auch GOEDHEER (1) bei seinen Messungen zur Polarisation der Fluorescenz. Auch Spektralmessungen sprechen für das Vorliegen mehrerer Chlorophyll-Formen: KRASNOVSKII, VOROBYEVA und PAKSHINA haben bei Zentrifugaltrennungen zwei Chlorophyll-Formen isolieren können, die sich in ihren Absorptionsmaxima (670—673 bzw. 677—678 mμ) unterschieden; diesen beiden Formen sollen als Vorstufen zwei verschiedene Protochlorophylle entsprechen (KRASNOVSKII). Sollten sich diese Angaben bestätigen lassen, so dürfte es sich um mehr als nur ein Gleichgewicht verschiedener physikalischer Zustände [LAVOREL (2)] oder um Solvatkomplexe (FREED) handeln.

Ganz besonderes Interesse wurde in den vergangenen Jahren den Änderungen des Absorptionsspektrums zugewandt, die bei der Bestrahlung von Chlorophyll-Lösungen auftreten. Wesentlich ist dabei, daß man bei diesen Messungen nur reversible Änderungen erfaßt; eine längere Belichtung, die erfahrungsgemäß zur irreversiblen Ausbleichung des Farbstoffs führt [Goedheer (2)], muß daher unter allen Umständen vermieden werden. Andererseits müssen aber die Proben wenigstens für kurze Zeit sehr intensiv bestrahlt werden, da die Extinktionsänderungen recht gering sind.

Experimentell hat man zwischen jenen Untersuchungen, in denen ein komplettes Differenzspektrum gemessen werden soll, und solchen, bei denen der Autor nur die Extinktionsveränderungen in einer ausgewählten Absorptionsbande erfassen will, zu unterscheiden. Bevor man sich bei seinen Untersuchungen auf das Studium einer ausgewählten Bande beschränken kann, muß natürlich bekannt sein, bei welchen Wellenlängen es überhaupt zu Extinktionsänderungen kommt. Zu diesem Zweck ist die Aufnahme eines Differenzspektrums, wie dies zuerst von Duysens (1) durchgeführt wurde, unerläßlich. Man kann dabei experimentell ganz verschieden verfahren: So kann man z. B. die zu untersuchende Probe mit kontinuierlichem, sehr energiearmem Meßlicht durchstrahlen und kurzfristig senkrecht dazu — entweder einmalig oder als Flimmerlicht — das energiereiche Erregerlicht einfallen lassen. Durch einen entsprechenden Aufbau der Meßapparatur, z. B. durch das Einschalten geeigneter Sperrfilter, kann man dafür sorgen, daß kein Streulicht und keine vom Erregerlicht eventuell ausgelöste Fluorescenzstrahlung auf den Empfänger fällt. Eine andere Variante der Meßtechnik besteht darin, den Strahlungsempfänger jeweils während der Dauer des Erregerlichts kurzfristig abzublenden. Derartige Meßeinrichtungen erlauben es prinzipiell, die Extinktionsänderungen bei jeder beliebigen Lichtwellenlänge zu bestimmen.

Apparaturen, die nach dem eben beschriebenen Prinzip arbeiten, gestatten es nicht, sehr schnell abklingende Veränderungen aufzunehmen. Will man extrem kurzlebige Produkte erfassen, so muß man zur Blitzlicht-Photolyse übergehen. Am zweckmäßigsten erwies es sich hierbei, die Probe mit einem kurzdauernden intensiven Blitzlicht anzustrahlen; während der Entladungsdauer der Blitzröhre wird der Strahlungsempfänger mit elektronischen Mitteln blockiert. Nach einer genau festgelegten Zeitspanne — nachdem der Empfänger wieder eingeschaltet ist — löst man dann einen zweiten, energieärmeren Blitz aus, dessen Strahlung nach Durchgang durch die Probe spektral zerlegt und photographisch aufgenommen wird. Durch eine Serie von Aufnahmen in sinnvoll gestaffelten zeitlichen Abständen lassen sich die auf den ersten Blitz folgenden Veränderungen des Absorptionsspektrums aufzeichnen. Die Anwendbarkeit dieser vielseitigen Methode findet ihre Grenze in der Entladungsdauer der Blitzröhre. Angeregte Zustände, die kürzerlebig sind als es der Blitzdauer entspricht, lassen sich nicht erfassen; die Konstruktion neuer Entladungsröhren mit Blitzzeiten von 10^{-9} sec, wie sie von Brody und Rabinowitch bereits eingesetzt werden konnten, haben aber in letzter Zeit den Anwendungsbereich erheblich erweitert.

Sobald erst einmal bekannt ist, bei welchen Wellenlängen sich Veränderungen beobachten lassen, kann man das Verfahren erheblich vereinfachen: Man verzichtet auf eine spektrale Zerlegung des Meßlichts und mißt statt dessen nur mehr die Absorptionsänderung in einer ausgewählten Bande. Mit Hilfe dieser Blitzlicht-Photometrie lassen sich mittels eines schnell arbeitenden Registriergerätes, z. B. eines Kathodenstrahl-Oscillographen, rasch abklingende Extinktionsänderungen kontinuierlich aufzeichnen. Beide Verfahren — die Aufnahme von Differenzspektren und die Blitzlicht-Photometrie — haben sich für Messungen in vitro wie in vivo glänzend bewährt.

Setzt man Chlorophyll in einem organischen Lösungsmittel einer Blitzentladung aus, so sollte man erwarten, daß im Absorptionsspektrum zunächst eine dem ersten angeregten Singulett-Zustand des Chlorophylls entsprechende Bande sichtbar wird. Die Frage nach der Lebensdauer dieses Zustands ist identisch mit der Frage nach der Abklingdauer der Chlorophyll-Fluorescenz. Diese wurde bisher stets indirekt bestimmt, indem z. B. gemessen wurde, wie die Differenz im Polarisationsgrad eingestrahlten Erreger- und abgestrahlten Fluorescenzlichts von

der Viscosität des Lösungsmittels abhängt [GOEDHEER (1)]; für Chlorophyll a ergab sich dabei $9 \cdot 10^{-9}$ sec, für Chlorophyll b (und ebenso für
Bacteriochlorophyll) $4,4 \cdot 10^{-9}$ sec. Mit einer anderen Methode gelangten
DMITRIEVSKY u. Mitarb. zu Werten von $5 \cdot 10^{-9}$ sec. Erst in allerletzter
Zeit konnten diese Werte durch Direktmessungen mittels der Blitzlicht-
Photolyse bestätigt werden. Dabei erhielten BRODY und RABINOWITCH
mit der neuen, bereits erwähnten Blitzlampe eine mittlere Lebensdauer
der Chlorophyll-Fluorescenz von $5,1 \cdot 10^{-9}$ sec für Chlorophyll a und
von $3,9 \cdot 10^{-9}$ sec für Chlorophyll b. Bei den bisher üblichen Meßgeräten
mit Blitzröhren weit längerer Entladungsdauer war ein so rasch vorübergehender Zustand nicht zu erfassen gewesen.

Völlig unbekannt ist uns noch das Spektrum des zweiten angeregten
Chlorophyll-Singuletts. Es entspricht dies dem Anregungszustand, den
das Chlorophyll-Molekül nach Absorption eines in seiner Frequenz der
blauvioletten Absorptionsbande entsprechenden Lichtquants erreicht.
Da dessen Lebensdauer $< 10^{-11}$ sec sein dürfte (LIVINGSTON), besitzen
wir zur Zeit noch keine Methode, die entsprechenden Extinktionsänderungen aufzuzeichnen.

Mißt man die Spektraländerungen nach einer längeren Blitzdauer —
LINSCHITZ und ABRAHAMSON arbeiteten z. B. mit Blitzzeiten von
10^{-4} sec, LINSCHITZ und SARKANEN mit solchen von $2 \cdot 10^{-6}$ sec —, so
erfaßt man eine erhöhte Absorption im Gebiet um $525\ m\mu$ sowie im
violetten Teil des Spektrums (LINSCHITZ und ABRAHAMSON); die Hauptabsorption im kurzwelligen Teil liegt nach Angaben von LINSCHITZ und
SARKANEN für das Chlorophyll a bei $462\ m\mu$, für das Chlorophyll b bei
$485\ m\mu$. LINSCHITZ gibt die Abklingdauer dieses Zustands mit 10^{-7} sec
an. Innerhalb derartiger, relativ langer Blitzzeiten können sich sehr kurzlebige Produkte bereits in andere Zustände umwandeln, so daß es in
solchen Fällen außerordentlich schwierig ist, Änderungen im Absorptionsspektrum bestimmten Anregungszuständen oder chemischen Veränderungen im Molekül zuzuordnen. So ist es auch noch ungewiß, auf welche
Veränderung die von LINSCHITZ und seinen Mitarbeitern erfaßten
Extinktionsverschiebungen zurückzuführen sind. Es ist denkbar, daß
es sich bei der vorübergehend auftretenden Form um ein Chlorophyll-
Anion handelt, das man sich durch Protonenabspaltung am C_{10} des
Cyclopentanonrings des Chlorophylls entstanden denken könnte. Dann
wäre die beobachtete Form möglicherweise identisch mit dem von
MOLISCH beschriebenen Phasentest-Intermediärprodukt. Dessen Spektrum wiederum ist identisch mit dem Absorptionsspektrum von Chlorophyll in $-80°$ C kaltem Isopropylamin (LIVINGSTON). Für ein derartiges
Chlorophyll-Ion geben COLEMAN, HOLT und RABINOWITCH Absorptionsbanden bei 486 und $524\ m\mu$ an; das würde den Linschitzschen Befunden
gut entsprechen.

Prinzipiell hat man heute die Möglichkeit, die Entstehung kurzlebiger Ionen nachzuweisen: Belichtet man den zu untersuchenden Stoff
in einem praktisch nichtleitenden und im untersuchten Spektralbereich
nicht absorbierenden Lösungsmittel innerhalb eines starken elektrischen
Feldes, so muß das Entstehen von Ladungsträgern zu einem Stromstoß

führen, der sich z. B. mit einem Kathodenstrahl-Oscillographen aufnehmen läßt. RÜPPEL und WITT, die mit einer derartigen Methode gearbeitet haben, verwendeten eine Feldstärke von etwa 1 kV/cm und benutzten Hexan und Benzol als Lösungsmittel. Ihre Einrichtung erlaubt es ihnen, das vorübergehende Auftreten von 5000 Ladungsträgern nachzuweisen. Bei einer Lösung von Chlorophyll b in Benzol erhielten sie keinen Effekt.

Vielfach wird über einen längerlebigen metastabilen Anregungszustand des Chlorophylls berichtet; KRASNOVSKII gibt für ihn eine Abklingdauer von $4 \cdot 10^{-4}$ sec (gemessen in Benzol), LIVINGSTON gibt $3 \cdot 10^{-4}$ sec an. In Gegenwart von Sauerstoff, jedoch auch von Chinon, erniedrigt sich die Lebensdauer dieses angeregten Zustands auf $1,5 \cdot 10^{-6}$ sec. Diese Verkürzung der Lebensdauer durch O_2 gibt einen Hinweis darauf, daß es sich bei diesem metastabilen Zustand um den Triplett-Zustand des Chlorophylls handeln könnte; durch die Untersuchungen von PORTER und WINDSOR wissen wir nämlich, daß paramagnetische Stoffe Triplett-Zustände rasch abbauen. COLEMAN u. Mitarb. geben für diesen metastabilen Zustand ein Absorptionsmaximum bei 475 mμ an; weitere Maxima liegen im langwelligen Rot und im nahen Infrarot. So mißt LIVINGSTON in Benzol eine Bande bei 750 mμ, BECKER und KASHA geben für den niedrigsten Triplett-Zustand von Chlorophyll a und b eine Bande bei 870 mμ an.

Der Triplett-Zustand des Chlorophylls kann offenbar sowohl strahlungslos als auch durch Phosphorescenz in den Grundzustand zurückkehren. Wie zu erwarten, herrscht die Phosphorescenz bei tiefen Temperaturen in festen Lösungsmitteln vor (LIVINGSTON und FUJIMORI). Die gemessene Emission ist für das Chlorophyll b nur schwach, für Chlorophyll a erscheint sie nach Untersuchungen von LINSCHITZ und SARKANEN sogar zweifelhaft.

Chlorophyll a scheint in organischer Lösung unter gewissen Umständen auch zur Chemiluminescenz befähigt zu sein (FERRARI, STREHLER und ARTHUR). — Belichtet man Chlorophyll-Lösungen bei — 193° C, so erhält man eine Luminescenz mit einem Maximum bei 715 mμ. Dieser Effekt ist nur mit relativ konzentrierten (10^{-2} bis 10^{-3} mol) Lösungen zu erhalten, nicht dagegen mit 10^{-6} mol-Lösungen. Diese Beobachtung spricht dafür, daß es sich hier um eine Lichtabstrahlung von Dimeren oder höheren Aggregaten handelt (BRODY).

Unter Zusatz eines entsprechenden Elektronendonators wird Chlorophyll in basischen Medien, z. B. in Pyridin, bei Belichtung reversibel photoreduziert. Verwendet man als Reduktionsmittel Phenylhydrazin, so kommt es während der Belichtung zu einer Leitfähigkeitszunahme des Systems [EVSTIGNEEV und GAVRILOVA (2)], die vielleicht auf ein Chlorophyll-Anion zurückzuführen ist. Dieses Zwischenprodukt vermag offenbar ein Elektron — bzw. Wasserstoff — auf einen Acceptor zu übertragen. Über diesen Effekt arbeiten KRASNOVSKII und seine Mitarbeiter bereits seit vielen Jahren. Die von dieser Schule entwickelten Vorstellungen über den Reaktionsmechanismus lassen sich (nach BRIN und KRASNOVSKII) etwa so zusammenfassen: Aus dem primären Anregungszustand entsteht durch „innere Umwandlung", d. h. durch die Umkehr des Spins eines π-Elektrons im Ringsystem des Porphingerüsts, ein Diradikal, das durch Elektronenaufnahme aus einem Donator reduziert wird. Aus dem verbleibenden Radikal soll dann im Dunkeln durch Reaktion mit Sauerstoff ein Chlorophyll-Peroxyd entstehen, das schließlich unter Bildung eines — hypothetischen — HO_2-Radikals zum Chlorophyll zurückreagiert. Statt des Chlorophylls können bei diesen lichtsensibilisierten Redoxreaktionen auch andere Pigmente eingesetzt werden, so etwa die den beiden Chlorophyllen entsprechenden Phäophytine, das Protoporphyrin, jedoch nicht das Bilirubin (EVSTIGNEEV, GAVRILOVA und SAVKINA), so daß man vielleicht annehmen darf, daß das intakte Porphinringsystem mit seinen konjugierten Doppelbindungen vorhanden sein muß. Auch das Bacterioviridin ist photochemisch wirksam (KRASNOVSKII und PAKSHINA), wenn auch nicht streng reversibel. Selbst in heterogenen Systemen — z. B. als Kolloid — soll das Chlorophyll wirksam bleiben [EVSTIGNEEV und GAVRILOVA (1)]. Auch können verschiedene Elektronendonatoren, d. h. Reduktionsmittel, benutzt werden. Die klassischen Untersuchungen der Krasnovskii-Schule sind mit Ascorbinsäure ausgeführt worden, doch lassen sich ebenso Cystein, Polyphenole und Cytochrom c (KRASNOVSKII) sowie Phenylhydrazin [EVSTIGNEEV und GAVRILOVA (2)] verwenden. Setzt man dem System einen wirksamen Elektronenacceptor — etwa Safranin T — zu, so wird das reduzierte Chlorophyll reoxydiert (BANNISTER).

Wie bereits bekannt, läßt sich die von KRASNOVSKII beschriebene Redoxreaktion ebenso gut elektrometrisch wie optisch verfolgen. In der Berichtszeit haben EVSTIGNEEV und SAVKINA durch Messung der lichtinduzierten Redoxänderung die photochemische Aktivität des Protochlorophylls nachweisen können. HENDRICH konnte zeigen, daß Cu^{++}-Ionen den photogalvanischen Effekt im Krasnovskiischen System erheblich herabsetzen. Dieser Effekt ist jedoch nicht sonderlich überraschend, wenn man bedenkt, daß Kupferionen einerseits mit dem Pigment reagieren können, andererseits die Oxydation des verwendeten Elektronendonators (Ascorbinsäure) katalytisch beschleunigen.

Die Krasnovskiischen Ergebnisse konnten wiederum auch außerhalb seines Laboratoriums im wesentlichen bestätigt werden. Zum Unterschied von KRASNOVSKII fand dabei jedoch BANNISTER, daß die beschriebene Reaktion in wirklich wasserfreiem Pyridin nicht abläuft, sondern daß der Zusatz von Wasser oder Äthylalkohol zum Lösungsmittel unerläßlich ist, sofern man als Reduktionsmittel Ascorbinsäure verwendet. Dagegen war mit Phenylhydrazin auch in wasserfreiem Toluol oder Äther eine reversible Redoxreaktion zu beobachten. BANNISTER nimmt daher an, daß nicht das Ascorbinsäure-Molekül, sondern das Ascorbat-Ion als Elektronendonator wirkt. Eine weitere Diskrepanz zwischen den Versuchsergebnissen von KRASNOVSKII und denen von BANNISTER ist in der weit schlechteren Reversibilität bei BANNISTER zu sehen; in seinen Versuchen wurde stets etwas Phäophytin gebildet. Über die gleiche Beobachtung berichten auch RACKOW und KÖNIG, die dagegen mit dem Zink-Homologen des Chlorophylls eine streng reversible Reaktion erhielten. Mit dem Eisen-Homologen war keine Reaktion zu erhalten, ebenso wenig mit einem im isocyclischen Ring gespaltenen Chlorophyll-Molekül. Dagegen ist nach den Angaben von Evstigneev, Gavrilova und Savkina der isocyclische Ring für den Ablauf der Reaktion nicht erforderlich. Den von Rackow und König vorgetragenen Folgerungen in bezug auf den Reaktionsmechanismus wird man angesichts des wenig überzeugenden experimentellen Materials kaum folgen wollen.

Die Krasnovskiischen Vorstellungen sind durchaus nicht unangreifbar. Noch wissen wir zu wenig über die tatsächlichen Zwischenprodukte. Nach Elektronenspin-Resonanz-Messungen von Linschitz und Weissman z. B. soll bei der Photoreduktion des Chlorophylls weder ein Diradikal noch ein Semichinon auftreten. Dagegen sind Gachkovskiis Bedenken gegen die Krasnovskiische Theorie von Evstigneev wohl mit Recht zurückgewiesen worden. Daß die Bildung von stabilen Additionsverbindungen des Chlorophylls wirklich von solch ausschlaggebender Bedeutung für die photochemische Wirksamkeit des Pigments sein soll, wie Gachkovskii (1) das annimmt, erscheint bis heute noch völlig unbewiesen.

b) Photochemie von Chlorophyll- und Carotinfilmen

Für das Verständnis der photochemischen Prozesse im Plastiden sind Messungen an Chlorophyll-Filmen wahrscheinlich wesentlich aufschlußreicher als Untersuchungen an Chlorophyll-Lösungen. Bringt man das Chlorophyll in ein heterogenes System, so macht sich dies zunächst einmal in Verschiebungen der Absorptionsbanden bemerkbar. Eine kolloidale Verteilung des Pigments läßt sich z. B. dadurch erreichen, daß man eine echte Lösung in einem mit Wasser mischbaren organischen Lösungsmittel, z. B. in Aceton, in Wasser eingießt. Dabei scheint es recht bald zu einem Auskristallisieren und einem immer weiteren Anwachsen der nun suspendierten Kristalle zu kommen. Nach Untersuchungen von Jacobs, Holt, Kromhout und Rabinowitch wandert dabei die Rotabsorptionsbande über 700 mμ hinaus in den langwelligen Bereich aus. Eine durchaus vergleichbare Verschiebung des Spektrums läßt sich bei der Einlagerung des Pigments in einen monomolekularen Film beobachten. In Gegenwart von Wasser scheinen sich regelmäßiger geordnete monomolekulare Schichten auszubilden als unter Wasserausschluß. Für Filme des ersten Typs ließen sich röntgenographisch klare Periodizitäten erkennen; Filme des zweiten Typs dagegen scheinen mehr oder weniger amorph zu sein. In der Lage des Absorptionsmaximums besteht ein klarer Unterschied: „Kristalline" Filme zeigen eine Absorption bei 735 mμ, amorphe bei 675 mμ. Zugleich mit dieser Verschiebung des Absorptionsmaximums kommt es zu einer Verbreiterung der Absorptionsbande (Jacobs).

Durch Aggregation ändert sich auch die Fluorescenzausbeute; sie erweist sich als abhängig von der geometrischen Anordnung der Moleküle (McRae und Kasha).

Besonderes Interesse verdient Arnolds Entdeckung, wonach aufgetrocknete Chlorophyll-Filme nach Vorbelichtung in anschließender Dunkelheit Lichtquanten emittieren [Arnold und Sherwood (1)]. Dieser Effekt ist deutlich temperaturabhängig. Erwärmt man den Filmträger —

etwa eine Metallfolie —, so mißt man ,,Glühkurven'', die weitgehend denen entsprechen, wie man sie von anorganischen Kristallen her kennt. Gleichzeitig sinkt während des Erhitzens der Ohmsche Widerstand der Filme. Es werden demnach Ladungsträger freigesetzt; Chlorophyll-Filme benehmen sich also wie Halbleiter. Sieht man darin mehr als nur ein analoges Verhalten und betrachtet man die Pigmentfilme tatsächlich als echte Halbleiter, so müßte man postulieren, daß es in Chlorophyll-Filmen ein Leitfähigkeitsband gibt. Man kann dann, wie dies ARNOLD und MACLAY getan haben, für den Abstand dieses Bandes vom besetzten Band eine Energiedifferenz von 2,1 Elektronenvolt (eV) errechnen. Dann aber sollte es möglich sein, allein durch Anregung des Chlorophyll-Films mit sichtbarem Licht (entsprechend etwa 1,8—3,1 eV) ein Elektron in dieses Leitfähigkeitsband zu heben, d. h. Chlorophyll-Filme sollten Photoleitfähigkeit zeigen. Diese ist, wie ARNOLD in seinen Versuchen feststellen konnte, tatsächlich meßbar. Schon monomolekulare Schichten zeigen diesen Effekt, wobei das Wirkungsspektrum dem Absorptions-spektrum des Chlorophylls als sehr ähnlich bezeichnet wird. Andere Autoren [z. B. RABINOWITCH (2)] bezweifeln allerdings auf Grund eines Vergleichs der Absorptionsspektren des Chlorophylls in Lösung und im Film, daß Chlorophyllfilmen ein Leitfähigkeitsband zukommt (s. u.).

Im Blaulicht zeigen auch Carotin-Filme eine Photoleitfähigkeit. Setzt man derartigen Filmen etwas Chlorophyll zu, so gelingt es, sie auch für Rotlicht zu sensibilisieren. Da nach der Lage der Absorptionsbanden eine Resonanzübertragung der Anregungsenergie vom Chlorophyll auf das Carotin nicht denkbar ist (s. u.), so folgert ARNOLD, daß man eine ausschließliche Wanderung von Elektronen und/oder positiven ,,Elek-tronen-Löchern'' (= Defektelektronen) anzunehmen habe.

Chlorophyll-Carotin-Grenzflächen, die sich z. B. durch aufeinander-folgendes Eindampfen von Chlorophyll- und Carotin-Lösungen auf Saphirplatten schaffen lassen, zeigen im Licht eine Polarisierung; dabei nimmt das Chlorophyll die negative Ladung an. Demnach benehmen sich Chlorophyll-Carotin-Grenzschichten ganz analog den sog. n-p-Kontakten, wie man sie heute in Sonnenbatterien verwendet. Natürlich haben diese interessanten Beobachtungen Spekulationen über die Bedeutung einer solchen Ladungstrennung für die Photolyse des Wassers geradezu heraus-gefordert. Vorerst dürfen wir diese an Modellsystemen gewonnenen Erkenntnisse aber noch keinesfalls auf den Chloroplasten übertragen, zumal wir bis heute nicht wissen, wie wir uns die Einlagerung der Carotinoide in das Lamellensystem der Plastiden vorzustellen haben (s. u.). Jedenfalls haben aber die Arnoldschen Entdeckungen die Dis-kussion über die möglichen Primärreaktionen im lamellierten Plastiden in eine ganz neue Richtung gelenkt.

II. Anordnung der Assimilationspigmente im Chloroplasten

a) Optik der Plastiden

Über Fragen des Plastidenfeinbaus soll an dieser Stelle nur insoweit berichtet werden, als deren Erörterung für ein Verständnis der Einlagerung der Assimilationspigmente unerläßlich ist. Auch in der Berichtszeit wurden wieder z. T. hervorragende Aufnahmen von Chloroplasten-Dünnschnitten veröffentlicht, unter denen sich die von HODGE besonders auszeichnen. Sie scheinen dafür zu sprechen, daß sich die Grana der Plastiden nicht aus einem Stapel einschichtiger Lamellen zusammensetzen, sondern daß vielmehr ein System abgeflachter Blasen vorliegen dürfte (v. WETTSTEIN). An diesen Doppellamellen sind ein Außen und ein Innen zu unterscheiden; diese zunächst rein topographische Asymmetrie spielt heute eine große Rolle bei den Überlegungen, wie es im Plastiden möglich sein könnte, die primären Reaktionsprodukte der Wasserspaltung an einer sofortigen Rückreaktion zu hindern.

Verschiedene Untersuchungen zeigten, daß chlorophyllfreie Plastiden auch keine Lamellen besitzen. Besonders bemerkenswert sind in diesem Zusammenhang die Arbeiten von SAGER und ZALOKAR bzw. SAGER, wonach in *Chlamydomonas*-Mutanten, die im Dunkeln kein Chlorophyll ausbilden, bei Belichtung Farbstoffsynthese und Lamellierung gleichzeitig einsetzen. Ob und gegebenenfalls wie das Chlorophyll die Lamellenbildung verursachen könnte, bleibt fraglich. Daß die beiden Erscheinungen nur deshalb gekoppelt auftreten sollen, weil das Pigment in lamellenfreien Plastiden rascher photooxydiert werden kann (LEFORT), erscheint so lange zweifelhaft, wie nicht gezeigt werden kann, daß Chlorophyll in Filmen lichtbeständiger ist als in Lösung.

Die Möglichkeit, den Feinbau der Chloroplasten mit Hilfe des Elektronenmikroskops aufzuklären, hat die indirekten optischen Methoden nicht verdrängen können, die schon vor der elektronenmikroskopischen Analyse wichtige Aufschlüsse über den Bau der Chloroplasten geliefert hatten. Ein ganz wesentlicher Vorteil dieser optischen Messungen besteht darin, daß sie die Untersuchung lebender Zellen gestatten. Die wohl vollständigste Bearbeitung dieses Problems, die im Laufe der letzten Jahre erschien, verdanken wir GOEDHEER (1). Er ergänzte die Untersuchungen von Doppelbrechung und Dichroismus durch Messungen der anomalen Dispersion der Doppelbrechung. Darüber hinaus bestimmte er den Polarisationsgrad des Fluorescenzlichts, das die Plastiden nach Anregung mit linear polarisiertem Licht emittieren. Die sehr sorgfältig ausgeführte Dissertation GOEDHEERs (1) läßt erkennen, wie verwickelt die Optik der Chloroplasten tatsächlich ist. Doppelbrechung wie auch Dichroismus sind aus jeweils mehreren Komponenten zusammengesetzt, die wir — wenn überhaupt — nur höchst unvollkommen zu trennen vermögen. Man darf daher auch die Plastiden nur in erster Näherung als einen Stapel von regelmäßig geschichteten Lipoid- und Eiweißlamellen betrachten. Allein schon die Einlagerung des — innerhalb bestimmter Spektralbereiche absorbierenden — Chlorophylls in ein derartiges Schichtenpaket macht eine Behandlung der optischen Phänomene sehr schwierig. Jedenfalls sollte man darauf verzichten, aus optischen Messungen Größenangaben über die Feinstruktur des Lamellensystems abzuleiten. Es ist mehr als bedenklich, die von WIENER für einen idealen Zweischichtenkörper abgeleiteten Formeln auf das komplizierte Dreischichtensystem der Plastiden bzw. der Grana anwenden zu wollen.

Ebenso muß man auch völlig falsche Angaben befürchten, wenn man die von MENKE (1) beschriebene stark winkelabhängige Reflexion an Plastiden nach der Formel für Interferenzen gleicher Neigung auswertet.

Besser gerechtfertigt erscheint die Messung der Röntgen-Kleinwinkelstreuung an Plastiden bzw. Plastidentrümmern, obwohl man hier auf den Hauptvorteil der optischen Verfahren gegenüber dem Elektronenmikroskop — die Untersuchung lebender Zellen — verzichten muß. Bei einer ersten Anwendung dieser Meßmethode — deren Theorie von KRATKY näher beschrieben wurde — erhielten KRATKY u. Mitarb. für angetrocknete pulverisierte Plastiden ebenso wie für aufgetrocknete Chloroplasten-Filme einen Reflex, der einer Periode von 62—63 Å — d. h. in etwa der Dicke von Granalamellen (v. WETTSTEIN) — entspricht. Dagegen zeigten gefriergetrocknete lipoidfreie Plastiden Braggsche Reflexe, die auf Blättchendicken von 250 [= 4 · (62—63)?] und 870 Å schließen lassen.

b) Lokalisation der Pigmente

Ein Problem, das elektronenmikroskopisch nicht zu lösen ist, ist die Frage nach der Lokalisation der Assimilationspigmente innerhalb der Chloroplasten. OLSON und ENGEL gehen bis an die Grenzen der Möglichkeiten, die ihnen das Lichtmikroskop bietet, indem sie aufgequollene *Chlorella*-Zellen im Licht einer annähernd der Chlorophyll-Absorptionsbande entsprechenden ausgefilterten Quecksilberlinie (435,8 mμ) untersuchen. Ihre Aufnahmen sprechen für die Einlagerung des Pigments in insgesamt 16 Lamellen.

Um sinnvoll über die Einlagerung des Chlorophylls in diese Lamellen spekulieren zu können, muß zunächst bekannt sein, wie sich Menge und Platzbedarf des Chlorophylls zur Gesamtfläche des Lamellensystems der Plastiden verhalten. Für den *Mougeotia*-Chloroplasten läßt sich die in einem einzelnen Plastid enthaltene Chlorophyllmenge annähernd aus der Direktmessung der Lichtabsorption bestimmen; GOEDHEER (1) kam dabei zu praktisch dem gleichen Wert, den WOLKEN aus Extraktionsversuchen für zwei verschiedene Organismen, *Euglena gracilis* und *Poteriochromonas stipitata*, errechnete. Die Plastiden dieser beiden Flagellaten unterscheiden sich sowohl an Größe als auch an Lamellenzahl; berechnet man aber die Lamellenfläche, die für jedes im Plastid vorhandene Chlorophyll-Molekül zur Verfügung steht, so kommt man praktisch auf gleiche Werte, und zwar auf 222 bzw. 246 Å^2. Der Flächenbedarf für den Porphin-„Kopf" eines Chlorophyll-Moleküls liegt in der gleichen Größenordnung: GOEDHEER (1) gibt ihn mit 242 Å^2, WOLKEN mit 225 Å^2 an. Demnach wäre es möglich, die Lamellen der Plastiden mit einem lückenlosen monomolekularen Chlorophyll-Film zu überziehen. Diese Zahlenangaben dürfen aber andererseits nicht als Beweis für das Vorliegen monomolekularer Chlorophyll-Filme gewertet werden: Der Chlorophyllgehalt einer Zelle ist keine konstante Größe; ob sich die von WOLKEN und GOEDHEER mitgeteilten Werte auf Zellen mit maximalem Chlorophyllgehalt beziehen, geht aus den methodischen Angaben der Verfasser nicht hervor.

Wäre die Orientierung der Chlorophyll-Moleküle in der Grenzfläche Eiweiß-Lipoid bei gegenseitigen Abständen von $<$ 100 Å (oberer Grenzwert für Resonanzübertragung der Anregungsenergie, s. u.) rein zufallsbedingt, so müßte bei Einstrahlung von linear polarisiertem Licht völlig unpolarisiertes Fluorescenzlicht emittiert werden. Das aber widerspricht den übereinstimmenden Angaben mehrerer Autoren, wonach eine schwache Polarisation erhalten bleibt. Andererseits müßten

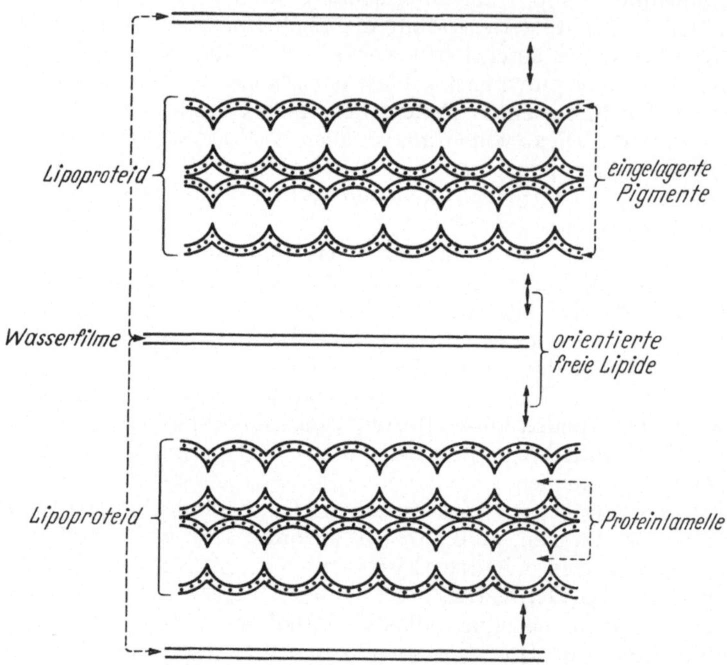

Abb. 11. Schema des Chloroplasten-Feinbaus [nach GOEDHEER (1); Beschriftung abgeändert]

Chlorophyll-Filme, bei denen es durch Dipolkräfte zu einer Parallellagerung der gesamten Moleküle käme, einen starken Dichroismus geben, wie ihn Chlorophyll-Filme an Ammoniumoleat- oder Lecithinfilmen tatsächlich zeigen. Dieser ist sicherlich nicht vorhanden. Um diese Diskrepanz zu deuten, könnte man annehmen, daß die Oberfläche der Eiweißlamellen keine ebene Fläche darstellt, sondern daß eine gewisse „Welligkeit" vorliegt, wie sie in älteren elektronenmikroskopischen Aufnahmen von Granalamellen (vgl. z. B. FREY-WYSSLING und STEINMANN) zum Ausdruck kommen könnte. Demnach müßten sich diese Eiweißlamellen aus granulären Partikeln mit Teilchendurchmessern von 7—10 mμ zusammensetzen, groß genug, um auf jedem dieser Granula rund 150—300 Chlorophyll-Moleküle unterzubringen. So gelangt man zu einem Bild, wie es GOEDHEER (1) in seiner Arbeit diskutiert (vgl. Abb. 11): Die Achsen der einzelnen auf einem solchen Partikel untergebrachten Chlorophyll-Moleküle wären so weit gegeneinander geneigt, daß als

Resultat nur mehr ein so schwacher Dichroismus übrig bleiben könnte, wie er tatsächlich an Plastiden zu beobachten ist.

Man darf aber vielleicht, selbst für ideal flache Grenzflächen, gar nicht annehmen, daß die Porphin-,,Köpfe‟ der Chlorophyll-Moleküle parallel zur Grenzfläche orientiert sind. Man weiß heute, daß in organischen Kristallen die Molekülachsen mit der Stapelachse einen bestimmten, in der Regel bei etwa 45° liegenden Winkel bilden. CALVIN (1) führt als Beispiele Anthracen, Coronen und Nickel-Phthalocyanin an. Daß derartige Betrachtungen auch auf das Chlorophyll ausgedehnt werden dürfen, legen Untersuchungen von RABINOWITCH (2) nahe: In künstlich hergestellten ,,kristallinen‟ Chlorophyll-Filmen steht jedem Molekül nur ein Platz von 45 Å² zur Verfügung, während es bei flacher Auflage rund 240 Å² (s. o.) benötigen würde. Es muß demnach stark gegen die Auflagefläche geneigt sein. Vielleicht vermag allein diese Neigung den schwachen Dichroismus der Plastiden zu erklären. Dieser Deutungsversuch setzt allerdings die weitere Annahme voraus, daß in einem mehrschichtigen System — wie es ein Granum darstellt — die Orientierungsrichtungen der Stapelachsen wechseln; sonst müßten ja auch die mit Chlorophyll eingefärbten Lecithin-Filme einen nur schwachen Dichroismus zeigen. Fraglich bleibt allerdings noch, ob man überhaupt mit ,,kristallinen‟ Filmen rechnen darf; nach Untersuchungen von RABINOWITCH (2) müßten diese eine wesentlich stärkere Verschiebung des Absorptionsspektrums zum Langwelligen hin zeigen als das im Chloroplasten der Fall ist (s. o.).

Offenbar liegt aber das Chlorophyll nicht nur auf Grund seines Dipolcharakters zwischen Lipoid- und Eiweißschicht. Es scheint an einen Eiweißträger gebunden zu sein. Über die Isolierung derartiger Pigment-Eiweiß-Komplexe, der sog. Chloroplastine, ist schon seit langem berichtet worden. Über das von ihnen mittels Picolin isolierte — umstrittene — Chloroplastin berichten erneut NOGUCHI und TAKASHIMA. Weiter gelang es WOLKEN, aus *Euglena* ein neues Chloroplastin zu isolieren, für das er ein — erstaunlich niedriges — Molekulargewicht von 40 000 angibt. Dieser Komplex, der durch kurzwelliges Licht ($\lambda < 560$ mμ) ausgebleicht wurde, zeigte eine normale Hill-Reaktion, d. h. eine lichtinduzierte Reduktion von 2,6-Dichlorphenolindophenol. Offenbar liegt nicht das gesamte Chlorophyll in einheitlicher Bindung vor; jedenfalls läßt sich schon ein beträchtlicher Teil des Pigments mit unpolaren Lösungsmitteln extrahieren, während der Rest erst nach Trypsin-Verdauung freigesetzt wird (OSIPOVA). Ob man auch die Tatsache, daß offenbar nur ein Teil des Chlorophylls fluorescenzfähig ist, mit einer verschiedenen Bindung in Zusammenhang bringen darf, erscheint fraglich.

In letzter Zeit wurde von NISHIMURA und TAKAMATSU auch über einen Carotin-Eiweiß-Komplex berichtet, dessen Absorptionsbanden bei 280, 498 und 538 mμ gefunden wurden. Nach Ansicht von BERGERON läßt sich auch der Chromatophor von *Chromatium* als ein kompliziertes Lipoproteid mit Chlorophyll und Carotin beschreiben; auch hier dürfte das Chlorophyll in der Grenzfläche zwischen Protein und Lipoid vorliegen.

Weiß man schon über die Einlagerung des Chlorophylls in das Lamellensystem der Plastiden sehr wenig, so ist die Lokalisation der

Carotinoide bis heute vollends ein Rätsel geblieben. Solange man fordert, daß die Carotinoide ihre Anregungsenergie auf dem Wege über eine Resonanzübertragung an das Chlorophyll *a* weitergeben (s. u.), sind vom physikalischen Standpunkt aus alle Plastidenmodelle abzulehnen, in denen die Carotinoide senkrecht zu den Chlorophyllen angeordnet erscheinen. Bei einer Senkrechtstellung — oder auch nur einer starken Winkelstellung — der Carotinoid-Moleküle zum Porphin-,,Kopf" des Chlorophylls ist eine Übertragung der Anregungsenergie durch Dipol-Dipol-Wechselwirkung (= Resonanzübertragung) höchst unwahrscheinlich.

Nicht viel mehr als über die Lokalisation wissen wir noch immer über die Rolle der Carotinoide. Sowohl an ganzen Zellen als auch an isolierten Plastiden konnten SAPOZHNIKOV u. Mitarb. zeigen, daß mit der Belichtung eine reversible Veränderung des Lutein-Violaxanthin-Verhältnisses einhergeht. Da sich diese Veränderungen aber durch Hydroxylamin hemmen lassen (SAPOZHNIKOV, EIDELMAN, BAZHANOVA und POPOVA), stellen sie offensichtlich keinen direkten Lichteffekt dar. Eher scheint es sich um späte — vermutlich enzymatische — Folgereaktionen zu handeln, deren Beziehung zum photochemischen Primärprozeß vorerst unklar bleibt. Es muß aber betont werden, daß manche Beobachtungen auch auf eine unmittelbarere Beteiligung von Carotinoiden an den primären Lichtreaktionen hindeuten: TEALE und WEBER konnten zeigen, daß Chlorophyll-Detergentien-Micellen linear polarisiertes Licht als weit vollständiger depolarisiertes Fluorescenzlicht abstrahlen, wenn man ihnen Carotinoide zusetzt; d. h. aber, daß die Carotinoide offensichtlich die Übergangswahrscheinlichkeit für die Anregungsenergie vergrößern. Zugleich hemmen sie offenbar sowohl die Photooxydation des Pigments als auch dessen reversible Photoreduktion (in Pyridin) in Gegenwart von Ascorbinsäure [EVSTIGNEEV und GAVRILOVA (2)]. Ob Carotinoide die Entstehung von Dimeren oder höheren Aggregaten verhindern können, ist nicht bekannt. PLATT betrachtet die Carotinoide als Teil eines Ladungsaustausch-Komplexes; sie würden damit — wie es RABINOWITCH (2) glossiert — gleichsam als ,,Elektronen-Pipelines" wirken. Wichtig ist, daß durch eine solche Komplexbildung das Spektrum erheblich verschoben werden kann. Angeregten Zuständen der Carotinoide könnten damit unter Umständen niedrigere Energieniveaus zukommen als denen der Chlorophylle, was wiederum eine Resonanzübertragung vom Chlorophyll auf Carotinoide ermöglichen würde. Vorläufig ist aber auch diese Vorstellung nicht mehr als eine geistreiche Hypothese.

Unbekannt ist uns bis heute auch noch die Einlagerung der Phycobiline. Neuere Untersuchungen (ALLEN u. Mitarb., ÓhEOCHA und RAFTERY, HAXO und FORK) zeigen, daß diese Pigmente auch unter den *Cryptomonadalen* verbreitet sind. Ob sie darüber hinaus noch weiteren Algenklassen zukommen, bleibt so lange fraglich, wie die systematische Stellung von *Cyanidium caldarium* nicht geklärt ist. Diese Art zu den *Protococcalen* zu stellen (ALLEN), erscheint angesichts des Fehlens von Chlorophyll *b* als unzulässig.

III. Photochemie des Chlorophylls in vivo

a) Differenzspektren

Der Untersuchung der Photochemie des Chlorophylls in vivo stehen noch weit größere Schwierigkeiten entgegen, als sie schon mit der Messung von Chlorophyll-Lösungen und -Filmen verbunden sind. Zwar erlaubt die Blitzlicht-Photolyse prinzipiell auch die Untersuchung ganzer Zellen oder isolierter Plastiden, doch beherrschen wir bis heute die optischen Verhältnisse in Suspensionen noch sehr wenig. Insbesondere an Aufschwemmungen gefärbter Partikel kommt es zu einer in ihrem Ausmaß stark spektralabhängigen Lichtstreuung. Mißt man also bei der Untersuchung von Suspensionen ein Differenzspektrum, so hat man zunächst einmal auszuschließen, daß es sich dabei allein um Änderungen der Streuung handelt, die z. B. mit Temperaturänderungen verbunden sind (STREHLER und LYNCH, LATIMER und RABINOWITCH). Weiterhin bleibt zu berücksichtigen, daß die scheinbare Lage der Absorptionsbanden vom Brechungsindex des Mediums abhängt (LATIMER); sie ist zudem von den optischen Eigenschaften des Meßsystems, z. B. von der Orientierung des Strahlungsempfängers zum Lichtkegel, abhängig. Einen großen methodischen Fortschritt bedeutet die von SHIBATA (1—3) entwickelte Meß-methode, bei der zwischen Meßcuvette und Empfänger eine Opal-glasscheibe eingeschaltet wird, die den größten Teil des gestreuten Lichts auffängt und zusätzlich zum durchgelassenen Licht auf den Empfänger fallen läßt. Auf diese Weise erhält man auch bei der Messung von Zell-suspensionen verhältnismäßig scharfe Absorptionsbanden. Leider haben bis heute erst recht wenige Autoren von diesem so einfachen Kunstgriff Gebrauch gemacht.

Ist es schon beim Studium von Chlorophyll-Lösungen sehr schwierig, gemessenen Extinktionsänderungen einzelner Absorptionsbanden bestimmte Anregungszustände oder chemische Veränderungen des Pigments zuzuordnen, so wird diese Zuordnung bei der Untersuchung lebender Zellen oder isolierter Zellbestandteile zu einem noch ungelösten Problem. Angesichts dieser Schwierigkeiten darf es nicht verwundern, wenn die Deutung der Differenzspektren ganzer Zellen oder aufgeschwemmter Chloroplasten heftig umstritten ist. Bestrahlt man assimilierende Organismen — fast alle Autoren haben sich bisher auf *Chlorella*-Suspensionen beschränkt —, so kann man stets Veränderungen des Absorptionsspektrums feststellen. Bei kurzzeitiger Einstrahlung von Flimmerlicht oder bei der Blitzlicht-Photolyse dürfte es sich dabei kaum um eine irreversible Lichtbleichung handeln, die nach Untersuchungen von SIRONVAL und KANDLER erst nach Ablauf einer Induktionsperiode einsetzt.

STREHLER und LYNCH haben unter Verwendung eines gekreuzten Strahlenganges — d. h. bei einer Einstrahlung des Erregerlichts senk-recht zum Meßstrahl — ein Differenzspektrum von *Chlorella*-Zellen auf-genommen. In Übereinstimmung mit älteren Angaben von DUYSENS (1) konnten die Autoren feststellen, daß die Extinktion bei 520 mμ zu-, im Gebiet um 480 mμ abnimmt. Diese Änderungen ließen eine Induktions-periode erkennen; bei Lichtabschalten ergab sich ein umgekehrter Aus-schlag. Wurden die Algen 4 min hindurch bei $+51°$ C gehalten, so unter-blieb die Induktion. Gleichzeitig mit der Extinktionsabnahme bei 480 mμ erfolgte ein Absorptionsrückgang bei 648 mμ, doch halten STREHLER und LYNCH beide Erscheinungen für unabhängig voneinander. Die Licht-sättigung dieses Effekts spricht dafür, daß es sich tatsächlich um Ex-tinktions- und nicht um bloße Streuungsänderungen handelt. Hill-Reagentien störten die Entstehung des Bandes bei 520 mμ; ob man daraus schließen darf, daß es sich bei der entstehenden Komponente um eine reduzierte Form handelt, erscheint vorerst noch fraglich. Noch problematischer ist die Zuordnung der 648 mμ-Bande.

STREHLER und LYNCH konnten in ihren Versuchen keine Abnahme der langwelligen Absorptionsbande des Chlorophylls erfassen. Damit befinden sie sich im Widerspruch zu den Arbeiten anderer Autoren, die gerade im Bereich der Rotabsorptions-Bande komplizierte Extinktions-änderungen aufnehmen konnten. So berichten COLEMAN u. Mitarb. von einer Extinktionszunahme bei 730 mμ bei gleichzeitigem Rückgang der Absorption bei 680 und bei 710—715 mμ. KOK (3) beschreibt einen Extinktionsrückgang bei 705 mμ; das entsprechende Pigment soll im kürzerwelligen Rotlicht resynthetisiert werden. Möglicherweise kommt diesem Pigment sowohl für den Primärprozeß der Photosynthese (s. u.) als auch für andere physiologische Lichtreaktionen eine besondere Bedeutung zu.

Da STREHLER und LYNCH mit ihrer Methode nur Änderungen erfassen, die sich in verhältnismäßig langen Zeiten abspielen, können sie keine Aussagen über die eigentlichen Primärreaktionen machen. WITT und seine Mitarbeiter hingegen bedienen sich der Methode der Blitzlicht-Photometrie. Für einzelne aus dem Gesamtspektrum herausgegriffene Wellenlängen wird die auf einen Lichtblitz (Blitzdauer zwischen 10^{-4} und 10^{-5} sec) folgende Extinktionsänderung registriert. WITT erhält Signale, die innerhalb sehr kurzer Zeit abklingen; sie erweisen sich als aus zwei Komponenten zusammengesetzt, die von WITT als Typ I und Typ II bezeichnet werden. Die Änderungen vom Typ I, die in einer Extinktionszunahme bei 520 mμ und einer -abnahme bei 430 mμ bestehen, klingen innerhalb von 10^{-4} sec ab. WITT möchte die Extinktionsabnahme im blauvioletten Spektralbereich auf eine Änderung der Chlorophyll-Absorption (Soret-Band) zurückführen. Leider tritt WITT nicht den Beweis an, daß es bei seiner Versuchsanordnung auch in der langwelligen Absorptionsbande des Chlorophylls zu Änderungen kommt; die von KOK (1—3) beschriebenen Veränderungen sind in diesem Zusammenhang nicht als Vergleich heranzuziehen, da KOK erst Änderungen erfaßt, die nach Ablauf einiger Millisekunden erfolgen; dann aber ist das von WITT aufgenommene Signal bereits abgeklungen. Die Änderungen vom Typ I lassen sich zwischen 0° und $+70°$ C beobachten; sie lassen sich auch an Plastiden messen, in die man nach der Entfärbung mittels Petroläther erneut Chlorophyll einlagert. Die langsamer abklingende Komponente (Typ II; Abklingzeit des Signals etwa 10^{-2} sec) ist dagegen nur bis zu $+50°$ C zu erhalten. Nach Behandlung mit Petroläther geht sie anscheinend irreversibel verloren; jedenfalls reicht eine anschließende Färbung der Plastiden nicht zur Wiederherstellung der Signale aus. Sie sind gekennzeichnet durch eine Extinktionszunahme bei 515 mμ und eine entsprechende -abnahme bei 420 und 475 mμ. Durch eine Reihe von Analogieschlüssen sucht WITT die von ihm vertretene Zuordnung dieser Änderungen zum Prozeß der Wasserspaltung zu begründen. Diese Deutung wird aber fraglich durch DUYSENS' (2) Beobachtung, daß die entsprechenden Spektraländerungen bei *Rhodophyceen* nicht auftreten. Darüber hinaus fanden CHANCE und STREHLER, daß anaerob kultivierte Chlorellen auch dann eine Extinktionszunahme bei 515 mμ (nach späteren Angaben von CHANCE bei 518 mμ) und eine -abnahme bei

475 mμ (nach späteren Angaben bei 480 mμ) erkennen lassen, wenn man sie im Dunkeln mit Sauerstoff begast. CHANCE neigt daher mehr dazu, die beobachteten Spektralverschiebungen auf Veränderungen in der Carotinoid-Fraktion zurückzuführen.

WITT und MÜLLER haben auch isolierte Chloroplasten in ihre Untersuchungen einbezogen. Sie konnten zeigen, daß bei diesen die Extinktionsänderungen vom Typ II schon innerhalb von 10^{-3} sec abklingen, bei Zusatz von Hill-Reagentien[1] sogar innerhalb von $4 \cdot 10^{-4}$ sec. Andererseits wird durch Behandlung der Chloroplasten mit destilliertem Wasser die Abklingdauer des Signals (bei 20° C) bis auf $^1/_{10}$ sec verlängert.

WITT und MORAW (2) fanden weiterhin, daß langdauernde Blitze (Blitzdauer in der Größenordnung Sekunden) zu einer noch langsamer abklingenden, temperaturabhängigen Absorptionsänderung führen, die stark von der Zusammensetzung der umgebenden Gasphase abhängig ist. Diese Änderung trat nur an intakten Zellen auf und war durch Sauerstoff allein nicht hervorzurufen. Vermutlich darf man diese Veränderungen noch am ehesten mit den Beobachtungen jener Autoren vergleichen, die ihre Messungen mit Flimmerlicht durchführten [KOK (1—3)]. Späte Folgereaktionen erfaßte offenbar auch BELL, der bei monochromatischer Bestrahlung mit 670 mμ Spektralveränderungen fand, die aus zwei Komponenten zusammengesetzt erschienen. Für den Photochemiker sind diese späten Extinktionsänderungen von relativ geringem Interesse. Vorläufig sind wir wohl nur berechtigt, den mit Blitzlicht-Methoden gemessenen Werten eine Bedeutung für die Primärprozesse zuzubilligen; allein die auffällige Temperaturabhängigkeit der nach längerer Belichtung meßbaren Veränderungen läßt erkennen, daß es sich hier um — vermutlich enzymatisch gesteuerte — Folgereaktionen handelt.

Daß es nicht allein zu Änderungen des Absorptionsspektrums kommt, sondern daß sich ebenso Veränderungen des Fluorescenzspektrums belichteter Zellen erhalten lassen, konnte DUYSENS (3) zeigen.

Es gilt heute als so gut wie sicher, daß wir in der lebenden Zelle mit mehreren, mindestens zwei, verschiedenen Chlorophyll a-Formen (und entsprechend mehreren Chlorophyll b-Formen) zu rechnen haben. Nicht alle Beobachtungen über die Chlorophyllfluorescenz in vivo lassen sich, wie MENKE (2) das annimmt, mit reiner Konzentrationslöschung erklären. Wir müssen vielmehr annehmen, daß es neben einer fluorescierenden eine nichtfluorescierende Chlorophyll-Komponente gibt (RABINOWITCH). Diesem fluorescenzunfähigen Chlorophyll möchte BRODY eine Absorption bei 705 mμ zuschreiben. Es bleibt noch offen, ob es sich dabei um Dimere oder höhere Aggregate handelt oder ob echte chemische Differenzen vorliegen. Vielleicht ist auch nur ein durch seine Lage innerhalb der Plastidenlamellen besonders ausgezeichneter Teil der Chlorophyll-Moleküle photochemisch aktiv. Es wäre denkbar, daß es sich dabei um jene Moleküle

---

[1] Ob wirklich ein Zusammenhang zwischen der Verwendbarkeit eines Elektronenacceptors als Hill-Reagens und seinem Absorptionsspektrum besteht, bedarf zumindest näherer Untersuchung; vorläufig läßt sich der Befund von MARCUS, HATCHETT und SANCIER bzw. von HATCHETT und MARCUS, wonach angeblich alle Hill-Reagentien eine Absorptionsbande bei 420—430 mμ aufweisen, nicht recht verstehen.

handelt, die, vom Lipoid wenig abgeschirmt, mit dem Außenmedium in Wechselwirkung treten können (BRUGGER und FRANCK). Dabei könnte es zu einer Bandenverschiebung in den langwelligen Bereich hinein kommen. Vorläufig sehen wir noch keine Möglichkeit, experimentell zwischen den verschiedenen Möglichkeiten zu unterscheiden, die zum Auftreten einer Absorptionsbande bei 705 mμ führen können.

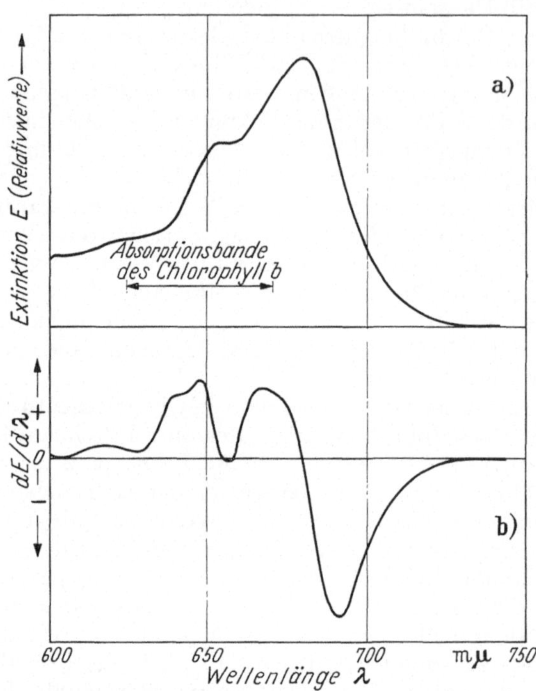

Abb. 12. Normales Absorptions- (a) und „Differential"-Spektrum (b) von *Ulva*-Thalli im Bereich der Chlorophyll *b*-Absorption (nach FRENCH, etwas verändert)

Direkte Beweise für das Vorliegen mehrerer Chlorophyll *a*- und Chlorophyll *b*-Formen verdanken wir der von FRENCH entwickelten Methode der Messung von ,,Differentialspektren''. Mit einem Spektralphotometer, das nicht die Extinktionskurven registriert, sondern für jede Wellenlänge die Ableitung dieser Kurve, d. h. die Größe $dE/d\lambda$ schreibt, lassen sich verschiedene Komponenten mit nahe beieinander liegenden Absorptionsmaxima weit besser trennen als das an Hand der normalen Extinktionskurve der Fall ist (vgl. Abb. 12). Mit dieser Methode wurden in verschiedenen Organismen neben mehreren Chlorophyll *b*-Formen Chlorophyll *a*-Komponenten mit Absorptionsmaxima bei 673, 683 (oder 684) und 695 mμ gemessen. Gegenüber intensiver Bestrahlung wiesen diese Komponenten eine ganz verschiedene Empfindlichkeit auf (BROWN und FRENCH).

b) Chlorophyll-Luminescenz

Schon in früheren Berichten ist die Tatsache erwähnt worden, daß assimilierende Zellen nach dem Abschalten der Beleuchtung eine schwache Luminescenz zeigen. Dieser von STREHLER und ARNOLD entdeckte Effekt ist seither unter der Bezeichnung "delayed light emission" bekannt geworden. Seine Quantenausbeute ist sehr gering; TOLLIN, FUJIMORI und CALVIN (2) geben sie für Algen mit $\sim 10^{-6}$, für isolierte Chloroplasten mit ungefähr 10^{-7} an. Von verschiedenen Autoren wurde inzwischen sowohl das Anregungs- als auch das Emissionsspektrum aufgenommen. Derartige Messungen führen nur dann zu unverzerrten Kurven, wenn man mit sehr dünnen Filmen arbeitet [TOLLIN, FUJIMORI und CALVIN (1)], da es andernfalls zu einer störenden Reabsorption des emittierten Lichtes kommt. Das Anregungsspektrum für *Chlorella* ist dem für Spinat-Chloroplasten sehr ähnlich und läßt in seinem Verlauf sowohl die Chlorophyll- als auch die Carotinoidbanden erkennen. Nach übereinstimmenden Angaben aller Autoren [ARNOLD und DAVIDSON, ARNOLD und THOMPSON, TOLLIN, FUJIMORI und CALVIN (1)] ähnelt das Emissionsspektrum dem Chlorophyll-Fluorescenzspektrum, d. h. aber: Die Lichtemission erfolgt vom ersten angeregten Singulett-Zustand des Chlorophylls aus [TOLLIN (2)]. Allein für *Nostoc* — für das sich abweichende Anregungs- und Emissionsspektren ergaben — glauben TOLLIN u. Mitarb. eine Lichtemission durch das Phycocyanin annehmen zu müssen.

Neuere Untersuchungen haben gezeigt, daß eine Vorbelichtung nur dann wirksam werden kann, wenn sie in einer O_2-haltigen Atmosphäre erfolgt. Andererseits vermögen auch Plastiden, die im Dunkeln mit UV-bestrahlter Luft oder ebenso behandeltem Sauerstoff begast wurden, bei anschließender Erwärmung Lichtquanten zu emittieren [ARNOLD und SHERWOOD (2)]. Die Lichtemission wird schon durch geringe Mengen von CO_2 und durch Chinon ebenso gehemmt wie durch eine Reihe von Enzymgiften, so etwa das Hydroxylamin (BRUGGER, BRUGGER und FRANCK), von dem umgekehrt bekannt ist, daß es die Fluorescenzausbeute erhöht. Die Lichtemission ist kein einfacher, exponentiell abklingender Prozeß, sondern sie erweist sich als zusammengesetzt aus einem ersten raschen Abfall von rund 10^{-3} sec Dauer und einem anschließenden langsameren Abklingvorgang, welcher sowohl durch tiefe Temperaturen als auch durch Erwärmung über $+50°$ C unterdrückt wird. Unter Eisenmangel herangezogene Chlorellen zeigen eine geringere Luminescenz. Friert man die Algen während der Belichtung ein und unterwirft man sie dann einer anschließenden Gefriertrocknung, so zeigen sie bei späterer Wiederbefeuchtung — selbst noch nach einmonatiger Lagerung — eine meßbare Lichtemission (ARTHUR und STREHLER). Die komplizierte Temperaturabhängigkeit der Luminescenzerscheinungen, wie sie in Untersuchungen von TOLLIN, FUJIMORI und CALVIN (2) ermittelt wurde, läßt sich bis heute noch nicht erklären. Sie spricht für die Beteiligung von Rückreaktionen enzymatischer Prozesse an dieser Lichtemission, zumindest am langsameren Abklingvorgang.

In engem Zusammenhang mit dem Phänomen der Chloroplasten-Luminescenz stehen Untersuchungen zur Lichtinduktion der Elektronenspin-Resonanz. Derartige Messungen — über deren Theorie und Methodik z. B. HAUSSER berichtete — waren von COMMONER und seinen Mitarbeitern 1954 zum ersten Mal an biologischem Material vorgenommen worden. Chloroplasten zeigen auch im Dunkeln eine schwache Resonanz (SOGO u. Mitarb.); bereits 1956 ergaben aber erste Messungen an isolierten Chloroplasten Anhaltspunkte für das zusätzliche Auftreten eines lichtinduzierten Paramagnetismus (COMMONER u. Mitarb.), der auf das Vorliegen ungepaarter Elektronenspins hindeutet. Er kann zurückgehen auf das Vorhandensein eines Tripletts, direkte Entstehung von Radikalen und die durch enzymatische Prozesse entstandenen Radikale von Wasserstoff-Überträgern. Inzwischen sind Messungen der Elektronenspin-Resonanz auch von anderen Arbeitskreisen vorgenommen worden; besonders die Calvin-Schule hat sich in die Bearbeitung der Probleme der induzierten Resonanz eingeschaltet. Nach Ansicht von CALVIN (2) soll die Art des Signals[1] ein Triplett ausschließen; auch COMMONER u. Mitarb. möchten die von ihnen gemessenen Signale auf Radikale zurückführen. Es ist fraglich, ob man daraus — wie dies TOLLIN (2) tut — den Schluß ziehen darf, im lebenden Plastiden spiele der Triplett-Zustand keine Rolle. Dies wäre in der Tat verwunderlich, da eine Aggregation von Pigmentmolekülen deren Übergang in den Triplett-Zustand wesentlich begünstigen soll (KASHA). Nach Ansicht von KASHA würde ein Triplett-Zustand innerhalb der Plastiden mit den bisher angewandten Methoden auch gar nicht zu entdecken sein. Bei Raumtemperatur sind die Zerfallsgeschwindigkeiten für die Elektronenspin-Resonanz und die Luminescenz von gleicher Größenordnung (TOLLIN und CALVIN). Eine Abkühlung der Plastiden auf —140° C verlängert die Abklingdauer der Signale um mehrere Größenordnungen, läßt aber deren Anstiegszeit praktisch unverändert. Diese Beobachtung schließt die Entstehung der Signale durch enzymatische Prozesse aus. Beim Abklingen der Elektronenspin-Resonanz beobachtet man keinen exponentiellen Abfall (CALVIN und SOGO); die komplizierte Temperaturabhängigkeit versucht TOLLIN (2) durch die Annahme zweier radikalerzeugender Reaktionen zu deuten.

Nachdem CALVIN früher angenommen hatte, daß der Triplett-Zustand des Chlorophylls ionisieren könne (TOLLIN und CALVIN), vermutet er heute, daß es sich bei der Ionisierung um eine Konkurrenzreaktion zum Singulett-Triplett-Übergang handelt [TOLLIN (2), BASSHAM, vgl. auch RABINOWITCH (1)]. Die Lichtemission wird von ihm nach einem Halbleiter-Modell gedeutet; sie soll verursacht sein durch das Freisetzen von Elektronen aus Störstellen. Über die Art dieser Störstellen, die bei der Diskussion der möglichen Verbindungen der Primärreaktionen zu den ersten analytisch erfaßbaren chemischen Reaktionen (Reduktionen und Oxydationen) eine so große Rolle spielen, kann man sich noch keinerlei Vorstellungen machen. Wir hätten uns dann die Lichtemission als Folge der Rückreaktion gemäß dem von BASSHAM gegebenen Schema (Abb. 13)

---

[1] Die in den Calvinschen Arbeiten wiedergegebenen Signale stellen nicht die Absorption in Abhängigkeit von der Stärke des angelegten Magnetfeldes dar, sondern — vergleichbar den optischen Messungen von FRENCH (s. o.) — die Ableitung dieser Funktion.

vorzustellen. Danach soll die Anregungsenergie als Exciton geleitet werden (s. u.), das dann durch Wechselwirkung mit Störstellen zerfallen könnte. Elektronen wie „Löcher" würden dann — unabhängig voneinander — in Störstellen fallen können, wo sie von den Elektronen-acceptoren und -donatoren aufgenommen würden. Bei der Abschaltung des Lichts würde nun ein Teil der in Störstellen sehr verschiedener Tiefe sitzenden Elektronen wieder in das Excitonband gehoben werden und mit den Chlorophyll-Radikalen zum angeregten Molekül zurückreagieren

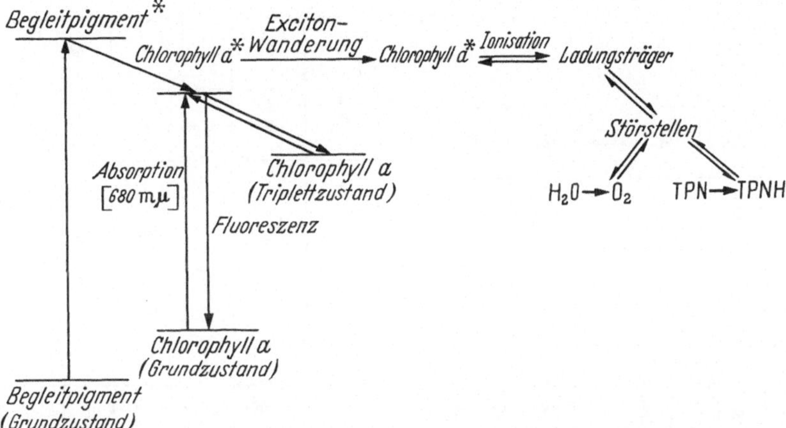

Abb. 13. Schema der photochemischen Primärprozesse der Photosynthese (nach BASSHAM; Beschriftung abgeändert). * 1. angeregter Singulett-Zustand

können, das dann unter Lichtemission in den Grundzustand zurückfallen würde. — Dieses Bild scheint mit unseren heutigen Erfahrungen am besten im Einklang zu stehen, ist aber keinesfalls als Befund, sondern nur als eine Arbeitshypothese der Calvin-Gruppe anzusehen.

Jedenfalls hat die Erscheinung der "delayed light emission" nichts mit Bio-luminescenz-Vorgängen gemeinsam, wie wir sie etwa beim Glühwürmchen beobachten. Extrakte aus belichteten Chloroplasten können in unbelichteten Plastiden keine Lichtemission auslösen (ARTHUR und STREHLER).

c) Energieleitung in Plastiden

Auch weiterhin wird die Tatsache der Energieleitung in Chloroplasten allgemein anerkannt, ihr Mechanismus aber bleibt nach wie vor um-stritten. Sicher ist, daß sich die Übertragung nicht durch die Wanderung energiereicher Intermediärprodukte erklären läßt [RABINOWITCH (1)], sondern daß die Anregungsenergie selbst weitergegeben wird. Man könnte sich vorstellen, daß ein Chlorophyll-Molekül seine Anregungs-energie nach Art einer kleinen Antenne durch Dipol-Dipol-Wechsel-wirkung — die sog. Resonanzübertragung — an ein Nachbarmolekül abstrahlt. Diese Art der Energieübertragung funktioniert bis zu Molekül-abständen von etwa 100 Å, wäre also bei der dichten Lagerung der Pig-mentmoleküle innerhalb der Plastiden- bzw. Granalamellen durchaus denkbar.

14*

ARNOLDs Entdeckung einer Photoleitfähigkeit in Chlorophyll-Filmen läßt aber an einen anderen Mechanismus denken: Durch die Lichtabsorption kann es in einem Kristallgitter — und vielleicht ebenso in einem Film — zur Polarisierung eines Moleküls kommen, d. h. das angeregte Elektron entfernt sich um einen gewissen Betrag von dem positiven Elektronen-„Loch". Einen solchen „Ladungszwilling" bezeichnet man als ein Exciton, genauer: als ein intramolekulares Exciton. Das angeregte Elektron fällt nun entweder in „sein" Loch zurück

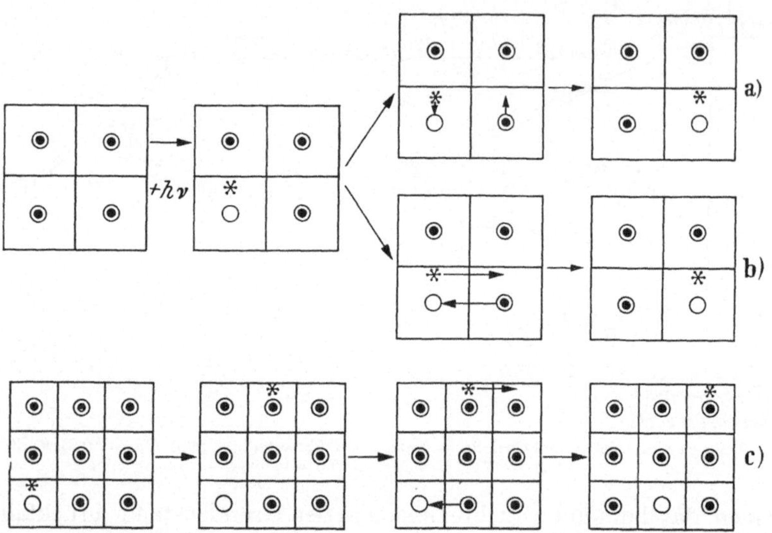

Abb. 14. Schematische Darstellung der Wanderung von intra- (a, b) und intermolekularen (c) Excitonen innerhalb eines Kristallgitters [nach RABINOWITCH (2), etwas verändert]. a) Förster-Heller-Marcus-Mechanismus, b) Wannier-Mechanismus (Erläuterungen s. im Text). ○ „Loch"; ● Elektron; * angeregtes Elektron

und hebt dadurch ein Elektron des Nachbarmoleküls in das Excitonband (sog. Förster-Heller-Marcus-Mechanismus) oder aber es wandert zum Nachbarmolekül, das dafür ein nichtangeregtes Elektron an das benachbarte „Loch" abgibt und damit selbst zum „Loch" wird (sog. Wannier-Mechanismus). In beiden Fällen kommt es, wie die Abb. 14 zeigt, zu einer scheinbaren Wanderung des ganzen Excitons innerhalb des Gitters. Der Wannier-Mechanismus muß bereits eine Elektronenwanderung zum Nachbarmolekül annehmen. Das darf aber nicht verwechselt werden mit der Trennung von „Loch" und Elektron, wie sie bei der Entstehung eines intermolekularen Excitons auftritt (vgl. Abb. 14c), das ebenfalls wie ein normales intramolekulares Exciton weiterwandern kann. Die Entstehung von Excitonen führt nun aber noch nicht zur Photoleitfähigkeit — d. h. zur Elektronenleitung —, da es einer erneuten Energiezufuhr bedarf, um ein Elektron aus dem Excitonband in das Leitfähigkeitsband zu heben (KASHA). Dagegen ist die nachträgliche Dissoziation eines Excitons möglich, wenn während der Leitung entweder das Elektron oder das „Loch" —oder beide unabhängig voneinander—von Störstellen abgefangen werden.

Während die Excitonen-Leitung außerordentlich schnell erfolgt, verweilt die Energie bei der Resonanzübertragung bei jedem Einzelmolekül bedeutend länger. Demnach ist diese Art von Energieleitung um Größenordnungen langsamer. Diese Differenz mag uns vielleicht in naher Zukunft eine Entscheidung zwischen den beiden möglichen Energieübertragungs-Mechanismen erlauben. Ob in Plastiden auch noch eine Ionenleitung vorkommt, wie dies KASHA diskutiert, muß die zukünftige Forschung erweisen.

Bei der Energiefortleitung im Chloroplasten haben wir mit RABINOWITCH (2) zwischen einer homogenen und einer heterogenen Energieübertragung zu unterscheiden. Lichtenergie, die von einem Chlorophyll-Molekül absorbiert worden ist, kann zu einem zweiten Chlorophyll-Molekül wandern (homogene Übertragung). Zum anderen wird auch in den Begleitpigmenten Energie absorbiert. Es ist bekannt, daß auch diese, wenigstens teilweise, für die Photosynthese nutzbar gemacht wird. In diesen Fällen kommt es offenbar einmalig zu einem Übergang dieser Anregungsenergie auf ein Fremdmolekül, eben ein Chlorophyll-Molekül (heterogene Übertragung).

Bei der *Cyanophycee Nostoc* nehmen TOLLIN u. Mitarb. nach ihren Messungen über das Emissionsspektrum der "delayed light emission" an, daß die von den Begleitpigmenten absorbierte Energie mit einem sehr schlechten Wirkungsgrad auf das Chlorophyll übertragen wird. Bei *Rhodophyceen* wird nach Messungen von YOCUM und BLINKS (1) die vom Chlorophyll absorbierte Energie schlechter ausgenutzt als die von den Phycobilinen aufgenommene. Durch mehrtägige Behandlung mit Rot- oder Blaulicht soll sich allerdings die Quantenausbeute für den Fall ausschließlicher Anregung der Chlorophyll-Moleküle fast verdoppeln lassen [YOCUM und BLINKS (2)]; dieser Effekt ist durch Bestrahlung mit Grünlicht reversibel. Für die Übertragung der Anregungsenergie von Chlorophyll *b* auf Chlorophyll *a* spricht auch GACHKOVSKIIs (2) Befund, wonach das Fluorescenzspektrum einer Mischung der beiden Chlorophylle mit dem des Chlorophylls *a* identisch ist.

Die Energiefortleitung durch Resonanzübertragung kann nur wirksam werden, wenn sich Emissionsspektrum des „Senders" und Absorptionsspektrum des „Empfängers" überschneiden. Die Übertragung erfolgt praktisch nur in einer Richtung; die Energie wird stets auf den Partner mit der längerwelligen Absorptionsbande übertragen. In diesem Zusammenhang sind alle Arbeiten von größtem Interesse, die auf ein Pigment deuten, das sein Absorptionsmaximum bei 705 mμ hat [KOK (3)]. BRODY nimmt an, daß es sich bei diesem Pigment um ein Chlorophyll-Dimeres handelt. Ganz gleich, als was sich diese Form einmal herausstellen wird, ist sie vom energetischen Standpunkt aus möglicherweise als die „Endstation" für die Anregungsenergie aufzufassen.

In *Chromatium*-Chromatophoren steigt der Wirkungsgrad der Energieübertragung an, wenn dem Medium osmotisch wirksame Substanzen zugesetzt werden. Dies mag darauf beruhen, daß bei der Entquellung der gegenseitige Abstand der Pigmentmoleküle verkleinert wird. Da die Wahrscheinlichkeit für eine Resonanzübertragung mit der 6. Potenz des Molekülabstandes abnimmt, muß eine gegenseitige Annäherung von „Sender" und „Empfänger" die Übertragung wesentlich begünstigen.

BRODY und RABINOWITCH konnten nachweisen, daß in die Absorptionsbande der Eiweißkomponente von Phycocyanin eingestrahltes

Licht die Fluorescenz des Farbstoffs etwas später auslöst als solche Strahlung, die direkt vom Pigment absorbiert wird. Sie konnten eine zeitliche Verzögerung von $0,5 \cdot 10^{-9}$ sec nachweisen. Diese Zeitspanne wird offenbar für die Energieleitung verbraucht. Diese Geschwindigkeit erscheint so hoch, daß man auf eine Excitonenwanderung schließen möchte.

EMERSON hatte 1951 jenseits 685 mμ nur mehr eine sehr geringe Quantenausbeute der Photosynthese messen können, obwohl das Chlorophyll in diesem Bereich noch relativ gut absorbiert. EMERSON, CHALMERS und CEDERSTRAND konnten jetzt zeigen, daß sich diese Grenze durch Abkühlung der Zellen auf $+5°$ C oder aber durch Zusatzbeleuchtung mit Wellenlängen < 644 mμ weiter in den langwelligen Bereich hinausschieben läßt, vorausgesetzt, daß das Zusatzlicht intensiv genug ist, um selbst eine apparente Photosynthese zu ermöglichen. Die Verfasser diskutieren nun die Möglichkeit, daß zur Photosynthese zusätzlich zur Anregungsenergie des Chlorophylls noch die Energie eines anderen Pigments benötigt wird. Diese interessante Entdeckung wertet FRANCK als Stütze für die von ihm vertretene Auffassung (vgl. auch BRUGGER und FRANCK), wonach das Chlorophyll erst dann photochemisch aktiv werden kann, wenn es zwei Quanten aufgenommen hat. Danach soll das angeregte Molekül vom ersten angeregten Singulett- in den niedrigsten Triplett-Zustand übergehen. Dieses Triplett soll dann ein zweites Quant absorbieren, wodurch die Energiedifferenz bis zum nächsthöheren angeregten Triplett überbrückt würde. Nach FRANCK soll dazu die Energie eines Quants von 644 mμ gerade eben noch ausreichen. Man müßte dann annehmen, daß Lichtquanten mit einem der langwelligen Absorptionsbande des Chlorophylls entsprechenden Energieinhalt das Pigment zwar in den ersten angeregten Zustand überführen, andererseits aber zu energiearm sind, um den zweiten notwendigen Schritt zu ermöglichen.

Die von TOLLIN (1) an diesen Vorstellungen geübte Kritik beruht wohl zu einem Teil auf einem Mißverständnis [vgl. FRANCK (2)]. Andererseits sind die Beobachtungen EMERSONs und seiner Mitarbeiter vielleicht aber auch ganz anders zu deuten: Wenn das „705mμ-Pigment" wirklich „Endstation" für den Energietransport ist, aber durch ausschließliche Bestrahlung mit langwelligem Rotlicht zerstört wird [KOK (3)], so muß bei monochromatischer Bestrahlung die Quantenausbeute jenseits einer bestimmten Grenzfrequenz scharf abfallen. Erst wenn man zusätzlich Licht von kürzerer Wellenlänge (< 644 mμ) bietet — das nach Beobachtungen von KOK (3) eine Regeneration des „705 mμ-Pigments" ermöglichen soll —, wird man auch jenseits 685 mμ noch eine meßbare Photosynthese-Leistung feststellen können. Auf weitere Arbeiten über diese langwellige Grenze der Photosynthese wird man sehr gespannt sein dürfen.

Literatur

ALLEN, M. B.: Arch. Mikrobiol. **32**, 270—277 (1959). — ALLEN, M. B., E. C. DOUGHERTY and J. J. A. McLAUGHLIN: Nature (Lond.) **184**, 1047—1049 (1959). — ARNOLD, W.: Res. in photosynthesis 128—133 (1957). — ARNOLD, W., and J. B. DAVIDSON: J. gen. Physiol. **37**, 677—684 (1954). — ARNOLD, W., and H. K. MACLAY:

Brookhaven Symp. 11, 1—9 (1959).— ARNOLD, W., and H. K. SHERWOOD: (1) Proc. nat. Acad. Sci. (Wash.). 43, 105—114 (1957). — (2) J. Phys. Chem. 63, 2—4 (1959). — ARNOLD, W., and J. THOMPSON: J. gen. Physiol. 39, 311—318 (1956). — ARTHUR, W. E., and B. L. STREHLER: Arch. of Biochem. 70, 507—526 (1957).

BANNISTER, T. T.: Plant Physiol. 34, 246—254 (1959). — BASSHAM, J. A.: Brookhaven Symp. 11, 26—31 (1959). — BELAVTSEVA, E. M., L. M. VOROBYEVA i A. A. KRASNOVSKII: Biofizika 4, 521—532 (1959). — BELL, L. N.: Dokl. Akad. Nauk SSSR 113, 695—698 (1957). — BERGERON, J. A.: Brookhaven Symp. 11, 118—129 (1959). — BRIN, G. P., i A. A. KRASNOVSKII: Biohimija 22, 776—788 (1957). — BRODY, S.: Science 128, 838 (1958). — BRODY, S., and E. RABINOWITCH: Science 125, 555 (1957). — BROWN, J. S., and C. S. FRENCH: Plant Physiol. 34, 305—309 (1959). — BRUGGER, J. E.: Res. in photosynthesis 134—140 (1957). — BRUGGER, J. E., and J. FRANCK: Arch. of Biochem. 75, 465—496 (1958).

CALVIN, M.: (1) Brookhaven Symp. 11, 160—179 (1959). — (2) Rev. Mod. Phys. 31, 157—161 (1959). — CALVIN, M., and P. B. SOGO: Science 125, 499—500 (1957). — CHANCE, B.: Brookhaven Symp. 11, 74—84 (1959). — CHANCE, B., and B. STREHLER: Nature (Lond.) 180, 749—750 (1957). — COLEMAN, J. W., A. S. HOLT and E. I. RABINOWITCH: Res. in photosynthesis 68—71 (1957). — COLEMAN, J. W., and E. RABINOWITCH: J. Phys. Chem. 63, 30—34 (1959). — COMMONER, B., J. J. HEISE and J. TOWNSEND: Proc. nat. Acad. Sci. (Wash.) 42, 710 (1956). — COMMONER, B., J. J. HEISE, B. B. LIPPINCOTT, R. E. NORBERG, J. V. PASSONNEAU and J. TOWNSEND: Science 126, 57—63 (1957). — COMMONER, B., J. TOWNSEND and G. E. PAKE: Nature (Lond.) 174, 689 (1954).

DMITRIEVSKY, O., V. ERMOLAEV i A. TERENIN: Dokl. Akad. Nauk SSSR 114, 751 (1957). — DUYSENS, L. N. M.: (1) Thesis Utrecht 1952. — (2) Nature (Lond.) 173, 692—693 (1954). — (3) Brookhaven Symp. 11, 10—25 (1959).

EMERSON, R., R. CHALMERS and C. CEDERSTRAND: Proc. nat. Acad. Sci. (Wash.) 43, 133—143 (1957). — EVSTIGNEEV, V. B.: Biofizika 4, 124—128 (1959). — EVSTIGNEEV, V. B., i V. A. GAVRILOVA: (1) Dokl. Akad. Nauk SSSR 126, 410—413 (1959). — (2) Dokl. Akad. Nauk SSSR 127, 198—201 (1959). — EVSTIGNEEV, V. B., V. A. GAVRILOVA i I. G. SAVKINA: Dokl. Akad. Nauk SSSR 124, 691—694 (1959).— EVSTIGNEEV, V. B., i I. G. SAVKINA: Biofizika 4, 289—299 (1959).

FERRARI, A. G., B. L. STREHLER and W. E. ARTHUR: Res. in photosynthesis 45—48 (1957). — FRANCK, J.: (1) Proc. nat. Acad. Sci. (Wash.) 9, 941—948 (1958). — (2) Arch. of Biochem. 80, 378—382 (1959). — FREED, S.: Science 125, 1248—1249 (1957). — FRENCH, C. S.: In R. W. NEWBURGH: Photobiology; Corvallis/Oregon 1958. — FREY-WYSSLING, A., u. E. STEINMANN: Vjschr. Naturforsch. Ges. Zürich 98, 20—29 (1953). — FUJIMORI, E., and R. LIVINGSTON: Nature (Lond.) 180, 1036—1038 (1957).

GACHKOVSKII, V. F.: (1) Biofizika 2, 756—763 (1957). — (2) Biofizika 4, 19—26 (1959). — GOEDHEER, J. C.: (1) Thesis Utrecht 1957. — (2) Biochim. et biophys. Acta 27, 478—490 (1958).

HATCHETT, J. L., and R. J. MARCUS: Arch. of Biochem. 76, 233—234 (1958). — HAUSSER, K. H.: Angew. Chem. 68, 729—746 (1956). — HAXO, F. T., and D. C. FORK: Nature (Lond.) 184, 1051—1052 (1959). — HENDRICH, W.: Roczniki Chem. 32, 107—116 (1958). — HODGE, A. J.: Rev. Mod. Phys. 31, 331—341 (1959).

JACOBS, E. E.: Brookhaven Symp. 11, 32—34 (1959). — JACOBS, E. E., A. S. HOLT, R. KROMHOUT and E. RABINOWITCH: Arch. of Biochem. 72, 495—511 (1957).

KASHA, M.: Rev. Mod. Phys. 31, 162—169 (1959). — KOK, B.: (1) Nature (Lond.) 179, 583—584 (1957). — (2) Acta Botan. Neerl. 6, 316—336 (1957). — (3) Plant Physiol. 34, 184—192 (1959). — KRASNOVSKII, A. A.: Biofizika 4, 3—18 (1959). — KRASNOVSKII, A. A., i E. V. PAKSHINA: Biofizika 4, 913—918 (1959). — KRASNOVSKII, A. A., L. M. VOROBYEVA i E. V. PAKSHINA: Fiziol. Rastenij 4, 124—133 (1957). — KRATKY, O.: Naturwissenschaften 42, 237—252 (1955). — KRATKY, O., W. MENKE, A. SEKORA, B. PALETTA u. M. BISCHOF: Z. Naturforsch. 14b, 307—311 (1959).

LATIMER, P.: Plant Physiol. 34, 193—199 (1959). — LATIMER, P., and E. I. RABINOWITCH: Res. in photosynthesis 100—106 (1957). — LAVOREL, J.: (1) J. Phys. Chem. 61, 1600 (1957). — (2) Plant Physiol. 34, 204—209 (1959). — LEFORT, M.: C. R. Acad. Sci. (Paris) 245, 718—720 (1957). — LINSCHITZ, H., and E. W.

ABRAHAMSON: Res. in photosynthesis 31—36 (1957). — LINSCHITZ, H., and K. SARKANEN: J. Amer. chem. Soc. **80**, 4826—4832 (1958). — LINSCHITZ, H., and S. I. WEISSMAN: Arch. of Biochem. **67**, 491—492 (1957). — LIVINGSTON, R.: Res. in photosynthesis 3—10 (1957). — LIVINGSTON, R., and E. FUJIMORI: J. Amer. chem. Soc. **80**, 5610—5613 (1958).

MARCUS, R. J., J. L. HATCHETT and K. M. SANCIER: Science **127**, 647—648 (1958). — McRAE, E. G., and M. KASHA: J. Chem. Phys. **28**, 721—722 (1958). — MENKE, W.: (1) Z. Naturforsch. **12b**, 407—411 (1957). — (2) Z. Botan. **46**, 26—36 (1958).

NISHIMURA, M., and K. TAKAMATSU: Nature (Lond.) **180**, 699—700 (1957). — NOGUCHI, I., and S. TAKASHIMA: Arch. of Biochem. **74**, 478—480 (1958).

óHEOCHA, C., and M. RAFTERY: Nature (Lond.) **184**, 1049—1051 (1959). — OLSON, R. A., and E. K. ENGEL: Brookhaven Symp. **11**, 303—309 (1959). — OSIPOVA, O. P.: Fiziol. Rastenij **4**, 28—32 (1957).

PLATT, J. R.: Science **129**, 372—374 (1959). — PORTER, G., and M. W. WINDSOR: Proc. Roy. Soc. (London) **A 245**, 238—258 (1958).

RABINOWITCH, E.: (1) J. Phys. Chem. **61**, 870—878 (1957). — (2) Plant Physiol. **34**, 213—218 (1959). — RACKOW, B., u. H. KÖNIG: Z. Elektrochem. **62**, 482—488 (1958). — RÜPPEL, H., u. H. WITT: Z. physik. Chem. (N. F.) **15**, 321—335 (1958).

SAGER, R.: Brookhaven Symp. **11**, 101—117 (1959). — SAGER, R., and M. ZALOKAR: Nature (Lond.) **182**, 98—100 (1958). — SAPOZHNIKOV, D. I., i N. V. BAZHANOVA: Dokl. Akad. Nauk SSSR **120**, 1141—1143 (1958). — SAPOZHNIKOV, D. I., Z. M. EIDELMAN, N. V. BAZHANOVA i O. F. POPOVA: Dokl. Akad. Nauk SSSR **127**, 1128—1132 (1959). — SAPOZHNIKOV, D. I., T. A. KRASOVSKAYA i A. N. MAYERSKAYA: Dokl. Akad. Nauk SSSR **113**, 465—467 (1957). — SHIBATA, K.: (1) J. Biochem. (Tokyo) **44**, 147—173 (1957). — (2) J. Biochem. (Tokyo) **45**, 599—623 (1958). — (3) Methods of Biochem. Anal. **7**, 77—109 (1959). — SIRONVAL, C., and O. KANDLER: Biochim. et Biophys. Acta **29**, 359—368 (1958). — SOGO, P. B., N. G. PON and M. CALVIN: Proc. nat. Acad. Sci. (Wash.) **43**, 387—393 (1957). — STOLL, A., u. E. WIEDEMANN: Helv. Chim. Acta **42**, 679—683 (1959). — STREHLER, B. L., and W. ARNOLD: J. gen. Physiol. **34**, 809—820 (1951). — STREHLER, B. L., and V. LYNCH: Arch. of Biochem. **70**, 527—546 (1957).

TEALE, F. W. J., and G. WEBER: Biochem. J. **66**, 8P (1957). — TOLLIN, G.: (1) Arch. of Biochem. **75**, 539—541 (1958). — (2) BROOKHAVEN Symp. **11**, 35—40 (1959). — TOLLIN, G., and M. CALVIN: Proc. nat. Acad. Sci. (Wash.) **43**, 895—908 (1957). — TOLLIN, G., E. FUJIMORI and M. CALVIN: (1) Nature (Lond.) **181**, 1266—1267 (1958). — (2) Proc. nat. Acad. Sci. (Wash.) **44**, 1035—1047 (1958).

VLADIMIROV, I. A., S. V. KONEV i F. F. LITVIN: Biofizika **2**, 392—398 (1957).

WEBER, G., and F. W. J. TEALE: (1) Trans. Faraday Soc. **53**, 646—655 (1957). — (2) Trans. Faraday Soc. **54**, 640—648 (1958). — WETTSTEIN, D. v.: Brookhaven Symp. **11**, 138—157 (1959). — WITT, H. T., u. R. MORAW: (1) Z. physik. Chem. (N. F.) **20**, 253—282 (1959). — (2) Z. physik. Chem. (N. F.) **20**, 283—298 (1959). — WITT, H. T., u. A. MÜLLER: Z. physik. Chem. (N. F.) **21**, 1—23 (1959). — WOLKEN, J. J.: Brookhaven Symp. **11**, 87—99 (1959).

YOCUM, C. S., and L. R. BLINKS: (1) J. gen. Physiol. **38**, 1—16 (1954). — (2) J. gen. Physiol. **41**, 1113—1117 (1958).

15. Stoffwechsel organischer Verbindungen II

a) Kohlenhydrat- und Säurestoffwechsel

Bericht über die Jahre 1958 und 1959

Von Hans Reznik, Heidelberg

Mit 1 Abbildung

Zusammenfassende Darstellungen: Handbuch der Pflanzenphysiologie Bd. 6 (redigiert von Arnold, 1958). Enthält wichtige Beiträge über Aufbau, Speicherung, Mobilisierung und Umbildung der Kohlenhydrate. Krebs u. Kornberg: Energiehaushalt der Zelle (1957). Wolfrom (Editor): Biologisch wichtige Kohlenhydrate (1959). Netter: Theoretische Biochemie (1959).

1. Allgemeines

Stoffwechselregulation. Mit zunehmender Einsicht in das Wesen des Stoffwechsels und seiner Fließgleichgewichte ist hinsichtlich der Bausteinanalyse und hinsichtlich der den metabolischen Fluß bestimmenden kinetischen Daten ein gewisser Abschluß erreicht. In vielen Laboratorien beginnt sich das Interesse den Kontrollmechanismen zuzuwenden, die den Stoffhaushalt der Zelle steuern. Dieser Tendenz Rechnung tragend hat in London unter dem Vorsitz von Krebs ein vielbeachtetes Symposium über die Regulation des Zellstoffwechsels stattgefunden (Bericht in Buchform: Wolstenholme u. O'Connor 1959), das in wichtigen Beiträgen (u. a. von Krebs, Siekevitz, Dickens, Slater, Chance, Lynen, Holzer) zahlreiche neue Aspekte über diesen neuen Forschungsschwerpunkt erarbeitet hat. Was besonders auffällt, ist die einhellige Betonung der Wichtigkeit der Strukturfaktoren, ohne deren Berücksichtigung ein tieferes Eindringen in das Wesen der Regulation nicht möglich erscheint. Die elektronenoptische Analyse der Ultrastrukturen des Cytoplasmas ergänzt hierbei die Analyse über die räumliche Zuordnung der Enzymsysteme ("Multizyme" nach Green u. a.). Dem Wirken der Enzyme in distinkten Stoffwechselräumen ("Compartmentation") und der Zusammenarbeit der einzelnen durch Membranen abgegrenzten Compartments scheinen die künftigen Bemühungen im besonderen Maße zu gelten. Man hat fundierte Vorstellungen darüber, wie die der cellulären Stoffwechselkontrolle übergeordneten hormonalen Kontrollmechanismen Enzyme und Coenzyme im Bereich der α-Cytomembranen des endoplasmatischen Reticulums zu verlagern imstande sind und so die cellulären Fließgleichgewichte durch Beeinflussung der Compartmentation (z. B. Anheften und Ablösen der Ribosomen an bzw. von spezifischen

Membranen) verändern (SIEKEVITZ 1959). Für das prinzipielle Verständnis der Regelmechanismen sind die Grundlagen der Regeltechnik erforderlich. In den biologischen Rückkopplungssystemen ("Feedback"-Systemen) müssen Regelkreis, Regelgröße und Regelstrecke analysiert werden. Biochemische Regelsysteme können in Blockdiagrammen wiedergegeben werden, die vollkommene Analoga der negativen Feedback-Systeme der Verstärkerröhrentechnik darstellen (CHANCE 1959, HESS u. CHANCE 1959). Ein in dieser Hinsicht besonders interessanter Versuch wurde von den eben genannten Autoren unternommen. Es wurde das mathematische Modell des Glucose-Katabolismus von Ascites-Tumor-Zellen gestaltet und in ein Programm für eine elektronische Rechenmaschine umgeformt.

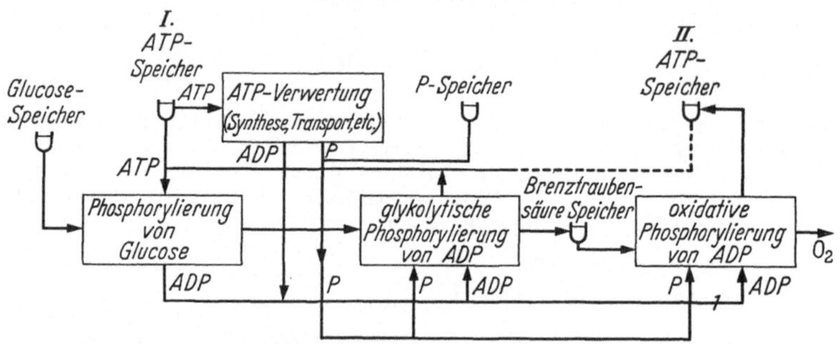

Abb. 15. Blockdiagramm zur Darstellung der Reaktionen von Glykolyse und Atmung sowie spezieller ATP-Verwertung (nach HESS und CHANCE 1959)

Die Zustände des Systems wurden auf der Basis kinetischer Daten (Michaelis-Menten-Gleichung, Enzym-Substrat-Komplexe) durch eine Folge von 17 Gleichungen der Glykolyse und Atmung dargestellt und in einem Blockdiagramm zusammengefaßt (Abb. 15). Im programmierten Modell wurde die morphologische Struktur berücksichtigt. Aus der räumlichen Trennung der Prozesse des Glucose-Katabolismus ergab sich eine Unterteilung der Reaktionsgleichungen in 4 Grundfunktionen: Hexokinase-Raum = Glucosephosphorylierung; Cytoplasma-Raum = glykolytische Phosphorylierung von ADP; Mitochondrien = oxydative Phosphorylierung von ADP; Synthese-Raum = ATP-Verwertung und Überführung. Entsprechend früheren Befunden an in vivo-Systemen wurde auch präzise unterschieden zwischen cytoplasmatischem ATP (Speicher I, Hexokinase-Raum), das allein für die Substratphosphorylierung in Betracht kommt, und dem mitochondrialen ATP (Speicher II), aus welchem der Hexokinase-Raum durch limitierte Nachschubdiffusion versorgt wird. Die normalen ATP-Bestimmungen geben nur einen summarischen Status wieder und sind deshalb für die Beurteilung der Glucose-Kinetik häufig unbrauchbar. [Gegen das Konzept eines mitochondrialen ATP-Speichers werden allerdings Bedenken geäußert (SIEKEVITZ 1959).] In dem Modell wurde fernerhin auch die Unterscheidung zwischen DPN/DPNH aus dem Raum der Atmungskettenphosphorylierung und solchem aus dem Cytoplasma-Raum getroffen. Die Rechenanlage lieferte nun mittels eines Schnelldruckers die komplette Kinetik einiger Metaboliten des

Modells, sie entsprach vollkommen den an lebendem Material gewonnenen Daten. Auch die Einführung eines Entkopplers (Dibromphenol) in das Programm führte zu der erwarteten und bekannten Störung des Fließgleichgewichtes. Die natürliche Kinetik und die Maschinen-Kinetik stimmten bis in Einzelheiten überein. Diese Konkordanz war nur möglich durch die Einführung der beiden strukturell definierten ATP-Chargen, desgleichen der beiden DPN-Chargen. Aus der vorläufigen Unmöglichkeit, das ATP analytisch zu differenzieren, ergeben sich methodische Grenzen der Stoffwechselanalyse, die Rechenprogramme vorläufig überbrücken könnten.

Allgemein gilt für Regelsysteme, daß eine Kontrollsubstanz in schneller Reaktion verbraucht wird. Die Regeneration der Kontrollsubstanz (z. B. ADP) erfolgt durch langsamen Zerfall eines im Überschuß befindlichen „Aufladers" (z. B. ATP).

Nach SLATER u. HÜLSMANN (1959) wird die Kontrolle der Respirationsrate in einem bedeutenden Ausmaß durch die Konzentration der energiereichen Intermediärprodukte der oxydativen Phosphorylierung ausgeübt, also durch die noch unbekannten die Energieübertragung auf das Adenylsäuresystem bewerkstelligenden Produkte ($A \sim I$, $X \sim I$, $X \sim P$), die in einer Gleichung von CHANCE postuliert sind (s. Atmungskette, S. 236).

Die meisten Untersuchungen über Regulationsphänomene betreffen die Beziehungen zwischen der Glykolyse und der oxydativen Phosphorylierung. Als Kontrollfaktor des oxydativen Pentosephosphat-Cyclus wirkt nach HOLZER (1959), HOLZER u. WITT (1960) und DICKENS, GLOCK u. MCLEAN (1959) das wasserstoffübertragende Coenzym TPN. Messungen der stationären Konzentrationen von TPN und TPNH in Hefen und animalischen Geweben zeigen eindeutig eine Bevorzugung des reduzierten Zustandes. Mangel an TPN limitiert daher den oxydativen Pentosephosphat-Abbau. Zusatz von NH_4^+ zu ^{14}C-Glucose oxydierender Hefe rangiert infolge zunehmender reduktiver Aminierung (α-Ketoglutarat $\rightarrow$ $\rightarrow$ Glutaminsäure) den Glucose-Abbau auf den Pentosephosphat-Cyclus, für den nun genügend oxydiertes TPN bereitgestellt ist. HOLZER sieht hier einen biologisch sinnvollen Mechanismus, da Pentosephosphate für die Bildung von Nucleinsäuren benötigt werden und damit Wachstumsprozesse begünstigt sind, die ihrerseits einen erhöhten N-Bedarf haben.

Aktivierte Verbindungen. Eine Reihe von z. T. lang gesuchten aktivierten Intermediärprodukte wurden in den letzten Jahren entdeckt. Es seien hier nur die wichtigsten kurz aufgezählt und die Darstellung ihrer metabolischen Bedeutung den folgenden Kapiteln vorbehalten. HOLZER u. BEAUCAMP (1959) glückte die Auffindung des aktivierten

Pyruvates, das sich als Brenztraubensäure-Thiaminpyrophosphat-Verbindung (α-Lactyl-2-TPP) herausgestellt hat. Der aktivierte Acetaldehyd ist mit α-Hydroxyäthyl-2-TPP identisch. Das bei den enzymatischen Carboxylierungsreaktionen beteiligte CO_2 kann in intermediär aktivierter Form als $CO_2{\sim}$ Biotin-Enzym-Verbindung vorliegen (LYNEN, KNAPPE u. a. 1959). Damit ist eine der wichtigsten biochemischen Funktionen des Biotins aufgedeckt.

Bei der Übertragung von C_1-Fragmenten verschiedenen Oxydationszustandes spielt die „aktivierte Ameisensäure" eine ähnliche Rolle wie das „aktivierte Methionin" bei der Transmethylierungsreaktion. Sie erwies sich als N^{10}-Formyl-Tetrahydrofolsäure (N^{10}-f-FH_4). Die bei Bakterien und in tierischen Geweben untersuchte Aktivierung des Formiats (f) durch das Sulfhydryl-Enzym FH_4-Formylase verläuft ATP-spezifisch (JAENICKE 1958, WHITELEY, OSBORN u. HUENNEKENS 1959):

$$FH_4 + f + ATP \longrightarrow N^{10}\text{-}f\text{-}FH_4 + ADP + P_i$$

Hierbei tritt intermediär $FH_4{\sim}$ P auf.

Erwähnt seien noch die als Ausgangspunkte der Isoprenoid-Biosynthesen aufzufassenden Verbindungen Mevalonsäure-5-phosphat und Mevalonsäure-5-pyrophosphat (TCHEN, PHILLIPS u. a. 1958, LYNEN u. a. 1958) sowie das „aktivierte Isopren" (Isopentenyl-pyrophosphat; CHAYKIN, LAW, PHILLIPS, TCHEN u. BLOCH 1958, LYNEN, EGGERER, HENNING u. KESSEL 1958).

2. Kohlenhydrate

Kata- und Anabolismus der Desoxyribose. Im Gegensatz zu der in ihren Stoffwechselbeziehungen gut definierten D-Ribose ist die Stellung der Desoxyribose im Zucker-Metabolismus noch weitgehend ungeklärt. Was bisher an Information vorliegt, betrifft ausschließlich Befunde, die an Bakterien bzw. deren zellfreien Extrakten erhalten worden waren. Über Thallophyten und höhere Pflanzen ist nichts Fundiertes bekannt. Bei *Escherichia coli* wird freie Desoxyribose durch eine Desoxyribose-5-phosphat-Kinase in den Katabolismus eingeschleust (JONSON, LALAND u. STRAND 1959):

$$\text{Desoxyribose} + \text{ATP} \xrightarrow[\text{Kinase}]{\text{Mg}''} \text{Desoxyribose-5-ph} + \text{ADP}$$

Als wichtigstes abbauendes Enzym fungiert die Desoxyribose-5-ph-Aldolase, sie ist bei *Escherichia, Corynebacterium, Bacillus* für die reversible Spaltung:

$$\text{Desoxyribose-5-ph} \underset{\text{Aldolase}}{\rightleftharpoons} \text{Acetaldehyd} + \text{Glycerinaldehyd-3-ph}$$

verantwortlich (RACKER 1952, HOWELL u. LINDSTROM 1958). *Lactobacillus plantarum* baut Desoxyribose-5-ph zu Acetaldehyd und Milchsäure ab; Aldolase-Aktivität war hierbei nachweisbar (DOMAGK u. HORECKER 1958).

Die Befunde über Desoxyribose-Synthesen lassen sich in 4 Gruppen gliedern:

1. Synthesen durch Umkehrung der Desoxyribose-Aldolase-Reaktion (SHREEVE u. GROSSMAN 1957). Diesem Mechanismus dürfte jedoch in vivo nur untergeordnete Bedeutung zukommen.

2. Bildung der Desoxyribose durch Reduktion der Ribose, welche ihrerseits nach C_1-Decarboxylierung von Hexosen im oxydativen Pentosephosphat-Weg entstanden ist (Versuche mit markierter Glucose an *Escherichia coli*; BERNSTEIN u. SWEET 1958).

3. Direkte Reduktion der Purin-Riboside zu Purin-Desoxyribosiden, der Purin-Ribotide zu Purin-Desoxyribotiden (GROSSMAN 1958). Bei *Escherichia coli* existieren nach REICHARD u. RUTBERG (1960) Enzyme, die für folgende Umsetzungen verantwortlich sind:

a) CMP + ATP $\xrightarrow{\text{Kinase, Mg''}}$ CDP + ADP (Nucleosid-Monophosphat-Kinase-Reaktion)

b) CDP + TPNH + H^+ $\xrightarrow{\text{Reductase}}$ Desoxy-CDP + TPN^+

c) Desoxy-CDP $\rightarrow$ Desoxy-CMP + P_i

4. Als nur für einige Mikroorganismen (*Pseudomonas*-Arten) geltender Sonderfall die Ableitung aus dem Entner-Doudoroff-Abbau. Hierbei könnte Decarboxylierung von 2-Keto-3-desoxy-6-phosphogluconat zu Desoxyribose-phosphat führen (LANNING u. COHEN 1955).

Zuckeralkohole (Polyole). Die Herleitung der Polyole aus den entsprechenden Zuckern ist häufig codehydrasen-spezifisch (s. Fortschr. Bot. **20**, 173). HOLLMAN u. TOUSTER (1958) haben über eine Xylulose-Reduktase berichtet, die je nach Art des Coenzyms L-Xylulose (mit TPNH) oder D-Xylulose (DPNH) hervorgehen läßt. *Penicillium chrysogenum* enthält eine TPNH-spezifische Reduktase, die auf D-Xylose eingestellt ist: D-Xylose + TPNH + H^+ $\rightleftharpoons$ Xylit + TPN^+ (CHIANG, SIH u. KNIGHT 1958). Zahlreiche weitere Umsetzungen dieses Typs (z. B. D-Ribulose-Ribit, D-Fructose-Sorbit, Heptulose-D-Glycero-gluco-heptit) sind untersucht worden und haben sich in die bis jetzt erarbeiteten Vorstellungen zwanglos einfügen lassen. Höhere Pflanzen haben leider zu diesem Kapitel noch keine brauchbaren Informationen geliefert.

Den Kohlenhydratstoffwechsel der Braun- und Rotalgen hat eine kanadische Gruppe studiert. *Fucus vesiculosus* baut photosynthetisch gebundenes CO_2 mit hoher Ausbeute in D-Mannit ein. Dieser Polyol verleiht dem Stoffwechsel der Braunalgen einen charakteristischen eigenen Zug (BIDWELL, CRAIGIE u. KROTKOW 1958). Unter vergleichbaren Bedingungen erweist sich bei Rotalgen ein Glycerin-Mannosid als hauptsächliches Photosyntheseprodukt (BIDWELL 1958).

Octulose, Nonulosen-Abkömmlinge. Zum ersten Male ist im Pflanzenreich eine Octulose als Naturprodukt nachgewiesen. Aus wäßrigen Extrakten der Avocado-Birne *(Persea gratissima)* wurde die sirupöse D-Glycero-D-manno-octulose isoliert, desgleichen auch ein Octit (CHARLSON u. RICHTMYER 1959). Auch bei *Sedum* ist das Vorkommen einer Octulose wahrscheinlich.

Für die Bildung und den Umbau derartiger Zucker kommt das Transketolase-Transaldolase-System insofern in Betracht, als RACKER u. SCHROEDER (1957) nachstehende Reaktion aufzeigen konnten:

Ribose-5-ph + Fructose-6-ph ⇌ Glycerinaldehyd-3-ph + Octulose-8-ph
Octulose-8-ph + Glycerinaldehyd-3-ph ⇌ Xylulose-5-ph + Allose-6-ph
Der Nachweis der Allose steht freilich noch aus.

$$
\begin{array}{c}
CH_2OH \\
| \\
C=O \\
| \\
HO-CH \\
| \\
HO-CH \\
| \\
HC-OH \\
| \\
HC-OH \\
| \\
HC-OH \\
| \\
CH_2OH
\end{array}
$$

Als Stickstoff enthaltende Abkömmlinge von 9-C-Zuckern sind die Nonulosaminsäuren, vor allem die N-Acetyl-Neuraminsäure (o-Sialinsäure) in den Blickpunkt des Interesses gerückt. Nach zahlreichen Nachweisen in tierischen Geweben konnte nun auch aus *Escherichia coli* ein Polymeres der N-Acetylneuraminsäure isoliert werden (BARRY 1959).

Die Biogenese der Nonulosaminsäuren scheint im Grundprinzip auf einer Kondensation einer Aminodesoxyhexose mit Brenztraubensäure zu beruhen. In *Clostridium perfringens* katalysiert ein Enzym die Reaktion:

N-Acetyl-Glucosamin + BTS → N-Acetylneuraminsäure

(ZILLIKEN u. WHITEHOUSE 1958).

Hemicellulosen, Pentosane. Xylane: Je mehr unsere Kenntnisse zunehmen, desto mehr zeigt es sich, daß die Mehrzahl der nichtcellulosischen und nichtpektinischen Zellwand-Polysaccharide der höheren Pflanzen aus Xylan-Derivaten besteht. Von diesem Standpunkt aus erweist sich die Hemicellulosen-Gruppe als überraschend uniform (WHISTLER u. SANNELLA 1958). Als prototypisch für Laubhölzer ist das Xylan von *Acer saccharum* anzusehen (TIMELL 1959):

$$
-[4\,\beta\text{-}D\text{-Xylp-1}]_5-4\,\beta\,D\text{-Xylp-1}-[4\,\beta\text{-}D\text{-Xylp-1}]_4-
$$
$$
\begin{array}{c}
2 \\
| \\
1
\end{array}
$$

4-O-Me-α-D-Glucur.-Säure

Die Acer-Hemicellulose besteht aus linearen Ketten β-1,4-verknüpfter Xylose-Einheiten, etwa jede 10. Einheit ist über C_2 mit einem 4-0-MethylD-Glucuronsäure-Rest verbunden. Die Xylane der Gramineen (besonders im Stroh) sind bei ähnlichem Aufbau der Kette durch Arabinose-Reste in den Seitenketten charakterisiert (WHISTLER u. SANNELLA 1958,

WHISTLER u. LAUTERBACH 1958). Wird $^{14}CO_2$ durch Weizen photosynthetisch gebunden, erreicht die Radioaktivität in den Hemicellulosen nach 5 Tagen ihr Maximum, das weiterhin unverändert bleibt. Dies ist ein klarer Hinweis, daß die Hemicellulosen kein Reservematerial darstellen, sondern endgültig aus katabolischen Prozessen ausgeschieden sind.

Niedere Organismen verfügen über xylanabbauende Enzyme. Das β-1,4-Polyxylan des Maiskolbens wird durch *Aspergillus foetidus* zu Xylobiose aufgespalten (WHISTLER u. MASAK 1955). Bei anderen Pilzen und Streptomyceten ist ein weiteres Enzym bekannt, das Xylobiose in Xylose spaltet.

Die Zellwand-Kohlenhydrate der *Avena*-Coleoptile waren bislang ungenügend erforscht, obwohl man bei der Analyse des Streckungswachstums sich mit Vorliebe dieses Objektes bedient. Nach BISHOP, BAILEY u. SETTERFIELD (1958) beträgt in jungen Koleoptilen der Hemicellulosen-Anteil 51%; 25% entfallen auf α-Cellulose. Mit 0,3% ist der Pektingehalt überraschend niedrig. Es liegt nahe, in den Hemicellulosen den Angriffspunkt der Auxinwirkung zu sehen.

Biosynthese der Hemicellulosen. NEISH (1959) faßt noch einmal alle Argumente zusammen, die für die Nucleotid-Theorie der C-6-Decarboxylierung sprechen (s. Fortschr. Bot. **19**, 268). Aus Erbsenextrakten wurde ein Enzym gewonnen, das anscheinend für junge Gewebe charakteristisch ist (STROMINGER u. MAPSON 1957). Es katalysiert die Umsetzung:

$$UDPG + 2DPN^+ \xrightarrow{\text{UDPG-Dehydrogenase}} UDP\text{-Glucuronsäure} + 2DPNH + 2H$$

Wird Glucuronsäure-^{14}C-6 an Maiskoleoptilen verabreicht, so erweist sich das abgespaltene CO_2 im erwarteten Maß als radioaktiv. Bei Verwendung uniform markierter Glucuronsäure geht die Radioaktivität zum Großteil in Xylane über (SLATER u. BEEVERS 1958). Damit gilt das Konzept von NEISH als ziemlich gesichert.

Aktivierung der freien Pentosen. Von großem Interesse ist das diskrepante Verhalten nach Verfütterung von Pentosen an Weizen (NEISH 1958, 1959). Markierte D-Ribose und D-Xylose werden zunächst in den "Ester-pool" (ω-Phosphatester = 6-Phosphate) eingeschleust und metabolisiert (Transaldolase-Transketolase-System). Davon abweichend verhält sich die L-Arabinose, sie wird nahezu ohne Rearrangement des C-Skeletes in Xylan umgewandelt; wahrscheinlich durchläuft sie den für Polysaccharid-Synthesen bereitgestellten "Glycosid-Pool" (Zucker-1-phosphate, UDP-Glycoside, Saccharose).

Mannane. Für niedere Organismen sowie für Samen höherer Pflanzen sind Hemicellulosen vom Mannan-Typ kennzeichnend. *Bacillus polymyxa* produziert ein Mannan vom Polymerisationsgrad 15, bei welchem 1,2-Verknüpfungen der Mannopyranose-Reste zu linearen Ketten führen; Seitenglieder, ebenfalls aus Mannopyranose bestehend, sind 1,6-verbunden (BALL u. ADAMS 1959).

Gut untersucht hinsichtlich des Chemismus und der Ultrastruktur ist das Polymannan von *Phytelephas macrocarpa*, das als Reservestoff 90% der verdickten Zellmembran des Samens ausmacht. Es sind zwei Fraktionen vorhanden. Mannan A, vorwiegend nach dem β-1,4-Mannan-Typ gebaut, erweist sich im Elektronenmikroskop als granulär; der Polymerisations-Grad beträgt 17—21. Mannan B, neben den vorherrschenden β-1,4-Bindungen auch β-1,6-Verknüpfungen zeigend (zu 14%), ist mikrofibrillär und besitzt im Molekül etwa 80 Mannose-Einheiten (MAIER 1958). Granuläre dem Mannan A entsprechende Strukturen hat man auch in der Rotalge *Porphyra umbilicalis* gefunden (CRONSHAW 1958). Die Bildung der Mannane, Pentosane und Galactane erweist sich bei den Gräsern als eng mit der systematischen Stellung korreliert (MACLEOD u. MCCORQUODALE 1958 b). Über die Biosynthese ist noch wenig bekannt. CHEN (1959) verfütterte Glucose-^{14}C-1 an Hefe und fand bei der Aufarbeitung im Glykogen, im Mannan und in der Trehalose vergleichbare spezifische Aktivitäten. Die Isotopenverteilung spricht fü reine direkte Umwandlung der Glucose in Mannose und anschließende Polymerisation.

Cellulose. Zusammenfassungen: ROELOFSEN (1959), STONE (1958). Über Cellulose-Synthese in Homogenaten aus dem celluloseproduzierenden *Acetobacter xylinum* berichten COLVIN (1957) und GLASER (1958). Letzterem gelang die Anreicherung eines Enzyms aus Ultraschall-Extrakten, das bei Gegenwart löslicher Cellodextrine die Polymerisation UDP-Glucose → Cellulose ermöglicht. Dies wäre ein Analogon zu der von GLASER u. BROWN (1957) untersuchten Chitinsynthese. Ein hiervon abweichendes Resultat gab GREATHOUSE (1959) bekannt. In zellfreien *Acetobacter*-Extrakten geht bei einem pH von 8,5—9,0 folgende Umsetzung vor sich:

$$\text{Glucose-1-}^{14}\text{C} + \text{ATP} \rightleftharpoons \text{Cellulose-}^{14}\text{C}$$

Nach Hydrolyse fanden sich 97% der Markierung der Cellulose in 1-Position. Diese direkte Polymerisation verläuft nicht über das UDP-System. Von Interesse ist der Modus, nach welchem *Acetobacter* den Energiebedarf für die Cellulose-Synthese deckt. Unter aeroben Bedingungen läuft unter Umgehung des EMP-Katabolismus, der infolge des Fehlens der Phosphofructokinase ausgeschlossen bleibt, folgende phosphorolytische Reaktion ab:

a) Fructose-6-ph + P_i → Acetylphosphat + Erythrose-4-ph

b) Acetylphosphat + ADP $\xrightarrow{\text{Acetokinase}}$ Essigsäure + ATP

Der vollständige Abbau von 1 Mol Glucose-6-ph ergibt demnach 3 Mol Acetat, deren Oxydation im TCC der Energielieferung für die Cellulose-Synthese dient (SCHRAMM, KLYBAS u. RACKER 1958). *Acetobacter*-Stämme, die zur Cellulose-Synthese unfähig sind, häufen in

Glucose-Kultur nach 10 Tagen bevorzugt Gentiobiose und Sophorose an (KHAN, PELLEGRINO u. WALKER 1959). Der Mechanismus der Cellulose-Biogenese in höheren Pflanzen bleibt weiterhin ungeklärt. SETTERFIELD u. BAILEY (1958) sowie BÖHMER (1958) haben mit Hilfe ^{14}C-markierter Hexosen und unter Anwendung radioautographischer Methoden die Einlagerung der Verbindungen in die Zellwandkohlenhydrate der Avena-Koleoptile verfolgt.

Kallose und andere β-1,3-Polyglucane. Der Strukturaufklärung der in verschiedenen Geweben der höheren Pflanze und der Pilze auftretenden Kallose standen große methodische Schwierigkeiten entgegen. Diese sind nun mit Hilfe sinnreich kombinierter Verfahren (Maceration, Filtration, Zentrifugieren, Mikroschleifmethode, Wirbelstrom-Reinigung, chemische Behandlung u. a.) überwunden worden. Aus Phloem von winterlicher *Vitis vinifera* wurden durch KESSLER (1958) reine Siebröhren-Kallose-Körper isoliert, elektronenoptisch und röntgenographisch untersucht und schließlich der chemischen Analyse unterworfen. Hierbei ergab sich überraschenderweise, daß die Siebröhren-Kallose dem Laminarin der Braunalgen sehr ähnlich ist. Aus partieller Hydrolyse resultierte Laminaribiose. Die Siebröhren-Kallose ist ein wahrscheinlich unverzweigtes β-1,3-Glucan mit einem Polymerisationsgrad von etwas weniger als 90. Das gleichfalls unverzweigte Laminarin weist einen Polymerisationsgrad von etwa 20 auf. ESCHRICH (1959) ließ Kallose-Präparationen aus Siebröhren, Cystolithen, Wurzelhaaren, Pollenschläuchen und Pilzen durch Papain abbauen. Die Chromatographie der Spaltprodukte zeigte Glucose und 2 reduzierende Oligosaccharide. Es steht der Nachweis noch aus, ob die übrigen Kallose-Vorkommen chemisch mit der Siebröhren-Kallose identisch sind (ROELOFSEN 1959). Fast zu gleicher Zeit wie KESSLER haben H. FEINGOLD, NEUFELD und HASSID (1958) über einen Enzymextrakt aus *Phaseolus aureus* (Mungbohne) berichtet, der als Transferase wirkt:

$$\text{UDPG} \xrightarrow{\text{Transferase}} \beta\text{-1,3-Polyglucan}$$

Ähnliche aktive Extrakte wurden in Kohl, Petersilie, Spinat u. a. nachgewiesen. Hydrolyse der Reaktionsprodukte führte zu Laminaribiose, -triose und weiteren Homologen. Hiermit wäre das für die Kallose-Bildung verantwortliche Enzym gefaßt. β-1,3-Polyglucane abbauende Enzyme (Laminarasen) sind u. a. bei Weizen, Gerste und Roggen bekannt (REESE u. MANDELS 1959). Auch das Mandel-Emulsin besitzt β-1,3-glucanatische Aktivität.

Amyloid. Zur Kenntnis der seit 1838 aus Samen bekannten Substanz „Amyloid" hat KOOIMAN (1957, 1959) entscheidend beigetragen. Die Speicherkotyledonen von *Tamarindus* enthalten 40—50% Amyloid. Es handelt sich um ein β-1,4-Polyglucan, also um eine dem Bautyp der Cellulose entsprechende Verbindung, jedoch ist nur jedes 4. Monomere frei, die übrigen sind über C-6 mit einer Xylose-Einheit verknüpft. Die Hälfte dieser Seitenglieder wiederum ist mit Galaktose verbunden. Die leicht mit heißem Wasser extrahierbare Verbindung ist nach KOOIMAN in Samen häufiger als bisher angenommen wurde.

Stärke. Das Nebeneinanderexistieren der Amylose und des Amylopektins im Stärkekorn ist schwierig zu interpretieren. Wahrscheinlich spielt die Ultrastruktur des Korns eine maßgebende Rolle. WHELAN u. WALKER (1958) kommen zu der Auffassung, daß in einem durch Trennmembranen begrenzten Bezirk ("Compartment A") die reversible Disproportionierung der niederen Maltodextrine in höhere Maltodextrine stattfindet, katalysiert durch das D-Enzym. Die dabei entstehende freie Glucose muß durch Hexokinase (+ ATP) in Glucose-6-ph übergeführt werden, ehe eine Kettenverlängerung bis zu amylose-ähnlichen Polymeren stattfinden kann. Die im Compartment A gebildeten Polymere bilden das Substrat für das die Amylopektinbildung katalysierende Q-Enzym. In anderen Mikrobezirken des Stärkekorns ("Compartment B") vollzieht sich die Polymerisation zu Amylose mit Hilfe der Stärkephosphorylase. Da das Q-Enzym infolge von Membran-Barrieren nicht im Compartment B wirksam sein kann, bleibt dort die Amylose erhalten (WALKER u. WHELAN 1959). Elektronenoptische Befunde zugunsten dieser interessanten Vorstellungen fehlen allerdings.

Pektine. An der Bildung der Methylester-Gruppen der Pektine und Protopektine ist der gleiche Transmethylierungsmechanismus beteiligt wie an der schon früher untersuchten Bildung der N-Methyle (Alkaloide) und O-Methyle (Methoxyle der Lignine u. a.). Durch Verabreichung von Methionin, das an der labilen CH_3-Gruppe indiziert war, konnte bei Gewebeschnitten von *Avena*-Keimlingen bewiesen werden, daß Methionin als Methyl-Donator für die Methylester-Gruppen wirkt (SATO, BYERRUM, ALBERSHEIM u. BONNER 1958). Entsprechende Resultate wurden beim Radieschen nach Verfütterung von Formiat, Formaldehyd und Glycin (alle ^{14}C-markiert) erzielt. 70—80% der Gesamt-Radioaktivität der Pektine wurde in den Methylester-Gruppen angetroffen (WU u. BYERRUM 1958).

Kohlenhydrat-Abbau. Aus der Feder von GIBBS (1959) stammt eine kritische, alle wesentliche Literatur berücksichtigende Übersicht über die in mannigfacher Weise verflochtenen Wege des Kohlenhydrat-Abbaus. Neben der weiter vorangetriebenen Analyse des EMP-Weges und des oxydativen und anaeroben Pentosephosphat-Abbaus tritt nun auch zutage eine zunehmende Kenntnis der Modalitäten der direkten Oxydation der freien Hexosen. Diesen katabolischen Weg bezeichnet man auf Vorschlag von UTTER (1957) als den Glucuronat-Xylulose-Abbauweg. Der im letzten Bericht (Fortschr. Bot. **20**, 175) herausgestellte Abbau nach ENTNER-DOUDOROFF ist nach neueren Befunden lediglich ein Specificum der *Pseudomonas*-Arten.

Vorwiegend mit den nicht immer treffenden radiorespiratorischen Methoden wurde der Anteil der einzelnen Abbauwege am Kohlenhydrat-Katabolismus festzustellen versucht. Saprophytische Bodenmikroben *(Nocardia)* veratmen die meisten Zucker-Substrate bevorzugt auf dem Wege des Pentosephosphat-Cyclus, wobei es unter bestimmten Bedingungen zu starker Anhäufung von Intermediärprodukten, z. B. Sedoheptulose kommen kann (DUFF u. WEBLEY 1958). *Escherichia coli* und *Saccharomyces cerevisiae* ähneln einander in der Bevorzugung des EMP-

Weges, jedoch beträgt der Anteil der Phosphogluconat-Decarboxylierung immerhin 28% bzw. 12%. Bei Bacillus subtilis können sogar 35% auf den oxydativen Pentosephosphat-Cyclus entfallen (WANG, STERN, GILMOUR u. a. 1958). Ähnliche Zahlen werden auch bei höheren Pflanzen erhalten. Es veratmen Tomaten 84% des umgesetzten Zuckers auf dem EMP-Weg und 16% in der direkten Glucose-Oxydation -(BARBOUR, BUHLER u. WANG 1958). Der bereits referierte Befund (s. Fortschr. Bot. **19**, 273), wonach sich im Laufe der Entwicklung und Gewebedifferenzierung qualitative Wandlungen des Atmungssystems vollziehen, ist durch neue Belege gestützt worden. GIBBS u. EARL (1959) haben an gekeimten Erbsen die Änderungen der Aldolasen-Aktivität (= EMP-Abbau), der 6-Phosphogluconat-DHG-Aktivität (= oxydativer Pentosephosphat-Abbau) und der Transketolase-Transaldolase-Aktivität (= anaerober Pentosephosphat-Cyclus) sowie die Aktivitätsänderungen der Fructose-1,6-diphosphatase verfolgt. Im gequollenen Samen wird zunächst ausschließlich nach dem glykolytischen EMP-Weg abgebaut (s. a. HATCH u. TURNER 1958), nach 7 Tagen haben alle 4 Aktivitäten um ein Vielfaches zugenommen, am meisten jedoch die für den anaeroben Pentosephosphat-Cyclus maßgebende. Der für den embryonalen Katabolismus kennzeichnende EMP-Abbau verliert mit zunehmendem Wachstum an Bedeutung, so daß schließlich der oxydative HMP-Weg dominiert. Die Kontrolle der Umschaltung zum oxydativen Abbau wird durch Pyridin-Nucleotide bewirkt. Der HMP-Abbau ist begünstigt bei niedrigen TPNH/TPN- und hohen DPNH/DPN-Quotienten, was den Vorstellungen HOLZERs über die Kontrolle des Pentosephosphat-Cyclus durch TPNH-Reoxydation entspricht. Im ausgewachsenen Gewebe macht sich wieder eine rückläufige Tendenz zum EMP-Weg hin bemerkbar. CLACTON (1959) findet bei *Nicotiana* die für den Pentosephosphat-Cyclus repräsentative Aktivität nur in jungen Blättern, hingegen nicht in Keimlingen und alten Blättern. Der Anteil des Pentosephosphat-Weges am Hexose-Katabolismus kann bei Mais-Wurzelspitzen gewöhnlich vernachlässigt werden. Durch Zugabe von 10^{-3}M 2,4-Dichlorphenoxyessigsäure läßt sich jedoch der Abbau fast ausschließlich über den Pentose-Cyclus leiten (HUMPHREYS u. DUGGER 1959).

Gegen eine Überbewertung der durch BEEVERS u. GIBBS bzw. BLOOM u. STETTEN (s. Fortschr. Bot. **19**, 272) eingeführten Radiorespirometrie (C-6/C-1-Quotienten) wenden sich einige kritische Arbeiten. DAVIES (1959) betont, daß rasche Gleichgewichtseinstellung eine Unterrepräsentation des Pentosephosphat-Cyclus zur Folge haben müßte und damit eine präzise Bestimmung des Anteils der katabolischen Typen illusorisch wird. Radiorespirometrische Methoden versagen dort, wo Hexose aus Triose gebildet wird, wo unvollständiger Abbau nach dem Pentosephosphat-Schema stattfindet, wo eine Umschaltung der Transketolase-Transaldolase-Reaktionen das Bild verwischt und die Gleichgewichtseinstellung nicht berücksichtigt wird (WOOD u. KATZ 1958).

Der Embden-Meyerhof-Parnas-Abbauweg. In einer sehr sorgfältigen Untersuchung haben HATCH u. TURNER (1958) bei Erbsen eine Analyse der am EMP-Abbau beteiligten Intermediärprodukte, Enzyme und deren

15*

Empfindlichkeit gegen die klassischen Glykolyse-Blocker Jodacetat und Fluorid unternommen. Die uneingeschränkte Gültigkeit des EMP-Schemas konnte dabei bestätigt werden.

Charakteristische Unterschiede im Kohlenhydrat-Katabolismus existieren bei marinen Algen. Während Grünalgen mit Ausnahme der einleitenden Hexokinase- und Phosphoglucomutase-Reaktion zur Glykolyse befähigt erscheinen und auch die für den oxydativen Glucoseabbau notwendige 6-Phosphogluconat-DHG besitzen, muß in Rotalgen ein auf Galactose und Glycerinsäure als Substrate eingestellter Abbaumechanismus existieren, da die Enzyme des EMP- und HMP-Weges fehlen (JACOBI 1957, 1958).

Varianten des EMP-Weges. Eine Umgehung der Glykolyse stellt die bereits bei der Cellulose-Synthese erwähnte jodacetatresistente phosphorolytische Spaltung des Fructose-6-ph in Acetyl-phosphat und Erythrose-4-ph dar.

Nach Blockierung der Phosphoglucose-Isomerase durch Polymyxin B wird bei *Scenedesmus* und *Chlorella* die Glykolyse umgeleitet. GALLOWAY u. KRAUS (1959) interpretieren den Befund im Sinne eines Nebenwegs via Galactose-1-ph → Gal-6-ph → Tagatose-6-ph → Tagatose-1,6-diph → →Fructose-1,6-diph.

In Spinatblättern fanden HOLZER u. HOLLDORF (1957) eine Kinase, die freie Glycerinsäure in den EMP-Weg einschleust. Die an der PEP angreifenden Carboxylierungsreaktionen, welche ein weiteres Bindeglied zwischen EMP-Weg und TCC darstellen, sollen im Kapitel „CO_2-Fixierung" näher besprochen werden.

Der Pentosephosphat-Abbauweg. Über die aktuellen Probleme bei der Erforschung des Pentosephosphat-Kreislaufs im Tiergewebe berichten DICKENS, GLOCK u. McLEAN (1959). Es wird neuerdings allgemein unterschieden zwischen dem oxydativen Pentosephosphat-Weg (HMP-shunt) mit seinen 2 Oxydationsschritten, und dem zur Resynthese von Fructose-6-ph führenden anaeroben Pentosephosphat-Cyclus (HORECKER u. HIATT 1958) mit seinen Rearrangement-Reaktionen. Der biologische Sinn des letzteren Kreislaufs ist ja weniger in der Energiegewinnung als in der Bereitstellung von Pentosen für die Wachstumsprozesse zu suchen (HOLZER u. WITT 1960). Zahlreiche Arbeiten geben Details über die hier beteiligten Enzyme und Substrate bekannt. So sind in *Aerobacter*-Arten sämtliche für den HMP-Ablauf verantwortlichen Enzyme nachweisbar, einschließlich einer Hexonokinase, die freies Galaktonat phosphoryliert (DE LEY 1958). In einer ausführlichen Studie von SRERE, COOPER, TABACHNIK u. RACKER (1958) wird über das Vorkommen einer Ribose-5-ph-Isomerase in Spinatblättern berichtet, die Ribulose-5-ph hervorgehen läßt. Arsenit bewirkt als selektiver Inhibitor eine Anhäufung von BTS, deren Markierungsmuster Rückschlüsse auf die Art des Abbaus indizierter Glucose zuläßt (DAWES u. HOLMS 1958), doch hat die Methode bei Blättern höherer Pflanzen versagt (GIBBS 1959).

Ascorbinsäure. Für die Biosynthese dieser viel untersuchten Verbindung scheinen 2 Wege offen zu stehen, einerseits die schon seit Jahren bekannte Sequenz (s. Fortschr. Bot. **17**, 586), die sich heute als identisch mit dem Glucuronat-Xylulose-Abbauweg erweist (GIBBS 1959, DICKENS, GLOCK u. MCLEAN 1959) und in animalischen Geweben am ehesten gesichert ist, andererseits die durch LOEWUS u. Mitarb. (1958) entdeckte Herleitung aus dem oxydativen HMP-Shunt. Der biologische Umbau der Ascorbinsäure scheint darauf hinzuweisen, daß die Verbindung ein Intermediärglied des Kohlenhydratstoffwechsels darstellt, das wieder in den Pentosephosphat-Kreislauf einbezogen wird. Zur Erleichterung des Verständnisses sind die komplexen Zusammenhänge im folgenden Schema zusammengefaßt:

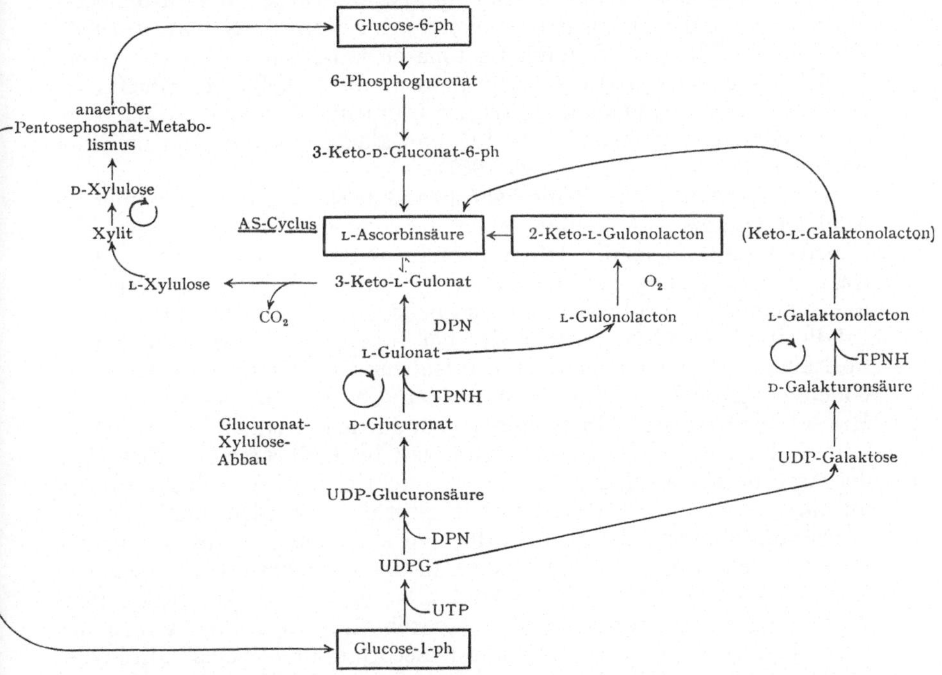

Schema des Ascorbinsäure-Metabolismus (nach MAPSON, GIBBS, LOEWUS, KANFER u. a.). Obere Hälfte: Pentosephosphat-Weg + Ascorbinsäure-Cyclus. Untere Hälfte: Glucuronat-Xylulose-Weg

Die Ascorbinsäure im Glucuronat-Xylulose-Weg. Eine wesentliche Erkenntnis besteht darin, daß an der Einleitung der Reaktionsfolge eine Uridyl-Transferase beteiligt ist, die Glucose-1-ph in UDPG überführt. In Erbsenextrakten existiert eine UDPG-Dehydrogenase, deren Wirkung als Beispiel einer UDP-abhängigen Oxydoreduktion angeführt sei (STROMINGER u. MAPSON 1957):

$$UDPG + 2DPN^+ \to UDP\text{-}D\text{-Glucuronsäure} + 2DPNH + H^+$$

Auf die schon früher durch Isotopenversuche bewiesene Inversion der Kohlenstoffkette erfolgt TPNH-abhängige Reduktion zu L-Gulonsäure. Mehrere Autoren finden übereinstimmend, daß allein die Lactonstruktur eine Umwandlung in Ascorbinsäure ermöglicht, wobei als Zwischenprodukt in einer O_2 erfordernden Reaktion 2-Keto-L-Gulonolacton als unmittelbarer Ascorbinsäure-Progenitor auftritt. Die in früheren Hypothesen begünstigte 3-Keto-L-Gulonsäure scheint weniger geeignet zu sein (KANFER, BURNS u. ASHWELL 1958, CHATTERJEE, GHOSH u. Mitarb. 1959, NAKATANI 1958), sie reagiert nach Decarboxylierung zu L-Xylulose:

$$\text{L-Gulonolacton} \xrightarrow{\text{Mikrosomen } O_2} \text{2-Keto-L-Gulonolacton} \rightarrow \text{L-Ascorbinsäure}$$
$$\Updownarrow$$
$$\text{L-Gulonsäure} \xrightarrow{\text{DPN, „Übeerstehendes“}} \text{3-Keto-L-Gulonsäure} \rightarrow \text{L-Xylulose}$$

Der Gleichung entsprechende Enzympräparate wurden aus Rattenleber-Mikrosomen und auch aus Erbsenkeimlingen gewonnen (NAKATANI 1958). Die Lactonbildung wird durch Lactonasen katalysiert (YAMADA 1959). Auch in Apfelblättern wird Ascorbinsäure nur bei Angebot von Glucuronolacton gebildet (ASSELBERGS 1957). Im Blumenkohl ist eine L-Galactonolacton-DHG nachweisbar; sie ist für die Galacturonsäure-Sequenz kennzeichnend (MAPSON u. BRESLOW 1957).

Die Ascorbinsäure im Pentosephosphat-Kreislauf. Daß nicht immer die Analogieschlüsse vom animalischen auf das pflanzliche Material das Gegebene sind, zeigen die Befunde von LOEWUS, JANG u. Mitarb. (1958). Nach Verabreichung von D-Glucose-1-^{14}C an reifende Erdbeeren und Kressekeimlinge zeigte sich überraschenderweise die Ascorbinsäure in C-1-Position markiert, anstelle der bei Inversion zu erwartenden C-6-Position. Auch wird eingebrachte D-Galactose-1-^{14}C zunächst wieder in Glucose verwandelt, was ebenfalls der Theorie von ISHERWOOD u. MAPSON widerspricht. In weiteren gründlichen Studien konnte wahrscheinlich gemacht werden, daß zumindest bei Erdbeeren der HMP-Weg der Ascorbinsäure-Bildung bevorzugt beschritten wird, wobei ein intermediäres 6-Phospho-3-Ketogluconat postuliert werden muß. Wurde L-Ascorbinsäure-^{14}C in unreife Erdbeeren eingeführt, erwies sich bevorzugt C-1 und C-6 der Rohrzucker-Glucose als markiert. Die schnelle Umformung der Ascorbinsäure und Überleitung in den Zucker-Pool deutet auf die Einbeziehung der Ascorbinsäure in Teilreaktionen des anaeroben Pentosephosphat-Cyclus („Ascorbinsäure-Cyclus", LOEWUS, FINKLE u. JANG 1958, LOEWUS u. STAFFORD 1958). Daß dennoch auch der Glucuronat-Katabolismus mitspielen kann, erweist Versorgung der Erdbeeren mit D-Glucuronolacton-1-^{14}C, woraus 6-C-markierte Ascorbinsäure resultiert. Der letztere Weg tritt jedoch nach Auffassung von LOEWUS bei der Ascorbinsäure-Biosynthese in Pflanzen sehr zurück.

3. Säurestoffwechsel und Atmung

Zusammenfassende Darstellungen: DAVIES (1959), GIBBS (1959), REINBOTHE (1958), HACKETT (1959).

Tricarboxylsäure-Cyclus (TCC). Daß die Endoxydation im Pflanzengewebe vorwiegend über den TCC verläuft, ist wieder in einer Reihe von sorgfältigen Arbeiten demonstriert worden (z. B. VICKERY u. PALMER 1957). Vieles bleibt trotzdem noch ungeklärt: So ist die Akkumulation erheblicher Mengen von Säuren des Cyclus eigentlich unvereinbar mit den katalytischen Funktionen des TCC als Hauptmodus der Respiration. Häufig wird gefunden, so vor allem in Blättern, daß die Umlaufgeschwindigkeit des Cyclus zu gering ist, um alle Phänomene des Gaswechsels befriedigend zu erklären. Auch sollte nie außer acht gelassen werden, daß der TCC als Schlüsselprozeß des kata- und anabolischen Geschehens (s. KREBS u. KORNBERG 1957) im hohen Maße der Bereitstellung von Metaboliten dient, vor allem, wenn der Glyoxylat-Cyclus substituierend eintritt (DAVIES 1959). Den hierbei sich ergebenden Beziehungen zwischen Protein-Metabolismus und Respiration sind besonders STEWARD, BIDWELL u. YEMM (1958) nachgegangen. Protein-Stoffwechsel und TCC interferieren in vielfältiger Weise miteinander. C-Assimilation und Proteinsynthese erscheinen im allgemeinen miteinander verkoppelt, desgleichen Protein-Abbau und Kohlenhydrat-Katabolismus. Fütterungsversuche mit Glucose, Glutamin und γ-Aminobutyrat (alle 14-C-indiziert) lassen bei Explantaten von Karotten-Phloem erkennen, daß ein bedeutender Teil der CO_2-Produktion des TCC aus der Oxydation von Abbauprodukten des Protein-Turnover herrührt.

Auch das Arbeiten mit dem Cyclophorase-System in vitro (Mitochondrien-Fraktionen u. ä.) birgt viele schwierige Probleme; häufig leisten die isolierten Mitochondrien nur 50% der in intakten Geweben beobachteten O_2-Aufnahme, was nicht nur auf die Isolierungsprozedur zurückgeführt, sondern im Zusammenhang mit den komplexen Fragen der Compartmentation gesehen werden muß.

Die verschiedensten Organe höherer Pflanzen verarbeiten Acetat-1-^{14}C und Acetat-2-^{14}C entsprechend dem TCC-Schema. C-1 wird der Erwartung entsprechend bevorzugt in CO_2 umgesetzt (BEEVERS 1957, DOYLE u. WANG 1958); analoge Resultate ergibt die Applikation von markiertem Pyruvat (FOWDEN u. WEBB 1958, NEAL u. BEEVERS 1958). Präklimakterische Apfelschnitte reagieren auf Zusatz von Säuren des TCC mit 20—150% Atmungsstimulation, an welcher ebenso wie an der endogenen Atmung die mit Cytochromoxydase kooperierende Succinodehydrase wesentlich beteiligt ist. Aus Apfelschnitten gewonnene Mitochondrienpräparate oxydieren die TCC-Glieder mit hoher Umsatzrate (HATCH, PEARSON, MILLERD u. ROBERTSON 1959).

Glyoxylsäure-Cyclus. Der TCC in seiner klassischen Formulierung vermag als exzessiver Dissimilationsprozeß synthetische Leistungen nur ungenügend zu erklären. Seit der Entdeckung des Glyoxylsäure-Cyclus (s. Fortschr. Bot. **20**, 177) ist diese Schwierigkeit behoben. Der Glyoxylat-Cyclus erscheint geradezu als synthetische Phase des TCC, freilich in seiner Aktion beschränkt auf fettmobilisierende höhere Pflanzen und Mikroorganismen, die mit acetogenen Substraten wachsen. Im Säugetier-Gewebe blieb die Suche nach der Isocitritase und Malat-Synthetase erfolglos (MADSEN 1958). CARPENTER u. BEEVERS (1959) haben 25 Angiospermen auf Isocitritase-Aktivität geprüft. In Wurzeln, Blättern und Sproßachsen mit überwiegendem Kohlenhydrat-Katabolismus fehlt das Enzym überhaupt, es ist hingegen kennzeichnend für keimende Samen mit fettreichem Endosperm (Speicher-Kotyledonen von Sonnenblume, Baumwolle, Soja, Erdnuß, Castor-Bohne, Wassermelone) und fettreiche

Perikarpien (Avocado-Birne). Ähnlich verhält sich die Malat-Synthetase (MARCUS u. VELASCO 1959). In Samen erreichen die mit dem Fettkatabolismus (β-Oxydation) gleichsinnig ansteigenden Isocitritase- und Malat-Synthetase-Aktivitäten zwischen dem 3. und 7. Keimungstag ein Maximum. Nach Aufbrauchung der Fettreserven schwindet die Isocitritase-Aktivität wieder, darin ähnlich dem adaptiven Verhalten dieses Enzyms bei Mikroorganismen, die auf acetogenen (Acetyl-CoA-liefernden) Substraten kultiviert worden waren (BRADBEER u. STUMPF 1959).

Die Isocitritase sowohl der Bakterien und Hefen als auch der Angiospermen benötigt zur Aktivierung Mg-Ionen, ferner Cystein oder Glutathion (CARPENTER u. BEEVERS 1958, SMITH u. GUNSALUS 1958, OLSON 1959). Die an der Kondensation des Glyoxylats mit Acetyl-CoA beteiligte Malat-Synthetase wirkt auf der Grundlage einer synthesebegünstigenden Thioester-Hydrolyse. Näher untersucht wurde die Reaktion bei *Pseudomonas* (KORNBERG u. MADSEN 1958) und Castor-Bohnen (BEEVERS u. KORNBERG 1957). Bei der Umwandlung des aus der β-Oxydation der Fette resultierenden Acetyl-CoA in Kohlenhydrate werden wahrscheinlich folgende Stufen durchlaufen:

$$\text{Fett} \rightarrow \text{Acetyl-CoA} \rightarrow \text{Glyoxylat-Cyclus} \rightarrow \text{Malat} \rightarrow$$
$$\rightarrow \text{OES} \rightarrow \text{PEP} \rightarrow \text{EMP-Weg} \rightarrow \text{Kohlenhydrate}$$

(GIBBS 1959, STUMPF u. BRADBEER 1959, BRADBEER u. STUMPF 1959).

Nach Verfütterung von Acetat-2-^{14}C an *Chlorella* wird im Licht infolge der reichlich angebotenen reduzierten Pyridinnucleotide die Fettsynthese gegenüber der Synthese von Kohlenhydraten begünstigt, jedoch tritt auch radioaktive Glucose auf, deren Markierungsmuster auf das Funktionieren des Glyoxylat-Cyclus mit anschließender umgekehrter Glycolyse: Glycerinaldehyd-3-ph (C-4-5-6 der Glucose) + Dihydroxy-

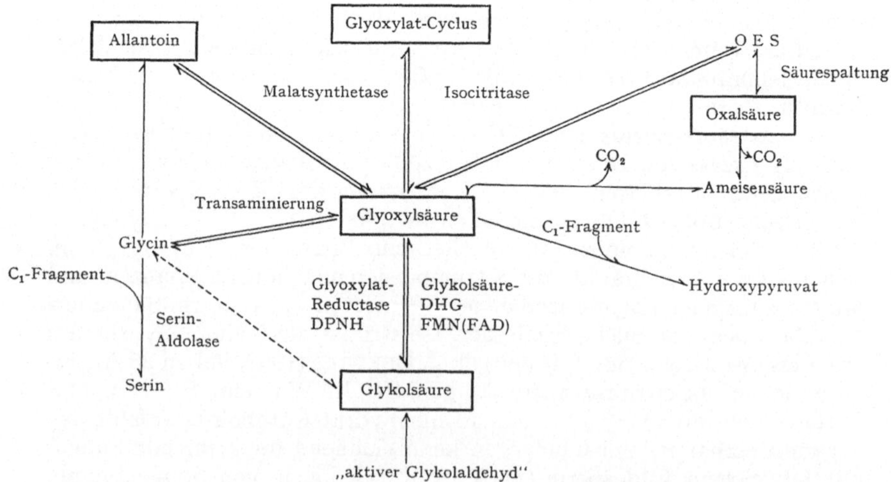

Schema der Stoffwechselbeziehungen der Glykolsäure, Glyoxylsäure und Oxalsäure

aceton-ph (C-1-2-3) hindeutet, wobei das letztere Teilstück des Kondensats infolge der Verdünnung durch einen vorgegebenen "pool" etwas geringere spezifische Aktivitäten zeigt (SCHLEGEL 1959).

In einer ausführlichen kritischen Literaturübersicht bespricht REINBOTHE (1958) die Stoffwechselbeziehungen zwischen der Glyoxylsäure, und der Glykol- und Oxalsäure, deren genetische Ableitung noch nicht befriedigend geklärt ist. Unter Berücksichtigung neuerer Arbeiten (KRUPKA u. TOWERS 1958) ergibt sich folgendes noch im Detail ergänzungsbedürftige Bild; es macht die enge Verknüpfung des Glyoxylat-Stoffwechsels mit dem Metabolismus des Allantoins und Glycins deutlich, die sich aus Experimenten von KRUPKA u. TOWERS (1958) ergibt, wonach in Weizenkeimlingen Glycin-^{14}C und Glyoxylat-^{14}C als Vorstufen von Allantoin fungieren. Umgekehrt kann bei niederen und höheren Pflanzen Glyoxylsäure aus der Allantoin-Hydrolyse hervorgehen (siehe Schema). Damit ist die Zahl der die Glyoxylsäure betreffenden Umsetzungen nicht erschöpft. Es deutet manches darauf hin, daß bei Hefen die Acetat-Oxydation auch über Glykolsäure → Glyoxylsäure → Ameisensäure + CO_2 vollzogen wird.

Thunberg-Wieland-Kondensation. Schon seit längerer Zeit wird ein Dicarbonsäure-Cyclus, beruhend auf der Kondensation zweier Acetat-Einheiten zu einer C-4-Dicarboxylsäure für möglich gehalten, für dessen Existieren vorerst ein einziger Befund herangezogen werden kann. Eine Partikelfraktion aus *Tetrahymena pyriformis* katalysiert folgende Reaktion (SEAMAN u. NASCHKE 1958):

$$2\,\text{Acetyl-CoA} + \text{DPN}^+ + 2\,\text{AMP} + 2\,\text{P}_i \rightleftharpoons$$
$$\rightleftharpoons \text{Succinat} + \text{DPNH} + \text{H}^+ + 2\,\text{CoA} + 2\,\text{ATP}$$

Die Gleichgewichtslage begünstigt die Spaltung, hierbei wird Pyridinnucleotid oxydiert.

Carboxylierungsreaktionen. Über eine neue Carboxylierungsreaktion mit CO_2 berichten WAKIL (1958) und FORMICA u. BRADY (1959). Es handelt sich um die ATP-abhängige enzymatisch gesteuerte Einführung von CO_2 in die α-reaktive Stellung des Acetyl-CoA unter Bildung von Malonyl-CoA.

$$\text{Acetyl-CoA} + CO_2 + \text{ATP} \rightarrow \text{Malonyl-CoA}$$

Analog verläuft die Carboxylierung der Propionsäure (TIETZ u. OCHOA 1959):

$$\text{Propionyl-CoA} + CO_2 + \text{ATP} \rightarrow \text{Methylmalonyl-CoA}\,.$$

Hier läßt sich die im Prinzip gleichartige und bei *Mycobacterium*-Extrakten ziemlich genau untersuchte biotinbedürftige Carboxylierung des β-Methyl-Crotonyl-CoA zu β-Methyl-glutaconyl-CoA anfügen (s. a. Mevalonsäure, S. 244), da sie zu der Auffindung des „aktivierten CO_2" geführt hat (LYNEN, KNAPPE u. Mitarb. 1959). Das β-Methyl-Crotonyl-CoA stellt ein vinyloges Acetyl-CoA dar, dessen Methylgruppe unter dem Einfluß der Thioester-Gruppierung reagiert. Das CO_2 wird unter Bildung

eines intermediären $CO_2 \sim$ Biotin-Enzyms aktiviert, wobei eine allophan-
säureartige Struktur am Harnstoffring des Biotins oder eine vom Iso-
harnstoff des Biotins abgeleitete Kohlensäure-ester-Struktur entsteht:

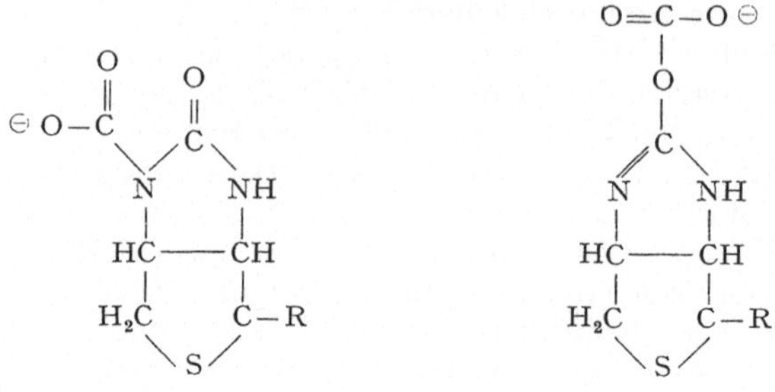

An der Aktivierung des Biotin-Enzyms ist ATP beteiligt, mithin läßt sich
der Gesamtvorgang in folgender Weise beschreiben:

ATP + Biotin-Enzym $\longrightarrow$ ADP $\sim$ Biotin-Enzym + P_i

ADP $\sim$ Biotin-Enzym + $CO_2 \longrightarrow CO_2 \sim$ Biotin-Enzym + ADP

$CO_2 \sim$ Biotin-Enzym + β-Methyl-crotonyl-CoA $\longrightarrow$ Biotin-Enzym +
β-Methyl-glutaconyl-CoA.

Da die Acetat- und Propionat-Carboxylierung sich ebenfalls als biotin-
bedürftig erwiesen haben, dürfte dem Biotin prinzipiell die Funktion
eines CO_2-Acceptor-Donator-Systems zuzuschreiben sein.

Diurnaler Säurerhythmus und CO_2-Fixierung. Während man nach Auffindung der CO_2-Dunkelfixierung zunächst Kenntnisse über die carboxylierenden Enzyme (PEP-Carboxykinase, PEP-Carboxylase, Äpfelsäure-
Enzym) sowie über die allgemeine Verbreitung dieses Phänomens zu
erlangen trachtete, strebt man nunmehr danach, bei höheren Pflanzen
die biologische Bedeutung dieser Schlüsselreaktion des diurnalen Säurerhythmus zu erkennen. Besonders aufschlußreich waren in dieser Hinsicht die mit *Kalanchoe* und *Bryophyllum* von BRADBEER, RANSON u.
STILLER (1958) und JOLCHINE (1959) unternommenen Experimente über
das Markierungsmuster der Äpfelsäure nach Inkorporierung von $^{14}CO_2$.
Da die Gesamtaktivität des Malats bereits nach 4 sec Versuchszeit zu
$^2/_3$ auf das C-Atom 4, zu $^1/_3$ auf das C-1 verteilt ist und dieses Verteilungs-
muster über 21 Std. hinweg unverändert bleibt, muß angenommen
werden, daß 2 Carboxylierungsreaktionen existieren. Die für die zuerst
erfolgende Markierung des C-1 des Malats verantwortliche scheint mit
der Carboxydimutase-Reaktion identisch zu sein, während aus der anschließenden β-Carboxylierung durch PEP-Carboxylase die C-4-Markie-
rung resultiert. Die dabei zu beobachtende Konstanz des C-4/C-1-
Quotienten (2) wird verständlich, wenn man folgenden Zusammenhang
annimmt:

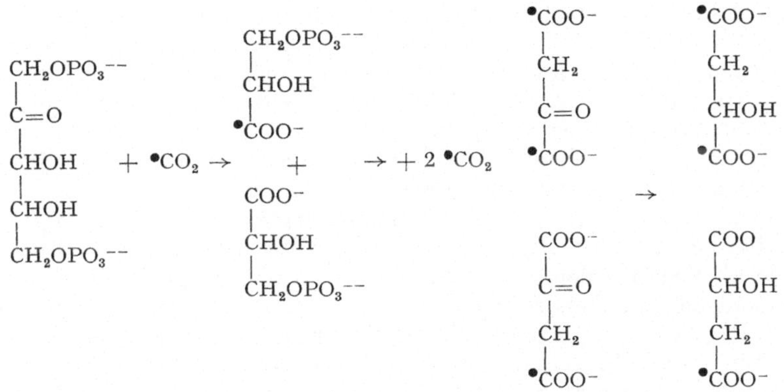

$$
\begin{array}{l}
\text{CH}_2\text{OPO}_3{}^{--} \\
\quad | \\
\text{C}{=}\text{O} \\
\quad | \\
\text{CHOH} \\
\quad | \\
\text{CHOH} \\
\quad | \\
\text{CH}_2\text{OPO}_3{}^{--}
\end{array}
\;+\; {}^{\bullet}\text{CO}_2 \rightarrow
\begin{array}{l}
\text{CH}_2\text{OPO}_3{}^{--} \\
\quad | \\
\text{CHOH} \\
\quad | \\
{}^{\bullet}\text{COO}^{-} \\
\\
\text{COO}^{-} \\
\quad | \\
\text{CHOH} \\
\quad | \\
\text{CH}_2\text{OPO}_3{}^{--}
\end{array}
\;\rightarrow\; +\,2\,{}^{\bullet}\text{CO}_2
\quad
\begin{array}{l}
{}^{\bullet}\text{COO}^{-} \\
\quad | \\
\text{CH}_2 \\
\quad | \\
\text{C}{=}\text{O} \\
\quad | \\
{}^{\bullet}\text{COO}^{-} \\
\\
\text{COO}^{-} \\
\quad | \\
\text{C}{=}\text{O} \\
\quad | \\
\text{CH}_2 \\
\quad | \\
{}^{\bullet}\text{COO}^{-}
\end{array}
\;\rightarrow\;
\begin{array}{l}
{}^{\bullet}\text{COO}^{-} \\
\quad | \\
\text{CH}_2 \\
\quad | \\
\text{CHOH} \\
\quad | \\
{}^{\bullet}\text{COO}^{-} \\
\\
\text{COO} \\
\quad | \\
\text{CHOH} \\
\quad | \\
\text{CH}_2 \\
\quad | \\
{}^{\bullet}\text{COO}^{-}
\end{array}
$$

[${}^{\bullet}$C = Markierung mit ^{14}C]

Über die Regulation der diurnalen Säurerhythmik berichten BRUINSMA (1958) und KUNITAKE u. SALTMAN (1958). Für Succulente ist unter extrem ariden Bedingungen ein geringer Gasaustausch mit der Atmosphäre kennzeichnend. Es kommt zu einer sehr erheblichen diurnalen Schwankung in der Zusammensetzung des Intercellularen-Gases, welche die Stomabewegung und den Carboxylierungsmodus reguliert. An der bei geöffneten Stomata stattfindenden nächtlichen Ansäuerung ist fast ausschließlich Äpfelsäure beteiligt, wobei die Amplitude der Säureschwankung nach intensiver Besonnung und hohen Tagestemperaturen besonders groß ist. Die am Tage zu beobachtende Absäuerung beruht auf der photosynthetischen Bindung von CO_2, das aus der Äpfelsäure stammt. Dieser bei geschlossenen Stomata sich vollziehende „innere CO_2-Kreislauf" stellt eine entscheidende biochemische Anpassung an aride Bedingungen dar. Im Licht konkurrieren die Carboxydismutase- und die PEP-Carboxylase-Reaktion miteinander um das CO_2. Bei niedriger CO_2-Konzentration reicht der Umsatz der Carboxydismutase nicht zur Anhäufung von genügend Phosphoglycerinsäure für Kohlenhydratsynthesen aus, es kommt zu einem erheblichen CO_2-Sog, der das Gleichgewicht der PEP-Carboxylase-Reaktion nach der Seite des Zerfalls hin verschiebt:

$$\text{Äpfelsäure} \rightarrow \text{OES} \rightarrow \text{PEP} + \text{CO}_2$$

Der biologische Sinn der diurnalen Säureschwankung ist demnach in der Bereitstellung eines endogenen CO_2-„Dunkel-pools" zu sehen, welcher bei Photosynthese vor dem „externen CO_2-pool" der Atmosphäre angegriffen wird.

VICKERY (1959) macht mit Nachdruck darauf aufmerksam, daß die Entstehung und Akkumulation des Citrats und Isocitrats in den Blättern von *Bryophyllum calycinum* durchaus noch ungeklärt ist, mithin für den diurnalen Säurerhythmus dieser Species die Malat-Anhäufung allein nicht verantwortlich gemacht werden kann. *Bryophyllum calycinum* stellt eine sehr ergiebige Isocitrat-Quelle dar (VICKERY u. WILSON 1958). Wohl hinsichtlich der CO_2-Dunkelfixierung, nicht jedoch hinsichtlich der diurnalen Säureschwankung stimmen die Blätter nicht succulenter Pflanzen mit den Crassulaceen überein. Tabakblätter und etiolierte Sonnenblumen-Kotyledonen fixieren bei kurzfristiger Applikation das CO_2 im Malat. Nach längerer Applikationsdauer sind bei Tabak (15 min) bevorzugt Aminosäuren und Cyclophorase-Säuren, nicht jedoch die Kohlenhydrate, dagegen bei der Sonnenblume (5—30 min) bevorzugt die Saccharose radioaktiv (KUNITAKE, STITT u. SALTMAN 1959, BRADBEER 1958). Selbst Petalen (z. B. *Rosa*), deren physiologische Leistungsfähigkeit allgemein als reduziert angesehen wird, sind anfangs zur CO_2-Fixierung imstande (WEINSTEIN u. LAURENCOT 1958). Ebenso wird berichtet, daß Partikelfraktionen aus Gerstenwurzeln durch PEP-Carboxylase-Aktivität gekennzeichnet sind. Diese ist mit Äpfelsäure-Dehydrogenase-Aktivität gekoppelt; bei Anwesenheit von DPNH wird die Malat-Bildung stimuliert (GRAHAM u. YOUNG 1959). Als sehr aufschlußreiche Tatsache kann gelten, daß die PEP-Carboxylase, PEP-Carboxykinase und Ribulose-1,5-diph-Carboxylase in Pflanzenhomogenaten unter leichtem Eisendefizit wirksamer sind. Zusatz von Eisen-Ionen senkt die Fixierungsrate auffällig (kompetitive Hemmung). Es wird geschlossen, daß in vivo ein chelierendes Agens die carboxylierenden Enzyme aktiviert. Dies steht mit dem bekannten Faktum im Einklang, daß leichter Eisenmangel die Anhäufung organischer Säuren fördert (HUFFAKER, HALL, SHANNON u. a. 1959).

Auch bei Mikroorganismen wurden Carboxylierungsreaktionen untersucht. Die Uredosporen der Rostpilze binden CO_2 über die PEP-Carboxylase-Reaktion; das gleiche gilt für zellfreie Extrakte von *Thiobacillus* (STAPLES u. WEINSTEIN 1959, SUZUKI u. WERKMAN 1958). Bei letzterem Objekt wurde auch eine ITP-abhängige Austauschreaktion beobachtet:

$$^{14}CO_2 + OES \rightharpoonup OES\text{-}(^{14}C\text{-}\beta) + CO_2 .$$

Carboxydismutase-System (= Ribulose-1,5-diphosphat-Carboxylase). Man muß die ursprüngliche Vorstellung fallen lassen, daß die CO_2-Fixierung nach dem Carboxydismutase-Schema auf Photosynthese betreibende Organismen beschränkt und für diese in hohem Maße spezifisch sei, seit es gelungen ist, bei verschiedenen chemolithotrophen und organotrophen Bakterien *(Hydrogenomonas, Pseudomonas, Thiobacillus)* die Carboxydismutase-Aktivität, z. T. auch alle übrigen Enzyme des Calvin-Cyclus nachzuweisen (SUZUKI u. WERKMAN 1958, McFADDEN 1959). Bei *Pseudomonas oxalaticus* erfolgt die Bildung der Carboxydismutase adaptiv (QUAYLE u. KEECH 1959). Über die Konsequenzen, die sich aus der universellen Verbreitung dieses kohlenstoffbindenden Systems ergeben, orientiert ein dem chemolithotrophen Stoffwechsel gewidmeter sehr aufschlußreicher Artikel von SCHLEGEL (1960).

Atmungskette. Zusammenfassungen: HACKETT (1959), SMITH u. CHANCE (1958), HARTREE (1957), BÜCHER u. KLINGENBERG (1958), LUNDEGÅRDH (1959).

Eine erstaunlich hohe Zahl meist angelsächsischer Arbeiten widmet sich der Analyse der Elektronentransportkette im Endabschnitt der Respiration. Gerade bei Pflanzen bestehen noch zahlreiche Unklarheiten, sei es, daß besondere Cytochrome auftreten, deren Homologisierung mit bereits bekannten Cytochromen auf Schwierigkeiten stößt, sei es, daß man in vielen Fällen noch nicht mit Sicherheit weiß, wie weit besondere Flavoproteine, Cytochrome, Chinone u. ä. Körper wirklich in situ am Elektronen-Transfer beteiligt sind.

Gleich den Enzymen des Cyclophorase-Systems sind die Enzyme und Cofaktoren der Atmungskette in geordneter Weise in den Mitochondrien lokalisiert, wobei eine tiefere Einsicht in die hier waltenden Ordnungsprinzipien noch fehlt. Häufig werden intakte Mitochondrien, bei denen es auf die Integrität der Doppelmembranstrukturen ankommt, geradezu als „phosphorylierende Elektronen-Transport-Partikel (PETP)" bezeichnet, im Gegensatz zu den durch die Aufarbeitung entstandenen fragmentierten oder geschwollenen submitochondrialen Strukturen, denen die volle Phosphorylierungskapazität ermangelt. Letztere Körper werden dann „Elektronentransport-Partikel" (ETP) genannt (ZIEGLER, LINNANE, GREEN u. a. 1958).

Der einleitende Schritt bei der Wasserstoff- bzw. Elektronenübertragung besteht in der Reduktion und anschließenden Reoxydation des DPN. Übereinstimmend wird berichtet, daß die TPNH-Oxydase-Aktivität der Pflanzen-Mitochondrien nur geringe Ausmaße erreicht (HACKETT 1957, 1959). Daß in Mitochondrien animalischer Gewebe die TPNH-Oxydation nur in Gegenwart von DPN abläuft, deutet auf die Wirkung der Pyridin-Nucleotid-Transhydrogenase-Reaktion (LEHNINGER, WADKINS, COOPER u. a. 1958):

$$TPNH + DPN^+ \rightarrow DPNH + TPN^+$$

Besagte Transhydrogenase ist auch in Pflanzen-Mitochondrien vorhanden (DAVIES 1956).

Zahlreiche Arbeiten befassen sich mit dem Nachweis und den Eigenschaften der DPNH-Oxydase, der DPNH-Cytochrom c-Reduktase und verschiedenen DPNH-Diaphorasen, die in Blättern, Knollen, Blüten, Früchten, Wurzeln und anderen Pflanzenteilen, und zwar in der Mitochondrien-Fraktion gegeben sind (HACKETT 1958, 1959, CLUM u. NASON 1958 u. a). Jedoch enthalten Homogenate von Gerstenwurzeln DPNH-Oxydase-Aktivität vor allem im Überstehenden. Das Enzym der Gerstenwurzel wird nicht nur durch Cyanid, sondern auch durch Phenole mit ortho-Dihydroxy-Substitution gehemmt, während die typischen Gerstenstoffe Hordenin und Tyramin und andere Monohydroxy-Phenole stimulierend auf die Aktivität wirken. In Kartoffelknollen findet sich DPNH-Oxydase-Aktivität sowohl in den Mitochondrien als auch in beträchtlichem Maße in der löslichen Fraktion. Letztere wird durch Ascorbinsäure stark aktiviert; wieweit dies auch in situ zutrifft, läßt sich schwer beurteilen (HACKETT 1958).

Chinone im Elektronen-Transfer-System. Zwei Arbeitsgruppen haben hier unsere Kenntnisse entscheidend bereichert. MARTIUS (1958, 1959) gelang es zunächst an animalischem Gewebematerial zu zeigen, daß Vitamin K (Phyllochinon, möglicherweise aber 2-Dimethyl-3-digeranyl-1,4-naphthochinon) in die Atmungskette eingeschaltet ist (s. Schema S. 238). Die Übertragung des Wasserstoffs vom DPNH wird durch die Vitamin K-Reduktase (Phyllochinon-Reduktase) bewerkstelligt. Diese

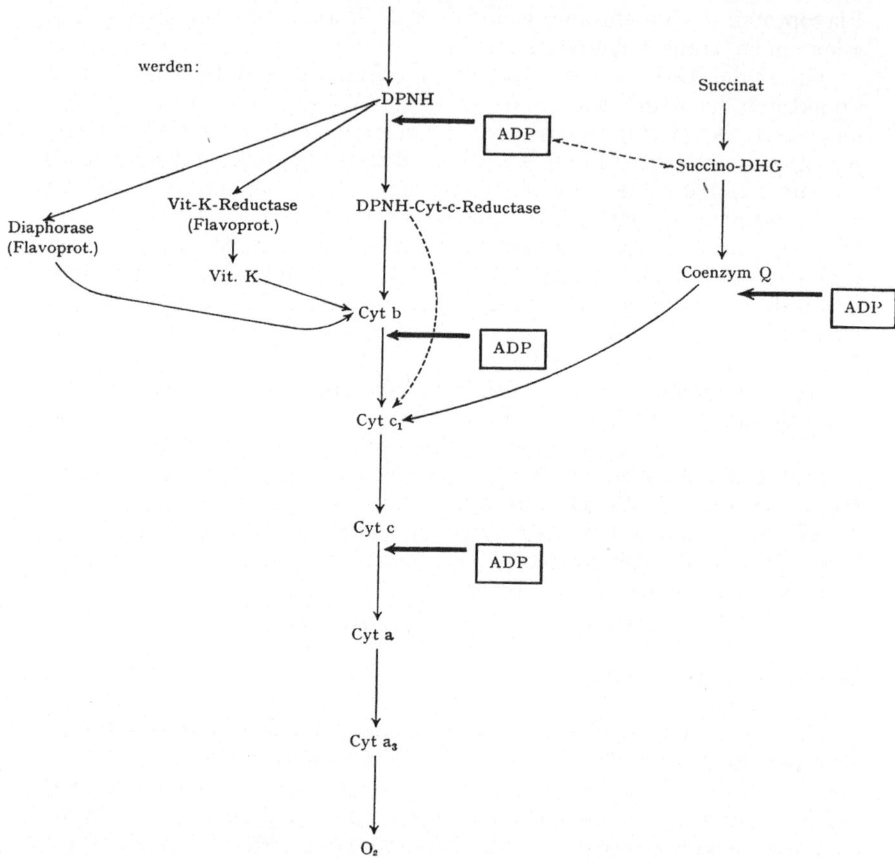

Die Atmungskette und ihre Varianten

hat sich als Flavoprotein mit FAD als Wirkgruppe herausgestellt. Das Enzym liegt im Gewebe in einer der DPNH-Cytochrom-c-Reductase entsprechenden Konzentration vor, ist jedoch bedeutend aktiver als letztere. Wenn die nicht ohne Widerspruch gebliebene Interpretation der Befunde von MARTIUS zutrifft, dann müssen 3 verschiedene Wege der Übertragung des Wasserstoffs vom DPNH zum Cytochrom b angenommen werden.

In einer ganzen Serie von Publikationen, die aus dem Arbeitskreis um D. E. GREEN stammen, wird über in höheren Pflanzen, Mikroorganismen und Tieren allgemein vorkommende Lipoproteide mit einem Benzochinon als chromophore Gruppe berichtet, die vor allem im Elektronentransfer bei der Succinat-Oxydation wirksam sind, bei welcher bekanntlich DPN als Wasserstoffacceptor umgangen wird. Für diese meist Succino-DHG-Aktivität aufweisenden Körper hat man die Sammelbezeichnung Coenzym Q geprägt. Alle Coenzym Q-Varianten sind Derivate des 2,3-Dimethoxy-5-methylbenzochinons, sie besitzen in 6-Stellung eine isoprenoide Seitenkette. Die verschiedenen Coenzym Q-Formen werden nach der Zahl der ungesättigten Isoprenoid-Einheiten benannt. Coenzym Q_{10} (mit 10 Isoprenoid-Einheiten in der Seitenkette) ist aus höheren Pflanzen und aus Rinderherz isoliert worden (CRANE 1959a, b, CRANE, LESTER, WIDMER u. HATEFI 1959), Q_9 und Q_7 aus *Torula utilis* (LESTER u. CRANE 1959), Q_8 aus *Acetobacter vinelandii* und Q_6 aus *Saccharomyces cerevisiae* (LESTER, CRANE u. HATEFI 1958). Die genannten Lipoproteide sind zumeist in den Mitochondrien lokalisiert. In den Chloroplasten höherer Pflanzen existiert ferner ein Q-Derivat

$$H_3CO-\underset{\underset{O}{\|}}{\overset{\overset{O}{\|}}{\bigcirc}}-CH_3 \qquad H_3CO-\ \ -[CH_2-CH=\underset{\underset{CH_3}{|}}{C}-CH_2]_nH$$

Coenzym Q („Ubichinone")

„Plastochinon" (CRANE 1959a, b), das wahrscheinlich mit einem kürzlich aus Alfalfa isolierten Benzochinon identisch ist (TRENNER, ARISON u.a., mit FOLKERS 1959). Ob das durch eine andere Arbeitsgruppe isolierte Ubichinon, dem der gleiche chinoide Körper wie dem Coenzym Q zugrunde liegt, diesem in funktioneller Hinsicht entspricht, bleibt noch zu klären (MORTON 1958, WEBER, GLOOR u. WISS 1958, GLOOR u. WISS 1958, LESTER, HATEFI, WIDMER u. CRANE 1958). Auf Grund von experimentellen Daten wird angenommen, daß der Lipoidreichtum der Mitochondrien im wesentlichen auf die Coenzym Q-Gruppe zurückzuführen ist. Aus dem Succino-DHG-Komplex wurde ein Coenzym Q-Lipoprotein abgetrennt, das zu 92—95% aus Phospholipiden, zu 5—8% aus neutralen Lipiden und nur zu 3—4% aus Protein besteht (BASFORD u. GREEN 1959, BASFORD 1959). Das Lipoprotein stellt einen integralen Bestandteil der Atmungskette dar, es ist wahrscheinlich zwischen Succino-DHG und Cytochrom c_1 geschaltet, da es Antimycin A-Hemmung zeigt. Zwischen der Succinat-Kette und der DPNH-Kette kann im übrigen Elektronenaustausch stattfinden, wenn auch im Elektronentransport-Partikel die beiden Oxydationsketten räumlich getrennt sind (CRANE, WIDMER, LESTER u. a. 1959). Coenzym Q ist an der oxydativen Phosphorylierung unmittelbar beteiligt.

Cytochrome. Über die rapide Entwicklung in der Erforschung der pflanzlichen Cytochrome berichten SMITH u. CHANCE (1958). Die meiste Bereicherung unserer Kenntnisse verdanken wir der Analyse von Partikelfraktionen, während die spektroskopischen und kinetischen Messungen an intakten Organen(Weizenwurzeln), wie sie von LUNDEGARDH (1959) gehandhabt werden, zahlreiche Fehlerquellen enthalten (z. B. Interferenz der kinetischen Messungen durch Diffusion).

Bei der Untersuchung der Cytochrome stehen zur Zeit zwei Objekte besonders im Vordergrund, die sich durch abweichende Pigmentgarnituren und Cyanid- bzw. Azid-Resistenz der Respiration auszeichnen. Es handelt sich um Mitochondrien-Fraktionen aus dem *Arum*-Spadix und aus *Symplocarpus foetidus*. Die cyanid-resistente Atmung der Araceen-Kolben beruht auf dem Vorhandensein von Cytochrom b_7, das bei Cyanid-Einwirkung oxydiert bleibt, während die übrigen Partner der Elektronentransport-Kette ($c-a-a_3$) reduziert werden (BENDALL 1958, SIMON 1959, CHANCE u. HACKETT 1959). Ähnliche Verhältnisse liegen bei *Symplocarpus* vor. Neben dem autoxydablen Cytochrom b_7 findet sich Cytochrom b_3. Das normale Cytochrom c ist durch eine abweichende Komponente c_{551} ersetzt. Auf Grund der Daten die bei Oxydation von α-Ketoglutarat erhalten wurden, nimmt man bei *Symplocarpus* folgenden Transfer-Mechanismus an, der übrigens eine erstaunlich hohe Phosphorylierungsrate (P/O 3,7—3,78) aufweist (HACKETT u. HAAS 1958, CHANCE u. HACKETT 1959):

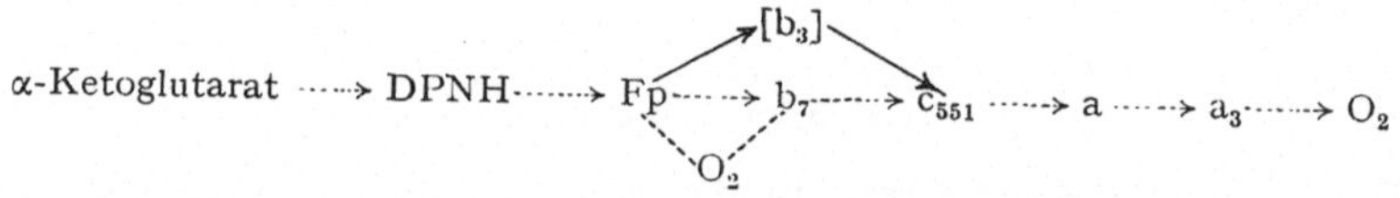

$$\alpha\text{-Ketoglutarat} \dashrightarrow \text{DPNH} \dashrightarrow \text{Fp} \dashrightarrow b_7 \dashrightarrow c_{551} \dashrightarrow a \dashrightarrow a_3 \dashrightarrow O_2$$

(mit Verzweigung: $\text{Fp} \to [b_3] \to c_{551}$ und $\text{Fp} \dashrightarrow O_2 \dashrightarrow b_7$)

Die Präparation und der Nachweis der Cytochromoxydase (Cyt a_3) war bislang nicht sehr erfolgreich, da dieses Enzym besonders fest an die ETP gebunden ist. Nach Anwendung oberflächenaktiver Agentien (z. B. Natriumcholat, Digitonin) ist es nun erstmalig gelungen, Cytochrom a_3 in klaren Extrakten aus Sojabohnenwurzel-Mitochondrien anzureichern und genauer zu studieren (MILLER, EVANS u. SISLER 1958, SISLER u. EVANS 1959). In diesen Natriumcholat-Präparationen sind zwei Fraktionen mit Cytochromoxydase-Aktivität enthalten, von denen die eine der klassischen Cytochromoxydase entsprechende (HACKETT 1959, SMITH u. CHANCE 1958) durch KCN, NaN_3 und CO spezifisch gehemmt wird, während eine weitere Oxydase sich als gegen diese Blocker unempfindlich, hingegen durch Antimycin A hemmbar erweist. Möglicherweise handelt es sich aber bei diesem zweiten Typ um ein Artefakt. Noch ungeklärt ist die sehr wichtige Frage, inwieweit höhere Elektrolytkonzentrationen den Elektronenfluß regulieren. Zahlreiche Befunde berichten über eine Stimulation der Partikelaktivität durch Salze.

Mikroorganismen, aber auch Chloroplasten von höheren Pflanzen und Algen (JAMES u. LEECH 1958) verfügen über weitere Cytochrome, deren Einordnung in die Transfer-Systeme noch abzuklären ist. Bei dem Cytochrom b_3 ist allerdings die Umsatzzahl (turnover number) von vornherein zu niedrig, als daß eine Rolle in der Atmungskette in Betracht gezogen werden könnte. Die in Pflanzen nachgewiesenen Cytochrome sind unter

Verzicht auf Zitierung der ausgedehnten Literatur (s. a. SMITH u. CHANCE 1958, HACKETT 1959) in folgender Tabelle zusammengestellt:

Tabelle 1. *Cytochrome in Pflanzen*

Bezeichnung	Systematische Verbreitung	Lokalisation
b	allgemein verbreitet	Mitochondrien
b_1	Mikroorganismen	?
b_2	Mikroorganismen	?
b_3	Höhere Pflanzen	z. T. Mikrosomen u. lösliche Fraktionen
b_4	Mikroorganismen	?
b_6	Höhere Pflanzen	Chloroplasten
b_7	Arum, Symplocarpus	Mitochondrien
c	allgemein verbreitet	Mitochondrien
c_{551}	Symplocarpus	Mitochondrien
a	allgemein verbreitet	Mitochondrien
a_3	(Cytochromoxydase, wohl allgemein verbreitet)	Mitochondrien
f	Höhere Pflanzen, Photobakterien	Chloroplasten

Oxydative Phosphorylierung. Nach wie vor weiß man wenig Sicheres über den Vorgang der Energieübertragung und die sonstigen Modalitäten der oxydativen Phosphorylierung. Nach Überlegungen, die CHANCE, HOLMES, HIGGINS u. CONNELLY (1958) anstellten, liegen die dem Substrat benachbarten Glieder der ET-Kette im reduzierten (—), die dem Sauerstoff benachbarten im oxydierten (+) Status vor, z. B.:

$$\text{Substrat} \to \text{DPN}(-) \to \text{Fp}(-) \to \text{Cyt}\,b\,(-) \to$$
$$\to \text{Cyt}\,c + c_1(-) \to \text{Cyt}\,a\,(+) \to \text{Cyt}\,a_3(+) \to O_2$$

Die Änderung von — nach + ist jeweils mit einer Phophorylierungsreaktion verbunden. Derartige Sprünge treten vorwiegend an 3 Stellen auf, zwischen $\text{DPN} \to \text{Fp}$, zwischen $\text{Cyt}\,b \to \text{Cyt}\,c + c_i$ und zwischen $\text{Cyt}\,c + c_1 \to \text{Cyt}\,a$—. Die P/O-Rate von etwa 3 macht diese hypothetischen Erwägungen plausibel. Anstelle des Cyt b vermag auch Coenzym Q_{10} als Phosphorylierungspartner zu fungieren (HATEFI 1959). P_i hemmt die Oxydation von reduziertem Q, die Hemmung läßt sich durch ADP aufheben, was auch für DPN gilt. Aus den bisher vorliegenden Daten geht hervor, daß P_i nicht direkt mit ADP verbunden wird; es reagiert zunächst mit energiereichen Intermediären der ET-Kette nach dem Schema der bekannten Gleichung von CHANCE u. WILLIAMS (1956), für die nun folgende, die Sachlage präzise beschreibende Erweiterung vorgeschlagen wird (HATEFI 1959):

$$I \sim X + P_i \to X \sim P + I$$
$$X \sim P + ADP \to X + ATP$$

(I = natürlicher Inhibitor der reduzierten Elektronenüberträger, z. B. von reduziertem Coenzym Q, X = noch unbekanntes Intermediäres (s. SLATER u. HÜLSMANN 1959), $\sim$ = energiereiche Bindung].

Probleme des Gaswechsels. Hier vorerst Literatur-Hinweise: Eine ausführliche Darstellung wird in Band XXIII gegeben werden: KANDLER 1958, RAMSHORN 1958a, b, LANDOLT 1958, BETZ 1957, BRUCKER u. SCHMIDT 1959.

4. Fette und Lipoide

Es werden hier nur einige Perspektiven des Fett-Metabolismus erörtert; eine ausführliche Darstellung folgt in Band XXIII. Im übrigen sei auf den Übersichts-Bericht von STUMPF u. BRADBEER (1959) verwiesen.

Fettsäure-Synthese. Die Feststellung des Lynen-Arbeitskreises (siehe Fortschr. Bot **20**, 183), daß die Synthese auch langkettiger Fettsäuren nach dem Schema einer Umkehrung der β-Oxydation erfolge, hat Widerspruch gefunden. WAKIL, TITCHENER u. GIBSON (1959) haben den Mechanismus der Palmitinsäure-Bildung in Vogelleber studiert. Für das Funktionieren der in der Mitochondrienfraktion lokalisierten 4 Enzyme des Fettsäurekreislaufs auch bei der Synthese konnten keine Anhaltspunkte gefunden werden. Es sind hingegen zwei hochgereinigte Enzympräparate ("R_{1G}", R_{2G}") nichtmitochondrialer Natur erhalten worden, die im Verein mit 4 unbedingt notwendigen Cofaktoren (ATP, TPNH, Mn", HCO_3') wirken. Bei dem Einbau von 1 Mol Acetyl-CoA in Palmitat findet Phosphorolyse von 2 Mol ATP und gleichzeitige Oxydation von 2 Mol TPNH statt, unter Freisetzung von 1 Mol freiem COA. Daraus ergibt sich nachstehende stöchiometrische Gleichung:

$$8\,\text{Acetyl-CoA} + 16\,\text{ATP} + 16\,\text{TPNH} \xrightarrow[\text{Mn''},\ \text{HCO}_3]{R_{1G}\ R_{2G}} \text{Palmitinsäure} + 16\,\text{ADP} +$$
$$+ 16\,P_i + 16\,\text{TPN} + 8\,\text{CoA}\,.$$

Die Bedeutung des ATP ist noch unklar, da es nicht an der Regeneration von Acetyl-CoA beteiligt ist. Möglicherweise wird es bei der Aktivierung des Hydrocarbonates (aktiviertes $CO_2 = CO_2 \sim$ Biotin-Coenzym, s. LYNEN) benötigt. Da Enzym R_{1G} Biotin enthält, kann mit WAKIL (1958) angenommen werden, daß der erste Schritt in der Fettsäure-Synthese auf einer Carboxylierungsreaktion des Acetyl-CoA zu Malonyl-CoA beruht (bei Beteiligung von ATP und Mn"); der 2. Schritt bestünde dann in sukzessiven Kondensationen und Reduktionen bei Gegenwart von TPNH.

Von der Unentbehrlichkeit des Bicarbonates bei Fettsynthesen berichten auch SQUIRES, STUMPF u. SCHMIDT (1958) anläßlich ihrer in vitro-Versuche zur Synthese langkettiger Fettsäuren. Enzyme aus dem Avocado-Mesokarp kondensieren Acetat-1-^{14}C in der Hauptsache zu freier Ölsäure. Das komplexe Reaktionsgemisch enthält u. a. $KHCO_3$, Mn", ATP, CoA und TPNH. Bei Weglassen des Bicarbonates sinkt die Acetat-Einbaurate auf einen Bruchteil der Rate des vollständigen Ansatzes. In Hefehomogenaten wird der Einbau von markiertem Acetat in die Zell-Lipide durch Co-Ionen stark aktiviert (KLEIN 1958).

Das Auftreten der einzelnen gesättigten und ungesättigten Fettsäuren während des Reifungsverlaufs der Ölpalmen-Früchte haben

CROMBIE u. HARDMAN (1958) verfolgt; freie Fettsäuren als intermediäre Syntheseprodukte traten nicht in Erscheinung.

Oxydativer Abbau der Fette. *α-Oxydation.* Partikelstudien haben entscheidend zur Aufhellung des Mechanismus der α-Oxydation beigetragen, deren Ablauf wir in einem Schema (nach STUMPF u. BRADBEER 1959) wiedergeben:

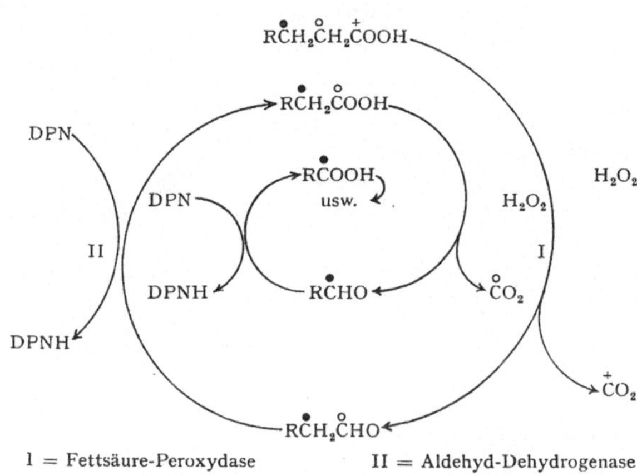

1 = Fettsäure-Peroxydase   II = Aldehyd-Dehydrogenase

α-Oxydation langkettiger Fettsäuren

2 Enzyme katalysieren demnach den α-Abbau. Zunächst greift die bevorzugt im „Überstehenden" lokalisierte Fettsäure-Peroxydase ein, sie decarboxyliert peroxydatisch die Säure zum Aldehyd und CO_2. Hierauf oxydiert eine mikrosomale DPN-spezifische Aldehyd-Dehydrogenase das Produkt zu einer um ein C-Atom verkürzten Säure. Als Substrat der α-Oxydation kommen lediglich C_{14}- bis C_{18}-Säuren in Betracht (STUMPF u. BRADBEER 1959).

β-Oxydation. Bekanntlich sind an einem Umlauf des Lynen-Cyclus 5 verschiedene Enzyme beteiligt, die in folgender Reihenfolge eingreifen: Fettsäure-Kinase (CoA, ATP) → Acyl-DHG (FAD) → Enoyl-Hydrase → → β-Hydroxyacyl-DHG (DPN) → β-Ketoacyl-Thiolase (s. folgendes Schema, nach STUMPF u. BRADBEER 1959).

Die den Umsetzungen entsprechenden Aktivitäten sind in letzter Zeit auch in höheren Pflanzen nachgewiesen worden, freilich nur in Rohextrakten, so daß weitere Untersuchungen noch wertvolle Aufschlüsse versprechen.

Bei Schimmelpilzen stellen DPN-spezifische Fettsäure-Dehydrogenasen konstitutive Enzyme dar, die in den Mikrosomen und im Rest-Cytoplasma angetroffen werden (FRANKE u. HEINEN 1958).

Durch Versuche mit ^{18}O hat man bei etiolierten Maiskeimlingen nachweisen können, daß die als Oxygen-Transferasen aufzufassenden Lipoxydasen die direkte Addition von molekularem O_2 an die Substrate katalysieren. Hier liegt der interessante Fall vor, daß ein respiratorischer Prozeß eine direkte Überführung des Sauerstoffs in organische Bindung

16*

ohne Vermittlung der Elektronentransportkette zur Folge hat (FRITZ, MILLER, BURRIS u. ANDERSON 1959). Katalysiert wird bei diesem Vorgang die Bildung von Hydroperoxyden vielfach ungesättigter Fettsäuren (z. B. Linol-, Linolen-, Arachidonsäure bzw. deren Ester), die weiterem Abbau nicht mehr unterliegen, wobei die biologische Bedeutung dieses Geschehens nach wie vor dunkel bleibt. Bei Sonnenblumen-Keimlingen erreicht die Lipoxydasen-Aktivität zwischen dem 3.—6. Keimungstag ihr Maximum (GAMBORG u. ZALIK 1958).

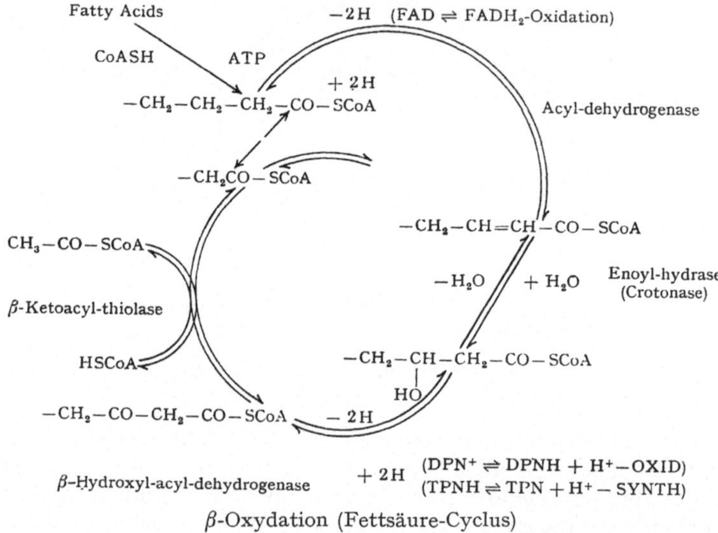

Poly-Hydroxy-Buttersäure. Den sudanophilen cytoplasmatischen Poly-β-Hydroxy-Butyrat-Einschlüssen der Bakterien kommt die Funktion eines Reservestoffspeichers analog dem Stärkekorn der höheren Pflanzen zu. Das Polymerisat weist ein MG von etwa 5000, mithin einen Polymerisationsgrad von etwa 60 auf. Der Poly-β-Hydroxy-Butyrat-Gehalt der bakteriellen Lipoidkörper kann fast 90% betragen (WILLIAMSON u. WILKINSON 1958). Verfütterung von ^{14}C-Acetat an *Rhodospirillum* führt zur Akkumulation markierten Poly-β-Hydroxy-Butyrats, das unter den Bedingungen des Hungerstoffwechsels wieder katabolisiert werden kann (DOUDOROFF u. STANIER 1959).

Mevalonsäure. Unzweifelhaft stellt die 1956 geglückte Entdeckung der Mevalonsäure und der mit ihr verknüpften Reaktionen das wichtigste Ereignis der letzten Jahre in der Erforschung des Fettsäure-Stoffwechsels dar. Mit einem Schlage fast wird nun die biogenetische Ableitung der Isoprenoide im weitesten Sinne, aber auch mancher Alkaloide, aus dem Intermediär-Stoffwechsel klar, zumal inzwischen eine lückenlose Abfolge der Metaboliten von der aktivierten Essigsäure an bis zum aktivierten Isopren durch die Analyse erschlossen ist. Zahlreiche Laboratorien der ganzen Welt sind an der rapiden Entwicklung dieses neuen Forschungsgebietes beteiligt, das seine erste zusammenfassende Darstellung in dem CIBA-Symposium "Biosynthesis of Terpenes and Sterols" (Editoren: WOLSTENHOLME u. O'CONNOR, London 1959) gefunden hat. Wir verweisen ausdrücklich auf dieses Standard-Werk und begnügen uns hier damit, die Stoffwechselbeziehungen der Mevalonsäure, soweit sie den Rahmen des primären Stoffwechsels nicht überschreiten, kurz darzulegen.

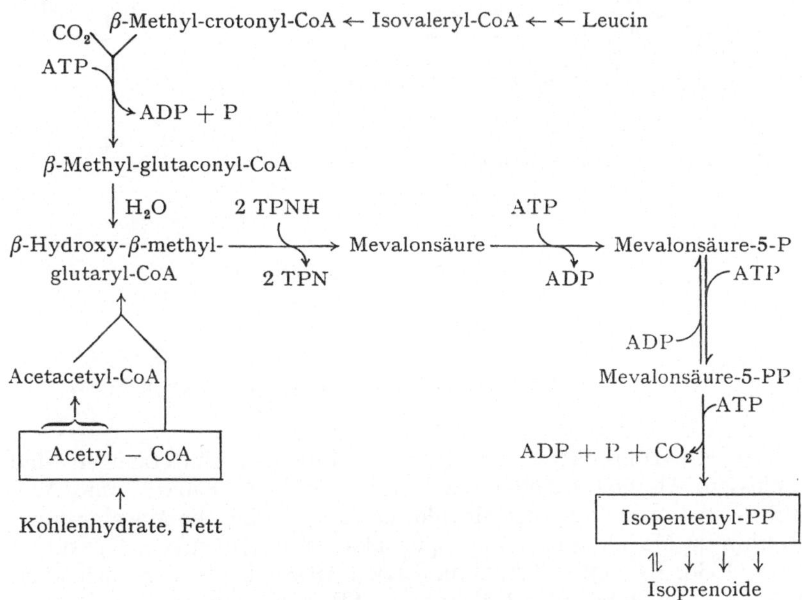

Schema zum Metabolismus der Mevalonsäure

Die Mevalonsäure (β-δ-Dihydroxy-β-Methylvaleriansäure), durch den Arbeitskreis um FOLKERS (FOLKERS, SHUNK, LINN u. a., s. Sammelbericht 1959 mit weiterer Literatur) entdeckt, entsteht im Organismus durch Reduktion aus dem Schlüsselmetaboliten β-Hydroxy-β-Methylglutaryl-CoA. Bei der Biogenese der letzteren Verbindung werden 2 verschiedene Wege eingeschlagen. Der eine führt über den sog. β-Hydroxy-β-Methylglutaryl-Cyclus (s. Fortschr. Bot. **20**, 191, LYNEN 1959) und besteht in der Kondensation von Acetoacetyl-CoA mit Acetyl-CoA (LYNEN 1959, RUDNEY 1959). Zum anderen leitet sich eine Biosynthesekette aus dem Leucin-Abbau her, wobei die in einem früheren Abschnitt geschilderte Biotin- und ATP-abhängige Carboxylierung des Methylcrotonyl-CoA zu β-Methy-Glutaconyl-CoA und die anschließende Hydrase-Reaktion zu β-Hydroxy-β-Methyl-Glutaryl-CoA sich abspielt (s. Schema). In Mikroorganismen sind die entsprechenden Enzymaktivitäten nachgewiesen worden (Crotonase, Carboxylase, Methylglutaconase: KNAPPE u. LYNEN 1958, LYNEN 1959, COON, KUPIECKI,

DEKKER u. a., 1959). Die in 2 Stufen ablaufende Reduktion des β-Hydroxy-β-Methyl-Glutaconyl-CoA zu Mevalonsäure erfordert 2 TPNH (FERGUSON, DURR u. RUDNEY 1958, LYNEN 1957), als Intermediäres tritt wahrscheinlich Mevaldinsäure auf:

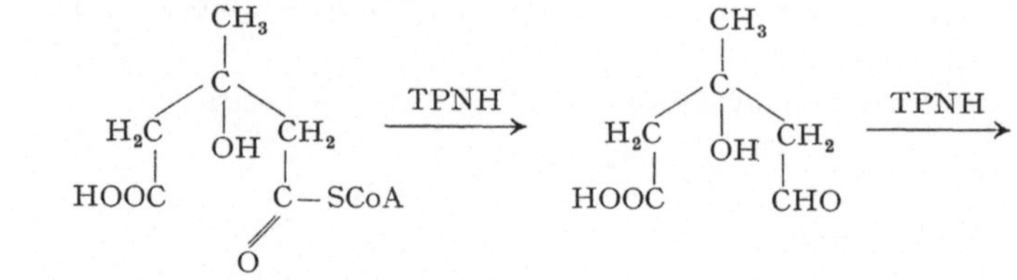

$$
\begin{array}{ccc}
\text{CH}_3 & & \text{CH}_3 \\
| & & | \\
\text{C} & \xrightarrow{\text{TPNH}} & \text{C} \xrightarrow{\text{TPNH}} \\
\text{H}_2\text{C} \quad \text{OH} \quad \text{CH}_2 & & \text{H}_2\text{C} \quad \text{OH} \quad \text{CH}_2 \\
| \qquad\qquad | & & | \qquad\qquad | \\
\text{HOOC} \qquad \text{C}-\text{SCoA} & & \text{HOOC} \qquad \text{CHO} \\
\qquad\qquad \| & & \\
\qquad\qquad \text{O} & &
\end{array}
$$

β-Hydroxy-β-Methyl-Glutaryl-CoA   Mevaldinsäure

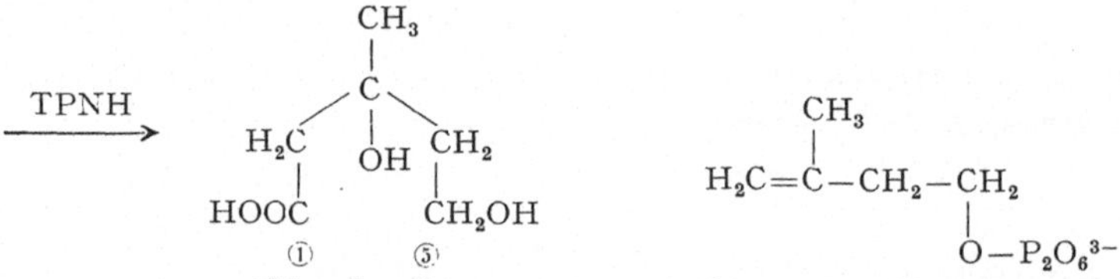

$$
\xrightarrow{\text{TPNH}}
\begin{array}{c}
\text{CH}_3 \\
| \\
\text{C} \\
\text{H}_2\text{C} \quad \text{OH} \quad \text{CH}_2 \\
| \qquad\qquad | \\
\text{HOOC} \qquad \text{CH}_2\text{OH} \\
\textcircled{1} \qquad \textcircled{5}
\end{array}
\qquad\qquad
\begin{array}{c}
\text{CH}_3 \\
| \\
\text{H}_2\text{C}=\text{C}-\text{CH}_2-\text{CH}_2 \\
| \\
\text{O}-\text{P}_2\text{O}_6{}^{3-}
\end{array}
$$

Mevalonsäure   Isopentenyl-Pyrophosphat

Auch die zum aktivierten Isopren führenden Umsetzungen sind erschlossen. Als erstes findet bei Hefen eine durch Kinasen und ATP katalysierte Aktivierung der Mevalonsäure zu 5-Phospho-Mevalonsäure, weiterhin zu Mevalonsäure-5-pyrophosphat statt (HENNING, KESSEL u. LYNEN 1958, PHILLIPS, TCHEN u. BLOCH 1958). Unter der noch nicht geklärten Beteiligung eines 3. Moleküls ATP erfolgt nun die Eliminierung des in 1-Stellung befindlichen Mevalonsäure-Carboxyls und Dehydratisierung zum 3-Methyl-Δ^3-Butenyl-1-pyrophosphat („Isopentenyl-Pyrophosphat"), das als „aktiviertes Isopren" den allgemeinen Progenitor der Isoprenoide und Steroide darstellt (LYNEN, EGGERER, HENNING u. KESSEL 1958, BLOCH 1959) und die Biogenese vieler sekundärer Pflanzenstoffe dem Verständnis erschließt (s. Abschnitt „Stoffwechsel der sekundären Verbindungen").

Abkürzungen

AMP, ADP, ATP	Adenosin-mono-, -di-, -triphosphat
BTS	Brenztraubensäure
CMP, CDP, CTP	Cytidin-mono-, -di-, -triphosphat
DHG	Dehydrogenase
DPN$^+$, DPNH + H$^+$	Diphosphopyridinnucleotid oxydiert, reduziert
EMP	Embden-Meyerhof-Parnas-Abbau
ET, ETP	Elektronentransport, Elektronentransport-Partikel
Fp	Flavoprotein
HMP	Hexosemonophosphat-Abbau
IMP, IDP, ITP	Inosin-mono-, -di-, -triphosphat
OES	Oxalessigsäure
PEP	Phosphoenolpyruvat

P_i	anorganisches Phosphat
-ph, $\sim$ ph	gebundenes Phosphat
TPN^+, $TPNH + H^+$	Triphosphopyridinnucleotid, oxydiert, reduziert
TPP	Thiaminpyrophosphat
TCC	Tricarboxylsäure-Cyclus
UMP, UDP, UTP	Uridin-mono-, -di-, -triphosphat
UDPG	Uridindiphosphoglucose

Literatur

AKAZAWA, T., and E. CONN: J. biol. Chem. 232, 403—415 (1958). — AMBE, K. S., and F. L. CRANE: Federation Proc. 18, 181 (1959). — ARNOLD, A. (Red.): Handbuch der Pflanzenphysiologie Bd. 6, Berlin: 1958. — ASSELBERGS, E. A. M.: Plant Physiol. 32, 326—329 (1957).

BALL, D. H., and G. A. ADAMS: Canad. J. Chem. 37, 1012—1017 (1959). — BARBOUR, R. D., D. R. BUHLER and C. H. WANG: Plant Physiol. 33, 396—400 (1958). — BARRY, G. T.: Nature (Lond.) 183, 117—118 (1959). — BASFORD, R. E., and D. E. GREEN: Biochim. et Biophys. Acta 33, 185—194 (1959). — BEEVERS, H.: Biochem. J. 66, 23—24 (1957). — BEEVERS, H., and H. L. KORNBERG: Plant Physiol. 32, XXXI (1957). — BENDALL, D. S.: Biochem. J. 70, 381—390 (1958). — BERNSTEIN, I. A., and D. SWEET: J. Biol. Chem. 233, 1194—1198 (1958). — BETZ, A.: Planta 50, 122—143 (1957). — BIDWELL, R. G., J. S. CRAIGIE and G. KROTKOV: Science 128, 776 (1958). — BIDWELL, R. G. S.: Canad. J. Botany 36, 337—349 (1958). — BISHOP, C. T., S. T. BAYLEY and G. SETTERFIELD: Plant Physiol. 33, 283—289 (1958). — BLIX, G.: 4th Int. Congr. Biochem. Sympos. 1, Vienna: 1958. — BLOCH, K.: CIBA Found. Symp. on the biosynthesis of terpenes an sterols. 4—16. London: 1959. — BÖHMER, H.: Planta 50, 461—497 (1958). — BRADBEER, C.: Nature (Lond.) 182, 1429—1430 (1958). — BRADBEER, C., and STUMPF: J. Biol. Chem. 234, 498—501 (1959). — BRADBEER, J. W., S. L. RANSON and M. STILLER: Plant Physiol. 33, 66—70 (1958). — BRUCKER, W., and W. A. SCHMIDT: Ber. deutsch. botan. Ges. 72, 321—332 (1959). — BRUINSMA, J.: Acta Botan. Neerl. 7, 531—588 (1958). — BÜCHER, T., and M. KLINGENBERG: Angew. Chem. 70, 552—570 (1958). — BURNS, J. J., J. KANFER and G. ASHWELL: Biochim. et Biophys. Acta 34, 446—469 (1959).

CARDINI, C. E., and T. YAMAHA: Nature (Lond.) 182, 1446—1447 (1958). — CARPENTER, W., and H. BEEVERS: Plant Physiol. 33, XXXV (1958). — CARPENTER, W. D., and H. BEEVERS: Plant Physiol. 34, 403—409 (1959). — CHANCE, B.: Ciba foundation symposium on the regulation of cell metabolism. 219—226, London: 1959. — CHANCE, B., and D. P. HACKETT: Plant Physiol. 34, 33—49 (1959). — CHANCE, B., W. HOLMES, J. HIGGINS and C. M. CONNELLY: Nature (Lond.) 182, 1190—1193 (1958). — CHARLSON, A. J., and N. K. RICHTMYER: J. Am. Chem. Soc. 81, 1512 (1959). — CHATTERJEE, I. B., G. C. CHATTERJEE, N. C. GHOSH, J. J. GHOSH and B. C. GUHA: Naturwissenschaften 46, 475 (1959). — CHATTERJEE, I. B., J. J. GHOSH, N. C. GHOSH and B. C. GUHA: Biochem. J. 70, 509—515 (1958). — CHAYKIN, S., J. LAW, S. H. PHILLIPS, T. T. TCHEN and K. BLOCK: Proc. nat. Acad. Sci. US 44, 998—1004 (1958). — CHEN, S. L.: Biochim. et Biophys. Acta 32, 480 bis 484 (1959). — CHEN, S. L. Biochim. et Biophys. Acta 32, 470—479 (1959). — CHIANG, C., C. J. SIH and S. G. KNIGHT: Biochim. et Biophys. Acta 29, 664—665 (1958). — CLACTON, R. A.: Biochem. J. 79, 111—123 (1959). — CLELAND, W. W., and M. J. JOHNSON: J. Biol. Chem. 220, 595—606 (1956). — CLUM, H. H., and A. NASON: Plant Physiol. 33, 354—360 (1958). — COLVIN, J. R.: Arch. Biochem. Biophys. 70, 294—295 (1957). — COON, M. J., F. P. KUPIECKI, E. E. DEKKER u. a.: CIBA Found. Symp. on the biosynthesis of terpenes and sterols. 62—72. London: 1959. — CRANE, F. L.: Plant Physiol. 34, 128—131 (1959). — CRANE, F. L.: Plant Physiol. 34, 546—551 (1959). — CRANE, F. L., C. WIDMER, R. L. LESTER, Y. HATEFI and W. FECHNER: Biochim. Biophys. Acta 31, 476—489 (1959). — CROMBIE, W. M., and E. E. HARDMAN: J. Exp. Bot. 9, 247—253 (1958).

DAVIES, D. D.: Biol. Rev. 34, 407—444 (1959). — DAWES, E. A., and W. H. HOLMS: Biochim. et Biophys. Acta 29, 82—91 (1958). — DICKENS, F., G. E. GLOCK and P. McLean: CIBA foundation symposium on the regulation of cell metabolism, 150—183, London: 1959. — Doudoroff, A., and R. Y. Stanier: Nature (Lond.) 183, 1440 (1959). — Doyle, W. P., and C. H. Wang: Canad. J. Botany 36, 483—490 (1958). — Domagk, G. F., and B. L. Horecker: J. Biol. Chem. 233, 283—286 (1958). — Duff, R. B., and D. M. Webley: Biochem. J. 69, 56 P (1958). — Duperon, R.: C. R. Acad. Sci. (Paris) 247, 342—344 (1958).

Edson, N. L., G. J. Hunter, R. G. Kulka and E. E. Wright: Biochem. J. 72, 249—261 (1959). — Eschrich, W.: Naturwissenschaften 46, 327—328 (1959).

Fauconneau, G.: Ann. inst. nat. recherche agron. A. 9, 1, 1—13 (1958). — Feingold, D. S., E. F. Neufeld and W. Z. Hassid: J. Biol. Chem. 233, 783—788 (1958). — Ferguson, I. I., I. F. Durr and H. Rudney: Federation Proc. 17, 219 (1958). — Folkers, K. C. H. Shunk and B. O. Linn: CIBA Found. Sympos. on the biosynthesis of terpenes and sterols. 20—45, London 1959. — Formica, J. V., and R. Brady: J. Amer. Chem. Soc. 81, 752 (1959). — Fowden, L., and J. A. Webb: Ann. Botany (London) 22, 73—93 (1958). — Franke, W., and W. Heinen: Arch. Mikrobiol. 31, 359—378 (1958). — Fritz, G. J., W. G. Miller, R. H. Burris and L. Anderson: Plant Physiol. 33, 159—161 (1958).

Galloway, R. A., and R. W. Kraus: Plant Physiol. 34, 380—389 (1959). — Gamborg, O. L., and S. Zalik: Canad. J. Biochem. 36, 1149—1157 (1958). — Ganguli, N. C.: J. Biol. Chem. 232, 337—345 (1958). — Gibbs, M.: Ann. Rev. Plant. Physiol. 10, 329—378 (1959). — Gibbs, M., and J. M. Earl: Plant Physiol. 34, 529—532 (1959). — Glaser, L.: J. Biol. Chem. 232, 627—636 (1958). — Gloor, U., and O. Wiss: Helv. Physiol. et Pharmacol. Acta 16, 64 (1958). — Graham, J. S. D., and L. C. T. Young: Plant Physiol. 34, 520—526 (1959). — Greathouse, G. A.: Proceed. 4th. Int. Congr. Biochem. Vol. 2 76—81 Vienna: 1959. — Grossmann, L.: Federation Proc. 17, 235 (1958). — Gyr, J.: C. R. Acad. Sci. (Paris) 248, 445—447 (1959).

Hackett, D. P.: J. Exp. Botany 8, 157—171 (1957). — Hackett, D. P.: Plant Physiol. 33, 8—13 (1958). — Hackett, D. P.: Ann. Rev. Plant Physiol. 10, 113—146 (1959). — Hackett, D. P., and D. W. Haas: Plant Physiol. 33, 27—32 (1958). — Hardman, E. E., and W. M. Crombie: J. Exp. Botany 9, 239—246 (1958). — Hatch, M. D., and J. F. Turner: Biochem. J. 69, 495—501 (1958). — Hatch, M. D., J. A. Pearson, D. A. Miller and R. N. Robertson: Australian J. Biol. Sci. 12, 167—174 (1959). — Hatefi, Y.: Biochim. et Biophys. Acta 31, 502 bis 512 (1959). — Heath, E. C., Hurwitz, J. B. L. Horecker and A. Ginsburg: J. Biol. Chem. 231, 1009—1029 (1957). — Henning, V., I. Kessel and F. Lynen: Abstr. of Comm. 4th Int. Congr. Biochem. p. 47 Vienna: 1958. — Heppel, L. A., J. L. Strominger and E. S. Maxwell: Biochim. et Biophys. Acta 32, 422—430 (1959). — Hess, B., and B. Chance: Naturwissenschaften 46, 248—257 (1959). — Heydeman, M. T.: Nature (Lond.) 181, 627—628 (1958). — Hollman, S., and O. Touster: J. Biol. Chem. 225, 87—102 (1958). — Holzer, H.: CIBA foundation symposium on the regulation of cell metabolism. 277—287, London: 1959. — Holzer, H., and K. Beaucamp: Angew. Chem. 71, 776 (1959). — Holzer, H., and A. Holldorf: Biochem. Z. 329, 283—291 (1957). — Holzer, H., and I. Witt: Biochim. et Biophys. Acta 38, 163—164 (1960). — Hörhammer, L. H. Wagner and J. Hölzl: Biochem. Z. 330, 591—594 (1958). — Howells, J. D., and E. S. Lindstrom: J. Bacteriol. 75, 305—309 (1958). — Huffaker, R. C., D. Hall, L. M. Shannon, A. Wallace and W. A. Rhoads: Plant Physiol. 34, 446—449 (1959). — Humphreys, T. E., and W. M. Dugger: Plant Physiol. 34, 580—582 (1959).

Jacobi, G.: Planta 49, 1—10 (1957). — Jacobi, G.: Kiel. Meeresforsch. 13, 212—219 (1957). — Jacobi, G.: Kiel. Meeresforsch. 14, 247—250 (1958). — Jacobi, G.: Planta 53, 402—411 (1959). — James, W. O., and V. S. R. Das: New Phytologist 56, 325—343 (1957). — James, W. O., and D. Elliot: New Phytologist 57, 230—234 (1958). — James, W. O., and R. M. Leech: Nature (Lond.) 182, 1684—1685 (1958). — Jolchine, G.: Bull. soc. chim. biol. 41, 227—234 (1959). — Jonsen, J., S. Laland and A. Strand: Biochim. et Biophys. Acta 32, 117—123 (1959).

Kandler, O.: Planta 51, 544—546 (1958). — Kanfer, J., J. J. Burns and G. Ashwell: Biochim. et Biophys. Acta 31, 556—558 (1958). — Kaufman, S.:

Biochim. et Biophys. Acta 27, 428—429 (1958). — KESSLER, G.: Ber. schweiz. bot. Ges. 68, 5—43 (1958). — KHAN, A. W., D. N. PELLEGRINO and T. K. WALKER: Nature (Lond.) 183, 682—683 (1959). — KIRKLAND, R. J., and J. F. TURNER: Biochim. et Biophys. Acta 36, 283—284 (1959). — KLEIN, H. P.: Science 128, 1135—1136 (1958). — KNAPPE, J., and F. LYNEN: Abstr. of Commun. 4th Int. Congr. Biochem. p. 49, 1958. — KOOIMAN, P.: Nature (Lond.) 180, 201 (1957). — KOOIMAN, P.: Onderzoek van amyloid uit zaden. Thesis Delft: 1959. — KORNBERG, H. L., and N. B. MADSEN: Biochem. J. 68, 549—557 (1958). — KREBS, H. A., and H. L. KORNBERG: Ergebn. Physiol. 49, 212—298 (1957). — KRUPKA, R. M., and G. H. N. TOWERS: Canad. J. Botany 36, 165—179 (1958). — KUNITAKE, G., and P. SALTMAN: Plant Physiol. 33, 400—403 (1958). — KUNITAKE, G., C. STITT and P. SALTMAN: Plant Physiol. 34, 123—127 (1959).

LANDOLT, A. M.: Experienta 14, 93—94 (1958). — LANNING, M. C., and S. S. COHEN: J. Biol. Chem. 216, 413—423 (1955). — LASCOMBES, S.: Ann. pharm. franç. 16, 429—436 (1958). — LATIES, G. G.: Arch. Biochem. 79, 364—377 (1959). — LEHNINGER, A. L., C. L. WADKINS, C. COOPER, T. M. DEVLIN and J. L. GAMBLE: Science 128, 450—456 (1958). — LESTER, R. L., F. L. CRANE and Y. HATEFI: J. Amer. Chem. Soc. 80, 4751 (1958). — LESTER, R. L., HATEFI, Y. C. WIDMER and F. L. CRANE: Biochim. et Biophys. Acta 33, 169—185 (1959). — LEY, J. DE: Natuurw. Tijdschr. 40, 1—148 (1958). — LOEWUS, F. A., and H. A. STAFFORD: Plant Physiol. 33, 155—156 (1958). — LOEWUS, F. A., B. J. FINKLE and R. JANG: Biochim. et Biophys. Acta 30, 629—635 (1958). — LOEWUS, F. A., R. JANG, W. MANN and BEVENUE, a.: J. Biol. Chem. 232, 505—519 (1958). — LUNDE-GARDH, H.: Endeavour 18, 191—199 (1959). — LYNEN, F.: Proc. Int. Symp. Enzyme Chemistry (Tokyo) 1959, 57. — LYNEN, F.: CIBA Found. Symp. on the biosynthesis of terpenes and sterols. 95—116. London: 1959. — LYNEN, F., B. W. AGRANOFF, H. EGGERER, U. HENNING u. E. M. MÖSLEIN: Angew. Chem. 71, 657 bis 663 (1959). — LYNEN, F., H. EGGERER, U. HENNING and I. KESSEL: Angew. Chem. 70, 738—742 (1958). — LYNEN, F., J. KNAPPE, E. LORCH, G. JÜTTING and E. RINGELMANN: Angew. Chem. 71, 481—486 (1959).

MADSEN, N. B.: Biochim. et Biophys. Acta 27, 199—201 (1958). — MAPSON, L. W., and E. BRESLOW: Biochem. J. 68, 395—406 (1958). — MARCUS, A., and J. VELASCO: Plant Physiol. 34, Suppl. XI (1959). — MARTIUS, C.: Ciba Found. Symp. on the regulation of cell metabolism, 194—200 London: 1959. — MARTIUS, C.: 4th Int. Congr. Biochem. Abstr. of Commun. p 59. Vienna: 1958. — McFADDEN, B. A.: J. Bacteriol. 77, 339—343 (1959). — MEDINA, A., and D. J. NICHOLAS: Nature (Lond.) 179, 87—88 (1958). — MEIER, H.: Biochim. et Biophys. Acta 28, 229—240 (1958). — MILLER, G. W., H. J. EVANS and E. SISLER: Plant Physiol. 33, 124—131 (1958). — MORITA, S.: J. Biochem. 45, 651—666 (1958). — MORTON, R. A.: Nature (Lond.) 182, 1764—1767 (1958).

NAKATANI, M.: Bull. Agric. Chem. Soc. Japan 22, 261—267 (1958). — NEAL, G. E., and H. BEVERS: Plant Physiol. 33, Suppl. XXXIV (1958). — NEISH, A. C.: Canad. J. Botany 36, 649—662 (1958). — NEISH, A. C.: Proceed. 4th Int. Congr. Biochem. Vol. 2, 82—91, Vienna, London: 1959. — NETTER, H.: Theoretische Biochemie, Springer: Berlin-Göttingen-Heidelberg 1959.

OLSON, J. A.: J. Biol. Chem. 234, 5—10 (1959).

PAYNE, W. J., and R. A. McRORIE: Biochim. et Biophys. Acta 29, 466—467 (1958). — PEAT, S., W. J. WHELAN and T. E. EDWARDS: J. Chem. Soc. 3862—3868 (1958). — PHILIPPS, A. H., T. T. TCHEN and K. BLOCH: Federation Proc. 17, 289 (1958). — POHLHOUDEK, R. FABINI and H. WOLLMANN: Planta med. 6, 428—429 (1958).

QUARTLEY, C. E., and E. R. TURNER: J. Exp. Botany 8, 250—255 (1957). — QUAYLE, J. R., and D. B. KEECH: Biochim. et Biophys. Acta 31, 587—588 (1959).

RACKER, E.: J. Biol. Chem. 196, 347—365 (1952). — RACKER, E., and E. SCHROEDER: Arch. Biochem. Biophys. 66, 241—243 (1957). — RAMSHORN, K.: Ber. deutsch. botan. Ges. 70, 20—22 (1958). — RAMSHORN, K.: Flora (Jena) 146, 178—211 (1958). — REESE, E. T., and M. MANDELS: Canad. J. Microbiol. 5, 173 bis 185 (1959). — REICHARD, P., and L. RUTBERG: Biochim. et Biophys. Acta 37, 554—555 (1960). — REINBOTHE, H.: Pharmazie 13, 740—747 (1958). — ROELOFSEN, P. A.: Handbuch der Pflanzenanatomie Bd. III/4, Berlin: 1959. — ROMBERGER, J.

A.: Plant Physiol. 34, 589—597 (1959). — ROMBERGER, J. A., and G. NORTON: NORTON: Plant Physiol. 34, Suppl. XII (1959). — ROWAN, K. S.: Biochim. et Biophys. Acta 34, 270—271 (1959). — RUDNEY, H.: CIBA Found. Symp. on the biosynthesis of terpenes and sterols. 75—90. London: 1959. — RUHLAND, W. et al.: Handbuch der Pflanzenphysiologie, Bd. 6, Berlin: 1958.

SATO, C. S., R. U. BEYRRUM, P. ALBERSHEIM and J. BONNER: J. Biol. Chem. 233, 128—131 (1958). — SCHLEGEL, H. G.: Z. Naturforsch. 14 B, 246—253 (1960). — SCHRAMM, M., V. KLYBAS and E. RACKER: J. Biol. Chem. 233, 1283—1288 (1958). — SERVETTAZ, D.: Atti accad. naz. Lincei, Rend. Classe sci fis. mat. e nat. 20, 255—262 (1956). — SETTERFIELD, G., and S. T. BAYLEY: Exp. Cell. Research, 14, 622 (1958). — SHANNON, L. M., and R. H. YOUNG: Plant Physiol. 34, Suppl. XI (1959). — SHANNON, L. M., R. H. YOUNG and C. DUDLEY: Nature (Lond.) 183, 683—684 (1959). — SHREEVE, W. W., and A. GROSSMAN: Federation. Proc. 16, 248 (1957). — SIEKEVITZ, P.: Ciba foundation symposium on the regulation of cell metabolism 17—45, London: 1959. — SIMON, E. W.: J. Exp. Botany 10, 124—133 (1959). — SISLER, E. C., and H. J. EVANS: Plant Physiol. 34, 81—90 (1959). — SLATER, E. C., and W. C. HÜLSMANN: Ciba foundation symposium on the regulation of cell metabolism, 58—83, London: 1959. — SLATER, W. G., and H. BEEVERS: Plant Physiol. 33, 146—151 (1958). — SMITH, E. E., B. GALLOWAY and G. T. MILLS: Biochim. et Biophys. Acta 33, 276—277 (1959). — SMITH, L., and B. CHANCE: Ann. Rev. Plant Physiol. 9, 449—482 (1958). — SMITH, R. S., and I. C. GUNSALUS: J. Biol. Chem. 229, 305—319 (1958). — SQUIRES, C. L., STUMPF P. K. and C. SCHMIDT: Plant. Physiol. 33, 365—366 (1958). — SRERE, P., J. R. COOPER, M. TABACHNIK and E. RACKER: Arch. Biochem. Biophys. 74, 295—305 (1958). — STAFFORD, H. A.: Amer. J. Botany 46, 347—352 (1959). — STAPLES, R. C., and L. H. WEINSTEIN: Contrib Boyce Thompson Inst. 20, 71—81 (1959). — STEWARD, F. C., R. G. S. BIOWELL and W. E. YEMM: J. Exp. Botany 9, 11—51 (1958). — STONE, B. A.: Nature (Lond.) 182, 687—690 (1958). — STROMINGER, J.: Biochim. et Biophys. Acta 30, 645—646 (1958). — STROMINGER, J. L., and L. W. MAPSON: Biochem. J. 66, 567—572 (1957). — STUMPF, P. K., and G. A. BARBER: J. Biol. Chem. 227, 407—417 (1958). — STUMPF, P. K., and C. BRADBEER: Am. Rev. Plant Physiol. 10, 197—222 (1959). — SUZUKI, I., and C. H. WERKMAN: Arch. Biochem. 76, 103—111 (1958). — SUZUKI, I., and C. H. WERKMAN: Arch. Biochem. 77, 112—123 (1958).

TCHEN, T. T.: Abstr. of Comm 4th Int. Congr. Biochem. p. 47, 1958. — TIETZ, A., and S. OCHOA: J. Biol. Chem. 234, 1394—1400 (1959). — TIMELL, T. E.: Canad. J. Chem. 37, 893—898 (1959). — TRENNER, ARISON u. a. and K. FOLKERS: J. Am. Chem. Soc. 81, 2026—2027 (1959).

UTTER, M. F.: Ann. Rev. Biochem. 27, 245—284 (1957).

VICKERY, H. B.: Plant Physiol. 34, 418—427 (1959). — VICKERY, H. B.: J. Biol. Chem. 234, 1363—1368 (1959). — VICKERY, H. B., and D. G. WILSON: J. Biol. Chem. 233, 14—17 (1958).

WAKIL, S. J.: J. Amer. Chem. Soc. 80, 6465 (1958). — WAKIL, S. J., E. B. TITCHENER and D. M. GIBSON: Biochim. et Biophys. Acta 34, 227—233 (1959). — WALKER, D.: Biochem. J. 67, 73—79 (1957). — WALKER, D. A., and S. L. RANSON: Plant Physiol. 33, 226—229 (1958). — WALKER, G. J., and W. J. WHELAN: Nature (Lond.) 183, 46 (1959). — WANG, C. H., I. STERN, C. M. GILMOUR u. a.: J. Bacteriol. 76, 207—216 (1958). — WEBER, F., V. GLOOR and O. WISS: Helv. Chim. Acta 41, 1046—1052 (1958). — WEINSTEIN, L. H., and J. H. LAURENCOT: Contrib. Boyce Thompson Inst. 19, 327—340 (1958). — WHELAN, W. J., and G. J. WALKER: Abstr. of Comm. 4th Int. Congr. Biochem. p 46, 1958. — WHISTLER, R. L., and K. W. KERBY: Hoppe-Seylers Zeitschrift f. physiol. Chemie 314—346 (1959). — WHISTLER, R. L., and G. E. LAUTERBACH: J. Amer. Chem. Soc. 80, 1987 (1958). — WHISTLER, R. L., and E. MASAK: J. Amer. Chem. Soc. 77, 1241—1243 (1955). — WHISTLER, R. L., and J. L. SÄNNELLA: Sympos. I. 4th Int. Congr. Biochem. 10, 1—14 Vienna: 1958. — WHITELEY, H. R., M. J. OSBORN and F. M. HUENNEKENS: J. Biol. Chem. 234, 1538—1543 (1959). — WILLIAMSON, D. H., and J. F. WILKINSON: J. Gen. Microbiol. 19, 198—209 (1958). — WOLF, J.: Planta 51, 547—565 (1958). — WOLFROM, M. L. (Edit.): Proceed. 4th Int. Congr. Biochem. Vol. I, Vienna: 1958. — WOLSTENHOLME, G. E. W., and C. M. O'CONNOR: Ciba foundation symposium on the regulation of cell metabolism, London: 1959. — WOLSTENHOLME, G. E. W., and

M. O'Connor: Ciba foundation symposium on the biosynthesis of terpenes and sterols. London: 1959. — Wood, H. G., and J. Katz: J. Biol. Chem. 233, 1279—1282 (1958). — Wu, P. L., and R. U. Byerrum: Plant Physiol. 33, 230—233 (1958).

Yamada, K.: J. Biochem. 46, 529—533 (1959). — Yamada, E. W., and W. B. Jakoby: J. Biol. Chem. 233, 706—711 (1958). — Yemm, E. W., and B. F. Folkers: Ann. Rev. Plant. Physiol. 9, 245—280 (1958). — Yocum, C. S., and W. D. Bonner: Proc. Am. Soc. of Plant Physiol. and the Physiol. Sect, Bot. Soc. of Am. Indiana Univ. Aug. 24—28, Pp. VI—VII (1958). — Young, R. H., and L. M. Shannon: Plant Physiol. 34, 149—152 (1959).

Ziegler, D. M., A. W. Linnane, D. E. Green, C. M. S. Dass and M. Ris: Biochim. et Biophys. Acta 28, 524—538 (1958). — Zilliken, F., and M. W. White-House: Wolfrom, Advances in Carbohydrate Chem. Vol. 13, 237—263 (1958).

b) Sekundäre Pflanzenstoffe

Von Kurt Mothes, Halle/Saale

Der Beitrag erscheint ab Band XXIII

16. N-Stoffwechsel

Von ERICH KESSLER, Marburg a. d. Lahn und HORST KATING, Bonn

1959 erschien der Bericht über das Symposium "Utilization of Nitrogen and its Compounds by Plants" als Band 13 der Symposia of the Society for Experimental Biology mit 20 Vorträgen aus fast allen Bereichen des N-Stoffwechsels. Ein Sammelreferat über verschiedene Gebiete der pflanzlichen Stickstoffernährung stammt von BURRIS.

Der Bericht über den organischen N-Stoffwechsel umfaßt die Arbeiten der Jahre 1958 und 1959. Es wird darin versucht, aus der Fülle der Veröffentlichungen vor allem den Fortschritt in den grundlegenden biochemischen Prozessen des N-Stoffwechsels darzustellen. Die Verästelungen in die verschiedenen biologischen Entwicklungsvorgänge, Ernährungs-, Lokalisations- und Translokationsfragen usw. werden durch die Beiträge wiedergegeben, in denen der Stoffwechsel in Verbindung mit anderen Lebensfunktionen behandelt wird. Im übrigen sei auf die zusammenfassenden Darstellungen verwiesen, die bei den einzelnen Abschnitten jeweils angeführt werden.

I. Anorganischer N-Stoffwechsel

1. N_2-Bindung

Symbiontische N_2-Bindung. Ein von HALLSWORTH herausgegebener Symposiums-Band ist der Ernährung der Leguminosen gewidmet und enthält eine Anzahl von Beiträgen über die stickstoffbindenden Wurzelknöllchen-Symbiosen dieser Familie. BOND (1958, 1959) verdanken wir zwei ausführliche zusammenfassende Darstellungen über die ökologischen, physiologischen und biochemischen Aspekte der symbiontischen N_2-Bindung von Nichtleguminosen[1] (vgl. auch SCHWARTZ). POMMER ist es gelungen, den Erreger der Wurzelknöllchen von *Alnus* nicht nur zu isolieren, sondern mit den erhaltenen Reinkulturen auch erfolgreiche Re-infektionsversuche durchzuführen. Es handelt sich bei dem Symbionten offenbar um einen Actinomyceten, der jedoch nicht mit dem früher beschriebenen *Actinomyces alni* PEKLO identisch ist. RAGGIO, RAGGIO u. BURRIS beimpften isolierte Wurzeln von *Phaseolus vulgaris* mit *Rhizobium* und erhielten Knöllchen, die morphologisch und funktionell mit denen intakter Pflanzen übereinstimmten.

Werden isolierte Wurzelknöllchen von *Myrica gale* einer N_2^{15}-haltigen Atmosphäre ausgesetzt, so findet sich anschließend der höchste N^{15}-Gehalt im Amid-N von Asparagin und Glutamin sowie im Amino-N der Glutaminsäure (LEAF, GARDNER u. BOND). Auch dieser Befund weist darauf hin, daß die Assimilation des elementaren Stickstoffs über die

---

[1] Gelegentlich erscheinende Berichte über eine angebliche symbiontische N_2-Bindung durch Reis (CHAKRABORTY u. SEN GUPTA) sowie Coniferen und andere Wurzelknöllchen-freie Pflanzen (STEVENSON 1958, 1959) sind nach wie vor wenig überzeugend.

NH$_3$-Stufe verläuft. Bei Molybdänmangel werden zwar Wurzelknöllchen ausgebildet, deren N$_2$-Bindung jedoch gehemmt ist (MULDER, BAKEMA u. VAN VEEN). Wird dann Molybdat zugesetzt, so steigt nach wenigen Stunden der vorher sehr geringe Gehalt der Wurzelknöllchen an freien Aminosäuren (besonders Glutaminsäure) stark an; eine Zunahme des Asparagins wurde bei den untersuchten Leguminosen erst nach mehr als 24 Std. beobachtet. Während Ergebnisse von LONERAGAN auf eine spezifische Hemmung der N$_2$-Bindung in den Wurzelknöllchen von *Trifolium subterraneum* bei mäßig starkem Ca-Mangel hinweisen, fand NORRIS, daß *Rhizobium*-Kulturen nur Magnesium und kein Calcium benötigen.

HOCH, SCHNEIDER u. BURRIS untersuchten die H$_2$-Entwicklung und den Isotopenaustausch zwischen D$_2$ und zelleigenem gebundenem Wasserstoff an Wurzelknöllchen der Sojabohne. Während N$_2$ und N$_2$O die H$_2$-Produktion hemmen, wird die Austauschreaktion durch N$_2$ aktiviert und durch N$_2$O unterdrückt. Wieder ergaben sich also klare Beziehungen zwischen H$_2$- und N$_2$-Stoffwechsel, deren Natur jedoch weiterhin unklar bleibt. Mit der Isotopenmethode wurde nachgewiesen, daß N$_2^{15}$O durch die Wurzelknöllchen zu N$_2$ reduziert wird. BERGERSEN u. WILSON konnten zeigen, daß aus Soja-Knöllchen gewonnene Bakteroiden oxydiertes Hämoglobin zu reduzieren vermögen. Da die N$_2$-Bindung mit einer Oxydation von Hämoglobin verbunden ist, erscheint eine Funktion des Hämoglobins als H-Überträger zwischen der Endoxydation der Bakteroiden-Atmung und dem stickstoffbindenden Enzymsystem möglich. In diesem Zusammenhang sei auch auf den Bericht von FALK u. Mitarb. über Natur, Funktion und Biosynthese der Hämine und Porphyrine in Wurzelknöllchen hingewiesen.

N$_2$-Bindung freilebender Organismen. NÉMETH u. MATKOVICS (1958) [vgl. auch NÉMETH (1959) und MATKOVICS (1960)] isolierten aus Wurzelknöllchen der Lupine eine rote Hefe *(Rhodotorula?)*, die in Reinkultur aerob N$_2$ bindet. Der Organismus enthält ein mit dem Hämoglobin verwandtes Hämoprotein, das möglicherweise an der N$_2$-Bindung beteiligt ist. Über meist aerob, gelegentlich auch anaerob N$_2$-bindende Stämme von *Achromobacter*, die dafür Eisen und Molybdän benötigen und Hydrogenase besitzen, berichten PROCTOR u. WILSON. Für die anaerobe Stickstoffbindung von *Aerobacter aerogenes* sind ebenfalls Eisen und Molybdän, nicht jedoch Calcium, erforderlich (PENGRA u. WILSON). Bei *Derxia gummosa*, einem neuen, zu den Azotobacteraceen gehörigen aeroben N$_2$-Binder, kann das Molybdän nicht durch Vanadium ersetzt werden; Calcium ist nicht notwendig (JENSEN u. Mitarb. 1959, 1960). In südafrikanischen Lateritböden, die für *Azotobacter* zu sauer reagieren, sind aerobe N$_2$-Binder der Gattung *Beijerinckia* weit verbreitet (BECKING). Anaerobe N$_2$-Bindung fanden LE GALL, SENEZ u. PICHINOTY bei einigen Stämmen sulfatreduzierender Bakterien.

Verschiedene Möglichkeiten für den chemischen Mechanismus der Stickstoffbindung werden in einem Aufsatz von ROBERTS diskutiert. Untersuchungen von WESTLAKE u. WILSON bestätigen, daß auch die anaerobe N$_2$-Bindung von *Clostridium* durch molekularen Wasserstoff spezifisch und kompetitiv gehemmt wird. PARKER u. SCUTT stellten Versuche über die Wirkung von Sauerstoff auf den N_2-Stoffwechsel von *Azotobacter* an. Das überraschende Ergebnis war, daß die N_2-Bindung dieses extrem aeroben Organismus bereits im Bereich von $10-20\%$ O_2 deutlich kompetitiv gehemmt wird. Offenbar treten O_2 und N_2 als terminale H-Acceptoren miteinander in Konkurrenz. MUMFORD, CARNAHAN u. CASTLE fanden eine UV-Mutante von *Azotobacter*, die nur noch nach Zusatz von Lactat, Pyruvat oder anderen organischen Säuren N_2 zu binden vermag; offenbar ist primär ein Reaktionsschritt der Glykolyse betroffen, so daß ein für die N_2-Bindung notwendiges Substrat nicht mehr aus Glucose gebildet werden kann. Wird die Proteinsynthese von *Azotobacter* durch Chloramphenicol gehemmt, so kommt es zu einer Anhäufung der Produkte der N_2-Bindung (BRUEMMER u. RINFRET); mit Hilfe von N_2^{15} konnten vor allem NH_3 und säurelösliche organische N-Verbindungen festgestellt werden.

Alle bisherigen Versuche zur Aufklärung der Biochemie der N_2-Bindung führten zu keinem wirklich befriedigenden Resultat, weil es nicht möglich war, das Enzymsystem „Nitrogenase" aus der intakten lebenden Zelle zu isolieren. Als erstes bedeutsames Ergebnis auf dem Wege zu einer zellfreien Stickstoffbindung gelang JOSE u. WILSON nunmehr der Nachweis einer N_2^{15}-Bindung durch mit Hilfe von Lysozym isolierte „Protoplasten" von *Azotobacter*. Noch einen Schritt weiter gehen die Resultate von CARNAHAN u. Mitarb., die das N_2-bindende Enzymsystem von *Clostridium* in Lösung bringen konnten. Eine Reduktion von N_2^{15} zu NH_3 in vitro findet nur in Gegenwart von Pyruvat als Energiequelle und in Abwesenheit von Sauerstoff statt.

Mit Hilfe der empfindlichen massenspektrometrischen Methode wiesen PRATT u. FRENKEL nach, daß die N_2-Bindung von *Rhodospirillum rubrum* streng lichtabhängig ist. Die Geschwindigkeit dieser Reaktion steigt im Schwachlicht mit zunehmender Beleuchtungsstärke linear an. Sowohl H_2 als auch O_2 hemmen die N_2-Bindung reversibel.

2. Nitratreduktion

Assimilatorische Nitratreduktion. Zusammenfassende Darstellungen erschienen über die an der pflanzlichen Nitratreduktion beteiligten Enzyme (NICHOLAS) und über die Nitratreduktion von Grünalgen und ihre Beziehungen zu Atmung, H_2-Stoffwechsel und Photosynthese (KESSLER). — Daß auch die Nitratreduktase von Tomatenwurzeln ein adaptives Enzym ist, das nur in Gegenwart von Nitrat oder Nitrit gebildet wird, weisen VAIDYANATHAN u. STREET nach. Das von diesen Autoren erhaltene für die Reduktion von Nitrat bis zur NH_3-Stufe verantwortliche Enzymsystem ist löslich. Außer Nitrat und Nitrit werden auch Hyponitrit und Hydroxylamin reduziert. Neben der normalen, Mo-haltigen Nitratreduktase wurde in den Tomatenwurzelextrakten noch ein weiteres Enzymsystem gefunden, das für die Reduktion von Nitrat zu Nitrit Ascorbinsäure und Fe^{++} benötigt. Seine Bedeutung in vivo bleibt allerdings unklar.

MULDER u. Mitarb. sowie AURICH weisen erneut die Notwendigkeit von Molybdän für die Nitratreduktion verschiedener höherer und niederer Pflanzen nach. SPENCER beschreibt eine DPNH-spezifische Nitratreduktase aus Weizenkeimlingen.

Nicht so gut geklärt wie der erste Schritt der Nitratreduktion ist der weitere Verlauf der Reduktion des Nitrits. Nachdem früher schon Eisen und Kupfer als Bestandteile der Nitritreduktase von *Neurospora crassa* nachgewiesen worden waren, gelang jetzt NICHOLAS, MEDINA u. JONES eine bessere Anreicherung und Reinigung dieses Enzyms. Da Nitrit unmittelbar durch Cu^+ reduziert werden kann, dient das Kupfer offenbar als Elektronenüberträger zwischen Flavin und Nitrit. Die Rolle des erneut als notwendig bestätigten Eisens bleibt noch unklar, während die fördernde Wirkung von Magnesium und Pyridoxin möglicherweise indirekter Natur ist. SUZUKI konnte die starke Empfindlichkeit der Nitritreduktion gegen Dinitrophenol nunmehr auch bei *Azotobacter* nachweisen; durch Zusatz von ATP wird die Hemmung vermindert, während AMP sich als unwirksam erwies. Auch die Nitritreduktase von Tomatenwurzeln ist ein adaptives Enzym (VAIDYANATHAN u. STREET).

Dissimilatorische Nitratreduktion. Während das Enzymsystem der Nitratassimilation löslich ist, konnte dasjenige der dissimilatorischen Nitratreduktion bisher nur als Cytochrom-haltige Partikelfraktion aus der Zelle isoliert werden. Japanischen Autoren gelang es nun, die Nitratreduktase anaerob kultivierter *Escherichia coli* in Lösung zu bringen. Es handelt sich bei diesem letzten Glied der Enzymkette, die bei der Nitrat-Atmung die Elektronen vom Formiat bzw. vom DPNH zum Nitrat transportiert, um ein Metalloflavoproteid (TANIGUCHI u. ITAGAKI; IIDA u. TANIGUCHI). Offenbar sind neben Pyridinnucleotiden, Flavinen und Cytochrom b_1 auch Vitamin K und Fe^{++} am Elektronentransport der dissimilatorischen Nitratreduktion von *E. coli* beteiligt (ITAGAKI u. TANIGUCHI). PICHINOTY und PICHINOTY u. SENEZ extrahierten aus *Aerobacter aerogenes* ein Enzymsystem, das Nitrat mit H_2 als H-Donator zu Nitrit reduziert. Als künstlicher Elektronenüberträger zwischen Hydrogenase und Nitratreduktase muß Benzylviologen zugesetzt werden. An der weiteren Reduktion des Nitrits bis zum Ammoniak ist Hydrogenase als einziges Enzym (keine Nitritreduktase!) beteiligt (PICHINOTY u. SENEZ).

CHENIAE u. EVANS gewannen aus Wurzelknöllchen der Sojabohne eine an Partikel gebundene Nitratreduktase, die offenbar eine Nitrat-Atmung katalysiert. Cytochrom und Vitamin K sind am Elektronentransport beteiligt; DPNH oder Succinat dienen als H-Donatoren. — Als eine neue Art von dissimilatorischer Nitratreduktion erwies sich die anaerobe Reduktion von Nitrat zu Nitrit durch Kotyledonen der Leguminose *Vigna sesquipedalis* (OHMACHI, TANIGUCHI u. EGAMI). Der Elektronentransport verläuft von Formiat über DPN, Flavin-Adenin-Dinucleotid und Nitratreduktase zum Nitrat. Da hierbei *kein* Cytochrom mitwirkt, wird diese energieliefernde Reaktion als Nitrat-Gärung bezeichnet.

Ein Enzymsystem, das Nitrit zu N_2 reduziert, wurde von ASANO aus *Micrococcus* gewonnen. Pyridinnucleotid, Flavin, Vitamin K, Cytochrom b_4

und Nitritreduktase sind am Elektronentransport zum Nitrit beteiligt. Die Nitritreduktase konnte noch in zwei Fraktionen aufgeteilt werden, die nur in Kombination wirksam sind und zwei verschiedene Schwermetalle enthalten. SENEZ u. PICHINOTY untersuchten an zellfreien Extrakten von *Desulfovibrio desulfuricans* die Reduktion von Nitrit zu Ammoniak mit molekularem Wasserstoff. Der durch Hydrogenase aktivierte H_2 dient zur Reduktion von Cytochrom c_3, das dann durch Nitrit in einer nichtenzymatischen Reaktion (ohne Beteiligung von Nitritreduktase, Flavinen und Pyridinnucleotiden) oxydiert wird.

Nitrat, N_2O oder O_2 können als H-Acceptoren bei der Oxydation organischer Substanzen durch *Pseudomonas denitrificans* dienen; bei der Reduktion von Nitrat zu N_2 wird als Nebenprodukt N_2O gebildet (DELWICHE).

3. Nitrifikation

Das Problem des Mechanismus der Nitrifikation wird in steigendem Maße mit biochemischen Methoden an zellfreien Extrakten bearbeitet. M. S. ENGEL u. ALEXANDER erhielten aus *Nitrosomonas* ein lösliches Enzymsystem, durch das Ammoniak langsam und Hydroxylamin wesentlich schneller zu Nitrit oxydiert wird. Über ähnliche Ergebnisse berichten auch NICHOLAS u. JONES. Die von diesen Autoren aus *Nitrosomonas* gewonnenen Extrakte oxydierten Hydroxylamin, wenn Cytochrom c oder Phenazinmethosulfat als Elektronenacceptor zugesetzt wurde. Ammoniak und Hyponitrit wurden dagegen nicht oxydiert. — Nach WELCH u. SCOTT führt Kaliummangel zu einer Hemmung der Nitrifikation.

SILVER konnte zeigen, daß unter mehreren geprüften organischen Verbindungen allein ein Zusatz von Formiat zu einer Steigerung der Sauerstoffaufnahme von *Nitrobacter* führt. — Nach Verbrauch alles zugesetzten Nitrits findet eine Inaktivierung des nitritoxydierenden Systems von *Nitrobacter* statt (SEELER u. H. ENGEL). Eine Reaktivierung ist nur dann möglich, wenn gleichzeitig Nitrit und CO_2 geboten werden.

Der wichtigen, aber experimentell schwer zugänglichen Frage nach der Bruttogleichung der CO_2-Assimilation von *Nitrobacter* widmen H. ENGEL u. MICHEL eine Untersuchung (vgl. auch H. ENGEL). Genaue· manometrische Versuche über den Gaswechsel von *Nitrobacter* bei Nitritoxydation mit und ohne gleichzeitige CO_2-Reduktion ergaben eine der reduzierten CO_2-Menge entsprechende Verminderung der O_2-Aufnahme CO_2-reduzierender Zellen. Dies spricht für eine der Photosynthese analoge „Chemolyse" von H_2O bei der Chemosynthese. Ob dabei allerdings freier Sauerstoff auftritt, oder ob das Chemolyseprodukt (OH) *ohne* O_2-Entwicklung durch Reaktion mit Nitrit beseitigt wird, kann auf Grund dieser Versuche nicht entschieden werden[1].

Neuere Untersuchungen bestätigen jetzt zunehmend alte, wegen mangelhafter Methodik wenig beachtete Angaben, daß auch viele *hetero-*

---

[1] Das als Argument gegen eine chemosynthetische O_2-Entwicklung angeführte Fehlen von Katalase in den nitrifizierenden Bakterien ist nicht beweisend, da das sauerstoffentwickelnde Enzym der Photosynthese ziemlich sicher nicht mit der Katalase identisch ist (vgl. dazu den Beitrag „Die photosynthetische Sauerstoffentwicklung" im Handbuch der Pflanzenphysiologie, Bd. **5**, 1960).

trophe Organismen (Bakterien, Actinomyceten und Pilze) zu einer allerdings meist nur geringen Nitrifikation befähigt sind. Besonders bei Pilzen der Gattungen *Aspergillus* und *Penicillium* ist die Oxydation organischer N-Verbindungen zu Nitrit sowie die Oxydation von Nitrit zu Nitrat recht weit verbreitet (EYLAR u. SCHMIDT; SCHMIDT; IYENGAR u. HORA; HORA u. IYENGAR). Die Besonderheit der chemolithotrophen nitrifizierenden Bakterien liegt also nicht in der Fähigkeit zur Oxydation von N-Verbindungen, sondern vielmehr in der Möglichkeit, die dabei freiwerdende Energie für CO_2-Reduktion und autotrophes Wachstum zu verwenden. (Ähnliches gilt auch für die Oxydation von Wasserstoff und Schwefelverbindungen; vgl. SCHLEGEL).

II. Organischer N-Stoffwechsel

1. Zur Entstehung organischer Verbindungen in der Uratmosphäre

Es sind bereits beachtenswerte Einblicke in die mögliche abiogene Entstehung biochemisch wichtiger Stoffe in der Uratmosphäre gegeben worden, die auch für den Biologen von großem Interesse sind, ohne daß dabei die Frage nach der Entstehung des Lebens berührt werden muß. Der Problemkreis und der augenblickliche Stand des Wissens darüber wird von WACKER in einem sehr lesenswerten Bericht über das Internationale Symposium „Die Entstehung des Lebens auf der Erde" (August 1957 in Moskau) wiedergegeben.

MILLER[1] findet in Fortsetzung seiner bekannten Arbeiten in einer reduzierenden Uratmosphäre aus CH_4, NH_3, H_2O und H_2 durch Funkenentladung Glycin, α-Alanin, β-Alanin, Glutaminsäure, Iminodiessigsäure, Imino-essig-propionsäure, α-Hydroxybuttersäure, Essigsäure, Propionsäure, Glykolsäure, Milchsäure, Bernsteinsäure, Harnstoff und Methylharnstoff. Ähnliche Ergebnisse sind auch mit UV-Licht erhalten worden (PAVLOVSKAYA u. PASSYNSK*). HEYNS, WALTER u. MEYER gelang durch Funkenentladungen die Bildung verschiedener Guanidinoverbindungen neben Aminosäuren, wenn in Gegenwart von CH_4, NH_3 und O_2 mit Hilfe von Jodid/Stärke bzw. Diphenylamin im Reaktionsansatz ein oxydierendes Milieu vorlag. Die erste Synthese von Peptiden aus den in der Uratmosphäre gebildeten Verbindungen führte AKABORI* mit Amino-acetonitril (H_2N-CH_2-CN) durch, das aus $HCHO + NH_3 + HCN$ entstand. Nach 5 stündigem Erhitzen von Amino-acetonitril auf $130-135°C$ in Gegenwart von Kaolin wurden Glycyl-glycin und Glycyl-diglycin nachgewiesen. Eine weitere Stufe wurde erreicht, als Polyglycin auf die Oberfläche von Kaolin versprüht und mit Formaldehyd oder Acetaldehyd (als basischer Katalysator K_2CO_3, $NaHCO_3$) behandelt wurde. In dem Reaktionsprodukt waren nach Hydrolyse mit 6 n-HCl neben Glycin auch Serin und Threonin vorhanden. Ein mögliches Beispiel für weitergehende biochemische Umsetzungen sieht OPARIN* in den multimolekularen organischen Systemen von der Art der Coacervate. Unter Coacervation versteht man eine Entmischung hydrophiler Kolloide in eine an Kolloiden reiche Schicht und eine von Kolloiden fast freie Flüssigkeit, die von der ersten scharf getrennt ist. Die kolloidale Flüssigkeit ist das Coacervat. In solchen Coacervaten eingeschlossene Enzyme, die mit den gelösten Stoffen in der Art eines „offenen Systems" in Wechselbeziehung stehen, zeigten fermentative Umsetzungen. Für die abiogene Proteinsynthese ist nach Experimenten von OPARIN* die Integrität einer solchen multimolekularen Struktur nötig (Coacervattheorie).

---

[1] Mit einem Stern versehene Autorennamen weisen auf die von den Autoren gehaltenen Vorträge auf dem Symposium hin. Sie sind nicht gesondert im Literaturverzeichnis aufgeführt.

2. Aminosäuren

Über 40 **neue Amino- und Iminosäuren** sind mit Hilfe moderner Trennungsverfahren in den letzten 15 Jahren entdeckt worden. Allerdings sind zu den bekannten Bausteinen normaler Proteine keine neuen hinzugekommen. Häufig sind die neu beschriebenen Verbindungen Zwischenstufen des Aminosäuren-Stoffwechsels, oder sie sind in nur geringer Menge an ganz bestimmten Stellen der Zellen spezifisch wirksam. Das Auffinden von Acetidin-2-carbonsäure als Hauptbestandteil der löslichen N-Verbindungen in Liliaceen (vgl. Fortschr. Bot. **20**, 188) war deshalb überraschend. Andererseits zeigt es aber, daß nach wie vor eine Bestandsaufnahme der organischen Verbindungen bei möglichst vielen Objekten dringend erforderlich ist. Obwohl die in den letzten Jahren neu beschriebenen Aminosäuren in verschiedenen Pflanzenfamilien gefunden wurden, ist nämlich die Mehrzahl von ihnen bisher nur in den Arten bekannt geworden, aus denen sie isoliert worden sind. Durch die Markierung der Stoffwechselprodukte in der Zelle mit Radiokohlenstoff ist eine empfindliche Methode zum Auffinden von unbekannten, in geringer Konzentration vorhandenen Aminosäuren gegeben. γ-Hydroxy-γ-methyl-glutaminsäure z. B. wurde von STEWARD, WHETMORE u. POLLARD als neue Aminosäure in Farnen beschrieben (in der Wurzelspitze von *Adiantum pedatum* bildet sie 90% der Nichtprotein-Fraktion) und ist nur mit Hilfe der radioautographischen Technik auch in *Arachis hypogaea* (FOWDEN u. WEBB) und *Phlox decussata* (LINKO u. VIRTANEN) nachgewiesen worden, obwohl sie in den Extrakten mit dem Ninhydrin-reagens nicht feststellbar war[1].

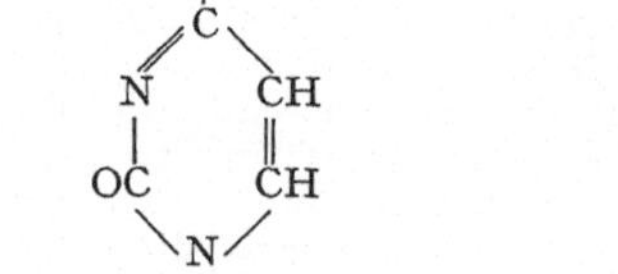

(I) β-(Pyrazolyl-N)Alanin

(II) β-(3 Carboxy-γ-pyron-5-yl)Alanin

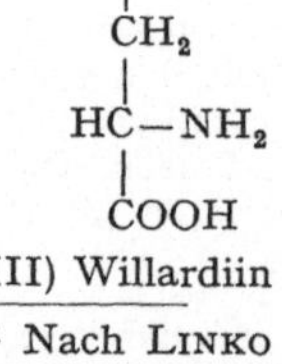

(III) Willardiin

---

[1] Nach LINKO u. VIRTANEN entsteht diese Aminosäure in den Geweben von *Phlox decussata* sehr wahrscheinlich durch eine Aldolkondensation zweier Pyruvat-moleküle und anschließende Transaminierung.

Als freie N-Verbindung wird erstmalig in höheren Pflanzen *(Polygonatum multiflorum)* sicher das Vorkommen von α,γ-Diaminobuttersäure nachgewiesen (FOWDEN u. BRYANT). Neben Asparaginsäure und Homoserin bildet diese Aminosäure möglicherweise die Vorstufe für die Biosynthese von Acetidin-2-carbonsäure. — NOE u. FOWDEN finden im Samen von *Citrullus vulgaris* α-Amino-β-(pyrazolyl-N)propionsäure [= β-(Pyrazolyl-N)Alanin] (I). Es ist die erste bekannte Aminosäure, die an einem Pyrazolring eine Seitenkette mit einer N—C-Bindung hat.

Eine bisher nicht identifizierte Aminosäure in Wurzelgallen von *Kalanchoë* wird als γ-Hydroxy-valin und dessen Lacton erkannt (POLLARD, SONDHEIMER u. STEWARD). In Erbsenpflanzen wird o-Acetylhomoserin identifiziert (GROBBELAAR u. STEWARD). CARTWRIGHT gibt für die früher bereits gemeldete Serratamsäure (Stoffwechselprodukt von Bakterien der *Serratia*-Gruppe) die Formel bekannt: N-(3-Hydroxy-decamyl-)Serin. In Samen von *Agrostemma githago* wurde ein Derivat des Phenylalanin, 2,4-Dihydroxy-6-methylphenylalanin, gefunden (SCHNEIDER). Mit einer Ausbeute von 10 mg/10 kg isolierten HATTORI u. KOMAMINE aus *Stizolobium*-Arten β-(3-Carboxy-γ-pyron-5-yl)Alanin (II). — In Mimosaceen-Arten sind Albizzin — L(—)α-Amino-β-ureido-propionsäure — und Willardiin — L-Uracil-[β-(α-amino-propionsäure)] — häufig vertreten. Beide Aminosäuren sind bisher ausschließlich in Mimosaceen angetroffen worden. Es wird vermutet, daß Albizzin eine biologische Vorstufe von Willardiin (III) ist. Außerdem wird noch eine S-haltige Aminosäure — S-(γ-Carboxy-propyl)-L-Cystein — nachgewiesen, die bisher erst einmal in vivo als Spaltprodukt von Oromycin, einem Antibioticum aus *Streptomyces*-Arten, entdeckt wurde [GMELIN; GMELIN, STRAUSS u. HASENMEIER (1, 2) und KJAER, LARSEN u. GMELIN].

Aminierung und Desaminierung. Die Mitwirkung von DPNH[1] als Coenzym bei der Aminierung von α-Ketosäuren ist seit geraumer Zeit bekannt. KATUNUMA findet nun in einem zellfreien Extrakt aus *Mycobacterium avium* eine Reaktion, bei der aus ATP und NH_3 das Phosphorylamid von Adenosin-5-phosphat ($AMP \sim NH_2$) gebildet wird. Es wirkt als ein aktives Intermediärprodukt bei der Aminierung von α-Ketosäuren nach folgenden Gleichungen mit:

1. $ATP + NH_3 \longrightarrow AMP \sim NH_2 + PP$

2. $AMP \sim NH_2 + R—CO—COOH \xrightarrow{2H} R—CH(NH_2)—COOH + AMP$

Damit wird gewissermaßen eine Lücke in den Kenntnissen über die Rolle des ATP beim N-Stoffwechsel geschlossen. ATP wirkt nämlich auch katalytisch als Energiedonator bei der Glutaminbildung aus Glutaminsäure und NH_3 und bei der Übertragung des Glutamylrestes auf einen Acceptor mit. Ebenso ist die Aktivierung von Aminosäuren mit ATP zu Amino-acyl-AMP durch RNS-Proteinpräparate bekannt (vgl. Fortschr. Bot. 20, 189 f.). Wahrscheinlich steht also die Bildung eines aktiven Intermediärproduktes aus ATP mit den zu fixierenden und zu übertragenden NH_2-Gruppen am Anfang aller intermediären Umsetzungen der NH_2-Gruppen, einschließlich der Aktivierung von NH_3 bei der Aminierung von Ketosäuren.

---

[1] Folgende Abkürzungen werden gebraucht: AMP, ADP, ATP = Adenosinmono-, -di- und -triphosphat; DNS = Desoxyribonucleinsäure; DPNH = reduziertes Diphosphopyridinnucleotid; FAD = Flavinadenin-dinucleotid; GTP = Guanosin-triphosphat; P, PP = Mono- und Pyrophosphat; RNS = Ribonucleinsäure.

Die Oxydation von Aminosäuren durch L- und D-Aminosäure-Oxydase wurde bisher als eine irreversible Reaktion angesehen. RADHAKRISHNAN u. MEISTER beweisen die Umkehrbarkeit der Reaktion. So wird z. B. D-Alanin durch D-Aminosäuren-oxydase, Brenztraubensäure und D-Phenylalanin in Abwesenheit von Sauerstoff gebildet — und umgekehrt. Nicht nur die D-Aminosäuren-Oxydasen sind streng spezifisch und bilden wiederum nur D-Aminosäuren, sondern auch die L-Aminosäuren-oxydasen zeigen diese Spezifität. Die Reaktion ist FAD-abhängig. Obwohl der Gesamtablauf der Reaktion als eine Transaminierung erscheint, ist daran doch keine Aminogruppen-Übertragung beteiligt. Die intermediäre Teilnahme von freiem NH_3 an der Reaktion wurde mit Hilfe von ^{15}N-Ammoniak, das in die Aminosäuren eingebaut wurde, nachgewiesen. ZELITCH hat in Rohpräparaten aus Pflanzenmaterial den gleichen Reaktionstyp beobachtet.

Transaminierungen. Unsere Kenntnisse über die Kinetik der bei der Synthese der Aminosäuren mitwirkenden Mechanismen werden durch HOLZER, GERLACH, JACOBI u. GNOTH (Glutaminsäure-transaminase aus Bier- und Bäckerhefe), WAGNER, BERGQUIST u. KARP und SEECOF u. WAGNER (1, 2) (Valin- und Isoleucin-transaminase in *Neurospora crassa*) erweitert. Die Transaminaseaktivität wird durch Phosphatpuffer gehemmt. Überschüssiges Pyridoxalphosphat hebt die Hemmung wieder auf. α-Ketoglutarsäure war bei der Feststellung der Michaelis-Konstanten in *Neurospora*-Transaminasepräparaten die einzige Ketosäure, die bei hoher Konzentration nicht die Transaminierung hemmte. Die Ausnahme ist wiederum ein deutlicher Hinweis auf die zentrale Stellung der Glutaminsäure im Aminosäure-Stoffwechsel. — Die kinetischen Daten für Transaminierungen mit α-Keto-β-methylvaleriansäure und α-Ketoisovaleriansäure als NH_2-Acceptoren führen zu dem Schluß, daß nur ein einziges Enzym die Umaminierung zur Bildung von Isoleucin und Valin bewirkt.

Die Teilnahme eines Metallions bei der Bildung der Schiffschen Base während der enzymatischen Transaminierung wurde bereits von verschiedenen Autoren postuliert (vgl. LOOMIS u. STUMPF). PATWARDHAN, hat festgestellt, daß von mehreren geprüften Metallionen $FeSO_4$ die Aktivität der gereinigten Asparaginsäure-Glutaminsäure-Transaminase aus Bohnen steigert. Eine interessante Feststellung (die aber noch der Bestätigung bedarf) über den komplizierten Mechanismus der Transaminierung teilen BONAVITA u. SCARDI mit: Hemmungsversuche mit Cyanionen zeigen, daß, entgegen der bisherigen Auffassung, die 4-Formylgruppe von Pyridoxal-5'-phosphat eher bei der Bindung von Coenzym und Apotransaminase eine Rolle spielt als bei der Bildung einer Schiffschen Base mit dem Aminosäurensubstrat (vgl. LOOMIS u. STUMPF, p. 254 f.).

Die Beschreibung neuer Umaminierungsprozesse — auch von solchen Verbindungen, die weniger häufig vorkommen — bestätigt immer wieder, daß die Transaminierung ein Hauptstoffwechselweg für die Bildung des vielfältigen Aminosäurenspektrums der Zelle von wenigen Schlüsselaminosäuren her ist. Ein Enzympräparat aus *Pseudomonas spec.* katalysierte in stöchiometrischen Verhältnissen die reversible Transaminierung von β-Alanin mit Brenztraubensäure zu Malonsäuresemialdehyd und α-Alanin (NISHIZUKA, TAKESHITA, KUNO u. HAYAISHI); in zellfreien Extrakten von *Corynebacterium diphtheriae* findet eine Transaminierung zwischen δ-Aminolävulinsäure und α-Ketoglutarsäure oder Brenztraubensäure statt (BAGDASARIAN u. WHITE); Cysteinsulfinsäure wurde in Wasserextrakten aus Haferpflanzen transaminiert (PEREZ-MILAN, SCHLIACK u. FROMAGEOT), und schließlich konnten MEADOW u. WORK (1, 2) mit Aceton-Trockenpulver verschiedener Mikroorganismen Umaminierungen der drei Stereoisomeren von Diaminopimelinsäure und Lysin mit Brenztraubensäure, α-Ketoglutarsäure und Oxalessigsäure durchführen. In einigen Fällen war das DD-Isomer aktiver als die meso-Form.

Eine enge Beziehung zwischen CO_2-Assimilation und N-Stoffwechsel wurde von WALKER u. RANSON in Blattextrakten von *Kalanchoë crenata* gefunden. In dem Extrakt waren u. a. Phosphoenol-brenztraubensäure-Carboxylase, Äpfelsäuredehydrogenase und Transaminasen vorhanden. In Gegenwart von $^{14}CO_2$ fand eine β-Carboxylierung der Phosphoenol-brenztraubensäure statt, aus der Oxalessigsäure und o-Phosphat resultierten. Einerseits wurde jetzt durch die Äpfelsäure-dehydrogenase Oxalessigsäure zu Äpfelsäure reduziert, andererseits fand bei Zusatz von Glutaminsäure eine Umsetzung nach folgender Gleichung statt: Phosphoenol-brenztraubensäure $+$ $^{14}CO_2$ $+$ Glutaminsäure $\rightarrow$ Asparaginsäure (^{14}C) $+$ α-Ketoglutarsäure $+$ o-Phosphat. — Hieraus wird verständlich, daß in einem mit $^{14}CO_2$ versorgten Blatt ^{14}C in Asparaginsäure ebenso rasch auftritt wie in Äpfelsäure. Ohne Zweifel liegt in der Koppelung von Carboxylierung und Transaminierung ein für die Pflanzen wichtiger Prozeß vor.

Die sich mehrenden Befunde über das Vorkommen der α-Ketoglutarsäure-γ-Aminobuttersäure-Transaminase in Mikroorganismen und höheren Pflanzen zeigen, daß die γ-Aminobuttersäure im N-Stoffwechsel eine bedeutende Rolle spielt. Eine verschiedentlich vermutete Carboxylierung der γ-Aminobuttersäure zu Glutaminsäure konnte in einigen Fällen ausgeschlossen werden [SCOTT u. JAKOBY; FOWDEN; SUZUKI u. Mitarb. (1, 2) und KRETOWICH u. GALAS].

Biosynthese einzelner Aminosäuren. Der Einsatz von Isotopen erleichtert nicht nur die Untersuchungen über die Herkunft der C-Bausteine für die einzelnen Aminosäuren und über die Umwandlung der Aminosäure-Moleküle, sondern hat vielfach erst die Möglichkeit von genaueren Bausteinanalysen geschaffen. Es stehen dabei die Aminosäuren im Vordergrund des Interesses, deren Biogenese im wesentlichen noch unbekannt ist, weil sich ihre C-Bausteine nicht ohne weiteres an die universellen C-Fragmente anschließen lassen: Valin, Leucin, Isoleucin, Histidin, Threonin, Lysin, Methionin.

Bei Weizenpflanzen haben BILINSKI u. McCONNELL (1, 2, 3) die Synthese von Aminosäuren durch ^{14}C-markiertes Acetat untersucht. Glutaminsäure,Prolin und Arginin wiesen die stärkste Aktivität auf. Alle Ergebnisse sprechen dafür, daß der Tricarbonsäurecyclus einen Hauptweg für die Biosynthese der Amino-Dicarbonsäuren darstellt.

Vom Glycin- und Serin-Stoffwechsel aus werden Bausteine für die Biosynthese einer ganzen Reihe von wichtigen Verbindungen bereitgestellt: der Purinkörper, der Pyrrolfarbstoffe, des Sarkosins, Betains, Kreatins, Colamins und Cholins. Der Grundprozeß, die reversible Glycin-Serin-Umwandlung mit Hilfe der C_1-Gruppenüberträger, der Polyglutamyl-Pteridin-Coenzyme, wird von WILKINSON u. DARIES (zellfreier Enzymextrakt aus Rüben und unreifem Blumenkohl), HAUSCHILD (Enzympräparat aus Mais) und WRIGHT, ANDERSON u. HERMAN (gereinigtes Enzymsystem aus *Clostridium sticklandii*) neu belegt. Auch Isotopenversuche mit *Penicillium digitatum* zeigen, daß Serin aus Glycin gebildet wird, wobei letzteres aus einem C_2-Fragment synthetisiert wird, das nach der Phosphogluconat-Decarboxylierung aus der C_2—C_3-Spaltung der Pentose kommt (REED, CHELDELIN u. WANG). In Hefezellen wurde ein Enzym nachgewiesen, das L-Serin und H_2S zu Cystein vereinigt (SCHLOSSMANN u. LYNEN).

Die Folsäure-Verbindungen spielen sicherlich bei anderen bisher noch unbekannten Stoffwechselreaktionen eine Rolle. So hat KAUFMANN in der Rattenleber bei der enzymatischen Umwandlung von Phenylalanin in Tyrosin, die nach der Gleichung TPNH $+$ H$^+$ $+$ O$_2$ $+$ Phenylalanin $\rightarrow$ TPN$^+$ $+$ H$_2$O $+$ Tyrosin verläuft, die Teilnahme von Tetrahydrofolsäure feststellen können. — Im übrigen sei auf die Zusammenfassung von HUENNEKENS u. OSBORN über die Rolle der Folsäure-Coenzyme beim Stoffwechsel des „aktiven Formiats" und des „aktiven Formaldehyds" und über die Interkonversion der Methylgruppe bei der Synthese von N-Verbindungen hingewiesen.

Über die Vielfalt der Reaktionsmöglichkeiten bei der Synthese und beim Umsatz relativ einfacher Aminosäuren geben folgende Befunde einen Hinweis: Ein Zwischenprodukt bei der Valinsynthese ist Acetolactat, das im Medium spontan zu Acetoin zersetzt wird. Bei Valinmangel tritt eine Anhäufung des Intermediärproduktes ein (UMBARGER u. BROWN an *Escherichia coli*). — Nach RILEY u. ROBINSON kann in Staphylokokken α-Aminobuttersäure aus Threonin mittels einer einfachen Reaktion dadurch entstehen, daß Threonin bei geringer O$_2$-Zufuhr ein H-Acceptor ist. Auf ähnliche Weise soll auch eine Alaninbildung aus Serin möglich sein (vgl. STREET, p. 689). In *Staphylococcus aureus* wird Aminoaceton als ein neues Produkt des Threoninstoffwechsels nach folgender Reaktionsgleichung gebildet:

$$H_3C-CH(OH)-CH(NH_2)-COOH \xrightarrow{-2H} H_3C-CO-CH(NH_2)-COOH \rightarrow H_3C-$$
$$-CO-CH_2(NH_2) + CO_2 \text{ (ELLIOTT)}.$$

Die Biosynthese von Lysin ist im wesentlichen noch unbekannt. Das gilt besonders für den Stoffwechsel der höheren Pflanzen. Bei Mikroorganismen kann Lysin durch Decarboxylierung von α,ε-Diaminopimelinsäure gebildet werden. Außer dieser Reaktion konnte aber bisher noch kein anderer Weg für die Synthese von Lysin schlüssig bewiesen werden.

Zugabe von DL-(4-^{14}C)Asparaginsäure, L-(^{14}C)Asparaginsäure oder ^{14}C-Alanin zu Kulturen von *Chlorella* deuten darauf hin, daß hier die Lysin-Synthese nach dem gleichen Mechanismus wie bei den Bakterien verläuft, also wiederum über α,ε-Diaminopimelinsäure als Intermediärprodukt. Bei *Euglena gracilis* dagegen wird Prolin und Lysin nicht durch D,L-(4-^{14}C)Asparaginsäure markiert (VOGEL). MEADOW u. WORK (1,2) fanden bei *Escherichia coli* wohl einen Einbau von ^{14}C aus ^{14}C-Brenztraubensäure und ^{14}C-Asparaginsäure in die intracelluläre Diaminopimelinsäure, aber nicht in die Diaminopimelinsäure des Kulturmediums. ^{14}C aus ^{14}C-Glucose und 2-^{14}C-Acetat dagegen wird in die Diaminopimelinsäure der Zellen und des Kulturmediums eingebaut. Auch hier dürfte diese Säure Intermediärprodukt für die Lysinsynthese sein, allerdings scheint es nicht der einzige mögliche Weg der Lysin-Bildung zu sein.

Während für die Bildung von Histidin aus Imidazol-glycerin-phosphat Zwischenstufen bekannt sind (Imidazol-glycerin-phosphat $\rightarrow$ Imidazol-acetol-phosphat $\rightarrow$ Histidinol-phosphat $\rightarrow$ Histidinol $\rightarrow$ Histidin), finden sich bisher nur wenig Angaben über die Biosynthese dieser Vorstufe. Bei ^{15}N-Tracer-Versuchen an *Escherichia coli* (NEIDLE u. WAELSCH) zeigte es sich nun, daß in Stellung 1 des Imidazolringes der Amidstickstoff des Glutamins eingebaut wird. Glutamin kann nicht durch NH$_4^+$, Asparagin, Asparaginsäure oder Glutaminsäure ersetzt werden. Der Stickstoff in Stellung 3 dagegen kann aus den letztgenannten Verbindungen stammen. Aus weiteren Untersuchungen mit Purinen geht hervor, daß ein Purinbruchstück, bestehend aus dem Kohlenstoff in Stellung 2 und dem Stickstoff in Stellung 1, als Ganzes in den Imidazolring (Stellung 2 und 3) eingebaut wird.

Die Tatsache, daß der Stickstoff in Stellung 1 des Imidazolringes aus der Amidgruppe des Glutamins stammt und nicht durch andere Verbindungen ersetzt werden kann, ist ein Hinweis dafür, daß die Amide der Aminosäuren nicht nur Speicher-, Entgiftungs- oder Transportformen des Stickstoffs sind, sondern mit ihrer Amidgruppe in verschiedene Prozesse des N-Stoffwechsels eingreifen. Es mehren sich in letzter Zeit die Befunde, daß die Amidgruppen zu Biosynthesen verwandt werden, ohne daß sie vorher als Ammoniak freigesetzt werden (s. weiter unten).

Tryptophan entsteht vermutlich aus Indol und Serin *(Neurospora crassa)* durch eine Kondensationsreaktion. Anthranilsäure wird, ohne daß ihre Bildung bisher in den Teilschritten aufgeklärt worden ist, als eine Vorstufe für Indol angesehen. In diesem Mechanismus interessiert, nicht zuletzt auch unter dem allgemeinen Blickwinkel der „aromatischen Synthese" und der vom Tryptophan abstammenden Alkaloide, die Biosynthese der Vorstufen für Tryptophan. Es werden immer neue Verbindungen als Vorstufe der Tryptophan-Synthese festgestellt, die jedoch lediglich zeigen, wie weit wir bisher noch von einer vollen Einsicht in die Teilschritte der Biosynthese dieser aromatischen Aminosäure entfernt sind. — SRINIVASAN weist in zellfreien Extrakten von *Escherichia coli* die Bildung von Anthranilsäure aus Shikimisäure-5-phosphat und L-Glutamin nach. LINSGENS, HELLMANN u. HILDINGER halten Fructosylanthranilsäure [= N-(o-Carboxyphenyl)-fructosylamin] für ein mögliches Zwischenprodukt der Tryptophan-Biosynthese in *Salmonella typhimurium*. Auch Prephensäure ist eine mögliche biologische Vorstufe für die Bildung von Tryptophan und anderen Indolderivaten (PHINNIGER an *Neurospora*-Stämmen). — In dem über mehrere Stufen und unter Einwirkung verschiedener Fermente ablaufenden Tryptophanabbau findet sich bei *Agrobacterium tumefaciens* Indolylessigsäure und die sehr labile Indolylbrenztraubensäure. Letztere ist vermutlich durch oxydative Desaminierung oder Transaminierung aus Tryptophan entstanden und ist ein Zwischenprodukt für die Bildung der Indolylessigsäure. Vor allem unter anaeroben Bedingungen treten Indolylmilchsäure und Tryptophol als Intermediärprodukte des Abbaues auf (KAPER u. VELDSTRA).

3. Amide, Harnstoff und Ureide

Die **Aminosäurenamide** Asparagin und Glutamin können nicht mehr allein als Entgiftungsprodukte von freiem Ammoniak oder als eine Speicher- und Transportform für Stickstoff angesehen werden, aus denen erst nach Desamidierung eine Nutzung der Amidgruppe möglich wird. Die Arbeiten von MEISTER u. Mitarb. (s. Fortschr. Bot. **17**, 604) haben für die beiden Aminosäurenamide, über die bisherigen Vorstellungen hinausgehend, eine zentrale Funktion im N-Stoffwechsel sichergestellt. Leber- und Nierenpräparate führen eine gekoppelte Transaminierung-Desamidierung beim Abbau von Glutamin und Asparagin durch. Hierbei wird zuerst die Aminogruppe übertragen. Diese Transaminierung verläuft schneller als die der entsprechenden Aminodicarbonsäuren. α-Ketoglutarsäureamid als Intermediärprodukt konnte in diesen Präparaten wegen der sehr aktiven ω-Amidase nicht nachgewiesen werden. Asparagin-bedürftige Mutanten von *Neurospora crassa* vermögen jedoch Glutamin mit α-Ketobernsteinsäureamid zu Asparagin zu transaminieren, woraus α-Ketoglutarsäureamid resultiert (MONDER u.

MEISTER). Es ist damit nicht nur eine Umaminierung der α-NH_2-Gruppe der Amide ohne vorherige Desamidierung möglich, sondern auch ein neuer Weg zur Synthese von Asparagin und Glutamin gegeben:

$$HOOC-CH(NH_2)-CH_2-CH_2-CO(NH_2) + HOOC-CO-CH_2-CO(NH_2) \rightarrow$$

Glutamin α-Ketobernsteinsäureamid

$$HOOC-CH(NH_2)-CH_2-CO(NH_2) + HOOC-CO-CH_2-CH_2-CO(NH_2)$$

Asparagin α-Ketoglutarsäureamid

Die Reaktionsmöglichkeiten der wichtigen Aminosäurenamide werden noch dadurch erweitert, daß die Amidgruppe auch durch Transamidierung in den N-Umsatz einbezogen werden kann. Es bleibt noch zu prüfen, in welchem Umfange diese Reaktion am N-Stoffwechsel teilnimmt. In Rapskeimlingen wird die Amidgruppe von Asparagin (^{15}N-markiert) durch Transamidierung in die α-Amino- und Amidstellung beim Glutamin übertragen [BAUEROVA u. SORM; s. auch VAN MEULEN u. BASSHAM (*Scenedesmus* und *Chlorella*)]. Amidgruppenübertragung von Glutamin bei der Histidinsynthese wurde schon auf S. 262 erwähnt. Verschiedentlich wird auch eine direkte Übertragung der NH_2-Gruppen des Harnstoffs auf Glutaminsäure angenommen (KANIGUA; NAYLOR und WEBSTER). — Untersuchungen über den Wirkungsmechanismus der Glutaminsynthetase legen WIELAND, PFLEIDERER u. SANDMANN (Erbsen) und KLINKHAMMER *(Allomyces arbuscula)* vor.

Die Transamidierung von Amidgruppen gewinnt im Hinblick auf die weite Verbreitung von Amiden, Harnstoff und Ureiden im Pflanzenreich eine große Bedeutung: In Erbsenkeimlingen stellen die Amide $^1/_6$—$^1/_2$ des Gehaltes an freien Aminosäuren (bezogen auf N) (LAWRENCE, DAY u. STEPHENSON); OLAND findet in jungen Äpfelpflanzen sogar 90% des freien N in Arginin und Amiden vor; in fast allen von 51 untersuchten marinen Algenarten und in verschiedenen Leber- und Laubmoosen sind Allantoinase und Allantoicase, die Enzyme zur Spaltung von Allantoin und Allantoinsäure, vorhanden (VILLERET und TOUFFET u. VILLERET; s. auch KRUPKA u. TOWERS; YOUNG u. SMITH und MOREL u. DURANTON).

Auch für die Nutzung des **Harnstoffs** trifft es nicht mehr zu, daß die NH_2-Gruppen nur über Ammoniak dem N-Stoffwechsel wieder zugeführt werden können. *Torulopsis utilis* und *Willia anomala* besitzen keine Urease, wachsen aber normal auf Harnstoff als alleiniger N-Quelle (STEINER u. KATING). BOLLARD findet eine größere Anzahl von höheren und niederen Pflanzen, die Harnstoff ohne Ureasewirkung nutzen. In *Chlorella ellipsoidea*, die auch keine Urease besitzt, ist ein deutlicher quantitativer Unterschied in der Zusammensetzung der freien Aminosäuren der Zellen vorhanden, je nachdem ob Ammoniumsalze oder Harnstoff als N-Quelle geboten werden (HATTORI). Hier, wie in Leguminosenpflanzen, steigt bei Harnstoffgabe, gegenüber den Kontrollen mit Ammoniak, Arginin stark an (NANDI). Es liegt nahe, für die Assimilation des Harnstoffs ohne Ureasewirkung einen reversiblen Ornithincyclus nach folgendem Schema anzunehmen (vgl. WALKER):

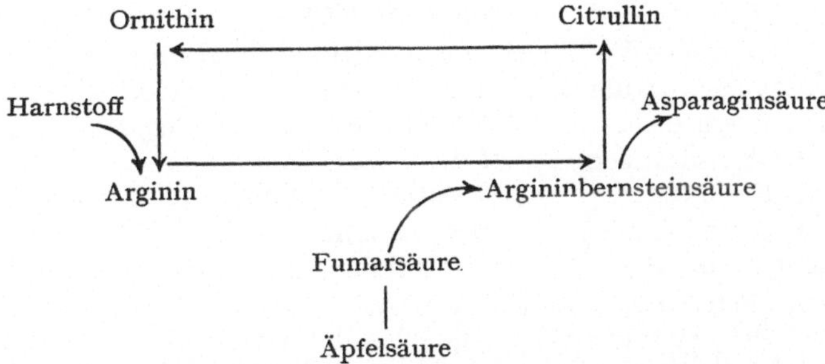

Es bleibt zu prüfen, ob nicht noch andere Reaktionswege bei der Harnstoffassimilation vorliegen.

Ureide. Die bisher vorliegenden Befunde über die Umsetzung von Amidgruppen ohne vorherige Ammoniakfreisetzung erfordern dringend eine Ausdehnung der Untersuchungen auf den Stoffwechsel der Ureide, zumal diese in sehr vielen pflanzlichen Organismen einen Hauptbestandteil der löslichen N-Verbindungen ausmachen. *Torulopsis utilis* z. B. wächst ohne Ammoniakfreisetzung auf Biuret, Harnsäure, Allantoin und Guanidinacetat (KATING). Außerdem ist es noch ungeklärt, ob die Ureide, wie im Tierreich, aus dem Purinabbau [Harnsäure $\xrightarrow{\text{Uricase}}$ Allantoin $\xrightarrow{\text{Allantoinase}}$ Allantoinsäure $\xrightarrow{\text{Allantoicase}}$ Harnstoff (+ Glyoxylsäure) $\xrightarrow{\text{Urease}}$ Ammoniak] stammen. Für Weizenpflanzen scheint dies zuzutreffen. ^{14}C-Glycin (Vorstufe für Purin) ist nämlich in Weizenpflanzen eine bessere Vorstufe für ^{14}C-Allantoin als ^{14}C-Glyoxylsäure. ^{14}C-Allantoin wurde nicht aus Harnstoff synthetisiert. Auf Grund dieser Befunde kommen KRUPKA u. TOWERS zu folgendem Schema über den Zusammenhang zwischen Aminosäuren, Harnstoff, Allantoin und Purin in Weizenpflanzen:

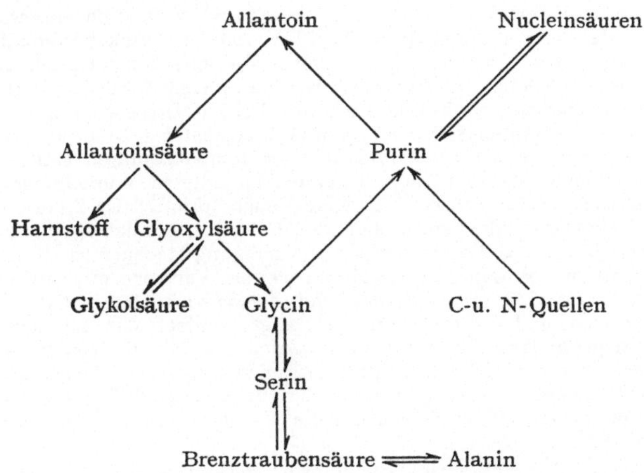

4. Nucleinsäuren

Es ist ein großes Verdienst von KORNBERG u. Mitarb., die enzymatischen Vorgänge bei der Synthese der DNS weitgehend aufgeklärt zu haben. Nachdem bisher nur kurze Mitteilungen aus dem Kornbergschen Institut erfolgt sind, liegen jetzt diese wichtigen Untersuchungen in ausführlichen Publikationen vor [LEHMAN u. Mitarb. (1, 2); BESSMAN u. Mitarb. (1, 2) und ALDER, LEHMAN, BESSMAN, SIMMS u. KORNBERG]. Die wesentlichen Befunde sollen im folgenden kurz wiedergegeben werden.

Das mit „Polymerase" bezeichnete Enzym wurde aus *Escherichia coli* isoliert (etwa 10 mg aus 1 kg *E. coli*-Zellen). Es läßt sich auch aus anderen Bakterien, aus Kalbsthymus und HELA-Zellen isolieren. Die Bildung der DNS erfolgt in Gegenwart der „Polymerase" aus Desoxyribosidtriphosphaten nach folgender Reaktionsgleichung[1]:

$$\begin{matrix} n\,\text{dTPPP} \\ + \\ n\,\text{dGPPP} \\ + \\ n\,\text{dCPPP} \\ + \\ n\,\text{dAPPP} \end{matrix} \quad + \text{DNS} \rightleftarrows \text{DNS} - \begin{bmatrix} \text{dTP} \\ \text{dGP} \\ \text{dCP} \\ \text{dAP} \end{bmatrix}_n + 4\,(n)\,\text{PP}$$

Zur Synthese müssen alle vier Desoxyriboside als Triphosphate vorliegen, ferner eine geringe Menge polymerisierter DNS als sog. "primer" und Mg^{++}. Bei den Versuchen zur Reindarstellung der Desoxynucleotidkinasen (sie katalysieren die Desoxyribosidmonophosphate zu den entsprechenden Triphosphaten) stellte es sich heraus, daß es für jedes Desoxyribosid eine spezifische Kinase gibt, die sowohl die "primer"-DNS als auch die neu gebildete DNS partiell abbauten. In *E. coli* ließen sich drei verschiedene Desoxyribonucleasen nachweisen. Durch Reinigung wurde schließlich ein „Polymerase"-Präparat gewonnen, dessen spezifische Aktivität um den Faktor 2000 (maximal 4000) höher war als die des Ausgangsmaterials. Das Enzym ist sehr wärmeempfindlich: 30 min langes Inkubieren bei 39° C und p_H 7,2 führt zu 30% Aktivitätsverlust. Zur Wirkungsweise der „Polymerase": In der neugebildeten DNS sind die Desoxyriboside durch Diester-P-Brücken zwischen C-3' und C-5' der Pentosen verknüpft (entsprechend der aus der ganzen Zelle isolierten DNS). Fehlt eine der vier Desoxyribosidtriphosphate, so wird der Einbau der übrigen auf 0,5% und weniger reduziert. Ohne "primer"-DNS ist praktisch keine DNS-Synthese möglich. — Die Befunde zur „Polymerase"-Wirkung stehen nach Meinung der Autoren nicht im Widerspruch zu dem von WATSON u. CRICK (1, 2) vorgeschlagenen Mechanismus der RNS-Verdoppelung. Nach WATSON u. CRICK besteht das DNS-Molekül aus zwei Desoxypolynucleotidsträngen, die eine Doppelspirale bilden, in deren Achse jeweils Adenin und Thymin bzw. Guanin einander gegenüberliegen und durch Wasserstoffbrücken verknüpft sind. Bei der der Mitose vorangehenden Verdoppelung der DNS trennen sich die beiden komplementären Desoxypolynucleotidketten, um als Matrize bei der Neubildung der komplementären Hälfte des vollständigen DNS-Moleküls zu dienen. Entsprechend diesen Vorstellungen war zu erwarten, daß zur DNS-Synthese eine kleine Menge "primer"-DNS vorhanden sein müsse, die als Matrize für die neu zu bildende DNS dient, und daß auch alle erforderlichen Desoxyriboside als Triphosphate zur Verfügung stehen müssen. Diese Vorstellungen konnten von den Autoren durch weitere Versuche mit "primer"-DNS verschiedener Herkunft (*Mycobacterium phlei*, *Aerobacter aerogenes*, *Escherichia coli*, T_2-Bakteriophagen und Kalbsthymus) gefestigt werden: das für jede Species charakteristische molare Basenverhältnis Adenin + Thymin : Guanin + Cytosin war in der neugebildeten DNS stets praktisch gleich dem der jeweils verwendeten "primer"-DNS. Dieses Verhältnis war in den benutzten DNS-Arten sehr unterschiedlich (0,49 — 1,92). Offensichtlich hat die "primer"-DNS bei der Synthese als Matrize gedient.

---

[1] dT = Thymidin; dG = Desoxyguanosin; dC = Desoxycytidin; dA = Desoxyadenosin; P = Monophosphat; PP = Pyrophosphat; PPP = Triphosphat.

Die Bildung neuer Desoxyribonucleinsäure ist normalerweise ein der Mitose vorangehendes Geschehen, das schließlich zur Bildung von zwei in genetischer Hinsicht identischen Tochterzellen führt. Der Befund, daß der Gehalt an DNS-P in hungernden Wurzelzellen von *Phaseolus vulgaris* im Gegensatz zu verschiedenen anderen Indexwerten des Stoffwechsels kaum beeinflußt wird, ist ein weiterer Hinweis auf die große genetische Bedeutung der DNS (MAROTI; s. auch TAYLOR; COUNTRYMAN u. VOLKIR und McFALL u. STENT). Für den Zusammenhang zwischen DNS-Synthese und Zellteilung sprechen neue Befunde: Bei synchron sich teilenden Kulturen von *Lactobacillus* wird der Beginn der Zellteilung durch eine Einstellung der DNS-Synthese und einen plötzlichen Anstieg der Zellmasse angekündigt (BURNS). In *Tradescantia*-Wurzelspitzen geht die RNS-Synthese derjenigen von DNS voraus. Die DNS-Bildung soll vorwiegend erst dann erfolgen, wenn der Kern bereits sein volles Volumen erreicht hat (SISKEN).

MARUYAMA u. LARK (1, 2) halten die periodische Bildung von RNS für ein allgemeines Phänomen der Nucleinsäure-Synthese während des Zellteilungscyclus (Untersuchungen an *Alcaligenes fecalis*; s. a. McNAIR SCOTT u. CHU). — Die Befunde über die periodische Synthese der Nucleinsäuren sind aber nicht unwidersprochen geblieben: MITCHISON u. WALKER finden bei *Saccharomyces pombe* während des Lebenscyclus einen stetigen Anstieg des RNS-Gehaltes der Zelle.

5. Protein-Stoffwechsel

Es besteht heute kein Zweifel mehr darüber, daß die Biogenese der makromolekularen organischen Verbindungen eng an die Strukturen der Zelle geknüpft ist. Ohne diese Strukturgebundenheit sind z. B. die Einzelschritte bei der Synthese der Proteine nicht erklärbar. Dennoch liegt im folgenden das Schwergewicht der Darstellung auf der Biochemie des Eiweißstoffwechsels. Die Strukturgebundenheit der Prozesse bringt es aber mit sich, daß der N-Stoffwechsel in den einzelnen Zellfraktionen für sich getrennt betrachtet werden muß. Es sei aber nachdrücklich auf den Bericht von BOGEN in diesem Band hingewiesen, der ausführlicher die Lokalisations- und Translokationsfragen beim Nucleinsäure- und Proteinstoffwechsel behandelt. — An neueren zusammenfassenden Darstellungen seien genannt: PIRIE (über Proteinstoffwechsel im Blatt), BONNER (über Eiweißsynthese und Kontrolle von Pflanzenprozessen), TUPPY (über die Aminosäure-Sequenz in Proteinen), sowie der Bericht über das 10.Colloquium der Gesellschaft für physiologische Chemie: *Dynamik des Eiweißes.*

Die stickstoffhaltigen Bestandteile der Zellwand von Mikroorganismen haben in den letzten Jahren großes Interesse geweckt, weil die Verbindungen in den Grenzflächen der Zellen bei der Assimilation der Nährstoffe eine Rolle spielen. Die Zellwände der Mikroorganismen enthalten Lipide, Polysaccharide, Aminozuckerverbindungen und Aminosäurenkomplexe. Letztere haben bei den einzelnen Arten eine verschiedene Zusammensetzung. Charakteristische Bausteine der Bakterienzellwände sind die Mucopeptide, die sich aus Glucosamin, Muraminsäure (3-O-α-Carboxyläthyl-D-glucosamin) und einigen Aminosäuren zusammensetzen. Eine partielle Säurehydrolyse der Mucopeptide von *Micrococcus lysodeikticus* erbrachte drei Fraktionen: die 1. bestand aus einem Oligosaccharid, Glucosamin und Muraminsäure; die 2. war ein Mucopeptid,

das Glycin, Muraminsäure und Glucosamin enthielt, und die 3. war
ebenfalls ein Mucopeptid mit Muraminsäure, Glycin, Glutaminsäure und
Alanin (PERKINS u. ROGERS). Bemerkenswert ist, daß die Peptide der
Zellwand in allen bisher untersuchten Fällen nur aus wenigen, in wechselnden Verhältnissen vorhandenen Aminosäuren bestehen: Alanin, Glutaminsäure, Lysin, Diaminopimelinsäure, Serin und Glycin.

Das Verhältnis von Muraminsäure zu D-Glutaminsäure ist in einer Anzahl
von Zellwandpräparaten fast 1. PARK findet für den Komplex aus Uridin-5'-
disphosphat-N-acetylmuraminsäure und verschiedenen Aminosäuren folgende Kon-
stitutionsformel:

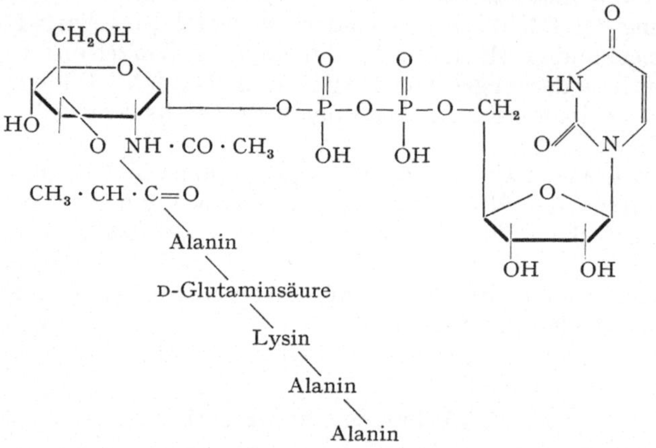

ARMSTRONG, BADDILEY, BUCHANAN, CARSS u. GREENBERG beschreiben Teichoin-
säure als einen neuen Bestandteil der Zellwände von *Lactobacillus arabinosus*,
Staphylococcus aureus und *Bacillus subtilis*. Teichoinsäuren sind Polymeren von
Ribitolphosphat, in denen wahrscheinlich α-Glucosylreste mit Ribitol und O-Alanyl-
gruppen verbunden sind. Diese Säuren machen bei den drei genannten Organismen
40—60% der Zellwandbestandteile aus. Bei *Staphylococcus* wurde anstelle von
Glucose N-Acetyl-glucosamin gefunden. Behandlung der Zellwände mit Lysozym
zeigte, daß N-Acetylglucosamin und N-Acetyl-muraminsäure sehr wahrscheinlich
in $\beta(1,4)$-Bindung vorliegen (BRUMFITT, WARDLAW u. PARK):

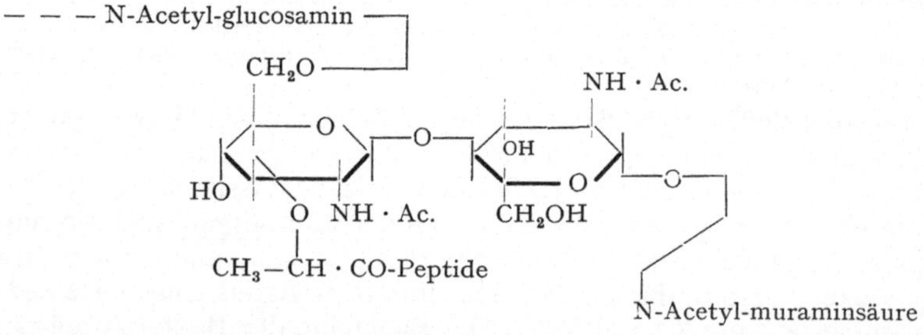

Die Synthese der Zellwandpeptide scheint über gewisse Strecken
hinweg unabhängig von der Bildung der Zellproteine zu sein. So findet
ein Einbau von Glutaminsäure in die Zellwand von *Staphylococcus* in
Gegenwart von Chloramphenicol statt, während gleichzeitig die Proteinsynthese fast vollständig gehemmt ist. Die Synthese der Zellwandpeptide

dagegen wird durch Penicillin gestört (MANDELSTAM u. ROGERS und HANCOCK u. PARK). Bei der Penicillin-Hemmung kommt es zu einer Anhäufung von Uridinnucleotiden und von Cytidin-diphosphat-ribitol und damit zu einer Störung der Teichoinsäuren-Bildung (PARK u. STROMINGER).

Die Cytoplasmamembran spielt nach den Untersuchungen der letzten Jahre eine sehr wichtige Rolle bei den biochemischen Umsetzungen der Bakterienzelle. Auffallend ist schon gegenüber der Zellwand ihre sehr unterschiedliche Zusammensetzung (GILBY, FEW u. McQUILLEN und WEIBULL u. BERGSTROM) (Tab. 1).

Tabelle 1. *Zusammensetzung der Zellwand und der Cytoplasmamembran von Micrococcus lysodeikticus*

	Zellwand	Cytoplasma-Membran
Verhältnis zu der ganzen Zelle	20—25%	9—10%
Lipidgehalt	etwa 10%	28%
Aminosäuren	Alanin, Glutaminsäure, Lysin, Glycin	wahrscheinlich alle Aminosäuren, die auch in den Zellproteinen vorhanden sind; etwa 50% der Membran sind Proteine
Kohlenhydrate	Glucose 10%	Mannose 20% und Spuren anderer Zucker
Aminozucker	20% Glucosamin-, Muraminsäure	2%

Daß die isolierte Cytoplasma-Membran fähig ist, Aminosäuren zu inkorporieren, ist bereits bekannt. HUNTER, BROCKES, CRATHORN u. BUTLER finden in den Membran-Fraktionen von *Bacillus megaterium* aminosäurenabhängige Enzyme, die den Austausch zwischen ATP und Pyrophosphat katalysieren (über die Aktivierung der Aminosäuren s. a. weiter unten). Durch Ultraschall kann die Membran in eine lösliche und eine sedimentierbare Fraktion zerlegt werden. Die erstere enthält die aminosäuren-aktivierenden Enzyme und eine „lösliche RNS" (vgl. WEILBULL u. BERGSTROM; HENDLER und GALE). Der Aktivierung geht die Assimilation der Aminosäuren voraus, deren erster Schritt höchstwahrscheinlich eine Absorption in den Lipiden der Zellwand und Cytoplasma-Membran ist. Nach Angebot von ^{14}C-markierten Aminosäuren konnte eine hochaktive „Lipoprotein-Fraktion" isoliert werden.

Hemmungsversuche lassen den Schluß zu, daß die Peptide der Zellwand von *Bacillus megaterium* in enger Verbindung mit der Cytoplasma-Membran synthetisiert werden. Daß die Anfangsschritte der Proteinsynthese in der Cytoplasma-Membran oder in einer Struktur stattfinden, die mit dieser enger verbunden ist, wird von mehreren Autoren für verschiedene Mikroorganismen angenommen [BELJANSKI u. OCHOA (1, 2); SPIEGELMAN und CONNELL, LENGYEL u. WARNER].

Die Cytoplasma-Granula der Bakterien wurden von TISSIÈRES u. WATSON als eine Fraktion isoliert. Sie bestehen zu 60—65% aus RNS und zu 35—40% aus Protein, sind also reine Ribonucleoproteine. Auch diese Granula sind Träger von aminosäuren-aktivierenden Enzymen und inkorporieren Aminosäuren. Die Inkorporation ist ATP-abhängig (SPIEGELMAN und CONNELL, LENGYEL u. WARNER).

Aktivierung von Aminosäuren. Der erste Schritt beim Einbau von Aminosäuren besteht in einer Aktivierung ihrer Carboxylgruppe durch die Bildung einer Adenyl-Aminosäure (s. Fortschr. Bot. **20**, 190). CLARK jr. hat 21 carboxyl-aktivierte Aminosäuren mittels der Hydroxamat-Bildung und des Pyrophosphat-Austausches mit Enzymextrakten aus Spinatblättern gewonnen. DAVIS u. NOVELLI wiesen die Reversibilität der Reaktion mit Extrakten aus Erbsenkeimlingen nach. Höchstwahrscheinlich ist für die Aktivierung einer jeden Aminosäure ein spezifisches Enzym vorhanden (VAN DEN VEN, KONINGSBERGER u. OVERBECK). Zur optimalen Wirkung für die Aktivierung und den Einbau von Aminosäuren in *Escherichia coli*-Protoplasten sind nach NISMAN ein komplettes und ausgeglichenes Aminosäuren-Gemisch, eine 8×10^{-3} Mol-Konzentration von Mn^{++}, ATP und ein Gemisch der 4 Ribonucleosiddiphosphate erforderlich.

In tierischen Geweben — in der „p_H 5-Fraktion" — (HECHT u. Mitarb.; ZACHAU u. Mitarb. und WEISS u. Mitarb.) und in zellfreien Präparaten von *Tetrahymena* (MAGER u. LIPMANN) konnte eine weiterer, an der Bildung der Adenyl-Aminosäuren sich anschließender Aktivierungsschritt festgestellt werden: Adenyl-Aminosäuren bilden mit der „löslichen RNS" der „p_H 5-Fraktion" unter Freisetzung von AMP Amino-acyl-RNS-Komplexe. Die beiden Aktivierungsschritte verlaufen nach folgenden Reaktionsgleichungen:

1. ATP + Aminosäure $\rightleftharpoons$ [Amino-acyl + AMP] + PP

2. [Amino-acyl + AMP] + Polynucleotid $\rightarrow$ Amino-acyl-Polynucleotid + AMP

Beide Reaktionsschritte werden nicht durch Chloramphenicol, den spezifischen Hemmstoff der Proteinsynthese, gestört.

Nucleotid-peptide finden auch HASE, MIHARA, OTSUKA u. TAMIYA in *Chlorella* und Hefen und JONSEN, LALAND u. SMITH-KIELLAND in verschiedenen Bakterien. — Überhaupt scheinen die gebundenen Aminosäuren einen großen Teil des freien Stickstoffs in einzelnen Organismen zu stellen. SYNGE u. WOOD extrahierten aus wäßrigen Diffusaten von *Lolium multiflorum* gebundene Aminosäuren, die aber nur zu einem kleinen Teil in Form von echten Oligopeptiden vorlagen. Die Hauptmenge liegt in sauren Verbindungen vor, die anscheinend ein kompliziertes Gemisch verschiedener N-Acyl-Derivate darstellen.

Die „lösliche RNS" (= heißer Trichloressigsäure-Extrakt) konnte noch nicht genau charakterisiert werden. Bei Zugabe von mehreren Aminosäuren zu diesem „löslichen RNS"-System stellten BERG u. OFENGARD eine additive Bindung der Säuren fest. Wahrscheinlich wird also jede Aminosäure an einer spezifischen Stelle gebunden. Die Amino-acyl-Polynucleotide (α-„RNS") sind demnach als Träger von aktivierten Aminosäuren (α-AMP) anzusehen. Der nächste Schritt, der von hier aus zur Peptidbildung führt, ist der Transport zu den Mikrosomen. In diesen findet nämlich der stärkste Einbau von Aminosäuren statt. Für die Übertragung der Aminoacyl-Gruppen der „löslichen RNS"-Fraktion zu den Mikrosomen-Partikeln ist Guanosintriphosphat nötig (HOAGLAND, STEPHENSON, SCOTT, HECHT u. ZAMECNIK; s. a. GROSSI u. MOLDAVE). Hier findet dann der Einbau der Aminosäuren in die

Ribonucleoproteine (RNP) statt. Der Weg der Aminosäuren (α) zur Peptidbildung verläuft demnach über folgende Stufen:

$$\alpha + ATP \rightleftharpoons \alpha\text{-AMP} \rightarrow \alpha\text{-,,RNS"} \xrightarrow{\text{GTP}} \rightarrow (\alpha - \alpha)_n\text{-RNP}$$

„lösl. RNS" RNP

Die weiteren Teilschritte der Proteinsynthese, von den Peptiden zu den Proteinen, sind noch völlig unbekannt. Als nächste Stufe müssen wohl aktivierte Peptide angenommen werden. Möglicherweise liegen diese in der Form von carboxyl-aktivierten Peptiden vor, wie sie DIRKHEIMER, WEIL u. EBEL in *Bacillus mesenthericus*, *Proteus vulgaris*, *Mycobacterium verrucaria*, *Fusarium coeruleum* und in tierischen Geweben gefunden haben.

Wahrscheinlich stellen die Adenyl-Aminosäuren nicht die einzige Möglichkeit der Aktivierung von Aminosäuren dar. GALE nimmt z. B. in *Staphylococcus*-Zellen einen Glutamyl-x-Komplex an, der zwar noch nicht näher identifiziert werden konnte, aber keine α-AMP-Verbindung ist. GALE, SHEPHERD u. FOLKES und GALE u. FOLKES (1, 2) sprechen von einem Einbaufaktor ("incorporation factor"), der ebenso wie Nuclein-säurepräparate in *Staphylococcus* den Einbau von Glutaminsäure in die Proteinfraktion aktiviert. Sie nehmen an, daß dieser Einbaufaktor in Verbindung mit den primären Schritten einer Aminosäuren-Aktivierung steht.

Die gegenseitige **Abhängigkeit von Protein- und Nucleinsäurestoffwechsel** wird nach wie vor diskutiert. Es besteht wohl kein Zweifel darüber, daß Protein- und Nucleinsäuresynthese eng miteinander gekoppelt sind. Dafür sprechen auch die Untersuchungen von MOTHES, BÖTTGER u. WOLLGIEHN und BÖTTGER u. WOLLGIEHN an *Phaseolus*- und *Nicotiana*-Pflanzen. Nicht nur der Protein-N nimmt proportional dem Frischgewicht zu, sondern dem Protein-N folgt auch die „Purin-N"-Fraktion. Genauere Untersuchungen ergaben eine absolute Proportionalität nicht allein zwischen Protein und RNS, sondern auch zwischen Protein und DNS. — Die Schwierigkeiten für die Aufhellung der Abhängigkeit dieser Prozesse voneinander liegen also nicht im Grundsätzlichen, sondern dort, wo man Einzelschritte in der Biogenese der Nucleinsäuren und der Proteine miteinander zu koppeln versucht (vgl. hierzu den Abschnitt über die Nucleinsäuren). So zeigen die Untersuchungen mit synchron sich teilenden Zellkulturen von Mikroorganismen in den verschiedenen Abschnitten des Zellwachstums eine quantitativ unterschiedliche Synthese der Nucleinsäuren und Proteine (s. auch GOLDSTEIN, GOLDSTEIN, BROWN u. CHOU). Außer den weiter oben beschriebenen Amino-Acyl-RNS-Komplexen sind aber bislang keine chemischen Reaktionen als Folge einer unmittelbaren Wechselwirkung zwischen Nucleinsäure- und Eiweißstoffwechsel bekannt geworden.

HESS findet in Blättern von *Streptocarpus wendlandii* unter dem Einfluß von Gibberellinsäure ein Absinken des Gesamt-N(und in geringer Menge des Proteingehaltes), während der RNS-Spiegel unverändert bleibt. Hexetidin bewirkt bei *Pseudomonas acetogena* eine Verdoppelung des Proteingehaltes, ohne daß die Synthese der Nucleinsäuren davon berührt wird [HALVORSON (1, 2); HALVORSON, GORMAN und GORMAN u. HALVORSON]. Die Autoren schließen, daß die Proteinsynthese durch die Funktion und nicht durch die Bildung von RNS-Partikeln reguliert wird. Zu ähnlichen Vorstellungen kommt die Arbeitsgruppe von HÄMMERLING bei ihren Untersuchungen über das Wachstum und die Proteinsynthese bei *Acetabularia*-Stücken mit und ohne Zellkern (WERZ u. HÄMMERLING; HÄMMERLING, CLAUSS, KECK, RICHTER u. WERZ). Es wird angenommen, daß vom Kern ausgehende „morphogenetische Substanzen" oder „Startermoleküle" als Anreger bei den Wachstumsprozessen beteiligt sind. Durch Zerstörung der RNS durch Ribonuclease kann der Einbau von ^{14}C-markierten Aminosäuren in ein zellfreies Nucleoproteid-Enzym-System aus *Escherichia coli* vollständig gehemmt werden (SCHACHTSCHABEL u. ZILLIG; McCORQUODALE u. ZILLIG).

Auch von der rein chemischen Seite her versucht man, Licht in die Wechselbeziehungen zwischen Aminosäuren und Nucleinsäuren zu bringen. JARDETZKY untersucht mittels der Methode der Gleichgewichts-Dialyse, ob die Bindung von Aminosäuren und kleineren Peptiden an DNS durch elektrostatische Kräfte oder durch spezifische Sekundärkräfte erfolgt. Die bisherigen Ergebnisse zeigen allerdings nur, daß primär elektrostatische Anziehung zwischen basischen Extragruppen der Aminosäuren und Phosphatgruppen der DNS die Bindung bewirkt. — MARK u. STAUFF finden in ähnlichen Versuchsansätzen, daß die meisten Aminosäuren nach 24 Std. in wechselndem Ausmaß gebunden werden. Am stärksten wird Glycin gebunden (etwa 1 Glycin auf 1 Nucleotid). Es folgen Serin, Arginin, Glutathion, Histidin, Leucin, Glycylglycin, Alanylalanin und Alanin in abnehmendem Maße. Der Bindungsvorgang scheint das Vorhandensein freier NH_2-Gruppen vorauszusetzen, denn Acetylglycin wurde nicht gebunden, wohl aber Glycinäthylester und sogar Äthylamin.

Es wurde schon betont, daß für die letzten Schritte des Aufbaues des Eiweißmoleküls kein experimentelles Material vorliegt. Bekanntlich findet eine ungehemmte Proteinsynthese nur in Gegenwart aller notwendigen Aminosäuren statt. MUNIER u. COHEN (1, 2) und COHEN u. MUNIER bauten Aminosäuren-Analoge in Protein ein, jedoch waren diese Produkte enzymatisch inaktiv. Die Hoffnung, mit solchen Aminosäuren-Analogen (durch Hemmung der Proteinsynthese) den Eiweißaufbau studieren zu können, erfüllte sich also nicht.

Einen interessanten Weg sind AMBLER u. REES und KERRIDGE (1, 2) gegangen, um die Frage zu untersuchen, ob alle natürlichen Aminosäuren immer für die Proteinsynthese vorliegen müssen. Sie untersuchten dieses Problem an den Geißeln von Bakterien *(Salmonella typhimurium)*, die aus sog. anomalen Proteinen bestehen. Mutanten, die Tryptophan oder Cystein benötigten, können keine Zellproteine in Abwesenheit der benötigten Aminosäuren synthetisieren, jedoch konnten sie ihre Geißeln regenerieren.

Interessante Ergebnisse zeigt das Aufsprühen von Kinetin (6-Furfurylaminopurin, ein Regulator der Zellteilung im Pflanzengewebe) auf die Stickstoffverteilung und Eiweißsynthese isolierter Tabakblätter (MOTHES, ENGELBRECHT u. KULAJEWA). Kinetin bewirkt eine stark lokalisierte Akkumulation von löslichen N-Verbindungen. Dabei ist es gleichgültig, ob diese Verbindungen anderen Blattbezirken entzogen oder von außen zugeführt werden. Die Kinetinwirkung ist oft auch durch eine verstärkte Synthese von Nucleinsäuren, Eiweiß und Chlorophyll ausgezeichnet (s. auch MACIEJEWSKA-POTAPCZYKOWA u. KELLER).

Die dynamische Natur des Eiweißes wird durch weitere Befunde unter Einsatz von Isotopenmaterial bestätigt: BOREK, PONTICORVO u. RITTENBERG finden eine Umwandlungsrate von 3—6% pro Stunde. Bei *Bacillus aureus* ist der durchschnittliche Wert für den Eiweißabbau bei wachsenden Kulturen 1,4% und bei nicht wachsenden 7% pro Stunde. Diese Werte stimmen gut mit den bisher bekannten überein. Eine niedrigere Abbaurate findet HALVORSON (1, 2) bei Hefen. Er errechnete für den Umbau von Proteinen und Nucleinsäuren einen Wert von 0,0287% für exponentiell wachsende Zellen. Ruhende Zellen dagegen zeigen einen 20mal höheren Wert.

Literatur

I. Anorganischer N-Stoffwechsel

Asano, A.: J. Biochem. (Tokyo) 46, 781—790 (1959). — Asano, A.: J. Biochem. (Tokyo) 46, 1235—1242 (1959). — Aurich, H.: Arch. Mikrobiol. 33, 46—48 (1959). Becking, J. H.: Plant and Soil 11, 193—206 (1959). — Bergersen, F. J., and P. W. Wilson: Proc. nat. Acad. Sci. (Wash.) 45, 1641—1646 (1959). — Bond, G.: Proc. 5th Easter School Agric. Sci., Univ. Nottingham, p. 216—231 (1958). — Bond, G.: Symp. Soc. exp. Biol. 13, 59—72 (1959). — Bruemmer, J. H., and A. P. Rinfret: Biochim. biophys. Acta 37, 154—155 (1960). — Burris, R. H.: Ann. Rev. Plant Physiol. 10, 301—328 (1959). Carnahan, J. E., L. E. Mortenson, H. F. Mower and J. E. Castle: Biochim. biophys. Acta 38, 188—189 (1960). — Chakraborty, S. P., and S. P. Sen Gupta: Nature (Lond.) 184, 2033—2034 (1959). — Cheniae, G., and H. J. Evans: Biochim. biophys. Acta 35, 140—153 (1959). Delwiche, C. C.: J. Bact. 77, 55—59 (1959). Engel, H.: Zbl. Bakt., II. Abt. 113, 1—8 (1959). — Engel, H., u. P. Michel: Arch. Mikrobiol. 34, 149—153 (1959). — Engel, M. S., and M. Alexander: J. Bact. 78, 796—799 (1959). — Eylar, O. R., and E. L. Schmidt: J. gen. Microbiol. 20, 473—481 (1959). Falk, J. E., C. A. Appleby and R. J. Porra: Symp. Soc. exp. Biol. 13, 73—86 (1959). Hallsworth, E. G.: Nutrition of the Legumes. Proc. 5th Easter School Agric. Sci., Univ. Nottingham. Butterworths Scientific Publications. London 1958. — Hoch, G. E., K. C. Schneider and R. H. Burris: Biochim. biophys. Acta 37, 273—279 (1960). — Hora, T. S., and M. R. S. Iyengar: Arch. Mikrobiol. 35, 252—257 (1960). Iida, K., and S. Taniguchi: J. Biochem. (Tokyo) 46, 1041—1055 (1959). — Itagaki, E., and S. Taniguchi: J. Biochem. (Tokyo) 46, 1419—1436 (1959). — Iyengar, M. R. S., and T. S. Hora: Naturwissenschaften 46, 211 (1959). Jensen, H. L., P. K. De and R. Bhattacharya: Nature (Lond.) 184, 1743 (1959). — Jensen, H. L., E. J. Petersen, P. K. De and R. Bhattacharya: Arch. Mikrobiol. 36, 182—195 (1960). — Jose, A. G., and P. W. Wilson: Proc. nat. Acad. Sci. (Wash.) 45, 692—697 (1959). Kessler, E.: Symp. Soc. exp. Biol. 13, 87—105 (1959). Leaf, G., I. C. Gardner and G. Bond: Biochem. J. 72, 662—667 (1959). — le Gall, J., J. C. Senez et F. Pichinoty: Ann. Inst. Pasteur 96, 223—230 (1959). — Loneragan, J. F.: Aust. J. biol. Sci. 12, 26—39 (1959). Matkovics, B.: Naturwissenschaften 47, 92 (1960). — Mulder, E. G., K. Bakema and W. L. van Veen: Plant and Soil 10, 319—334 (1959). — Mulder, E. G., R. Boxma and W. L. van Veen: Plant and Soil 10, 335—355 (1959). — Mumford, F. E., J. E. Carnahan and J. E. Castle: J. Bact. 77, 86—90 (1959). Németh, G.: Nature (Lond.) 183, 1460—1461 (1959). — Németh, G., u. B. Matkovics: Zbl. Bakt., II. Abt. 111, 562—565 (1958). — Nicholas, D. J. D.: Symp. Soc. exp. Biol. 13, 1—23 (1959). — Nicholas, D. J. D., and O. T. G. Jones: Nature (Lond.) 185, 512—514 (1960). — Nicholas, D. J. D., A. Medina and O. T. G. Jones: Biochim. biophys. Acta 37, 468—476 (1960). — Norris, D.: Nature (Lond.) 182, 734—735 (1958). Ohmachi, K., S. Taniguchi and F. Egami: J. Biochem. (Tokyo) 46, 911—915 (1959). Parker, C. A., and P. B. Scutt: Biochim. biophys. Acta 38, 230—238 (1960). — Pengra, R. M., and P. W. Wilson: Proc. Soc. exp. Biol. (N. Y.) 100, 436—439 (1959). — Pichinoty, F.: Folia microbiol. 5, 1—9 (1960). — Pichinoty, F., et J. C. Senez: Biochim. biophys. Acta 35, 537—540 (1959). — Pommer, E. H.: Ber. dtsch. Bot. Ges. 72, 138—150 (1959). — Pratt, D. C., and A. W. Frenkel: Plant Physiol. 34, 333—337 (1959). — Proctor, M. H., and P. W. Wilson: Arch. Mikrobiol. 32, 254—260 (1959). Raggio, N., M. Raggio and R. H. Burris: Biochim. biophys. Acta 32, 274—275 (1959). — Roberts, E. R.: Symp. Soc. exp. Biol. 13, 24—41 (1959). Schlegel, H. G.: Naturwissenschaften 47, 49—54 (1960). — Schmidt, E. L.: J. Bact. 79, 553—557 (1960). — Schwartz, W.: Handb. Pflanzenphysiol. 11,

546—576 (1959). — Seeler, G., u. H. Engel: Arch. Mikrobiol. **33**, 387—394 (1959). — Senez, J. C., et F. Pichinoty: Bull. Soc. chim. biol. (Paris) **40**, 2099—2117 (1958). — Silver, W. S.: Nature (Lond.) **185**, 555—556 (1960). — Spencer, D.: Aust. J. biol. Sci. **12**, 181—191 (1959). — Stevenson, G.: Nature (Lond.) **182**, 1523—1524 (1958). — Stevenson, G.: Ann. Bot. **23**, 622—635 (1959). — Suzuki, N.: Sci. Rep. Tôhoku Univ., Ser. IV **25**, 111—118 (1959).

Taniguchi, S., and E. Itagaki: Biochim. biophys. Acta **31**, 294—295 (1959).

Vaidyanathan, C. S., and H. E. Street: Nature (Lond.) **184**, 531—533 (1959).

Welch, L. F., and A. D. Scott: Canad. J. Microbiol. **5**, 425—430 (1959). — Westlake, D. W. S., and P. W. Wilson: Canad. J. Microbiol. **5**, 617—620 (1959).

II. Organischer N-Stoffwechsel

Alder, J., J. R. Lehman, M. J. Bessman, E. S. Simms and A. Kornberg: Proc. nat. Acad. Sci. (Wash.) **44**, 641—647 (1958). — Ambler, R. P., and M. W. Rees: Nature (Lond.) **184**, 56—57 (1959). — Armstrong, J. J., J. Baddiley, J. G. Buchanan, B. C. Carss and G. R. Greenberg: J. chem. Soc. **1958**, 4344—4354. — Arnstein, H. R. V., and A. M. White: Biochim. biophys. Acta **36**, 286—287 (1959).

Bagdasarian, M., and A. M. White: Nature (Lond.) **181**, 1399 (1958). — Bauerova, J., and F. Sorm: Collection Czechoslov. Chem. Commun. **24**, 3483—3490 (1950). — Beljanski, M., and S. Ochoa: Proc. nat. Acad. Sci. (Wash.) **44**, 494—501 (1958) (1); Proc. nat. Acad. Sci. (Wash.) **44**, 1157—1161 (1958) (2). — Berg, P., and E. J. Ofengard: Proc. nat. Acad. Sci. (Wash.) **44**, 78—86 (1958). — Bessman, M. J., J. R. Lehman, E. S. Simms and A. Kornberg: J. biol. Chem. **233**, 171—177 (1958) (1). — Bessman, M. J., J. R. Lehman, J. Alder, St. B. Zimmermann, E. S. Simms and A. Kornberg: Proc. nat. Acad. Sci. (Wash.) **44**, 633—640 (1958) (2). — Bilinski, E., and W. B. McConnell: Canad. J. Biochem. **35**, 357—363 (1957) (1); Canad. J. Biochem. **35**, 365—371 (1957) (2); Cereal Chem. **35**, 66—81 (1958) (3). — Bollard, E. G.: Symp. Soc. exp. Biol. **13**, 304—329 (1959). — Bonavita, V., and V. Scardi: Experientia (Basel) **14**, 7—8 (1958). — Bonner, J.: Amer. J. Bot. **46**, 58—62 (1959). — Borek, E., L. Ponticorvo and D. Rittenberg: Proc. nat. Acad. Sci. (Wash.) **44**, 369—374 (1958). — Böttger, L., u. R. Wollgiehn: Flora (Jena) **146**, 302—320 (1958). — Brooker, P., A. R. Crathorn and G. D. Hunter: Biochem. J. **71**, 31 P (1959) (1); Biochem. J. **73**, 396—401 (1959) (2). — Brumfitt, W., C. Wardlaw and J. T. Park: Nature (Lond.) **181**, 1783 (1958). — Burns, V. W.: Science **129**, 566—567 (1959). — Butler, J. A. V., A. R. Crathorn and G. D. Hunter: Biochem. J. **69**, 544—553 (1958).

Cartwright, N. J.: Biochem. J. **67**, 663—669 (1957). — Clark, jr., J. M.: J. biol. Chem. **233**, 421—424 (1958). — Cohen, G. N. et R. Munier: Biochim. biophys. Acta **31**, 347—356 (1959). — Connell, G. E., P. Lengyel and R. C. Warner: Biochim. biophys. Acta **31**, 391—397 (1959). — Countryman, J. L., and E. Volkir: J. Bact. **78**, 41—48 (1959).

Davis, J. W., and G. D. Novelli: Arch. Biochem. **75**, 299—308 (1958). — Dirkheimer, G., J. H. Weil et J. P. Ebel: C. R. Acad. Sci. (Paris) **246**, 3384—3385 (1958). — *Dynamik des Eiweißes:* 10. Colloquium Ges. Physiol. Chem. Berlin-Göttingen-Heidelberg 1960.

Elliott, W. H.: Biochim. biophys. Acta **29**, 446—447 (1958).

Fowden, L.: Symp. Soc. exp. Biol. **13**, 283—303 (1959). — Fowden, L., and M. Bryant: Biochem. J. **70**, 626—629 (1958). — Fowden, L., and J. A. Webb: Ann. Bot. (Lond.) **27**, 73—93 (1958).

Gale, E. F.: Synthesis and Organisation in the Bacterial Cell. New York-London 1959. — Gale, E. F., and J. P. Folkes: (1) Biochem. J. **69**, 611—619 (1958); (2) Biochem. J. **69**, 620—627 (1958). — Gale, E. F., C. J. Shepherd and J. P. Folkes: Nature (Lond.) **182**, 592—595 (1958). — Gilby, A. R., A. V. Few and K. McQuillen: Biochim. biophys. Acta **29**, 21—29 (1958). — Gmelin, R.: Hoppe-Seylers Z. physiol. Chem. **316**, 164—169 (1959). — Gmelin, R., G. Strauss u. G. Hasenmaier: Z. Naturforsch. **136**, 252—256 (1958) (1); Hoppe-Seylers Z. physiol. Chem. **314**, 28—32 (1959) (2). — Goldstein, A., D. B. Goldstein, B. J. Brown and Shao-Chia Shou: Biochim. biophys. Acta **36**, 163—172 (1959). — Gorman, J., and H. Halvorson: Arch. Biochem. Biophys. **84**, 462—470 (1959). — Grobbelaar,

N., and F. C. Steward: Nature (Lond.) 182, 1358—1359 (1958). — Grossi, L. G., and K. Moldave: Biochim. biophys. Acta 35, 275—277 (1959).

Hämmerling, J., H. Clauss, H. Keck, G. Richter and G. Werz: Exp. Cell Res., Suppl. 6, 210—226 (1959). — Halvorson, H.: Biochim. biophys. Acta 27, 255—266 (1958) (1); Biochim. biophys. Acta 27, 267—276 (1958) (2). — Halvorson, H., and J. Gorman: Exp. Cell Res. 17, 522—524 (1959). — Hancock, R., and J. T. Park: Nature (Lond.) 181, 1050—1052 (1958). — Hase, E., S. Mihara, H. Otsuka and H. Tamiya: Biochim. biophys. Acta 32, 298—300 (1959). — Hattori, A.: J. Biochem. (Tokyo) 45, 57—64 (1958). — Hattori, C., and A. Komamine: Nature (Lond.) 183, 1116—1117 (1959). — Hauschild, A. H. W.: Canad. J. Biochem. 37, 887—894 (1959). — Hecht, L. J., M. L. Stephenson and P. C. Zamecnik: Biochim. biophys. Acta 29, 460—461 (1958). — Hendler, R. W.: Science 128, 143—144 (1958). — Hess, D.: Naturwissenschaften 46, 408 (1959). — Heyns, K., W. Walter u. E. Meyer: Naturwissenschaften 46, 667 (1959). — Hoagland, M. B., M. L. Stephenson, J. F. Scott, L. J. Hecht and P. C. Zamecnik: J. biol. Chem. 231, 241—257 (1958). — Holzer, H., U. Gerlach, G. Jacobi u. M. Gnoth: Biochem. Z. 329, 529—541 (1958). — Huennekens, F. M., and M. J. Osborn: Advanc. Enzymol. 21, 369—446 (1959). — Hunter, G. D., P. Brookes, A. R. Crathorn and J. A. V. Butler: Biochem. J. 73, 369—376 (1959).

Jardetzky, C. D.: J. Amer. chem. Soc. 80, 1125—1127 (1958). — Jonsen, J., S. Laland and L. Smith-Kielland: Acta chem. scand. 13, 836—837 (1959).

Kanigua, Z.: Acta Soc. Bot. Polon. 27, 313—341 (1958). — Kaper, J. M., and H. Veldstra: Biochim. biophys. Acta 30, 401—420 (1958). — Kating, H.: Arch. Mikrobiol. 32, 207—218 (1959). — Katunuma, M.: Arch. Biochem. 76, 547—548 (1958). — Kaufman, S.: Biochim. biophys. Acta 27, 428—429 (1958). — Kerridge, D.: Biochim. biophys. Acta 31, 579—581 (1959) (1); J. Gen. Microbiol. 21, 168—179 (1959) (2). — Kjaer, A., P. Larsen u. R. Gmelin: Experientia (Basel) 15, 253—254 (1959). — Klinkhammer, F.: Arch. Mikrobiol. 33, 357—377 (1959). — Kretovich, W. L., and F. Galas: Dokl. Akad. Nauk. SSSR 124, 217—219 (1959); Ref.: Ber. wiss. Biol. 138, 281 (1959). — Krupka, R. M., and G. H. N. Towers: Canad. J. Biol. 37, 539—545 (1959).

Lawrence, J. M., K. M. Day and J. E. Stephenson: Plant Physiol. 34, 668—674 (1959). — Lehman, J. R., M. J. Bessman, E. S. Simms and A. Kornberg: (1) J. biol. Chem. 233, 163—170 (1958). — Lehman, J. R., S. B. Zimmerman, J. Alder, M. J. Besserman, E. S. Simms and A. Kornberg: (2) Proc. nat. Acad. Sci. (Wash.) 44, 1191—1196 (1958). — Linko, P., and A. J. Virtanen: Acta chem. scand. 12, 68—71 (1958). — Linsgens, F., H. Hellmann u. H. Hildinger: Z. Naturforsch. 13b, 727—729 (1958). — Loomis, W. D., and P. K. Stumpf: Handb. Pflanzenphysiol. 8, 249—261 (1958).

Maciejewska-Potapczykowa, W., and Z. Keller: Acta Soc. Bot. Polon. 27, 161 (1958). — Mager, J., and F. Lipman: Proc. nat. Acad. Sci. (Wash.) 44, 305—309 (1958). — Mandelstam, J., and H. J. Rogers: Nature (Lond.) 181, 952—957 (1958). — Mark, W., u. J. Stauff: Naturwissenschaften 45, 544 (1958). — Maroti, M.: Naturwissenschaften 45, 446—447 (1958). — Maruyama, Y., and K. G. Lark: Exp. Cell Res. 18, 389—391 (1959) (1); Bact. Proc. 59, 94 (1959) (2). — McCorquodale, D. J., u. W. Zillig: Hoppe-Seylers Z. physiol. Chem. 315, 86—89 (1959). — McFall, E., and G. S. Stent: Biochim. biophys. Acta 34, 580—582 (1959). — McNair Scott, D. B., and E. Chu: Exp. Cell Res. 18, 392—395 (1959). — Meadow, P., and E. Work: (1) Biochim. biophys. Acta 28, 596—599 (1958); (2) Biochem. J. 72, 396—400 (1959). — Meulen, P. Y. F. van der, and J. A. Bassham: J. Amer. chem. Soc. 81, 2233—2239 (1959). — Mitchison, J. M., and R. M. B. Walker: Exp. Cell Res. 16, 49—58 (1959). — Monder, C., and A. Meister: Biochim. biophys. Acta 28, 202—203 (1958). — Morel, G., and H. Duranton: Bull. Soc. chim. biol. (Paris) 40, 2155—2167 (1958). — Mothes, K., J. Böttger u. R. Wollgiehn: Flora (Jena) 146, 302—320 (1958). — Mothes, K., L. Engelbrecht u. O. Kulajewa: Flora (Jena) 147, 445—464 (1959). — Munier, R., et G. N. Cohen: Biochim. biophys. Acta 21, 592—593 (1956) (1); Biochim. biophys. Acta 31, 378—391 (1959) (2).

Nandi, D. L.: Naturwissenschaften 45, 246—247 (1958). — Naylor, A. W.: Sympos. Soc. exp. Biol. 13, 193—209 (1959). — Neidle, A., and H. Waelsch: J.

biol. Chem. **234**, 586—591 (1959). — NISHIZUKA, Y., M. TAKESHITA, S. KUNO and O. HAYAISHI: Biochim. biophys. Acta **33**, 591—593 (1959). — NISMAN, B.: Biochim. biophys. Acta **32**, 18—31 (1959). — NOE, F. F., and L. FOWDEN: Nature (Lond.) **184**, 69—70 (1959).

OLAND, K.: Physiol. Plant. **12**, 594—648 (1959).

PARK, J. T.: Symp. Soc. Gen. Microbiol. **8**, 49—61 (1958). — PARK, J. T., and L. STROMINGER: Science **125**, 99—101 (1957). — PATWARDHAN, M. V.: Nature (Lond.) **181**, 187 (1958). — PEREZ-MILAN, H., J. SCHLIACK et P. FROMAGEOT: Biochim. biophys. Acta **36**, 73—83 (1959). — PERKINS, H. R., and H. J. ROGERS: Biochem. J. **72**, 647—654 (1959). — PHINNIGER, H.: Experientia (Basel) **14**, 57—58 (1958). — PIRIE, N. W.: Ann. Rev. Plant Physiol. **10**, 33—52 (1959). — POLLARD, J. K., E. SONDHEIMER and F. C. STEWARD: Nature (Lond.) **182**, 1356—1358 (1958).

RADHAKRISHNAN, A. N., and A. MEISTER: J. Amer. chem. Soc. **79**, 5828—5829 (1957). — REED, D. J., V. H. CHELDELIN and C. H. WANG: Canad. J. Microbiol. **4**, 627—632 (1958). — RILEY, P. B., and H. K. ROBINSON: Nature (Lond.) **181**, 905 (1958).

SCHACHTSCHABEL, D., u. W. ZILLIG: Hoppe-Seylers Z. physiol. Chem. **314**, 262—275 (1959). — SCHLOSSMANN, K., u. F. LYNEN: Angew. Chem. **69**, 179 (1957). — SCHNEIDER, G.: Biochem. Z. **330**, 428—432 (1958). — SCOTT, E. M., and W. B. JAKOBY: J. biol. Chem. **234**, 932—936 (1959). — SEECOF, R. L., and R. P. WAGNER: J. biol. Chem. **234**, 2689—2693 (1959) (1); J. biol. Chem. **234**, 2694—2697 (1959) (2). — SISKEN, J. E.: Exp. Cell Res. **16**, 602—614 (1959). — SPIEGELMAN, S.: Rec. Progr. Microbiol. (Stockholm) **1959**, p. 81. — SRINIVASAN, P. R.: J. Amer. chem. Soc. **81**, 1772—1773 (1959). — STEINER, M., u. H. KATING: Arch. Mikrobiol. **28**, 173—190 (1957). — STEWARD, F. C., R. H. WHETMORE and J. K. POLLARD: Amer. J. Bot. **42**, 946—948 (1955). — STREET, H. E.: Handb. Pflanzenphysiol. **8**, 674—715 (1958). — SUZUKI, T., A. MAEKAVA, T. HASEGAWA, M. ITO, H. HONDA, T. NAGANO, S. SAITO and Y. SAHASHI: Bull. agric. chem. Soc. Jap. **22**, 39—46 (1958) (1). — SUZUKI, T., T. HASEGAWA, A. MAEKAWA and Y. SAHASHI: Bull. agric. chem. Soc. Jap. **22**, 341—345 (1958) (2). — SYNGE, R. L. M., and J. C. WOOD: Biochem. J. **70**, 321—339 (1958).

TAYLOR, J. H.: Amer. J. Bot. **46**, 477—484 (1959). — TISSIÈRES, A., and J. P. WATSON: Nature (Lond.) **182**, 778—780 (1958). — TOUFFET, J., et S. VILLERET: Bull. Soc. Bot. Fr. **105**, 312—318 (1958). — TUPPY, H.: Naturwissenschaften **46**, 35—43 (1959).

UMBARGER, H. E., and B. BROWN: J. biol. Chem. **233**, 1156—1160 (1958). — URBA, R. C.: Biochem. J. **71**, 513—518 (1959).

VEN, A. M. VAN DEN, V. V. KONINGSBERGER and J. TH. G. OVERBECK: Biochim. biophys. Acta **28**, 134—143 (1958). — VILLERET, S.: C. R. Acad. Sci. (Paris) **246**, 1452—1454 (1958). — VOGEL, H. J.: Biochim. biophys. Acta **34**, 282—283 (1959).

WACKER, A.: Angew. Chem. **70**, 519—526 (1958). — WAGNER, R. P., A. BERGQUIST and G. W. KARP: Arch. Biochem. Biophys. **74**, 182—197 (1958). — WAGNER, R. P., A. N. RADHAKRISHNAN and E. E. SNELL: Proc. nat. Acad. Sci. (Wash.) **44**, 1047—1053 (1958). — WALKER, D. A., and S. L. RANSON: Plant Physiol. **33**, 226—230 (1958). — WALKER, J. B.: Proc. nat. Acad. Sci. (Wash.) **38**, 561—566 (1952). — WATSON, J. D., and F. H. C. CRICK: (1) Nature (Lond.) **171**, 737—738 (1953); (2) Nature (Lond.) **171**, 964—967 (1953). — WEBSTER, G. C.: Symp. Soc. exp. Biol. **13**, 330—344 (1959). — WEIBULL, C., and L. BERGSTROM: Biochim. biophys. Acta **30**, 340—351 (1958). — WEISS, S. B., G. ACS and F. LIPMANN: Proc. nat. Acad. Sci. (Wash.) **44**, 189—197 (1958). — WERZ, G., u. J. HÄMMERLING: Planta **53**, 145—161 (1959). — WIELAND, TH., G. PFLEIDERER u. B. SANDMANN: Biochem. Z. **330**, 198—208 (1958). — WILKINSON, A. P., and D. D. DARIES: Nature (Lond.) **181**, 1070—1071 (1958). — WRIGHT, B. E., M. L. ANDERSON and E. C. HERMAN: J. biol. Chem. **230**, 271—281 (1958).

YOUNG, E. G., and D. G. SMITH: J. biol. Chem. **233**, 406—410 (1958).

ZACHAU, H. G., G. ACS and F. LIPMANN: Proc. nat. Acad. Sci. (Wash.) **44**, 885 (1958). — ZELITCH, J.: Fed. Proc. **16**, 276 (1957). — ZUBAY, G., and P. DOTY: Biochim. biophys. Acta **29**, 47 (1958).

17. Viren und Phagen

a) Phytopathogene Viren

Von Heinz-Günter Wittmann, Tübingen

Mit 1 Abbildung

Dieser Bericht enthält nur Originalarbeiten, die in der Zeit von Januar 1959 bis Februar 1960 erschienen sind. Leser, die sich für Arbeiten aus früheren Jahren interessieren, seien auf die im Jahre 1959 veröffentlichten und das Gebiet der phytopathogenen Viren betreffenden Übersichtsreferate verwiesen, die zu Beginn des Literaturverzeichnisses aufgeführt sind.

I. Virusstruktur

a) Tabakmosaikvirus (TMV)

Die sehr zahlreichen Arbeiten, welche in den 25 Jahren, die seit der Isolierung des TMV vergangen sind, über seine Struktur durchgeführt wurden, machen das TMV zu dem in seinem Aufbau am weitaus bestbekannten Virus. Das neueste TMV-Modell zeigt die Abbildung. Das TMV ist ein Stäbchen von etwa 300 mμ Länge und einem Durchmesser von 15 mμ und besteht chemisch aus Protein (2130 $\pm$ 40 Untereinheiten) und Nucleinsäure (etwa 6500 Nucleotide). In letzter Zeit wurden sehr kleine Mengen von Metallionen vor allem in der RNS festgestellt. Über das Vorkommen von Fe im TMV und seiner RNS berichtet Al-Rawi.

Die Längenbestimmungen aus physikochemischen Messungen (Strömungsdoppelbrechung u. a.) ergaben eine um 10% größere Länge für das TMV als im Elektronenmikroskop gemessen. Dies könnte durch Dimensionsänderungen während der elektronenmikroskopischen Präparation bedingt sein; doch fanden Haltner und Zimm, daß der rotationale Reibungskoeffizient wesentlich größer ist, als bisher angenommen wurde. Das TMV-Stäbchen kann also nicht durch ein prolates Ellipsoidmodell hinreichend repräsentiert werden. Die neuen korrigierten Längenwerte (300 $\pm$ 5 mμ) stimmen jetzt sehr gut mit den elektronenmikroskopischen Werten überein. — Wie bereits in früheren Jahren wird weiterhin versucht, durch Verbesserung der elektronenmikroskopischen Präpariermethode (Brenner und Horne, Nixon and Woods sowie Amelunxen) die Feinstrukturen sichtbar zu machen, die sich aus der Röntgenstrukturanalyse (z. B. Franklin) ergeben. Dabei konnten beträchtliche Fortschritte gemacht werden, die zu manchen sehr aufschlußreichen Aufnahmen führten. — Echte TMV-Kristalle wurden bisher nur in Form bestimmter Einschlußkörper in der Zelle gefunden. Hills veröffentlichte nun elektronenmikroskopische Bilder von echten TMV-Kristallen, die er in vitro erhalten hatte; außerhalb der Zelle wurde bisher lediglich parakristallines TMV beobachtet.

Die kleinste isolierbare und physikochemisch gemessene Proteineinheit des TMV war bislang das sog. A-Protein mit einem Mol.-Gewicht von 90000—100000. Aus drei Arbeitskreisen wurde nun gleichzeitig über Methoden zur Isolierung und physikochemischen Darstellung der Proteinuntereinheiten (Polypeptidketten) berichtet. ANDERER (1) fand 18800 als Mittelwert für das Mol.-Gewicht einer Untereinheit, ANSEVIN und LAUFFER für natives Protein 15000—20000 und WITTMANN (1) mit zwei Methoden 17300 bzw. 17800. Das durch Phenolbehandlung denaturierte Protein reaggregiert nach Lösen in Harnstoff und anschließender Dialyse wieder zum normalen Stäbchen [ANDERER (2)]. — Über die relative Lage der Untereinheiten im Stäbchen diskutiert AACH (1) auf Grund von serologischen Untersuchungen am A-Protein. KLECZKOWSKI kommt bei seinen elektrophoretischen Untersuchungen in Bestätigung einer früheren Arbeit von KRAMER und WITTMANN zu dem Schluß, daß die Oberflächenladungsdichte der A-Proteine nicht einheitlich, sondern daß die äußere Grenzfläche die am stärksten negativ geladene ist, und daß die RNS keinen Einfluß auf das Oberflächenpotential des Stäbchens hat. Zonenelektrophoretische Untersuchungen mit TMV wurden sowohl von TOWNSLEY (1) als auch von COCHRAN, WELKIE und CHIDESTER durchgeführt.

Zur chemischen Struktur der Polypeptidkette des TMV wurde von den Arbeitskreisen in Berkeley und in Tübingen eine Reihe von Arbeiten veröffentlicht. An die Spaltung mit Trypsin schließen sich Isolierung und Reini-' gung der tryptischen Peptide an, in Berkeley vor allem mit der Gegenstromverteilung, in Tübingen durch Ionenaustauscher. WITTMANN und BRAUNITZER gelang die erste vollständige Isolierung aller 12 tryptischen Peptide der TMV-Polypeptidkette und die quantitative

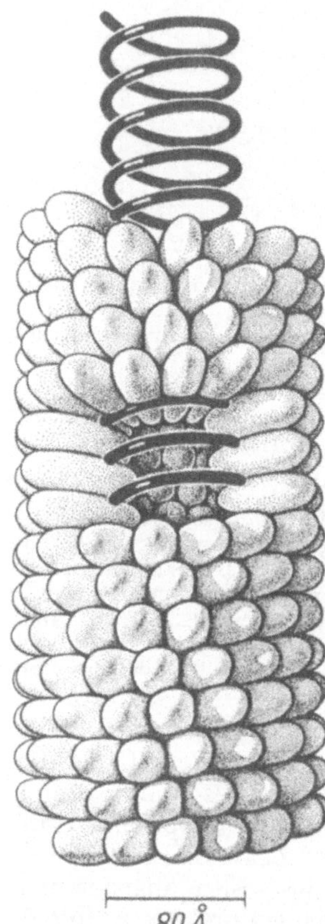

Abb. 16. Modell des Tabakmosaikvirus mit Ribonucleinsäure-Spirale und Proteinuntereinheiten (nach R. E. FRANKLIN, D. L. D. CASPAR und A. KLUG verändert)

Bestimmung ihrer Aminosäurezusammensetzung. Danach besteht die Proteinuntereinheit aus 157 Aminosäuren mit einem Mol.-Gewicht von 17420 (unter Berücksichtigung des N-ständigen Acetylrestes und der Amidierungen). Das danach berechnete Mol.-Gewicht für das Protein ($37,1 \times 10^6$) steht unter Berücksichtigung des Mol.-Gewichtes der RNS ($1,94 \times 10^6$) in ausgezeichneter Übereinstimmung mit dem durch physikochemische Methoden ermittelten Mol.-Gewicht für das Stäbchen ($39,0 \pm 1,1 \times 10^6$). Aminosäuresequenzen in 9 tryptischen Peptiden mit insgesamt 107

Aminosäuren sind inzwischen veröffentlicht (RAMACHANDRAN und GISH; GISH (1, 2); ANDERER, WEBER u. UHLIG]. NARITAs Befund, daß das TMV-Protein am Aminoende acetyliert ist, wurde nun auch in Tübingen bestätigt [ANDERER (3)] und damit diese Streitfrage beigelegt. Während Übereinstimmung darüber herrscht, daß die Polypeptidkette mit dem größten tryptischen Peptid beginnt [RAMACHANDRAN u. WITKOP; WITTMANN (2); TSUGITA; ANDERER, WEBER u. UHLIG), ist die Reaktion der ε-Gruppe eines der beiden Lysine noch umstritten. Während ANDERER (3) berichtet, daß beide Lysine mit Fluordinitrobenzol (FDNB) reagieren, findet RAMACHANDRAN bei Behandlung von denaturiertem Protein mit O-Methylisoharnstoff, daß nur dasjenige Lysin, das nach den Befunden der Berkeley-Gruppe allein mit FDNB reagiert, zu Homoarginin wird, während das andere aus noch nicht geklärten Gründen nicht reagiert. AACH (2) diskutiert auf Grund seiner mit der FDNB-Methode gewonnenen Ergebnisse eine Heterogenität der Peptidketten; dafür konnten jedoch von anderen Autoren [WOODY und KNIGHT; WITTMANN (2)] experimentell bisher keine Anhaltspunkte erhalten werden. Die Anordnung von 9 der 12 tryptischen Peptide innerhalb der Polypeptidkette konnte WITTMANN (3) durch Vergleich der Peptide mehrerer TMV-Stämme festlegen. Ein Vergleich der tryptischen Peptide mehrerer TMV-Stämme nach der bekannten „finger-print-Methode" (kombinierte Papierelektrophorese und -chromatographie) läßt interessante Schlüsse auf die Proteinzusammensetzung dieser Stämme zu (WOODY and KNIGHT sowie KNIGHT und WOODY). WITTMANN (2) isolierte alle tryptischen Peptide einer durch Nitritbehandlung der RNS erzeugten Mutante, bestimmte die quantitative Aminosäurezusammensetzung und verglich sie mit der der entsprechenden Peptide des Normalstammes. Interessanterweise waren alle Peptide beider Stämme in Art und Zahl der Aminosäuren gleich. SIEGEL (1) konnte keinen Unterschied im isoelektrischen Punkt und in den serologischen Eigenschaften mehrerer durch Nitritbehandlung erzeugter Mutanten feststellen. Er fand (3), daß Nitritbehandlung anscheinend nur Mutanten ergibt, die kleinere Nekrosen als der Ausgangsstamm erzeugen.

Weniger gut als über die Proteine sind wir bisher über die RNS-Struktur unterrichtet. Ihre Lage im Stäbchen veranschaulicht die Abbildung des TMV-Modells. Die RNS setzt sich zusammen aus etwa 6500 Nucleotiden mit einer Länge von 33000 Å und einem Mol.-Gewicht von $1,94 \pm 0,16 \times 10^6$, das durch Lichtstreuung, Sedimentation und Viscosität errechnet wurde (BOEDTKER). Die RNS besteht aus einer einzigen Kette mit der Anordnung der Basen parallel zur Stäbchenachse. Es fehlen, wie Versuche mit H_2O^{18} gezeigt haben, Phosphotriesterbindungen. Wie bereits früher gefunden wurde, ist für die Infektiosität die gesamte Kette notwendig; dies wurde nun allgemein bestätigt (z. B. FRIESEN). Der Sedimentationskoeffizient der infektiösen RNS in frischen RNS-Präparaten beträgt $S_{20} = 30$, das u. a. durch Lichtstreuung bestimmte Mol.-Gewicht: 2×10^6 (FRIESEN u. SINSHEIMER). Wenn beim Abbau der RNS kleinere Komponenten entstehen, so besitzen diese keine erkennbare Infektiosität mehr. CHEO, FRIESEN und SINSHEIMER geben interessante Hinweise auf Diskontinuitäten innerhalb der RNS-Struktur in Form von offensichtlich gleichmäßig angeordneten Punkten bevorzugter Spaltung. LORING, FUJIMOTO und LAWRENCE spalteten radioaktives Fe^{59} enthaltendes Virus in Protein und RNS und fanden, daß in einer bestimmten RNS-Fraktion, dem relativ hoch infektiösen Sediment, der Fe-Gehalt parallel der Infektiosität geht. Die Fraktionierung der RNS erfolgte mit einer neuen Ultrazentrifugenmethode.

Bisher stehen noch keine geeigneten Methoden zur Sequenzanalyse der Nucleotide innerhalb der RNS-Kette zur Verfügung. Trotzdem läßt sich nach Abbau durch spezifisch wirkende Enzyme einiges über die Anordnung der Pyrimidin- und Purinnucleotide sagen. REDDI (1, 2, 3) folgert aus seinen Versuchen, in denen TMV-RNS mit Pankreas-RN-ase bzw. einer Phosphodiesterase aus Mikrococcus pyogenes var. aureus gespalten wird, daß eine bestimmte Regelmäßigkeit in der Anordnung der Pyrimidin- und Purinnucleotide vorhanden ist; die Anordnung ist nicht zufällig. Purin- bzw. Pyrimidinnucleotide liegen in Gruppen zusammen, lösen sich aber auch einzeln wechselseitig ab; doch ist letzteres nicht so häufig wie die gruppenweise Anordnung. Bei 3 untersuchten TMV-Stämmen bestehen bedeutende Unterschiede in der Anordnung der Nucleotide.

Die Versuche verschiedener Arbeitskreise zur chemischen Umwandlung der RNS wurden fortgesetzt. Über die biologische Aktivität von TMV und TMV-RNS nach Behandlung mit Glyoxal bzw. dessen Derivaten berichtet STAEHELIN (1). Es konnte spektrophotometrisch gezeigt werden, daß die Glyoxalverbindungen mit Guaninderivaten reagieren; die chemische Reaktion wird diskutiert. 5-Fluoruracil wird in die TMV-RNS eingebaut und kann Uracil bis zur Hälfte ersetzen (GORDON u. STAEHELIN). Die Fähigkeit des veränderten infektiösen Agens zur Virusvermehrung ist eingeschränkt. Die Basenzusammensetzung der Virusnachkommenschaft ist die gleiche wie die des unbehandelten Virus. Eingehende Untersuchungen über die Kinetik der Reaktion zwischen Formaldehyd und TMV bei 3 Temperaturen und 9 Konzentrationen haben MERIWETHER und ROSENBLUM durchgeführt. Die bereits 1958 veröffentlichte Arbeit von GIERER u. MUNDRY, wonach die Umwandlung einer einzigen Base in der TMV-RNS durch salpetrige Säure zum Entstehen einer Mutation ausreicht, wird von SIEGEL (1) qualitativ und quantitativ bestätigt und erweitert, von BAWDEN jedoch kritisiert, der auf Grund eigener Experimente die Ergebnisse durch Selektion bereits vorhandener Mutanten zu erklären versucht. In seiner Erwiderung auf BAWDENs Kritik beweist MUNDRY, daß die Mutationstheorie zu recht besteht. Eine weitere Stütze dafür ist eine Anzahl von Arbeiten an anderen Objekten, bei denen die von BAWDEN gemachten Einwendungen nicht gelten und bei denen ebenfalls die mutagene Wirkung der salpetrigen Säure bestätigt wurde.

Nach Bestrahlung mit Röntgenstrahlen bei 0° (ENGLANDER) treten Brüche in dem RNS-Strang auf; die Infektiosität sinkt entsprechend ab. Über das biologische Verhalten der TMV-RNS berichtet WILDMAN in einer zusammenfassenden Darstellung. Sie enthält vor allem Angaben aus bereits früher publizierten Arbeiten, die z. T. in Zusammenarbeit mit SIEGEL, GINOZA und NORMAN entstanden sind. FRAENKEL-CONRAT und SINGER haben optimale Bedingungen für den Rekonstitutionsvorgang ausgearbeitet; unter günstigen Verhältnissen werden bis zu 80% der Originalaktivität wieder hergestellt. Es wurden keine eindeutigen Ergebnisse für die Annahme erhalten, daß bei einer Mischung von RNS bzw. Protein von mehreren Stämmen mehr als 1 Art von RNS in 1 Stäbchen eingebaut wird. Wie von HASCHEMEYER, SINGER u. FRAENKEL-CONRAT gefunden wurde, macht die isolierte RNS unter dem Einfluß von niedrigen Konzentrationen zweiwertiger Kationen bzw. höherer Konzentration einwertiger Ionen eine Änderung ihres Ordnungszustandes durch. Beide Arten von Präparaten sind etwa gleich infektiös. STAEHELIN (2) studierte den Einfluß von Mg^{++} auf die TMV-RNS.

Nach Behandlung von TMV mit dem Komplexbildner Äthylendiamintetraessigsäure entstehen beträchtliche Mengen an infektiösen TMV-Teilchen, die eine wesentlich kleinere Sedimentationskonstante als das Normalstäbchen, doch etwa gleich hohe Infektiosität besitzen (LORING, GILLCHRIST u. TU). Von SIEGEL und HUDSON durchgeführte Dichtegradientenzentrifugierungen ergeben Unterschiede in der Dichte verschiedener TMV-Stämme. ISEMURA und MUKOHATA beschreiben einen Apparat zur Messung verschiedener elektrischer und optischer Eigenschaften des TMV. Untersuchungen über die Lichtstreuung von TMV- und X-Protein führten McLAREN und TAKAHASHI aus. Auf eine Möglichkeit, polymere Phasensysteme für die Fraktionierung von Virussuspensionen (ausgeführt u. a. an TMV in Dextran-Methylcellulose-Wasser) anzuwenden, weisen ALBERTSSON und FRICK hin. Eine chromatographische Methode zur Reinigung von TMV wird von TAVEL, eine andere von NIKIFOROVA beschrieben. Nichtoxydierte Komponenten aus gesunden und TMV-infizierten Pflanzengeweben konnten von COCHRAN, CHIDESTER u. WELKIE durch Säulenchromatographie unter anaeroben Bedingungen isoliert werden. RAPPAPORT berichtet über serologische Untersuchungen an den beiden TMV-Stämmen U 1 und U 2.

b) Andere phytopathogene Viren

So gut wir über Einzelheiten in der Struktur des TMV unterrichtet sind, so sehr steht die Erforschung der übrigen phytopathogenen Viren noch am Anfang. Sie werden im allgemeinen in die beiden Gruppen der stäbchen- oder fadenförmigen und der sog. kugelförmigen Viren unterteilt. Die letzte Gruppe umfaßt allerdings auch Viren, die in ihrer Gestalt ziemlich stark von der Kugelform abweichen, so daß die Bezeichnung „kugelförmig" nur als grobe Annäherung aufzufassen ist. Es zeichnet sich als allgemeines Merkmal ab, daß alle phytopathogenen Viren aus RNS (mit einem Mol.-Gewicht von etwa 2×10^6) bestehen, die von einer sich aus Untereinheiten zusammensetzenden Proteinhülle umgeben ist. Soweit in älteren Arbeiten bereits über Struktureinzelheiten berichtet wird, muß auf die im Literaturverzeichnis genannten Übersichtsreferate verwiesen werden. Die mit der Röntgen-Analyse ermittelte Struktur einiger Nucleoproteidpartikel, vor allem Viren, wird von FRANKLIN, KLUG, FINCH und HOLMES beschrieben.

Das Protein des Southern Bean Mosaic Virus (SBMV) besteht aus 60 röntgenstrukturanalytisch identischen Untereinheiten (MAGDOFF) und gleicht darin dem Tomato Bushy Stunt Virus (TBSV), dem Turnip Yellow Mosaic Virus (TYMV) und dem Poliovirus. Die kleinste mit der Röntgenmethode feststellbare Untereinheit des SBMV hat ein Mol.-Gewicht von 85000, während die kleinste chemische Untereinheit ein Mol.-Gewicht von 27000 besitzt. Demnach setzt sich eine mit der Röntgenmethode erfaßbare Einheit aus drei chemischen Einheiten zusammen. Auch bei anderen phytopathogenen Viren stimmt die Größe der auf verschiedene Weise ermittelten Untereinheiten nicht überein. Sowohl beim TBSV als auch beim TYMV wurden chemisch etwa 120, strukturanalytisch jedoch nur 60 Untereinheiten gefunden. Hierzu ist zu erwähnen, daß nach geeignetem Abbau des Proteins des TBSV 120 Untereinheiten pro Viruspartikelchen durch physikalisch-chemische Methoden gemessen wurden (HERSH und SCHACHMAN). Die chemische Untereinheit des Kartoffel-X-Virus hat ein Mol.-Gewicht von 74000, die der "Cucumber Viruses 3 and 4" von 29000. Interessanterweise hat sich in allen untersuchten Fällen bisher noch niemals eine freie N-terminale Endgruppe nachweisen lassen. Vielleicht ist dies ein allgemeines Merkmal aller phytopathogenen Viren (NIU, SHORE a. KNIGHT). Beim "Cucumber Virus 4" konnte NARITA die Acetylierung des Aminoendes der Polypeptidkette nachweisen und die ersten 7 Aminosäuresequenzen bestimmen.

In Analogie zu den Arbeiten am TMV wurden Abbauversuche am Gerstenstreifenmosaikvirus durch Netzmittel von BRAKKE und am Kartoffel-X-Virus durch alkalische Puffer von BAWDEN und KLECZ-KOWSKI (1) unternommen. Im Gegensatz zum TMV besitzt das A-Protein des Kartoffel-X-Virus eine größere elektrophoretische Beweglichkeit als das Virus selbst. Die RNS trägt auch hier nicht zur Oberflächenladung bei. Aus infizierten Pflanzen läßt sich in Übereinstimmung mit dem TMV neben dem X-Virus auch noch anomales Protein isolieren. Die Behandlung des Kartoffel-X-Virus mit Phenol ergibt RNS mit einer geringen Infektiosität, die nicht auf das Vorhandensein von Rest-Virus zurückzuführen ist. Zu dem Ergebnis, daß die RNS aus dem Kartoffel-X-Virus infektiös ist, kommen auch REICHMANN u. STACE-SMITH durch Guanidin-Denaturierung des Virus und Isolierung der RNS. In der letzten Zeit häufen sich die Berichte über die Isolierung infektiöser RNS aus den verschiedensten pflanzlichen Viren. Methoden und Beweise für die Infektiosität der RNS sind dabei im allgemeinen die gleichen wie beim TMV [DIENER u. WEAVER (1); WELKIE; KAPER u. STEERE (1, 2); RUSHIZKY und KNIGHT]. Die letzten Autoren heben besonders hervor, es sei nicht bewiesen, daß nur die RNS allein für das Zustandekommen einer Infektion ausreiche. Die Mitbeteiligung kleiner, doch essentieller Proteinmengen sei bisher nicht ausgeschlossen.

Elektronenmikroskopische Aufnahmen, die am Vergilbungsvirus der Zuckerrüben von HORNE, RUSSELL und TRIM durchgeführt wurden, lassen Struktureinzelheiten (regelmäßige Periodizität und zentralen Hohlcylinder) erkennen. LABAW bestimmt die genauen Abmessungen für die Einheitszelle im Kristall des Rothamsted-Tabaknekrosevirus. Die Größe von 8 stäbchen- bzw. fadenförmigen Viren wird von BRANDES elektronenmikroskopisch vermessen. BRANDES, WETTER, BAGNALL und LARSON finden, daß die Länge der Kartoffelviren S und M sowie des latenten Nelkenvirus etwa 650 mμ beträgt. BRANDES und WETTER stellen alle bisherigen Längenangaben zusammen, um die fadenförmigen Pflanzenviren in 12 Gruppen nach der „Normallänge" (zwischen 130 und 1250 mμ) einzuteilen. Innerhalb einer Gruppe werden weitere Daten über Gestalt, Durchmesser, Übertragung und Hitze-Inaktivierungspunkt berücksichtigt. Außerdem regen die Autoren serologische Untersuchungen zur Klärung der Verwandtschaftsbeziehungen an. Über die Größe und Größenverteilung von Kartoffel-X-Virusteilchen sowie über verschiedene Eigenschaften des Virus (vor allem durch Lichtstreuung) berichtet REICHMANN (1, 2, 3) in einer Reihe von Arbeiten. An dem gleichen Objekt führte TOWNSLEY (2) zonenelektrophoretische Experimente (u. a. Trennung von Kartoffel-X-Virus und TMV) und PAUL (1) spektralphotometrische Untersuchungen durch. Es besteht bei den phytopathogenen Viren ein Zusammenhang zwischen dem Mol.-Gewicht und einer bestimmten spektrophotometrisch meßbaren Größe. Durch einfach durchzuführende Untersuchungen im UV-Bereich läßt sich relativ schnell der Nucleinsäuregehalt von gereinigten Viruspräparaten feststellen [PAUL (2,3)]. Der auf diese Art bestimmte RNS-Gehalt von 9 Pflanzenviren stimmt mit dem durch chemische Methoden erhaltenen überein.

Eine einfache serologische Mikromethode zum Nachweis des Kartoffel-X-Virus wird von LOVREKOVICH und eine Möglichkeit zur Bestimmung des Diffusionskoeffizienten von Turnip Yellow Mosaic Virus durch eine spezielle Gel-Präcipitin-Technik von VAN REGENMORTEL angegeben. Bei dieser Methode, bei der in Röhrchen Antiserum und Virus anfangs durch eine Agarschicht getrennt sind, und bei der die Lage der Präcipitinbanden in Abhängigkeit von Konzentration und Zeit Rückschlüsse auf den Diffusionskoeffizienten des Virus erlaubt, wird im Gegensatz zu den sonst gebräuchlichen Methoden wenig Material benötigt. Von verschiedenen Seiten wurden serologische Untersuchungen an phytopathogenen Viren durchgeführt, so von BERCKS an dem Phaseolus Virus 1, von TOMLINSON, SHEPHERD und WALKER an dem Gurkenmosaikvirus, das von ihnen isoliert und in einigen seiner Eigenschaften beschrieben wurde, sowie von der Gruppe um MOORHEAD an dem Weizenstreifenmosaikvirus und dem Luzernemosaikvirus (BANCROFT, MOORHEAD, TUITE und LIU; MOORHEAD). Geographisch und symptomatisch weit entfernte Stämme des letztgenannten Virus sind serologisch (Komplementbindungsreaktion) mit dem Normalstamm verwandt; doch unterscheiden sie sich in ihren antigenen Eigenschaften sehr deutlich von anderen Viren.

Über die mögliche Existenz von Viren in Pilzen berichten BLATTNY und PILAT. Sollte sich dies bestätigen, so wäre es der erste Hinweis für das bisher noch nicht berichtete Vorkommen „fungipathogener" Viren. — MATTHEWS (1, 2) setzte seine Untersuchungen am Turnip Yellow Mosaic Virus mit der Isolierung von 5 verschiedenen Nucleoproteidpartikeln durch Dichtegradienten-Zentrifugierung fort. Die Teilchen unterscheiden sich in ihren physikalischen und biologischen Eigenschaften voneinander, die im einzelnen beschrieben werden. Markierungsversuche lassen darauf schließen, daß die verschiedenen nichtinfektiösen Teilchen eine Reihe von Synthesestadien des kompletten infektiösen Nucleoproteids bilden. Doch leitet diese Arbeit bereits zur Besprechung der mit der Virussynthese zusammenhängenden Fragen über.

II. Virus in der Pflanze

Aus der Vielzahl der Arbeiten, die sich mit der Virusvermehrung und deren Beeinflussung befassen, sind es nur relativ wenige, aus denen direkte Schlüsse auf den Mechanismus der Virusbiosynthese gezogen werden können. Daher ist unsere Kenntnis über den Vorgang auch noch sehr gering. Die Forschungen auf diesem Gebiet stehen noch ganz am Anfang, und es ist zu erwarten, daß die nächsten Jahre aufschlußreiche Ergebnisse bringen werden.

Über die **ersten Stadien der Virusvermehrung** versuchte JEDLINSKI während während seiner Doktorarbeit Aufschlüsse zu erhalten. Er studierte die Empfindlichkeit von Nicotiana sylvestris und Phaseolus vulgaris gegenüber zwei TMV-Stämmen und dem Tabaknekrosevirus unter verschiedenen experimentellen Bedingungen. Werden verwundete Blätter zu verschiedenen Zeiten nach der Verwundung in eine Viruslösung getaucht, so liegt das Maximum der Empfindlichkeit gegenüber verschiedenen Viren zu ganz unterschiedlichen Zeitpunkten nach der Verwundung. JEDLINSKI kommt zu dem Schluß, daß es in der Zelle spezifische Orte für das Angehen einer Virusinfektion gibt; sie scheinen in ihrer Art und Lokalisierung für jedes Virus-Wirts-System verschieden zu sein. Das Zustandekommen einer erfolgreichen Infektion ist nicht nur eine Eigenschaft des verwendeten Viruspräparats, sondern hängt auch von der inneren Reaktion des Wirts ab. Wie RAPPAPORT und WILDMAN zeigten, ist die Verteilung der TMV-Läsionen auf einem Blatt von Nicotiana glutinosa nach gleichmäßiger Inoculierung nicht gleichmäßig. Es ist nicht zu unterscheiden, ob eine ungleiche Verteilung von Orten gleicher Empfindlichkeit vorliegt oder eine gleiche Verteilung von Orten ungleicher Empfindlichkeit. Eingehende Untersuchungen über die Empfindlichkeit und deren Beeinflussung durch verschiedene Faktoren (Licht, Temperatur, Nucleotidzugabe u. a.) führten LINDNER, KIRKPARTRICK u. WEEKS (1) durch. Sie entwickelten eine Formel, die eine Beziehung zwischen der Zahl der zur Inoculierung benutzten TMV-Teilchen und der Läsionszahl herstellt. Gegen ihre Ansicht, daß das Maximum der Läsionszahl dadurch bedingt ist, daß 2 oder mehrere infizierte Zellen nur eine Läsion ergeben, wendet sich SIEGEL (2). Nicht dies, sondern die Zahl der überhaupt infizierbaren Stellen sei der limitierende Faktor. In einer anderen Untersuchung mit 2 TMV-Stämmen auf Nicotiana sylvestris, die entweder im Gemisch oder getrennt inoculiert werden, kommt SIEGEL (3, 4) zu dem Schluß, daß 1 Virusteilchen das Zustandekommen einer Läsion bewirkt, und daß die TMV-Stämme sich gegenseitig von der Infektion ausschließen. Dieser letzten Ansicht widerspricht jedoch BENDA; er führt SIEGELs Ergebnisse nicht auf eine Ausschließung, sondern auf eine veränderte Reaktionsweise des infizierten Gewebes zurück.

Um die Schwierigkeiten und Unsicherheitsfaktoren, die mit der Verwendung ganzer Pflanzen oder Blätter verbunden sind, auszuschalten, ist man an verschiedenen Stellen bemüht, Einzelzellen in genügenden Mengen zu kultivieren und diese in Analogie zu einer Bakterienkultur mit Virus zu infizieren. Über Versuche in dieser Richtung mit Gewebekulturen berichten BERGMANN u. MELCHERS sowie BERGMANN; eine Infektion der Zellen kommt wahrscheinlich nur bei Verwundung der Zelle zustande. WU, HILDEBRANDT u. RIKER berichten, daß bei Kultivierung von Tabakzellen, die mit dem normalen TMV infiziert waren, ein stark abgeschwächter Stamm herausselektioniert. TMV vermehrt sich in Gewebekulturen bei 37° bedeutend schlechter als bei 21° (LEBEURIER). Einen anderen Weg, um zu Einzelzellen zu kommen, beschreiten ZAITLIN. Er schüttelt Blattstücke in einer Puffer-Zucker-Lösung mit Pektinase und erhält nach mehrfacher Zentrifugierung und Resuspendierung einen beträchtlichen Teil vor allem der Mesophyllzellen als Einzelzellen; diese sind zur Virusvermehrung befähigt.

Nach den ersten Stadien der Virusvermehrung, dem Angehen der Infektion, erfolgt die **Biosynthese der spezifischen RNS und des Proteins.** Eine Reihe von Untersuchungen befaßt sich mit diesen Vorgängen. In Übereinstimmung mit anderen Autoren findet KASSANIS, daß bei Inoculierung mit TMV-RNS die Läsionen eher erscheinen als bei Verwendung von Nucleoproteidteilchen als Inoculationsmaterial. Diese Zeitdifferenz wird allgemein darauf zurückgeführt, daß das Freisetzen der in den Stäbchen enthaltenen RNS eine gewisse Zeit dauert. Aus Versuchen mit TMV, das durch verschiedene Behandlung abgebaut und z. T. wieder rekonstituiert wurde, schließen SANTILLI und WU, daß jede Störung der normalen Proteinkonfiguration, entweder das Lösen der normalen Bindungen oder das Vorhandensein von Extraprotein, die Zeit verlängert, die zur Entfernung des Proteins erforderlich ist; dementsprechend verzögert sich das Erscheinen der Läsionen. Nach dem Freisetzen der RNS erfolgt deren Vermehrung, und zwar entsteht zunächst ein Überschuß (Maximum etwa 40 Std. p. i. bei 23—27°) an freier RNS. Dieser RNS-Überschuß reduziert sich dann in dem Maße, wie TMV-Protein entsteht und die RNS mit diesem zusammen die Stäbchen bildet. ENGLER u. SCHRAMM (1, 2) kommen zu dieser Deutung auf Grund von Phenolextraktionen TMV-infizierter Gewebe. Allerdings ist nicht bekannt, ob die sog. „freie RNS" wirklich frei oder an eine unbekannte Substanz gebunden ist. Die Autoren diskutieren eine allgemeine Hypothese für die TMV-Biosynthese.

Über das Verhalten der Blatt-RN-ase in infizierten Blättern und ihre mögliche Rolle beim Abbau der Wirts-RNS und bei der Synthese der Virus-RNS berichtet REDDI (4). Wird radioaktives Adenin den Pflanzen während der Virusvermehrung geboten, so sind in der Virus-RNS vor allem die Purine, bei Zugabe von radioaktivem Uracil vor allem die Pyrimidine radioaktiv. Daneben findet sich in geringem Maße Radioaktivität in der Ribose und den Aminosäuren. — Sehr interessante Ergebnisse brachten Photoreaktivierungsexperimente mit der TMV-RNS [BAWDEN u. KLECZKOWSKI (2)]. Im Gegensatz zu anderen phytopathogenen Viren kann das TMV nach UV-Bestrahlung nicht reaktiviert werden. Zwei Gründe können dafür maßgebend sein: entweder macht die TMV-RNS bei UV-Bestrahlung gar keine Veränderungen durch, die durch sichtbares Licht rückgängig gemacht werden können, oder die Art der Bindung zwischen RNS und Protein verhindert die Reaktivierung der RNS. Folgende Resultate sprechen für die zweite Annahme: wird isolierte RNS UV-bestrahlt, so ist sie auch reaktivierbar; dagegen ist das nicht der Fall, wenn Virusteilchen bestrahlt werden und dann daraus die RNS isoliert wird. Es wurde bisher nicht geprüft, wie sich die RNS nach Rekonstitution verhält. In einer anderen Arbeit weisen BAWDEN und KLECZKOWSKI (3) auf die mannigfaltigen Effekte hin,

die UV-Bestrahlung von *Nic. glutinosa* hervorruft. Sie nehmen eine kritische Überprüfung der aus früheren Experimenten gezogenen Schlüsse vor, bei denen die
Wirkung der UV-Bestrahlung auf die Wirtspflanzen nicht genügend beachtet wurde.

Über die Biosynthese des TMV-Proteins ist bisher sehr wenig bekannt.
Nach Untersuchungen mit fluorescierenden Antikörpern (SCHRAMM u.
RÖTTGER) ist das TMV-Protein zuerst (45 Std. p. i.) im Cytoplasma in
einer Zone um den Kern nachweisbar. Später läßt es sich im ganzen
Plasma, doch nie in den Chloroplasten oder im Kern lokalisieren. Der
Schluß, daß die Proteinsynthese im Plasma stattfindet, wird durch entsprechende Fraktionierungsversuche erhärtet: Virusantigen findet sich
vor allem in der Mikrosomen-Fraktion. TAKAHASHI zeigt, daß eine Rekonstitution auch zwischen TMV-RNS und dem X-Protein möglich ist,
und vertritt die Annahme, daß RNS und X-Protein in der Zelle gebildet
werden und daß beide Komponenten unter geeigneten Bedingungen zu
Stäbchen polymerisieren. KÖHLER bestimmt die Latenzzeit und die
Generationszeit (die für die Zunahme der Infektiosität auf das Doppelte
nötige Zeit) für das TMV und die Kartoffel-Viren X und Y. Die Latenzzeit
beträgt z. B. bei 24° für das TMV 4—5 Std., die Generationszeit 5—6 Std.;
letztere ist für die beiden anderen Viren wesentlich kürzer (1,5—2 Std.).

COMMONER entwickelt seine eigenen Vorstellungen über die Virussynthese, die mit früheren Befunden, wonach die Synthese von RNS
und Protein getrennt vor sich geht, nur zu einem kleinen Teil zu verein-
baren sind. Auf Grund von Experimenten mit C^{14} vertreten COMMONER,
LIPPINCOTT und SYMINGTON folgende Thesen: Das TMV wird aus nieder-
molekularen Substanzen synthetisiert. Bereits 3—5 min nach $C^{14}O_2$-
Zugabe findet sich C^{14} im TMV. Die maximale Zeit für die Synthese des
Stäbchens beträgt 5 min. Protein und RNS werden aus ihren Vorstufen
gleichzeitig und in etwa der gleichen Geschwindigkeit synthetisiert. Da
C^{14} entlang der Stäbchen ungleich verteilt ist (doch besteht eine Parallelität in der ungleichen Verteilung bei RNS und Protein), wird geschlossen,
daß das Protein und die RNS von einem Ende her synthetisiert werden
(linearer und nicht lateraler Synthesevorgang) und daß RNS und Protein
innerhalb eines bestimmten Segments des Stäbchens gleichzeitig synthetisiert werden. COMMONER entwickelt ein Modell für die Replikation
des TMV, das mit den erwähnten und weiteren Befunden von COMMONER,
WANG und SHEARER in Einklang steht und noch folgende 3 Voraussetzungen erfüllt: 1. die Proteinuntereinheiten werden von der TMV-RNS
gebildet, 2. die RNS muß den aktivierten Aminosäuren zugänglich sein,
3. für den Synthesevorgang ist nur RNS in Spiralform, nicht jedoch ein
RNS-Knäuel brauchbar. Die Einzelheiten des Modells müssen wegen der
dazu notwendigen Abbildungen der Originalarbeit entnommen werden. —
Sehr interessante Versuche über eine Wechselwirkung zwischen zwei
Viren während ihrer Vermehrung im gleichen Wirt wurden von WATSON
durchgeführt. Kartoffel-C-Virus, das nicht von Insekten übertragen wird,
und das verwandte, von Aphiden übertragene Kartoffel-Y-Virus wurden gemeinsam in Nic. glutinosa vermehrt. Isolate davon zeigten Eigenschaften beider Viren. Die Art der Wechselwirkung ist bisher nicht bekannt; WATSON diskutiert als wahrscheinliche Erklärung, die höchstes

Interesse verdient, daß Teilchen gebildet werden, die genetische Determinanten beider Viren enthalten.

Das Interesse in der **Histologie** gilt nach wie vor vor allem den Viruseinschlußkörpern. In einer die Vergilbungsvirose der Rüben betreffenden Arbeit, die mit Bildern von gewohnter ausgezeichneter Qualität versehen ist, beschreibt Esau Einschlußkörper von verschiedener Gestalt (vor allem im Phloemgewebe), ferner andere Symptome (z. B. die durch das Absterben der Geleitzellen und anderer Siebelemente bewirkte Phloemnekrose) und verschiedene Anomalitäten im Mesophyll und Adernparenchym. Elektronenmikroskopische Untersuchungen über die Feinstruktur der X-Körper, die aus einer peripheren Zone und einer inneren Matrix bestehen, wurden von Matsul ausgeführt. Goldin u. Vostrova bestätigten Rawlins Beobachtung, daß die TMV-Kristalle eine positive Argininreaktion, die X-Körper dagegen keine Argininreaktion zeigen. Wehrmeyer (1) berichtet über Vorkommen, Morphologie, Entwicklungsgeschichte, Formwechsel und Struktur einer neuen Form fibrillärer TMV-Einschlußkörper, die sog. „Schleifen". Er findet unabhängig von Steere, daß die hexagonalen Prismen eine Schichtstruktur mit Einzelschichten von parallel liegenden TMV-Teilchen senkrecht zur hexagonalen Achse aufweisen. In seinen Untersuchungen zur Cytologie TMV-infizierter Tabakpflanzen findet Wehrmeyer (2) keinen eindeutigen Hinweis für eine Vermehrung der Viren in den Chloroplasten. Vielmehr befinden sich alle sublichtmikroskopischen TMV-Formen, soweit sie überhaupt elektronenmikroskopisch sichtbar sind, im Plasma. Shalla (1) schließt auf Grund von elektronenmikroskopischen Untersuchungen, daß das infektiöse Agens des TMV kleiner als das Stäbchen (300 mμ) ist. Er kann beim TMV niemals Stäbchen in infizierten Zellen nachweisen, außer in Zellen mit kristallinen Einschlußkörpern. Im Gegensatz zum TMV sind beim Gerstenmosaikvirus Stäbchen in der Epidermis und im Mesophyll zu sehen; sie sind immer im Plasma lokalisiert. Durch Einwirkung von Phosphowolframsäure auf eingebettete Gewebeschnitte wird der Kontrast so verstärkt, daß auf ein Entfernen des Einbettungsmittels verzichtet wird [Shalla (2)]. Anatomische Studien zur Entwicklung junger TMV-infizierter Blätter wurden von Tepfer u. Chessin ausgeführt. Die sog. „Schuhsenkel"-Blätter, die im Extrem völlig radial ohne jede Dorsiventralität sind, kommen durch das Fehlen des marginalen Meristems der Blattprimordien zustande. In letzteren ist die meristematische Aktivität stark herabgesetzt, wodurch die reduzierte Länge und Entwicklung der Blätter bedingt wird.

Über den **Transport des infektiösen Agens** des südlichen Bohnenmosaikvirus im Xylem berichten Schneider u. Worley (1). Der Virustransport erfolgt sowohl auf- als auch abwärts; ersteres allerdings häufiger und über größere Strecken. Die Zeit für den Transport zwischen Inoculationsort und den oberen Pflanzenteilen sowie für den Eintritt in das dortige Gewebe beträgt weniger als einen Tag (2). Köhler (2) untersuchte weiterhin die Frage, warum das Kartoffel-X-Virus auf Samsun-Tabak im Gegensatz zum Y-Virus so schwer die Spitzenblätter erreicht, wenn es auf alte Blätter inoculiert wird. Latenz- und Generationszeit sind in alten und jungen Blättern die gleiche. Bei einer Mischung von Kartoffel-Virus X und Y gelangt das Y-Virus unabhängig von seinem prozentualen Anteil in der Mischung sehr rasch in die Spitze. Die Ergebnisse stehen nicht im Gegensatz zu der früher ausgesprochenen Ansicht, wonach die Verzögerung des X-Virus durch einen spezifischen, inaktivierenden Faktor bewirkt wird, der im Phloem wirksam ist. Diese Erscheinung kann durch das Auftreten einer „Altersresistenz" erklärt werden. Auf die Bildung von Antikörpern gegen das TMV nach Behandlung von Nic. glutinosa-Blättern mit TMV-Protein schließt LOEBENSTEIN (1). Es wäre sehr wünschenswert, wenn für diese interessante und weitreichende Behauptung nähere Beweise erbracht werden könnten. Über eine Beeinflussung der nach TMV-Infektion auftretenden „Immunitätszone" um die Läsionen herum berichtet Ross. Mischinfektion von TMV und Kartoffel-Y-Virus läßt diese Zone nicht entstehen. Nicht durch Samen übertragbare Viren (z. B. TMV) sind nicht imstande, die jungen Gametophyten und meristematischen Gewebe zu infizieren oder sich darin zu vermehren, während bei den durch Samen übertragbaren eine Infektion sowohl der Gameten als auch des Embryos während seiner ersten Entwicklungsstadien erfolgt. Aus eingehenden Wirtsbereichsstudien mit 68 Isolaten von 52 Pflanzenviren an 15 Caryophyllaceenarten schließt HOLLINGS, daß keine Korrelation zwischen der systematischen Stellung und der Empfänglichkeit gegen bestimmte Viren vorhanden ist. Wirtsbereichsuntersuchungen können benutzt werden, um ähnliche Viren oder um Virusstämme voneinander zu unterscheiden, und sie können auch Hinweise für Verwandtschaftsbeziehungen zwischen Viren geben; doch sind sie keine gute Grundlage für eine Einteilung von Viren.

Eine Reihe von Arbeiten behandelt den **Einfluß einer Virusinfektion auf die Stoffwechselfunktionen** der Wirtspflanzen. YAMAGUCHI u. HIRAI stellen eine erhöhte Atmung der infizierten Blatthälften fest. Es wird vermutet, daß der Atmungsanstieg nicht direkt mit der Virusvermehrung, sondern mit der Bildung der Läsionen zusammenhängt. LOEBENSTEIN (2) findet einen Atmungsanstieg auch bei maskierter Infektion und studiert die Abhängigkeit der Atmung von verschiedenen Faktoren (Blattalter, Temperatur, Tageszeit usw.). Die Aktivitäten verschiedener Fermente (Dehydrogenasen, Phosphoglucomutase, Hexokinase, Enolase u. a.) in infizierten Kartoffelpflanzen werden von BOSER untersucht. Biochemische Analysen über den Gehalt von Rumex-Tumorgewebe an Aminosäuren, verschiedenen Zuckern, organischen Säuren und Nucleotiden führten PORTER u. WEINSTEIN durch. BORMANN, TAUBERT u. WARTENBERG hydrolysierten Tuberin aus gesunden und blattrollviruskranken Kartoffelknollen unter verschiedenen Bedingungen. Wie FOLLMANN fand, ist die Zellsaftkonzentration und Wasseraufnahmerate von Epidermiszellen virusinfizierter Pflanzen erhöht. Die Wasserpermeabilität der Protoplasten gesunder Epidermiszellen wird durch Atmungsgifte stärker gehemmt als die kranker Pflanzen. Auf Grund von Untersuchungen an der Polyphenoloxydase und von Infiltrationsexperimenten mit reduzierenden Substanzen entwickeln SOLYMOSY, FARKAS und KIRALY folgende interessante Hypothese: in den kranken Geweben (Läsionen) ist das Gleichgewicht zwischen reduzierenden und oxydierenden Systemen, die auf Polyphenol wirken, gestört; es häufen sich Polyphenol-Oxydationsprodukte an, die das Wirtsgewebe abtöten. HAMPTON u. FULTON führen die Instabilität verschiedener Prunus-Viren nach der Macerierung in vitro auf die Bildung von Polyphenolen durch die Polyphenoloxydase zurück. Nach Hemmung des Enzyms waren die Viren recht stabil. Über eine erhöhte Widerstandsfähigkeit gegen Rauchschäden in einer etwa 2 mm breiten Zone um die TMV-Läsionen herum berichtet YARWOOD.

Dem **Einfluß von Außenfaktoren und Hemmstoffen auf die Virusvermehrung** galt das Interesse zahlreicher Untersuchungen. Die Wirkung von Bor- und Magnesium-Ernährung auf TMV-infizierte Pflanzen studieren SHEPHERD u. POUND, den von Natrium, Kalium und Phosphor PAPASOLOMONTOS u. WILKINSON. Virussymptome von Pflanzen, die in künstlichem und natürlichem Licht gehalten wurden, verglich AMICI. Die Abhängigkeit der Virusvermehrung von Luftfeuchtigkeit und Druck untersucht PANZER, und den Temperatureffekt auf die Wechselwirkung von Kartoffel-Virus X und Y STOUFFER u. ROSS. Über den Einfluß von Temperatur und verschiedenen Hemmstoffen auf die Infektiosität des Gurkenmosaikvirus berichtet BADAMI, und über die Länge der Zeit bis zum Auftreten von Symptomen in Abhängigkeit von Viruskonzentration und Temperatur HOOKER u. BENSON. Eine Inaktivierung in vivo von Turnip Yellow Mosaic Virus erfolgte bei höheren Temperaturen (33°) (MATTHEWS u. LYTTLETON). Es ist zwar möglich, aus Pflanzen, die bei 33° gehalten wurden, Virus zu isolieren, das chemisch, physikalisch und serologisch von normalem Virus nicht zu unterscheiden ist; doch besitzt es keine Infektiosität. SINCLAIR stellte eine Reduktion von TMV an Tomatensamen nach Fermentation fest. Daß selbst nach 24 Jahren TMV aus getrocknetem Blattmaterial eine, wenn auch geringe, Aktivität besitzt, berichtet CALDWELL.

Die chemischen und biologischen Eigenschaften eines auf TMV wirkenden Hemmstoffs aus Reis werden von JONES, JACOBSON u. KAHN untersucht. Es handelt sich wahrscheinlich um ein Protein mit einem Mol.-Gewicht von mehr als 13000. Die Hemmwirkung geht beim Stehenlassen (sogar bei 5—7°) verloren; das Protein fällt aus. Andere Hemmstoffe der Virusinfektion wurden von CADMAN in in Blättern von Rubus Idaeus sowie von MOYCHO, KUBANSKI u. REMVERT in Extrakten der Flechte Cetraria islandica gefunden. Mit der Wirkungsweise der Pankreas-RN-ase in TMV-Lösungen bzw. Extrakten aus infizierten Gurkenblättern befaßten sich WELKIE u. COCHRAN bzw. DIENER u. WEAVER (2). Daß die Infektion mit TMV durch Zusatz von verschiedenen Proteinen (u. a. aus Serum und Milch) gehemmt wird, bestätigten Untersuchungen von LUCAS u. HARE sowie HARE u. LUCAS.

Die Suche nach chemischen Substanzen, die sich zur Anwendung als chemotherapeutische Mittel gegen pflanzliche Virosen eignen, geht ununterbrochen weiter. Einen allgemeinen Überblick geben LEVINGTON u. HILBORN. Von LINDNER, KIRKPARTRICK u. WEEKS (2) wurden 233 Chemikalien auf ihre chemotherapeutische Wirksamkeit hin geprüft und in Gruppen verschiedener Wirkungsgrade eingeteilt. KURTZMANN untersuchte die Wirkung von Purinderivaten auf die TMV-Vermehrung. Er fand, daß nur das 6-Methylpurin das Virus ohne wesentliche Wirkung auf die Wirtspflanze hemmt. KOOISTRA berichtet über die chemotherapeutische Wirkung von Nitroso-hydroxyaryl-Verbindungen auf verschiedene pflanzliche Viruskrankheiten.

Die Wirksamkeit von 2-Thiouracil auf die Infektiosität des TMV wird von MATTHEWS u. FRANCKI untersucht. Interessante Einzelheiten über den Effekt von halogenierten Pyrimidinen auf die TMV-Vermehrung geben STAEHELIN u. GORDON. Sowohl auf Tabak als auch Phlox wird 5-Fluoruracil in die TMV-RNS eingebaut und hemmt die Virussynthese. Das Ausmaß der Hemmeffekte ist abhängig von der Zeit zwischen Inoculation und 5-Fluoruracil-Zusatz. Uridin hebt die Wirkung von 5-Fluoruracil auf, während Thymidin unwirksam ist. Andere halogenierte Pyrimidine, die auf die DNS wirken, sind beim TMV ohne jeden Effekt.

Literatur

Die zum 50jährigen Bestehen der American Phytopathological Society auf dem Kongreß gehaltenen Referate sind in Buchform (The University of Wisconsin Press, Madison) erschienen; folgende betreffen das Virusgebiet: R. C. WILLIAMS "The structure of viruses as determined by electron microscopy"; R. E. FRANKLIN, D. L. D. CASPAR and A. KLUG "The structure of viruses as determined by X-ray defraction"; G. SCHRAMM "The role of nucleic acid in the infection with TMV"; C. A. KNIGHT "Relation of chemical composition and structure to virus infectivity and strain differences"; B. COMMONER "The biochemistry of the synthesis and biological activity of TMV"; W. N. Takahashi "The role and occurrence of non-infections proteins in virus synthesis"; F. C. Bawden "The establishment and development of infection"; A. F. Ross "The interaction of viruses in the host". — Einen guten Überblick über den Stand der Virusforschung vermittelt das 1959 erschienene, dreibändige, von F. M. Burnet und W. M. Stanley herausgegebene Werk (The viruses; Acad. Press New York) mit Beiträgen u. a. von H. K. Schachman and R. C. Williams "The physical properties of infective particles"; H. Fraenkel-Conrat "The chemical basis of the infectivity of TMV and other plant viruses"; S. G. Wildman "The process of infection and virus synthesis with TMV and other plant viruses"; R. Markham "The biochemistry of plant viruses"; C. A. Knight "Variation and its chemical correlates"; L. M. Black "Biological cycles of plant viruses in insect vectors". — In den Annual Reviews of Plant Physiology erschien ein Aufsatz von F. C. Bawden "Physiology of virus diseases", in den Advances in Virus Research Referate von R. L. Steere "The purification of plant viruses"; C. A. Porter "Biochemistry of plant virus infection"; L. Broadbent and C. Martini "The spread of plant viruses" und in den Advances in Protein Chemistry eine Abhandlung von H. Fraenkel-Conrat und L. K. Ramachandran "The structural aspects of tobacco mosaic virus". — Einen zusammenfassenden Überblick über die Vorträge des Symposions „Biochemie der Viren", das auf dem IV. Internationalen Kongreß für Biochemie in Wien stattfand, gibt E. Broda. Auf dem von der National Academy of Sciences, Washington, unter Vorsitz von W. M. Stanley abgehaltenen "Symposium on nucleic acids and nucleoproteins" stehen die mit der Struktur der TMV-RNS zusammenhängenden Fragen im Vordergrund. — K. M. Smith [Nature (Lond.) 184, 1440—1445 (1959)] gibt einen Bericht über "Recent work on the electron microscopy of viruses", F. C. Bawden [Proc. roy. Soc. (Lond.) 151, 157—168 (1959)] über "Viruses: retrospect and prospect", H. Fraenkel-Conrat (in "Perspectives in Virology", ed. by M. Pollard, p. 7—12, Wiley, New York) über "Chemical nature of the infectivity of tobacco mosaic virus", G. Schramm [Angew. Chemie 71, 53—57 (1959)] über „Die Bedeutung der Nucleinsäure für die Virusvermehrung", F. A. Anderer [Stud. Gen. Heidelberg 12, 142 bis 147 (1959)] über „Probleme der Virusforschung" und H. G. Aach (Handbuch der Biologie, Bd. I, 287 ff.) über „Die Viren".

Aach, H. G.: (1) Biochim. biophys. Acta 32, 140—146 (1959). — (2) im Druck (1960). — Albertsson, P. A., and G. Frick: Biochim. biophys. Acta 37, 230—237 (1960). — Al-Rawi, S. A.: Thesis. Ann. Arbor Mich. Univ. Microfilms L. C. Card No. 59—3678, 94 p. (1959). — Amelunxen, F.: Z. Naturforsch. 14b, 759—762 (1959). — Amici, A.: Ricerca Sci. 29, 991—997 (1959). — Anderer, F. A.: (1) Z. Naturforsch. 14b, 24—28 (1959). — (2) Z. Naturforsch. 14b, 642—647 (1959). — (3) Z. Naturforsch. 14b, 363—369 (1959). — Anderer, F. A., E. Weber u. H. Uhlig: Z. Naturforsch. 15b, 79—85 (1960). — Ansevin, A. T., and M. A. Lauffer, Nature (Lond.) 183, 1601—1602 (1959).

Badami, R. S.: Ann. appl. Biol. 47, 78—89 (1959). — Bancroft, J. B., E. L. Moorhead, J. Tuite and H. P. Liu: Phytopathology 50, 34—40 (1960). — Bawden, F. C.: Nature (Lond.) 184, B. A. 27—29 (1959). — Bawden, F. C., and A. Kleczkowski: (1) Virology 7, 375—384 (1959). — (2) Nature (Lond.) 183, 503—504 (1959). — (3) Virology 10, 163—181 (1960). — Benda, G. T. A.: Virology 9, 712—714 (1959). — Bercks, R.: Phytop. Z. 35, 105—118 (1959). — Bergmann, L.: N. Y. Acad. Sci. Trans. Ser. II 21, 227—236 (1959). — Bergmann, L., u. G. Melchers: Z. Naturforsch. 14b, 73—76 (1959). — Blattny, C., and A. Pilat: Mushroom News RAM 38, 378 (1959). — Boedtker, H.: Biochim. biophys. Acta 32, 519—531 (1959). — Bormann, E. J., H. Taubert u. H. Wartenberg: Phytop. Z. 35, 217—231 (1959). — Boser, H.: Phytop. Z. 37, 164—169 (1959). — Brakke, M. K.: Virology 9, 505—521 (1959). — Brandes, J.: Phytop. Z. 35, 205—210 (1959). — Brandes, J., u. C. Wetter: Virology 8, 99—115 (1959). — Brandes, J., C. Wetter, R. H. Bognall and R. H. Larson: Phytopathology 49, 443—446 (1959). — Brenner, S., and R. W. Horne: Biochim. biophys. Acta 34, 103—110 (1959).

Cadman, C. H.: J.gen. Microbiol. 20, 113—128; Tobacco abstracts 3, 254 (1959). — Caldwell, J.: Nature (Lond.) 183, 1142 (1959). — Cheo, P. Ch., B. S. Friesen and R. L. Sinsheimer: Proc. nat. Acad. Sci. (Wash.) 45, 305—313 (1959). — Cochran, G.

W., G. W. Welkie and J. L. Chidester: Phytopathology 50, 82—83 (1960). — Cochran, G. W., J. L. Chidester and G. W. Welkie: Biochim. biophys. Acta 35, 190—196 (1959). — Commoner, B.: Nature (Lond.) 184, 1998—2001 (1959). — Commoner, B., J. A. Lippincott and J. Symington: Nature (Lond.) 184, 1992 bis 1998 (1959). — Commoner, B., T. Wang and G. B. Shearer: Fed. Proc. 18, 811 (1959). — Crowley, N. C.: Virology 8, 116—123 (1959).

Diener, T. O., and M. L. Weaver: (1) Virology 8, 531—532 (1959). — (2) Virology 7, 419—427 (1959). — Doty, P., H. Boedtker, J. R. Fresco, B. B. Hall and R. Haselkorn: Proc. nat. Acad. Sci. (Wash.) im Druck (1960).

Englander, S. W.: Thesis; Ann. Arbor Mich. Univ. Microfilms L. C. Card No. 59—2395, 33 p. (1959). — Engler, R., and G. Schramm: (1) Nature (Lond.) 183, 1277—1279 (1959). — (2) Z. Naturforsch. 15b, 38—44 (1960). — Esau, Katharina: Virology 10, 73—85 (1960).

Follmann, G.: Ber. dtsch. bot. Ges. 72, 398—408 (1959). — Fraenkel-Conrat, H. and B. Singer: Biochim. biophys. Acta 33, 359—370 (1959). — Franklin, R. E.: In A. Neuberger, ed. Iupac, Symposion on Protein Structure. London: Methuen 1959. — Franklin, R. E., A. Klug, I. T. Finch and K. C. Holmes: Discussions Faraday Soc. im Druck (1960). — Friesen, B. S.: Thesis Ann. Arbor Mich. Univ. Microfilms L. C. Card No. Mic 59—3380, 104 p. (1959). — Friesen, B. S., and R. L. Sinsheimer: J. Molec. Biology 1, 321—328 (1959).

Gish, D. T.: (1) Biochim. biophys. Acta 35, 557—559 (1959). — (2) Bioch. bioph. Res. Com. 1, 67—72 (1959). — Goldin, M. J., and N. G. Vostrova: Vop. Virusol. 3, 367—369 (1959) zit. nach Rev. appl. Mycol. 39, 94 (1959). — Gordon, M. P.: Virology 9, 492—494 (1959). — Gordon, M. P., and M. Staehelin: Biochim. biophys. Acta 36, 351—361 (1959).

Haltner, A. J., and B. H. Zimm: Nature (Lond.) 184, sup. 265—266 (1959). — Hampton, R. E., and R. W. Fulton: Phytopathology 49, 540 (abs) (1959). — Hare, W. W., and G. B. Lucas: Plant Dis. Rep. 43, 152—154 (1959). — Haschemeyer, R., B. Singer and H. Fraenkel-Conrat: Proc. nat. Acad. Sci. (Wash.) 45, 313—318 (1959). — Hersh, R. T., and H. K. Schachman: Virology 6, 234—243 (1958!). — Hills, G. J.: Virology 7, 239—241 (1959). — Hollings, M.: Ann. appl. Biol. 47, 98—108 (1959). — Hooker, W. J., and A. P. Benson: Virology 10, 245—250 (1960). — Horne, R. W., G. E. Russell and A. R. Trim: J. Mol. Biol. 1, 234—236 (1959).

Isemura, T., and Y. Mukohata: Chem. Soc. Japan J. 80, 657—661 (1959).

Jedlinski, H.: Thesis. Ann. Arbor Mich. Univ. Microfilms L. C. Card Mic. 59—1785, 57 p. (1959). — Jones, W. A., M. Jacobsson and R. P. Kahn: Nature (Lond.) 184, 1146 (1959).

Kaper, J. M., and R. L. Steere: (1) Virology 7, 127—139 (1959). — (2) Virology 8, 527—530 (1959). — Kassanis, B.: J. gen. Microbiol. 20, 704—711 (1959). — Kleczkowski, A.: Virology 7, 385—393 (1959). — Knight, C. A., and B. R. Woody: Fed. Proc. 18, 1039 (1959). — Köhler, E.: (1) Arch. Mikrobiol. 33, 128—148 (1959). — (2) Phytop. Z. 34, 393—397 (1959). — Kooistra, G.: Acta bot. neerl. 8, 373—421 (1959). — Kurtzmann, R. H.: Thesis Ann. Arbor Mich. Univ. Microfilms L. C. Card No. Mic. 59—2771, 70 p. (1959).

Labaw, L. W.: J. ultrastr. Res. 3, 58—69 (1959). — McLaren, A. B., and W. N. Takahashi: Biochim. biophys. Acta 32, 555—557 (1959). — Lebeurier, G.: C. R. Acad. Sci. 249, 795—797 (1959). — Levingston, J. E., and M. T. Hilborn: Econ. Bot. 13, 3—29 (1959). — Lindner, R. C., H. C. Kirkpartrick and T. E. Weeks: (1) Phytopathology 49, 78—88 (1959). — (2) Phytopathology 49, 802—807 (1959). — Loebenstein, G.: (1) Nature (Lond.) 185, 122—123 (1960). — (2) Virology 9, 62—71 (1959). — Loring, H. S., Y. Fujimoto and F. E. Lawrence: Proc. nat. Acad. Sci. (Wash.) 45, 287—292 (1959). — Loring, H. S., W. C. Gillchrist and A. T. Tu: Bioch. bioph. Res. Com. 1, 147—152 (1959). — Lovrekovich, L.: Növenytermeles 8, 73—76 (1959) ref. nach Ber. wiss. Biol. 139, 37. — Lucas, G. B., and W. W. Hare: Phytopathology 49, 544 (1959).

Magdoff, Beatrice: Nature (Lond.) 185, 673—674 (1960). — Matthews, R. E. F.: (1) Biochim. biophys. research communications 1, 165—170 (1959). —

(2) Nature (Lond.) **184**, 530 (1959). — MATTHEWS, R. E. F., and R. J. B. FRANCKI: Biochim. biophys. Acta **34**, 570—571 (1959). — MATTHEWS, R. E. F., and J. W. LYTTLETON: Virology **9**, 332—342 (1959). — MATSUL, C.: Virology **9**, 306—313 (1959). — MERIWETHER, H. T., and CH. ROSENBLUM: Proc. nat. Acad. Sci. (Wash.) **45**, 763—768 (1959). — MOORHEAD, ELLEN L.: Phytopathology **49**, 151—157 (1959). — MOYCHO, W., M. GUBANSKI and A. REMVERT: Acta Soc. Bot. Pol. **28**, 185—193 (1959). — MUNDRY, K. W.: Virology **8**, 722—726 (1959).

NARITA, K.: Biochim. biophys. Acta **31**, 372—377 (1959). — NIKIFOROVA, G. S.: Biochimija **24**, 432—434 (1959) zit. nach Ber. wiss. Biol. **139**, 37. — NIU, C. J., V. SHORE and C. A. KNIGHT: Virology **6**, 226—233 (1958). — NIXON, H. L., and R. D. WOODS: Virology **10**, 157—159 (1960).

PANZER, J. D.: Plant Dis. Rep. **43**, 845—848 (1959). — PAPASOLOMONTOS, A., and R. E. WILKINSON: Phytopathology **49**, 229 (1959). — PAUL, H. L.: (1) Arch. Mikrobiol. **32**, 416—422 (1959). — (2) Z. Naturforsch. **14b**, 427—432 (1959). — (3) Z. Naturforsch. **14b**, 432—433 (1959). — PORTER, C. A., and L. H. WEINSTEIN: Phytopathology **49**, 548 (abs.) (1959). — PROTSENKO, A. E., i. V. A. SMIRNOVA: Izv. Akad. Nauk. SSSR Ser. Biol. **4**, 590—594 (1959) ref. nach Rev. appl. Mycol. **39**, 126.

RAMACHANDRAN, L. K.: Biochim. biophys. Acta **32**, 557—559 (1959). — RAMACHANDRAN, L. K., and B. WITKOP: J. Amer. chem. Soc. **81**, 4028—4032 (1959). — RAPPAPORT, L.: Fed. Proc. **18**, 2331 (1959). — RAPPAPORT, J., and S. G. WILDMAN: Phytopathology **49**, 231 (1959). — REDDI, K. K.: (1) Biochim. biophys. Acta **36**, 132—142 (1959). — (2) Biochim. biophys. Acta **32**, 386—391 (1959). — (3) Proc. nat. Acad. Sci. (Wash.) **45**, 293—299 (1959). — (4) Biochim. Biophys. Acta **33**, 164—169 (1959). — REGENMORTEL, M. H. V. VAN: Biochim. biophys. Acta **34**, 553—554 (1959). — REICHMANN, M. E.: (1) Canad. J. Chem. **36**, 1603—1611. — (2) Canad. J. Chem. **37**, 4—10. — (3) Canad. J. Chem. **37**, 384—388 (1959). — REICHMANN, M. E., and R. STACE-SMITH: Virology **9**, 710—711 (1959). — ROSS, A. F.: Phytopathology **49**, 549 (abs.) (1959). — RUSHIZKY, G. W., and C. A. KNIGHT: Virology **8**, 448—455 (1959).

SANTILLI, V., and J. H. WU: Phytopathology **49**, 549 (abs.) (1959). — SCHNEIDER, J. R., and J. F. WORLEY: (1) Virology **8**, 230—243 (1959). — (2) Virology **8**, 243—249 (1959). — SCHRAMM, G., and B. RÖTTGER: Z. Naturforsch. **14b**, 510—515 (1959). — SHALLA, T. A.: (1) Virology **7**, 193—219 (1959). — (2) Virology **7**, 150 bis 160 (1959). — SHAPIRO, H. S., and E. CHARGAFF: Biochim. biophys. Acta **39**, 62—67 (1960). — SHEPHERD, R. J.: Thesis. Ann. Arbor Mich. Univ. Microfilms L. C. Card Mic. 59—1182 (1959). — SHEPHERD, R. J., and G. S. POUND: Phytopathology **50**, 26—30 (1960). — SIEGEL, A.: (1) Genet. Soc. Amer. Meeting Univ. Park Pa; Papers p. 535 (1959). — (2) Phytopathology **50**, 89 (1960). — (3) Phytopathology **49**, 550 (abs.) (1959). — (4) Virology **8**, 470—477 (1959). — (5) Phytopathology **50**, 80 (abs.) (1960). — SIEGEL, A., and W. HUDSON: Biochim. biophys. Acta **34**, 254—255 (1959). — SINCLAIR, J. B.: Phytopathology **49**, 551 (abs.) (1959). — SOLYMOSY, F., G. L. FARKAS and Z. KIRALY: Nature (Lond.) **184**, 706—707 (1959). — STAEHELIN, M.: (1) Biochim. biophys. Acta **31**, 448—454 (1959). — (2) Experientia (Basel) **15**, 413—414 (1959). — STAEHELIN, M., and M. P. GORDON: Biochim. biophys. Acta **38**, 307—315 (1960). — STOUFFER, R. F., and A. F. ROSS: Phytopathology **49**, 551 (1959).

TAKAHASHI, W. N.: Virology **9**, 437—445 (1959). — TAVEL, P.: Arch. Biochem. **85**, 431—498 (1959). — TEPFER, S. S., and M. CHESSIN: Amer. J. Bot. **46**, 496—509 (1959). — TOMLINSON, J. A., K. J. SHEPHERD and J. C. WALKER: Phytopathology **49**, 293—299 (1959). — TOWNSLEY, P. M.: (1) Canad. J. Bioch. **37**, 1025—1031 (1959). — (2) Canad. J. Biochem. **37**, 119—126 (1959). — TSUGITA, A.: Biochim. biophys. Acta **38**, 145—146 (1960).

WATSON, M. A.: Virology **10**, 211—232 (1960). — WEHRMEYER, W.: (1) Protoplasma **51**, 165—196 (1959). — (2) Protoplasma **51**, 242—264 (1959). — WELKIE, G. W.: Phytopathology **49**, 114 (1959). — WELKIE, G. W., and G. W. COCHRAN: Phytopathology **49**, 554 (1959). — WILDMAN, S. G.: Proc. nat. Acad. Sci. (Wash.) **45**, 300—305 (1959). — WITTMANN, H. G.: (1) Experientia (Basel) **15**, 174—175

(1959). — (2) Z. Vererbungsl. **90**, 463—474 (1959). —   (3) Virology **11**, 505—508 (1960). — WITTMANN, H. G., u. G. BRAUNITZER: Virology **9**, 726—728 (1959). — WOODY, B. R., and C. A. KNIGHT: Virology **9**, 353—374 (1959). — WU, J. H., A. C. HILDEBRANDT and A. J. RIKER: Phytopathology **49**, 455 (abs.) (1959).
    YAMAGUCHI, A., and T. HIRAI: Phytopathology **49**, 447—449 (1959). — YARWOOD, C. E.: Plant Dis. Rep. **43**, 123—130 (1858).
    ZAITLIN, M.: Nature (Lond.) **184**, 1002—1003 (1959).

b) Bakteriophagen

Von CARSTEN BRESCH und WALTER HARM, Köln

Der Beitrag folgt in Band XXIII

D. Physiologie der Organbildung

18. Vererbung

a) Genetik der Mikroorganismen

Bericht über die Jahre 1958 und 1959

Von Reinhard W. Kaplan, Frankfurt/Main

Mit 6 Abbildungen

Der diesjährige Bericht bringt keinen systematischen Überblick über das ganze Gebiet wie die beiden vorhergehenden. Er beschränkt sich darauf, diese früheren Berichte dort zu ergänzen, wo die Forschung inzwischen wesentlich fortgeschritten ist. Er ist daher nicht ohne jene voll zu verstehen. Aus der großen Fülle neuer Arbeiten konnte aus Platzgründen nur das dem Verf. besonders wichtig Erscheinende berücksichtigt werden. Dabei wurde die Weiterklärung der genetischen Grundphänomene in den Vordergrund gestellt. Arbeiten aus Grenzgebieten, z. B. über Fortpflanzungsphysiologie und Fertilitätsgruppen von Algen und Pilzen, mußten ausgeschlossen bleiben, auch wenn sie sich vorwiegend der kreuzungsgenetischen Methoden bedienten. Zur Ergänzung seien weitere Zusammenfassungen empfohlen (s. Anfang der Literaturliste). In diesem Jahre wird Rekombination und Isosynthese[1] besprochen, weil hier die bedeutendsten Fortschritte erzielt sind; Mutation, Phänogenese und Populationswandel sind für später vorgesehen.

A. Hybridgenetik

1. Rekombination bei Pilzen

Das gegenwärtige Hauptinteresse liegt in der weiteren Klärung des Rekombinationsvorganges. Der Austausch zwischen Genen, die auf der Koppelungskarte weit ($>$ einige Prozent) entfernt liegen, folgt der klassischen Vorstellung vom Crossing over (C.O.). Diese Austausche erscheinen unabhängig voneinander, abgesehen von $\pm$ geringer positiver Interferenz (d. h. die Zahl Mehrfach-C.O. ist geringer als dem Produkt der Einzel-C.O.-Werte entspricht); ferner sind sie reziprok, d. h. in der Kreuzung a b $\times$ + + sind die Rekombinantentypen a + und + b gleich häufig, in einer Gonentetrade kommen beide im Verhältnis 1:1 vor (Abb. 17). Die Entwicklung von Selektionsmethoden zum Auszählen auch sehr seltener Rekombinanten (z. B. anauxotrophe auf Minimalboden bei Kreuzung zweier auxotrophen) bei den Mikroben erlaubt es, sehr eng gekoppelte Loci zu analysieren. Dadurch wurde das Gen (Funktionsgen,

---

[1] Anstelle des früher gebrauchten „Idiosynthese" wird das sprachlich treffendere „Isosynthese" (Synthese des Gleichen) verwendet.

Cistron, s. Fortschr. Bot. **19**, 291 und Fortschr. Bot. **20**, 218) als linearer Abschnitt des Chromosoms erkannt, in dem viele ($10^2 \dots 10^3$) mutationsfähige Loci nebeneinander liegen. Solche pseudoallel (d. h. zwar innerhalb des gleichen Cistrons, aber dort nicht homolog liegenden) mutierten Loci können durch intragenische Rekombination mit Häufigkeiten $\ll 1\%$ ausgetauscht werden.

Beim Studium solcher kleinen Austauschwerte zeigten sich als neue Phänomene (s. a. Fortschr. Bot. **19**, 290) eine negative Interferenz, d. h. überzufällige Häufung von Mehrfachaustauschen, sowie anomale, d. h. nichtreziproke, Spaltungen (3:1 oder 1:3 für ein Allelenpaar in einer Gonentetrade, z. B. Ascus, s. Abb. 17). Diese Austauschhäufung

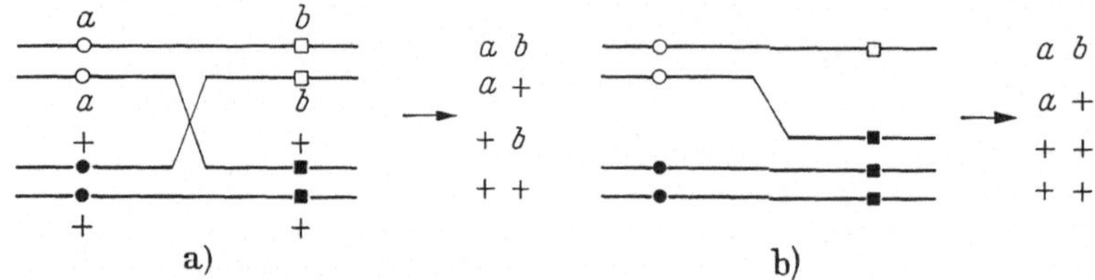

Abb. 17a u. b. Schemata der Gen-Rekombination. a) reziproker, b) nichtreziproker Austausch; links Verhalten der Chromatiden, rechts Genotypen in der Gonentetrade

bei kleinen C. O.-Werten scheint allerdings nicht allgemein zu sein. So fanden GILES, DE SERRES u. HARBOUR bei Kreuzungen zwischen den nur 0,46% entfernten Genen ad3A und ad3B von Neurospora zwar einige anomal spaltende Asci unter 646, jedoch waren die auf beiden Seiten von ad3 liegenden Gene nic und his in den ad^+-Rekombinanten nur sehr selten so verteilt, wie es Doppel-C. O. entspricht; die Interferenz war eher positiv als negativ. Bei *Aspergillus nidulans* zeigten hingegen Kreuzungen zwischen 2 pseudoallelen ad-Mutanten, die durch mehrere seitliche Gene markiert waren, daß die Doppel-C. O.-Häufigkeiten mit Annäherung des getesteten Kartenabschnittes an das selektierte Gen ad zunahmen (CALEF, 1957). Dieser ,,Korrelationseffekt'' wurde von FREESE (1957) am pab- sowie his1-Gen von *Neurospora* sorgfältig studiert. Die Rekombinationshäufigkeit zwischen den 3 geprüften pab-Pseudoallelen erwies sich als additiv, die 3 Loci liegen also linear nebeneinander im Funktionsgen (Abstand pab_1—pab_5 0,012%, pab_5—pab_7 0,029%), wie dies auch für Phagen zutrifft (Fortschr. Bot. **20**, 218). Die Werte der Koppelung mit den seitlichen Markergenen sprechen gegen den Einbau des pab-Gens als Seitenkette, vielmehr für geradlinige Eingliederung ins Chromosom. Weiterhin waren die Häufigkeiten von Rekombinanten, bei denen einer zwischen den 2 pab-Pseudoallelen und ein anderer zwischen diesem und einem seitlichen Markergen lag, weit überzufällig häufig und mit Annäherung des Seitenmarkers an den selektierten Austausch zwischen den 2 pab-Loci zunehmend größer (Abb. 18a). Die Befunde werden durch die Annahme deutbar, daß Austausch nicht punktförmig einmal sondern in einem linearen ,,Bereich intimen Paarens'' vielfach geschieht (Abb. 18b). Die Länge einer solchen

Austauschserie wird auf 0,05% geschätzt und ist damit kleiner als die Länge des pab-Gens (0,13%). Wird die Switch- oder Copy-choice-Hypothese von den Phagen auf die Rekombination in der Intim-paarungsregion übertragen, so lassen sich auch die nichtreziproken Spaltungen verstehen. Diese Hypothese (Abb. 19) nimmt an, daß bei der

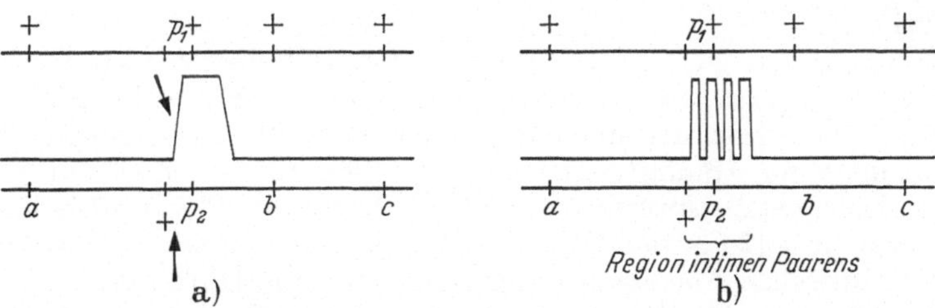

Abb. 18a u. b. Rekombination zwischen Pseudoallelen, die zu selektierbaren anauxotrophen Genotypen führt; p_1, p_2 Pseudoallele für Auxotrophie. *a*, *b*, *c* = Seitenmarker; der Pfeil in a) zeigt auf den „selektiven" Austausch, der $p_1^+p_2^+$ erzeugt. Der 2. Austausch stellt die Elterntypkombination der Seitenmarker her. b) Schema des vielfachen Austausches in der Region intimen Paarens

DNS-Vermehrung die Bildung einer neuen Teilreplikakette entlang des alten DNS-Fadens (Chromosoms) voranschreitet und daß gelegentlich bei enger Paarung zweier alter Fäden die Replikation von einem auf den benachbarten Faden überspringt, evtl. mehrfach hin und her. Dies „Umschalten" (copy choice, switch) wird oft nichtreziprok zu einer zweiten, evtl. etwas später gebildeten homologen neuen Kette geschehen. Solche Austauschhäufung und anomale Spaltung wurde auch beim am-Gen (PATEMAN) sowie bei pan2 (CASE u. GILES) von Neurospora gefunden. Durch Weiterstudium der ad3-Region kommt DE SERRES zu dem Schluß, daß die ad⁺-Rekombinanten teils durch Crossing over, teils durch nichtreziproken Switch entstehen. Da bei erhöhter Austauschrate in einer Kreuzung beide Typen vermehrt waren, scheinen beide Vorgänge auf demselben Grund-mechanismus zu beruhen.

Für die Beurteilung der Vor-gänge sind dann weiterhin Ar-beiten an Hefen über den Einfluß des UV auf den Austausch wichtig (ROMAN 1956; ROMAN u. JACOB 1957 u. 1958). In diploiden Hetero-cygoten für 2 pseudoallele Iso-leucinless-Mutationen (i_1/i_2) ent-stehen mit geringer Rate An-

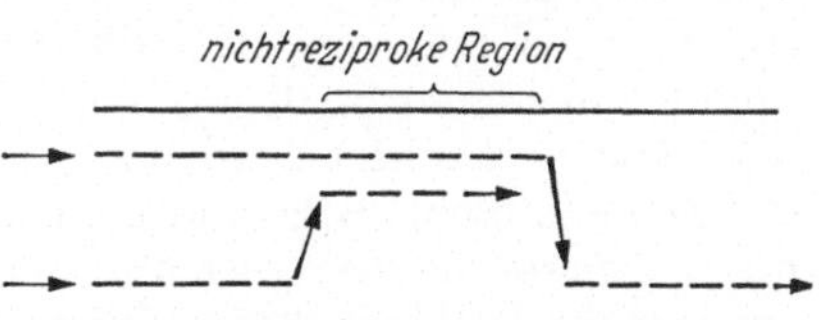

Abb. 19. Switch-Hypothese des Austausches. Der Aufbau neuer Fäden (Chromosomen, DNS) be-ginnt links an den alten Fäden (durchgehende Linien) mit der Bildung von Teilreplikas, die nacheinander zu den neuen Fäden (gestrichelt) zusammengekettet werden. Dabei springt (schaltet = switch) der Vorgang stellenweise von einem zum anderen alten Faden über

auxotrophe. Sie zeigten bei weiterer Analyse die Konstitution i⁺/i₁ oder i⁺/i₂, selten i⁺/i⁺. Da solche „Revertanten" nicht in Homozygoten (i_1/i_1 oder i_2/i_2) vorkommen, gehen sie auf mitotische (parasexuelle, vegetative, s. Fortschr. Bot. **19**, 293) Rekombination zurück. Dies wurde auch durch den Austausch von Seitenmarkern angezeigt. Da in isoleucin-unabhängi-gen Rekombinanten nie ein Chromosom mit beiden Pseudoallelen i_1i_2

zugleich gefunden wurde, sondern immer nur die einzelnen i_1 oder i_2, ist dieser Austausch im i-Gen nichtreziprok. Durch UV wurde die Bildung dieser Rekombinanten stark erhöht, das (reziproke) C.O. zwischen den Seitenmarkern jedoch sogar etwas vermindert. Extra- und intragenischer Austausch sind also wohl von unterschiedlicher Natur. Auch bei ad3-pseudoallelen Heterozygoten wurde durch UV der mitotische Austausch verstärkt.

Weitere Klärung erfährt das Problem durch Studien von LEUPOLD an der Hefe *Schizosaccharomyces pombe*. Er kreuzte 11 pseudoallele ad7-Mutanten untereinander und fand dabei ebenfalls anauxotrophe Rekombinanten mit Häufigkeiten von $3 \cdot$ bis $750 \cdot 10^{-4}\%$ unter den Ascosporen. Die Austauschwerte waren etwa additiv, die Pseudoallele liegen also linear im ad7-Cistron. Solche Rekombinanten entstanden ebenfalls durch mitotischen Austausch in den heterozygoten Diplonten, und ihre Häufigkeiten (um $10^{-4}\%$) zeigten dieselbe lineare Ordnung der Loci an wie die sexuellen. Da diese diploiden Rekombinanten vom Genotyp ad1/+ oder ad2/+ waren, ist der Austausch wiederum nichtreziprok. Ein reziproker Austausch wurde hingegen in Kreuzungen zwischen den eng gekoppelten (1,1%) „Geschlechtsfaktoren" für Heterothallie h^+ und h^- gefunden. Die Austauscher sind homothallisch und durch reziprokes C.O. entstanden, wie die Außenmarker anzeigen. Wie der hier etwas umwegige Cis-Trans-Test (s. Fortschr. Bot. **20**, 218) ergab, stellen die zwei Geschlechtsfaktoren zwei verschiedene Funktionsgene dar. Damit ist die Hypothese bestätigt, daß Rekombination innerhalb eines Gens nichtreziprok, dagegen zwischen verschiedenen Genen reziprok verläuft.

Auch bei den $h^+ \times h^-$-Kreuzungen wurden einige Asci (6/701) mit anomaler Spaltung 3:1 für die „Geschlechtsgene" bei normaler 2:2-Spaltung für Seitenmarker erhalten. Diese könnten auf nichtreziproken Austausch innerhalb eines der h-Gene beruhen. Interessant für dieses Phänomen sind weiterhin die Befunde von OLIVE bei *Sordaria*. Die Ascosporen zeigen hier genisch bedingte Färbungsunterschiede (bisher sind 8 gefunden), deren Spaltung in den achtsporigen, langen Asci leicht im Mikroskop beobachtet werden kann. Neben vielen normalen 4:4- traten eine Reihe anomale 6:2- und überraschenderweise auch 5:3-Spaltungen auf. Bei diesen letzteren ist also der Austausch nicht nur nichtreziprok gewesen, sondern er hat ein Halbchromatid erfaßt.

Zur Erklärung aller an den verschiedensten Organismen gefundenen anomalen Spaltungen ist zunächst an die „Genkonversion" im Sinne von WINKLER gedacht worden, also an bevorzugt häufige Mutation im hetero- gegenüber dem stabilen homozygoten Zustand. Daß dabei jedoch nicht echte Mutation vorliegt, wird nicht allein vom Auftreten nur in Heterozygoten gezeigt, sondern vor allem dadurch, daß keine beliebigen wirklich neuen Allele entstehen, sondern nur solche, die in den Eltern vorkommen oder dem unmutierten Wildtyp gleichen. Es muß also wohl bei dem Vorgang Material des einen Gens in das homologe eingebaut werden. Dafür wurde der Terminus „Transreplication" von B. GLASS vorgeschlagen. Nach allen Indizien geschieht dieser Vorgang während der DNS-Verdoppelung.

Der Unterschied von intra- und inter-genischem Austausch paßt sehr gut zu dem Chromosomenmodell, welches FREESE (1958) entwickelte. Nach ihm sind die DNS-Molekel (Mg = 10^7, gestreckte Länge 5 μ) an den beiden Enden durch Bindeglieder verbunden, die vielleicht aus Protein bestehen und keine genetische Information tragen. Jedes DNS-Molekel kann ein oder nur wenige Gene (Cistren) enthalten. Es ist mit einem der beiden Nucleotid-Strängen an einem Bindeglied angeheftet und kann um diese Valenz frei rotieren, was für die Entschraubung während der Verdoppelung nötig ist; der andere Strang hängt ebenso am Bindeglied der anderen Seite. Bei der Verdoppelung der DNS könnte der Switsch-Mechanismus zu intragenischen nichtreziproken Austauschen führen. Reziprokes intergenisches C.O. würde die Bindeglieder benutzen, und hier könnte auch Schwesterstrang-C.O. geschehen. Beim kontrahierten Mitosechromosom ist durch zusätzliche $\pm$ schwache Bindungen zwischen den Bindegliedern untereinander der lange Faden zu einer stark verkürzten Struktur zusammengelegt. Nach FREESE wäre die (haploide) genetische Information in nur jeweils einem DNS-Molekel, nicht in mehreren identischen parallelen, vorhanden. Die erwähnten 5:3-Spaltungen bei *Sordaria* deuten jedoch auf Austausch gelegentlich auch an Halbchromatiden hin, so daß wenigstens in manchen Stadien mindestens 2 parallele DNS-Molekel dieselbe Information tragen müssen. Daß auch Mutationen z. T. nur einen Teil des Chromosomenquerschnitts betreffen könnten, ist schon seit langem diskutiert worden und wird nun durch Befunde von RYAN u. KIRITANI über die Mutation h^+ bei *B. coli* nahegelegt, nach denen eine höhere Zahl mutabler Einheiten pro Zelle segregierten als der Nucleoidzahl entsprach (s. a. Fortschr. Bot. **19**, 303).

Die mitotische (vegetative) Rekombination, die ja einen Teilprozeß der Parasexualität darstellt (s. Fortschr. Bot. **19**, 293) wurde in der Berichtszeit weiter analysiert. Wie oben erwähnt, geschieht sie auch bei Hefen, und zwar auch intragenisch; sie führt zu denselben Pseudoallelen-Karten wie die meiotische (LEUPOLD). Bei *Aspergillus nidulans*, wo sie entdeckt wurde, ist die auf ihr beruhende Koppelungsanalyse soweit fortgeschritten, daß durch die vegetative Rekombination die Lokalisation neuer Mutationen in den 8 Koppelungsgruppen möglich ist (FORBES). Sie wurde weiterhin bei *Penicillium chrysogenum* (SERMONTI), *Fusarium oxysporum* (BUXTON) und *Aspergillus oryzae* sowie *sojae* (IKEDA, ISHITANI u. NAKAMURA) gefunden. Sie scheint tatsächlich eine allgemeine Erscheinung zu sein, wodurch sich die Aussicht eröffnet, auch an Gewebekulturen diploider Zellen, z. B. des Menschen, Rekombinationsgenetik zu treiben. Beim *Asp. sojae* erzeugte UV-Bestrahlung von heterokaryotischen Conidien (w leu + y lys) bis 32% diploide unter den Überlebenden; diese Strahlung scheint also die Kernfusionen zu fördern. Darüber hinaus stimulierte sie auch das mitotische C.O., ähnlich wie bei Hefe oben beschrieben.

2. Konjugation bei Bakterien

a) Kinetik und Physiologie. Nur etwa $^1/_{10}$ der Zellen einer Hfr-Kultur ist fähig, Gene in F^--Zellen zu übertragen; die „impotenten" Zellen

haben (modifikativ) F⁻-Eigenschaft, weshalb es möglich ist, Hfr mit
Hfr zu kreuzen (NELSON). Die aktive Rolle, welche der Hfr-Partner
(„Männchen") bei der Injektion seines Chromosoms in die F⁻-Zelle
(„Weibchen") spielt, wird demonstriert durch die stark verminderte
Rekombinantenrate, wenn ausgehungerte Hfr-Zellen verwendet werden;
der F⁻-Partner ist dagegen insensibel. Wenn während der Conjugation
DNP, NaCN oder Fluoressigsäure gegeben oder wenn gekühlt wird, so
wird der Gentransfer gestoppt, der Zellkontakt bleibt aber erhalten. Die
Abhängigkeit von der Energiezufuhr über Krebscyclus und Cytochrom-
kette wird auch deutlich durch einen notwendigen Bedarf an Glucose
und Aspertat. Chloramphenicol oder 8-Azaguanin hemmt dagegen den
Transfer nicht, dieser ist also unabhängig von Protein-, DNS- oder RNS-
Synthese (FISHER).

b) Ablauf der Genübertragung und -inkorporation. GAREN und SKAAR
markierten die DNS eines der beiden Elternstämme mit P 32 und stellten
die Menge des vom einen in den anderen übertragenen DNS-Materials
fest. Solches wurde nur von Hfr in F⁻ überführt, und die Menge betrug
nur etwa $^1/_{10}$ der DNS in einer Hfr-Zelle. Demnach wird im Durchschnitt
nur ein Teil des Hfr-Genoms injiziert. In sehr geistreichen und vielseitigen Versuchen wurde der Genübertragungsmechanismus von den
französischen Forschern JACOB und WOLLMAN (1957—1959) weiter-
analysiert. Sie fanden folgenden Ablauf des Sexualaktes: Nachdem 2
Elternzellen zusammengestoßen sind, wird eine elektronenoptisch sichtbare Plasmabrücke zwischen den 2 Partnerzellen ausgebildet, wozu
bis 25 min benötigt werden. Die Brücke kann ohne Schaden für die
Lebensfähigkeit beider Zellen durch starkes Rühren zerrissen werden,
wonach sich nur eine begrenzte Reihe von Hfr-Genen in den aus der
F⁻-Zelle entstehenden Rekombinanten zeigt.

Nach dem so geschaffenen engen Zellkontakt geschieht die langsame
Injektion des Hfr-Chromosoms in die F⁻-Zelle wohl durch die Brücke
hindurch. Hierbei dringt der mit O bezeichnete „Kopf" des Chromosoms
zuerst ein und dann die übrigen Gene in immer der gleichen Folge. Dabei
entspricht deren Zeitfahrplan völlig der koppelungsanalytisch gewonnenen
Chromosomenkarte (s. Fortschr. Bot. **19**, 295) (Abb. 20). Die Geschwindigkeit des Hinüberkriechens ist etwa konstant. 1 min entspricht etwa
20 Austauschprozenten oder etwa 10^5 Nucleotidpaaren, wenn man für
das Genom 10^7 Nucleotidpaare annimmt. Die benötigte Zeit für die Überführung des ganzen Chromosoms beträgt unter günstigen Bedingungen
2 h. Jedoch wird bei den meisten Zellen nur ein (verschieden langes)
Stück des Chromosoms (das O-tragende) übertragen, da offenbar spontan
zufallsmäßig verteilte Brüche geschehen. Die Zygote ist also meist unvollständig („Merozygote") ,nur sehr selten (10^{-5}) erscheinen daher die
dem „Schwanzende" nahen Gene; dort liegt der Faktor Hfr.

Wird P32 in das Hfr-Chromosom eingebaut und die Zellen für
variable Zeit bis zur Conjugation eingefroren gehalten, damit der Radiophosphor verschieden stark zerfällt, so ist die Häufigkeit der Hfr-Marker-
gene in den Rekombinanten proportional ihrem Abstand von 0 (FUERST,
JACOB, WOLLMAN). Der Radiophosphor zerbricht also das Chromosom

zufallsgemäß, und die mittlere Stücklänge ist proportional dem Zerfallsgrad. Damit ist eine 3. Genkartierungsweise gegeben und zugleich bewiesen, daß das Chromosom aus einem DNS-Faden von molekularer
Dicke besteht (oder einen solchen enthält), der durch den Zerfall eines
P-Atoms zerbrochen wird. Eine 4. Kartierungsweise ergibt sich aus der
zygotischen Induktion von induzierbaren Prophagen. Diese tritt
ein, wenn der Prophage aus dem Hfr- in den F⁻-Partner übertritt
(Fortschr. Bot. **19**, 296). Durch sie wird die Zygote (befruchtete F⁻-Zelle)
mit 90—99%iger Chance lysiert, so daß die Hfr-Gene, welche von 0 aus
jenseits des Prophagenlocus liegen, nur sehr selten in den Rekombinanten

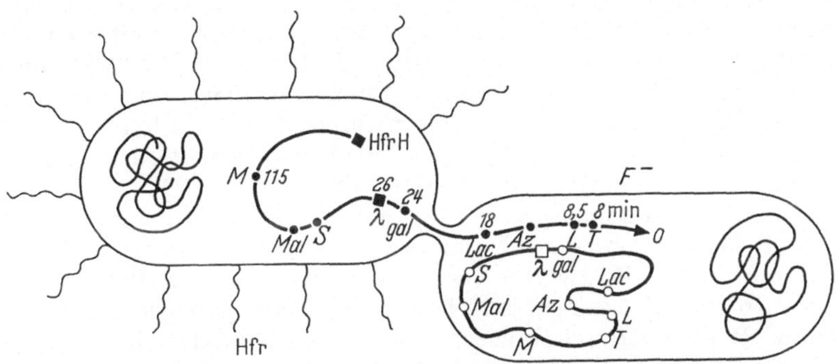

Abb. 20. Schema der Gen-Übertragung durch Konjugation bei *E.coli* K12 (nach ANDERSON, 1958
sowie KAPLAN, 1958, verändert). Links der begeißelte Hfr-Elter, darin ein unbeteiligtes Nucleoid sowie das in
Überführung begriffene Hfr-Chromosom. Die Zahlen bedeuten die Überführungszeiten der jeweiligen Gene bei
Standardbedingungen. Rechts der geißellose F⁻-Elter mit ringförmigem Chromosom des befruchteten
Nucleoids sowie einem unbeteiligten Nucleoid

auftreten. Der Prophage erscheint also als ein Eliminationslocus (WOLL
MAN u. JACOB 1957). Die beiden französischen Autoren lokalisierten nun
mit der Koppelungsanalyse sowie der Übertrittszeitmethode 7 uvinduzierbare und 7 nichtinduzierbare Prophagen. Jene liegen zwischen
Gal und S, diese in der jenseitigen Chromosomregion. Die nichtinduzierbaren Prophagen gaben keine zygotische Induktion, wohl aber die induzierbaren. Die Rate der Zygoteninduktion war um so niedriger, je
weiter der Prophage von 0 entfernt lag, z. B. 70% für λ, 45% für Prophage Nr. 21 und nur 18% für den dem S-Gen nächsten Prophagen
Nr. 424. Die Zygoten-Induktions-Häufigkeit ist also ein Maß für die Lage
des Prophagen auf der Chromosomenkarte.

Als letzter Vorgang geschieht die Inkorporation der überführten
Hfr-Genkette in das Genom der F⁻-Zelle und damit die Rekombinantenbildung. Sie findet wahrscheinlich während der Replikation der
DNS durch Copychoice statt. Dies wird z. B. durch die Vermehrung der
Koppelungsbrüche infolge UV-Bestrahlung des Hfr-Partners nahegelegt.
Auch durch P32-Zerfall in der Zygote wird die Koppelung häufig gebrochen. Die Nichtreziprokität des Austausches konnte ANDERSON durch
Isolation von einzelnen Nachkommenzellen der Zygote (befruchtete
F⁻-Zelle) mit dem Mikromanipulator direkt nachweisen: Die 2 Eltern
Zellen trennen sich nach 1—2 h der Conjugation wieder. Der Hfr-Partner

teilt sich normal weiter und liefert keine Rekombinanten. Solche entstehen aus der F^--Zelle, wobei diese zunächst anormal lang wird und sich dann unregelmäßig teilt. Die Rekombinantenzellen traten in den Versuchen etwa von der 3. Teilung an auf, aber noch nach der 9. entstanden Klone, welche aus Normalen und Austauschern gemischt waren. Unter den Rekombinanten fehlte der reziproke Typ. Viele der Nachkommenzellen einer Zygote waren letal, was vielleicht durch defiziente Genome verursacht ist, die beim Austausch mit dem unvollständig überführten Hfr-Chromosom entstehen. Interessant ist, daß aus einer Zygote mehrfach verschiedene Rekombinanten abgespalten wurden. Offenbar nimmt das Hfr-Fragment mehrmals hintereinander an Austauschen teil und wird einige Zellteilungen hindurch unvermehrt „linear" weitergegeben. Dies ähnelt der abortiven Transduktion (Fortschr. Bot. **19**, 298), ferner auch der instabilen Lysogenisierung (LURIA et al. 1958), wo anscheinend ebenfalls das injizierte Phagengenom mehrere Zellgenerationen lang ungeteilt mitgeschleppt wird, bis es schließlich ins Bakteriengenom als Prophage verdoppelungsfähig integriert wird.

c) Fertilitätsfaktor, Episom-Hypothese. Von der Übertragung des Fertilitätsfaktors von F^+ auf F^- durch Zellkontakt mit sehr hoher Chance bei *B. coli* Stamm K 12 wurde bereits berichtet (Fortschr. Bot. **19**, 294). Diese „Infektion" gelingt jedoch nur mit sehr geringer Rate beim Stamme B (der dadurch kreuzbar wird). Der F-Faktor des von K 12 sowie B verschiedenen Stammes W 3 ist ebenfalls infektiös, aber nur für den K 12 Unterstamm M^-F^-, nicht für $T^-\,L^-B_1^-\,F^-$. Wird der Stamm Wg 4 durch K 12 F^+ infiziert, so verliert er spontan die F^+-Eigenschaft bald wieder. Dies sieht so aus, als ob der F-Faktor in Wg 4 nicht schnell genug vermehrt und dadurch bei den Zellteilungen ausverdünnt wird. Auch hinsichtlich der Gene, welche unter dem Einfluß der verschiedenen F-Faktoren übertragen werden, bestehen Unterschiede (BERNSTEIN). Der Hfr-Typ überträgt im Gegensatz zu F^+ seine Fertilität nie infektiös.

Wie berichtet, entsteht Hfr durch spontane Mutation mit der Rate 10^{-4} pro Teilung in F^+-Kulturen. JAKOB und WOLLMAN (1957) isolierten eine Reihe unabhängig in einem F^+-Stamm entstandener Hfr-Mutanten und stellten mit den oben geschilderten Methoden die Lage der Markergene in ihnen fest. Überraschenderweise übertrug jeder Hfr-Typ ein verschiedenes Gen als erstes. Die daran anschließenden Gene zeigten aber die gleiche Reihenfolge wie auch in den anderen, wenn auch z. T. invertiert; z. B. ergab HfrH die Koppelungskarte: O T L Az Lac Gal S M B_1, Hfr_5: O M B_1 T L Az Lac Gal S, Hfr_3: O Lac Az L T B_1 S Gal. Dies Ergebnis legt die Erklärung nahe, daß im F^+-Typ die Gene in einem ring-förmigen Chromosom liegen und daß durch die Mutation zu Hfr dieser Ring an einer Stelle gesprengt und an einem Ende des nun stab-förmigen Chromosoms der „Kopf" O eingebaut ist, am anderen Ende das Hfr-Gen (Abb. 21). Die Hfr-Mutanten unterscheiden sich lediglich durch die Lage des entstandenen Kopfes und Schwanzendes.

Die „Infektiosität" des F^+-Stammes, die fehlende Aufspaltung und die sehr schnelle Ausbreitung des F^+ Charakters in der ganzen Kultur hatte bereits vermuten lassen, daß dessen F-Faktor extrachromosal liegt und sich als isosynthetisches Partikel schnell in einer von ihm infizierten Zelle vermehrt. Daraus folgt als Hypothese, daß die Mutation $F^+ \rightarrow$ Hfr in der Inkorporation eines solchen freien F-Partikels ins F^+-Chromosom besteht, was die Öffnung dieses Ringes zur Folge hat. Gewisse Kreuzungsergebnisse sprechen dafür, daß auch der F^--Typ ein ringförmiges Chromosom enthält; er besitzt jedoch den F-Faktor weder frei noch als Hfr-Gen inkorporiert. RICHTER gelang es, einen Hfr-Stamm zu isolieren, der die Fertilität infektiös auf F^- überträgt; das ist wohl durch einen Anteil spontan entstehender F^+-Zellen in diesem Stamm verursacht. Hier scheint demnach der F-Faktor häufig zwischen fixiertem und freiem Zustand zu oscillieren. Dabei ist interessant, daß der „Rücksprung" ins Chromosom immer wieder zum gleichen Locus geschieht.

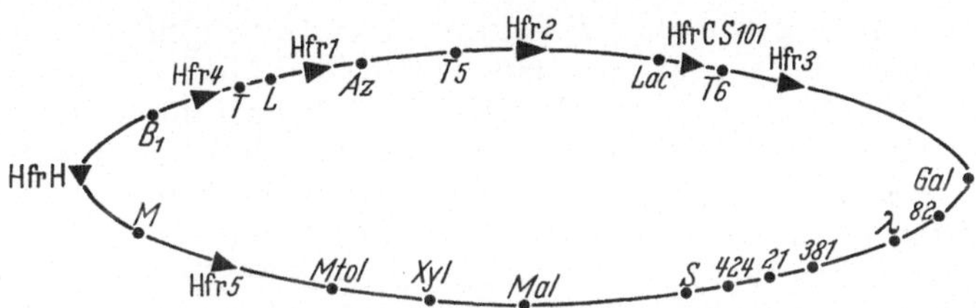

Abb. 21. Karte des ringförmigen F^+-Chromosoms von *E. coli* K 12 (nach ANDERSON). Die Dreiecke stellen die Hfr-Gene (Episome) dar. 82, λ, 381, 21 und 424 bedeuten Prophagen. Die Abstände zwischen den Genen entsprechen nur ungefähr den gemessenen

Gelegentlich entstehen in F^+-Kulturen erblich stabile F^--Zellen. Dieser Vorgang wird durch Acridin sowie Nickel mit großer Häufigkeit ausgelöst (IKOMA). Da bisher nie die umgekehrte Mutation $F^- \rightarrow F^+$ oder Hfr beobachtet wurde, scheinen die F^--Zellen den F-Faktor irreversibel verloren zu haben, z. B. infolge von Inaktivierung durch jene Gifte oder infolge Ausverdünnens durch zu schnelle Zellteilung.

Das alternative Vorkommen des F-Faktors teils als Genombestandteil, teils als Plasmonpartikel hat gewisse Ähnlichkeiten mit den temperierten Phagen. Diese können ja auch „frei" in der Zelle bei lytischer Entwicklung und genomgebunden als Prophagen existieren. JACOB, SCHÄFFER und WOLLMAN schlagen für solche alternativ lokalisierten Erbfaktoren den Terminus „Episom" vor und verfolgen die theoretischen Auswirkungen dieser Konzeption. Sie zeigen, daß wohl auch noch andere Erbcharaktere bei den Bakterien durch solche Episome verursacht sein können, insbesondere die Colicigenie bei *B. coli* (ALFOLDI, JACOB, WOLLMAN) und die Sporenbildung bei Bacillen. Bei höheren Organismen ist ihr Nachweis sehr schwierig. Vielleicht sind die Aktivatorgene bei Mais (McCLINTOCK) hiermit verwandt.

d) Sexduktion. Die Hypothese einer gewissen Ähnlichkeit zwischen Phagen und F-Faktor hinsichtlich ihrer sonderbaren „Vagilität" leitete die französischen Autoren zu einer kühnen Vermutung: Ebenso wie der Phage die Fähigkeit besitzt, Gene des Bacteriums, die ihm im Prophagenstadium benachbart liegen, zu inkorporieren und bei der Infektion auf andere Bakterien zu übertragen (Transduktion), könnte der F-Faktor im fixierten Zustand (Hfr) benachbarte Gene einschließen und im wieder freien, durch Mutation Hfr → F$^+$ entstandenen Zustand übertragen. Es gelang ihnen tatsächlich, ihre Vermutung als real zu erweisen (JACOB u. ADELBERG). Sie ließen F$^-$Lac$^-$-Zellen mit einem Hfr Lac$^+$-Stamm, der den Hfr-Faktor eng neben dem Lac$^+$-Gen trug, kopulieren. Noch bevor das Schwanzende des Chromosoms mit Hfr Lac$^+$ übertragen war, unterbrachen sie die Konjugation durch Rühren. Trotzdem erschienen einige wenige Rekombinanten mit Lac$^+$. Diese waren, wie die dauernde Segregation in Lac$^+$ und Lac$^-$ (Sektorierung) anzeigte, für das Lac-Gen heterogenot (s. Fortschr. Bot. **19**, 298). Außerdem übertrugen sie mit hoher Rate (50%), also „infektiös", den F$^+$-Charakter und immer zugleich damit das Lac$^+$-Gen auf F$^-$Lac$^-$-Zellen: Diese wurden dadurch ebenfalls zu Heterogenoten. Offensichtlich enthält der (vorher aus dem gekreuzten Hfr Lac$^+$-Typ freigewordene) F-Faktor dieser Heterogenoten das Lac$^+$-Gen und überträgt es praktisch 100%ig (Sexduktion = F-Duktion). Analoge Transduktion durch den F-Faktor konnte für das Gen prol (Prolinsynthese) erzielt werden. F-Lac$^+$ ließ sich sogar infektiös auf manche Stämme von *Shigella* sowie *Salmonella* überführen, die dadurch Lac-heterogenot und F-Lac$^+$-infektiös wurden. Somit besteht eine starke Analogie zwischen H F-Transduktion durch den λ-Phagen (Fortschr. Bot. **19**, 298) und der F-Duktion. Diese wichtigen Entdeckungen werden auch für das Verständnis der Plasmonvererbung sicherlich sehr bedeutsam werden.

e) Kreuzungen bei anderen Bakterien. Es zeigte sich, daß *Bact. coli* K 12 auch mit manchen Stämmen von *Shigella dysenteriae, fexneri* und *boydii* kreuzbar ist. Diese entsprechen dem F$^-$-Typ, und die Rekombinanten sind mit *B. coli* Hfr häufiger (10^{-5}) als mit F$^+$ (10^{-7}). Die Lage mehrerer Gene in *Shigella* ist die gleiche wie in *B. coli*, die Chromosomen sind also wenigstens teilweise homolog (LURIA u. BURROWS). Auch *Salmonella typhimurium* kreuzt mit F$^+$- sowie Hfr-Stämmen von *B. coli* K 12 (BARON, CAREY, SPILMAN). Damit ist die phylogenetische Verwandtschaft dieser zu den Enterobacteriaceae gehörenden Genera genetisch bewiesen.

Inzwischen wurde auch die Rekombination bei *Streptomyces*arten untersucht. Bei *Str. coelicolor* können zwischen verschiedenen Auxotrophen anauxotrophe Heterocaryen hergestellt werden, deren Sporen wie bei Pilzen meist die Elterntypen segregieren. Dabei auch vorkommende neue Genotypen scheinen weniger durch Rekombination als vielmehr durch im Heterokaryon verstärkte Mutation entstanden zu sein (BRADLEY). Bei *Str. griseoflavus* findet im Heterokaryon anscheinend richtige Rekombination statt (SAITO). Es bestehen also bei diesen Bakterien Analogien zur Parasexualität der Pilze (Fortschr. Bot. **19**, 293).

3. Transduktion durch Phagen

Der in Fortschr. Bot. **19**, 297, geschilderte Zusammenhang von Transduktionshäufigkeit und Lagebeziehung der getesteten pseudoallelen Loci auf der Koppelungskarte wurde in breitem Ausmaß untersucht und bewährte sich auch weiterhin bei der Analyse der Parallelität von Genfolgen und gengesteuerten Reaktionsketten (DEMEREC et al. 1956). Jedoch ist die Transduktionsrate nicht nur von dem transduzierten Gen abhängig, sondern sie ist bei Transduktion desselben Gens (Beweglichkeit) unterschiedlich für verschiedene verwandte Phagen wie auch verschiedene Rezipientenstämme (WINKLER). PLOUGH glaubt Anhalt dafür zu haben, daß diese Rate um so größer ist, je weiter der Prophagenort vom transduzierten Gen entfernt liegt.

DEMEREC u. Mitarb. (1957) konnten mit ihren durch viele eng gekoppelte Loci markierten Stämmen von *Salmonella* zeigen, daß der Phage P 22 bei der Transduktion der try . . . cys B Genkette immer gleichlange Chromosomenstücke (Exogenoten) überführt. Anscheinend sind die Stellen, an denen der Exogenot aus dem Bakteriengenom „herausgeschnitten" wird, präformiert. Bei der Transduktion der thr-leu-pan-Region durch den Phagen P 1 bei B. coli B sind dagegen die Exogenoten von uneinheitlicher Länge (DEMEREC et al. 1958). Sehr interessant sind die Versuche von DEMEREC, GOLDMAN u. LOHR über reziproke Transduktionen mit P 22 in der try-cysB Region von *Salmonella*. Unter der wohlfundierten Annahme, daß der Exogenot durch Rekombination (switchs) inkorporiert wird, zeigten sich Transduziertentypen, die durch 4- und sogar 6 fachen Austausch entstanden sein müssen. Die aus ihrer Häufigkeit errechnete absolute Austausch-Frequenz in diesem nur 5 Gene langem Abschnitt ist ungewöhnlich hoch; die Austausche sind also gruppenweise gehäuft (negative Interferenz), ähnlich wie die intragenischen bei höheren Organismen (s. o.). Überraschenderweise wird in manchen Transduktionsversuchen mit P 22 das Wildallel (für Anauxotrophie) viel häufiger inkorporiert als das entsprechende mutierte (für Auxotrophie). Die Inkorporations-Switchs holen demnach lieber die +-Allele als die —-Allele aus dem Exogenoten herüber ins Recipientengenom. Diese Wahl dürfte eine Folge der unterschiedlichen Struktur beider allelen DNS-Abschnitte sein. Sie ist wohl aus diesem Grunde nicht bei allen mutierten Pseudoallelen merklich (z. B. nicht bei tryA 24 und 25), sondern nur bei einigen (z. B. tryA 8, 47, 50 und 52).

Die abortive Transduktion (Fortschr. Bot. **19**, 298) wurde von DEMEREC und OZEKI als Test auf Funktionsallelie bei *Salmonella* eingesetzt: Wenn das Rezipientengenom eine Auxotrophiemutation enthält und der Exogenot das Wildallel (für Anauxotrophie), so wachsen auf Minimalboden mit Wuchsstoffspuren neben den wenigen großen Stabiltransduzierten viele winzige Kolonien. Diese entsprechen abortivtransduzierten Zellen; denn in der Nachkultur auf Spurenboden geben sie nur eine große Kolonie, die den Exogenoten stabil inkorporiert hat, und viele kleine auxotrophe Kolonien, die aus Zellen stammen, welche den zunächst ungeteilt mitgeschleppten Exogenoten nicht abbekommen haben und die den unbeweglichen Zellen eines trails entsprechen. Solche Mikrokolonien erscheinen auch, wenn Exo- und Endogenot zwei nichtfunktionsallele (nicht das gleiche Cistron betreffende) Auxotrophie-Mutationen enthalten. Bei funktionsallelen, aber nichtisolokalen (pseudoallelen) Mutationen gibt es nur die wenigen stabiltransduzierten intragenischen Rekombinanten, bei identischen (isolokalen) Mutationen gar

keine Anauxotrophen. Eine Kleinkolonie entsteht also, weil die unmutierten Gene von Endo- und Exogenot phänogenetisch kooperieren
und so die sie enthaltende Zelle ohne Wuchsstoff wachsen kann; die
davon abgespaltenen Zellen ohne Exogenot sind jedoch genisch auxo-
troph und verlieren daher bald das wuchsstoffbildende Enzym durch
Ausverdünnen. Die Abortivtransduzierten entsprechen demnach den
Transheterozygoten im Cis-Trans-Test (Fortschr. Bot. **20**, 218). Durch
diese Methode konnten die früher mit Hilfe der Transduktionshäufigkeit
bestimmten Pseudoallelien (Fortschr. Bot. **19**, 297) auf anderem Wege
bestätigt werden.

Die Frage, ob die transduzierenden Phagenpartikel neben dem
Exogenoten noch ein vollständiges Phagengenom enthalten oder nicht,
wurde von STARLINGER (1958) am Phagen P22 untersucht. Wenn durch
niedere Multiplizität und Antiserum Zweitinfektionen ausgeschlossen
werden, so sind die Transduziertenklone alysogen. Das Phagenpartikel
enthält also neben dem Bakteriengen kein lysogenisationsfähiges Phagengenom. Auch der locus-spezifisch nur die gal-Region von *B. coli* K12
übertragende Phage λ enthält kein vollständiges Phagengenom (ARBER).
Er erzeugt jedoch bei Infektion unter Umständen defektiv-lysogene
Transduzierte. Dies sind Bakterien, welche immun sind und also einen
Prophagen enthalten; dieser ist aber so mutiert, daß er nicht vegetativ
vermehrt werden kann und also keine intakten Phagen ergibt (Letal-
mutation). Solche defektiven Prophagen sind auch sonst bekannt; sie
können sich nur vegetativ vermehren, falls ihnen durch phänogenetische
Kooperation von einem zugleich in der Zelle vorhandenen Phagen „ge-
holfen" wird, der entweder normal ist oder eine andersartige Defekt-
mutation (in Transstellung) trägt. So entstandene freie Phagenpartikel
bedürfen auch jener kooperativen Hilfe zu ihrer Etablierung als (defektive)
Prophagen. Im Falle der gal-transduzierenden λ-Phagen besteht die
Defektmutation in einem größeren Stückverlust im Phagengenom, wie
λ-Kreuzungen zeigen. In diese Defizienz ist wahrscheinlich die bakterielle
Gal-Region eingesetzt.

Die Heterogenotenstämme, welche HFT-Lysate liefern, sind
doppeltlysogen. Sie enthalten neben dem, den Gal-Exogenoten tragenden,
defektiven Prophagen λdg einen normalen $\lambda+$-Prophagen; dieser sorgt
für die vegetative Vermehrung des λdg. HFT-Lysate enthalten also beide
Phagensorten. Die von λ^+ unterstützte Vermehrung von λdg bedeutet,
daß mit der vegetativen Reduplikation des Phagengenoms auch das darin
eingebaute Bacteriengen gal vermehrt wird; dieser Exogenot ist also ein
integraler Phagenbestandteil geworden, was die enge Homologie von
Phage und Bacterium deutlich macht. Zwischen dem Exogenoten und
dem Bakterium kommt es zur gelegentlichen Rekombination, ähnlich wie
zwischen den beiden Prophagen. λ-Kreuzungen zeigten, daß die Defizienz im λ-dg-Prophagen verschiedener Heterogenotenstämme verschieden lang ist, und zwar liegt das eine Ende an verschiedenen, das
andere immer am gleichen Gen von λ (CAMPBELL). Die Heterogenotie
und damit die vegetative Vermehrung des Exogenoten ist bei P22 bisher
trotz der ausgedehnten Untersuchungen nicht bekannt, wahrscheinlich

weil hier keine stabile Doppellysogenität vorkommt. Bei dem Phagen P 1 von *B. coli*, der wie P 22 alle Bakteriengene zu transduzieren vermag und bei dem Doppellysogenität möglich ist, gibt es auch locusspezifische HFT. Hier wird durch ebenfalls defektive P 1-Partikel die Lac-Region nicht nur in *B. coli*, sondern auch in *Shigella* übertragen, welche die 3 Gene z (Galaktosidasebildung), y (Permeasebildung) und i (Induzierbarkeit des Enzyms) enthält. Die transduzierenden Phagenpartikel sind etwa 1 % schwerer als die normalen, was wohl auf der zusätzlichen DNS des Exogenoten beruht (LURIA 1959; LURIA, FRASER u. ADAMS 1958).

Nach bisheriger Einsicht lassen sich mehrere **Phagenpartikeltypen** hinsichtlich ihres Gehaltes an Bakteriengenen unterscheiden: 1. „Reine", nichttransduzierende; 2. vollaktive mit solchen Bakteriengenen, die für die „lysogene Konversion" verantwortlich sind (z. B. Erwerb neuer O-Antigene durch Lysogenisierung bei *Salmonella*); 3. durch eingebaute Bakteriengene defektive, die durch Kooperation mit normalen Phagen lysogenisieren und vermehrt werden können und HFT erlauben; 4. mit Bakteriengenen und derartig defektiven Phagengenom, daß dieses überhaupt nicht mehr lysogenisieren oder lytisch vermehrt werden kann (nur zu LFT fähig); 5. mit Bakteriengenen und vielleicht „Resten" des Phagengenoms, wobei aber schnelle Inkorporation in dem Reduplikationsapparat des Bacteriums nicht möglich ist und daher abortive Transduktion verursacht wird (LURIA 1959).

4. Transformation durch nackte DNS

In den letzten Jahren wurden eine Reihe neuer Fälle von Transformation gefunden und studiert, die die größere Verbreitung dieses Erbfaktoraustausches im Bakterienreich anzeigen, und zwar bei *Streptococcus* (BRACCO et al.; PAKULA et al.), *Rhizobium* (BALASSA), *Bacillus subtilis* (SPIZIZEN; SCHAEFFER u. JONESCO), *Neisseria* (CATLIN u. CUMINGHAM) sowie *Salmonella typhimurium* (DEMEREC u. LAHR). Hierbei wurden z. T. Erscheinungen beobachtet, die bei den beiden bisher gut analysierten Organismen *Pneumococcus* und *Haemophilus* nicht auftreten. Zum Beispiel wird bei *Bac. subt.* die Transformationsrate erhöht durch eine RNSase-empfindliche Extrakt-Komponente. Bei *Neisseria* erwies sich auch die als Schleimhülle sekretierte extracelluläre DNS transformationsaktiv. Bei *Salmonella* wurde zugleich mit der Übertragung des Streptomycinresistenz-Gens oft auch das eng damit gekoppelte Thiamin-Gen zu Auxotrophie verändert. Möglicherweise ist dieses Gen durch die Prozedur der DNS-Extraktion mutiert worden. CHARGEFF, SCHULMAN u. SHAPIRO berichteten 1957, daß (durch Penicillin erzeugte) L-Formen (Sphäroblasten; infolge anomalen Wandbaus blasig-kuglige Bakterienzellen) eines lysinauxotrophen Stammes von *Bact. coli* durch Zusatz von DNS aus Anauxotrophen nach ihrer Rückverwandlung zu Stäbchen (bei Penicillin-Entzug) eine 20—60fach erhöhte Rate Anauxotropher ergaben. Leider ist dieser Befund weder anderweitig bestätigt noch weiterverfolgt worden, so daß fraglich ist, ob die eine unvollständige Zellwand besitzenden L-Zellen transformierbar sind.

Transformation wird auch erhalten, wenn die DNS aus einer anderen Bakterienspecies (z. B. *Haem. parainfluenzae*) als der Rezipientenstamm *(Haem. influenzae)* stammt, ja sogar aus einer anderen, allerdings verwandten Gattung. So wurde z. B. die Streptomycinresistenz durch DNS aus *Pneumococcus* in *Streptococcus viridans* übertragen (BRACCO et al., PAKULA et al.). Diese heterospezifischen Transformationen geschehen mit wesentlich geringerer Rate als die intraspezifischen. SCHAEFFER (1957, 1958) zeigte an *Haemophilus infl.* und *parainfl.* mit Hilfe von P32-markierter DNS, daß die heterospezifische DNS gleich gut wie die homospezifische in die Zelle aufgenommen wird; die geringere Transformationsrate durch jene wird also wohl durch eine schwächere Inkorporation der fremden DNS ins Genom (gestörte Homologen-Paarung ?) verursacht.

Wenn zur transformations-aktiven DNS nichttransformierende zugemischt wird, so sinkt die Transformationsrate, besonders bei hoher Konzentration der aktiven DNS. Wiederum mit P32 wies SCHAEFFER nach, daß diese Hemmwirkung eine Folge der Konkurrenz beider DNS-Sorten um die Receptoren an der Zelloberfläche ist. Die Zahl der DNS-Receptoren ist also nicht sehr hoch. Kinetische Studien von FOX und HOTCHKISS führten zu einer Schätzung, die etwa 30 DNS-Molekel als maximal adsorbierbar an einer transformierbaren („kompetenten") Zelle ergab. Der Aufbau der DNS-Receptoren erfordert Proteinsynthese (da Chloramphenicol hemmt) sowie Ca··-Ionen, jedoch keine Zellvermehrung. Die Menge oder Aktivität dieser Adsorptionsstellen hat in der Interphase der Zellteilung ein Maximum. Die Adsorption ist reversibel, ihr folgt die irreversible Inkorporation der DNS ins Empfänger-Genom. Nach SCHAEFFER nehmen die meisten Zellen einer aktiven Kultur DNS auf, besitzen also Receptoren, auch wenn die Transformationsrate nur Promille beträgt.

Zerkleinert man die DNS-Molekel mechanisch, so wird die Transformationsaktivität mit abnehmendem Molekulargewicht geringer, was vorwiegend an der geringeren Adsorption kleiner Molekel liegt. Die Receptoren für große und kleine Molekel sind anscheinend verschieden (ROSENBERG, SIROTNAK u. CAVALIERI). Die untere Grenze der Aktivität liegt bei Molekulargewicht $1 \cdot 10^6$ (LITT, MARMUR, EPHRUSSI-TAYLOR). Chromatographische Fraktionierung von Pneumokokken-DNS ergab Anreicherung der Transformationsaktivität in mehreren der Fraktionen. Dabei war die Aktivität hinsichtlich verschiedener Gene (Penicillin-, Streptomycinresistenz, Mannitgebrauch) in den Fraktionen unterschiedlich verteilt. Anscheinend reichern sich die genetisch verschiedenen DNS-Molekel auf Grund ihrer differenten Struktur unterschiedlich an (BEISER, PAHL, ROSENKRANZ u. BENDICH). Solche Strukturunterschiede wurden auch bei der Inaktivierung der Transformationspotenz durch Strahlen deutlich. Zum Beispiel hatte DNS, die 2 Gene gekoppelt überträgt, einen deutlich größeren Treffbereich für Inaktivierung durch ionisierende Strahlen als DNS mit nur einem Markergen (MARMUR u. FLUKE). Auch die UV-Inaktivierung der Übertragung der Gene für Streptomycin-, Aminopterin- und Optochinresistenz war deutlich verschieden, desgleichen die Inaktivierung sowie Mutation durch Nitrit (LITMAN u. EPHRUSSI-TAYLOR).

Durch Untersuchungen von AUSTRIAN, BERNHEIMER, SMITH und MILLS wurde das biochemische Reaktionssystem zur Bildung der Polysaccharidkapseln von *Pneumococcus* und seine Abhängigkeit von „transformierbaren" Genen aufgehellt. Die Reaktionsfolge Uridinpyrophospho(UPP)glucose → UPP-Gluconsäure → UPP-Galakturonsäure → → Kapsel I-Stoff wurde in einem einzigen (seltenen) Transformationsakt übertragen, die 3 dafür verantwortlichen Gene sind also im selben DNS-Molekel bzw. -Partikel enthalten.

Arbeiten von HOTCHKISS u. EVANS (1957, 1958) ergaben sehr interessante Einblicke in die komplexe Struktur des Sulfonamidresistenz-Gens von Pneumococcus sowie auch den Mechanismus der Inkorporation der DNS. Dieses Gen determiniert die Bildung des Enzyms, welches bei der Folsäuresynthese PAB mit L-Glutamin kondensiert. Es besteht aus 3 Teilen a, b und d, die getrennt oder auch gekoppelt von DNS-Molekeln übertragen werden können. Dabei ergibt die Kombination abd die höchste Resistenzstufe; bei Transformation „spaltet" dieser Typ auf in die stabilen niederresistenten Typen a, b und d sowie die spaltenden mittelresistenten Typen ab und bd. Die komplexen Typen können durch Transformation aus den einfacheren zusammengesetzt werden. Es findet also Rekombination innerhalb des abd-tragenden DNS-Molekels statt. Einzelklonanalysen ergaben, daß diese Rekombination nichtreziprok ist. Die Wirkung von Stoffwechselinhibitoren, z. B. p-Nitrobenzoesäure, auf die verschiedenen Resistenztypen und also abd-Kombinationen deutet darauf, daß die 3 Genteile verschiedene Stellen im Enzym determinieren, z. B. d eine höhere Affinität für Carboxylgruppen bedingt. Die Häufigkeit der Transformierten verschiedenen Typs fiel mit der Anzahl der übertragenen Genteile a, b und d. Da die Adsorption der DNS mit der Molekellänge steigt (s. o.), ist für diesen Effekt wohl die Art der Inkorporation der übertragenen, verschieden langen DNS-Stücke verantwortlich. Bei dieser werden anscheinend lieber kleine als größere Partien der aufgenommenen DNS einrekombiniert. HOTCHKISS legt dar, daß ein solcher Mechanismus für Längenbegrenzung der Rekombination auch die bei intragenischem Austausch beobachtete negative Interferenz (s. o.) erklären kann.

B. Isosynthese[1]

Wenn ein Unterschied zwischen Organismen erblich ist, d. h. im gleichen Milieu über beliebig viele Generationen erhalten bleibt, so muß er auf der Differenz in einem Zellbestandteil beruhen, welche bei dessen Vermehrung immer wieder in identischer Weise reproduziert wird. Zellteile mit dieser Eigenschaft nennen wir Erbsubstanzen oder *Idioplasma*, ihre Synthese durch die Zelle „*Isosynthese*". Die 3 entscheidenden *Kriterien* für Erbsubstanzen sind: 1. Bei Fehlen (z. B. Verlust) in den Nachkommen unterbleibt ihre Neubildung; 2. bei Anwesenheit (z. B. Erwerb infolge Zellfusion) geschieht Neusynthese; 3. bei Änderung wird der geänderte Zustand wiedererzeugt (Mutation). Als *Mechanismen* dieser identischen Reproduktion von Erbsubstanzen sind zunächst Kopierverfahren ins Auge gefaßt worden, bei denen die Bausteine der neuen Substanz an einer Matrize so angelagert und

---

[1] Siehe Fußnote S. 293.

zusammengeschlossen werden, daß das neue Bausteinmuster dem alten entspricht. Als musterbildende Matritze könnte entweder die Erbstruktur selber oder ein daran gebildetes „Negativ" dienen (Anlagerungs-Isosynthese). Daneben kommt aber unter Umständen auch eine Art Rückkoppelungsmechanismus in Frage, bei dem eine Substanz in einer langen Reaktionskette entsteht, deren Anfangsreaktion von eben dieser Substanz katalytisch gesteuert wird (Rückkoppelungs-Isosynthese).

1. Reproduktion durch Anlagerung

Die bakterielle Transformation durch DNS, das oben erwähnte Verhalten von P32 bei der Bakterienkonjugation, die Injektion nur des DNS-Anteils der Phagen, die Proportionalität von DNS-Gehalt der Chromosomen und·Ploidiegrad, die unterschiedliche Natur des Proteins der Chromosomen in Spermien und Somazellen sind wichtige Hinweise bzw. Beweise dafür, daß bei Phagen, Bakterien und höheren Organismen Desoxyribonucleinsäure als Erbsubstanz (wohl die wichtigste) funktioniert. Der Aufbau aus 2 komplementären, parallelschraubigen Nucleotidsträngen entsprechend dem bekannten Modell von WATSON und CRICK (1953) legt die Reproduktion der DNS nach einem Anlagerungsmechanismus sehr nahe: Die beiden komplementären Stränge werden durch Lösen der Wasserstoffbrücken in den Purin-Pyrimidin-Paaren getrennt, und an jedem alten Strang wird ein neuer durch Anlagerung von Mononucleotiden parallel angebaut. Aus sterischen Gründen passen dabei immer nur Adenin zu Thymin, Guanin zu Cytosin, wodurch das spezifische Muster der Basenreihenfolge an den beiden neuen Doppelsträngen mit dem des alten identisch wird. Da die Tochtergebilde sich aus je einer alten und einer neuen Längshälfte zusammensetzen, wird eine solche Art der Reproduktion von DELBRÜCK u. STENT als „semikonservativ" bezeichnet. Die Autoren unterscheiden neben dieser Möglichkeit noch zwei andere: Die „konservative", bei der das alte Modell völlig intakt bleibt und die Kopie gänzlich aus neuem Material besteht, und die „dispersive", bei der beide Stränge jeder Tochtereinheit aus mosaikartig verstreutem elterlichen und neuem Material zusammengesetzt sind.

Zur Entscheidung zwischen diesen 3 Möglichkeiten wurde die Markierung der DNS mit Isotopen herangezogen. So wurde von PAINTER, FERRO u. HUGHES (1958) die DNS von *Bact. coli* 15 thyminless durch Einbau von tritium-haltigem Thymidin markiert und in den mikromanipulatorisch getrennten Nachkommen-Zellen die Markierung durch Autoradiographie festgestellt. Da das Tritium in den Nachkommen sehr ungleichmäßig verteilt war, kommt dispersive Reproduktion nicht in Frage. Nichtmarkierte Zellen traten erst in der 2. und 3. Generation auf, und bisweilen war in der 2. Generation die eine Tochterzelle sehr stark, die andere gar nicht radioaktiv, so daß wohl ein semikonservatives Modell vorliegt. MESELSON und STAHL (1958) markierten *Bact. coli* B mit N15 und isolierten dann nach verschiedener Generationszahl in N14-haltigem Medium die DNS. Beim Ultrazentrifugieren in einem CsCl-Lösungsgradienten bildeten die verschieden stark markierten DNS-Präparationen infolge ihrer Dichteunterschiede Banden, die den Gehalt der DNS-Molekel an N15 anzeigten. Während der 1. Generation erschien zunehmend eine Bande von zur Hälfte markierter DNS, die nach der 1. Teilung allein vorhanden war. Nach der 2. Teilung war halb- und unmarkierte DNS je zur Hälfte vorhanden, nach der 3. nur noch $^1/_4$ halb- und $^3/_4$ unmarkierte. Dies zeigt, daß die alte (N15-haltige) DNS je zur Hälfte auf die 2 neuen Einheiten verteilt wird und daß die alten Hälften über mehrere Generationen intakt weitergegeben werden. Dies entspricht dem semikonservativen Modell. Allerdings ist es noch nicht völlig sicher, daß die Hälften tatsächlich Einzelstränge von längsgeteilten DNS-Molekeln nach WATSON u. CRICK sind. Es wäre auch denkbar, daß die im CsCl-Gradienten „gewogenen" Einheiten Bündel von 2 (oder mehr) DNS-Doppelschrauben und also die semikonservativ verteilten Hälften (ungespaltene) ganze DNS-Molekel darstellen. Dieser Vorbehalt gegenüber dem Verdoppelungsmodell von WATSON u. CRICK wird verstärkt durch Versuche von TAYLOR (1957) mit Tritium-markierten Pflanzenchromosomen. Hier erwies sich nämlich in der 2. Folgeanaphase das eine Tochterchromosom stark markiert, das andere nicht. Auch die Chromosomen werden also semikonservativ verdoppelt, jedoch ist es schwer vorstellbar, daß hier die Hälften, also Chromatiden, längsgespaltene einzelne DNS-Molekel sind. Wegen ihrer Dimension dürften sie aus Bündeln von mehreren parallelen DNS-Molekeln bestehen, was auch die Elektronenmikroskopie andeutet (s. Fortschr. Bot. **21**, 50). In diesem Zusammenhang muß an die Ergebnisse an Bakteriophagen erinnert werden. LEVINTHALs Befunde an T2 (s. Fortschr. Bot. **19**, 418), der die übliche Doppelstrang-DNS enthält, sprechen eher für den semikonservativen Watson-Crick-Mechanismus, jedoch scheint bei dem Phagen X174, welcher einsträngige DNS besitzt, die Reproduktion dispersiv zu sein (KOZINSKI u. SZYBALSKI). Unsere bisherigen Kenntnisse enthalten also noch keinen sicheren Beweis für die Reproduktion nach WATSONs u. CRICKs Vorstellung durch Längsspaltung des doppelsträngigen DNS-Molekels. Wir müssen damit rechnen, daß eine Längshalbierung von Bündeln aus 2 oder mehr DNS-Doppelschrauben geschieht; die Doppelschraube würde also in toto kopiert. Ein hypothetisches Modell dieser Art hat STENT (1958) vorgeschlagen: Längs der DNS-Doppelschraube wird aus Aminosäure-Ribotiden ein RNS-Protein-Faden gebildet, der in seine Basensequenz die „genetische Information" der DNS übernimmt. An diesem einen RNS-Strang wird dann längs die neue DNS-Doppelkette gebaut, welche infolge der sterisch bedingten spezifischen Basenpaar-Auswahl das Basenmuster der Elter-DNS enthält. Hier würde also die identische Reproduktion der DNS über ein „Negativ" aus RNS ablaufen.

Anhangsweise sei noch vermerkt, daß McFALL und STENT mit P32 Anzeigen dafür fanden, daß in *B. coli* offenbar die DNS-Synthese etwa kontinuierlich während der 45 min dauernden Zellteilungsinterphase abläuft, während sie ja bei Organismen mit echtem Zellkern nur kurz vor der Prophase geschieht. Dies könnte eine Folge des verschiedenen Baus von Nucleoid und Zellkern sein, aber auch nur mit der viel kürzeren Interphase bei Bakterien zusammenhängen, die vielleicht ganz mit der DNS-Duplikation ausgefüllt wird, weil diese eine gewisse Mindestzeit in Anspruch nimmt.

Völlig neue Wege der DNS-Replikation eröffnet die mit dem Nobelpreis belohnte Entdeckung von KORNBERG u. Mitarb. (z. B. LEHMANN, BESSMAN, SIMENS u. K. 1958; KORNBERG 1959). Ihnen gelang die Extraktion und Anreicherung eines Enzyms aus *Bact. coli*, welches aus den 4 Purin- und Pyrimidin-Desoxyribotid-Triphosphaten bei Anwesenheit von $Mg^{..}$ sowie von DNS als Keim ("primer") neue DNS in vitro synthetisiert, wobei Pyrophosphat frei wird. Die neugebildete DNS ist im Basenverhältnis dem Keim gleich, enthält also sehr wahrscheinlich das identische Muster. Bisher besitzt das Enzympräparat noch nebenher geringe DNSase-Aktivität; wohl daher ist bisher die Vermehrung transformierter DNS nicht gelungen. Bei besserer Reinigung ist aber solche Gen-Reproduktion in vitro zu erwarten. Man darf der weiteren Aufklärung dieses vitalen Grundprozesses mit Spannung entgegensehen.

2. Rückkoppelungs-Isosynthese

Wenn aus einem (oder mehreren) Stoff(en) A durch einen Katalysator E Stoff(e) B gebildet wird und in der anschließenden $\pm$ langen Reaktionskette $B \to C \to D \to E$ der Katalysator E selbst wieder entsteht, so wird die Menge des Katalysators exponentiell (autokatalytisch) wachsen, bis A verbraucht ist. Nicht nur die Zugabe von E sondern auch die der Zwischenprodukte B, C oder D zu A startet die Reaktionskette; jedoch entsteht aus dem „Substrat" A allein kein B und damit auch keine Kette mit E am Ende. Eine solche durch die katalytische Wirkung von E auf $A \to B$ „rückgekoppelte" Kettenreaktion (nicht zu verwechseln mit Reaktionscyclen, z. B. dem Krebscyclus, für welche dies nicht zutrifft) besitzt die Kriterien 1. und 2. für Erbsubstanzen: Bei Fehlen oder Verlust von B bis E läuft sie nicht ab, bei Zufügen von E oder Zwischenprodukten entsteht sie de novo aus A. Bedenken wir, daß in der Zelle die Enzyme auf langen Reaktionswegen aus Aminosäuren entstehen und daß diese Bausteine selber wieder durch eben diese Enzyme aus Grundstoffen katalytisch erzeugt werden, so könnten manche Enzymbildungssysteme der Zelle unter Umständen solche rückgekoppelten Kettenreaktionen mit isosynthetischer Eigenschaft darstellen. Es ist also eine denkbare, wenn auch bisher kaum beachtete Hypothese, daß solche Rückkoppelungsketten eine mögliche Rolle als Erbsubstanzen spielen (KAPLAN 1949, 1957). Da die Gene sicher durch einen Anlagerungsmechanismus reproduziert werden, kann Rückkopplungs-Isosynthese nur für gewisse Plasmonkomponenten in Frage kommen.

Zwischen der Anlagerungsreproduktion und diesem Rückkoppelungsmechanismus bestehen nun wesentliche Unterschiede: Die Kette besitzt keine fixe Struktur, sie ist „flüssig", und mehrere Ketten könnten sich räumlich durchdringen. Die genetische Information ist nicht an das Muster in einem makromolekularen Partikel (wie DNS) gebunden, sie ist vielmehr in der zeitlichen Ordnung der ganzen Kette und in den beteiligten Reaktionspartnern niedergelegt. Damit hängt zusammen, daß sie nicht zu gestuft verschiedenen Allelen mutieren kann wie z. B. DNS. Es gilt also Kriterium 3 (S. 307u.) nur begrenzt. Wird eine der Komponenten geändert, z. B. alle A-Molekel, so reißt die Reaktionsfolge entweder ganz ab und die Reproduktion hört auf oder die Reaktion führt zu unverändertem E. Letzteres geschieht insbesondere, wenn eine einzelne Molekel von E (oder auch B bis D) unter vielen in der Zelle vorhandenen geändert wird. Es sind also nur 2 „Allele" möglich: „alles" oder „nichts", „ +" oder „—". Ein sehr interessanter Unterschied gegenüber den anlagerungs-isosynthetischen Erbstrukturen liegt in folgendem: Durch Wegnahme des „Substrates" A läßt sich die Kette willkürlich in allen Zellen ausschalten. Zellen mit verlorener Kette erwerben sie auch nicht in A-haltigem

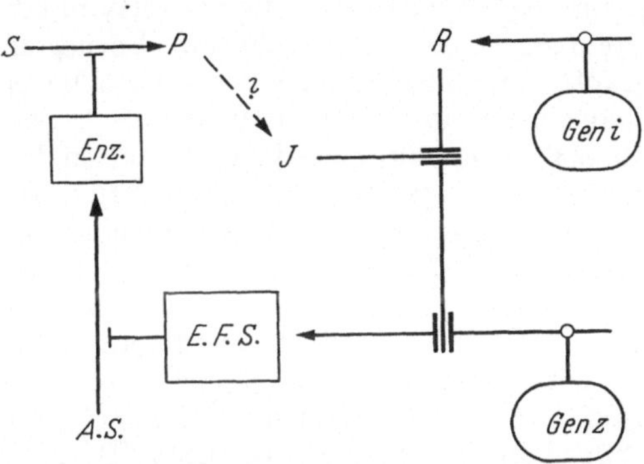

Abb. 22. Vorläufiges hypothetisches Schema der Bildung induzierbarer Enzyme. *Enz.*= Enzym (z. B. β-Galaktosidase); *S* = Substrat der Enzymwirkung (z. B. Lactose, O-Nitrophenyl-Galaktosid); *P* = Produkt (z. B. Glucose + Galaktose, O-Nitrophenol + Galaktose); *I* = Induktor (z. B. Lactose, Galaktose, TMG = Thiomethyl-Galaktosid); *R* = Repressor (Inhibitor der Enzymbildung, der vom Induktor gehemmt wird); E.F.S.= Enzymbildungssystem = enzym forming system (RNS beteiligt); *A.S.*= Aminosäuren; Pfeil = Reaktionsweg (Reaktionsschritt oder -kette); |— katalytische Förderung der Reaktion; == Hemmung der Reaktion bzw. Wirkung; o— Kontrolle durch ein Gen; gestrichelt = hypothetische Rückkoppelung

Medium, sie bleiben dort „negativ". In diesem Medium reproduzieren dagegen kettenhaltige Zellen die Kette identisch über Generationen, sie bleiben „positiv". Zwischen den +- und den —-Zellen besteht also eine Erbdifferenz. Erst Zugabe von E oder einem Zwischenprodukt macht „negative" Zellen „positiv", sofern diese Stoffe eindringen.

Es liegt nahe, für E ein Enzym einzusetzen, welches nicht lebensnotwendig ist. Zu den Enzymen dieser Art gehören die „induzierbaren" oder „adaptiven"; sie werden von der Zelle erst gebildet wenn sich im Medium ein Induktor befindet; dieser kann zugleich ein Substrat des Enzyms sein, muß es aber nicht. Neben induzierbaren Stämmen (i^+), z. B. von B. coli, gibt es „konstitutive" Genmutanten (i^-), die das Enzym immer, auch ohne Induktoreinwirkung, enthalten. Daneben gibt es Genmutanten, die gar kein Enzym bilden können ($z^- = lac^-$). Studien von PARDEE, JACOB u. MONOD mittels Transduktionen bei B. coli zeigen an, daß die Induzierbarkeit des Enzyms β-Galaktosidase wohl auf der Hemmung der Enzymsynthese durch einen „Repressor" beruht, die vom Induktor beseitigt wird; konstitutive Mutanten enthalten wahrscheinlich keinen Repressor. In Abb. 22 ist die hypothetische Reaktionsfolge der Enzymsynthese in einem vorläufigen Schema dargestellt. Daraus ergibt sich für unser Problem, daß in dem

Falle, wo ein Produkt der Enzymwirkung (P) als Induktor wirken kann (P → I) die Reaktionskette rückgekoppelt wird und also „genetisch" funktionieren kann. Dies könnte z. B. für die β-Galaktosidase zutreffen, da sie von Galaktose, einem Produkt ihrer Wirkung, induziert werden kann (MONOD et al.). Allerdings darf das Substrat (S) selbst nicht induzieren, da ja sonst von diesem die Kette gestartet würde. Das übliche Substrat des obigen Enzyms, Lactose, ist jedoch zugleich ein guter Induktor. Ein nichtinduzierendes Substrat, das ein induzierendes Produkt der Enzymreaktion liefert, ist aber wohl nicht bekannt, so daß eine mögliche identische Reproduktivität dieser Enzymbildungskette zur Zeit nicht feststellbar ist. Ein Verdacht auf Vorliegen einer solchen Rückkoppelungskette und ihre Funktion als Ursache eines Erbunterschiedes liegt jedoch bei der „Spätadaption" der Hefe vor (s. Fortschr. Bot. **19**, 300). Hier würde das lange Anhalten des Unterschiedes zwischen „induziert" (= enzymhaltig) und „nichtinduziert" über viele Generationen im Galaktosemilieu auf der Anwesenheit bzw. dem Fehlen der isosynthetischen Enzymbildungskette beruhen. Die ganz langsame, sprunghaft-mutationsartige Adaptation auch der negativen Zellen könnte z. B. durch eine sehr geringe Chance der Induktionswirkung des Substratmolekels verursacht sein. Die schnelle Adaption aller „negativen" Zellen durch Extrakte aus induzierten Zellen könnte dem Kettenstart durch Zufuhr von Intermediärprodukten (B . . . D) entsprechen. Der schnelle Verlust des Enzyms bei Wachstum induzierter Zellen in galaktosefreiem Medium entsteht durch „Ausverdünnen" der Kettenkomponenten infolge der Zellvermehrung. Da SLONIMSKY beim Studium des plasmonischen petit-Typs von Hefe einen Zusammenhang zwischen der Induktion der Cytochrome durch O_2 und der Mutation der für petit verantwortlichen Plasmonkomponenten fand, besteht auch für dieses Erbmerkmal ein Verdacht auf Beteiligung einer Rückkoppelungskette.

All diese Erwägungen (KAPLAN 1949, 1957) waren bisher zu spekulativ, um für die Erklärung von gewissen ungewöhnlichen, extrachromosomalen Erbdifferenzen breiter in die Diskussion eingeführt zu werden. Versuche von NOVICK und WEINER an B. coli über die Induktion der β-Galaktosidase haben nun aber erwiesen, daß solche „Vererbung durch rückgekoppelte Reaktionsfolgen" tatsächlich vorkommt. Die entscheidende Reaktionskette ist jedoch hier nicht die Bildung der β-Galaktosidase, sondern die einer anderen enzymartigen Zellkomponente, der β-Galaktosid-Permease. Der von ihr „katalysierte" Prozeß ist der Transport von β-Galaktosiden aus dem Milieu ins Zellinnere. Auch diese Permease ist induzierbar, z. B. durch Thiomethylgalaktosid (TMG), welches auch β-Galaktosidase induziert, jedoch von diesem Enzym nicht hydrolysiert wird, d. h. kein Substrat für dieses ist. Die Pumpenwirkung der Permease ist so stark, daß TMG etwa 100fach im Zellinneren gegenüber dem Außenmedium konzentriert wird. Zellen mit Permease bilden daher auch schnell β-Galaktosidase. Die Permease wird stark induziert nur von intracellulärem Galaktosid, das ja von ihr selber in die Zelle gepumpt wird; extracelluläres TMG induziert nur mit ganz geringer Chance in einem Eintreffervorgang. Hierin liegt die Rückkoppelung der Permease-

Synthese-Folge: Hat eine Zelle ein erstes Permeasemolekel gebildet, so wird von diesem schnell TMG ins Zellinnere gepumpt, welches dort neue Permease induziert; die Permeasekonzentration (und damit auch die β-Galaktosidasemenge) steigt dann exponentiell. Zellen ohne Permease bleiben „negativ", auch in TMG-Lösung, bis sie durch einen Induktortreffer das erste Permeasemolekel bilden. In niederen TMG-Konzentrationen ist diese Erstinduktion von außen sehr selten; die Chance steigt mit der TMG-Konzentration, so daß bei hoher relativ schnell alle Zellen induziert sind. Infolge der erwähnten exponentiellen Zunahme der Permease in induzierten Zellen wird schnell die maximal mögliche Permease- (und β-Galaktosidase-)Konzentration erreicht. Es gibt also auf die Dauer nur nicht- (—) und vollinduzierte (+) Zellen. Läßt man +-Zellen in TMG-freiem Medium wachsen, so wird keine neue Permease (und neues Enzym) gebildet, und die (das) alte wird $\pm$ schnell durch die Zellteilungen ausverdünnt, die Zellen werden „deadaptiert" (—). In TMG-armem Medium werden +-Zellen langsamer deadaptiert, da ja noch Permease langsam gebildet wird. Es gibt nun eine TMG-Konzentration, in der gerade soviel Permease durch Wuchs ausverdünnt wird, wie die Induktion nachliefert. Diese „Erhaltungskonzentration" beträgt in den Versuchen $5 \cdot 10^{-6}$ mol. Sie ist zu gering, um —-Zellen merklich zu induzieren, und wenn man daher —- und +-Zellen in ihr kultiviert, bleibt deren Differenz im Enzym- (und Permease-)Gehalt beliebig lange erhalten (über 180 Generationen im Versuch); es liegt also ein Erbunterschied vor. Das gegenüber den nucleären Mutationen Ungewöhnliche ist, daß diese Erbänderung — → + durch Induktion in hoher TMG-Konzentration willkürlich in allen Zellen erzeugt werden und ebenso sicher wieder rückgängig gemacht werden kann (+ → —) durch Wuchs in TMG-freiem Medium.

Man kann diese Erscheinung als ersten gesichert nachgewiesenen Fall von „Vererbung erworbener Eigenschaften" ansehen; denn eine Erbänderung zur Anpassung an eine Milieuänderung wird hier mit hoher Sicherheit durch Änderung eben dieses Milieufaktors erzeugt. Dies bedeutet jedoch keineswegs eine Revolution der bisherigen Anschauungen der Genetik über die mutativ-selektive Verursachung der meisten Erbanpassungen. Für das Vorkommen von genetisch bedeutsamen Rückkoppelungsketten sind viele seltene Bedingungen notwendig, die nur ganz ausnahmsweise gemeinsam realisiert sind. Der eben geschilderte Fall mußte ja geradezu ad hoc experimentell konstruiert werden: Das neue Merkmal ist nur bei einer genau abgestimmten TMG-Konzentration erblich! Wenn auch vielleicht die oben erwähnten unsicheren Fälle und noch zukünftig zu findende auf einem analogen Mechanismus beruhen, so bleibt doch die Tatsache bestehen, daß die weitaus meisten Erbdifferenzen genisch bedingt, also nicht „adaptiv erworben" sind. Hinzu kommt, daß ja die Synthese der Permease (oder jener „verdächtigen" Enzyme) auch der entscheidenden Mitwirkung von Genen (s. Abb. 6) bedarf, daß also die phylogenetische Entstehung der Fähigkeit zu dieser merkwürdigen plasmongenetischen Adaption auf der Selektion entsprechend passender Genmutationen aufbaut. Trotz dieser Einschränkungen bleibt das Phänomen der adaptiven Erbänderung, welches ein

Ergebnis rückgekoppelter Reaktionsketten darstellt, sicherlich fruchtbar für das Verständnis mancher bisher unklarer Seiten der plasmonischen Vererbung, möglicherweise auch der Zelldifferenzierung in der Ontogenie sowie des Krebsproblems.

Literatur

Chemical Basis of Heredity. Baltimore: Johns Hopkins Press 1957. — Cold Spr. Harb. Symp. quant. Biol. 21 (1956); 23 (1958).

CAVALLI-SFORZA, L. L.: Ann. Rev. Microbiol. 11, 391—418 (1957).

FINCHAM, J. R. S.: Ann. Rev. Biochem. 28, 343—364 (1959).

HARTMAN, P. E., and S. H. GOODGAL: Ann. Rev. Microbiol. 13, 465—504 (1959).

KAPLAN, R. W.: Strahlengenetik der Mikroorganismen; in ,,Strahlenbiol. usw., Ergebnisse 1952—1958". Stuttgart: Thieme 1959.

RAVIN, A. W.: Ann. Rev. Microbiol. 12, 304—364 (1958).

WHEELER, H. E.: Ann. Rev. Microbiol. 12, 365—382 (1958).

WOLMAN, E. L., et F. JACOB: La sexualité des bacteries. Paris: Masson et Co. 1959.

ALFOLDI, L., F. JACOB et E. L. WOLLMAN: C. R. Acad. Sci. (Paris) 246, 3531 bis 3533 (1958). — ANDERSON, T. F.: Cold Spr. Harb. Symp. quant. Biol. 23, 47—58 (1958). — ARBER, W.: Arch. Sci. (Genève) 11, 259—338 (1958). — AUSTRIAN, R., H. P. BERNHEIMER, E. B. SMITH and G. T. MILLS: Cold Spr. Harb. Symp. quant. Biol. 23, 99—100 (1958).

BALASSA, R.: Naturwissenschaften 42, 422—423 (1955). Abs. 7. Int. Congr. Microbiol. 49 (1958). — BARON, L. S., W. F. CAREY and W. M. SPILMAN: Proc. nat. Acad. Sci. (Wash.) 45, 976—984 (1959). — BEISER, S. M., H. B. PAHL, H. S. ROSENKRANZ and A. BENDICH: Biochem. biophys. Acta 34, 497—502 (1959). — BERNSTEIN, H. L.: Symp. Soc. exp. Biol. 12, 93—103 (1958). — BRACCO, R. M., M. R. KRAUS, A. S. ROC and C. M. MacLEOD: J. exp. Med. 106, 247—259 (1957). — BRADLEY, S. G.: J. Bact. 76, 464—470 (1958). — BUXTON, E. W.: J. gen. Microbiol. 15, 133—139 (1956).

CALEF, E.: Heredity 11, 265 (1957). — CAMPBELL, A.: Cold Spr. Harb. Symp. quant. Biol. 23, 83—84 (1958). — CASE, M. E., and N. H. GILES: Proc. nat. Acad. Sci. (Wash.) 44, 378 (1958). — CASE, M. E., and N. H. GILES: Cold Spr. Harb. Symp. quant. Biol. 23, 119 (1958). — CATLIN, B. W., and L. S. CUNNINGHAM: J. gen. Microbiol. 19, 522—539 (1958). — CHARGAFF, E., H. M. SCHULMAN and H. S. SHAPIRO: Nature (London) 180, 851—852 (1957).

DELBRÜCK, M., and G. STENT: in "Chemical Basis of Heredity". p. 699. Baltimore: Johns Hopkins Press 1957. — DEMEREC, M., Z. HARTMAN, PH. E. HARTMAN, T. YURI, J. S. GOTS, H. OZEKI and S. W. GLOVER: Carnegie Inst. Washington Publ. V. 1956. — DEMEREC, M., E. L. LAHR, H. OZEKI, J. GOLDMAN, S. HOWARTH and B. DJORDJEWIC: Carn. Inst. Wash. Yearbook 56, 368—376 (1957). — DEMEREC, M., L. GOLDMAN and E. L. LAHR: Cold Spr. Harb. Symp. quant. Biol 23, 59—68 (1958). — DEMEREC, M., and H. OZEKI: Genetics 44, 269—278 (1958). — DEMEREC, M. u. 8 Mitarbeiter: Carn. Inst. Wash. Yearbook 57, 391—406 (1958).

FISHER, K. W.: J. gen. Microbiol. 16, 120—135 u. 136—145 (1957). — FORBES, E. W.: Heredity 13, 67—80 (1959). — FOX, M. S., and R. D. HOTCHKISS: Nature (London) 179, 1322—1325 (1957). — FREESE, E.: Z. Vererbl. 88, 388 (1957). — FREESE, E.: Genetics 42, 671 (1957). — FREESE, E.: Cold Spr. Harb. Symp. quant. Biol. 23, 13 (1958). — FUERST, C. R., F. JACOB and E. L. WOLLMAN: C. R. Acad. Sci. (Paris) 243, 2162—2164 (1957).

GILES, N. H., F. J. DE SERRES et E. HARBOUR: Genetics 42, 608 (1957).

HOTCHKISS, R. D.: Symp. Soc. exp. Biol. 12, 49—59 (1958). — HOTCHKISS, R. D., A. H. EVANS: Cold Spr. Harb. Symp. quant. Biol. 23, 85—97 (1958). — HOTCHKISS, R. D., and A. H. EVANS: Symp. Drug. Res., Ciba Found. London 183 (1957).

IKEDA, Y., C. ISHITANI and K. NAKAMURA: Cytologia Suppl. 1957, 547—549. — IKOMA, I.: Jap. J. Genet. 34, 125—134 (1959).

JACOB, F., and E. A. ADELBERG: C. R. Acad. Sci. (Paris) **249**, 189 (1959). — JACOB, F., et E. L. WOLLMAN: C. R. Acad. Sci. (Paris) **245**, 1840—1843 (1957). — JACOB, F., and E. L. WOLLMAN: Symp. Soc. exp. Biol. **12**, 75—92 (1958). — JACOB, F., et E. L. WOLLMAN: Ann. Inst. Pasteur **15**, 497—519 (1958). — JACOB, F., P. SCHAEFFER and E. L. WOLLMAN: 10. Symp. Soc. Gen. Microbiol. 1960 (Manuskript).

KAPLAN, R. W.: in „Claustaler Gespräch 1948". Gmelin-Verlag 1949. — KAPLAN, R. W.: Unveröff. Vortrag: Genet. Symp. Waldenburg 29. 10. 1957. — KAPLAN, R. W.: Natur u. Volk **88**, 1—15 (1958). — KORNBERG, A.: Symp. molekul. Biol. 31—46. Univ. Chicago Press 1959. — KOZINSKY, A. W., and W. SZYBALSKI: Virology **9**, 260—274 (1959).

LEHMANN, J. R., M. I. BESSMAN, E. S. SIMMS and A. KORNBERG: J. biol. Chem. **233**, 163, 171 (1958). — LEUPOLD, U.: Cold Spr. Harb. Symp. quant. Biol. **23**, 161 (1958). — LITMAN, R. M., et H. EPHRUSSI-TAYLOR: C. R. Acad. Sci. (Paris) **249**, 838—840 (1959). — LITT, M., J. MARMUR and H. EPHRUSSI-TAYLOR: Proc. nat. Acad. Sci. (Wash.) **44**, 144—152 (1958). — LURIA, S. E.: Brookhaven Symp. Biol. **12**, 95—102 (1959). — LURIA, S. E., and J. W. BURROWS: J. Bact. **74**, 461—476 (1957). — LURIA, S. E., D. K. FRASER, I. N. ADAMS and J. W. BURROWS: Cold Spr. Harb. Symp. quant. Biol. **23**, 71—83 (1958).

MARMUR, I., and D. I. FLUKE: Biochem. **57**, 500—514 (1955). — McFALL, E., and G. STENT: Biochim. biophys. Acta **34**, 580—582 (1959). — MESELSON, M., and F. W. STAHL: Proc. nat. Acad. (Wash.) **44**, 671—682 (1958). — MITCHELL, H. K.: in "Chemical Basis of Heredity". 94—113. Baltimore: Johns Hopkins Press 1957. — MONOD, I., COHEN-BAZIRE and M. COHN: Biochim. biophys. Acta **7**, 585 (1951).

NELSON, T. C.: J. cell. comp. Physiol. **48**, 271—291 (1956). — NOVICK, A., and M. WEINER: Proc. nat. Acad. Sci. (Wash.) **43**, 553—566 (1957).

OLIVE, L. S.: Proc. nat. Acad. Sci. (Wash.) **45**, 727 (1959).

PAINTER, R. B., F. FERRO and W. L. HUGHES: Nature (London) **181**, 328 (1958). — PAKULA, R., E. HULANICKA u. W. WALCZAK: Schweiz. Z. allg. Path. **22**, 202—214 (1959). — PARDEE, A. B., F. JACOB et J. MONOD: C. R. Acad. Sci. (Paris) **246**, 3125—3128 (1958). — PATTMAN, J. A.: Nature (London) **181**, 1605 (1958). — PLOUGH, H. H.: Cold Spr. Harb. Symp. quant. Biol. **23**, 69 (1958).

RICHTER, A.: Genetics **42**, 391 (1957). — ROSENBERG, B. H., F. M. SIROTNAK and L. F. CAVALIERI: Proc. nat. Acad. Sci. (Wash.) **45**, 144—156 (1959). — RYAN, F. J., K. KIRITANI: J. gen. Microbiol. **20**, 644—653 (1959).

SAITO, H.: Canad. J. Microbiol. **4**, 571—580 (1958). — SCHAEFFER, P.: C. R. Acad. Sci. (Paris) **245**, 230—231; 375—377; 451—453 (1957). — SCHAEFFER, P.: Symp. Soc. exp. Biol. **12**, 60—74 (1958). — SCHAEFFER, P., et H. JONESCO: C. R. Acad. Sci. (Paris) **249**, 481—482 (1959). — SERMONTI, G.: Genetics **42**, 433—443 (1957). — SERRES, F. DE: Cold Spr. Harb. Symp. quant. Biol **23**, 111 (1958). — SLONIMSKY, P. P.: in "Adaption in Microorganisms". p. 76 Cambridge: Univ. Press 1953). — SPIZIZEN, J.: Proc. nat. Acad. Sci. (Wash.) **44**, 1072 (1958). — STARLINGER, P.: Z. Naturforsch. **13 b**, 489—493 (1958). — STENT, G.: Advanc. Virus Res. **5**, 95 (1958).

TAYLOR, I. H.: Genetics **42**, 400 (1957); Amer. Naturalist **91**, 209—222 (1957).

WATSON, I. D., and F. CRICK: Cold Spr. Harb. Symp. quant. Biol. **18**, 123 (1953). — WINKLER, U.: Arch. Mikrobiol. **32**, 161—186 (1959). — WOLLMAN, E. L., et F. JACOB: Ann. Inst. Pasteur **95**, 641—666 (1958); **93**, 323—339 (1957). — WOLLMAN, E. L., et F. JACOB: C. R. Acad. Sci. (Paris) **247**, 536—539 (1958).

b) Genetik der Samenpflanzen

Von CORNELIA HARTE, KÖLN

Der Beitrag folgt in Band XXIII

19. Cytogenetik

Bericht über die Jahre 1958 und 1959

Von GERHARD RÖBBELEN, Göttingen

Mit 3 Abbildungen

Auch in den vergangenen Jahren konzentrierte sich die cytogenetische Forschung weiterhin auf Probleme, die das Chromosom selbst, insbesondere seine spontanen oder induzierten Strukturänderungen betreffen. Einige grundlegende Fortschritte der Vorstellungen über den regulären meiotischen Chromosomenumbau ergaben sich aus dem gleichen Zusammenhang. Weite Gebiete der Polyploidieforschung hingegen wurden immer stärker in den Dienst der Systematik gestellt, so daß es erlaubt schien, diese im vorliegenden Bericht auszugliedern. Auch über die außerkaryotischen Erbträger soll erst im folgenden Band berichtet werden. Trotz dieser Beschränkung war es nicht möglich, die Literatur zu den behandelten Themen vollständig anzuführen, und auch aus den berücksichtigten Arbeiten wurden zuweilen nur die Beiträge zitiert, die im Zusammenhang der Darstellung bedeutsam erschienen. Das Bestreben des Ref. bestand ausschließlich darin, die augenblicklich interessierende Problematik für das referierte Gebiet hinreichend deutlich zu kennzeichnen.

1. Das Chromosom

a) Paarung und Chiasmabildung

Eines der ältesten Probleme cytogenetischer Forschung, die Frage nach den Ursachen des eigentümlichen Chromosomenverhaltens in der Meiose ist auch in neuester Zeit von den verschiedensten Seiten angegangen worden, ohne daß sich bereits ein alle Einzelfaktoren umfassendes Bild abzeichnete. Dennoch sind im einzelnen einige interessante Fortschritte zu vermerken.

Am Beispiel des hexaploiden Kulturweizens *Triticum aestivum* ($6x = 42$) haben SEARS u. OKAMOTO (an Nullisomen der Sorte "Chinese Spring") und RILEY u. CHAPMAN (1) (an Nullihaploiden der Sorte "Holdfast") die lange Zeit offene Frage beantworten können, wie Polyploide ein den Diploiden entsprechendes normales P a a r u n g s verhalten erwerben können. In Kreuzungsnachkommenschaften einer 41 chromosomigen monosomen Linie (HH) von "Holdfast" wurden fünf 20 chromosomige nullihaploide Pflanzen ausgelesen, die ihrer Entstehung entsprechend einen haploiden Satz von "Holdfast" minus des Chromosoms, das in der Linie HH monosom ist, besitzen. Während die meiotische Paarung selbst in 21 chromosomigen Euhaploiden von "Holdfast" zu niemals mehr als 4 (im Mittel 1,3—1,7) durchweg offenen Bivalenten je Zellen führte, fanden sich in den Nullihaploiden gleichzeitig bis zu 19 der 20 Chromosomen (im Mittel 4,16) konjugiert. Im gleichen Sinne erhöhte sich die Anzahl der geschlossenen Bivalente und der Trivalente. Daraus läßt sich ableiten, daß das fehlende HH-Chromosom ein oder mehrere Gene enthält, die eine Paarung zwischen den jeweils einander äquivalenten ("homoeologous") Chromosomen der drei Weizen-Genome A, B und D verhindern. Beim "Chinese Spring" liegen diese Faktoren im Chromosom V. In Monosomen und Euhaploiden des Weizens funktioniert der Mechanismus auch im hemizygoten Zustand, während er bei *Aegilops speltoides*, von der das B-Genom des Weizens und somit auch dieses Chromosom herrühren soll, noch nicht ausgebildet ist, wie RILEY, UNRAU u. CHAPMAN in synthetischen Triploiden von *Ae. speltoides* × *Triticum durum* nachweisen konnten. Mit Hilfe von Chromosomenaberrationen gelang es RILEY u. CHAPMAN (1), die Faktoren noch genauer zu lokalisieren. Eine haploide Pflanze mit 20 Chromosomen und einem Isochromosom aus dem langen Schenkel des HH-Chromosoms zeigte ein Paarungsverhalten wie die Euhaploiden. Ebenso gering war die intergenomatische Paarung in einer 41 chromosomigen Form, die ein telocentrisches HH-Chromosom enthielt. Demnach ist sein langer Schenkel allein für die normale, ausschließliche Bivalentbildung des hexaploiden Weizens und damit für dessen klassischen autosyndetisch-alloploiden Charakter verantwortlich. Dieses Ergebnis weist erneut darauf hin, daß alle Versuche, die Chromosomenpaarung in Bastarden zur Deutung phylogenetischer Beziehungen heranzuziehen, stets mit derartigen Möglichkeiten einer genetischen Beeinflussung rechnen müssen.

Darüber hinaus kommt dem erwähnten Befund eine nicht unerhebliche praktische Bedeutung zu. Bastarde zwischen Monosomen V des "Chinese Spring" mit *Secale cereale* oder einigen *Aegilops*-Arten lassen durch vielfältige Paarungen von Chromosomen aus verschiedenen Genomen Homologien in Erscheinung treten, die bisher nicht zu erkennen waren (RILEY, CHAPMAN u. KIMBER; SEARS u. OKAMOTO). In allen Fällen wurden Quadrivalente aus den drei einander entsprechenden Chromosomen der drei Weizen-Genome und je einem Chromosom des anderen Elter beobachtet, und man darf folgern, daß nicht nur verschiedene *Aegilops*-Genome Homologiebeziehungen zu den Weizen-Genomen aufweisen, was nach den neueren Vorstellungen über die Entstehung von *Triticum aestivum* nicht verwunderlich ist, sondern daß Ähnliches, wenn auch in geringerem Maße, ebenso für *Secale* gilt. Die bisher einzige und wenig erfolgreiche Methode, erwünschte Eigenschaften vom diploiden Roggen auf den hexaploiden Weizen zu übertragen, beruhte auf einer Verwendung von Amphidiploiden zwischen diesen beiden Gattungen („Triticale") (BJURMAN) oder von „Additionslinien", die über die 42 Weizenchromosomen hinaus noch zusätzlich einzelne Roggenchromosomenpaare (z. B. Chromosom II mit Genen für Gelbrost- oder Chromosom III für Mehltauresistenz) enthalten [RILEY u. CHAPMAN (2)]. Die Möglichkeit, durch Ausschluß des Chromosoms V die normale Paarungs- bzw. Rekombinationsbarriere zwischen Weizen- und Roggenchromosomen (bzw. denen verwandter *Aegilops*-Arten) zu beseitigen, macht nun die Variation vieler diploider Kultur- oder Wild-Arten für eine züchterische Verbesserung des Weizens durch einfache Kreuzungen verfügbar.

In welchem Maße eine solche Resthomologie für eine interspezifische Genübertragung in Frage kommen kann, zeigte MOAV bei *Nicotiana*. Durch Rückkreuzung stellte er einen *N. tabacum* ($2n = 24$) mit einem zusätzlichen Chromosom von *N. plumbaginifolia* her, das einen dominanten Farbfaktor (*Ws*) trägt. Da es im Bastard instabil ist und häufig verlorengeht, sind dessen Blätter gescheckt. Jeder Austausch, der den *Ws*-Locus in ein *tabacum*-Chromosom überführt, bedingt ein Ausbleiben der Fleckung. Durch Koppelungsuntersuchungen ließ sich nachweisen, daß von 14 Übertragungen 8 dasselbe Chromosom betrafen und die übrigen 6 auf weitere 3 Chromosomen gleichmäßig verteilt waren.

Als Extreme einer genetischen Beeinflussung der Paarung lassen sich einige neue Beispiele für Asynapsis aufzählen. In einer Varietät von *Lathyrus odoratus* ist vollständige Asynapsis und folglich Sterilität in beiden Geschlechtern durch einen einzelnen rezessiven Faktor bedingt (ELLIS u. BURTON), während in *Nicotiana*-Bastarden (SWAMINATHAN u. MURTY) und *Hibiscus esculentus* (ROY u. IHA) ein spontan mutiertes Gen die meiotische Chromosomenpaarung lediglich quantitativ vermindert. Demgegenüber beruht die Sterilität nach Selbstung einer *Sorghum*-Form auf Desynapsis, also vorzeitiger Trennung der Paarlinge in der meiotischen Prophase (KRISHNASWAMY, CHANDRASEKHARAN u. MEENAKSHI).

Bei einer Tomaten-Mutante sollen Fehlverteilung und folglich weitgehende Sterilität durch eine vorzeitige Teilung der Centromeren in der späten Ana-Telophase I zustandekommen (CLAYBERG). Jedoch glaubt LIMA-DE-FARIA auf Grund seiner Beobachtungen an verschiedenen Objekten, daß eine Teilung der Kinetochoren in der Anaphase I der Meiose die Regel sei und der Zusammenhalt der Chromatiden bis in die Metaphase II durch die unmittelbar danebengelegenen proximalen Chromosomenabschnitte gewährleistet werde. Dafür soll auch die als niedrig bekannte Chiasmafrequenz in der Nachbarschaft des Centromers sprechen. Weitere genetische Einflüsse auf die Chiasmabildung untersuchten REES u. THOMPSON anhand von Inzuchtlinien und deren F_1- und F_2-Bastarden beim Roggen. Wie sich herausstellte, sind nicht nur die Chiasmahäufigkeit je Bivalent, sondern auch deren Variabilität genotypisch kontrolliert und miteinander negativ korreliert.

Die Reduktion der genetischen Rekombination in interspezifischen Bastarden ließ sich in einigen Fällen auf kryptische (cytologisch nicht erkennbare) Strukturdifferenzen im Chromosomenbestand zurückführen. Während die Rekombinationswerte bekannter Koppelungsgruppen bei *Gossypium hirsutum* ($A_hA_hD_hD_h$) auch in unterschiedlichem genetischen Milieu unverändert blieben, fand RHYNE eine gesicherte Abnahme in Genotypen, in denen das D_h-Genom von *G. hirsutum* durch das D_1-Genom aus *G. thurberi* bzw. durch das D_5-Genom aus *G. raimondii* oder das A_h-Genom durch das A_2-Genom aus *G. arboreum* ersetzt waren. In derselben Weise waren Chiasmafrequenz und genetisches "crossing over" (zwischen *Wo* und *d*) im 2. Chromosom von Bastarden zwischen *Lycopersicon esculentum* und *L. hirsutum* trotz vollständiger Pachytänpaarung herabgesetzt und zwar stärker, wenn als *hirsutum* die Herkunft Baños anstatt Chillon verwendet wurde (SAWANT). Auch in Bastarden zwischen verschiedenen Reis-Varietäten fanden YAO, HENDERSON u. JODON Hinweise für eine kryptische Strukturhybridität auf Grund zahlreicher kleiner Inversionen.

Erneut wurde die Abhängigkeit der Chiasmabildung von genauer definierbaren chromosomalen Strukturumbauten festgestellt. In cytologisch unterschiedenen Varietäten von *Solanum melongena* zeigten die als ursprünglich angesehenen symmetrischen Chromosomen höhere Chiasmafrequenzen (RAI). — An Bastarden zwischen *Secale cereale* × × *S. montanum*, die für eine induzierte Translokation heterozygot sind, bestätigte PRICE ältere Befunde, nach denen die Darlingtonsche Hypothese nicht zutrifft, daß Translokationspunkte eine Lokalisation der proximal gebildeten Chiasmen verursachen. Er beobachtete in der Metaphase I „bratpfannenförmige" Translokationsfiguren aus vier Chromosomen, in denen zwei derselben ein geschlossenes Bivalent mit terminalen, multiplen Chiasmen bilden; diese können nur durch eine Terminalisation proximaler Chiasmen über den Translokationspunkt hinweg entstanden sein.

Nach FOGWILL ist bei *Lilium* und *Fritillaria* nicht nur die mittlere Chiasmahäufigkeit in den Embryosackmutterzellen höher als in den Pollenmutterzellen, sondern auch ihre Verteilung unterschiedlich. Diese Beobachtung von zwei verschiedenen Rekombinationssystemen innerhalb einer zwittrigen Pflanze erscheint überaus beachtenswert, wenn auch die möglichen Ursachen der Differenz (Kerngröße, Dauer der meiotischen Prophase, Spiralisationsgrad der Chromosomen, Ernährungsunterschiede) noch unbekannt sind.

In diesem Zusammenhang ist von besonderem Interesse, daß SAMEJIMA u. KURABAYASHI bei *Trillium kamtschaticum* die Möglichkeit einer ,,Halb-Tetraden''-Analyse im weiblichen Geschlecht aufdeckten. Bei diesem Objekt gehen beide chalazale Gonen in den Embryosack ein, so daß man in den beiden Metaphaseplatten der ersten postmeiotischen Mitose bei morphologischer Heterozygotie der homologen Chromosomen im mütterlichen Individuum deren präreduktionelle bzw. postreduktionelle Verteilung unschwer daran erkennen kann, daß beide Kerne entweder die gleichen oder die verschieden gestalteten Chromosomen enthalten.

Den nun schon über 20 Jahren während Bemühungen, die komplexe Wirkung äußerer Faktoren auf die Chiasmafrequenz zu erfassen, wurden weitere Befunde hinzugefügt (REES u. THOMPSON). Besondere Beachtung erfuhr dabei das Calcium, seit dessen Funktion bei der Aufrechterhaltung des Längszusammenhalts im Chromosom neuerdings durch Behandlung mit chelierenden Substanzen wahrscheinlich gemacht werden konnte [MAZIA; STEFFENSEN; DAVIDSON (2)]. HYDE u. PALIWAL fanden in Quarzsandkulturen von *Plantago ovata* bei Ca-Mangel und -Überschuß in der Nährlösung eine starke Erhöhung der Chiasmazahlen, während Mg-Mangel nur einen geringen und Mg-Überschuß keinen Effekt zeigte. Weiterhin sollte nach älteren Versuchen von EVERSOLE u. TATUM der Austausch zwischen den beiden Genen ,,*Arginin-1*'' und ,,*Arginin-2*'' bei *Chlamydomonas reinhardi* durch Behandlung mit dem chelierenden Agens Versene (EDTA = Äthylendiamintetraessigsäure) um das Zehnfache auf 59,04 % erhöht und durch Zugabe hoher Ca- und Mg-Mengen wieder auf die alten Werte abgesenkt werden können. LEVINE u. EBERSOLD jedoch konnten am gleichen Objekt diesen Befund weder reproduzieren, noch mit der Ca^{45}-Isotopentechnik Anzeichen für eine Entfernung von Ca aus dem Chromosomenverband durch Versene feststellen, wie es die früheren Autoren nach flammenphotometrischen Messungen behauptet hatten. Zieht man ähnliche Befunde an *Drosophila* hinzu, so ergibt sich, daß Versene wohl keine zuverlässige direkte Affinität zu bivalenten Kationen innerhalb des Chromosoms besitzt und eine mögliche Wirkung nur von einer unspezifischen Änderung des allgemeinen Ionengleichgewichts in der Zelle ausgeht.

In direktem Anschluß an die grundlegenden Oehlkersschen Arbeiten ,,Zur Physiologie der Meiosis'' (vgl. Fortschr. Bot. **10**, 255) greift VENNEKOHL-ABEL das Problem der Chiasmabildung mit Messungen der absoluten

Viscosität des Protoplasmas einzelner Pollenmutterzellen durch Bestimmung der Zeit für 5 Passagen kleiner, Brownsche Molekularbewegung zeigender Teilchen neu auf. Während bei *Oenothera* und *Gasteria* in der Metaphase I die Plasmaviscosität normalerweise abfällt, steigt sie in experimentell asynaptischen Pflanzen (80 Tage in 5° C) beider Arten an. Dennoch scheint diese Veränderung der Plasmakonsistenz nicht unmittelbar mit dem für die Ausbildung von Chiasmen verantwortlichen Zellgeschehen zusammenzuhängen, da mit der genetisch bedingten Asynapsis bei Oenotheren der Verbindung *flavens · flavens* keine Viscositätsänderung gegenüber den Werten der normalen Pollenmutterzellen einhergeht.

Die wichtigsten Veröffentlichungen über den Einfluß der Temperatur auf "crossing over" und Chiasmabildung hat WILSON (2) zusammengetragen. Dabei stellt sich heraus, daß an den verschiedensten Objekten nahezu alle möglichen Beziehungen zwischen Chiasmafrequenz und Temperatur nachgewiesen wurden. Auf Grund eigener Erfahrungen mit der Liliacee *Endymion nonscriptus* weist WILSON (3, 4) auf zwei Fehlerquellen hin: die individuellen Schwankungen der mittleren Chiasmafrequenz und die unterschiedliche Dauer der Temperaturbehandlung. Außer dem Hinweis, zu solchen Versuchen nur Klonmaterial zu verwenden, schlägt er als Standardmethode vor, die Pflanzen so lange in den einzelnen Temperaturstufen zu belassen, daß sie gerade einen ganzen meiotischen Cyclus vollenden können. Bei jeder Umsetzung in eine andere Temperatur fällt die Chiasmafrequenz nämlich nach einiger Zeit ab, um hernach wieder anzusteigen. In der vorgeschlagenen Zeit ist der ursprüngliche Wert der Chiasmafrequenz bei *Endymion* im Falle einer niedrigen Temperatur (0—5° C) schon überschritten, während er bei einer hohen (bis 30° C) im Zusammenhang mit einer stark verkürzten Meiosedauer noch nicht erreicht ist. Demnach sinkt die Chiasmahäufigkeit nahezu geradlinig mit steigender Temperatur, während gleichzeitig die Streuung zunimmt. Werden jedoch längere Zeiten verwendet, so steigen die Werte auch in den Serien mit den höheren Temperaturen weiter an, so daß sich das Ergebnis umkehren kann.

Neben einigen interessanten, auf genetischem Wege ermittelten Befunden über die prozentuale Beteiligung der vier Chromatiden eines Bivalents bei mehrfachem Austausch (SHULT; MÖLLER) wurden weitere cytologische Befunde zum Problem der Chiasmainterferenz gesammelt. In dem veränderten Schenkel eines heteromorphen Bivalents von *Lilium callosum* betrugen die Häufigkeiten der Bildung von einem, zwei und drei Chiasmen: 23,5%, 56,8% bzw. 19,7%. Wird gleichzeitig die Chiasmenzahl in der Metaphase I und die Verteilung des heteromorphen Bivalents in der Anaphase I von Pollenmutterzellen derselben Anthere beobachtet, so ist der mit der bekannten Matherschen Formel errechnete Wert für die äquationelle Trennung (66,7%) sehr viel höher als der gefundene (48,6%). Als Erklärung wird eine 77%ige Chromatideninterferenz bei der Chiasmabildung angenommen. Wenn sich nämlich die aufeinander folgenden Chiasmen kompensieren, trennen sich die heteromorphen Chromosomenschenkel, die zwei Chiasmen enthalten, reduktionell und die mit drei äquationell, was die Gesamthäufigkeit der reduktionellen

Trennung in der Anaphase I erhöht (KAYANO). — Einen anderen Weg schlugen ROWLANDS bei *Vicia faba* und ELLIOTT bei *Endymion* und *Hyacinthus* ein. Sie bestimmten die Chiasmafrequenz in der Metaphase und errechneten die Varianz ihrer Verteilung zwischen und innerhalb der Einzelpflanzen bzw. Zellen derselben Pflanze. In Bestätigung früherer Befunde von HARTE (Fortschr. Bot. 20, 238) sind diese Korrelationen außerordentlich variabel. Dennoch ließ sich bei *Vicia faba* in 2 von 8 Pflanzen eine signifikante negative Korrelation zwischen der Chiasmafrequenz des großen M-Bivalents und der Gesamtchiasmafrequenz der 5 kleinen m-Bivalente je Zelle erkennen. In derselben Weise konnte ELLIOTT den Einfluß der Temperatur (5°, 10°, 15° und 20° C) auf die interchromosomale Interferenz nachweisen.

Theoretische Erörterungen über das Zustandekommen der sehr viel selteneren negativen Interferenz finden sich bei SERRA (4). Ausgehend von seinen Vorstellungen über die Genstruktur [SERRA (1, 2, 3)] sieht er den mikroskopischen Kontakt„punkt" (Chiasma) als eine für den submikroskopischen Bereich relativ lange Zone an, die in sich spiralisiert sein kann, so daß Segmentaustausch denkbar ist; dieser müßte dann in bezug auf die benachbarten Abschnitte wie ein Doppelaustausch aussehen.

b) Chromatidale Strukturänderungen

Den cytogenetisch erfaßbaren Veränderungen beim physiologisch kontrollierten "crossing over" entsprechen in auffälliger Weise chromatidale Strukturumbauten, wie sie bei den verschiedensten Objekten durch mannigfache mutagene Agenzien ausgelöst werden können. Wenn es auch noch nicht erwiesen ist, daß diese beiden Austauschvorgänge entwicklungsgeschichtlich einander homolog sind, so bieten sich hier doch aufschlußreiche Vergleichsmöglichkeiten an.

Theoretisch wurden beide Prozesse lange Zeit fast ausschließlich im Sinne der Darlingtonschen Bruch-Reunions-Hypothese gedeutet, und auch die zahlreichen neuesten Versuche zur Auslösung von Chromosomenaberrationen, über die im folgenden zu berichten sein wird, bauen durchweg auf dieser Vorstellung auf. Bei der augenblicklichen Diskussion rückt aber, wie schon berichtet (Fortschr. Bot. 20, 237), von Rekombinationsphänomenen bei Mikroorganismen ausgehend die Bellingsche Vorstellung immer stärker in den Vordergrund, nach der das meiotische „crossing over" auf einem Austausch zwischen den beiden neuen Chromatiden zur Zeit ihrer Entstehung beruht. Gewisse Parallelen dazu finden sich in der überaus beachtenswerten „Austausch-Hypothese" wieder, die kürzlich REVELL (1, 2, 3) auf Grund eigener experimenteller Daten zur Deutung der induzierten Chromatidenaberrationen entwickelte und nach der sämtliche chromatidale Veränderungen, einschließlich der üblicherweise als Chromatiden- und Isochromatiden-„Brüche" interpretierten, aus vorhergehenden Austauschvorgängen entstehen.

Diese Hypothese beruht auf den beiden beobachteten Fakten, daß nach mutagener Beeinflussung typische Chromatidentranslokationen ("interchanges") zwischen verschiedenen Chromosomen auftreten können und daß dieser Austausch zu einem bestimmten Prozentsatz unvollständig ist, d. h. daß zuweilen nur 2 der 4 beteiligten Chromatiden am Austauschpunkt in der neuen Anordnung verbunden sind, so daß die beiden anderen Enden frei im Kern liegen bleiben. Es wird nun angenommen, daß in entsprechender Weise durch solche chromatidalen Austauschvorgänge auch alle denkbaren Chromatidenaberrationen innerhalb eines Chromosomes ("intra-changes") entstehen. Denn spielt sich ein solcher Austausch in einem Chromosom zwischen zwei dicht zusammenliegenden Punkten ab, so ist er im kontrahierten Metaphasechromosom als solcher nicht mehr zu erkennen. Abb. 23 zeigt, wie derartige Vorgänge innerhalb kleiner Schleifen, die in einem Chromosom im Ruhe- oder Prophasekern zweifellos jederzeit zufällig vorkommen können, je nach der Chroma-tidenkombination zu vier verschiedenen Aberrationstypen (Abb. 23 unten links)

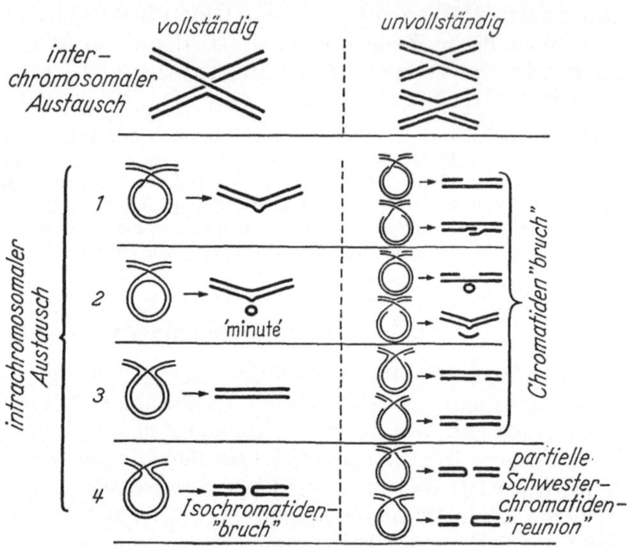

Abb. 23. Schematische Darstellung der Austausch-Hypothese. Von den vier intrachromosomalen Struktur-umbauten (unten) ist jeweils ein frühes Stadium, in dem die Chromatiden noch vollständig gepaart sind, und die Figur in der Metaphase skizziert, in der sich die Chromatiden kontrahiert haben und dadurch die Paarung innerhalb des Austauschsegments aufgelöst wurde. Näheres im Text. [Aus REVELL (3)]

führen, die sich in der Tat sämtlich im Mikroskop nachweisen lassen [REVELL (1)]. Beim Typ 1 ist das Ergebnis eine Duplikation im einen und eine entsprechende Deletion im anderen Chromatid, beim Typ 2 eine kleine Deletion und ein winziger ("minute") Ring und beim Typ 3 eine kleine Inversion nur im einen Chromatid, während beim Typ 4 die beiden Chromatiden wechselseitig miteinander verbunden sind. Damit liegt — worauf kurz hingewiesen sei — die besondere Bedeutung dieser Hypothese für alle Versuche auf der Hand, die phylogenetische Entstehung der erwähnten (S. 318) kryptischen Strukturhybridität zu erklären. Nimmt man weiterhin an, daß jeder dieser vier Typen eines intrachromosomalen Strukturumbaues in beiden Richtungen unvollständig sein kann, so sind weitere 8 Aberrationsformen denkbar, unter denen in 5 Fällen die in der üblichen Terminologie als „Chromatiden-brüche" bezeichneten Strukturänderungen und in zwei Fällen „Isochromatiden-brüche" mit teilweise ausbleibender Schwesterchromatiden„reunion" auftreten. Aus der Voraussetzung, daß alle vier Typen in gleicher Häufigkeit entstehen und sich zudem jeder Austauschtyp mit einer gleichen Wahrscheinlichkeit in seiner unvollständigen Form ausbildet, ergibt sich der zu erwartende Anteil der einzelnen im Versuch beobachteten Aberrationsfiguren. Diese Erwartung findet sich in den Angaben älterer Autoren ebenso wie in Versuchen von REVELL bestätigt, in denen er Seitenwurzeln von *Vicia faba* mit 25 *r* Röntgenstrahlen [REVELL (3)] bzw. $2{,}5 \times 10^{-4}$ mol 2,3-Epoxypropyläther [REVELL (2)] behandelte. Die besondere Bedeutung seiner Hypothese liegt in der Vorstellung, daß ein Strukturumbau nicht wie bisher als die relativ unwahrscheinliche Folge eines zufälligen Bruchs und einer zufälligen Wiedervereinigung, sondern stets nur im Gefolge einer vorherigen räumlichen Annäherung eintritt.

Die einzige Möglichkeit, die Gültigkeit dieser Überlegungen zu beweisen, scheint zur Zeit eine Isotopentechnik zu sein, die TAYLOR (2—6) entwickelte. Wenngleich diese Methode bislang, wie schon kurz berichtet (Fortschr. Bot. **21**, 5), nur an einigen mitotisch sich teilenden Chromosomen (und auch hier nicht ohne Widerspruch) angewendet wurde, so sind die Aussagemöglichkeiten solcher Versuche für alle im vorstehenden aufgezeigten Probleme doch so erfolgversprechend, daß man ihre endgültige Bestätigung und Ausweitung auch auf meiotische Zellen nur mit Spannung erwarten kann.

Offensichtlich ist eine Markierung von Chromosomen in Wurzelspitzen mit H^3-Thymidin, wie sie TAYLOR, WOODS u. HUGHES erstmals beschrieben, nur während ihrer Verdoppelung in der Interphase möglich. Da dieses Stadium bei den bisher untersuchten Objekten *Vicia faba*, *Bellevalia romana* und *Crepis capillaris* der zu analysierenden Anaphase etwa 6—8 Std. vorhergeht, läßt man die Wurzeln 6 Std. in einer Nährlösung wachsen, die etwa 1 *mc* H^3-Thymidin enthält. Bei der verwendeten Konzentration wird das radioaktive Thymidin fast ausschließlich für die DNS-Synthese verwendet; zudem ließ sich keine meßbare Anhäufung im meristematischen Gewebe nachweisen (McQUADE, FRIEDKIN u. ATCHISON). Der Vorrat an markierter Substanz ist daher bald erschöpft, wenn die Wurzeln anschließend in eine isotopenfreie 0,06%ige Colchicinlösung überführt werden. Wird 10—20 Std. später in Alkohol-Eisessig (3:1) fixiert und das Quetschpräparat mit der üblichen "stripping film"-Methode [TAYLOR (1)] autoradiographiert, so zeigen sich die Chromosomen in einem Teil der durch das Colchicin angehäuften Metaphaseplatten in beiden Chromatiden markiert. Fixiert man hingegen 35—45 Std. nach dem Umsetzen, so ist ein Teil der Zellen inzwischen tetraploid geworden und von den beiden Chromatiden dieser Tochterchromosomen in der zweiten auf die Markierung folgenden Metaphase je nur noch eine markiert. Als Deutung dieser Befunde ist denkbar, daß das Chromosom bereits vor der Verdoppelung zweistrangig ist und beide Stränge für sich als intakte Einheiten reproduziert werden, so daß die beiden in der Mitose auseinanderweichenden Chromatiden aus einem alten und einem neuen Strang bestehen. Der ursprüngliche, unmarkierte Strang gibt sich daher nach einer einmaligen Verdoppelung in Isotopenlösung erst in der übernächsten Teilung zu erkennen.

LaCOUR u. PELC (1, 2) machten jedoch methodische Einwände gegen die verwendete Colchicinbehandlung geltend, nach denen die Ergebnisse von TAYLOR durch eine Colchicin-bedingte Beeinflussung des eigentlichen Synthesevorganges bei der Reproduktion oder der späteren Trennung der neuen und alten Stränge (durch Einwirkung auf das Centromer) bestimmt sein sollen. Sie zitieren ältere Befunde von PLAUT u. MAZIA an C^{14}-markierten Kernen von *Crepis* und finden bereits in der ersten Teilung Chromosomen, die nur in einer Chromatide, wie auch in der zweiten solche, die noch in beiden markiert sind. Als Arbeitshypothese wird darum ein Chromosom angenommen, das bereits vor der Reproduktion vierstrangig ist. Wenn auch dementgegen WOODS u. SCHAIRER mit Recht auf die technischen Schwierigkeiten der "stripping film"-Methode hinweisen (LaCOUR u. PELC sollen die Chromosomen nicht dicht genug an die Emulsion herangequetscht haben, so daß sie nur unvollständige Autoradiographien erhielten), so bedarf es zur Klärung der aufgeworfenen Fragen sicherlich noch weiterer Versuche.

Charakteristisch in den klaren Bildern, die TAYLOR (2, 6) publizierte, ist die Häufigkeit, mit der Schwesterstrangaustausch zwischen der markierten und der unmarkierten Chromatide auftritt. Zudem läßt sich dieser in den tetraploiden Zellen des zweiten Teilungscyclus häufig in zwei der vier homologen Chromosomen an identischen Loci beobachten

(Abb. 24); das weist darauf hin, daß der Austausch hier vor der Trennung dieser beiden Chromosomen, also vor der ersten C-Metaphase erfolgte. Solche "twins" sind dementsprechend niemals in diploiden Zellen zu finden. Ihre Anzahl ist größer als die der einfachen Austauschvorgänge (in einem Versuch mit *Bellevalia* 81 gegenüber 30). Jedoch läßt sich vorerst leider noch nicht entscheiden, ob diese Strukturänderungen ausschließlich durch die Strahlung des aufgenommenen Tritiums induziert

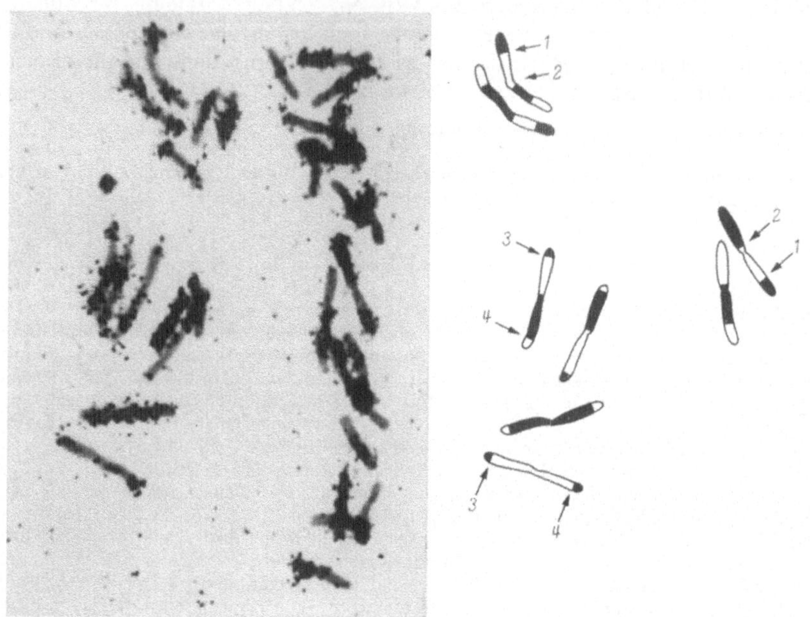

Abb. 24. Autoradiographie einer C-Metaphase von *Bellevalia romana* in der zweiten Teilung nach H³-Thymidin-Markierung. Tetraploide Zelle mit vollständig getrennten Schwesterchromatiden. Vier Paare derselben sind rechts herausgezeichnet, um auf Schwesterstrangaustausch hinzuweisen. Die Pfeile kennzeichnen zwei Fälle, wo in zwei Chromatidenpaaren derselbe Austausch zu finden ist. (Die markierten Segmente sind schwarz wiedergegeben.) [Aus Taylor (2)]

wurden oder auch normalerweise im Verlauf der Verdoppelungsvorgänge (bzw. vor der Trennung der Tochterchromosomen) entstehen und dem Chiasma vergleichbar sind.

Die lange Zeit diskutierte Frage nach der weiteren Unterteilung der Chromatide kann somit heute dahingehend beantwortet werden, daß sie sicher mehr als einstrangig ist. Diese Auffassung ist allerdings dem Cytologen nicht neu, und Wilson, Sparrow u. Pond konnten den vielen bekannten Fällen von subchromatidalen Strukturumbauten eine neue interessante Konfiguration hinzufügen. Sie fanden in Pollenmutterzellen von *Trillium erectum* nach Röntgenbestrahlung (25 r) der späten meiotischen Prophase (nicht vor dem Diplotän) in Anaphase I und II eigentümliche Halbchromatidenbrücken, in deren Mitte die beiden distal vom Translokationspunkt liegenden Schenkelenden der an der Translokation beteiligten Chromosomen befestigt waren ("2-side-arm-bridges").

c) Die experimentelle Auslösung von Aberrationen

Besondere Aufmerksamkeit wurde in den vergangenen Jahren wiederum bestimmten Fragen nach den Entstehungsbedingungen struktureller Chromosomenabänderungen (Aberration) geschenkt. Dabei standen die verschiedenartigsten Bestrahlungsversuche weiterhin im Vordergrund, schon allein wegen der Möglichkeit, die Zeit ihrer Einwirkung genau zu begrenzen. Denn es ist lange bekannt, daß nicht nur die Art der induzierten Aberrationen [DAVIDSON (1); KURABAYASHI (2); MITRA], sondern auch die Empfindlichkeit der Chromosomen in ihren verschiedenen Entwicklungsstadien [DAVIDSON (4)] unterschiedlich sein kann. Doch auch in Bestrahlungsversuchen mit meristematischen Wurzelspitzenzellen, wie sie für manche Fragestellungen mittlerweile zur Standardmethode geworden sind, ist das Stadium der Zellen, deren Strahlenreaktion hernach mikroskopisch getestet wird, zur Zeit der Bestrahlung einer solchen asynchronen Zellpopulation zuweilen nur schwer mit der erwünschten Genauigkeit zu bestimmen. Nicht nur, daß bei hohen Dosen oder niederen Dosisraten die Bestrahlungsdauer im Vergleich zu den einzelnen Stadien zu lang werden kann, auch eine durch die Behandlung veränderte Geschwindigkeit, mit der eine Zelle den Teilungscyclus durchläuft [z. B. BAILEY (1); MAKINEN], kann die Vergleichbarkeit mit der unbestrahlten Kontrolle stören.

Solche Mitoseverzögerungen sind jedoch mit einer einfachen Colchicinmethode zu erfassen. EVANS, NEARY u. TONKINSON (1, 2) und NEARY, EVANS u. TONKINSON fixierten dazu bestrahlte (Co^{60}; 188 rad) Wurzelspitzen von *Vicia faba* in 14 Fixierzeiten innerhalb von 48 Std. nach der Bestrahlung unmittelbar im Anschluß an eine zweistündige Überführung in 0,05%ige wäßrige Colchicinlösung und beobachteten die Zunahme der Metaphasehäufigkeit von einer Fixierung zur nächsten. Dabei fanden sie, daß dieser Zuwachs 2 Std. nach der Bestrahlung ein kleines Maximum, im Anschluß daran bis 5 Std. ein ausgeprägtes Minimum und danach eine ,,Erholungsphase" mit einem Maximum zwischen 10 und 12 Std. erkennen läßt, bevor sich die Anzahl der Metaphasen wieder dem normalen Wert nähert. Das bedeutet also eine sehr ausgeprägte Verzögerung des Mitoseablaufs (5,5 Std.) bei den Zellen, die zu Beginn der Interphase bestrahlt werden und eine geringfügige Blockade (0,5 Std.) am Ende der Interphase beim Eintritt in die Mitose, die jedoch nach 50 r Röntgenbestrahlung nicht aufzutreten scheint [REVELL (3)]. Bei γ-Bestrahlung in Stickstoffatmosphäre sind die Effekte nur etwa halb so groß, während die Gegenwart von Sauerstoff bei Neutronenbestrahlung keinen Einfluß auf das Ausmaß der Mitoseverzögerung hat (NEARY, EVANS, TONKINSON u. WILLIAMSON). In derselben Weise bestimmen SAVAGE u. EVANS bei *Vicia faba* die Veränderungen der Teilungsgeschwindigkeit beim Überführen der Wurzelspitzen von $+19°$ in $+3°$ C, was in manchen Bestrahlungsversuchen mit niederen Dosisraten aus den erwähnten Gründen der Stadienbestimmung zuweilen notwendig ist. — Bei einer Bestimmung der Mitoserate während längerer Zeiten geht DAVIDSON (6) von der Beobachtung aus, daß sich in den Wurzelspitzen 9 oder 11 Tage nach der (600 r) Röntgenbestrahlung stets einige ungewöhnliche, leicht als identisch zu erkennende Aberrationen auffinden lassen, die aller Wahrscheinlichkeit nach sämtlich von derselben bestrahlten Zelle abstammen. Damit aber kann er die Zahl der nach der Bestrahlung abgelaufenen Teilungsschritte berechnen, und es ergibt sich, daß bei der verwendeten Dosis eine Periode höherer Teilungsgeschwindigkeit auf die Bestrahlung folgt.

Wie erwähnt steht zur Zeit bei vielen Mutationsversuchen die Analyse der Vorgänge im Vordergrund, die im Chromosomengefüge zu Bruch und

Reunion führen können. Die Fortschritte dieser Arbeitsrichtung waren in den letzten Jahren besonders bemerkenswert.

WOLFF u. LUIPPOLD (2) bestrahlten Wurzelspitzen von *Vicia faba* mit insgesamt 600 *r* Röntgenstrahlen bei verschiedener Intensität und zählten in der üblichen Weise in der ersten auf die Bestrahlung folgenden Mitose Ringe und dicentrische Chromosomen (vgl. Fortschr. Bot. **17**, 683 f.). Neben den gewohnten, etwa nach 2 Std. restituierenden Brüchen stellten sie bei Dosisraten von über 200 *r*/min eine außerordentliche Zunahme der beobachteten Zwei-Treffer-Aberrationen fest, die auf eine bislang unbekannte Gruppe von Brüchen mit einer durchschnittlichen Lebensdauer von nur etwa 1 min hindeutet. Da eine dreistündige Vorbehandlung mit 0,001 mol Versene (vgl. S. 319) die Wirkung einer vergleichbaren Bestrahlung um das Doppelte erhöhte, wurde gefolgert, daß außer den bisher bekannten Brüchen innerhalb kovalenter Bindungen auch solche in Ionenbrücken (Ca und/oder Mg) vorkommen. In derselben Weise konnte COHN (1) bei *Allium* nach fraktionierter Bestrahlung zwei entsprechende Klassen an ihrer mittleren Restitutionszeit von 15 min bzw. 4 Std. unterscheiden, und man versuchte nun, diese beiden Arten von Brüchen durch eine Veränderung bestimmter zellphysiologischer Prozesse genauer gegeneinander abzugrenzen.

Wie schon lange bekannt, wird die Anzahl der strukturellen Chromosomenveränderungen durch Einwirkung energiereicher Strahlen bei Anwesenheit von Sauerstoff gegenüber anaerober Bestrahlung etwa dreifach verstärkt (vgl. Fortschr. Bot. **17**, 683; weiterhin NEARY u. EVANS; EVANS, NEARY u. WILLIAMSON; NEARY, TONKINSON u. WILLIAMSON u. a.). Der „Sauerstoff-Effekt" nach einer Bestrahlung scheint nach älteren Versuchen an *Vicia faba* [WOLFF u. ATWOOD; WOLFF u. LUIPPOLD (1, 2)] und *Trillium* (DESCHNER u. SPARROW) aber nicht nur die Bruchwahrscheinlichkeit zu erhöhen, sondern auch das System der Wiedervereinigung der Bruchflächen zu beeinflussen. Denn wie WOLFF u. LUIPPOLD (3) an *Tradescantia*-Mikrosporen (4-5 Tage vor der ersten postmeiotischen Teilung fraktioniert bestrahlt) bestätigten, werden die Brüche in N_2-Atmosphäre nicht nur in geringerer Anzahl erzeugt, sondern bleiben auch nur max. 2,5 min (gegenüber mindestens 20 min in Luft) offen. WOLFF u. VON BORSTEL hatten dasselbe bereits durch Zentrifugierung unmittelbar nach der Bestrahlung festgestellt, da hierdurch normalerweise die Bruchflächen getrennt, hingegen in N_2-Atmosphäre nicht mehr rechtzeitig an der Restitution gehindert werden können. In weiteren Versuchen, deren Ergebnisse BEATTY u. BEATTY (1) unabhängig von diesen Autoren experimentell bestätigten, wurden *Tradescantia*-Inflorescenzen sofort nach einer fraktionierten Bestrahlung ($2 \times 150\ r$ mit 1 Std. Intervall) in Vakuum bzw. CO-Atmosphäre (95% CO + 5% CO_2) und Dunkelheit (um eine Sauerstoffbildung durch Photosynthese zu verhindern) gebracht, und es ergaben sich 49,7 bzw. 50,7% Zwei-Treffer-Aberrationen gegenüber 55,2% bei einer einmaligen Gabe von 300 *r*, während die Brüche bei Belichtung in CO-Atmosphäre normal restituieren konnten (37,4 gegenüber 34,2% Aberrationen ohne Nachbehandlung). Darüber hinaus fand COHN (2), daß ausschließlich Licht der Wellenlänge 430 mμ die CO-Wirkung aufheben kann, so daß es wohl sicher ist, daß unter diesen Versuchsbedingungen das CO mit der Cytochromoxydase einen im Licht instabilen Komplex eingeht. Zudem spricht auch die Wirkung einer Nachbehandlung von *Vicia*-Wurzelspitzen nach der ersten

Bestrahlung mit Dinitrophenol [WOLFF u. LUIPPOLD (1)] dafür, daß Adenosintriphosphat für die Reunion der Brüche notwendig ist; ebenso wird diese durch Zugabe von ATP beschleunigt [WOLFF u. LUIPPOLD (2)].

Allerdings scheint bei beiden erwähnten Klassen von Brüchen eine solche Energiezufuhr zur Wiedervereinigung notwendig zu sein. COHN (1) konnte die Hypothese, daß dieses Verhalten nur den Brüchen kovalenter Bindungen eigen sei, an den experimentell günstigeren *Allium*-Wurzelspitzen nicht bestätigen. Wenn aber das CO in Dunkelheit auch die Restitution der ionischen Bindungen verhindert, könnte man annehmen, daß sich hier ein Fe-CO-Komplex bildet, der nicht durch Licht zerstört wird oder dessen Wirkung auf die Chromosomenstabilität auch nach seiner Auflösung erhalten bleibt. Denn in Parallele hierzu stellten KIHLMAN (1) und KIHLMAN, MERZ u. SWANSON in Versuchen mit Fe^{59} das Eisen als wichtiges Bindeglied zwischen DNS und Protein fest und fanden, daß Schwermetallkomplexbildner mutagen sind. Man wird versuchen müssen, die Hypothese von den beiden chemisch verschiedenen Chromosomenbrüchen in weiteren Experimenten zu verifizieren.

Zur genaueren Analyse der Prozesse bei strahleninduziertem Chromosomenbruch und Wiedervereinigung wurden die inneren und äußeren Bestrahlungsbedingungen, insbesondere der Sauerstoffspiegel (vgl. Zusammenfassung bei HOWARD-FLANDERS) in den untersuchten Zellen in verschiedener Weise experimentell modifiziert. Leider ist nur in einigen dieser Versuche zu erkennen, welcher der beiden unabhängigen Prozesse, die ja wie gezeigt eine gegensätzliche Sauerstoffempfindlichkeit besitzen, von der gesetzten Veränderung betroffen ist. Zur Deutung der Ergebnisse wurden vor allem folgende drei Hypothesen herangezogen: die Annahme von einer Existenz potentieller (latenter) Chromosomenbrüche, die in Gegenwart von O_2 in primäre (aktuelle) übergehen (Fortschr. Bot. 20, 242), die Vorstellung von einer unterschiedlichen Wiedervereinigung, nach der O_2 die Häufigkeit einer Restitution der Bruchflächen herabsetzt und die Hypothese von einer Bildung mutagener Strahlenprodukte aus organischen Substanzen der bestrahlten Gewebe in Abhängigkeit vom O_2-Gehalt. Vor allem die beiden letzteren wurden häufig diskutiert [vgl. die hervorragende Zusammenfassung von READ (2)].

Liegen *Vicia faba*-Wurzelspitzen während des Bestrahlungsversuches in Phosphatpufferlösung, durch die unter sonst anaeroben Bedingungen Gase verschiedener Zusammensetzung perlen, so können schon sehr geringe Mengen (2%) von Sauerstoff in der Gasphase die Aberrationsfrequenz deutlich erhöhen [KIHLMAN (2)]. Andererseits heben inerte Gase, die gleichzeitig unter hohem Druck zugeführt werden, selbst die Wirkung einer normalen (21%) Sauerstoffspannung auf (EBERT, HORNSEY u. HOWARD). So wird die Häufigkeit der Strukturumbauten bei Verwendung von Argon bei 5 atm, N_2 bei 21 atm und H_2 oder Helium erst bei noch höheren Drucken auf die Anzahl bei Reunion unter anaeroben Bedingungen herabgesetzt. Demnach ist es möglich, den Sauerstoff durch einen hohen Partialdruck anderer Gase vom Reaktionsort in der Zelle zu verdrängen. — Nach einem Maximum bei mittleren Intensitäten von Elektronen- und Röntgenstrahlen sinkt die Aberrationsfrequenz bei hohen Dosisraten (10 bis 4×10^8 *rad*/sec) wieder ab, sofern in Luft bestrahlt wird (KIRBY-SMITH u. DOLPHIN); bei Bestrahlung in N_2-Atmosphäre (wo Rekombinationen zwar insgesamt seltener sind: 0,18 gegenüber 0,6 in Luft) ist dieser Abfall jedoch ebensowenig festzustellen wie bei Bestrahlung unter erhöhter Sauerstoffspannung. Als Deutung führen die Verff. einen temporären O_2-Mangel auf Grund des plötzlichen O_2-Verbrauchs bei der erhöhten Rekombination freier, strahleninduzierter Radikale an.

Substanzen wie Nitrosophenylhydroxylamin-ammonium (Cupferron), Kaliumcyanid und Natriumazid, die als Atmungsgifte bekannt sind, erhöhen gleichzeitig die Häufigkeit chromosomaler Aberrationen, die bei Bestrahlung unter Sauerstoffmangel auftreten [KIHLMAN (6); LILLY]. Ein Dreißigstel der Sauerstoffmenge, durch die die Aberrationsrate unter normalen Bedingungen noch gerade meßbar erhöht wird, zeigt bei Anwesenheit von Cupferron schon eine deutliche Wirkung [KIHLMAN (2)]. Da Cupferron unter vollständig anaeroben Bedingungen unwirksam ist, beruht der Effekt zweifellos auf einer Ausschaltung der Konkurrenz um den Sauerstoff durch die Atmung. Es ist auch ein Einfluß von NO denkbar, das sich unter den reichlichen Zersetzungsprodukten dieser Substanz in größerer Menge findet und von dem man weiß, daß es den Sauerstoff in seiner Eigenschaft, die Strahlenempfindlichkeit bei Anaerobiose zu erhöhen, vollständig ersetzen kann [KIHLMAN (3)]. Möglicherweise beruht der Wirkungsmechanismus beider Gase auf ihrer Fähigkeit, mit organischen Radikalen zu reagieren, oder auf ihren paramagnetischen Eigenschaften, durch die sie gleichfalls die Lebensdauer angeregter Zustände beeinflussen können.

Bekannt ist der Einfluß, den die Temperatur nach der Bestrahlung auf den Verheilungsprozeß der Chromosomen ausübt (MATSUMURA). BEATTY u. BEATTY (2) fanden in bestrahlten Mikrosporen von *Tradescantia* unter aeroben Bedingungen die höchste Aberrationsfrequenz bei niederer (0,3—10° C), hingegen in anaerober Atmosphäre bei der höchsten (45° C) verwendeten Temperatur. (Entsprechendes stellte auch MERZ bei *Vicia* fest.) Sie versuchen, das erste Ergebnis durch eine Temperaturbeeinflussung des oxydativen Stoffwechsels zu erklären, auf Grund deren über das Cytochromsystem nicht genügend Energie für die Restitution zur Verfügung steht. Unter anaeroben Bedingungen jedoch ist die Energiequelle offensichtlich eine andere. Denn wenn die Autoren eine Freisetzung der Energie in einem früheren Stadium der Glykolyse durch eine Inaktivierung der Triosephosphatdehydrogenase durch $^1/_{1000}$ mol Natriumjodacetat oder $^1/_{10\,000}$ p-Chlormercuribenzoesäure verhinderten, resultierte eine mindestens doppelte Anzahl von Strukturumbauten.

Im folgenden sind weitere Befunde zu erwähnen, deren Kausalanalyse größere Schwierigkeiten bereitet. So haben JAIN u. MUJUMDER an Wurzelspitzen von Gersten die älteren Befunde von LANE an *Tradescantia*-Mikrosporen, daß eine Vorbestrahlung die Empfindlichkeit der Chromosomen einer folgenden Exposition gegenüber für einige Stunden herabsetzt, entgegen den Zweifeln von GILES erneut bestätigt. Wenn eine Dosis von 2400 *r* Röntgenstrahlen mit einer Unterbrechung von nur 2 Std. gegeben wurde, entsprach die Anzahl der Brüche (33,9%) und Rekombinationen (6,1%) nahezu dem Wert, den die einfache Dosis von 1200 *r* auslöst, während bei 8stündigem Intervall die Häufigkeit der Zwei-Treffer-Aberrationen 14,9% gegenüber 21,4% und die der Brüche sogar den vollen Wert der unfraktionierten Dosis (98,1%) wieder erreichte. — Einmal induzierte Chromosomenschäden können durch die bekannten Schutzstoffe Cystein oder Cysteamin entgegen früheren Beobachtungen nachträglich nicht wieder beseitigt werden (KLING-MÜLLER). — Trocken gelagertes Saatgut von *Vicia faba* wird durch Röntgenstrahlen stärker geschädigt als feucht aufbewahrtes. Acht Wochen währende Lagerung röntgenbestrahlter (7500 r), trockener Gerstekörnern vor der Aussaat verstärkt die chromosomalen Schädigungen vornehmlich bei Aufbewahrung in O_2-Atmosphäre (ADAMS u. NILAN; SIRE u. NILAN), ohne jedoch die Rate der Punktmutationen (Blattfarbmutanten in X_2) zu verändern. Auch GAUL (1) sowie EHRENBERG, GUSTAFSSON u. LUNDQUIST konnten die gegenseitige Unabhängigkeit der Vorgänge nachweisen, die zu Chromosomen- bzw. Punktmutationen führen. Die Anzahl der Aberrationen, die durch thermische Neutronen (5000 rep) in Gerstenkörnern induziert wurden, wird während einer 6wöchigen Lagerung durch O_2 selbst bei 7 atm nicht beeinflußt (NILAN). Ebenso scheint Cyanid (LILLY) oder Calciummangel (STEFFENSEN) entgegen den Befunden mit Röntgenstrahlen die Wirkung der sehr viel dichter ionisierenden α-Teilchen auf *Vicia faba*-Wurzelspitzen nicht zu beeinträchtigen. Beim gleichen Objekt können röntgenstrahleninduzierte Brüche (600 r) mit denen, die eine vorherige Bestrahlung mit schnellen Neutronen (45 rep) auslöste, nicht rekombinieren. WOLFF, ATWOOD, RANDOLPH u. LUIPPOLD diskutieren in diesem Zusammenhang den maximalen Abstand, über den hinweg zwei Brüche noch gerade rekombinieren können, und errechnen, daß dieser Wert statt 1 μ nur 0,3 μ, also sehr viel niedriger zu sein scheint, als bisher allgemein angenommen wurde.

Nicht nur ionisierende Strahlen, sondern auch andere physikalische Energiequellen können unter bestimmten Voraussetzungen Chromosomenbrüche induzieren. Selbst Hochfrequenzschwingungen (27 MHz) können schon bei einer Expositionszeit von 5 min zahlreiche chromosomale Anomalien hervorrufen (HELLER u. TEIXEIRA-PINTO). KIHLMAN (4, 5) publizierte neue Ergebnisse seiner bemerkenswerten Versuche über die Auslösung chromosomaler Aberrationen (abnorme Metaphasen, Isolocusbrüche und Translokationen) in *Vicia*-Wurzelspitzen durch sichtbares Licht bei Anwesenheit von 4×10^{-5} mol Acridin-Orange. Nur Licht der Wellenlänge, die von diesem Kernfarbstoff absorbiert wird, ist wirksam, und ähnlich den Verhältnissen bei ionisierender Bestrahlung ist O_2 oder bei O_2-Mangel eine zusätzliche Behandlung mit NO oder Cupferron für einen meßbaren photodynamischen Effekt erforderlich.

Bevorzugtes Interesse haben in den vergangenen Jahren wieder Versuche zur Mutationsauslösung mit Chemikalien gefunden, obgleich ihre Wirkungsmechanismen im einzelnen nur erst in wenigen Fällen genauer analysiert werden konnten. Denn aus den physikochemischen Eigenschaften der „radiomimetischen" Substanzen lassen sich dafür nur selten sichere Anhaltspunkte gewinnen, und mit wenigen Ausnahmen sind alle in ihrer Wirkungsweise voneinander verschieden; das zeigt sich insbesondere in der spezifischen Empfindlichkeit der Interphasechromosomen, den bevorzugten Bruchorten oder der jeweiligen Abhängigkeit von O_2-Spannung, Temperatur oder Stoffwechselintensität der Zelle. Die Auswahl der Chemikalien für solche Versuche ergibt sich daher bislang vorwiegend im Zusammenhang mit den Vorstellungen von einer „indirekten" Strahlenwirkung durch Bildung aktiver Radikale im Wasser des bestrahlten Gewebes, den Erfahrungen der Krebsforschung oder den Fragen nach der spontanen Entstehung von Aberrationen durch körpereigene Substanzen (EHRENBERG).

Ozon (0,4 Gew.-%, 15—60 min, *Vicia*-Mitose), aus dem bei Zersetzung in Lösung (wie durch eine Röntgenbestrahlung von Wasser) die Radikale OH^- und

$HO_2{}^-$ entstehen, führt zu 23% aberranten Anaphasen (gegenüber 0% in der Kontrolle), die ausschließlich chromosomale und keinerlei chromatidale Aberrationen aufweisen (FETNER). Aber auch der normale Sauerstoff kann, wenn er unter hohem Druck (bis 60 atm) einige Tage bis Wochen auf die Wurzelspitzen einwirkt, zahlreiche Fragmente und Anaphasebrücken induzieren; dabei gleichen Häufigkeit und Art der Veränderungen den durch (500—1000 r) Röntgenstrahlen induzierten (MOUTSCHEN-DAHMEN, MOUTSCHEN u. EHRENBERG; KRONSTAD, NILAN u. KONZAK). — Eingehend wurden die stoffwechselphysiologischen Faktoren untersucht, von denen die mutagene Wirkung des β-Propiolacton (SWANSON u. MERZ) und des 8-Äthoxycoffein [READ (1)] abhängig ist. Während bei *Vicia faba* durch β-Propiolacton, ähnlich wie durch Senfgas und Diepoxyd, häufiger die kleinen als das große Chromosomenpaar bricht, greifen 8-Äthoxycoffein und Myleran [MOUTSCHEN-DAHMEN (1, 2, 3)] besonders die Einschnürungen bzw. das centrische Heterochromatin der langen Chromosomen an. Für eine praktische Mutationszüchtung recht erfolgversprechende Ergebnisse erzielten GUSTAFSSON u. EHRENBERG sowie EHRENBERG, LUNDQUIST u. STRÖM an Gerste mit Äthylenimin, das wahrscheinlich durch Reaktion mit den Phosphatgruppen der DNS wirksam wird und 20% lebensfähige Punktmutationen erzeugt, wo Röntgenstrahlen oder Neutronen bei gleicher Translokationssterilität nur etwa 4—5% induzieren. Von cancerogenen Substanzen wurden u. a. Äthyleniminotriazin (WAKONIG u. ARNASON) und Tabakextrakt · (VENEMA; WITTMER), von pflanzeneigenen Stoffen verschiedene Pflanzenöle (SWAMINATHAN u. NATARAJAN) und Blattpigmente (SHARMA u. GUPTA) oder auch tierische Substanzen wie Gonyleptidin, das Hautdrüsensekret einer Spinne (SÁEZ u. DRETS), mit Erfolg zur Auslösung von Chromosomenaberrationen in Wurzelspitzen von *Vicia* oder *Allium* herangezogen. Insbesondere im Hinblick auf das Problem der spontanen Entstehung von Aberrationen wurden aufschlußreiche Untersuchungen über die Wirkung einer längeren Anaerobiose von *Vicia faba*-Wurzeln durchgeführt. MERZ induzierte zahlreiche Aberrationen durch Überführung in N_2-Atmosphäre für 2—8 Std., deren Anzahl durch Blockierung des Energiewechsels mit NaF noch um das 10fache erhöht wurde. RIEGER u. MICHAELIS [(1, 2, 3) sowie MICHAELIS u. RIEGER] fanden durch 72—96stündiges Einquellen der Samen unter Wasser nach einer Erholungszeit von 120 Std. in bis zu 65% aller Zellen Fragmente, Translokationen und Triradiale, und bis zu 12% aller Chromosomen zeigten Brüche oder waren an (ausschließlich chromatidalen) Reunionen beteiligt. Bei ihrer Suche nach automutagenen Substanzen im Einquellwasser stellten sie nicht unbeträchtliche Mengen an Äthylalkohol fest, dessen radiomimetische Wirkung sie bestätigten (MICHAELIS, RAMSHORN u. RIEGER).

Die auffällige Tatsache, daß verschiedene Agenzien eine unterschiedliche Verteilung der induzierten Bruch- bzw. Reunionspunkte bedingen, wurde in vielen Fällen erneut beobachtet, ohne daß sich neue Gesichtspunkte zu ihrer Deutung hätten beitragen lassen. Während die Brüche nach Röntgenbestrahlung (vgl. allerdings BHATTACHARJYA) oder auch natürlicher Alterung von Samen (JACKSON u. BARBER) weitgehend zufallsgemäß verteilt zu sein scheinen, treten nach Anaerobiose [RIEGER u. MICHAELIS (1); MICHAELIS u. RIEGER] ebenso wie nach Verwendung von manchen Chemikalien (Fortschr. Bot. **17**, 682; **20**, 240 sowie im Vorstehenden) die meisten Brüche gehäuft in heterochromatischen Chromosomenabschnitten (oder den primären oder sekundären Einschnürungen) auf.

Nicht viel mehr über die bloße Feststellung hinaus ist auch zu folgenden, an sich nicht uninteressanten Beobachtungen zu sagen: daß bei *Vicia* in tetraploiden Kernen nach Röntgenbestrahlung relativ weniger Brüche als in diploiden derselben Wurzel gezählt werden [DAVIDSON (4)], bei Artenpaaren wie *Hyacinthus dalmaticus* und *H. orientalis* die (letztere) Art mit den größeren Chromosomen nach Röntgenbestrahlung mehr Aberrationen je Zelle enthält (ÖSTERGREN, MORRIS u. WAKONIG), in genetisch verschiedenen Linien einer Art deutliche Unterschiede in der Anzahl der durch Strahlen gestörten Kerne auftreten (*Pisum*: GELIN, EHRENBERG u. BLIXT) oder allein eine Bastardierung genügen kann, um zahlreiche Fragmente und Rekombinationen hervorzurufen [*Aegilops*: POHLENDT. *Bromus*: WALTHERS (1); JAHN].

d) Die Bedeutung der Aberrationen

Das Schicksal einer neu entstandenen Chromosomenaberration im weiteren Verlauf der ontogenetischen und phylogenetischen Entwicklung hängt von zahlreichen Faktoren ab, von denen einige erneut untersucht wurden.

GAUL (2) verfolgte die Chimärenbildung nach Röntgenbestrahlung von Gerstenkörnern und erklärte die stärkere Eliminierung der Aberrationen in den später entstehenden Halmen als Folge einer intercellulären Konkurrenz, die in den bereits im Samen weitgehend determinierten Anlagen der ersten Halme eine geringere Rolle zu spielen scheint. Natürlich dürfen gleichzeitig die genetischen Störungen und mechanischen Teilungshinderungen in den aberranten Zellen ein gewisses Maß, dem DAVIDSON (5) in bestrahlten *Vicia*-Wurzeln nachgeht, nicht überschreiten.

Ein Mechanismus, der wenig beachtet wird [vgl. Zusammenfassung bei FABERGÉ (1)], obwohl er zweifellos für die Weitergabe einer Chromosomenmutation und damit das Ausmaß der individuellen Schädigung von großer Bedeutung ist, ist der Bruch-Fusions-Brücken-Cyclus, dem ein Chromosom unterworfen sein kann, das in einer Anaphasebrücke zerbricht. Mit seiner bewährten Markierung (Fortschr. Bot. **20**, 240) findet FABERGÉ (1), daß ein Chromosom 9 vom Mais, dessen kurzer Schenkel durch Bruch ein „freies" Ende besitzt und daher einen Bruch-Fusions-Brücken-Cyclus des Chromatidentyps durchläuft, diesen auch im Endosperm beibehält und ähnlich den Verhältnissen im Gametophyt nicht mit dem entsprechenden Chromosom eines Polkerns zu einem gemeinsamen Cyclus vom Chromosomentyp fusioniert. Hingegen sind terminale Brüche, wenn sie durch α-Teilchen ausgelöst werden, zu 35% stabil; es ist denkbar, daß hier die Verschmelzung der Schwesterchromatiden durch eine Schicht von Zersetzungsprodukten verhindert ist, die den frischen Bruchflächen bei dieser Bestrahlung aufgelagert wird [FABERGÉ (2)].

Auch Ringchromosomen in bestrahltem Mais-Pollen sind in der Regel infolge von Schwesterchromatidenaustausch und Entstehung dicentrischer Chromosomen instabil, was sich im Falle eines entsprechend markierten Chromosoms 9 in der gleichen Weise am Samen als Mosaik ablesen läßt. SCHWARTZ fand jedoch ein stabiles Ringchromosom 9, bei dem durch eine unbekannte Strukturänderung — wie bei den üblicherweise stabilen Ringen von *Drosophila* — entweder kein oder nur eine gerade Anzahl von Schwesterstrangaustausch vorkommt. MICHAELIS (2) versuchte, an einem spontanen, instabilen Ringchromosom 6 von *Antirrhinum majus* die Einzelheiten dieser Austauschvorgänge aus den verschiedenen Konfigurationen in der Anaphase I und II von Pollenmutterzellen heterozygoter Pflanzen abzuleiten (vgl. Fortschr. Bot. **17**, 674). In einem *Triticum-Agropyron*-Bastard wurde ein instabiles Ringchromosom in den Wurzelspitzen der Keimlinge in 26 Tagen aus 80% der Zellen eliminiert (TSUNEWAKI).

Es besteht wohl kein Zweifel, daß man bei genügend intensiver Suche alle bekannten Typen induzierter Chromosomenaberrationen in nahezu jeder Population finden könnte. Viele dieser Fälle scheinen kaum mehr als ein Ausdruck der spontanen Rate zufälliger Aberrationen zu sein [vgl. FLAGG; JAIN; NEWMAN; PANTULU; RILEY (1) u. a.], die insbesondere bei vegetativ sich vermehrenden Pflanzen im somatischen Gewebe zu einer recht erheblichen Anhäufung der verschiedensten Strukturumbauten führen kann [SHARMA u. SHARMA (3)]; bei anderen geht die chromosomale Variation offensichtlich unter genischem Einfluß im Zusammenhang mit einer ökotypischen Differenzierung über das übliche Maß weit hinaus. Die umfangreichen Untersuchungen von EHRENDORFER (2—5) an *Achillea millefolium*, auf die in diesem Zusammenhang leider nur aufmerksam gemacht werden kann, sind dafür ein eindrucksvolles Beispiel. Welche und wieviele Aberrationen nicht kurzfristig eliminiert werden, wird — abgesehen von den äußeren Selektionsbedingungen — u. a. vom Ploidiegrad der betreffenden Form sowie von den Möglichkeiten abhängen, daß aus „Störungssyndromen" normal funktionierende cytogenetische Mechanismen entstehen. Seit langem am besten bekannt sind hier die Methoden, mit denen manche Formen Translokationen in ihr Evolutionssystem einfügen; von mehreren neuen Arbeiten seien nur die Befunde von LEWIS u. RAVEN sowie MOORING an *Clarkia* und eine Zusammenfassung der musterhaften Analyse von CLELAND an den nordamerikanischen *Oenotheren* zitiert. Daß jedoch auch alle möglichen anderen Aberrationen schließlich zu einer mehr oder weniger einschneidenden Umgestaltung des Genoms einer Art führen können — so z. B. Fragmentationen (KHOSHOO u. SHARMA), Inversionen [NILAN u. SIRE; TING (2)], Fusionen (HAIR u. BEUZENBERG), Duplikationen (NAYLOR u. REES) oder Isochromosomen (AMMAL) — beweisen die zahlreichen Untersuchungen, die in das Gebiet der Cytotaxonomie fallen und darum an anderer Stelle dieser Berichte (Kapitel B 5) referiert werden.

e) Art und Verhalten spezieller Chromosomentypen

Die Genome einiger Arten sind durch den Besitz von besonders gestalteten Chromosomen charakterisiert, die ihre Eigenart nicht den spontanen, zufälligen Strukturumbauten, sondern anderen, offensichtlich langsam und gerichtet ablaufenden Vorgängen verdanken, über die im einzelnen noch wenig bekannt ist. In der Gattung *Trillium* z. B. führen solche Veränderungen innerhalb der 8 Arten zu einer erstaunlichen Variation in der Verteilung von Eu- und Heterochromatin, die sich nach der bekannten Kältebehandlung der Wurzelspitzen in der Größe und Anordnung der Heterochromatinsegmente ausprägt [BAILEY (2); KURABAYASHI (1)]. Darüber hinaus fanden DARLINGTON u. SHAW in den *Trillium*-Arten mit dem höchsten Heterochromatingehalt zahlreiche Pflanzen mit vollständig euchromatischen B-Chromosomen. Sie weisen darauf hin, daß beide Erscheinungen einander entsprechende Quellen für eine unspezifische, kryptische Variabilität seien, deren evolutionistische Bedeutung sie bei diploiden Arten den bekannten spezifischen, „allelischen" Mechanismen der Artdifferenzierung als gleichbedeutend gegenüberstellen.

Im Vergleich zu den ständig wachsenden Kenntnissen über das Vorkommen und cytologische Verhalten dieser B-Chromosomen in zahlreichen Pflanzen und Tieren (vgl. diese Berichte Kapitel A 1) sind experimentelle Daten über ihre genetischen Wirkungen noch relativ selten. Soost kreuzte *Lycopersicon esculentum* $(4n) \times L.$ *peruvianum* $(2n)$, die wie alle Arten dieser Gattung nur max. 3 akzessorische Chromosomen tolerieren, und zählte in den sesquidiploiden F_1-Pflanzen bis zu 10 B-Chromosomen; damit deutete er die Möglichkeit an, daß neben den bekannten Mechanismen, die die B-Chromosomenzahl erhöhen, auch Bastardierung eine Rolle spielen kann. Ebenso können Polyploide, wie Sarvella am $4n$-Roggen nachwies, mehr (bis zu 12) überzählige Chromosomen als die zugehörigen Diploiden (max 3) besitzen. Andererseits zeigt ein interessanter Befund von Paliwal u. Hyde an *Plantago coronopus*, daß schon ein einzelnes heterochromatisches B-Chromosom auf Grund einer Degeneration aller vier Mikrosporen (von denen nur 2 ein B-Chromosom enthalten!) vor ihrer ersten Mitose eine vollständige Pollensterilität bedingen kann. Ähnlich haben bei *Achillea asplenifolia* und *A. setacea* zwei akzessorische Chromosomen einen positiven Einfluß auf die Fertilität der F_1-Bastarde, die ungeraden Zahlen 1 und 3 jedoch einen negativen [Ehrendorfer (1)].

An neuen Objekten bewährte sich wiederum die Methode, den selektiven Vorteil, den der Besitz von B-Chromosomen bedingen kann, durch eine Analyse ihrer Häufigkeit in ökologisch unterschiedenen Arealen herauszufinden. Während bei *Allium cernuum* keine Beziehung zwischen dem geographischen Vorkommen und B-Chromosomen-Gehalt festgestellt wurde (Grun), waren akzessorische Chromosomen in Populationen von *Dactylis glomerata* (Zohary u. Ashkenazi) und *Centaurea scabiosa* (Fröst) je nach den klimatischen und edaphischen Bedingungen des Fundortes unterschiedlich häufig.

Durch eine einfache Translokation zwischen einem A- und einem B-Chromosom entstand beim Mais das bekannte Chromosom „abnormal 10" [Ting (1)], das in der Makrosporogenese nicht allein selber gerichtet verteilt wird, sondern auch bei anderen Chromosomen Vorzugsverteilung auslöst, sofern diese heterochromatische "knobs" tragen.

Wie sich an drei verschiedenen Linien mit unterschiedlich großem terminalen "knob" im Chromosom 9 nachweisen ließ, ist dieser Einfluß auf andere Chromosomen um so stärker, je größer deren "knob" ist [Kikudome (1)]. Offensichtlich kommt nämlich die Vorzugsverteilung durch eine Wechselwirkung der "knobs" mit den Centromeren der betreffenden Chromosomen zustande, die zur Bildung von Neocentromeren führt. Da aber das "abnormal 10" zwar auch homozygot Neocentromerenbildung in anderen Chromosomen auslösen kann, jedoch selber ebenso wie diese nur dann gerichtet verteilt wird, wenn es heterozygot vorliegt, schien angezeigt, daß auch das "crossing over" für die Vorzugsverteilung mit verantwortlich ist. Tatsächlich ließ sich nachweisen, daß ein heterozygotes "abnormal 10" die Austauschfrequenz zwischen *wd* und *wx* im Chromosom 9 um 30% erhöht [Kikudome (2)], andererseits der Einbau einer Aberration in diesen Schenkel, die das "crossing over" in demselben Segment herabsetzt, auch die Vorzugsverteilung des Chromosoms 9 um etwa 10% vermindert (Rhoades). Offensichtlich ist hier der Ablauf so, daß in den heterozygoten Pflanzen durch Austausch zwischen dem Centromer und dem "knob" heteromorphe Dyaden gebildet werden, in denen nur eine Chromatide einen "knob" enthält. Diese kann sich, da sie Neocentromeren ausbildet, in der Anaphase I schneller bewegen, so daß die Dyade dem Pol stets mit dieser Seite zugewandt liegt. Da diese Lage aber bis in die Metaphase II erhalten bleibt, wo sich die beiden Spindeln hintereinanderordnen, ergibt sich, daß die Monade mit dem "knob" in der Mehrzahl der Fälle an einen äußeren Pol und damit auch in die Eizelle gelangt. — Durch Verwendung von strukturell modifizierten Typen des "abnormal 10" wurde begonnen, die Bedeutung der einzelnen Abschnitte seines proximalen, zusätzlichen Segments zu analysieren [EMMERLING (2)]. Zudem fand man, daß die entstehenden Neocentromeren, wenn sie zufällig die beiden Enden einer Chromatide zu entgegengesetzten Polen ziehen, Anlaß zu Bruch oder "non-disjunction" geben können [EMMERLING (1)].

Abschließend sei auf einige Untersuchungen hingewiesen, in denen es gelang, im Genom einiger dikliner Pflanzen die Geschlechtschromosomen cytologisch zu identifizieren. So wurde in der Meiose von Spargel (REIMANN-PHILIPP, ZILM u. ERESEN) und Hopfen (NEVE) und der Mitose von Pfeffer (MATHEW) und Spinat (DRESSLER) im männlichen Geschlecht ein heteromorphes Chromosomenpaar (XY) sowie beim Spargel auch im weiblichen ein strukturhomologes (XX) erkannt und sein Vorhandensein bzw. Fehlen mit den genetischen Gegebenheiten verglichen.

2. Das Genom

a) Genomanalyse

Verbesserungen der üblichen cytologischen Präparationsverfahren vor allem durch eine Vorbehandlung der Wurzelspitzen mit 8-Oxychinolin, α-Monobromnaphthalen oder p-Dichlorbenzol haben es in der letzten Zeit bei einer großen Anzahl von Blütenpflanzen ermöglicht, die somatischen Karyotypen (Chromosomenzahl und -gestalt) zu analysieren (vgl. z. B. die zahlreichen Arbeiten von SHARMA u. Mitarb.) und sie mit zur cytotaxonomischen Einordnung der Formen heranzuziehen. Jedoch erscheint bei manchen Autoren die Bedeutung und Sicherheit der gefundenen cytologischen Differenzen (SYBENGA) nicht ganz mit ihren weitreichenden phylogenetischen Ausführungen Schritt zu halten, zumal deutliche Unterschiede im Chromosomenbau schon zwischen verschiedenen Varietäten (Gerste: PAI u. NATARAJAN) oder Inzuchtlinien (Roggen: BOSE) bestehen sollen. Selbst im Pachytän, während dessen sich die Chromosomen weitaus genauer kennzeichnen lassen, sind manche Strukturmerkmale überaus variabel. Während sich z. B. die einander entsprechenden Chromosomen von zwei *Gossypium*-Arten in ihrer Metaphaselänge signifikant unterscheiden, sind dieselben Chromosomen im Pachytän des Bastards gleichlang und vollständig gepaart (BROWN). Auch ein unterschiedlicher Feinbau (Mikrochromomeren) des Chromosoms 2 von *Lycopersicon esculentum* und *L. hirsutum* ist im F_1-Bastard nicht mehr zu erkennen (SAWANT). Bei der unmittelbaren Beziehung zwischen Chromomerenzahl und Länge bzw. Kontraktionszustand des Chromosoms (LIMA-DE-FARIA, SARVELLA u. MORRIS) ist diese Variabilität nicht verwunderlich. Zweifellos können gerade hinsichtlich dieses Merkmals auch präparationstechnische Unterschiede (Färbung!) verschiedene Pachytänschemata vom gleichen Objekt wenigstens teilweise erklären (vgl. FIEDLER u. SCHREITER). GOTTSCHALK (1) hat aus diesen Gründen in einer systematischen Untersuchung über die Variabilität der Chromosomenstruktur im Pachytän nachgewiesen, daß bei einer Identifizierung von partiell heterochromatischen Chromosomen als sicherstes Merkmal die Gestalt des heterochromatischen Mittelsegments und erst in zweiter Linie Gesamtlänge und Schenkelquotient zur Kennzeichnung herangezogen werden können. (Dem erwähnten

[Fortschr. Bot. **20**, 247] Widerspruch zu den Pachytänanalysen von GOTTSCHALK innerhalb der Familie der Solanaceen ist dadurch wohl mit Recht die Grenze gewiesen [GOTTSCHALK (2)].)

Bei Pilzen scheinen die Karyotypen denen der höheren Pflanzen morphologisch recht ähnlich zu sein (PAYAK beschreibt beim Rostpilz *Scopella gentilis* im Diplotän ein Nucleolenchromosom), und außer von *Neurospora* ist eine vollständige Karyotypanalyse nun auch von *Sordaria* bekannt (CARR u. OLIVE). — Die niedrigste Chromosomenzahl, die je bei Blütenpflanzen beschrieben wurde, bestimmte JACKSON bei *Haplopappus gracilis* mit $n = 2$, wobei das eine Pachytänchromosom an seinem heterochromatischen Satelliten sowie weiteren gut erkennbaren Merkmalen leicht von dem anderen zu unterscheiden ist. — Während die einzelnen Chromosomen der Gerste ($n = 7$) bislang nur in der Mitose und auch hier nicht einmal in allen Fällen sicher zu unterscheiden waren (MORRISON), gelang es SARVELLA, HOLMGREN u. NILAN durch Verwendung einer kurzchromosomigen (*sc*) Mutante, alle Chromosomen im Pachytän zu identifizieren. Ähnlich untersuchte BIANCHI Bastardnachkommen von Mais × Teosinte und erhielt in jedem Präparat zahlreiche sehr übersichtliche Pachytänkerne vom Mais-Genom. (Die Tatsache, daß in den meisten cytogenetischen Arbeiten über Mais immer wieder dieselbe Abbildung der Pachytänchromosomen gebracht wird, zeigt wohl zur Genüge, daß tatsächlich sonst nur selten alle 10 Chromosomen gleichzeitig gut zu erkennen sind.)

Nach methodischen Verbesserungen der Karyotypanalyse in den Wurzelspitzen von *Pisum* [BLIXT (1, 2); vgl. Fortschr. Bot. **17**, 671] konnte BLIXT (3) durch Verwendung verschiedener Linien von LAMPRECHT mit genetisch bekanntem "interchange" alle 7 Koppelungsgruppen mit den zugehörigen Chromosomen koordinieren. Weitere Arbeiten, in denen Translokationen zur Lokalisierung von Einzelgenen oder Koppelungsgruppen verwendet wurden, führten MÜLLER an *Petunia*, LAMM u. MIRAVALLE an *Pisum* sowie HAGBERG und BURNHAM an *Hordeum* durch. Für die Gerste ergab sich dabei der überraschende Befund, daß von den 7 bekannten Koppelungsgruppen zwei (III und VII) auf dem gleichen Chromosom liegen (BURNHAM).

Einige Untersuchungen, die das Ziel haben, die Verwandtschaft der Genome in Polyploiden mit denen von Diploiden derselben Art oder Gattung zu bestimmen, nutzen — abgesehen von der allgemein gebräuchlichen Methode, den Grad der meiotischen Paarung in den entsprechenden Bastarden zu ermitteln — zuweilen auch die Möglichkeit aus, die Spaltungsverhältnisse in Nachkommenschaften aus der Rückkreuzung mit einem Elter (SARVELLA) oder in synthetischen Amphihaploiden als Maß für systematische Unterschiede zu verwenden.

Dabei müssen jedoch zuvor bestimmte Voraussetzungen geprüft werden, die GERSTEL u. PHILLIPS anhand eigener Befunde über synthetische Amphihaploide von *Gossypium* und *Nicotiana* diskutierten: 1. die (vollständig oder teilweise) homologen Chromosomen einer amphiploiden Pflanze müssen die gleiche Chance zur Multivalentenbildung haben; 2. diese müssen sich in der Anaphase dem Zufall gemäß trennen; 3. es darf keine Asynapsis oder frühe Desynapsis sowie 4. keine Gametenselektion vorkommen; 5. die untersuchten Allele sollen stabil sein und 6. darf nur Chromatidensegregation stattfinden. Gleichzeitig ist zu beachten, daß Inhomologenpaarung, Univalente oder auch Außenfaktoren (z. B. die Temperatur: HOVIN) die Spaltungszahlen beeinflussen können.

b) Änderungen der Chromosomenzahl

Von den Mechanismen, die die somatische Chromosomenzahl erhöhen, ist wenig grundsätzlich Neues, im einzelnen jedoch einiges Interessante bekannt geworden.

Spontane Chromosomenzahlerhöhungen konnte BREMER regelmäßig in Bastarden zwischen *Saccharum officinarum* ($n_1 = 40$) und *S. spontaneum* ($n_2 = 56$) feststellen. Statt der erwarteten 96 fanden sich häufig 136 Chromosomen ($2n_1 + n_2$) oder auch andere Zahlen, die auf eine Chromosomenvermehrung im mütterlichen Gewebe hinweisen. Genaue cytologische Untersuchungen der Embryosackentwicklung zeigten folgende Möglichkeiten: 1. die chalazale Tetradenzelle, aus der sich der Embryosack entwickelt, erfährt eine Endoduplikation ihres gesamten Chromosomensatzes; 2. der Embryosack entsteht aus der chalazalen Dyade, ohne zweite meiotische Teilung; 3. eine solche Dyade verdoppelt zusätzlich noch einmal ihre Chromosomenzahl; 4. je nach dem als Mutter verwendeten Klon ist nur ein Teil der Chromosomen von diesen endomitotischen Vorgängen betroffen. — Aus langjährigen Versuchen an apomiktischen *Potentilla*-Arten berichtet MÜNTZING (1), daß in der hexaploiden *P. collina* ($2n = 42$) gelegentlich durch Befruchtung unreduzierter Eizellen relativ zur Ausgangsform triploide und durch parthenogenetische Entwicklung einer unreduzierten Eizelle mit gleichzeitig verdoppeltem Chromosomensatz oder Befruchtung unreduzierter Eizellen mit unreduzierten Pollen tetraploide Individuen entstehen. Unter letzteren kommen zu 16% Pflanzen vor, bei denen die Chromosomenzahl durch parthenogenetische Entwicklung reduzierter Eizellen wieder auf etwa die diploide Stufe zurückregulierte, und wiederum unter diesen bis zu 10% sekundär Tetraploide, das sind weit mehr als primär Tetraploide in der Ausgangsform. — In der Birnensorte "Beurr. Bedford" entwickeln sich durch Ausbleiben der Zellwandbildung und Spindelverschmelzung in der ersten Pollenkornmitose bis zu 81,4% tetraploide Pollenkörner; die übrigen sind $1n$, $2n$ oder $3n$, und bei Bestäubung auf diploide bzw. tetraploide Sorten entstehen in geringem Maße Samen mit diploiden bzw. tetraploiden Embryonen (DOWRICK). Auch in haploidem *Antirrhinum* finden sich häufig wohl durch Restitutionskernbildung entstandene diploide sowie zweikernige Pollenmutterzellen (RIEGER). Auf die Bedeutung der unreduzierten Gameten im Hinblick auf Evolution und Polyploidiezüchtung weist SKIEBE am Beispiel der *Primula malacoides* hin, bei der in diploiden Varietätenkreuzungen etwa zu 1% tetraploide Pflanzen auftreten, aus denen sich infolge der extremen Heterozygotie dieser „meiotisch entstandenen" Polyploiden sehr schnell Linien mit unvergleichbar viel prachtvolleren Blütenständen isolieren lassen.

Die Vorgänge, die der experimentellen Chromosomenverdoppelung durch Hitzeschocks (3 Std. in 40° C) zugrunde liegen, wie Spindelstörungen und Centromerinaktivierung, hat DAVIDSON (3) untersucht, während MOLÉ-BAJER in ihren eindrucksvollen kinemikrographischen Untersuchungen über die Endospermmitose von *Haemanthus* neue Beobachtungen über die cytologischen Wirkungen des Colchicins mitteilt; grundsätzlich anders hingegen wirken Prophasegifte, wie Actidionin u. a. (HADDER u. WILSON). Erwähnt sei, daß eine (zehnfache) Überdosierung des Fungizids Germisan auf Gerste polyploidisierend wirkt (MECHELKE), andererseits bei Nadelbäumen selbst mit den verschiedensten Colchicin-Methoden nur in außerordentlich geringer Zahl Polyploide erzeugt werden können [MERGEN (2)].

Die Häufigkeit der Individuen, in denen die somatische Chromosomenzahl herabgesetzt ist, ist, wie schon die erwähnten Befunde von Müntzing (2) andeuteten, bei manchen Pflanzen genetisch bedingt. Beim Mais, wo normalerweise 0,1%, in bestimmten Kreuzungen auch 0,6% Haploide auftreten, fand Coe eine Inzuchtlinie mit einer durchschnittlichen Haploidenfrequenz von 3,23%. Offensichtlich wird hier die Fähigkeit des Pollens, haploide Embryonen zu induzieren, nur durch diesen und zwar bifaktoriell vererbt. Die sonst beim Mais gebräuchliche Methode, durch interspezifische Bestäubungen mit genetisch markiertem Pollen Haploide auszulösen, war auch bei der Kartoffel erfolgreich (Hougas, Peloquin u. Ross). In der Regel entstehen diese Haploiden durch parthenogenetische Entwicklung einer Eizelle oder einer akzessorischen Zelle des weiblichen Gametophyten. In der Kreuzungsnachkommenschaft zwischen zwei genetisch unterschiedenen Pfeffersorten jedoch fanden Campos u. Morgan eine Haploide mit ausschließlich väterlichen Eigenschaften. Auch von den 7 Nachkommen einer Kreuzung zwischen *Hordeum bulbosum* ($4n$) × *H. vulgare* ($4n$) waren 3 Pflanzen ($2n$) durch parthenogenetische Entwicklung eines generativen Pollenkerns entstanden, wenn sie auch offensichtlich infolge plasmatischer Einflüsse einige Eigenschaften der mütterlichen *H. bulbosum* erkennen ließen. Auf einfache Weise war Aalders in der Lage, erstmalig auch bei Curcurbitaceen natürliche Haploide nachzuweisen. Er schwemmte die Samen aus reifen Kürbisfrüchten in Wasser aus und kultivierte nur den geringen Prozentsatz der obenaufschwimmenden mit kleinen (5—6 mm langen) Embryonen, unter denen 7 von 194 haploid waren. Erneut bewährte sich die Methode, durch Röntgenbestrahlung der Samen (Wassermelone: Swaminathan u. Singh) oder kurz vor dem Blühen (Weizen: Natarajan u. Swaminathan) Haploide zu erzeugen.

Während die Haploidie jedoch in allen erwähnten Beispielen offensichtlich entwicklungsphysiologische Ursachen hat, sind schon seit längerem wiederholt Beobachtungen beschrieben worden, nach denen auch cytologische Mechanismen zu einer ähnlichen Reduktion der somatischen Chromosomenzahl führen können, die über die meiotische hinausgeht. Zwar konnten Srinivasachar u. Patau die beschriebenen "reductional groupings" in den Zellkernen kältebehandelter (10 Tage in 5—6° C) Zwiebel-Wurzelspitzen nicht bestätigen. Doch findet Walthers (2) in *Bromus*-Bastarden ebenso wie Gildenhuys u. Brix in einer *Pennisetum*-Population mit außerordentlich variablen Chromosomenzahlen (von 14 bis 84, meistens 66) in den meiotischen Teilungen der Pollenmutterzellen die verschiedensten, vielpoligen Spindelfiguren, die die verringerten Chromosomenzahlen in den Nachkommen erklären könnten.

Da bekannt ist, daß in späteren Generationen experimentell erzeugter Polyploider stets zu Bruchteilen eines Promille wieder Diploide auftreten, stellte sich Gottschalk (3) durch zweimalige Samenkeimung auf Colchicin-Agar zahlreiche Polyploide von *Lycopersicon esculentum* her und konnte in einer Reihe eindrucksvoller Untersuchungen an Pollenmutterzellen dieses cytologisch auffällig labilen Materials verschiedene prämeiotische und meiotische Mechanismen aufzeigen, die in gesetzmäßiger Weise durch Ausgliederung ganzer Genome die Chromosomenzahl der Keimzellen auf die diploide bzw. haploide Stufe herabregulieren. So kam es z. B. während der Meiose tetraploider ($4n = 48$) Versuchspflanzen in max. 1,5% aller Pollenmutterzellen neben Verteilungsstörungen, die zu unbalancierten Gonen mit Chromosomenzahlen wie $13 + 14 + 23 + 46$ oder dgl. führten, regelmäßig in der ersten meiotischen Telophase zu Verteilungen von $12 + 36$ ($n + 3n$) oder $24 + 12 + 12$ ($2n + n + n$) [Gottschalk (3)]. Ähnlich entstanden 3 haploide Kerne in

Verbindung mit tripolaren Spindeln (Abb. 25, rechts) (GOTTSCHALK u. HEIDE) oder auch in aneuploiden Pollenmutterzellen (Chromosomenzahlen zwischen $3n$ und $4n$) in denen dann die restlichen Chromosomen zumeist in einem kleinen vierten Kern degenerierten [GOTTSCHALK (6)]. Entsprechende Vorgänge fanden sich in den polyploiden Antheren auch während der Entwicklung des Archespors vornehmlich in der letzten prämeiotischen Mitose, durch die sich aus tetraploiden Pollenmutterzellen rein diploide oder auch zweikernige Gonotokonten und in der folgenden

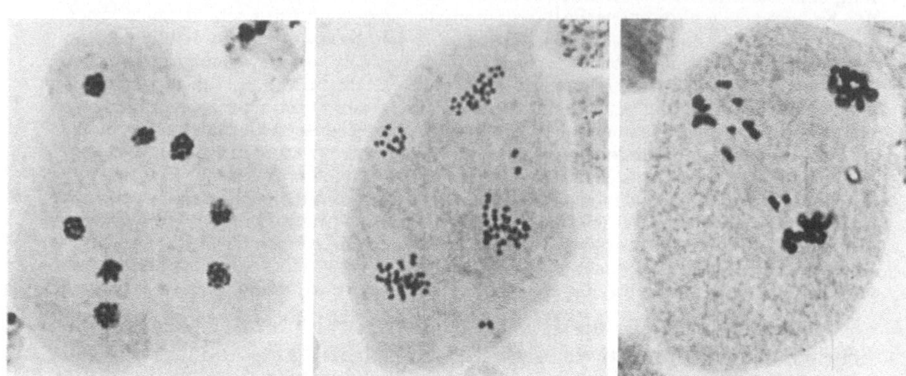

Abb. 25. Prämeiotische und meiotische Herabregulierung der Chromosomenzahl bei *Lycopersicon esculentum.* Telophase II einer tetraploiden Pollenmutterzelle mit 8 haploiden Kernen (links), Telophase II einer hexaploiden Pollenmutterzelle mit Tetradenkernen der Chromosomenzahl 12 + 24 (oben) und 36 + 36 (unten) (mittlere Abbildung), beide aus oktoploiden Pflanzen, sowie die Bildung von 3 Telophasekernen in Verbindung mit einer tripolaren Spindel in einer tetraploiden Pflanze (rechts). [Aus GOTTSCHALK (4, 7) und GOTTSCHALK u. HEIDE]

Meiose 4 bzw. 8 haploide Gonen (Abb. 25, links) bildeten. Besonders häufig war diese prämeiotische Herabregulierung bei oktoploiden Pflanzen, wo sich dadurch schon vor der Meiose eine Genomsonderung von $4n + 4n$, $2n + 6n$ oder $2n + 2n + 4n$ ergeben konnte [GOTTSCHALK (4)]. GOTTSCHALK beschreibt zahlreiche weitere Verteilungsfiguren, die offensichtlich alle die Trennung ganzer Genome anstreben, und tatsächlich konnte er im Pachytän eines diploiden Gonotokonten aus einer tetraploiden Anthere einen vollständigen Chromosomensatz von 12 Bivalenten (ohne die sonst übliche Multivalentenbildung!) erkennen [GOTTSCHALK (7)]. Seine Hypothese erscheint darum nicht unberechtigt, daß diese Vorgänge keine Unregelmäßigkeiten, sondern ein von der Norm abweichendes, reguläres Teilungsgeschehen von allgemeiner Gültigkeit darstellen und bei Polyploiden zu chromosomal balancierten, befruchtungsfähigen Keimzellen mit mehrfach reduziertem Chromosomenbestand führen können.

c) Die Eigenschaften der Euploiden

Viele der neuen Arbeiten zur Analyse der cytogenetischen und physiologischen Besonderheiten natürlicher oder experimentell hergestellter Polyploider stellen vorwiegend nur eine Ausweitung und Bestätigung der bekannten Befunde dar.

WALTHER untersucht erneut die Fertilität des Tetraroggens und führt den verminderten Kornertrag z. T. auf den hohen Anteil (18%) aneuploider Pflanzen zurück. Es scheint aber nicht sicher zu sein, ob diese als Kreuzungsprodukte mit Diploiden entstehen, die als geringe Verunreinigung des Saatgutes vorhanden sind oder die spontan aus $4n$-Pflanzen zurückregulieren (HAGBERG u. ELLERSTRÖM). Bei autotetraploidem *Brassica campestris* steigt die Fertilität von der C_1 (durchschnittlich 1,5 Samen je Schote) bis zur C_{19} (entsprechend 16,8 Samen) bei gleichzeitiger Abnahme der Multivalentfrequenz. Andererseits ist $4n$-*Festuca pratensis* schon in der C_1 mit 66,3% Ansatz etwa ebenso fertil wie die diploide Ausgangsform (67,4%) (WÖHRMANN). — Das Chromosomenverhalten in natürlichen Triploiden beschreiben RILEY (2) für *Tradescantia* und WILSON (1) für *Endymion*. Während eine Mitose in Pollen mit weniger als der haploiden Chromosomenzahl bei letzterer Form wie üblich nicht mehr möglich ist, findet SRINIVASACHAR in Zwiebel-Wurzelspitzen ($2n = 16$) auch in subhaploiden Zellen mit 7 Chromosomen noch eine Zellteilung. — Allotetraploide Populationen sind in der Natur in der Regel cytologisch scharf von den zugehörigen diploiden getrennt (*Achillea*: SCHNEIDER; *Medicago sativa*: SINSKAYA), und auch interspezifische Kreuzungen bei *Gossypium* führen in der Reihenfolge $2x \times 6x$, $2x \times 4x$, $4x \times 6x$ zunehmend zu Embryoabort (WEAVER). Bei dem autoploiden *Dactylis glomerata* aber kommen in Kontaktzonen zwischen $2n$- und $4n$-Populationen häufig Triploide vor und stellen damit eine offenbar recht effektive Möglichkeit zur Introgression und damit weiteren Aufbau des vielgestaltigen Polyploidkomplexes dar (ZOHARI u. NUR). — Unerwartet war der Befund, daß bei Kreuzung von *Festuca pratensis* × *Lolium multiflorum* auf der diploiden und der tetraploiden Stufe unterschiedliche Bastarde entstehen, und zwar entsprachen die ährenförmigen Blütenstände des $4n$-Bastards völlig dem Vater, während der analoge $2n$-Bastard rispenförmige Blütenstände wie die Mutter besaß; die Deutung wird in Richtung einer unterschiedlichen Gendosiswirkung gesucht (HERTSCH). Die neuere Literatur über die Spaltungsverhältnisse in Autotetraploiden hat LITTLE zusammengetragen. Tetraploide aus selbststerilem $2n$-*Trifolium pratensis* (LACZYŃSKA-HULEWICZOWA) und *T. hybridum* (BREWBAKER) sind auf Grund einer Konkurrenzwirkung der S-Allele in bestimmten Pollenklassen weitgehend selbstfertil.

Die bekannte Regel, daß die Pollengröße innerhalb polyploider Reihen mit der Polyploidie zunimmt, bestätigte SOKOLOVSKAYA an weiteren 21 Ranunculaceen- und 18 Saxifragaceen-Arten aus verschiedenen Teilen der östlichen Arktis. Eine solche direkte Proportionalität zwischen Polyploidiegrad und Zell- bzw. Organgröße, wie sie auch GOTTSCHALK (5) wieder für hochpolyploide Tomaten oder SIKKA, SWAMINATHAN u. MEHTA für $4n$-Formen von *Trifolium alexandrinum* und *Melilotus indicus* nachwiesen, besteht aber bekanntlich nicht ohne Ausnahme. So stellte WEILING auch bei zwei diploiden Einzelpflanzen von *Curcurbita maxima* eine (wahrscheinlich genisch bedingte) Bildung von Gigaspollen fest. — Eine einfache und sichere Methode zur Bestimmung der Polyploidie von Zuckerrüben verwendet BUTTERFASS (1, 2). An frisch abgezogenen Epidermisstückchen zählt er nach Färbung in Silbernitrat- oder Jod-Jodkaliumlösung im Durchschnitt von 10 Schließzellpaaren bei $1n = 8,2$, $2n = 14,23$, $3n = 20,34$, $4n = 25,36$, $5n = 30,4$, $6n = 36,8$ und $8n = 50,6$ Chloroplasten. — Die Annahme, daß das häufige Fehlen von Gigasmerkmalen bei natürlichen Tetraploiden auf einer allmählichen autonomen Regulation möglicherweise im Zusammenhang mit einer Reduktion der Chromosomengröße beruhe, widerlegte BRUNKENER für *Galium lucidum*, bei dem bereits die frisch colchizinierten Tetraploiden kleinere Chromosomen als die Diploiden besitzen und die verschiedensten Grade der Gigasausbildung vom Extrem bis in die Variationsbreite der Diploiden hinein vorkommen, so daß es nur einer entsprechenden Selektion bedarf, um den Gigascharakter zum Verschwinden zu bringen.

Hinsichtlich der physiologischen Eigenschaften von (Auto-)Polyploiden liegen Untersuchungen über den osmotischen Wert und die Plasmaviscosität von Zuckerrüben [BEYSEL (2)] vor, nach denen die Tetraploiden zwar bei feuchter Witterung der Beckerschen Regel (Abnahme der Werte mit steigender Polyploidie) entsprechen, hingegen bei zunehmender Austrocknung des Bodens einen sehr viel stärkeren Anstieg der Viscosität als die Diploiden erkennen lassen. — Die Wachstumsförderung durch Gibberellin ist bei den $4n$- geringer als bei den $2n$-Formen

(Roggen, Wicke, Kleearten: Boo). — Erneut stehen in einigen Arbeiten CO_2-Assimilation und Atmung der Polyploiden zur Diskussion. BRABEC bestimmt an $2n$-*Lycopersicum pimpinellifolium* mit Hilfe von experimentell induziertem Gigaswuchs eine für die CO_2-Ausscheidung optimale Zellgröße. BEYSEL (1) mißt eine höhere Atmung von $3n$-Zuckerrüben gegenüber $2n$- und $4n$-Formen bei schlechter Wasserversorgung, während die $4n$-Pflanzen bei optimaler Bodenfeuchtigkeit eine höhere Assimilationsleistung aufweisen. CO_2-Produktion von *Trifolium incarnatum* unter verschiedenen Licht- und Temperaturbedingungen (WÖHRMANN u. MEYER ZU DREWER) und Assimilation von *Pinus* (BOURDEAU u. MERGEN) sind in den Tetraploiden geringer.

In Bestätigung früherer Befunde sind Ökotypen eines Formenkreises in extremen Lagen zu einem höheren Anteil diploid, so bei *Artemisia vulgaris* in der Gletscherregion des zentralen Himalaja (KHOSHOO u. SOBTI) oder bei *Festuca ovina*, wo die Diploiden im Süden Englands auf die trockenen, sauren und sandigen Areale beschränkt sind (WATSON). Auch in Skandinavien sind die Diploiden der apomiktischen Sammelart *Potentilla argentea* stärker polymorph und fast alle Herkünfte, die MÜNTZING (2) sammelte, stellen verschiedene Biotypen dar, während die $4x$- und $6x$-Formen hier eine begrenztere genotypische Variation erkennen lassen. Bei ökologischen Veränderungen sind hingegen in der Regel die Tetraploiden auf Grund ihrer allgemein höheren Variabilität im Vorteil, so daß im Zuge der Ausbreitung der Prärievegetation im Staate Michigan die $4n$-Formen von *Tradescantia ohiensis* die $2n$-Rassen auf disjunkte Reliktareale zurückdrängen konnten (DEAN). — Selbst bei Autopolyploiden können die ökologischen Ansprüche gegenüber denen der Diploiden verändert sein. ELLERSTRÖM benutzte Polyhaploide ($2n = 21$) aus Zwillingssamen von *Phleum pratense*, in deren Pollenmutterzellen sich Syncytien bilden können, so daß in den Nachkommen Chromosomenzahlen von $2n = 35$ bis $2n = 84$ vorkommen. In vergleichenden Feldversuchen lag das Optimum der vegetativen Entwicklung von drei solchen Linien ($2n = 35, 56$ bzw. 70) bei gleichem Samenertrag in verschiedenen Teilen Nord- oder Südschwedens.

d) Aneuploide

Die genetische Analyse der Weizenchromosomen mit Hilfe von Nulli- und Monosomen wurde fortgesetzt. Denn quantitative Merkmale, wie z. B. die aus phytopathologischen Gründen interessierende Markausbildung des Halmes, die wegen der unübersichtlichen Spaltungsverhältnisse bei disomen Kreuzungen bisher kaum zu bearbeiten waren, lassen sich mit dieser Methode durchaus genetisch lokalisieren [LARSON; LARSON u. McDONALD (1, 2)]. Allerdings ist die ältere Methode (vgl. Fortschr. Bot. **20**, 25), Substitutionslinien zu verwenden, insofern unbefriedigend, als sie nur summarische Aussagen über den Gengehalt des betreffenden Substitutionschromosoms zuläßt. UNRAU schlägt darum vor, ,,sichere", d. h. genügend oft mit "Chinese Spring" rückgekreuzte Substitutionslinien mit der Ausgangssorte (Chinese Spring) zu kreuzen und die Genunterschiede oder Austauschvorgänge in der F_1 mit Hilfe von Rückkreuzungen mit Nulli- oder Monosomen der Ausgangsvarietät zu testen. Nach Selbstung der monosomen Rückkreuzungspflanzen sind die entstehenden Disomen homozygot, und ihre Variabilität repräsentiert die genischen Differenzen der F_1-Gameten. Sind von der Ausgangsvarietät ,,Hemisome" vorhanden (Linien, die für ein telocentrisches Chromosom homozygot sind), so lassen sich die Schenkel des Substitutionschromosoms getrennt analysieren. Auf diese Weise gelang es KUSPIRA u. UNRAU nachzuweisen, daß z. B. die Faktoren für Grannenspitzigkeit auf den Chromosomen III, IV, XII und XXI Einzelallele sein müssen, die den entsprechenden des "Chinese Spring" gegenüber recessiv sind. — TSUNEWAKI u. HEYNE (1, 2) verwendeten Monosome, um die funktionelle Bedeutung einzelner Chromosomen in bezug auf die Strahlen-empfindlichkeit des Weizen-Genoms zu bestimmen.

Während es beim Weizen sogar Nullihaploide gibt, die recht wüchsig, wenn auch steril sind (PAI u. SWAMINATHAN), stehen bei diploiden Arten praktisch nur hypersome Formen für genetische Arbeiten zur Verfügung. In Sippe 50 von *Antirrhinum majus* ist bei einer Rate von spontanen Chromosomen- und Genommutationen von 0,66% der Anteil der Trisomen mit 0,618% besonders hoch [MICHAELIS (1)]. JANICK, MAHONEY u. PFAHLER stellten für genetische Arbeiten am Spinat ($n = 6$) durch Kreuzung einer $2n$- mit einer Colchizin-induzierten $4n$-Sorte und Rück-kreuzung mit der $2n$-Form als Mutter ein Trisomen-Sortiment her und lokalisierten die genetischen Faktoren für die Geschlechtsbestimmung auf dem Chromosom, das in der Trisomen „Reflex" dreifach vorliegt. TSUCHIYA (1, 2) las die 7 primären Trisomen der Gerste aus der Nach-kommenschaft von autotriploidem *Hordeum spontaneum* var. *trans-capsicum* aus, die sich im Gegensatz zu allen früher gefundenen spontanen oder strahleninduzierten trisomen Gersten als gut fertil erwiesen. Auf diese Weise konnte er die erwähnten (S. 335) Befunde bestätigen, daß die früheren 7 genetisch nachgewiesenen Koppelungsgruppen tatsächlich nur 6 sind und das Extrachromosom der Trisomen "Bush" die Koppelungs-gruppen III (n) und VII (br, fc), hingegen das überzählige Nucleolen-chromosom von "Purple" keine bisher bekannte Koppelungsgruppe trägt.

Bei der trisomen *Oenothera odorata* ($v \cdot I$) kann es im Komplex I_B entgegen der Erfahrung relativ häufig zur Übertragung des überzähligen Chromosoms durch den Pollen kommen (ARNOLD), während die Pollen-körner mit den Komplexen I_A und I_C nicht in der Lage sind, Pollen-schläuche auszubilden. Am gleichen Objekt stellte SCHWEMMLE (2) fest, daß die Samenanlagen der Trisomen $v_8 \cdot I$, die den v_8-Komplex, also ein Chromosom doppelt besitzen, schlechter als die Samenanlagen mit dem Komplex I befruchtet werden; Entsprechendes gilt für Trisome der *Oenothera Berteriana* ($B \cdot I_8$) [SCHWEMMLE (1)]. Allerdings ist die Höhe dieser Differenz von der genetischen Konstitution der Pollenschläuche abhängig. Besonders unerwartet jedoch ist, daß auch die I-Samenanlagen der $v_8 \cdot I$ nicht gleich häufig befruchtet werden wie dieselben I-Samen-anlagen der Ausgangsform $v \cdot I$; SCHWEMMLE vermutet, daß entweder auch der mütterliche Diplont einen Einfluß auf die Affinitäten hat oder die I-Samenanlagen hier anders als bei den Disomen reifen bzw. altern.

Unter Zuhilfenahme mathematischer Methoden untersucht SEYFFERT das Verhalten und die Zusammensetzung tetrasomer Populationen. Dabei ist das besondere Augenmerk auf den Einfluß der den Polysomen eigentümlichen doppelten Reduktion, d. h. die Folge eines Austausches zwischen Locus und Centromer in Multivalenten gerichtet, die bei fremd-wie bei selbstbefruchtenden Tetrasomen zu einer deutlichen Verstärkung der Heterozygotie-Abnahme je Generation führt.

3. Außerkaryotische Erbträger

Die Untersuchungen der vergangenen Jahre haben einige aussichtsreiche Ansätze zur cytogenetischen Analyse des Plasmons und Plastoms erkennen lassen, die eine ausführlichere Darstellung dieser Arbeiten im folgenden Band zu rechtfertigen scheinen.

Literatur

AALDERS, L. E.: J. Hered. 49, 41—44 (1958). — ADAMS, J. D., and R. A. NILAN: Radiat. Res. 8, 111—122 (1958). — AMMAL, E. K. J.: Proc. Indian Acad. Sci., B, 48, 251—258 (1958). — ARNOLD, C. G.: Z. Vererbungslehre 89, 161—169 (1958).

BAILEY, P. C.: (1) Cytologia (Tokyo) 23, 211—217 (1958). — (2) Bull. Torrey Bot. Club 85, 201—214 (1958). — BEATTY, A. V., and J. W. BEATTY: (1) Amer. J. Bot. 44, 778—783 (1957). — (2) Amer. J. Bot. 46, 317—323 (1959). — BEYSEL, D.: (1) Züchter 27, 261—272 (1957). — (2) Ber. dtsch. bot. Ges. 70, 109—120 (1957). — BHATTACHARJYA, S. S.: Chromosoma (Berl.) 9, 305—318 (1958). — BIANCHI, A.: Genetica ('s-Gravenhage) 29, 327—330 (1959). — BJURMAN, B.: Hereditas (Lund) 44, 189—192 (1958). — BLIXT, ST.: (1) Agri hort. Genet. 16, 66—77 (1958). — (2) Agri hort. Genet. 16, 221—237 (1958). — (3) Agri hort. Genet. 17, 47—75 (1959). — Boo, L.: Svensk bot. Tidskr. 53, 283—285 (1959). — BOSE, S.: Hereditas (Lund) 44, 257—279 (1958). — BOURDEAU, P. F., and F. MERGEN: J. Forestry 57, 191—193 (1959). — BRABEC, F.: Planta (Berl.) 50, 622—639 (1958). — BREMER, G.: Bibliogr. genet. 18, 1—99 (1959). — BREWBAKER, J. L.: Hereditas (Lund) 44, 547—553 (1958). — BROWN, M. S.: Proc. 10. int. Congr. Genet. 2, 36—37 (1958). — BRUNKENER, L.: Svensk bot. Tidskr. 52, 426—436 (1958). — BURNHAM, C. R.: Proc. int. Genet. Symp. 1956 (Cytologia Suppl.) 453—456 (1957). — BUTTERFASS, TH.: (1) Züchter 28, 309—314 (1958). — (2) Ber. dtsch. bot. Ges. 72, 440—451 (1959).

CAMPOS, F. F., and D. T. MORGAN jr.: J. Hered. 49, 135—137 (1958). — CARR, A. J. H., and L. S. OLIVE: Amer. J. Bot. 45, 142—150 (1958). — CLAYBERG, C. D.: Genetics 44, 1335—1346 (1959). — CLELAND, R. E.: Planta (Berl.) 51, 378—398 (1958). — COE, E. H. jr.: Amer. Naturalist 93, 381—382 (1959). — COHN, N. S.: (1) Genetics 43, 362—373 (1958). — (2) Exp. Cell Res. 16, 424—427 (1958).

DAVIDSON, D.: (1) Chromosoma (Berl.) 9, 39—60 (1957). — (2) Exp. Cell Res. 14, 329—332 (1958). — (3) Chromosoma (Berl.) 9, 216—228 (1958). — (4) Ann. Bot., N. S. 22, 183—195 (1958). — (5) J. exp. Bot. 10, 391—398 (1959). — (6) Brit. J. Radiobiol. 32, 612—614 (1959). — DARLINGTON, C. D., and G. W. SHAW: Heredity (Lond.) 13, 89—121 (1959). — DEAN, D. S.: Amer. Midl. Naturalist 61, 204—209. (1959). — DESCHNER, E., and A. H. SPARROW: Genetics 40, 460—475 (1955). — DOWRICK, G. J.: Z. Vererbungslehre 89, 80—93 (1958). — DRESSLER, O.: Z. Pflanzenzücht. 40, 385—424 (1958).

EBERT, M., S. HORNSEY and A. HOWARD: Nature (Lond.) 181, 613—616 (1958). — EHRENBERG, L.: Radiation Res., Suppl. 1, 102—123 (1959). — EHRENBERG, L., Å. GUSTAFSSON and U. LUNDQUIST: Hereditas (Lund) 45, 351—368 (1959). — EHRENBERG, L., U. LUNDQUIST and G. STRÖM: Hereditas (Lund) 44, 330—336 (1958). — EHRENDORFER, F.: (1) Naturwissenschaften 44, 405—406 (1957). — (2) Chromosoma (Berl.) 10, 365—406 (1959). — (3) Chromosoma (Berl.) 10, 461—481 (1959). — (4) Chromosoma (Berl.) 10, 482—496 (1959). — (5) Cold Spr. Harb. Symp. quant. Biol. 24, 141—152 (1959). — ELLERSTRÖM, S.: Hereditas (Lund) 45, 461—463 (1959). — ELLIOTT, C. G.: Heredity (Lond.) 12, 429—439 (1958). — ELLIS, J. R., and M. A. BURTON: Nature (Lond.) 184, 204—205 (1959). — EMMERLING, M. H.: (1) J. Hered. 49, 203—207 (1958). — (2) Genetics 44, 625—645 (1959). — EVANS, H. J., G. J. NEARY and S. M. TONKINSON: (1) Nature (Lond.) 181, 1083 (1958). — (2) Exp. Cell Res. 17, 144—159 (1959). — EVANS, H. J., G. J. NEARY and F. S. WILLIAMSON: Int. J. Radiation Biol. 1, 216—229 (1959). — EVERSOLE, R. A., and E. L. TATUM: Proc. nat. Acad. Sci. (Wash.) 42, 68—73 (1956).

FABERGÉ, A. C.: (1) Genetics 43, 737—749 (1958). — (2) Genetics 44, 279—285 (1959). — FETNER, R. H.: Nature (Lond.) 181, 504—505 (1958). — FIEDLER, H., u. J. SCHREITER: Z. Vererbungslehre 90, 62—65 (1959). — FLAGG, R. O.: J. Hered. 49, 185—188 (1958). — FOGWILL, M.: Chromosoma (Berl.) 9, 493—504 (1958). — FRÖST, S.: Hereditas (Lund) 44, 75—111 (1958).

GAUL, H.: (1) Z. Pflanzenzücht. 40, 151—188 (1958). — (2) Flora (Jena) 147, 207—241 (1959). — GELIN, O., L. EHRENBERG and ST. BLIXT: Agri hort. Genet. 16, 78—102 (1958). — GERSTEL, D. U., and L. L. PHILLIPS: Cold Spr. Harb. Symp. quant. Biol. 23, 225—237 (1958). — GILDENHUYS, P., and K. BRIX: Heredity (Lond.) 12, 441—452 (1958). — GILES, N. H., in: Radiation Biology, Bd. 1 (2), S. 713—762, New York: Mac Graw 1954. — GOTTSCHALK, W.: (1) Ber. dtsch. bot. Ges. 71, 381—398 (1958). — (2) Z. Pflanzenzücht. 39, 47—70 (1958). — (3) Z. Vererbungslehre 89, 52—79 (1958). — (4) Z. Vererbungslehre 89, 204—215 (1958). — (5) Cytologia (Tokyo) 24, 181—197 (1959). — (6) Z. Vererbungslehre 90, 198—214 (1959). — (7) Z. Botan. 48, 102—123 (1960). — GOTTSCHALK, W., u. N. HEIDE: Z. Vererbungslehre 91, 27—44 (1960). — GRUN, P.: Amer. J. Bot. 46, 218—224 (1959). — GUSTAFSSON, Å. and L. EHRENBERG: New Scientist, 19. März 1959.

HADDER, J. C., and G. B. WILSON: Chromosoma (Berl.) 9, 91—104 (1958). — HAGBERG, A.: Züchter 28, 32—40 (1958). — HAGBERG, A., and S. ELLERSTRÖM: Hereditas (Lund) 45, 369—416 (1959). — HAIR, J. B., and E. J. BEUZENBERG: Nature (Lond.) 181, 1584—1586 (1958). — HELLER, J. H., and A. A. TEIXEIRA-PINTO: Nature (Lond.) 183, 905—906 (1959). — HERTZSCH, W.: Züchter 29, 203 bis 206 (1959). — HOUGAS, R. W., S. J. PELOQUIN and R. W. ROSS: J. Hered. 49, 103—106 (1958). — HOVIN, A. W.: Amer. J. Bot. 45, 131—138 (1958). — HOWARD-FLANDERS, P.: Advanc. biol. med. Phys. 6, 553—603 (1958). — HYDE, B. B., and R. L. PALIWAL: Amer. J. Bot. 45, 433—438 (1958).

JACKSON, R. C.: Amer. J. Bot. 46, 550—554 (1959). — JACKSON, W. D., and H. N. BARBER: Heredity (Lond.) 12, 1—25 (1958). — JAHN, K. A.: Z. Pflanzenzücht. 42, 25—50 (1959). — JAIN, S. K.: Cytologia (Tokyo) 24, 326—334 (1959). — JAIN, H. K., and P. K. MUJUMDER: Current Sci. 28, 8—9 (1959). — JANICK, J., D. L. MAHONEY and P. L. PFAHLER: J. Hered. 50, 47—50 (1959).

KAYANO, H.: Nucleus (Calcutta) 2, 47—50 (1959). — KHOSHOO, T. N., and V. B. SHARMA: Current Sci. 28, 26—28 (1959). — KHOSHOO, T. N., and S. N. SOBTI: Nature (Lond.) 181, 853—854 (1958). — KIHLMAN, B. A.: (1) J. biophys. biochem. Cytol. 3, 363—380 (1957). — (2) Exp. Cell Res. 14, 639—642 (1958). — (3) Exp. Cell Res. 17, 588—590 (1959). — (4) Exp. Cell Res. 17, 590—593 (1959). — (5) Nature (Lond.) 183, 976—978 (1959). — (6) J. biophys. biochem. Cytol. 5, 479—490 (1959). — KIHLMAN, B. A., T. MERZ and C. P. SWANSON: J. biophys. biochem. Cytol. 3, 381—390 (1957). — KIKUDOME, G. Y.: (1) Maize Genet. Coop. News Letter 32, 81—87 (1958). — (2) Genetics 44, 815—831 (1959). — KIRBY-SMITH, J. S., and G. W. DOLPHIN: Nature (Lond.) 182, 270—271 (1958). — KLINGMÜLLER, W.: Z. Naturforsch. 14 b, 268—272 (1959). — KRISHNASWAMY, N., P. CHANDRA-SEKHARAN and K. MEENAKSHI: Cytologia (Tokyo) 23, 251—269 (1958). — KRON-STAD, W. E., R. A. NILAN and C. F. KONZAK: Science 129, 1618 (1959). — KURA-BAYASHI, M.: (1) Evolution (Lancaster, Pa.) 12, 286—310 (1958). — (2) Cytologia (Tokyo) 23, 317—333 (1958). — KUSPIRA, J., and J. UNRAU: Canad. J. Plant Sci. 38, 199—205 (1958).

LACOUR, L. F., and S. R. PELC: (1) Nature (Lond.) 182, 506—508 (1958). — (2) Nature (Lond.) 183, 1455—1456 (1959). — LACZYŃSKA-HULEWICZOWA, T.: Roczn. Nauk. Poln., A, 79, 151—160 (1958). — LAMM, R., and R. J. MIRAVALLE: Hereditas (Lund) 45, 417—440 (1959). — LAMPRECHT, H.: Agri hort. Genet. 16, 54—65 (1958). — LANE, G. R.: Heredity (Lond.) 5, 1—35 (1951). — LARSON, R. I.: Canad. J. Bot. 37, 135—156 (1959). — LARSON, R. I., and M. D. MACDONALD: (1) Canad. J. Bot. 37, 365—378 (1959). — (2) Canad. J. Bot. 37, 379—391 (1959). — LEVINE, R. P., and W. T. EBERSOLD: Z. Vererbungslehre 89, 631—635 (1958). — LEWIS, H., and P. H. RAVEN: Evolution (Lancaster, Pa.) 12, 319—336 (1958). — LILLY, L. J.: Exp. Cell Res. 14, 257—267 (1958). — LIMA-DE-FARIA, A.: Proc. int. Genet. Symp. 1956, Cytologia (Tokyo) Suppl. 108—109 (1957).—LIMA-DE-FARIA, A.,

P. Sarvella and R. Morris: Hereditas (Lund) **45**, 467—480 (1959). — Little, T. M.: Bot. Rev. **24**, 318—339 (1958).

Makinen, Y.: Nucleus (Calcutta) **1**, 131—150 (1958). — Mathew, P. M.: J. Indian bot. Soc. **37**, 155—171 (1958). — Matsumura, S.: Wheat Inf. Serv. **7**, 5—6 (1958). — Mazia, D.: Proc. nat. Acad. Sci. (Wash.) **40**, 521—527 (1954). — McQuade, H. A., M. Friedkin and A. A. Atchison: Exp. Cell Res. **11**, 249—264 (1956). — Mechelke, F.: Kulturpflanze **6**, 167—177 (1958). — Mergen, F.: J. Forestry **57**, 180—190 (1959). — Merz, T.: J. biophys. biochem. Cytol. **5**, 135—142 (1959). — Michaelis, A.: (1) Kulturpflanze **7**, 113—130 (1959). — (2) Chromosoma (Berl.) **10**, 144—162 (1959). — Michaelis, A., K. Ramshorn u. R. Rieger: Naturwissenschaften **46**, 381—382 (1959). — Michaelis, A., u. R. Rieger: Chromosoma (Berl.) **9**, 514—536 (1958). — Mitra, S.: Genetics **43**, 771—789 (1958). — Moav, R.: Amer. Naturalist **92**, 267—278 (1958). — Molé-Bajer, J.: Chromosoma (Berl.) **9**, 332—358 (1958). — Möller, E.: Z. Vererbungslehre **90**, 409—420 (1959). — Mooring, J.: Amer. J. Bot. **45**, 233—242 (1958). — Morrison, J. W.: Canad. J. Bot. **37**, 527—538 (1959). — Moutschen-Dahmen, J. et M.: (1) Hereditas (Lund) **44**, 18—36 (1958). — (2) Hereditas (Lund) **44**, 415—446 (1958). — (3) Experientia (Basel) **15**, 310—311 (1959). — Moutschen-Dahmen, M., J. Moutschen and L. Ehrenberg: Hereditas (Lund) **45**, 230—244 (1959). — Müller, I.: Z. Vererbungslehre **89**, 246—263 (1958). — Müntzing, A.: (1) Hereditas (Lund) **44**, 145—160 (1958). — (2) Bot. Not. **111**, 209—227 (1958).

Natarajan, A. T., and M. S. Swaminathan: Experientia (Basel) **15**, 336—337 (1959). — Naylor, B., and H. Rees: Nature (Lond.) **181**, 854—855 (1958). — Neary, G. J., and H. J. Evans: Nature (Lond.) **182**, 890—891 (1958). — Neary, G. J., H. J. Evans and S. M. Tonkinson: J. Genet. **56**, 363—394 (1959). — Neary, G. J., H. J. Evans, S. M. Tonkinson and F. S. Williamson: Int. J. Radiation Biol. **1**, 230—240 (1959). — Neary, G. J., S. M. Tonkinson and F. S. Williamson: Int. J. Radiation Biol. **1**, 201—215 (1959). — Neve, R. A.: Nature (Lond.) **181**, 1084—1085 (1958). — Newman, L. J.: Evolution (Lancaster, Pa.) **13**, 276—279 (1959). — Nilan, R. A.: Northwest Sci. **32**, 89—95 (1958). — Nilan, R. A., and M. W. Sire: Amer. Naturalist **92**, 122—125 (1958).

Östergren, G., R. Morris and T. Wakonig: Hereditas (Lund) **44**, 1—17 (1958).

Pai, R. A., and M. S. Swaminathan: Naturwissenschaften **46**, 584—585 (1959). — Pai, R. A., and A. T. Natarajan: Proc. Indian Acad. Sci., B, **48**, 122—130 (1958). — Paliwal, R. L., and B. B. Hyde: Amer. J. Bot. **46**, 460—466 (1959). — Pantulu, J. V.: Current Sci. **27**, 497—498 (1958). — Payak, M. M.: Science **127**, 1446—1447 (1958). — Plaut, W., and D. Mazia: J. biophys. biochem. Cytol. **2**, 573—588 (1956). — Pohlendt, G.: Z. Vererbungslehre **89**, 170—188 (1958). — Price, S.: Genetics **44**, 703—712 (1959).

Rai, U. K.: Cytologia (Tokyo) **24**, 272—283 (1959). — Read, J.: (1) Nature (Lond.) **181**, 616—617 (1958). — (2) Radiation Biology of Vicia faba in Relation to the General Problem. Oxford: Blackwell 1959. — Rees, H., and J. B. Thompson: Heredity (Lond.) **12**, 101—111 (1958). — Reimann-Philipp, R., B. Zilm u. H. Eresen: Z. Pflanzenzücht. **42**, 296—304 (1959). — Revell, S. H.: (1) Proc. Radiobiol. Symp. (Liége, 1954), S. 243—253. London: Butherworths 1955. — (2) Ann. N. Y. Acad. Sci. **68**, 802—807 (1958). — (3) Proc. roy. Soc., B, **150**, 563—589 (1959). — Rhoades, M. M.: Maize Genet. Coop. News Letter **32**, 71—77 (1958). — Rhyne, C. L.: Genetics **43**, 822—834 (1958). — Rieger, R.: Biol. Zbl. **77**, 237—244 (1958). — Rieger, R., u. A. Michaelis: (1) Chromosoma (Berl.) **9**, 238—257 (1958). — (2) Biol. Zbl. **78**, 291—307 (1959). — (3) Chromosoma (Berl.) **10**, 163—178 (1959). — Riley, H. P.: (1) Nucleus (Calcutta) **1**, 11—44 (1958). — (2) Nucleus (Calcutta) **2**, 1—8 (1959). — Riley, R., and V. Chapman: (1) Nature (Lond.) **182**, 713—715 (1958). — (2) Heredity (Lond.) **12**, 301—315 (1958). — Riley, R., V. Chapman and G. Kimber: Nature (Lond.) **183**, 1244—1246 (1959). — Riley, R., J. Unrau and V. Chapman: J. Hered. **49**, 91—98 (1958). — Rowlands, D. G.: Chromosoma (Berl.) **9**, 176—184 (1958). — Roy, R. P., and R. P. Iha: Cytologia (Tokyo) **23**, 356—361 (1958).

Sáez, F. A., and M. E. Drets: Port. Acta biol., A, 5, 287—296 (1958). — Samejima, J., and M. Kurabayashi: Cytologia (Tokyo) 23, 119—127 (1958). — Sarvella, P.: Genetics 43, 601—619 (1958). — Sarvella, P., J. B. Holmgren and R. A. Nilan: Nucleus (Calcutta) 1, 183—204 (1958). — Savage, J. R. K., and H. J. Evans: Exp. Cell Res. 16, 364—378 (1959). — Sawant, A. C.: Genetics 43, 502—514 (1958). — Schwartz, D.: Genetics 43, 86—91 (1958). — Schwemmle, J.: (1) Biol. Zbl. 77, 153—165 (1958). — (2) Biol. Zbl. 77, 329—347 (1958). — Schneider, I.: Österr. bot. Z. 105, 111—158 (1958). — Sears, E. R., and M. Okamoto: Proc. 10. int. Congr. Genet. 2, 258—259 (1958). — Serra, J. A.: (1) Proc. 10. int. Congr. Genet. 2, 259—260 (1958). — (2) Port. Acta Biol., A, 5, 100—125 (1958). — (3) Port. Acta Biol., A, 5, 126—133 (1958). — (4) Port. Acta Biol., A, 5, 141—146 (1958). — Seyffert, W.: Z. Vererbungslehre 90, 356—374 (1959). — Sharma, A. K., and A. K. Bal: Nucleus (Calcutta) 1, 223—266 (1958). — Sharma, A. K., and N. K. Bhattacharjya: (1) Phyton (B. Aires) 6, 111—122 (1958). — (2) Cellule (Calcutta) 59, 299—346 (1959). — (3) Cytologia (Tokyo) 24, 198—212 (1959). — (4) Genetica ('s-Gravenhage) 29, 256—289 (1959). — (5) Japan. J. Bot. 17, 43—54 (1959). — Sharma, A. K., and A. K. Chatterji: Genet. iber. 10, 149—178 (1958). — Sharma, A. K., and P. Ch. Datta: (1) Nucleus (Calcutta) 1, 89—122 (1958). — (2) Cytologia (Tokyo) 24, 389—402 (1959). — Sharma, A. K., and A. Gupta: Nature (Lond.) 184, 1821 (1959). — Sharma, A. K., and A. Sharma: (1) Cytologia (Tokyo) 23, 172—185 (1958). — (2) J. Genet. 56, 63—84 (1958). — (3) Bot. Rev. 25, 514—544 (1959). — Sharma, A. K., and Ch. Talukdar: Nucleus (Calcutta) 2, 63—84 (1959). — Sharma, A. K., and B. Varma: Phyton (B. Aires) 12, 101—108 (1959). — Shult, E. E.: Experientia (Basel) 14, 58 (1958). — Sikka, S. M., M. S. Swaminathan and R. K. Mehta: Nature (Lond.) 181, 32—33 (1958). — Sinskaya, E. N.: Canad. J. Bot. 37, 1136—1138 (1959). — Sire, M. W., and R. A. Nilan: Genetics 44, 124—136 (159). — Skiebe, K.: Züchter 28, 353—359 (1958). — Sokolovskaya, A. P.: Bot. Z. (russ.) 43, 1146—1155 (1958). — Soost, R. K.: J. Hered. 49, 208—213 (1958). — Srinivasachar, D.: Cytologia (Tokyo) 23, 419—421 (1958). — Srinivasachar, D., and K. Patau: Chromosoma (Berl.) 9, 229—237 (1958). — Steffensen, D.: Nature (Lond.) 182, 1750—1751 (1958). — Swaminathan, M. S., and B. R. Murty: Genetics 44, 1271—1280 (1959). — Swaminathan, M. S., and A. T. Natarajan: J. Hered. 50, 177—187 (1959). — Swaminathan, M. S., and M. P. Singh: Current Sci. 27, 63—64 (1958). — Swanson, C. P., and T. Merz: Science 129, 1364—1365 (1959). — Sybenga, J.: Chromosoma (Berl.) 10, 355—364 (1959).

Taylor, J. H.: (1) in: Physical Techniques in Biological Research, Bd. III, S. 546—576, New York: Academic Press 1956. — (2) Genetics 43, 515—529 (1958). — (3) Exp. Cell Res. 15, 350—357 (1958). — (4) Symp. molec. Biol. (Chicago) 304 bis 320 (1959). — (5) Proc. 1. nat. biophys. Conf., S. 264—274. Yale Univ. Press 1959. — (6) Proc. 10. int. Congr. Genet. 1, 63—78 (1959). — Taylor, J. H., P. S. Woods and W. L. Hughes: Proc. nat. Acad. Sci. (Wash.) 43, 122—128 (1957). — Ting, Y. C.: (1) Chromosoma (Berl.) 9, 286—291 (1958). — (2) Cytologia (Tokyo) 23, 239—250 (1958). — Tsuchiya, T.: (1) Seiken Zihô 9, 69—86 (1958). — (2) Japan. J. Bot. 17, 14—28 (1959). — Tsunewaki, K.: Canad. J. Bot. 37, 1271—1276 (1959). — Tsunewaki, K., and E. G. Heyne: (1) Genetics 44, 933—946 (1959). — (2) Genetics 44, 947—954 (1959).

Unrau, J.: Canad. J. Plant Sci. 38, 415—418 (1958).

Venema, G.: Chromosoma (Berl.) 10, 679—685 (1959). — Vennekohl-Abel, A.: Z. Botan. 47, 1—41 (1959).

Wakonig, R., and T. J. Arnason: Canad. J. Bot. 37, 403—411 (1959). — Walther, F.: Z. Pflanzenzücht. 41, 1—32 (1959). — Walthers, M. S.: (1) Univ. Calif. Publ. Bot. 28, 335—447 (1957). — (2) Amer. J. Bot. 45, 271—289 (1958). — Watson, P. J.: New Phytologist 57, 11—18 (1958). — Weaver, J. B. jr.: Amer. J. Bot. 45, 10—16 (1958). — Weiling, F.: Flora (Jena) 146, 340—353 (1958). — Wilson, G. B., A. H. Sparrow and V. Pond: Amer. J. Bot. 46, 309—316 (1959). — Wilson, J. Y.: (1) Cytologia (Tokyo) 23, 435—446 (1958). — (2) Genetica ('s-Gravenhage) 29, 290—303 (1959). — (3) Heredity (Lond.) 13, 263—267 (1959). — (4)

Chromosoma (Berl.) **10**, 337—354 (1959). — Wittmer, G.: Tabacco (Rom) **62**, 384—405 (1958). — Wöhrmann, K.: Z. Pflanzenzücht. **42**, 93—102 (1959). — Wöhrmann, K., u. H. Meyer zu Drewer: Züchter **29**, 264—270 (1959). — Wolff, S., and K. C. Atwood: Proc. nat. Acad. Sci. (Wash.) **40**, 187—192 (1954). — Wolff, S., K. C. Atwood, M. L. Randolph and H. E. Luippold: J. biophys. biochem. Cytol. **4**, 365—372 (1958). — Wolff, S., and R. C. von Borstel: Proc. nat. Acad. Sci. (Wash.) **40**, 1138—1141 (1954). — Wolff, S., and H. Luippold: (1) Science **122**, 231—232 (1955). — (2) Proc. nat. Acad. Sci. (Wash.) **42**, 510—514 (1956). — (3) Genetics **43**, 493—501 (1958). — Woods, P. S., and M. U. Schairer: Nature (Lond.) **183**, 303—305 (1959).

Yao, S. Y., M. T. Henderson and N. E. Jodon: Cytologia (Tokyo) **23**, 46—55 (1958).

Zohary, D., and I. Ashkenazi: Nature (Lond.) **182**, 477—478 (1958). — Zohary, D., and U. Nur: Evolution (Lancaster, Pa.) **13**, 311—317 (1959).

20. Wachstum

Bericht über die Jahre 1958 und 1959

Von Jakob Reinert, Tübingen

Mit 1 Abbildung

1. Native Auxine und Hemmstoffe

Wie in den letzten Jahren liegen auch jetzt wieder viele Befunde über das Vorkommen der IES und verwandter Indolderivate in den verschiedensten Pflanzen und Organen vor, durch welche die Bedeutung dieser Hauptgruppe der nativen Auxine erneut unterstrichen wird [Bohling; Blumenthal-Goldschmidt; Fukui, Teubner, Wittwer u. Sell; Hemberg; Klämbt (1); Linser u. Mitarb.; Pilet; Sen]. Die meisten dieser Arbeiten, die zum Teil offenbar auch als Ausgangspunkte für die Bearbeitung entwicklungsphysiologischer Probleme geplant sind, ergeben das bekannte Bild chromatographischer Auxinanalysen, in denen außer der IES und ihren bekannten Vorstufen bzw. ihren gebundenen Formen fast immer nicht-identifizierte Auxine und stets ein oder mehrere Hemmstoffe vorkommen. Besonders zu erwähnen ist in diesem Zusammenhang der Nachweis mehrerer aktiver Auxine in der Haferkoleoptile und der IES im Maisscutellum (Bohling), von 2-Hydroxy-Indol-3-essigsäure in Maiskörnern [Klämbt (2)] und Indolylpropionsäure in Weißkohl [Melchior (2)] sowie der Bericht von Sen über den Nachweis und die streckungsfördernde Wirkung von N-Acetindoxyl in Gerstenblättern.

Über nicht-indolartige Auxine liegen ebenfalls mehrere Veröffentlichungen vor. Fransson konnte nach chromatographischer Analyse von Aceton- und Ätherextrakten aus *Pinus silvestris*-Keimlingen einen Wuchsstoff oder einen Komplex von Wuchsstoffen nachweisen, der sowohl das Sproß- als auch das Wurzelwachstum förderte. Dieser als Pinus I bezeichnete Wuchsstoff ist offenbar nicht mit dem α-Accelerator und der „Substanz W" identisch, die gleichartig wirken, bei denen aber die Bildung als Artefakt während oder nach der Extraktion nicht ausgeschlossen werden kann. IES konnte in den Pinuskeimlingen nicht festgestellt werden; es wird aber nicht ausgeschlossen, daß sie in minimaler Konzentration neben dem unbekannten Wuchsstoff vorliegt. Fukui, Teubner, Wittwer u. Sell, die in der sauren Fraktion von Ätherextrakten aus Maispollen nur Indolkörper einschließlich IES fanden, berichten über das Vorkommen von zwei nicht-indolartigen Auxinen in der neutralen Fraktion der Pollenextrakte. Diese Auxine, die bei der

Chromatographie gleiche R_f-Werte wie der Äthylester und das Nitril der IES hatten, konnten nicht mit Salkowski- bzw. Ehrlich-Reagens angefärbt werden und außerdem deckten sich ihre Absorptionsbanden nicht mit denjenigen von Indolderivaten, sondern wiesen eine weitgehende Übereinstimmung mit der Absorption der Benzoesäure auf. Eine Ergänzung zu den bisherigen Ergebnissen der Gruppe um BENTLEY u. HOUSLEY (vgl. Fortschr. Bot. **19**, 345) über nichtindolartige Auxine aus den verschiedensten Objekten bildet der kurze Bericht über ein derartiges Auxin aus unreifen Maiskörnern (FARRAR, BENTLEY, BRITTON, HOUSLEY). Das unbekannte Auxin wird hauptsächlich auf Grund des Verhaltens bei der Extraktion und bei verschiedenen Färbungsreaktionen als nicht-indolartig eingeordnet und dürfte wahrscheinlich — in Übereinstimmung mit früheren Ergebnissen der gleichen Gruppe — zu den austauschbaren (interconvertible) Wuchsstoffen gehören.

Zu den weitgehenden Schlußfolgerungen, die aus ähnlichen früheren Ergebnissen der gleichen Gruppe gezogen worden sind — entscheidende Bedeutung der wasserlöslichen, nicht-indolartigen Auxine für die Wachstumsregulation höherer Pflanzen —, liegen mehrere kritische Stellungnahmen vor. AUDUS u. GUNNING, die bei vergleichbarer Methodik in Erbsenwurzeln eine ganze Anzahl von ätherlöslichen und wasserlöslichen Auxinen feststellten, schließen sich trotz weitgehender Übereinstimmung der Resultate nicht den oben erwähnten Schlußfolgerungen an. Gründe für diese Haltung sind hauptsächlich Beobachtungen über negative Färbungsreaktionen IES-haltiger Extrakte und Schwierigkeiten bei der Beurteilung des Verhaltens der austauschbaren Auxine während der Chromatographie, die keine eindeutigen Entscheidungen darüber zulassen, ob es sich bei diesen Auxinen um polymerisierte Indolderivate oder andersartige Verbindungen handelt. Ein anderer Befund der Gruppe in Manchester — in Ätherextrakten aus Maiskoleoptilen war keine IES nachweisbar — konnte bestätigt werden. Seine Deutung — Hinweis auf die Wachstumsregulation durch wasserlösliche Auxine (vgl. Fortschr. Bot. **20**, 254) — ist aber dadurch in Frage gestellt, daß in den Ätherextrakten aus Maiskoleoptilen beträchtliche Mengen synthetischer IES „verbraucht" werden und weder chromatographisch noch im biologischen Testverfahren nachweisbar sind (REINERT u. FORSTMANN).

Mit welcher Vorsicht die Resultate chromatographischer Arbeiten zu bewerten und zu deuten sind, hat sich auch in einer Arbeit von BOOTH u. WAREING gezeigt. Sie fanden in Extrakten aus Kartoffelknollen zuerst keine Indolkörper, aber nach Verbesserung der Extraktionsmethode und nach Ausschaltung eines Verdünnungseffektes beim Chromatographieren ließ sich nur ein Auxin, nämlich IES, nachweisen. Eine ähnliche Beobachtung machte NICHOLS mit Extrakten aus Bananen und Kakaofrüchten, in denen sich erst nach Wechsel des Lösungsmittels bei der Chromatographie ein störendes Leukoanthocyan abtrennen und schließlich IES nachweisen ließ.

Eine mögliche hormonale Wirkung von natürlich vorkommenden Glyceriden bzw. Fettsäurealkoholen beim Streckungswachstum wird von STOWE und von CROSBY u. VLITOS diskutiert. STOWE stützt sich dabei auf Versuche mit Erbsensegmenten, die erst nach Ergänzung von Versuchslösungen mit physiologischen Konzentrationen von IES und Gibberellinsäure durch Glyceridextrakte aus Erbsen ein Wachstum erreichten, das demjenigen in intakten Pflanzen ungefähr entsprach. Die gleiche Wirkung wie die Glyceride hatten auch Methyllineolat bzw. Methyloleat und außerdem die Netzmittel Tween 20 und 80. Der Hauptgrund für die Annahme eines hormonalen Effektes der Fettsäureester ist ihre Wirkung bei relativ niedrigen Konzentrationen (20—30mal so hoch wie diejenige der in den gleichen Lösungen vorliegenden IES). CROSBY u. VLITOS beobachteten im Mesokotyl-Test nach NITSCH ebenfalls beträchtliche Wachstumsförderungen durch Alkoholextrakte aus *Nicotiana*-Blättern und -Stengelspitzen. In diesem Falle ließen sich die Extrakte, die in Lösungen ohne Auxine und Gibberellin getestet wurden, durch Mischungen von synthetischen Fettsäurealkoholen mit $C_{20}—C_{22}$-Ketten ersetzen. Neben dieser Wachstumsförderung ist ein allerdings umstrittener Befund — Fehlen der IES in der verwendeten Tabakvarietät (vgl. Fortschr. Bot. **20**, 257) — der Ausgangspunkt für die Postulierung einer hormonalen Wirkung der Extrakte bzw. der Fettsäurederivate.

Der häufige Nachweis von nativen Hemmstoffen bei chromatographischem Arbeiten ist schon zu Anfang erwähnt worden; besondere Beachtung verdienen hier vor allem die Arbeiten über die chemische Natur der Hemmstoffe, die entscheidend für die Beurteilung ihrer Rolle bei der Wachstumsregulation werden dürfte. Den in letzter Zeit am meisten beachteten Hemmstoff, den Inhibitor β, haben HOUSLEY u. TAYLOR untersucht. Nach ihren Ergebnissen ist der β-Inhibitor aus Kartoffelschalen ein Gemisch aus aliphatischen (Fett)säuren und Scopoletin. Seine Wirkung macht sich bei Weizenkoleoptilsegmenten in IES-haltigen Lösungen schon nach einer Stunde, in auxinfreien dagegen erst nach 4 Std. bemerkbar. Die Hemmwirkung ist offenbar kein kompetitiver Antagonismus zu Auxinen, sondern ein unspezifischer Effekt. Nach KÖVES und VARGA ist ein anderer, ebenfalls als β-Inhibitor bezeichneter Hemmstoff aus Haferspelzen ein Komplex aus Salicylsäure, Cumarin und verschiedenen anderen verwandten Säuren. VAN STEVENINCK hat einen ähnlich wirkenden Hemmstoff aus ungenügend gereinigter Glucose nachgewiesen und vermutet, daß es sich dabei um ein natives, bei der Raffinierung nicht eliminiertes Produkt handelt. TORREY, der den sehr spezifisch wirkenden Inhibitor der Zellteilung aus Erbsenwurzeln untersuchte, fand ebenfalls einen Komplex aus mehreren Substanzen in alkalischen und in sauren Fraktionen von Ätherextrakten. Nach den R_f-Werten, Färbungsreaktionen und nach der Absorption im ultravioletten Teil des Spektrums sind es Phenole, welche in diesem Falle hauptsächlich wachstumshemmend wirken.

2. Auxinstoffwechsel

GORDON setzte seine Untersuchungen über die enzymatische Umsetzung des Tryptophans zur IES fort und wies die Lokalisierung des dabei wirksamen Enzymsystems in der submikrosomalen Fraktion (0—4

Svedberg-Einheiten) des Cytoplasmas der Meristeme und jungen Blätter von Bohnen (*Phaseolus aureus* Roxb.) nach.

Ausgehend von der Rolle des Tryptophans bei der Biosynthese der IES berichten MUDD u. ZALIK, daß Indol in Kotyledonen und Stengelsegmenten von Tomaten zur Synthese von Tryptophan verwendet wird. Serinzugabe steigerte — in Übereinstimmung mit Ergebnissen bei Mikroorganismen — die Tryptophanbildung, die allerdings nach Homogenisierung der gleichen Gewebe nicht erreicht werden konnte. Im Gegensatz dazu ist GREENBERG u. GALSTON auch der Nachweis des gleichen Enzyms in Extrakten aus Erbsenknospen gelungen. In ihren, als „Tryptophan-Synthetase" bezeichneten Präparationen erwies sich Pyridoxalphosphat als wichtiger Cofaktor der Indol-Serin-Kondensation, deren Optimum bei p_H-Werten zwischen 6,5 und 7 lag. Eine Erklärung für die unterschiedlichen Ergebnisse der in vitro-Versuche von MUDD u. ZALIK dürfte sehr wahrscheinlich durch die extreme Labilität der Tryptophan-Synthetase gegeben sein, die auch in Versuchen GREENBERGs u. GALSTONs mit Homogenisaten anderer Pflanzen (Bohnen, Lupinen, Tabak u. a. m.) zu Mißerfolgen führte.

· Zu der bis jetzt noch nicht eindeutig geklärten Frage, ob Indolylacetonitril (IAN) per se oder erst nach der Hydrolyse zur IES wachstumsfördernd wirkt, liegt ein wichtiger Befund von THIMANN u. MAHADEVAN vor. Sie konnten eindeutig in Hafer- und Gerstenblättern ein lösliches Enzym nachweisen, das die Hydrolyse des IAN zur IES katalysiert. Bei der Umwandlung des Nitrils zur Säure wird aber offenbar das auf Grund theoretischer Überlegungen als Intermediärprodukt zu erwartende Indolylacetamid nicht gebildet; diese Beobachtung wird noch dadurch bestätigt, daß auch freies Indolylacetamid durch die Nitrilase nicht umgesetzt wird. Zu der gleichen Frage — Wirkungsweise des IAN — nehmen auch LIBBERT u. BALLIN Stellung. Entsprechend ihren Ergebnissen über das Vorkommen, die Reaktionsfähigkeit auf IAN, und dessen Umsetzung zur IES bei verschiedenen Objekten rechnen sie mit einer zweifachen Rolle des IAN beim Wachstum: als per se wirksames Auxin und als IES-Vorstufe. Diese Annahme beruht vor allem auf der Beobachtung einer Wachstumsförderung bei Testpflanzen *(Impatiens, Helianthus, Solanum)*, in denen das Nitril nicht zur Säure umgesetzt wird. Aus der Veröffentlichung ist nicht zu ersehen, ob auch eine weitere Erklärungsmöglichkeit — Synergismus des IAN und des nativen Auxins — berücksichtigt worden ist (Ref.).

Eine Erklärung für die bekannte Unwirksamkeit des IAN beim Wachstum von Segmenten aus Erbsensprossen dürfte durch eine Arbeit von TAYLOR u. WAIN gegeben sein. Sie konnten zeigen, daß IAN in Homogenisaten aus Erbsenepikotylen durch α-Oxydation zur Indolylcarbonsäure abgebaut wird, die bekanntlich keine Wachstumsförderung auslöst. Das bis jetzt noch nicht erfaßte Intermediärprodukt bei dieser Art des Abbaues ist mit ziemlicher Sicherheit der Indolylaldehyd.

Die wichtigsten Arbeiten über das am meisten beachtete Enzymsystem des Auxinstoffwechsels — die IES-Oxydase — betreffen die Cofaktoren und Inhibitoren dieses Enzyms und die beim IES-Abbau anfallenden Abbauprodukte. In Ananasgeweben konnten GORTNER, KENT u. SUTHERLAND zwei Zimtsäurederivate — Ferulasäure und p-Cumarsäure — nachweisen, die auf Grund weiterer Untersuchungen (GORTNER u. KENT) als das Coenzym (p-Cumarsäure) und der in vivo wirksame Inhibitor (Ferulasäure) dieser Oxydase angesehen werden. Die Basis dazu bilden Resultate mit Apoenzym-Präparationen, bei denen sich eine extrem starke Aktivierung des Enzyms durch die p-Cumarsäure ergab. Diese Aktivierung durch die p-Cumarsäure war vom Verhältnis der Konzentration des Apoenzyms zu derjenigen des Cofaktors abhängig und verlief entsprechend dem Massenwirkungsgesetz. Ferulasäure, die — wie viele andere Phenole — ebenfalls die Enzymaktivität in geringem Maße fördern kann, hemmte dagegen stark in cumarsäurehaltigen Versuchsgemischen. Der komplexe Wirkungsmechanismus wird mit Hilfe von Daten über die Kinetik der enzymatischen Reaktion auf die Konkurrenz des Inhibitors (Ferulasäure) um die beiden Adsorptionsstellen des Apoenzyms für den Cofaktor (p-Cumarsäure) und das Substrat (IES) erklärt.

SHARPENSTEEN u. GALSTON berichten ebenfalls über einen nativen, wahrscheinlich phenolischen Cofaktor der IES-Oxydase aus Erbsen, der bei suboptimalen Manganzusätzen in Homogenisaten die Oxydaseaktivität linear proportional zu seiner Konzentration fördert.

Sehr interessant ist noch ein anderer Befund von HILLMAN u. GALSTON, nach welchem die Bildung eines Inhibitors der IES-Oxydase in Erbsen bzw. seine Umwandlung in einen Aktivator durch das gleiche Reaktionssystem vom roten und infraroten Licht gesteuert wird, dessen Beteiligung an den verschiedensten Stoffwechsel- und morphogenetischen Prozessen seit einigen Jahren zunehmendes Interesse erregt.

Nachdem es eine Zeitlang als unsicher galt, ob der Abbau der IES primär über die Seitenkette unter Bildung der Intermediärprodukte Indolylglykolsäure, Indolylaldehyd zur Indolylcarbonsäure erfolgt, liegen jetzt mehrere Untersuchungen vor, die diesen Weg für die Photolyse [MELCHIOR (1, 2); MEYER; RAY u. CURRY] und auch für den enzymatischen Abbau der IES [STUTZ; MELCHIOR (2)] bestätigen. Die bisherigen, recht gegensätzlichen Meinungen zu diesem Punkt beruhen sehr wahrscheinlich auf der Verwendung von Enzympräparationen mit unterschiedlichem Reinigungsgrad. Darauf weisen vor allem die Beobachtungen von STUTZ hin, der bei Verwendung von gereinigter IES-Oxydase aus Lupinen erst nach Zusatz eines Cytochrom-Cytochromoxydasesystems den Indolylaldehyd als Intermediärprodukt erfassen konnte. Es sei noch dazu bemerkt, daß STUTZ und ebenso MELCHIOR (2) auf Grund mehrerer Befunde einen zweiten Abbauweg, der von RAY diskutiert wird und mit der Oxydation und Öffnung des Indolringes einsetzt, als sehr wahrscheinlich ansehen.

3. Streckungswachstum

In den Auseinandersetzungen der letzten Jahre hat sich die alte, klassische Auffassung als beständig erwiesen, nach welcher die Zellstreckung und die damit verbundene Wasseraufnahme durch eine Steigerung der Plastizität der Membranen eingeleitet bzw. ermöglicht wird. Die hohe plastische Dehnbarkeit wachsender Zellwände wird jetzt generell als die primäre und möglicherweise einzige Wirkung des Auxins bei der Streckung angesehen (vgl. Fortschr. Bot. **19**, 348; **20**, 264). Völlig offen ist aber noch die Frage, wie dieser Auxineffekt zustande kommt, d. h. ob er auf Veränderungen der Eigenschaften per se vorhandener starrer oder plastischer Komponenten der Wand oder auf der Synthese und dem Einbau zusätzlichen Materials in die Zellwände beruht. Eine eindeutige Klärung dieses Problems ist auch durch Arbeiten der beiden letzten Jahre nicht erreicht worden.

CLELAND (1, 2) hat in Untersuchungen über die plastische und elastische Dehnbarkeit von Segmenten aus *Avena*koleoptilen erneut die Wirkung des Auxins auf die Plastizität der Membranen bestätigt. Dieser Primäreffekt — der auf die Beseitigung starker, verfestigender Bindungen des Zellwandmaterials zurückgeführt wird — tritt stets ein, auch wenn durch einen hohen osmotischen Wert des umgebenden Mediums jegliche Wasseraufnahme und Volumenzunahme verhindert wird. Anders steht es um die Elastizität der Membranen. Sie erhöht sich nur dann, wenn Wasseraufnahme — z. B. in hypotonischen Mannitlösungen — möglich ist und dadurch rein mechanisch andere, aber schwächere Verfestigungen des Wandmaterials beseitigt werden [CLELAND (2)].

BUSSE, der die Wirkung von IES und Cobalt ($CoCl_2$) auf die Streckung der gleichen Objekte untersuchte, vertritt ähnliche Vorstellungen. Auch er nimmt an, daß Auxin primär auf die Festigungselemente der Wand einwirkt, diese teilweise beseitigt und damit die Streckung durch eine Erhöhung der Plastizität ermöglicht. Erst nach bzw. während der Dehnung der Wände und offenbar unabhängig vom Auxin kann es dann mit dem Einbau neuer Wandsubstanzen wieder zu einer Verfestigung der Membranen kommen, durch die ein unphysiologisches, übermäßiges Wachstum verhindert wird. Das Hauptargument für diese Auffassung ist die Beobachtung, daß Cobalt die Synthese und den Einbau von Festigungselementen der Wand hemmt und dadurch bei den Koleoptilsegmenten eine durch Auxin induzierte Streckungsphase beträchtlich verlängert.

Daß Auxin offenbar nur indirekt den Einbau von Festigungselementen in die Wand auslöst, bestätigen auch Resultate von OCHS u. POHL, die zwar eine Förderung des Einbaues von C^{14}-markiertem Invertzucker in die Cellulose von Koleoptilsegmenten beobachteten, diese aber auf einen indirekten Effekt des Wuchsstoffes, und zwar auf eine Steigerung der Zuckerpermeabilität zurückführen.

Der Ausgangspunkt von zwei weiteren Arbeiten sind die Resultate der letzten Jahre, die auf eine kausale Relation zwischen der gesteigerten Plastizität wachsender Zellwände und der Synthese von Pektinen bzw. der Änderung der Eigenschaften schon vorhandener Pektinketten durch Auxin hinweisen.

ADAMSON u. ADAMSON rechnen nur mit der zweiten Möglichkeit und führen den Effekt des Auxins auf die plastische Dehnbarkeit der Zellwände auf eine Hemmung der Demethylierung von Pektinketten durch Pektinmethylesterase (PME) zurück. Nach ihrer Darstellung wird dadurch — in Übereinstimmung mit einer Theorie Bennet-Clarks — eine Anlagerung von Calciumionen an freiwerdende Carboxylgruppen und eine damit verbundene Erstarrung der Pektinmatrix der Zellwände verhindert. Die experimentelle Grundlage dieser Konzeption ist die Beobachtung, daß Auxin auch unter Bedingungen (N_2-gesättigte Versuchslösungen, niedrige Temperatur), welche die Pektinsynthese, jedoch nicht die relativ unempfindliche PME hemmen müssen, die plastische Dehnbarkeit von Koleoptilsegmenten fördert und die Erstarrung der Zellwände verhindert.

Es dürfte allerdings angebracht sein, diese sehr theoretischen Erwägungen vorläufig mit einiger Vorsicht zu betrachten. Das gilt vor allem in Hinsicht auf die Rolle der Pektinmethylesterase. Glasziou hat zwar nach Auxinzuführung in verschiedenen Objekten Hemmungen dieses Enzyms festgestellt, aber offenbar ist auch der umgekehrte Fall möglich, denn Yoda (1, 2) beobachtete nach Behandlung von Avenakoleoptilen mit IES eine erhöhte Aktivität der Esterase.

Burström vertritt ebenfalls den Standpunkt, daß die erhöhte Plastizität wachsender Zellwände auf Änderungen der strukturellen Eigenschaften der Wandpektine durch Auxine beruhen. Dabei stützt er sich auf Befunde an Wurzeln und Blättern von Weizenkeimlingen, bei denen sich nur nach drastischen Wachstumshemmungen meßbare Verschiebungen des Stoffwechsels der Zellwand ergaben. Diese Veränderungen des Cellulose- und Pektinstoffwechsels waren aber derart gering, daß sie auf keinen Fall als Ursache für die gleichzeitig festgestellten extremen Wachstumsschwankungen angesehen werden können. Bayley u. Setterfield verglichen das Verhalten von Segmenten aus *Avena*koleoptilen in IES-haltigen Lösungen mit und ohne Mannit (0,2 m) und fanden nach eingehenden polarisationsoptischen und elektronenmikroskopischen Untersuchungen keine Unterschiede des strukturellen Aufbaus (Cellulosefibrillen) der Wände wachsender und nichtwachsender Zellen. Unterschiede ergaben sich aber hinsichtlich des Gewichtes und der Zusammensetzung der Wände. Die absolute Menge des Wandmaterials nimmt während der Streckung zu, die Wände werden aber dünner, d. h. die Gewichtsmenge pro Längeneinheit nimmt ab. Da außerdem bei den nichtwachsenden Segmenten trotz Hemmung der Wachstumsatmung durch Mannit relativ mehr Cellulose eingebaut wird, nehmen die Autoren an, daß Auxin über den Stoffwechsel der Nicht-Cellulose-Bestandteile das Wachstum der Wand steuert. Sehr wahrscheinlich dürften aber kaum die in minimaler Menge (0,3% Trg.) vorliegenden Pektine, sondern die Hemicellulosen (1% Trg.) entscheidend für die Streckung und damit für die Auxinwirkung sein (Bishop, Bayley u. Setterfield).

4. Gibberelline

Die im letzten Bericht (Fortschr. Bot. **20**, 261) erwähnten Nachweise von Gibberellinen bzw. gibberellinartigen Substanzen in höheren Pflanzen sind durch neuere Ergebnisse beträchtlich erweitert worden. Über das Vorkommen dieser Regulatoren in Leguminosen, und zwar in Samen und Pflanzen einschließlich einer Zwergform (Erbsen), berichten McComb

u. Carr, Murakami (1, 2), Radley (1), West u. Phinney sowie Mac-
Millan, Seaton u. Suter. Hinzu kommen als neue Gibberellinquellen
Wasserreiser von Citrusbäumen (Gibberellin A_1, Kawarada u. Sumiki),
unreife Apfelsamen (Nitsch), Weizenkeimlinge (Simpson), Cocosnüsse,
besonders die Embryonen [Radley (2)], und in vitro kultiviertes Tumor-
und normales Gewebe verschiedener Herkunft [Nickell (1)]. Von diesen
Arbeiten müssen vor allem diejenigen über den Nachweis und die Natur
der Gibberelline aus Bohnensamen herausgestellt werden. West u.
Phinney isolierten aus diesen Samen das Gibberellin A_1 — in Übereinstimmung mit den Resultaten von MacMillan und Suter — und ein
zweites Gibberellin in kristalliner Form, das als Bohnenfaktor II bezeichnet wird. Nach den bis jetzt vorliegenden Daten der chemischen
Analyse ist der Bohnenfaktor II ebenfalls ein Fluorenderivat mit wahrscheinlich einer Doppelbindung in den Ringen, einer Carboxylgruppe und
einem Lactonring; er unterscheidet sich aber von den Gibberellinen
A_1—A_3 durch sein Infrarot-Spektrum und durch sein Verhalten bei der
Chromatographie. Im biologischen Testverfahren mit Maismutanten
verhält sich der Bohnenfaktor II ebenfalls anders als die Gibberelline
A_1—A_3: er fördert wie diese das Wachstum der Mutante d-5, ist aber im
Unterschied zu diesem bei der Mutante d-1 fast unwirksam. Die Autoren
lassen es vorläufig noch offen, ob dieses neue Gibberellin zu den noch
völlig unbekannten Gibberellinvorstufen oder als weitere gleichwertige
Verbindung zu den Gibberellinen A_1—A_3 gehört.

Nach einem kurzen, wenig später erscheinenen Bericht von Mac-
Millan, Seaton u. Suter ist es nicht ausgeschlossen, daß der Bohnenfaktor II mit dem ebenfalls aus Bohnensamen isolierten neuen Gibberellin
A_5 identisch ist, dessen Struktur (s. Abb. 26) und Summenformel ($C_{19}H_{22}O_5$)
schon ermittelt worden sind.

Zu der Reihe der Fusarium-Gibberelline ist mittlerweile das Gibberellin A_4 gekommen, dessen Summenformel entweder $C_{18}H_{24}O_5$ oder
$C_{19}H_{22}O_5$ ist (Takahashi, Seta, Kitamura u. Sumiki). Hinsichtlich
seiner physiologischen Aktivität ähnelt das Gibberellin A_4 am meisten
dem Gibberellin A_1, unterscheidet sich aber von diesem durch seine
hemmende Wirkung auf das Wurzelwachstum.

Nach russischen Arbeiten ist noch mit einer weiteren Zunahme der
Reihe der Pilzgibberelline zu rechnen. Krasilnikov, Caylachyan u.
Mitarb. konnten nach der Methode Stodolas bzw. nach einem anderen,
nicht genauer beschriebenen Verfahren auch aus anderen Pilzen als
Fusarium moniliforme (*Torulopsis*-Art, Actinomyceten und eine mit
Fusarium moniliforme nicht identische *Fusarium*-Art) vier gibberellin-
artige Wirkstoffe gewinnen. Die offenbar nicht vollständig gereinigten
Präparate erwiesen sich im biologischen Test mit Rudbeckia bicolor
(Sproßstreckung, Blütenbildung und Blattwachstum) als typische
Gibberelline, unterschieden sich aber in ihrer Wirkung untereinander
und auch von derjenigen der gleichfalls getesteten Gibberellinsäure.

Unsicherheiten über verschiedene Punkte der Gibberellinchemie, auf
die schon früher hingewiesen wurde (vgl. Fortschr. Bot. **19**, 347), sind offenbar in den letzten beiden Jahren beseitigt worden, so daß jetzt die Struktur-

formel des Gibberellin A_3 (Gibberellinsäure) einschließlich der Position des Lactonringes und der beiden Hydroxylgruppen gesichert sein dürfte (CROSS u. Mitarb. (1959)]. Durch die Arbeiten der Gruppe um SUMIKI (SETA, KITAMURA, TAKAHASHI u. Y. SUMIKI) steht außerdem die enge strukturelle Beziehung zwischen dem Gibberellin A_3 (Gibberellinsäure) und dem Gibberellin A_1 (Dihydrogibberellinsäure) fest. Von den Abbauprodukten der Gibberellinsäure, Gibberellen- bzw. Gibberinsäure (s. Abb. 26), die bei der sauren Hydrolyse und wahrscheinlich auch bei der Fermentation anfallen, ist noch die Allogibberinsäure interessant, deren

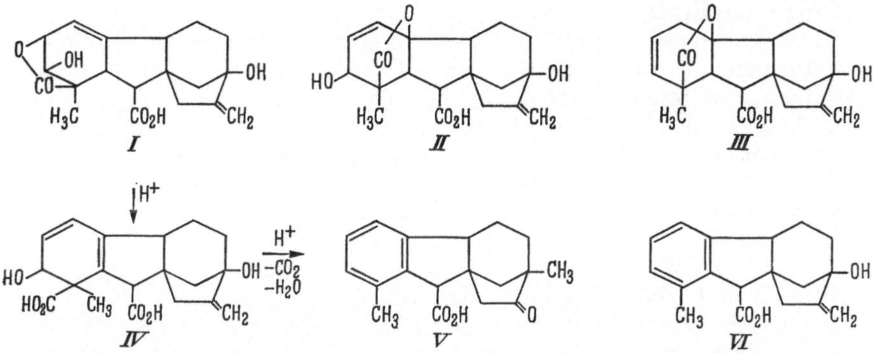

Abb. 26. Struktur der Gibberelline A_3 (I = bisherige Strukturformel, II = neue Strukturformel), A_5 (III) und der Abbauprodukte der Gibberellinsäure (IV = Gibberellen-, V = Gibberin-, VI = Allogibberinsäure), die bei der sauren Hydrolyse und wahrscheinlich auch schon bei der Fermentation gebildet werden. [Nach CROSS u. Mitarb. (1958, 1959), GERZON u. Mitarb., MacMILLAN, SEATON u. SUTER]

Hydrat nach BRIAN, GROVE, HEMMING, MULHOLLAND u. RADLEY mit dem Gibberellin B japanischer Autoren (YABUTA u. Mitarb.) identisch ist. Das Hydrat der Allogibberinsäure hat im Gegensatz zu den Berichten über Gibberellin B — allerdings nur nach vollständiger Reinigung — keinen Effekt auf das Sproßwachstum (Erbsen) und hemmt das Wurzelwachstum (Kressewurzeltest) nur minimal.

In Verbindung mit diesen Arbeiten sind auch verbesserte chromatographische und biologische Testverfahren ausgearbeitet und teilweise ausführlicher beschrieben worden, so daß sich auch in der Methodik ein wesentlicher Fortschritt ergeben hat. Der von RADLEY (1) beschriebene Test mit Primärblättern etiolierter Erbsenkeimlinge erreicht schon bei einer GBS-Konzentration von 0,01 mg/l die maximale Empfindlichkeit. McCOMB u. CARR berichten über ein Verfahren mit intakten, etiolierten Keimlingen von Buscherbsen (Meteor), das quantitative Bestimmungen von GBS-Mengen zwischen 10^{-9} und $5 \cdot 10^{-6}$ g ermöglicht. Mit colorimetrischen Methoden lassen sich auf Chromatogrammen jetzt schon GBS-Mengen bis zu etwa 10^{-6} g nachweisen (SIMPSON, MITCHELL).

Die bisher vorliegenden Theorien und Hypothesen über den Wirkungsmechanismus der Gibberelline basieren ausschließlich auf dem erwiesenen Zusammenwirken dieser Hormone mit den Auxinen. Diese enge Beziehung zwischen den beiden Wirkstoffgruppen hat sich auch in den neueren Untersuchungen über das Streckungswachstum [BRIAN u. HEMMING; KUSE; RADLEY; GALSTON u. WARBURG; PURVES u. HILLMAN (1); WEIJER] und das Teilungswachstum (WAREING) bestätigt. Nicht geklärt ist aber die Frage, ob es sich dabei um synergistische Reaktionen (BRIAN u. HEMMING; GALSTON u. WARBURG) oder um additive Effekte handelt, die sich aus der Abhängigkeit des Wachstums von mehreren, untereinander unabhängigen Wirkstoffen ergibt [PURVES u. HILLMAN (2), vgl. auch Fortschr. Bot. **20**, 262]. Eine weitere Schwäche der bisherigen Konzeptionen über den Wirkungsmechanismus der Gibberelline ergibt sich daraus, daß sie nur den Wachstumsförderungen gerecht werden. Für die Hemmungen, die ebenfalls durch Gibberelline bei Wachstums- und Entwicklungsprozessen verursacht werden können [ALLEWELDT, BERGMANN, NÉTIEN, NICKELL (2), SCHRAUDOLF u. REINERT], bieten sie vorläufig keine Erklärung.

Die einfachste Hypothese zum Synergismus zwischen Gibberellinen und Auxinen — direkte Hemmung der IES-Oxydase durch Gibberelline, daraus resultierende Erhöhung des Auxinspiegels und Steigerung des Wachstums — wird von PILET u. WURGLER vertreten. Das Hauptargument für diese These ist die von PILET u. WURGLER festgestellte Korrelation zwischen der Abnahme der IES-Oxydase-Aktivität und dem beschleunigten Wachstum einer *Trifolium*-Art nach Behandlung mit Gibberellinsäure. GALSTON u. Mitarb. (GALSTON; McCUNE u. GALSTON; GALSTON u. WARBURG) führen den Gibberellin-Auxin-Synergismus ebenfalls auf eine Hemmung der IES-Oxydase zurück. Allerdings nehmen sie eine indirekte Hemmung des Enzymsystems an, bei der Gibberelline durch die Förderung der Synthese eines Inhibitors der IES-Oxydase wirksam werden. Beide Hypothesen werden dadurch in Frage gestellt, daß bei vergleichbaren Untersuchungen mit GBS-behandelten Erbsen keine Hemmung der IES-Oxydase festgestellt werden konnte (KATO u. KATSUMI; BRIAN u. HEMMING).

PHILIPPS, VLITOS u. CUTLER fanden in Alaskaerbsen nach Besprühen von Keimlingen und nach der Behandlung keimender Samen mit GBS einen beträchtlich erhöhten Spiegel des Auxins und der gleichfalls vorhandenen, nicht mit der GBS identischen gibberellinartigen Substanzen und sehen in dieser Steigerung der Hormonsynthese — in Verbindung mit der möglichen Bildung von Auxin-Gibberellin-Komplexen — die Ursache für die synergistische Wirkung der beiden Hormongruppen beim Wachstum. Die Problematik dieser Konzeption liegt darin, daß die ihr zugrunde liegenden experimentellen Daten keine Entscheidung darüber zulassen, ob die Förderung der Hormonsynthese durch GBS ein Primäreffekt oder nur die Folge des beschleunigten Wachstums ist.

Als wertvolle Arbeitshypothese dürfte sich wahrscheinlich die allgemeinste Formulierung über den Gibberellin-Auxin-Synergismus erweisen, nach der Gibberelline eine Hemmung beseitigen, die Wachstumsförderungen durch Auxine entweder ganz oder teilweise verhindert (BRIAN u. HEMMING; GALSTON).

5. Kinine

Auf diesem Gebiet steht neben der Suche nach nativen Kininen höherer Pflanzen die Frage nach dem Wirkungsmechanismus des Kinetins bei der Zellteilung und Zellstreckung (Blattzellen) im Mittelpunkt des Interesses.

Über das Vorkommen eines, dem Kinetin sehr ähnlichen Zellteilungsfaktors in jungen Äpfeln berichten GOLDACRE u. BOTTOMLEY. Dieses Kinin konnte nur in einem ganz bestimmten Entwicklungsstadium (14 Tage nach der Befruchtung) erfaßt werden und förderte die Zellteilung im Test mit Markparenchym aus Tabakstengeln — ähnlich wie das Kinetin — nur in Gegenwart von Auxin. Über die chemischen Eigenschaften des Wirkstoffes ist noch nichts bekannt; es konnte aber ausgeschlossen werden, daß er erst als Artefakt während der Sterilisation der Nährböden für die Testgewebe im Autoklaven entsteht.

Ein anderes, ebenfalls noch nicht identifiziertes Kinin wurde in Diffusionsversuchen und durch Extraktion in relativ hoher Konzentration in Tumorgeweben (Kronengallen) von Tabakpflanzen nachgewiesen. Es wird angenommen, daß es beim Tumorwachstum eine wesentliche Rolle spielt; in normalem Tabakgewebe wird es entweder gar nicht oder nur in minimaler Konzentration gebildet (BRAUN u. STONIER). Bei einem dritten Zellteilungsfaktor, der nach RICARD u. NITSCH in sehr jungen Weizenkeimlingen vorkommt, steht es vorläufig noch nicht fest, ob er zur Kiningruppe gehört; in dem bei diesen Untersuchungen verwendeten Testverfahren ließ er sich durch Kinetin, aber auch durch Gibberellinsäure ersetzen.

Von der Gruppe um SKOOG und PATAU (PATAU, DAS u. SKOOG; DAS, PATAU u. SKOOG) sind die bisherigen Ergebnisse über den Wirkungsmechanismus des Kinetins bei der Zellteilung weiter ergänzt worden. Mit Markparenchym als Testobjekt konnten sie erneut die Abhängigkeit der Kinetinwirkung bei der Zellteilung und der damit verbundenen DNS-Synthese vom Auxin nachweisen. Beide Wirkstoffe fördern die DNS-Synthese und die Kernteilung, die Beschleunigung der Zellteilung ist dagegen ein spezifischer Kinetineffekt. Resultate von GUTTMAN (1, 2) und OLSZEWSKA (1,2), die Zwiebelwurzeln verwendeten, decken sich weitgehend mit diesen Beobachtungen. In den Wurzelmeristemen löste Kinetin nach etwa 6 Std. einen beträchtlichen Anstieg der Zellteilungen aus, und anschließend stieg auch der DNS-Spiegel an. Unabhängig davon und sehr viel früher macht sich aber schon eine gesteigerte RNS-Synthese bemerkbar, und zwar schon nach 1 Std. im Nucleolus und nach 4 Std. im übrigen Kern und im Cytoplasma. Die primäre Kinetinwirkung könnte demnach die RNS-Synthese und — in Verbindung damit — den Proteinhaushalt betreffen [OLSEWSKA (2)].

Förderungen des Stickstoffumsatzes und des Proteinstoffwechsels, die sich nach Kinetinzusatz bei Erbsenkoleoptilen, Lebermoosen (MACIEJEWSKA-POTAPECZYKOWA u. KELLER) und isolierten Blättern (RICHMOND u. LANG; MOTHES, ENGELBRECHT u. KULAJEWA) ergeben haben, bestätigen indirekt die Primärwirkung des Kinetins auf den Nucleinsäurestoffwechsel. Besonders zu erwähnen sind hier — in Hinsicht auf die Förderung der Streckung von Blattzellen durch das Kinetin — die übereinstimmenden Beobachtungen an isolierten Blättern von Xanthium pensylvanicum (RICHMOND u. LANG) und von Nicotiana rustica (MOTHES u. Mitarb.). In den Blattgeweben löst Kinetin keine Zellteilungen aus, verhindert aber — offenbar durch Anregung der Proteinsynthese — den normalerweise rapiden Proteinabbau und den damit verbundenen Verlust organischer N-Verbindungen.

Literatur

ADAMSON, D., and H. ADAMSON: Science 128, 532—533 (1958). — ALLEWELDT, G.: Naturwissenschaften 46, 434 (1959). — AUDUS, L. J., and B. E. S. GUNNING: Physiol. Plant. (Copenh.) 11, 685—697 (1958).

BAYLEY, S. T., and G. SETTERFIELD: Ann. Bot. 21, 633—641 (1957). —BERGMANN, L.: Planta (Berl.) 51, 70—73 (1958). — BISHOP, C. T., S. T. BAYLEY and G. SETTERFIELD: Plant Physiol. 33, 283—289 (1958). — BLUMENTHAL-GOLDSCHMIDT, S.: Bull. Res. Counc. Israel D, 27, 91—98 (1958). — BOHLING, H.: Planta (Berl.) 53, 69—108 (1959). — BOOTH, A., and P. F. WAREING: Nature (Lond.) 182, 406 (1959).— BRAUN, A. C., and T. STONIER: Protoplasmologia Wien X, 1—93, 1958. — BRIAN, P. W., J. F. GROVE, H. G. HEMMING, T. P. C. MULHOLLAND and M. RADLEY: Plant Physiol. 33, 329—333 (1958). — BRIAN, P. W., and H. G. HEMMING: Ann. Bot. 22, 1—17 (1958). — BURSTRÖM, H.: Kgl. fysiograf. Sällskap. Lund förhandl. 28, 53—64 (1958). — BUSSE, M.: Planta (Berl.) 53, 25—44 (1959).

CLELAND, R.: (1) Physiol. Plant. (Copenh.) 11, 599—609 (1958). — (2) Physiol. Plant. (Copenh.) 12, 809—825 (1959). — CROSBY, D. G., and A. J. VLITOS: Contrib. Boyce-Thompson Institute, 20, 283—292 (1959). — CROSS, B. E., J. F. GROVE, J. MacMILLAN, T. P. C. MULHOLLAND: J. chem. Soc. 2520—2536, 1958. — CROSS, B. E., J. F. GROVE, J. MacMILLAN, T. P. C. MULHOLLAND and N. SHEPPARD: Proc. chem. Soc. 1958, 221—224. — CROSS, B. E., J. F. GROVE, J. MacMILLAN, J. S. MOFFATT, T. P. C. MULHOLLAND and J. C. SEATON: Proc. chem. Soc. 1959, 302.

DAS, N., K. PATAU u. F. SKOOG: Chromosoma (Berl.) 9, 606—617 (1958).

FARRAR, K. R., J. A. BENTLEY, G. BRITTON and S. HOUSLEY: Nature (Lond.) 181, 553—554 (1958). — FRANSSON, P.: Physiol. Plant. (Copenh.) 12, 188—198 (1959). — FUKUI, H. N., F. G. TEUBNER, S. H. WITTWER and H. M. SELL: Plant Physiol. 33, 144—146 (1958).

GALSTON, A. W.: Photoperiodism and Related Phenomena in Plants and Animals. pp. 137—157. Washington 1959. — GALSTON, A. W., and H. WARBURG: Plant. Physiol. 34, 16—22 (1959). — GERZON, K., H. L. BIRD and D. O. WOOLF: Experientia (Basel) 13, 487—489 (1957). — GLASZIOU, K. T.: Nature (Lond.) 181, 428—429 (1958). — GLASZIOU, K. T., and S. D. INGLIS: J. Biol. Sci. 11, 127—141 (1958). — GOLDACRE, P. L., and W. BOTTOMLEY: Nature (Lond.) 184, 555—556 (1959). — GORDON, S. A.: Plant Physiol. 33, 23—27 (1958). — GORTNER, W. A., and M. J. KENT: J. Biol. Chem. 233, 731—735 (1958). — GORTNER, W. A., M. J. KENT and G. K. SUTHERLAND: Nature (Lond.) 181, 630—631 (1958). — GREENBERG, J. B., and A. W. GALSTON: Plant. Physiol. 34, 489—494 (1959). — GUTTMAN, R.: (1) Chromosoma (Berl.) 8, 341—350 (1956). — (2) Cytology 2, 129—131 (1957).

HEMBERG, T.: Physiol. Plant. (Copenh.) 11, 284—311 (1958). — HILLMAN, W. S. and A. W. GALSTON: Plant Physiol. 32, 129—135 (1957). — HOUSLEY, S., and W. C. TAYLOR: J. exp. Bot. 9, 458—471 (1958).

KATO, J., u. M. KATSUMI: Naturwissenschaften 45, 344 (1958). — KAWARADA, A. and Y. SUMIKI: Bull. Agric. Chem. Soc. 23, 343—347 (1959). — KLÄMBT, H. D.: (1) Planta (Berl.) 50, 526—556 (1958). — (2) Naturwissenschaften 46, 649 (1959). — KÖVES, E.: Acta Biol. (Szeged) 3, 179—184 (1957). — KRASILNIKOV, N. A.: Vestn. Akad. Nauk SSSR. 28, 6, 70—73 (1958). — KRASILNIKOV, N. A., M. C. CAYLACHYAN, I. V. AXEVA i L. P. KHLOPENKOVA: Dokl. Akad. Nauk SSSR. 123, 1124—1127 (1958). — KRASILNIKOV, N. A., M. C. CAYLACHYAN, G. K. SKRIJABIN, J. V. ULEZLO i T. N. KONSTANTINOVA: Dokl. Akad. Nauk SSSR. 121, 755—758 (1958). — KUSE, G.: Bot. Mag. (Tokyo) 71, 151—159 (1958).

LIBBERT, E., u. G. BALLIN: Naturwissenschaften 46, 532—533 (1959). — LINSER, H., E. YOUSSEFF u. O. KIERMAYER: Z. Lebensm.-Unters. 108, 358—362 (1958).

McCOMB, A. J., and D. J. CARR: Nature (Lond.) 181, 1548—1549 (1958). — McCUNE, D. C., and A. W. GALSTON: Plant Physiol. 34, 416—418 (1959). — MACIEJEWSKA-POTAPEZYKOWA, W., u. S. KELLER: Acta Soc. Bot. pol. 27, 161—167 (1958). — MACMILLAN, J., J. C. SEATON and P. J. SUTER: Proc. chem. Soc. 1959, 325. — MELCHIOR, G. H.: (1) Planta (Berl.) 50, 262—290 (1957). — (2) Planta

(Berl.) **50**, 557—575 (1958). — MEYER, J.: Z. Bot. **46**, 125—160 (1958). — MITCHELL, L. C.: J. Ass. Off. Agric. Chem. **41**, 182—185 (1958). — MOTHES, K., L. ENGEL-BRECHT u. O. KULAJEWA: Flora **147**, 445—464 (1959). — MUDD, J. B., and S. ZALIK: Canad. J. Bot. **36**, 467—472 (1958). — MURAKAMI, Y.: (1) Bot. Mag. (Tokyo) **70**, 376—382 (1957). — (2) Bot. Mag. (Tokyo) **72**, 36—42 (1959).

NÉTIEN, G.: C. R. Acad. Sci. (Paris) **247**, 1645—1647 (1958). — NICHOLS, R.: Nature (Lond.) **181**, 919—920 (1958). — NICKELL, L. G.: Science **128**, 88—89 (1958). — Nature (Lond.) **181**, 499—500 (1958). — NITSCH, J. P.: Bull. Soc. bot. France **105**, 479—482 (1958).

OCHS, G., u. R. POHL: Z. Bot. **47**, 505—520 (1959). — OLSZEWSKA, M. J.: (1) Exp. cell. Res. **16**, 193—201 (1959). — (2) Acta Soc. Bot. pol. **28**, 175—183 (1959).

PATAU, K., N. DAS and F. SKOOG: Physiol. Plant. (Copenh.) **10**, 949—966 (1957). — PHILIPPS, J. D., A. J. VLITOS and H. CUTLER: Contrib. Boyce-Thompson Institute **20**, 111—120 (1959). — PILET, P. E.: Rév. gén. Bot. **65**, 605—633 (1958). — PILET, P. E., u. W. WURGLER: Bull. Soc. bot. Suisse **68**, 54—63 (1958). — PURVES, W. K., and W. S. HILLMAN: (1) Physiol. Plant. (Copenh.) **11**, 29—35 (1958). — (2) Physiol. Plant. (Copenh.) **12**, 786—798 (1959).

RADLEY, M.: (1) Ann. Bot. **22**, 297—307 (1958). — (2) Nature (Lond.) **182**, 1098 (1958). — RAY, P. M.: Ann. Rev. Plant Physiol. **9**, 81—118 (1958). — RAY, P. M., and G. M. CURRY: Nature (Lond.) **181**, 895—896 (1958). — REINERT, J., u. E. FORSTMANN: Planta (Berl.) **52**, 623—628 (1959). — RICARD, J., et J. P. NITSCH: C. R. Acad. Sci. (Paris) **247**, 1891—1893 (1958). — RICHMOND, A. E., and A. LANG: Science **125**, 650—651 (1957).

SEN, P.: J. Indian Bot. Soc. **36**, 312—316 (1957). — SETA, Y., H. KITAMURA, N. TAKAHASHI and Y. SUMIKI: Bull. Agric. Chem. Soc. Japan **21**, 73—76 (1957). — SHARPENSTEEN, H., and A. W. GALSTON: Physiol. Plant. (Copenh.) **12**, 465—474 (1959). — SIMPSON, G. M.: Nature (Lond.) **182**, 528—529 (1958). — SCHRAUDOLF, H., and J. REINERT: Nature (Lond.) **184**, 465—466 (1959). — STEVENINCK, R. F. M. VAN: Nature (Lond.) **182**, 950—951 (1958). — STOWE, B. B.: Science **128**, 421—423 (1958). — STUTZ, R. E.: Plant Physiol. **33**, 207—212 (1958).

TAKAHASHI, N., Y. SETA, H. KITAMURA and Y. SUMIKI: Bull. Agric. Chem. Soc. Japan **21**, 396—398 (1957). — TAYLOR, H. F., and R. L. WAIN: Nature (Lond.) **184**, 1142 (1959). — THIMANN, K. V., and S. MAHADEVAN: Nature (Lond.) **181**, 1466—1467 (1958). — TORREY, J. G.: Physiol. Plant. (Copenh.) **12**, 873—887 (1959).

VARGA, M.: Acta Biol. (Szeged) **4**, 41—47 (1958). — VARGA, M., and E. KÖVES: Nature (Lond.) **183**, 401 (1959).

WAREING, P. F.: Nature (Lond.) **181**, 1744—1745 (1958). — WEIJER, J.: Science **129**, 896—897 (1959). — WEST, C. A., and B. O. PHINNEY: J. Amer. chem. Soc. **81**, 2424—2427 (1959).

YODA, S.: (1) Bot. Mag. (Tokyo) **71**, 1—6 (1958). — (2) Bot. Mag. (Tokyo) **71**, 207—213 (1958).

21a. Entwicklungsphysiologie

Von ANTON LANG, Pasadena (Californien)

Der Beitrag folgt in Band XXIII

21b. Physiologie der Fortpflanzung und Sexualität

Von HANSFERDINAND LINSKENS, Nijmegen (Holland)

Allgemeines

JACOBSEN entwickelt ein komplexes Modell der Fortpflanzung, das im Prinzip eine endlos sich wiederholende Selbstreproduktion ermöglicht.

Von KARLSON und LÜSCHER wird als neuer Begriff eingeführt: das *Pherohormon*. Definitionsgemäß wird darunter verstanden eine in starker Verdünnung wirksame Stoffgruppe, die von einem Individuum nach außen abgeschieden wird, von einem andern Individuum der gleichen Art perzipiert wird und dadurch eine spezifische Reaktion veranlaßt, z. B. eine bestimmte Verhaltensweise oder die Einleitung eines Entwicklungsprozesses auslöst. Es handelt sich also bei diesen „Botenstoffen" um Ektohormone im Sinne BETHEs. Die Wortschöpfung wurde veranlaßt auf Grund neuer Analysen sexualattraktiver Duftstoffe bei Insekten. Zwar meinen die Autoren, daß die Pherohormone als neue Gruppe neben die Termone und Gamone treten. Für die pflanzliche Sexualphysiologie scheinen die Effekte von Pherohormonen und Gamonen jedoch weitgehend identisch.

Physiologie der Meiose

Die Wahrscheinlichkeit, mit der eine vegetative Zelle zu meiotischem Verhalten umschlägt, hängt von ihrem Stimmungsgrad ab, der dem Ausmaß einer bestimmten Stoffwechselsituation in ihr parallel geht. Bei Diatomeen schlugen bisher alle Versuche zur Charakterisierung der Faktoren zur Sexualauslösung fehl (ERBEN). Offensichtlich ist der komplizierte Prozeß nicht an die Umsteuerung einer einzigen Reaktion oder den Schwellenwert einer chemischen Verbindung gebunden (STERN 1), wenn auch die DNS-Synthese eine besondere Rolle zu spielen scheint (STERN 2, TAKATS 3). Die Akkumulation von Desoxyribosiden steht wohl im Zusammenhang mit dem Abbau somatischer DNS (FOSTER und STERN). Dafür sprechen auch Versuche mit Antheren in Organ-Kultur, wobei sich allerdings RNS im Kulturmedium als stärker beschleunigend auf den Ablauf der Meiose erweist (VASIL). In diesem Zusammenhang sind Isotopen-Experimente von Bedeutung, wonach sehr aktive RNS-Fraktionen in den Chromosomen vorkommen sollen (GALL). Die Interpretation, daß die aktiven Nucleinsäurebausteine aus dem degenerierenden Tapetum stammen, muß jedoch besonders vorsichtig unter Berücksichtigung aller Möglichkeiten einer Artefaktbildung erfolgen (TAKATS 1, 2). TAYLOR findet bei Antheren von *Tulbaghia*, daß die DNS-Synthese in den Tapetum-Kernen jeweils vor der mitotischen Teilung stattfindet; in den Mikrosporen findet sie in der frühen prämeiotischen Interphase, im generativen Kern in der späten Interphase statt. Da DNS- und RNS-Synthese nicht gleichzeitig stattfinden, kann man zu der Hypothese kommen, daß beide um ihre Bausteine konkurrieren. Der lang bekannte Temperatureinfluß auf den Meioseablauf wird bestätigt (WILSON). Die eventuelle Wirkung oberflächenaktiver (HESS) und chelatbildender Prinzipien (DAVIDSON) sollte im Zusammenhang mit der Meiose im Auge behalten werden. Offensichtlich spielen während der Meiose nicht nur Viscositätsänderungen (VENNEKOHL-ABEL) und die Vacuolenbildung (YASUI) eine Rolle, sondern auch eine mögliche latente Virus-Infektion (SWAMINATHAN, NINAN und MAGOON). Die größte Strahlenempfindlichkeit meiotischer Chromosomen findet sich im Leptotän und während Diplotän-Diakinese (MITRA). Das genetische Material ist also bereits vor Eintritt in die meiotische Prophase redupliziert. Dies würde gut mit den früheren Beobachtungen von SAUERLAND übereinstimmen.

Phänotypische Geschlechtsbestimmung

Es gelang CLEVELAND (1) durch Applikation des Ectysons (einem von den Prothorakaldrüsen der Insekten sezernierten Hormon) an *Cryptocercus punctulatus* in den symbiontisch lebenden Protozoen den Übergang von der asexuellen zur sexuellen Vermehrung zu erzwingen. Der Wirkungsmechanismus dieser Geschlechtsinduktion bei diesen Flagellaten ist noch nicht bekannt. Das Ectydon veranlaßt jedoch keine zygotische Meiose, noch ist es Voraussetzung für das Zustandekommen der Befruchtung, sondern lediglich verantwortlich für die gametogenetische Phase des Sexualcyclus (CLEVELAND 2).

STUMM (1, 2) fand bei *Allomyces*, einem Phycomyceten mit ausgeprägter phänotypischer Geschlechtsbestimmung, eine monofaktoriell spaltende Röntgen-Mutante, die ausschließlich Mikrogameten entwickelt. Unter dem Einfluß der Bestrahlung dürfte eines der Realisatorgane mutiert sein, die bei der polaren Differenzierung in die komplizierten Stoffwechselvorgänge eingreifen, und die beim Wildtyp zu den beiden Gametangientypen führen (CANTINO-HYATT). Es kommt also zur Unterdrückung des einen Geschlechtes. Damit ist ein Gen für die phänotypische Geschlechtsbestimmung gefunden.

Gamone

Die Untersuchung der *Chlamydomonas*-Gamone wird weiter fortgesetzt, ohne allerdings wesentlich neue Aspekte zu bieten. Die sexuelle Potenz der männlichen Gameten läßt sich durch Photosynthese verbessern, die spezifische Lichtwirkung zur Auslösung der Sexualität geht jedoch nicht über die CO_2-Assimilation, wenn auch die Gamonabgabe der weiblichen Gameten unter anaeroben Bedingungen stark gehemmt ist. Die Kopulationsfähigkeit ist unter aeroben Bedingungen im Dunkeln maximal, während die Gamonausbeuten bei starker Beleuchtung am höchsten sind. So kommt STIFTER zu einer Hypothese, welche die kopulationsauslösende Wirkung des Lichtes mit dem Kreisprozeß der Photosynthese koppelt: Nimmt man an, daß im Licht ein Ferment aktiviert wird, das eine Funktion bei der Photosynthese hat, von dem jedoch sekundär auch die Kopulationsauslösung abhängt — und daß dieses Enzym nach Verdunkeln bei tiefen Temperaturen über längere Zeit aktiv bleibt, so führt diese Analogie zu einer möglichen Erklärung der spezifischen Lichtwirkung. Damit würden die zahlreichen früheren Befunde von SAGER und GRANICK, BERNSTEIN und JAHN, von TSUBO und von LEWIN (vgl. Fortschr. **17**, 792; **19**, 397; **21**, 334) sich erklären lassen. So erscheint der Zeitpunkt wirklich reif, um an dem so viel untersuchten Objekt nach den vermittelnden spezifischen Stoffen zwischen sexueller Aktivität und allgemeinen Stoffwechsel zu fahnden (RAPER).

Das blasenförmige Geißel-Anhängsel, in dem FÖRSTER und WIESE (vgl. Fortschritte **20**, 268, Abb. 11, 12) die Gamonwirkung lokalisieren zu können glaubten, ist auch bei den Spermatozoiden des Lebermooses *Conocephalum* nachweisbar (SATO 1, 2); eine kritische Nachuntersuchung und Überprüfung der Interpretation scheint daher angebracht.

Fruchtkörperbildung der Pilze

Myxobacteriales. Die Fruktifikationsstimulierung weist gewisse Ähnlichkeiten mit den Acrasieen auf. Die Fruchtkörper sondern ein stoffliches Prinzip ab, das auf die Fruktifikation benachbarter vegetativer Stäbchen der eignen Art fördernd wirkt; der Stoff ist hitzebeständig und membrandiffusibel. Wahrscheinlich ist er in einem Weizenkeim-Dekokt angereichert vorhanden (NOLTE).

Saccharomycetales. Sporenbildung und Wachstum scheinen in jeder Zelle einander gegenseitig ausschließende Phänomene zu sein. Das kann durch die Tatsache erklärt werden, daß während der Sporogenese der Zellstoffwechsel durch einen kräftigen Abbau des vegetativen Eiweißes in Verbindung mit der Synthese von Sporeneiweiß und anderen hochmolekularen Stoffen beherrscht wird (MILLER). Sporulierende und nichtsporulierende Zellen zeigen hinsichtlich ihrer Atmung keine Unterschiede (MILLER, HOFFMANN-OSTENHOF, SCHEIBER und GABRIEL).

Bei diploiden Hefezellen genügt zur Auslösung der Meiose ein kurzfristiger Aufenthalt in einem nährstoffarmen Acetatmedium, der eingeleitete Vorgang der Sporenbildung wird nach Übertragen in maximal supplementiertes Medium nicht unterbrochen (GANESAN, HOLTER und ROBERTS). Grundbedingung der Sporenbildung bei der bisher als asporogen geltenden *Torulopsis* ist Wasserentzug aus dem Zellplasma (WEIXL-HOFMANN). Die Befruchtungsreaktion der heterothallischen Hefe *Hansenula* konnte weitgehend aufgeklärt werden: Das eine Geschlecht besitzt an seiner Zelloberfläche ein spezifisches Protein, das komplementär auf ein spezifisches Polysaccharid des andern Geschlechtes wirkt. Die Initialphase der Kopulation ist daher analog einer Antigen-Antikörper-Reaktion. Das makroskopisch sichtbare Phänomen der Agglutination kann damit erstmalig auf eine molekulare Basis zurückgeführt werden (BROCK 1—4).

Ascomycetales. Es konnten weitere Hinweise dafür erbracht werden, daß bei *Neurospora* eine enge biochemische Beziehung besteht zwischen der Melanin-Bildung und der Induktion von Protoperithecien (BARBESGAARD und WAGNER). Während es bei *Sordaria* nicht gelang, mit Extrakten aus induktionsfähigem Material bei sterilen Stämmen Fruchtkörper zu induzieren (ESSER und STRAUB), konnte ITO (1, 2) bei *Neurospora* durch Kulturfiltrate im oppositionellen Geschlecht Perithecienbildung auslösen. Wesentlich dabei ist ein bestimmtes Ionenverhältnis Amoniak/ Nitrat. Das aktive Prinzip kann bei p_H 9—11 präzipitiert werden. Durch Wechseltemperatur wird die Perithecienbildung gefördert (SPROSTON und PEASE); *Ceratocystis* benötigt Thiamin (CAMPBELL).

Basidiomycetales. Die komplizierten Licht-Dunkel-Wirkungen auf die Fruchtkörperbildung bei *Poria ambigua* fassen ROBBINS und HERVEY zu einer 3-Stoff-Hypothese zusammen: Ein Stoff „X" wird im Licht gebildet und ist notwendig für eine Reihe von morphologischen und physiologischen Umstimmungen, die zur Fortpflanzung führen; die Fähigkeit des Pilzes, den Stoff „Y" zu synthetisieren, hemmt das Wachstum, die Substanz „Z" hemmt das Wachstum im Dunkeln bei Anwesenheit von großen Mengen „Y". Die Synthese von „Z" hingegen wird durch Licht gefördert, so daß bei Anwesenheit der notwendigen Mengen von „Y" (das aus dem Substrat bezogen werden muß) das Wachstum im Licht stärker ist als im Dunkeln. — Licht und Belüftung scheinen für Hymenomyceten kritische Faktoren zu sein, die sowohl induzierend, als auch formativ wirksam sein können (PLUNKETT 1, 2, JÜRGENS). In den Lamellen wird ein Wachstumsprinzip produziert, das auf Hutbildung und Stielwachstum wirkt, jedoch nicht mit dem *Avena*-Wuchsstoff identisch ist (URAYAMA 1). Bakterielle Verunreinigung soll Fruchtkörperbildung auslösen (URAYAMA 2).

Sporen-Ballistik. Bei Abschleuderung erreichen die Ascosporen von *Sordaria* beim Verlassen des Ascus eine Anfangsgeschwindigkeit von mehr als 10 m/sec. Die Sporen können einzeln oder durch den Gallertmantel in verschiedener Anzahl zusammengeklebt abgeschossen werden (INGOLD und HADLAND). Das Aktionsspektrum für die Lichtstimulation der Sporenabschleuderung fällt mit dem des alkoholischen Extraktes zusammen, der möglicherweise Melanin enthält (INGOLD).

Physiologie der Antheridienbildung der Pteridophyten

Junge Gametophyten von *Dryopteris* wachsen zuerst unter Abnahme der Proteinkonzentration zu einer eindimensionalen Zellkette, später unter starker Protein-Vermehrung zu einer zweidimensionalen Zellfläche heran. Die Entwicklung kann durch 8-Azaguanin umgekehrt werden. Dieser Befund wird mit einer speziellen Empfindlichkeit einer RNS-Fraktion gegen 8-Azaguanin in Verbindung gebracht (HOTTA und OSAWA; HOTTA; OSAWA und SAAKI). In einer breit angelegten Dissertation hat SOSSOUNTZOV in aseptischer Kultur die Fortpflanzungsphysiologie der *Gymnogramme* untersucht. Auf Grund vergleichender Untersuchungen der benötigten Stickstoff-Formen und -Konzentrationen kommt er zu der Hypothese, daß ein in allen Prothallien anwesender „Sexualisierungsfaktor" nur dann aktiviert wird, wenn eine bestimmte N-Konzentration im Milieu unterschritten wird.

Indessen gehen die Untersuchungen von DÖPP und von NÄF über den biochemischen Faktor (A-Faktor), der aus älteren Prothallien von *Pteridium* kalt extrahiert werden kann, wesentlich tiefer. Der A-Faktor induziert nur die Entstehung von Antheridien. Aus Regenerations- und Extraktions-Versuchen wird geschlossen, daß im Meristem der älteren Prothallien außerdem noch ein Hemmprinzip gebildet wird, das im Laufe der Entwicklung dem A-Faktor entgegenwirkt und die weitere Antheridienbildung vor Eintritt in die Phase der Archegonienbildung unterbindet oder die Sensitivität dafür aufhebt. Auf Grund der verschiedenen Eigenschaften von A-Faktor-Extrakten und den Konzentrationen ihrer Wirksamkeit kommt NÄF zu dem Schluß, daß das antherieninduzierende Prinzip bei den verschiedenen Arten nicht von gleicher chemischer Konstitution ist.

In steriler Kultur von Farnwedelprimordien läßt sich bei einer Zuckerkonzentration von 12% Sporangienbildung erzielen, wobei allerdings die Sporenausbildung im prämeiotischen Stadium stecken bleibt (SUSSEX und STEEVERS). Unter geeigneten Bedingungen lassen sich Gametophyten mit Sexualorganen von Sporophytengewebe unter sterilen Bedingungen regenerieren (BELL und RICHARDS).

Prothallien von *Equisetum limosum* erwiesen sich als zwittrig. Durch Zuckerzusatz zum Substrat lassen sich bis zu 90% weibliche Gametophyten erzielen (WOLLERSHEIM).

Chemotaxis der Farn-Spermatozoiden. Die Spermatozoiden von *Pteridium aquilinum* werden chemotaktisch durch Malonsäure-Salze auf Grund eines p_H-Gradienten zwischen 3,5 und 5,6 angelockt (BROKAW 1—4).

Physiologie des weiblichen Gametophyten der Blütenpflanzen

Die Organkultur in vitro von Ovarien wird durch die indische Schule von Delhi in großem Umfang betrieben (CHOPRA und SACHAR, CHOPRA und RAI, SACHAR und KANTA, CHOPRA; SACHAR und IYLER, MURGAI, SWAMY). Die Entwicklung kann durch Wuchsstoffe, eine Bestäubung ersetzend, bei einigen Arten bis zur Reife parthenogenetischer Früchte getrieben werden. Die Kultur von Placentagewebe gelang nur von befruchteten Ovarien. Der Vacuolensaft des Embryosacks der Cocos-Palme enthält die anorganischen Stoffe in wesentlich geringerer Konzentration als die vegetativen Teile (Blätter). Auch die stickstoffhaltigen Verbindungen sind nur mit 2% beteiligt. Auffallend hoch ist der Calciumgehalt (TAMMES). Die Bevorratung des weiblichen Gametophyten und des Embryos mit Zuckern und Aminosäuren scheint gegenüber dem vegetativen Gewebe keine auffälligen Besonderheiten aufzuweisen (KONAR).

Bei der Entwicklung des weiblichen Gametophyten von Lilien sollen bis zur Bildung des Embryosackes cyclische Veränderungen der DNS in den Zellkernen zu beobachten sein: In der Prophase der Meiose nimmt die DNS quantitativ zu, in der Telophase und Interkinese ab. Da die Ergebnisse auf Grund von Schnittfärbungen gefunden wurden, sind sie mit Vorsicht zu akzeptieren: die Intensität der Feulgenfärbung hängt ja auch wesentlich vom Kondensationsgrad des Chromosomenmaterials ab (WASSILEWA-DRENOWSKA 1, 2; VASSILEVA-DRYANOVSKA und TSONEVA).

Narbenphysiologie. Bei den Gymnospermen dient als „funktionelle Narbe" der Bestäubungstropfen, der zur Zeit der Bestäubung durch die Mikropyle ausgeschieden wird. Er enthält zahlreiche organische Verbindungen (Zucker, Aminosäuren) (McWILLIAM 1) und wird auch bei Hemmung der Atmung ausgeschieden. Es kann sich dabei also kaum um eine aktive Rekretion handeln (ZIEGLER), sondern vielmehr um ein abgewandeltes Guttationsphänomen. Die Mikropylenflüssigkeit dient in erster Linie als Transportmedium für den Pollen. Der Schließmechanismus der Mikropyle wird durch einen Reiz des sich vergrößernden Ovars ausgelöst und ist nicht an die Anwesenheit keimender Pollen gebunden (McWILLIAM 1).

Für den Erfolg der Befruchtung ist die Anwesenheit der Narben von Bedeutung (SINGH). Darüber hinaus besteht ein chemotropischer Anlockungseffekt durch die Narben zwittriger Blüten (BOPP u. NOACK). In den Narbenpapillen zahlreicher Blütenpflanzen finden sich lipoide Substanzen in radialer Orientierung in den Lücken der Zellwand, deren Menge mit dem Altern der Narben abnimmt (FREYTAG 2). Ihre Funktion des Heftklebens von Pollen übernehmen sie offenbar erst nach Beschädigung der äußeren Membranlagen. Das starke Wachstum der Narbenpapillen ist gelegentlich mit Endopolyploidisierung verbunden, die bereits im Knospenstadium einsetzt (TSCHERMAK-WOESS).

Die physiologisch noch relativ wenig untersuchten Griffel haben anscheinend einen komplizierten, mehrere Faktoren umfassenden Förderungs- und Hemmmechanismus, der nicht nur für das gerichtete Pollenschlauchwachstum (ROSEN), sondern auch für die Verhinderung unerwünschter Sporen-Keimung von Pilzen von Bedeutung ist (BARUAH u. RAGHAVAN 3). Die chemische Charakterisierung eines Stoffes, der für den negativen Tropismus der *Camellia*-Pollenschläuche verantwortlich ist, gelang noch nicht (MIKI).

Pollenphysiologie

Der Gebrauch der Pollengröße als Indicator für einen Polyploidiezustand ist äußerst problematisch, da die Variabilität der Pollenkorngröße auch bei den Pflanzen eines Klones stärkstens durch die Mineralsalzversorgung beeinflußt wird (BELL). Die Pollenausschüttung ist genabhängig und korrelativ gebunden an die Blütenanzahl (VAN SCHAIK und PROBST). Der Zeitpunkt der Antherenöffnung wird durch Luftfeuchtigkeit und Temperatur beeinflußt, während Licht und Wasserversorgung geringen Einfluß ausüben (BIANCHI, SCHWEMMIN und WAGNER).

Die Ölüberzüge verschiedener Pollenarten haben Lipoid-Natur (FREYTAG 1). Andere hingegen enthalten in der Exine weder Zellulose noch Wachs in nennenswerter Menge (SITTE). In der Exine sind Kanäle mit cytoplasmatischen Strängen, die als Plasmodesmen anzusehen sind, nachweisbar. Sie stehen während der Wachstumsperiode mit dem Tapetum in Verbindung und stellen mögliche Transportwege während der Bevorratung mit Reservestoffen dar (ROWLEY, MÜHLETHALER und FREY-WYSSLING).

Pollenkeimung. Neben der Bestätigung des Temperatureinflusses auf die Pollenkeimung (McWILLIAM 3) und der Untersuchung der Wirkung von Wuchsstoffen und Vitaminen unter Berücksichtigung des Zeitfaktors für das Eindringen (RAGHAVAN und BARUAH 1, 2), wurde auch der Borsäure-Effekt wieder untersucht (GLENK; MÜNZNER): Während Callosesynthese und Kernverhältnisse durch Borsäure im Substrat nicht beeinflußt werden, läßt sich elektronenmikroskopisch eine Beteiligung am Aufbau des Wandgerüstes aufzeigen.

Selektive Befruchtung

Die genetische und entwicklungsgeschichtliche Untersuchung der selektiven Befruchtung ist inzwischen so weit gefördert (HAUSTEIN; ARNOLD 1), daß nunmehr die Isolierung und Identifizierung der Substanzen, welche die chemotropische Wirkung vom Ovar her ausüben (SCHWEMMLE), in Angriff genommen werden kann. Dabei haben wir es dann mit echten Gamonen bei höheren Pflanzen zu tun (SCHWEMMLE, ARNOLD und GLENK).

Abwerfen reproduktiver Organe

Ältere Blüten haben einen abwurfinduzierenden Effekt auf spätere Blüten. Dabei kann ein Assimilatmangel eine Rolle spielen (VAN STEVENINCK 1). Da aber auch das Auxin-Antiauxin-Verhältnis zur Erklärung des Abwurfs nicht ausreicht (VAN STEVENINK 2), wird ein abwurfbeschleunigender Faktor angenommen (OSBORNE 1, 2), der durch einen wuchsstoffähnlichen Faktor zeitweise unterdrückt werden kann (VAN STEVENINCK 3).

Physiologie der Inkompatibilität

Bei *Oenothera organensis* ist das Selbststerilitäts-Gen aus 2 Cistrons zusammengesetzt, von denen das eine die spezifische Gruppierung des Proteins, das bei der Inkompatibilitätsreaktion aktiviert wird, bestimmt; das andere kontrolliert einen Karrier, der für die Aktivierung dieses Proteins in Pollen und Griffel verantwortlich ist (LEWIS). BREWBAKER und PANDEY haben ihre Hypothese über den Zeitpunkt der S-Allel-Wirkung im Zusammenhang mit der Pollencytologie näher präzisiert (vgl. Forschr. Bot. **20**, 275; **21**, 341).

Die Auffassung, daß sich die Inkompatibilitätserscheinungen nach Art einer Immunitätsreaktion erklären lassen, setzt sich mehr und mehr durch [BIANCHI, LINSKENS (1)]. Durch serologische Teste können frühere Befunde von LEWIS (vgl. Fortschr. Bot. **18**, 813) bestätigt werden [LINSKENS (2)]. Die Wirkung der S-Gene geht auch bei den Pilzen in erster Linie über eine Störung des Eiweißstoffwechsels (ESSER). Die Akkumulation von Kallose in den gehemmten Pollenschläuchen deutet auf eine Störung des Kohlenhydratstoffwechsels hin (TUPY). Bei *Oenothera* kann möglicherweise ein Gradient der Hemmwirkung im Griffel bestehen; die Griffel-Pfropfexperimente von HECHT (1, 2) scheinen uns jedoch eher unberücksichtigt zu lassen, daß die Stoffwechselbeziehung gestört ist, also die Wechselwirkung zwischen Griffel und Pollenschläuchen nicht normal funktioniert.

Bei der Crucifere *Cardamine pratensis* ist die Inkompatibilitätsreaktion streng auf die Narbenoberfläche lokalisiert. Das Unvermögen der Selbstungspollenschläuche die Narbenpapillencuticula zu durchdringen, beruht wohl darauf, daß ein cutinspaltendes Ferment entweder durch Inaktivierung oder durch Ausbleiben einer Aktivierungsreaktion nicht wirken kann (CHRIST).

Seine langjährigen Versuche zum Sterilitätsproblem bei *Theobroma cacao* hat NAUNDORF zusammengefaßt. Er kann aus dem inkompatiblen

Gynecaeum Hemmstoff(e) extrahieren und damit in Glucose-Agar Keimung und Pollenschlauchwachstum selbststeriler Bäume hemmen. Diese Hemmstoffe lassen sich durch Kaliumpermanganat und Wasserstoffperoxyd zerstören oder inaktivieren. Besonders überraschend ist jedoch, daß der gleiche Extrakt auf die Keimung und das Schlauchwachstum von Pollen selbstfertiler Bäume fördernd wirkt — ein Befund, der mit den Angaben von YASUDA übereinstimmt, jedoch bisher von keinem andern Autor reproduziert werden konnte. Auch der Erfolg von Pfropfungsexperimenten (Überpflanzen von Rindenstücken fertiler Bäume auf selbststerile brachte in 20% der Fälle nach Autogamie Samenansatz) steht isoliert. In vergleichbaren Experimenten bei Tomaten ließ sich die Barriere der Inkompatibilität nicht überwinden (SZTEYN).

Interspezifische Inkompatibilität. Bei *Pinus* ließ sich zeigen, daß die Inkompatibilitätsreaktion bei interspezifischer Bestäubung entweder auf der Nucellusoberfläche oder durch eine Hemmung des Pollenschlauchwachstums im Nucellusgewebe stattfindet [McWILLIAMS (4)].

Männliche Sterilität. Eine zusammenfassende Darstellung hat JAIN gegeben. Danach wird Hemmung der Pollenentwicklung und Produktion von unreifen Pollen als „Pollensterilität" zusammengefaßt und als spezieller Fall der „männlichen Sterilität" angesehen.

Verzögerung der Tapetumfunktion kann zur Degeneration der Pollenkörner führen (KOBABE). Männlich-sterile Blüten lassen sich durch Applikation von Trijodbenzoesäure (KIERMAYER) und temporär durch Besprühen mit 2,3-Dichlorisobutyrat (MOORE) erzielen.

Die Frage, ob plasmatisch bedingte männliche Sterilität durch Pfropfung übertragen werden kann (FRANKEL, vgl. Fortschr. Bot. **19**, 395) ließ sich bei Tabak nicht positiv beantworten (SAND).

Ungeschlechtliche Fortpflanzung

Sporulation der Bakterien. Feinstruktur und Sporulationsprozeß wurden eingehend elektronenmikroskopisch untersucht [TOKUYASU und YAMADA (1, 2)]. Bei Beginn der Sporenbildung enthält die Zelle zwei kompakte Chromatin-Körper und der DNS-Gehalt hat sich verdoppelt. Die DNS-Synthese wird in der Segregationsphase gestoppt, um bei der Sporenreifung linear fortgesetzt zu werden. Es bestehen einige Hinweise für einen turnover-Prozeß mit der RNS [YOUNG und FITZ-JAMES (1,2); BARNER und COHEN]. Applikation des Purin-Analogons 8-Azaguanin hemmt weitgehend die Zellproliferation; ist jedoch die Sporulation eingeleitet, so läuft sie ungestört weiter. Offensichtlich wird sowohl die allgemeine Proteinsynthese als auch die Bildung spezifischer an der Sporulation beteiligter Proteine nur in bestimmten Phasen gestört [YOUNG und FITZ-JAMES (3)].

Aus neuen Untersuchungen der Sporenmembran von *B. subtilis* ergab sich, daß diese im wesentlichen aus Hexoseamin-Peptiden bestehen müssen (DOUGLAS 1, 2; DOUGLAS, COLLINS und PARKINSON).

Conidienbildung der Pilze. Die Zellwand ist am Ort der Sterigmenbildung besonders leicht deformierbar. Es dürften dafür die Hydraturverhältnisse des Nährbodens und des umgebenden Raumes primär wirksam sein [THIELKE (1, 2)]. Bei erhöhter Luftfeuchtigkeit werden von

Aspergillus vergrößerte Conidien gebildet; die Zahl der Kerne in den Conidien (1—12) scheint der Conidiengröße direkt proportional [THIELKE (3)]. Mit Hilfe des Purinanalogons 6-Äthylthiopurins kann die Sporenbildung gehemmt werden, während das Wachstums des vegetativen Mycels unbeeinflußt bleibt. Der Hemmstoff greift in den Methionin-Stoffwechsel ein, der über eine Blockierung der zur Sporenbildung notwendigen Energiezulieferung wirksam sein soll [BEHAL und EAKIN (1, 2)].

Die Sporulation von *Penicillium* ist an die Anwesenheit von Calcium-Ionen gebunden, während Erniedrigung des Stickstoffspiegels lediglich die Intensität der Sporulation beeinflußt [HADLEY und HARROLD (1)]. Darüber hinaus kann nachgewiesen werden, daß ein spezifischer Sporulationsstoff in der kurzen Phase vor der Transformation des vegetativen Mycels in den Sporulationszustand notwendig ist (HADLEY und HARROLD). Dieser oder diese sporulationsinduzierenden Stimuli sind offensichtlich nicht artspezifisch. Auf Grund von zweigliedrigen Kulturen *(Pilobolus-Mucor)* kommt PAGE zu dem Schluß, daß es sich hierbei um flüchtiges Ammoniak handeln muß, das durch Desaminierung aus organischen Stickstoffquellen freigesetzt wird.

Brutknospen. *Bryophyllum*-Arten sind in bezug auf die vegetative Vermehrung durch Ausbildung von Brutknospen Langtag-Pflanzen. Durch den Langtag werden die Primordien von der Entwicklungshemmung durch den terminalen Vegetationspunktes befreit, die über dem Wuchsstoff-Antiwuchsstoff-Spiegel ausgeübt wird (RESENDE).

Vegetative Vermehrung. Kartoffelpflanzen können unter jeder Wachstumsbedingung Knollen bilden; wird die unterirdische Sproßknollenausbildung verhindert, so kommt es zu oberirdischen Akkumulationen der Assimilate (THIJN). Aus Experimenten mit Erdbeer-Stolonen schließt GUTTRIDGE (1—3), daß für das vegetative Wachstum ein positiv-stimulierendes System bestehen muß, Blüteninduktion jedoch nur bei Abwesenheit einer geeigneten Inhibitor-Konzentration zustande kommt.

Parthenokarpie. Parthenokarpie kann durch Applikation von Gibberellinsäure (JACKSON und PROSSER, PROSSER und JACKSON, SACHAR und KAPOOR) und wäßrige Pollenextrakte (BALASUBRAMANYAM und RANGASWAMI) induziert werden.

Vegetative Annäherung

Auch neuerlich durchgeführte Experimente an *Oenothera*-Material zeigen keinerlei spezifische Beeinflussungen zwischen den Pfropfpartnern während der Pfropfsymbiose, die bei den Samen-Nachkommen der Pfropfreise festzustellen wären (GROSS; ARNOLD 2).

Auch eine vegetative Hybridisierung konnte bei *Mirabilis jalapa* nicht nachgewiesen werden. Zwar soll es bei einer Mischbestäubung zu Beeinflussung des Genoms des Ovars durch Embryosackzellen kommen, die plasmatisches Material überzähliger Pollenschläuche assimiliert haben. Die Teilnahme eines 3. Kernes an der Karyogamie konnte jedoch nicht beobachtet werden (STROUN und CORTÉSI; STROUN, DE RIBEAUPIERRE und CORTÉSI). Die „Hilfsfunktion" der zusätzlichen, fremden Pollenschläuche dürfte ernährungsphysiologischer Natur sein (AJZENSHTAT).

Literatur

AJZENSHTAT, J. S.: Zhur. Obshchei. Biol. 20, 115—127 (1959). — ARNOLD, C. G.: (1) Ergebn. Biol. 20, 67—96 (1958). — (2) Züchter 29, 97—107 (1959).

BALASUBRAMANYAM, V. R., and G. RANGASWAMI: Curr. Sci. 28, 413—415 (1959). — BARBESGAARD, P. O., and S. WAGNER: Hereditas (Lund) 45, 564—572 (1959). — BARUAH, H. K., and V. RAGHAVAN: Mycopathologia (Den Haag) 10, 341—349 (1959). — BEHAL, F. J., and R. E. EAKIN: (1) Arch. Biochem. 82, 439—447 (1959). — (2) Arch. Biochem. 82, 448—454 (1959). — BELL, C. R.: Amer. J. Bot. 46, 621—624 (1959). — BELL, C. R., and B. M. RICHARDS: Nature (Lond.) 182, 1748—1749 (1958). — BETHE, A.: Naturwissenschaften 20, 177 (1932). — BIANCHI, D. E., D. J. SCHWEMMIN and W. H. WAGNER jr.: Bot. Gaz. 120, 235—243 (1959). — BIANCHI, F.: Diss. G. U. Amsterdam 1959. — BOPP, M., u. R. NOACK: Naturwissenschaften 46, 236—237 (1959). — BREWBAKER, J. L.: Proc. Abstr. IX. Intern. Congr. Bot. 2, 46 (1959). — BROCK, T. D.: (1) J. Bacteriol. 75, 697—701 (1958). — (2) J. Bacteriol. 76, 334—335 (1958). — (3) Science 129, 960—961 (1959). — (4) J. Bacteriol. 78, 59—68 (1959). — BROKAW, C. J.: (1) Nature (Lond.) 179, 525 (1957). — (2) J. exp. Biol. 35, 192—196 (1958). — (3) J. exp. Biol. 35, 197—212 (1958). — (4) J. cell. comp. Physiol. 54, 95—101 (1959).

CAMPBELL, R. N.: Amer. J. Bot. 45, 263—270 (1958). — CANTINO, E. C., and M. T. HYATT: Antonie v. Leeuwenhoek 19, 25—70 (1953). — CHOPRA, R. N.: Proc. Delhi Univers. Sem. "Mod. Develop. Plant Physiol" 1957, 87—89 (1958). — CHOPRA, R. N., and K. S. RAI: Phytomorphology 8, 107—113 (1958). — CHOPRA, R. N., and R. C. SACHAR: Phytomorphology 7, 387—397 (1957). — CHRIST, B.: Z. Bot. 47, 88—112 (1959). — CLEVELAND, L. R.: (1) Proc. nat. Acad. Sci. (Wash.) 45, 747—753 (1959). — (2) Science 131, 1317 (1960).

DAVIDSON, D.: Exp. Cell. Res. 14, 329—332 (1958). — DÖPP, W.: Ber. dtsch. bot. Ges. 72, 11—24 (1959). — DOUGLAS, H. W.: (1) J. appl. Bact. 20, 390—403 (1957). — (2) Trans. Faraday Soc. 55, 850—856 (1959). — DOUGLAS, H. W., A. E. COLLINS and D. PARKINSON: Biochem. biophys. Acta 33, 535—538 (1959).

ERBEN, K.: Arch. Protistenk. 104, 165—210 (1959). — ESSER, K.: Z. Vererbungsl. 90, 445—456 (1959). — ESSER, K., u. J. STRAUB: Z. Vererbungsl. 89, 729 bis 746 (1958).

FOSTER, T. S., and H. STERN: J. biophys. biochem. Cytol. 5, 187—192 (1959). — FREYTAG, K.: (1) Grana Palynolog. (N. S.) 1, 10—14 (1958). — (2) Z. Bot. 47, 113—120 (1959).

GALL, J. G.: Genetics 44, 512—520 (1959). — GANESAN, A. T., H. HOLTER and C. ROBERTS: C. R. Lab. Carlsberg 31, 1—8 (1958). — GLENK, H. O.: Flora (Jena) 148, 378—433 (1960). — GROSS, H.: Züchter 29, 6—20 (1959). — GUTTRIDGE, C. G.: (1) Nature (Lond.) 178, 50—51 (1956). — (2) Ann. Bot. N. S. 23, 351—360 (1959).

HADLEY, G., and C. E. HAROLD: (1) J. exp. Bot. 9, 408—417 (1958). — (2) J. exp. Bot. 27, 418—425 (1958). — HAUSTEIN, E.: Umschau 1957, 432—435. — HECHT, A.: (1) Rec. Genet. Soc. Amer. 26, 375 (1957). — (2) Amer. J. Bot. 47, 32—36 (1960). — HESS, O.: Z. Naturforsch. 14b, 342—345 (1959). — HOTTA, Y., and S. OSAWA: Exp. Cell. Res. 15, 85—94 (1958). — HOTTA, Y., S. OSAWA and T. SAKAKI: Develop. Biol. 1, 65—78 (1959).

INGOLD, C. T.: Ann. Bot. N. S. 22, 129—135 (1958). — INGOLD, C. T., and S. A. HADLAND: New Phytologist 58, 46—57 (1959). — ITO, T.: (1) Bot. Mag. (Tokyo) 72, 238—246 (1959). — (2) briefl. Mitt.

JACKSON, G. A. D., and M. V. PROSSER: Naturwissenschaften 46, 407—408 (1959). — JACOBSON, H.: Amer. Scientist 46, 255—284 (1958). — JAIN, S. K.: Bibliogr. genet. ('sGravenhage) 18, 101—166 (1959). — JÜRGENS, C.: Arch. Mikrobiol. 31, 388—421 (1958).

KARLSON, P., and M. LÜSCHER: Nature (Lond.) 183, 55—56 (1959). — Naturwissenschaften 46, 63—64 (1959). — Ergebn. Biol. 22, 212—225 (1960). — KIERMAYER, O.: Naturwissenschaften 46, 457 (1959). — KOBABE, G.: Z. Pflanzenzücht. 40, 353—384 (1958). — KONAR, R. N.: Phytomorphology 8, 168—173 (1958).

LEWIN, R. A.: Canad. J. Bot. 35, 795—804 (1957). — LEWIS, D.: Proc. roy. Soc. (Lond.) B 151, 468—477 (1960). — LINSKENS, H. F.: (1) Proc. Abstr. IX. intern. bot. congr. (Montreal) 2, 229 (1959). — (2) Z. Bot. 48, 126—135 (1960).

McWilliam, J. R.: (1) Bot. Gaz. **120**, 109—117 (1958). — (2) Silvae genet. (Frankfurt a. M.) **8**, 59—61 (1959). — (3) Forest Sci. **5**, 10—17 (1959). — (4) Amer. J. Bot. **46**, 425—433 (1959). — Miki, H.: Mem. Coll. Sci. Univ. Kyoto, Ser. B. **26**, 61—65 (1959). — Miller, J. J.: Wallerstein Labs. Communs. **22**, 267—283 (1959). — Miller, J. J., O. Hoffmann-Ostenhof, E. Schreiber and O. Gabriel: Canad. J. Microbiol. **5**, 153—159 (1959). — Mitra, S.: Genetics **43**, 771—789 (1958). — Moore, J. F.: Science **129**, 1738—1740 (1959). — Münzner, R.: Biol. Zbl. **79**, 59—84 (1960). — Murgai, P.: Nature (Lond.) **184**, 72—73 (1959).

Näf, U.: (1) Physiol. Plant. (Copenh.) **11**, 728—746 (1958). — (2) Nature (Lond.) **184**, 798—800 (1959). — Naundorf, G.: Gordian **59**, Nr. 1405, 7—10, Nr. 1406, 8—11, Nr. 1407, 8—11 (1959). — Nolte, E. M.: Arch. Mikrobiol. **28**, 191—218 (1957).

Osborne, D. J.: (1) Nature (Lond.) **176**, 1161 (1955). — (2) Trop. Agricult. **35**, 145 (1958).

Page, R. M.: Amer. J. Bot. **46**, 579—585 (1959). — Pandey, K. K.: Proc. Intern. X genet. Congr. (Montreal) **II** (1958). — Plunkett, B. E.: (1) Mushroom Growers Ass. Bull (Leeds) **1958**, 1—4. — (2) Ann. Bot. N. S. **22**, 237—249 (1958). — Prosser, M. V., and G. A. D. Jackson: Nature (Lond.) **184**, 108 (1959).

Raghavan, V., and H. K. Baruan: (1) Phython (Argent.) **7**, 77—88 (1956). — (2) Physiol. Plant. (Copenh.) **12**, 441—451 (1959). — Raper, J. R.: Symp. Soc. exp. Biol. **11**, 143—165 (1957). — Resende, R.: Ber. dtsch. bot. Ges. **72**, 3—10 (1959). — Robbins, W. J., and A. Hervey: Science **129**, 1288 (1959). — Rosen, W. G.: Plant Physiol. **34**, Suppl. 111 (1959). — Rowley, J. R., K. Mühlethaler and A. Frey-Wyssling: J. biophys. biochem. Cytol. **6**, 537—538 (1959).

Sachar, R. C., and R. D. Iyer: Phytomorphology **9**, 1—3 (1959). — Sachar, R. C., and K. Kanta: Phytomorphology **8**, 202—218 (1958). — Sachar, R. C., and M. Kapoor: Plant Physiol. **34**, 168—170 (1959).— Sand, S. A.: Science **131**, 665 (1960). — Sato, S.: (1) Bot. Mag. (Tokyo) **69**, 820—821 (1956). — (2) J. Fac. Sci. Univ. Tokyo, Sect. III **7**, 257—269 (1958). — Sauerland, H.: Chromosoma (Wien) **7**, 627—654 (1956). — Singh, S. N.: Curr. Sci. **27**, 143—144 (1958). — Sitte, P.: Z. Naturforsch. **14 b**, 575—582 (1959). — Schaik, P. H. van, and A. H. Probst: Agron. J. **50**, 98—102 (1958). — Schwemmle, J.: Planta **51**, 223—248 (1958). — Schwemmle, J., C. G. Arnold and H. O. Glenk: Proc. X. Intern. Genet. Congr. (Montreal) **II** (1959). — Sossountzov, I.: Thèse prés. à. la fac. des sci. de l'univers. de Paris (Masque d'or, Angers 1957). — Sproston, T., and D. C. Pease: Trans. N. Y. Acad. Sci., Ser. II, **20**, 199—204 (1957). — Stern, H.: (1) Sulphur in proteins 1959, 391—408. — (2) Bot. Rev. **25**, 351—384 (1959). — Steveninck, R. F. M. van: (1) J. exp. Bot. **8**, 373—381 (1957). — (2) J. exp. Bot. **9**, 372 — 283 (1958). — (3) Nature (Lond.) **183**, 1246—1248 (1959). — Stifter, I.: Arch. Protistenk. **104**, 364—388 (1959). — Stroun, M., et R. Cortési: Bull. Soc. Bot. Suisse **68**, 183—196 (1958). — Stroun, M., R. de Ribeaupierre et R. Cortési: Bull. Soc. Bot. Suisse **70**, 50—61 (1960). — Stumm, C.: (1) Z. Vererbungsl. **89**, 521—539 (1958). — (2) Genen en Phaenen **4**, 12—16 (1959). — Sussex, I. M., and T. A. Steeves: Bot. Gaz. **119**, 203—208 (1958). — Swaminathan, M. S., T. Ninan and M. L. Magoon: Genetica **30**, 63—69 (1959). — Swamy, N. S. R.: Nature (Lond.) **183**, 735—736 (1959). — Szteyn, K.: Euphytica **8**, 145—150 (1959).

Takats, S. T.: (1) Diss. Abstr. **18**, 766 (1958). — (2) Chromosoma (Berl.) **10**, 430—453 (1959). — (3) Genetics **44**, 541—550 (1959). — Tammes, P. M. L.: Acta Bot. Neerl. **8**, 493—496 (1959). — Taylor, J. H.: Amer. J. Bot. **45**, 123—131 (1958). — Thielke, C.: (1) Naturwissenschaften **44**, 521—522 (1957). — (2) Planta **51**, 308—320 (1958). — (3) Arch. Mikrobiol. **34**, 65—75 (1959). — Thijn, G. A.: Euphytica **8**, 95—97 (1959). — Thompson, P. A., and C. G. Guttridge: Nature (Lond.) **184**, 72—73 (1959). — Tokuyasu, K., and E. Yamada: (1) J. biophys. biochem. Cytol. **5**, 123—128 (1959). — (2) J. biophys. biochem. Cytol. **5**, 129—134 (1959). — Tschermak-Woess, E.: Österr. bot. Z. **106**, 74—80 (1959). — Tupy, J.: Biol. Plant. (Praha) **1**, 192—198 (1959).

Urayama, T.: (1) Bot. Mag. (Tokyo) **69**, 817—818 (1956). — (2) Bot. Mag. (Tokyo) **70**, 824 (1957).

VASIL, I. K.: Science **129**, 1487—1488 (1959). — VASSILEVA-DRYANOVSKA, O. A., and M. TSONEVA: Compt. rend. acad. bulgare Sci. **12**, 573—576 (1959). — VENNE-KOHL-ABEL, A.: Z. Bot. **47**, 1—41 (1959).

WASSILEWA-DRENOWSKA, O. A.: (1) Doklady bulgar. Akad. Nauk **11**, 427—430 (1958). — (2) Acta histochem. **7**, 74—87 (1959). — WEIXL-HOFMANN, H.: Protoplasma (Wien) **50**, 340—355 (1959). — WILSON, J. Y.: Heredity **13**, 263—267 (1959). — WOLLERSHEIM, M.: Z. Bot. **45**, 245—261 (1957). — WOLLMAN, E. L., et F. JACOB: La sexualité des Bactéries. Monogr. de l'Inst. Pasteur. Paris: Masson et Cie 1959.

YASUI, K.: Cytologia (Japan) **22**, 213—238 (1957). — YOUNG, I. E., and P. C. FITZ-JAMES: (1) J. biophys. biochem. Cytol. **6**, 467—483 (1959). — (2) J. biophys. biochem. Cytol. **6**, 483—498 (1959). — (3) J. biophys. biochem. Cytol. **6**, 499—506 (1959).

ZIEGLER, H.: Planta **52**, 587—599 (1959).

22. Bewegungen

Von Wolfgang Haupt, Tübingen

Mit 7 Abbildungen

I. Freie Ortsbewegung

Der Bau des wichtigsten Bewegungsorganells, der Flagellatengeißel, wird weiterhin in zahlreichen Veröffentlichungen studiert, auf die hier nicht eingegangen werden kann. Mehr oder weniger willkürlich sei nur die Arbeit von Kole und Horstra herausgegriffen, in der die keulen- bis knopfförmigen Verdickungen von Geißeln (*Phytophthora*) elektronen-mikroskopisch untersucht werden. Es handelt sich vermutlich um Auf-treibungen der Geißelhülle, die an der Geißel apikalwärts wandern.

Bei Meeresflagellaten ist der phototaktische Reaktionssinn unabhängig von der Lichtintensität; ob die Reaktion positiv oder negativ ist, bestimmt das Verhältnis von Ca^{++} zu Mg^{++} (Fortschr. Bot. **20**, 284). Halldal hat seine Untersuchungen nun auch auf das K-Ion ausgedehnt und hier entsprechende Wirkungen gefunden. Die früher beschriebene Gesetz-mäßigkeit ($Ca^{++} \rightarrow$ negative, $Mg^{++} \rightarrow$ positive Phototaxis) gilt nur für niedere K^+-Konzentrationen, in höheren K^+-Konzentrationen ist die Phototaxis stets positiv. Auch für K^+ gibt es wie für Ca^{++} und Mg^{++} eine untere und eine obere Konzentrationsgrenze für phototaktische Reaktionsfähigkeit und für Beweglichkeit überhaupt.

In diesem Zusammenhang ist der Befund von O'Kelley und Herndon inter-essant, nach dem bei *Bryopsis* für die Entstehung bewegungsfähiger Zoosporen eine Mindestkonzentration von Ca^{++} vorhanden sein muß, das hierbei nicht durch Sr^{++} ersetzt werden kann (während Sr^{++} statt Ca^{++} noch praktisch normales Wachstum zuläßt). Auch die Lichtbedingungen können für die Fertigstellung oder Ent-lassung beweglicher Fortpflanzungszellen eine Rolle spielen (Shihira). — Die Bewegungsfähigkeit der Diatomee *Nitzschia putrida* wird durch halbstündige Ab-kühlung auf $-26°$ und darauf folgendes Wiederauftauen nicht beeinträchtigt (Wagner, 1958).

Über die Phototaxis von Phytomonadinen-Kolonien liegt eine aus-führliche Untersuchung von Gerisch vor. Bei *Pleodorina californica* besteht die Reaktion auf eine Änderung der Beleuchtungsstärke in einer Verlangsamung des Geißelschlags; im typischen Falle kommt die Geißel in einer charakteristischen Sperrstellung vorübergehend vollständig zur Ruhe. Auch bei *Volvox aureus* konnte nur dieser Reaktionstyp fest-gestellt werden im Gegensatz zu den früheren Angaben von Mast, nach denen die Reaktion in einer *Richtungs*änderung des Geißelschlags besteht. Nach Mast hat dies zur Folge, daß sich das Verhältnis von Translations- zu Rotationsgeschwindigkeit ändert, wenn die Kolonie auf einen Beleuch-tungswechsel reagiert, d. h. daß beide Bewegungskomponenten sich stets gegensinnig ändern. Exakte Messungen von GERISCH zeigen jedoch, daß Translation und Rotation stets in gleicher Richtung beeinflußt werden. Im Intensitätsbereich positiver Phototaxis (einige Tausend Lux) tritt die erwähnte Hemmreaktion stets auf, wenn nach einer kurzen Verdunkelung (im Versuch: 3 sec) das Licht wieder eingeschaltet wird (Abb. 27a) — entsprechend den Verhältnissen einer rotierenden Kolonie bei einseitiger Beleuchtung: Übergang der Zellen von der Schatten- zur Lichtseite. Im Intensitätsbereich negativer Phototaxis dagegen wird die gleiche Hemmreaktion gerade durch Verdunkelung ausgelöst — entsprechend müssen sich bei der einseitig beleuchteten Kolonie die an die Schattenseite gelangenden Zellen verhalten. Wiederbelichtung der verdunkelten Kolonien löst keine Hemmung aus, sofern die unterbrechende Dunkelzeit 3 sec beträgt, sich also in der Größenordnung einer Umdrehungsperiode der Kolonie hält (Abb. 27b); wird dagegen die Verdunkelungszeit auf 30 sec verlängert, so wirkt nun auch eine Wiederbelichtung mit der starken Intensität reaktionsauslösend (= bewegungshemmend; Abb. 27c). Die zahlreichen, in der älteren Literatur zitierten Unstimmigkeiten zwischen dem Reaktionssinn bei topischer und phobischer Phototaxis, die ein Verständnis beider Reaktionstypen auf gemeinsamer Grundlage immer wieder in Frage stellten (vgl. HAUPT, Handbuch der Pflanzenphysiologie, 17, Teil-Bd. I, S. 331),

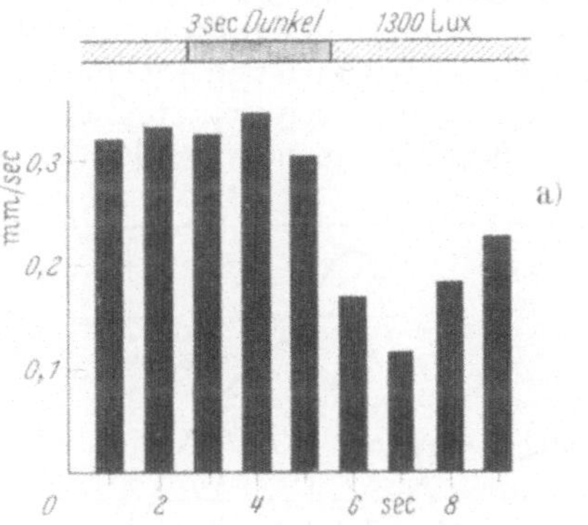

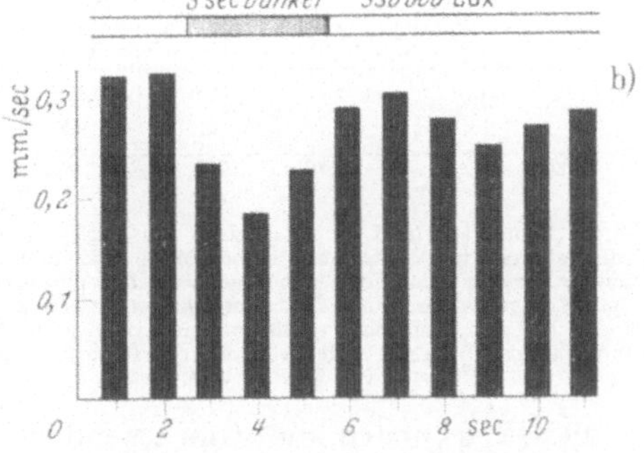

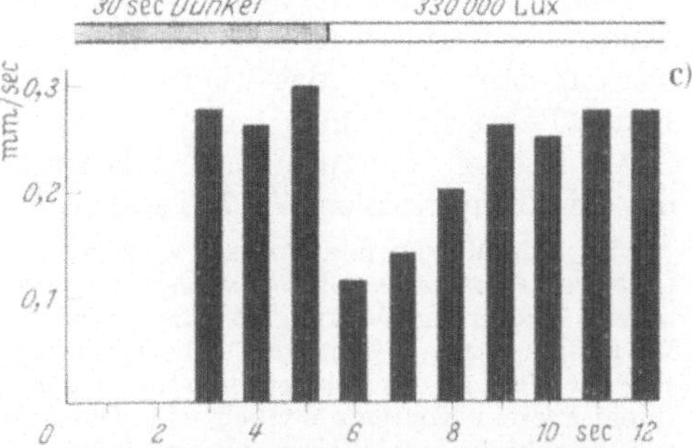

Abb. 27. Bewegungsgeschwindigkeit (Ordinate) von *Volvox aureus*-Kolonien unter verschiedenen Lichtbedingungen. „Dunkelheit" bedeutet Orange-Licht (durch OG 3 gefiltert), das physiologisch wie Dunkelheit wirkt, aber Beobachtung zuläßt. „Licht" = Weißlicht, das positive (*a*) oder negative (*b*, *c*) Phototaxis hervorruft. Abszisse: Zeit in Sekunden, beginnend zu einem beliebigen Zeitpunkt. a) Bewegungshemmung durch Übergang Dunkel → Licht; b) Bewegungshemmung durch Übergang Starklicht → Dunkel; c) Bewegungshemmung durch Übergang Dunkel → Starklicht nach längerer Dunkelzeit. Nach GERISCH

erscheinen damit in einem neuen Licht. Ein Wiederaufgreifen dieser Fragen dürfte nun bei Berücksichtigung des Zeitfaktors lohnend sein.

Im Zusammenhang mit entwicklungsphysiologischen Untersuchungen teilt GERISCH mit, daß nur die somatischen Zellen von *Pleodorina* reagieren können; sie zeichnen sich gegenüber den generativen durch den Besitz eines Stigmas aus. Auch isolierte Zellen von *Pleodorina* lassen noch diese Gesetzmäßigkeit erkennen. Bei *Volvox aureus* ist dagegen die Reaktionsfähigkeit der Zellen nicht alternativ; sie nimmt vom vorderen zum hinteren Pol allmählich ab, entsprechend der Abnahme der Stigmengröße.

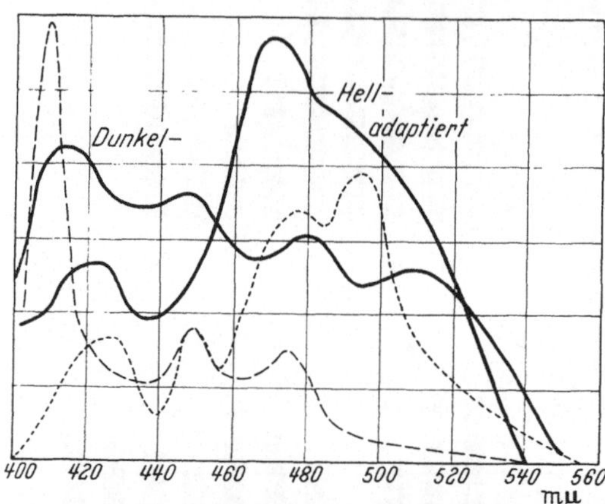

Abb. 28. Phototaktische Wirkungsspektren von *Euglena gracilis* (Ordinate = relative Wirksamkeit in beliebigem Maßstab). Ausgezogene Kurven: grüne Form mit Augenfleck, hell oder dunkel adaptiert, negative Phototaxis. Zum Vergleich punktierte Kurve: grüne Form mit Augenfleck, positive Phototaxis; gestrichelte Kurve: farblose Form mit Augenfleck, negative Phototaxis. Nach BÜNNING und GÖSSEL, verändert

Daß phototaktische Aktionsspektren abhängig von der Vorbehandlung sein können (Kultivierung im Licht oder im Dunkeln), wurde bereits im vorigen Bericht hervorgehoben (Fortschr. Bot. **21**, 350); BÜNNING und GÖSSEL konnten hierzu ein noch eindrucksvolleres Beispiel an *Euglena* liefern (Abb. 28). Die Ursachen für diese Wirkungen, die wohl irgendwie mit Adaptationserscheinungen zusammenhängen, sind noch völlig ungeklärt.

Die Phototaxis von *Dictyostelium discoideum* läßt sich doch nicht auf Thermotaxis zurückführen, wie BONNER u. Mitarb. (1950) angenommen hatten; denn selbst das (thermotaktisch sicher unwirksame) Licht von Leuchtbakterien kann noch eine Orientierungsbewegung auslösen' (GAMBLE; vgl. hierzu auch den Beitrag „Thermotaxis" in „Handbuch der Pflanzenphysiologie" **17**, Teil-Bd. II).

Ein von MAYER und POLIAKOFF-MAYBER aufgestelltes Wirkungsspektrum der topischen Phototaxis von *Chlamydomonas snowiae* stimmt im wesentlichen mit den bereits bekannten Wirkungsspektren von Flagellaten überein. Ein Vergleich des Wirkungsspektrums mit den Absorptionsspektren der zelleigenen Carotinoide schließt diese als Photoreceptoren aus, sofern man nicht wie Verf. an einen Carotinoid-Protein-Komplex denken will. Die Angabe, daß die phototaktische Orientierungsfähigkeit ein Temperaturoptimum bei etwa 39° hat und eine atmungsabhängige Reaktion ist (Vergiftung durch DNP), hat wenig Sinn, solange nicht eindeutig zwischen Bewegungsfähigkeit und Orientierungsfähigkeit unterschieden wird.

II. Bewegung von Zellorganellen

a) Kernbewegungen. Die Wanderung der Zellkerne in den Hyphen von *Polystictus* (Basidiomycetes) steht in ursächlichem Zusammenhang mit den komplizierten Zellteilungsvorgängen. GIRBARDT befaßt sich mit diesen Fragen. Je nach dem Stadium innerhalb des Teilungszyklus werden die Kerne mit gleicher Geschwindigkeit wie das umgebende Plasma verlagert oder bewegen sich deutlich unabhängig von diesen Plasmaverlagerungen, also relativ zum übrigen Plasma. Dieser letztgenannte Fall ist bewegungsphysiologisch der eigentlich interessante. Bemerkenswert ist die langgestreckte Spindelform dieser Wanderkerne; sie sind in diesem Stadium außerordentlich stark formveränderlich. Die in Frage kommenden Zellen dieses Pilzes besitzen eine ausgeprägte cytologisch-histochemische Spitze-Basis-Polarität, und es hat den Anschein, als ob die Bewegungsrichtung durch plasmatische Gradienten dieser Art bestimmt werden könnte, so wie ganz allgemein offenbar der physikalisch-chemische Zustand des umgebenden Plasmas für die Bewegungsfähigkeit der Kerne maßgebend ist. Über den Mechanismus der Kernwanderung ist damit natürlich noch nichts ausgesagt. Auf die sehr interessanten Schlußfolgerungen zellphysiologischer und entwicklungsphysiologischer Art, die GIRBARDT aus seinen Arbeiten zieht, kann naturgemäß in diesem Rahmen nicht eingegangen werden.

Auch in den Beobachtungen von BENDA über die Wanderung des Zellkernes in Epidermishaaren von *Nicotiana langsdorffi* bleibt die Frage „aktive oder passive Wanderung" offen; der Kern wandert hier nach Verletzung der Zelle zunächst zur Wundstelle und nach einiger Zeit wieder zurück ins Zentrum der Zelle.

b) Chloroplastenbewegungen. Über die sog. „Phototaxis der Chloroplasten" liegen einige neuere Ergebnisse vor, die an *Mougeotia* gewonnen wurden. Dieses Objekt nimmt in mehrfacher Hinsicht eine Sonderstellung ein und eignet sich gerade deshalb für derartige Untersuchungen. Dabei darf allerdings nicht übersehen werden, daß wir aus dem gleichen Grunde nicht voreilig von *Mougeotia* auf die anderen, „normalen" Objekte verallgemeinern dürfen. Darauf wird in Zukunft noch sehr zu achten sein.

Eine wesentliche Besonderheit ist die Nachwirkung einer Beleuchtung; während nämlich im „Normalfall " (z. B. *Lemna*, *Funaria*) die Chloroplastenbewegung nur so lange in Gang bleibt, als die induzierende Beleuchtung anhält, genügt bei *Mougeotia* ein Lichtblitz, um anschließend in Dunkelheit die Chloroplastenbewegung ablaufen zu lassen. Die diesbezüglichen Angaben früherer Autoren wurden von HAUPT quantitativ präzisiert; bei Verwendung monochromatischer Strahlung gilt das Reizmengengesetz für die Induktion der Schwachlichtbewegung (Drehung von Kanten- in Flächenstellung), bei Weißlicht genügt sogar ein einziger Elektronenblitz ($^1/_{1000}$ sec). Das Wirkungsspektrum zeigt (in Übereinstimmung mit den qualitativen Angaben früherer Autoren) ein Maximum im roten Bereich und ein Nebenmaximum im Grenzbereich Violett/UV. Im roten Bereich stimmt das Wirkungsspektrum überein mit demjenigen des entwicklungsphysiologisch bedeutsamen reversiblen Hellrot-Dunkelrot-Systems (HR-DR; vgl. Abb. 29). Entsprechend wirkt auch hier DR (> 700 mμ) einer Induktion durch HR (< 700 mμ) entgegen, wobei die gleichen Gesetzmäßigkeiten gelten wie für die schon bekannten Reaktionen dieses HR-DR-Systems.

Eine Induktion durch UV (370 mμ) ist nicht im gleichen Maße reversibel wie eine HR-Induktion, d. h. anschließende DR-Bestrahlung kann nur einen Teil dieser Induktion wieder auslöschen (HAUPT, MUGELE und MÜLLER); vielleicht liegt noch ein anderes Pigmentsystem vor, das die Reaktion vermittelt.

Für die Starklichtbewegung (Flächenstellung → Profilstellung) ist dagegen ausschließlich kurzwelliges Licht wirksam (MOSEBACH; SCHÖNBOHM unveröff.). Die beiden Bewegungstypen sind also nicht Reaktionen in entgegengesetztem Sinn auf ein und denselben „Reizfaktor", weshalb die Bezeichnung „positive und negative Phototaxis" etwas bedenklich erscheint.

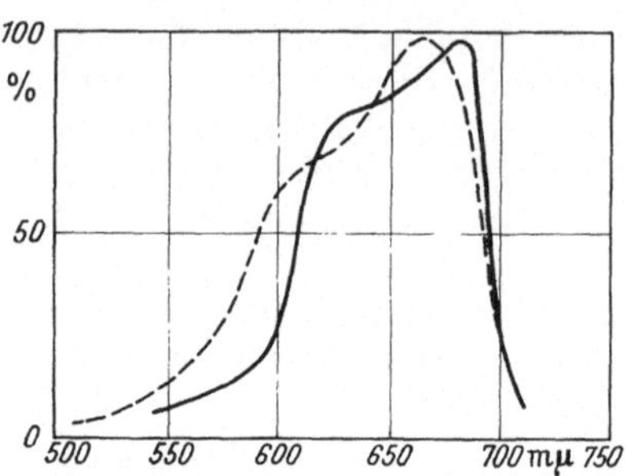

Abb. 29. Wirkungsspektrum der Chloroplastendrehung von *Mougeotia* (Schwachlichtbewegung; ausgezogene Kurve) im grünen, gelben und roten Licht; nach HAUPT (verändert). Zum Vergleich: Wirkungsspektrum der lichtgeförderten Farnsporenkeimung (gestrichelte Kurve); nach MOHR (verändert). Ordinate: relative Quantenwirksamkeit

Die Empfindlichkeit für die Starklichtbewegung ist nach MOSEBACH in verschiedener Weise von den Außenfaktoren abhängig. Einmal wirkt Vorverdunkelung sensibilisierend bzw. Vorbelichtung abstumpfend, indem infolge Atmung bzw. Photosynthese der CO_2-Gehalt des Mediums erhöht bzw. erniedrigt wird — es scheint sich dabei um einen echten CO_2-Effekt und nicht einfach um einen p_H-Effekt zu handeln. Andererseits aber liegt auch noch bei streng konstant gehaltener CO_2-Konzentration und ständiger Erneuerung des Wassers ein Lichteffekt vor, der demzufolge wohl nicht über die Änderung der Außenbedingungen geht und als echte Adaptation aufgefaßt wird. Ein Wirkungsspektrum dieser abstumpfenden Lichtwirkung liegt noch nicht vor. Auch die Schwachlichtbewegung ist in ihrer Empfindlichkeit abhängig von der Vorbehandlung, die verantwortlichen Faktoren konnten jedoch noch nicht näher charakterisiert werden (HAUPT).

Neue Gesichtspunkte ergeben sich durch die Feststellung, daß die Orientierung der Schwingungsebene polarisierten Lichtes für die Schwachlichtbewegung von ausschlaggebender Bedeutung ist. Nur quer zum Faden schwingendes Licht kann die Drehung auslösen, nicht dagegen parallel zum Faden schwingendes (HAUPT, KÖHLER und MÜLLER).

c) Plasmaströmung. KAMIYA hat soeben eine Monographie über Plasmaströmung veröffentlicht, die auf 175 Seiten unsere heutigen Kenntnisse zusammenfaßt. Trotzdem erscheint es angebracht, kurz auf einige Punkte hinzuweisen, die für die weitere Forschung von Bedeutung sein können. Als methodischer Fortschritt sei zunächst eine Apparatur zur Messung der Strömungsgeschwindigkeit erwähnt, die ZURZYCKI entwickelt hat. Das Prinzip beruht auf dem unmittelbaren Vergleich der beobachteten Strömung mit einer künstlich erzeugten Bewegung exakt bekannter Geschwindigkeit. Im Gegensatz zu früheren Meßanordnungen dieser Art wird kein Zeichenprisma benötigt, sondern eine Skala ist in den Strahlengang eingeschaltet (entsprechend einem Ocularmikrometer), die gleichmäßig maschinell bewegt wird. Die Geschwindigkeit dieser Bewegung ist regulierbar und überträgt sich dabei auf einen Kymographen, so daß man unmittelbar Geschwindigkeitskurven (als Ordinate) in Abhängigkeit von der Zeit (Abszisse) erhält.

Um den Übergang von Brownscher Molekularbewegung über Glitschbewegung zur Rotation durch eine Maßzahl angeben zu können, entwickelte JAROSCH (1956) ein einfaches Verfahren. Die Bewegung einzelner Teilchen (Sphärosomen) wird mit dem Zeichenspiegel festgehalten; zum mittleren Verschiebungsquadrat eines Teilchens in der Zeiteinheit wird das mittlere Verschiebungsquadrat in der doppelten Zeiteinheit ins Verhältnis gesetzt. Aus theoretischen Gründen muß der so erhaltene Wert („Regelmäßigkeitsquotient" Q_r) stets zwischen 2,0 und 4,0 liegen, wobei $Q_r = 2,0$ die völlig ungeordnete Brownsche Molekularbewegung angibt, während $Q_r = 4,0$ Rotation mit völlig konstanter Richtung und Geschwindigkeit anzeigt. Die noch recht unregelmäßige „Glitschbewegung" liegt dann bei Q_r etwa 3.

Einflüsse verschiedenster Faktoren auf die Plasmaströmung können grundsätzlich auf zweierlei Weise zustande kommen: die treibende Kraft der Bewegung wird modifiziert oder der Widerstand, den das strömende Plasma der Bewegung entgegensetzt, wird verändert (hier handelt es sich in erster Linie um die Viscosität des Plasmas). Es ist daher ein wesentliches Verdienst von KAMIYA und seiner Schule, wenigstens bei einem Objekt (Plasmodium des Myxomyceten *Physarum*) Methoden entwickelt zu haben, die eine experimentell getrennte Bestimmung von Bewegung und treibender Kraft gestatten. Damit ist nun die Möglichkeit gegeben, mit der Analyse der Bewegungsursachen zu beginnen (wenngleich hier bis heute noch keine Entscheidung gefällt werden konnte).

Daß die treibende Kraft energetisch aus dem Stoffwechsel gespeist wird, ist selbstverständlich; daß die Umwandlung der chemischen Energie in mechanische irgendwie über ATP oder vergleichbare Substanzen läuft, kann als wahrscheinlich gelten. Tatsächlich konnten KAMIYA, NAKAJIMA und ABE (1957) sowie TAKATA (1957) die treibende Kraft bei *Physarum* durch angemessene ATP-Gaben erhöhen. Weitere Versuche der KAMIYA-Gruppe ergaben nun, daß es offenbar von Bedeutung ist, aus welchem Bereich des Stoffwechsels das ATP stammt. So bleiben reine Atmungshemmungen ohne Einfluß auf die treibende Kraft (O_2-Entzug, KCN, CO) oder erhöhen sie sogar möglicherweise infolge gesteigerter Glykolyse (Pasteur-Effekt); gegen Vergiftungen der Glykolyse andererseits ist die treibende Kraft äußerst empfindlich, wie die stark hemmende Wirkung von NaF oder Jodacetat zeigt (KAMIYA, ABE und NAKAJIMA 1957, 1958; KAMIYA, NAKAJIMA und ABE; ABE, NAKAJIMA und KAMIYA). Aus den Ergebnissen wird der Schluß gezogen, daß nur im Grundplasma entstehendes ATP zur Erzeugung mechanischer Energie ausgenutzt werden kann (Glykolyse), nicht aber in Mitochondrien entstehendes (oxydative Phosphorylierung).

Die Frage nach dem Sitz der treibenden Kraft suchen KAMIYA und KURODA (1956, 1958a, b) zu beantworten, indem sie die Geschwindigkeitsverteilung über den Querschnitt eines strömenden Bereichs messen. Die Ergebnisse sind verschieden, je nach dem Strömungstyp des speziellen Objekts. In der Characeen-Zelle kann die Geschwindigkeitsverteilung des rotierenden Plasmas nur erklärt werden durch eine Kraft, die entlang der Grenze Ektoplasma-Endoplasma parallel verschiebend wirkt; diese Kraft wird zu etwa 1—2 dyn/cm^2 bestimmt. In einem Plasmastrang von *Physarum* dagegen, der zwei größere Plasmodiumstücke verbindet, deutet die Geschwindigkeitsverteilung darauf hin, daß Druckunterschiede auf beiden Seiten die Strömung verursachen; exakt die gleiche Verteilung ergibt sich, wenn eine Strömung durch experimentell erzeugte Druckunterschiede ausgelöst wird. Im verbindenden Plasmastrang wäre die Strömung also passiv. Dabei ist jedoch zu bemerken, daß wir hier ein System vor uns haben, das zwar für Experimente verschiedener Art vorzüglich geeignet ist (insbesondere auch, um Bewegung und treibende Kraft voneinander zu trennen, s. o.), das aber von den natürlichen Verhältnissen eines sich ausbreitenden Plasmodiums weit entfernt ist. Das wird deutlich beim Vergleich dieser Ergebnisse mit Angaben von STEWART und STEWART (1959a), nach denen auch in dünnen Plasmasträngen noch Teilbewegungen in ihrer Richtung unabhängig voneinander verlaufen können. Hier wäre also auch noch im einzelnen Strang mit treibenden Kräften zu rechnen; in den Versuchen von KAMIYA können sich diese jedoch nicht mehr auswirken, da die von den beiden Hauptmassen des Plasmodiums ausgeübten Drucke insgesamt um ein Vielfaches größer sein müssen als die in dem dünnen Strang entstehenden.

Gleichgültig wo im einzelnen diese treibenden Kräfte wirksam werden, dürfte es sich auch hier wieder um Erscheinungen handeln, die sich an der Grenzfläche Sol-Gel abspielen. KAMIYA denkt dabei an Vorgänge, die an fibrilläre Strukturen gebunden sind und sich mit den Vorgängen bei der Muskelkontraktion oder bei der Geißelbewegung vergleichen lassen. Für diese Auffassung sprechen auch die Beobachtungen von JAROSCH (1958; vgl. auch Fortschr. Bot. **20**, 288) an isolierten Plasmatropfen von Characeen. Hier lassen sich ultramikroskopische Fibrillen nachweisen, die sich in der Längsrichtung im Plasma bewegen und entsprechend den in die Nähe gelangenden Mikrosomen einen entgegengesetzten Impuls verleihen. In der intakten Zelle dürften diese Fibrillen an der Grenze Ektoplasma-Endoplasma in jenem verankert sein, ebenso aber auch einen Bestandteil der Oberfläche von Kernen und Plastiden ausmachen. So wäre es zu erklären, daß Chloroplasten, die sich aus dem Ektoplasma herauslösen, im Endoplasma selbständige Rotations- und Translationsbewegungen ausführen, und für die von FETZMANN beobachteten Kernbewegungen würde Entsprechendes gelten.

So bestechend diese Hypothese auch sein mag, insbesondere im Hinblick auf die Möglichkeit, die verschiedensten Bewegungsmechanismen auf gemeinsamer Grundlage zu erklären, so bleibt doch die räumliche und zeitliche Koordination noch völlig ungeklärt. Wie kommt es bei *Physarum* zu dem sehr regelmäßigen rhythmischen Wechsel der Richtung des Bewegungsimpulses? Welche Struktureigentümlichkeiten liegen der ein für allemal festgelegten Strömungsrichtung bei den Characeen zugrunde, worin besteht die zu postulierende Polarität der Fibrillen?

Plasmatische Fibrillen als Ursache für die Plasmaströmung lehnen STEWART und STEWART (1959b) auf Grund ihrer Untersuchungen und auf Grund theoretischer Überlegungen überhaupt ab. Sie konnten weder elektronenmikroskopisch noch auf Grund verschiedenster zu fordernder Indizien Hinweise auf derartige Fibrillenstrukturen finden und vertreten stattdessen die Hypothese der Schleppkräfte (drag-force) von RASHEVSKY; die Bewegungsimpulse sollen von gelösten Substanzen ausgehen, die sich im lokalen Konzentrationsgradienten bewegen. Als besonderer Vorteil dieser Hypothese wird angeführt, daß auch dauernder Wechsel der Impulsrichtung *(Physarum)* mit ihr leicht in Einklang zu bringen sei; fraglich erscheint aber, ob die Fälle stets gleichbleibender Rotationsrichtung (Characeen) ohne besondere Hilfsannahmen erklärt werden können.

Mit der *Auslösung* der Plasmaströmung bei *Vallisneria* (Photodinese, Chemodinese) beschäftigt sich JAGER (1958) in Abhängigkeit von verschiedenen Ionen. Vorbehandlung mit 0,001—0,01 mol K^+, Rb^+ oder Ca^{++} unterdrückt die Auslösung der Strömung durch Licht oder Asparagin; wird jedoch erst die Strömung ausgelöst, so bleibt eine Zugabe der genannten Ionen ohne Wirkung. Andererseits fördern Na^+, Li^+, Sr^{++} und Mg^{++} die photodinetische Induktion oder induzieren sogar selbst in Dunkelheit bis zu einem gewissen Grade. Gleiches gilt für SCN^-, während die übrigen geprüften Anionen ohne Wirkung blieben. Allen Ionenwirkungen gemeinsam ist, daß sie ausklingen, sobald die Substanzen wieder ausgewaschen werden. Rohrzucker dagegen, der ebenfalls die Induktion fördert, wirkt noch lange nach. Es erscheint ausgeschlossen, daß sich diese Effekte durch Beeinflussungen der Viscosität erklären lassen (vgl. die *gleichsinnige* Wirkung von K^+ und Ca^{++}!).

III. Phototropismus

a) Höhere Pflanzen. Im vorigen Bericht (Fortschr. Bot. **21**, 352) waren Gründe dafür angeführt worden, daß die erste und zweite positive Krümmung der *Avena*koleoptile nicht auf IES-Photolyse zurückgeführt werden kann; nun hat v. GUTTENBERG nachgewiesen, daß diese Möglichkeit auch für die dritte positive Krümmung[1] entfällt. Der Autor konnte nämlich zeigen, daß dekapitierte (auxinfreie) Koleoptilen sich phototropisch krümmen, wenn ihnen nach der einseitigen Belichtung IES von oben geboten wird (ganz analog zu den Verhältnissen beim Geotropismus; vgl. Fortschr. Bot. **21**, 354 f.); dabei ist nur für einen genügend großen Gradienten der Lichtabsorption zu sorgen, etwa mittels eines geeigneten Streifens schwarzen Papiers. Eine Reaktion ist sogar noch möglich, wenn zwischen Belichtung und Auxinapplikation 8 Std. verstreichen. Auch durch Kälte läßt sich die Reizaufnahme zeitlich von der Reaktion trennen, die erst nach Wiedererwärmung möglich ist. v. GUTTENBERG lehnt aber nicht nur eine unmittelbare Photolyse der IES ab, sondern ebenso

---

[1] Jedenfalls müßte es sich um die dritte positive Krümmung handeln, wenn man von der Lichtmenge ausgeht; noch unveröffentlichte Untersuchungen von POHL weisen aber wieder darauf hin, daß für die Krümmungstypen höherer Ordnung die Intensität größere Bedeutung hat als die Belichtungszeit, so daß v. GUTTENBERG wahrscheinlich doch mit der zweiten positiven Krümmung gearbeitet hat. Herrn Prof. POHL danke ich für diesen Hinweis.

die Erzeugung (oder Aktivierung) eines IES-zerstörenden Systems, das eine gewisse Zeit nachwirken könnte; werden nämlich Koleoptilen von zwei entgegengesetzten Flanken gleichmäßig stark beleuchtet (mit Energien, die einseitig eine dritte positive Krümmung auslösen würden), so ruft anschließend einseitig gebotenes Auxin ebenso starke Krümmungen hervor wie bei den Dunkelkontrollen. Allerdings müßte diese Gleichheit der Auxinwirkungen auch noch in weniger hohen Auxinkonzentrationen nachgewiesen werden, also unterhalb des Sättigungsbereiches der Auxin-Konzentration.

Darüber hinaus geht aus diesen Versuchen aber auch hervor, daß die ungleiche Auxinverteilung auf Licht- und Schattenseite nicht das Ergebnis einer unmittelbaren lichtinduzierten Auxin-Querverschiebung sein kann. Damit wird die Alternative in ihrer ursprünglichen Form hinfällig, ob Licht eine einseitige Auxinzerstörung (allgemeiner: eine einseitige Änderung im Auxinstoffwechsel) bewirkt oder eine Querverschiebung des Auxins (Querverschiebungstheorie[1]). Vielmehr muß die Wirkung einseitiger Beleuchtung — ebenso wie die Schwerkraftwirkung beim Geotropismus — primär in einer Querpolarisierung (i. w. S.) des Organs bestehen. Dabei bleibt zunächst noch völlig offen, welcher Natur diese Polarisierung ist (Stoffwechselvorgänge sind offenbar beteiligt, wie die Atmungsabhängigkeit erweist); offen bleibt aber auch noch, wie diese transversale Polarität dann zu Wachstumsverschiedenheiten führt — denkbar wäre eine ungleiche Auxinaktivierung, die sekundäre Verschiebung von Auxin bzw. eines Cofaktors für die Auxinwirkung oder ungleiche Beeinflussung des „Reaktionsvermögens auf Auxin" (Hemmung des Auxin-Längstransports konnte als Möglichkeit ausgeschieden werden; Vorbelichtung hinderte ja nicht den Transport einseitig gebotenen Auxins zur Wachstumszone, s. o.). Aus alledem scheint aber auch klar zu werden, daß Auxin zwar eine notwendige Bedingung ist, ohne das kein Phototropismus (weil kein Wachstum) stattfinden kann, aber doch nicht *der* Schlüssel zum Phototropismus schlechthin. Dies gilt alles für die dritte positive Krümmung, für die erste und zweite positive Krümmung fehlen entsprechende Untersuchungen.

Ferner betont v. GUTTENBERG, daß die bevorzugte Spitzenempfindlichkeit der *Avena*koleoptile nicht mit der Carotinverteilung allein erklärt werden kann, da 1. die äußerste Spitze zwar am empfindlichsten, aber praktisch carotinfrei ist, 2. reichlich Carotin noch in einer Entfernung von der Spitze zu finden ist, in der die Empfindlichkeit schon stark ab-

---

[1] Es erscheint nicht sehr vorteilhaft, wie es vielfach geschieht, die Alternative mit den Begriffen „Querverschiebungstheorie" und „Filtertheorie" oder „Lichtschirmtheorie" zu charakterisieren (so z. B. auch Ref. in Fortschr. Bot. **20**); denn auch für eine Querverschiebung wäre primär unterschiedliche Lichtabsorption auf Vorder- und Rückseite der Koleoptile zu fordern. Die Erklärung, wie diese unterschiedliche Absorption zustande kommt — ob durch ein Pigment (Carotin), das als spezifisches Filter wirkt, oder durch Brechung und Streuung, wie vermutlich in der farblosen äußersten Spitze der Koleoptile —, ist völlig unabhängig davon, was durch diesen Absorptionsgradienten dann bewirkt wird — Querverschiebung eines Stoffes in diesem Gradienten oder unterschiedliche chemische Beeinflussung dieses Stoffes in Abhängigkeit von der absorbierten Strahlung.

genommen hat, und 3. auch durch Einführen künstlicher Schattenspender in den Koleoptilenhohlraum unterhalb der Spitze nicht die *maximale* Empfindlichkeit erreicht werden kann; die Angaben zu 1. und 2. über die Empfindlichkeit stammen allerdings aus älteren Arbeiten über die erste positive Krümmung, während die Versuche des Autors mit der dritten positiven Krümmung ausgeführt wurden.

Wenn hier erfreulicherweise Klarheit darüber gesucht wird, mit welchem Krümmungstyp gearbeitet wurde, so ist das doch nicht in allen Arbeiten, auch neueren Datums, der Fall; es muß aber nachdrücklich betont werden, daß es für den Physiologen nicht „den" Phototropismus der *Avena*koleoptile schlechthin geben kann, sondern stets nur einen bestimmten Krümmungstyp. Um dies zu demonstrieren, soll nur noch einmal auf die schon besprochene Arbeit von CURRY, THIMANN u. RAY (Fortschr. Bot. **20**, 288f.) hingewiesen werden, nach der die durch UV ausgelöste Krümmung (entsprechend der zweiten positiven?) nur zustandekommt, wenn zum Zeitpunkt der Bestrahlung Auxin vorhanden ist, also im Gegensatz zu den Beobachtungen bei der dritten positiven Krümmung (s. o.). So kann auch die an sich sehr interessante Untersuchung von FANG et al. keine endgültige Klärung der Frage nach dem Mechanismus „des" Phototropismus bringen. Verf. stellten fest, daß Carboxyl C^{14}-markierte IES von Erbsen- und Maissproßspitzen im Licht schneller oxydativ abgebaut wird als im Dunkeln, daß aber bei Zugabe von 2,4-D diese Förderung des Abbaues verhindert wird. Da 2,4-D zugleich phototropische Reaktionen unmöglich macht, soll damit eine Parallele zum Phototropismus gegeben sein, der also durch IES-Photolyse zustandekäme. Abgesehen davon, daß die Intensitätsangaben der Beleuchtung für einen Vergleich mit phototropischen Untersuchungen nicht ausreichen und daß hier andere Objekte verwendet wurden, wäre es wünschenswert, den hier wirksamen Spektralbereich zu kennen und mit dem des Phototropismus vergleichen zu können.

Im Zusammenhang mit den Hypothesen, die eine Querverschiebung von Auxin als Folge einer elektrischen Querpolarisierung annahmen, muß noch eine Notiz von NEWMAN erwähnt werden. Wird auf eine dekapitierte Avenakoleoptile ein auxinhaltiges Agarblöckchen gesetzt (Konzentration der IES: $2 \cdot 10^{-6}$ g/cm³!), so läßt sich eine Welle negativen elektrischen Potentials verfolgen, die mit 14 mm/h abwärts wandert, also recht genau mit der bekannten Wanderungsgeschwindigkeit von IES. Eine gleiche Negativierung tritt bei Belichtung einer im Dunkeln gehaltenen Koleoptile auf. Die elektrische Potentialänderung ist nach dem Verf. also nicht Ursache, sondern Wirkung des Auxintransports. Die Beobachtung bedarf wohl noch eingehender kritischer Analyse.

Alle bisherigen Untersuchungen über Phototropismus wurden ausnahmslos im langwelligen Dunkelkammerlicht durchgeführt (Rot oder Orange). Die phototropische Unwirksamkeit roten Lichtes steht zwar außer jedem Zweifel, sofern eine unmittelbare Wirkung einseitiger Beleuchtung in Betracht gezogen wird[1], doch hat sich inzwischen herausgestellt, daß trotzdem Rotlicht nicht völlig indifferent ist. BLAAUW-JANSEN untersuchte eingehend die Rotlichtwirkung auf etiolierte *Avena*koleoptilen, die recht komplizierter Natur zu sein scheint; es handelt sich nämlich um zwei Gruppen von Phänomenen, die beide ein Maximum im hellroten Bereich (660 mμ; HR) haben. Im einen Fall wirkt jedoch Dunkelrot (740 mμ; DR) gleichsinnig, im anderen Fall gegensinnig. Die gleichsinnige Wirkung von HR und DR besteht in einer Reduktion des genuinen Auxinspiegels und damit einer Wachstumshemmung nicht mit Blaulicht bestrahlter Koleoptilen; die durch Blaulicht induzierte erste positive

---

[1] Das anderslautende Zitat für die äußerste Spitze bei v. GUTTENBERG, S. 416 oben, ist lediglich ein Druckfehler, wie ein Vergleich mit BRAUNER 1955, S. 493 zeigt.

Krümmung wird dagegen durch die gleiche langwellige Strahlung verstärkt, bedingt durch gesteigertes Wachstum der Schattenseite. Dabei ist es gleichgültig, ob die langwellige Strahlung einseitig oder allseitig, vor, während oder nach der phototropischen Induktion geboten wird. Dem stehen die HR-Wirkungen gegenüber, die durch anschließende DR-Bestrahlung rückgängig gemacht werden können, bei denen also offensichtlich das reversible HR-DR-System beteiligt ist. Hierbei handelt es sich um eine „Änderung des Reaktionsvermögens auf Auxin", die sich so auswirkt, daß bei niederen Auxinkonzentrationen ein zusätzlicher Gipfel in der Kurve auftritt, die die Abhängigkeit des Wachstums von der IES-Konzentration darstellt (Abb. 30). Diese „Änderung des Reaktionsvermögens" besitzt eine reale stoffliche Grundlage: aus HR-bestrahlten Koleoptilen läßt sich eine Substanz extrahieren, die in unbestrahlten Koleoptilen das Reaktionsvermögen in entsprechender Weise ändert; die Substanz verhält

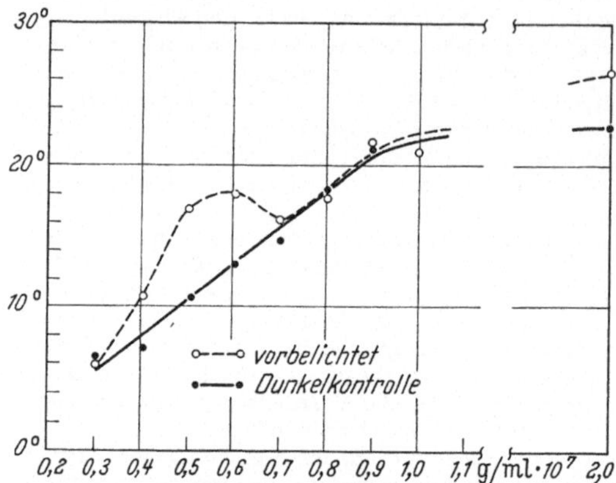

Abb. 30. Die Krümmung von *Avena*koleoptilen bei einseitiger IES-Zufuhr (*Avena*-Test) in Abhängigkeit von der IES-Konzentration (Abszisse). Die *Dunkelkontrollen* erhielten während der notwendigen Manipulationen nur grünes Sicherheitslicht, die *Versuchspflanzen* wurden vor dem Test mit rotem Licht bestrahlt (660 mμ, 700 erg/cm²). Ordinate = Krümmungswinkel nach 120 min. Nach BLAAUW-JANSEN

sich papierchromatographisch (nicht aber in allen chemischen Details) sehr ähnlich wie Gibberellinsäure, mit der auch der Effekt in gewissem Ausmaß nachgeahmt werden kann. Eine Identität des „Rotlicht-Faktors" mit Gibberellinen wird jedoch vom Autor noch nicht behauptet; eine solche Zurückhaltung erscheint in Anbetracht der augenblicklichen „Gibberellinkonjunktur" auch sehr angebracht. Der Rotlicht-Faktor bewirkt außerdem eine allgemeine Wachstumssteigerung, wenn mit Blaulicht einseitig im Grenzbereich zwischen erster negativer und zweiter positiver Krümmung bestrahlt wird. Die HR-Strahlung (für beide Wirkungskomplexe?) soll im Primärblatt absorbiert werden, die Wirkungen müssen also dann erst von dort zur Koleoptile übertragen werden.

Ob die auf Grund der vorliegenden Versuche entwickelten Hypothesen (Querverschiebung als Erklärung für die erste positive, Auxininaktivierung für die erste negative und zweite positive Krümmung) sich experimentell erhärten lassen, wird sich noch erweisen müssen. Wesentlich ist, daß wir nun einen bisher stets übersehenen, außerordentlich wirksamen Faktor kennen, der für zahlreiche Unstimmigkeiten zwischen den Arbeiten früherer Autoren verantwortlich sein kann. Phototropische Versuche wären demzufolge in Zukunft nur noch in grünem Sicherheitslicht durchzuführen (Verf. verwendet 560 mμ), oder aber, weniger empfehlenswert, bei einer roten Beleuchtung, die für alle Pflanzen in allen Versuchen exakt konstant gehalten wird.

Interessante Beobachtungen über phototropische Reaktionen bei Moosprotonemen teilt BOPP mit. Die Chloronemen sind positiv phototropisch, die Krümmung in die Lichtrichtung erfolgt stets mit einem scharfen Knick. Caulonemen dagegen reagieren mit negativem Phototropismus, wobei sie sich nur allmählich in die richtige Richtung einstellen. Die physiologische Umstimmung geht der morphologischen Umstimmung genau parallel, was sich u. a. darin äußert, daß gelegentlich vorkommende Rückverwandlungen von Caulonemen in Chloronemen sofort auch von phototropischer Umstimmung begleitet sind. Das bei vielen Moosen auftretende Spiralwachstum des Protonemas ist nicht eine „erbliche Linkstendenz" (im Falle der Linksspiralisierung), sondern durch Belichtung von oben hervorgerufen. Belichtung von unten induziert dementsprechend eine Rechtsspiralisierung (von oben gesehen). Die Erscheinung ist mindestens vom Phänomen her vergleichbar dem Lateralgeotropismus. Die Schwerkraft scheint in ähnlicher Weise zu wirken: Caulonemen sind positiv geotropisch, die Spiralisierung findet nur statt, wenn die Schwerkraft senkrecht zur Substratoberfläche wirkt (die Protonemen können nur der Substratoberfläche entlang wachsen). Eine Analyse dieser interessanten Reaktionen steht noch aus.

b) Pilze. Die Analyse des Phototropismus von *Phycomyces* wird von verschiedenen Seiten unter verschiedenen Gesichtspunkten wieder verstärkt in Angriff genommen. Dabei erscheinen zwei Fragenkomplexe von besonderer Bedeutung: Die Natur des Photoreceptors und die Lokalisierung der Reaktionen.

Das Wirkungsspektrum des Phototropismus von *Phycomyces* ist demjenigen von *Avena* (erste positive Krümmung) so ähnlich, daß auf Identität des Photoreceptors geschlossen wird (CURRY und GRUEN). Ebenso wie bei *Avena* ergibt sich dabei die Schwierigkeit, daß Riboflavin wegen der Mehrgipfeligkeit zwischen 400 und 500 mμ nicht in Frage kommt, während das Maximum bei 370 mμ nicht vereinbar ist mit den Absorptionsspektren der in *Phycomyces* vorhandenen Carotinoide. Daß der Photoreceptor für Phototropismus und Lichtwachstumsreaktion (LWR) identisch ist, geht aus einem Vergleich der Wirkungsspektren hervor (DELBRÜCK und SHROPSHIRE, 1960). Auch im Bereich unterhalb 300 mμ, in dem die LWR weiterhin positiv, der Phototropismus jedoch negativ ist, stimmen die Wirkungsspektren überein, so daß die früher referierte Auffassung (Fortschr. Bot. **20**, 290) weiter an Wahrscheinlichkeit gewinnt, daß positiver und negativer Phototropismus in gleicher Weise auf die LWR zurückzuführen sind und daß lediglich oberhalb 300 mμ die Linsenwirkung überwiegt (= stärkere Absorption auf der Rückseite), unterhalb 300 mμ jedoch die Filterwirkung (= stärkere Absorption auf der Vorderseite). Tatsächlich wird der Sporangienträger unterhalb 300 mμ „undurchsichtig", was auf Einlagerung von Gallussäure zurückgeführt werden kann (DENNISON). Da das Wirkungsspektrum der LWR im Bereich des Kompensationspunktes des negativen und positiven Phototropismus (etwa 300 mμ) ebenfalls ein Minimum zeigt, werden die früher geäußerten Bedenken (Fortschr. Bot. **20**, 290) gegen einen Vergleich mit der Absorptionskurve des Riboflavins in diesem Bereich hinfällig.

Die stärkere Reaktion in polarisiertem Licht mit horizontal orientierter Schwingungsebene gegenüber vertikal schwingendem Licht ist nicht auf den Phototropismus beschränkt, sondern gilt auch für die LWR (Unterschiede in der Wirksamkeit der Bestrahlung etwa 20%). Diese bevorzugte Wirkung horizontal schwingenden Lichtes ist in ihrem Ausmaß unabhängig von der Wellenlänge beim Vergleich der beiden Wirkungsmaxima bei 450 und 380 mμ, verschwindet jedoch, wenn die Sporangienträger nicht in Luft, sondern in einem Medium mit höherem Brechungsindex belichtet werden (Perfluortributylamin: $n = 1,29$; Mittelwert für intakte Sporangienträger: $n = 1,38$). SHROPSHIRE (1959) schließt aus seinen Untersuchungen, daß es sich hier einfach um Fresnelsche Reflexion handelt, wodurch bekanntlich das parallel zur Längsachse schwingende Licht stärker reflektiert wird und damit weniger für die Absorption zur Verfügung steht. Nach theoretischen Überlegungen von JAFFE (1959) soll dieser Unterschied jedoch exakt kompensiert werden durch die ebenfalls stärkere Reflexion des einmal eingedrungenen Strahlungsanteils an der Rückwand des Sporangienträgers; es würde sich also doch um eine anisotrope Struktur des Photoreceptors handeln, die zu einem gewissen Dichroismus führt, vergleichbar den Verhältnissen bei *Fucus*-Zygoten (JAFFE, 1958).

In der Frage der Lokalisierung von Reizaufnahme- und Reaktionszone stehen sich zwei Auffassungen gegenüber. Während CASTLE über die ganze Wachstumszone eine LWR nachweisen konnte, wobei die Wachstumsbeschleunigung überall im gleichen Verhältnis zur Wachstumsgeschwindigkeit der Kontrollen erfolgt (Abb. 31b, c), findet sich nach COHEN und DELBRÜCK (1958) die LWR und ebenso die phototropische Krümmung nur in einem begrenzten Bereich der Wachstumszone unterhalb des Streckungsmaximums, während im oberen Teil (im Bereich maximalen Wachstums) weder Reizaufnahme noch Reaktion stattfinden kann (Abb. 31a), abweichend von früheren Angaben von DELBRÜCK und REICHARDT (s. Fortschr. Bot. **21**, 353). Die Exaktheit der Versuche erscheint in beiden Fällen so, daß es schwerfällt, an der Realität der Ergebnisse zu zweifeln. Inwieweit die zum Teil recht unterschiedlichen Methoden zu so unterschiedlichen Ergebnissen führen konnten (wie CASTLE vermutet), wird sich in Zukunft erweisen müssen.

Eine weitere Analyse führt COHEN und DELBRÜCK (1959) zu der Auffassung, daß der Sporangienträger so reagiert, als ob innerhalb der sich streckenden Zellwand eine plasmatische Struktur wäre (innere „Wand"), die sich weder streckt noch — im Gegensatz zur eigentlichen Zellwand — Spiralwachstum zeigt, sondern nur durch Anbau am distalen Ende vergrößert wird. Die Zellwand würde sich longitudinal und azimutal zu dieser Plasmastruktur verschieben. Reizaufnahmefähig und reaktionsfähig wäre natürlich allein die plasmatische Struktur, die Zellwand würde bei phototropischer Krümmung passiv deformiert.

Phototropismus und LWR auf einen gemeinsamen Nenner zu bringen, ist auch hier noch nicht gelungen. Die LWR als Reaktion auf eine *zeitliche*

Intensitätsänderung der Beleuchtung ist nach 10 min abgeklungen, während die phototropische Krümmung als Reaktion auf *räumliche* (azimutale) Intensitätsdifferenzen noch nach 15 min konstant weitergeht.

Die spektrale Empfindlichkeitsverteilung ist beim Phototropismus junger *Pilobolus*-Sporangienträger (JACOB) sowie des Peritheciumhalses von *Sordaria* (INGOLD und HADLAND) nicht anders als bei *Phycomyces*. Die phototropische Empfindlichkeit schwankt innerhalb der Gattung *Pilobolus* um 3 Größenordnungen (JACOB).

IV. Geotropismus

Als einer der möglichen Primäreffekte der Schwerkraftwirkung gilt seit längerer Zeit der geoelektrische Effekt. Nachdem sich in den letzten Jahren die Stimmen mehrten, daß dieser Effekt nichts weiter als ein Kunstprodukt sei, entstanden durch die Meßanordnung, war eine erneute Überprüfung unter Beachtung aller möglichen Fehlerquellen notwendig geworden. BRAUNER (1959) hat eine solche Untersuchung zunächst an physikalischen Modellen unternommen. Die Kritik hat sich in gewissem Maße als berechtigt erwiesen, doch konnte—nach Eliminierung der durch die Methoden vorgetäuschten Teileffekte — der „geoelektrische Effekt erster Art" (Spannungsverlust in Membran-Konzentrationsketten) voll bestätigt werden, während der „geoelektrische Effekt zweiter Art" in symmetrischen Membranketten nicht in der bisherigen Art als Positivierung, sondern als Negativierung der Unterseite in Erscheinung tritt. Die angekündigte Untersuchung über das Verhalten lebender und lebloser Pflanzengewebe wird man mit Spannung erwarten dürfen.

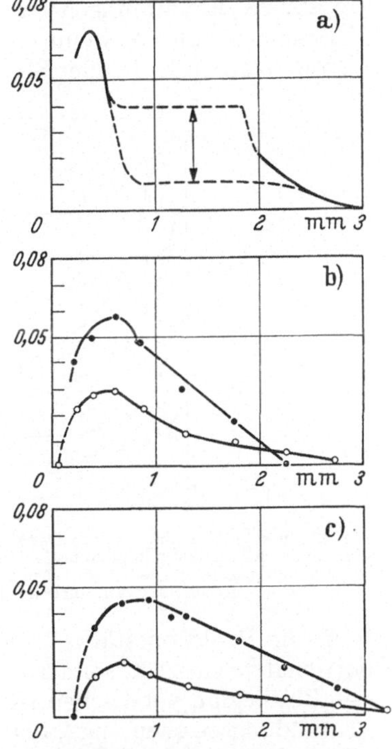

Abb. 31. Wachstumsgeschwindigkeit kleiner Elementarbereiche des *Phycomyces*-Sporangienträgers in Dunkelheit (untere Kurven der Diagramme) und nach Induktion einer Licht-Wachstumsreaktion (obere Kurven der Diagramme). Gegenüberstellung der Ergebnisse von COHEN und DELBRÜCK einerseits (a), CASTLE andererseits (b, c). Abszisse: Entfernung des untersuchten Elementarbereiches von der Sporangienansatzstelle in mm. Ordinate: relative Wachstumsgeschwindigkeit in $\frac{mm}{mm}$ /min

Nicht in unmittelbarem Zusammenhang mit dem geoelektrischen Effekt scheint eine Ionenverlagerung zu sein, die BODE an *Helianthus*-Hypokotylen fand: etwa 30 min nach Beginn einer geotropischen Reizwirkung häufen sich K-Ionen auf der unteren Flanke an, und auch in longitudinaler Richtung findet eine Neuverteilung statt. Der Autor sieht als Ursache hierfür die ungleiche Auxinverteilung an, die einen wesentlichen Faktor des geotropischen Reaktionsmechanismus ausmachen soll. An dieser Auffassung werden jedoch ebenso wie beim Phototropismus immer mehr Zweifel laut. BENNET-CLARK et al. konnten in *Vicia faba*-Wurzeln keine IES finden, und die sonstigen im Streckungstest wirksamen Wuchsstoffe dieser Wurzeln zeigten keine Differenzen zwischen geotropisch gereizten Wurzeln und den Kontrollen.

Ein neuer Ansatzpunkt ergibt sich aus dieser Arbeit von BENNET-CLARK et al. Schon früher war mehrfach berichtet worden, daß die geotropischen Krümmungen mancher Wurzeln nicht mehr ganz in die Vertikallage führen, wenn die Versuche in feuchter Luft durchgeführt werden statt in Erde oder Sand. Eine Analyse ergab nun, daß in diesem

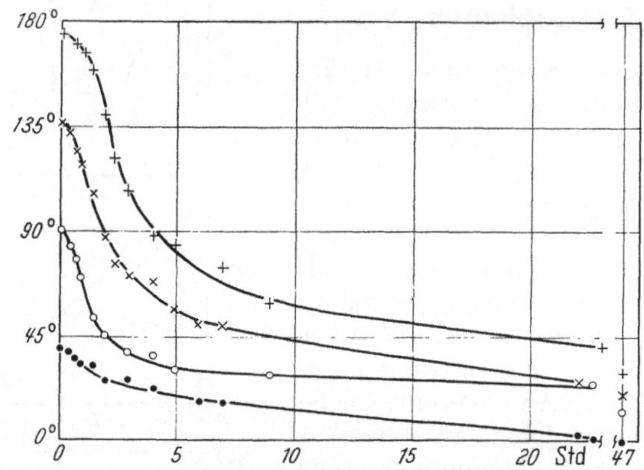

Abb. 32. Geotropische Krümmung von *Sinapis alba*-Wurzeln in feuchter Luft. Zum Zeitpunkt „0" wurden die Wurzeln aus der Vertikalen in geotropische Reizlage gebracht, deren Winkel auf der Ordinate aufgetragen ist (40°, 90°, 135° und 180°). Die Kurven geben die daraufhin erfolgende Krümmung in Richtung zur Vertikalen in den folgenden Stunden (Abszisse) an. Nach BENNET-CLARK u. Mitarb.

Falle die Reaktionsstärke (Geschwindigkeit der Krümmung) nicht proportional $g \cdot \sin \alpha$ ist, sondern im wesentlichen abhängt von der Zeit, die seit Reizbeginn verstrichen ist (Abb. 32). Es handelt sich nicht um eine „Ermüdungserscheinung", denn eine erneute Reizung im Stadium dieser „Ermüdung" führt sofort wieder zu neuer starker Reaktion (Abb. 33). Verf. halten es für möglich, daß als Folge der plötzlichen Lageänderung (z. B. durch Mischungserscheinungen im Plasma bzw. zwischen Vacuole und Plasmabestandteilen) eine im Wachstum wirksame Substanz freigesetzt und dann unter dem Einfluß der Schwerkraft ungleichmäßig verteilt wird. Die geotropische Reaktion kann nur fortschreiten, solange diese hypothetische Substanz noch nicht aufgebraucht ist. Bei der Reaktion in Erde oder Sand kommt ein Haptotropismus hinzu: Die geotropische Krümmung führt zu fortlaufender haptischer Reizung, wodurch eine vollständige Krümmung in die Vertikallage durch eine Verbindung von Geotropismus und Haptotropismus zustande kommt.

Die grundlegenden Ergebnisse dieser Arbeit werden wohl zu Versuchen verschiedenster Art anregen, um die Folgerungen der Autoren zu bestätigen; methodisch ist der Hinweis auf die bisher oft übersehenen zusätzlichen Faktoren wichtig. Gleiches gilt für den Befund von MOHR und PICHLER (1960), daß das geotropische Reaktionsvermögen der Hypokotyle von *Sinapis*-Dunkelkeimlingen vom reversiblen Hellrot-Dunkelrot-System (und wohl auch vom Blau-Dunkelrot-System) beeinflußt wird; also auch hier wie beim Phototropismus (s. o.) ist dem „unwirksamen" Dunkelkammer-Rotlicht mehr Beachtung als bisher zu schenken.

In einigen Arbeiten werden wieder Einflüsse von Wachstumsregulatoren auf den Geotropismus beschrieben. Chlorierte Benzoesäure-Derivate unterdrücken die negativ geotropische Orientierung der *Avena*-koleoptile (VAN DER BEEK). Interessanter sind gewisse Umstimmungserscheinungen: der negative Geotropismus von Reiskoleoptilen schlägt unter dem Einfluß von experimentell gebotenem Auxin in positiven um

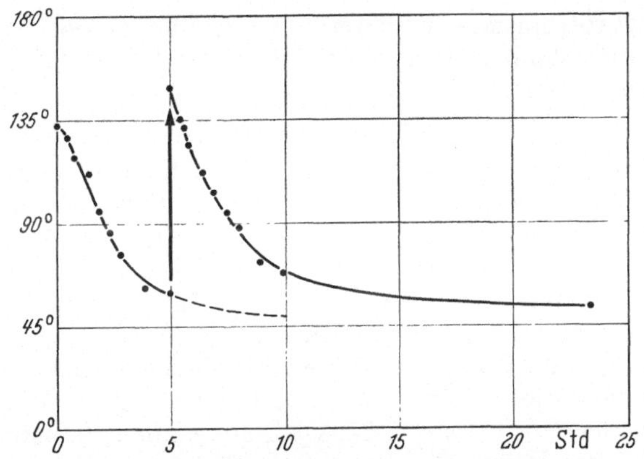

Abb. 33. Geotropische Krümmung von *Sinapis alba*-Wurzeln. Geotropische Reizung (Dauerreizung wie in Abb. 32) zum Zeitpunkt 0 (135° gegen die Vertikale), Verlauf der Krümmung wie in Abb. 32. Nach 5 Std. wurden die Wurzeln erneut gedreht, so daß eine Reizlage von etwa 150° resultierte, und die Krümmung in der folgenden Kurve dargestellt. Gestrichelte Kurve: Bewegung der Kontrollen, die nicht eine zweite Lageänderung erfuhren. Nach BENNET-CLARK u. Mitarb.

(die verwendeten Konzentrationen sind allerdings recht hoch: z. B. 10^{-3} m IES oder 10^{-4} m 2-Naphthoxyessigsäure), Wurzeln werden dagegen bei Behandlung mit Antiauxin negativ geotropisch (10^{-4} m 1-Naphthoxyessigsäure). Da zugleich im ersten Fall das Wurzelwachstum, im zweiten Fall das Koleoptilwachstum gehemmt wird, erklärt ROBERTS seine Ergebnisse mit der klassischen Theorie: Der Geotropismus ist stets positiv, wenn die Auxinkonzentration überoptimal ist (normale Wurzeln, auxinbehandelte Sprosse), negativ bei unteroptimaler Auxinkonzentration (normale Sprosse, antiauxinbehandelte Wurzeln). Aber auch Gibberellin-Effekte fehlen nicht. Die aus Rhizomen von *Circaea* entstehenden Sprosse sind orthotrop (negativ geotrop) nach Behandlung des Rhizoms mit Gibberellinpaste, plagiotrop mit Kontrollpaste (DOSTÁL), und das Blatt von *Streptocarpus Wendlandii* richtet sich bei Gibberellinbehandlung auf (negativer Geotropismus?) (HESS).

V. Chemotropismus

Beobachtungen über Chemotropismus beziehen sich meist auf das Pollenschlauchwachstum. ROSEN fand bei *Lilium* chemotropische Wirkung von Narbengewebe, nicht aber von Griffel- oder Fruchtknotengewebe auf die Pollenschläuche. Dabei ist wieder bemerkenswert (vgl.

25*

Fortschr. Bot. **20**, 296), daß diese positiv chemotropische Wirkung einhergeht mit Förderung der Pollenkeimung, während negativ chemotropische Wirksamkeit (nach bestimmter Behandlung, z. B. Lyophilisieren) verbunden ist mit Keimungs- und Wachstumshemmung. Nach BOPP und NOACK ist bei ein und derselben Rasse einer *Begonia*-Art die chemotropische Wirkung der Narben einerseits, die Reaktionsfähigkeit der Pollenschläuche andererseits abhängig von der geschlechtlichen Tendenz der Blüten, die in Abhängigkeit von Außenbedingungen zwischen den Extremen rein männlich und rein weiblich mit allen Übergängen variieren kann.

Einen Hydrotropismus beschreibt TRONCHET (1958) bei *Cuscuta*-Keimlingen, die offenbar einen Feuchtigkeitsgradienten der Luft perzipieren können.

VI. Torsionen

Mit der Arbeit von ZEYBEK (Fortschr. Bot. **20**, 297) setzt sich SNOW auseinander. Nicht alle Torsionen lassen sich als Folge unterschiedlicher Förderungen des Längenwachstums erklären (Modell von AMBRONN oder SCHWENDENER). In Fällen, in denen die Wachstumsförderungen durch zwei qualitativ verschiedene Faktoren ausgelöst werden (z. B. Auxinpaste in einer, Schwerkraft in der anderen Richtung), ist eine andere Erklärung nötig und wird aus Versuchen mit plagiotropen Organen nahegelegt. Solche Organe drehen nämlich stets ihre Dorsalseite nach oben, wenn sie aus der Normallage herausgedreht werden (Geostrophismus), gleichgültig ob die „Reizung" so vorgenommen wird, daß die epinastische Krümmungstendenz größer ist als die geotropische oder umgekehrt. Zusätzlich zum unterschiedlichen Längenwachstum der Flanken zieht SNOW zur Erklärung die Tatsache heran, daß auch das Wachstum in transversaler Richtung auf der Unterseite stärker ist als auf der Oberseite. Ist die Unterseite symmetrisch gebaut, so heben sich die dabei auftretenden Drehmomente gegenseitig auf, werden aber erkennbar, sobald der Sproß längs gespalten wird; ist die Unterseite dagegen unsymmetrisch gebaut (wie in dorsiventralen Organen, die quer gelegt wurden), so muß das Drehmoment in einer Richtung überwiegen und zur Torsion führen. Da die Epinastie ein wesentlicher Bestandteil des Plagiotropismus ist, andererseits aber der Plagiotropismus ausschlaggebend beim Geostrophismus beteiligt ist, kann eine voll befriedigende Erklärung für letzteren nicht gegeben werden, solange die Epinastie in ihrem Wesen noch nicht unwidersprochen geklärt ist.

VII. Zirkumnutation und andere autonome Bewegungen

Die Nutation etiolierter Weizenkeimlinge untersuchte JOERRENS. Schon das reine Beobachtungsmaterial ist von Interesse: Die Nutation besteht in einer Pendelbewegung senkrecht zur Medianen, die Keimling und Korn halbiert; vom Korn aus gesehen macht sich dabei in der überwiegenden Mehrzahl eine gewisse Tendenz nach links bemerkbar. Diese Abweichung überlagert sich der Tendenz, im Laufe des Pendelns in der Mediane sich mehr und mehr vom Korn zu entfernen — gemessen wird stets die senkrechte Projektion der Spitze. Entsprechend wächst im Durchschnitt die isolierte rechte Längshälfte etwas stärker als die isolierte linke. Es handelt sich bei der Nutation offensichtlich um abwechselnd stärkeres Wachstum der linken und rechten Hälfte (jede dieser Hälften enthält eine Schmalseite der Koleoptile und damit ein Leitbündel). Für dieses Wechseln der Wachstumsintensität ist nicht ein wechselndes Wuchsstoffangebot verantwortlich; denn abgesehen von den Versuchen, in denen Nutation noch an Längshälften zu beobachten war, tritt diese auch in Erscheinung, wenn die Koleoptilen dekapitiert und gleichmäßig mit Auxinpaste versehen werden. Zum gleichen Ergebnis, teilweise auf Grund sehr ähnlicher Versuche, kommt BAILLAUD (1958) für die Zirkumnutationen (ZN) in seiner Monographie, in der neben einer ausführlichen Literaturübersicht zahlreiche eigene Versuche enthalten sind. Auxin ist zwar notwendige Voraussetzung, nicht aber die Ursache für das periodische Schwanken der Wachstumsintensität auf jeder Flanke in gesetzmäßiger Reihenfolge[1]. Das gleiche dürfte in manchen Fällen für gibberellinartige Wachstumsfaktoren gelten, da nach LONA et al. nicht nur niedrigwüchsige Rassen von Bohnen und Soja durch Gibberellinbehandlung die Fähigkeit zum Winden erhalten, sondern auch Pflanzen, in deren näherer Verwandtschaft diese Fähigkeit überhaupt nicht anzutreffen ist *(Lactuca scariola)*.

BAILLAUD hat mit verschiedenen Mitteln die Geschwindigkeit der Zirkumnutationsbewegung verändert, doch handelt es sich dabei wohl stets um Faktoren, die auch das Wachstum allgemein in gleicher Weise beeinflussen. Parallel durchgeführte Messungen der Wachstums- und ZN-Geschwindigkeit in Abhängigkeit der von BAILLAUD untersuchten Faktoren wären wohl dringend erwünscht.

Wichtig scheint der Hinweis von BAILLAUD zu sein, daß die Wachstumsdifferenzen auf den verschiedenen Flanken (die die ZN zustande bringen) longitudinal synchronisiert sind, so daß der nutierende Bereich fast stets in einer Ebene gekrümmt ist. Das ist durchaus nicht selbstverständlich, nachdem diese Schwankungen nicht durch ungleichen Auxinabfluß zustande kommen, sondern offenbar in den Zellen der wachsenden Zone selbst lokalisiert sind.

Die früher schon erwähnte Beobachtung BAILLAUDs (Fortschr. Bot. **20**, 298), daß Ranken (und bisweilen auch Sprosse) bei einem Umlauf ihrer Suchbewegung normalerweise je zwei Maxima und Minima der Bewegungsgeschwindigkeit durchlaufen, deutet nach Ansicht des Verf. darauf hin, daß es in einem Umlauf zwei Symmetrieebenen gibt entsprechend den Forderungen der Überkrümmungstheorie GRADMANNs. Es erscheint somit nicht ausgeschlossen, daß *eine Komponente* der ZN auf der Basis der Überkrümmungstheorie erklärt werden kann. Doch lassen sich nicht alle Versuchsergebnisse auf diese Weise deuten. Falls jedoch andererseits die ZN vollständig durch den Lateralgeotropismus erklärt werden könnte, müßte eine Abschwächung der Schwerkraft zu einer Verlangsamung der ZN führen; an der schrägen Klinostatenachse erfolgt

---

[1] Die Annahme KLANKEs (1957), daß die ZN doch auf wechselnder ungleicher Auxinverteilung beruht *(Cuscuta)*, ist wohl nicht hinreichend experimentell belegt.

die ZN jedoch — solange sie überhaupt stattfindet — mit der gleichen Periode, selbst wenn die Schwerkraft (auf Grund des Sinusgesetzes) auf ein Neuntel reduziert worden ist. Unter den Ursachen für das Kreisen der Wachstumszone muß eine autonom-rhythmische Komponente jedenfalls maßgebend beteiligt sein. Diese azimutale Koordination der Wachstumschwankungen läßt sich übrigens aufheben durch longitudinal geführte Einschnitte im Bereich der Wachstumszone: Wachstumskrümmungen finden zwar nach wie vor noch statt, wandern aber nicht mehr um den Sproß herum, da die tangentiale Verbindung unterbrochen ist.

Autonome Nutationen mit exogener Komponente werden bei *Helianthus annuus* einerseits von GESSNER und HAMMER, andererseits von SHIBAOKA und YAMAKI beschrieben.

Anschließend an eine phototropische Krümmung treten anstelle einer einfachen Rückkrümmung Nachkrümmungen im Dunkeln auf, wobei die erste positive Nachkrümmung teilweise sogar die ursprüngliche phototropische Krümmung noch etwas übertreffen kann. Die Periodenlänge dieser Nutationen beträgt einige Stunden und ist temperaturabhängig. Auch hier handelt es sich nicht um ungleiche Lieferung von Auxinen auf entgegengesetzten Flanken, da die Schwingungen bei dekapitierten, mit Auxin versehenen Pflanzen ebenfalls (wenn auch etwas modifiziert) auftreten. Auch die Schwerkraft spielt eine Rolle, indem nämlich auf dem Klinostaten nicht die vertikale Lage nach Ausklingen der Schwingungen angestrebt wird, sondern eine Krümmungslage, die der Richtung des ursprünglichen Lichtreizes entspricht; die Schwingungen als solche treten aber auch in diesem Falle auf (GESSNER und HAMMER).

Wachsende *Helianthus*-Pflanzen führen tagesperiodisch kreisende Bewegungen durch, wobei sie dem Laufe der Sonne folgen. Diese Bewegung enthält eine rein exogene und eine endogene Komponente (SHIBAOKA und YAMAKI). Junge Pflanzen folgen tagsüber rein phototropisch dem Laufe der Sonne und richten sich nachts bis zur Vertikalen auf (geotropisch, wie die Verf. vermuten); bei Regenwetter findet keine Orientierungsbewegung statt.

Die phototropische Krümmung soll auf zweierlei Weise zustande kommen: durch ungleiche Beleuchtung zweier Flanken des Sprosses selbst sowie durch ungleiche Beleuchtung der beiden Blätter eines Blattpaares bei seitlichem oder schrägem Lichteinfall. Aus dem qualitativen Nachweis, daß die Beleuchtung der Blätter tatsächlich das Wachstum und den Auxingehalt beeinflußt, darf aber noch nicht geschlossen werden, daß die bei phototropischer „Reizung" auftretenden Beleuchtungsunterschiede an den Blättern auch quantitativ für eine Wachstumsdifferenz ausreichen — die abgebildeten Kurven sprechen jedenfalls dagegen. Die endogene Komponente, die an dieser Stelle in erster Linie interessiert, tritt nur bei älteren Pflanzen auf und ist an die schon ausgewachsenen Blätter gebunden. Die Rückkrümmung führt bereits während der Nacht wieder in die morgendliche Ausgangsstellung (Krümmung nach Osten), wobei noch charakteristische Zwischenschwankungen auftreten, und die tägliche Ost-Süd-West-Bewegung ist unabhängig davon, ob die Sonne als richtender Faktor in Erscheinung tritt. Die Bewegung läuft sogar mindestens 4 Tage praktisch unverändert weiter, wenn die Pflanze um 180° um die Vertikale gedreht wird; die Pflanze neigt sich jetzt also morgens nach Westen und abends nach Osten. SHIBAOKA und YAMAKI nehmen an, daß es sich um einen Rhythmus handelt, der von der Pflanze bzw. den einzelnen Blättern erst im Laufe ihrer Ontogenie erworben werden muß und nicht erblich fixiert ist wie andere bekannte endogene Tagesrhythmen. Der Beweis dafür steht noch aus (Anzucht der Pflanzen etwa in 8 : 8 stündigem Licht-Dunkel-Wechsel mit entsprechender Wanderung der Lichtquelle; wie entwickelt sich nun die endogene Komponente?). Mindestens ebenso wahrscheinlich erscheint Ref. die Annahme, daß eine erblich fixierte endogene Rhythmik sich erst von einem bestimmten Alter an manifestieren kann.

Ebensowenig wie die Zirkumnutation läßt sich die Epinastie durch ungleiche Auxinverteilung erklären, jedenfalls in dem von KLINGMÜLLER näher analysierten Fall von *Riccia*. Dieses Lebermoos wächst normalerweise plagiotrop, da Epinastie und negativer Geotropismus gegensinnig wirken; invers liegende Thalli krümmen sich intensiv aufwärts, da sich nun beide Tendenzen addieren. In höheren Auxinkonzentrationen tritt allein die Epinastie in Erscheinung; der als Folge der geotropischen Reizung angenommene Auxingradient im Thallus wird durch die experimentelle Überschwemmung mit Auxin unwirksam gemacht.

VIII. Spaltöffnungsbewegungen

Die Frage, ob die photoaktive Öffnung der Spalten über die Photosynthese geht (Photosynthese → CO_2-Verarmung → Spaltenöffnung), ist immer noch nicht endgültig geklärt. Einerseits sprechen verschiedene Beobachtungen wieder dafür: KARVÉ (1960) stellte für Mais ein Wirkungsspektrum auf, das zwar nicht mit dem der Photosynthese identisch ist, jedoch gewisse Ähnlichkeiten zeigt und im wesentlichen übereinstimmt mit den Angaben von MOURAVIEFF (1958) für *Veronica beccabunga*; im letztgenannten Fall wirkt auch CO_2-Entzug in Dunkelheit spaltenöffnend. Eine Vergiftung der Photosynthese mit Hydroxylamin verhindert die photoaktive Öffnung, ohne die Reaktionsfähigkeit als solche auszuschalten: CO_2-Entzug veranlaßt auch in diesem Falle noch Öffnung. Die Giftwirkung von NaN_3 (MOURAVIEFF, 1959) setzt offenbar an anderer Stelle ein: Spaltenschluß wird dadurch veranlaßt (bzw. Spaltenöffnung verhindert), gleichgültig ob CO_2 vorhanden oder ausgeschlossen wird.

Daß Albino-Formen keine photoaktiven Spaltöffnungsbewegungen zeigen, wies SHAW an Gerste nach. Die sehr gründlichen Untersuchungen über fehlenden Chlorophyllgehalt auch der Schließzellen sowie fehlende Photosynthese derselben können jedoch entgegen der Meinung des Autors die Bedeutung der Photosynthese für die Spaltöffnungsbewegung nicht beweisen, da hier möglicherweise der Bewegungsmechanismus nicht mehr intakt ist. Jedenfalls ist es noch mit keinem Mittel gelungen, die Spalten der Albinoform zum Öffnen zu bringen. Diesen Einwand erhebt auch KETELLAPPER gegen die Albinoversuche; ihm verdanken wir ein ausgezeichnetes Sammelreferat über den derzeitigen Stand der Forschung der Stomatabewegung. Vielleicht führt hier die mit Chlorophyllverlust verbundene selektive Schädigung der Schließzellen-Chloroplasten nach UV-Bestrahlung zu einer neuen Möglichkeit (BLAKELY und CHESSIN).

MEIDNER und HEATH erhalten bei *Allium cepa* einen Hinweis darauf, daß es auch einen *direkten* Lichteffekt gibt, der nicht durch Erniedrigung der CO_2-Konzentration erklärbar ist: Bei geringen CO_2-Konzentrationen sind diese ohne Belang für die Spaltenöffnung; trotzdem ist Intensitätserhöhung des Lichts dann noch photoaktiv wirksam. Das Ergebnis ist wohl nicht grundsätzlich neu, aber nun an einem weiteren Objekt bestätigt. Im Gegensatz zu dem oben erwähnten Objekt *(Veronica)* ist hier eine Spaltenöffnung im Dunkeln allein durch CO_2-Entzug nicht möglich.

Literatur

ABE, S., H. NAKAJIMA and N. KAMIYA: Proc. Jap. Acad. 34, 697—699 (1958). — BAILLAUD, L.: Ann. Sci. Univ. Besançon Sér. 2 Bot. 11, 1—235 (1958). — BEEK, L. C. VAN DER: Plant Physiol. 34, 61—65 (1959). — BENDA, G. T. A.: Protoplasma (Wien) 50, 410—412 (1959). — BENNET-CLARK, T. A., A. F. YOUNIS and R. ESNAULT: J. exp. Bot. 10, 69—86 (1959). — BLAAUW-JANSEN, G.: Acta bot. neerl. 8, 1—39 (1959). — BLAKELY, L. M., and M. CHESSIN: Science 130, 500—501 (1959). — BODE, H. R.: Planta (Berl.) 54, 15—33 (1959). — BONNER, J. T., W. W. CLARKE, CH. L. NEELY and M. K. SLIFKIN: J. cell. Comp. Physiol. 36, 149—158 (1950). — BOPP, M.: Planta (Berl.) 53, 178—197 (1959). — BOPP, M., u. R. NOACK: Naturwissenschaften 46, 236—237 (1959). — BRAUNER, L.: Z. Bot. 43, 467—498 (1955).— BRAUNER, L.: Planta (Berl.) 53, 449—483 (1959). — BÜNNING, E., u. I. GÖSSEL: Arch. Mikrobiol. 32, 319—321 (1959).

CASTLE, E.: J. Gen. Physiol. 42, 697—702 (1959). — COHEN, R., and M. DELBRÜCK: J. cell. Comp. Physiol. 52, 361—388 (1958). — COHEN, R., and M. DELBRÜCK: J. Gen. Physiol. 42, 677—695 (1959). — CURRY, G. M., and H. E. GRUEN: Proc. Nat. Acad. Sci. (Wash.) 45, 797—804 (1959).

DELBRÜCK, M., and W. SHROPSHIRE: Plant Physiol. 35, 194—204 (1960). — DENNISON, D. S.: Nature (Lond.) 184, 2036 (1959). — DOSTÁL, R.: Nature (Lond.) 183, 1338 (1959).

FANG, S. C., P. THEISEN and J. S. BUTTS: Plant Physiol. 34, 26—32 (1959). — FETZMANN, E. L.: Protoplasma (Wien) 49, 549—556 (1958).

GAMBLE, W. J.: Senior thesis. Princetown Univ. 1953. Zit. nach BONNER, J. T.: The cellular slime molds. Princetown Univ. press 1959. — GERISCH, G.: Arch. Protistenk. 104, 292—358 (1959). — GESSNER, F., u. L. HAMMER: Öst. Bot. Z. 105, 529—549 (1958). — GIRBARDT, M.: Flora 142, 540—563 (1955). — GIRBARDT, M.: Arch. Mikrobiol. 23, 413—422 (1956). — GUTTENBERG, H. v.: Planta (Berl.) 53, 412—433 (1959).

HALLDAL, P.: Physiol. Plant. (Copenh.) 12, 742—752 (1959). — HAUPT, W.: Planta (Berl.) 53, 484—501 (1959). — HAUPT, W., G. KÖHLER u. D. MÜLLER: Naturwissenschaften 47, 113 (1960). — HAUPT, W., F. MUGELE u. D. MÜLLER: Naturwissenschaften 46, 409 (1959). — HESS, D.: Naturwissenschaften 46, 408—409 (1959).

INGOLD, C. T., and S. A. HADLAND: Ann. Bot. 23, 425—429 (1959).

JACOB, F.: Arch. Protistenk. 103, 531—572 (1959). — JAFFE, L.: Exp. Cell Res. 15, 282—299 (1958). — JAFFE, L.: Proceed. IX Internat. Bot. Congress Montreal. Vol. II, 179 (1959). — JAGER, G.: Acta bot. neerl. 7, 635—653 (1958). — JAROSCH, R.: Protoplasma (Wien) 47, 478—486 (1956). — JAROSCH, R.: Protoplasma (Wien) 50, 93—108 (1958). — JOERRENS, G.: Z. Bot. 47, 403—420 (1959).

KAMIYA, N.: Protoplasmic streaming. In: Protoplasmatologia, Band VIII, 3a. Wien: Springer 1959. — KAMIYA, N., S. ABE and H. NAKAJIMA: Proc. Jap. Acad. 33, 407—409 (1957); Proc. Jap. Acad. 34, 530—533 (1958). — KAMIYA, N., and K. KURODA: Bot. Mag. (Tokyo) 69, 544—554 (1956). — KAMIYA, N., and K. KURODA:

Protoplasma (Wien) **49**, 1—4 (1958a); Protoplasma (Wien) **50**, 144—146 (1958b). — KAMIYA, N., H. NAKAJIMA and S. ABE: Protoplasma (Wien) **48**, 94—112 (1957). — KARVÉ, A.: Z. Bot. **48** (1960), im Druck. — KETELLAPPER, H. J.: Amer. J. Bot. **46**, 225—231 (1959). — KLANKE, H. W.: Dissertation Gießen 1957. — KLINGMÜLLER, W.: Flora **147**, 76—122 (1959). — KOLE, A. P., and K. HORSTRA: Proc. kon. ned. Akad. Wet. C **62**, 404—408 (1959).

LONA, F., A. BOCCHI, R. BORGHI e A. PERI: Nuov. G. Bot. Ital. N. S. **63**, 496—506 (1956).

MAYER, A. M., and A. POLJAKOFF-MAYBER: Physiol. Plant. (Copenh.) **12**, 8—14 (1959). — MEIDNER, H., and O. V. S. HEATH: J. exp. Bot. **10**, 206—219 (1959). — MOHR, H.: Planta (Berl.) **46**, 534—551 (1956). — MOHR, H., u. I. PICHLER: Planta (Berl.), **55**, 57—66 (1960). — MOSEBACH, G.: Planta (Berl.) **52**, 3—46 (1958). — MOURAVIEFF, I.: Bull. Soc. Bot. Fr. **105**, 467—475 (1958). — MOURAVIEFF, I.: C. R. Acad. Sci. (Paris) **248**, 3336—3337 (1959).

NEWMAN, I. A.: Nature (Lond.) **184**, 1728—1729 (1959).

O'KELLY, J. C., and W. R. HERNDON: Science **130**, 718 (1959).

ROBERTS, E. H.: Nature (Lond.) **183**, 1197—1198 (1959). — ROSEN, W. G.: Plant Physiol. **34** suppl. III (1959).

SHAW, M.: Canad. J. Bot. **36**, 575—579 (1958). — SHIBAOKA, H., and T. YAMAKI: Sci. Pap. Coll. Gen. Educ. Univ. Tokyo **9**, 105—126 (1959). — SHIHIRA, I.: Bot. Mag. (Tokyo) **71**, 378—385 (1958). — SHROPSHIRE, W.: Science **130**, 336 (1959). — SNOW, R.: Proc. roy. Soc. B **151**, 26—38 (1959). — STEWART, P. A., and B. T. STEWART: Exp. Cell Res. **17**, 44—58 (1959a); Exp. Cell Res. **18**, 374—377 (1959b).

TAKATA, M.: 22nd Ann. Meet. Bot. Soc. Japan (1957). Zit. nach KAMIYA (1959). TRONCHET, J.: Ann. Sci. Univ. Besançon, Sér. 2, Bot. **10**, 11—13 (1958).

WAGNER, J.: Protoplasma (Wien) **49**, 98—114 (1958).

ZURZYCKI, J.: Acta biolog. Cracoviensia Sér. Bot. **1**, 123—129 (1958).

E. Ausgewählte Kapitel der angewandten Botanik

23a. Allgemeine Pflanzenpathologie*

Von Roland Rohringer, Winnipeg, Manitoba

Wie im Vorjahre umfaßt dieser Bericht das Gebiet der pathologischen Physiologie der Mykosen. Wegen der Übersiedelung des Ref. an einen neuen Wirkungskreis, konnte nur ein Teil der Literatur des Berichtsjahres erfaßt werden.

Übersichtsreferate. Der Jubiläumsband "Plant Pathology, Problems and Progress, 1908—1958", herausgegeben von Holton, Fischer, Fulton, Hart u. McCallan, enthält eine große Anzahl von Sammelreferaten (u. a. Flentje: Physiologie der Eindringung und Infektion; Braun u. Pringle: Parasitogene Toxine; Wood: Pektolytische Enzyme; Kirkham: Einfluß der Physiologie und Biochemie des Wirtes auf die Krankheitsentwicklung; Allen: Stoffwechselphysiologie der Symbiosen mit obligaten Parasiten). In dem während des Berichtsjahres erschienenen ersten Band von "Plant Pathology" (herausgegeben von Horsfall u. Dimond) finden sich viele Beiträge über das Gesamtgebiet; hiervon sind in diesem Zusammenhang die folgenden Beiträge besonders erwähnenswert: Ernährungsphysiologie des parasitierten Wirtes (Sempio); Parasitogen veränderte Atmung (Uritani u. Akazawa); Histologie der Abwehrreaktionen (Akai); Physiologie und Biochemie der Abwehrreaktionen (Allen); Hypersensitivität (Müller); Prädisposition (Yarwood).

Allgemeines. Polyphenole werden in Reispflanzen als Axeniefaktoren gegen Piricularia oryzae angesehen (Wakimoto u. Yoshii); sie finden sich in höherer Konzentration in resistenten Pflanzen und ihre Menge steigt nach der Infektion an. Der Gehalt des Wirtsgewebes an Zuckern und organischen Säuren und ihre Katalase- und Peroxydaseaktivität wird für die Resistenz von Stachelbeeren gegen Befall mit Sphaerotheca mors-uvae verantwortlich gemacht (Dementeva). Eine aus Kartoffelschalen extrahierte Additionsverbindung von Aminosäuren mit Chlorogensäure hemmt das Wachstum von Helminthosporium carbonum (Clark, Kuc, Henze u. Quackenbush); vermutlich beeinträchtigt die leicht oxydierbare Substanz das Redox-Gleichgewicht des Pilzes im Gewebe und dieser ist nicht in der Lage, die entstehenden Oxydationsprodukte rechtzeitig zu entgiften. Die Anfälligkeit von Gerste

---

* Contribution No. 50 from the Canada Department of Agriculture Research Station, Winnipeg, Manitoba.

gegen Helminthosporium sativum nimmt mit physiologischem Alter des Wirtsgewebes zu (LUDWIG, SPENCER u. UNWIN); wäßrige Extrakte aus jungen Gerstenkoleoptilen sind fungitoxisch; das toxische Prinzip, eine hydroxilierte, nitril-enthaltende Verbindung der vorläufigen Summenformel $C_9H_{17}O_7N$, ist auch in älteren Geweben vorhanden, seine Aktivität wird jedoch hier durch das Hinzukommen eines „Inhibitors" (2wertige Kationen, besonders Ca^{++}) aufgehoben. Maispflanzen enthalten vorgebildete chemische Resistenzfaktoren (vgl. VIRTANEN, Fortschr. Bot. 21, 362) gegen Gibberella zeae (BARNES) und gegen Fusarium moniliforme (WHITNEY u. MORTIMORE). Die Biosynthese des Resistenzfaktors Benzoxazolinon scheint an die Photosynthese des Wirtsgewebes gebunden zu sein (VIRTANEN). Aus Baumwollsamen (GARBER u. HOUSTON) und Weizen- sowie Gerstenkörnern (ARK u. THOMPSON) konnten wasserlösliche, chemisch nicht näher definierte antibakterielle bzw. fungistatische Axeniefaktoren erhalten werden. Hoher Gehalt an Fe, Mn, Zn und Cu erhöhen die Widerstandsfähigkeit von Reispflanzen gegen Piricularia oryzae (KAMATA); Na-Silicat-Düngung zeigt einen ähnlichen Effekt gegen Leptosphaeria salvinii, wobei mit steigender Resistenz der Gehalt des Gewebes an löslichem N abnimmt (NONAKA, IWATA u. YOSHII).

Mehrere Arbeiten der Berichtsperiode befassen sich mit induzierten Abwehrreaktionen befallener Wirtsgewebe. Karottengewebe, das normalerweise nicht von Ceratostomella fimbriata parasitiert wird, produziert nach künstlicher Infektion mit diesem Pilz eine Substanz ($C_{11}H_{12}O_4$; Dihydrobenzofuran?), die seine Entwicklung hemmt und in anfälligen Geweben des natürlichen Wirtes (Süßkartoffel) nicht entsteht (CONDON u. KUC). Ipomeamaron, der „Abwehrstoff" der Süßkartoffel gegen C. fimbriata (vgl. Fortschr. Bot. 21, 374), wird auch durch Behandlung des Gewebes mit $HgCl_2$ erhalten; auch der durch die Infektion hervorgerufene Atmungsanstieg und die Synthese phenolischer Substanzen erfolgt unspezifisch und kann durch mechanische oder chemische Reizung des Wirtsgewebes ausgelöst werden (URITANI, URITANI u. YAMADA). Phenolische Abwehrstoffe werden erneut bei der hypersensitiven Reaktion von Weizen gegen Puccinia graminis tritici diskutiert (KIRALY). Ob es sich bei der von SILVERMAN (1) gefundenen Substanz um ein „Toxin" des Rostes oder um eine Abwehrsubstanz des Wirtsgewebes handelt, kann noch nicht entschieden werden; das nekrogene Prinzip ist wasserlöslich und hitzestabil und kann aus infizierten (P. graminis tritici, physiol. Rasse 38) Weizenblättern der Sorte Marquis, welche bei höheren Temperaturen angezogen wurden, isoliert werden; die Temperaturabhängigkeit der Rostreaktion (32° C, Infektionstyp 3; 21° C, Infektionstyp 2) erklärt der Autor mit verschiedener temperaturbedingter Toxinanfälligkeit des Wirtsgewebes: im ersteren Fall bleibt das toxische Prinzip ohne sichtbare Wirkung auf das Wirtsgewebe und kann daraus extrahiert werden, im letzteren wird es vermutlich im Wirtsgewebe abgebunden und führt zur nekrotischen Reaktion. Die genannten Beobachtungen verdienen besonderes Interesse, da das nachgewiesene „Toxin" sortenspezifisch ist: die Weizensorte Little Club bleibt bei allen

Temperaturen von ihm unbeeinflußt. Bei einer Bestätigung dieser Befunde wäre es wertvoll zu wissen, ob dieser Reaktionsverlauf allgemeiner verbreitet ist, oder ob er unter Umständen nur einen Sonderfall kennzeichnet. GÄUMANN u. KERN (1) berichten über die Isolierung und den chemischen Nachweis von „Orchinol", einem unter dem Einfluß der Infektion mit Rhizoctonia repens von Orchideenknollen gebildeten Abwehrstoff (Fortschr. Bot. 21, 362). Die Bildung dieses wenig spezifischen Abwehrstoffes kann auch von anderen Mikroorganismen ausgelöst werden; verwandte Orchideenarten antworten auf den Infekt mit z. T. andersartigen Schutzstoffen; die Dauer des induzierten Schutzes beträgt unter Umständen mehrere Monate [GÄUMANN u. KERN (2)]. Die vorgenannten Arbeiten über induzierte Abwehrreaktionen erinnern in mancher Hinsicht an die von MÜLLER beschriebene „Phytoalexin"-Bildung hypersensitiv reagierender Wirtsgewebe (Fortschr. Bot. 21, 362). Soweit wir wissen, besitzen alle bisher untersuchten Abwehrstoffe kleine Molekülgröße und, mit Ausnahme des noch wenig untersuchten toxischen Prinzips in rostbefallenen Weizenblättern [SILVERMAN (1)], auch ein wenig spezifisches Wirkungsspektrum. Sicherlich werden bei den einzelnen Wirt-Parasit-Systemen Art, Bildungsweise und Funktion der induzierten Abwehrstoffe im einzelnen voneinander abweichen. Es wäre jedoch denkbar, daß die Bildung „Phytoalexin"-ähnlich wirkender Abwehrstoffe ein weit verbreitetes Phänomen pflanzlicher Abwehrreaktionen ist. Trotz der fragmentarischen Information über die chemische Natur der bisher nachgewiesenen Abwehrstoffe kann mit Sicherheit gesagt werden, daß sie weder strukturell noch funktionell mit den Antikörpern der Human- und Tiermedizin identisch sind. Der Verfasser wendet sich daher erneut gegen die Übernahme der medizinischen Terminologie [GÄUMANN u. KERN (2)] und schließt sich MÜLLER an, welcher für die bisher gefundenen pflanzlichen Abwehrstoffe die Bezeichnung „Phytoalexin" bevorzugt, da sie eine Verwechslung mit den klassischen Antikörpern ausschließt (vgl. MÜLLER in: HORSFALL u. DIMOND, Bd. 1, S. 507). Beobachtungen über erfolglose Sekundär- und Reinfektion rostbefallener Bohnenblätter (YARWOOD) lassen sich vorerst in diese Diskussion nicht einordnen, da über die stoffliche Grundlage dieser Erscheinung nichts bekannt ist.

Die Möglichkeit einer Beteiligung von Antikörper-Antigen-Systemen bei pflanzlichen Abwehrreaktionen konnte jedoch bisher nicht ausgeschlossen werden; es ist zweifelhaft, ob sich solche Immunreaktionen, falls sie im Pflanzenreich existieren, mit den an das tierische Objekt angepaßten Methoden nachweisen lassen (ALLEN in: HORSFALL u. DIMOND). Möglicherweise können die Methoden der Immuno-Histochemie hierbei zu einer Klärung verhelfen. Dagegen muß vorerst bezweifelt werden, ob serologische Untersuchungen (ALLEN, DICKSON, FLANGAS u. BENO) der einzelnen Symbiosepartner, über die Klärung von „Verwandtschafts"-Verhältnissen hinaus, Aufschluß geben über Art und Verlauf parabiontischer Wechselbeziehungen. So scheint große Vorsicht geboten bei der Interpretierung der Ergebnisse von DOUBLY, FLOR u. CLAGETT, die über eine Korrelation berichten zwischen Rostreaktion und dem Titer von Flachs-Antigen gegen Melampsora lini-Antiserum; ob ein ursächlicher

Zusammenhang vorliegt zwischen Gegenwart von Rost-Antigenen in der (nichtinfizierten!) Wirtspflanze und der Reaktion des Wirtsgewebes gegen eine bestimmte Rostrasse, bedarf weiterer Klärung, zumal der reziproke serologische Test diese Korrelation nicht zeigte, und da eventuelle unspezifische „immunochemische" Reaktionen (vgl. ROHRINGER u. STAHMANN) nicht ausgeschlossen wurden.

I. Obligate Parasiten

1. Physiologie und Biochemie des Wirt-Parasit-Komplexes

Besondere Bedeutung erlangte in den vergangenen Jahren die genetische Analyse des Wirt-Parasit-Komplexes (vgl. Übersichtsreferat von PERSON (1)], da sie über die isolierte genetische Betrachtung der Symbiosepartner hinausführte. Eingehende Untersuchungen von FLOR (1, 2, 3) mit Flachs und Melampsora lini führten zu der Hypothese, nach welcher jedem reaktionsbestimmenden Locus im Wirt ein spezifischer virulenzbestimmender Locus im Parasit entspricht ("gene for gene relationship"). Trotz kritischer Berichtigungen [MAYO; PERSON (2)] konnte dieses Konzept weiter gefestigt und seine Gültigkeit, auch für andere Symbiosepartner, bestätigt werden: Hordeum vulgare/Erysiphe graminis (MOSEMAN); Solanum tuberosum/Phytophthora infestans [PERSON (2)]; Zea Mays/Puccinia sorghi (FLANGAS). In einer theoretischen Studie zeigte MODE für Melampsora lini, daß die Bildung solcher im Wirt und Parasit aufeinander abgestimmten Resistenz- bzw. Virulenzfaktoren phylogenetisch möglich ist. Die Herausbildung einer solchen „Gen-Äquivalenz" in Wirt und Parasit dürfte eine notwendige Folge der Ko-Evolution von Symbiosepartnern sein. Ähnliche genetische Systeme könnten daher auch bei anderen Wirt-Parasit-Kombinationen [PERSON (2)], vielleicht sogar im Tierreich, bestehen.

Die erfolgreiche Anwendung der Mikroautoradiographie bei botanischen Objekten (vgl. TAYLOR u. MCMASTER; WOODS u. TAYLOR) eröffnete erstmalig die Möglichkeit, zwischen dem Stoffwechsel des Wirtes und dem obligater Parasiten in situ zu unterscheiden: STAPLES u. LEDBETTER fanden, nach Verfütterung von tritium-markiertem Glykokoll an rostige Bohnenblätter, die Hauptmenge der Aktivität im Pilzmycel des histologischen Schnittes. Durch histochemische Analyse und Autoradiographie konnte YUKAWA (1) nachweisen, daß in Wirtszellen mit aktiven Plasmodien von Plasmodiophora brassicae eine Aktivitätssteigerung der Dehydrogenasen und eine Anreicherung von P^{32} erfolgt.

Der von Taphrina deformans auf Pfirsichblättern ausgelöste Krankheitsprozeß verläuft in zwei aufeinander folgenden Phasen (SCHNEIDER): die Zellen des parasitierten Gewebes zeigen während des vegetativen Wachstums des Parasiten aktive Teilungstätigkeit, die nach Einsetzen der Sporulation abschließt und einer Degeneration vieler Zellstrukturen, besonders der Mitochondrien, Platz macht; die morphologischen Veränderungen werden von Stoffwechselverschiebungen begleitet. YARWOOD berichtet über einen 2-Phasen-Rhythmus der Photosyntheseaktivität in rostbefallenen Bohnenblättern. Mehltaubefall verursacht eine Verschiebung des Chlorophyllgehaltes in Reispflanzen (AKAI u. FUKUTOMI). Benzimidazol, welches in abgeschnittenen rostinfizierten Weizenblättern die resistente Reaktion erhält (Fortschr. Bot. **21**, 366), aktiviert die Chlorophyllsynthese (WANG u. WAYGOOD). Der stabilisierende Effekt des Benzimidazols auf die Rostreaktion kann durch gleichzeitige Gaben von 5,6-Dimethylbenzimidazol oder Glucose rückgängig gemacht werden (WANG); da eine geringe Konzentration von Co^{++} den Benzimidazol-Effekt verstärkt, vermutet der Autor, daß ein Vitamin B_{12}-ähnlicher Faktor für den normalen Stoffwechsel des Wirtsgewebes erforderlich ist.

Der rostfördernde Einfluß von Kohlenhydraten konnte durch Fütterungsversuche bestätigt werden: Hexosen und Oligosaccharide, die Glucose und/oder Fructose im Molekül enthalten, fördern Wachstum und Sporulation von Puccinia graminis tritici [SILVERMAN (2)] und P. sorghi (SYAMANANDA); erstere kann durch Verfütterung von Zuckeralkoholen, insbesondere von Sorbitol und Mannitol, bei gleichzeitiger Schwarzfärbung der Uredosporen in der Entwicklung gehemmt werden; durch simultane oder nachfolgende Zuckerfütterung kann dieser Hemmeffekt unterbunden bzw. rückgängig gemacht werden. Im Widerspruch zu den Befunden über die wachstumsfördernde Wirkung von Zuckern stehen die Ergebnisse von LYLES, FUTRELL u. ATKINS, die über eine Korrelation berichten zwischen niedrigem Zuckergehalt in Weizensorten und deren Anfälligkeit gegen P. graminis tritici, physiol. Rasse 15B. Befall mit Taphrina deformans (SCHNEIDER) verursacht Veränderungen im Gehalt an löslichen Kohlenhydraten, ihren Umwandlungsprodukten und Aminoverbindungen in den Geweben des Wirtes. Maleinsäurehydrazid, das in physiologischer Konzentration von einer Reihe untersuchter Enzyme nur die Diaphorase hemmt (BAKER) und die Rostresistenz von Weizensorten bricht (Fortschr. Bot. **21**, 366), verschiebt in charakteristischer Weise den Zucker- und Aminosäurespiegel in der Wirtspflanze (LYLES, FUTRELL u. ATKINS); Aufnahme durch die Wurzel in höherer Konzentration hemmt die Rostentwicklung, wobei Braun- und Schwarzrost verschieden empfindlich reagieren (SAMBORSKI, PERSON u. FORSYTH). Verschiebungen in der Konzentration einer Reihe von Metaboliten wurden ferner beobachtet bei Befall von Cruciferen mit Plasmodiophora brassicae [YUKAWA (2)] und in Kartoffeln, welche von Synchytrium endobioticum parasitiert sind (BERSHTEIN u. OKANENKO; LIPSITS); in letzteren findet ein Transport löslicher Aminosäuren zum Infektionsherd hin statt. Die vorgenannten und frühere Arbeiten zeigen, wie widerspruchsvoll und uneinheitlich die Beziehungen sind, die zwischen Entwicklung obligater Parasiten und Substratkonzentration im Wirtsgewebe beobachtet wurden. Auch der Einfluß der Umweltbedingungen und die Wahl des genetischen Materials wird erneut in diesem Zusammenhange diskutiert (SYAMANANDA u. DICKSON; DICKSON, SYAMANANDA u. FLANGAS; vgl. auch DICKSON). Trotz vieler Gemeinsamkeiten unterscheiden sich die einzelnen Wirt-Parasit-Systeme sicherlich auch physiologisch in vielen Punkten voneinander. Eine zusammenschauende Interpretation wird ferner erschwert durch die Tatsache, daß die meisten biochemischen

Analysen und physiologischen Experimente an befallenen Wirtsgeweben beide Symbiosepartner erfassen, und eine Unterscheidung zwischen den Stoffwechselaktivitäten der beteiligten Organismen unmöglich machen. Überdies ist der Aussagewert von Substratkonzentrationen für den Symbioseverlauf beschränkt, solange keine Befunde über die Umsatzgeschwindigkeit der betreffenden Substanzen vorliegen.

Über Veränderungen im Wuchsstoffhaushalt von Capsella bursa pastoris nach Infektion mit Albugo candida und Peronospora parasitica berichtet KIERMAYER; die nach der Infektion beobachteten anatomischen Veränderungen lassen sich auf den erhöhten Gehalt dieser Gewebe an IES und Indol-3-acetonitril zurückführen.

Eine aktive Phenoloxydase kann in nicht-infizierten, rost-„resistenten" Weizensorten (Einkorn, Khapli), jedoch nicht in gesunden „anfälligen" Pflanzen nachgewiesen werden (KIRALY); Infektion mit Puccinia graminis tritici (physiol. Rasse 23) bedingt eine Aktivitätssteigerung des Enzyms, welche in resistent reagierenden Geweben schneller und in größerem Maße erfolgt als in anfällig reagierenden. Befall mit Synchytrium endobioticum verursacht Veränderungen in der Aktivität der Polyphenoloxydase, der Peroxydase und anderer Enzyme, welche sich z. T. mit der Resistenz des Wirtsgewebes korrelieren lassen (LIPSITS). Plasmodiophora brassicae verursacht einen 7 fachen Anstieg der Katalaseaktivität in den befallenen Geweben [YUKAWA (2)].

2. Keimungsphysiologie und Stoffwechsel der Erreger, Kulturversuche

Der Mechanismus der gegenseitigen Keimungshemmung von Rostsporen wurde von FARKAS u. LEDINGHAM (1) weiter verfolgt; keimende Uredosporen geben Polyphenoloxydase und phenolische Substrate an das Medium ab, wobei verschieden stark keimungshemmend wirkende Oxydationsprodukte entstehen; die in den Sporen enthaltene Chinonreduktase wird als Gegenspieler des Polyphenol-Polyphenoloxydase-Systems angesehen: sie verhindert in ruhenden Sporen eine Oxydation der phenolischen Substrate; die Autoren diskutieren außerdem die Möglichkeit einer Beteiligung des pilzbürtigen Polyphenol-Polyphenoloxydase-Systems bei der Auseinandersetzung zwischen Wirt und Parasit. Verfüttert man C^{14}-markiertes Carbonat oder Acetat an Uredosporen, so wird die Hauptmenge der Aktivität in Bernstein-, Äpfel-, Malonsäure und nur zu einem geringen Teil in Citronensäure gefunden (STAPLES u. BURCHFIELD); in gewaschenen Uredosporen jedoch findet sich die Hauptmenge der Aktivität in Citronensäure, woraus die Autoren schließen, daß die Citratbildung in keimgehemmten Uredosporen durch einen endogenen Inhibitor unterbunden ist. Dies geht auch aus den Untersuchungen von FARKAS u. LEDINGHAM (2) hervor, welche vermuten, daß der Atmungsanstieg eine notwendige Voraussetzung der Keimung ist: keimfördernd wirkende Substanzen (Pelargonaldehyd, Butter- und Propionsäure) steigern den Anteil des Tricarbonsäurecyclus an der im zunehmenden Maße geförderten Atmung, welche in der Hauptsache auf der Oxydation endogener Fettsäuren beruht; die keimfördernd wirkenden

Substanzen „enthemmen" die in ruhenden Sporen blockierte Atmung, vermutlich durch Beseitigung einer Hemmung im Fettsäure-CoA-System; beim Übergang von der ektophytischen zur endophytischen Phase scheint sich die Atmung des Parasiten qualitativ der des Wirtes anzugleichen und von einer Fettsäureoxydation zu einer Veratmung von Kohlenhydraten überzugehen.

Neben anderen Fettsäuren konnten in Uredosporen große Mengen der sonst in biologischem Material noch nicht nachgewiesenen cis-9,10-Epoxyoctadecanonsäure gefunden werden (TULLOCH, CRAIG u. LEDINGHAM); Hydrolyse und Oxydation dieser Säure würde zu Pelargonaldehyd(!) führen.

Gekochte wäßrige Extrakte von Wirtsgeweben, insbesondere deren ätherlösliche Fraktion, wirken keimfördernd auf Uredosporen von Melampsora lini (KERR). Äthanolextrakte nicht-absorbierender Watte enthalten Substanzen, die eine „en masse"-Keimung von Uredosporen auf wäßrigen Medien erlauben (ATKINSON u. ALLEN).

Die unverseifbare Fraktion des Öles aus Schwarzrost-Uredosporen enthält Ergost-7-enol („Fungisterol"); neben β- und γ-Carotin konnten geringere Mengen von cis-β-Carotin, cis-γ-Carotin, Lycopen und Phytoen, ein farbloses Polyen, nachgewiesen werden (HOUGEN, CRAIG u. LEDINGHAM). PRENTICE, CUENDET, GEDDES u. SMITH klärten die Konstitution des Glucomannans aus Rostsporen und wiesen Glycerin, D-Arabitol und D-Mannitol als Sporeninhaltsstoffe nach.

Uredosporen und Mycel von Melampsora lini, welche aus Gewebekulturen des infizierten Wirtes erhalten wurden, unterscheiden sich wenig in ihrer Fähigkeit, einzelne Kohlenhydrate und Aminosäuren als C-Quellen zu verwenden (TUREL u. LEDINGHAM); danach wird die Vermutung von DICKINSON in Zweifel gezogen, wonach bei Abschluß der ektophytischen Phase im Parasiten tiefgreifende Permeabilitätsänderungen eintreten sollen. CUTTER berichtet ausführlich über seine 10jährige Erfahrung in der Gewebekultur von Gymnosporangium-Gallen und über die erfolgreiche Kultur dieses Rostes auf künstlichem Medium; von insgesamt über 13000 Ansätzen wurde bei 358 Callusbildung beobachtet, wovon in 7 Fällen der Pilz ins Kulturmedium hinauswuchs und in Abwesenheit des Wirtsgewebes in mehreren Passagen als extrem langsam wachsendes Mycel weiter kultiviert werden konnte; vor dem Übergang zum saprophytischen Wachstum wurden hierbei charakteristische Veränderungen des Wirtsgewebes beobachtet: Stagnieren des Calluswachstums, Verfärbung, „Schwammigwerden", Zerfall und letztlich Tod des Wirtsgewebes; Rückinfizierung des natürlichen Wirtes gelang im Freiland, Gewächshaus, auf abgetrennten Blättern und pilzfreien Gewebekulturen. Eine Wiederholung und Bestätigung dieser Befunde ist trotz mehrfacher Versuche (Fortschr. Bot. 21, 269) bisher nicht gelungen.

II. Phytophthora infestans

In Versuchen über den Atmungsstoffwechsel infizierten Knollengewebes (TOMIYAMA, TAKAKUWA, TAKASE u. SAKAI) wurde der Ablauf der resistenten und anfälligen Reaktion miteinander verglichen: qualitative Unterschiede wurden hierbei während der Anfangsstadien des Krankheitsprozesses nicht gefunden; Malonat beeinflußt die Atmung in allen untersuchten Geweben in gleicher Weise; der infektgebundene Atmungsanstieg ist in resistent reagierendem Gewebe größer als im anfällig reagierenden, wobei die Atmung in beiden Fällen im fortgeschrittenen ˜rankheitsstadium CO- und Cyanid-insensitiv wird; dies erhärtet die Annahme, daß die Reaktionsgeschwindigkeit, und nicht ein qualitativ verschiedener Reaktionsverlauf, für den Ausgang des parabiontischen Verhältnisses primär entscheidend ist. Rubin u. Oserezkovskaya berichten jedoch über einen dramatischen Aktivitätsanstieg der Glucose-6-phosphat- und 6-Phosphogluconsäure-Dehydrogenase, wobei sich resistent und anfällig reagierende Gewebe deutlich verschieden verhalten: pilzfreies Gewebe, welches dem Infektionsherd benachbart ist, zeigt im Falle der anfälligen Reaktion einen 2- bis 6fachen Aktivitätsanstieg dieser Enzyme, während sich ihre Aktivität in resistent reagierendem Gewebe nur gering verändert; da das Pilzmycel beide Enzyme in großer Menge enthält, diskutieren die Autoren die Möglichkeit einer „Angleichung" des Wirtsstoffwechsels an den des Parasiten in der anfälligen Reaktion; die Aktivität der untersuchten Enzyme ändert sich erheblich während der Lagerung der Knollen; die Größe des Atmungsquotienten nimmt im Verlaufe der Infektion ab (anfällige Reaktion: 1,4 → 0,85; resistente Reaktion: 1,96 → 1,0). In einer Überprüfung des Kammermann-Testes fand Umaerus, daß die Peroxydaseaktivität in voll entwickelten Kartoffelblättern eine positive Korrelation zeigt mit der Feldresistenz von Solanum tuberosum, nicht jedoch mit der von S. demissum.

III. Welkekrankheiten

Fusarinsäure konnte als Vivotoxin auch in Rhizomen von Bananenpflanzen, welche mit Fusarium oxysporum f. cubense infiziert waren, nachgewiesen werden (Page). γ-Aminobuttersäure, α-Alanin, Serin und Acetat sind an der Biosynthese der Fusarinsäure beteiligt (Sandhu). Die pleiotrope Wirkung der Fusarinsäure auf den Stoffwechsel der Wirtspflanze wird erneut betont (Bossi): physiologische Konzentrationen des Toxins vermögen die Polyphenoloxydase kompetitiv zu hemmen und mit der Zeit zu inaktivieren; da alle anderen physiologischen Schädigungen, mit Ausnahme der Beeinflussung der Wasserpermeabilität, nur bei höheren Toxinkonzentrationen erfolgen, kann die Blockierung der Polyphenoloxydase als auslösender Faktor für alle bisher geprüften toxininduzierten physiologischen Vorgänge angesehen werden; Fusarinsäure hemmt Polyphenoloxydasen aus Wirten verschiedener Resistenz gleichstark; ein Zusammenhang zwischen Resistenz und Gehalt an Polyphenoloxydasen (Fortschr. Bot. **21**, 377) konnte nicht bestätigt werden; die gesteigerte Symptomausprägung infizierter Pflanzen nach Vorbehandlung mit Fusarinsäure deutet auf die mögliche Rolle des Toxins als Wegbereiter des Erregers im Wirt. Stoffwechselphysiologische Untersuchungen mit Atmungsgiften (DNP, Malonat) weisen darauf hin, daß im Verlauf der Infektion Atmung und Phosphorylierung entkoppelt werden (Scheffer u. Walter).

Daß an der Pathogenese der Fusariumwelken (vgl. Übersichtsreferat von DIMOND) pektolytische Enzyme beteiligt sind, wird erneut bestätigt; eine Mutante von F. oxysporum f. lycopersici, welche die Fähigkeit zur Produktion von Polygalacturonase verloren hatte, zeigt partiellen Virulenzverlust (McDONNELL). Die resistenzerhöhende Wirkung von Wuchsstoffen wurde mit dem Pektinstoffwechsel der Wirtspflanze in Verbindung gebracht: Pektine aus Ca-unterernährten Pflanzen (erhöhte Krankheitsbereitschaft!) werden durch die Pektinase des Pilzes leichter angegriffen als solche aus wuchsstoffbehandelten Pflanzen (Resistenzsteigerung!) (CORDEN u. DIMOND; EDGINGTON u. DIMOND).

Wuchsstoffe scheinen dagegen unmittelbar bei der Symptomauslösung der Verticillium-Welke der Tomate mitbeteiligt zu sein (PEGG u. SELMAN); der Wuchstoffgehalt infizierter Pflanzen ist bedeutend erhöht und dürfte die infektionsbedingten morphologischen Veränderungen der Wirtspflanze bedingen. Untersuchungen über den Wasserhaushalt führten THRELFALL zu dem Schluß, daß Zwergwuchs und Welke Verticillium-infizierter Tomaten nicht durch Permeabilitätsveränderungen des Wirtsgewebes sondern durch Gefäßverstopfung (Pilzhyphen, gefäßblockierende Pilzausscheidungen) hervorgerufen werden. Im Gegensatz zu früheren Untersuchungen, nach welchen phenolische Verbindungen die Resistenz von Baumwollpflanzen gegen Verticillium vasinfectum erhöhen, stellt GUBANOV eine infektionsbedingte Anreicherung dieser Substanzen fest und schreibt ihnen welkeauslösende Eigenschaften zu.

IV. Weitere Krankheitsprozesse

„Victorin", das von Helminthosporium victoriae produzierte Toxin, kann durch Extrakte resistenter Wirtspflanzen inaktiviert werden; seine Bedeutung als Vivotoxin konnte bestätigt werden (ROMANKO). Die Wirkungsweise des Toxins wurde von KRUPKA weiter verfolgt: Homogenate pilzanfälliger, „Victorin"-behandelter Gewebe zeigen eine Aktivitätssteigerung der Ascorbinsäureoxydase. Analoge Befunde liegen an infiziertem Wirtsgewebe vor (GRIMM u. WHEELER). Die Wachstums- und Ertragssteigerung, welche an Weizen nach Befall mit Helminthosporium sativum und Fusarium culmorum beobachtet wurde (SALLANS), wird auf das pilzbürtige Toxin zurückgeführt, welchem in geringer Konzentration eine fördernde Wirkung zugeschrieben wird.

Das Kulturfiltrat von Colletotrichum fuscum enthält ein sehr aktives Toxin: „Colletotin"; die toxininduzierten Symptome entsprechen den vom Pilz in der Wirtspflanze (Digitalis lanata, D. purpurea) hervorgerufenen; Colletotin besteht aus einer Polysaccharid- und einer Peptidkomponente; erstere enthält Glucose, Galaktose und Mannose und wird für die phytotoxische Aktivität verantwortlich gemacht (GOODMAN). Alternaria tenuis produziert Alkaloide in vitro, welche für die Symptomausprägung mitverantwortlich gemacht werden (RESPLANDY u. RESPLANDY).

4 von 10 geprüften Aminosäuren gestatten Ustilago hordei eine bessere Entwicklung im resistenten Wirtsgewebe, während das Wirt-Parasit-

Verhältnis in anfälligen Wirten durch Fütterung dieser Substanzen unbeeinflußt bleibt (CHATTERJEE). Neben anderen Brandpilzen (Fortschr. Bot. **21**, 279) bildet auch Ustilago nuda IES in vitro (HIRATA); die Konzentration des Wuchsstoffes steigt im infizierten Gewebe und wird für die infektionsbedingten morphologischen Veränderungen der Wirtspflanze verantwortlich gemacht. Die Oxydation der Glucose kann in vitro von Ustilago maydis (McKINSEY) und Tilletia contraversa (NEWBURGH u. CHELDELIN) glykolytisch oder über den Pentosecyclus durchgeführt werden.

D- und DL-Phenylalanin erhöhen die Widerstandsfähigkeit von Apfelbäumen gegen Venturia inaequalis, zeigen jedoch keinen Effekt auf den Pilz in vitro (KUC, BARNES, DAFTSIOS u. WILLIAMS). SURYANARAYANAN diskutiert einen Zusammenhang zwischen Temperatur, Glutaminbildung und Resistenz des Wirtsgewebes gegen Piricularia oryzae. Biochemische Veränderungen ergeben sich in Bohnenpflanzen nach Befall mit Colletotrichum lindemuthianum (HERZMANN) und in Reispflanzen, welche von Leptosphaeria salvinii parasitiert sind (NONAKA u. YOSHII).

Literatur

AKAI, S., and M. FUKUTOMI: Ann. phytopath. Soc. Japan **23**, 85—89 (1958). — ALLEN, O. N., J. G. DICKSON, A. L. FLANGAS and D. W. BENO: Proc. IX. Intern. Bot. Congr., Montreal 2, 4—5 (1959). — ARK, P. A., and J. P. THOMPSON: Plant Disease Rep. **42**, 959—962 (1958). — ATKINSON, T. G., and P. J. ALLEN: Plant Physiol. **33** (Suppl.), pp. IX (1958).

BAKER, J. E.: Diss. Abstr. **19**, 2726 (1959). — BARNES, J. M.: Phytopathology **49**, 533 (1959). — BERSHTEIN, B. I., and A. S. OKANENKO: Rev. Appl. Mycol. **38**, 616—618 (1959). — BOSSI, R.: Phytopath. Z. **37**, 273—316 (1960).

CHATTERJEE, P.: Diss. Abstr. **19**, 418 (1958). — CLARK, R. S., J. KUC, R. E. HENZE and F. W. QUACKENBUSH: Phytopathology **49**, 594—597 (1959). — CONDON, P., and J. KUC: Phytopathology **49**, 536 (1959). — CORDEN, M. E., and A. E. DIMOND: Phytopathology **49**, 68—72 (1959). — CUTTER, V. M.: Mycologia **51**, 248—295 (1959).

DEMENTEVA, M. I.: Trans. Moscow Ord. Lenin Acad. Agr. 1958, 149—160 (1958). — DICKINSON, S.: Ann. Bot. N. S. **19**, 161—171 (1955). — DICKSON, J. G.: Bot. Rev. **25**, 486—513 (1959). — DICKSON, J. G., R. SYAMANANDA and A. L. FLANGAS: Amer. J. Bot. **46**, 614—620 (1959). — DIMOND, A. E.: Trans. N. Y. Acad. Sci., Ser. II, **21**, 609—612 (1959). — DOUBLY, J. A., H. H. FLOR and C. O. CLAGETT: Science **131**, 229 (1960).

EDGINGTON, L. V., and A. E. DIMOND: Phytopathology **49**, 538 (1959).

FARKAS, G. L., and G. A. LEDINGHAM: (1) Can. J. Microbiol. **5**, 37—46 (1959). — (2) Can. J. Microbiol. **5**, 141—151 (1959). — FLANGAS, A. L.: Diss. Abstr. **18**, 1954—1955 (1958). — FLOR, H. H.: (1) Phytopathology **32**, 653—669 (1942). — (2) Phytopathology **45**, 680—685 (1955). — (3) Advanc. Genet. **8**, 29—54 (1956).

GARBER, R. H., and B. R. HOUSTON: Phytopathology **49**, 449—450 (1959). — GÄUMANN, E., u. H. KERN: (1) Phytopathol. Z. **35**, 347—356 (1959). — (2) Phytopathol. Z. **36**, 1—26 (1959). — GÄUMANN, E., u. W. OBRIST: Phytopathol. Z. **37**, 145—158 (1959). — GOODMAN, R. N.: Phytopathol. Z. **37**, 187—194 (1959). — GRIMM, R., and H. WHEELER: Phytopathology **49**, 540 (1959). — GUBANOV, G. Y.: Rev. Appl. Mycol. **38**, 599 (1959).

HERZMANN, H.: Phytopathol. Z. **33**, 349—370 (1958). — HIRATA, S.: Chem. Abstr. **53**, 18200d (1959). — HOLTON, C. S., G. W. FISCHER, R. W. FULTON, H. HART and S. E. A. McCALLAN: Plant Pathology, Problems and Progress 1908—1958. Univ. Wisc. Press 1959. — HORSFALL, J. G., and A. E. DIMOND: Plant Pathology,

An Advanced Treatise, Vol. 1. New York—London: Acad. Press 1959.— HOUGEN, F. W., B. M. CRAIG and G. A. LEDINGHAM: Can. J. Microbiol. 4, 521—529 (1958). KAMATA, E.: Chem. Abstr. 53, 18186g (1959). — KERR, H. B.: Proc. Linn. Soc. N. S. W. 83, 259—287 (1959). — KIERMAYER, O.: Österr. bot. Z. 105, 515—528 (1958). — KIRALY, Z.: Phytopathol. Z. 35, 23—26 (1959). — KRUPKA, L. R.: Phytopathology 49, 587—594 (1959). — KUC, J., E. BARNES, A. DAFTSIOS and E. B. WILLIAMS: Phytopathology 49, 313—315 (1959).

LIPSITS, D. V.: Rev. Appl. Mycol. 38, 616—618 (1959). — LUDWIG, R. A., E. Y. SPENCER and C. H. UNWIN: Can. J. Bot. 38, 21—29 (1960). — LYLES, W. E., M. C. FUTRELL and I. M. ATKINS: Phytopathology 49, 254—256 (1959).

MAYO, G. M. E.: Aust. J. biol. Sci. 9, 18—36 (1956). — McDONNELL, K.: Nature (Lond.) 182, 1025—1026 (1958). — McKINSEY, R. D.: Diss. Abstr. 19, 2221 (1959). — MODE, C. J.: Evolution 12, 158—165 (1958). — MOSEMAN, J. G.: Phytopathology 49, 469—472 (1959).

NEWBURGH, R. W., and V. H. CHELDELIN: Can. J. Microbiol. 5, 415—417 (1959). — NONAKA, F., T. IWATA and H. YOSHII: Rev. Appl. Mycol. 38, 142 (1959). — NONAKA, F., and H. YOSHII: Rev. Appl. Mycol. 38, 142 (1959).

PAGE, O. T.: Phytopathology 49, 230 (1959). — PEGG, G. F., and I. W. SELMAN: Ann. appl. Biol. 47, 222—231 (1959). — PERSON, C.: (1) Proc. Genetic Soc. Canada 3, 25—29 (1958). — (2) Can. J. Bot. 37, 1101—1130 (1959). — PRENTICE, N., L. S. CUENDET, W. F. GEDDES and F. SMITH: J. Amer. chem. Soc. 81, 684—688 (1959).

RESPLANDY, R., et A. RESPLANDY: C. R. Acad. Sci. (Paris) 248, 1400—1402 (1959). — ROHRINGER, R., and M. A. STAHMANN: Science 127, 1336—1337 (1958). — ROMANKO, R. R.: Phytopathology 49, 32—36 (1959). — RUBIN, B. A., u. O. L. OSEREZKOVSKAYA: Ber. Akad. Wiss. UdSSR, Ser. Biol. 1959 (2), 257—264 (1959).

SALLANS, B. J.: Can. J. Plant Sci. 39, 187—193 (1959). — SAMBORSKI, D. J., C. PERSON and F. R. FORSYTH: Can. J. Bot. 38, 1—7 (1960). — SANDHU, R. S.: Phytopathol. Z. 37, 33—60 (1959). — SCHEFFER, R. P., and L. B. WALTER: Phytopathology 49, 549 (1959). — SCHNEIDER, A.: C. R. Acad. Sci. (Paris) 248, 442—444 (1959). — SILVERMAN, W.: (1) Phytopathology 50, 130—136 (1960). — (2) Phytopathology 50, 114—119 (1960). — STAPLES, R. C., and H. P. BURCHFIELD: Phytopathology 49, 551 (1959). — STAPLES, R. C., and M. C. LEDBETTER: Contrib. Boyce Thompson Inst. 19, 349—354 (1958). — SURYANARAYANAN, S.: Current Sci. 27, 447—448 (1958). — SYAMANANDA, R.: Diss. Abstr. 18, 1958—1959 (1958). — SYAMANANDA, R., and J. G. DICKSON: Phytopathology 49, 102—106 (1959).

TAYLOR, J. H., and R. D. McMASTER: Chromosoma 6, 489—521 (1954). — THRELFALL, R. J.: Ann. appl. Biol. 47, 57—77 (1959). — TOMIYAMA, K., M. TAKAKUWA, N. TAKASE and R. SAKAI: Phytopathol. Z. 37, 113—144 (1959). — TULLOCH, A. P., B. M. CRAIG and G. A. LEDINGHAM: Can. J. Microbiol. 5, 485—491 (1959). — TUREL, F. L. M., and G. A. LEDINGHAM: Can. J. Microbiol. 5, 537—545 (1959).

UMAERUS, V.: Amer. Potato J. 36, 124—131 (1959). — URITANI, I., M. URITANI and H. YAMADA: Phytopathology 50, 30—34 (1960).

VIRTANEN, A. I.: Angew. Chem. 70, 544—552 (1958).

WAKIMOTO, S., and H. YOSHII: Ann. phytopath. Soc. Japan 23, 79—84 (1958). — WANG, D.: Can. J. Bot. 37, 239—244 (1959). — WANG, D., and E. R. WAYGOOD: Can. J. Bot. 37, 743—749 (1959). — WHITNEY, N. J., and C. G. MORTIMORE: Nature (Lond.) 183, 341 (1959). — WOODS, P. S., and J. H. TAYLOR: Lab. Invest. 8, 309—318 (1959).

YARWOOD, C. E.: Trans. brit. mycol. Soc. 42, 123 (1959). — YUKAWA, Y.: (1) Bull. Fac. Agr. Yamaguti Univ. 8, 673—678 (1957). — (2) Bull. Fac. Agr. Yamaguti Univ. 9, 963—968 (1958).

23b. Virosen

Von Erich Köhler, Braunschweig

Nach einer Statistik von Thornberry (1959) war der Anteil der auf Viruskrankheiten bezüglichen Arbeiten im Jahre 1956 auf etwa 30 Prozent der insgesamt auf Pflanzenkrankheiten entfallenen Arbeiten angestiegen (580 von insgesamt 1744). Im Berichtsjahr hat die Zahl einschlägiger Arbeiten vermutlich noch weiter zugenommen. Nur ein kleiner Teil davon konnte im folgenden Berücksichtigung finden.

Allgemeiner Teil

Elektronenmikroskopische Untersuchung des Virus in situ. Manche Virusarten bilden in der Wirtszelle Strukturen aus, die lichtmikroskopisch nachweisbar sind („Einschlußkörper"). In mit einem Gelbstamm des Tabakmosaikvirus (TMV) infizierten Tabakblättern beobachtete Wehrmeyer (1959 a) Einschlußkörper von Schleifenform, die für das TMV neuartig sind. Die Schleifen bestehen im wesentlichen aus fibrillärem Virusmaterial. Ihre durchschnittliche Dicke beträgt 1 μ (660—1330 mμ). An dünneren Schleifen (220—300 mμ) aus dem Blütenbereich ließ die elektronenmikroskopische Untersuchung erkennen, daß die Fibrillen eine schraubige bis korkzieherartige Torsion aufweisen, die rechts- oder linksgängig sein kann. Die nach Größe und Gestalt sehr wechselnden Schleifen können sich spontan wie auch bei KSCN-Behandlung zu prismatischen Aggregaten umlagern. Wie alle anderen Einschlußkörper entstehen und liegen die Schleifen im Plasma. Die gleichfalls vorhandenen hexagonalen Prismen weisen eine deutliche Schichtung auf, wie sie bereits von Steere (1957) beschrieben wurde. Bei Untersuchungen mit demselben Gelbstamm fand Wehrmeyer (1959 b) keinen eindeutigen Hinweis für eine Virusproduktion in oder in unmittelbarer Beziehung zu den Chloroplasten. Die mögliche Beeinträchtigung der Chloroplasten sei nur sekundärer Natur. Die charakteristische Partikellänge von 300 mμ ist nach Untersuchungen an ultradünnen Schnitten primär gegeben, außerdem kommen aber auch Fibrillen von erheblich größerer Länge ursprünglich in der Zelle vor.

Auch die elektronenmikroskopischen Untersuchungen von Matsui (1958) ließen keinen Zusammenhang des Virus mit Chloroplasten erkennen. Dagegen wurde die Virusvermehrung in Chloroplasten von Zaitlin u. Boardman (1958) und Boardman u. Zaitlin (1958) auf Grund der Untersuchung von Chloroplastenfraktionen behauptet. Möglicherweise ist der Widerspruch durch Verschiedenheiten des Untersuchungsmaterials bedingt.

Auch das Kartoffel-X-Virus ist in situ in Form geschichteter Einschlüsse und loser, im Plasma verteilter Partikeln elektronenoptisch nachweisbar (BORGES u. FERREIRA 1959).

Die Systematik der Viren mit „langen" Partikeln konnte von BRANDES u. WETTER (1959) auf eine neue, sichere Grundlage gestellt werden, indem sie diese Viren nach der „Normallänge" ihrer Partikeln in 12 natürliche Gruppen einordneten. In der einzelnen Gruppe sind verschiedene „Species" zu unterscheiden, die zum Teil serologisch verwandt sind, zum Teil aber auch nicht. Andere Merkmale wie Dicke und Form der Partikeln, thermaler Inaktivierungspunkt und Übertragungsmodus vermögen diese Klassifizierung zu stützen. Beispielsweise wurden in die 10. und 11. Gruppe die folgenden Mosaikviren eingereiht (Tabelle).

Tabelle

	Gruppe 10	Gruppe 11
Normallänge (mμ) . .	730	750
Form	flexible Fäden	
Dicke (mμ)	12—13	
Übertragungsmodus .	Aphiden; Saft	
Thermaler Inaktivierungspunkt °C (10 min)	50—60	
	Beta-Rübenmosaik	Gewöhnl. Bohnenmos.
	Kartoffel-A	Bohnen-Gelbmos.
	Kartoffel-Y	Erbsenmosaik
	Tabak-Etch	Sojabohnenmos.
	Bilsenkrautmosaik	Kohlrübenmos.
		Salatmosaik
		Sorghum red stripe
		Knaulgras-Streifenkr.
		Zuckerrohrmosaik

Als Angehörige einer eigenen Gruppe (Nr. 8) sind nach BAGNALL, WETTER u. LARSON (1959) die beiden Kartoffelviren S und M (syn. K) · und das Nelkenmosaikvirus (CLV) anzusehen, da ihre Partikeln nach Größe und Gestalt nahezu übereinstimmen (Normallänge 650 mμ) und sie auch serologisch verwandt sind. Die Tatsache aber, daß sie sich in einem Teil ihrer übrigen Merkmale (insbesondere Wirtskreis, Wirtsreaktion, Insektenübertragbarkeit, thermalem Inaktivierungspunkt) konstant voneinander unterscheiden, ist dafür bestimmend, daß sie unter eigenen Bezeichnungen geführt werden.

Ein ungewöhnlicher Fall der Virusausbreitung in der Pflanze wurde von SCHNEIDER u. WORLEY (1959 a u. b) beim Southern bean mosaic-Virus studiert. Dieses Virus breitet sich in der Pinto-Bohne nicht nur wie alle anderen bekannten Viren über das Phloem aus, sondern ist außerdem noch befähigt, aus dem lebenden Gewebe in das Wasserleitungssystem überzutreten, dort sehr rasch im Stengel sowohl nach unten wie nach oben befördert zu werden und bald darauf in den Blättern stark zerstreut auftretende neue Infektionsherde zu bilden. Da das Gewicht der sphärischen Partikeln auf etwa 6 Millionen geschätzt wird und ihr Durchmesser 30 mμ beträgt, halten es die Autoren für unwahrscheinlich, daß die Vollpartikeln selbst die unversehrten Membranen lebender Zellen passieren. Jedoch war ihren Bemühungen, infektiöse Nucleinsäure in den entsprechenden Pflanzenteilen nachzuweisen, bisher kein Erfolg beschieden. Referent hält es nicht für unwahrscheinlich, daß auch andere Viren mit kleinen sphärischen Partikeln sich ähnlich wie das Southern bean mosaic-Virus verhalten.

KÖHLER (1959 a) findet den alten Befund bestätigt, daß die Ausbreitung des Y-Virus in wachsenden Tabakpflanzen spitzenwärts bedeutend schneller erfolgt als die des X-Virus. Nach BEEMSTER (1959) wandern aber beide Viren im Kartoffelstengel gleich schnell von der Spitze zur Basis. Die 50 cm lange Strecke wird hier in etwa 24 Std. zurückgelegt. Da aber längere Zeit verstreicht, bis das Virus aus dem durch Einreiben inoculierten Blatt in den Stamm übertritt, erreicht es dieBasis erst nach etwa 4 Tagen. KÖHLER (1959 b) untersuchte bei verschiedenen Mosaikviren die Temperaturabhängigkeit der latenten Phase (hier „eklipsoide Phase" genannt) und der Vermehrungsgeschwindigkeit („Generationszeit") des Virus im eingeriebenen Blatt und gab eine Zusammenfassung der bisher vorliegenden einschlägigen Ergebnisse. Die Viruszunahme erfolgt in vollanfälligen Wirten exponential mit der Zeit, was auf die kreisförmige Virusausbreitung im Blatt zurückgeführt wird. Die Dauer der latenten Phase wird offenbar von der Geschwindigkeit, mit der der Übertritt des Virus aus der Epidermis in das Mesophyll erfolgt, mitbestimmt. Es ergibt sich, daß für die Bestimmung der Vermehrungsgeschwindigkeit eines Virus auf einem bestimmten Wirt und bei einer bestimmten Temperatur die Latenzzeit in Rechnung zu stellen ist.

Bei Vicia faba-Pflanzen, die am Echten Ackerbohnen-Mosaik erkrankt sind, verläuft die Stärke der Symptomausbildung periodisch (QUANTZ 1953), d. h. auf Blättergruppen mit deutlichen Symptomen folgen solche mit schwachen oder auch fehlenden Symptomen. Dies wiederholt sich im Laufe der Sprossenentwicklung mehrfach. PAUL u. QUANTZ (1959) stellten fest, daß der Wechsel im Symptombild einem Wechsel in der Viruskonzentration parallel geht. Die Erscheinung dürfte mit dem Recovery-Phänomen (Fortschr. Bot. **21**, **388**) verwandt sein, von dem sie sich hauptsächlich dadurch unterscheidet, daß ein von den Außenbedingungen unabhängiges Pendeln zwischen zwei Extremen stattfindet. Die Autoren halten folgende Deutung für möglich: Bei sehr starker Virusvermehrung wird in den ganz jungen Blättern ein Stoff gebildet, der die Virusneubildung in den darüber liegenden Blättern hemmt und ihre Gesundung herbeiführt. Mit der dadurch erniedrigten Viruskonzentration entsteht weniger von diesem Stoff, so daß wieder große Virusmengen auftreten können.

Die Frage der Infektionshemmung durch Pflanzensäfte bei Anwendung des Blatteinreibverfahrens wurde von BLASZCZAK, ROSS u. LARSON (1959) weiter gefördert. In Versuchen mit dem X-Virus erhielten sie vollständige Unterdrückung von Infektionen mit unverdünnten Säften von *Pelargonium hortorum, Chenopodium album, C. amaranticolor* und *Capsicum frutescens.* Deutliche Hemmung erhielten sie mit Säften von *Datura stramonium, D. metel, Solanum integrifolium, S. tuberosum, Spinacia oleracea, Phaseolus multiflorus, Trifolium pratense* und *Vicia faba.* Durch Verimpfung verdünnter Säfte kam das Vorhandensein von "augmenters" an den Tag, d. h. von Substanzen, die eine deutliche Steigerung der Infektionsrate über die Wasserkontrolle hinaus bewirkten, und zwar in den Säften von *Nicotiana debneyi, N. glutinosa, Lycopersicum esculentum, Cucumis sativus* und *Gomphrena globosa.* Die einzelnen Hemmstoffe sind zum Teil hitzeempfindlich. Dies trifft nicht für den Saft von *Pelargonium hortorum* zu, der auf die Blätter gespritzt, Infektionen noch dann verhinderte, wenn das Virus erst 20 Tage später aufgerieben wurde. DIENER u. WEAVER (1959) fanden, daß zur Impflösung zugesetztes Coffein den Infektionserfolg beim Necrotic ringspot-Virus des Pfirsichs erhöht, wenn man es auf Gurkenblätter aufreibt. COSTA u. CARVALHO (1960) gelang erstmalig die mechanische Übertragung des *Abutilon*-Mosaiks (,,Infektiöse Chlorose bzw. Panaschüre" von E. BAUR), und zwar von in Brasilien einheimischen Malvaceen zu *Malva parviflora* als Testpflanze. Versuche zur direkten Übertragung von *Abutilon striatum* ,,var." *Thompsonii* schlugen fehl, dagegen gelang die mechanische Übertragung auf dem Umweg mit Säften von *Sida micrantha* St. Hil., auf die zuvor *A. st.* var. *Thompsonii* aufgepfropft worden war.

Eine große Zahl von Abhandlungen und Untersuchungen befaßt sich immer von neuem mit Fragen der Virusübertragung durch Insekten. Während die Übertragung der sogenannten persistenten (im Insekt ausdauernden) Viren und ihr Verhalten im Insekt unserem Verständnis augenscheinlich keine größeren Schwierigkeiten mehr machen, trifft dies für den Übertragungsmechanismus bei den nichtpersistenten Viren nicht zu. Zwar liegt eine Reihe neuer und wichtiger Beobachtungen zu diesem Problem vor, sie reichen jedoch zur Begründung noch nicht aus. Wir verweisen auf die diesbezüglichen Diskussionen in dem Buch von HEINZE (1959), sowie in den Arbeiten von SCHMIDT (1959) und besonders BRADLEY (1959). Noch immer steht z. B. die Frage zur Diskussion, weshalb das Fastenlassen der Tiere die Übertragung der nichtpersistenten Viren so sehr begünstigt. Von mehr untergeordneter Bedeutung ist die mechanische Übertragung durch einfache Schmierinfektion, die für Asseln, Collembolen, einige Heuschrecken, Käfer und Schmetterlinge nachgewiesen ist. Selbst Schnecken kommen als gelegentliche Überträger in Frage (HEINZE, 1958).

Der Überträger eines unlängst in England angetroffenen Weizenmosaiks ("wheat striate mosaic") ist die Zikade *Delphacodes pellucida* Fabric. Die Krankheit ist vermutlich mit einem in Dakota (USA) vorkommenden Weizenmosaik identisch, das dort durch die Zikade *Endria inimica* Say. übertragen wird (SLYKHUIS u. WATSON, 1958). Das Virus gehört mit den Viren der Streifenkrankheit und der Verzwergungskrankheit des Reises *(Oryza)* zu einer Gruppe von Gramineenviren, die sich im Vektor vermehren und durch die Eier des infizierten Muttertieres auf die Nachkommen übertragen werden. Eine ähnlich hohe Quote der Übertragung durch die Eier wurde bei Nichtgramineen bisher nur beim

Club-leaf-Virus des Klees angetroffen (BLACK, 1950, 1953 a). Sehr viel spärlicher kommen solche Übertragungen beim Virus des Wundtumors und beim Virus des Kartoffel-Yellow dwarf vor (BLACK, 1953 b).

Daß die einzelnen Rassen der übertragenden Zykaden bezüglich ihrer Befähigung zur Übertragung stark variieren können, ist bekannt. Dabei scheint es die Regel zu sein, daß alle Stämme dieser Vektoren zur Übertragung befähigt sind, wenn auch in unterschiedlichem Grade. Der von STOREY (1932) beim Virus des Mais-Streak nachgewiesene extreme Fall, daß neben hochaktiven und weniger aktiven auch völlig unaktive Rassen vorkommen, ist offenbar eine Ausnahmeerscheinung.

BJÖRLING u. OSSIANNILSSON (1958) verglichen in dreijährigen Versuchen 85 asexuell kultivierte Linien der Blattlaus *Myzus persicae* aus den verschiedensten geographischen Breiten auf ihre Befähigung zur Übertragung des Blattrollvirus und des Rüben-Yellow-Virus. Sie fanden, daß sich die Linien in eine kontinuierliche Reihe von 10—80% Wirksamkeit einreihen ließen. Da in Kreuzungsnachkommenschaften von Linien etwa gleich hoher Befähigung auch wesentlich weniger befähigte Überträger auftraten, kommen sie zu dem Schluß, daß die gefundenen Unterschiede genetisch bedingt sind.

Neuestens haben WATSON u. SINHA (1959) verschiedene Inzuchtlinien von *Delphacodes pellucida* hinsichtlich ihrer Überträgereigenschaften gegenüber dem Weizen-Striatemosaic-Virus vergleichend untersucht. Dabei ergaben sich bemerkenswerte Korrelationen zwischen der jeweiligen Befähigung zur Virusaufnahme aus der Wirtspflanze, der Befähigung zur Übertragung von Pflanze zu Pflanze und der Befähigung zur Übertragung durch die Eier auf die Nachkommenschaft. Auch wurden Erscheinungen beobachtet, die für die Auffassung sprechen, daß das Virus auch für das übertragende Insekt pathogen ist. Infektiöse Mütter, die als Nymphen an infektiösen Pflanzen gesogen hatten, brachten eine um 40% geringere Nachkommenschaft hervor als solche, die sich von nichtinfektiösen Pflanzen ernährt hatten. Auch wurde beobachtet, daß einzelne Embryonen in den von infektiösen Weibchen abgelegten Eiern abstarben. Die verminderte Reproduktionskraft der infektiösen Weibchen führt unabwendbar zu einer Eliminierung des Virus aus den Insektenkolonien, wenn diese keine Gelegenheit haben, das Virus erneut durch Saugen an kranken Pflanzen in sich aufzunehmen. Offenbar ist also die infektiöse Pflanze für den Fortbestand des Virus unentbehrlich. Die Verfasser kommen deshalb zu einer Ablehnung der Theorie, daß solche in der Pflanze wie im Vektor vermehrungsfähigen Viren sich von solchen ableiten sollen, die ursprünglich nur in Arthropoden vermehrungsfähig waren.

Eine die Lebensdauer seines Gelegenheitsvektors *Colladonus montanus* stark verkürzende und unter Umständen für ihn sogar letale Wirkung übt nach D. D. JENSEN (1959) der Yellow leaf roll-Stamm des Western-X-Virus (Pfirsichkrankheit) aus. Es ist danach wohl kein Zweifel mehr möglich, daß gewisse Viren nicht nur für ihre Wirtspflanzen, sondern auch für das Vektorinsekt pathogen sind. Die bis zum Jahre 1958 bekannt gewordenen Fälle der Vermehrungsfähigkeit im Vektor wurden von MARAMOROSCH (1958) zusammengefaßt.

Spezieller Teil

Vergilbungskrankheit der Beta-Rüben. Das Virus des Rüben-Yellows (Vergilbungskrankheit) umfaßt eine Vielzahl von Varianten. BURGHARDT u. BERCKS (1959) verglichen 8, aus verschiedenen Gegenden stammende Isolate hinsichtlich Symptombild, Infektiosität, Konzentration in der Pflanze und serologischer Verwandtschaft. Die Übereinstimmung zwischen ihnen war größer, als die Unterschiede im Symptombild von vornherein erwarten ließen. Dem von den Verfassern isolierten Etch-Stamm stehen das von ROLAND (1948) untersuchte Virus der «Jaunisse des nervures» und das von SCHMELZER u. KLINKOWSKI (1951) untersuchte Virus der „Gelbnetzkrankheit" offenbar sehr nahe, dagegen ist das kalifornische Yellow-net-Virus mit dem Vergilbungsvirus nicht verwandt.

Über den serologischen Nachweis in Gewächshausrüben hatten BERCKS u. BURGHARDT (1958) bereits berichtet. Eine weitere Arbeit von BERCKS und STELLMACH (1959) behandelte dann den serologischen Nachweis an Feldpflanzen der Zucker- und Futterrübe von Anfang Oktober ab. Man kann mit diesem Test einen Überblick über den Verseuchungsgrad eines Feldes gewinnen.

Der Beitrag von WIESNER (1959) zur Epidemiologie enthält in vielen Punkten eine Bestätigung der Beiträge anderer Autoren zu diesem Thema. Für Mitteldeutschland ist bemerkenswert, daß dort die Primärinfektion der Ertragsrüben erst während des sommerlichen Befallflugs der Blattlaus *Doralis fabae* von den (infektiösen) Samenträgern ausgeht. Dagegen konnte *Myzus persicae*, der an sich wirksamste Überträger, nur an einer geringen Anzahl von Samenträgern und hier auch nur in geringer Besiedlungsdichte gefunden werden.

Nach MUNDRY u. ROMER (1958) vermehrt sich das Vergilbungsvirus nach mechanischer Verimpfung ausgiebig in *Chenopodium foliosum*, *Tetragonia expansa* und *Nicotiana quadrivalvis*. Seine quantitative Testung durch Safteinreibung gelingt an Blättern von Rüben im 7-Blätter-Stadium, wenn sie vorher einige Tage dunkel gehalten werden. Nach 14 Tagen beginnen die Läsionen, die nur einen Durchmesser von etwa 1 mm erreichen, zu erscheinen. Nach BJÖRLING (1958) scheint sich *Clatonya perfoliata* als Differentialwirt der verschiedenen Varianten zu eignen. Nach Passage durch verschiedene Wirte zeigten die einzelnen Stämme auf *C. perfoliata* wieder ihre charakteristischen Symptombilder. Virulenzänderungen nach verschiedenen Passagen wurden nicht beobachtet. Nach Befunden von STEUDEL u. THIELEMANN (1959) sind die Schäden bei Übertragung durch *Doralis fabae* und *Hyperomyzus tulipellus* bei im übrigen übereinstimmender Aggressivität um 50% niedriger als bei Übertragung durch *Myzus persicae*. Als Erklärungsmöglichkeiten werden genannt: 1. Durch *D. fabae* und *H. tulipellus* werden der Pflanze geringere Virusmengen einverleibt als durch *M. persicae* oder 2. das Virus wird durch sie an Stellen in die Pflanze gebracht, die der Ausbreitung des Virus weniger günstig sind. HEINZE (1959) folgert neuerdings aus Übertragungsversuchen mit *M. persicae*, daß sich das Virus in seinem Vektor nicht vermehrt.

Rübenmosaik. Unter Verwendung von Säften aus *Stellaria media*, deren infektionshemmende Wirkung sich als relativ gering erwies, prüfte SCHMELZER (1959) 316 Pflanzenarten auf ihre Anfälligkeit für das Rübenmosaikvirus. Davon erwiesen sich 60 als systemisch- und weitere 45 als lokalanfällig. Neben den Chenopodiaceen zeigten die Hydrophyllaceen die stärkste Anfälligkeit. Auch viele Papaveraceen, Caryophyllaceen und Leguminosen erkrankten. An *Pisum sativum* erregt das Virus die sogenannte Spitzenwelke (vgl. QUANTZ, 1958 b).

Leguminosen-Krankheiten. Die Zahl der auf Kulturleguminosen angetroffenen Virusarten hat sich als überraschend groß erwiesen, wie aus verschiedenen Zusammenstellungen ersichtlich ist (u. a. QUANTZ 1955, HUBBELING 1955). Mit dem von QUANTZ (1953) entdeckten „Echten Ackerbohnenmosaik"-Virus befaßten sich zwei Arbeiten (PAUL u. QUANTZ, 1958; PAUL, BRANDES u. QUANTZ, 1959). Die Partikeln des Virus sind sphärisch (genauer: polyedrisch) mit einem Durchmesser von 25—30 mμ. Der Nucleinsäuregehalt ist mit schätzungsweise 27—33% sehr hoch. Das ebenfalls sphärische Broad bean mottle-Virus (BAWDEN, CHAUDHURI u. KASSANIS, 1951) scheint von ihm hauptsächlich durch einen geringeren Partikeldurchmesser (17 mμ) verschieden zu sein.

An Erbsen ist in Deutschland das Stauchevirus verbreitet (QUANTZ u. BRANDES, 1957). Nach neueren Arbeiten (WETTER u. QUANTZ, 1958; WETTER, QUANTZ u. BRANDES, 1959) ist dieses Virus mit dem nordamerikanischen Red clover vein mosaic-Virus (Rotklee-Adernmosaik) identisch. Es besteht auch eine nahe serologische Verwandtschaft zum Steinkleevirus und zum Wiskonsin pea streak-Virus. HAGEDORN, BOS u. VAN DER WANT (1959) untersuchten dieses in Holland auf Rotklee angetroffene Virus näher, das sie auch auf *Crotalaria spectabilis*, *Lathyrus odoratus* und *Ornithopus sativus* übertragen konnten. Die dünnen, wenig biegsamen Viruspartikeln sind 600—700 mμ lang. Als Vektoren fungieren die Aphiden *Acyrthosiphon pisum* Harris (Erbsenblattlaus) und *Myzus persicae*. VAN DER WANT und BOS (1959) beschrieben unter der Bezeichnung „Gelbnervigkeit" eine in Holland an der Luzerne *(Medicago sativa)* vorkommende Krankheit. Das zugrunde liegende Virus ist, wie sie feststellten, mit dem Virus der Erbsen-Blattrollkrankheit ("Tip Yellows") identisch.

QUANTZ (1958 a) paßte den bei Kartoffelviren vielfach bewährten „Schalentest" mit Erfolg auf die Resistenzprüfung von Bohnensorten gegen das *Phaseolus*-Virus 1 an. BERCKS (1959) steckte die Grenzen ab, in denen ein serologischer Nachweis dieses Virus zur Zeit möglich ist. Zum Unterschied von Gewächshauspflanzen versagt dieser Test bei Feldpflanzen auch mit zentrifugierten Säften vielleicht deshalb so oft, weil bei der natürlichen Feldübertragung schwächere Stämme des Virus vorherrschen, die nur eine geringe Konzentration in der Pflanze erreichen.

BOS, DELEVIĆ u. VAN DER WANT (1959) untersuchten das Weißkleemosaik-Virus (*Trifolium* virus 1, ZAUMEYER u. WADE). Seine Partikeln sind nur wenig kürzer als die des Kartoffel-X-Virus, und auch in gewissen anderen Eigenschaften ist es diesem ähnlich. Grundverschieden sind die

Viren jedoch in ihren Wirtsansprüchen. Als anfällig für das Weißkleevirus erwies sich außer mehreren Leguminosen-Species auch *Cucumis sativus.* Über die **Viruskrankheiten der Kartoffel** nach dem gegenwärtigen Stand der Forschung liegt ein Sammelreferat von KÖHLER (1960) vor.

Literatur

BAGNALL, R. H., C. WETTER and R. H. LARSON: Phytopathology 49,435—442 (1959). — BAWDEN, F. C., R. P. CHAUDHURI and B. KASSANIS: Ann. appl. Biol. 38, 774—784 (1951). — BEEMSTER, A. B. R.: Tijdschr. Plantenziekten 65, 68—69 (1959). — BERCKS, R.: Phytopath. Z. 35, 105—118 (1959). — BERCKS, R., u. H. BURGHARDT: Phytopath. Z. 32, 207—222 (1958). — BERCKS, R., u. G. STELLMACH: Phytopath. Z. 35, 437—438 (1959). — BERCKS, R., u. G. STELLMACH: Nachr. deutsch. Pflanzenschutzd. (Braunschweig) 11, 170—172 (1959). — BJÖRLING, K.: K. Ann. Acad. Reg. Sci. Upsaliensis 2, 17—32 (1958). — BJÖRLING, K., u. F. OSSIANNILSSON: Socker Handlingar II, 14, 1—13 (1958). — BLACK, L. M.: Nature (Lond.) 166, 852—853 (1950). — BLACK, L. M.: Ann. N. Y. Acad. Sci. 56, 398—413 (1953a). — BLACK, L. M.: Phytopathology 43, 9—10 (1953b). — BLASZCZAK, W., A. F. ROSS and R. H. LARSON: Phytopathology 49, 748—791 (1959). — BOARDMAN, N. K., and M. ZAITLIN: Vitology 6, 758—768 (1958). — BORGES, M. D. L. V., e J. F. D. FERREIRA: Acta Biol. Portug. A 6, 18—22 (1959). — Bos, L., B. DELEVIC and J. P. H. VAN DER WANT: Tijdschr. Plantenziekten 65, 89—106 (1959). — BRADLEY, R. H. E.: Virology 8, 308—318 (1959). — BRANDES, J., and C. WETTER: Virology 8, 99—115 (1959). — BURGHARDT, H., u. R. BERCKS: Phytopath. Z. 34, 325—337 (1959).

COSTA, A. S., and A. M. CARVALHO: Phytopath. Z. 37, 259—272 (1960).

DIENER, T. O., and M. L. WEAVER: Phytopathology 49, 321—322 (1959).

HAGEDORN, D. J., L. Bos and J. P. H. VAN DER WANT: Tijdsch. Plantenziekten 65, 12—23 (1959). — HEINZE, K.: Phytopathogene Viren und ihre Überträger. 290 S. Berlin 1959. — HEINZE, K.: Arch. ges. Virusforsch. 9, 396—410. — H(1959). HEINZE, K.: Z. Pflanzenkrankh. 65, 193—198 (1958). — HUBBELING, N.: Ziekten en beschadigingen van bonen. Tuinbouwvoorlichting 3, s'Gravenhage (1955).

JENSEN, D. D.: Virology 8, 164—175 (1959).

KÖHLER, E.: Phytopath. Z. 65, 393—397 (1959a). — KÖHLER, E.: Arch. Mikrobiol. 33, 128—148 (1959b). — KÖHLER, E.: Die Viruskrankheiten der Kartoffel nach dem gegenwärtigen Stand der Forschung. Angew. Bot. 34, 1—27 (1960).

MARAMOROSCH, K.: Trans. N. Y. Acad. Sci., Ser. 2, 20, 383—393 (1958). — MATSUI, G.: J. biophys. biochim. Cytol. 4, 831—832 (1958). — MUNDRY, K.-W., u. I. ROHMER: Phytopath. Z. 31, 305—318 (1958).

PAUL, H. L., J. BRANDES u. L. QUANTZ: Phytopath. Z. 31, 441—443 (1958). — PAUL, H. L., u. L. QUANTZ: Arch. Microbiol. 32, 312—318 (1959).

QUANTZ, L.: Phytopath. Z. 20, 421—448 (1953). — QUANTZ, L.: Viruskrankheiten der Hülsenfrüchte. Flugbl. Nr. 76, Biol. Bundesanst. Land- u. Fortwirtsch. Braunschweig. 8 S. (1955). — QUANTZ, L.: Phytopath. Z. 31, 319—330 (1958a). — QUANTZ, L.: Nachrbl. deutsch. Pflanzenschutzd. (Braunschweig) 10, 65—70 (1958b). — QUANTZ, L., u. J. BRANDES: Nachrbl. dtsch. Pflanzenschutzd. (Braunschweig) 9, 6—10 (1957).

SCHMELZER, K.: Zbl. Bakt. II. Abt. 112, 12—33 (1959). — SCHMIDT, H. B.: Biol. Zbl. 78, 889—936 (1959). — SCHNEIDER, I. R., and J. F. WORLEY: Virology 8, 230—242 (1959a); 8, 243—249 (1959b). — SLYKHUIS, J. T., and M. A. WATSON: Ann. appl. Biol. 46, 542—553 (1958). — STEERE, R. L.: J. biophys. biochim. Cytol. 3, 45 (1957). — STEUDEL, W., u. R. THIELEMANN: Phytopath. Z. 36, 302—313 (1959). — STOREY, H. H.: Proc. Roy. Soc. B 112, 46—60 (1932).

THORNBERRY, H. H.: Plant Dis. Reptr. 43, 371—373 (1959).

VAN DER WANT, J. P. H., en L. Bos: Tijdsch. Plantenziekten 65, 73—78 (1959). — WATSON, M. A., and R. C. SINHA: Virology 8, 139—163 (1959). — WEHRMEYER, W.: Protoplasma 51, 165—196 (1959a). — WEHRMEYER, W.: Protoplasma 51, 242—264 (1959b). — WETTER, C., u. L. QUANTZ: Phytopath. Z. 33, 430—432 (1958). — WETTER, C., L. QUANTZ u. J. BRANDES: Phytopath. Z. 35, 201—204 (1959). — WIESNER, K.: Wiss. Z. Univ. Halle, Math. Nat. VIII, 4/5, 577—630 (1959).

ZAITLIN, M., and N. K. BOARDMAN: Virology 6, 743—757 (1958).

23c. Bakteriosen

Von Carl Stapp, Braunschweig

Die durch *Xanthomonas malvacearum* hervorgerufene Baumwoll-
bakteriose erfordert in den entsprechenden Anbauländern unvermindert
größte Aufmerksamkeit. So wurden z. B. von A. L. Smith die durchschnittlichen Jahresverluste von 1952—1957 allein durch diese Krankheit in den USA auf 41 000 000 $ berechnet, und für 1958 kamen Smith
u. Mitarb. zu einem Ausfall von 3,4% der Gesamternte. Baumwollsorten
mit der Gen-Kombination B_2B_3, die im Sudan gewöhnlich Feldresistenz
gegen *Xanth. malvacearum* zeigen, brachen nach Dark (1958) aber unter
Wassersättigung (water logging) dort zusammen. Ein Stamm des Erregers aus Uganda/Afrika griff nach Brinkerhoff alle Baumwoll-
varietäten mit den Genen B_1 bis B_5 und B_2B_3 an, nicht aber die mit B_2B_6;
einer aus dem Sudan zeigte sich virulent gegenüber Sorten mit den
Genen B_2, B_3 sowie B_5 und einer aus portugiesisch Ostafrika gegenüber
solchen mit B_2 bis B_5. Auch Bird sowie Bird und Hadley berichten
über unterschiedliche Anfälligkeit, geprüft mit Rasse 1 und 2 des Erregers. Düngung mit etwa 35 kg N/acre machte nach Bird und Joham
tolerante Pflanzen resistent, wobei der Nitratstickstoff günstiger wirkte
als die Ammoniumform. Logan, der zur schnellen Feststellung des
Resistenzgrades der Pflanzen zwei verschiedene Impfverfahren erprobte,
vermutet auf Grund seiner Ergebnisse, daß die Resistenzfaktoren in
Komponenten des Zellwandgewebes zu suchen sind. Nach Last (1958)
war die amerikanische Baumwolle, *Gossypium hirsutum*, bei Stengelinfektionen weniger anfällig als die ägyptische, *G. barbadense*, und nach
Wickens und Logan (1958) verhielten sich die Sorten Albar 49 und A. 56/2
gegenüber Samen-, Blatt- und Stengelinfektionen hochresistent. In vergleichenden Pathogenitätsprüfungen mit dem Erreger an Baumwolle,
Hibiscus cannabinus, *Abutilon* spp., *Phaseolus* spp. und *Glycine soja*
erzielte Kostik (1957) nur bei Baumwolle einen Infektionserfolg.

Aus getrockneten, mit *Xanth. malvacearum* infizierten Baumwollpflanzen, die 6 Jahre lang in Papierbeuteln bei Zimmertemperatur
(24—26° C) in Berkeley aufbewahrt worden waren, ließen sich nach Ark
noch die Erreger isolieren und waren auch nach dieser langen Zeit noch
virulent.

Zur Überprüfung der Wirtsspezifität und damit zugleich der
Klassifizierung von pathogenen Vertretern der Gattung *Xanthomonas*
verwandte Dye (1958) 18 Species und 2 Varietäten dieses Genus aus 20
verschiedenen Wirtspflanzen. Junge Sämlinge von *Phaseolus vulgaris*,

Sorte Canadian Wonder, die er vor der Infektion 24 Std. in wassergesättigter Atmosphäre hielt, wurden daraus sofort in Plastikbeutel gebracht und darin weitere 3—5 Tage belassen. Impfung und Reisolierung des jeweiligen Erregers wurden 4mal wiederholt. Eine progressive Erkrankung erfolgte durch alle geprüften Kulturen. Daraus wird auf eine allmähliche Adaptation der Bakterien an ihren neuen Wirt und auf eine nahe Verwandtschaft dieser Organismen untereinander geschlossen. Das Bestehen einer engen Relation dieser Arten folgern SUTTON u. Mitarb. (1958) aus Versuchen mit einem Bakteriophagen, der zahlreiche phytopathogene *Xanthomonas*-Arten zu lysieren imstande war.

Vergleichend geprüft hat SABET im Sudan auch die bakteriellen Blattbrände einiger Leguminosen, so von *Dolychos lablab*, *Glycine soja*, *Vigna unguiculata*, *Medicago sativa* und dreier Species von *Cassia*, die auf Befall durch *Xanth. phaseoli*, *Xanth. phaseoli* var. *sojense*, *Xanth. alfalfae* resp. *Xanth. cassiae* zurückgeführt werden. Er kommt dabei zu dem Schluß, daß alle diese von ihm untersuchten Erreger zu reduzieren seien auf formae speciales von *Xanth. phaseoli*, außer *Xanth. phaseoli* var. *fuscans*, die auch weiterhin als Varietät bestehen bleiben müsse.

Der Erreger der Schleimfäule, *Pseudomonas solanacearum*, wird nach MAINE und KELMAN (1958) in resistenten Tabakpflanzen durch bestimmte Substanzen in seinem Wachstum gehemmt. Die Bildung solcher in den Blättern war lichtabhängig. Auf die Infektion erfolgte ein Konzentrationsanstieg von Scopoletin und einer nicht identifizierten phenolischen Substanz, die in anfälligen Pflanzen ein Maximum erreichten, während in den resistenten der Gehalt an Chlorogensäure größer war; reduziert war letztere gegenüber *Pseud. solanacearum* nur bakteriostatisch, doch in der oxydierten Form bactericid. Deshalb wird angenommen, daß die Chlorogensäure in dem Resistenzmechanismus zumindest teilweise eine Rolle spielt. Respirationsversuche mit Stengelgewebe gegen *Pseud. solanacearum* resistenter und anfälliger Tabakpflanzen ergaben nach MAINE, TOVE und KELMAN die stärkste Respirationssteigerung in erkranktem anfälligen Gewebe, in dem die Pathogenese am weitesten fortgeschritten war. Stoffwechselinhibitoren, wie z. B. o-Phenanthrolin, hemmen den O-Verbrauch in gesundem Tabakgewebe beträchtlich, jedoch nur schwach in krankem Gewebe. Dagegen hemmt Malonsäure die Atmung in gesundem und krankem Gewebe in gleichem Ausmaß. Aus diesen und weiteren Untersuchungsergebnissen wird auf das Bestehen eines andersartigen respiratorischen Ablaufs im kranken Gewebe geschlossen.

7 unabhängig voneinander isolierte Methionin-benötigende Mutanten von *Pseudomonas tabaci*, dem Erreger des Wildfeuers beim Tabak, zeigten nach GARBER ein unterschiedliches Verhalten auf verschiedenen *Nicotiana* spec. Das vom Erreger produzierte Exotoxin hat als Methionin-Antimetabolit zu gelten. Methionin konnte durch einige Derivate ersetzt werden. Die Avirulenz bestimmter Tryptophan-benötigender Mutanten wurde auf einen bisher unbekannten Mechanismus zurückgeführt. Kein biochemischer Mutant war virulent auf einem Wirt, der gegen den Aus-

gangsstamm resistent war. *Nicotiana glutinosa* zeigte sich für 4 der Mutanten anfällig.

Bakterielle Naßfäulen werden vorwiegend durch *Erwinia phytophthora* und ihre verschiedenen formae speciales (STAPP, 1958) sowie durch die diesen nahestehende *Erwinia aroideae* erzeugt. Daneben kommt z. B. als Naßfäuleerreger an Salat u. a. noch *Pseudomonas marginalis* in Frage. Sie alle sind dadurch gekennzeichnet, daß sie pektolytische Enzyme besitzen. In Kulturfiltraten der letzteren wurde von CEPONIS und FRIEDMAN neben Protopektinase und Pektindepolymerase noch eine schwach wirksame Pektinmethylesterase, aber keine Polygalakturonase nachgewiesen. Durch UV-Bestrahlung gewannen FRIEDMAN und CEPONIS (a, b) avirulente Isolate, die zum Unterschied vom Ausgangsstamm in Kultur keine pektolytischen Enzyme besaßen. W. K. SMITH (1958) fand unter 67 Stämmen pflanzenpathogener Bakterienarten 22, die γ-Pektinglykosidase erzeugten. KILGORE und STARR (1958a) haben nach Bebrütung von Naßfäulekulturen mit einem gereinigten Uronsäureisomerase-Präparat papierchromatographisch nachweisen können, daß aus d-Glucuronat als Zwischenprodukt 5-Keto-l-gulonat gebildet und dieses unter bestimmten Bedingungen dann zu d-Mannonat reduziert wird. Die Umwandlung von d-Galakturonat in 5-Keto-l-galaktonat und die darauffolgende Reduktion zu d-Altronat verlaufe in gleicher Weise. Bei Untersuchungen (1958b) mit hoch gereinigten Präparationen von galakturonat- und gluconatgewachsenen Kulturen fanden sie ein Enzym, das d-Galakturonat zu seinem Keturon-Analogon Tagaturonat oder 5-Keto-l-galaktonat isomerisieren kann, und daß es diese Verbindung ist, die zu l-Galaktonat reduziert wird. Die zwei Enzyme, die die Isomerisation bzw. die Reduktion katalysieren, konnten von den beiden Autoren (c) getrennt gewonnen werden. Das erstere hat den vorläufigen Namen Uronsäure-Isomerase erhalten; es wirkt auf die Alduronsäuren und bildet die entsprechenden Keturonsäuren. Das zweite Enzym, die Keturonsäure-Reduktase, bewirkt dann, wie oben angegeben, die Reduktion zu d-Altronat resp. d-Mannonat.

GARBER (1958) hat drei Histidin-benötigende Mutanten von *Erwinia aroideae* an 3 Varietäten von Rüben, die sich jeweils durch unterschiedliche Histidingehalte auszeichneten, geprüft; dabei ergaben sich keine Beziehungen zwischen dem Gehalt an Histidin und der Anfälligkeit gegenüber den Mutanten.

Nach EDGINGTON und DIMOND (1958) kann die Resistenz von Tomatenpflanzen durch Behandlung mit Naphthylessigsäure gesteigert, durch Ca-Mangel dagegen herabgesetzt werden. KENDRICK, WEDDING und PAULUS fanden, daß ein nach folgender Formel berechneter Temperatur/relative Feuchtigkeit-Index

$$x = \frac{2{,}5\ (\%\ \text{rel. F. Std. über } 90\%) + (^\circ\ \text{Std. über } 5^\circ\ \text{C})}{100}$$

eine signifikante positive Korrelation zum Grad des Auftretens der bakteriellen Naßfäule bei Kartoffelknollen der Sorte White Rose ergab.

Auf dem Gebiet der bakteriellen Tumorforschung wurden inzwischen auch wieder einige interessante Fortschritte erzielt. So haben ROBSON, BUDD und YOST bei crown-gall- und Normalgewebe von *Parthenocissus tricuspidata*, die in Gegenwart von 7-Azoindolpropionsäure in Gewebekultur gehalten wurden, festgestellt, daß das Tumorgewebe etwa zweimal soviel N und P enthielt wie das normale und desgleichen zweimal soviel Protein und Nucleinsäure; auch bei Änderung der Wachstumsrate bleibt der Unterschied zwischen Tumor- und Normalgewebe erhalten, jedoch steigt die absolute Menge beider an. Die Erhöhung im DNS-Gehalt, so wird vermutet, bestehe im Anwachsen der nichtchromosomalen DNS. Nach LIPETZ und GALSTON war weder in dialysierten noch nichtdialysierten Homogenaten aus crown-gall- oder Normalgewebe der gleichen Wirtspflanze eine Indolylessigsäure-Oxydase-Wirkung nachweisbar. Auf Grund noch weiterer Untersuchungen wird geschlossen, daß der Unterschied im Auxinbedarf und der Wachstumsrate zwischen beiden Gewebearten nicht mit einer differenten Auxinzerstörung erklärt werden kann.

Bei Verwendung von Tryptophan, gekennzeichnet durch ^{14}C-Isotope in verschiedener Anordnung, ließ sich auf radioautographischem Wege von KAPER und VELDSTRA (1958) zeigen, daß *Agrobacterium tumefaciens* über Indolpyrovinsäure als Zwischenprodukt Indolylessigsäure bildet, diese also physiologischen Ursprungs ist.

Dem Einwand, daß es sich bei den Teratomen nur um ein Gemisch von normalen und Krebszellen handeln könne und die Rückführung der Komplextumorzellen in normale also nur eine scheinbare sei, ist A. C. BRAUN in allerjüngster Zeit damit begegnet, daß er jeweils kleinere Stücke von Tabak-Komplextumoren, die seit mehr als 5 Jahren in Gewebekultur weitergezüchtet waren, in ein besonders präpariertes flüssiges steriles Substrat übertrug und die Kolben mit Inhalt 5 Wochen in einem Schüttelapparat ständig in kräftiger Bewegung hielt. Nach dieser Zeit waren zahlreiche Einzelzellen und Zellklümpchen in dem Medium vorhanden. Von 267 isolierten Einzelzellen wuchsen noch nicht 4% an. Aus letzteren entwickelten sich bereits nach der 3. Passage auf dem Grundmedium morphologisch hoch abnorme Blätter und Knospen. Diese wurden auf gesunde Tabakpflanzen transplantiert, jeweils weiter überpflanzt, sobald sie eine genügende Größe erreicht hatten usw., bis auch sie, wie in früheren Versuchen, ein normales Aussehen zeigten und sogar zum Blühen und Fruchten gebracht werden konnten. Damit ist also eindeutig bewiesen, daß das Teratomgewebe nicht aus einer Mischung gesunder und krebsig entarteter Zellen besteht, sondern in der Tat eine Rückentwicklung von autonomen, entarteten Zellen möglich ist.

Im Hinblick auf die von WARBURG vertretene und noch immer umstrittene Ansicht, daß die Glykolyse infolge einer gestörten Atmung für die Entstehung tierischer und menschlicher maligner Tumoren kausal verantwortlich zu machen sei, haben BRUCKER und SCHMIDT vergleichende manometrische Messungen des Gasstoffwechsels an in vitro-Kulturen von pflanzlichem Callus- und Tumorgewebe, und zwar an *Datura innoxia* und *Daucus carota*, durchgeführt (vgl. hierzu SCHMIDT und BRUCKER a, b). Eine Gesetzmäßigkeit in der Verschiebung der Energiegewinnung aus den Atmungsvorgängen des Callusgewebes zu etwaigen Gärungsprozessen des crown-gall-Gewebes konnten sie ebensowenig wie andere Untersucher vor ihnen finden. Desgleichen war eine Anhäufung gewisser Stoffwechselprodukte wie Äthylalkohol, Glycerin, Brenztrauben-, Citronen-, α-Ketoglutarsäure u. a. beim crown-gall-Gewebe nicht festzustellen. Auch hemmungsanalytische Untersuchungen des Zuckerstoffwechsels zwischen dem Callusgewebe einerseits und dem Tumorgewebe andererseits erbrachten keine Unterschiede im glykolytischen Ablauf der Atmung. Es wird jedoch angenommen, daß die Endoxydation des Callusgewebes über das Cytochrom-Cytochromoxydase-System, diejenige des Tumorgewebes wahrscheinlich über Ascorbinsäure-Ascorbinsäureoxydase verläuft; einschränkend wird aber darauf hingewiesen, daß die erzielten Ergebnisse nicht spezifisch für pflanzliches Tumorgewebe seien.

In jüngsten Versuchen von BENDER und BRUCKER, die in Fortsetzung der früheren [siehe hierzu diese Zeitschrift **21**, 399 (1959)] vorgenommen waren und der weiteren Charakterisierung des tumorinduzierenden Prinzips (= TIP) dienten, wurde 48 Std. altes Wundgewebe von Stengeln 1—2 Monate alter Pflanzen von Tomate und *Datura tatula* homogenisiert und je mit einer 48 Std. alten Kultur von *Agrobact. tumefaciens* 2 Tage lang bebrütet.

Dann wurde das ganze 1 Std. lang bei 2000 g zentrifugiert, der Überstand erst durch ein Glasfilter G 5, dann durch ein Membranfilter G 6 steril filtriert; schließlich wurde die so bakterienfrei gewonnene Flüssigkeit in der Ultrazentrifuge 1 Std. bei 100 000 g zentrifugiert. Der Bodensatz wurde mit physiologischer NaCl-Lösung aufgenommen (Ausgangslösung: NaCl-Lösung = 100 : 1). Von diesem Extrakt wurden jeweils 0,05 ml auf die Versuchspflanzen übertragen.

Das durch Ultrazentrifugation angereicherte TIP ergab, in die Pflanze ,,injiziert", in 60—100% der Fälle Tumoren. Da es gleichgültig war, ob zur Gewinnung des TIP von Wundgewebe aus Tomaten oder aus *Datura tatula* ausgegangen wurde, ergibt sich, daß das TIP nicht wirtsspezifisch ist. Es zeigte sich des weiteren, daß das TIP nur an Pflanzen zur Wirkung kam, die für *Agrobact. tumefaciens* anfällig sind, während gegen den Erreger resistente Pflanzen, wie z. B. *Tradescantia viridis*, in keinem Falle nach Behandlung mit TIP mit einer etwaigen Tumorbildung reagierten. Das gleiche negative Ergebnis wurde erreicht, wenn 1. Wundgewebebrei resistenter Pflanzen als Ausgangsmaterial zur Gewinnung von TIP verwendet wurde und 2. anstelle der lebenden Bakterien hierzu ein steriles Bakterienhomogenat benutzt wurde. Wir müssen also festhalten: Resistente Pflanzen bilden keinen ,,TIP-Synthesefaktor". KLEIN und KNUPP hatten früher (1957) schon zeigen können, daß die Synthese des TIP in vitro abhängig ist von einem im Wundsaft vorhandenen Synthesefaktor. Große Mengen des letzteren wurden von THOMAS und KLEIN in gemalzter Gerste gefunden. Der Synthesefaktor wurde mit Salzlösungen extrahiert, die die Isolierung von Nucleinsäuren begünstigen. Wenn partiell gereinigte DNS von gemalzter Gerste einem synthetischen Medium mit 1% Saccharose als C-Quelle zugesetzt wurde,

waren gutes Wachstum der Bakterien und ein hoher Titer des TIP festzustellen. Hochgereinigte DNS von Weizenkeimen war auch eine gute
Quelle des Synthesefaktors. Durch empirische Substitution wurde festgestellt, daß es sich bei dem aktiven Material um ein Pyrimidin, 5-Methyl-
cytosin, sein Desoxyribosid oder sein Desoxyribotid handelt; auch
Thymin war schwach wirksam.

Flaschen mit synthetischem Medium, enthaltend 100 μg/ml 5-Methylcytosin,
wurden mit *Agrobact. tumefaciens* (Stamm B$_6$) in der log-Phase beimpft und 24 Std.
lang bei 25° C geschüttelt. Das Kulturmedium wurde durch Zentrifugieren und nachfolgende Filtration durch eine Serie von Porzellanfiltern sterilisiert, das Filtrat mit
3—4 Vol-% Alkohol (95%) behandelt. Der resultierende Niederschlag in 0,2 mol
NaCl/0,01 mol Citrat, p$_H$ 7,0 gelöst und die Lösung über Nacht bei 4° C gegen den
gleichen Puffer dialysiert, repräcipitiert mit Alkohol, in synthetischem Medium
gelöst und durch Filtration sterilisiert.

Durch diese Prozedur wurde der „Wuchsfaktor" eliminiert, der
Auxine, Kinine, Purine, Pyrimidine usw. einschließt. Absorptionsspektren besagen, daß dieses gereinigte TIP etwa 5 Gew.-Prozente
Nucleinsäure enthält. Der andere wesentliche Komponent war ein saures
Polysaccharid, das keine TIP-Wirksamkeit hatte. Die TIP-Aktivität
dieser gereinigten Präparation wurde durch Desoxyribonuclease aufgehoben, über deren inaktivierende Wirkung gegenüber TIP MANIGAULT
und STOLL bereits 1958 berichtet hatten. Die Aktivität des TIP stand in
direkter Relation zu der bekannten Virulenz des verwendeten Bakterien-
stammes, ebenso wie zur Konzentration des Synthesefaktors.

Behandlung von besonders vorbereiteten Scheiben von Möhren-
phloem mit gereinigtem TIP und nachfolgender Stimulierung mit Auxin
resultierte einheitlich in der Bildung von Tumoren an der Oberfläche der
behandelten Scheiben (20—80% variierend). Zeit- und Temperatur-
beziehungen dieser sterilen Induktion standen in Übereinstimmung mit
dem bekannten Verlauf der Tumorbildung durch Bakterien in situ.

Literatur

ARK, P. A.: Plant Dis. Reptr. 42, 1293 (1958).
BENDER, E., u. W. BRUCKER: Z. Bot. 47, 258—271 (1959). — BIRD, L. S.:
Phytopathology 49, 315 (1959). — BIRD, L. S., and H. H. HADLEY: Genetics 43,
750—767 (1958/1959). — BIRD, L. S., and H. E. JOHAM: Plant Dis. Reptr. 43, 86—89
(1959). — BRAUN, A. C.: Proc. Nat. Acad. Sci. 45, 932—938 (1959). — BRINKER-
HOFF, L. A.: Phytopathology 49, 534 (1959). — BRUCKER, W., u. W. A. K. SCHMIDT:
Ber. dtsch. Bot. Ges. 72, 321—332 (1959).
CEPONIS, M. J., and B. A. FRIEDMAN: Phytopathology 49, 141—144 (1959).
DARK, S. O. S.: Proc. 10th Intern. Congr. Genet. 2, 65 (1958). — DYE, D. W.:
Nature (Lond.) 182, 1813—1814 (1958).
EDGINGTON, L. V., and A. E. DIMOND: Phytopathology 49, 538 (1959).
FRIEDMAN, B. A., and M. J. CEPONIS: a) Phytopathology 49, 227 (1959); b)
Science 129, 720—721 (1959).
GARBER, E. D.: Amer. J. Bot. 45, 523—525 (1958). — GARBER, E. D.: Bot. Gaz.
120, 157—161 (1959).
KAPER, J. M., and H. VELDSTRA: Biochim. biophys. Acta 30, 401—420 (1958). —
KENDRICK, J. B., R. T. WEDDING and A. O. PAULUS: Phytopathology 49, 701—705
(1959). — KILGORE, W. W., and M. P. STARR: a) Biochim. biophys. Acta 30, 652 bis
653 (1958); b) Biochim. biophys. Acta 29, 659—660 (1958); c) J. biol. Chem. 234,

2227—2235 (1959). — KLEIN, R. M., and J. L. KNUPP: Proc. nat. Acad. Sci. (Wash.) 43, 199—203 (1957). — KOSTIK, F. D.: Sborn. Trud. Mold. St. vsesoyuz. Inst. Zashch. Rast. 2, 61—69 (1957).

LAST, F. T.: Ann. appl. Biol. 46, 321—335 (1958). — LIPETZ, J., and A. W. GALSTON: Amer. J. Bot. 46, 193—196 (1959). — LOGAN, C.: Ann. appl. Biol. 46, 230—242 (1958).

MAINE, E. C., and A. KELMAN: J. Elisha Mitchell sci. Soc. 74, 85 (1958). — MAINE, E. C., S. B. TOVE and A. KELMAN: Phytopathology 49, 545 (1959). — MANIGAULT, P., and C. STOLL: Experientia (Basel) 14, 409—410 (1958).

ROBSON, H. P., M. A. BUDD and H. T. YOST jr.: Plant Physiol. 34, 435—440 (1959).

SABET, K. A.: Ann. appl. Biol. 47, 318—331 (1959). — SCHMIDT, W. A. K., u. W. BRUCKER: a) Flora 147, 133—155 (1959); b) Flora 147, 242—262 (1959). — SMITH, A. L.: Plant Dis. Reptr. Suppl. 259, 199—204 (1959). — SMITH, H. E., A. L. SMITH, W. E. COOPER and L. LETT: Plant Dis. Reptr. 43, 368—370 (1959). — SMITH, W. K.: J. gen. Microbiol. 18, 33—41 (1958). — STAPP, C.: Pflanzenpathogene Bakterien. 259 S. Berlin u. Hamburg: P. Parey 1958. — SUTTON, M. D., H. KATZNELSON and C. QUADLING: Canad. Microbiol. 4, 493—497 (1958).

THOMAS, A. J., and R. M. KLEIN: Nature (Lond.) 183, 113—114 (1959).

WICKENS, G. M., and C. LOGAN: Prog. Rep. exp. Stat. Emp. Cott. Gr. Corp. (Uganda) 1957—1958, 43—48 (1958).

23 d. Mykosen

α) Mykosen, verursacht durch Archimyceten und Phycomyceten

Von JOHANNES ULLRICH, Braunschweig

I. Archimyceten

Im November 1958 wurde in Smolenice, ČSR, eine Internationale Konferenz über den Kartoffelkrebs abgehalten. Diese Tagung fand zu einem historisch bemerkenswerten Zeitpunkt statt, denn 70 Jahre vorher wurden zum ersten Male von *Synchytrium endobioticum* (Schilb.) Perc. befallene Kartoffelknollen in Hornany (Slowakei) aufgefunden. SCHILBERSZKY in Budapest beschrieb 1896 diese neue Krankheit und ihren Erreger. Die in Smolenice gehaltenen 22 Vorträge, über die z. T. bereits im Vorjahre berichtet wurde, liegen nun gedruckt vor [Rostlinna vyroba **5** (6), 236 S. (1959)]. In den Vorträgen wurden hauptsächlich Ökologie des Kartoffelkrebsauftretens, physiologische Spezialisierung des Erregers, Resistenzzüchtung und Bodenentseuchung behandelt.

Die Verfahren, nach denen man die Resistenz von Kartoffelsorten und -zuchtstämmen gegenüber *S. endobioticum* prüft, sind seit über drei Jahrzehnten unverändert. In ihrem Smolenice-Referat hatten SPITZOVA u. ZAKOPAL darauf hingewiesen, daß man die Augen ganzer Kartoffelknollen durch Tauchen mit Krebswucherungen infizieren kann. Weitere neue Infektionsmethoden für Sämlinge haben nun MÜLLER und HILLE (1) entwickelt. Die Methode von HILLE ist eleganter. Hierbei werden die zu prüfenden Sämlinge nebst Kontrollen in Schaumgummi pikiert und mit Krebswucherungen in Wasser getaucht. HILLE (2) konnte so feststellen, daß alle deutschen Tomatensorten gegenüber den Rassen 1 und 8 anfällig sind. Er diskutierte ebenso wie PIDOPLIČKO die Frage des Anbauverbotes der Tomate in Krebserden, da diese als Nebenwirt zur Erhaltung des Erregers im Boden beitragen könnte. Über erste Erfolge der Kartoffelzüchtung auf Resistenz gegenüber neuen Krebsrassen in Deutschland berichtete ULLRICH. BOJNANSKY setzte seine ökologischen Studien fort und fand, daß der Kartoffelkrebs auch in Rumänien unter den von ihm für die ČSR ermittelten Bedingungen auftritt (s. Fortschr. Bot. **21**, 403).

Gegenüber dem Kartoffelkrebs, der z. Z. wieder stärker beachtet wird, tritt die Bearbeitung anderer Archimyceten zurück. Als Ursache bisher ungeklärter Krankheiten gewinnt jedoch *Olpidium brassicae* (Woron.) Dang. an Bedeutung. Daß dieser Pilz die Aderchlorose des Kopfsalates

(s. Fortschr. Bot. **21**, 403) hervorruft, wurde nunmehr auch durch VAN HOOF (1) bestätigt. Er konnte *O. brassicae* in Holland aus Wurzeln kranker Kopfsalat- und Endivienpflanzen isolieren. RICH fand diesen Pilz in Connecticut beim Kopfsalat und Spinat, bei letzterem entsteht eine schwere Chlorose der Blätter.

II. Phycomyceten

1. Artenabgrenzung

Peronospora. *Peronospora*-Herkünfte von Cruciferen und Chenopodiaceen untersuchten YERKES u. SHAW. Während sich die Oosporen als morphologisch einheitlich erwiesen, variierten die Konidiophoren so stark, daß es den Untersuchern nicht möglich war, einzelne Typen bestimmten Arten zuzuschreiben. Das gleiche galt für die Konidienmaße. Verschiedene Einsammlungen von ein und derselben Wirtsart wiesen bereits die ganze Variationsbreite der Einsammlungen von anderen Arten auf. Da auch die physiologische Spezialisierung keine befriedigende Grundlage für eine Artenabgrenzung bietet, ziehen die Autoren die radikale Folgerung, daß für jede Wirtsfamilie nur eine Sammelart anzunehmen sei: *P. parasitica* (Fr.) Fr. für die Cruciferen und *P. farinosa* (Fr.) Fr. für die Chenopodiaceen. Damit würde ein großes Artenheer eliminiert werden.

Die Nomenklatur des Falschen Rebenmehltaues ist äußerst verworren, GRÜNZEL schlägt für diesen Pilz die Bezeichnung *P. viticola* de Bary vor. Eine Spezialisierung auf bestimmte *Vitis*-Arten, wie sie GÄUMANN und SAVULESCU wiederholt beschrieben haben, konnte er nicht finden.

Phytophthora. Auch die Abgrenzung der *Phytophthora*-Arten voneinander ist wegen ihrer Plastizität schwierig. Jahr für Jahr werden außerdem neue Arten und Formen aufgefunden. Manche bekannten Arten erobern sich neue Lebensräume und Wirtsbereiche, womit eine fortschreitende Spezialisierung verbunden sein kann. Man gewinnt daher heute den Eindruck einer zunehmenden Entfaltung der *Phytophthora*-Arten im Pflanzenbau der ganzen Welt, die derjenigen der Virosen nicht viel nachstehen dürfte.

Im Berichtsjahre befaßten sich mehrere Autoren mit der Taxonomie der Gattung. BUDDENHAGEN untersuchte die Mutabilität von *P. cactorum* (Leb. et Cohn) Schroet. nach Behandlung der der Zoosporen mit X-Strahlen ($\geqq 4500$ r) und erhielt Mutanten, die Merkmale von *P. hibernalis* und *P. cinnamoni* aufwiesen. Er betrachtet daher die Artenabgrenzung als unbefriedigend, weil sie das Variationspotential übersieht. Nach KLEIN (1) ist die Taxonomie der Arten mit paragynen Antheridien besonders unzulänglich. Er konnte zeigen, daß in dieser Gruppe die Anlage, Bildung und Form sowie die Keimung der Sporangien sehr stark vom Kulturmedium und dessen Alter beeinflußt wird. Gleiches gilt für die Rate der Oogonienbildung und für den Oogoniendurchmesser. Die Gestalt, Größe und Papillenbildung der Sporangien ist derartig variabel, daß die meisten, den Arten mit paragynen Antheridien zugeschriebenen Merkmale nicht

als charakteristisch angesehen werden können. Weniger pessimistisch ist
SCHWINN, der einige Arten mit amphigynen und paragynen Antheridien
vergleichend untersuchte. Er mißt der Form der Papille und der Fußzelle
der Sporangien größere systematische Bedeutung bei. Anhand der Kulturmerkmale kann man nach diesen Untersuchungen Arten des Typs
,,*cactorum*" und ,,*parasitica*" unterscheiden und die Arten *P. cinnamoni*
und *P. syringae* trennen. Er spricht sich jedoch dafür aus, statt der Arten
Artkreise wie ,,*cactorum*", ,,*palmivora*" und ,,*parasitica*" in den Vordergrund zu stellen, da auch er infolge der Plastizität die Artcharakteri-
sierung für schwierig hält. Die ursprünglich von KAUFMANN u. GERDE-
MANN gefundene unterschiedliche Färbbarkeit des Mycels von sechs *P.*-
Arten mit Chlorzinkjod konnte, was nicht überrascht, von BUSHONG u.
GERDEMANN nicht bestätigt werden. Die Hyphen färbten sich unterschiedlich, je nach dem Substrat, auf dem sie aufwuchsen.

Beachtenswert ist die Untersuchung von ORELLANA über *P. palmivora* Butl. Demnach sind Isolate von *Cacao* und *Hevea* (einschl. *P. heveae*
Thomps.) gut zu unterscheiden und nicht miteinander kompatibel. Die
Isolate von *Hevea* sind nur gegenüber *Hevea*sämlingen und -früchten
pathogen, die Isolate von *Cacao* nur gegenüber *Cacao*sämlingen und
-früchten. Daher schlägt der Autor vor, folgende Varietäten von *P. palmivora* zu unterscheiden: var. *theobromae* (Colem.) = *P. theobromae* Colem.
und var. *heveae* (Thomps.) = *P. heveae* Thomps. BYWATER u. HICKMAN
fanden einen neuen zu *P. erythroseptica* zu stellenden *Phytophthora*-
Stamm aus Erbsenwurzeln, der gegenüber Kartoffelknollen und Äpfeln
nicht pathogen war, während andererseits Isolate der Stammart die Erbse
nicht zu infizieren vermochten. Nach Vereinigung der *P.*-Arten ,,*crypto-
gaea*", ,,*drechsleri*", ,,*himalayensis*" und ,,*richardiae*" mit ,,*erythroseptica*"
wie sie von den Autoren vorgeschlagen wird, wäre neben dem genannten
und als var. *pisi* bezeichneten Stamm noch eine var. *richardiae* zu unterscheiden.

2. Spezialisierung und Resistenz

Die fortschreitende Spezialisierung der Krankheitserreger stellt die
Resistenzzüchtung immer wieder vor neue Aufgaben, da die Resistenz
der Kulturpflanzenvarietäten stets von neuem durchbrochen wird.
Weniger gefährdet blieben bisher die sogenannten feldresistenten Sorten.
Diese sind zwar anfällig, aber der Erreger dringt oft schwer ein. Ist er
erst einmal eingedrungen, so entwickelt er sich nur langsam, wodurch
die Inkubationszeit verlängert und die Sporualationsintensität verringert
wird. Als Beispiel sei die neue gegenüber *Peronospora destructor* (Verk.)
Casp. resistente Zwiebelvarietät 13.53 genannt, die alle Merkmale der
Feldresistenz besitzt (BERRY).

Mehrere Arbeiten befassen sich mit der Differenzierung neuer Er-
regerrassen, auf die man erst aufmerksam wurde, als die bis dahin be-
stehende Resistenz von Kultursorten durchbrochen wurde. So war die
Züchtung von Limabohnen, die gegenüber *Phytophthora phaseoli* Thaxt.
resistent sind, in Amerika bisher erfolgreich. 1958 wurde jedoch erstmalig
eine neue Erregerherkunft gefunden, die bei einigen Stämmen von

Phaseolus lunatus die Resistenz durchbrach (WESTER u. JORGENSEN). Inzwischen konnten WESTER u. CETAS eine aus Guatemala stammende Varietät der Limabohne auffinden, die auch gegenüber der neuen Rasse resistent blieb. *Phytophthora fragariae* Hickm. scheint stark in Rassen aufgespalten zu sein. Auf dem engeren Raum der Saanich-Halbinsel Vancouvers fand McKEEN (1) allein 10 in ihrer Pathogenität variierende Formen, in Maryland wurden 7 Rassen festgestellt (CONSERVE u. Mitarb.). DUNLEAVY konnte im nördlichen Sojaanbaugebiet der USA 23 in der Pathogenität unterschiedliche Stämme von *Peronospora manshurica* (Naum.) Syd. einsammeln. Unter diesen befanden sich auch die älteren Rassen 1 bis 4 sowie die neueren von LEHMAN aufgefundenen weiteren 4 Rassen. Alle 23 Isolate konnten auf einem Sortiment von 11 Sojasorten differenziert werden, einige Sojatypen waren gegenüber allen Rassen resistent. Erstmalig wurde beim Mehltauerreger des Spinates, *Peronospora effusa* (Grev. ex Desm.) Rabenh., von ZINK u. SMITH eine physiologische Spezialisierung festgestellt.

Über eine interessante Beobachtung an Einsporangien- und Einsporlinien von 10 Rassen von *Phytophthora infestans* (Mont.) de By. berichteten GALLEGLY u. EICHENMULLER. Die Rassen tendierten zu einer Veränderung, bei der die Merkmale der Rasse 4 mit denen der Ausgangsrasse kombiniert waren. Damit könnte die weltweite Verbreitung der Rasse 4 erklärt werden. Zu den Ländern, in denen diese Rasse vorherrscht (s. Fortschr. Bot. 21, 406), gehört nach den Ermittlungen von KEDAR u. Mitarb. auch Israel. Dort hat sie in wenigen Jahren die ursprünglich vorherrschende Rasse 0 völlig verdrängt. Ein neues Testsortiment für Rassen von *P. infestans* entwickelten SCHICK u. SCHICK. Es besteht aus verschiedenen homozygoten Linien von *Solanum demissum* und einigen Formen von *S. stoloniferum*. PURSS prüfte Sorten von *Vigna sinensis* und anderer Leguminosen auf Resistenz gegenüber *Phytophthora vignae* Purss. Zwei *Vigna*-Formen und alle untersuchten tropischen und subtropischen Leguminosen blieben resistent. Ein riesiges Hopfenmaterial von 70 000 Sämlingen verschiedener genetischer Abstammung wurde von HORNER auf Resistenz gegenüber *Pseudoperonospora humili* (Miyabe et Takah.) Wilson geprüft. Zwei Resistenztypen wurden aufgefunden, Resistenz gegenüber lokaler Ausbreitung des Pilzes im Blatt und Resistenz gegenüber einer systemischen Ausbreitung. LEACH u. HARDISON testeten ein Luzernensortiment auf Resistenz gegenüber *Physoderma alfalfae* (Lagh.) Karling. Erwähnt sei schließlich noch, daß, wie WHITAKER u. Mitarb. feststellen konnten, die Resistenz amerikanischer Kopfsalatsorten gegenüber *Bremia lactucae* Regel aus Einkreuzungen von *Lactuca serriola* herrührt.

3. Einzelne Krankheiten

In Europa gewinnt *Phytophthora cactorum* (Leb. et Cohn) Schroet. als Parasit der verschiedensten Kulturpflanzen an Bedeutung. Hier ist besonders die Kragenfäule des Apfels zu erwähnen, bei der eine rasch um sich greifende Fäule der Stammbasis entsteht. Dieser Krankheit widmeten

BRAUN u. Mitarb., besonders bezüglich der ökologischen Ansprüche des Erregers eine eingehende Studie. Die Kragenfäule breitet sich seit etwa 10 Jahren im Rheinland immer stärker aus. Neuerdings tritt sie auch in Italien auf (PRATELLA). Durch die Untersuchungen von BRAUN u. Mitarb. und von TEN HOUTEN wurde die Biologie und Epidemiologie der Krankheit bereits weitgehend aufgeklärt. Mit der chemischen Bekämpfung befaßte sich NIENHAUS (1). Im Vordergrund steht zur Zeit die Suche nach resistenten Unterlagen. Hier liegen aus Holland (TEN HOUTEN) und England (SEWELL u. WILSON) umfangreichere Ergebnisse vor. *P. cactorum* verursachte in Westdeutschland in den letzten Jahren auch beträchtliche Schäden an Erdbeeren. Neu ist in Europa eine durch diesen Pilz hervorgerufene Rhabarberfäule [NIENHAUS (2)]. Durch den umfangreichen Wirtskreis von *P. cactorum* und das Eindringen in verschiedenste Kulturen dürfte in Zukunft die Epidemiologie dieses Erregers äußerst verwickelt werden.

KRÖBER hat in Deutschland einen neuen Wirt für *Phytophthora citricola* Saw. *(P. cactorum* var. *applanata)* aufgefunden. Dieser Pilz ruft bei *Rhododendron catawbiense* eine Zweigkrankheit hervor. Über einen an jungen Pfirsich- und Aprikosenbäumen in USA auftretenden Stammkrebs berichteten YOUNG u. MILBRATH. Der Erreger ist *P. syringae* Kleb. Mit einer Wurzelfäule, die in den natürlichen Beständen von *Chamaecyparis lawsoniana* in den feuchten, maritimen Gebieten entlang der amerikanischen Pazifikküste auftritt, befaßte sich TRIONE. Alle zehn verschiedenen Isolate von *P. lateralis* Tuck. et Milbr. erwiesen sich als hochpathogen. Als Erreger einer Fäule der Zuckerrohrsetzlinge in Louisiana wurde *P. erythroseptica* Pethybr. identifiziert. Ein weiterer, der Gattung *Phytophthora* nahestehender Pilz konnte noch nicht bestimmt werden (VAN DER ZWET). Bei einem Wurzelfäulekomplex in den kalifornischen Rebanlagen dürften mehrere *Phytophthora*-Arten beteiligt sein (CHIARAPPA). Eine in den Kulturen von Gerbera jamesonii auftretende Welkekrankheit konnte auf Wurzelbefall durch *P. cryptogea* Pethybr. et Laff. zurückgeführt werden (PAG). *P. palmivora* (Butl.) Butl. tritt auf zwei neuen Wirten auf: In Italien verursacht der Pilz bei Nelken eine Welkekrankheit (ANDREUCCI) und in Malaya eine Blattfäule bei *Vanda*-Hybriden (THOMPSON). Eine monographische Abhandlung über *P. palmivora* an Kakao hat TOLLENAAR vorgelegt. In Nigeria ist ein Sämlingssterben beim *Cacao* bekannt geworden, das auf Befall durch eine *P. palmivora* nahestehende Art zurückgeführt wurde (CHANT). Hohe Feuchtigkeit wirkt begünstigend, eine Bekämpfung ist mit Peronox erfolgreich (CHANT u. HALL). Die Ätiologie der Wurzel- und Stengelfäule der Sojabohne in Ohio *(Phytophthora sojae?)*, durch die jährliche Ausfälle im Werte von 1,5 Millionen Dollar entstehen (SCHMITTHENNER), klärte KLEIN (2) auf.

Einen neuen Aspekt gewinnt das Erikasterben (s. Fortschr. Bot. **21**, 402) durch die Untersuchungen von KRÖBER, SAUTHOFF u. MAATSCH. Nachdem bereits *Pestalotiopsis versicolor, Olpidium brassicae* und *Rhizophidium* sp. mit dieser Krankheit in Verbindung gebracht wurden, konnte von diesen Autoren aus den Wurzeln kranker Pflanzen *Phytophthora* *cinnamomi* Rands. isoliert werden. Das Erikasterben stellt im übrigen einen nennenswerten wirtschaftlichen Faktor dar, denn in Gesamtdeutschland werden jährlich über 4 Millionen *Erika*pflanzen angezogen. In Holland tritt neuerdings in stärkerem Maße an *Allium porrum* die sog. Papierfleckenkrankheit auf. Der Erreger ist nach VAN HOOF (2) mit *Phytophthora porri* Foister identisch. Er differierte von der Originalbeschreibung FOISTERs bezüglich der Konidienabmessungen, denen ohnehin nur ein sehr geringer taxonomischer Wert zukommt. In Vancouver treten in Loganbeerenkulturen starke Ausfälle durch eine Wurzelfäule auf. Aus den befallenen Wurzeln wurden *Phytophthora fragariae* Hickm. und mehrere *Pythium*arten isoliert [McKEEN (2)]. Erstmalig ist in Europa in Tabakkulturen *Peronospora tabacina* Adam aufgetreten (KRÖBER u. BODE). Epidemiologische Studien an diesem Objekt liegen von HILL aus Australien vor, eine Monographie über diese Krankheit schrieben McGRATH u. MILLER.

Literatur

ANDREUCCI, E.: Riv. Ortoflorofrutticolt. ital. **84**, 74—82 (1959).

BERRY, S. Z.: Phytopathology **49**, 486—496 (1959). — BOJNANSKY, V.: Omagiu lui Tr. Savulescu, Acad. Rep. Pop. Romine 73—81 (1959). — BRAUN, H., u. H. KRÖBER: Phytopath. Z. **32**, 35—94 (1958). — BRAUN, H., u. F. NIENHAUS: Phytopath. Z. **36**, 167—208 (1959). — BUDDENHAGEN, I. W.: Amer. J. Bot. **45**, 355—365 (1958). — BUSHONG, J. W., and J. W. GERDEMANN: Phytopathology **49**, 455—456 (1959). — BYWATER, J., and C. J. HICKMAN: Trans. Brit. Myc. Soc. **42**, 513—524 (1959).

CHANT, S. R.: Trop. Agric. **36**, 138—144 (1959). — CHANT, S. R., and T. H. R. HALL: Trop. Agric. **36**, 145—149 (1959). — CHIARAPPA, L.: Phytopathology **49**, 670—674 (1959). — CONVERSE, R. H., D. H. SCOTT and G. F. WALDO: Plant Dis. Rep. **42**, 837—840 (1958).

DUNLEAVY, J.: Phytopathology **49**, 537 (1959).

GALLEGLY, M. E., and J. J. EICHENMULLER: Amer. Potato J. **36**, 45—51 (1959). — GRÜNZEL, H.: Zbl. Bakt. II. Abt. **112**, 454—472 (1959).

HILL, A. V.; J. Aust. Inst. agric. Sci. **25**, 55—58 (1959). — HILLE, M.: (1) Phytopath. Z. **39**, 394—405 (1959). — (2) Nachr.-Bl. dtsch. Pflanzenschutzd. (Braunschweig) **12**, 12—14 (1960). — HOOF, H. A. van: (1) T. Pl. ziekten **65**, 24—26 (1959). — (2) T. Pl. ziekten **65**, 37—43 (1959). — HORNER, C. E.: Phytopathology **49**, 113 (1959).

KAUFMANN, M. J., and J. W. GERDEMANN: Phytopathology **48**, 201—208 (1958). — KEDAR (KAMMERMANN), N., J. ROTEM and I. WAHL: Phytopathology **49**, 675—679 (1959). — KLEIN, H. H.: (1) Phytopathology **49**, 376—379 (1959). — (2) Phytopathology **49**, 380—383 (1959). — KRÖBER, H.: Phytopath. Z. **36**, 381 bis 393 (1959). — KRÖBER, H., u. O. BODE: Nachr.-Bl. dtsch. Pflanzenschutzd. (Braunschweig) **12**, 17—22 (1960). — KRÖBER, H., W. SAUTHOFF u. R. MAATSCH: Nachr.-Bl. dtsch. Pflanzenschutzd. (Braunschweig) **11**, 139—141 (1959).

LEACH, C. M., and J. R. HARDISON: Plant Dis. Rep. **43**, 619—621 (1959). — LEHMAN, S. G.: Phytopathology **48**, 83—86 (1958).

McGRATH, H., and P. R. MILLER: Plant Dis. Rep. Suppl. **250**, 1—35 (1958). — McKEEN, W. E.: (1) Plant Dis. Rep. **42**, 768—771 (1958). — (2) Phytopathology **48**, 129—132 (1958). — MÜLLER, W. A.: Züchter **29**, 280—281 (1959).

NIENHAUS, F.: (1) Phytopath. Z. **34**, 365—384 (1959). — (2) Nachr.-Bl. dtsch. Pflanzenschutzd. (Braunschweig) **11**, 58—59 (1959).

ORELLANA, R. G.: Phytopathology **49**, 210—213 (1959).

PAG, H.: Gartenwelt **59**, 361—362 (1959). — PIDOPLICKO, N. M.: ČSAZV, Rostlinna vyroba **5**, 47—58 (1959). — PRATELLA, G. C.: Ann. Sperim. agr. (N. S.) **13**, 49—60 (1959). — PURSS, G. S.: Queensl. J. agric. Sci. **15**, 1—14 (1958).

RICH, S.: Plant Dis. Rep. **43**, 118 (1959).

Schick, R., u. E. Schick: Züchter **29**, 220—225 (1959). — Schmitthenner, A. F.: Ohio Farm and Home Res. **33**, 58—59 (1958). — Schwinn, F. J.: Arch. Mikrobiol. **33**, 223—252 (1959). — Sewell, G. W. F., and J. F. Wilson: J. hortic. Sci. **34**, 51—58 (1959). — Spitzova, B., a J. Zakopal: ČSAZV, Rostlinna vyroba **5**, 179—184 (1959).

Ten Houten, J. G.: T. Pl. ziekten **64**, 422—431 (1958). — Thompson, A.: Maha Mag. **15**, 61—66 (1958). — Tollenaar, D.: Netherl. J. agric. Sci. **6**, 24—38 (1958). — Trione, E. J.: Phytopathology **49**, 306—309 (1959).

Ullrich, J.: Nachr.-Bl. dtsch. Pflanzenschutzd. (Braunschweig) **11**, 10—12 (1959).

Wester, R. A., and R. C. Cetas: Plant Dis. Rep. Suppl. **257**, 181—182 (1959). — Wester, R. E., and H. Jorgensen: Plant Dis. Rep. **43**, 184—186 (1959). — Whitaker, T. W., G. W. Bohn, J. E. Welch and R. G. Grogan: Proc. Amer. Soc. hort. Sci. **72**, 410—416 (1958).

Yerkes, W. D., and Ch. G. Shaw: Phytopathology **49**, 499—507 (1959). — Young, R. A., and J. A. Milbrath: Phytopathology **49**, 114 (1959).

Zink, F. W., and P. G. Smith: Plant Dis. Rep. **42**, 818 (1958). — Zwet, T. van der: Phytopathology **49**, 320 (1959).

β) Mykosen, verursacht durch Ascomyceten und Fungi imperfecti

Von EMIL MÜLLER, Zürich

Für viele parasitische Pilze ist es lebenswichtig, sich über Perioden, während denen ihre Wirtspflanzen fehlen, zu retten. Dazu stehen ihnen verschiedene Möglichkeiten offen, so die Bildung von Dauerorganen, das Ausweichen auf andere Wirte oder andere Wirtspflanzenorgane oder das saprophytische Wachstum; für all diese Möglichkeiten mit ihren Variationen hat GÄUMANN Beispiele aus der Literatur zusammengestellt.

Das Überdauern von obligat biotrophen Ascomyceten

Bei den Erysiphaceae ist es immer noch umstritten, mit welchem Anteil die Perithecienüberwinterung am Zustandekommen der nächstjährigen Infektionen beteiligt ist. Zwar bleibt die Keimfähigkeit der Ascosporen bei vielen Arten bis zum Frühjahr erhalten. So konnten MOSEMAN u. POWERS bei trockner Lagerung perithecientragender Blätter für *Erysiphe graminis* DC. noch nach 13 Jahren keim- und infektionsfähige Ascosporen feststellen. Bei anderen Arten, so bei *Podosphaera leucotricha* (Ellis et Everh.) Salm., dem Erreger des Mehltaus an Apfelbäumen, ist die Keimfähigkeit überwinterter Ascosporen aber nach älteren und neueren Autoren fragwürdig (v. TUBEUF, WOODWARD, BERWITH und STOLL). Zusammenfassend über diese Probleme hat BLUMER (1) berichtet.

Die Überwinterung in Knospen ist deshalb für viele Arten bedeutungsvoller. Nach WOODWARD dringt *Podosphaera leucotricha* schon im Frühling in die sich eben bildenden Knospen ein. Das Mycel, welches sich zwischen Knospenschuppen und Blattanlagen befindet, treibt Haustorien in die Epidermiszellen und nach STALDER auch in die Schuppen- und Blatthaare. KOSSWIG (1, 2) ging der von AERTS u. SOENEN gefundenen Bedeutung von gespelzten und geschlossenen Knospen nach. Bei gespelzten Knospen fand er unter bestimmten Verhältnissen einen 90%igen, bei den geschlossenen durchschnittlich 20% Anteil erkrankter. Bevorzugt werden auch die Knospen an den Zweigenden besiedelt; beim untersuchten Beispiel wurden 30% erkrankte Endknospen gefunden, während die ersten Seitenknospen nur zu 6%, die weiteren sogar nur zu 3% erkrankten. Der Autor vermutete eine unterschiedliche Disposition der Knospen je nach ihrer Position an den Zweigen.

SPRAGUE und BLUMER (2) berichteten übereinstimmend über eine starke Verminderung des Mehltaubefalls an Apfelbäumen nach einem extrem kalten Winter. Sie konnten feststellen, daß dies nicht auf eine geringe Kältetoleranz des Pilzes, sondern auf eine größere Empfindlichkeit der infizierten Knospen zurückzuführen war. Es starb daher ein größerer Anteil infizierter Knospen ab, und in den toten Knospen konnte auch der Pilz nicht mehr weiterleben.

Das Überdauern von fakultativ biotrophen Ascomyceten und Fungi imperfecti

a) Saprophytisches Wachstum

Im Gegensatz zu den obligat biotrophen vermögen fakultativ biotrophe Erreger durch saprophytische Zustände Perioden ohne ihren Wirt zu überdauern. Dank dieser Fähigkeit öffnet sich der pflanzenpathologischen Forschung ein weites Feld zum Experimentieren mit Pilzreinkulturen.

In der Natur bleiben die parasitischen Pilze meist in den Rückständen ihrer Wirte und gelangen mit diesen auf oder in den Boden, wo sie den Winter oder Trockenzeiten überdauern. Viele Pilze vermögen unter derartigen Verhältnissen relativ lange zu überleben. Für *Cercosporella brassicae* (Fautr. et Roum.) v. Höhn. konnte CROSSAN noch nach 9 Monaten Mycel auf Pflanzenresten nachweisen, und in einem Versuch von KILPATRICK hielt sich *Cercospora kikuchii* (Matsu et Tomoy.) Gardn., Erreger einer Blattfleckenkrankheit von Sojabohnen, drei Jahre und mehr auf im Freien aufbewahrten Sojabohnenrückständen.

Unter Kälteeinflüssen leiden die meisten Pilze wenig. Untersuchungen liegen vor für *Cryptodiaporthe populea* (Sacc.) Butin (*Dotichiza populea* Sacc. et Br.) und *Cytospora chrysosperma* (Pers.) Fr., beides Erreger von Krebskrankheiten auf Pappel (TARRIS), und für *Deuterophoma tracheiphila* Petri, Erreger einer Welke an *Citrus* (SHALUISKHINA). Mycelien der ersten beiden Pilze wurden während 10 Tagen Temperaturen von -11 bis $-35°$ C ausgesetzt; sie wuchsen nachher wieder normal weiter. Ebenso erträgt *Deuterophoma tracheiphila* Temperaturen von -30 bis $-40°$ C.

Diese Kältetoleranz wird bei der Gefriertrocknung von Pilzen (Lyophilisieren) ausgenutzt; sporulierende Kulturen werden bei Temperaturen von -25 bis $-60°$ C getrocknet und lassen sich dann fast unbeschränkt lebend aufbewahren.

Hohe Temperaturen werden im allgemeinen weniger gut überstanden. SPILKER u. YOUNG fanden für *Ceratocystis fagacearum* (Bretz) Hunt (*Chalara quercina* Henry), den Erreger der amerikanischen Eichenwelke, ein Überleben in geschlagenem Holz bei 5° C während 12 Wochen, bei 25,5—27° C nur während 3—5 Wochen. Die Autoren empfahlen deshalb, Holztransporte nur im Sommer durchzuführen, um die Verschleppungsgefahr zu vermindern. LUTHRA, SATTAR u. GHANI und HILU u. BEVER stellten für die Conidien von *Septoria tritici* Rob., einem Blattfleckenerreger auf Weizen, eine rasche Abnahme der Keimfähigkeit bei höheren Temperaturen fest.

Komplex und unübersichtlich sind die Verhältnisse für Parasiten, welche mit den Resten ihrer Wirtspflanzen in den Boden gelangen oder ständig im Boden leben. Zwar sind auch hier Fälle bekannt, da Pilze im natürlichen, belebten Boden lange überleben, so *Ceratocystis faga-cearum* in den Wurzeln gefällter Eichen 3 Jahre und länger (YOUNT), oder *Cercosporella brassicae* 9 Monate (CROSSAN), doch ergaben Untersuchungen mit anderen Parasiten oft nur ein kurzes Überleben.

Viele Ascomyceten und Fungi imperfecti sind während ihrer ganzen saprophytischen Phase an die Rückstände ihrer Wirtspflanzen gebunden und wachsen im Boden nicht weiter, z. B. *Didymella (Mycosphaerella) pinodes* (Berk. et. Blox.) Petr., ein Parasit von *Pisum*arten (BAUMANN). Auch bei eigentlichen Bodenbewohnern ist das Wachstum im Boden beschränkt. SEWELL fand für *Verticillium albo-atrum* Rke. et Berth., einen Welkeparasiten verschiedener Kulturpflanzen, Hyphen nie mehr als 2 mm von Pflanzenrückständen entfernt.

Für andere Pilze ist das Leben im Boden fast ausgeschlossen. GEMEIN-HARDT (2) konnte aus Boden, der vorher stark erkrankte Kartoffeln getragen hatte, nie *Colletotrichum atramentarium* (Berk. et Broome) Taubenh. isolieren, und natürlichen Böden zugegebene Conidien verloren innerhalb kurzer Zeit ihre Keimfähigkeit. Derartige Beobachtungen legten es nahe, nach Maßstäben für die Fähigkeit zum saprophytischen Wachstum im Boden zu suchen. Es wurden bestimmte Pilze eine Zeitlang in natürlichen Böden belassen und danach ihre Präsenz an der Zahl der erkrankten Weizenkeimlinge gemessen (LUCAS); oder es wurde versucht, die betreffenden Pilze wieder aus dem Boden zu isolieren (z. B. RAO); oder das Wachstum verschiedener Arten wurde an der Besiedlung dem Boden zugegebener Strohstücke gemessen (PARK (1)]. Je nach der angewandten Methode ergaben sich kleine Unterschiede in den Ergebnissen, die aber doch recht gut übereinstimmten. RAO fand eine Gruppe mit kräftigem saprophytischen Wachstum [z. B. *Fusarium culmorum* (W. G. Sm.) Sacc., *Fusarium cubense* E. F. Sm., *Fusarium vasinfectum* Atk. und *Curvularia ramosa* (Bainier) Boedijn)] Als weniger lebenskräftig im Boden erwiesen sich *Verticillium daliae* Koeb., *Helminthosporium sativum* P. K. et B. und *Gäumannomyces (Ophiobolus) graminis* (Sacc.) v. Arx et Olivier. PARK (1) konnte seine untersuchten Pilze je nach der Zeit, die sie im Boden zu überdauern vermochten, ebenfalls in zwei Gruppen einteilen. Die lebenskräftigeren waren noch nach 6 Monaten nachweisbar (z. B. *Fusarium roseum* Lk. (?), *Trichoderma viride* Pers., also eigentliche Bodenpilze), diejenigen der zweiten Gruppe schon nach zwölf Wochen nicht mehr (z. B. *Botrytis cinerea* Pers., *Trichothecium roseum* Lk., also Pilze, welche nur gelegentlich in den Boden gelangen. Ähnliche Versuche, die Fähigkeiten bestimmter Pilze für das saprophytische Wachstum abzuklären, haben GARRET (2), LUCAS, BUTLER (1, 2, 3) und PARK (2) unternommen.

Literatur über den Einfluß physikalischer und chemischer Faktoren auf das Wachstum von Pilzen im Boden hat GÄUMANN zusammengestellt. Daß auch die Bodenluft als Faktor berücksichtigt werden muß, sei durch einige Ergebnisse für *Fusarium cubense*, den Erreger einer Bananenwelke, angedeutet. Nach Stover überlebte der Pilz unter anaeroben Verhältnissen in 25% wassergesättigtem Boden 152—180 Tage, in voll wassergesättigtem Boden nur 81 Tage. Der Autor vermutete, daß die Dauer des Überlebens unter derartigen Verhältnissen durch den im Boden gebundenen Sauerstoff bestimmt wird. Da im Boden auch mit einer erhöhten Kohlensäurekonzentration gerechnet werden muß, haben Stover u. Freiberg das Verhalten von *Fusarium cubense* und einiger anderer Arten aus der Verwandtschaft von *Fusarium oxysporum* gegenüber Kohlensäure geprüft. Anteile zwischen 2 und 25% CO_2 hatten auf die meisten dieser Pilze eine stimulierende Wirkung. Im Gegensatz dazu zeigten ältere Untersuchungen [z. B. Skovholt, Moran, Smith u. Tompkins, Garret (1)], daß viele Pilze durch ähnliche Kohlensäurekonzentrationen gehemmt werden.

Wichtiger sind aber die Einflüsse anderer Bodenbewohner auf das Wachstum und das Überleben von Pilzen, vor allem deren Nährstoffkonkurrenz und Antagonismus (Gäumann). So erhielt Gemeinhardt (*3*) für *Colletotrichum atramentarium* im Gegensatz zum natürlichen Boden auf sterilisiertem Boden ein gutes Wachstum und längeres Überleben. Er konnte dies auf die fehlende Einwirkung von Actinomyceten zurückführen, welche als Antagonisten wirkten (Gemeinhardt und Ettig). Zahlreiche Arbeiten [z. B. Ettlinger (1, 2), Gäumann, Naef-Roth u. Ettlinger, Tveit u. Wood) befassen sich mit der Wirkung der durch Bodenmikroorganismen produzierten Antibiotica. Weitere Beiträge liegen vor über den Antagonismus anderer Mikroorganismen gegenüber parasitischen Ascomyceten und Fungi imperfecti [Fedorinchik, Lachance u. Perrault, Smith und Rehm (3, 4)]. Rehm (1, 2) untersuchte das Verhalten von Actinomyceten auf Pilze aus den Gattungen *Citromyces, Stemphylium, Alternaria, Fusarium* und *Aspergillus* in vitro. All diese Pilze wurden nach und nach von den Actinomyceten überwachsen. Gehemmt wurden bei einigen Arten vor allem die Sporenkeimung, bei anderen das Mycelwachstum. In anderen Fällen wurde auch ein direkter Parasitismus beobachtet. Winter berichtete über einen Angriff von Bakterien und Actinomyceten auf die Hyphen von *Gaeumannomyces graminis*. Diese wurden nach kurzer Zeit abgetötet, was auch von Carter u. Lockwood für *Glomerella cingulata* (Stonem.) Sp. et v. Schr. durch einen *Streptomyces* festgestellt wurde. In diesem Beispiel lag eine eigentliche Lysis der Pilzhyphen vor. *Epicoccum purpurascens* Ehreb. und *Myrothecium verrucaria* (Abl. et Schwein.) Ditm. vermögen in den Sporen von *Helminthosporium sativum* zu parasitieren und sie zum Absterben zu bringen (Campell).

b) Einfluß auf die Pathogenität

In Reinkultur gehaltene Pilze ändern oder verlieren oft nach längerer oder kürzerer Zeit ihre Pathogenität. Einige Beispiele dafür hat Gäumann zusammengestellt. Zogg (2) kultivierte vier verschiedene Erreger von Getreidekrankheiten, nämlich *Hendersonia aberrans* Petr., *Griphosphaeria nivalis* (Schaffn.) Müller et v. Arx [*Calonectria graminicola* (Berk. et Br.) Wollenw., *Fusarium nivale* (Fr.) Ces.], *Ophiobolus herpo-*

trichus (Fr.) Sacc. und *Septoria tritici* Rob. einerseits auf synthetischer Nährlösung, die Glykokoll, Glucose sowie einige Salze enthielt, andererseits auf Stroh, und verwendete die gewachsenen Mycelien zu Infektionsversuchen. In allen Fällen waren die Pilzkulturen auf Stroh bedeutend stärker pathogen als diejenigen aus der Nährlösung. Die Pathogenität der Erreger kann demnach durch die Ernährung während des saprophytischen Wachstums beeinflußt werden. ZOGG (3) und FLÜCK fanden bei *Griphosphaeria nivalis* und *Gaeumannomyces graminis* eine Beeinflussung der Pathogenität durch Vitamine, vor allem Thiamin und Biotin. Ein Zusammenhang mit dem Einfluß auf das Mycelwachstum ließ sich dabei nicht feststellen.

ISAAC prüfte an fünf verschiedenen *Verticillium*-Arten den Einfluß der Stickstoffernährung auf ihre Pathogenität bei der Infektion von *Antirrhinum*. Pilzmycelien, die vorher unter Stickstoffmangel, unter normalen Stickstoffverhältnissen und oder bei überdosierten Stickstoffgaben kultiviert wurden, brachte er in Böden, die mit *Antirrhinum* bepflanzt waren. Auch die Böden unterschieden sich im Stickstoffgehalt. In der Vorkultur ungenügend mit Stickstoff ernährte Mycelien waren weniger pathogen; und zwar wirkte die schlechte Ernährung auch auf normal gedüngten und überdüngten Böden nach. Je nach der Stickstoffquelle der Vorkultur gelangte BUNSCHOTEN zu einer verschiedenen Pathogenität von *Sclerotinia sclerotiorum* (Lib.) S. et T. für Tomaten. HRUSHOVETZ untersuchte den Einfluß verschiedener Aminosäuren als Stickstoffquellen für *Helminthosporium sativum*. Er kultivierte den Pilz auf CAPEKs Nähragar mit je einer Aminosäure als Stickstoffquelle. In Abständen von 14 Tagen übertrug er den Pilz auf frischen, gleichartigen Nährboden und prüfte bei jeder Übertragung die Pathogenität auf Weizenkeimlinge. Einige Aminosäuren, so DL-Methionin, DL-Norleucin, bewirkten bis zur sechsten Passage eine deutliche Abnahme der Pathogenität, während andere, z. B. DL-Asparaginsäure oder L-Thyrosin, die Pathogenität nicht beeinflußten.

Bei der Interpretation derartiger Versuche sollten allerdings die von BOONE, KLINE u. KEITT und KLINE, BOONE u. KEITT beschriebenen Versuche berücksichtigt werden. Bei Mutanten von *Venturia inaequalis* (Cooke) Winter fanden sie einen mit dem Verlust der Autotrophie für bestimmte Aminosäuren und andere Substanzen gekoppelten Pathogenitätsverlust. Sofern aber die Substanzen, für die diese Mutanten heterotroph waren, auf die Oberfläche von Apfel-Blättern gebracht wurden, verlief die Infektion normal. Eine weitere Ausbreitung im Blatt fand allerdings nur statt, sofern die bestimmten Substanzen auch im Blattgewebe vorhanden waren.

Bei Parasiten, deren Pathogenität an die Anwesenheit produzierter Toxine gebunden ist, wird vielfach die Toxinproduktion als Maßstab für die Pathogenität gewählt. (Diese Annahme ist allerdings nur teilweise berechtigt. KALYANASUNDARAM u. SARASWATHI-DEVI fanden nämlich bei Kulturen von *Fusarium vasinfectum*, die ihre Fähigkeit zur Toxinbildung verloren hatten, eine normale Pathogenität.) Eine Reihe von Arbeiten hat sich mit den Faktoren auseinandergesetzt, welche die Toxinproduktion beeinflussen, so fanden TUREL für *Fusarium lycopersici* Sacc. in Aneurin und Zink, SARASWATHI-DEVI für *Fusarium vasinfectum* in Eisen, Zink, Thiamin und Biotin Zusätze, welche die Toxinproduktion zu steuern vermögen. Tatsächlich beobachtete SARASWETHI-DEVI welkekranke Baumwollpflanzen nur auf Böden ohne Zink.

Auch die Temperatur der Vorkultur kann die Pathogenität eines Pilzes beeinflussen. Die Pathogenität von *Phoma foveata* Foister, dem Erreger einer Knollenfäule gelagerter Kartoffeln, nimmt mit steigender Temperatur der Vorkultur zwischen 4° und 21° C linear zu [KRANZ (1)]; *Fusarium caeruleum* (Lib.) Sacc. zeigt ebenfalls eine schwache Zunahme mit steigender Temperatur der Vorkultur, während die Pathogenität von *Botrytis cinerea* Pers. mit steigender Temperatur abnimmt [KRANZ (2)].

WAGGONER fand bei vier Einsporkulturen aus demselben Ausgangsmaterial von *Verticillium albo-atrum* Schwankungen im Grad ihrer Pathogenität auf Kartoffeln während eines Jahres. Irgendwelche Gesetzmäßigkeiten konnte er nicht feststellen. Es muß demnach auch mit unerklärbaren zeitlichen Änderungen der Pathogenität während der Vorkultur gerechnet werden.

Kompliziert sind die Verhältnisse, wenn zwei Faktoren geprüft werden. ZOGG (5) untersuchte den Einfluß der Temperatur in Kombination mit der Biotinernährung auf die Pathogenität von *Griphosphaeria nivalis*. Steigende Temperaturen bewirkten bei gleichbleibenden Biotingaben eine Verstärkung der Pathogenität bis zu einem Optimum bei 20—24° C. Bei gleichbleibenden niederen Temperaturen (9—14° C) bewirkte eine Steigerung der Biotingaben eine Verstärkung, bei relativ hohen Temperaturen (24—28° C) eine Abschwächung der Pathogenität, während bei 17—20° C keine Änderung festzustellen war. Diese komplexen Verhältnisse erklären bis zu einem gewissen Grade das labile Verhalten derartiger Erreger.

Die Pathogenität eines Erregers kann aber auch durch die Einwirkung anderer Mikroorganismen geändert werden. Über die komplizierten Beziehungen bei Mischkulturen verschiedener Erreger berichtete ZOGG (1). Er arbeitete mit einer größeren Zahl von Pilzarten, welche Getreidefußkrankheiten hervorrufen, und untersuchte deren wechselseitige Beziehungen in Mischkulturen. Während er in bestimmten Kombinationen eine Überlagerung der Wirkung beobachtete, fand er in anderen Fällen eine deutliche Depression, gemessen an der Pathogenität des stärkeren Parasiten (z. B. *Gaeumannomyces graminis*). MORTON u. STROUBE stellten für *Sclerotium Rolfsii* Sacc. eine Abschwächung der Pathogenität unter der Einwirkung von *Bacillus subtilis* Cohn, *Streptomyces*-Arten oder *Trichoderma viride* fest. Bei LACHANCE hatten einzelne Bakterienstämme eine verstärkende, andere eine abschwächende Wirkung auf die Pathogenität von *Colletotrichum lini* (Westerd.) Tochinai, auch SANFORD u. CORMACK beobachteten bei *Helminthosporium sativum* auf Weizenkeimlingen ähnliche Einwirkungen durch Bakterien und Actinomyceten. ZOGG (4) zeigte am Beispiel von *Gaeumannomyces graminis*, daß derartige Vorgänge auch in der Praxis vorkommen. Er brachte den Pilz in Proben verschiedener Böden und erhielt später eine deutliche Depression der Pathogenität gegenüber einer Kontrolle. Die Pathogenität geht praktisch verloren in Erdproben aus Äckern, in denen vorher nie oder ständig anfällige Getreidearten ausgepflanzt waren. Weniger beeinflußt wird sie hingegen durch Erdproben aus Äckern, die dem normalen Fruchtwechsel unterliegen.

Literatur

AERTS, R., et A. SOENEN: C. R. Rech. I. R. S. I. A. (Bruxelles) **15**, 57—111 (1955).

BAUMANN, G.: Kühn. Arch. **67**, 305—383 (1953). — BERTWITH, C. E.: Phytopathology **26**, 1071—1073 (1936). — BLUMER, S.: (1) Beitr. Krypt. Fl. Schweiz **7** (1), 1—483 (1933). — (2) Schweiz. Z. Obst- u. Weinbau **65**, 308—309 (1956). — BOONE, D. M., D. M. KLINE and G. W. KEITT: Amer. J. Bot. **44**, 791—796 (1957). — BUNSCHOTEN, G. E.: Dissertation (Utrecht) 1—63 (1933). — BUTLER, F. C.: (1) Ann. appl. Biol. **40**, 284—297 (1953). — (2) Ann. appl. Biol. **40**, 298—304 (1953). — (3) Ann. appl. Biol. **40**, 305—311 (1953).

CAMPELL, W. C.: Proc. Canad. phytopath. Soc. **21**, 12 (1953). — CARTER, H. P., and J. L. LOCKWOOD: Phytopathology **47**, 154—158 (1957). — CROSSAN, D. F.: Techn. Bull. N. C. agric. exp. Sta. **109**, 23 (1957).

ETTIG, B.: Zbl. Bakt. II. Abt. **108**, 602—610 (1955). — ETTLINGER, L.: (1) Schweiz. Z. Path. **9**, 352—378 (1955). — (2) Schweiz. med. Wschr. **85**, (12) 271 (1955).

FEDORINCHIK, N. S.: Trud. vsesoyuz. Inst. Zashch. Rast **3**, 69—73 (1951). — FLÜCK, V.: Phytopath. Z. **23**, 177—208 (1955).

GÄUMANN, E.: Pflanzliche Infektionslehre, 2. Aufl. 681 S. Basel 1951. — GÄUMANN, E., ST. NAEF-ROTH u. L. ETTLINGER: Phytopath. Z. **16**, 289—299 (1950). — GARRET, S. D.: (1) Ann. appl. Biol. **23**, 667—699 (1936). — (2) Biol. Rev. **25**, 220—254 (1950). — GEMEINHARDT, H.: (1) Nachr.-Bl. dtsch. Pflanzenschutzd. (Berlin) N. F. **8**, 226—229 (1954). — (2) Nachr.-Bl. dtsch. Pflanzenschutzd. (Berlin) N. F. **9**, 128—133 (1955). — (3) Phytopath. Z. **29**, 151—176 (1957).

HILU, H. M., and W. M. BEVER: Phytopathology **47**, 474—480 (1957). — HRUSHOVETZ, S. B.: Phytopathology **47**, 261—264 (1957).

ISAAC, I.: Ann. appl. Biol. **45**, 512—515 (1957).

KALYANASUNDARAM, R., and L. SARASWATHI-DEVI: Nature (Lond.) **175**, 945 (1955). — KILPATRICK, R. A.: Phytopathology **46**, 58 (1956). — KLINE, D. M., D. M. BOONE, and G. W. KEITT: Amer. J. Bot. **44**, 797—803 (1957). — KOSSWIG, W.: (1) Höfchen-Briefe 1/1958, 14—24 (1958). (2) Verh. IV. Intern. Pflanzensch. Kongr. Hamburg 1957 **1**, 133—137 (1959). — KRANZ, J.: (1) Nachr.-Bl.dtsch. Pflanzenschutzd. (Stuttgart) **11**, 69—71 (1959). — (2) Phytopath. Z. **37**, 159—163 (1959).

LACHANCE, R. O.: Canad. J. Bot. **29**, 438—449 (1951). — LACHANCE, R. O., et C. PERRAULT: Canad. J. Bot. **31**, 515—521 (1953). — LUCAS, R. L.: Ann. appl. Biol. **43**, 134—143 (1955). — LUTHRA, S. C., A. SATTAR, and M. A. GHANI: Indian J. Agr. Sci. **7**, 271—289 (1937).

MORAN, T., E. C. SMITH and R. G. TOMPKINS: J. Soc. chem. Ind. **51**, 114—116 (1932). — MORTON, D. J., and W. H. STROUBE: Phytopathology **45**, 417—420 (1955). — MOSEMAN, J. G., and H. R. POWERS: Phytopathology **47**, 53—56 (1957).

PARK, D.: (1) Trans. Brit. Mycol. Soc. **38**, 130—142 (1955). — (2) Ann. Bot. **23**, 35—49 (1959).

RAO, A. S.: Trans. Brit. Mycol. Soc. **42**, 97—111 (1959). — REHM, H. J.: (1) Zbl. Bakt. II Abt.. **107**, 418—431 (1954). — (2) Zbl. Bakt. II. Abt. **111**, 260—277 (1958). — (3) Zbl. Bakt. II. Abt. **112**, 382—387 (1959). — (4) Zbl. Bakt. II. Abt. **113**, 219—233 (1960).

SANFORD, G. B., and M. W. CORMACK: Canad. J. Res. **18**, 562—565 (1940). — SARASWATHI-DEVI, L.: Doctoral Thesis Univ. Madras 1956. — SEWELL, G. W. F.: Trans. Brit. Mycol. Soc. **42**, 312—321 (1959). — SHALUISHKINA, V. I.: Trud. vsesoyuz. Inst. Zashch. Rast. **3**, 153—164 (1951). — SKOVHOLT, O.: Cereal Chem. **51**, 446—451 (1933). — SMITH, G. F.: Phytopathology **47**, 429—432 (1957). — SPILKER, O. W., and H. C. YOUNG: Plant. Dis. Reptr. **39**, 429—432 (1955). — SPRAGUE, R.: Bull. Wash. St. Dept. Agric. **560**, 1—36 (1955). — STALDER, L.: Phytopath. Z. **23**, 341—344 (1955). — STOLL, K.: Forschungsdienst **11**, 59—70

(1941). — STOVER, R. H.: Soil Sci. **80**, 397—412 (1955). — STOVER, R. H., and S. R. FREIBERG: Nature (Lond.) **181**, 788—789 (1958).

TARRIS, B.: C. R. Acad. Sci. (Paris) **242**, 1648—1649 (1956). — TUBEUF, C. v.: Z. Forst- u. Landwirtsch. **8**, 56—58 (1910). — TUREL, F. L. M.: Phytopath. Z. **19**, 307—342 (1952). — TVEIT, M., and R. K. S. WOOD: Ann. appl. Biol. **43**, 538—552 (1955).

WINTER, A. G.: Arch. Mikrobiol. **14**, 240—270 (1948). — WOODWARD, R. C.: Trans. Brit. Mycol. Soc. **12**, 173—204 (1927).

YOUNT, W. L.: Plant. Dis. Reptr. **39**, 256—257 (1957).

ZOGG, H.: (1) Phytopath. Z. **18**, 1—54 (1951). — (2) Phytopath. Z. **28**, 423—426 (1957). — (3) Phytopath. Z. **29**, 65—71 (1957). — (4) Phytopath. Z. **30**, 315—326 (1957). — (5) Phytopath. Z. **31**, 108—111 (1957).

γ) Mykosen, verursacht durch Basidiomyceten

Von Kurt Hassebrauk, Braunschweig

Hymenomycetes

Savile verdanken wir eine kritische Zusammenstellung der 11 nordamerikanischen *Exobasidium*-Arten und -Varietäten, die wegen der darunter vertretenen kosmopolitischen Spezies dieser taxonomisch so schwierigen Gattung allgemeines Interesse beansprucht.

Zahlreiche Autoren haben die Einwirkung der verschiedensten Faktoren auf die Entwicklung und Pathogenität von *Rhizoctonia solani* u. a. spp. geprüft. Unter diesen Arbeiten seien vor allem die Untersuchungen von Davey und Papavizas hervorgehoben, in denen der Einfluß von organischen Bodenzusätzen geprüft wurde. Getreidestrohgaben schützten anfangs Gartenbohnen am besten vor der Erkrankung; die Wirkung ließ aber sehr schnell nach. — Durbin fand eine sehr unterschiedliche CO_2-Toleranz bei Klonen von *R. solani*, je nachdem, von welchem Organ ihrer Wirtspflanze sie isoliert waren. Von Wurzeln entnommene Klone wiesen die größte Toleranz auf, ähnlich wie andere Bodenpilze. — Während *R. solani* bisher in Teeplantagen nur Sämlingen, jungen Trieben und Blättern gefährlich wurde, berichten Venkataramani und Venkata Ram aus Indien über äußerst schwere Rinden- und Stammschäden an acht Monate alten Kulturen. — Downie konnte die überraschende Beobachtung machen, daß sich zwischen *R. solani* und einigen Orchideenarten ein die Keimung begünstigendes symbiontisches Verhältnis herausgebildet hat. — In Feldversuchen zu Kartoffeln hat sich ein von *Trichoderma viride*, einem Antagonisten von *R. solani*, gewonnenes Stoffwechselprodukt hervorragend als Prophylaktikum bewährt (Seiketov).

Über Nachweis- und Isolierungsmethoden für *R. solani* aus Böden und Detritus berichten Papavizas und Davey sowie Boosalis und Scharen.

Uredinales

In der Berichtszeit sind einige mehr oder weniger umfangreiche Beiträge zur Rostpilzflora verschiedener Gebiete erschienen. Besonders hervorzuheben ist die umfangreiche Bearbeitung der mitteleuropäischen Rostpilze durch Gäumann, die nicht nur für jede Species eine genaue morphologische Beschreibung liefert, sondern auch die wichtigsten Angaben über die Biologie, Systematik und Nomenklatur enthält. Sehr wertvoll sind die Beiträge von Viennot-Bourgin zur Rostpilzflora der Elfenbeinküste (1) und Guineas (2). Es liegen weiterhin Angaben über folgende Gebiete vor: Mecklenburg (Buhr), Frankreich [Dupias; Guyot und Massenot (1, 2, 3)], Jugoslawien (Lindtner), Tunis (Guyot), Algier (Guyot und Chevassut), China [Jørstad (3)], Südamerika [Jørstad (1, 2)], Kazachstan (Kazenas).

Morphologische Untersuchungen und umfangreiche Infektionsversuche dienten zur Vertiefung unserer systematischen Kenntnisse mehrerer Rostpilze. Die meisten dieser Untersuchungen, auf die nicht näher eingegangen werden kann, sind in Band V der UREDINEANA veröffentlicht.

CUMMINS verdanken wir eine illustrierte Beschreibung aller anerkannten Rostgenera, BAXTER eine Monographie der Gattung *Uropyxis*.

BEGA untersuchte den Prozeß der Basidiosporenbildung bei *Cronartium ribicola*. Die Abschleuderung begann $8^1/_2$ Std. nach Einbringen der Teleutosporen in 100 % Luftfeuchtigkeit, erreichte zwischen 14 und 45 Std. ihr Maximum und war nach 70 Std. beendigt. Ein zehn Tage altes Teleutosporensäulchen von $1{,}33 \times 105\,\mu$ Größe produzierte bei 16° C rund 5000 Sporidien.

HERMANSEN (1) konnte CRAIGIEs klassische Theorie bestätigen, daß die Kerne von *Puccinia graminis* nur zwei geschlechtlich verschiedene Tendenzen aufweisen. Er zerschnitt isoliert liegende Pyknidien, unter denen sich auch zahlreiche weiße befanden, und übertrug auf die beiden Hälften jeweils Exsudat von anderen weißen oder orangefarbenen Pyknidien. Weiß + weiß führte zur Entstehung weißer Äcidien, weiß + orange zur Entstehung orangefarbener Äcidien.

Durch eine sehr langsame Entwicklung des Haplonten zeichnen sich *Uredinopsis hashiokae* und *U. pteridis* aus. Die Pyknidien benötigen 21—25 Tage, die Äcidien, die auf einem perennierenden Mycel entstehen, 106—358 Tage für ihre Bildung. Beide Arten ähneln sich weitgehend, auch in ihrem Wirtsspektrum, und sind nur durch die Form ihrer Uredosporen zu unterscheiden (ZILLER).

Eine für autöcische Rostarten bisher nie gemachte Feststellung konnte FLOR bei *Melampsora lini* verzeichnen. Er beimpfte Leinsorten unterschiedlicher Anfälligkeit mit Basidiosporen der Rasse 210 und beobachtete fast stets ein annähernd übereinstimmendes Resistenzverhalten dieser Sorten gegenüber dem Haplonten wie dem Dikaryonten. Eine überraschende Ausnahme bildete die Sorte Bombay, die für Äcidio- und Uredosporeninfektionen mit der Rasse 210 immun ist, auf der sich aber nach der Infektion mit Basidiosporen reichlich Pyknidien und Äcidien bildeten.

D'OLIVEIRA beobachtete zum erstenmal das Äcidienstadium von *Uromyces renovatus* auf *Euphorbia exigua* und schwächer auf *E. terracina*.

Obwohl der Ablauf des Infektionsvorganges anatomisch schon oft untersucht ist, lassen sich bei den so variable Infektionstypen liefernden Getreiderosten immer noch neue Beobachtungen machen. So bildet der Dikaryont von *Puccinia graminis* meistens schon in den Epidermiszellen Haustorien aus, ehe die Hyphen das Mesophyll erreicht haben. Bei manchen resistenten Typen lassen sich auch in späteren Infektionsstadien zahlreiche Haustorien in der Epidermis, den Schließzellen und den Blatthaaren nachweisen (CHAKRAVARTI und HART). — Wie stark das Infektionsbild bei ein und derselben Sorte variieren kann, zeigen die Untersuchungen von SYAMANANDA und DICKSON mit *Puccinia sorghi*. Die Maislinie Pop 35 erwies sich einmal hoch anfällig bei 16—20°, aber resistent bei 24 und 28°, ein andermal hoch resistent bei 16° und zunehmend anfällig bis 28° oder schließlich resistent bei 16 und 28°, aber anfällig bei 20 und 24°, je nachdem, welche Rostrasse zur Infektion verwendet wurde. Zu diesen umweltbedingten Veränderungen des Anfälligkeitsverhaltens in Abhängigkeit von der genotypischen Kombination kommen die ontogenetischen Resistenzveränderungen. Untersuchungen an mehreren Weizensorten ließen erkennen, daß die Resistenz gegen *Puccinia triticina* häufig bis zur Blüte zunimmt und dann sehr stark nachläßt, eine ontogenetische Resistenzverschiebung, wie sie früher schon GASSNER als charakteristisch für Braunrostinfektionen erklärt hatte (GORYA; SAMBORSKI und OSTAPYK).

Nach fast zehnjähriger Pause legt CUTTER nun einen Rechenschaftsbericht über seine in der Zwischenzeit fortgeführten Untersuchungen zur saprophytischen Kultur von Rostpilzen vor. Bisher ist es nur bei *Gymnosporangium juniperi-virginianae* gelungen, aus systemisch infizierten und in Kultur genommenen Organen, in diesem Falle Teleutogallen, auch saprophytisch wachsende, von CUTTER nicht sehr glücklich axenisch genannte, Rostlinien zu gewinnen, und zwar von 1950 bis 1955 unter 13504 Kulturen siebenmal. Diese Linien waren teils ein-, teils zweikernig. Sie waren nicht nur in der Lage, den Wechselwirt *Pyrus* sp. zu infizieren, sondern z. T. auch *Crataegus* sp., der normalerweise nicht zum Wirtsbereich von *G. juniperi-virginianae* gehört. Die dikaryotischen Stämme zeigten überdies die Fähigkeit, auf *Juniperus* überzugehen. Ob das Vermögen zur saprophytischen Entwicklung nach einer solchen erneuten Wirtspassage erhalten bleibt, ist noch nicht geprüft. Die saprophytisch wachsenden Linien pflegten aus absterbenden Gallgewebekulturen hervorzugehen; der Versuch, ihre Bildung dadurch zu begünstigen, daß den Kalluskulturen Auxin und Kokosmilch entzogen wurde, schlug aber fehl. Die Ergebnisse verlocken zu ernährungsphysiologischen und pathologischen Spekulationen. Es scheint jedoch größte Zurückhaltung geboten, da es sich offenbar bei diesen Stämmen um selten auftretende Mutanten handelt, deren Verhalten nicht verallgemeinert werden darf.

Unter mehreren epidemiologisch wichtigen Untersuchungen über den Nebenwirtsbereich von wirtschaftlich bedeutungsvollen Rostarten sei besonders auf den auch sonst eine Fülle von bemerkenswerten Beobachtungen enthaltenden Bericht LEVINEs über die Getreiderostsituation in Israel verwiesen. Die Zahl der Wildgräser, die hier nachweislich Getreidevarietäten von *Puccinia graminis* beherbergen können, ist sehr groß.

Die Ergebnisse aus den im Dienste der Resistenzzüchtung durchgeführten Untersuchungen über die physiologische Spezialisierung der Getreideroste und einiger anderer wirtschaftlich wichtiger Rostarten haben wieder überwiegend lokale Bedeutung, wenngleich auch in zunehmendem Maße das Bestreben zu erkennen ist, die Befunde in dem ihnen zukommenden größeren Zusammenhange zu interpretieren. Es kann keinem Zweifel unterliegen, daß unsere bisher geübten Verfahren zur Untersuchung der physiologischen Spezialisierung bei manchen Rostarten von Grund auf revidiert und einander angeglichen werden müssen [HASSEBRAUK (3)], wenn wir zu einer fruchtbaren internationalen Zusammenarbeit kommen wollen, wie sie die Getreiderostsituation immer zwingender fordert [HASSEBRAUK (2), SANTIAGO, STAKMAN].

VAKILI hat den Erbgang der Pathogenität und der Sporenfarbe bei mehreren physiologischen Rassen von *Puccinia triticina* untersucht. Avirulenz erwies sich häufiger dominant als Virulenz. Aus einer geselbsteten Rasse 104 B gingen hochaggressive Linien hervor, die sogar die bisher generell braunrostresistente Varietät 4665 befielen.

Die Entstehung einer unverhältnismäßig großen Zahl neuer physiologischer Rassen durch vegetative Hybridisierung in Dikaryontengemischen konnte wiederum von BRIDGMON und von VAKILI nachgewiesen werden. VAKILIs Untersuchungen sind besonders aufschlußreich. Aus einem Gemisch zweier Rassen von *Puccinia triticina* erhielt er auf diesem Wege mindestens 12 neue, pathogen unterscheidbare Rassen, die z. T. Sorten befielen, die gegen beide Eltern resistent waren. Die Entstehungsmöglichkeiten neuer Rassen auf vegetativem Wege sind in manchen Gemischen offensichtlich so groß, daß daneben nach VAKILIs Ansicht Mutationen als bedeutsamer Faktor für Rassenneubildung überhaupt auszuschließen sind. BRIDGMON und WILCOXSON beobachteten somatische Hybridisierung auch bei der Verimpfung eines Gemischs eines orangefarbenen Klons von *P. graminis tritici* mit einem roten Klon von *P. graminis secalis*. Sie erhielten drei neue Rassen, die jenen Rassen sehr ähnelten, die von anderen Autoren früher durch generative Hybridisierung der Roggen- und Weizenvarietät des Schwarzrostes gewonnen waren.

Die epidemiologisch bemerkenswerteste Erscheinung der letzten Jahre ist die zunehmende Ausbreitung von *Puccinia glumarum* [HASSEBRAUK (1)]. In den großen Weizenbaugebieten der Great Plains der USA hat der Gelbrost anscheinend nicht nur festen Fuß gefaßt, sondern sich noch weiter auf Weizen, Gerste, *Hordeum jubatum* und *Aegilops cylindrica* verbreitet (BRIDGMON und KOLP; GOUGH, WILLIAMS und BRENTZEL; HENNEN und KOMANETSKY; HSI; McGRATH und MILLER; MILLER und CHRISTENSEN; PADY und JOHNSTON). Da der Gelbrost hier auch noch bei relativ hohen Temperaturen stark auftrat, muß mit der Entstehung neuer Rassen mit anderen ökologischen Ansprüchen gerechnet werden (FUTRELL, LAHR, PORTER und ATKINS). Die gleichen Erwägungen drängen sich auf, nachdem der Gelbrost inzwischen erstmals aus Nord-Rhodesien (LYNN) und dem Ladakhdistrikt von Kashmir (KAUL) gemeldet ist. — Die 1949 in Afrika, wahrscheinlich mit Luftfracht von Amerika eingeschleppte *P. polysora* [CAMMACK (1)] übersommert dort auf kleinen bewässerten Maisparzellen [CAMMACK (2)]. Der Rost ist im asiatischen Raum nunmehr auch auf Niederländisch Neu-Guinea und verbreitet auf den Salomon-Inseln festgestellt (JOHNSTON). — Auf Mauritius trat zum erstenmal *P. pelargonii-zonalis* auf *Pelargonium zonale* auf und verursachte starke Schäden (Rept. MAURITIUS).

Die mannigfachen Schwierigkeiten, die sich der Resistenzzüchtung entgegenstellen und Dauererfolge nicht zulassen [HASSEBRAUK [4]), machen die hartnäckigen Bemühungen verständlich, geeignete chemische Bekämpfungsmittel für die Rostpilze zu finden. Ein Sammelreferat über dieses Gebiet verdanken wir DICKSON. — Die gute Wirkung von Nickelverbindungen gegenüber Weizenschwarz- und -braunrost wurde erneut bestätigt (WANG); die Rentabilität soll gesichert sein [FORSYTH und PETURSON (1)]. Auch gegenüber *Puccinia psidii* hat sich die Kombination $NiCl_2$ + Zineb bewährt (ANDRADE). Dagegen ist bei Hafer und Sonnenblumen der chemotherapeutische Index zu ungünstig [FORSYTH und PETURSON (2)]. Als ganz neuartige Rostbekämpfungsmittel mit chemotherapeutischer und weitgehend spezifischer Wirkung werden 3-Phenylsydnone erwähnt, die bei Weizen keine phytotoxischen Nebenwirkungen zeigten, bei Bohnen allerdings gewisse formative Effekte hervorriefen (DAVIS, BECKER und ROGERS). Mehrere Autoren berichten über die rostunterdrückende Wirkung von Antibioticis, die sich aber in Versuchen zu *P. asparagi* Zineb nicht überlegen zeigten (MURAKISHI).

PON, SCHMITT und KINGSOLVER isolierten aus Uredolagern von *P. graminis tritici Acremonium aranearum*, ohne daß sich Anhaltspunkte für einen echten Hyperparasitismus ergeben hätten.

Ustilaginales

ELLETT bringt eine Zusammenstellung der 45 in Ohio gefundenen *Ustilaginales*. HIRSCHHORN legt eine gründliche Revision der *Ustilago*-Arten vor, die in Argentinien und Uruguay *Paspalum* spp. befallen. Bemerkenswert ist vor allem *U. linderi*, eine neue Art, die eine Zwischenstellung zwischen den *Ustilaginaceae* und *Tilletiaceae* einnimmt. — *Melanotamium ruppiae* wird von FELDMANN neu beschrieben. Der Brand entwickelt sich in den Luftkammern der Rhizome und Blattbasen von *Ruppia maritima* an der französischen Mittelmeerküste.

Zum erstenmal ist *Ustilago scitaminea* in Kenya (ROBINSON) und *Tilletia contraversa* im Gebiet von Stavropol beobachtet (RUSAKOV).

SCHOLZ berichtet über einen Fund des seltenen *Melanopsichium pennsylvanicum* auf *Polygonum aviculare* in Berlin.

Die auf verschiedenen Substraten sehr keimwilligen Brandsporen von *Ustilago zeae* keimen im Boden nur wenig und nur unter ganz bestimmten Voraussetzungen. Ihre Keimungsweise ist entgegen der Ansicht anderer Autoren nach DIETRICH nicht genetisch bedingt, sondern vom Substrat abhängig.

Die mit 12 *Tilletia*-Arten von MEINERS und WALDHER durchgeführten Keimversuche ließen sehr unterschiedliche Temperaturansprüche und eine gegensätzliche Abhängigkeit von der Belichtung bei den einzelnen Species erkennen. Größere mit *T. contraversa* angesetzte Versuchsreihen bestätigten zwar grundsätzlich die keimfördernde Wirkung von Licht und einem unbekannten Bodenfaktor, doch zeigten sich große Unterschiede je nach Herkunft, Wirtspflanze und Herkunftsjahr. ZOGG wies nach, daß im Boden aufbewahrte Zwergbrandsporen besser keimen als trocken aufbewahrte. Allerdings ist die Keimwilligkeit solcher Sporen im allgemeinen nach sechs Monaten nur noch gering. Vereinzelte können aber sogar noch nach 38 Monaten auskeimen.

KAVANAGH (1) bekam gute Befallszahlen bei *Ustilago nuda* (73%) und *U. tritici* (31%), wenn er die Koleoptilen nach Abschneiden der Spitze im Partialvakuum mit Sporenaufschwemmungen infizierte. MEINERS prüfte verschiedene Infektionsmethoden bei *T. contraversa*; hier erwies sich das Übersprühen der Keimlinge mit Aufschwemmungen keimender Sporen als am wenigsten geeignet.

Popp (1) hat mit der von ihm entwickelten Methode zum schnellen Nachweis des Flugbrandmycels in Weizenembryonen festgestellt, daß der Embryo drei verschiedene Befallsgrade zeigen kann. In der heranwachsenden Pflanze entwickelt sich der Brand nur weiter, wenn im Embryo alles Gewebe, einschließlich des Vegetationspunktes, vom Mycel durchzogen ist. Marshall entwickelte eine ähnliche Methode für den Nachweis von *U. nuda* in Gerstenembryonen und hat damit vergleichende Serienuntersuchungen durchgeführt.

Nach Pan bestehen zwischen dem Befall mit Fritfliegen und der Infektion mit *Ustilago zeae* enge Beziehungen.

Ehrlich impfte Maissämlinge mit einer solopathogenen Linie und einem Gemisch zweier haploider Linien von *U. zeae* und verfolgte die Kernverhältnisse während der weiteren Entwicklung. Die solopathogene Linie blieb im Wirt weiterhin einkernig. In dem Mycel des Liniengemischs nahm die Zahl der dikaryotischen Zellen bis zum 11. Tage zu, worauf eine umgekehrte Entwicklung zu beobachten war. Die Karyogamie erfolgte, ehe ein Anzeichen der Brandsporenbildung zu bemerken war.

Die höchste Anfälligkeit für *U. nuda* besteht nach Campbell und Tyner innerhalb der ersten vier Tage nach dem Beginn des Ährenschiebens. — Die Entwicklung von *Tilletia caries* und *U. hordei* ist stark von der Beschaffenheit des Substrats abhängig, in dem die erkrankten Pflanzen heranwachsen. Allerdings sind die Verhältnisse noch viel komplizierter als Popp (2) annimmt. Denn die Versuche von Kühnel mit *T. caries*, deren Ergebnisse im wesentlichen von Kendrick und Purdy bestätigt wurden, zeigten, daß neben der Bodenart die Temperatur, vor allem aber auch die relative Feuchtigkeit einen bestimmenden Einfluß ausüben. — Eine Temperatur von 29,5° läßt bei *U. tritici* und *U. nuda* die Entwicklung von Brandsporen nur noch in ganz beschränktem Umfange zu [Kavanagh (2)].

Die im Freilande bei manchen Maissorten festzustellende, teilweise beachtliche Resistenz gegen Beulenbrand dürfte weitgehend morphologisch-anatomisch bedingt sein (Dietrich).

Bei *Sphacelotheca panici-miliacei* (Maslovskii), *T. contraversa* (Podhradszky) und *Urocystis tritici* (Johnson) wurde physiologische Spezialisierung nachgewiesen.

Viennot-Bourgin (3) hat die durch Brandpilze hervorgerufenen Deformationen klassifiziert. — Die von Hille mit *U. avenae* an verschiedenen *Avena fatua*-Herkünften erhaltenen unterschiedlichen Erkrankungssymptome liefern ein schönes Beispiel dafür, wie bedeutsam das Wirtssubstrat für die Ausprägung des Befallsbildes sein kann. Die Nichtbeachtung dieses Umstandes kann leicht zu taxonomischen Fehlschlüssen führen.

Nach den Untersuchungen von Johannes ist eine Bekämpfung von *U. nuda* mit Ultraschall bisher nicht diskutabel. — Ob die hervorragenden Ergebnisse, die Farrar bei Untersuchungen an *U. avenae* und *Sphacelotheca sorghi* mit Gibberellinsäure erhielt, jederzeit reproduzierbar sind, muß die Zukunft lehren. — Verschiedene Antibiotica konnten im Kampf gegen mehrere Flugbrandarten und gegen Steinbrand nicht befriedigen (Crosier).

Literatur

ANDRADE, A. C.: Biológica 25, 178—179 (1959).

BAXTER, J. W.: Mycologia 51, 210—226 (1959). — BEGA, R. V.: Phytopathology 49, 54—57 (1959). — BOOSALIS, M. G., and A. L. SCHAREN: Phytopathology 49, 192—198 (1959). — BRIDGMON, G. H.: Phytopathology 49, 386—388 (1959). — BRIDGMON, G. H., and B. J. KOLP: Plant Dis. Rep. 43, 163—164 (1959). — BRIDGMON, G. H., and R. D. WILCOXSON: Phytopathology 49, 428—429 (1959). — BUHR, H.: Uredineana 5, 11—136 (1958).

CAMMACK, R. H.: (1) Trans. Brit. mycol. Soc. 42, 27—32 (1959). — (2) Trans. Brit. mycol. Soc. 42, 55—58 (1959). — CAMPBELL, W. P., and L. E. TYNER: Phytopathology 49, 348—349 (1959). — CHAKRAVARTI, B. P., and H. HART: Phytopathology 49, 535 (1959). — CROSIER, W. F.: Plant Dis. Rep. 43, 616—618 (1959). — CUMMINS, G. B.: Illustrated genera of rust fungi. Minneapolis 1959. — CUTTER, V. M. jr.: Mycologia 51, 248—295 (1959).

DAVEY, C. B., and G. C. PAPAVIZAS: Agron. J. 51, 493—496 (1959). — DAVIS, D., H. J. BECKER and E. F. ROGERS: Phytopathology 49, 821—823 (1959). — DICKSON, J. G.: Bot. Rev. 25, 486—513 (1959). — DIETRICH, S.: Phytopath. Z. 35, 301—332 (1959). — DOWNIE, D. G.: Trans. bot. Soc. Edinb. 38, 16—29 (1959). — DUPIAS, G.: Uredineana 5, 287—301 (1958). — DURBIN, R. D.: Amer. J. Bot. 46, 22—25 (1959).

EHRLICH, H. G.: Mycologia 50, 622—627 (1959). — ELLETT, C. W.: Ohio J. Sci. 59, 313—318 (1959).

FARRAR, L. L.: Plant Dis. Rep. 42, 1254—1261 (1958). — FELDMANN, G.: Rev. gén. Bot. 66, 35—39 (1959). — FLOR, H. H.: Phytopathology 49, 794—795 (1959). — FORSYTH, F. R., and B. PETURSON: (1) Plant Dis. Rep. 43, 5—8 (1959). — (2) Phytopathology 49, 1—3 (1959). — FUTRELL, M. C., K. A. LAHR, K. B. PORTER and I. M. ATKINS: Plant Dis. Rep. 43, 165—167 (1959).

GÄUMANN, E.: Die Rostpilze Mitteleuropas. Bern 1959. — GORYA, V. S.: Proc. Lenin Acad. agric. Sci. 42, 34—37 (1959). — GOUGH, F. J., N. D. WILLIAMS and W. E. BRENTZEL: Plant Dis. Rep. 43, 169—171 (1959). — GUYOT, A. L.: Uredineana 5, 353—383 (1958). — GUYOT, A. L., et G. CHEVASSUT: Uredineana 5, 385—400 (1958). — GUYOT, A. L., et M. MASSENOT: (1) Uredineana 5, 401—414 (1958). — (2) Uredineana 5, 415—460 (1958). — (3) Uredineana 5, 461—505 (1958).

HASSEBRAUK, K.: (1) FAO Plant Prot. Bull. 7, 49—52 (1959). — (2) Omagiu Trajan Savulescu. 274—281. Bukarest 1959. — (3) Nachr.-Bl. dtsch. Pflanzenschutzd. (Braunschweig) 11, 43—45 (1959). — (4) Nachr.-Bl. dtsch. Pflanzenschutzd. (Braunschweig) 11, 166—169 (1959). — HENNEN, J. F., and M. KOMANETSKY: Plant Dis. Rep. 43, 168—169 (1959). — HERMANSEN, J. E.: Friesia 6, 33—36 (1959). — HILLE, M.: Omagiu Trajan Savulescu. 291—295. Bukarest 1959. — HIRSCHHORN, E.: Omagiu Trajan Savulescu. 297—316. Bukarest 1959. — HSI, C. H.: Plant Dis. Rep. 43, 595 (1959).

JOHANNES, H.: Nachr.-Bl. dtsch. Pflanzenschutzd. (Braunschweig) 11, 33—42 (1959). — JOHNSON, A. G.: Phytopathology 49, 299—302 (1959). — JOHNSTON, A.: FAO Plant Prot. Bull. 7, 147—148 (1959). — JØRSTAD, I.: (1) Ark. Bot., 2. Ser. 4, 45—48 (1959). — (2) Ark. Bot., 2. Ser. 4, 59—103 (1959). — (3) Ark. Bot., 2. Ser. 4, 333—370 (1959).

KAUL, T. N.: FAO Plant Prot. Bull. 7, 55 (1959). — KAVANAGH, T.: (1) Phytopathology 49, 542 (1959). — (2) Phytopathology 49, 543 (1959). — KAZENAS, L. D.: Notulae system., Moskau-Leningrad 12, 230—233 (1959). — KENDRICK, E. L., and L. H. PURDY: Phytopathology 49, 433—434 (1959). — KÜHNEL, W.: Nachr.-Bl. dtsch. Pflanzenschutzd. (Berlin) N. F. 13, 81—91 (1959).

LEVINE, M. N.: Cereal rust research in Israel. Tel-Aviv 1959. — LINDTNER, V.: Omagiu Trajan Savulescu. 407—418. Bukarest 1959. — LYNN, C. W.: Ann. Rep., Dept. Agric., Northern Rhodesia, for the year 1958. 1959.

MARSHALL, G. M.: Ann. appl. Biol. 47, 232—239 (1959). — MASLOVSKII, A. D.: Agrobiology. 203—207. Moskau 1959. — Mauritius Rep. Dept. Agric., Plant Path. Div., for the year 1957. 34—37. 1959. — McGRATH, H., and P. R. MILLER: FAO Plant Prot. Bull. 7, 117—120 (1959). — MEINERS, J. P.: Phytopathology 49, 4—8 (1959). — MEINERS, J. P., and J. T. WALDHER: Phytopathology 49, 724—728

(1959). — MILLER, J. D., and J. J. CHRISTENSEN: Plant Dis. Rep. 43, 159 (1959). — MURAKISHI, H. H.: Plant Dis. Rep. 43, 552—555 (1959).

D'OLIVEIRA, B.: Agron. Lusitania 17, 215—230 (1955, ausgel. 1959).

PADY, S. M., and C. O. JOHNSTON: Plant Dis. Rep. 43, 159—163 (1959). — PAN, S.-F.: Zashch. Rast., Moskau 4, 25—26 (1959). — PAPAVIZAS, G. C., and C. B. DAVEY: Plant Dis. Rep. 43, 404—410 (1959). — PODHRADSZKY, J.: Omagiu Trajan Savulescu. 601—610. Bukarest 1959. — PON, D. S., C. G. SCHMITT and C. H. KINGSOLVER: Plant Dis. Rep. 43, 173—174 (1959). — POPP, W.: (1) Phytopathology 49, 75—77 (1959). — (2) Phytopathology 49, 548 (1959).

ROBINSON, R. A.: E. Afr. agric. J. 24, 240—243 (1959). — RUSAKOV, L. F.: Plant Prot. Moskau 1959. 48—51.

SAMBORSKI, D. J., and W. OSTAPYK: Canad. J. Bot. 37, 153—155 (1959). — SANTIAGO, J. C.: Proc. IV. intern. Congr. Pflanzenschutz, Hamburg 1957. Vol. I, 129—131. Braunschweig 1959. — SAVILLE, D. B. O.: Canad. J. Bot. 37, 641—656 (1959). — SCHOLZ, H.: Willdenowia 2, 163—165 (1959). — SEIKETOV, G. S.: Potato, Moskau 4, 50—51 (1959). — STAKMAN, E. C.: Omagiu Trajan Savulescu. 745—753. Bukarest 1959. — SYAMANANDA, R., and J. G. DICKSON: Phytopathology 49, 102—106 (1959).

VAKILI, N.-G.: Diss. Abstr. 19, 3103—3104 (1959). — VENKATARAMI, K. S., and C. S. VENKATA RAM: Phytopathology 49, 527 (1959). — VIENNOT-BOURGIN, G.: (1) Uredineana 5, 137—248 (1958). — (2) Ann. Inst. nation. Agron. 45, 1—91 (1959). — (3) Omagiu Trajan Savulescu. 91—97. Bukarest 1959.

WANG, D.: Canad. J. Bot. 37, 239—244 (1959).

ZILLER, W. G.: Canad. J. Bot. 37, 93—107 (1959). — ZOGG, H.: Phytopath. Z. 35, 1—22 (1959).

23e. Nichtparasitäre Pflanzenkrankheiten

Von ADOLF KLOKE, Berlin

Der Beitrag erscheint ab Band XXIII

23f. Pflanzenschutz

Von Hermann Fischer, Kiel

Physikalische Bekämpfungsmethoden

Der Einfluß ultravioletter Strahlung auf keimende Conidien und junge Hyphenfragmente von *Helminthosporium oryzae* ist von Chattopadhyay u. Dickson untersucht worden. Sie beobachteten zwar Albino-Mutationen, aber keinen Einfluß auf die Pathogenität. Nach Leach regt ultraviolette — nicht sichtbare — Strahlung die Pyknidienbildung von *Ascochyta pisi* bei 3650_A an; Strahlung bei 2537_A wirkte im Keimstadium tödlich. Bei Untersuchungen über den Einfluß des UV-Lichtes auf Tabak-Mosaik-Virus fanden Siegel, Norman u. Ginoza, daß infektiöse Nucleinsäure aus TM-Stämmen und intakte Viren in gleicher Weise gegenüber UV-Licht von 254 μ empfindlich waren; möglicherweise führe die Energie-Absorption durch die Nucleinsäure oder das Virus-Protein zur Inaktivierung. Früher hatten McLaren u. Takahashi berichtet, daß die Inaktivierungsempfindlichkeit infektiöser Virus-RNS aus TMV sechsmal höher wäre als die des intakten Virus.

Beraha, Ramsey, Smith u. Wright setzten Orangen, die mit *Diplodia natalensis* und *Phomopsis citri* geimpft worden waren, γ-Bestrahlung aus. Die durch beide Pilze hervorgerufene Fäule konnte restlos unterdrückt werden. Mit gleichem Erfolg verhinderten die Autoren die durch *Rhizopus nigricans* und *Monilia fructicola* verursachte Fäule an Pfirsichen. Bei einer γ-Bestrahlung von organischen Substraten beobachteten Stotsky u. Mortensen keine Wirkung auf Bakterien, dagegen konnten sie die Entwicklung der Pilzpopulationen je nach Stärke der Bestrahlung und Einwirkungszeit erheblich hemmen. Nelson, Maxie u. Enkel glauben auf Grund umfangreicher Versuche zur Verhütung der *Botrytis*-Fäule an Trauben und Erdbeerfrüchten, daß die Verwendung von β-Partikeln statt γ-Strahlen praktisch leichter durchführbar sei.

X-Strahlen vermindern nach Jonard das Wachstum von durch *Agrobacterium tumefaciens* hervorgerufenem Wurzelkropf an *Scorzonera*, und zwar bei 1000 r um 69 % der Kontrollen.

Fungicide

Daß trotz der erstaunlichen Entwicklung der letzten Jahre auf dem Gebiet der Fungicide noch viel zu arbeiten ist, zeigt Hartisch. Mit Hilfe von radioaktiven Isotopen wurde die Aufnahme von Fungiciden durch Pilzsporen verfolgt, und es konnte nachgewiesen werden, daß die Wirksamkeit der meisten untersuchten Mittel durch eine Inaktivierung der

Enzymtätigkeit im Cytoplasma begrenzt wird. Der Autor schließt aus weiteren Befunden, daß die derzeit vorhandenen Fungicide noch nicht das Optimum der Wirksamkeit entfalten. An *Botrytis cinerea* wurde von PARRY u. WOOD die Resistenzbildung gegen Fungicide untersucht. Sie erhielten durch Überführung in progressiv höhere Konzentrationen gegenüber Phenylquecksilberacetat sowie gegen Kupfersulfat resistente Stämme, wobei die Resistenz überwiegend im Mycelstadium auftrat; wurde mit Sporen gearbeitet, war die Anpassung erheblich schwieriger. Sporen von gegenüber Captan resistent gewordenen Stämmen zeigten dagegen eine stärkere Anpassung als die Sporen der Ausgangsstämme bei gleichbleibender Empfindlichkeit gegenüber anderen Fungiciden. Die Anpassungsfähigkeit scheint jedoch unter Feldbedingungen kaum eine Bedeutung zu haben. NIENHAUS erhielt durch Passage einen gegenüber Kupfer verträglichen Stamm von *Phytophtora cactorum.*

Nach den guten Erfolgen der systemisch wirkenden Insecticide ist es verständlich, daß an vielen Stellen über die innertherapeutische Wirkung von Fungiciden gearbeitet wurde. GROSSMANN beobachtete keine gesicherte innertherapeutische Wirkung der von ihm untersuchten Substanzen. Bei anscheinend innertherapeutischen Wirkungen liege keine echte systemische Fungitoxicität vor, sondern eine Veränderung der Stoffwechsellage der Wirtspflanze. MAY u. PALMER stellten dagegen nach einer Bodenbehandlung Captan in Aceton-Extrakten aus oberirdischen Pflanzenteilen von *Carnegiea gigantea* fest und unterbanden damit in vitro das Wachstum von *Ceratocystis ulmi*, konnten aber Infektionen durch *Erwinia carnegieana* nicht verhindern. Ferbam wurde von *Pachycereus marginatus* weder absorbiert noch im Gewebe verteilt. Bei Versuchen zur Bekämpfung der Eichenwelke vermochte nur Vancide 51 nach Injektionen in Eichenstämmen deutlich das Auftreten von *Endoconodiophora fagacearum* zu verzögern; als wirksames Agens wird der 2-Mercaptobenzothiazol-Anteil vermutet (SCHOENEWEISS).

SIJPETEJN u. ROMBOUTS halten systemische Wirkung des Pyridin-2-thiol-N-oxids für möglich; stark durch *Ascochyta* infizierte Erbsen ergaben nach 24 stündigem Tauchen in einer Lösung des Mittels überwiegend gesunde Sämlinge. DARPOUX, CATELOT u. GORSE bestätigten die Ergebnisse u. a. an hydroponisch gezogener Gerste, die nach Zusatz des Fungicides zur Nährlösung frei von *Erysiphe graminis* blieb. Einen echten systemischen Effekt des Wirkstoffs TMTD (Tetramethyl-thiuram-disulfid) will VOLGER nachgewiesen haben. Er ließ gebeizte Coniferensamen auskeimen und streifte nach der Keimung die beim Beizprozeß mit dem Mittel in Berührung gekommenen Samenschalen ab; Preßsaft aus den Keimlingen übte eine deutlich fungicide Wirkung aus.

In der Praxis wurden und werden Mischungen verschiedener Fungicide in Kombinationsspritzungen mit wechselndem Erfolg versucht. Nicht immer wurde eine Erhöhung der fungitoxischen Wirkung erzielt, oft sind Pflanzenschädigungen oder Fruchtberostungen die Folge. Wie kompliziert die Verhältnisse sind, zeigt LUKENS an Reaktionen zwischen Captan und Dialkyldithiocarbamaten. In einer Zweistufenreaktion bilden sich TMTD, Tetramethylthiurammonosulfid (TMTM), Tetrahydrophthalimid,

CS$_2$ und NaCl. Wenn Captan mit Ziram oder Ferbam entweder gemeinsam oder in Folge verspritzt werden, muß auf Grund obiger Reaktion mit der Bildung von TMTD und TMTM in den Spritzrückständen gerechnet werden. Bei gleichzeitiger Spritzung von Zineb mit Kupferpräparaten bildet sich im Spritzbelag Kupfer-Äthylen-bisdithiocarbamat unter gleichzeitiger Verminderung des Zinkgehalts (MCBRIDE). Daß auch die Pflanze aktiv auf Rückstände einwirken kann, zeigten ARMAN u. WAIN. Apfel- und Birnenblätter bilden auf der Oberfläche Substanzen, die Kupfer aus angetrockneten Bordeauxbrühe-Belägen lösen können.

Durch Zusatz von Gibberellin zu Fungiciden erzielten RACKHAM u. VAUGHN überraschende fungitoxische Wirkungen, z. B. gegen *Fusarium solani f. phaseoli* an Bohnen.

Antibiotica

Aufnahme und Transport sowie systemische Wirkung der Antibiotica interessieren weiterhin. DARPOUX, HALMOS u. LEBLANC stellten Absorption durch die Wurzeln und fungicide bzw. bactericide Wirksamkeit in oberirdischen Organen fest. GRAY besprühte mittelständige Blätter von Bohne und Tabak mit Streptothricin und Pleocidin und fand die Substanzen sowohl in jüngeren als auch in älteren Blättern wieder. Er vermutet, daß Antibiotica in der Pflanze in Verbindungen überführt werden können, die antibiotisch wirksamer als die Ausgangsprodukte sind. Vancomycin (von *Streptomyces orientalis*) wandert ebenfalls in der Pflanze sowohl auf- als auch abwärts (MEHTA, GOTTLIEB u. POWELL). Aus behandeltem Saatgut wird es schnell in die jungen Blätter und Wurzeln der Keimlinge transportiert. MAIER fand in Hopfenpflanzen eine Aufwärtsbewegung des Streptomycins von 4 cm/min bei Sulfat- und 4,2 cm/min bei Nitratanwendung. Die Absorption dieser Substanz wird nach GOODMAN durch längere Zeit, steigende Temperatur und bessere Lichtverhältnisse gefördert, durch die Anwesenheit von anorganischen Kationen gehemmt. Pimaricin wurde noch nach zwei Wochen von DEKKER u. ARK mit Methanol aus Blättern extrahiert. RANGASWAMI, RAO u. LAKSHMANAN schlagen den Zusatz von Glycerin beim Verspritzen von Streptomycinsulfat vor. Sie erreichten dadurch bessere Absorption und fanden das Antibioticum noch nach 21 Tagen in den Blättern vor. MIRZABEKYAN konnte durch Zufügen von Pigmenten zu verschiedenen Antibiotica nachweisen, daß diese bei Versuchen gegen *Synchytrium endobioticum* und *Diplodia zeae* in Sporangien und Sporen eindringen.

Leider liegen bei vielen Antibiotica bactericide bzw. fungicide Wirksamkeit und Pflanzenschädigung sehr nahe. Durch Zusatz von Natrium-Kalium-Chlorophyllin zur Spritzlösung wurden nach ARK u. THOMPSON phytotoxische Symptome — sowohl nekrotische als auch chlorotische — völlig unterdrückt. Einen ähnlichen Erfolg erzielte ALTMAN durch Zusatz von Mangan. Der auffällige Synergismus zwischen Antibiotica und Metallverbindungen konnte von MILLER bei Spritzungen gegen *Xanthomonas juglandis* mit Agrimycin-Kupferkalk bestätigt werden. Actidion PM wirkte nach PALMER, HENNEBERRY u. TAYLOR nach Zusatz von Karathane erheblich besser gegen Rosenmehltau.

Die bactericide Wirksamkeit vieler Antibiotica wurde weiter bestätigt. In Feldversuchen bekämpfte ARK *Erwinia amylovora* an Birnen, DEEP Wurzelkropf *(Agrobacterium tumefaciens)* durch Terramycin. Actinomyces-Präparate bekämpften *Bacterium sepedonicum* an Kartoffeln, *B. carotovorum* an Freilandkohl (AN.), *Bacterium armeniaca* an Aprikosen, *Phoma tracheiphila* an Citronen sowie auch *Botrytis cinerea* an Buchen (KRASSILNIKOV, KUCHAEVA u. SKRYABIN). Mit der hier in Erscheinung tretenden fungiciden Wirksamkeit der Antibiotica beschäftigten sich auch andere Versuchsansteller. Nach Penicillinbehandlung erschienen auf Weinreben keine Hyphen und Conidien des Falschen Mehltaus mehr (KUCAJEWA). Trichothecin senkte nach VÖRÖS im Freiland den Befall von *Monilia laxa* um 70—95%. PROTSENKO, KUCHAEVA u. CHELYSHKINA bekämpften *Sphaerotheca pannosa* an Rosen und *Oidium erysiphoides* an Gurken. Trichodermin verhinderte nach SEIKETOV im Freiland *Rhizoctonia*-Befall an Kartoffeln und brachte eine Erntesteigerung um 17%. Nystatin zeichnet sich nach FRANK, PANSY u. PAGANO durch sehr gute Breitenwirkung gegen Pilze an *Cattleya* aus. Agrimycin, Jturin und Mycostatin waren wirksam gegen *Erysiphe graminis* an jungen Gerstenpflanzen, das letztere außerdem gegen *Ustilago tritici* (VAN ASSCHE). Gegen *Ustilago zeae* waren mehrere Aktinomyces-Stämme wirksam (CASTKÁ). Actidion verminderte nach CROSIER den Befall von *Ustilago avenae* und *U. kolleri*; *Tilletia tritici* an Weizen wurde beinahe restlos vernichtet. Das gleiche Präparat benutzten WILSON u. ARK zur Bekämpfung von *Puccinia carthami*. Braunfäule *(Sclerotinia fructigena)* an Äpfeln wurde nach BYRDE durch Griseofulvin vermindert, Rißbildung und Fäulnis an Süßkirschen können nach CATION u. FRIDAY durch Antibiotica verringert werden.

Viele Erfolgsmeldungen dürfen nicht über Widersprüche zwischen Versuchserfahrung und praktischen Ergebnissen hinwegtäuschen. Immerhin ist auffällig, daß bereits in einem europäischen Lehrbuch für praktische Landwirte (ULBRISZY u. REICHART) auf eine Reihe realisierbarer Einsatzmöglichkeiten von Antibiotica hingewiesen wird.

Bekämpfung von Virosen

Leider ist auch im Berichtsjahr kaum über wesentliche Fortschritte zu berichten, ein vom Standpunkt des praktischen Pflanzenarztes bedauerliches Faktum. Über weitere Erfolge der Wärmebehandlung von Erdbeerjungpflanzen (hauptsächlich mit Crinkle-Symptomen) berichten KRIVIN u. AVERINA sowie STADLER u. SCHÜTZ. NYLAND tauchte Kirschenreiser nach Infektion mit "necrotic rusty mottle-virus" für 5—10 min in Wasser von 50—52° C, der Erfolg schwankte zwischen 50 und 70%. Auf chemotherapeutischem Gebiet wurden die Viricide Thiouracil und Cytovirin mehrfach bearbeitet. Neben unverkennbarer Hemmung der Virussynthese waren leider phytotoxische Schäden nicht übersehbar (BERGMANN; WITTMANN). Thiouracil scheint das Auftreten der Virus-„Vorläufer" zu hemmen, während Benzalacetonthiosemikarbazon (BATS) mehr den Ablauf des Infektionsmechanismus verzögern soll (Hirai). Van Slogteren nutzt die schon bekannte viricide Wirkung des Formaldehyds zur Bekämpfung des Rattle-Virus an Tulpen im Freiland. Nach Kooistra scheinen sich p-Nitrophenol, 1-Nitro-2-Naphthol sowie ein Kupfersulfat-Komplex von o-Nitro-p-chlorphenol zur Bekämpfung von Tabak-Mosaik, der Vergilbungskrankheit an Rüben und des Bohnenmosaiks zu eignen, ohne phytotoxisch zu sein. Cadman fand in Himbeerblättern eine Phenol-Tannin-Substanz, die auf Virusinfektionen unabhängig von der Art der Testpflanze hemmend wirkt.

Literatur

Altman, J.: Diss. Abstr. 19, 201 (1958). — An.: Abhandl. Inst. Mikrobiol. u. Virol. Vol. 3. Acad. Wiss. d. Kasak SSR. (1959). — Ark, P. A.: Plant Dis. Rep. 42, 1397—1398 (1958). — Ark, P. A., and J. P. Thompson: Plant Dis. Rep. 42, 1203—1205 (1958). — Arman, P., and R. L. Wain: Ann. appl. Biol. 46, 366—374 (1958). — Assche, C. van: Agricultura (Louvain) Sér. 2, 6, 633—643 (1958).

Beraha, L., G. B. Ramsey, M. A. Smith and W. R. Wright: Phytopathology 49, 354—356, 534 (1959). — Bergmann, L.: Phytopath. Z. 34, 209—220 (1958). — Byrde, R. J. W.: Plant Path. 8, 90—93 (1959).

Cadman, C. H.: J. gen. Microbiol. 20, 113—128 (1959). — Castká, V.: Sborn. čsl. akad. zeměděl. věd. Rostl. výr. 4 (31), 1103—1114 (1958). — Cation, D., and J. Friday: Plant Dis. Rep. 43, 385—394 (1959). — Chattopadhyay, S. B., and J. G. Dickson: Phytopathology 49, 536 (1959). — Crosier, W. F.: Plant Dis. Rep. 43, 616—618 (1959).

Darpoux, H., Catelot (Mme) et Gorse (Mlle): Phytiatr.-Phytopharm. 7, 107—115 (1958). — Darpoux, H., E. Halmos et R. Leblanc: Ann. Épiphyt. 9, 387—414 (1958). — Deep, I. W.: Plant Dis. Rep. 42, 1210—1213 (1958). — Dekker, J., and P. A. Ark: Phytopathology 49, 113 (1959).

Frank, E., F. E. Pansy and J. F. Pagano: Antibiot. Ann. 1958—1959, 898—902.

Goodman, R. N.: Phytopathology 49, 539 (1959). — Gray, R. A.: Phytopathology 48, 71—78 (1958). — Grossmann, F.: Z. Pflanzenkr. 66, 385—391 (1959).

Hartisch, J.: Nachrbl. dtsch. Pflanzenschutzd., Berlin, N. F. 14 (40), 26—32 (1960). — Hirai, T.: Virology 6, 732—742 (1958).

Jonard, R.: C. R. Acad. Sci. (Paris) 248, 2664—2666 (1959).

Kooistra, G.: Acta bot. neerl. 8, 373—421 (1959). — Krassilnikov, N. A., A. G. Kuchaeva et G. K. Skryabin: Ann. Inst. Pasteur 96, 548—557 (1959). — Krivin, B. G., u. L. I. Averina: Konserv. Ovoshch. Prom. 14, 31—35 (1959). — Kučajewa, A. G.: Mikrobiologija 27, 348—351 (1958).

Leach, C. M.: Phytopathology 49, 543 (1959). — Lukens, R. J.: Phytopathology 49, 339—343 (1959).

Maier, C. R.: Diss. Abstr. 19, 3097 (1959). — May, C., and J. G. Palmer: Plant Dis. Rep. 43, 496—497 (1959). — McBride, J. J.: Proc. Fla. hort. Soc. 71, 118—122 (1959). — McLaren, A. D., and W. N. Takahashi: Radiat. res. 6, 532—542 (1957). — Mehta, P. P., D. Gottlieb and D. Powell: Phytopathology 49, 177—183 (1959). — Miller, P. W.: Plant. Dis. Rep. 43, 401—402 (1959). — Mirzabekyan, R. O.: Bull. Acad. Sci., U.S.S.R. 24, 103—110 (1959).

Nelson, K. E., E. C. Maxie and W. Enkel: Phytopathology 48, 475—480 (1959). — Nienhaus, F.: Phytopath. Z. 34, 365—384 (1959). — Nyland, G.: Phytopathology 49, 157—158 (1959).

Palmer, J. G., T. J. Henneberry and E. A. Taylor: Plant Dis. Rep. 43, 494—495 (1959). — Parry, K. E., and R. K. S. Wood: Ann. appl. Biol. 46, 446—456 (1958); 47, 1—9; 10—16 (1959). — Protsenko, E. P., A. G. Kuchaeva u. T. A. Chelyshkina: Bull. centr. bot. Gtn. Moskau 1959. 78—82 (1959).

Rackham, R. L., and J. R. Vaughn: Plant Dis. Rep. 43, 1023—1026 (1959). — Rangaswami, G., R. R. Rao and A. R. Lakshmanan: Phytopathology 49, 224—226 (1959). — Rombouts, J. E., and A. K. Sijpestejn: Ann. appl. Biol. 46, 30—36 (1958).

Schoeneweiss, D. F.: Dis. Abstr. 19, 653 (1958). — Seîketov, G. S.: Kartoffel (Moskau) 4, 50—51 (1959). — Siegel, A., A. Norman and W. Ginoza: Proc. 10th int. Congr. Genet. 2, 261 (1958). — Sijpestejn, A. K., u. J. E. Rombouts: Meded. LandbHogesch. Gent 23, 824—830 (1958). — Slogteren, D. H. M. van: Tijdschr. Plantenziekten 64, 452—462 (1958). — Stadler, L., u. F. Schütz: Schweiz. Z. Obst- u. Weinbau 68, 30—35, 53—61 (1959). — Stotzky, G., and J. L. Mortensen: Proc. Soil Sci. Soc. Amer. 23, 125—127 (1959).

Ulbriszy, G., u. Reichart: Termesztett növényeink védelme. Mezögazdasagi Kiado. Budapest 1958.

Vörös, J.: Növénytermelés 6, 67—70 (1957). — Volger, C.: Naturwissenschaften 46, 148—149 (1959).

Wilson, E. M., and P. A. Ark: Phytopathology 48, 640 (1958). — Wittmann, H. G.: Phytopath. Z. 34, 221—227 (1958).

24. Holzkrankheiten und Holzschutz

Von Herbert Zycha, Hann. Münden

1. Holzzerstörung durch Basidiomyceten

Eine eingehende Bearbeitung der holzzerstörenden Pilze, ihrer Lebensbedingungen und Eigenschaften, verdanken wir Cartwright u. Findlay, deren 1946 erstmalig erschienenes Buch jetzt in 2. Auflage, ergänzt durch die neuere Literatur, herauskam. Hier werden vor allem die in Europa wirtschaftlich bedeutsamen Pilze behandelt und Holzschutzmaßnahmen erörtert, soweit sie nicht rein technische Schutzverfahren sind.

Die Frage des Chemismus der Holzzerstörung durch Pilze ist neuerdings wieder mehr in den Vordergrund gerückt worden. Den hierbei tätigen Enzymen widmet Cowling eine Übersicht. Lyr (1, 2, 3) untersuchte Kulturfiltrate von 4 typischen Weißfäulepilzen und von ebensovielen Braunfäuleerregern, denen er als C-Quelle Pektin, Cellulose oder Stärke gegeben hatte. Er konnte zeigen, daß zwar Pektinase insbesondere von den untersuchten Braunfäulepilzen gebildet wird, im übrigen aber die Bildung von Pektinase, Xylanase und Amylase weitgehend unabhängig vom Substrat ist. Cellulase bilden vor allem die untersuchten Braunfäulepilze. Sie ist ein adaptives Enzym, dessen Produktion durch die Cellulose des Nährbodens erheblich gesteigert wird. Etwas eingehender befassen sich Lyr u. Ziegler mit den bei Kultur auf Buchenholzsägemehl von den Weißfäulepilzen *Fomes igniarius* bzw. *Collybia velutipes* gebildeten Enzymen. Daß Braunfäulepilze wie *Lenzites abietina* nicht nur den Cellulose- sondern auch den Ligninkomplex angreifen und somit nicht zur Anreicherung von nativem Lignin dienen können, haben jetzt Grohn u. Deters wieder bestätigt. Physiologische Erwägungen und Erfahrungen der Medizin legen den Gedanken nahe, holzzerstörende Pilze nicht durch Gifte, sondern durch Blockierung ihrer Nahrung zu bekämpfen. Baechler hat dies versucht, ist aber noch zu keinen befriedigenden Ergebnissen gelangt.

Wazny untersuchte den Einfluß eines bis zu 6 Monaten dauernden Angriffes von *Coniophora* bzw. *Merulius* auf Volumen, Rohwichte, Wasseraufnahme, Hygroskopizität und Schwindungseigenschaften verschiedener Holzarten. Je stärker das Holz angegriffen ist, um so mehr Wasser nimmt es beim Untertauchen auf. Bemerkenswert erscheint jedoch, daß die Wasseraufnahme aus feuchter Luft mit Zunahme des durch die Pilze verursachten Gewichtsverlustes geringer wird. Es darf dabei aber nicht übersehen werden, daß die angegriffenen Holzproben erst nach absoluter Trocknung, welche möglicherweise zu irreversiblen Veränderungen geführt hat, der feuchten Luft ausgesetzt wurden.

Ermittelt man den Verlust an Festigkeit von Holzproben, welche von *Polystictus versicolor* bzw. *Poria monticola* angegriffen wurden, so stellt man fest, daß dessen Beziehung zum Gewichtsverlust nicht stets gleich ist, sondern sehr von der Pilzart abhängt (Kennedy). Laugt man das befallene Holz mit 1%iger Natronlauge aus, so ergibt der so erzielte Gewichtsverlust eine klarere Beziehung zur Änderung der Festigkeitseigenschaften. — Auch Holzfaser- und Spanplatten mit verschiedenen Bindemitteln werden von *Merulius, Coniophora* und *Poria vaporaria* angegriffen und verlieren schnell ihre Festigkeit (Künzelmann).

Die Frage der Wirksamkeit von Zusatzstoffen auf die Intensität der Holzzerstörung griff Jahn von einer neuen Seite her an. Er zog verschiedene Holzzerstörer in üblicher Weise in Kolleschalen auf Holzschliffpappe mit Malz und Pepton heran, ließ Klötzchen aus Buchenholz mehrere Wochen von diesen Pilzen bewachsen und brachte die Klötzchen dann in feuchte, aber nährstofffreie Kolleschalen. Es zeigte sich, daß etwa bei *Pleurotus ostreatus* der weitere Holzangriff durch diese Maßnahme gebremst wird, während *Coniophora cerebella* schon nach nur 2 Wochen Pilzangriff über Malzagar anschließend ohne Zusatznährboden das Holz stärker zerstört als jenes, bei welchem der Ausgangsnährboden nicht nachträglich entzogen wurde. Ob diese Dinge jedoch rein enzymatisch erklärt werden können, wie Jahn dies tut, oder ob nicht ernährungsphysiologische Gegebenheiten entscheidend sind, können erst weitere Untersuchungen zeigen. Wovon die Angreifbarkeit durch Pilze bei den verschiedenen Holzarten abhängt, bedarf ebenso weiterer Klärung wie die Feststellung, welche Stoffe es sind, die eine natürliche Widerstandsfähigkeit bedingen. Bavendamm hat hierzu einige Literaturangaben zusammengestellt und Da Costa u. Rudman haben aus Eucalyptusholz verschiedene Stoffe extrahiert und auf ihre pilzhemmenden Eigenschaften hin geprüft. Kenega u. Cowling zeigten, daß eine Bestrahlung von Kiefernholz mit γ-Strahlen (Kobalt 60) bei kleinen Dosen die Pilzanfälligkeit etwas verringert, während höhere Dosen das Holz so beeinflussen, daß es von *Lenzites trabea* schneller zerstört wird.

2. Andere holzbewohnende Mikroorganismen

Ellwood u. Ecklund beobachteten, daß die Porosität der in einem Teich gelagerten Kiefernhölzer schon nach einem Monat dadurch erheblich erhöht werden kann, daß anaerobe Bakterien den Inhalt der Parenchymzellen, aber auch solche selbst, zu zerstören vermögen. Das Problem der Moderfäule wurde weiter geklärt durch Versuche von Liese (1), welche zeigten, daß von den drei geprüften *Chaetomium*-Arten insbesondere Buchenholz und Eichensplintholz schon im Verlauf von 2 Monaten erheblich zerstört werden können, während von Nadelhölzern nur Kiefern- und Lärchenkernholz deutlich angegriffen werden. Erhebliche Holzschäden durch Moderfäule stellte Liese (2) auch in Indien fest. Sowohl Armstrong u. Savory als auch Liese u. von Pechmann fanden, daß bei Buche, bzw. Birke die Bruchschlagfestigkeit schon bei Pilzangriffen mit geringfügigem Gewichtsverlust wesentlich herabgesetzt ist, während allerdings die Biegefestigkeit nur langsamer geringer wird.

Den auf sehr hohe Holzfeuchtigkeit angewiesenen Moderfäulepilzen stehen in ihrem physiologischen Verhalten wahrscheinlich die holzbewohnenden Unterwasserpilze nahe. Wie weit jedoch holzbesiedelnde Meerespilze, wie sie neuerdings häufiger beobachtet werden (KOHLMEYER) (JOHNSON, FERCHAU u. GOLD), die Holzeigenschaften verändern, bedarf erst noch der Klärung.

Über den Stand unserer Kenntnisse von den Bläuepilzen (Bedingungen für ihr Auftreten, verursachte Schäden und Bekämpfung) berichtet FINDLAY zusammenfassend, während sich CAMPBELL mit holzverfärbenden Pilzen an Laubholz besonders befaßt.

3. Stamm- und Lagerfäulen

Holzfäulen sind abhängig von der Keimungsbereitschaft der angeflogenen Pilzsporen. Hier sei nur erwähnt, daß GOOD u. SPANIS bei *Fomes igniarius*-Sporen eine Keimungsförderung durch Stoffe aus älterem Wundholz fanden, während frisches, nährstoffreiches Splintholz keine solche Wirkung zeigte. Die Sporen von *Merulius* keimen nach CZAJA nicht auf frischem Holz, sondern nur nach Zugabe gewisser Wirkstoffe oder von Kulturfiltraten anderer Pilze, während *Fomes annosus* im Gegensatz dazu gerade auf ganz frischem Holz besonders gut keimt und wächst (RISHBETH).

Solche Erscheinungen, aber in hohem Maße auch der Wassergehalt des Holzes, bedingen wahrscheinlich die Pilzsukzession, wie man sie in der Natur beobachten kann (BASHAM).

Über das Pilzwachstum in künstlich beimpften lebenden Stämmen berichtet SILVERBORG. Den Grad einer Stammfäule von außen zu bestimmen, bemüht man sich immer noch vergeblich (LANGE) (ESLYN).

4. Holzschutz

Bei chemischen Holzschutzmaßnahmen kommt es vor allem darauf an, das Schutzmittel in das Holz hineinzubringen. BURO u. BURO (1) haben die Durchlässigkeit von Kiefernholz für Luft eingehend untersucht, fanden keinen grundsätzlichen Unterschied in der Durchlässigkeit von Früh- und Spätholz, aber auch keine feste Beziehung zwischen radialer, tangentialer und axialer Durchlässigkeit. Gegen eine Übertragung solcher Ergebnisse auf den Durchgang von Flüssigkeiten bestehen Bedenken, so daß hier nur empirisch gearbeitet werden kann. REDDING hat 22 Nadelholzarten und 120 Laubholzarten auf ihre Fähigkeit zur Teerölaufnahme im Kesseldruckverfahren und im Trogverfahren geprüft. BURO u. BURO (2) haben mit Wasser und mit Teeröl gearbeitet, wobei sich zeigte, daß auch hier im Splintholz kein Unterschied zwischen Eindringung im Frühholz und im Spätholz zu finden ist. Im Kernholz ist das Spätholz gar nicht durchtränkbar, das Splintholz in geringem Maße. In den Markstrahlen erwiesen sich die Parenchymzellen als nicht wegsam, so daß hier nur die Quertracheiden als Weg für das Imprägniermittel in Frage kommen.

Über die Probleme des Holzschutzes im Wohnungsbau und über die in letzter Zeit gewonnenen wissenschaftlichen Erkenntnisse berichtet BECKER zusammenfassend. Seine Angaben über Schutzmitteltypen, Einbringungsverfahren und Prüfmethoden zeigen, welche hohen Anforderungen heute an einen sachgemäß durchgeführten Holzschutz gestellt werden können und müssen. Auf einige amerikanische Holzschutzprobleme weist WALTERS hin. Je weiter die Holzschutzverfahren ausgebaut sind, und je höher die Ansprüche an die zu erzielende Dauerhaftigkeit sind, um so höher steigern sich auch die Kosten für die Durchführung. KOLLMANN konnte jedoch zeigen, daß ein sachgemäß durchgeführter Holzschutz sowohl im Hochbau, wie auch bei Masten, Schwellen usw. stets einen erheblichen wirtschaftlichen Vorteil mit sich bringt.

Von technischen Fragen des Holzschutzes sei hier nur erwähnt, daß die handwerklichen Verfahren, wie sie namentlich im Hochbau angewandt werden, in letzter Zeit einer genaueren Erforschung unterzogen wurden. So haben jetzt BAVENDAMM u. SCHNEIDER sich mit dem Eindringen bifluoridhaltiger Schutzsalze in Kiefern- und Fichtenholz bei den Verfahren des Streichens und der Trogtränkung befaßt. — Schützt man Bauholz mit salzartigen Holzschutzmitteln, so muß man, wie GERSONDE an Hand genau kontrollierter Regenversuche zeigte, damit rechnen, daß bereits ein kurz dauernder Regen erhebliche Mengen des Schutzsalzes auswäscht.

Für die praktische Prüfung des Erfolges von Holzschutzmaßnahmen ist eine Erprobung unter kontrollierbaren und vergleichbaren Bedingungen erforderlich. Solche Versuche müssen sich auf viele Jahre erstrecken, und von Zeit zu Zeit wird dann über den Stand der Erfahrungen berichtet. So gibt RENNERFELT eine Übersicht über Zwischenergebnisse der von ihm durchgeführten Versuche mit imprägnierten Pfählen, und das Westeuropäische Institut für Holzimprägnierung beschreibt seine Versuche mit hölzernen Eisenbahnschwellen. GRUMBRECHT gibt einen Bericht über die ersten Ergebnisse von praktischen Versuchen mit geschütztem und ungeschütztem Grubenholz.

Literatur

ARMSTRONG, F. H., u. J. G. SAVORY: Holzforsch. 13, 84—89 (1959).

BAECHLER, R. H.: For. Prod. J. 9, 166—171 (1959). — BASHAM, J. T.: Canad. J. Bot. 37, 291—326 (1959). — BAVENDAMM, W.: Mitt. dtsch. Ges. Holzforsch. H. 46, 13—17 (1959). — BAVENDAMM, W.: Holz Roh- u. Werkstoff 17, 284—291 (1959). — BECKER, G.: Bundesbaublatt 14 S. (1959). — BURO, A., u. E.-A. BURO: (1) Holz Roh- u. Werkstoff 17, 461—474 (1959). — BURO, A., u. E.- A.BURO: (2) Holzforsch. 13, 71—77 (1959).

CAMPBELL, R. N.: Southern Lumberman 199, 115—120 (1959). — CARTWRIGHT, K. ST. G., and W. P. K. FINDLAY: Decay of Timber and its Prevention. H. M. Stat. Off. London (1958). — COWLING, E. B.: Rep. U. S. For. Prod. Lab. Madison Nr. 2116, 26 S. (1958). — CZAJA, A. TH.: Angew. Bot. 33, 107—121 (1959).

DA COSTA, E. W. B., and P. RUDMAN: Aust. J. biol. Sci. 2, 45—57 (1958).

ELLWOOD, E. L., and B. A. ECKLUND: Nature (London) 183, 1206 (1959). — ESLYN, W. E.: Forest Sci. 5, 37—47 (1959).

FINDLAY, W. P. K.: Forestry Abstr. 20, 14 S. (1959).

GERSONDE, M.: Holz Roh- u. Werkstoff 17, 10—18 (1959). — GOOD, H. M., and W. SPANIS: Canad. J. Bot. 36, 421—437 (1958). — GROHN, H., u. W. DETERS: Holzforsch. 13, 3—12 (1959). — GRUMBRECHT, K.: Mitt. dtsch. Ges. Holzforsch. H. 46, 82—86 (1959).

JAHN, E.: Wiss. Z. Techn. Hochsch. Dresden 8, 171—187 (1959). — JOHNSON, T. W., FERCHAU, H. A., u. H. S. GOLD: Phyton 12, 65—80 (1959).

KENAGA, D. L., and E. B. COWLING: For. Prod. J. 9, 112—116 (1959). — KENNEDY, R. W.: For. Prod. J. 8, 308—314 (1958). — KOHLMEYER, J.: Nova Hedwigia 1, 77—98 (1959). — KOLLMANN, F.: Holz Roh- u. Werkstoff 17, 261—267 (1959). — KÜNZELMANN, E.: Mitt. dtsch. Ges. Holzforsch. H. 46, 33—39 (1959).

LANGE, S.: Forstwiss. Cbl. 78, 174 (1959). — LIESE, W.: (1) Naturw. Rundschau 419—425 (1959). — LIESE, W.: (2) Exp. Tech. Ass. Progr. FAO No. 1106, 37 S. (1959). — LIESE, W., u. H. VON PECHMANN: Forstwiss. Cbl. 78, 271—279 (1959). — LYR, H.: (1) Arch. Mikrobiol. 33, 266—282 (1959). — LYR, H.: (2) Arch. Mikrobiol. 34, 189—203 (1959). — LYR, H.: (3) Arch. Mikrobiol. 34, 238—250 (1959). — LYR, H., u. H. ZIEGLER: Phytopath. Z. 35, 173—200 (1959).

REDDING, L. W.: For. Prod. Res. Lab. Princes Risborough, 46 S. (1958). — RENNERFELT, E.: Rep. No. IV. Medd. Stat. Skogsforskn. Inst. 48, 10—14 (1959). — RISHBETH, J.: Trans. Brit. mycol. Soc. 42, 243—260 (1959).

SILVERBORG, S. B.: For. Sci. 5, 223—228 (1959).

WALTERS, C. S.: For. Prod. J. 9, 43—49 (1959). — WAZNY, J.: Holz Roh- u. Werkstoff 17, 427—432 (1959). — *Westeuropäisches Inst. f. Holzimprägnierung:* Bull. Nr. 8, Den Haag, 22 S. (1959).

25. Antibiotica

Von HANS ZÄHNER, Zürich

Mit 2 Abbildungen

A. Testmethoden

1. Antibakterielle Teste

Ausführliche Darstellungen der Teste mit Bakterien geben GROVE u. RANDALL, KLEIN, VUILLEUMIER u. ANKER und SOKOLSKI u. CARPENTER.

BORCHHARDT u. ANDREWS vergleichen die Empfindlichkeit von 281 Staphylokokken-Stämmen im Verdünnungsreihen- und im Plattendiffusionstest. Für die Antibiotica Oxytetracyclin und Chlortetracyclin stimmen die Resultate überein, nicht aber für Bacitracin, Chloramphenicol, Dihydrostreptomycin und Penicillin, z. B. taxierten sie mit dem Diffusionstest 83% der Stämme als Penicillin-resistent, mit dem Verdünnungsreihentest aber nur 25%.

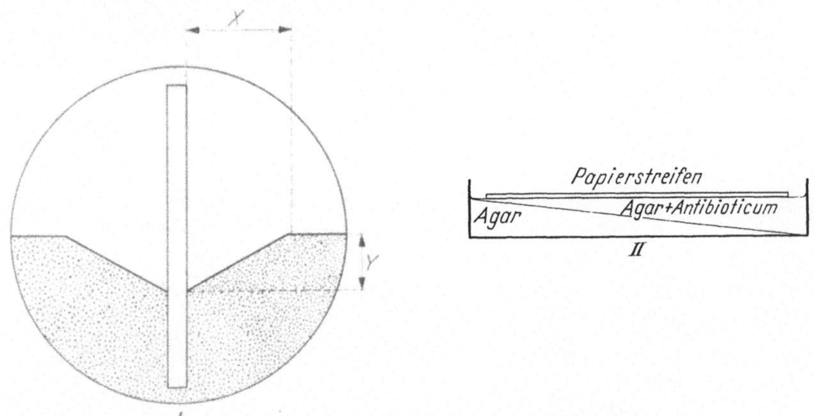

Abb. 34. „Streifen-Gradient-Test". I. Aufsicht. Beispiel eines synergistischen Effektes. Die Strecken X und Y sind ein Maß für die Beeinflussung des Antibioticums 1 durch den Stoff 2. II. Seitenansicht

Die immer ausgedehntere Anwendung von Antibiotica-Kombinationen (JAWETZ, DOWLING, GARETT) bedingt genaue Testmethoden für die Erfassung von synergistischen oder antagonistischen Effekten. Die Prüfung von Kombinationen im Verdünnungsreihentest ist sehr zeitraubend. Einfacher, wenn auch nur relative Werte liefernd, ist der Test nach BONIFAS. Ein Nachteil dieses Testes liegt darin, daß die Wirkung vom Logarithmus der Antibiotica-Konzentration abhängt, so daß ein schwacher Synergismus nicht zu erfassen ist. Dieser Nachteil wird in der Versuchsanordnung des „Streifen-Gradient-Testes" vermieden (STREITFELD, STREITFELD u. SASLAW, SCHERR u. BECHTLE). Dieser Test kombiniert die Methoden der Gradient-Platten [SZYBALSKI (1, 2)] mit dem Plattendiffusionstest. In Abb. 34 ist die Versuchsanordnung des „Streifen-Gradient-Testes" dargestellt. Wird von der „Streifen-Gradient-Platte" eine „Replica-Platte" hergestellt, so erlaubt diese gleichzeitig noch die Entscheidung, ob die Antibiotica-Kombination verschiedene Resultate ergibt, wenn außer der bakteriostatischen noch die bactericide Wirkung berücksichtigt wird (STREITFELD).

2. Methoden zur Charakterisierung tumorhemmender Substanzen

Die besondere Schwierigkeit in der Beurteilung tumorhemmender Substanzen liegt darin, daß noch keine aktiv tumorhemmenden Substanzen für den menschlichen Krebs bekannt sind, die einen Vergleich experimenteller Testmethoden mit der Wirkung am Menschen ermöglichen. Daher ist noch ein ganzes Spektrum von Methoden zur Erfassung tumorhemmender Substanzen notwendig (LOUSTALOT). In diesem Abschnitt sollen kurz die in vitro Methoden dargestellt werden, die gestatten, rasch und mit geringem Arbeitsaufwand eine große Zahl von Substanzen oder Kulturfiltraten von Mikroorganismen zu prüfen.

a) Teste mit Gewebekulturen normaler oder maligner Zellen. Außer der direkten Prüfung (z. B. mikroskopische Kontrolle der Mitosen) stehen Plattendiffusions- oder Agarverdünnungsteste mit Asciteszellen oder Zellen künstlich aufgelöster fester Tumoren im Vordergrund [ARAI u. SUZUKI, YAMAZAKI u. Mitarb., KORENYAKO u. KOFANOVA, MAYEVSKY u. Mitarb., KISELEVA, PAVLENKO (1, 2), MIYAMURA u. Mitarb., TALYZINA (1, 2), DIPAOLO u. MOORE]. Für die Plattendiffusionsteste werden z. B. Asciteszellen, ein Redoxindicator (2,6-Dichlorophenolindophenol, Methylenblau oder Triphenyltetrazoliumchlorid) und Nähragar zu Platten ausgegossen. Der Test erfolgt analog einem Penicillintest mit Bakterien (Lösungen in ausgestanzte Löcher, Glas-Stahl oder Porzellanzylinder oder auf Filterrondellen aufgetragen), nur daß anstelle von Hemmhöfen je nach dem verwendeten Indicator gefärbte oder entfärbte Zonen ausgewertet werden. Der Zonendurchmesser kann unter sonst konstanten Bedingungen als Maß für die Hemmwirkung verwendet werden. Wird der Test nach dem Vorschlag von ARAI u. SUZUKI als Agarverdünnungstest im Röhrchen ausgeführt, so sind zur Charakterisierung einer Substanz zahlreiche Verdünnungen zu prüfen.

Durch die Verwendung von Tumorzellen ist eine gewisse Verwandtschaft der getesteten Wirkung zur effektiv gesuchten Wirkung am lebenden Tumorträger sichergestellt. Andererseits geben diese Teste keinerlei Auskunft über die Selektivität der Wirkung, da reine Zellgifte das gleiche Testbild ergeben wie das gesuchte hoch spezifische Agens.

b) Teste mit Mikroorganismen als Modelle. Die Feststellungen von WARBURG [WARBURG (1, 2), WEINHOUSE u. Mitarb.], daß Tumorzellen ein gestörtes Verhältnis von Atmung und Gärung aufweisen, hat verschiedene Autoren bewogen, die Veränderung dieses Verhältnisses bei Mikroorganismen als Hinweis für eine tumorhemmende Wirkung zu benutzen. Als Mikroorganismen kommen einerseits normale, d. h. physiologisch intakte Keime mit gut ausgebildetem anaerobem Stoffwechsel in Frage, z. B. Hefezellen [PRÄVE (1, 2)], anaerobe Bakterien (BRADNER u. CLARKE) oder, nach den Vorschlägen von GAUSE (1, 2) und OKAMI u. Mitarb., künstlich atmungsgeschädigte Zellen. GAUSE (3, 4, 5) erzeugte durch mutagene Mittel (Urethan, Trypaflavin, ultraviolette Strahlen) atmungsgeschädigte Mutanten von *Staphylococcus aureus* Rosenbach, *Escherichia coli* (Migula) Castellani et Chalmers und *Bacillus cereus* var. *mycoides* (Flügge) Smith et al. Er schlägt vor, die zu prüfenden Substanzen vergleichsweise auf die Ausgangsstämme und auf die atmungsgeschädigten Mutanten zu prüfen. Mit diesem Test glaubt er eine Methode gefunden zu haben, die erlaubt, zwischen allgemein toxischer und spezifisch tumorhemmender Wirkung zu unterscheiden. Er hat diese Methode in einem "Screening" mit Actinomyceten eingesetzt und als erstes Beispiel das Mutomycin gefunden, das atmungsgeschädigte Staphylokokken stärker hemmt als normale Stämme [GAUSE u. Mitarb. (6)]. Die eingehende Prüfung des Mutomycins im Tierversuch steht allerdings zur Zeit noch aus.

Ein Ersatz der ausgedehnten Tierversuche mit spontanen, transplantierten oder mit Carcinogenen erzeugten Tumoren durch diese in vitro-Methoden kommt nicht in Frage, andererseits erlauben diese in vitro-Versuche doch eine wirkungsvolle Vorselektion der am Tier zu prüfenden Substanzen.

B. Fermentationstechnik

Die erste Herstellung von Antibiotica erfolgte durchwegs mit der apparativ einfachen, aber arbeitsintensiven Oberflächenkultur. Dieses Verfahren wurde rasch durch die wirtschaftlichere, aber technisch kompliziertere Submers-Kultur verdrängt. Die Weiterentwicklung des Submers-Verfahrens führt zu der kontinuierlichen Fermentation. Der Stand der heutigen Kenntnisse über dieses Gebiet wurde in zwei Symposien (Prag u. Stockholm, 1958) und in einem Bericht von GERHARDT u. BARTLETT dargelegt. Die Verfahren der kontinuierlichen Kultur von Zellen können nach der Art der Steuerung in 2 Klassen eingeteilt werden:

I. „Turbidostat", eingestellt auf konstante Dichte (automatische turbidimetrische Messungen) [BRYSON (1, 2); ANDERSON]. Diese Apparate scheinen gut geeignet für die Abklärung wissenschaftlicher Fragen bei kleinem Kulturvolumen und mit Mikroorganismen, die sich gleichmäßig fein verteilen.

II. „Chemostat" oder „Bactogen", eingestellt auf bestimmte Zuflußrate [NOVICK u. SZILARD, MOSER, MONOD, NOVICK (1, 2)]. Die Abb. 35 zeigt schematisiert die Versuchsanordnung beim „Chemostat". Dieses System der kontinuierlichen Kultur gestattet ohne besondere Komplikationen den Übergang auf große Gärvolumen.

Mit den Berechnungen, die der kontinuierlichen Fermentation zugrunde liegen, befassen sich MOSER, HERBERT (1, 2), JERUSALIMSKIJ (1), JOHNSON und NOVICK (1, 2). Die Anwendung der kontinuierlichen Kultur von Zellen liegt auf verschiedenen Gebieten. Anwendungsbeispiele oder Versuche zum Einsatz der kontinuierlichen Kultur sind bekannt:

1. Herstellung von Bäcker- und Futterhefe, Aceton-Butanol-Gärung, alkoholische Gärung (GERHARDT u. BARTLETT, ANDREEV, KALJUZNYI, BERAN, PLEVAKO u. Mitarb., DYR u. Mitarb.).

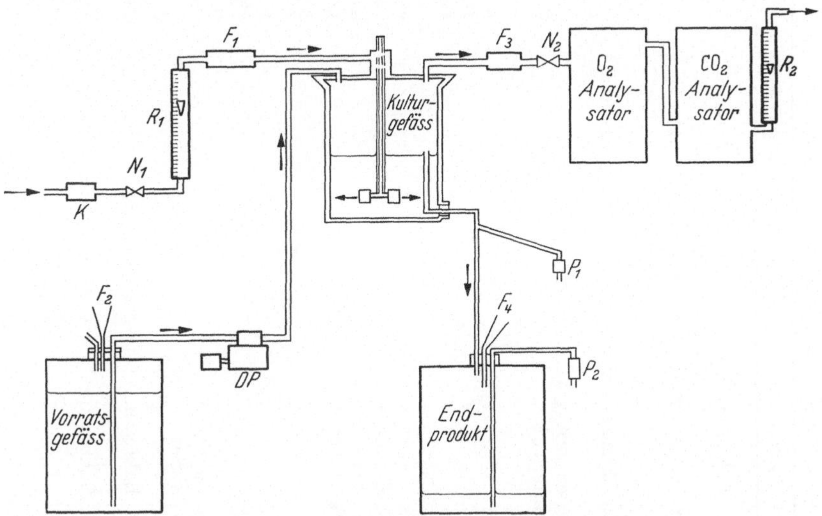

Abb. 35. „Chemostat". Anordnung zur kontinuierlichen Kultur von Zellen (nach HERBERT, 1). R_1, R_2 Rotometer, N_1, N_2 Nadelventile, F_1, F_2, F_3, F_4 Luftfilter, DP Dosierpumpe, K Kompressor, P_1, P_2 Stellen zur Probeentnahme

2. Antibioticaherstellung (PIRT u. CALLOW, BECHTERYEVA u. KOLESNIKOVA, BROWN, GERHARDT).

3. Züchtung von Zellen tierischen Ursprungs und Herstellung von Vaccinen (McLEAN u. Mitarb., HORODKO u. Mitarb., EVANS).

4. Selektion bestimmter Keime z. B. Phagen-resistente oder Antibiotica-resistente [BRYSON (1, 2), STAPLEY, GRAZIOSI].

5. Physiologische und morphologische Studien an Zellen in bestimmten, definierten Wachstumsstadien [BRYSON (2), MALEK u. Mitarb., PIRT u. CALLOW, HOLME, NOVICK (2), NOVICK u. WEINER].

C. Neue Antibiotica

In der Tabelle sind die in den Jahren 1958 und 1959 neu beschriebenen Antibiotica zusammengestellt. Die Liste schließt an die Darstellung von CHAIN in Ann. Review of Biochemistry 1958 an. Nicht aufgenommen wurden schlecht charakterisierte Antibiotica und Stoffe, die bereits früher teils unter anderen Namen und teils von anderen Autoren beschrieben wurden.

Tabelle 1. *Neue Antibiotica*. (Die Liste wurde am 31. 12. 1959 abgeschlossen)

Name	gebildet durch	aktiv gegen	chemische Charakterisierung	Literatur
Aburamycin	*Streptomyces aburaviensis*	gram pos. Bakterien	Smp. 163—165°, ähnlich Aureolinsäure	NISHIMURA u. Mitarb.
optische Antipode von Aburamycin	*Streptomyces* sp.	gram pos. Bakterien	Smp. 169—171°, optische Antipode von Aburamycin	GALE u. Mitarb.
Acetomycin	*Streptomyces ramulosus*	Protozoen, Mycobakterien	$C_{10}H_{14}O_5$, Smp. 115—116°	ETTLINGER u. Mitarb. (1); KELLER u. Mitarb.
Actinobolin	*Streptomyces* sp.	Tumor, gram neg., gram pos. Bakterien	$C_{13}H_{24}O_7N_2$	FUSARI u. Mitarb.; SUGIURA u. Mitarb.; TELLER u. Mitarb.; MERKER und WOOLLEY; PITILLO u. Mitarb.; HASKELL u. BARTZ; BURCHENAL u. Mitarb.
Actinoidin	*Proactinomyces actinoides*	gram pos. Bakterien	Polypeptid	SHORIN u. Mitarb.; GAUSE u. Mitarb. (7)
Actinomycin Z	*Streptomyces fradiae*	gram pos. Bakterien	Actinomycin	BOSSI u. Mitarb.
Actinoxanthin	*Actinomyces globisporus*	gram pos., gram neg. Bakterien, Tumor		SOLOVIEVA u. Mitarb.; VIKHROVA u. Mitarb.; BUYANOSKAYA u. Mitarb. (1, 2); AVTZYN u. Mitarb.; RAMPAN u. SYRIN; WEIS; BONDAREVA; MELKINOVA u. Mitarb.
Alboverticillin	*Streptomyces* sp.	gram pos. Bakterien, Mycobakterien		MAEDA u. Mitarb.
Antibioticum A 246	*Streptomyces* sp.	Pilze	Polyen	DHAR u. Mitarb. (1, 2)
Antibioticum E 129	*Streptomyces ostreogriseus*	gram pos. Bakterien	Streptogramin ähnlich	BESSEL u. Mitarb.
Antibioticum X 340	*Streptomyces caiusiae*	gram pos. Bakterien	$C_{23}H_{20}O_6$, Smp. 330—331°	VORA u. Mitarb.
Antibioticum 26/I	*Streptomyces globisporus*	Pilze	Heptaen	TZGANOV u. Mitarb.
AYF	*Streptomyces aureofaciens*	Pilze	Heptaen	KAPLAN u. Mitarb.

Azalomycin	*Streptomyces* sp.	gram pos. Bakterien	ähnlich Hygrostatin	NIKKAN YAKUGYO
Bamycetin	*Streptomyces plicatus*	gram pos. Bakterien Mycobakterien	Amicetin ähnlich	HASKELL
Blastmycin	*Streptomyces blast- myceticus*	Pilze	$C_{26}H_{36}O_9N_2$, Smp. 167°	WATANABE u. Mitarb.; YONE- HARA u. Mitarb.
Caerulomycin	*Streptomyces caeruleus*	Pilze	$C_{12}H_{11}O_2N_3$, Smp. 175°	FUNK u. DIVEKAR
Cellocidin	*Streptomyces chibaensis*	Mycobakterien, Tumor	Acetylendicarboxamid	SUZUKI u. Mitarb. (1, 2)
Cinerubine	*Streptomyces galilaeus antibioticus niveoruber*	gram pos. Bakterien, Tumor	Glucosid, Tetracenchinon- derivat	ETTLINGER u. Mitarb. (2)
Cristallomycin	*Actinomyces violaceoni- ger* var. *cristallomycini*	gram pos. Bakterien	Polypeptid	GAUSE u. Mitarb. (8); LOMA- KINA u. BRAZHNIKOVA
Cryptocidin	*Streptomyces* sp.	Pilze	Hexaen	SAKAMOTO (1)
Cyanomycin	*Streptomyces cyanoflavus*	gram pos., gram neg. Bakterien	$C_{15}H_{12}N_2O_2$, Smp. 128°	FUNAKI u. Mitarb. (1)
Desertiomycin	*Streptomyces flavofungi*	gram pos. Bakterien Tumor	$C_{33}H_{60-62}O_{14}N$, Smp. 189—190°	URI u. Mitarb.
1,6-Dihydroxyphenazin	*Streptomyces thioluteus sterilis*	Pilze	1,6-Dihydroxyphenazin	AKABORI u. NAKAMURA
Duramycin	*Streptomyces cinnamoneus*	gram pos. Bakterien	Polypeptid	SHOTWELL u. Mitarb.; LIN- DENFELSER u. Mitarb.; PRIDHAM u. Mitarb.
E 73	*Streptomyces albulus*	Tumor	$C_{17}H_{25}O_6N$	RAO; RAO u. CULLEN
Elaiophylin	*Streptomyces melano- sporeus*	gram pos. Bakterien, Mycobakterien		ARCAMONE
Etruscomycin	*Streptomyces lucensis*	Pilze	Tetraen	ARCAMONE u. Mitarb.
Flavifungin	*Streptomyces flavofungini*	Pilze		URI u. BÉKESI
Flavucidin	*Streptomyces* sp.	Micrococcus flavus	$C_{34}H_{55}O_9N$, Smp. 144—145°	SHIBATA u. Mitarb. (1)
Funicularin	*Bacillus funicularis*	Pilze		YOSHYY u. Mitarb.
Helenin	*Penicillium funiculosum*	Virus	Ribo-nucleoprotein	LEWIS u. Mitarb.; SHOPE
Heliomycin	*Actinomyces flavo- chromogenes* var. *helio- mycini*	Virus		BRAZHNIKOVA u. Mitarb.
Holomycin	*Streptomyces griseus*	gram pos., gram neg. Bakterien	Desmethylthiolutin	ETTLINGER u. Mitarb. (3)

Tabelle 1. (Fortsetzung)

Name	gebildet durch	aktiv gegen	chemische Charakterisierung	Literatur
Hydroxymycin	*Streptomyces paucisporogenes*	gram pos., gram neg. Bakterien	Streptothricin ähnlich	VAISMAN u. HAMELIN; HAGEMANN u. Mitarb.
Hygrostatin	*Streptomyces hygrostaticus*	Pilze, gram pos. Bakterien		KOJO u. Mitarb.
Imoticidin	*Streptomyces albus*	Pilze		INOUE u. Mitarb.
Kanamycin	*Streptomyces kanamyceticus*	gram pos., gram neg. Bakterien, Mycobakter.	Neomycin ähnlich	UMEZAWA u. Mitarb.; CRON u. Mitarb. (1, 2, 3)
L. A. 5352	*Streptomyces* sp.	gram pos. Bakterien	Grisein verwandt	SENSI u. TIMBAL
L. A. 5937	*Streptomyces* sp.	gram pos. Bakterien	Grisein verwandt	SENSI u. TIMBAL
Latumcidin	*Streptomyces reticuli* var. *latumcidicus*	gram pos., gram neg. Bakterien, Pilze	$C_{11}H_{13}O_2NH_2SO_4$, Smp. 140—141° (Zersetzung)	SAKAGAMI u. Mitarb.
Lenamycin	*Streptomyces* sp.	Tumor	$C_4H_4O_2N_2$, Smp. 202—207°	SEKIZAWA
Luridin	*Actinomyces* sp.	Virus, gram pos., gram neg. Bakterien	Streptothricin ähnlich	TRACHTENBERG u. Mitarb.
Lustricin	*Streptomyces* sp.	gram pos. Bakterien	$C_{40}H_{64}O_{13}$	SHIBATA u. Mitarb. (2)
Malucidin	*Saccharomyces cerevisiae*	gram pos., gram neg. Bakterien, Hefen		PARFENTJEV
Matamycin	*Streptomyces matensis*	gram pos. Bakterien	Polypeptid	MARGALITH u. Mitarb.; SENSI u. Mitarb.
Megacidin	*Streptomyces* sp.	gram pos. Bakterien	$C_{24}H_{38}O_{10}$, Smp. 162—164°	ETTLINGER u. Mitarb. (4)
Melanomycin	*Streptomyces melanogenes*	Tumor	Melanin ähnlich	SUGAWARA u. Mitarb.
Melanosporin	*Streptomyces melanosporeus*	Bakterien, Pilze		ARCAMONE
Monamycin	*Streptomyces jamaicensis*	gram pos. Bakterien	$C_{22}H_{36-38}N_4O_5$, Smp. 126°	HASHALL u. MAGNUS
Moldicin	*Streptomyces* sp.	Pilze, Protozoen	Pentaen	SAKAMOTO (2)
Mutomycin	*Actinomyces atroolivaceus* var. *mutomycini*	Tumor, atmungsgeschädigte Staphylokokken	$C_7H_{11-12}O_2$ Smp. 141—142	GAUSE u. Mitarb. (6)

Mycorhodin	*Streptomyces* sp.	gram pos. Bakterien	Smp. 200—202°, Indicator	MISIEK u. Mitarb. (1)
Ophiobolin	*Ophiobolus miyabeanus*	Pilze, Protozoen	$C_{24}H_{32}O_4$, Smp. 181—182°	NAKAMURA u. ISHIBASHI
P. A. 108	*Streptomyces* sp.	gram pos. Bakterien	Makrolid	MURAI u. Mitarb.
P. A. 128	*Streptomyces* sp.	Protozoen	Smp. 143—144°	RAO u. LYNCH
P. A. 133 A + B	*Streptomyces* sp.	gram pos. Bakterien	Makrolide	MURAI u. Mitarb.
P. A. 147	*Streptomyces* sp.	Bakterien (schwach)	3-Carboxy-2,4-penta-dienal-lactol	ELS u. Mitarb.
P. A. 148	*Streptomyces* sp.	gram pos. Bakterien	Makrolid	MURAI u. Mitarb.
P. A. 150	*Streptomyces* sp.	Pilze	Heptaen	KOE u. Mitarb.
P. A. 153	*Streptomyces* sp.	Pilze	Pentaen	KOE u. Mitarb.
P. A. 166	*Streptomyces* sp.	Pilze	Tetraen	KOE u. Mitarb.
Paramomycin	*Streptomyces rimosus*	gram pos., gram neg. Bakterien	Neomycin ähnlich	HASKELL u. Mitarb. (1, 2, 3)
Pentamycin	*Streptomyces penticus*	Pilze	Pentaen	UMEZAWA u. TANAKA
Pimaricin	*Streptomyces natalensis*	Pilze	Tetraen	STRUYK u. Mitarb.; PATRICK u. Mitarb. (1, 2)
Prymycin	*Streptomyces* sp.	gram pos. Bakterien Mycobakterien	$C_{19}H_{37}O_7N$, Smp. 166—168°	VALYI-NAGY
Pyoluteorin	*Pseudomonas aeruginosa*		$C_{11}H_7O_3NCl_2$, Smp. 174—175°	TAKEDA
Pyrromycin	*Streptomyces* sp.	gram pos. Bakterien	$C_{30}H_{35}O_{11}NHCl$, Smp. 162—163° (Hydrochlorid)	BROCKMANN u. LENK
Quinocyclin-Komplex	*Streptomyces aureo-faciens*	gram pos. Bakterien, Mycobakterien	Gemisch von Hydroxy-anthrachinonen	McBRIDE u. ENGLISH; CELMER u. Mitarb.
Ramycin	*Mucor ramanianus*	gram pos. Bakterien Mycobakterien	lipophile Säure	DIJCK u. SOMER
Rifomycin B	*Streptomyces mediterranei*	gram pos. Bakterien Mycobakterien	$C_{39}H_{51}NO_{14}$, Smp. 160—164°	SENSI u. Mitarb.
Rutilantine	*Streptomyces* sp.	gram pos. Bakterien, Phagen	verwandt mit Cinerubinen und Pyrromycin	OLLIS u. Mitarb.
Streptimidon	*Streptomyces* sp.		$C_{16}H_{23}O_4N$, Smp. 72—73°	FROHARDZ u. Mitarb.

Tabelle 1. (Fortsetzung)

Name	gebildet durch	aktiv gegen	chemische Charakterisierung	Literatur
Streptovitacin A, B, C, D	*Streptomyces griseus*	Tumor	A: Smp. 156—161°, $C_{15}H_{23}O_5N$; B:Smp. 124—128°, isomer zu A; C: Smp. 91—96°, isomer zu A; D: Smp. 67—69°, isomer zu A	FIELD u. Mitarb. (1, 2); HERR (1, 2); SOKOLSKI u. Mitarb.; EBLE u. Mitarb.; EVANS u. Mitarb.
Sulfocidin	*Streptomyces* sp.	gram pos. Bakterien	Smp. 166—178°	ZIEF u. Mitarb.
Taitomycin	*Streptomyces afghaniensis*	gram pos. Bakterien		SHIMO u. Mitarb.; TOMOSUGI u. Mitarb.; KOMATSU u. Mitarb.
Telomycin	*Streptomyces* sp.	gram pos. Bakterien	Polypeptid	MISIEK u. Mitarb. (2); GOUREVITCH u. Mitarb.; TISCH u. Mitarb.
Tennecetin	*Streptomyces chattanoogensis*	Pilze	Tetraen	BURNS u. HOLTMANN; BARR
Theiomycetin	*Streptomyces* sp.	gram pos. Bakterien	$C_{55}H_{59-61}O_{20}N_{15-16}S$	SHIBATA
Variotin	*Paecilomyces varioti* var. *antibioticus*	Pilze	$C_{18}H_{27}O_4N$	YONEHARA u. Mitarb.; TAKEUCHI u. Mitarb.; ABE u. Mitarb.; MATSUDA u. Mitarb.; NAKATSUKA u. Mitarb.
Velutinin	*Aspergillus velutinum*	Pilze		BECKER u. Mitarb.
Violarin	*Actinomyces violaceus*	Bakterien, Viren	$C_{22-24}H_{32-34}O_{8-9}$, Smp. 130° (Zersetzung) ähnlich Abikoviromycin	TRACHTENBERG
Virocidin	*Streptomyces flavoreticuli*	gram pos., gram neg. Bakterien, Viren		FUNAKI u. Mitarb. (2)

D. Übersichtsreferate

Für alle übrigen, aus Platzgründen hier nicht behandelten Probleme muß ich die Leser auf andere Übersichtsreferate verweisen:

Neue Antibiotica: VERWEY.

Antibiotica im Pflanzenschutz: MÜLLER, GOODMAN, PRAMER.

Antibiotica in der Tierernährung: WEBER, LUCKEY.

Antibiotica für Lebensmittelkonservierung: FARBER, WRENSHALL.

Einzelne Antibiotica:

Penicillin: HIRSH u. PUTNAM, Penicillin-Biogenese: DEMAIN, HOCKEN-HULL.

Streptomycin und Dihydrostreptomycin: WEINSTEIN u. EHRENKRANZ.

Cycloserin: FREERKSEN u. Mitarb.

Tetracyclin-Fermentation: DIMARCO u. PENNELLA.

Fermentationstechnik: HEROLD u. NECASEK, GERHARDT u. BARTLETT, RICICA.

Literatur

ABE, S., S. TAKEUCHI and H. YONEHARA: J. Antibiot. Ser. A 12, 201—202 (1959). — AKABORI, H., and M. NAKAMURA: J. Antibiot. Ser. A 12, 17—20 (1959). — ANDERSON, P. A.: J. gen. Physiol. 36, 733—737 (1953). — ANDREEV, K. P.: Continuous cultivation of microorganisms, a symposium. S. 186—197. Prag 1958. — ARAI, T., and M. SUZUKI: J. Antibiot. Ser. A 9, 169—171 (1956). — ARCAMONE, F.: Abstr. Communs. Symposium Antibiotics. S. 131. Prag 1959. — ARCAMONE, F., C. BERTAZZOLI, G. CANEVAZZI, A. DiMARCO, M. GHIONE and A. GREIN: G. Microbiol. 4, 119 (1957). — AVTZYN, A. P., E. K. BEREZINA and M. A. PETROVA: Antibiotiki 3, (1) 40—44 (1958).

BARR, F. S.: Antibiot. and Chemother. 9, 406—408 (1959). — BECHTERYEVA, M. N., and I. G. KOLESNIKOVA: Abstr. Communs. Symposium Antibiotics. Suppl. Prag 1959. — BECKER, Z. E., E. K. BEREZINA, R. A. WEIS, S. N. MILOVANOVA, A. A. OSTROUKHOV, E. I. RODIONOVSKAYA, D. M. TRACHTENBERG, A. S. KOHKHLOV and S. M. CHAYKOVSKAYA: Antibiotiki 3, (4), 104—105 (1958). — BERAN, K.: Continuous cultivation of microorganisms, a symposium. S. 122—156. Prag 1958. — BESSEL, C. J., K. H. FANTES, W. HEWITT, P. W. MUGGLETON and J. R. P. TOOTILL: Biochem. J. 68, 24 P—25 P (1958). — BHRAZNIKOVA, M. G., T. A. UPENSKAYA, L. B. SOKOLOVA, T. P. PREOBRAZHENSKAYA, G. F. GAUSE, R. S. UKHOLINA, V. A. SHORIN, O. K. ROSSOLIMO and T. P. VERTOGRADOVA: Antibiotiki 3, (2), 29 (1958). — BCNDAREVE, A. S.: Antibiotiki 2, (1), 31—36 (1958). — BONIFAS, V.: Experientia (Basel) 8, 234 (1952). — BORCHHARDT, K. A., and O. H. ANDREWS: Antibiot. and Chemother. 9, 596—599 (1959). — BOSSI, R., R. HÜTTER, W. KELLER-SCHIERLEIN, L. NEIPP u. H. ZÄHNER: Helv. chim. Acta 41, 1645—1652 (1958). — BRADNER, W. T., and D. A. CLARKE: Cancer Res. 18, 299 (1958). — BRAZHNIKOVA, M. G., T. A. USPENSKAYA, L. B. SOKOLOVA, G. F. GAUSE, R. S. UKHOLINA, V. A. SHORIN, O. K. ROSSOLIMO i T. P. VERTOGRADOVA: Antibiotiki 3, (2) 29—34 (1958). — BROCKMANN, H., and W. LENK: Chem. Ber. 92, 1880—1903, 1904 ff. (1959). — BROWN, W. F.: Recent progress of microbiology S. 416—417. Congr. Microbiol. Stockholm, 1958. — BRYSON, V.: (1) Science 116, 48—51 (1952); (2) Recent progress of microbiology, S. 371—380. Congr. Microbiol. Stockholm 1958. — BURCHENAL, J. H., E. A. D. HOLMBERG, H. C. REILLY, S. HEMPHILL and J. A. REPPERT: Antibiot. Ann. 528—532 (1958/59). — BURNS, J., and D. F. HOLTMANN: Antibiot. and Chemother. 9, 398—405 (1959). — BUYANOVSKAYA, I. S., N. M. VIKROVA and N. A. ANDREEVA: Antibiotiki 2, (1), 17—21 (1957). — BUYANOVSKAYA, I. S., V. S. DITRIEVA, M. S. CHAYKOWSKAYA, S. M. SEMENOV and N. A. ANDREEVA (2): Antibiotiki 3, (1), 27—30 (1958).

CELMER, W. D., K. MURAI, K. V. RAO, F. W. TANNER and W. S. MARSH: Antibiot. Ann. 484—492 (1957/58). — CHAIN, E. B.: Ann. Rev. Biochem. 27, 167—212 (1958). — CRON, M. J., O. B. FARDIG, D. L. JOHNSON, H. SCHMITZ, D. F. WHITEHEAD, I. R. HOOPER and R. U. LÉMINEUX: (1) J. Amer. chem. Soc. 80, 2342 (1958). — CRON, M. J., O. B. FARDIG, D. L. JOHNSON, D. F. WHITEHEAD, I. R. HOOPER and R. V. LÉMINEUX (3): J. Amer. chem. Soc. 80, 4115 (1958). — CRON, M. J., D. L. JOHNSON, F. M. PALERMITI, Y. PERRON, H. D. TAYLOR, D. F. WHITE-HEAD and I. R. HOPPER: (2) J. Amer. chem. Soc. 80, 752 (1958).

DEMAIN, A. L.: Advanc. appl. Microbiol. 1, 23—48 (1959). DHAR, M. L., V. THALLER and M. C. WHITING: (1) Proc. chem. Soc. 1958, 148. — DHAR, M. L., V. THALLER, M. C. WHITING, R. RYHAGE, S. STÄLLBERG-STENHAGEN and E. STEN-HAGEN: (2) Proc. chem. Soc. 1959, 154. — DIJCK, J. VAN, and P. SOMER: J. gen. Microbiol. 18, 377—381 (1958). — DIMARCO, A., and P. PENELLA: Prog. industr. Microbiol. 1, 45—92 (1959). — DIPAOLO, J. A., and G. E. MOORE: Antibiot. and Chemother. 7, 465—470 (1957). — DOWLING, H. F.: Antibiot. et Chemother. (Basel) 8, 114—125 (1960). — DYR, J., J. PROTIVA and R. PRAVS: Continuous cultivations of microorganisms, a symposium. S. 210—226. Prag 1958.

EBLE, T. E., M. E. BERGY, C. M. LARGE, R. R. HERR and W. G. JACKSON: Antibiot. Ann. 555—559 (1958/59). — ELS, H., B. A. SOBIN and W. D. CELMER: J. Amer. chem. Soc. 80, 878 (1958). — ENGLISH, R. A., and T. J. McBRIDE: Antibiot. Ann. 893—896(1957/58). — ETTLINGER, L., E. GÄUMANN, R. HÜTTER, W. KELLER-SCHIERLEIN, F. KRADOLFER, L. NEIPP, V. PRELOG and H. ZÄHNER: (1) Helv. chim. Acta 41, 216—219 (1958). — ETTLINGER, L., E. GÄUMANN, R. HÜTTER, W. KELLER-SCHIERLEIN, F. KRADOLFER, L. NEIPP, V. PRELOG, P. REUSSER u. H. ZÄHNER: (2) Chem. Ber. 92, 1867—1879 (1959). — ETTLINGER, L., E. GÄUMANN, R. HÜTTER, W. KELLER-SCHIERLEIN, L. NEIPP, V. PRELOG u. H. ZÄHNER: (3) Helv. chim. Acta 42, 563—569 (1959). — ETTLINGER, L., E. GÄUMANN, R. HÜTTER, W. KELLER-SCHIER-LEIN, F. KRADOLFER, L. NEIPP, V. PRELOG, P. REUSSER u. H. ZÄHNER: (4) Mh. Chem. 88, 989—995 (1957). — EVANS, A. S.: Proc. Soc. exp. Biol. (N. Y.) 96, 752—757 (1957). — EVANS, J. S., G. D. MENGEL, J. CERN and R. L. JOHNSTON: Antibiot. Ann. 565—571 (1958/59).

FARBER, L.: Ann. Rev. Microbiol. 13, 125—140 (1959). — FIELD, J. B., F. COSTA and A. BORYCZKA: (1) Antibiot. Ann. 547—550 (1958/59). — FIELD, J. B., A. MIRELES, H. R. PACHL, L. BASCOY, L. CANO and W. K. BULLOCK: (2) Antibiot. Ann. 572—579 (1958/59). — FREERKSEN, E. E. KRÜGER-THIEMER u. M. ROSEN-FELD: Antibiot. et Chemother. (Basel) 6, 303—396 (1959). — FROHARDZ, R. P., H. W. DION, Z. L. JAKUBOWSKI, A. RYDER and J. C. FRENCH: J. Amer. chem. Soc. 81, 5500 (1959). — FUNAKI, M., F. TSUCHIYA, K. MAEDA and T. KAMIYA: (1) J. Antibiot. Ser. A. 11, 143—149 (1958). — FUNAKI, M., F. TSUCHIYA, K. MAEDA and T. KAMIYA: (2) J. Antibiot. Ser. A 11, 138—142 (1958). — FUNK, A., and P. V. DIVEKAR: Canad. J. Microbiol. 5, 317—321 (1959). — FUSARI, S. A., and H. A. MACHAMER: Antibiot. Ann. 510—514 (1958/59).

GALE, R. M., M. M. HOEHN and M. H. McCORMICK: Antibiot. Ann. 489—492 (1958/59). — GARETT, E. R.: Antibiot. and Chemother. 8, 8—20 (1958). — GARZIOSI, F.: Recent. progr. of microbiology, S. 418—420. Congr. Microbiol. Stockholm. 1958. — GAUSE, G. F.: (1) Science 127, 506—508 (1958). — GAUSE, G. F.: (2) Proc. IV. intern. Congr. Biochemistry 5, 171—182. Wien 1958. — GAUSE, G. F., L. R. IVANITSKAYA and G. B. VLADIMIROVA: (5) Dokl. Akad. Sci. USSR, 118, 189 (1958).— GAUSE, G. F., G. V. KOCHETKOVA and G. B. VLADIMIROVA: (3) Dokl. Akad. Sci. USSR 117, 138 (1957). — GAUSE, G. F., G. V. KOCHETKOVA and G. B. VLADIMI-ROVA: (4) Dokl. Akad. Sci. USSR 117, 720 (1957). — GAUSE, G. F., E. S. KUDRINA, G. A. TRENINA, E. G. TOROPOVA and E. D. WYSHEPAN: (7) Antibiotiki 3, (1), 51—54 (1958). — GAUSE, G. F., T. S. MAXIMOVA, O. L. POPVA, M. G. BRAZHNIKOVA, T. A. USPENSKAYA and O. D. ROSSOLIMO: (6) Antibiotiki 4, (3), 20—23 (1959). — GAUSE, G. F., T. P. PREBRAZHENSKAYA, V. K. KOVALENKOVA, N. P. IL'ICHEVA, M. G. BRAZHNIKOWA, V. A. SHORIN, I. A. KUNRAT and S. P. SHAPOVALOVA: (8) Anti-biotiki 2, 9—14 (1957). — GERHARDT, P.: Recent progr. of microbiology. S. 417 bis 418. Congr. Microbiol. Stockholm 1958. — GERHARDT, P., and M. C. BARTLETT: Advanc. appl. Microbiol. 1, 215—260 (1959). — GOODMAN, R. N.: in GOLDBERG, H. S. Antibiotics, their chemistry and non medical uses, S. 322—448. New York:

Nostrand Comp. 1959. — GOUREVITCH, A., G. A. HUNT, A. J. MOSES, V. TANGARI, T. PUGLISI and J. LEIN: Antibiot. Ann. 856—862 (1957/58). — GROVE, D. C., and W. A. RANDALL: Assay methods of antibiotics, Antibiotics monographs 2, Medical encyclopedia. New York 1955.

HAGEMANN, G., G. NOMINE et L. PÉNASSE: Ann. pharm. franç. 16, 585 (1958). — HASHALL, C. H., and K. E. MAGNUS: Nature (Lond.) 184, 1223—1224 (1959). — HASKELL, T. H.: J. Amer. chem. Soc, 80, 747 (1958). — HASKELL, T. H., and Q. R. BARTZ: Antibiot. Ann. 505—509 (1958/59). — HASKELL, T. H., J. C. FRENCH and Q. R. BARTZ: (1) J. Amer. chem. Soc. 81, 3482 (1959); (2) J. Amer. chem. Soc. 81, 3481 (1959); (3) J. Amer. chem. Soc. 81, 3481 (1959); (4) J. Amer. chem. Soc. 81, 3480 (1959). — HERBERT, D.: (1) Recent progr. microbiology, S. 381—396. Congr. Microbiol. Stockholm 1958. — HERBERT, D.: (2) Continuous cultivation of microorganisms, a symposium. S. 45—52 Prag. 1958. — HEROLD, M., and J. NECASEK: Advanc. appl. Microbiol. 1, 1—22 (1959). — HERR, R. R.: (1) Antibiot. Ann. 560—564 (1958/59); (2) J. Amer. chem. Soc. 81, 2595 (1959). — HIRSH, H., and L. E. PUTNAM: Penicillin, Antibiotics monographs 9. Medical encyclopedia. Inc. New York 1958. — HOCKENHULL, D. J.: Progr. industr. Microbiol. 1, 1—28 (1959). — HOLME, T.: Recent progr. microbiology, S. 420—422, Congr. Microbiol. Stockholm 1958. — HORODKO, J., L. KRASSOWSKA, K. NAIMSKI and K. ZAKSZESKI: Abstr. VII. Intern. Congr. Microbiol. S. 365. Stockholm 1958.

INOUE, T., Y. OKAMOTO and T. NISHIKADO: Nôgakû Kenkyu 46, 120—141 (1959).

JAWETZ, E.: Proc. IV. internat. Congr. Biochemistry 1958. Vol. 5, 91—103 (1959). — JERUSALIMSKY, N. D.: Abstr. VII. Intern. Congr. Microbiol. S. 366. Stockholm 1958. — JERUSALIMSKY, N. D.: Continuous cultivation of microorganisms, a symposium. S. 53—61. Prag 1958. — JOHNSON, M. J.: Recent progr. microbiology, S. 397—402. Congr. Internat. Microbiol. Stockholm 1958.

KALJUZNYI, M. J.: Continuous cultivation of microorganisms, a symposium. S. 198—209. Prag 1958. — KAPLAN, M. A., B. HEINEMANN, I. MYDLINSKI, F. H. BUCKWALTER, J. LEIN and I. R. HOOPER: Antibiot. and Chemother. 8, 491—495 (1958). — KELLER-SCHIERLEIN, W., M. LJ. MIHAILOVIC und V. PRELOG: Helv. Chim. Acta 41, 220—228 (1958). — KISELEVA, L. F.: Antibiotiki 3, (1), 10—13 (1958). — KLEIN, P.: Bakteriologische Grundlagen der chemotherapeutischen Laboratoriumspraxis. Berlin-Göttingen-Heidelberg: Springer 1957. — KOE, B. K., F. W. TANNER, K. V. RAO, B. A. SOBIN and W. D. CELMER: Antibiot. Ann. 897—905 (1957/58). — KOJO, K., K. SHIMIZU, H. SAKAI, S. MIKATA and T. FUJISAWA: Yakugaku Kenky 30, 654—664 (1958). — KOMATSU, N., S. NAKAZAWA, M. HAMADA, M. SHIMO and T. TOMOSUGI: J. Antibiot. Ser. A. 12, 12—16 (1959). — KORENYAKO, A. I., and N. D. KOFANOVA: Antibiotiki 3, (5), 5—8 (1958).

LEWIS, U. J., E. L. ROCLES, L. McCLELLAND and N. G. BRINK: J. Amer. chem. Soc. 81, 4115 (1959). — LINDENFELSER, L. A., T. G. PRIDHAM, O. L. SHOTWELL and F. H. STODOLA: Antibiot. Ann. 241—247 (1957/58). — LOMAKINA, N. N., and M. G. BRAZHNIKOVA: Biokimiya 24, 425 (1959). — LOUSTALOT, P.: Oncologia 11, 166—178 (1958). — LUCKEY, T. D.: in GOLDBERG, H. S. Antibiotics, their chemistry and non medical uses S. 174—321. New York: Nostrand Comp. 1959.

MAEDA, K., S. KONDO, K. OHI, H. KONDO, E. LIN WANG, Y. OSATO and H. UMEZAWA: J. Antibiot. Ser. A 11, 30—31 (1958). — MALEK, I., K. BERAN, J. RICICA and J. CHALOUPKA: Abstr. VII. Internat. Congr. Microbiol. S. 371. Stockholm 1958. — MARGALITH, P., G. BERETTA and M. T. TIMBAL: Antibiot. and Chemother. 9, 71—75 (1959). — MATSUDA, A., N. HACHIYA and Y. KAWAMURA: J. Antibiot. Ser. A. 12, 203—209 (1959). — MAYEVSKY, M. M., E. A. ROMANENKO and A. S. BONDAREVA: Antibiotiki 3, (1), 7—9 (1958). — McBRIDE, T. J., and A. R. ENGLISH: Antibiot. Ann. 493—501 (1957/58). — McCUNE, R. M.: Antibiot. et Chemother. (Basel) 8, 126—139 (1960). — McLEAN, I. W., W. A. RIGHTSEL, A. E. HOOK and A. R. TAYLOR: Abstr. VII. Intern. Congr. Microbiol. S. 370. Stockholm 1958. — MELKINOVA, A. A., V. A. SEMENOVA, N. K. SOLOVIEVA, L. P. SNEZHOVA and G. N. GINSBURG: Antibiotiki 3, (1), 18—22 (1958). — MERKER, P. C., and G. W. WOLLEY: Antibiot. Ann. 515—517 (1958/59). — MISIEK, M. A. GOURE-VITCH, B. HEINEMANN, M. J. CRON, D. F. WHITEHEAD, H. SCHMITZ, I. R. HOOPER and J. LEIN: (1) Antibiot. and Chemother. 9, 280—285 (1959). — MISIEK, M., O. B.

Fardig, A. Gourevitch and D. J. Johnson: Antibiot. Ann. 852—855 (1957/58). — Miyamura, S.: Antibiot. and Chemother. 6, 280—282 (1956). — Miyamura, S., and S. Niwayama: Antibiot. and Chemother. 9, 497—500 (1959). — Monod, J.: Ann. Inst. Pasteur 79, 390—410 (1950). — Moser, H.: The dynamics of bacterial populations maintained in the chemostat. Publ. 614. Carnegie Institution of Washington 1958. — Müller, P.: Antibiot. et Chemotherap. (Basel) 6, 1—40 (1959). — Murai, K., B. A. Sobin, W. D. Celmer and P. W. Tanner: Antibiot. and Chemother. 9, 485—490 (1959).

Nakamura, M., and K. Ishibashi: Nippon Nogai Kagaku Kaishi 32, 739 (1958). — Nakatsuka, M., H. Aratani, K. Oshita, H. Mikawa, S. Mikawa and S. Tsuchimoto: J. Antibiot. Ser. A. 12, 214—221 (1959). — Nikkan Yakugyo (Daily Pharmaceutical) 26. Mai 1959. — Nishimura, H., T. Kimura, K. Tawara, K. Sasaki, K. Nakajima, N. Shimaoka, S. Okamoto, M. Shimohira and J. Isono: J. Antibiot. Ser. A 10, 205—212 (1957). — Novick, A.: (1) Recent progr. microbiology. S. 403—415. Congr. Intern. Stockholm 1958. — Novick, A.: (2) Continuous cultivation of microorganisms, a symposium. S. 29—44. Prag 1958. — Novick, A., and L. Szilard: Proc. nat. Acad. Sci. (Wash.) 36, 708—719 (1950). — Novick, A., and M. Weiner: Proc. nat. Acad. Sci. (Wash.) 43, 553—566 (1957).

Okami, Y., M. Suzuki and H. Umezawa: J. Antibiot. Ser. A. 9, 87—89 (1958). — Ollis, W. D., I. O. Sutherland and J. J. Gordon: Tetrahedron 1959, 17—23.

Parfetjev, I. A.: J. infect. Dis. 103, 1—5 (1958). — Patrick, J. B., R. P. Williams, C. F. Wolf and J. S. Webb: (1) J. Amer. chem. Soc. 80, 6688 (1958). — Patrick, J. B., R. P. Williams and J. S. Webb: (2) J. Amer. chem. Soc. 80, 6689 (1958). — Pavlenko, I. A.: Antibiotiki 3 (1), 14—17 (1958). — Pavlenko, I. A.: (2) Antibiotiki 3 (1), 45—51 (1958). — Pirt, S. J.: J. gen. Microbiol. 16, 59—75 (1957). — Pirt, S. J., and D. S. Callow: Nature (Lond.) 184, 307—310 (1959). — Pitillo, R. F., M. W. Fisher, R. J. McAlpine, P. E. Thompson and J. Ehrlich: Antibiot. Ann. 497—504 (1958/59). — Plevako, E. A., D. A. Bakusinskaija and N. A. Semichatova: Continuous cultivation of microorganisms, a symposium. S. 157—173. Prag 1958. — Präve, P.: (1) Arch. Mikrobiol. 31, 217—223 (1958). — Präve, P.: (2) Naturwissenschaften 46, 115 (1959). — Pramer, D.: Advanc. appl. Microbiol. 1, 75—86 (1959). — Pridham, T. G., O. L. Shotwell, F. H. Stodola, L. A. Lindenfelser, R. G. Benedict and R. W. Jackson: Phytopathologie 46, 575—581 (1956).

Rampan, J. I., and A. B. Syrin: Antibiotiki 3, (1), 36—40 (1958). — Rao, K.: Abstr. Papers 134th. Meeting Amer. chem. Soc. 1958, 23 o. — Rao, K. V., and W. P. Cullen: Abstr. Papers 134th Meeting Amer. chem. Soc. 1958, 22 o. — Rao, K. V., and J. E. Lynch: Antibiot. and Chemother. 8, 437—440 (1958). — Ricica, J.: Continuous cultivation of microorganisms, a symposium. S. 75—105. Prag 1958.

Sakagami, Y., I. Yamaguchi and H. Yonehara: J. Antibiot. Ser. A. 11, 6—13 (1958). — Sakamoto, J. M. J.: (1) Antibiot. Ser. A. 12, 21—23 (1959); (2) J. Antibiot. Ser. A 12, 169—172 (1959). — Scherr, G. H., and R. M. Bechtle: Antibiot. Ann. 855—864 (1958/59). — Sekizawa, Y.: J. Biochem. (Tokyo) 45, 159 (1958). — Sensi, P., R. Ballotta and O. G. Gallo: Antibiot. and Chemother. 9, 76 (1959). — Sensi, P., P. Margalith and M. T. Timbal: Il Farmaco 14, 146 (1959). — Sensi, P., and M. T. Timbal: Antibiot. and Chemother. 9, 160—166 (1959). — Shibata, M.: Takeda Kenkyusho Nempo 18, 44—48 (1959). — Shibata, M., K. Nakazawa, A. Miyake, M. Inoue, J. Terumichi and H. Kawashima: (1) Takeda Kenkyusho Nempo 17, 16 (1958). — Shibata, M., K. Nakazawa, M. Inoue, J. Termuichi and O. Miyake: (2) Takeda Kenkyusho Nempo 17, 19 (1958). — Shimo, M., T. Shiga, T. Tomosugi and I. Kamoi: J. Antibiot. Ser. A. 12, 1—6 (1959). — Shope, R. E.: J. exp. Med. 97, 601—650 (1959). — Shorin, V. A., S. D. Yudintsev, I. A. Kunrat, L. B. Goldberg, N. S. Pevzner, M. G. Brazhnikova, N. N. Lomakina and E. F. Aparysheva: Antibiotiki 2, (5), 44—48 (1957). — Shotwell, O. L., F. H. Stadola, W. R. Michael, L. A. Lindenfelser, R. G. Dworschack and T. G. Pridham: J. Amer. chem. Soc. 80, 3912 (1958). — Sokolski, W. T., and O. S. Carpenter: Progr. industr. Microbiol. 1, 93—136 (1959). — Sokolski, W. T., N. J. Eilers and G. M. Savage: Antibiot. Ann. 551—554 (1958/59). — Solovieva, N. K., V. A. Semenova, I. D. Selova, S. M. Rudaya and S. A. Ilyinskaya: Antibiot. 3, (1), 3—7 (1958). — Stapley, E. O.: Appl. Microbiol.

6, 392—398 (1958). — Streitfeld, M. M.: Antibiot. Ann. 906—915 (1956/57). — Streitfeld, M. M., and M. S. Saslaw: J. Lab. clin. Med. 43, 946 (1954). — Struyk, A. P., I. Hoette, G. Drost, J. M. Waisvisz, T. van Eek and J. C. Hoogerheide: Antibiot. Ann. 878—885 (1957/58). — Sugawara, R., A. Matsumae and T. Hata: J. Antibiot. Ser. A. 10, 133—137 (1957). — Sugiura, K., and H. C. Reilly: Antibiot. Ann. 522—527 (1958/59). — Suzuki, S., G. Nakamura, K. Okuma and Y. Toiyama: J. Antibiot. Ser. A 11, 81—83 (1958). — Suzuki, S., and K. Okuma: J. Antibiot. Ser. A 11, 84—86 (1958). — Szybalski, W.: (1) Science 116, 46 (1952); (2) Bact. Proc. 1952 p. 36.

Takeda, K.: (1) J. Amer. chem. Soc. 80, 4749 (1958); (2) Bull. Agr. chem. Soc. Japan 23, 126 (1959). — Takeuchi, S., H. Yonehara and H. Umezawa: J. Antibiot. Ser. A 12, 195—200 (1959). — Talyzina, V. A.: (1) Antibiotiki 4 (3), 112 (1959); (2) Antibiotiki 4 (6), 30—36 (1959). — Teller, M. N., P. C. Merker, J. E. Palm and G. W. Woolley: Antibiot. Ann. 518—520 (1958/59). — Tisch, D. E., J. B. Huftalen and H. L. Dickison: Antibiot. Ann. 863—868 (1957/58). — Tomosugi, T., I. Kamoi, T. Shiga and M. Shimo: J. Antibiot. Ser. A 12, 7—11 (1959). — Trachtenberg, D. M., L. V. Cerenkova and A. S. Chochlov: Abstr. Communs. Symposium Antibiotics. S. 194. Prag 1959. — Trachtenberg, D. M., O. A. Kalinovskaya, Yu. V. Zakharova and A. S. Khokhlova: Antibiotiki 4 (2), 5—9 (1959). — Tzganov, V. A., P. N. Goliakov, A. M. Besborodov, V. P. Namestnikova, G. V. Khlopko, S. N. Soloviev, Malyshkina and L. O. Bolshakova: Antibiotiki 4 (1), 21—25 (1959).

Umezawa, H., and Y. Tanaka: J. Antibiot. Ser. A 11, 26—29 (1958). — Umezawa, H., M. Ueda, K. Maeda, K. Yagishita, S. Kondo, Y. Okami, R. Utahara, Y. Osato, K. Nitta and T. Takeuchi: J. Antibiot. Ser. A 10, 181—188 (1957). — Uri, J., and I. Békesi: Nature (Lond.) 181, 908 (1958). — Uri, J., R. Bognar, I. Bekési and B. Varga: Nature (Lond.) 182, 401 (1958).

Vaisman, A., et A. Hamelin: C. R. Acad. Sci (Paris) 247, 163—165 (1958). — Valyi-Nagy: Abstr. Communs. Symposium on Antibiotics. 47. Prag 1959. — Verwey, W. F.: Ann. Rev. Microbiol. 13, 177—190 (1959). — Vikhrova, N. M., T. I. Kruchova, E. V. Prebrazhenskaya and A. S. Khokhiv: Antibiotiki 2, (1), 21—25 (1957). — Vora, V. C., K. Shete and M. M. Dahr: J. Sci. Industr. Res. (New Dehli) 16c, 182—185 (1957). — Vuilleumier, M., u. L. Anker: Wander Festschrift 303—315, Schweiz. Apotheker-Verein. 1958.

Warburg, O.: Science 123, 309—317 (1956). — Warburg, O., K. Gawehn, A. W. Geissler, W. Schröder, H. S. Gewitz u. W. Völker: Naturwissenschaften 46, 25—29 (1959). — Watanabe, K., T. Tanaka, K. Fukuhara, N. Miyairi, H. Yonehara and H. Umezawa: J. Antibiot. Ser. A. 10, 39—45 (1957). — Weber, W.: Antibiot. et Chemother. (Basel) 6, 143—164 (1959). — Weinhouse, S., O. Warburg, D. Burk and A. L. Schade: Science 124, 267—272 (1956). — Weinstein, L., and N. J. Ehrenkranz: Streptomycin and Dihydrostreptomycin, Antibiotics monographs 10. Medical encyclopedia. New York 1958. — Weis, R. A.: Antibiotiki 3 (1), 22—27 (1958). — Wrenshall, C. L.: in Goldberg, H. S. Antibiotics, their chemistry and non-medical uses. S. 449—527. New York: Nostrand Comp. 1959.

Yamazaki, S., K. Nitta, T. Hikiji, M. Nogi, T. Takeuchi, T. Yamamoto and H. Umezawa: J. Antibiot. Ser. A 9, 135—140 (1956). — Yonehara, H., and S. Takeuchi: J. Antibiot. Ser. A 11, 122—124 (1958). — Yonehara, H., S. Takeuchi, H. Umezawa and Y. Sumiki: J. Antibiot. Ser. A 12, 109—110 (1959). — Yoshyy, H., Y. Asada, A. Kiso and T. Akita: Ann. Phytopath. Soc. Japan 13, 150—154 (1958).

Zief, M., R. Woodside and G. E. Ham: Antibiot. Ann. 886—892 (1957/58).

26. Hydrobiologie, Limnologie, Abwasser und Gewässerschutz

Von Otto Jaag, Zürich

A. Hydrobiologie, Limnologie und Ozeanologie

1. Gesamtdarstellungen

Unter geschickter Berücksichtigung der Fortschritte, die die amerikanische Süßwasserbiologie in neuerer Zeit verzeichnen konnte, hat Edmondson (1959) Ward und Whipple's "Fresh-Water Biology" (1918) in zweiter Auflage herausgegeben, ein Handbuch, das dem Hydrobiologen und Limnologen erlaubt, ungefähr sämtliche aus amerikanischen Gewässern bekannten Süßwasserorganismen zu bestimmen. Der Spezialist wird freilich nach wie vor auf die Originalarbeiten zurückgreifen müssen. Von erfahrenen Fachleuten werden die verschiedenen Pflanzen- und Tiergruppen kapitelweise bearbeitet. Sehr zahlreiche, gute Bilder leisten beim Gebrauch der Bestimmungsschlüssel ausgezeichnete Dienste. Fotts „Algenkunde" (1959), eine gründlich umgearbeitete deutsche Ausgabe der tschechischen Vorlage, trägt den Charakter eines Lehrbuches für Hochschulen. Es füllt eine lange Zeit schwer empfundene Lücke in der Algenliteratur des deutschen Sprachgebietes aus, ist doch seit Oltmanns „Morphologie und Biologie der Algen" I—III (1922—1923) über den weiten Formenkreis der Algen kein umfassendes Werk mehr erschienen. Bemerkenswert sind neben wohl bekannten älteren Abbildungen sehr zahlreiche, hauptsächlich von tschechischen Spezialisten ausgefertigte Originalzeichnungen (Fott, Ruzicka, Cyrus, Komarek, Ettl), Mikrophotographien (Fiala) und Elektronenaufnahmen (Krieger, Ludwig). Neben den auf den heutigen Stand gebrachten Kenntnissen über Probleme der Ökologie von Algenarten und -gesellschaften berücksichtigt ein spezielles Kapitel „Die Bedeutung der Algen für den Menschen". Auf dem Gebiet der Diatomeen-Forschung entstanden in den letzten Jahren zahlreiche elektronenoptische Aufnahmen. Durch sie werden bereits bekannte oder als wahrscheinlich angenommene Feinstrukturen im vielfältigen Schalenbau dieser Organismen in eindrücklicher Weise sichtbar gemacht. Helmcke und Krieger (1959) haben in einem dreiteiligen Werk eine Auswahl solcher Aufnahmen zusammengestellt. In der Reihe „Tierwelt Mitteleuropas" ist ein neuer Band erschienen (1959) mit Beiträgen von Harnisch „Rhizopoda" und von Voigt „Gastrotricha".

Aus dem unerschöpflichen und in stets umfangreicherem Maße bearbeiteten Gebiet der regionalen Limnologie sei das Werk Stankovics

(1959) erwähnt, das die weit verstreuten Forschungsergebnisse über den Ohrid-See zusammenfaßt. Dieser einmalige, alte und geographisch lange Zeit isoliert gebliebene See im Balkangebiet, der immer wieder die Limnologen anzieht, weist einen großen Reichtum an endemischen Organismen auf. In diesem Zusammenhang sei weiterhin auf die Zusammenstellung VAN MEELs über die Untersuchungen an ostafrikanischen Seen (1954) und die „Ergebnisse der deutschen limnologischen Venezuela-Expedition" von GESSNER und VARESCHI (1956) hingewiesen.

Das aus dem Russischen übertragene Werk von KUSNEZOW „Die Rolle der Mikroorganismen im Stoffkreislauf der Seen" (1959) bietet Einblick in die Erforschung der bakteriellen Kreislaufprozesse der Gewässer und vermittelt eine Übersicht über die in russischer Sprache abgefaßten und oft schwer zugänglichen einschlägigen Arbeiten.

Mit dem Band „Das Leben des Szelider Sees" (Herausgeber DONASZY, 1959) beginnt eine Reihe von Monographien über die stehenden Gewässer Ungarns. Eine Arbeitsgemeinschaft ungarischer Forscher bemühte sich, die limnologischen Eigenarten des Szelider Sees festzuhalten. Das reich ausgestattete Werk, in dem die chemischen Faktoren und die produktions-biologisch-ökologischen Verhältnisse zusammengestellt sind, bildet einen Grundstein für die weitere Erforschung der Natrongewässer.

Auf Grund theoretischer Überlegungen und zahlreicher Beobachtungen an Küsten, im offenen Ozean und in einem großen Versuchsbecken, dem sog. „Sturmbecken", kommt der Russe SCHULEJKIN zu einer „Theorie der Meereswellen" (1960), mit der er die komplexe und schwer faßbare Naturerscheinung zu erklären versucht. Das Buch erschien 1956 in russischer Sprache und ist nun durch die Übersetzung ins Deutsche einem erweiterten Forscherkreis zugänglich gemacht worden.

Über Grundwasserforschung und deren Anwendung für die Trinkwasserversorgung, die heute besonders eng miteinander verbunden sind, orientiert TODD (1959) in seinem Handbuch "Ground Water Hydrology".

Methoden und Apparate, die in der Ozeanographie und marinen Biologie gebraucht werden, sind bei BARNES (1959a, b) beschrieben.

Vier von den sechs vorgesehenen Einzellieferungen des zweiten Bandes „Handbuch der Frischwasser- und Abwasserbiologie" (LIEB-MANN, 1958—1960) sind bis jetzt erschienen. Auf den ersten Band (1951) aufbauend, erfahren im zweiten biologische Probleme wie „Die natürliche Selbstreinigung", „Die Biologie des Vorfluters", „Die Biologie des Trinkwassers" usw. eine eingehende Behandlung. Das Handbuch vereinigt zum erstenmal die Ergebnisse der zahlreichen Arbeiten über Trinkwasser- und Abwasserbiologie und ist hauptsächlich für den Praktiker in der Wasserwirtschaft bestimmt.

Die wichtigsten Vorträge, die am „Münchner Abwasser-Herbstkurs 1957" gehalten wurden, gibt Band V der „Münchner Beiträge zur Abwasser-, Fischerei- und Flußbiologie" (1958) wieder. Sie vermitteln neuere biologisch-chemische Untersuchungsergebnisse an Tropfkörper-Anlagen und Belebungsbecken.

Nach einem Unterbruch von mehr als 20 Jahren wird die Bearbeitung der Kieselalgen in „RABENHORSTs Kryptogamenflora" von HUSTEDT fortgesetzt. Nach Abschluß des zweiten Teils (Lieferung 6, 1959) wird die Herausgabe von Teil 3 (Gattung *Navicula* und übrige naviculoide Diatomeen) und Teil 4 (die mit einer Kanalraphe ausgestatteten Kieselalgen) in Fortsetzung von je vier Lieferungen erfolgen.

Seit 1958 veröffentlicht die Food and Agriculture Organisation (FAO), Rom, die regelmäßig erscheinende "Current Bibliography for Aquatic Sciences and Fisheries". Sie enthält Literaturzitate über limnologische und ozeanologische Arbeiten und Untersuchungen aus der theoretischen und angewandten Hydrobiologie.

Schließlich sei auf das Wiedererscheinen der „Internationalen Revue der gesamten Hydrobiologie" (1959, Bd. 44) hingewiesen, deren Herausgabe infolge der Kriegsereignisse eingestellt werden mußte. Obwohl inzwischen in vielen Ländern neue hydrobiologische Zeitschriften herausgegeben werden, wird die Revue den Forschern auf dem Gebiet der Hydrobiologie willkommen sein.

2. Das Plankton

Bestand die Planktonforschung lange Zeit hauptsächlich in der Aufnahme der qualitativen und quantitativen Zusammensetzung und räumlichen Verteilung der Organismen des Pelagials der Seen, so hat sich das Interesse in neuerer Zeit in erster Linie produktionsbiologischen und regional-ökologischen Aufgaben einerseits und praktischen Fragen der angewandten Abwasserbiologie und der Fischereibiologie anderseits zugewandt. Eine quantitative Bearbeitung des Planktonmaterials wird freilich nach wie vor in vielen Fällen unumgänglich sein, sofern sie mit Methoden durchgeführt wird, die wirklich einwandfreie Werte zu liefern vermögen. Nach LUND und TALLING (1957) gibt es aber heute keine umfassende, für jede Aufgabe anwendbare Methode, um den gesamten Planktongehalt, insbesondere denjenigen an kleinsten Algen und Flagellaten, eines Wassers zu erfassen. Je nach dem Untersuchungsziel muß das Trockengewicht, der Gehalt an Chlorophyll a oder an anderen Pigmenten, die Intensität der Photosynthese (C_{14}-Methode) oder der Respirationswert bestimmt werden. In anderen Fällen werden die in einer Kammer sedimentierten Planktonindividuen ausgezählt, und ihr Volumen wird berechnet. Oft erweist sich die Kombination der Zählmethode mit irgendeiner oder mehreren der vorgenannten Bestimmungen als vorteilhaft. In verschiedenen statistischen Arbeiten (LUND, KIPLING, CREN, 1958; JAVORNICKY, 1958; UTERMÖHL, 1958) wurde nachgewiesen, daß besonders mit dem Umkehrmikroskop von UTERMÖHL oder mit selbstangefertigten Kammern und dem gebräuchlichen Lichtmikroskop (LUND, 1959) schon bei einmaliger Zählung statistisch gesicherte Werte erhalten werden. Das Auszählen von Planktonproben darf somit als eine standardisierte Methode gewertet werden, wie sie BORGOROV (1959) fordert und die erlaubt, Materialien unterschiedlicher Herkunft untereinander zu vergleichen. Für Experimente mit Planktonorganismen versucht THOMAS (1958) mit Hilfe des Plankton-Test-Lots den natürlichen Umweltbedingungen nahezukommen. Ein Plexiglasrohr von 5—6 cm Durchmesser und variabler Länge wird senkrecht in den See gehängt, so daß der obere Teil aus dem Wasser ragt; dadurch entsteht ein „Kleinsee im See". In Versuchen mit dieser Einrichtung hofft der Verfasser, ökologische und physiologische Eigenschaften der Planktonorganismen und ihre Auswirkung auf den Gesamthaushalt eines Sees schärfer zu erfassen.

Aus kombinierten quantitativen Planktonbestimmungen an Seen verschiedener Länder von STEEMANN NIELSON (1959), WRIGHT (1959) und früheren Arbeiten von MCQUATE (1956) sowie RODHE et al. (1958) geht hervor, daß zwischen Photosynthese und Biomasse eine vom Alter der Population abhängige Wechselbeziehung besteht, in ihrem Verlauf etwa vergleichbar mit einer Wachstumskurve. Im allgemeinen gilt die Beziehung 1 μg Chlorophyll = 0,5 mm³ Zellvolumen = 0,12 mg aschenfreies Trockengewicht (WRIGHT, 1959).

Neben zahlreichen Arbeiten über Planktonmenge und -zusammensetzung chemisch und biologisch recht unterschiedlicher Seen entstanden in neuerer Zeit zahlreiche Arbeiten, deren Ergebnisse aber oft untereinander nur schwer vergleichbar sind, weil in vielen unter ihnen nicht genügend klare Angaben über die angewandten Analysenmethoden gegeben werden, ein Fehler, auf den insbesondere CANELLA (1954) und TAYLOR (1959) hinweisen. Unter den Studien, die einer weiteren Forschung als Grundlage oder Vorbild dienen können, seien diejenigen von HAUGE (1957), FLORIN (1957) und LENGYEL (1958) erwähnt. Sie haben eine Reihe nährstoffarmer und insbesondere infolge unterschiedlicher Untergrundverhältnisse offenbar recht verschiedener Seen zum Gegenstand, in denen trotz einer verhältnismäßig umfangreichen Artenliste eine geringe Produktion festzustellen ist. Da in diesen Seen das Zooplankton stark überwiegt, muß (wie vielfach auch andernorts) angenommen werden, daß sich die tierischen Plankter weitgehend von Flug- und Anschwemmdetritus ernähren.

In einer regional-ökologischen Arbeit unterteilt DEEVEY (1957) die Seen Mittelamerikas gemäß den klimatischen Verhältnissen in die Salzseen des semiariden Teils von Texas und in die Seen der feuchten tropischen Hochländer von Guatemala und El Salvador. Extreme Lebensbedingungen, wie sie z. B. im Sodasee Van Golü (GESSNER, 1957) vorliegen, begünstigen oft die Entwicklung von Endemismen. Über die besonders ausgeprägte Algenvegetation in zwei Salzseen von Washington orientieren die Arbeiten von ANDERSON (1958), über diejenige des österreichischen Neusiedlersees und der dortigen Salzlaken mit hohem Gehalt an Natron und Sulfatverbindungen (Glaubersalz und Bittersalze) HUSTEDT (1959a, b).

3. Der See als Vorfluter

Dem Problem der produktionssteigernden Minimumstoffe, die den Grad der Eutrophierung bestimmen, widmet E. A. THOMAS (1955a, b) seine volle Aufmerksamkeit. Durch Serien von Sauerstoffbestimmungen im Zürichsee, Greifensee und Pfäffikersee konnte er nachweisen, daß die abwasserbedingten direkten Sauerstoffzehrungen gering sind. Hingegen entsteht starker Sauerstoffschwund beim Abbau der häufigen, durch die düngende Wirkung der Abwässer verursachten Massenentfaltungen von Planktonorganismen. Gereinigte Abwässer, aus denen insbesondere die Phosphate gründlich eliminiert wurden, können daher gut in die Oberflächenschichten der Seen eingeleitet werden, ohne daß im Meta- und Hypolimnion Sauerstoffminima zu befürchten sind.

Ursprünglich ist in den Schweizer Seen Phosphat Minimumstoff (THOMAS, 1955b). Heute werden die Seen durch die abwasserbedingte Phosphatzufuhr überdüngt, beträgt doch z. B. der Phosphatgehalt der in den Zürichsee fließenden Abwässer mehr als die Hälfte aller in diesen See gelangenden Phosphate. THOMAS (1955c) zeigt auch, daß die aus der meliorierten Linthebene in den Zürichsee geschwemmten Düngstoffe nur einen unmerklichen Einfluß auf die Phosphat- und Nitratdüngung dieses Sees ausüben. Mit chemischen Mitteln, z. B. Eisenchlorid und Calciumhydroxyd, lassen sich die Phosphate vor der Übergabe an den See aus den gereinigten Abwässern ausfällen, wie es von der Abwassertechnik als die sog. 3. Reinigungsstufe gefordert wird. Was die Eliminierung des Stickstoffs anbetrifft, so sucht WUHRMANN (1957) den Weg über die gelenkte mikrobielle Denitrifikation. In einer ersten Reinigungsstufe wird eine weitgehende Nitrifizierung der N-Verbindungen des Rohwassers vorgenommen (intensive Belüftung), sodann in einer zweiten Stufe unter anaeroben Bedingungen, z. B. mit Zuhilfenahme von ungereinigtem Abwasser als H-Donator, eine Denitrifikation der gebildeten Nitrate veranlaßt.

B. Abwasserreinigung und Gewässerschutz

1. Abwasserbewertung

Die Dimensionierung von Abwasserreinigungswerken muß ausgerichtet sein auf Menge, Zusammensetzung und Konzentration der in einem einheitlichen oder gemischten Abwasser enthaltenen Schmutzstoffe. Ihre zahlenmäßige Erfassung bereitete aber, insbesondere in einem Mischwasser, von jeher beträchtliche Schwierigkeiten. Welches ist beispielsweise die Schädlichkeit bzw. der erforderliche Aufwand zur Reinigung flüssiger Abgänge aus der Kali-Industrie im Vergleich zu derjenigen eines häuslichen Abwassers? Es stellt sich daher die Aufgabe, die unterschiedliche Abwasserwirkung durch möglichst einfache Prüfverfahren zu bewerten. Nach IMHOFF (1958) ist der biochemische Sauerstoffbedarf in 5 Tagen (BSB_5) das beste Maß für den Verschmutzungsgrad eines Wassers und damit zugleich auch für die Arbeit, die aufgewendet werden muß, um dasselbe zu reinigen, ausgehend vom häuslichen Abwasser. Der BSB_5 ist heute der überall gebräuchliche Maßstab für die Dimensionierung von Reinigungsanlagen.

Es galt nun, anders zusammengesetzte Abwässer aus Industrie und Gewerbe mit diesem Wert in Beziehung zu setzen, und man fand den Weg in der Berechnung der sog. Einwohnergleichwerte (IMHOFF, 1959). Liegen nun aber Verunreinigungskomponenten vor, die keinen BSB aufweisen, so wird die Anwendung dieses Systems sinnlos, obgleich das Abwasser beispielsweise mit Hinsicht auf die Wasserversorgung als

„gefährlich" beurteilt werden muß. H. WAGNER (1950, 1959) gibt nun als Ergebnis umfangreicher Untersuchungen eines Arbeitsausschusses der deutschen Wasser-Reinhalteverbände eine „Vorläufige Anleitung für die Bewertung von Abwassereinleitungen". Diese Bewertungsart soll für sämtliche in der Praxis des Abwasserchemikers auftretenden flüssigen Abgänge anwendbar sein. Dabei wird die „Schädlichkeit" durch einen Beiwert zum Beiwert 1 häuslichen Abwassers zugeschlagen. Gewerbliche und industrielle Abwässer erhalten auf diese Weise Beiwerte, die in der Regel über 1 liegen. Ob sich auf dieser Grundlage eine objektive Bewertung der unterschiedlichen Abwässer durchführen läßt, muß die Praxis lehren. BUCKSTEEG (1957, 1959) arbeitete an diesen Problemen weiter, insbesondere um für die Bewertung der unterschiedlichen Abwässer eine einwandfreie Analysenmethode zu finden. Kritische Auffassungen zum Versuch, ein einfaches Schema zu finden, um die verschiedenartigen Abwässer durch eine einzige Kennzahl zu bewerten, äußert MEINCK (1955). Uns will scheinen, daß der für die Reinigung abnormal zusammengesetzten Abwassers erforderliche Aufwand für jeden charakteristischen Fall auf experimentellem Wege abgeklärt werden muß.

2. Die Reinigung von Gerberei-Abwasser

Gerberei-Abwässer enthalten Schmutzstoffe, die oft im Vorfluter ernsthafte Störungen auslösen. Ihre Reinigung bereitet aber beträchtliche Schwierigkeiten. Bisher begnügte man sich zum Zwecke der Homogenisierung und gleichmäßigen Abgabe dieser unregelmäßig anfallenden und unterschiedlich beschaffenen Abwässer an die Kanalisation mit deren Stapelung und möglichst vollständigen Entfernung der festen Beimengungen, ferner mit der Einstellung eines günstigen pH-Wertes, um z. B. Sulfide und organische Verunreinigungen auszufällen; schließlich schritt man zur Behandlung der Abwässer in Tropfkörpern oder Belebtschlammanlagen. Ausgehend von älteren Vorschlägen zur chemischen Vorbehandlung von Gerberei-Abwässern, z. B. unter Anwendung von Eisensalzen nach KÜNZEL-MEHNER (1943, 1944) oder von Aluminiumsalzen nach FALES (1929), berichtet BRÜHNE (1957) über ein neues, kombiniertes Verfahren, das darin besteht, daß in einer ersten Stufe ein zu ungefähr gleichen Teilen gemischtes Gerberei- und häusliches Abwasser mit Eisensalzen chemisch behandelt und in einer zweiten Stufe mittels Tropfkörper biologisch gereinigt wird (siehe auch JUNG und SCHRÖDER, 1956).

SCHOLZ (1959) behandelt Gerberei-Abwässer für sich allein, indem die Eisenfällung mit Belüftung kombiniert wird. Etwa die Hälfte des Sulfid-Schwefels wird dabei oxydiert, während der übrige Teil des Schwefels als FeS an Eisen gebunden und mit dem Schlamm eliminiert wird.

Ob und in welchem Maße sich die von der Infilco-Gesellschaft in New York entwickelte Fällungsanlage, der sog. Aero-Accelator, auch zur Reinigung von Gerberei-Abwässern eignen kann, muß noch durch entsprechende Versuche ermittelt werden (SIERP, 1953).

Mit Bezug auf die biologische Reinigung in Belebtschlamm- oder Tropfkörperanlagen stand in neuerer Zeit namentlich die Frage im Vordergrund, in welchem Mengenverhältnis Gerberei-Abwässer in einer biologischen Gemeinde-Kläranlage mitbehandelt werden können. Nach PAUSCHARDT und FURKERT (1936) läßt sich ein Teil Gerberei-Abwasser mit zwei Teilen häuslichem Abwasser gut biologisch reinigen. Auf Grund der Untersuchungen von WARRICK und BEATTY (1936) kann der Anteil des Gerberei-Abwassers 40% betragen. Ungeklärt scheint nun noch die Frage, ob diesen Grenzzahlen eine allgemeine Bedeutung zukommt oder ob sie nur für bestimmte Versuchsvoraussetzungen Gültigkeit haben. Welchen Einfluß der Chromgehalt der flüssigen Abgänge aus Gerbereien auf den biologischen Prozeß ausübt, scheint noch nicht genau festzustehen (RUDOLFS, 1953). Je nach der Art des Gerberei-Betriebes kann das Abwasser nämlich mehr oder weniger Chrom in der dreiwertigen Form enthalten. Es bedarf somit weiterer Untersuchungen zur Abklärung der Frage, welche der im Gerberei-Abwasser enthaltenen Stoffe als begrenzende Faktoren für den biologischen Reinigungsprozeß zu betrachten sind.

3. Verarbeitung und Verwertung von Müll und Klärschlamm

Die zweckmäßige Beseitigung und Verwertung der festen Siedlungsabfälle (Hausmüll, Straßenkehricht, Marktabfälle, feste Abgänge von Industrie und Gewerbe) ist in neuerer Zeit zu einer dringenden Notwendigkeit geworden, nicht nur im Hinblick auf die Belange der Hygiene und des Landschaftsschutzes, sondern in erster Linie mit Rücksicht auf den Schutz der ober- und unterirdischen Gewässer. Diese Aufgabe ist zum integrierenden Bestandteil des Gewässerschutzes geworden (JAAG, 1957).

Die Verbrennung des Mülls stellt wohl eine radikale Lösung dieses Problems dar, indem sie auf hygienisch einwandfreie Weise die Abfälle vernichtet (WALKER, 1958). Aus wirtschaftlichen Gründen kommt sie jedoch vorläufig nur für größere Städte mit mehr als 100 000 Einwohnern in Frage, und in Gegenden, wo für Kompost ein einwandfrei nachweisbares Bedürfnis besteht, wäre es aus volkswirtschaftlichen Gründen unverantwortlich, die organischen Bestandteile eines günstig zusammengesetzten Mülls zu vernichten (JAAG, 1958, BRAUN, 1959).

In engem Zusammenhang mit dem Müll-Problem steht die Frage einer sinngemäßen Verwertung des Klärschlammes. Durch Überangebot, ferner durch einige unangenehme Eigenschaften des Klärschlammes, wie nährstoffmäßig einseitige Zusammensetzung, unpraktische Anwendung, Gehalt an keimfähigen Unkrautsamen, Wurmeiern usw., werden die Schwierigkeiten beim Absatz von flüssigem, ausgefaultem Schlamm an die Landwirte immer größer, weshalb sich eine gemeinsame Verarbeitung und Verwertung von Müll und Klärschlamm aufdrängt. BRAUN und ALLENSPACH (1958) haben nachgewiesen, daß eine gemeinsame Kompostierung nicht nur technisch möglich ist, sondern daß das Produkt, der Müll-Klärschlamm-Kompost, qualitativ dem gewöhnlichen Müllkompost weit überlegen ist und daß dabei sämtliche Unkrautsamen, Wurmeier und pathogenen Keime vernichtet werden.

Der erste Schritt jeder Schlamm-Verarbeitung, sei es für eine nachfolgende Verbrennung oder Kompostierung, liegt in der Reduktion des normalerweise 90—95% betragenden Wassergehaltes. Wird der Schlamm für eine gemeinsame Kompostierung mit Müll verwendet, so genügt eine Entwässerung bis zur Stichfestigkeit, d. h. bis zu einem Restwassergehalt von 70%. Dies kann mit konventionellen Methoden auf Trockenbeeten erreicht werden; infolge des großen Platzbedarfes und des viel Handarbeit erfordernden Betriebes wird diese Methode mehr und mehr verlassen. Die Industrie hat für die Schlamm-Entwässerung in den letzten Jahren einige Geräte entwickelt, wie Zentrifugen, Vibrationssiebe und Vakuumfilter, welche den gestellten Anforderungen mehr oder weniger entsprechen (PÖPEL, VATER, JÄGER 1958, KIESS und SCHRECKEGAST, 1958).

Soll jedoch der Schlamm, allein oder mit Müll zusammen, verbrannt werden, so muß er bis zu einem Restwassergehalt von 40%, gegebenenfalls noch weiter, getrocknet werden, was heute meistens durch thermische Trocknung geschieht (WILDI, 1958, BAUNACK, 1959). Dieses Verfahren erfordert hohe Investitions- und Betriebskosten, weshalb es nur für Großstädte in Frage kommt.

a) Aufbereitungs-Technik. Während die technischen Probleme der Müllverbrennung seit einigen Jahren mehr oder weniger als gelöst betrachtet werden können, hat sich die Maschinenindustrie erst in den letzten Jahren intensiv mit der Technik der Kompost-Bereitung befaßt und auf diesem Gebiet erstaunliche Fortschritte erzielt (PÖPEL, 1957, STRAUB, 1958, NESBITT, 1958, GOTAAS, 1956). Durch zweckmäßige Kontrolle und Steuerung der aeroben Verrottungsvorgänge konnte auch eine beträchtliche Verkürzung der Kompostierungszeit erzielt werden (WILEY and PEARCE, 1955).

Unter den wichtigsten, namentlich in Europa angewendeten technischen Verfahren der Müllkompostierung sind zu nennen: das Dano-Biostabilisator-Verfahren, bei dem der Müll in einer langsam rotierenden Gärzelle zermalmt und mikrobiell während 3—5 Tagen aufgeschlossen und abgebaut wird, um anschließend in Mieten bis zur Erreichung des Reifegrades zu verrotten (STAHLSCHMIDT, 1956); das Dorr-Oliver-Verfahren, das eine Zerkleinerung des Mülls in einer Raspelanlage und anschließend eine Mietenverrottung vorsieht (HORSTMANN, 1955); das Bühler-Verfahren, bei dem der Müll in Hammermühlen zerkleinert und dann in Mieten verrottet wird (HURTER, 1958); das Baden-Baden-Verfahren mit Aussortierung und Verrottung des unzerkleinerten Mülls in Mieten (STRAUB, 1956).

b) Bewertung des Kompostes. Eine der Hauptaufgaben der Müllforschung ist die Schaffung und Vereinheitlichung von chemischen, physikalischen und biologischen Analysenmethoden zur Untersuchung und Bewertung der verschiedenen Kompostarten (Internat. Arbeitsgemeinschaft für Müllforschung 1956/1959). Neben den bekannten, in der Agrikulturchemie üblichen Analysenmethoden für anorganische Stoffe sind es vor allem die Bestimmung der wirksamen organischen Substanz (Differenz zwischen gesamt-organischer und inaktiver organischer Substanz), die von SPRINGER (1956) verbessert wurde, ferner die von WITTICH (1952) u. Mitarb. entwickelten Methoden der Bestimmung verschiedener Huminstoffe, die für die Kompostanalyse verwendet werden. Ein von SPRINGER und KLEE (1954 und 1958) vorgeschlagenes Schnellverfahren zur gleichzeitigen Bestimmung von Kohlenstoff und Stickstoff dürfte ebenfalls in der Analysenmethodik für Kompostuntersuchung Eingang finden. Die Bestimmung von Hausbrandkohle, ein wichtiges Kennzeichen für die Qualität des Rohmülls, bot bisher beträchtliche Schwierigkeiten, die durch eine neue Methode von GERRETSEN und CAMPEN (1958) behoben werden konnten. Biologische Testmethoden, wie Aspergillus-Test, Keim- und Wachstums-Teste und Feldversuche wurden namentlich von SAUERLANDT und BANSE (1957), STEIGERWALD (1956) und DE GROOTE (1957) verbessert und angewendet.

c) **Anwendung des Kompostes.** *Gartenbau und Landwirtschaft.* Ein reiches, gut fundiertes Erfahrungsmaterial über die Verwendung von Frischmüll als Wärmespender für Treibbeetkästen und von verrottetem Müllkompost als Bodenverbesserungsmittel im Garten- und Gemüsebau liegt von holländischen und belgischen Fachleuten vor (PIJLS, 1957, KORTLEVEN, 1957, DE GROOTE, 1957). Es steht fest, daß bei richtiger Anwendung Frischmüll als Wärmespender den immer seltener und teurer werdenden Pferdemist voll zu ersetzen vermag. Verrotteter Kompost kann mit gutem Erfolg als Bodenverbesserungsmittel eingesetzt werden, wobei namentlich die Nachwirkung von Bedeutung ist (TEENSMA, 1957). Der Kompost wirkt einerseits auflockernd bei schweren, andererseits bindend bei leichten Böden, erhöht die Wasserkapazität des Bodens, verhindert Verkrustung und Erosion, fördert die Krümelbildung und wirkt regulierend auf den Stoffkreislauf im Boden. Wie STEIGERWALD und SPRINGER (1953) bewiesen haben, ist es möglich, mit Hilfe von Müllkompost den Gehalt an Dauerhumus im Boden zu erhöhen, was bekanntlich mit Klärschlamm allein und mit Stallmist nicht möglich ist. Auf die Möglichkeit negativer Einflüsse des Müllkompostes auf Pflanze und Boden macht insbesondere GISIGER (1958) aufmerksam. Die langjährigen Versuche von KORTLEVEN (1957), GERRETSEN (1957), SAUERLANDT und BANSE (1957), DEMORTIER (1957) und KORTLEVEN (1956) haben ergeben, daß eine Verwendung von Müllkompost in der Landwirtschaft insbesondere auf sauren Böden sich bewährt. Die Bedeutung der Spurenelemente hebt namentlich GERRETSEN (1959) hervor. Ein Hindernis für eine umfassende Verwendung von Müllkompost in der Landwirtschaft sind die hohen Transportspesen.

Weinbau. Neuere Untersuchungsergebnisse über die Kompostverwendung im Weinbau liegen vor von KLENK (1957) und PEYER (1958), die gezeigt haben, daß die in den Steillagen der Rebberge bei starken Regenfällen eintretende Abschwemmung der Feinerde mit Hilfe von Kompost verhindert werden kann. KLENK will auch eine quantitative und qualitative Steigerung des Traubenertrages nachgewiesen haben.

Waldbau. Während Müllkompost im eigentlichen Waldbau nur in beschränktem Maße von Bedeutung ist (WITTICH, 1958), konnten bei Aufforstungen praktisch unfruchtbarer Heideböden mit Hilfe von Kompost erstaunliche Erfolge erzielt werden (COSACK, 1957). Hauptanwendungsgebiet für Müllkompost in der Waldwirtschaft wird nach den Versuchen von SURBER (1957) und BRAUN (1959) die Pflanzennachzucht sein, und zwar die Behandlung der Forstgartenböden, wobei es sich zeigte, daß die mit Kompost behandelten Jungpflanzen durchschnittlich ein Jahr früher verschult werden können. Die Waldwirtschaft hat daher größtes Interesse an zusätzlichen Humusquellen, da die in den Forstbetrieben erzeugte Menge von Waldkompost viel zu gering ist, um den Bedarf zu decken.

Geflügelzucht. Es scheint, daß inskünftig auch in der Geflügelzucht Müllkompost verwendet werden kann (TEENSMA, 1957), und zwar als Bodenbedeckung in Hühnerställen. Die biologische Wärmeentwicklung, möglicherweise auch der Gehalt des Kompostes an Spurenelementen und antibiotischen Stoffen, bewirken, daß der Gesundheitszustand und das Wachstum der auf Kompost-Unterlage aufgezogenen Tiere besser ist als bei der üblichen Bodenbedeckung mit Streue.

4. Naßverbrennung von Abwasserschlamm

Das Prinzip der Naßverbrennung von Klärschlamm und weiterem, organische Stoffe enthaltendem Abfallmaterial, z. B. Sulfitablauge, wurde im September 1949 und Mai 1950 von F. J. ZIMMERMANN in den USA und davon unabhängig von CEDERQUIST schon im Mai 1949 in Schweden zum Patent angemeldet. Die entsprechenden Patente sind mit USA-Patent Nr. 2824058 (8. 2. 1958) und schwed. Patent Nr. 143765 (1953) registriert worden.

Das Verfahren beruht auf der Oxydation der organischen Stoffe in nassem Zustand, also einer flammenlosen Verbrennung mittels Luftsauerstoff unter hohem Druck und stufenweise gesteigerter Temperatur. Die dazu nötige Wärme und Energie müssen erstmalig beim Einfahren des Prozesses aufgebracht werden, dann werden sie bei kontinuierlichem Verlauf durch die Oxydation selbst geliefert, wobei je nach Bedingungen noch Überschußenergie, z. B. in Form von Dampf, anfällt. In einer Versuchsanlage der Stadt Chicago wurden von ZIMMERMANN die grundlegenden Faktoren für die praktische Durchführung des Verfahrens ermittelt. Diese Untersuchungen ergaben, daß die günstigsten Oxydationsbedingungen bei Temperaturen von 230—270° C und einem totalen Druck von 100—150 atü vorliegen.

Literatur

ANDERSON, G. C.: Limnol. Oceanogr. 3, 51—68 (1958).

BARNES, H.: Oceanography and marine biology. 218 S. New York (1959a). — Apparatus and methods of oceanography. Part one: Chemical. 341 S. New York (1959b). — BAUNACK, F.: Thermische Trocknung von Klärschlämmen, Industrieabwässer Düsseldorf, 19—22 (1959). — BORGOROV, B. G.: Intern. Rev. Ges. Hydrobiol. Hydrog. 44, 621—642 (1959). — BRAUN, R.: Schweiz. Bau-Ztg.

77, 7, 89—97 (1959). — BRAUN, R., u. H. ALLENSPACH: Schweiz. Z. Hydrol. 20, 1, 60—134 (1958). — BRÜHNE, A.: Gewässer u. Abwässer H. 17/18 (1957). — BUCKSTEEG, W.: Desinfekt. u. Gesundheitsw. 2/3 (1957). — Münchner Beitr. 6, 70 (1959).

CANELLA, M. F.: Publ. Civ. Museo Storia Nat. Ferrara 4, 1—154 (1954). — COSACK, J.: Schriftenreihe GWF: Wasser-Abwasser Nr. 5, 138—151 (1957). — Current Bibliography for Aquatic Sciences and Fisheries. Herausgeg. FAO, Rom. Seit 1958.

DEEVEY, E. S. jr.: Trans. Connecticut Academy Arts and Sci. 39, 213—328 (1957). — DE GROOTE, R.: Informationsbl. Nr. 3 der I. A. M. Zürich 1957. — DEMORTIER, G.: Rev. Agricult. 10, 3 (1957). — DONASZY, E. (Herausgeber): Das Leben des Szelider Sees. 425 S. Budapest 1959.

EDMONDSON, W. T.: Ward and Whipple's Fresh-Water Biology. 1248 S. New York 1959.

FALES, A. L.: Ind. Eng. Chem. 21, 216 (1929). — FLORIN, M.-B.: Acta Phytogeogr. Suecica 37, 1—144 (1957). — FOTT, B.: Algenkunde. 482 S. Jena 1959.

GERRETSEN, F. C.: Schriftenreihe GWF: Wasser-Abwasser 5, 67—77 (1957). — Informationsbl. Nr. 6 der I. A. M., Zürich (1959). — GERRETSEN, F. C., u. W. A. C. CAMPEN: Informationsbl. Nr. 5 der I. A. M., Zürich (1958). — GESSNER, F.: Arch. Hydrobiol. 53, 1—22 (1957). — GESSNER, F., u. V. VARESCHI: Ergebnisse der deutschen limnologischen Venezuela-Expedition. 360 S. Berlin 1956. — GISIGER, L.: Schweiz. Landw. Monatsh. 36, 11, 385—396 (1958). — GOTAAS, H. B.: Composting, Sanitary Disposal and Reclamation of Organic Wastes. 205 S. W. H. O. Geneva 1956.

HAUGE, H. V.: Folia Limnol. scand. 9, 1—189 (1957). — HELMCKE, J. G., u. W. KRIEGER: Diatomeenschalen im elektronenmikroskopischen Bild. Bd. I—III. Weinheim 1959. — HORSTMANN, O.: Städtetag H. 4, 36—40 (1955). — HURTER, H.: Informationsbl. Nr. 4 der I. A. M., Zürich 1958. — HUSTEDT, F.: Wissensch. Arb. Burgenland 23, 129—133 (1959a). — Aus d. Sitzber. Akad. Wiss. Math.-naturw. Kl., Abt. I, 168, 4/5, 387—452 (1959b).

IMHOFF, K.: Taschenbuch der Stadtentwässerung, 17. Aufl. München 1958. — Informationsbl. Nr. 1—6 der I. A. M., Zürich 1956—1959. — Internationale Revue der gesamten Hydrobiologie. Berlin: Deutscher Verlag der Wissenschaften (wieder seit 1959).

JAAG, O.: Schriftenreihe GWF, Wasser-Abwasser Nr. 5, 14—19 (1957). — Conference Paper Nr. 6 of Annual Conference Southport, The Institute of Sewage Purification, 1958. — JAVORNICKY, P.: Sci. Papers from Inst. Chem. Technol. (Prague) 2, 283—367 (1958). — JUNG, H., u. W. SCHRÖDER: Verbandsber. 38 VSA (1956).

KIESS, F., u. C. SCHRECKEGAST: GWF 99, H. 44, 1—4 (1958). — KLENK, E.: Informationsbl. Nr. 2 der I. A. M. Zürich 1957. — KORTLEVEN, J.: Proever met Stadsvuilcompost, Invloed van Stadsvuilcompost op het gewas. Verslagen van Landbouwkundige Onderzoekingen Nr. 62.12, Ministerie van Landbouw, Visserij en Voedselvoorziening. 1956. — Schriftenreihe GWF, Wasser-Abwasser Nr. 5, 129—137 (1957). — KÜNZEL-MEHNER, A.: Ges.-Ing. 66, 300 (1943); 67, 73 (1944). — KUSNEZOW, S. I.: Stoffkreislauf der Mikroorganismen in Seen. 301 S. Berlin 1959.

LENGYEL, A.: Beitr. z. Gewässerforsch. 136—184 (1958). — LIEBMANN, H.: Handbuch der Frischwasser- und Abwasserbiologie, Bd. II, München 1958/1959. — LUND, I. W. G.: Limnol. Oceanogr. 4, 57—65 (1959). — LUND, I. W. G., C. KIPLING u. E. D. LE CREN: Hydrobiologia 9, 143—170 (1958). — LUND, I. W. G., and I. F. TALLING: Bot. Rev. 23, 489—583 (1957).

MEINCK, F.: Ges.-Ing. 76, 225 (1955). — Münchner Beitr. 5, Tropfkörper und Belebungsbecken. 259 S. München: Oldenbourg 1958.

NESBITT, J. B.: Eng. Res. Bull. B-72, 1—26. College of Engineering and Architecture. Univ. Pennsylvania (1958).

OLTMANNS, F.: Morphologie und Biologie der Algen I—III. Jena 1922—1923.

PAUSCHARDT, R., u. H. FURKERT: Städtereinigung 28, 411 (1936). — PEYER, E.: Schweiz. Z. Obst- u. Weinbau 67, 597—603 (1958). — PIJLS, F. W. G.: Schriftenreihe GWF, Wasser-Abwasser 5, 90—101 (1957). — PÖPEL, F.: Schriftenreihe GWF, Wasser-Abwasser 5, 20—55 (1957). — PÖPEL, F., W. VATER u. B. JÄGER:

Die Verfahren zur Aufbereitung von städtischem Klärschlamm. 211 S. München 1958. — McQuate, A. G.: Ecology 37, 814—839 (1956).

Rabenhorsts Kryptogamen-Flora von Deutschland, Oesterreich und der Schweiz, Bd. VII: Hustedt, F.: Die Kieselalgen. 2. Teil, Lief. 6, 737—845. Leipzig 1959. — Rodhe, W., R. A. Vollenweider u. A. Nauwerk in: Perspectives in marine biology. Editor A. A. Buzzati-Traverso. 621 S. Berkeley: Univ. Calif. Press 1958. — Rudolfs, W.: Industrial Wastes, their disposal and treatment. 497 S. New York 1953.

Sauerlandt, W., u. H.-J. Banse: Tagungsheft der Arbeitsgemeinschaft für kommunale Abfallwirtschaft, AkA, Düsseldorf, 79—89 (1957). — Scholz, H. G. in: Beseitigung und Reinigung industrieller Abwässer, 177—198. München 1959. — Schulejkin, W. W.: Theorie der Meereswellen. 158 S. Berlin 1960. — Sierp, F.: Die gewerblichen und industriellen Abwässer. 555 S. Berlin 1953. — Springer, U.: Informationsbl. Nr. 1 der I. A. M., Zürich 1956. — Springer, U., u. J. Klee: Z. Pflanzenernähr., Düng. u. Bodenk. 64, 1 (1954). — Z. Pflanzenernähr. Düng. u. Bodenk. 82, 2/3 (1958). — Stahlschmidt, V.: Städtehygiene 7, 12 (1956). — Stankovic, S.: The Balkan lake Ohrid and its living world. 350 S. Den Haag 1959. — Steemann Nielson, E.: OIKOS 10, 24—37 (1959). — Steigerwald, E.: Prakt. Bl. Pflanzenbau u. Pflanzenschutz, H. 6, 210—217 (1956). — Steigerwald, E., u. U. Springer: Z. Pflanzenbau u. Pflanzenschutz 4, H. 5 (1953). — Straub, H.: Ges.-Ing. 77, 19/20 (1956). — Ber. Abwassertechn. Ver., H. 9 (1958). — Surber, E.: Schriftenreihe GWF, Wasser-Abwasser 5, 152—154 (1957).

Taylor, W. R.: Vistas in Botany. 328—347. London 1959. — Teensma, B.: Tagungsheft d. Arbeitsgemeinsch. f. kommunale Abfallwirtschaft, AkA, Düsseldorf 72—78 (1957). — Thomas, E. A.: Mon. bull. SVGW 35, 119—129 (1955a). — Mon. bull. SVGW 35, 224—231 und 271—277 (1955 b). — Wasser- und Energiewirtsch. 47, 29—32 (1955c). — Mon. bull. SVGW 38, 1—6 (1958). — Die Tierwelt Mitteleuropas (Brohmer, Ehrmann, Ulmer): Harnisch, O.: Rhizopoda und Voigt, M.: Gastrotricha, Leipzig 1959. — Todd, D. K.: Ground water hydrology. 336 S. New York 1959.

Utermöhl, H.: Mitt. internat. Ver. intern. Limnol. 9 (1958).

van Meel, L.: Le phytoplancton, état actuel de nos connaissances sur les grands lacs est-africains et leur phytoplancton. Vol. IV, fasc. 1, Comm. Administr. Patrimoine de l'Inst. Royal des Sciences Nat. de Belgique. 681 S. Brüssel 1954.

Wagner, H.: Ges.-Ing. 71, 73 (1950). — Münchner Beiträge 6, 16 (1959). — Walker, H.: Neue Zürcher Zeitung, Beilage Technik, 18. 6. 1958. — Warrick, L. F., and E. J. Beatty: Sewage Works J. 8, 122 (1936). — Wildi, P.: Verbandsber. 60/1 VSA (1958). — Wiley, J. S., and G. W. Pearce: Proc. Amer. Soc. Civ. Eng. 81, paper Nr. 846 (1955). — Wittich, H.: Schriftenreihe forstl. Fak. Univ. Göttingen 4 (1952). — Forst- u. Holzwirt 13, Nr. 5 (1958). — Wright, I. C.: Limnol. Oceanogr. 4, 235—245 (1959). — Wuhrmann, K.: Schweiz. Z. Hydrol. 19, 409—427 (1957).

Zimmermann, F. J.: Chem. Eng. 65, 117 (1958).

27. Pharmakognosie

Von OTTO MORITZ, Kiel

Vorbemerkung. Wer versucht, das Gesamtgebiet der Pharmakognosie zu überblicken, wird sich schnell darüber klar, daß es unmöglich ist, auf dem hier zur Verfügung stehenden Raum mehr zu geben als unvollständige Einblicke in den Stand und die Fortschritte dieser Wissenschaft für Nicht-Pharmakognosten, hier also für Botaniker aller Richtungen. Die Gründe dafür dürften einleuchtend sein:

1. Die Pharmakognosie ist nicht ein Teilgebiet der Botanik, sondern umfaßt außer einer allerdings sehr großen Anzahl botanischer Objekte sehr viele, mindestens ebenso bedeutsame Objekte aus dem Tierreich. 2. Das zweckgebundene Prinzip, nach dem die Zugehörigkeit von Objekten zu dem Fach bestimmt wird, liegt — anders als etwa bei der Phytopathologie — gänzlich außerhalb des Bereiches der Botanik. Es ist ja gegeben durch die Verwendbarkeit der Objekte im Bereich der Human- und Veterinärtherapie. 3. Die verwendeten Methoden sind selbstverständlich auch mitbestimmt durch den Verwendungszweck der Objekte.

Im Laufe des Erscheinens derartiger Berichte in den nächsten Jahrgängen der ,,Fortschritte'' mag vielleicht ein Stadium erreicht werden, das die annähernd jahrgangsweise Darstellung der bedeutendsten Fortschritte auf den Hauptgebieten des Faches ermöglicht, soweit diese der Botanik zugerechnet werden. können. Im diesjährigen Bericht soll lediglich versucht werden, einen Überblick über das Gesamtgebiet zu vermitteln, gewissermaßen ein programmatisches Fundament zu schaffen, auf dem später weitergebaut werden kann, und anschließend im Rahmen des verfügbaren Raumes über ein mehr cder weniger willkürlich herausgegriffenes bezeichnendes Teilgebiet zu berichten.

I. Allgemeine Informationsquellen

Dem gekennzeichneten Zweck dieses ersten Berichtes ist es vielleicht besonders dienlich, wenn zunächst ein Überblick über allgemeine Informationsquellen hinsichtlich des Faches gegeben wird.

Periodica. Eine Liste von periodisch erscheinenden Zeitschriften oder Berichten, in denen sich Informationen über pharmakognostische Fragen finden, ist im ersten Band des ,,Pharmazeutischen Jahrbuchs'' (1957) gegeben. Die Liste ist mindestens um die ,,Planta medica'', die ,,Farmacognosia'', ,,E. Mercks Jahresberichte'' und um die ,,Miltitzer Berichte'' zu erweitern. Der Aufbau des ,,Jahrbuchs'' spiegelt im übrigen die Schwierigkeiten wider, die sich für die systematische Anordnung des Stoffgebietes ergeben. Man findet pharmakognostisch interessante Angaben außer unter der Überschrift ,,Pharmakognosie'' mindestens noch an sechs verschiedenen Stellen des Werkes verstreut. Außerdem beschränkt sich diese Literaturübersicht leider bewußt auf Quellen, die sich in pharmazeutisch deklarierten Zeitschriften finden. Literatur, deren Inhalt, wissenschaftssystematisch gesehen, den pharmazeutischen Fächern zuzurechen ist, ohne in pharmazeutischen Fachzeitschriften erschienen zu sein, wird also nicht berücksichtigt. Der Abschnitt "Pharmacognosy" in den "Biological Abstracts" bleibt also weiter unentbehrlich. Hingewiesen sei ferner auf die Übersichtsreferate von Borovička und Hach (seit 1957).

Hand- und Lehrbuchliteratur über Pharmakognosie oder Teilgebiete des Faches vermittelt nicht nur Informationsmöglichkeiten über Einzelobjekte oder Einzelprobleme des Faches, sondern z. T. auch einen Einblick in das „Selbstverständnis" der Disziplin. In geringem Grade gilt das selbstverständlich für die Gruppe der rein lexikographisch orientierten

Nachschlagewerke. Der lexikalische Charakter ist besonders ausgeprägt in den Werken von Fournier (1947), Hoppe (1948/51), Berger (1954/55), Hocking (1955), Neuwaldt (1955) und Steinmetz (1957). Ein speziell für die Fragen der systematischen Nomenklatur wichtiges Verzeichnis gab Mansfeld (1959). Ausführlichere Angaben über eine große Anzahl von gebräuchlichen Heildrogen gibt Berger (1949/54) in seinem noch nicht vollständig erschienenen Handbuch, in dem sich auch zahlreiche Literaturhinweise finden. Weiter sind verhältnismäßig ausführliche Informationen über eine große Zahl von Heildrogen in Hagers Handbuch der Pharmazie mit seinen Ergänzungsbänden (1938—1958) enthalten. Schindler (1955) hat eine Anzahl von Pflanzen, die speziell in der homöopathischen Therapie verwendet werden, mit ausführlicheren Literaturangaben speziell in bezug auf Inhaltsstoffe und Prüfungsmethoden behandelt. Nach chemischen Gesichtspunkten ist das Werk von Karrer (1958) aufgebaut. Die in vieler Hinsicht natürlich veralteten Standardwerke von Tschirch (1909—1933), Wehmer (1929—1933) und Dragendorf (1898) dürften trotzdem auch weiter unentbehrlich sein. Bei Fragen, welche die geographische Herkunft, z. T. auch die systematische Herkunft von Heildrogen betreffen, wird es zweckmäßig sein, die Angaben dieser Nachschlagewerke an Hand einer von Esdorn (1956) gegebenen tabellarischen Darstellung des modernen Standes zu kontrollieren.

Arzneipflanzenanbau als ein Sondergebiet der pharmazeutischen Botanik ist in einer Reihe von Werken behandelt. Erwähnt seien hier außer dem Handbuch, das Heeger (1956) vorlegte, die kleineren Werke von Freudenberg und Caesar (1954), Sandhack (1953) und Schratz (1949). Hingewiesen sei ferner auf die für nordamerikanische Verhältnisse gültigen Anweisungen von Sievers (1948), auf die ältere französische Veröffentlichung über Kultur und Sammlung von Heilpflanzen von Rolet und Bouret (1928), das italienische Buch von Ceruti (1958) sowie auf das in tschechischer Sprache erschienene Werk von Blažek, Kučera und Hubiík (1956).

Lehrbücher des Faches beschränken sich z. T. bewußt auf das Ziel, dem Praktikumsunterricht zu dienen. Dieser Gruppe von Werken gehören das Praktikum der Pharmakognosie von Wasicky u. Mitarb. (1936), das Praktikum von Fischer (1953) und selbstverständlich die im wesentlichen den Zweck von Bestimmungsschlüsseln erfüllenden Bücher von HUMMEL (1954) und WEBER (1958) an. Da auch heute noch die morphologische und anatomische Betrachtung einer Droge oder eines Drogengemisches im allgemeinen die schnellste Methode ist, um zu einer Identifizierung zu gelangen, ist es verständlich, daß diese Werke ihre Objekte nach der organographischen Zusammengehörigkeit zusammenfassen. Auch der Drogenatlas von BLAŽEK, KUČERA und SUCHAR (1957) sowie die mikrophotographischen oder photographischen Atlantenwerke von FLÜCK u. Mitarb. (1935) sowie von HÖRHAMMER (1955) folgen diesem Aufbauprinzip. Doch schon in den beiden zuerst genannten Werken ist die Tendenz zur Einbeziehung chemischer, insbesondere histochemischer, physikochemischer und physikalischer Methoden in den Unterricht über die Diagnostik von Drogen sehr ausgeprägt. Noch stärker tritt sie hervor in der "Practical Pharmacognosy" von WALLIS (1953), wo jedoch die Morphologie und Histologie noch eine sehr bedeutende Rolle spielt, während in dem Laboratoriumsmanual von CLAUS (1950) der gesamte Aufbau des Praktikums einem chemischen System folgt und chemische Methoden in besonders hohem Maße herangezogen werden, wobei selbstverständlich auf die Behandlung histologischer und anatomischer, diagnostisch wichtiger Kennzeichen nicht verzichtet wird.

Einer Übergangsgruppe gehören jene Lehrbücher des Faches an, in denen das organographische System der Anordnung der Heildrogen beibehalten wird, ohne daß die Zielrichtung auf den Praktikumsunterricht ausdrücklich betont wird. Am reinsten hat sich wohl diese, jedenfalls in Deutschland lange Zeit vorherrschende organographische Gliederung des Stoffes und die entsprechend starke Betonung morphologischer und histologischer Charaktere in dem bekannten Lehrbuch von KARSTEN-WEBER (1956) erhalten. Es ist dementsprechend reichlich mit anatomischen Abbildungen versehen, enthält auch einen recht brauchbaren Bestimmungsschlüssel für gepulverte Drogen, ohne daß jedoch Hinweise auf Bestandteile, Anwendung und Geschichte der Drogen fehlen. Aus dem Nachbargebiet der botanischen Nahrungsmittelkunde steht das Werk von GASSNER (1951) zur Verfügung. Ebenfalls dieser Übergangsgruppe zugehörig sind die Bücher von DENSTON (1951) mit zwei einleitenden Kapiteln über Drogenbestandteile und Drogengewinnung, Behandlung, Lagerung usw., dann 16 Kapiteln, die Drogen oder Drogenverfälschungen nach ihrer organischen Herkunft oder ihrer äußeren Beschaffenheit behandeln und einem abschließenden Kapitel über Drogenhandel und Geographie der Drogenherkunft. Hierher gehört auch das Werk von WALLIS (1955) mit durchaus entsprechendem Aufbau, jedoch nur einem Kapitel über Drogenhandel.

In der nunmehr zu behandelnden dritten Gruppe zusammenfassender Werke wird dieses im wesentlichen dem Praktikumsunterricht über Identifizierung von Drogen angepaßte System des Aufbaus verlassen. Als erste Möglichkeit eines abweichenden Aufbaus des Stoffes bietet sich die Zugrundelegung des natürlichen Systems der Organismen an. Im deutschen Sprachgebiet fehlen neuere Werke, welche diesem Prinzip folgen, das dem Aufbau des vergriffenen Lehrbuchs von GILG, BRANDT und SCHÜRHOFF (1927) zugrunde lag. Im französischen Sprachgebiet liegt hier das Werk von Roques (1959) vor, das dem Referenten jedoch noch nicht erreichbar war. Das englische Buch von Trease (1952) folgt dem natürlichen System in seinem systematischen Teil (13 Kapitel), dem sechs Kapitel über geschichtliche Entwicklung, Drogenhandel, Enzymaktivität in Drogen, Drogenpflanzenkultur, Sammlung, Trocknung, Lagerung und über Drogenschädlinge vorangehen, und einige Kapitel über chemische und mikroskopische Methoden der Drogenuntersuchung folgen. Die Benutzung des natürlichen Systems der Organismen hat den Vorzug, daß die Probleme der Beziehungen von Chemie- und Pflanzenverwandtschaft, die sich dem Pharmakognosten immer wieder aufdrängen, zu ihrem vollen Recht kommen könnten. Es darf aber nicht verkannt werden, daß das natürliche System der Organismen, die Heildrogen liefern, keineswegs das natürliche System der Wissenschaft von den aus dem Organismenreich stammenden Heilmitteln ist. Vielmehr ist es einer Wissenschaft, die ihre Objekte unter dem Gesichtswinkel eines Anwendungszweckes auswählen muß, angemessener, nach einem System zu suchen, das die Beziehungen zwischen den Eigenschaften der Objekte und ihrem Anwendungszweck möglichst klar erkennen läßt. Die Lehrbücher des Faches Pharmakognosie, welche dieses Ziel verfolgen, sind darauf angewiesen, in irgendeiner Weise die Prinzipien zweier Vorbilder aufzunehmen und eventuell zu kombinieren. Gemeint sind Tschirch (1912—1933), der in seinem Handbuch der Pharmakognosie eine Anordnung der Objekte nach ihren besonders hervortretenden, insbesondere den für die therapeutische Verwendung wichtigen chemischen Bestandteilen vornahm, sowie Wasicky (1932), in dessen Physiopharmakognosie die Wirkung und therapeutische Verwendung der Heildrogen als Leitschnur der Stoffgliederung gewählt wurde. Selbstverständlich ist solche Anordnung in Werken von ärztlicher Zielsetzung. Erwähnt sei hier Weiss (1960) als eine Quelle von Informationen über ärztliche Verwendung, mag auch die Absonderung einer besonderen „Phytotherapie" gerade vom ärztlichen Standpunkt absonderlich erscheinen. Besonders Pratt und Youngken (1951) schließen sich im zweiten Teil ihres Buches (Biosynthetic drugs) dem Vorgehen Wasickys an. Das Buch enthält außerdem wichtige Kapitel über den Ursprung der Drogen, über die biosynthetischen Vorgänge der Entstehung der Wirkstoffe, ferner über Kultur von Arzneipflanzen, Drogenerzeugung, -behandlung und -auswertung. Bemerkenswert ist vielleicht noch, daß in diesem Buch ein besonderer Teil der Unkraut- und Insektenbekämpfung gewidmet ist, wobei keineswegs eine Beschränkung auf diejenigen Mittel statthat, welche dem Organismenreich entstammen, also als "Biosynthetic Drugs" eigentliche Objekte der Pharmakognosie sind. Auch bei Ferguson (1956) findet sich ein kleines Anhangskapitel dieser Art, während im übrigen dieses Werk sich in seinem Aufbau ziemlich streng nach einem System der chemischen Bestandteile der behandelten Heildrogen richtet. Entsprechend verfährt Claus (1956) in der dritten Auflage des Lehrbuchs von Gathercohl und Wirth. Dabei muß man sich allerdings darüber klar sein, daß beim heutigen Stand der Kenntnisse eine ganz strenge Durchführung eines Systems dieser Art nur recht schwer möglich ist, es also vielfach als zweckmäßig angesehen wird, solche Gruppen wie Allergene, Antibiotica, Vitamine, Hormone usw. in dieser Form zusammenzufassen, obwohl die jeweils in eine derartige Gruppe gehörigen Wirkstoffe chemisch gesehen sehr verschiedenen Stoffgruppen angehören. RAMSTAD (1959) aber versucht in seinem Buch das chemische oder biochemische System ganz streng durchzuführen. Er schickt diesem systematischen Teil eine historische Einleitung voraus und ergänzt ihn dann durch Kapitel über Drogenhandel, Wirkstoffe als Stoffwechselprodukte, die Variabilität der Drogenwirksamkeit, über Herstellung und Lagerung von Drogen und schließlich über ihre analytische Behandlung. Auch GESSNER (1953) gliedert seine Darstellung der europäischen Heil- und Giftpflanzen nach einem System der Wirkstoffe und gibt wertvolle Hinweise auf pharmakologische und therapeutisch ausnutzbare Eigenschaften, belegt durch eine beachtliche Literaturzusammenstellung. Auch das vergriffene Lehrbuch von JARETZKY (1949) legt ein chemisches System der Wirkstoffe zugrunde, gibt außerdem ausführliche morphologische Charakteristika, verzichtet aber weitgehend auf anatomische Angaben. Innerhalb der chemisch definierten Gruppe findet dann eine Unterteilung nach therapeutischer Verwendung statt. Eine andere Art von Kompromiß zwischen den beiden Möglichkeiten, das Fach nach Prinzipien darzustellen, die für das Gebiet als natürliche Ordnungsprinzipien anzusehen sind (Drogenwirkung und Natur der Wirkstoffe), hat MORITZ (1953) in seiner allgemeinen Pharmakognosie versucht. Die Kompromißlösung besteht darin, daß der Gesamtstoff aufgeteilt wird auf zwei Hauptteile, von denen der eine die biogenen Heilmittel mit essentiellen Wirkstoffen, der andere diejenigen mit akzidentellen Wirkstoffen umfaßt. Als essentielle Wirkstoffe werden dabei Stoffe verstanden, welche, wenn man den arzneibedürftigen und den arzneiliefernden Organismus einander gegenüberstellt, in beiden grundsätzlich gleiche Funktion erfüllen, so daß also im Prinzip ein Exemplar der gleichen Species als arzneiliefernder Organismus für den arzneibedürftigen verwendet werden kann. Es ist klar, daß hierher Rohstoffe und Präparate gehören, die Antikörper, Enzyme, Hormone und Vitamine enthalten. Die zweite Gruppe hingegen umfaßt jene Grundstoffe oder Präparate aus ihnen, bei denen eine solche Gleichartigkeit der Funktion im arzneiliefernden und im arzneibedürftigen Organismus nicht gegeben ist. Hier kann dann ein biochemisches System des Aufbaus verwendet werden, so daß also die Beziehungen zum Stoffwechsel des arzneiliefernden Organismus und damit prinzipiell auch zu der Beeinflußbarkeit dieses Stoffwechsels durch biotechnische Maßnahmen hervorgehoben werden können. Ein Nachteil der bei MORITZ verwendeten Großgliederung ist, daß der logisch unbefriedigende Begriff des „Wirkstoffs" (im Gegensatz zu „Baustoff", „Nährstoff") verwendet werden muß. Einen Vorteil stellt es dar, daß die Vorwegnahme der Behandlung der essentiellen Wirkstoffe das Verständnis der Wirkungen der akzidentellen erleichtert, da grundsätzlich kaum eine Wirkung eines akzidentellen Wirkstoffes denkbar ist, die nicht in das Getriebe der essentiellen Wirkstoffe (jetzt in einem sehr weiten Sinne verstanden) eingreifen würde.

Daß auch bei Verwendung des biochemischen oder pharmakodynamischen Systems die Stellung einer bestimmten Heildroge im System nicht ganz eindeutig sein kann, folgt aus verschiedenen Gründen, so aus der Vielzahl der bei einem und demselben Rohstoff möglichen Wirkstoffe und Wirkungen, dann aus Lücken in unseren Kenntnissen, schließlich auch daraus, daß in manchen Fällen der ganze lebende Organismus als Heilmittel verwendet werden muß.

Versucht man aus diesem Überblick ein Fazit bezüglich des Charakters des Faches zu ziehen, so scheint 1. allgemeine Übereinstimmung darüber zu bestehen, daß Pharmakognosie nicht identisch ist mit pharmazeutischer Botanik, sondern daß diese lediglich einen Teil des Faches ausmacht. „Pharmazeutische Biologie" wäre also eine sachgerechte Kennzeichnung des Faches anstelle des vieldeutigen und mißverständlichen Wortes Pharmakognosie. Dann wird 2. die Entwicklungstendenz deutlich, in der zusammenfassenden Darstellung der Objekte der Pharmakognosie ein System zu wählen, das die allgemeinen Prinzipien des Faches möglichst deutlich werden läßt, so daß hier dann systematische Pharmakognosie und allgemeine Pharmakognosie möglichst weitgehend zusammenfallen.

Bezüglich der weiteren Behandlung des Faches in diesen jährlichen Berichten erscheint es dem Referenten bei aller Vorliebe für das biochemische System (speziell im Bereich der pharmazeutischen Botanik) doch am zweckmäßigsten, im pharmakognostisch-systematischen Teil der Berichte einem mehr auf pharmakologische Eigenschaften und therapeutische Verwendung gegründeten System den Vorzug zu geben. Überschneidungen mit anderen Teilen der „Fortschritte" dürften so am leichtesten vermeidbar sein. Es würden sich dann Abschnitte anschließen, welche Fortschritte und aktuelle Probleme der Heildrogenerzeugung (Züchtung, Anbau, Mikrobenkultur, Trocknung, Stabilisierung) einbeziehen, ein Gebiet also, das man als „präparative Pharmakognosie" bezeichnen könnte und dem man als „analytische Pharmakognosie" denjenigen Teil des Faches gegenüberzustellen hätte, der sich mit der Diagnose der Herkunft und mit der Wertbestimmung und ihren Grundlagen beschäftigt.

II. Einzelgebiete der systematischen Pharmakognosie

Funktionsbereiche tierischer Hormone als Wirkungssphäre von pflanzlichen Drogen werden als erstes Teilgebiet der systematischen Pharmakognosie gewählt, weil (s. o.) hier die Tendenz einer Zuordnung der Wirkungen akzidenteller Wirkstoffe zu Gebieten der essentiellen Wirkstoffe am ehesten klar werden kann, wenngleich über den Mechanismus des Wirkungsangriffs keineswegs schon überall klare Vorstellungen entwickelt werden können. Grundsätzlich sind ja sehr verschiedene Möglichkeiten gegeben: 1. Ein pflanzlicher Wirkstoff ist dem tierischen Hormon strukturell sehr ähnlich. Infolge der Ähnlichkeit kann er a) als Vertreter des Hormons oder b) als dessen Antimetabolit wirken. 2. Infolge chemischer Ähnlichkeit des Wirkstoffs oder seiner im Tierkörper entstehenden Abbauprodukte mit Vorstufen des Hormons wird dessen

Bildung a) begünstigt oder b) (Antimetabolitwirkung) gehemmt. 3. Ohne chemische Ähnlichkeit mit dem tierischen Hormon entfaltet der pflanzliche Wirkstoff a) ähnliche Wirkungen am Erfolgsorgan oder b) sensibilisiert er das Erfolgsorgan der Hormonwirkung oder c) er desensibilisiert das Erfolgsorgan, endlich d) kann er das Hormon aktivieren oder inaktivieren, ehe es an den Wirkort gelangt oder e) er aktiviert oder lähmt das Hormonbildungsorgan.

Adrenalin und Noradrenalin haben bekanntlich wirkungsähnliche chemische Analoga in der Gruppe des Ephedrins (Sympathicomimetica). Über *Catha edulis* gaben SIERING (1957) sowie PARIS und MOYSE (1957) Berichte. Cathin ist d-Nor-ψ-Ephedrin.

Einen interessanten Wertungswandel erfuhr die altbekannte Mutterkorndroge *(Claviceps purpurea)* in den letzten Jahrzehnten infolge Trennung, Struktur- und Wirkungsaufklärung ihrer Wirkstoffe (STOLL 1951, 1953, GUGGISBERG 1954, HOFMANN 1958, KÜSSNER 1958, CERLETTI 1958, HOTOVY 1958). Aus einer Droge, die als solche oder in Form von Extrakten im wesentlichen in der Geburtshilfe Verwendung fand, wurde ein Rohstoff für Reinsubstanzen, die wohldefinierte Wirkungen haben, und zwar die Gruppe der Lysergsäurepeptide als Sympathicolytica, welche das Wirksamwerden des Überträgerstoffs am Erfolgsorgan verhindern, dementsprechend bei der Behandlung von neurovegetativen Störungen hohe Bedeutung erlangten. Die aus dem Bedeutungswandel folgende intensive Bearbeitung hinsichtlich Erzeugung und Analytik soll im nächstjährigen Bericht berücksichtigt werden. Die spezifischen Mutterkornstoffe stellen außerdem ein Beispiel für die Wirkungsambivalenz oder -polyvalenz, also auch einer Wirkungsplastizität einer bestimmten chemischen Grundstruktur dar: Die peptidischen Stoffe sind vorwiegend Sympathicolytica, führen am Uterus zu Dauerkontraktionen, während das d-Lysergsäure-L-propanolamid (Ergobasin) verhältnismäßig geringe antiadrenergische Wirkung hat, am Uterus zu wehenähnlichen rhythmischen Kontraktionen führt, außerdem schwache, zentralnervöse Wirkungen hat, die durch Umwandlung in das Lysergsäurediäthylamid oder Methylierung am Indolstickstoff aufs äußerste gesteigert werden. Die halluzinogene Wirkung des Lysergsäurediäthylamids leitet dann über in den Funktionsbereich des

Serotonins. Der Eingriff von Mutterkornstoffen in diesen Wirkstoffbereich kann wegen der strukturellen Verwandtschaft (Indolabkömmlinge) von der Antimetaboliten-Vorstellung her verstanden werden. Serotonin (5-Hydroxy-Tryptamin) dürfte im Hirnstoffwechsel von großer Bedeutung sein. Serotonin ist in Brennesselhaaren (CHESHER und COLLIER, 1955) und in halluzinogenen Pilzen (TYLER 1959) gefunden worden. Nicht nur Mutterkornstoffe oder ihre Umwandlungsprodukte, sondern auch Alkaloide der Gattung *Rauwolfia* wirken in diesem Funktionsbereich, eher aber als Antihalluzinogene denn als Halluzinogene. Aus der fast unübersehbaren Literatur über diese der altindischen Volksmedizin entstammende Droge sei nur auf einige Arbeiten hingewiesen: CHATTERJEE 1953, 1956, SCHINDLER 1954, EDER 1955, ESDORN und NOLDE 1955, PHILIPPS und CHADHA 1955, ESDORN und SCHMITZ 1956,

Borovička und Hach 1957, 1958, Lemli 1957, Woodson und Youngken usw. 1957, Kless 1958, la Barre 1958, Knoll 1960. Basu und Sarkar (1958) fanden Reserpin auch in einer *Vinca*-Art. Es ist interessant, daß innerhalb der Gruppe der *Rauwolfia*-Alkaloide anscheinend nochmals eine Wirkungsambivalenz des Indolgrundskelets sich nachweisen läßt. Raubasin soll mit Yohimbin und Lysergsäurediäthylamid in die Gruppe der „echten Antiserotonine" gehören, während Reserpin seine Wirkung durch Freisetzung von Serotonin aus den Zellen entfalten soll (Knoll 1960). Für Literatur über Eingriff ins Gebiet des Adrenalins sei auf Kroneberg (1957) und Soehring (1957) verwiesen.

Die halluzinogene Wirkung von Stoffen aus *Psilocybe mexicana* beruht wahrscheinlich ebenfalls auf Eingriff in den Funktionsbereich des Serotonins. Es handelt sich um einen Pilz, der auch ethnologisch äußerst interessant ist (Heim und Wasson 1959). Auch hier gehören die Wirkstoffe zu den Indolabkömmlingen.

Acetylcholin als Überträgerstoff des Parasympathicus wird infolge Depolarisierung der Endplatten durch Alkaloide der Curare-Gruppe gehemmt. Hauptwirkstoff des Tubencurare (vornehmlich von *Chondrodendron*-Arten) ist das Tubocurarin, dessen Konstitution seit langem aufgeklärt ist. Dementsprechend konzentriert sich das Interesse jetzt auf das wirksamere Calebassencurare von *Strychnos*-Arten (allgemeine Übersichtsreferate: McIntyre 1947, Büchi 1956; für Calebassencurare: Karrer und Schmid 1955, Karrer 1956; Einzeluntersuchung: Marini-Bettolo und Lioro 1956). Über Inhibitoren für menschliche Cholinesterase (in vitro) bei verschiedenen *Solanaceen* berichten Orgell, Valdya und Dahm (1958).

Sexogene, welche denjenigen des tierischen Organismus chemisch völlig glichen, wurden erstmals von Butenandt und Jacobi bereits 1933 nachgewiesen. Ein umfangreiches Literaturreferat über Stoffe mit derartiger Wirksamkeit gaben Bradbury und White (1954). Dabei handelt es sich keineswegs immer um Steroide, sondern z. T. um Isoflavone (Hörhammer, Wagner und Grasmaier 1958, Griesebach 1959, Hänsel 1959), z. T. um Stilbenderivate, wie das Rhaponticin aus *Rheum*-Arten (Knörr, Lehr und Probst 1956). Weitere Angaben findet man bei Carls (1953), Cheng und Stary (1953), Bose (1955), East (1955), von Klinkenberg (1955), Niggemann (1955), Schoop und Klette (1955), Pieterse und Andrews (1956) und San Martin (1958). Ob in *Vitex Agnus castus* Stoffe vorliegen, die echte Gestagenwirkung haben oder über die Hypophyse wirken, ist noch unentschieden (Haller 1959, Hänsel 1959).

Nebennierenrindenhormone beeinflussen z. T. den Kohlenhydratstoffwechsel, z. T. den Mineral- und Wasserhaushalt des tierischen Organismus. Eigentümliche Nebenwirkungen im Sinne einer Überdosierung von Mineralcorticoiden wurden bei der relativ modernen Verwendung von Süßholzwurzeln (*Glyzyrrhiza*-Arten) zur Behandlung von Magengeschwüren beobachtet. Die Frage, welche Stoffe für diese interessanten Nebenwirkungen verantwortlich sind und welcher Wirkungsmechanismus vorliegt, ist vorläufig noch recht ungeklärt (Berger und Füller 1955, Klosa 1957, Jørgensen 1958, Schapira 1958). Aus der

Untersuchung von ATHERDEN (1958) ergibt sich ein Hinweis darauf, daß möglicherweise eine Hemmung des Steroidabbaus bewirkt werden könnte. Die Möglichkeit, daß Drogen mit resorbierbaren Saponinen Wirkungen auf die Nebenniere ausüben, ist nicht ausgeschlossen (vgl. bei GESSNER 1953, S. 244).

Für beide Gruppen von Steroidhormonen sind pflanzliche Steroidglykoside als Rohstoffe halbsynthetischer Herstellung von Bedeutung (siehe nächstjährigen Bericht).

Pankreashormone (Insulin und Glucagon) sind zwar keineswegs die einzigen Hormone, welche den Kohlenhydratstoffwechsel beherrschen. Doch seien versuchsweise Drogen, welche Hypoglykämie bewirken, hier aufgeführt (Glucokinine). Übersichten über das Gebiet gaben PETERS (1957) sowie DIEMAIR und HÜTER (1958). Über derartige Effekte bei verschiedenen Pflanzen berichten ferner KARAJEW u. Mitarb. (1955, 1958). KAISER und GEYER berichten über *Coutaria latifolia* (1955). Hypoglykämisierende Wirkungen der Blätter von *Gymnema sylvestre* beobachteten GODUSWAMI, KAMESWARAN und GOPAL (1959). Die Wirkung des Kaliumatraktylats aus *Atractylis gummifera* ist nach SANTI und CASCIO (1955) unabhängig von der Integrität des Vagus und dem Vorhandensein der Nebennieren und des Pankreas. Nach FENG (1957) scheint Hypoglycin aus *Blighia sapida* über eine Verminderung der Glucagonbildung im Pankreas zu wirken. Hypoglycin A ist eine bisher nicht bekannte Aminosäure mit einem endständigen Methylencyclopropanring, während Hypoglycin B ein Peptid des Hypoglycins A mit Glutaminsäure ist (HASSALL und REYLE 1955, VON HOLT und LEPPLA 1956, VON HOLT und LEPPLA 1956, VON HOLT und VON HOLT 1958, JÖHL und STOLL 1959, ELLINGTON und HASSALL 1959). Über hypoglykämisierende Wirkungen bei Pilzen hat POTRON (1956) berichtet (vgl. auch SCHMELZ 1957).

Die Schilddrüse wird je nach der Versorgungslage des Organismus mit Jod durch Gaben von organisch gebundenem oder anorganischem Jod mit pflanzlichen Nahrungsstoffen oder pflanzlichen Drogen zur Hormonbildung angeregt oder gehemmt. Bezüglich des Jodgehaltes und Jodstoffwechsels der Pflanzen sei hier auf die Behandlung des Mineralstoffwechsels in diesen Berichten verwiesen. Erwähnt sei nur eine Arbeit von TONG und CHAIKOFF (1955), in der das starke Jodspeicherungsvermögen von *Nereocystis luetkeana* nachgewiesen und auf die Hemmbarkeit dieser Jodspeicherung durch Mittel aufmerksam gemacht wird, die auch in der Humantherapie des Hyperthyreoidismus eine Rolle spielen. Nicht einbezogen in diese Untersuchungen sind jedoch Stoffe, die als Goitrine bezeichnet werden, in Cruciferen vorkommen und als deren Muttersubstanzen SCHULTZ und WAGNER (1957) Aglykone von Senfölglykosiden ansprachen. Weitere Literatur über derartige kropferzeugende Substanzen findet sich bei ZWERGAL (1952), GREER (1956, 1957), LANGER und MICHAELOVSKI (1958) sowie ALTAMURA, LONG und HASSELSTROM (1959).

Hypophyse. In manchen Fällen von Wirkungen in der Funktionssphäre der genannten Hormone ist nicht sicher, ob nicht die Hypophyse oder ihre Hormone als „übergeordnete" Funktionsbereiche betroffen sind. Bei den Wirkstoffen aus *Lithospermum*-Arten (TRAIN, HENRICHS und ANDREW 1957) scheint die Wirkung auf der auch in vitro möglichen Inaktivierung von Hypophysenhormonen zu beruhen (KLEBER und DISVOLD 1952, GRAHAM und NOBLE 1955, KEMPER u. LOESER 1957, KEMPER, LOESER usw. 1956, KEMPER 1959). Auch bei Extrakten aus *Lycopus*-Arten, deren Wirkstoffe noch unbekannt sind, liegt wahrscheinlich eine Inaktivierung der Bildung oder der Funktion des thyreotropen Hormons der Hypophyse der Wirkung zugrunde (KUHN und KASPER 1955, HILLER und DEGLMANN 1955).

Literatur

ALTAMURA, M. R.: J. biol. Chem. **234**, 1847—1849 (1959). — ATHERDEN, L. M.: Biochem. J. **69**, 75—78 (1958).

BASU, N. K., and B. SAKAR: Nature (London) **181**, 552—553 (1958). — BECKMANN, H.: Drugs. 728 S. Philadelphia u. London 1958. — BERGER, F.: Handbuch der Drogenkunde. I, 401 S. Wien 1949; II, 457 S. Wien 1950; III, 558 S. Wien-Düsseldorf 1952; IV 609 S. Wien 1954. — BERGER, FR.: Synonyma Lexikon der Heil- und Nutzpflanzen. 1221 S. Wien 1954/55. — BERGER, H., u. H. HÖLLER: Sci. Pharm. **23**, 145—148 (1955). — BERNAUER, K.: Fortschr. Chem. org. Naturst. XVII, 183—247 (1959). — BLAŽEK, Z., M. KUČERA u. A. SUCHAR: Atlas Drog. 463 S. Bratislava 1957. — BOROVIČKA, M., u. V. HACH: Pharmazie **12**, 65—78 (1957); **13**, 65—72 (1958). — BOSE, J. L., and K. CHANDRAN: J. Sci. Ind. Res. (New Delhi) Sect. C **14**, 128 (1955). — BRADBURY, R. B., and D. E. WHITE: Vitam. and Horm. **12**, 207—233 (1954). — BÜCHI, J.: Schweiz. Apoth.-Ztg. **94**, 442—455 (1956). — BUTENANDT, A., u. H. JACOBI: Hoppe Seylers Z. physiol. Chem. **218**, 104—112 (1933).

CARLS, H.: Pharmazie **8**, 223—226 (1953). — CERLETTI, A.: Planta med. (Stuttg.) **6**, 413—415 (1958). — CERUTI, A.: Pianti medicinale e alimentari. 244 S. Torino 1957. — CHATTERJEE, A.: Fortschr. Chem. org. Naturstoffe **X**, 390—422 (1953). — CHATTERJEE, A., u. C. PAKRASHI: Fortschr. Chem. org. Naturstoffe **XIII**, 340—343 (1956). — CHENG, E., C. D. STARY, L. C. PAYNE, L. YODER and W. BURROUGHS: J. Animal Sci. **12**, 507—514 (1953). — CHESHER, G. B., and H. O. J. COLLIER: J. Physiol. **30**, 41—42 (1955). — CLAUS, E. P.: Laboratory Manual for Pharmacognosy. 111 S. St. Louis 1950. — CLAUS, E. P.: Pharmacognosy. 730 S. London 1956.

DIEMAIR, W., u. F. HÜTER: Z. Lebensmitt.-Unters. **107**, 105—117 (1958). — DRAGENDORF, G.: Die Heilpflanzen. 884 S. Stuttgart 1898.

EAST, J.: J. Endocrinology **12**, 252—260, 261—266, 267—272, 273—276 (1955). — EDER, H.: Pharmazie **10**, 236—243 (1955). — ELLINGTON, E. V., C. H. HASSALL, J. R. PLIMMER and C. E. SEAFORTH: Soc. Nr. 1, 80—85 (1959). — ESDORN, I.: Pharmazie **11**, 653 (1956). — ESDORN, I., u. I. v. NOLDE: Veröffentl. Staatsinst. Angew. Bot. Hamburg 1955. — ESDORN, I., u. H. SCHMITZ: Pharmazie **11**, 50—63 (1956).

FENG, P. C.: Nature (London) **180**, 855—856 (1957). — FERGUSON, N. M.: A Textbook of Pharmacognosy. 374 S. New York 1956. — FISCHER, R., u. W. HAUSER: Praktikum der Pharmakognosie. 401 S. Wien 1952. — FLÜCK, H., E. SCHLUMPF u. W. SIEGFRIED: Pharmakognostischer Atlas zur Pharmacopoea Helvetica. Basel 1935. — FOURNIER, P.: Dictionnaire des Plantes médicinales, Vol. 1—3. Paris 1947. — FREUDENBERG, G.,u. R. CASAR: Arzneipflanzen, Anbau und Verwertung. 204 S. Berlin und Hamburg 1954.

GASSNER, G.: Mikroskopische Untersuchung pflanzlicher Nahrungs- und Genußmittel. 372 S. Jena 1951. — GESSNER, O.: Die Gift- und Arzneipflanzen von Mitteleuropa. 804 S. Heidelberg 1953. — GILG, E., W. BRANDT u. P. N. SCHÜRHOFF: Lehrbuch der Pharmakognosie. 530 S. Berlin 1927. — GRAHAM, R. C. B., and R. L. NOBLE: Endocrinology **56**, 305—311 (1955). — GREER, M. A.: J. Amer. chem. Soc. **78**, 1260 (1956). — GREER, M. A.: Amer. J. clin. Nutr. **5**, 440—444 (1957). — GRISEBACH, H.: Z. Naturforsch. **14g**, 802—809 (1959). — GUGGISBERG, H.: Mutter-

korn; vom Gift zum Heilstoff. 343 S. Basel 1954. — GURUSWAMI, M. N., L. KAMES-
WARAN and S. GOPAL: Curr. med. pract. 3, 227—232 (1959).
    HÄNSEL, R.: Dtsch. Apoth.-Ztg. 41, 1037—1042 (1959). — *Hagers Handbuch der
Pharmazeutischen Praxis.* Band I, 1573 S. Berlin 1938; Band II, 1579 S. Berlin
1938; I. Ergänzungsband, 1610 S. Berlin, Göttingen, Heidelberg 1949; II. Er-
gänzungsband, 2544 S. Berlin, Göttingen, Heidelberg 1958. — HALLER, J.:
6. Sympos. Dtsch. Ges. Endokr. S. 438—441 (1959). — HASSALL, C. H., and
K. REYLE: Biochem. J. 60, 334—338 (1955). — HEEGER, E. F.: Handbuch des
Arznei- und Gewürzpflanzenbaues. Drogengewinnung. 775 S. Leipzig 1956. —
HEIM, R., et R. G. WASSON: Les Champignons halucinogènes du mexique. Paris
1958. — HILLER, E., u. H. DEGLMANN: Arzneimittel-Forsch. 5, 465—470 (1955). —
HOCKING, G. M.: A Dictionary of Terms in Pharmacognosy and other Divinons of
Economic Botany. 284 S. Springfield/ Illinois 1955. — HÖRHAMMER, L.: Die Tee-
analyse. 75 S. und Abb. München (1955). — HÖRHAMMER, L., H. WAGNER u. H.
GRASMAIER: Naturwissenschaften 45,388—389 (1958). — HOFMANN, A.: Planta
med. (Stuttg.) 6, 381—393 (1958). — HOLT, C. v., u. L. v. HOLT: Naturwissenschaften
45, 546 (1958). — HOLT, C. v., et W. LEPPLA: Bull. Soc. chim. belges 65, 113—123
(1956). — HOLT, C. v., W. LEPPLA, B. KRÖNER u. L. v. HOLT: Naturwissenschaften
43, 279 (1956). — HOPPE, H. A.: Europäische Drogen. I. 226 S. Hamburg 1948; II.
380 S. Hamburg 1951. — HOTOVY, R.: Planta med. (Stuttg.) 6, 410—412 (1958). —
HUMMEL, K.: Die Bestimmung geschnittener Drogen in Teemischungen. 28 S.
Stuttgart 1954.
    JARETZKY, R.: Lehrbuch der Pharmakognosie, 427 S. Braunschweig 1949. —
JIRASÉK, V., R. ZADINA u. Z. BLAŽEK: Naše Jedovate Rostling. 384 S. Praha
1957. — JÖHL, A., u. W. G. STOLL: Helv. chim. Acta 42, 156—159 (1959). —
JØRGENSEN, B. B.: Acta derm.-venerol. (Stockh.) 38, 189—193 (1958).
    KAISER, H., u. H. GEYER: Arch. pharm. Ber. dtsch. pharm. Ges. 288/60, 595 bis
608 (1955). — KARAJEW, A. I., R. K. ALIJEW, G. A. GUSSEINOW u. A. G. DADA-
SCHEW: Nachr. Akad. Wiss. Aserbeidshan SSR, Serol. biol. landw. Wiss. 3, 81—93
(1958). — KARAJEW, A. I., R. K. ALIJEW, G. A. GUSSEINOW i G. GASSANOW:
Nachr. Akad. Wiss. Aserbeidshan SSR 9, 63—71 (1955). — KARRER, P.: J. Pharm.
8, 161 (1956). — KARRER, P., u. H. SCHMID: Angew. Chem. 67, 361—373 (1955). —
KARRER, W.: Konstitution und Vorkommen der organischen Pflanzenstoffe. 1207 S.
Basel 1958. — KARSTEN, G., u. U. WEBER: Lehrbuch der Pharmakognosie für
Hochschulen. 422 S. Stuttgart 1956. — KEMPER, F.: Arzneimittel-Forsch. 9,
369—375 (1959). — KEMPER, F.: Arzneimittel-Forsch. 9, 411—419 (1959). —
KEMPER, F., u. A. LOESER: Arzneimittel-Forsch. 7, 81—82 (1957). — KEMPER, F.,
A. LOESER, K. OPITZ u. G. SCHWARZ: Arch. int. Pharmacodyn. Thérap. 108, 200 bis
214 (1956). — KLEBER, J. W., and O. GISVOLD: J. Amer. pharm. Sci. 41, 218—220
(1952). — KLESS, H.: Arzneimittel-Forsch. 8, 623—631 (1958). — KLINKENBERG,
G. A. v.: Chem. pharm. Techn. (Dordrecht) 10, 403 (1955). — KLOSA, J.: Pharm.
Ztg. (Frankfurt) 102, 946—949 (1957). — KNÖRR, K., H. LEHR, u. V. PROBST:
Hippokrates (Stuttgart) 27, 327—328 (1956). — KNOLL, H.: Med. Klin. 55, 115—117
(1960). — KRONEBERG, G.: Planta med. (Stuttg.) 5, 156—165 (1957). — KÜSSNER,
W.: Planta med. (Stuttg.) 6, 376—380 (1958). — KUHN, O., u. E. KASPAR: Natur-
wissenschaften 42, 632—633 (1955).
    LA BARRE, J.: Thérapie 13, 698—712 (1958). — LANGER, P., u. N. MICHAILOVS-
KIJ: Hoppe-Seylers Z. physiol. Chem. 312, 31—36 (1958). — LEMLI, J.: Planta
med. (Stuttg.) 5, 134—144 (1957).
    MANSFELD, R.: Vorläufiges Verzeichnis landw. oder gärtner. kultivierter
Pflanzenarten. 659 S. Berlin 1959. — MARINI-BETTOLO, G. B., u. M. A. IORIO:
Gazz. chim. ital. 86, 1305—1323 (1956). — MCINTYRE, A. R.: Curare: Its History,
Nature and Chemical Use. Chikago 1947. — MORITZ, O.: Einführung in die
allgemeine Pharmakognosie. 424 S. Jena 1953.
    NEUWALD, F.: Ullmanns Encyklopädie der technischen Chemie, 3. Aufl., Bd. 6.
München-Berlin 1955. — NIGGEMANN, J.: Naturwissenschaften 42, 346—347 (1955).
    ORGELL, W. H., K. A. VALDYA u. P. A. DAHM: Science 128, 1136—1137 (1958).
    PARIS, M. R., et H. MOYSE: Ann. pharm. franç. 15, 89—97 (1957). — PARIS,
M. R., u. H. MOYSE: Abrégé de Matière meduale. 196 S. Paris 1958. — PETER, G.:
Dtsch. med. Wschr. 82, 320—322 (1957). — Pharmazeutisches Jahrbuch 1957.

622 S. Frankfurt 1957. — Philipps, D. D., and M. S. Chadha: J. Amer. pharm. Ass. **44**, 553—567 (1955). — Pieterse, P. J. S., and F. N. Andrews: J. Animal Sci. **15**, 25—36 (1956). — Pieterse, P. J. S., and F. N. Andrews: J. Dairy Sci. **39**, 81—89 (1956). — Pletscher, A., P. A. Shore and B. B. Brodie: J. Pharmacol. exper. Therapeut. **116**, 84—89 (1956). — Potron, M.: Concours méd. **36**, 3795 (1956). — Pratt, R., and H. W. Youngken: Pharmacognosy. 694 S. Philadelphia, Montreal 1956.

Ramstad, E.: Modern Pharmacognosy. 480 S. London, New York, Toronto 1959. — Rolet, A., et D. Bouret: Plantes médicinales culture et cueillette des plantes sauvages. 489 S. Paris 1928. — Roques, H.: Perécis Botanique Pharmaceutique. 944 S. Paris 1959.

Sandhack, H. A.: Die Kultur der Heilpflanzen. Radebeul und Berlin 1953. — San Martin, R.: Farmacognosia (Madr.) **18**, 179—186 (1958). — Santi, R., e G. Cascio: Arch. ital. Sci. farmacol. **5**, 354—363, 364—372, 373—376, 377—381, 382—386 (1955). — Schapira, F.: C. R. Soc. Biol. (Paris) **151**, 1122—1125 (1958). — Schindler, H.: Dtsch. Apoth.-Ztg. **94**, 689—691 (1954). — Schmelz, G.: Planta med. (Stuttg.) **5**, 95—96 (1957). — Schoop, G., u. H. Klette: Dtsch. tierärztl. Wschr. **62**, 461 (1955). — Schratz, E.: Arzneipflanzenanbau. 98 S. Hannover 1949. — Schultz, O.-E., u. W. Wagner: Arch. Pharm. Ber. dtsch. pharm. Ges. **289**, 597—604 (1956). — Siering, O.: Dtsch. Apoth. Ztg. **97**, 791 (1957). — Sievers, A. F.: Production of Drugs and Condiment Plants., U. S. Gov't. Print. Off., Washington, D. C., U. S. Dept. Agriculture, Farmers' Bull. No. 1999 (1948). — Soehring, K.: Planta med. (Stuttg.) **5**, 182—185 (1957). — Steinmetz, E. F.: Codex vegetabilis. Amsterdam 1957. — Stoll, A.: Die spezifischen Wirkstoffe des Mutterkorns. 60 S. Aulendorf 1951. — Stoll, A.: Fortschr. Chem. org. Naturst. **9**, 114—174 (1952).

Tong, T., and I. L. Chaikoff: J. biol. Chem. **215**, 473—484 (1955). — Train, P., J. R. Henrichs and W. Andrew: Contr. Flora Nevada **45**, 1—139 (1957). — Trease, G. E.: A Textbook of Pharmacognosy. 821 S. London 1952. — Tschirch, A.: Handbuch der Pharmakognosie. I, 1072 S. Leipzig 1930/1933; II, 1625 S. Leipzig 1912/17; III, 1176 S. Leipzig 1923/25. — Tyler, V. E. jr.: Science **128**, 718 (1958).

Wallis, T. E.: Textbook of Pharmacognosy. 578 S. London 1955. — Wallis, T. E.: Practical Pharmacognosy. 238 S. London 1953. — Wasicky, R.: Physiopharmakognosie. 915 S. Wien 1932. — Wasicky, R.: Leitfaden für die pharmakognostischen Untersuchungen im Unterricht und in der Praxis. I. u. II. Teil., 420 S. Leipzig und Wien 1936. — Weber, U.: Geschnittene Drogen. 86 S. Jena 1938. — Wehmer, C.: Die Pflanzenstoffe. I., 640 S., Jena 1929; II., 1511 S. Jena 1931; Ergänzungsband, 244 S. Jena 1935. — Weiss, R. F.: Lehrbuch der Phytotherapie. 408 S. Stuttgart 1960. — Wenzel, D. G., and G. H. Emick jr.: J. Amer. pharm. Ass. **45**, 284—287 (1956). — Woodson, R. E. jr., H. W. Youngken, E. Schlittler and J. A. Schneider: Rauwolfia: Botany, Pharmacognosy, Chemistry and Pharmacology. 149 S. Boston 1957.

Zwergal, A.: Pharmazie 7, 93—97 (1952).

28. Angewandte Pflanzenphysiologie

Von Sigmund Rehm, Pretoria (South Africa)

Der Beitrag erscheint ab Band XXIII

29. Angewandte Mikrobiologie

Kontinuierliche Kultur von Mikroorganismen

Von Friedrich Bergter, Jena

Die seit langem in der Gärungsindustrie auf empirischer Grundlage angewandten kontinuierlichen Verfahren haben in den letzten zehn Jahren eine gründliche theoretische Bearbeitung gefunden. Das dadurch hervorgerufene Interesse für kontinuierliche Kultur wird aber zugleich durch das zeitgemäße Bestreben nach Automatisierung und durch die gegenüber früher bessere technische Ausrüstung gefördert. Einen ausführlichen Bericht über die vorhandene Literatur findet man bei Řičika (Lit. bis 1957/58), Málek u. Hospodka (Lit. 1958/59) und Gerhardt u. Bartlett. Einen guten Überblick geben auch die in Buchform vorliegenden Vorträge des Prager Symposiums (1958) über „Kontinuierliche Kultur von Mikroorganismen" (ed. Málek). Die Diskussionsbeiträge dazu wurden von Beran (1) zusammengestellt.

Grundlagen

Mathematische Beziehungen. Ausgangspunkt sind die unabhängig voneinander entstandenen Arbeiten von Monod (1) und Novick u. Szilard. Das Prinzip besteht darin, daß in eine Bakterienkultur vom Volumen V ständig eine konstante Menge frischer Nährlösung zufließt, wobei V durch einen Überlauf geeigneter Konstruktion konstant gehalten wird. Es ist notwendig, daß die Mischung der einfließenden Nährlösung mit der Kultur praktisch momentan erfolgt. Ist k die Wachstumskonstante, N die Zahl der Bakterien pro ml und F die Zuflußrate (ml/Std.), so ist die zeitliche Veränderung der Zellenzahl gegeben durch

$$\frac{dN}{dt} = kN - \frac{F}{V}N \,.$$

Der erste Term der rechten Seite der Gleichung stellt die Wachstumsgeschwindigkeit, der zweite die Verdünnungsgeschwindigkeit dar. Sind beide gleich groß, ist also $k = F/V$, befindet sich die Kultur im Fließgleichgewicht (steady state).

Bei den von den genannten Verfassern als „Baktogen" bzw. „Chemostat" bezeichneten Anordnungen enthält die zufließende Nährlösung alle benötigten Nährstoffe im Überschuß bis auf einen, der als kontrollierender oder begrenzender Wachstumsfaktor bezeichnet wird. Da k bei geringen Konzentrationen (c) des kontrollierenden Wachstumsfaktors von diesem abhängig ist [MONOD (1, 2)], ergibt sich $dN/dt = k(c)\,N - N \cdot F/V$ und unter der Bedingung des Fließgleichgewichtes $k(c) = F/V$. Demnach ist $k(c)$ nur eine Funktion der Verdünnungsgeschwindigkeit. Erhöht sich F/V, so erhöht sich die Konzentration des kontrollierenden Faktors, demzufolge steigt die Wachstumsgeschwindigkeit so lange an, bis wieder ein neues Fließgleichgewicht erreicht ist. Abnahme von F/V bedingt den umgekehrten Vorgang. Das System zeigt Selbstregulation.

Bei dem als „Turbidostat" bezeichneten Gerät (FOX u. SZILARD, NORTHROP, BRYSON u. a.) wird bei vollständiger Nährlösung Gleichheit von k und F/V erreicht, indem mittels photoelektrischer Steuerung die Menge der zufließenden Nährlösung der gewünschten Zelldichte angepaßt wird. Diese Methode bereitet durch die Bewachsung der Gefäßwände und der damit verbundenen Abweichung von den Gleichgewichtsbedingungen Schwierigkeiten [NOVICK (1)].

Für den Chemostaten geben HERBERT, ELSWORTH u. TELLING eine ausführliche und sehr klare Entwicklung der mathematischen Beziehungen und eine experimentelle Überprüfung derselben. Notwendig ist die Kenntnis der Beziehung zwischen k und der Konzentration des begrenzenden Wachstumsfaktors. Der von MONOD (2) zuerst untersuchte Zusammenhang kann durch die Gleichung $k = k_{max} \cdot c / K_c + c$ ausgedrückt werden, wobei c die Konzentration des Nährstoffes, k_{max} die maximale Wachstumsgeschwindigkeit bei hoher Konzentration von c und K_c eine Konstante ist. Die Gleichung stimmt formal mit der MICHAELIS-MENTEN-Gleichung überein und besagt, daß mit zunehmendem c die Wachstumskonstante erst schnell, dann langsam ansteigt und bei hohen Konzentrationen von c praktisch von c unabhängig wird. Ist ferner die Ertragskonstante bekannt (die im allgemeinen als unabhängig von der Substratkonzentration angenommen werden kann), so lassen sich Gleichungen entwickeln, die eine exakte Voraussage einer beliebigen Zahl von Fließgleichgewichtszuständen gestatten. An *Aerobacter cloacae* konnte eine gute Übereinstimmung zwischen Theorie und Experiment nachgewiesen werden.

NOVICK (1) nimmt zwischen Chemostaten und Turbidostaten einen wesentlichen Unterschied in der Funktion an. Während im Chemostaten das Fließgleichgewicht durch äußere Bedingungen (kontrollierender Wachstumsfaktor) reguliert wird, bestimmen im Turbidostaten innere Bedingungen (Veränderung von k durch Stoffwechselprodukte) das Gleichgewicht. HERBERT konnte jedoch zeigen, daß kein grundsätzlicher Unterschied zwischen den beiden Anordnungen besteht und daß sich die von ihm formulierten Gleichungen auf beide anwenden lassen. Der Unterschied liegt darin, daß im Turbidostaten der zweckmäßigste Arbeitsbereich bei k nahe k_{max} liegt, während im Chemostaten der günstigste Bereich zwischen $k = 0$ und einem bestimmten kritischen Wert zu finden ist. Diese Übereinstimmung gilt, wenn die Substratkonzentration und nicht Stoffwechselprodukte die Wachstumsgeschwindigkeit beeinflussen. Der letztere Fall, untersucht von LUEDEKING u. PIRET (2), ist insofern von Interesse, als bei industriellen Fermentationen vielfach mit optimalen Nährlösungen gearbeitet wird ($k = k_{max}$), in denen bei höheren Keimzahlen k durch Stoffwechselprodukte verringert wird. Stabile Fließgleichgewichte sind dabei nur im Bereich der abnehmenden Wachstumsgeschwindigkeit möglich.

Wenn mehrere Versuchsgefäße bzw. Tanks hintereinandergeschaltet sind (mehrstufiges Verfahren), muß berücksichtigt werden, daß die von Gefäß 1 in Gefäß 2 (usw.) fließende Nährlösung bereits Keime enthält. Entsprechende Gleichungen wurden von JERUSALIMSKY (1), MAXON u. a. aufgestellt. Eine Formulierung von NOVICK (2) für eine zweistufige Kultur behandelt den Fall, daß auch in das zweite Gefäß frische Nährlösung zufließt.

Für die Beziehung zwischen k und Substratkonzentration wurde von POWELL (1) eine verbesserte Formulierung vorgeschlagen. Eine neu eingeführte Konstante berücksichtigt die Diffusionswiderstände. CONTOIS zeigt experimentell die Abhängigkeit von k sowohl von der Substratkonzentration als auch von der Bakteriendichte und stellt eine verbesserte Formel auf. Voraussichtlich sind hier noch weiter verfeinerte, den realen Bedingungen noch besser angepaßte Formulierungen zu erwarten.

Experimentelle Abweichungen von den theoretisch zu fordernden Verhalten können nach HERBERT auf technische Mängel (z. B. nicht ausreichend schnelle Durchmischung der einfließenden Nährlösung oder Bewachsung der Gefäßwände) oder auf die Abhängigkeit der Ertragskonstante von der Verdünnungsgeschwindigkeit zurückgeführt werden. So steigt bei *E. coli* die Ertragskonstante mit abnehmender Verdünnungsrate infolge Glykogenspeicherung an, jedoch nur, wenn die N-Quelle als kontrollierender Faktor verwendet wird (HOLME, HERBERT).

Konstanz des Fließgleichgewichtes. Theoretisch sollte ein einmal eingestelltes Fließgleichgewicht beliebig lange erhalten bleiben. In der Tat konnten HERBERT, MÁLEK u. a. konstante Wachstumsgeschwindigkeit bei Versuchen von mehrmonatiger Dauer finden. Voraussetzung ist allerdings eine Nährlösung, die Mutanten keinen Selektionsvorteil erlaubt. Je nachdem, ob die Mutanten geringere oder größere Wachstumsgeschwindigkeit als der vorhandene Stamm aufweisen, werden sie entweder ausgewaschen oder verdrängen allmählich den ursprünglichen Stamm. Dasselbe Verhalten zeigen eingedrungene Fremdkeime. Die Chancen für diese, sich durchzusetzen, sind gering, weshalb Auftreten von Fremdkeimen der kontinuierlichen Kultur weniger Schwierigkeiten bereitet, als vielfach erwartet wurde [POWELL (2)].

Durch geschickte Wahl der Nährlösung und des kontrollierenden Faktors lassen sich bestimmte Mutationsschritte verhältnismäßig leicht quantitativ erfassen. Der Wunsch, Adaptions- und Mutationsprobleme besser untersuchen zu können, als das mit einer diskontinuierlichen Kultur möglich ist, hat zur Entwicklung des Chemostatenprinzips geführt und damit letztlich den Aufschwung der kontinuierlichen Kultur bedingt. An dieser Stelle kann jedoch auf die Mutations- und Selektionsprobleme nicht näher eingegangen werden, da diese mehr zum Gebiet der

Genetik gehören. Es sei auf den zusammenfassenden Bericht von Novick (2) und auf die umfangreiche Abhandlung von Moser verwiesen.

Physiologischer Zustand der Mikroorganismen. Die mathematische Behandlung der kontinuierlichen Kultur gibt nur quantitative Aussagen bezüglich der Zellproduktion und damit verbundener Prozesse, sagt aber nichts über den physiologischen Zustand der Zellen aus. Verdünnungsrate und Zusammensetzung der Nährlösung, besonders hinsichtlich der Wahl des kontrollierenden Faktors, beeinflussen den physiologischen Zustand. Herbert, der im Chemostaten für *Aerobacter aerogenes, Bac. megaterium, Staph. aureus* und *Torula utilis* die Verhältnisse näher untersuchte, fand folgende Zusammenhänge: Mit zunehmender Verdünnungsrate, also mit zunehmender Wachstumsgeschwindigkeit, steigt die mittlere Zellmasse an. Die Größenzunahme äußert sich bei den stäbchenförmigen Bakterien in einer relativ größeren Längenzunahme. Der prozentuale, auf das Trockengewicht bezogene RNS-Gehalt nimmt ebenfalls zu, während der prozentuale DNS- und Proteingehalt abnimmt. Diese Veränderungen sind unabhängig von der Art des begrenzenden Nährstoffes. Die bei *E. coli* (Holme) und *Torula utilis* beobachtete erhöhte Glykogenbildung bei geringerer Verdünnungsrate ist dagegen nur bei Stickstoff als begrenzenden Faktor möglich. Ähnliche Verhältnisse fanden Maaløe, Kjelgaard u. Schaechter bei *Salmonella typhimurium*.

Das Problem, welcher Phase einer üblichen Kultur mit begrenzter Nährlösungsmenge der physiologische Zustand in der kontinuierlichen Kultur entspricht, bearbeiteten Málek und Málek, Beran, Řičika u. Chaloupka, auch Luedeking u. Piret (2). Der Vergleich zwischen RNA-Gehalt, bestimmten Stoffwechselleistungen, Empfindlichkeit gegen Temperatur und Chemikalien und dem Verlauf der Wachstumskurve bei Unterbrechung des kontinuierlichen Verfahrens erlaubt gewisse Rückschlüsse, doch dürften die gewonnenen Ergebnisse sicher nur für den speziellen untersuchten Fall gelten. Bei sehr geringen Verdünnungsraten, die Generationszeiten von 15 und mehr Stunden entsprechen, hören die Bakterien auf zu wachsen und gehen in einen Zustand über, der etwa dem der Induktionsphase entspricht [Novick (1)].

Anwendungen

Es können hier nur solche Arbeiten berücksichtigt werden, die sich mit den neugewonnenen Grundlagen auseinandersetzen. Hinsichtlich der auf empirischer Grundlage arbeitenden, seit langem bekannten kontinuierlichen Verfahren muß auf die anfangs genannten Zusammenstellungen verwiesen werden.

Eine Aufstellung der bisher kontinuierlich gezüchteten Mikroorganismen findet sich bei Gerhardt und Bartlett. Von der Bierbrauerei bis zur Antibiotica-Produktion wurde so ziemlich jeder geeignete Prozeß, mindestens versuchsweise, auch kontinuierlich durchgeführt.

Die Entwicklung des kontinuierlichen Verfahrens erforderte die Lösung einer Reihe technischer Probleme. Es liegt eine Fülle von Gerätekonstruktionen für Labor- und technische Zwecke vor. Viel Scharfsinn wurde angewendet, um einen konstanten, kontinuierlichen Zufluß der Nährlösung zu gewährleisten. Ausführliche Angaben darüber finden sich in vielen der in diesem Bericht zitierten Arbeiten. Bemerkenswert ist das Bestreben, die kontinuierliche Kultur konsequenterweise durch eine kontinuierliche Sterilisation zu ergänzen. Man hofft dadurch, die notwendige Konstanz in der Qualität der Nährlösung besser erreichen zu können. DEINDOERFER u. HUMPHREY (1, 2) machen Angaben über die zweckmäßige Konstruktion solcher Anlagen und beschreiben kritisch verschiedene Typen. Ein Apparat zur kontinuierlichen Sterilisation wurde auch von HEDÉN u. MALMGREN angegeben.

Die Anwendung der kontinuierlichen Kultur bereitet insofern Schwierigkeiten, als die vorhandenen industriellen Fermentationsanlagen dem kontinuierlichen Verfahren angepaßt werden müssen. Ein großer Teil der bisherigen Versuche hat daher den Zweck, die Vorteile der kontinuierlichen Kultur gegenüber den üblichen Verfahren nachzuweisen. Es muß dabei auch geprüft werden, ob der betreffende Prozeß ein ein- oder mehrstufiges Verfahren erfordert. Die Theorie ist zunächst in bezug auf die Zellvermehrung entwickelt. Für Prozesse, die Zellsubstanzgewinnung oder damit gekoppelte Stoffwechselprodukte zum Ziel haben, wird oft ein einstufiges Verfahren ausreichen. Dagegen wird man bei bestimmten Gärungsprozessen ein zweistufiges Verfahren wählen müssen, wobei in dem ersten Tank die Bedingungen für das Zellwachstum, im zweiten für die Gärung optimal eingestellt werden können. Diesbezüglich findet man sehr interessante Diskussionsbemerkungen bei BERAN (1).

Einen Vergleich der Zellproduktion zwischen einer einstufigen kontinuierlichen Kultur und dem üblichen diskontinuierlichen Verfahren ziehen HERBERT, ELSWORTH u. TELLING. Bei Annahme einer „Verzögerungszeit" von 6 Std. bei dem üblichen Verfahren, die durch Reinigung und Beschickung der Tanks und auch durch die Länge der Induktionsphase bedingt wird, läßt sich für die kontinuierliche Kultur ein etwa 5- bis 10mal größerer Ausstoß pro Zeiteinheit gegenüber dem üblichen Verfahren errechnen. Das Verhältnis ist um so günstiger, je schneller das Zellwachstum erfolgt. Die Verdoppelungszeiten der Zellmasse betragen für die angegebenen Werte etwa 4 bzw. 0,5 Std.

Experimentell zeigen ELSWORTH, TELLING und EAST, daß die Umwandlung von Sorbit in Sorbose durch *Azetobacter suboxydans* in einer einstufigen kontinuierlichen Kultur (Sorbit als begrenzender Wachstumsfaktor) einen mehrfach größeren Produktionsausstoß pro Zeiteinheit gegenüber dem diskontinuierlichen Verfahren bringt. Die pro Volumeneinheit Kulturmedium etwas geringere Ausbeute und die nicht ganz vollständige Sorbitausnutzung, die nach der Theorie bei optimalen Produktionsbedingungen nicht zu vermeiden ist, werden durch den kontinuierlichen Prozeß weit überkompensiert, so daß auch hinsichtlich der Betriebskosten die kontinuierliche Kultur rentabler ist. Die Arbeit enthält eine ausführliche Diskussion der Vor- und Nachteile der kontinuierlichen Kultur. — Am Beispiel der Milchsäuregärung durch *Lactobacillus delbrückii* zeigen LUEDEKING u. PIRET (1, 2) theoretisch und experimentell, wie mit Hilfe der an normaler Kultur gewonnenen Wachstums- und Ertragskonstanten ein kontinuierliches Verfahren entwickelt werden kann. Ein graphisches Verfahren erleichtert die Wahl der geeigneten stabilen Gleichgewichtsbedingungen.

Mit der kontinuierlichen Produktion von Futterhefe *(Torulopsis utilis)* aus Sulfit-Ablaugen befaßten sich FENCL u. BURGER. Zur besseren Ausnutzung der verschiedenen in der Sulfitablauge vorhandenen Zucker sind mehrstufige Verfahren von Vorteil. In der ersten Stufe werden hauptsächlich Glucose, Mannose und Fructose verbraucht, während Galaktose und Xylose unverändert abfließen und erst in der zweiten bzw. dritten Stufe bei verminderter Wachstumsgeschwindigkeit assimiliert werden. Nach NOVICK [siehe BERAN (1)] tritt jedoch keine Diauxie auf, wenn unter den Bedingungen eines Chemostaten Zucker der kontrollierende Faktor ist. BERAN (2) und PLEVAKO, BAKUSCHINSKAJA u. SEMICHATOVA untersuchten den Einfluß verschiedener Faktoren auf den physiologischen Zustand der Bäckerhefe in kontinuierlicher Kultur. Biotin muß im Kulturmedium in ausreichender Konzentration vorhanden sein, da sonst der Ertrag absinkt.

Von ANDREJEW wurde über einstufige kontinuierliche Alkoholgärung unter Verwendung von Holzhydrolysaten berichtet und eine geeignete mathematische Beschreibung des Prozesses angegeben. Wie üblich wird das unter Gärungsbedingungen weniger gute Zellwachstum durch partiellen Rückfluß der Hefe kompensiert. Die Verwendung schnell sedimentierender Heferassen erleichtert die Trennung der Hefe vom abfließenden Gärprodukt. Von 100 kg fermentiertem Zucker konnten 56,7 l absoluter Alkohol erhalten werden. Über die Lebensfähigkeit der Hefen unter diesen Bedingungen berichten KALJUSHNIJ u. BOLONS.

Die kontinuierlichen Aceton-Butanolgärung mit *Clostridium acetobutylicum* brachte das interessante Ergebnis, daß hierbei die Fermentationsleistung nicht oder nur wenig nachläßt, im Gegensatz zum Verhalten von Clostridium bei periodischer Überimpfung [FINN u. NOWREY, JERUSALIMSKIJ (1, 2)]. Die von DYR, PROTIVA u. PRAUS beobachtete Degeneration bei höheren Aceton-Butanolkonzentrationen trat bei den Versuchen von JERUSALIMSKIJ (2) nicht auf. Während einer 200tägigen Kultur blieb die normale Fermentationsleistung erhalten, darüber hinaus steigerte sich die Widerstandsfähigkeit gegenüber Butanol. Die von ihm verwendete Kultur konnte anfänglich nur 0,8% Butanol vertragen, nach 200 Tagen dagegen mehr als 2,5%. Die gesteigerte Resistenz war nach dieser Zeit erblich fixiert.

Zur kontinuierlichen Antibiotica-Fermentation wurden sowohl ein- als auch mehrstufige Verfahren angewandt. In einer einstufigen Anlage konnten BARTLETT u. GERHARDT für Chloromycetin (Chloramphenicol) etwa ein Viertel, für Penicillin etwa die Hälfte des maximalen Ertrags einer üblichen Kultur erreichen. Berechnung der Ausbeute pro Zeiteinheit ergab für Chloromycetin etwa die gleiche Menge für beide Verfahren, während für Penicillin das kontinuierliche Verfahren gegenüber dem üblichen eine bis zweimal höhere Ausbeute lieferte. Haften des Mycels an den Gefäßwänden und Rohrleitungen beeinträchtigten die Kultur.

BROWN berichtete in einer kurzen Mitteilung über kontinuierliche Streptomycinfermentation in 30 l- und 3000 l-Tanks. Bei guten Ausbeuten bereiteten technische Probleme Schwierigkeiten. SIKYTA, DOKOČIL u. KAŠPAROVÁ untersuchten ebenfalls die Streptomycinbildung, aber in einer dreistufigen Laboranlage, aufgeteilt in eine Wachstumsstufe und zwei Produktionsstufen. Während einer Versuchsdauer von 400 Std. konnte keine Degeneration festgestellt werden, doch störte auch hier die Wandbewachsung im dritten Gefäß. Die Streptomycinkonzentration lag zwischen 2000 und 2500 E/ml.

Die Zweckmäßigkeit einer zweistufigen Penicillin-Fermentation weisen PIRT u. CALLOW nach. *Penicillium chrysogenum* bildet bei pH 7,4, dem pH-Optimum der Penicillinbildung, nach etwa 100 Std. Kulturdauer das unerwünschte Kugelmycel. Es wird daher eine Wachstumsphase bei pH 7 und darunter, während der normales Mycel gebildet werden kann, und eine Produktionsphase bei pH 7,4 vorgeschlagen.

Literatur

ANDREJEV, K. P.: In Continuous Cultivation of Microorg. 186—197. Prag 1958.

BARTLETT, M. C., and P. GERHARDT: J. Biochem. Microbiol. Technol. Engg. 1, 359—377 (1959). — BERAN, K.: (1, ed.) Folia Microbiol. 4, 390—408 (1959). — (2) In Continuous Cultivation of Microorg. 122—156. Prag 1958. — BROWN, W. E.: In Recent Progress of Microbiol. 416—417. Stockholm 1959. — BRYSON, V.: In Recent Progress in Microbiol. 371—380. Stockholm 1959.

CONTOIS, D. E.: J. gen. Microbiol. 21, 40—50 (1959).

DEINDOERFER, F. H., and A. E. HUMPHREY: (1 u. 2) Appl. Microbiol. 7, 256 bis 264 und 264—270 (1959). — DYR, J., J. PROTIVA and R. PRAUS: In Continuous Cultivation of Microorg. 210—226. Prag 1958.

ELSWORTH, R., R. C. TELLING and D. N. EAST: J. appl. Bact. 22, 138—152 (1959).

FENCL, Z., and M. BURGER: In Continuous Cultivation of Microorg. 165—173. Prag 1958. — FINN, R. K., and J. E. NOWREY: Appl. Microbiol. 7, 29—32 (1959). — FOX, M. S., and L. SZILARD: J. gen. Physiol. 39, 261—266 (1955).

GERHARDT, P., and M. C. BARTLETT: Adv. appl. Microbiol. 1, 215—260 (1959).

HEDÉN, C.-G., and B. MALMGREN: Abstr. of Commun. VIIth Internat. Congr. for Microbiol. 411. Stockholm 1958. — HERBERT, D.: In Recent Progress in Microbiol. 381—396. Stockholm 1959. — HERBERT, D., R. ELSWORTH and R. C. TELLING: J. gen. Microbiol. 14, 601—622 (1956). — HOLME, T.: In Continuous Cultivation of Microorg. 67—74. Prag 1958.

JERUSALIMSKIJ, N. D.:(1 u. 2) In Continuous Cultivation of Microorg. 53—61 u. 62—66. Prag 1958.

KALJUSHNIJ, M. J., i G. V. BOLONDS: Mikrobiologija (russ.) 28, 427—432 (1959).

LUEDEKING, R., and E. L. PIRET: (1 u. 2) J. Biochem. Microbiol. Technol. Engg. 1, 393—412, u. 431—459 (1959).

MÁLEK, I.: In Continuous Cultivation of Microorg. 11—28. Prag 1958. — MÁLEK, I., K. BERAN, J. ŘIČICA and J. CHALOUPKA: Abstr. of Commun. VIIth Internat. Congr. for Microbiol. 371—372. Stockholm 1958. — MÁLEK, I., and J. HOSPODKA: Folia Microbiol. 5, 120—139 (1960). — MAALØE, O., N. O. KJELDGAARD and M. SCHAECHTER: Abstr. of Commun. VIIth Internat. Congr. for Microbiol. 39—40. Stockholm 1958. — MONOD, J.: (1) Ann. Inst. Pasteur 79, 390—410 (1950). —

(2) Ann. Rev. Microbiol. 3, 371—394 (1949). — MOSER, H.: Dynamics of Bact. Populations maintained in the Chemostat. Washington 1958.

NORTHROP, J. H.: J. gen. Physiol. 38, 105—115 (1954). — NOVICK, A.: (1) In Continuous Cultivation of Microorg. 29—44. Prag 1958. — (2) In Recent Progress in Microbiol. 403—415. Stockholm 1959. — NOVICK, A., and L. SZILARD: Science 112, 715—716 (1950).

PIRT, S. J., and D. S. CALLOW: Nature (Lond.) 184, 307—310 (1959). — PLEVAKO, E. A., O. A. BAKUSCHINSKAJA and N. A. SEMICHATOVA: In Continuous Cultivation of Microorg. 157—164. Prag 1958. — POWELL, E. O.: (1) In Recent Progress of Microbiol. 422—423. Stockholm. — (2) J. gen. Microbiol. 18, 259—268 (1958).

ŘIČICA, J.: In Continuous Cultivation of Microorg. 75—105. Prag 1958.

SIKYTA, B., J. DOSKOČIL and J. KASPAROVA: J. Biochem. Microbiol. Technol. Engg. 1, 379—392 (1959).

Sachverzeichnis

Die *kursiv* gedruckten Seitenzahlen weisen auf die Hauptbehandlung des betreffenden Stichwortes hin

fakultativ biotrophe Asco-
myceten, Überdauern
von 428 ff.
Farbstoffe, Chloroplasten-
160
Farne 121
Farn-Spermatozoiden,
Chemotaxis der 364
Farnsporangien 166
F-Duktion *302*
Fe *186*
Feinbau der Chloroplasten
200
Feinstruktur der Sieb-
röhren *171*
,,Feldgeobotanik'' 75
Fermentationsanlagen 496
Fermentationstechnik
456 f., 463
Fertilitätsfaktor *300 f.*
Festucion valesiacae 125
Festuco-Brometea 125
Fettabbau, oxydativer
243 f.
Fette und Lipoide *242 ff.*
Fettsäure-Synthese *242*
Feuchtegehalt in Bäumen
167
Feuchtrohhumusböden
117
Fichten 113, 114
Fichtenbestände 114
Filices 45
,,Filtertheorie'' 380
Fixierung von CO_2 *178*
Flaumeichen-Buschwäl-
der 113
Flechten 121
Flechtenflora 124
Flechten-Symbionten 135
Flechtenvegetation 124
Fließgleichgewicht 492,
493
—, Konstanz des 494
Flora, arktische 75
—, belgische 77
—, dänische 76
— Europaea 77
—, Hegi's Illustrierte 77
—, Komarow's 76
— von Kanada 78
Floren *76 ff.*
—, Interglazial- 94
—, pleistozäne 94
Florenkunde *75 ff.*
Florenwerke, afrikanische
77
Fluorescenzausbeute von
Chlorophyll *192*, 193,
198, 209

Fluorescenzspektrum des
Chlorophylls 192, 209,
213
Fluoruracil in TMV-RNS
280
Folsäure-Verbindungen
262
Fomes igniarius 449
— — -Sporen 451
Formaldehyd und TMV
280
Formosa 126
Fortpflanzung, Physiolo-
gie der *360 ff.*
—, ungeschlechtliche
367 f.
F-Partikel *301*
Fraktionierung der RNS
des TMV 280
Frankreich 124
freie Ortsbewegungen
372 ff.
,,freie RNS'' 284
freier Raum *180*
freilebende Organismen,
N_2-Bindung *253 f.*
Frischwasserbiologie 469
Frosthebung 118
Frostresistenz *161*
— der Obstgehölze 138
Fruchtkörperbildung der
Basidiomycetales
363
— der Pilze *362 f.*
Fructosylanthranilsäure
263
Fruktifikationsstimulie-
rung 362
Fucales 40
Fucus-Zygoten 384
Fumarat-Permease 154
Fungicide *443 ff.*
Fungi imperfecti, Myko-
sen verursacht
durch *427 ff.*
— —, Überdauern von
428 ff.
,,funktionelle Narbe'' 364
Fusarinsäure *401*

Gärung, kontinuierliche
497
β-Galaktosidase *312*
Galaktosid-Permease 154
Gametophyt der Blüten-
pflanzen, Physiologie
des weiblichen *364 f.*
Gamone *361 f.*, 366
Gamonwirkung 362

Gartenbau, Kompostan-
wendung im 476
Gasvacuolen 166
Gaswechsel *114 f.*
Gattung Xanthomonas
413
Gebirge, tropische 112
Geflügelzucht, Kompost-
anwendung in der 477
Geißel-Anhängsel 362
Geißelbau 372 ff.
Geißeln *1*, 9
Geitonogamie 131
gekoppelte Transaminie-
rung-Desaminierung
263
Gel, kontraktiles 150
Gelidiocolax 59
Gel-Präcipitin-Technik
282
Gene, Markierung von
Chromosomen durch
331
Generationszeit für das
TMV 285
Genetik der Mikroorganis-
men *293 ff.*
genetische Analyse des
Wirt-Parasit-
Komplexes 397
— Beeinflussung der
Paarung 318
— Information *157*, 159,
310
,,genetische Information''
der DNS *309*
Geninkorporation *298 f.*
,,Genkonversion'' *296*
Genom 317, *334 ff.*
Genomanalyse *334 f.*
Genomsonderung 338
Gen-Reproduktion *310*
Genübertragung, Ablauf
der *298 ff.*
—, interspezifische 317
Geobotanik 112
geoelektrischer Effekt 385
Geostrophismus 388
geotropisch 383, 390
Geotropismus 383, *385 ff.*,
390, 391
Gerberei-Abwasser, Reini-
gung von *473 f.*
Gesamttranspiration 169
,,Geschichte der Ostsee''
87
Geschlechtsbestimmung,
phänotypische *361*
Geschlechtschromosomen
334